DICTIONNAIRE

CLASSIQUE

D'HISTOIRE NATURELLE.

Liste des lettres initiales adoptées par les auteurs.

MM.

AD. B. Adolphe Brongniart.
A. D. J. Adrien de Jussieu.
A. F. Apollinaire Fée.
A. R. Achille Richard.
AUD. Audouin.
B. Bory de Saint-Vincent.
C. P. Constant Prévost.
D. Dumas.
D. C..E. De Candolle.
D..H. Deshayes.
DR..Z. Drapiez.
E. Edwards.

MM.

E. D..L. Eudes Deslonchamps.
G. Guérin.
G. DEL. Gabriel Delafosse.
GEOF. ST.-H. Geoffroy St.-Hilaire.
G..N. Guillemin.
H.-M. E. Henri-Milne Edwards.
ISID. B. Isidore Bourdon.
IS. G. ST.-H. Isidore Geoffroy Saint-Hilaire.
K. Kunth.
LAT. Latreille.
LESS. Lesson.

La grande division à laquelle appartient chaque article, est indiquée par l'une des abréviations suivantes, qu'on trouve immédiatement après son titre.

ACAL. Acalèphes.
ANNEL. Annelides.
ARACHN. Arachnides.
BOT. CRYPT. Botanique. Cryptogamie.
BOT. PHAN. Botanique. Phanérogamie.
CHIM. ORG. Chimie organique.
CHIM. INORG. Chimie inorganique.
CIRRH. Cirrhipèdes.
CONCH. Conchifères.
CRUST. Crustacés.
ECHIN. Echinodermes.
FOSS. Fossiles.
GÉOL. Géologie.
INS. Insectes.

INT. Intestinaux.
MAM. Mammifères.
MICR. Microscopiques.
MIN. Minéralogie.
MOLL. Mollusques.
OIS. Oiseaux.
POIS. Poissons.
POLYP. Polypes.
PSYCH. Psychodiaires.
REPT. BAT. Reptiles Batraciens.
— CHÉL. — Chéloniens.
— OPH. — Ophidiens.
— SAUR. — Sauriens.
ZOOL. Zoologie.

IMPRIMERIE DE J. TASTU, RUE DE VAUGIRARD, N° 36.

DICTIONNAIRE

CLASSIQUE

D'HISTOIRE NATURELLE,

PAR MESSIEURS

AUDOUIN, Isid. BOURDON, Ad. BRONGNIART, DE CANDOLLE, G. DELAFOSSE, DESHAYES, E. DESLONCHAMPS, DRAPIEZ, DUMAS, EDWARDS, H.-M. EDWARDS, A. FÉE, GEOFFROY SAINT-HILAIRE, Isid. GEOFFROY SAINT-HILAIRE, GUÉRIN, GUILLEMIN, A. DE JUSSIEU, KUNTH, LATREILLE, LESSON, C. PRÉVOST, A. RICHARD, et BORY DE SAINT-VINCENT.

Ouvrage dirigé par ce dernier collaborateur, et dans lequel on a ajouté, pour le porter au niveau de la science, un grand nombre de mots qui n'avaient pu faire partie de la plupart des Dictionnaires antérieurs.

TOME QUATORZIÈME.

PLA-ROY.

PARIS.

REY ET GRAVIER, LIBRAIRES-ÉDITEURS,
Quai des Augustins, n° 55;

BAUDOUIN FRÈRES, LIBRAIRES-ÉDITEURS,
Rue de Vaugirard, n° 17.

SEPTEMBRE 1828.

DICTIONNAIRE

CLASSIQUE

D'HISTOIRE NATURELLE.

PLACENTA. ZOOL. Tous les anatomistes désignent sous ce nom une masse molle, spongieuse, vasculaire, formant l'une des parties les plus importantes de l'œuf des Mammifères, qui, d'une part, adhère aux parois de l'utérus, et de l'autre communique avec le fœtus au moyen du cordon ombilical auquel il donne insertion à son centre, et qui sert, pour ainsi dire, d'intermédiaire entre la mère et l'embryon. *V.* ŒUF et OMBILICAL (CORDON). (IS. G. ST.-H.)

PLACENTA. BOT. PHAN. Nom donné à la partie intérieure du fruit à laquelle les graines sont attachées. *V.* TROPHOSPERME. (A. R.)

PLACENTÆ. ECHIN. Nom donné à une section des Catorystes, classe de la famille des Oursins, dans l'ouvrage de Klein sur ces Animaux. (E. D..L.)

PLACENTAIRE. BOT. PHAN. Le professeur Mirbel appelle ainsi la réunion de plusieurs placentas. *V.* TROPHOSPERME. (A. R.)

* PLACENTULE. *Placentula.* MOLL. Ce genre fut proposé par Lamarck, dans l'Encyclopédie, d'abord sous le nom de Pulvinule qu'il changea depuis, dans l'Extrait du Cours, pour celui de Placentule qu'il a conservé dans son dernier ouvrage, et qui a été adopté par presque tous les conchyliologues. Férussac, cependant, le confond avec les Lenticulines, et Blainville l'admet dans son intégrité. D'Orbigny fils, d'après des observations nouvelles rapporte à son genre Nonionine (*V.* ce mot) les deux seules espèces de Placentules de Lamarck; effectivement, on est forcé de convenir que ces espèces rentrent bien dans ce genre. (D..H.)

PLACIDA. BOT. PHAN. (Gaza.) Syn. de *Quercus pedunculata*, Willd. (B.)

* PLACINTHIUM. BOT. CRYPT. (*Lichens.*) Sous-genre établi par Acharius (*Lichen. univ.*, p. 628) pour les espèces de *Collema* dont le thalle est crustacé et figuré vers sa circonférence. La principale espèce de ce sous-genre, le *Collema nigrum*, Ach., est placée maintenant dans un nouveau genre proposé par Meyer sous le nom de *Patellaria*. *V.* ce mot. (A. F.)

* PLACOBRANCHE. *Placobranchus.* MOLL. Genre établi par Van-Hasselt pour un Mollusque mou de la côte de Java, qu'il considère comme voisin des Doris. On eut la première connaissance de ce genre dans le

Bulletin des Sciences naturelles, octobre 1824, p. 240, où il est complétement caractérisé. Blainville l'a mentionné dans le Supplément de son Traité de Malacologie, pag. 628, en observant qu'il appartiendrait plutôt aux Cyclobranches. Nous ferons remarquer que parmi les Cyclobranches de l'auteur que nous citons, se trouve aussi le genre Doris, ce qui accorde assez bien l'opinion des deux naturalistes. Comme l'Animal qui a servi de type au nouveau genre ne nous est pas connu, nous allons rapporter les caractères qui lui ont été donnés par Van-Hasselt, ou plutôt tels que Blainville les a réduits d'après lui : corps très-déprimé, formant avec le pied non distinct une sorte de lame un peu gibbeuse au milieu; tête distincte, arrondie en avant, avec un appendice ou tentacule concave en dessous, de chaque côté; yeux rétractiles, très-petits, fort rapprochés sur le milieu de la tête; bouche inférieure, avec une paire de tentacules labiaux, presque aigus, sans trompe; branchies découvertes et formées par des lamelles très-fines, serrées, divergentes antérieurement d'un centre commun; anus supérieur à droite de la gibbosité dorsale; orifices des organes de la génération distans, celui de l'oviducte à droite, en avant de l'anus; celui de l'appareil excitateur mâle, à la base du tentacule droit.

Van-Hasselt donne quelques observations anatomiques que nous allons rapporter textuellement : « L'anatomie de l'unique espèce de ce genre m'a fait connaître une ouverture buccale sans trompe, et un canal intestinal tubiforme, large, et si court, qu'il ne s'étend pas plus loin que de la bouche au côté droit du bourrelet central du dos, s'y terminant en anus supérieur; l'ovaire que je vis dilaté par un grand nombre d'œufs de diverses grandeurs, et dont les plus gros étaient les antérieurs, est situé immédiatement au-dessous de la surface respiratoire; les tubes, réservoirs des œufs, se réunissent au bourrelet dorsal pour former un canal commun, situé au-dessus de toutes les entrailles, excepté l'intestin, et qui s'ouvre au côté droit en devant du dernier.

» La verge, prolongement terminé par un bouton bleuâtre, est cachée dans un canal qui n'est que la continuation du sillon creusé sous les cornes latérales; un vaisseau déférent, très-fin, s'y rend des testicules, organes glanduleux et de forme allongée, situé au côté droit du bourrelet central. Le cœur, placé au côté gauche du bourrelet, est presque rond, et d'une couleur roussâtre.

» Les branchies sont continuellement exposées à l'influence de l'eau ambiante, même lorsque les côtés du corps sont relevés jusqu'à se toucher par leurs bords supérieurs, car ces parois forment alors au-dessus des branchies un canal ouvert aux deux côtés où l'eau peut librement entrer; elles ressemblent à des lamelles très-fines qui, sur le devant du dos, partent d'un point central, et se perdent sur le bord extérieur. Dès qu'on expose la surface respiratoire à l'air, elle se couvre d'une humeur blanche et sans âcreté. »

Tout fait présumer, d'après ce que l'on vient de voir, que ce genre sera conservé, la disposition des branchies étant bien suffisante pour le caractériser et le distinguer. Il ne contient encore qu'une seule espèce :

PLACOBRANCHE OCELLÉ, *Placobranchus ocellatus*, Van-Hasselt, Bull. des scienc., octobre 1824, p. 241. La partie inférieure des côtés du corps, ainsi que la tête, sont d'un vert olive et bordés d'une série d'ocelles entourés d'un cercle noir; le reste des côtés présente des ocelles blancs dont le centre est noir; les branchies sont vertes. La longueur totale du corps est de dix centimètres. (D..H.)

* PLACODIA. BOT. CRYPT. (*Lichens.*) Sous-genre des *Lecanora* d'Acharius, *Lich. univ.*, p. 422, renfermant les espèces à thalle crustacé, un peu aplati, formé de lobes sou-

dés, divergens. *V.* PLACODIE et SQUAMMARIA. (A. F.)

PLACODIE. *Placodium.* BOT. CRYPT. (*Lichens.*) Ce genre, intermédiaire entre les Lécidées et les Circinaires, a été ainsi caractérisé (Fée, Méthod. lichén., p. 40, tab. 11, fig. 9) : thalle orbiculaire, étoilé, formé de squames adhérentes, indistinctes au centre, figuré en folioles vers la circonférence; apothécies marginées, discoïdes, à marge concolore, situées vers le centre. Hoffmann est le créateur de ce genre adopté par De Candolle (Flore Française); nous le présentons ici modifié et formé aux dépens du genre *Lecidea* d'Acharius; il renferme des *Lobaria* et des *Psora* d'Hoffmann, des *Gessoidea* de Ventenat. La presque totalité des *Placodium* de De Candolle rentre dans le *Squammaria*, notre genre étant principalement fondé sur l'homogénéité et l'hétérogénéité des scutelles. Les Placodies croissent sur les pierres et sur les murs, rarement sur la terre, plus rarement encore sur les écorces. Le thalle est presque toujours aplati et tartareux; le centre est indistinct, mais l'extrémité est figurée en folioles soudées et épaisses qui se confondent au centre en une masse indistincte, sous-pulvérulente; c'est sur cette partie seulement que se fixent les apothécies.

Le type de notre genre Placodie est l'espèce suivante :

PLACODIE CANESCENT, *Placodium canescens*, De Cand., Fl. Fr., sp. 1028; Fée, Ess. crypt., pl. 2, fig. 9; *Lecidea canescens*, Ach., *Synops. Lichen.*, p. 54. Thalle blanchâtre, orbiculaire, farineux ou très-raboteux, à folioles lobées, appliquées, soudées entre elles; apothécies planes, puis convexes, orbiculaires, d'un noir bleuâtre. Cette espèce est très-commune; on la rencontre rarement avec les scutelles. Nous l'avons vue en fructification sur les vieux Saules qui bordent la petite rivière de Bièvre. Elle se fixe assez souvent sur les pierres. (A. F.)

* PLACODION. BOT. CRYPT. (*Lichens.*) Browne a introduit le premier ce genre parmi les Lichens; Adanson l'a conservé; il renfermait des Stictes et des Peltigères. Dillen les a figurés, tab. 27 et 28, sous le nom de *Lichenoides*. Ce genre, tel qu'il avait été formé, ne pouvait être conservé. (A. F.)

* PLACOMA. BOT. PHAN. (Gmelin.) Pour *Plocama*. *V.* ce mot (G..N.)

* PLACOMUS. POLYP. Oken a formé, sous ce nom, un genre aux dépens des Gorgones, dont le *Gorgonia Placomus* est le type, et qui contient les *Gorgonia suberosa*, *radicata*, *mollis* et *coralloides*. Ses caractères sont : tige fibro-ligneuse, avec des verrues saillantes à sa superficie. Il nous semble que le *Gorgonia suberosa* particulièrement n'offre pas de tels caractères. (B.)

PLACUNE. *Placuna.* CONCH. Genre de la famille des Ostracées de Lamarck, et que Linné et ses imitateurs avaient confondu parmi les Anomies. Ce fut Bruguière qui le premier créa ce genre dans les Planches de l'Encyclopédie, lui donna le nom de Placune qu'il a conservé depuis; il l'avait placé près des Anomies, des Acardes et des Pernes. Lamarck le caractérisa dans le Système des Animaux sans vertèbres, et le mit en contact avec les Pernes et les Peignes entre lesquels il se trouve. Plus tard il le plaça plus convenablement dans sa Philosophie zoologique, dans la famille des Ostracées, entre les Anomies et les Vulselles. Cet arrangement resta le même dans l'Extrait du Cours, ainsi que dans l'Histoire des Animaux sans vertèbres, quoique la famille des Ostracées ait été démembrée. *V.* OSTRACÉES. Cuvier suivit à peu près l'opinion de Lamarck, car on voit le genre qui nous occupe dans les Ostracées à un seul muscle, entre les Anomies et les Spondiles, non loin des Vulselles et des Pernes. Férussac propose des rapports fort différens dans ses Tableaux systématiques; les Placunes sont entre les Productus et les Huîtres. Il est difficile de deviner dans quelle intention et par quelle convenance de caractères elles sont ainsi placées. Blainville ne diffère pas notablement de Lamarck, si ce n'est que les Vulselles, étant transportées avec juste raison dans la famille des Malléacées, les Placunes se trouvent entre les Anomies et les Huîtres. Latreille (Fam. natur. du Règn. Anim., p. 210) admet aussi les Placunes parmi les Ostracées, mais dans la seconde division de la deuxième section, celle qui renferme les Coquilles qui ont des dents cardinales. Par ce caractère se trouvent réunis les deux genres Placune et Plicatule qui diffèrent beaucoup entre eux, et qui, dans notre manière de penser, doivent être dans deux familles séparées.

Les Placunes ont, pour la contexture du test, beaucoup d'analogie avec les Anomies; comme elles, elles sont minces, feuilletées, assez solides, nacrées et fort aplaties; l'Animal doit être très-mince, à en juger par le peu d'intervalle qui existe entre les valves lorsqu'elles sont fermées. Lamarck a exposé les caractères de ce genre de la manière suivante : coquille libre, irrégulière, aplatie, subéquivalve; charnière intérieure offrant sur une valve deux côtes longitudinales tranchantes, rapprochées à leur base et divergentes, en forme de V; et sur l'autre valve, deux impressions qui correspondent aux côtes cardinales et donnent attache au ligament. L'aplatissement considérable des Placunes, et surtout la disposition de la charnière les rendent fort remarquables et très-faciles à distinguer. Lamarck met dans sa caractéristique, que les impressions de l'une des valves correspondent aux côtes saillantes de l'autre valve. Cette manière de s'exprimer laisse du doute, parce que ces impressions sont en dehors des dents cardinales, c'est-à-dire les débordent extérieurement, et cela tient à la manière dont le ligament est placé. Ce n'est point au sommet des dents cardinales qu'il adhère pour s'insérer dans le sillon, mais bien sur les parties latérales externes de chacune de ces dents. Si l'on y fait attention en effet, on observe que le côté externe des dents cardinales est creusé d'une gouttière où l'on voit les traces de l'adhérence du ligament. Nous possédons deux individus de ce genre où cette disposition est facile à observer, le ligament n'ayant point été rompu. On remarque, au centre des valves, une impression musculaire ovalaire ou ronde, médiocrement grande relativement à l'étendue de la coquille; celle-ci est ordinairement arrondie, plate, quelquefois contournée sur ses bords. La forme des dents cardinales, leur longueur, leur divergence, sont de bons caractères pour distinguer sûrement les espèces, en les joignant avec les autres différences extérieures qu'elles peuvent offrir.

Lamarck, à l'imitation de Bruguière, a fait entrer dans le genre Placune, une Coquille pétrifiée des environs de Metz et de Nancy. Cependant, en examinant un grand nombre d'individus, on découvre facilement des traces de leur adhérence aux corps sous-marins dont ils conservent l'empreinte. Nous sommes parvenu à en ouvrir quelques-unes, et nous avons pu examiner avec soin la charnière qui est absolument semblable à celle des Plicatules. Ces deux caractères nous ont déterminé à reporter dans ce dernier genre cette Coquille dont Parkinson avait fait un genre inutile sous le nom de Harpax. *V.* ce mot et PLICATULE. Le nombre des espèces connues est fort borné. Lamarck en décrit trois, et Blainville quatre.

* PLACUNE SELLE, *Placuna Sella*, Lamk., Anim. sans vert. T. VI, p. 224, n. 1; *Anomia Sella*, L., Gmel., p. 3345; Favanne, Conch., pl. 41, fig. D, 3 : Chemnitz, Conch. T. VIII, pl. 79, fig. 714; Encyclop., pl. 174, fig. 1, 3, 4. Cette espèce se trouve dans l'océan Indien, la mer de Java. Elle a quelquefois jusqu'à deux déci-

mètres de diamètre. Les marchands la connaissent sous le nom de Selle polonaise.

Placune vitrée, *Placuna Placenta*, Lamk., *loc. cit.*, n. 3; *Anomia Placenta*, L., Gmel., p. 3345; Lister, Conch., tab. 225 et 226, fig. 60 et 61; Chemnitz, Conch., Cab. T. VIII, pl. 79, fig. 716; Encyclop., p. 173, fig. 1, 2, 3; Blainv., Traité de Malacol., pl. 60, fig. 3. Cette Coquille a quelquefois sept pouces de diamètre. Cette dimension, son aplatissement et sa transparence la font employer, dans quelques pays, comme des vitres, d'où le nom vulgaire de Vitre chinoise sous lequel elle est encore connue dans le commerce.

Placune papyracée, *Placuna papyracea*, Lamk., *loc. cit.*, n. 2; Gualt., Test., tab. 104, fig. 6; Chemn., Conchyl. T. VIII, pl. 79, fig. 715; Encyclop., pl. 174, fig. 2. Lamarck cite cette espèce dans l'océan Indien et la mer Rouge. Il ajoute qu'on la trouve aussi presque fossile à Sienne en Egypte. Defrance, qui rapporte le même fait, regarde aussi comme douteux son état fossile. Nous possédons une Coquille fossile que nous croyions pouvoir rapporter aux Placunes d'après ses caractères extérieurs; mais étant parvenu, à force de travail et de patience, à détacher les valves réunies par une pâte ferrugineuse assez dure, nous avons découvert qu'elle devait former un nouveau genre intermédiaire entre les Placunes et les Anomies, ce qui lie davantage encore ces deux genres. (D..H.)

* PLACUNTIUM. BOT. CRYPT. (*Hypoxylées.*) Ehrenberg a établi sous ce nom un genre pour les espèces de *Xyloma* qui ont un périthécium mince, déprimé, d'abord clos, puis s'ouvrant au sommet par plusieurs fentes irrégulières. Ce genre a été réuni par Fries à son genre *Rhytisma*. *V.* ce mot. (A. R.)

PLACUS. BOT. PHAN. Loureiro a constitué sous ce nom un genre de Synanthérées qui ne paraît pas différer du *Bacharis*. *V.* ce mot. (G..N.)

* PLACYNTHIUM. BOT. CRYPT. *V.* PLACINTHIUM.

* PLADERA. BOT. PHAN. Genre de la famille des Gentianées et de la Tétrandrie Monogynie, L., établi par Solander et adopté par Roxburgh (*Flor. Indica*, 1, p. 417), qui lui a assigné les caractères essentiels suivans : calice cylindrique, à quatre dents inégales; corolle infundibuliforme, à limbe irrégulier; une des étamines beaucoup plus grande que les autres; stigmate bilobé; capsule uniloculaire à deux valves. Le genre *Canscora* de Lamarck correspond parfaitement au *Pladera*; mais il a été fondé sur une seule espèce, et ses caractères n'étaient pas exacts. Aussi les auteurs modernes, et particulièrement Sprengel (*Syst. Veget.*, 1, p. 42), Chamisso et Schlectendal (*Linnæa*, fasc. 2, p. 198), ont-ils adopté la dénomination employée par Solander et Roxburgh. Le genre *Pladera* se compose de cinq espèces, connues déjà sous divers noms génériques. La première, *Pladera pusilla*, Roxb., est l'*Hoppea dichotoma*, Vahl et Willdenow; la deuxième, *P. virgata*, est le *Gentiana diffusa*, Vahl, ou *Exacum diffusum*, Willd., *Canscora diffusa*, R. Brown; la troisième, *P. perfoliata*, Roxb., ou *Canscora perfoliata*, Lamk.; la quatrième, *P. decussata*, Roxb., ou *Exacum alatum*, Roth.; et la cinquième, *P. sessiliflora*, Roxb., ou *Gentiana heteroclita*, L., *Exacum heteroclitum*, Willd. Ces Plantes ont des tiges petites, tétragones, quelquefois ailées par la décurrence des feuilles qui sont opposées, sessiles, ordinairement ovales, lancéolées, et à fleurs petites, axillaires ou terminales. Elles croissent toutes dans l'Inde-Orientale. (G..N.)

* PLÆSCONIE. *Plæsconia*. MICR. Genre de la famille des Cétharoïdées dans l'ordre des Crustodés, que caractérise un corps composé de molécules adhérant au fond d'un test cristallin, univalve, évidé par les bords et conformé en manière de petite

barque. L'Animal nage avec agilité, le côté concave toujours en dessus. Les cirres vibratiles sont situés aux deux extrémités et se prolongent sérialement sur un côté du test en nacelle. Les Plæsconies qui nagent constamment sur le dos, c'est-à-dire ayant la convexité du test en dessous, offrent des rapports avec ceux des Entomostracés qui nagent de la même manière. Nous n'en connaissons que de marines; elles persistent dans l'eau qui devient fétide; elles sont au nombre de trois : *Plæsconia Vannus*, N.; *Kerona*, Müll., *Inf.*, tab. 33, fig. 19-20, Encycl., pl. 18, fig. 6-7. — *Plæsconia Charon*, N.; *Trichoda*, Müll., Encycl., pl. 17, f. 6-14. — *Plæsconia Arca*, *Himantopus charon*, Müll., tab. 34, f. 22. (B.)

PLAGIANTHE. *Plagianthus*. BOT. PHAN. Forster (*Char. Gener.*, tab. 43) a établi sous ce nom un genre de la Monadelphie Dodécandrie, L., et qui a été placé par De Candolle dans la famille des Bombacées. Voici ses caractères principaux : calice simple, court, à cinq divisions fort petites; corolle à cinq pétales ovales, dont deux plus rapprochés et écartés des trois autres; environ douze étamines réunies en tube par leurs filets, terminées par des anthères ovales; ovaire très-petit, ovale, surmonté d'un style filiforme, renfermé dans le tube staminal, et surmonté d'un stigmate en tête de clou; fruit bacciforme, dont l'organisation n'est pas connue. Ce genre ne renferme qu'une seule espèce découverte dans la Nouvelle-Zélande, par Forster, qui l'a nommée *Plagianthus divaricatus*. C'est un Arbrisseau ou un Arbre dont les rameaux sont divariqués, alternes, revêtus d'une écorce brune, garnis de feuilles fort petites, fasciculées, étroites, linéaires, un peu aiguës, rétrécies presque en pétiole à leur base, longues de quatre lignes, réunies au nombre de trois ou quatre à chaque fascicule. Les fleurs sont solitaires, portées sur des pédoncules uniflores beaucoup plus courts que les feuilles. Cette Plante est cultivée dans les jardins d'Angleterre depuis 1821. Il serait à désirer qu'on donnât une description bien complète de ses organes floraux, car celle de Forster laisse beaucoup d'incertitude. (G..N.)

* PLAGIEUSE ou PLAGIUSE. POIS. Espèce du genre Pleuronecte. (B.)

* PLAGIMYONES. *Plagimyona*. MOLL. Latreille, dans les Familles naturelles du Règne Animal, p. 212, partage l'ordre premier des Conchifères, ses *Palulipalla*, en deux sections, les Mésomyones et les Plagimyones. Ceux-ci, qui correspondent assez bien aux Ostracées à deux muscles de Cuvier, ne contiennent qu'une seule famille, celle des Arcacés, qui, sous le rapport de la disposition du manteau qui est complétement fendu, peut servir d'intermédiaire entre les Monomyaires et les Dimyaires; cependant, le trop grand rapprochement des Animaux de cette famille avec ceux des Huîtres est, nous croyons, une faute de plusieurs Méthodes dans laquelle Lamarck n'est pas tombé. (D..H.)

* PLAGIOLE. *Plagiola*. MOLL. Premier sous-genre du genre Obliquaire de Rafinesque (Monographie des Coquilles de l'Ohio), caractérisé par l'axe extra-médial; la dent lamellaire courbe; le ligament courbe; la forme variable, mais non oblique. Le genre Obliquaire ne pouvait être conservé, parce qu'il est démembré inutilement des Mulettes; à plus forte raison les sous-genres qui le composent. V. MULETTE. (D..H.)

* PLAGIOPODA. BOT. PHAN. V. GRÉVILLÉE.

PLAGIOSTOME. *Plagiostoma*. CONCH. Genre de Coquilles bivalves, très-voisin des Limes par ses caractères, et qui probablement se confondra avec elles, lorsqu'on l'aura étudié avec plus de soin. C'est à Sowerby que l'on doit la création de ce genre. Il fut bientôt après adopté et rectifié par Lamarck, qui le mit en rapport immédiat avec les Limes, et le considéra comme intermédiaire entre ce genre et les Peignes; mais Lamarck rassembla dans le genre Plagiostome plusieurs Coquilles qui lui sont étrangères; malgré cela, il fut admis par plusieurs zoologistes qui ont donné des systèmes de conchyliologie. Férussac, Latreille et Blainville furent de ce nombre. Nous observerons que ce dernier savant, d'accord avec Defrance, a proposé la réforme du genre. Les espèces de Plagiostomes de la Craie qui, par l'ouverture du crochet, ont des rapports avec les Térébratules, en furent séparées sous la dénomination générique de Pachite (*V.* ce mot). Il n'est pas douteux que cette réforme, faite sur de bons caractères, ne soit adoptée par les conchyliologistes avec d'autant plus de raison, qu'elle s'accorde aussi avec un fait géologique assez curieux. Les véritables Plagiostomes ne se montrent jamais dans la Craie ni au-dessus; ils sont toujours inférieurs à cette substance, tandis que les Pachites ne se rencontrent jamais ailleurs que dans la Craie. La séparation des deux genres peut être utile aussi à la géologie par ce seul fait, qu'ils indiquent des terrains différens. Les caractères génériques sont exprimés de la manière suivante: coquille subéquivalve, libre, subauriculée, à base cardinale, transverse, droite; crochets un peu écartés; leurs parois internes s'étendant en facettes transverses, aplaties, externes; l'une droite, l'autre inclinée obliquement; charnière sans dents; une fossette cardinale, conique, située au-dessous des crochets, en partie interne, s'ouvrant au dehors et recevant le ligament.

Ces caractères sont ceux donnés par Lamarck, et nous pensons qu'ils sont insuffisans; car ils peuvent s'appliquer complétement et en totalité au genre Lime. Quelques espèces en effet sont subéquivalves; mais toutes sont libres, subauriculées, à bord cardinal droit; leurs crochets sont aplatis, écartés, taillés en biseau aux dépens de la face interne d'une manière analogue à ceux des Spondyles. La charnière est également sans dents dans les deux genres. Il y a une fossette conique pour le ligament. Cette identité n'existe pas seulement dans les caractères essentiels; elle se voit aussi dans ceux qui sont plus accessoires. Les Limes, dit Lamarck, se distinguent encore des Plagiostomes par le bâillement des valves qui donne passage à un byssus, tandis que les Plagiostomes, n'ayant point ce bâillement, devaient être dépourvus de cette partie; mais ce moyen de distinguer les deux genres est bien incertain, puisque le *Lima gibbosa*, Sow., espèce fossile, est complétement fermé, et le *Lima squamosa*, Lamk., l'est presque toujours complétement, tandis que les Plagiostomes que nous avons pu examiner toutes les fois qu'ils étaient dans un état satisfaisant de conservation, nous ont présenté un bâillement antérieur quelquefois assez grand, semblable en tout à celui du *Lima squamosa*, par exemple. Il résulte de cette comparaison des deux genres, qu'ils devront se réunir. En donnant ici notre opinion, nous attendrons que d'autres observateurs l'aient approuvée ou contredite, avant de la considérer comme définitive. Nous citerons, comme exemple, l'espèce suivante:

Plagiostome semi-lunaire, *Plagiostoma semi-lunaris*, Lamk., Anim. sans vert. T. vi, p. 160, n. 1; Knorr, Pétrif. T. iv, part. 2, B, I, c, tab. 21, fig. 2; Encycl., pl. 238, fig. 3, a, b. Coquille qui prend quelquefois un assez grand volume; elle est trigone, arrondie inférieurement et postérieurement; le côté antérieur est le plus épais; il est droit, subcaréné et enfoncé vers les bords; il se relève vers le bord cardinal pour donner naissance à une oreillette très-courte; du côté postérieur, l'oreillette est beaucoup plus grande; des stries longitudinales, nombreuses, peu profondes, descendent des crochets à la circonférence, et elles sont coupées par des stries transverses, irrégulières, qui sont dues aux accroissemens. Cette Coquille pétrifiée se trouve à Carantan, à Mamers et aux environs de Nancy. (D..H.)

PLAGIOSTOMES. POIS. La famille de Poissons à laquelle Duméril a donné ce nom, dans sa Zoologie analytique, répond à celle des Sélaciens. *V.* ce mot. Il y range les genres Rhinobate, Rhina, Raie, Myliobate, Pastenague, Céphaloptère, Torpille, Squatine, Roussette, * Carcharias, Lamie, Marteau, Milandre, Griset, Emissole, Cestracion, Aguillat, Humantin, Leiche, Pèlerin et Aodon. *V.* ces mots. (B.)

* PLAGIOTRIQUE. *Plagiotricha.* MICR. Genre de la famille des Mystacinées et de l'ordre des Trichodés, que caractérisent des poils ou cils disposés en une série longitudinale sur l'un des côtés du corps, plus ordinairement vers l'extrémité supérieure. La plupart des petits Animaux de ce genre avaient été dispersés par Müller parmi les Trichodes et les Vorticelles; l'une des espèces était même un de ses Kolpodes, encore que les Kolpodes soient essentiellement glabres. Une autre fut décrite parmi les Leucophres, encore qu'elle ne soit pas velue. Les Plagiotriques diffèrent des Trichodes véritables, en ce que leurs cirres ne forment point de faisceau antérieur, mais une série marginale. Nous n'en connaissons que deux qui méritent le nom d'Infusoires; toutes les autres vivent dans les eaux pures, soit douces, soit marines. Leur natation est souvent circulaire; la disposition sériale des cirres détermine un mouvement particulier, qui porte la partie antérieure de l'Animal en avant, mais en même temps sur un côté. Les espèces cylindracées et ventrues, qui sont la plupart marines, sont les *Plagiotricha cercarioides*, N.; *Cercaria setifera*, Müll., Inf., tab. 19, fig. 14-16; Encycl., pl. 9, fig. 14-16. — *Plagiotricha Armilla*, N.; *Leucophra*, Müll., *Zool. dan.*, tab. 73, f. 11-12; Encycl., pl. 11, fig. 34-35. — *Plagiotricha vibrionides*, N.; *Trichoda barbata*, Müll., *Inf.*, tab. 27, fig. 16; Encycl., pl. 14, fig. 13. — *Plagiotricha viridis*, N.; *Vorticella*, Müll., tab. 35, fig. 1; Encycl., pl. 19, fig. 1-3. — *Plagiotricha lagena*, N.; *Trichoda*, Müll., tab. 32, fig. 10-11; Encycl., pl. 7, f. 4-5. Les espèces plus ou moins déprimées sur l'un des côtés du corps, sont les *Plagiotricha sinuata*, N.; *Trichoda*, Müll., tab. 34, fig. 22; Encycl., pl. 12, f. 43. — *Plagiotricha striata*, N.; *Trichoda*, Müll., tab. 26, fig. 9-10; Encycl., pl. 13, f. 29-30. — *Plagiotricha aurantia*, pl. 26, fig. 13-16; Encycl., pl. 13, f. 33-36. — *Plagiotricha kolpodina*, N.; *Kolpoda triquetra*, Müll.; Encycl., pl. 6, fig. 11-13. — *Plagiotricha Camelus*, N.; *Trichoda*, Müll.; Encycl., pl. 15, fig. 7-8. — *Plagiotricha Succisa*, N.; *Trichoda*, Müll.; Encycl., pl. 14, f. 5. — *Plagiotricha Diana*, N.; le Pirouetteur, Joblot, pl. 11, fig. 2. — *Plagiotricha Phœbe*, N.; *Vorticella lunifera*, Müll.; Encycl., pl. 19, f. 10-11. (B.)

PLAGIURES. *Plagiuri.* MAM. Syn. de Cétacés. Ce nom, venant de l'aplatissement de la queue de tels Animaux, n'a pu être que fort mal à propos étendu par quelques auteurs aux Poissons des hauts parages, autrement dits Pélagiens. *V.* ce mot et PÉLAGIQUES. (B.)

PLAGIUSE. POIS. *V.* PLAGIEUSE.

* PLAGUSIE. POIS. *V.* ACHIRE.

PLAGUSIE. *Plagusia.* CRUST. Genre de l'ordre des Décapodes, famille des Brachyures, tribu des Quadrilatères, établi par Latreille et adopté par tous les entomologistes avec ces caractères : test presque carré, un peu rétréci aux deux extrémités, avec les yeux situés près de ses angles antérieurs; corps aplati; pates comprimées; pieds-mâchoires extérieurs écartés entre eux inférieurement; antennes intermédiaires logées chacune dans une entaille du front ; les latérales ou extérieures très-petites, insérées près de l'origine des pédicules oculaires. Les Plagusies et les Grapses forment, dans leur tribu, une petite division remarquable par la forme carrée et déprimée de leur corps. Chez ces deux genres, le chaperon s'étend dans toute la largeur antérieure du test. Les yeux sont portés sur de courts pédoncules et situés près des angles latéraux antérieurs ; enfin beaucoup d'autres caractères leur sont communs, et ont autorisé plusieurs naturalistes à les réunir. Latreille a trouvé cependant d'assez grandes différences entre ces deux genres pour motiver leur adoption. Nous allons faire connaître ces différences : les Plagusies diffèrent des Grapses par leurs antennes intermédiaires, qui sont logées dans deux fissures longitudinales et obliques de la partie supérieure et mitoyenne du chaperon, tandis qu'elles sont au-dessous du chaperon dans les Grapses ; le troisième article de leurs pieds-mâchoires extérieurs est presque carré, avec le côté extérieur arqué, et l'opposé tronqué obliquement à son extrémité, tandis que dans les Grapses ces pieds-mâchoires sont triangulaires ou en demi-ovale. Dans les Plagusies, le test est sensiblement plus étroit en devant ; ce qui n'a pas lieu chez les Grapses ; enfin la queue ou le post-abdomen ne paraît composé que de quatre à cinq segmens, quelques-unes des sutures intermédiaires étant en tout ou en partie oblitérées.

Les Plagusies, ainsi que les Grapses, se tiennent à l'embouchure des fleuves ou dans les fentes des rochers, près des bords de la mer ; ils courent très-rapidement et se retirent quelquefois sous les racines et les écorces des arbres. Latreille (Encyclopédie méthodique) décrit cinq espèces de Plagusies ; il les place dans deux divisions, ainsi qu'il suit :

† Portion du chaperon comprise entre les antennes intermédiaires, inclinée ou non saillante en manière de bec ; point de dents au bord supérieur des cavités oculaires ; une seule, aux tranches supérieures des cuisses des deux pieds antérieurs ou des serres, et située près de leur base ; dessous du test graveleux ou tuberculé ; mains cannelées, surtout dans les mâles.

La PLAGUSIE ÉCAILLEUSE, *Plagusia squamosa*, Latr., Lamk. ; *Grapsus squamosus*, Bosc, Herbst., Krabben, tab. 20, fig. 113, le mâle. Le dessus du test est d'un rougeâtre clair ponctué de rouge sanguin et parsemé de tubercules bordés de cils noirâtres, avec l'extrémité grise ; l'arête transverse et arquée, formée par la partie supérieure de la cavité buccale, est tridentée de chaque côté au-dessous des yeux, avec trois lobes intermédiaires tronqués, et dont les latéraux sont plus larges et tridentés. Il y a des taches sanguines sur les pattes ; le dessous du corps est jaunâtre. On la trouve à Ténériffe et au Brésil.

†† Portion du chaperon comprise entre les antennes intermédiaires, avancée en manière de bec, armée de quatre dents, dont deux terminales et les autres latérales ; bord supérieur des cavités oculaires dentelé ; une série de dents aux tranches supérieures des cuisses, à commencer par celles de la seconde paire de pieds ; dessus du test sans tubercules ; mains sans sillons.

La PLAGUSIE CLAVIMANE, *Plagusia clavimana*, Latr., Lamk. ; Herbst., Krabben, tab. 59, f. 3 ; Séba, tab. 3, pl. 19, fig. 21. Le dessus du test a divers enfoncemens garnis d'un duvet obscur, et des espaces intermédiaires lisses, d'un jaunâtre pâle, ainsi que le corps, en forme de traits ou de petites lignes inégales. Les mains sont ovoïdes, renflées, sensiblement plus grandes dans les mâles. On la trouve à la Nouvelle-Hollande. (G.)

* PLAGYMYONES. MOLL. Pour Plagimyones. *V.* ce mot. (D..H.)

PLAINCHANT. MOLL. Nom vulgaire et marchand du *Voluta musica*, L. (B.)

PLAINCHANT. INS. Nom français d'une espèce du genre Hespérie. *V.* ce mot. (G.)

PLAIS ET PLAISE. POIS. Syn. de Plie et de *Pleuronectes dentatus*, L. *V.* PLEURONECTE. (B.)

PLANAIRE. *Planaria*. ANNEL.? Ce genre, fondé par Müller, comprend un très-grand nombre d'espèces sur l'organisation desquelles on est encore si peu instruit qu'on hésite si on doit les regarder comme des Vers ou comme des Annelides. Plusieurs espèces offrent aussi une très-grande ressemblance avec certains Mollusques; en sorte que la place et la composition de ce genre sont, dans l'état actuel de la science, extrêmement incertaines. Les caractères qu'on lui a assignés, quoique extrêmement vagues, ne peuvent s'appliquer à environ soixante espèces qu'on y range. Voici ceux de Lamarck (Hist. nat. des Anim. sans vert. T. III, p. 176): corps oblong, un peu aplati, gélatineux, contractile, nu, rarement divisé ou lobé; deux ouvertures sous le ventre (la bouche et l'anus). Le genre Planaire mérite donc d'être étudié à fond et nous entendons par là qu'on ne devra pas se borner à réunir sans examen les espèces souvent mal décrites et plus mal figurées encore par les auteurs en en formant ce qu'on appelle trop gratuitement une monographie, mais qu'il faudra pénétrer plus avant dans l'étude de ces êtres anomaux en faisant connaître les points essentiels de leur organisation. C'est alors seulement qu'on pourra préciser ce qu'on entend par Planaire, et ranger définitivement dans ce groupe toutes les espèces qui lui appartiennent en circonscrivant ensuite dans de nouveaux cadres toutes celles qui s'en éloignent. La plupart des espèces auxquelles on donne le nom de Planaire ont une forme en général très-aplatie et ovalaire; le corps est très-mou et d'un aspect gélatineux, sans articulations. Sa partie antérieure est quelquefois pourvue de points noirs qu'on a regardés comme les yeux, et de deux petits prolongemens tentaculaires. Au premier aspect, on prendrait ces Animaux pour de petites Sangsues. Quelques espèces fourmillent dans nos eaux douces. On en trouve un bien plus grand nombre dans la mer; dans plusieurs cas, leur nourriture paraît être végétale. Celles qu'on trouve dans nos mares et dans nos étangs sont abondantes vers le mois d'avril. Elles commencent à disparaître vers la fin de juillet. On connaît quelques particularités sur leur mode de reproduction. Bosc dit qu'elles sont ovipares, et que c'est vers le mois de mars qu'elles se débarrassent de leurs œufs qui sont ordinairement amoncelés sur un des côtés de leur corps. Draparnaud dit aussi qu'elles sont ovipares, mais seulement au printemps; car elles deviennent gemmipares en automne et d'une manière curieuse; à cette époque leur corps se divise transversalement en deux parties qui continuent de vivre, qui croissent, et qui, dix jours après, constituent chacune une Planaire complète. On peut même à volonté opérer cette multiplication, soit que l'on coupe l'Animal en travers ou en long; les portions isolées ne tardent pas à reproduire ce qui leur manquait. Blainville (Dict. des Scienc. natur.) semble ajouter peu de foi à ces expériences, et il trouve très-simple de les entacher d'inexactitude en disant: « que Draparnaud les a faites probablement avant qu'il eût acquis l'habitude d'observer. » Nous accordons que ce naturaliste distingué a pu se méprendre sur quelques points d'organisation; mais pour ce qui regarde les expériences sur la reproduction, elles sont très-exactes. Johnson (*Philos. Trans. of the R. S. of London*, 1822) a obtenu des résultats semblables; il s'est assuré que plusieurs Planaires sont ovipares, mais qu'il existe encore un autre mode de reproduction par une division de leur corps en deux parties, la tête reproduisant alors une queue et celle-ci une tête. Nous pouvons nous-même apporter notre témoignage à l'appui de ces observations, car depuis plusieurs années nous avons entrepris sur ce sujet des recherches anatomiques et physiologiques auxquelles nous mettons, dans ce moment, la dernière main; elles feront connaître, dans toutes leurs périodes et par la voie de l'expérience, les phénomènes curieux qui accompagnent la reproduction gemmipare de ces singuliers êtres. Bosc et Lamarck établissent dans le genre Planaire plusieurs divisions basées sur l'absence, la présence et le nombre des points oculaires. Blainville crée aussi plusieurs groupes. Il les fonde principalement sur la forme plus ou moins allongée, courte, épaisse, mince, tronquée, etc., etc., du corps. Ces diverses sections comprennent plus de cinquante espèces offrant entre elles des différences telles que lorsqu'elles seront mieux connues, on les séparera nécessairement en plusieurs genres. Nous ne citerons ici que quelques espèces. Les ouvrages de Pallas et de Müller sont les sources principales auxquelles on devra remonter pour avoir un tableau plus complet.

† Sans point oculiforme.

La PLANAIRE NOIRE, *Pl. nigra*, Bosc, Lamk., Müll., *Zool. Dan.*, 3, tab. 109, fig. 3, 4. Eaux douces d'Europe.

La PLANAIRE DES ÉTANGS, *Pl. stagnalis*, Bosc, Lamk., Müller. Eaux douces d'Europe.

D'autres espèces de cette section se trouvent dans l'Océan et dans les mers du Nord.

†† Un seul point oculiforme,

La PLANAIRE GLAUQUE, *Pl. glauca*, Bosc, Lamk, Müll. Eaux douces.

La PLANAIRE IGNÉE, *Pl. rutilans*, Bosc, Lamk., Müll., *Zool. Dan.*, 3, tab. 109, fig. 10, 11. Mer Baltique.

††† Deux points oculiformes.

La PLANAIRE BRUNE, *Pl. fusca*, Bosc, Lamk., Pallas, *Spicil. Zool.*, 10, tab. 1, fig. 13, a, b. Eaux douces.

La PLANAIRE CORNUE, *Pl. cornuta*, Bosc, Müll., *Zool. Dan.*, 1, tab. 22, fig. 5, 7; Encyclop., pl. 81, fig. 5, 6, 7. Mer de Norvège.

La PLANAIRE TRAVERSE, *Pl. torva*, Bosc, Hist. natur. des Vers, T. 1, p. 259, pl. 9, fig. 9, grossie; Müller, *Zool. Dan.*, 3, tab. 109, fig. 5, 6. Eaux douces.

†††† Trois points oculiformes.

La PLANAIRE GESSERIENNE, *Pl. gesserensis*, Bosc, Müll., *Zool. Dan.*, 2, tab. 64, fig. 5, 8; Encycl. Méth., pl. 80, fig. 5, 6, 7, 8. Mers du Nord.

††††† Quatre points oculiformes.

La PLANAIRE TRONQUÉE, *Pl. truncata*, Bosc, Lamk., Müll., *Zool. Dan.*, 3, tab. 106, fig. 1.

†††††† Plus de quatre points oculiformes.

La PLANAIRE TRÉMELLÉE, *Pl. tremellaris*, Bosc, Lamk., Müll., *Zool. Dan.*, 1, tab. 32, fig. 1, 2. Mer Baltique. (AUD.)

PLANAIRE. BOT. PHAN. Pour Planère. *V.* ce mot. (B.)

PLANANTHE. *Plananthus*. BOT. CRYPT. Ce genre, proposé par Palisot de Beauvois aux dépens des Lycopodes, n'a pas été apopté. Le *L. selaginoides* en était le type. (B.)

PLANARIA. INT. On lit dans Déterville que Goeze a établi sous ce nom qui serait un double emploi, un genre d'Intestinaux qui est le même que celui qui nous a occupé dans ce Dictionnaire sous le nom de Monostome. *V.* ce mot. (B.)

* PLANARIUM. BOT. PHAN. Genre de la famille des Légumineuses, et de la tribu des Hédysarées, proposé par Desvaux (*Ann. sc. natur.*, 9, p. 416), et qui a pour type la Plante qu'il avait précédemment décrite sous le nom de *Poiretia latisiliqua* (Desv., *in Ann. Soc. Linn.* 1825, p. 308.) Les caractères de ce nouveau genre sont :

un calice presque campanulé; des étamines diadelphes et une gousse stipitée comprimée, articulée, marquée sur le milieu de chaque face d'une nervure saillante et longitudinale; les articulations sont au nombre de huit à dix, et les pièces qu'elles réunissent ont une forme parallélogramatique. Ce genre ne se compose que de l'espèce citée précédemment, et qui croît au Pérou. (A. R.)

* PLANAXE. *Planaxis*. MOLL. Les auteurs anciens, aussi bien que Linné et Bruguière, confondirent les Coquilles de ce genre parmi les Buccins. Ils en ont effectivement l'apparence; mais ils ressemblent davantage à certaines Pourpres, ayant comme eux la columelle plate, mais l'échancrure beaucoup plus petite. Lamarck est l'auteur de ce genre. Il le proposa dans le tome VII des Animaux sans vertèbres; et lui trouvant des rapports avec les Phasianelles, il le plaça entre les Turbos et ce genre. Cependant, si l'on fait attention que Lamarck ne connaissait pas l'opercule de ce genre, on se demandera quels ont été les motifs de sa détermination; car rien dans ces Coquilles ne ressemble aux véritables Phasianelles, que la forme générale, encore d'une manière peu satisfaisante. Il faut dire que Lamarck réunissait aux Phasianelles plusieurs Littorines (*V.* TURBO), qui ont la columelle aplatie, mais point échancrée à la base; ce qui sans doute aura conduit le savant auteur des Animaux sans vertèbres à une erreur peu grave.

Depuis long-temps nous possédions dans notre collection plusieurs individus de ce genre avec l'opercule. Cela nous conduisit, après une comparaison aussi complète que possible, à les rapprocher des Mélanopsides. Nous donnâmes à Blainville un de ces individus operculés, et il a jugé de la même manière que nous; car dans son Traité de Malacologie, les Planaxes sont immédiatement après les Mélanopsides, dans la famille des Entomostomes. Nous devons faire observer que les rapports établis par Blainville sont fort différens de ceux de Lamarck. Ce dernier place les Mélanopsides, aussi bien que les Planaxes, dans les Coquilles à ouverture entière, et dont les Animaux conséquemment ne sont point siphonifères. Blainville, au contraire, les range parmi les Mollusques, qui sont toujours pourvus d'un siphon, tels que Cérite, Vis, Eburne, Buccin, Harpe, Tonne, Cassidaire, Casque, Ricinule, Pourpre, Cancellaire et Concholépas. Si nous nous en rapportons à la description de l'Animal des Mélanopsides que Férussac a donnée dans la Monographie de ce genre (Mém. de la Soc. d'Hist. nat. T. I, p. 153), il serait nettement séparé des Cérites et autres genres voisins, à tel point que cet auteur n'a point hésité, dans sa méthode, à laisser ces Coquilles, à l'exemple de Lamarck, parmi celles qui ont l'ouverture entière. Si l'on admet le rapprochement des Planaxes et des Mélanopsides; les deux genres liés entre eux par leurs rapports devront subir les mêmes changemens de famille. Peut-être la connaissance de l'Animal des Planaxes pourra servir à déterminer leur place et celle des Mélanopsides dans la série. Les caractères génériques sont les suivans : Coquille ovale, conique, solide; ouverture ovale, un peu plus longue que large; columelle aplatie et tronquée à la base, séparée du bord droit par un sinus étroit et plus courte que lui; face intérieure du bord droit sillonnée et rayée, et une callosité décurrente à son origine; opercule corné, presque complet, ovale, mince, subspiral. Animal inconnu.

Lamarck n'a caractérisé dans ce genre que deux espèces, et signalé une troisième, figurée par Born, sous le nom de *Buccinum sulcatum*. Nous croyons pouvoir y rapporter une petite Coquille fort commune dans les collections, et qui a été rangée par Lamarck sous le nom de *Purpura Nucleus*. Nous l'avons munie de son opercule, et nous pouvons dire qu'il n'existe aucune différence avec celui des Planaxes, et que du reste la Coquille que nous citons a tous les caractères du genre où nous proposons de l'introduire. Nous pensons qu'on pourrait y ajouter encore une Coquille fossile du bassin de Paris, que Lamarck avant l'établissement des Planaxes avait mise parmi les Cérites. Il lui a donné le nom de Cérite muricoïde. Cette espèce, par ses accidens extérieurs, s'éloigne assez des autres Planaxes, dont elle présente cependant les caractères essentiels, quant à la forme de la columelle, sa troncature et le bourrelet décurrent du bord droit; les stries internes de ce bord ne sont pas non plus si nombreuses ni si fortement marquées.

Planaxe buccinoïde, *Planaxis buccinoides*, Nob.; *Buccinum sulcatum*, Von Born, *Mus. Cæs. vind.*, pl. 10, fig. 5, 6; *Buccin. grive* (var. a), Brug., Dict. Encyclop., p. 255, n. 16. Coquille ovale, conique, à spire pointue, plus allongée que dans les autres espèces du genre; les tours de spire sont peu arrondis; ce qui rend la spire régulièrement conique; elle est noire, parsemée de quelques petites taches blanches, qui n'ont rien de régulier dans leur disposition; l'ouverture est toute blanche, aussi bien que la columelle et le bourrelet du bord droit, dont le limbe seul est brunâtre.

Planaxe Noyau, *Planaxis Nucleus*, N.; *Purpura Nucleus*, Lamk., Anim. sans vert. T. VII, p. 249, n. 50; *Buccinum Nucleus*, Bruguière, *loc. cit.*, n. 14; Lister, *Synop. Conch.*, tab. 976, fig. 32; Martin, Conch. T. IV, tab. 125, fig. 1183. Petite Coquille ovale, pointue, d'une couleur brun-marron en dedans et en dehors, composée de cinq tours de spire lisses, un peu arrondis; le dernier reste lisse dans le milieu; mais à la base et vers le bord droit, il offre plusieurs stries profondes, qui s'arrêtent à peu de distance du bord droit; l'ouverture est ovalaire, striée en dedans; la columelle est large, aplatie et un peu recourbée à la base; la callosité du bord droit est de la même couleur que le reste; elle est plus courte à l'intérieur. (D..H.)

* PLANCEIA. BOT. PHAN. Les espèces d'*Andryala*, L., dont l'aigrette est plumeuse, ont été séparées par Necker en un genre distinct qui a reçu le nom de *Planceia*. Ce genre n'a pas été adopté, du moins sous ce nom. (G..N.)

* PLANCUS. OIS. Sous ce nom, Klein, dans sa Méthode ornithologique, avait formé un genre pour recevoir les Palmipèdes de haute mer, répartis aujourd'hui en plusieurs genres, et qui sont: le Pélican, le Grand Fou, le Fou commun, le Cormoran, le Paille-en-Queue et l'Anhinga. (LESS.)

PLANE. BOT. PHAN. Espèce du genre Erable. *V.* ce mot. C'est par erreur que les Platanes ont été appelés quelquefois aussi Planes. (B.)

PLANE DE MER. POIS. L'un des noms vulgaires de la Plie. Espèce du genre Pleuronecte. *V.* ce mot (B.)

* PLANER. POIS. *V.* PÉTROMYZON.

PLANERA. BOT. PHAN. Genre établi par Gmelin (*Syst. Veget.*), très-voisin de l'Orme, et appartenant, comme lui, à la famille des Ulmacées ou Celtidées, et à la Polygamie Monœcie, L. Ce genre offre les caractères suivans: les fleurs sont mâles et hermaphrodites, rarement femelles, réunies ensemble, et formant de petits faisceaux, dont les fleurs mâles occupent la partie supérieure. Ces fleurs mâles ont un calice membraneux, subcampanulé, à quatre ou cinq divisions peu profondes; les étamines sont au nombre de quatre à six, saillantes au-dessus du bord du calice. Dans les fleurs hermaphrodites, le calice est semblable à celui des fleurs mâles. Les étamines sont en même nombre et disposées de la même manière. L'ovaire est ovoïde, rugueux ou lisse, terminé par deux stigmates oblongs, divergens et glanduleux. Le fruit est une capsule globuleuse, membraneuse, à une seule loge indéhiscente, et contient une seule graine ovoïde et terminée en pointe. Par les caractères de sa fleur et par son port, ce genre a beaucoup d'analogie avec le genre Orme; il en diffère surtout par ses fleurs polygames et sa capsule globuleuse et non plane et ailée dans son contour. On ne connaît encore que trois espèces de ce genre. Ce sont de grands Arbres à feuilles simples, alternes, rudes, accompagnées de deux stipules très-caduques. L'une de ces espèces, *Planera Richardi*, Michx., Flor. Bor. Amér., ou *Ulmus polygama*, Rich., est un Arbre de taille moyenne qui croît à la fois dans l'Amérique septentrionale, et aux environs de la mer Caspienne. On le cultive facilement en pleine terre, aux environs de Paris, et il est connu sous le nom vulgaire, mais faux, d'Orme de Sibérie. Ses jeunes rameaux sont pubescens, ses feuilles sont ovales, oblongues, presque sessiles, glabres à leur face supérieure, pubescentes à l'inférieure, et bordées de larges crénelures obtuses. Le fruit est lisse.

Une seconde espèce est le *Planera Gmelini*, Michx., ou *Planera aquatica*, Gmel., qui croît dans les lieux humides de la Caroline. Ses jeunes rameaux sont grêles, effilés et rougeâtres; ses feuilles ovales et allongées en pointe, pétiolées, dentées en scie, très-lisses et luisantes à leur face supérieure. Les fruits sont recouverts de petits tubercules écailleux. Enfin, une troisième espèce a été réunie à ce genre par Schultes, c'est le *Planera abelicea* ou *Ulmus abelicea* de Sibthorp qui croît dans les îles de la Grèce. Les deux premières espèces, ainsi que nous l'avons dit, se cultivent dans les jardins. On les multiplie en les greffant sur l'Orme commun. (A. R.)

* PLANICAUDATI. MAM. *V.* PLANIQUEUES.

PLANICAUDES. REPT. SAUR. Duméril désigne sous ce nom une famille de Reptiles qui, dans sa Zoologie analytique, contient les genres Crocodile, Dragone, Lophyre, Basilic, Tupinambis et Céroplate. *V.* tous ces mots. (B.)

* PLANICEPS. INS. Genre de l'ordre des Hyménoptères, famille des Fouisseurs, tribu des Pompiliens. Dans notre *Genera Crust. et Insect.* (T. IV, p. 66), nous avons donné le nom de *Planiceps* à une espèce de Pompile du midi de la France, remarquable par ses ailes supérieures, n'ayant que deux cellules cubitales complètes; par sa tête très-aplatie, concave au bord postérieur, avec les yeux très-écartés; par ses antennes insérées à son extrémité antérieure, très-près des mandibules; par la longueur du prothorax et la brièveté des deux pates antérieures, qui sont d'ailleurs éloignées des autres, courbées en dessous, avec les hanches et surtout les cuisses grandes, disposition qui donne à ces pates une certaine analogie avec celles que nous désignons sous le nom de Ravisseuses. Les yeux sont proportionnellement plus allongés que ceux des autres Pompiliens. La seconde nervure récurrente des ailes supérieures est insérée sous la troisième cellule cubitale, ou celle qui est incomplète; caractère qui distingue les ailes de ces Insectes de celle des *Aporus* de Spinola. Si, à ces traits distinctifs, l'on ajoute, ainsi que l'a observé Van-der-Linden (Observ. sur les Hyménopt. d'Europe, première partie, p. 85), que les tarses antérieurs ne sont point pectinés, et que les jambes postérieures n'ont que quelques épines latérales et courtes, on aura des motifs suffisans pour séparer ces Insectes des Pompiles, en former un genre propre, et c'est ce que nous avons fait dans notre ouvrage sur les Familles naturelles du Règne Animal. Ce profond naturaliste a décrit l'espèce qui nous a servi de type, et lui a donné le nom de *Latreillei*. La femelle, seul individu qu'il ait vu, est longue de six lignes, noire, à l'exception des trois segmens de l'abdomen, qui sont d'un rouge fauve

en dessus et sur les côtés, avec leur bord postérieur noirâtre; le premier est aussi rouge en dessous. Les ailes sont noirâtres. Carcel, si souvent cité et à juste titre par Lepelletier de Saint-Fargeau dans sa Monographie des Teuthrédines, nous en a montré une seconde espèce, trouvée par lui aux environs d'Angers. (LATR.)

PLANIFORMES ou OMALOIDES. INS. Nom donné par Duméril (Zool. analyt.) à sa dix-neuvième famille de Coléoptères Tétramères. Il la caractérise ainsi : antennes en masse, non portées sur un bec; corps déprimé. Cette famille renferme les genres Lycte, Colydie, Trogossite, Cucuje, Hétérocère, Ips et Mycétophage. (G.)

PLANIPENNES. *Planipennes*. INS. Latreille désigne ainsi (Fam. nat. du Règne Anim.) la troisième famille de l'ordre des Névroptères, section des Filicornes. Ses caractères sont : mandibules très-distinctes, grandes ou moyennes; antennes tantôt sétacées, tantôt plus grosses à leur extrémité, multiarticulées; ailes inférieures étendues ou simplement un peu repliées ou doublées au bord interne, leur largeur ne surpassant jamais notablement celle des supérieures.

Cette famille est composée de huit tribus. *V.* PANORPATES, FOURMILIONS, HÉMÉROBINS, PSOQUILLES, TERMITINES, RAPHIDINES, SEMBLIDES et PERLIDES. (G.)

PLANIQUEUES. *Planicaudati*. MAM. La famille établie sous ce nom par Vicq-D'Azyr, mais qui n'a pas été adoptée par les mammalogistes modernes, contenait les Castors, les Ondatras et les Desmans. *V.* tous ces mots. (B.)

PLANIROSTRES. OIS. Duméril, dans sa Zoologie analytique, a nommé Planirostres ou Omaloramphes, les Oiseaux de la sixième famille des Passereaux qui comprend les genres Martinet, Hirondelle et Engoulevent. (LESS.)

*PLANITE. *Planites*. MOLL. Genre proposé par De Haan pour les Ammonites qui sont à peine involvés, et dont l'accroissement se fait insensiblement, de sorte que ces Coquilles restent discoïdes, mais fort aplaties. Nous ne croyons pas que ces caractères soient suffisans pour l'établissement d'un genre, surtout lorsque par le grand nombre d'espèces, on trouve entre elles une fusion insensible de tous les caractères tirés de la forme. *V.* AMMONITE. (D..H.)

PLANO. POIS. L'un des noms vulgaires de la Plie. Espèce du genre Pleuronecte. *V.* ce mot. (B.)

PLANORBE. *Planorbis*. MOLL. Ce genre fut autrefois indiqué par Lister dans son *Synopsis conchyliorum*. Il fait à lui seul une petite section parmi les Coquilles fluviatiles, et il se distingue de toutes les autres par son mode d'enroulement. Lister ne fit pas la faute grossière de confondre les Planorbes avec les Ammonites. Son exemple aurait dû servir aux conchyliologues plus nouveaux, qui tombèrent néanmoins dans cette erreur. Dès 1756, Guettard caractérisa ce genre d'une manière fort exacte, en y faisant entrer les caractères de l'Animal et ceux de la coquille. Il lui donna le nom qu'il a conservé depuis, celui de *Planorbis*. C'est dans son Mémoire pour servir à former quelques caractères des coquillages, publié dans les Mémoires de l'Académie des Sciences, que ce genre fut établi. L'année d'après, Adanson le confirma, en proposant aussi un genre pour les Planorbes. Il lui donna le nom de Goret, qui n'a pas été adopté. Geoffroy, dans son excellent Traité des Coquilles de Paris, a adopté le genre Planorbe institué par Guettard. Comme lui, il le caractérisa d'après l'Animal et sa coquille. Malgré ces antécédens, Linné confondit les Planorbes, ainsi que beaucoup d'autres genres non moins distincts, avec les Hélices, réunissant ainsi des types d'Animaux divers pour la manière de vivre et l'organisation. Quoique souvent imitateur de Linné, Müller cependant sut éviter cette faute, en admettant le genre Planorbe. En cela, il fut imité par Bruguière. Ainsi, dès la fin du dernier siècle, le genre Planorbe avait été sanctionné par des zoologistes célèbres, et caractérisé dès son origine aussi bien et aussi méthodiquement qu'on pouvait le désirer, à tel point qu'il serait à souhaiter que tous les genres de Mollusques le fussent aussi rationnellement que celui-ci. Les travaux modernes n'ont fait que confirmer de plus en plus ce genre. Lamarck, Draparnaud, Roissy, le consacrèrent dans leurs ouvrages; mais il manquait ce qui manque encore à beaucoup de genres, une anatomie bien faite et complète. Cuvier a rempli cette lacune importante, en publiant dans les Annales du Muséum d'abord, et ensuite séparément, un excellent Mémoire anatomique. Il s'agissait non de confirmer le genre, car tout ce que l'on en connaissait était bien suffisant pour cela, mais d'en établir définitivement les rapports. Était-ce un Pectinibranche ou un Pulmoné? Il fallait décider la question. Draparnaud avait pressenti les rapports de ce genre avec les Limnées et les Physes. Il en fait une section de ses Gastéropodes; et, sans les caractériser par les organes de la respiration, il arrive, en ignorant leur nature, à un même résultat; mais Geoffroy déjà l'avait fait, il faut le dire, d'une manière fort incomplète. Draparnaud a, de plus, le mérite de n'avoir pas imité les premiers travaux de Lamarck, qui, entraîné par quelques rapports de Coquilles seulement, mit dans sa méthode les Planorbes entre les Ampullaires et les Hélices, en les éloignant à tort des Limnées, qu'il venait de séparer des Bulimes de Bruguière. Le travail de Cuvier ne laissa plus de doute; il vint confirmer l'opinion de Draparnaud et les rapports qu'il avait établis. Bientôt après Lamarck revint de son erreur, et proposa dans l'Extrait du Cours la famille des Limnéens, qu'il composa des genres Limnée, Physe, Planorbe et Conovule; mais ce dernier avec un point de doute, et bien justement. Depuis cette époque, on ne remarqua plus aucune variation dans les ouvrages des zoologistes, relativement à la place des Planorbes dans la série générique. Il est donc inutile de citer des opinions semblables, quoiqu'elles fussent celles de savans recommandables.

Les Planorbes ont une organisation très-voisine de celle des Limnées, ayant des habitudes semblables, vivant dans les mêmes lieux. Ils diffèrent plus par la forme de la coquille et la modification qui doit en résulter pour la forme du corps, que par des caractères anatomiques. La plus grande différence extérieure entre les Animaux des Planorbes et des Limnées, existe dans la forme des tentacules; ils sont longs, minces et pointus; et portent les yeux à la partie interne de la base. Le pied, toujours proportionné à l'ouverture de la coquille, est petit et fort court; il s'attache au cou par un pédicule assez long et très-étroit; la bouche, qui est fendue en forme de T, présente à l'intérieur une dent semi-lunaire non dentelée et une langue courte, qui ne se prolonge pas en arrière; elle est hérissée de petits crochets cartilagineux; elle aboutit à un œsophage qui, comme dans les Limnées, est fort long et droit; l'estomac est fait de même; le gésier est seulement un peu plus allongé et plus cylindrique; le reste des intestins et le foie sont disposés d'une manière semblable; cependant le rectum est plus épais et plus renflé. L'espèce qui a été anatomisée est la plus grande de celles de nos rivières; elle est tournée à gauche, et tous les organes ont également changé de position; c'est-à-dire que tous ceux qui sont à droite ordinairement, sont ici à gauche, tandis que ceux qui sont à gauche se trouvent à droite. L'ordre normal se rétablit dans les espèces dextres. Les caractères génériques sont exprimés de la manière suivante: Animal conique, très-allongé, fortement enroulé; manteau simple; pied ovale; tentacules filiformes, sétacés, fort longs; yeux à leur base interne; bouche armée supérieurement d'une dent en croissant, et inférieurement d'une langue hérissée, presque exsertile; coquille mince, discoïde, à spire aplatie, et dont les tours sont apparens en dessus et en dessous; ouverture oblongue, à bords désunis, non réfléchis; point d'opercule.

Les Planorbes sont des Coquilles d'eau douce, où elles se trouvent quelquefois en grande abondance; elles sont toutes discoïdes; c'est-à-dire que la spire est horizontale, de manière à ne faire aucune saillie. Tous les tours dont elle est composée sont visibles aussi bien en dessus qu'en dessous; elles sont minces, fragiles et légères. Les pays tempérés et froids des deux hémisphères paraissent leur convenir plus que les régions méridionales, d'où on n'en a pas encore rapporté, du moins à notre connaissance. On en trouve plusieurs espèces fossiles dans les terrains tertiaires de France, d'Angleterre et d'Allemagne; quelques-uns ont leurs analogues; mais le plus grand nombre sont jusqu'à présent des espèces perdues.

Une Coquille remarquable par sa grandeur comparativement aux autres espèces de Planorbes, présentant presque tous les caractères de ce genre, y avait été placée par presque tous les auteurs; cependant sa spire est un peu saillante; rien néanmoins n'aurait déterminé à un changement à son égard, si on n'avait su qu'elle est operculée. Sowerby le premier fit connaître ce fait, et transporta par suite le *Planorbis Cornu-Arietis* parmi les Ampullaires.

PLANORBE CORNÉ, *Planorbis corneus*, Lamk., Anim. sans vert. T. VI, p. 152, n. 2; *Helix cornea*, L., Gmel., p. 3623, n. 35; *Planorbis corneus*, Drap., Moll. terr. et fluv. de France, pl. 1, fig. 42 à 44: Encyclop., pl. 460, fig. 1, a, b. Coquille opaque, peu concave en dessus, beaucoup plus en dessous, toujours tournée à gauche, de couleur cornée ou d'un brun fauve, surtout en dessous et sur le dos, et passant au blanc jaunâtre ou verdâtre en dessus; les tours sont striés transversalement. Elle se trouve dans presque toutes les eaux douces de l'Europe.

PLANORBE CARENÉ, *Planorbis carinatus*, Lamk., *loc. cit.*, n. 3; *Helix Planorbis*, L., Gmel., p. 3617, n. 20; *Planorbis carinatus*, Drap., Moll., pl. 2, fig. 15, 14, 16; Born, *Mus. Cæs. vind.*, tab. 14, fig. 5, 6; Encycl., p. 460, fig. 2, a, b. Coquille cornée, subtransparente, presque aussi concave en dessus qu'en dessous, partagée presque symétriquement par une carène saillante, submédiane; l'ouverture est ovalaire, plus large que longue. Elle se trouve en France, dans les rivières et les étangs.

PLANORBE CORNET, *Planorbis cornu*, Brongn., Ann. du Mus. T. XV, p. 371, fig. 5; Fér., Mém. géol., p. 62, n. 8. Coquille fossile qui se rencontre surtout dans les Silex de la formation lacustre supérieure, et dans une couche marneuse que l'on a traversée à la Villette en exécutant le canal Saint-Martin. Elle est presque plane en dessus et profondément ombiliquée en dessous; les tours, au nombre de quatre seulement, sont lisses, à peine marqués de quelques accroissemens; le dernier, plus grand que tous les autres, s'agrandit promptement.

PLANORBE EVOMPHALE, *Planorbis Euumphalus*, Sow., *Mineral Conchology*, pl. 140, fig. 7. Coquille des plus remarquables par sa forme, étant tout-à-fait plate en dessus, comme si on l'eût dressée à plaisir, et concave en dessous; le dessus et le dessous sont séparés par un angle aigu, mais non saillant, outre des stries transverses, dues en partie aux accroissemens. Cette Coquille en offre aussi de longitudinales assez nombreuses et plus sensibles en dessus. Cette espèce vient des terrains lacustres de l'île de Wight. (D..H.)

PLANORBIER. *Planorbarius.* MOLL. Le Mollusque des Planorbes. *V.* ce mot. (B.)

* PLANORBIS. MOLL. *V.* PLANORBE.

* PLANORBULINE. *Planorbulina.* MOLL. D'Orbigny, dans son travail sur les Céphalopodes, propose ce genre dans l'ordre des Foraminifères, famille des Hélicostègues, pour de petites Coquilles microscopiques multiloculaires, qui ont cette particularité remarquable d'être adhérentes aux corps sous-marins. Ce n'est pas le seul exemple qu'on en connaisse. D'Orbigny a donné à ce genre les caractères qui suivent : côtés inégaux; coquille fixée, déprimée; spire irrégulière, plus apparente d'un côté que de l'autre; ouverture semi-lunaire contre l'avant-dernier tour de spire.

Ne connaissant ce genre que par la figure qu'en a donnée D'Orbigny, il nous serait difficile de donner sur son organisation des détails plus étendus. Nous savons qu'il s'attache aux Corallines surtout, où nous l'avions cherché inutilement. Nous en possédons cependant de la Méditerranée, où il y en a une espèce à laquelle l'auteur que nous citons a donné le nom de cette mer. (D..H.)

PLANOSPIRITE. *Planospirites.* MOLL.? CONCH.? Genre proposé par Defrance, mais qui n'est pas suffisamment connu. Il y en a une espèce figurée dans la sixième planche du Traité de Malacologie de Blainville, quoiqu'il ne fasse nulle part mention de ce corps. Quelques personnes pensent que le Planospirite n'est autre chose que l'empreinte ou les restes du crochet d'une Coquille bivalve, du genre Gryphée; mais cette opinion a besoin d'être confirmée. La figure d'un corps qui approche de ceux-ci, donnée par Faujas, Hist. nat. de Maëstricht, pl. 22, fig. 2, ne peut cependant pas convenir à ce genre; elle n'en présente pas le caractère principal. L'incertitude où l'on est à son égard doit engager les observateurs à faire de nouvelles recherches, pour jeter quelque jour sur ces corps curieux. (D..H.)

PLANOT. OIS. L'un des noms vulgaires de la Sittèle. *V.* ce mot. (B.)

PLANTAGINASTRUM. BOT. PHAN. (Heister.) Syn. d'Alisma ou Plantain d'eau. *V.* ces mots. (B.)

PLANTAGINÉES. *Plantagineæ.* BOT. PHAN. Petite famille de Plantes, uniquement composée des genres Plantain et Littorelle, et que l'on reconnaît aux caractères suivans : les fleurs sont hermaphrodites, unisexuées dans le seul genre *Littorella*, formant des épis simples, cylindriques, allongés ou globuleux; rarement les fleurs sont solitaires. Le calice est à quatre divisions profondes et persistantes ou à quatre sépales inégaux, en forme d'écailles, et dont deux plus extérieures. La corolle est monopétale, tubuleuse, à quatre divisions régulières, rarement entière à son sommet. Cette corolle, dans le genre Plantain, donne attache à quatre étamines saillantes qui, dans le *Littorella*, naissent du réceptacle. L'ovaire est libre, à une, deux ou très-rarement à quatre loges, contenant un ou plusieurs ovules. Le style est capillaire, terminé par un stigmate simple, subulé, rarement bifide à son sommet. Le fruit est une petite pyxide recouverte par la corolle qui persiste. Les graines se composent d'un tégument propre qui recouvre un endosperme charnu, au centre duquel est un embryon cylindrique axile et homotrope.

Les Plantaginées sont des Plantes herbacées, rarement sous-frutescentes, souvent privées de tiges, et n'ayant que des pédoncules radicaux qui portent des épis de fleurs très-denses. Leurs feuilles sont radicales, entières, dentées ou diversement incisées. Elles croissent, en quelque sorte, sous toutes les latitudes. Jussieu, et la plupart des autres botanistes, considèrent les Plantaginées comme véritablement apétales. Pour cet illustre botaniste, l'organe que nous avons décrit comme la corolle est le calice, et notre calice n'est qu'une réunion de bractées; mais il nous semble que la constance et la régularité de ces deux organes doivent plutôt les faire considérer comme un périanthe double, ainsi que l'a plus récemment admis le célèbre R. Brown.

Les Plantaginées sont très-voisines des Plumbaginées, dont elles diffèrent surtout par leur style constamment simple, par leur ovaire à deux loges souvent polyspermes, tandis qu'il est constamment uniloculaire et contenant un ovule pendant du sommet d'un podosperme basilaire et dressé dans les Plumbaginées. (A. R.)

PLANTAGINELLA. BOT. PHAN. Mœnch appelle ainsi le *Limosella lacustris*, L. *V.* LIMOSELLE. (A. R.)

PLANTAGO. BOT. PHAN. *V.* PLANTAIN.

PLANTAIN. *Plantago*. BOT. PHAN. Type de la famille des Plantaginées, ce genre se compose d'un très-grand nombre d'espèces herbacées, annuelles ou vivaces, ou même quelquefois sous-frutescentes. Dans les premières, les feuilles sont en général toutes radicales, étalées en rosaces, entières, dentées ou plus ou moins profondément pinnatifides; d'autres fois les feuilles sont caulinaires et opposées. Les fleurs sont toujours très-petites, sessiles, hermaphrodites, disposées en épis très-denses, cylindriques, allongés ou ovoïdes et presque globuleux. Ces épis sont portés sur des pédoncules plus ou moins longs qui naissent du collet de la racine ou de l'aisselle des feuilles caulinaires, suivant que les espèces sont acaules ou munies d'une tige. Chaque fleur est placée à l'aisselle d'une petite écaille; elle se compose d'un calice formé de quatre sépales, quelquefois inégaux et dont deux sont plus extérieurs que les deux autres qui sont plus intérieurs; d'une corolle monopétale, longuement tubuleuse, terminée par un limbe plan et à quatre divisions étoilées, de quatre étamines saillantes, à filamens capillaires, insérées à la base du tube de la corolle, alternes avec ses divisions, à anthères biloculaires presque cordiformes et attachées au filet par leur base. L'ovaire est globuleux ou ovoïde, terminé à son sommet par un long stigmate subulé, simple ou bifide à son sommet. Le fruit est une petite pyxide ou capsule operculée, à deux ou quatre loges, contenant chacune une ou plusieurs graines.

A. L. De Jussieu (*Genera Plantarum*) a proposé de rétablir le genre *Psyllium* de Tournefort, caractérisé par sa capsule dont les loges sont monospermes et par des tiges portant des feuilles opposées, tandis que dans les vrais Plantains il ne laissait que les espèces à loges polyspermes et à feuilles toutes radicales; mais quoiqu'il existe en effet quelques différences dans le port de ces deux groupes, néanmoins leurs caractères distinctifs sont très-peu fixes, et l'on voit des Plantains à feuilles radicales qui, par avortement, ne contiennent qu'une seule graine dans chaque loge, et des Plantains à loges polyspermes qui, par suite de la culture ou quelquefois naturellement, ont une tige plus ou moins développée.

Les espèces de Plantain sont fort nombreuses, ainsi que nous l'avons dit : on en compte environ vingt-deux dans la Flore de France. Quelques espèces sont communes en tous lieux. Ainsi les *Plantago major*, *media* et *minima*, qui, peut-être, ne sont qu'une seule et même espèce; le *Plantago lanceolata*, sont excessivement communs dans tous les lieux incultes; les *Plantago Psyllium*, *arenaria*, *Coronopus*, *Cynops*, couvrent les lieux arides et sablonneux; on trouve sur les bords de la mer les *Plantago maritima*, *subulata*, etc.; sur les montagnes, le *Plantago alpina*. L'eau distillée des feuilles du *Plantago major* est employée comme résolutive dans les diverses ophthalmies chroniques. Les graines d'un grand nombre d'espèces de ce genre, et en particulier celles des *Plantago Psyllium* et *arenaria*, contiennent, dans leur tégument propre, une très-grande quantité de mucilage; aussi leur décoction est-elle employée avec avantage dans les inflammations du bord des paupières. (A. R.)

On a appelé PLANTAIN D'EAU l'*Alisma Plantago*, L. On trouve dans quelques vieilles relations, et souvent dans l'Histoire des voyages, le Bananier désigné sous les noms de PLANTAIN, PLANTANIER et PANTANO. (B.)

* PLANTAIRES. MAM. *V.* PALMAIRES.

PLANTE. BOT. PHAN. *V.* VÉGÉTAL.

PLANTIGRADES. MAM. Nom sous lequel on désigne les Carnassiers qui, dans la marche, posent sur toute la plante du pied, tels que les Ours, les Coatis, le Kinkajou, etc. *V.* MAMMALOGIE. (IS. G. ST.-H.)

PLANTISUGES OU PHYTADELGES. INS. Famille d'Hémiptères proposée par Duméril (Zool. anal.), et qu'il caractérise ainsi qu'il suit : ailes semblables, non croisées, souvent étendues, transparentes; bec naissant du cou; tarses à deux articles. Cette famille comprend les genres Alcyrode, Cochenille, Puceron, Chermès et Psylle. (G.)

PLANTULE. BOT. PHAN. On appelle ainsi le jeune embryon germé et formant un nouveau Végétal. On a également donné ce nom à la Gemmule ou Plumule. *V.* EMBRYON. (A. R.)

* PLANULACÉS. *Planulacea*. MOLL. Deuxième famille du second ordre des Céphalopodes cellulacés de Blainville. Elle ne contient que deux genres, dont l'analogie ne nous semble pas entière. Ce sont les Rénulines et les Pénéroples, à titre de sous-divisions. Ils renferment des Coquilles qui ne paraissent avoir qu'une analogie éloignée avec le type du genre. *V.* RÉNULINE et PÉNÉROPLE. (D..H.)

* PLANULAIRE. *Planularia*. MOLL. Genre établi par Defrance pour une Coquille multiloculaire microscopique, qu'il trouva dans les sables à fossiles d'Italie. Blainville l'adopta dans son Traité de Malacologie, à titre de sous-genre des Pénéroples, dans la famille des Planulacés. D'Orbigny l'adopta aussi dans son travail général sur les Céphalopodes; il l'a compris dans la famille des Sticosthègues (*V.* ce mot), où il est en rapport avec les Marginulines et les Pavonines (*V.* ces mots). Plusieurs espèces de ce genre étaient connues avant Defrance et D'Orbigny. Fichtel et Moll, Soldani, en avaient figuré quelques-unes. Blainville confondit l'une d'elles avec les Pénéroples, et l'autre avec les Polystomelles. D'Orbigny, après Defrance, est le premier qui ait bien groupé ces diverses Coquilles, en général peu connues et difficiles, par cela même, à bien mettre en rapport. Voici les caractères qui les réunissent : ouverture arrondie, située au sommet de l'angle extérieur; test très-aplati, triangulaire ou elliptique, ayant à son origine l'empreinte volutatoire; loges obliques, superposées.

D'Orbigny ne compte encore dans ce genre que sept espèces, trois nouvelles, des calcaires de Caen, *Planularia elongata*, *depressa* et *striata*. Les quatre autres ont été figurées. Il les désigne ainsi : *Planularia cymba*, D'Orb., Modèles de Céphalopodes, 2e liv., n. 7., Mém. sur les Céphal., Ann. des Scienc. nat., 1826. T. I, pl. 10, fig. 9.

Planularia auris, Defr., Dict. Sc. natur., fig. 5, 5 a; *Orthoceras auris*, Sold., Test. T. II, tab. 104, fig. A; *Peneroplis auris*, Blainv., Traité de Malac., p. 371, pl. 6, fig. 5, 5 a; D'Orb., *loc. cit.*, n. 5. De la mer Adriatique. Fossile à Castel-Arquato.

Planularia crepidula, D'Orb., *loc. cit.*, n. 6; *Nautilus crepidulus*, Fich., tab. 19, fig. g, h, i; *Nautilus lituilatus*, Sold., T. I, tab. 58, fig. 66; *Polystomella margaritacea*, Blainv., Malac., p. 389. De la mer des Antilles et du golfe de Toscane.

Planularia rostrata, D'Orb., *loc. cit.*, n. 7; Sold., T. 1, tab. 48, fig. *id.* Fossile dans la Coronime.

Si nous avions connu quelques espèces de ce genre en nature, nous les aurions décrites, ce que nous aurions préféré à une nomenclature empruntée à D'Orbigny; car nous ne nous permettrons jamais de faire une description d'après une figure, quelque parfaite que nous puissions la supposer. (D..H.)

PLANULITE. *Planulites.* MOLL. Lamarck est le premier qui ait constitué ce genre. Il le démembra des Ammonites, et il y rangea toutes les espèces aplaties dont les tours sont nombreux, mais peu épais. Par les nuances insensibles qui confondent ce genre avec les Ammonites, Lamarck a été lui-même conduit à le supprimer. Montfort le reproduisit quelque temps après, et De Haan l'a conservé, en lui donnant le nom de Planite. *V.* ce mot. Nous pensons avec Defrance que ce genre, quel que soit le nom qu'on lui donne, n'a pas des caractères suffisans pour être conservé. Il doit rentrer dans les Ammonites, d'où il est sorti. *V.* AMMONITE et PLANITE. (D..H.)

* PLAQUE DORÉE. INS. Geoffroy donne ce nom vulgaire au *Botys palustrata* de Latreille. *V.* BOTYS. (G.)

PLAQUEMINIER. *Diospyros.* BOT. PHAN. Genre de la famille des Ebénacées et de la Polygamie Diœcie, L., qui se compose d'Arbres tous exotiques, portant des feuilles simples, entières, alternes, sans stipules; des fleurs polygames et axillaires; ces fleurs ont un calice persistant, à quatre ou six divisions profondes; une corolle monopétale urcéolée, ayant son limbe à quatre ou six divisions réfléchies; dans les fleurs mâles on trouve huit étamines incluses, attachées à la base de la corolle et disposées sur deux rangs; leurs filets sont courts, leurs anthères linéaires allongées, terminées en pointes, s'ouvrant à leur sommet par deux petites fentes longitudinales; un tubercule central tient lieu du pistil avorté: dans les fleurs femelles, la corolle est généralement plus courte et le calice beaucoup plus grand; sur la paroi interne de la corolle on trouve les huit étamines rudimentaires; l'ovaire est globuleux à huit ou douze loges, contenant chacune un seul ovule, qui naît latéralement de leur sommet. Le style est simple, terminé à son sommet par quatre ou six stigmates bifides. Le fruit est globuleux, charnu, environné par le calice qui est persistant et contient un nombre variable de graines comprimées et pendantes; leur tégument propre est assez épais, recouvrant un très-gros endosperme dur, dans la base duquel est renfermé un petit embryon cylindracé ayant la même direction que la graine, une radicule très-longue relativement aux cotylédons qui sont très-courts.

Le genre *Diospyros* est très-voisin du *Royena* qui n'en diffère que par ses fleurs hermaphrodites ordinairement à cinq divisions, par ses étamines disposées sur un seul rang et ses stigmates entiers. Quant à l'*Embryopteris* de Gaertner, il ne s'en distingue que par ses étamines dont le nombre est quatre fois plus grand que celui des divisions de la corolle, tandis qu'il n'est que double dans les Plaqueminiers. Les espèces de ce genre sont fort nombreuses; on les trouve à la fois dans l'ancien et le nouveau continent. Nous allons faire connaître ici quelques-unes des plus remarquables.

PLAQUEMINIER FAUX-LOTOS, *Diospyros Lotus*, L. Pendant long-temps on a cru que cet Arbre était celui dont les fruits étaient connus sous le nom de Lotos par les anciens et qui croissait dans le pays des Lotophages; mais on sait aujourd'hui, d'après les observations du professeur Desfontaines, que le véritable Lotos des Lotophages est le *Rhamnus* ou *Ziziphus Lotus*. Le Plaqueminier dont il est ici question est un Arbre de moyenne grandeur qui croît dans l'Afrique septentrionale ; ses feuilles sont alternes, courtement pétiolées, elliptiques, terminées en pointe à leurs deux extrémités, blanchâtres, pubescentes et légèrement glanduleuses à leur face inférieure, vertes à leur face supérieure. Les fleurs sont assez petites, solitaires à l'aisselle des feuilles ; il leur succède des fruits charnus de la grosseur d'une cerise accompagnés à leur base par le calice et contenant généralement huit graines comprimées. Cette espèce se cultive facilement en pleine terre sous le climat de Paris.

Plaqueminier Ebène, *Diospyros Ebenum*, L., Suppl. Arbre d'une trentaine de pieds d'élévation, qui croît dans l'Inde et qu'on trouve aussi à l'Ile-de-France où il présente plusieurs variétés. Son bois a l'aubier fort épais et de couleur blanchâtre, et le cœur d'un beau noir et d'une grande dureté. Ses feuilles pétiolées et coriaces sont ovales, obtuses, glabres ; les fleurs sont axillaires, sessiles, réunies au nombre de trois à quinze ; les fruits sont ovoïdes, allongés. Il est très-probable que sous le même nom on confond plusieurs espèces de ce genre qui ont, pour caractère commun, un bois noir et très-dur employé et connu sous le nom d'Ebène, mais qui diffèrent entre elles par plusieurs autres caractères. (A. R.)

* PLAQUEMINIERS. BOT. PHAN. Famille de Plantes qui est plus généralement désignée sous le nom d'Ebénacées. *V.* ce mot. (A. R.)

PLARON. MAM. Espèce du genre Musaraigne. *V.* ce mot. (B.)

PLASMA. MIN. C'est le nom donné par Werner à une variété d'Agate ou de Silex translucide, d'un vert d'herbe entremêlé de blanc et de jaune brunâtre. La plupart des échantillons de Plasma, qu'on voit dans les collections sous la forme d'objets travaillés, ont été trouvés dans les ruines de Rome et principalement aux environs du tombeau de Cecilia-Metella. On rapporte à la même variété des concrétions mamelonnées d'un vert olivâtre qui viennent du Brisgaw, de la Moravie, de la Hongrie, etc. ; elles paraissent appartenir au terrain de Serpentine. (G. DEL.)

PLASO. BOT. PHAN. La Plante que Rheede (*Hort. Malab.*, 6, tab. 16 et 17) a décrite et figurée sous ce nom adopté comme générique par Adanson, est l'*Erythrina monosperma* de Lamarck, qui est devenue le *Butea frondosa*, de Roxburgh. *V.* Butea. (G..N.)

PLASTRON. REPT. CHÉL. Le sternum dans les Chéloniens. *V.* Tortue. (B.)

PLASTRON BLANC. OIS. Syn. vulgaire du *Turdus torquatus*, L. *V.* Merle. On a aussi appelé Plastron blanc et noir, des Colibris, Gonolec, etc. (B.)

PLATAGONI. MAM. (Belon.) Syn. de Daim. *V.* Cerf. (B.)

PLATALEA. OIS. *V.* Spatule.

PLATANARIA. BOT. PHAN. (Dodœns.) Syn. de *Sparganium*. *V.* ce mot et Rubanier. (B.)

PLATANE. POIS. On trouve, dans le Dict. de Déterville, que c'est une Brême, mais nous ne pouvons deviner laquelle. (B.)

PLATANE. *Platanus*. BOT. PHAN. Genre placé par Jussieu à la fin de la famille des Amentacées, et qui fait partie de la Monœcie Monandrie, L. Il se compose de deux espèces principales, l'une originaire d'Orient (*Platanus orientalis*, L.), l'autre de l'Amérique septentrionale (*Platanus occidentalis*, L.). Ce sont deux grands et beaux Arbres dont quelques variétés ont été élevées au rang d'espèces ; leurs feuilles sont alternes, pétiolées, grandes, divisées en trois ou cinq lobes palmés et dentés ; leurs fleurs sont très-petites, unisexuées, monoïques, disposées en petits chatons globuleux et pédonculés ; les pédoncules, qui sont longs et pendans, portent deux ou trois chatons écartés, l'un terminal et les autres latéraux ; chaque chaton se compose d'un réceptacle globuleux chargé de fleurs extrêmement serrées les unes contre les autres; dans les chatons mâles, ces fleurs sont autant d'étamines, à filament court, à anthère biloculaire, allongée, tronquée à son sommet qui se termine par une sorte de tubercule velu, qui semble être une prolongation du filet qui réunit les deux loges; à la base des étamines fertiles on trouve sur le réceptacle quelques petites écailles ciliées et quelques appendices de forme variée qui paraissent être autant d'étamines avortées : les fleurs femelles se composent chacune d'un ovaire ovoïde, qui se prolonge supérieurement en un long style épais et glanduleux sur tout un côté. L'ovaire, qui est à peine distinct de la base du style, est uniloculaire et contient un seul ovule suspendu, très-rarement il en contient deux qui sont superposés. Le fruit se compose de petits akènes subclaviformes, surmontés d'une pointe recourbée; chacun d'eux contient une, très-rarement deux graines pendantes, cylindriques et très-allongées. Chaque graine se compose d'un tégument assez épais, recouvrant un endosperme blanc et charnu auquel il est légèrement adhérent et dans lequel est placé un long embryon cylindrique, ayant une direction opposée à celle de la graine.

Le PLATANE D'ORIENT, *Platanus orientalis*, L., est un grand et bel Arbre originaire d'Orient, mais introduit et naturalisé en Europe depuis un temps immémorial; il a d'abord été transporté de l'Asie-Mineure en Sicile; de-là en Italie, puis dans toute l'Europe méridionale. Le tronc du Platane est droit et cylindrique, recouvert d'une écorce lisse qui s'enlève et tombe tous les ans par grandes plaques minces; ses feuilles sont alternes, longuement pétiolées, divisées en cinq ou sept lobes aigus, profondément et inégalement dentées; à la bifurcation des nervures principales on trouve une glande; chaque feuille est accompagnée de deux stipules soudées ensemble par leur côté interne et formant ainsi une sorte de gaîne; les chatons sont globuleux, pédonculés, se développant avant les feuilles et terminant les jeunes rameaux. Le Platane est un Arbre qui peut acquérir de très-grandes dimensions. Les auteurs de l'antiquité nous ont transmis des exemples de Platanes d'une grosseur énorme; tel était celui qui, au rapport de Pline, existait de son temps en Lycie, et dont le tronc, creusé par le temps, formait une espèce de grotte de quatre-vingt-un pieds de circonférence; il était garni intérieurement de mousse, et Licinius Mucianus, gouverneur de la province, y dîna avec dix-huit personnes de sa suite. L'introduction du Platane en Angleterre, en Allemagne et en France est assez moderne : ce fut, dit-on, Nicolas Bacon, père du fameux chancelier de ce nom, qui, en 1561, fit venir les premiers pieds de Platane en Angleterre; vers 1576, l'Ecluse le reçut de Constantinople pour le Jardin de Vienne en même temps que l'Hippocastane; enfin il paraît que ce ne fut que long-temps après qu'il fut cultivé en France, puisque ce fut Buffon qui en reçut le premier pied pour le Jardin des Plantes de Paris. Cependant aujourd'hui cet Arbre est extrêmement commun en France, et on y en voit de très-belles plantations. Le Platane peut se multiplier de graines, de boutures et de marcottes; c'est ce dernier moyen que l'on emploie le plus fréquemment dans les pépinières, parce qu'il est le plus prompt et le plus sûr. Cet Arbre est du petit nombre de ceux qui sont rebelles à la greffe, même sur leur propre espèce; il aime les terrains substantiels, profonds et humides, et lorsqu'il rencontre ces diverses circonstances, il croît avec une vigueur et une rapidité surprenantes. C'est un Arbre très-utile pour faire des alignemens, des avenues Son bois est blanchâtre, assez dur, ayant quelque ressemblance avec celui du Hêtre; mais il a l'inconvénient de se fendre à l'air et d'être facilement attaqué par les Insectes; aussi est-il peu recherché.

Le PLATANE D'AMÉRIQUE, *Platanus occidentalis*, L., a le même port et peut acquérir les mêmes dimensions que celui d'Orient; il en diffère surtout par ses feuilles plus grandes, divisées seulement en trois lobes peu profonds. On le cultive aussi en France où il s'est très-bien acclimaté. Son bois devient rougeâtre en se séchant, et comme il est agréablement veiné, on l'emploie quelquefois pour faire des meubles; mais son usage le plus général est pour la charpente intérieure et pour la construction des pirogues. (A. R.)

PLATANOCEPHALUS. BOT. PHAN. (Vaillant.) Syn. de Céphalanthe. *V.* ce mot. (B.)

* PLATANOIDES. BOT. PHAN. (Petiver.) Syn. de *Liquidambar Styraciflum*. (B.)

PLATANTHÈRE. *Platanthera*. BOT. PHAN. Genre de la famille des Orchidées et de la Gynandrie Monandrie, établi par le professeur Richard dans son travail sur les Orchidées d'Europe, et ayant pour type l'*Orchis bifolia*, L., que Rob. Brown avait réuni au genre *Habenaria*. Il en diffère surtout par son anthère, dont les loges, très-écartées l'une de l'autre, sont séparées inférieurement par l'aréole stigmatique qui se trouve interposée entre elles, et parce qu'elle ne se prolonge pas inférieurement en deux cornes saillantes; les rétinacles sont latéraux et non terminaux. Du reste, ces deux genres ont entre eux la plus grande analogie; mais aucune des véritables espèces d'*Habenaria* ne croît en Europe. On les trouve dispersées en Afrique, en Amérique et en Asie. (A. R.)

* PLATAX. POIS. (Cuvier.) Sous-genre de Chœtodons. *V.* ce mot. (B.)

PLATEA. OIS. (Klein et Barrère.) Même chose que *Platalea*. *V.* ce mot et SPATULE. (B.)

* PLATEA. BOT. PHAN. Blume (*Bijdragen flor. van nederl. Ind.*, p. 646) a établi sous ce nom un genre qu'il place à la suite des Santalacées, mais qui, à raison de la position des étamines et de la supérité du fruit, doit peut-être faire partie des Olacinées. Voici les caractères qu'il lui attribue: fleurs dioïques; les mâles ont un calice infère, petit, à cinq pétales imbriqués; une corolle à cinq pétales cohérens par la base; cinq étamines dont les filets sont courts, insérés à la base des pétales et alternes avec ceux-ci. Les fleurs femelles ont le calice comme dans les mâles; point de pétales; un ovaire supère, uniloculaire; un stigmate grand, sessile, discoïde, obtus. Le fruit est une baie drupacée, à noix oblongue, anguleuse, et ne contenant qu'une seule graine dont l'albumen est charnu, et l'embryon inverse. Ce genre est très-voisin du *Nyssa* dont il se distingue principalement par son calice infère. L'auteur en a décrit seulement deux espèces, *Platea excelsa* et *P. latifolia*, qui croissent dans les forêts de la montagne de Salak à Java. Ce sont des Arbres à feuilles alternes, entières, coriaces, les plus jeunes couvertes d'écailles ainsi que les rameaux et les pédoncules; les fleurs mâles sont disposées en épis rameux, et les femelles en grappes simples. (G..N.)

PLATEAU. BOT. PHAN. L'un des noms vulgaires du *Nymphea alba*. *V.* NÉNUPHAR. (B.)

PLATEAU. BOT. CRYPT. Paulet donne ce nom à divers Agarics, avec les épithètes de Queue torse, de Farinier, de Porcien, et autres dans le même goût. Son Plateau de Sainte-Lucie est aussi appelé Petit-Evêque, etc., etc. (B.)

PLATESSE ET PLATESSA. POIS. Syn. de Plies, sous-genre de Pleuronecte. *V.* ce mot. (B.)

* PLATICARPIUM. BOT. PHAN. Pour Platycarpium. *V.* ce mot. (G..N.)

* PLATICARPOS. BOT. PHAN. (De Candolle.) *V.* FUMETERRE.

PLATIGÈRE. *Platigera.* BOT. CRYPT. (*Lichens.*) Même chose que Peltigère. *V.* ce mot. (A. F.)

PLATINE. MIN. Substance métallique, d'un gris d'acier approchant du blanc d'argent, malléable, très-pesante, infusible, inattaquable par l'Acide nitrique, mais soluble dans l'Acide nitro-muriatique, d'où elle est précipitée à l'état d'Oxide jaune par les sels de Potasse et d'Ammoniaque. Le Platine l'emporte en pesanteur spécifique sur tous les autres Métaux connus. Suivant Borda, le Platine purifié et écroui pèse 20,98. Il se laisse facilement laminer et tirer à la filière; il reçoit un beau poli, et comme il est inaltérable à l'air, il conserve son éclat pendant très-long-temps.

Le Platine ne se rencontre dans la nature que sous la forme de grains aplatis, plus ou moins volumineux, mais généralement fort petits, et jusqu'à ces derniers temps, on ne l'avait trouvé que dans les terrains de transport anciens, dans les dépôts arénacés qui renferment en même temps l'Or en paillettes et le Diamant. Les grains de Platine varient depuis la grosseur de la poudre de chasse jusqu'à celle de la graine de chanvre. On cite quelques pépites de Platine d'un volume remarquable : telles sont entre autres celles du musée de Madrid, provenant de la mine d'Or de Condoto, dans la Nouvelle-Grenade, et dont le poids est d'une livre neuf onces, et celle du cabinet de Berlin, rapportée d'Amérique par Humboldt, et qui pèse environ deux onces. Le Platine, tel qu'on l'extrait par le lavage des sables qui le contiennent, n'est jamais pur; il est presque toujours allié au Fer, au Cuivre, au Rhodium et au Palladium, et, de plus, associé à d'autres grains, assez semblables à ceux de Platine, et qui sont un alliage d'Osmium et d'Iridium; quelquefois à des grains de Palladium natif, et le plus ordinairement à des paillettes d'Or et à des grains noirs, composés d'Oxide de Fer, de Titane et de Chrôme. On reconnaît aussi, dans le sable platinifère, des Zircons, des Spinelles et des grains vitreux de diverses couleurs.

Le Platine natif a été découvert en 1735 par don Antonio de Ulloa, dans l'Amérique équinoxiale, au Choco, sur les côtes de la mer du Sud. Il est disséminé dans un sable aurifère, qui occupe une surface de six cents lieues carrées. Dans quelques parties du sol, on trouve à une assez grande profondeur des troncs d'arbre très-bien conservés. Cette observation importante, qui paraît s'étendre à tous les terrains meubles dans lesquels le Platine a été observé jusqu'ici, confirme l'opinion généralement admise sur la nature de ces terrains, que l'on considère comme formés par voie de transport, et non par les détritus de roches décomposées sur place. Les sables platinifères du Choco sont mêlés de paillettes d'Or, de Zircons et de grains de Fer titané; ils ne renferment point de Diamans.

On a retrouvé le Platine au Brésil, dans un terrain d'alluvion aurifère, qui paraît devoir son origine à la décomposition de roches d'une autre formation que celles qui ont donné naissance aux sables du Choco. Ce terrain ne renferme point de Zircons; mais il offre la réunion remarquable du Platine et du Diamant. C'est dans les lavages de Matto-Grosso et de Minas-Geraes, que l'on trouve ce métal, en grains plus gros et moins compactes que ceux du Choco. Le Platine existe encore dans une autre partie de l'Amérique, à Saint-Domingue, dans le sable de la rivière d'Iaky, qui coule au pied du mont Sibao, à environ quarante lieues de Santo-Domingo.

On n'a eu aucun exemple bien authentique de l'existence du Platine dans l'ancien continent, jusqu'à la découverte encore récente de ce métal dans les sables aurifères des monts Ourals. C'est à Kuschwa, dans le gouvernement de Perme, à deux cent cinquante werstes d'Ekaterinebourg, qu'on l'a trouvé d'abord associé à l'osmiure d'Iridium. Ces Métaux se rencontrent presqu'à la surface du sol, dans un terrain argileux, au milieu de fragmens de Diorite, de grains de Fer oxidulé et de Corindon. Ainsi les sables qui les renferment, présentent la plupart des circonstances qu'on a observées dans les terrains aurifères et platinifères du Choco. Le Platine de Kuschwa est en grains beaucoup moins plats, mais plus épais et plus réguliers que celui du Choco. Il est aussi un peu moins riche; car d'après les essais faits par Laugier, il ne contient que 65 pour 100 de Platine, au lieu de 70 à 75. Les grains de Platine proprement dits sont accompagnés de grains blancs et gris, attirables à l'aimant, qui sont composés, d'après le même chimiste, de Platine, 20; Fer, 50; Iridium, 15; Osmium, 8; Cuivre, 3. On cite encore comme principales localités du Platine de Russie, Nijni-Taghuilskoï, à vingt-quatre milles d'Ekaterinebourg, et Nischni-Toura. Dans cette dernière localité, le sable platinifère montre quelque analogie avec celui du Brésil, dans lequel se trouvent les Diamans. Il est composé de fragmens roulés d'hydrate de Fer et de Jaspe, et contient plus de Platine que d'Or.

Jusqu'à ces derniers temps, l'origine du Platine, qui se rencontre dans les terrains d'alluvion, a été fort problématique, et l'on n'avait pas encore de notions bien arrêtées sur le gisement primitif de ce métal. Mais une découverte toute récente, due à Boussingault, est venue répandre du jour sur cette importante question. Ce naturaliste, qui explore en ce moment les régions équinoxiales du Nouveau-Monde, ayant visité les mines d'Or de Santa-Rosa, dans la province d'Antioqua, a reconnu que le Platine existe dans les filons aurifères de la vallée des Ours, à dix lieues de Médellin. Ces filons renferment du Fer hydraté; il suffit de broyer les matières qui les composent, pour en obtenir ensuite par le lavage l'Or et le Platine qu'elles contiennent. Les grains que Boussingault a reconnus dans la poudre, provenant d'un de ces filons, étaient semblables, par leur forme et par leur aspect, à ceux qui viennent du Choco. La forme de larmes arrondies que présentent les pépites de Platine des terrains de transport, a fait présumer que ce métal avait été longtemps roulé. Il est remarquable que le Platine de Santa-Rosa, dégagé de sa gangue sous les yeux de Boussingault, lui ait offert cette apparence de matière roulée, qui, au reste, n'est pas particulière au Platine; car on l'observe très-souvent sur l'Or provenant des mêmes filons.

Les filons aurifères et platinifères de Santa-Rosa appartiennent à la formation de Syénite et de Grünstein, et se trouvent dans une Syénite décomposée, liée à la même roche non décomposée, qui forme la vallée de Médellin. La vallée des Ours étant très-voisine de la province du Choco, dont elle n'est séparée que par une branche de la Cordilière des Andes, cette circonstance explique la présence du même métal dans les terrains d'alluvion de cette vallée.

Le Platine de l'Amérique orientale ne paraît pas appartenir à la même formation de roches que le Platine de l'Amérique occidentale, et celui de l'Oural, qui lui est analogue. D'après les observations d'Eschwège, il n'y a dans la province de Minas-Geraes, ni Syénites zirconiennes, ni Diorites, mais des roches quartzeuses, mélangées de Chlorite et de Fer oligiste métalloïde, qui, par leur décomposition, ont donné naissance aux alluvions aurifères et platinifères du Brésil.

La propriété dont jouit le Platine de résister au feu le plus violent, d'être inattaquable par la plupart des Acides et par l'action de l'air atmosphérique, le rend extrêmement précieux dans les arts. On l'emploie pour faire des creusets, des capsules, des cornues, des pinces et cuillers à l'usage des chimistes et des minéralogistes. On s'en est servi dans la construction des miroirs de télescope; on exécute en Platine la pointe des paratonnerres, le bassinet et la lumière des armes à feu, les étalons des mesures, etc. Enfin ce métal, à l'état d'Oxide, s'applique sur la Porcelaine, et produit sur cette matière un enduit inaltérable, d'un éclat métallique et d'une teinte intermédiaire entre le blanc d'Argent et le gris d'Acier.

Le Platine serait au nombre des Métaux usuels s'il était moins rare et moins difficile à purifier. Jusqu'à présent, il n'en est entré dans le commerce qu'une petite quantité, qui nous est venue tout entière de l'Amérique. Ce métal vaut encore de 4 à 5 francs l'once, lorsqu'il est brut, et de 16 à 24 francs, lorsqu'il est travaillé. Mais vu la découverte récente du Platine en Russie, il y a lieu d'espérer que ce métal précieux cessera bientôt d'être d'un prix aussi élevé. Les nouvelles mines des monts Ourals sont si riches, qu'on assure qu'elles ont déjà fait baisser ce prix de près d'un tiers à Saint-Pétersbourg. (G. DEL.)

PLATISMA. BOT. CRYPT. (*Lichens.*) P. Browne est le fondateur de ce genre, adopté par Adanson qui y renfermait des Borrères et des Evernies; il n'a point été adopté par les lichénographes modernes, non plus que le *Platisma* d'Hoffmann, aujourd'hui réparti dans les genres *Borrera*, *Cetraria*, *Ramalina*, *Endocarpon*, *Parmelia* et *Sticta*. (A. F.)

* PLATISPERMUM. BOT. PHAN. Pour Platyspermum. *V.* ce mot. (G..N.)

* PLATOCYMINUM. BOT. PHAN. (Césalpin.) Syn. de *Laserpitium Siler*. (B.)

* PLATOGNI. MAM. *V.* DAIM au mot CERF.

* PLATON. Nom vulgaire et générique des Poissons du sous-genre Able dans quelques provinces méridionales de la France. *V.* ABLE. (B.)

* PLATOSTOME. *Platostoma.* BOT. PHAN. Palisot de Beauvois (Flore d'Oware et de Benin, vol. 2, p. 64, tab. 95, f. 2) a décrit et figuré sous le nom de *Platostoma africanum*, une Plante qu'il considère comme formant un nouveau genre de la famille des Labiées et de la Didynamie Gymnospermie, L. Voici les caractères génériques qu'il lui attribue : calice d'une seule pièce, tubuleux, à deux lèvres entières, bouché et fermé après la floraison par la lèvre supérieure; corolle très-ouverte, à deux lèvres; la supérieure presque entière; l'inférieure à trois divisions, dont les deux latérales sont longues, obtuses; l'intermédiaire liguliforme, échancrée; quatre étamines didynames, dont les filets sont larges et aplatis; un seul style, surmonté d'un stigmate bifide. Selon Palisot de Beauvois, ce genre se rapproche par le calice des genres *Scutellaria*, *Cryphia* et *Prostanthera;* mais il en diffère par la corolle et les filets des étamines. Son port est absolument le même que celui de l'*Ocymum heptodon* et de l'*O. monostachyum*, également figurés dans la Flore d'Oware. Ces trois Plantes nous semblent se rapprocher beaucoup du genre *Plectranthus* de L'Héritier.

Le *Platostoma africanum*, Beauv., *loc. cit.*, a une tige rameuse, garnie de feuilles ovales et crénelées. Les fleurs sont roses et forment des épis verticillés au sommet des rameaux. Cette Plante croît dans le royaume de Benin, en Afrique. (G..N.)

PLATRE. GÉOL. *V.* GYPSE.

* PLATUK. OIS. Ce nom générique est appliqué par les Javanais à tous les Pics de leur île. Ils les distinguent par des noms spécifiques. Ainsi le *Platuk-Ayam* est le *Picus javanensis* du Catalogue systématique d'Horsfield; le *Platuk-Bawang* en est le *Picus bengalensis;* le *Platuk-Lallar*,

le *Picus minor*; le *Platuk-Watu*, le *Picus tristis*. (LESS.)

PLATURE. *Platurus*. REPT. OPH. Sous-genre de Vipère. *V*. ce mot. (B.)

PLATUSE. POIS. L'un des noms vulgaires de la Plie. *V*. PLEURONECTE. (LESS.)

* PLATYCARPIUM. BOT. PHAN. (Rœmer et Schultes.) Pour Platycarpum. *V*. ce mot. (G..N.)

PLATYCARPUM. BOT. PHAN. Genre de la Pentandrie Monogynie, L., établi par Humboldt et Bonpland (*Plant. æquin.* 2, p. 80) qui l'ont ainsi caractérisé : calice à cinq divisions profondes, égales et lancéolées; corolle velue extérieurement, dont le tube est court, hérissé intérieurement, le limbe à cinq découpures arrondies, ovales et ondulées; cinq étamines insérées au sommet du tube; dix nectaires entourant l'ovaire qui est surmonté d'un style droit et d'un stigmate bilamellé; capsule comprimée, échancrée à la base et au sommet, marquée des deux côtés d'un sillon longitudinal, bivalve, presque coriace, et dont la cloison est opposée aux valves; deux graines membraneuses sur leurs bords. Ce genre a été rapporté à la famille des Bignoniacées; mais Kunth qui, à la vérité, n'a pas vu les échantillons sur lesquels il a été formé, met en doute ce rapprochement, probablement à cause de ses cinq étamines égales, et de ses feuilles simples et opposées, caractères insolites dans la famille des Bignoniacées. Il ne renferme qu'une seule espèce décrite et figurée par Humboldt et Bonpland (*loc. cit.*, p. 81, tab. 104) sous le nom de *Platycarpum orinocense*. C'est un Arbre élégant, haut de vingt à quarante pieds, dont le bois est blanc, l'écorce très-lisse, mince, à branches opposées, garnies au sommet de poils roussâtres. Les feuilles sont médiocrement pétiolées, opposées, ovales, lancéolées, très-entières, arrondies, atténuées à la base, blanchâtres, tomenteuses, à nervures couvertes de poils ferrugineux; les fleurs, dont la corolle est rosée, forment une panicule terminale plus courte que les feuilles. Cet Arbre croît sur les bords de l'Orénoque, près d'Atures, dans l'Amérique méridionale. (G..N.)

PLATYCÉPHALE. POIS. Genre établi par Schneider, que Cuvier n'adopta que comme un sous-genre de Cotte. *V*. ce mot. (B.)

PLATYCÉPHALE. INS. Genre de Charansonites. *V*. RHYNCHOPHORE. (O.)

PLATYCÈRE. *Platycerus*. INS. Genre de l'ordre des Coléoptères, section des Pentamères, famille des Lamellicornes, tribu des Lucanides, établi par Latreille aux dépens du genre Lucane de Linné, auquel Geoffroy avait donné le nom de *Platycerus*, et ayant pour caractères : yeux entièrement à nu ou point couverts par les bords de la tête; palpes courts; lèvre à divisions nulles ou très-courtes. Ce genre est si voisin des Lucanes, que Latreille les a réunis dans le Règne Animal, et l'a considéré comme devant former une division dans le genre Lucane. Le caractère le plus saillant qui distingue les Lucanes, est d'avoir les yeux entiers, tandis que les Platycères les ont coupés par les bords de la tête. Les palpes et les antennes présentent aussi quelques légères différences, qui peuvent encore servir à distinguer ces deux genres. Ainsi, dans les Platycères, les palpes maxillaires ont leurs trois premiers articles presque égaux en longueur, ou du moins le second n'a pas d'allongement très-remarquable, comme dans les Lucanes. Le second article des antennes est plus grand que les suivans; il est plus petit, ou tout au plus de la grandeur du troisième dans ces derniers. Le port des Platycères et leurs habitudes sont ou paraissent les mêmes. Le type de ce genre est :

Le PLATYCÈRE CARABOÏDE, *Platycerus caraboides*, Latr.; *Lucanus caraboides*, L., Fabr.

La *Chevrette bleue*, Geoff., Oliv.,

Ent. T 1, n. 1, pl. 11, f. 2, c, d; Panz., Faun. Ins. Germ., fasc. 58, n. 13. Cet Insecte est long de près de cinq lignes, aplati, ponctué, d'un bleu verdâtre luisant, avec les antennes, les mandibules et les pates noires. Le bord antérieur du chaperon est fortement concave au milieu. Les mandibules sont larges, de la longueur de la tête, plus ou moins voûtées au côté interne. Le bord inférieur de ce côté offre plusieurs petites dentelures. On le trouve aux environs de Paris, dans les bois. (G.)

* PLATYCERIUM. BOT. CRYPT. (*Fougères.*) Desvaux (Ann. de la Soc. Linn. de Paris, juillet 1827, p. 213) a donné ce nom à un genre fondé sur l'*Acrostichum alcicorne* des auteurs, qui a été nommé *Neuplatyceros* par Plukenet. Il lui a imposé les caractères essentiels suivans: frondes biformes; les fertiles en partie couvertes de fructifications très rapprochées, et en partie nues. Il y a fait entrer quatre espèces, dont deux étaient réunies sous le nom d'*Acrostichum alcicorne*. Les deux autres sont l'*A. stemmaria*, Palis. Beauv., *Flor. Oware*, tab. 2, et l'*Osmunda coronaria*, Müller, ou *A. biforme* de Swartz. Ces Fougères sont originaires des contrées équatoriales. (G..N.)

PLATYCEROS. MAM. *V.* DAIM au mot CERF.

* PLATYCERQUE. *Platycercus.* OIS. Vigors, ornithologiste anglais très-instruit, a formé sous ce nom un genre destiné à réunir plusieurs espèces de Perroquets ou Perruches à larges queues. Dans ce nouveau genre viennent se ranger les *Psittacus Pennantii, flaviventris, eximius, Brownii,* etc. *V.* PERROQUET. (LESS.)

* PLATYCHEILUS. BOT. PHAN. Le genre *Holocheilus* proposé par Cassini, a reçu de son auteur lui-même le nouveau nom de *Platycheilus*, qui exprime mieux la largeur remarquable et insolite de la lèvre intérieure de sa corolle. Celui d'*Holocheilus* pourrait entraîner une idée fausse, parce qu'il ferait supposer que la lèvre intérieure de la corolle est indivise; caractère exceptionnel dans la tribu des Nassauviées. Cette lèvre est large, ovale, lancéolée, composée de deux lanières planes, plus ou moins agglutinées entre elles. Du reste, les caractères et la composition du genre *Platycheilus* ont été exposés dans ce Dictionnaire à l'article HOLOCHEILUS. (G..N.)

* PLATYCHILUM. BOT. PHAN. Genre de la famille des Légumineuses, établi par Delaunay (Herb. de l'Amateur, tab. 187) et admis par De Candolle (*Prodr. Syst. veget.*, 2, p. 116), avec les caractères suivans: calice bilabié; la lèvre supérieure très-large, échancrée; l'inférieure tridentée; dix étamines monadelphes; ovaire stipité; légume ovoïde, à une ou deux graines. Ce genre a été formé sur une Plante de la Nouvelle-Hollande, qui est connue dans les jardins sous le nom de *Gompholobium celsianum*; mais ses caractères le rapprochent des genres *Platylobium* et *Bossiœa*, qui font partie, selon De Candolle, de la tribu des Lotées, tandis que le *Gompholobium* est placé dans la tribu des Sophorées. Le *Platychilum celsianum* a des feuilles simples, lancéolées, portées sur de courts pétioles. Ses fleurs sont disposées en grappes paniculées et axillaires. (G..N.)

* PLATICOPES. INS. Genre de Charansonites. *V.* RHYNCHOPHORE. (G.)

* PLATYCRINITE. *Platycrinites.* ÉCHIN. Genre de l'ordre des Crinoïdes, ayant pour caractères: Animal ayant une colonne elliptique ou pentagone (dans une espèce seulement) formée de nombreuses articulations: bras auxiliaires, latéraux, naissant de la colonne à des intervalles irréguliers; bassin en forme de soucoupe, formé de trois pièces aplaties, inégales, sur lesquelles sont appuyées cinq larges plaques scapulaires aplaties; base pourvue de fibres radiciformes servant à fixer l'Animal. Beaucoup de caractères distinguent

ce genre des autres Crinoïdes, mais le défaut de plaques costales, suppléées par de larges plaques scapulaires, suffirait pour le distinguer au premier aperçu. Dans ce genre, la colonne, proportionnellement très-grêle, est formée de nombreuses pièces articulaires, elliptiques dans la plupart des espèces, pentagones dans une seule. Les articulations elliptiques ont leur centre percé d'un petit trou circulaire; elles sont peu épaisses; aux extrémités de leur grand diamètre existe souvent une petite facette qui donne attache aux bras latéraux auxiliaires; les surfaces par lesquelles elles sont articulées ont une côte saillante, suivant la longueur du grand diamètre; elles ne se touchent que par cette partie, de sorte que pour que leur union fût solide, il devait nécessairement exister, pendant la vie de l'Animal, une substance charnue ou cartilagineuse qui remplissait l'intervalle que laissaient nécessairement entre elles des pièces qui ne se touchaient que par un point; il devait résulter de cette disposition que la colonne jouissait d'une grande flexibilité. Les pièces articulaires ne se touchaient même pas par toute l'étendue de la côte saillante de leur grand diamètre, mais par un point seulement; leurs grands diamètres se croisent plus ou moins; cette disposition permettait à la colonne de se fléchir dans tous les sens; si, dans leur réunion, les pièces articulaires eussent été juxta-posées de manière à ce que les côtes saillantes de leurs grands diamètres respectifs se fussent touchés dans toute leur étendue, on sent que la colonne n'eût pu se fléchir que dans deux directions opposées. Près du bassin, les pièces articulaires sont à peu près circulaires; elles ne se touchent plus au moyen d'une côte transverse, mais par une surface plate striée en rayons; à mesure que les pièces articulaires s'éloignent du bassin, elles prennent peu à peu la forme elliptique et leur côte transverse. Dans l'espèce de Platycrinite dont la colonne est à cinq angles, les moyens d'union sont disposés autrement; les surfaces articulaires sont striées en rayons et se touchent par toute leur étendue; les articulations sont alternativement plus grandes et plus petites, et leur centre est perforé en étoile. Les bras auxiliaires de la colonne naissent aux extrémités du grand diamètre des articulations; ils sont formés de nombreuses pièces articulaires arrondies, perforées dans leur centre, adhérant entre elles par des surfaces striées en rayons. Le bassin, dont la figure approche de celle d'une soucoupe, est formé de trois pièces aplaties, de grandeur inégale, dont la réunion simule un plateau légèrement concave en dessus, à cinq côtés et à cinq angles. Sur les cinq côtés viennent s'articuler par leur bord inférieur cinq grandes plaques scapulaires, elles se touchent entre elles par leurs bords latéraux; leur bord supérieur présente dans son milieu une petite échancrure en fer à cheval dans laquelle s'articulent les bras; la cavité formée par le bassin et les épaules, est recouverte par un tégument protégé par de nombreuses écailles calcaires; ce tégument se prolonge sur les sillons des bras, des mains, des doigts et des tentacules. Il y a cinq bras qui naissent chacun dans l'échancrure des épaules; ils sont fort courts, presque toujours formés d'une seule pièce échancrée en dedans, arrondie en dehors, ayant en dessus deux facettes obliques sur lesquelles s'appuient deux mains; celles-ci consistent en deux pièces calcaires, courtes, échancrées en dedans; la supérieure a deux facettes obliques qui supportent les doigts; ces derniers, au nombre de deux ou de trois pour chaque main, sont très-longs et constitués par deux séries de pièces nombreuses, toutes de même forme, articulées entre elles, et se touchant latéralement ou plutôt se recouvrant en partie les unes les autres; elles sont, du reste, disposées comme les pièces articulaires des doigts de l'Encrinite moniliforme. Ses tentacules fort nombreux, dirigés en dedans, formés de plusieurs petites pièces calcaires, naissent sur deux rangs des mains et des doigts, comme dans tous les autres Crinoïdes.

Ce genre intéressant renferme six espèces, toutes fossiles ; ce sont : les *Platycrinites lævis*, *rugosus*, *tuberculatus*, *granulatus*, *striatus*, *pentangularis*, décrits et figurés par Miller dans sa belle Monographie des Crinoïdes. (E. D..L.)

*PLATYDACTYLES. REPT. SAUR. Sous-genre de Gecko. *V.* ce mot. (B.)

* PLATYGASTRE. *Platygaster.* INS. Genre de l'ordre des Hyménoptères, section des Térébrans, famille des Pupivores, tribu des Oxyures, établi par Latreille, et ayant pour caractères essentiels : point de cellule radiale; antennes de dix articles dans les deux sexes; le premier et même le troisième fort allongés; palpes maxillaires non saillans; abdomen déprimé, en spatule. Ce genre se distingue des Béthyles, Dryènes, Antéons, Hélore, Proctotrupe, Cinète et Bélyte, parce que ceux-ci ont des cellules ou des nervures brachiales ou basilaires; ce qui n'a pas lieu chez les Platygastres. Les Diapries ont les antennes insérées sur le front, tandis que dans les Hyménoptères qui nous occupent, elles prennent attache près de la bouche. Enfin, les genres Céraphron, Sparasion, Téléas et Scellion, qui ont les antennes insérées de même, se distinguent des Platygastres, parce qu'ils ont tous une cellule radiale aux ailes supérieures. Le corps des Platygastres est allongé; leur tête est grosse et porte sur le vertex trois petits yeux lisses, disposés en triangle et écartés entre eux. Les antennes sont coudées, insérées près de la bouche, plus grosses à leur extrémité dans les femelles. Les mandibules sont terminées par deux dents. Les palpes maxillaires et les labiaux sont composés de deux articles. Le segment antérieur du corselet est court, transversal; les ailes supérieures n'ont qu'une nervure qui part de la base en s'écartant peu du bord extérieur, et qui est terminée par un point plus gros. L'abdomen est allongé et les pates de longueur moyenne. Ce genre est composé de peu d'espèces; elles sont très-petites. Il est probable que leurs larves vivent aux dépens d'autres larves, comme cela a lieu pour les Hyménoptères de leur tribu.

Le PLATYGASTRE DE BOSC, *Platygaster Boscii*, Latr., Règn. Anim. T. IV, p. 179; Lepel. St.-Farg. et Serv., Encycl. méth.; *Psileis Boscii*, Jur., Hym., p. 318. Il est long d'une ligne et demie au plus, noir. Ses ailes sont transparentes. Le premier segment de l'abdomen émet, en dessus, une corne qui se recourbe sur le dos du corselet, et dont l'extrémité touche la tête. On le trouve au mois de juin sur les fleurs, aux environs de Paris. (G.)

* PLATYGÉNIE. *Platygenia.* Genre d'Insectes Coléoptères, de la famille des Lamellicornes, établi par W. S. Macleay, dans un ouvrage intitulé *Horæ Entomologicæ* (1er vol., 1re part., p. 151), et qu'il place dans celle qu'il nomme *Cetoniidæ*, correspondante à notre section des Mélitophiles, tribu des Scarabéides. Les Platygénies sont très-voisines des *Trichius* de Fabricius, et c'est même à ce dernier genre que Schœnherr (*Syn. Ins.* T. I, *part.* 3, *append.*, p. 38) rapporte sous la dénomination spécifique de *barbatus*, l'Insecte qui a servi de type à cette nouvelle coupe générique, ou du moins une espèce qui s'en rapproche beaucoup; mais à raison de leur menton, beaucoup plus spacieux et enfoncé dans son milieu, elles tiennent davantage des Crémastocheiles et des Goliaths; elles en diffèrent néanmoins par l'ensemble des caractères suivans : corps très-aplati, avec le corselet presque en forme de cœur, largement tronqué aux deux extrémités; mâchoires terminées par un faisceau de poils; leur lobe interne triangulaire, échancré au bout, soyeux; dernier article

de leurs palpes ovoïdo-cylindrique; menton presque carré, échancré au milieu du bord supérieur et un peu échancré sur les côtés.

Macleay ne cite qu'une seule espèce (*Zairica*), recueillie sur les bords du Zaïra en Afrique, par le naturaliste anglais Cranch, qui a été victime de son dévouement à la science. Le corps est très-noir, luisant, avec la tête ponctuée; le corselet lisse et les élytres striées; l'anus et le dessous du corps tirent sur le fauve. Le *Trichius barbatus* de Schœnherr est de Sierra-Leone. Il est noir, luisant, avec les élytres sillonnées et les jambes postérieures garnies, ainsi que les mâchoires, d'un duvet épais fauve. (LATR.)

PLATYGLOSSATES. *Platyglossata*. INS. Dénomination employée par Latreille et appliquée à plusieurs Insectes de l'ordre des Hyménoptères. Elle embrassait la section des Hyménoptères Porte-Aiguillons, à l'exception de la famille des Apiaires. (AUD.)

* PHATYGRAMMA. BOT. CRYPT. (*Lichens*.) Ce genre vient d'être établi par Meyer (Lich. disp.) qui l'a caractérisé ainsi : les sporocarpes (apothécies) linéaires, presque simples ou rameux, et disposés en rayons; lame proligère libre, déprimée, plane, sans bordure, ou entourée par un rebord formé par le thalle; les sporules s'échappant du disque. Ce sont des Lichens exotiques dont quelques-uns ont été compris dans les Graphis par Acharius; par exemple, le *Graphis dendritica*; il y ramène quelques *Arthonia* décrits et figurés dans notre Essai sur les Cryptogames des écorces exotiques officinales, et les trois genres proposés par Eschweiler sous les noms de *Diorigama, Leiureuma* et *Pyrochroa*. Il faut attendre un *Synopsis* et des figures pour prononcer définitivement sur la validité de ce genre nouveau; nous nous contenterons de faire remarquer que Meyer n'a point trouvé de caractères suffisans pour conserver les genres *Borrera*, *Evernia*, *Cornicularia*, *Cetraria*, *Roccella*, *Ramalina*, *Alectoria* et *Usnea*, et a su cependant en trouver pour établir, dans les Graphidées, trois genres qui lui appartiennent : ce sont les genres *Asterisca*, *Leucogramma* et *Platygramma*. (A. F.)

* PLATYLEPIS. BOT. PHAN. Nom d'un genre nouveau, que nous avons proposé dans notre Monographie des Orchidées des îles de France et de Mascareigne (Mém. Soc. Hist. nat. de Paris, IV, p. 34), et qui a pour type le *Goodyera occulta*, Du Petit-Thouars, Orch., tab. 28. Les caractères de ce genre sont les suivans : calice connivent, presque cylindrique; labelle petit, orbiculaire, formant avec les deux divisions internes du calice, un tube qui embrasse le gynostème et se soude avec lui. Ce gynostème, ainsi caché, est à peu près de la longueur du calice : l'anthère est terminale, operculiforme; les masses polliniques, au nombre de deux, sont oblongues, étroites, soudées par leur partie antérieure sur une glande qui existe à la face antérieure du clinandre. Ces masses polliniques sont composées de granules réunies par une sorte de réseau élastique.

Ce genre ne se compose encore que d'une seule espèce : *Platylepis goodyeroides*, Nob., *loc. cit.*, tab. 6, f. 4. C'est une Orchidée qui a le port des *Goodyera*, des feuilles réticulées, minces, des fleurs disposées en épis, et accompagnées de bractées extrêmement larges, et qui les cachent en grande partie. Ce genre diffère du *Goodyera* par son gynostème très-long, son labelle soudé avec les deux divisions internes du calice, et formant un tube qui environne le gynostème et se soude avec lui. La Plante qui le constitue croît aux îles de France et de Mascareigne. (A. R.)

PLATYLOBE. *Platylobium*. BOT. PHAN. Genre de la famille des Légumineuses, établi par Smith (*in Transact. Soc. Linn.*, vol. 2, p. 350, vol. 9, p. 312), adopté par R. Brown et De Candolle, qui lui ont assigné les caractères suivans : calice accompagné de bractées, bilabié, la lèvre supérieure bifide, arrondie, très-grande; les dix étamines toutes soudées par leurs filets; légume pédicellé, plane, comprimé, ailé sur le dos, et polysperme. Ce genre, auquel Salisbury a donné le nom de *Cheilococca*, est voisin du *Bossiæa;* il fait partie, ainsi que ce dernier, de la tribu des Lotées, établie par De Candolle dans le second volume de son *Prodromus systematis vegetabilium*. Il se compose de cinq espèces, toutes indigènes de la Nouvelle-Hollande. Ce sont des Arbrisseaux à feuilles opposées, simples, munies de deux stipules. Les fleurs sont axillaires, jaunes, l'étendard rouge à sa base. On cultive, dans les jardins d'Europe, les trois espèces suivantes, qui appartiennent légitimement au genre *Platylobium*, savoir : *Platylobium formosum*, Smith, *Nov.-Holl.*, 1, p. 17, tab. 6; Vent., Jardin de la Malmaison, tab. 31; Curtis, *Bot. Magaz.*, tab. 469; *Cheilococca apocynifolia*, Salisb., *Prodrom.*, p. 411. — *Platylobium parviflorum*, Smith, *loc. cit.*, p. 118; Sims, *Bot. magaz.*, tab. 1520. Cette espèce a de grands rapports avec la précédente; mais elle est moins élégante. — *Platylobium triangulare*, Rob. Brown, *in Hort. Kew.*, édit. 2, vol. 4, p. 266; Sims, *Bot. magaz.*, tab. 1508. Cette Plante est indigène de l'île de Van-Diémen, d'où elle a été rapportée et introduite dans les jardins par R. Brown, en 1805.

A l'égard des *Platylobium microphyllum*, *lanceolatum*, *ovatum* et *Scolopendrium*, décrits par divers auteurs, ce sont des espèces de *Bossiæa*. (G..N.)

* PLATYNA. INS. Wiedemann désigne ainsi dans ses *Analecta Entom.* (p. 12) un genre d'Insectes de l'ordre des Diptères, famille des Notacanthes, qui se distingue de tous les autres de la même famille par les caractères suivans : antennes avancées, plus longues que la tête, de trois articles; les deux premiers cylindriques, de la même longueur, et le troisième plus court, comprimé, pointu; une seule épine et recourbée à l'écusson. L'abdomen est large, ainsi que dans les Stratiomes; delà l'origine du nom imposé à ce nouveau genre. D'après la figure grossie qu'il donne de l'antenne, il paraîtrait que la dernière pièce en serait inarticulée et terminée par un petit style ou une soie fort courte. Si cette pièce n'est point annelée, ce genre formerait, sous ce rapport, une exception au caractère général des Insectes de cette famille. Il cite pour type le *Stratiomys hastata* de Fabricius. Cet Insecte est long de trois lignes, noir, avec le corselet doré. L'abdomen est dilaté postérieurement avec le disque et une bande argentés. On le trouve en Guinée. (LATR.)

PLATYNE. *Platynus*. INS. Nom donné par Bonelli à un genre de Coléoptères Pentamères, de la tribu des Carabiques, et auquel il assigne pour caractères essentiels : labre transverse, entier; tous les palpes ayant leur dernier article cylindrique, ovale, à peine tronqué; corps très-déprimé; corselet sessile; abdomen très-large; menton ayant une dent simple, obtuse, à l'extrémité de la saillie du milieu; élytres échancrées obliquement, sans points discoïdaux remarquables. Les types de ce genre sont les *Carabus angusticollis* et *scrobiculatus* de Fabricius. (G.)

PLATYNOTE. *Platynotus*. INS. Nom donné par Fabricius à un genre de Coléoptères Hétéromères, formé avec quelques Pédines et quelques Asydes de Latreille. Ce genre n'a pas été adopté. (G.)

* PLATYOMUS. INS. Genre de Charansonites. *V.* RHYNCHOPHORE. (G.)

PLATYONIQUE. *Platyonichus*. CRUST. Genre de l'ordre des Décapodes, famille des Brachyures, tribu des Nageurs, établi par Latreille et formé des deux genres Portumne et Polybie de Leach, que Latreille a réunis après s'être convaincu qu'ils n'ont que de légères différences entre eux, et qu'ils ne doivent pas être distingués génériquement. Les caractères que Latreille assigne à ce genre sont : tous les tarses (les serres exceptées), les postérieurs surtout, aplatis et en nageoires ; test presque isométrique, d'une forme se rapprochant de celle d'un cœur tronqué postérieurement ou suborbiculaire ; espace pectoral compris entre les pieds ovale ; pédicules oculaires courts ; seconde paire de pieds aussi longue au moins que la suivante ; antennes latérales beaucoup plus courtes que le corps, presque glabres ; troisième article des pieds-mâchoires extérieurs tronqué ou arrondi obliquement au sommet, avec un sinus interne sous le sommet, servant d'insertion à l'article suivant ; post-abdomen ou queue des mâles de cinq segmens distincts, celui des femelles de sept. Ce genre, tel qu'il est caractérisé ici, diffère du genre Thie, que Latreille place près de lui, en ce que dans ce dernier les antennes extérieures sont plus longues que le corps et ciliées des deux côtés, tandis que dans les Platyoniques elles sont plus courtes et glabres. Les genres Podophtalme, Lupe, Cheiragone et Portune, en sont distingués, en ce que leurs deux pieds postérieurs seuls sont terminés en nageoires. Enfin les genres Pilumne, Crabe, Tourteau, Pirimèle et Atélécycle en diffèrent par leurs pieds qui sont tous terminés par un tarse conique et pointu. Les mœurs des Platyoniques sont inconnues. On doit présumer qu'elles sont semblables à celles des Portunes, auxquels ces Crustacés ressemblent le plus pour l'organisation. (Latreille (Encycl. méth.) décrit quatre espèces de Platyoniques ; il les place dans deux divisions principales, ainsi qu'il suit :

† Front avancé en manière de museau triangulaire et simplement ondulé sur ses bords ; test bombé.

Le PLATYONIQUE MUSELIER, Latr., *loc. cit.* ; *Portunus bigustatus*, Risso, Hist. nat. des Crust. de Nice, pl. 1, f. 2.

†† Front peu avancé, tridenté (les dents latérales formées par la division interne des oculaires) ; dessus du test plan ou peu convexe.

α Test un peu plus large que long, très-arqué latéralement ; longueur de son bord antérieur, jusqu'aux angles extérieurs des cavités oculaires, faisant la moitié du plus grand diamètre transversal de ce test ; nageoires tarsales ou celles des deux pieds postérieurs grandes, ovales.

PLATYONIQUE DE HENSLOW, *Platyonichus Henslowii*, Latr. ; *Polybius Henslowii*, Leach, Malac., Podoph. Brit., tab. 9, B.

β Test aussi long que large ; la longueur de son bord antérieur jusqu'aux angles extérieurs des cavités oculaires surpassant la moitié du plus grand diamètre transversal ; nageoires dorsales ou celles des deux pieds postérieurs presque elliptiques.

PLATYONIQUE DÉPURATEUR, *Platyonichus depurator*, Latr. ; *Cancer depurator*, L. ; *Portumnus variegatus*, Leach, Malac., Podoph. Brit., tab. 4 ; Séba, nouv. édit., 1828, T. III, tab. 18, n. 9. (G.)

* PLATYONIX. INS. Genre de Charansonites. *V*. RHYNCHOPHORE. (G.)

* PLATYOPE. *Platyopes*. INS. Genre de l'ordre des Coléoptères, section des Hétéromères, famille des Mélasomes, tribu des Piméliaires, établi par Fischer, et très-voisin des Pimélies, dont il ne diffère que parce que les espèces qui le composent ont le corselet en carré transversal ; la base des élytres droite, avec les épaulettes saillante et formant un angle ; l'abdomen presque carré, étroit et rétréci en pointe postérieurement, tandis que les vraies Pimélies de cet auteur ont le corselet presque semi-lunaire, convexe ; les épaules arrondies ou obtuses, point saillantes, et l'abdo-

men large, subovoïde ou subglobuleux. Les espèces connues de ce genre sont de la Tartarie Déserte ; elles ont été décrites par Fischer dans l'Entomographie de la Russie ; l'une d'elles est l'*Alkis leucographa* de Fabricius, figurée par Fischer dans l'ouvrage cité ci-dessus, Coléopt., pl. 15, f. 2. Les deux autres sont nouvelles : ce sont :

La PLATYOPE GRANULEUSE, *Platyopes granulata*, Fisch., Ent. Rus., Col., pl. 15, f. 1. Elle est longue d'un pouce, noire, couverte d'un duvet blanc. Le corselet et les élytres sont granuleux, avec trois raies élevées, crénelées.

La PLATYOPE PROCTOLEUQUE, *Platyope proctoleuca*, *loc. cit.*, pl. 15, f. 3. Elle a sept lignes de long ; tout son corps est noir ; le corselet est raboteux ; les élytres sont lisses, avec des raies apicales courtes et blanches. (G.)

PLATYOPHTHALME. MIN. Syn. d'Antimoine sulfuré. (B.)

* PLATYPE. *Platypus*. OIS. Sous ce nom, Brehm a dernièrement créé un nouveau genre aux dépens du genre *Anas* de Linné, et qui a pour type l'*Anas mollissima*, ou l'Eider des planches 208 et 209 de Buffon, et l'*Anas perspicillata*, enl. 995. Brehm y joint encore la grande Macreuse de Buffon, enl. 956 (*Anas fusca*, L.) ; la Macreuse, enl. 978 et autres espèces. Ce genre, ne reposant que sur des caractères très-secondaires, doit être négligé. (LESS.)

PLATYPE. *Platypus*. INS. Genre de l'ordre des Coléoptères, section des Tétramères, famille des Xylophages, tribu des Scolitaires, établi par Herbst aux dépens des *Bostrichus* de Fabricius, Scolytes d'Olivier, et adopté par Latreille qui lui a donné pour caractères essentiels : massue des antennes commençant au sixième article, très-comprimée, à anneaux peu ou point distincts ; articles des tarses entiers, longs ; corps linéaire. Ce genre se distingue des Hylurgues, parce que dans ceux-ci la massue des antennes commence au huitième article, et qu'elle est peu comprimée. Dans les Tomiques, cette massue est comprimée, comme chez les Platypes ; mais elle commence au septième article ; les articles des tarses sont courts, et le corps n'est point linéaire. Les Scolytes et Hylésines sont distingués des Platypes, parce que la massue de leurs antennes ne commence qu'au neuvième article, et que le pénultième article de leurs tarses est bifide. Enfin les Phloiotribes, Bostriches et Psoa, en sont séparés par des caractères bien tranchés, pris dans la forme des antennes, des tarses et du corps. Les Platypes ont le corps cylindrique et linéaire ; leur tête est un peu prolongée antérieurement ; les antennes sont à peine de la longueur de la tête ; le labre est étroit, peu avancé, corné, légèrement échancré ; les mandibules sont courtes, épaisses, cornées, pointues et presque dentées ; les palpes sont petits et coniques. Le corselet est allongé, cylindrique ; l'écusson est nul. Les élytres sont tronquées postérieurement, tuberculées ou épineuses dans cette partie. Les pates sont comprimées ; les deux dernières éloignées des quatre autres ; toutes les cuisses sont comprimées, anguleuses ; les quatre postérieures canaliculées en dessous. Les jambes sont courtes, striées transversalement dans leur partie postérieure ; celles de la première paire sont terminées par une épine aiguë ; leurs tarses sont très-grêles, plus longs que les cuisses et les jambes prises ensemble ; leur premier article est très-long ; tous ces articles sont entiers.

Les Platypes ont le même port que les Scolytes, et on les trouve dans les mêmes lieux, c'est-à-dire sur les Arbres cariés dans lesquels la larve doit se nourrir. On ne connaît pas cette larve. Le genre Platype est composé de sept ou huit espèces. Nous citerons comme type du genre :

Le PLATYPE CYLINDRE, *Platypus Cylindrus*, Herbst, Col., 5, tab. 49,

f. 3; Latr., *Gen. Crust.*, etc.; *Bostrichus Cylindrus*, Fabr., Panz., *Faun. Germ.*, fasc. 15, n. 2; *Scolytus Cylindrus*, Oliv. Cet Insecte est long de deux lignes et demie à trois lignes; tout son corps est brun, un peu velu; sa tête est aplatie, un peu rugueuse en devant et légèrement pointillée, ainsi que le corselet qui a un petit sillon à sa partie postérieure. Les élytres sont chargées de stries profondes, tronquées et dentées avant leur extrémité, fort velues au delà des dentelures. Les antennes, les pates et le dessous du corps sont d'un brun marron. On le trouve dans toute l'Europe et aux environs de Paris. (G.)

* PLATYPETALUM. BOT. PHAN. Genre de la famille des Crucifères et de la Tétradynamie siliculeuse, établi par R. Brown (*Chloris Melvilliana*, p. 8), qui lui assigne les caractères essentiels suivans : calice presque étalé; pétales dont le limbe est élargi; style court; silicule ovale, à valves un peu convexes; graines disposées sur deux rangs; cotylédons incombans. Ce genre a le port du *Braya*, avec lequel il offre encore des rapports dans la structure de la fleur, ainsi que dans la position des cotylédons; mais il s'en distingue assez par la forme de son péricarpe. Il est également voisin du *Subularia*; mais ce dernier genre a des cotylédons étroits et bilobés. Enfin, le genre *Stenopetalum*, qui offre avec lui certains rapports dans les parties de la fructification, s'en éloigne totalement par le port, le calice fermé, les pétales subulés et les glandes du réceptacle.

L'espèce qui forme le type de ce nouveau genre, *Platypetalum purpurascens*, est une petite Plante qui croît à l'île Melville, dont les tiges sont courtes, nues à la base, garnies à la partie supérieure de feuilles nombreuses, lancéolées, épaisses, munies de quelques poils. Les fleurs ont la corolle blanche, lavée de rose, et forment de petits corymbes peu fournis et terminaux. L'auteur de ce genre l'a augmenté d'une seconde espèce, sous le nom de *Platypetalum dubium*; mais il ne l'a admise que provisoirement, parce que la fleur n'en est pas connue. (G..N.)

PLATYPÈZE. *Platypeza*. INS. Genre de l'ordre des Diptères, famille des Tanystomes, tribu des Dolichopodes, établi par Meigen, adopté par Latreille (Fam. nat. du Règne Anim.), et ayant pour caractères : antennes avancées, de trois articles, les deux inférieurs courts, presque cylindriques, le troisième conique, terminé par une soie; tarses postérieurs dilatés et comprimés, avec leur troisième article plus grand; abdomen aplati; ailes couchées sur le corps, se recouvrant l'une l'autre dans le repos; yeux rapprochés et convergens dans les mâles, espacés dans les femelles. Meigen décrit trois espèces de ce genre. Toutes sont propres à l'Europe. On peut considérer comme type du genre la PLATYPÈZE FASCIÉE, *Platypeza fasciata*, Meig., Latr.; Encycl. méthod., pl. 390, f. 47-51; *Dolichopus fasciatus*, Fabr., Syst. Antl. Sa tête et son corselet sont noirâtres. L'abdomen est cendré, avec trois ou quatre bandes dilatées au milieu et noires. Les pates sont noires, avec les tarses postérieurs dilatés, comprimés, avec le premier article plus grand. On le trouve en France et en Allemagne. (G.)

* PLATYPÉZINES. INS. Fallen a donné ce nom à une petite famille de Diptères, que Latreille confond dans sa tribu des Dolichopodes, et dont le caractère essentiel était d'avoir les tarses postérieurs dilatés et point de nervure marginale aux ailes. Cette famille renfermait les genres Platypèze et Callomyze. (G.)

PLATYPHYLLUM. BOT. CRYPT. (*Lichens*.) Genre proposé par Ventenat pour les Lichens foliacés libres, non crustacés, à scutelles sessiles ou légèrement stipitées. Il renfermait les *Borrera*, *Ramalina*, *Evernia* et *Cetraria* d'Acharius. Le Platyphyllum n'était pas un genre susceptible d'adoption. (A. F.)

PLATYPIGA. MAM. (Illiger.) Syn. d'Agouti. *V*. ce mot. (B.)

PLATYPODES. OIS. Lacépède proposait de donner génériquement ce nom aux Oiseaux à pieds aplatis, et dont les doigts extérieurs sont unis dans presque toute leur longueur. (B.)

* PLATYPORUS. BOT. CRYPT. (*Champignons.*) Nom employé par Leman pour désigner la section du genre *Polyporus*, à laquelle Fries et Palisot de Beauvois donnaient le nom de *Favolus*. *V*. POLYPORE. (AD. B.)

PLATYPOSOPES. INS. Latreille avait ainsi nommé premièrement les Xylophages et les Platysomes. *V*. ces mots. (B.)

PLATYPTÈRE. *Platypterix*. INS. Genre de l'ordre des Lépidoptères, famille des Nocturnes, tribu des Faux-Bombyx, établi par Laspeyres aux dépens du grand genre *Phalœna* de Linné, et adopté par Latreille (Fam. nat. du Règne Anim.). Les caractères de ce genre sont : langue très-courte, presque nulle; palpes inférieurs très-petits, presque coniques; antennes courtes, sétacées, toujours pectinées dans les mâles, pectinées ou simples dans les femelles; tête petite; corps ordinairement grêle; ailes grandes, en toit aigu dans le repos; les supérieures recouvrant les inférieures; les premières ayant leur angle supérieur allongé, recourbé en faucille; chenilles non arpenteuses, munies de quatorze pates, dont six écailleuses et huit membraneuses, les derniers segmens du corps en étant privés, et le segment anal terminé par une pointe simple.

Latreille a beaucoup varié pour la place de ce genre dans sa méthode. Il l'a confondu avec son genre Phalène, dans le *Genera Crustaceorum et Insectorum*, et dans le Règne Animal, il en a formé une division de ce grand genre. Dans ses Considérations sur l'ordre naturel des Crustacés et des Insectes, il le place en tête de la famille des Pyralites, qui se trouve après celle des Phalénites; enfin, dans ses Familles naturelles du Règne Animal, il l'éloigne considérablement des Phalènes, et le place dans la même tribu que les genres Cossus, Ecaille, Queue-Fourchue, etc. Schranck avait aussi distingué ces Lépidoptères des Phalènes, et il leur avait donné le nom de *Drepana*; enfin, Esper, Hubner et Engramelle les ont confondus avec les Bombyx. Quoi qu'il en soit, le genre Platyptère se distingue fort bien des Phalènes par la forme des ailes, et surtout par les chenilles qui, dans ces dernières, n'ont que dix pates. Ils se distinguent des Cossus et Zeuzères, parce que dans ceux-ci les chenilles vivent dans l'intérieur des végétaux. Dans les Queues-Fourchues, la spiritrompe est très-courte et peu sensible, tandis qu'elle est assez longue dans le genre qui nous occupe; enfin, il est séparé des genres Notodonte, Séricaire, Orgya, Limacode, Ecaille et Callimorphe, parce que dans ceux-ci les chenilles ont seize pates, et que les anales ne manquent jamais.

Ce genre ne se compose que de sept à huit espèces, toutes propres à l'Europe; elles vivent et volent à la manière des Phalènes; leurs chenilles plient et roulent les feuilles, en les assujettissant avec de la soie. C'est dans ce rouleau qu'elles font leur coque et qu'elles subissent leurs métamorphoses. Nous citerons comme type du genre :

Le PLATYPTÈRE FAUCILLE, *Platypterix falcula*; *Platyp. falcataria*, Latr.; *Bombyx falcule*, Esp., Hub., Bomb., tab. 11, f. 44, mâle; *Phalœna falcataria*, L., Fabr. Dix à douze lignes d'envergure; ailes en faulx blanchâtres, avec des lignes brunes ondées et transverses, les supérieures ayant deux points et une tache discoïdale de couleur brune; l'un de ces points oculé, à prunelle grise; dessous d'un blanc jaunâtre, presque dépourvu de lignes. La chenille est verte, avec le dos d'un brun pourpré, portant six tubercules charnus. Elle vit sur l'Aune et le Bouleau. On trouve ce Papillon aux environs de Paris. (G.)

* PLATYPTERIS. BOT. PHAN. Genre de la famille des Synanthérées, tribu des Hélianthées et de la Syngénésie égale, L., établi par Kunth (*Nova Genera et Spec. Plant. æquin.*, vol. 4, p. 200) qui l'a ainsi caractérisé : involucre hémisphérique, composé de folioles nombreuses, imbriquées, linéaires, lancéolées, subulées au sommet et réfléchies, les extérieures plus courtes et un peu plus larges; réceptacle convexe, couvert de paillettes linéaires, subulées, à une seule nervure, carenées, scarieuses, de la longueur des fleurons, et persistantes; fleurons nombreux, tous tubuleux, hermaphrodites, dépassant à peine l'involucre; corolle tubuleuse, élargie et divisée dans la partie supérieure en cinq dents oblongues, obtuses, étalées; étamines dont les anthères sont nues à la base et saillantes hors du tube de la corolle; ovaire linéaire, surmonté d'un style filiforme et d'un stigmate saillant, à deux branches linéaires un peu épaissies au sommet; akènes oblongs, comprimés, bordés d'une aile membraneuse, marqués des deux côtés d'une ligne proéminente, et surmontés au sommet de deux barbes droites, scabres, égales, plus courtes que les anthères, et persistantes. Ce genre est fondé sur une Plante que Cavanilles a réunie au genre *Bidens*, et Curtis au genre *Spilanthe*, mais qui s'éloigne de ces deux genres par le port, l'involucre à folioles imbriquées, recourbées en arrière, et par quelques autres caractères. Il est également voisin des genres *Salmia* et *Verbesina*; il diffère du *Salmia* par son réceptacle convexe, et du *Verbesina* par son port, la structure de son involucre et l'absence des rayons.

Le *Platypteris crocata*, Kunth, *loc. cit.*; *Bidens crocata*, Cavan., *Icon.*, 1, p. 66, tab. 992; *Spilanthe crocata*, Curt.; *Bot. mag.*, tab. 1627, est une Plante herbacée, à rameaux opposés, quadrangulaires; à feuilles opposées, ovées, deltoïdes, les caulinaires en forme de lyre, rigides et scabres. Les fleurs, dont la couleur est d'un beau jaune orangé ou safrané, sont terminales et axillaires, solitaires et portées sur de longs pédoncules. Cette Plante croît dans le Mexique, près de Tasco. (G..N.)

PLATYPUS. MAM. Syn. d'Échidné. *V.* MONOTRÊME. (B.)

* PLATYRAPHE. *Platyraphium.* BOT. PHAN. Genre de la famille des Synanthérées et de la tribu des Carduinées, établi par Cassini dans le Dictionnaire des Sciences naturelles, et fondé sur des espèces que les auteurs avaient placées parmi les *Carduus*. Il est très-voisin d'un autre genre, également proposé par Cassini sous le nom de *Lamyra*, et il en diffère surtout par l'appendice des folioles de l'involucre, qui est peu distinct du corps de la foliole, foliacé, très-large à sa base, laquelle n'offre aucune protubérance sur la face interne, tandis que dans les *Lamyra*, l'appendice est dès sa base plus étroit que le sommet de la foliole, épais, non foliacé, subulé, muni d'une protubérance sur la face interne de sa base. Les corolles sont obliquement tronquées dans le *Platyraphium*, et presque régulières dans les *Lamyra*. On peut considérer l'une et l'autre de ces divisions proposées par Cassini comme de simples sous-genres du *Cirsium* ou *Cnicus*. L'espèce qui forme le type du *Platyraphium*, est le *Carduus afer*, Jacq., *Hort. Schœnbrun.*, vol. 2, p. 10, tab. 145, ou *Platyraphium Jacquini*, Cass. C'est une Plante bisannuelle dont la tige est dressée, cylindrique, striée, laineuse, un peu ramifiée supérieurement, garnie de feuilles éparses, nombreuses, sessiles, linéaires, lancéolées, pinnatifides, cotonneuses et blanches en dessous, glabres et vertes en dessus, avec les nervures blanches. Chaque ra-

meau se termine en un pédoncule court, portant une calathide dressée, dont l'involucre est ventru, composé de folioles qui, à leur base, sont garnies d'un coton aranéeux. Les corolles et les styles sont de couleur purpurine. Cette Plante est originaire des contrées septentrionales d'Afrique.

L'auteur du *Platyraphium* lui joint encore le *Carduus diacantha*, Labill., *Decad. syriacæ*, 2, p. 7, tab. 3, qu'il avait placé précédemment dans le nouveau genre *Lamyra*. *V.* ce mot. (G..N.)

PLATYRHINQUE. *Platyrhinchos.* OIS. (Desm.) Genre de l'ordre des Insectivores. Caractères : bec plus large que le front, dilaté sur les côtés, très-déprimé jusqu'à la pointe ; d'une largeur double au moins de l'épaisseur ; arête déprimée, peu distincte ; base garnie de longues soies ; narines placées vers le milieu de la surface du bec, rondes, fermées en dessus par une membrane couverte de plumes ; quatre doigts, trois en avant, dont l'intermédiaire, plus court que le tarse, est joint à l'externe jusqu'à la première articulation ; pouce armé d'un ongle fort et courbé ; les deux premières rémiges plus courtes que la troisième et la quatrième qui sont les plus longues. Les Platyrhinques que l'on a séparés des Gobe-Mouches et des Moucherolles n'en diffèrent aucunement quant aux mœurs et aux habitudes. Toutes les espèces connues jusqu'à ce jour habitent les forêts de l'Amérique méridionale.

PLATYRHINQUE AUX AILES VARIÉES, *Platyrhinchos polychopterus*, Vieill. Parties supérieures noires ; ailes variées de taches blanches longitudinales ; rectrices latérales tachetées de blanc à l'extrémité ; parties inférieures grises ; bec et pieds noirs. Taille, cinq pouces dix lignes. De l'Australasie.

PLATYRHINQUE A BANDEAU BLANC, *Platyrhinchos velatus*, Vieill. : *Muscicapa senegalensis*, Lath. ; Gobe-Mouche à poitrine rousse ; Briss., Buff., pl. enlum. 567, fig. 1. Parties supérieures variées de blanc et de gris ; sommet de la tête entouré d'une bande blanche, et couvert d'une tache rousse ; bande oculaire blanche de même que les joues ; petites tectrices alaires bordées de roux, une ligne blanche sur les moyennes ; rémiges brunes ; rectrices intermédiaires noires, les autres bordées ou terminées de blanc ; gorge blanche ; poitrine marquée d'une tache roussâtre ; bec et pieds noirs. Taille, quatre pouces deux lignes. De l'Afrique.

PLATYRHINQUE BLEU ET BLANC, *Platyrhinchos cyanoleucus*, Vieill. Parties supérieures d'un bleu foncé et éclatant ; les inférieures blanches ; bec et pieds bruns. La femelle a les parties supérieures d'un gris nuancé de bleuâtre ; la gorge, le devant du cou et la poitrine roux ; le ventre roussâtre. De l'île de Timor.

PLATYRHINQUE BRUN ET BLANC, *Platyrhinchos leucocephalus*, Vieill. Parties supérieures brunes ; plumes du sommet de la tête jaunes à leur base ; une espèce de couronne blanchâtre ; parties inférieures blanches, tachetées ou striées de noir ; flancs olivâtres également tachetés ; bec et pieds noirâtres. Taille, six pouces. De l'Amérique méridionale.

PLATYRHINQUE CANCROME, *Platyrhinchos Cancroma*, Temm., Ois. color., pl. 12, fig. 2. Parties supérieures brunes ; front noir ; un trait blanc allant des narines aux yeux ; une huppe composée de plumes jaunes, bordées de brun ; un trait noir, arqué sous l'œil ; méat auditif couvert de plumes jaunes, largement bordées de noir ; tectrices alaires d'un noir bleuâtre, bordées de brunâtre ; rémiges brunes, bordées de brunâtre, l'externe bordée de blanc pur ; rectrices brunâtres ; gorge blanche, nuancée de jaune ; parties inférieures jaunes ; bec et pieds bruns. Taille, quatre pouces. Du Brésil.

PLATYRHINQUE A COLLIER, *Muscicapa collaris*, Lath. ; *Muscicapa melanoptera*, Gmel., Buff., pl. enlum. 567, fig. 3. Parties supérieures d'un cendré obscur ; rémiges noires ; rectrices noirâtres, les latérales bordées ou terminées de blanc; gorge et devant du cou d'un brun marron; une bande noire en avant de la poitrine qui est blanche ainsi que le reste des parties inférieures; jambes variées de blanc et de noirâtre; bec noir; pieds bruns. Taille, cinq pouces. De l'Afrique.

PLATYRHINQUE FÉROCE, *Muscicapa ferox*, Lath. Parties supérieures d'un brun foncé; tectrices alaires et subcaudales, abdomen et flancs d'un jaune soufré; plumes du sommet de la tête jaunes et orangées à leur base; rémiges noirâtres, bordées de blanchâtre; parties inférieures cendrées; bec et pieds bruns. Taille, sept pouces. De la Guiane.

PLATYRHINQUE GILLIT. *V.* MOUCHEROLLE GILLIT.

PLATYRHINQUE A GORGE ROUSSE, *Platyrhinchos ruficollis*, Vieill. Parties supérieures bleues; tête d'un bleu noirâtre; rémiges bordées de blanc; gorge, devant du cou et poitrine roux; parties postérieures blanches; bec et pieds gris. Taille, six pouces. De l'Australasie.

PLATYRHINQUE HUPPÉ DE L'ILE DE MASCAREIGNE. *V.* MOUCHEROLLE HUPPÉ DE L'ILE DE MASCAREIGNE.

PLATYRHINQUE HUPPÉ DU SÉNÉGAL. *V.* MOUCHEROLLE TCHITREC.

PLATYRHINQUE A JOUES NOIRES, *Platyrhinchos melanops*, Vieill. Parties supérieures d'un gris roussâtre; sommet de la tête roux; gorge blanche; joues noires; parties inférieures blanchâtres; bec noir; pieds bruns. Taille, six pouces. De l'Amérique méridionale.

PLATYRHINQUE A LUNETTES, *Platyrhinchos perspicillatus*, Vieill., Levaill., Ois. d'Afr., pl. 152. Parties supérieures brunes; sourcils et auréole des yeux blancs; un collier noirâtre; rectrices étagées, les trois latérales terminées de blanc; parties inférieures blanches; bec noir, blanchâtre en dessous; pieds bruns. Taille, six pouces. Du sud de l'Afrique.

PLATYRHINQUE A MOUSTACHES, *Platyrhinchos mystaceus*, Vieill. Parties supérieures brunâtres, variées de jaunâtre; sommet de la tête d'un brun foncé; un trait noir de chaque côté de la tête, en dessous une bande brunâtre, mêlée de jaune; rémiges noires; rectrices noirâtres, pointillées vers l'extrémité; gorge blanchâtre; parties inférieures d'un jaune foncé; bec noir, avec la mandibule inférieure jaunâtre; pieds bruns. Taille, quatre pouces.

PLATYRHINQUE NOIR ET ROUX, *Platyrhinchos nasutus*, Vieill.; *Todus nasutus*, Lath.; *Todus macrochyceros*, Gmel. Parties supérieures d'un noir bleuâtre irisé; scapulaires blanches; rémiges noires, bordées de blanc; croupion, gorge et parties inférieures rouges, variées de noirâtre; rectrices noires; bec et pieds bruns. Taille, cinq pouces.

PLATYRHINQUE OLIVATRE, *Platyrhinchos olivaceus*, Temm., Ois. color., pl. 12, fig. 1. Parties supérieures vertes; petites tectrices alaires d'un vert bleuâtre; les moyennes d'un bleu noirâtre, bordées de jaunâtre; rémiges noirâtres, bordées de jaune olivâtre; rectrices brunes, bordées d'olivâtre; gorge d'un vert jaunâtre; poitrine verte; abdomen verdâtre; bec noir, jaunâtre en dessous; pieds bruns. Taille, cinq pouces six lignes. Du Brésil.

PLATYRHINQUE A OREILLES NOIRES, *Platyrhinchos auricularis*, Vieillot. Parties supérieures olivâtres; sommet de la tête d'un gris verdâtre; rémiges et rectrices noirâtres, bordées de jaune; une tache noire et blanche sur les oreilles; parties inférieures jaunes; bec noir; pieds gris. Taille, trois pouces. Du Brésil.

PLATYRHINQUE A QUEUE COURTE, *Todus brachyurus*. Plumage noir, à l'exception du front, des côtés de la tête, des épaules, du bord interne de quelques rémiges et des parties inférieures qui sont blancs; bec et pieds bruns. Taille, cinq pouces. De l'Amérique méridionale.

PLATYRHINQUE A QUEUE ROUGE, *Platyrhinchos ruficaudatus*, Vieill.

Parties supérieures d'un vert olivâtre; tectrices, alaires rousses tachetées de brun; rémiges brunes, bordées de roux; tectrices caudales et rectrices rousses; parties inférieures olivâtres, tachetées de gris: bec et pieds bruns. Taille, cinq pouces. De la Guiane.

PLATYRHINQUE ROUX DE CAYENNE, *Muscicapa rufescens*, Lath., Buff., pl. enlum. 453, fig. 1. Sommet de la tête d'un roux clair; petites tectrices alaires rousses, terminées de noir; rémiges noires; une tache brune sur le sommet de la tête; parties inférieures blanchâtres; bec et pieds noirâtres. Taille, cinq pouces six lignes.

PLATYRHINQUE RUBIN, *Platyrhinchos coronatus*, Vieill.; *Muscicapa coronata*, Lath., Buff., pl. enl. 675, fig. 1. *V*. MOUCHEROLLE.

PLATYRHINQUE SCHET. *V*. MOUCHEROLLE SCHET.

PLATYRHINQUE TACHETÉ. *V*. MOUCHEROLLE TACHETÉ.

PLATYRHINQUE TCHETRECBÉ. *V*. MOUCHEROLLE TCHETRECBÉ.

PLATYRHINQUE TCHITREC. *V*. MOUCHEROLLE TCHITREC.

PLATYRHINQUE A VENTRE JAUNE. *V*. MOUCHEROLLE A VENTRE JAUNE.

*PLATYRHINQUE A VENTRE ROUX, *Platyrhinchos rufiventris*, Vieill. Parties supérieures grises; sommet de la tête noir; tectrices alaires et rémiges brunes; rectrices noires, les latérales en partie blanches; gorge et flancs blancs: ventre roux; bec et pieds bruns. Taille, cinq pouces. De l'Australasie. (DR..Z.)

PLATYROSTRE. POIS. Lesueur établit sous ce nom un genre voisin des Esturgeons pour un Poisson de l'Ohio dont les caractères sont: mâchoires, langue et pharynx sans dents; museau aplati et allongé; des plaques osseuses sur la queue seulement. (B.)

PLATYROSTRES. OIS. Klein désignait sous ce nom collectif les Oies et les Canards. (B.)

PLATYRRHINE. INS. (Clairville.) Espèce du genre Anthribe. *V*. ce mot et RHYNCHOPHORE. (B.)

PLATYRRHININS. MAM. *V*. SINGES.

PLATYSCÈLE. *Platyscelis*. INS. Genre de l'ordre des Coléoptères, section des Hétéromères, famille des Mélasomes, tribu des Blapsides, établi par Latreille, et ayant pour caractères: labre très-court, transverse et entier; mandibules bifides; mâchoires ayant une dent cornée au côté interne; palpes terminés par un article beaucoup plus grand, comprimé, triangulaire ou sécuriforme, dans les maxillaires surtout; ceux-ci composés de quatre articles; les labiaux de trois; lèvre légèrement échancrée; antennes filiformes, de onze articles; le troisième moitié plus long seulement que le précédent, et n'ayant pas deux fois la longueur du quatrième; les quatrième, cinquième, sixième et septième obconiques; les huitième, neuvième et dixième turbinés ou globuleux; le dernier de la longueur du précédent au moins, et arrondi à l'extrémité; tête ovale, à moitié enfoncée dans le corselet; chaperon sans échancrure antérieure; yeux peu saillans; corps en ovale, court, un peu déprimé; corselet de la largeur ou à peine plus large que les élytres, transverse, échancré en devant; écusson peu ou point distinct; élytres réunies, embrassant peu ou point l'abdomen; point d'ailes; pates fortes; tarses des quatre antérieures ayant leurs deuxième, troisième et quatrième articles dilatés et presque cordiformes dans les mâles. Les mœurs de ces Insectes sont inconnues. On les trouve à terre et cachés sous les pierres, comme les Pédines. On connaît deux ou trois espèces de ce genre; celle qui lui sert de type a été décrite par Pallas sous le nom de *Tenebrio Hippolythes*. C'est le Platyscèle Hippolythe de Latreille. Il est figuré dans l'Entomographie de la Russie de Fischer. (G.)

* PLATYSMA. BOT. PHAN. Genre

de la famille des Orchidées, et de la Gynandrie Diandrie, L., nouvellement établi par Blume (*Bijdragen tot de Flora van nederlandsch Indie*, p. 295) qui lui a imposé les caractères suivans : périanthe à cinq sépales peu cohérens, la base des extérieurs latéraux simulant un éperon court et obtus; labelle concave, sans appendice dans sa partie inférieure; gynostème indivis, tricuspidé au sommet; stigmate caché par une lame membraneuse; anthères biloculaires; deux masses polliniques dans chaque loge, ceréacées, oblongues, comprimées; capsule muriquée. Ce genre est très-voisin du *Podochilus*, autre genre nouveau établi par Blume, dont il ne diffère que par de légers caractères dans le périanthe et le gynostême. *V.* PODOCHILUS. Le *Platysma gracile*, Bl., *loc. cit.*, est une herbe parasite, rameuse, à tiges rampantes, garnies de feuilles distiques, linéaires, cuspidées, à fleurs presque terminales, solitaires et sessiles. Cette Orchidée croît dans les montagnes de Pantjar et Seribu de l'île de Java, où elle fleurit aux mois de juin et juillet. (G..N.)

PLATYSME. *Platysma*. INS. Genre de l'ordre des Coléoptères, section des Pentamères, famille des Carnassiers, tribu des Carabiques, établi par Bonelli et adopté par Latreille, qui le place (Fam. nat. du Règne Anim.) dans sa division des Thoraciques. Les caractères que Bonelli assigne à ce genre sont : languette tronquée, coriace; palpes maxillaires extérieurs ayant leur quatrième article cylindrique, aminci à sa base, plus court que le précédent; menton ayant une dent bifide à l'extrémité de la saillie du milieu; antennes comprimées, plus grêles à leur extrémité; corselet presque en cœur, ayant deux stries de chaque côté à sa base; l'extérieure plus petite; angles du corselet droits; corps déprimé. Nous ne connaissons qu'une espèce de ce genre; c'est le *Carabus niger* de Fabricius. On le trouve en Suède et dans le nord de la France. (G.)

* PLATYSOME. *Platysoma*. INS. Genre de l'ordre des Coléoptères, section des Pentamères, famille des Clavicornes, tribu des Histéroïdes, établi par Leach et mentionné par Latreille (Fam. nat. du Règne Anim.), qui en forme une division dans son genre Escarbot. Ce genre renferme les espèces qui ont le corps en carré plus ou moins long et très-aplati. Les *Hister oblongus*, *picipes* de Fabricius; le *flavicornis* d'Herbst, le *depressus* de Marsham, etc., composent ce genre. (G.)

PLATYSOMES. *Platysoma*. INS. Famille de l'ordre des Coléoptères, établie par Latreille, et à laquelle il avait précédemment donné le nom de *Cucujipes*. Cette famille appartient à la section des Tétramères; elle est ainsi caractérisée par son auteur : tous les articles des tarses entiers; corps parallélipipède, déprimé, avec la tête, soit triangulaire, soit cordiforme, de la largeur du corps, rétrécie postérieurement en manière de cou; mandibules saillantes, surtout dans les mâles; labre petit; palpes courts; corselet presque carré; antennes filiformes. Cette famille n'est pas subdivisée en tribus; elle renferme les genres Parandre, Passandre, Cucuje, Uléiote, Dendrophage et Hémipèple. *V.* ces mots à leur lettre ou au Supplément. (G.)

* PLATYSPERMUM. BOT. PHAN. Genre d'Ombellifères établi par Hoffmann (*Umbell. Gener.*, p. 64) sur le *Daucus muricatus*, L., qui offre un involucre général, pinnatifide, comme dans les véritables *Daucus*, mais qui s'en distingue par ses pétales lancéolés, infléchis au sommet, et non échancrés, bilobés, par ses fruits qui offrent deux rangées de poils soyeux, à quatre vallécules ailées, munies d'aiguillons triangulaires, peltés-glochidiens au sommet. Ce genre n'a pas été généralement adopté. (G..N.)

* PLATYSTACUS. POIS. *V.* PLATYSTE.

PLATYSTE. POIS. (Bloch.) Syn. d'Asprède. *V.* ce mot et PLOTOSE. (B.)

* PLATYSTOME. *Platystoma*. MOLL. Klein a réuni des Hélices, des Ampullaires, des Natices, etc., et en a fait le genre *Platystoma*; mais ce genre n'a été adopté par aucun conchyliologue. (D..H.)

* PLATYSTOME. *Platystoma*. INS. Genre de l'ordre des Diptères, famille des Athéricères, tribu des Muscides, établi par Meigen, et que Fabricius avait nommé *Dictya*. Ce genre, adopté par Latreille (Fam. nat., etc.), a pour caractères: corps court, un peu oblong; antennes insérées au milieu de la face antérieure de la tête, composées de trois articles; le dernier ovale, portant à sa base une soie simple; trompe très-grosse; ses lèvres épaisses, et son extrémité faisant saillie au-delà de la cavité orale; vertex s'abaissant en pointe sur le devant; yeux assez grands, espacés dans les deux sexes; trois petits yeux lisses, disposés en triangle sur la partie la plus élevée du vertex; ailes vibratiles, écartées l'une de l'autre dans le repos, un peu pendantes sur les côtés, et ordinairement colorées en noir et comme piquetées de blanc; cuillerons petits; balanciers découverts; abdomen terminé dans les femelles par un oviducte toujours saillant; pates de longueur moyenne; premier article des tarses presque aussi long que les quatre autres pris ensemble; crochets très-petits, munis d'une forte palette dans leur entre-deux. Ces Diptères se tiennent au soleil sur les feuilles des Végétaux; ils n'aiment pas à prendre leur vol, et quand on approche pour les prendre, ils fuient en montant, et se cachent sous la feuille où ils sont posés. On connaît plusieurs espèces de ce genre. Celle qui lui sert de type est la Dictye séminatienne, *Dictya seminationis* de Fabricius. (G.)

PLATYURE. *Platyura*. INS. Genre de l'ordre des Diptères, famille des Némocères, tribu des Tipulaires, établi par Meigen et adopté par Latreille (Fam. nat. du Règne Anim.). Ce genre, dans lequel il fait entrer les Céroplates et les Asindules de Latreille, est ainsi caractérisé par son auteur: antennes avancées, comprimées, de seize articles; les deux inférieurs distincts; yeux ronds; trois petits yeux lisses placés sur le front, rapprochés en triangle; jambes sans épines sur les côtés; abdomen déprimé postérieurement. (G.)

PLATYZOMA. BOT. CRYPT. (*Fougères*.) Ce genre, établi par Rob. Brown dans son Prodrome de la Nouvelle-Hollande, est très-voisin, par ses caractères essentiels, des *Gleichenia*, auprès desquels il se range, et dont il diffère surtout par son port. Les capsules, en petit nombre, sont réunies en un seul groupe sur la face inférieure de chaque foliole, et sont entremêlées d'une matière pulvérulente; elles sont en partie recouvertes par le bord enroulé des folioles. On ne connaît encore qu'une seule espèce de ce genre, le *Platyzoma microphyllum*, qui vient d'être figuré dans les *Icones Lithog. Plant. Australasiæ rariorum*, ouvrage publié par notre collaborateur Guillemin. C'est une Plante dont la tige couverte d'écailles rampe à la surface du sol, et donne naissance à des touffes de feuilles dont le pétiole simple, très-allongé, grêle, porte un grand nombre de petites pinnules arrondies, libres à leur base, glabres, très-entières, et dont les bords sont enroulés en dessous. Cette surface est recouverte par une poussière couleur de soufre. On voit que ce genre ne diffère presque des *Gleichenia* que par son pétiole simple, qui n'est pas dichotome, comme dans toutes les Plantes de ce genre. (AD. B.)

* PLAUTOS. OIS. Klein avait nommé *Plautos* ou *Plotos*, un genre d'Oiseau qui correspond aux genres *Cepphos* de Mœhring, *Uria* et *Mergus* de Brisson, et *Colymbus* de Linné. C'est

le genre *Cephus* des méthodes actuelles. (LESS.)

* PLAVUN. MAM. Les Russes donnent le nom de Plavun à un Cétacé que, suivant Chamisso, les Aléoutes nomment *Agidagich* ou *Agdagjak*, et que ce savant croit être le Cachalot Macrocéphale (*Physeter macrocephalus*). (LESS.)

PLAZIA. BOT. PHAN. Genre de la famille des Synanthérées, établi par Ruiz et Pavon, dans le Prodrome de la Flore du Pérou, et admis par De Candolle qui l'a placé parmi les Labiatiflores, entre les genres *Homoianthus* et *Onoseris*. Cassini (Opuscules phytol., p. 185) fait plusieurs observations sur ce rapprochement, qui ne lui semble pas naturel, parce que le genre *Homoianthus* fait partie de la tribu des Nassauviées, tandis que l'*Onoseris* appartient à celle des Mutisiées. Mais comme l'organisation du *Plazia* n'est pas suffisamment éclaircie, il relègue ce genre à la fin de la tribu des Nassauviées, dans une section qu'il nomme Nassauviées douteuses. Il est à remarquer que Lagasca n'a pas admis ce genre parmi ses Chénantophores, qui correspondent aux Labiatiflores de De Candolle. Voici les caractères assignés au genre *Plazia* par ses auteurs : involucre ovale, composé de folioles imbriquées, la plupart droites, lancéolées; fleurs de la circonférence bilabiées, à demi-trifides; la lèvre extérieure allongée, trilobée; l'intérieure à deux divisions linéaires et roulées; fleurs du disque hermaphrodites, à corolle infundibuliforme, divisée en cinq segmens réfléchis; akènes surmontés d'une aigrette pileuse; réceptacle nu.

Ce genre ne renferme qu'une seule espèce, *Plazia conferta*, Ruiz et Pav., *Prodr. Syst. veget. Fl. Peruv.*, 187. Plante à feuilles ovales, lancéolées, marquées de trois nervures. Elle croît au Pérou, dans les haies et aux lieux escarpés. (G..N.)

PLÉBÉIENS. *Plebeii*. INS. Linné a assigné ce nom à une division de son grand genre Papillon. (AUD.)

* PLECHON. BOT. PHAN. Syn. ancien de *Mentha Pulegium*, L. *V.* MENTHE. (B.)

PLÉCOPODES. POIS. La famille formée sous ce nom dans la Zoologie analytique de Duméril, est caractérisée par le corps arrondi, à nageoires paires inférieures, réunies et comme soudées. Les genres Gobie et Gobioïde la composent. (B.)

PLÉCOPTÈRES. POIS. La famille formée sous ce nom par Duméril, dans la Zoologie analytique, renferme les genres Cycloptère, Cyclogastre et Lépadogastre. *V.* ces mots. (B.)

PLÉCOSTE. *Plecostomus*. POIS. Espèce du genre Loricaire. *V.* ce mot. (B.)

PLÉCOSTOME. *Plecostoma*. BOT. CRYPT. (Desvaux.) *V.* GÉASTRE.

PLECOTUS. MAM. *V.* OREILLARD.

PLECTANEIA. BOT. PHAN. Genre établi par Du Petit-Thouars (*Nov. Gen. Madag.*, n. 36, p. 11) qui l'a ainsi caractérisé : calice urcéolé; corolle dont le tube est court, ventru, le limbe tordu et resserré; cinq étamines à anthères sessiles, sagittées; un seul ovaire surmonté d'un style court et d'un stigmate capité; capsule en forme de silique, presque tétragone, très-longue, formée d'un double follicule, divisée en deux loges constituées par les bords rentrans, se séparant à la maturité, et sur lesquelles les graines sont attachées; celles-ci comprimées, ailées, portées sur un court funicule, renfermant un périsperme mince, un embryon droit et des cotylédons planes. Ce genre fait partie de la famille des Apocynées, et, suivant son auteur, il offre des rapports avec le *Gelsemium* de Jussieu, mais il en est suffisamment distinct. L'un et l'autre de ces genres ont quelques affinités avec les Bignoniacées. Jussieu place le genre *Plectaneia* près du *Plumiera* qui, d'ailleurs, appartient au même groupe de Végétaux que le *Gelsemium*.

Une seule espèce constitue ce genre; elle a été nommée *Plectaneia Thouarsi* par Rœmer et Schultes qui l'ont placée dans la Pentandrie Monogynie. C'est un Arbuste volubile, très-lactescent, à feuilles opposées, et à fleurs petites et disposées en corymbes. Il croît à Madagascar. (G..N.)

* PLECTANTHERA. BOT. PHAN. Le genre établi sous ce nom par Martius (*Nov. Gener. Plant. Brasil.*, 1, p. 39) est identique avec le *Luxemburgia* d'Auguste Saint-Hilaire. *V.* LUXEMBOURGIE. (G..N.)

* PLECTE. *Plectes.* INS. Fischer donne ce nom à un nouveau genre voisin des Carabes proprement dits, et qui n'en diffère que par l'aplatissement du corps. Ce genre n'a pas été adopté, et les espèces font toujours partie du genre *Carabus* des auteurs modernes. (G.)

* PLECTOCARPON. BOT. CRYPT. (*Lichens.*) Ce genre appartient à notre tribu des Parméliacées, sous-ordre des Stictes; il est ainsi caractérisé dans notre méthode : thalle coriace, cartilagineux, foliacé, fortement lobé, villeux en dessous et pourvu de cyphelles; apothécie orbiculaire, épais, plissé dans la jeunesse, fixé au centre, libre dans sa circonférence; lame proligère épaisse, discoïde, composée d'une multitude de tubercules noirs. Ce genre est établi sur une espèce unique à laquelle nous avons imposé le nom de *Plectocarpon Pseudo-Sticta*, Ess. Crypt. Ecorc. officin., p. 94 et 95, tab. 2, fig. 15 (*sub Delisea*) *Sticta Delisei*, Fée, *in Monogr. Lich. Delis.* T. IX, fig. 52. Le thalle est rufescent probablement par suite de son séjour dans l'herbier, glabre, sous-villeux inférieurement; les cyphelles sont creusées assez profondément, blanches; les laciniures sont sinuées et lobées, leur marge est déchiquetée; les apothécies sont fermés avant leur entier développement, et plissés d'une manière aussi élégante que régulière; bientôt ils s'épanouissent et montrent un disque très-noir, composé de granulations verruciformes, distinctes, remplies de gongyles nichés dans une pulpe abondante qui sort du périthécium? par une fente vers le sommet. On trouve cette belle Plante à l'île de King (Nouvelle-Hollande). Nous avons cherché à établir ailleurs que la lame proligère (*V.* ce mot) étant le principal organe du Lichen, pouvait servir dans plus d'un cas à l'établissement des genres; or, la lame proligère du *Plectocarpon* a une organisation tellement distincte, qu'elle se rapproche du réceptacle de certaines Plantes hypoxylées; elle est donc une véritable anomalie dans la famille des Lichens, et jamais la création d'un genre ne nous parut être plus nécessaire. Nous avions nommé d'abord ce genre *Delisea*, mais nous ignorions, en faisant cette dédicace, qu'avant nous feu Lamouroux avait consacré à Delise un genre *Delisea* qui figure parmi les Thalassiophytes. (A. F.)

PLECTOGNATHES. POIS. C'est, dans la Méthode ichthyologique de Cuvier, le troisième ordre de la classe des Poissons, le premier de la seconde série ou Poissons osseux. Il tient encore aux Chondroptérygiens par l'imperfection de ses mâchoires et par le durcissement tardif de son squelette; cependant ce squelette est fibreux, et en général toute la structure est celle des Poissons ordinaires. Le principal caractère distinctif consiste dans l'os maxillaire qui est soudé ou attaché fixément sur le côté de l'intermaxillaire qui forme seul la mâchoire, et dans l'arcade palatine qui s'engrène par suture avec le crâne, et qui n'a, par conséquent, aucune mobilité. Les opercules et les rayons sont en outre cachés sous une peau épaisse, qui ne laisse voir à l'extérieur qu'une petite fente brachiale. On n'y trouve que de petits vestiges de côtes; les vraies ventrales manquent. Le canal intestinal est ample, mais sans cœcum, et en général la vessie natatoire est considérable. Cet ordre comprend deux familles très-naturelles caractérisées par la manière dont les mâchoires sont armées. Ce sont les Gymnodontes et les Sclérodermes. *V.* ces mots. (B.)

PLECTORHYNQUE. *Plectorhynchus.* POIS. Genre de l'ordre des Acanthoptérygiens, famille des Squammipennes, dont les caractères consistent dans le préopercule qui est dentelé; une rangée de petites dents perçant à peine les gencives, et des ventrales plus larges et pourvues de rayons plus nombreux qu'à l'ordinaire. On ne connaît qu'une espèce de ce genre appelée Chétodonoïde par Lacépède (T. III, p. 135, pl. 13, et fig. 2 du T. II). Elle est fort belle, ayant huit grandes taches éclatantes, avec beaucoup de plus petites éparses sur un fond de couleur très-foncée. On la trouve dans les mers des Indes. (B.)

* PLECTORITE. POIS. FOSS. On appelle ainsi des Glossopètres que leur forme fit comparer à des becs d'Oiseaux. (B.)

PLECTRANTHE. *Plectranthus.* BOT. PHAN. L'Héritier (*Stirp.*, 1, p. 85, tab. 41) a fondé ce genre qui appartient à la famille des Labiées et à la Didynamie Gymnospermie, L. Lamarck, dans l'Encyclopédie botanique, lui donna plus tard le nom de *Germanea*, n'ayant sans doute pas connaissance du genre *Plectranthus.* Mais il n'en est pas moins certain que l'établissement de celui-ci est antérieur au moins de deux années à celui du *Germanea* de Lamarck. Aussi le nom de *Plectranthus* a-t-il été adopté par Vahl, Jussieu, Willdenow, Rob. Brown, et par tous les botanistes modernes, excepté Poiret. Voici les caractères essentiels qui lui sont assignés par Rob. Brown (*Prodrom. Flor. Nov.-Holland.*, p. 505): calice strié, bilabié, bossu en dessous après la maturité des akènes; la lèvre inférieure divisée; corolle dont la lèvre supérieure est trifide; la division du milieu bilobée; la lèvre inférieure plus longue, entière (ordinairement concave); étamines didynames, déclinées, à filets dépourvus de dents (quelquefois cohérens par la base), à anthères uniloculaires imberbes. Un des caractères les plus saillans que présente le *Plectranthus fruticosus*, L'Hér., espèce type du genre, mais qui paraît ne pas exister dans toutes les espèces, puisque Rob. Brown l'a négligé, c'est d'avoir le tube de la corolle terminé inférieurement d'un côté par une sorte d'éperon que L'Héritier considérait comme un nectaire. Rob. Brown a réuni à ce genre les espèces d'*Ocymum* de Linné, dont les filets des étamines sont dépourvus de dents, ainsi que les genres *Dentidea*, *Barbula* et *Coleus* de Loureiro. Il en a aussi rapproché le *Lavandula carnosa* de Linné, Suppl., qui offre des caractères semblables dans sa corolle, ses étamines et son stigmate, mais qui, s'en éloignant par son calice et son inflorescence, pourrait former un genre particulier. Le genre *Plectranthus* est donc voisin de l'*Ocymum*, puisque plusieurs espèces, placées parmi les auteurs dans ce dernier, doivent lui être réunis; il se rapproche aussi du genre *Scutellaria* par quelques caractères et par le port de certaines espèces. On compte environ quinze espèces de Plectranthes qui habitent le cap de Bonne-Espérance, l'Arabie, l'Inde orientale et la Nouvelle-Hollande. Ce sont en général des Plantes sous-frutescentes, plus ou moins velues et glanduleuses, d'une nature succulente, surtout dans l'articulation des pétioles; ce qui rend leur dessiccation fort difficile. Leurs feuilles larges, ovales et crénelées, offrent quelques ressemblances avec celles des *Lantana* ou de quelques Orties. Les fleurs, dont la couleur est ordinairement bleue, sont terminales et disposées en verticilles qui forment des grappes rameuses. (G..N.)

PLECTRONIA. BOT. PHAN. N. L. Burmann (*Flor. Cap. Prodr.*, p. 6) décrivit sous le nom de *Plectronia corymbosa* une Plante du Cap, à laquelle il rapporta la figure 94, donnée par J. Burmann dans ses *Decades Plantarum africanarum*, et dont il fit le type d'un nouveau genre de la Pentandrie Monogynie. Linné adopta ce genre; mais il changea le nom spécifique en celui de *ventosa*. Une seconde espèce de *Plectronia* fut publiée par Loureiro, dans sa Flore de Cochinchine, sous le nom de *P. chinensis*. Cependant le *Plectronia* de Burmann était si mal caractérisé, et la figure si insuffisante, qu'il était fort difficile d'en débrouiller les affinités. Le professeur De Candolle, ayant examiné les échantillons authentiques et originaux de l'herbier de Burmann, aujourd'hui en la possession de B. Delessert, a vu qu'il existait dans cet herbier deux Plantes très-différentes; l'une qui paraissait devoir être réunie au *Celastrus*, sous le nom de *C. Plectronia*; l'autre, qui est une Rubiacée, et à laquelle la figure des Décades de Plantes d'Afrique paraît appartenir. Il résulte de ces recherches, que le genre *Plectronia* de Burmann est établi sur des objets trop mal décrits pour mériter d'être adopté. Il faudra en conséquence étudier de nouveau la Plante de Loureiro, pour savoir à quel genre elle appartient. (G..N.)

* PLECTRONIAS. BOT. PHAN. (Mentzel.) Nom que les anciens donnaient à la grande Centaurée. *V.* ce mot. (G..N.)

PLECTRONITE. POIS. FOS. Même chose que Plectorite. *V.* ce mot. (B.)

* PLECTROPHANE. *Plectrophanes.* OIS. Sous ce nom, John Selby a décrit récemment un genre d'Oiseau, démembré des Emberizes, et destiné à recevoir le *Fringilla lapponica* de Linné, avec l'*Emberiza calcarata* du Manuel d'Ornithologie de Temminck. Ce genre Plectrophane, primitivement nommé par Meyer, est le même que le genre *Passerina* de Vieillot, établi pour le Bruant des neiges. Celui-ci, en effet, avec le Bruant de Laponie, forment dans Temminck une section que cet ornithologiste a nommée Bruans éperonniers, et que leur organisation place sur les limites des genres *Alauda* et *Emberiza*. Le *Plectrophanes lapponica*, Selby (*Trans. Soc. Linn. of London*, T. XV, p. 157), ayant été décrit sous le nom de Bruant montain, T. II, p. 526 de ce Dictionnaire, nous y renvoyons le lecteur. (LESS.)

* PLECTROPHORE. *Plectrophorus.* MOLL. Ce genre, institué par Férussac, est encore peu nombreux en espèces; il est formé aux dépens des Testacelles, dans lesquelles Bosc et Roissy, ainsi que Férussac lui-même, dans son premier Essai (1807), rangeaient les deux principales espèces; elles étaient connues bien avant les auteurs que nous venons de citer, puisque Favane les a figurées dans son ouvrage en les désignant sous le nom de Limaces à coquilles. En effet, ce genre offre, comme la Testacelle, une coquille caudale, mais dont la forme est différente; les caractères pris de la position des organes de la respiration et de la génération, offrent aussi des différences notables avec les Testacelles, de sorte que rien ne semble devoir s'opposer à l'admission de ce genre : cependant nous ferons remarquer plusieurs points de doute dans la caractéristique de Férussac que nous allons rapporter : Animal semblable pour la forme aux Limaces et aux Arions; la partie antérieure couverte par une cuirasse comme dans ces deux genres; un petit corps testacé, patelliforme, proéminent, placé vers l'extrémité postérieure; tentacules au nombre de quatre, rétractiles, les deux supérieurs oculés à leur sommet; cavité pulmonaire située sous la cuirasse; orifice à son bord droit antérieurement; orifice du rectum presque contigu? organes de la génération réunis? orifice sous celui de la respiration? un pore muqueux terminal? Coquille extérieure, cau-

dale, très-proéminente et supportée par un pédicule charnu, patelliforme, en cône complet, non spiral, mais ayant une sorte d'empreinte volutatoire, ou le bord intérieur replié en dedans; elle a quelquefois la forme d'une calotte cylindrique; ouverture ovale. Les Testacelles diffèrent des Plectrophores par plusieurs points importans : dans l'Animal, par la position de l'ouverture respiratrice qui est antérieure et non postérieure comme dans les Testacelles; par la position justement présumée différente de l'anus et des organes de la génération : dans la coquille, parce qu'elle est supportée dans l'un et ne l'est pas dans l'autre; auriculiforme, spirale dans la Testacelle; patelliforme, non-spiré dans les Plectrophores. On ignore complétement à quel usage est destinée la coquille de ce genre; elle ne protège aucun organe important à la conservation de l'Animal; il paraît que vivant dans un trou pendant le jour, le Plectrophore se sert de la coquille pour fermer l'entrée de ce trou, du moins telle est la présomption de Férussac. Les trois seules espèces connues sont les suivantes : 1° *Plectrophorus corninus*, Fér., Moll. terr. et fluv., pl. 6, fig. 5; *Testacella cornina*, Bosc, Buff. de Déterville, Coq. T. III, pag. 239; *Ibid.*, Roissy, Buff. de Sonnini, Moll. T. V, pag 253, n. 3; Limaces à coquilles, Fav., Zoomorph., pl. 76, fig. b 1, b 2. — 2° *Plectrophorus costatus*, Fér., *loc. cit.*, n. 2, pl. 6, fig. 6; *Testacella costata*, Bosc, *loc. cit.*, n. 2; Roissy, *loc. cit.*, n. 4; Favanne, même planche, fig. c 1, c. 2. — 3° *Plectrophorus Orbignii*, Fér., *loc. cit.*, n. 3, pl. 6, fig. 7, a, b. On ignore la patrie de la première; la seconde vient des Maldives, et la troisième de Ténériffe, dans les lieux humides et ombragés. (D..H.)

* PLECTROPHORE. *Plectrophorus*. INS. Genre de Charansonite. *V.* RHYNCHOPHORES. (G.)

PLECTROPOME. *Plectropomus*. POIS. Genre de la grande famille des Percoïdes dans l'ordre des Acanthoptérygiens, formé par Cuvier aux dépens des Holocentres et des Bodians, dont les caractères consistent dans les grosses dents ou épines dirigées en avant, qui sont au bas du préopercule, à la place des fines dentelures qui se voient dans les Bodians, les Serrans, etc. Il se compose d'espèces exotiques telles que le *Bodianus maculatus* de Bloch, pl. 228; l'*Holocentrus calcarifer*, Bloch, pl. 244, et le Bodian Cyclostome de Lacépède, figuré dans sa planche 20 du IIIe volume, et qui est un double emploi du même auteur reproduit sous le nom de Labre lisse, fig. 2, pl. 23 du T. III. (B.)

PLÉE. *Plea*. INS. Genre de l'ordre des Hémiptères, famille des Hydrocorises, tribu des Notonectides, institué par le docteur Leach (*Linn. Transact.*, vol. XII) sur la Notonecte *minutissima* de Fabricius. Le corps est plus court que celui des espèces de ce dernier genre, ovoïdo-carré. Le troisième article des antennes est plus grand que les autres; ceux des tarses antérieurs sont presque de la même longueur, et les crochets des tarses postérieurs sont grands, tandis que ceux des Notonectes sont très-petits. A ces caractères exposés par ce savant, on peut ajouter que les élytres sont très voûtées, entièrement coriacés, sans trace d'appendice membraneux; que leurs angles huméraux sont tronqués et occupés par une pièce analogue à celle que l'on observe à la même place dans les Cétoines. La Plée naine est longue d'une ligne et demie, grise, avec une ligne noirâtre sur le front, le corselet et les élytres finement ponctués. On la trouve dans les eaux stagnantes. (LAT.)

PLEEA. BOT. PHAN. Genre de la famille des Colchicacées et de l'Ennéandrie Trigynie, L., établi par le professeur Richard (*in Michx. Fl. Bor. Amer.*, 1, p. 247) et qui offre les caractères suivans : calice étalé, à six divisions pétaloïdes et égales. Etamines au nombre de neuf, un peu plus courtes que le calice et insérées à sa base. Ovaire libre, trigone, à trois loges polyspermes, surmonté de trois stigmates sessiles, linéaires, obtus. Le fruit est une capsule trigone, recouverte en partie par le calice qui persiste, formé de trois loges qui se séparent les unes des autres et s'ouvrent chacune par une suture interne. Les graines sont très-nombreuses, attachées à la suture interne par un long podosperme filiforme; elles contiennent sous leur tégument un très-gros endosperme, vers le sommet duquel est un embryon cylindrique, axile, ayant une direction opposée à celle de la graine.

Ce genre, voisin du *Narthecium* dont il diffère surtout par le nombre de ses étamines, se compose d'une seule espèce, *Pleea tenuifolia*, Michx., *loc. cit.*, t. 25. Ses feuilles sont linéaires, longues et tranchantes; ses fleurs forment un épi simple au sommet d'une hampe de quinze à dix-huit pouces de hauteur. Elle croît dans les forêts de la Caroline inférieure. (A. R.)

PLÉGAIRE. INS. L'*Attelabus Bacchus* de Fabricius porte ce nom vulgaire dans plusieurs cantons de l'Occitanie. (B.)

* PLEGMARIA. BOT. PHAN. (Breynius.) Syn. de *Lycopodium mirabile*, Willd., et non du *Lycopodium Phlegmaria*, L. *V.* LYCOPODE. (B.)

PLEGMATIUM. BOT. CRYPT. (*Mucédinées.*) Nouveau genre de la tribu des Byssacées, indiqué par cette simple phrase par Fries dans ses *Novitiæ suecicæ*, p. 79, *Racodium fibris septalis typus Conferva arachnoides*, Dillw. — Toutes les espèces de ce genre, suivant son auteur, croissent sur les bois pourris. (A. B.)

PLEGORHIZA. BOT. PHAN. Genre de l'Ennéandrie Monogynie, L., dont les affinités naturelles ne sont nullement déterminées; car les rapports qu'on a prétendu lui trouver avec les Laurinées et les Polygonées, ne sont pas justifiés par les caractères qui lui ont été appliqués. Il a été proposé par Molina (Hist. du Chili, édit. française, p. 140), et adopté par Jussieu et Willdenow avec les caractères suivans : calice (corolle, selon Molina) d'une seule pièce, à limbe très-entier; neuf étamines, dont les filets sont très-courts, terminés par des anthères oblongues; ovaire orbiculaire, surmonté d'un style cylindrique, de la longueur des étamines, et terminé par un stigmate simple; capsule oblongue, un peu comprimée, renfermant une seule graine de même forme. Le *Plegorhiza Guaicuru*, Molina, *loc. cit.*; *P. astringens*, Willd., est un sous-Arbrisseau dont les feuilles radicales sont réunies en feuilles ovales, simples, entières et pétiolées. La tige est nue inférieurement, divisée vers son sommet en rameaux qui portent des feuilles alternes, sessiles et ovales. Les fleurs naissent à l'extrémité des jeunes rameaux; elles sont petites, assez nombreuses, portées sur des pédoncules presque disposés en ombelles. Cette Plante croît dans les provinces septentrionales du Chili. Ses racines passent pour astringentes, et sont employées pour la guérison des blessures. (G..N.)

PLEIN-CHANT. ZOOL. Pour Plain-chant. Nom donné à une espèce d'Hespérie. *V.* ce mot. Le même nom a été également donné à la Musique, espèce du genre Volute. (B.)

* PLÉIONE. *Pleione*. ANNEL. Genre de l'ordre des Néréidées, famille des Amphinomes, fondé par Jules-César Savigny (Description de l'Egypte, Syst. des Annel., p. 14, 57 et 59), qui lui assigne pour caractères distinctifs : trompe pourvue d'un double palais et de stries dentelées; antennes extérieures et mitoyennes subulées; l'impaire de même; branchies en forme de houppe ou de buissons touffus, recouvrant la base des rames supérieures; point de cirres surnuméraires. Les Pléiones s'éloignent des genres nombreux de l'ordre des Néréidées par l'absence

d'acidules; par les branchies très-développées et en forme de houppe, existant sans interruption à tous les pieds; par les cirres supérieurs, en même nombre que les branchies; enfin, par l'absence de mâchoires. La plupart de ces caractères leur sont communs avec les Chloés et les Euphrosines; mais elles s'en distinguent essentiellement par l'absence de cirres surnuméraires et par la forme des branchies. Du reste, les Pléiones se font remarquer par un corps linéaire épais, rétréci insensiblement en approchant de l'anus, et formé de segmens nombreux. Leur tête, bifide en dessous, est garnie en dessus d'une caroncule verticale ou déprimée. Elle supporte des antennes complètes; les mitoyennes, très-rapprochées et placées sous l'antenne impaire, sont composées de deux articles, le premier très-court, le second allongé et subulé; l'impaire est semblable par la forme aux mitoyennes; les extérieures sont également semblables aux mitoyennes et écartées. Les yeux, au nombre de quatre, se trouvent séparés par la base antérieure de la caroncule; les postérieurs sont peu distincts. La bouche présente une trompe, pourvue à son orifice de deux lèvres charnues, et plus intérieurement, d'une sorte de palais inférieur très-épais, divisé longitudinalement et profondément en deux demi-palais mobiles, garnis de plis cartilagineux, fins, serrés et dentelés. Les pieds sont munis de rames saillantes, très-souvent écartées; la rame dorsale est pourvue de soies très-aiguës, et la rame ventrale présente des soies dont la pointe est quelquefois précédée par un petit renflement ou par une petite dent. Il n'existe pas de cirres surnuméraires. Les cirres proprement dits sont inégaux; le supérieur sort d'un article cylindrique, et l'inférieur d'un article presque globuleux; ce dernier est notablement plus court; la dernière paire de pieds est semblable aux autres. Les branchies entourent la base supérieure et postérieure des rames dorsales; elles consistent chacune en un ou deux arbuscules partagés dès leur origine en plusieurs rameaux plus ou moins subdivisés et touffus. Savigny, auquel nous empruntons ces détails exacts, ne dit rien de l'anatomie de ces Annelides, si ce n'est que l'intestin va, comme à l'ordinaire, droit à l'anus. Il n'existe pas de cœcum. Ce genre, fondé aux dépens des Aphrodites de Pallas, et des Amphinomes de Bruguière et de Cuvier, comprend six espèces :

La PLÉIONE TETRAÈDRE, *Pleione tetraedra*, Sav. C'est l'Amphinome tétraèdre de Cuvier (Dict. des Sc. natur.). De la mer des Indes.

PLÉIONE ERRANTE, *Pleione errans*, Sav., ou la *Terebella vagans*, Leach. Des mers d'Angleterre.

PLÉIONE CARONCULÉE, *Pleione caruncula*, Sav., ou l'Amphinome caronculée de Cuvier (*loc. cit.*). Des côtes de l'Amérique septentrionale.

PLÉIONE ÉOLIENNE, *Pleione æolides*, Sav. Des mers de l'Amérique septentrionale.

PLÉIONE ALCYONIENNE, *Pleione alcyonia*, Sav., Descript. de l'Egypte, Annelides, pl. 2, fig. 3. Des côtes de la mer Rouge.

PLÉIONE APLATIE, *Pleione complanata*, Sav., ou l'*Aphrodita complanata* de Pallas, et l'*Amphinoma complanata* de Bruguière (Encycl. méth.). De l'océan Américain. (AUD.)

PLÉNIROSTRES. OIS. Duméril (Zool. anal., p. 41) a formé sous ce nom, et aussi sous celui de Pléréoramphes, une famille d'Oiseaux passereaux, dont le bec est droit, non échancré, solide et fort. Il y comprend les genres Mainate, Paradisier, Rollier, Corbeau et Pie. (LESS.)

*PLÉOMÈLE. BOT. PHAN. Le genre que Salisbury a établi sous ce nom est identique avec le *Sansevîera* de Thunberg et Willdenow. *V.* SANSEVIÈRE. (G..N.)

PLÉONASTE. MIN. Le Spinelle noir de l'île de Ceylan ou la Ceylanite de Werner. *V.* SPINELLE. (G. DEL.)

PLEOPELTIS. BOT. CRYPT. (*Fougères.*) Genre de la famille des Fougères, établi par Humboldt et Bonpland (*Plant. æquinoct.*, 2, p. 182, tab. 140), et offrant les caractères suivans : les sores sont arrondis et composés d'un grand nombre d'*indusium* orbiculaires et peltés. Ce genre tient le milieu entre les Polypodes qui n'ont pas d'induse, et les Aspidies, dont chaque sore ne se compose que d'un seul de ces organes. Deux espèces composent ce genre, qui a tout-à-fait le port du *Polypodium*. L'une a été décrite et figurée par Humboldt et Bonpland, sous le nom de *Pleopeltis angusta*; l'autre par Kaulfuss, sous celui de *Pleopeltis macrocarpa.* (A. R.)

* **PLEOPUS.** BOT. CRYPT. (*Champignons.*) Le genre que Paulet a proposé d'établir sous ce nom, a pour type une espèce de Morille, qu'il appelle *Morille du diable*, et que l'on croit être le *Phallus demonum* de Rumph, qui appartient au genre *Hymenophallus* de Nées d'Esenbeck. *V.* HYMENOPHALLUS. (A. R.)

* **PLÉRÉORAMPHES.** OIS. Même chose que Plénirostres. *V.* ce mot. (B.)

PLERERIT. OIS. Syn. vulgaire de la petite Hirondelle de mer. *V.* STERNE. (DR..Z.)

* **PLEROMA.** BOT. PHAN. Genre de la famille des Mélastomacées et de la Décandrie Monogynie, L., établi par Don (*Mem. Soc. Wern.*, 4, p. 293) et adopté par De Candolle (*Prodr. Syst. Veget.*, 3, p. 151) qui l'a ainsi caractérisé : calice à cinq lobes caducs et dont le tube est ovoïde, ordinairement entouré, au commencement de l'évolution, par deux bractées caduques. Corolle à cinq pétales obovés. Filets des étamines glabres; anthères presqu'égales, allongées, arquées à la base : connectif stipitiforme, muni à la base de deux oreillettes courtes. Ovaire adhérent au calice, soyeux au sommet, surmonté d'un stigmate punctiforme. Fruit en baie capsulaire, à cinq loges, renfermant des graines en forme de vis. Le genre *Pleroma* se compose de sept à huit Arbrisseaux indigènes de l'Amérique méridionale, et il a pour types les *Melastoma ledifolia* et *Melastoma laxa* de l'Encyclopédie. Ces Plantes ont le port de celles qui constituent un autre nouveau genre établi par De Candolle sous le nom de *Lasiandra*, mais elles en diffèrent par les filets des étamines qui sont glabres, par l'ovaire adhérant au calice, et par la capsule en baie et non sèche. En établissant le genre *Pleroma*, Don y avait placé le *Melastoma argentea* de l'Encyclopédie, ou *Rhexia holosericea*, Bonpl., *Rhex.*, tab. 12; mais cette Plante a été réunie par De Candolle à son genre *Lasiandra*. *V.* ce mot au Supplément. (G..N.)

PLESCHANKA. OIS. Nom de pays du *Motacilla leucomela*, L. *V.* TRAQUET. (DR..Z.)

PLÉSIOPS. POIS. (Cuvier.) Nom d'une division proposée dans le genre Chromis. *V.* ce mot. (B.)

* **PLÉSIOSAURE.** *Plesiosaurus.* REPT. FOSS. Genre formé d'après les débris d'un être gigantesque perdu, et qui, Saurien quant à la forme du corps, Chélonien quant à celle des pates nageoires, était presque un monstrueux Serpent par la longueur démesurée de son cou composé de plus de vertèbres que celui d'aucun autre Animal, et par la petitesse de sa tête. C'est dans le lias des environs de Bristol et de Hewcastle en Angleterre, ainsi que dans le département de la Côte-d'Or, et à Honfleur en France, qu'on a trouvé les ossemens de l'Animal qui nous occupe, confondus avec ceux des Ichthyosaures et des Crocodiles. « Le Plésiosaure, dit Cuvier (Ossem. Foss. T. v, p. 475), respirait l'air, se rapprochait plus des Crocodiles que des Ichthyosaures, et dans l'état de vie, si son cou était comme un véritable Serpent, son corps différait peu de celui d'un Quadrupède ordinaire. La queue surtout était fort courte. On

peut croire que les poumons étaient fort étendus, et même peut-être, qu'à moins qu'il n'ait eu des écailles fort épaisses, il changeait la couleur de sa peau comme les Caméléons et les Anolis, selon qu'il faisait des inspirations plus ou moins fortes. Les dents étaient grêles et pointues, inégales, un peu arquées et cannelées longitudinalement; le nombre des inférieures s'élevait à vingt-sept de chaque côté. On ne connaît pas précisément celui des supérieures. Il pouvait avoir neuf mètres de longueur. Il en existait probablement de plusieurs espèces. » Nous avons reproduit dans les planches de ce Dictionnaire, comparativement avec le squelette de l'Ichthyosaure, la figure de celui-ci, réduite du dessin qu'en a donné Cuvier, qui termine ainsi son article sur ces singulières et gigantesques créatures. « Ce qu'il est impossible de ne pas reconnaître comme une vérité désormais constante, c'est cette multitude, cette grandeur, cette variété surprenante de Reptiles qui habitaient les mers et qui couvraient la surface du globe à cette époque antique où sont disposées les couches vulgairement désignées par le nom beaucoup trop restreint de terrain du Jura, dans les lieux et les pays immenses où non-seulement l'Homme n'existait pas, mais où, s'il y avait des Mammifères, ils étaient tellement rares, qu'à peine peut-on en citer un ou deux petits fragmens. » (B.)

PLESTIE. POIS. (Bonnaterre.) Syn. de Bordelière, espèce du genre Cyprin. *V.* ce mot. (B.)

* PLEUPLEU, PLEUT-PLEUT, PLUIPLUI. OIS. Syn. vulgaires de Pic-Vert. *V.* PIC. (DR..Z.)

PLEURANDRA. BOT. PHAN. Genre de la famille des Dilléniacées et de la Polyandrie Digynie, L., établi par Labillardière (*Nov.-Holland.*, 2, p. 5, tab. 143 et 144), adopté par R. Brown et De Candolle (*Syst. veget. nat.*, 1, p. 415) qui l'ont ainsi caractérisé : calice à cinq sépales, ovales, persistans; corolle à cinq pétales, ordinairement obcordiformes; étamines, au nombre de cinq à vingt, toutes placées d'un seul côté, fertiles, à filets filiformes, libres ou légèrement soudés à la base, et à anthères ovales; ovaires au nombre de deux (rarement un seul), globuleux, portant chacun un style filiforme; carpelles membraneux, à une ou deux graines. Ce genre est voisin de l'*Hibbertia* et du *Candollea*. Il se compose de vingt espèces, toutes originaires de la Nouvelle-Hollande, et trouvées pour la plupart par R. Brown, qui les a décrites dans le premier volume du *Systema Vegetabilium* du professeur De Candolle. Ce sont des sous-Arbrisseaux très-rameux, à feuilles éparses ou ramassées, entières, linéaires, oblongues ou obovales, à une seule nervure, rarement sans nervures. Les fleurs sont jaunes et solitaires au sommet des petites branches.

De Candolle (*loc. cit.*) a distribué les vingt espèces de *Pleurandra* en quatre sections. La première, qu'il a nommée DAPHNOÏDÉES (*Daphnoideæ*), à raison de leur port analogue à celui de certains Daphnés, ont les étamines libres, les feuilles oblongues ou obovales, un peu grandes et glabres; elle renferme trois espèces : *Pleurandra bracteata*, Br.; *P. nitida*, Br., et *P. Cneorum*, D. C. La seconde section se compose d'espèces qui, par les poils de leurs feuilles, ressemblent à des *Alyssum*, d'où le nom d'ALYSSOÏDÉES (*Alyssoideæ*), qui lui a été imposé. Les étamines y sont libres; les feuilles sont oblongues ou obovales, couvertes sur les deux faces d'un duvet soyeux et étoilé : ce sont les *Pleurandra sericea*, Br., et Deless., *Icon. select.*, 1, t. 79; *P. cinerea*, Br.; *P. furfuracea*, Br. et Deless., *loc cit.*, tab. 80, et *P. parviflora*, Br. La troisième section, qui a été nommée HIBBERTIANÉES (*Hibbertianeæ*), à cause de ses affinités avec les *Hibbertia*, est caractérisée par ses étamines libres, ses feuilles linéaires, oblongues, petites, étalées, glabres ou du moins non chargées de poils étoilés. Cette section est la plus nombreuse en espèces, parmi lesquelles on remarque celles qui ont servi de types au genre : *P. ovata*, Labill., *loc. cit.*; *P. scabra*, Br.; *P. riparia*, Br.; *P. pedunculata*, Br.; *P. empetrifolia*, D. C.; *P. intermedia*, D. C.; *P. ericæfolia*, D. C.; *P. hypericoides*, D. C.; *P. enervia*, D. C.; *P. acicularis*, Labill.; et *P. acerosa*, Br. Enfin, la quatrième a reçu le nom de CANDOLLÉANÉES (*Candolleaneæ*), parce que les Plantes dont elle se compose ressemblent aux *Candollea*. Les étamines sont légèrement monadelphes à la base; les feuilles sont linéaires, dressées, à peine ouvertes. En raison de ses étamines un peu soudées, De Candolle incline pour en former un genre particulier. Elle ne comprend que deux espèces : *P. stricta*, Br., et *P. calycina*, D. C.

Rafinesque (*Flor. Ludov.*, p. 95) a publié sous le même nom de *Pleurandra*, et postérieurement à celui de Labillardière, un nouveau genre qui diffère si peu de l'*OEnothera* qu'il est impossible de l'adopter. Il est fondé sur un Arbrisseau de la Louisiane, *Pleurandra alba*, Raf., *loc. cit.*; *OEnothera secunda*, Robin, *Itin.*, p. 490, remarquable par ses rameaux cylindriques, fragiles, élancés, garnis de feuilles sessiles, étroites, entières, aiguës; par ses fleurs axillaires et terminales, portées sur des pédoncules médiocres, de couleur blanche, et exhalant le matin une odeur agréable. (G..N.)

* PLEURANTHUS. BOT. PHAN. Aiton a donné ce nom à un genre de Cypéracées de l'Amérique septentrionale qui a été nommé *Dulichium* par Richard (*in Persoon Enchirid.*). Cette dernière dénomination a prévalu. *V.* DULICHIUM. D'un autre côté, Salisbury a établi sous le nom de *Pleuranthus*, un genre qui ne diffère pas du *Protea*, tel que l'a limité R. Brown. *V.* PROTÉE. (G..N.)

*PLEURAPHIS. BOT. PHAN. Genre de la famille des Graminées, établi par J. Torrey (*Ann. of the Lyc. of Hist. nat. of New-York*, septembre 1824, p. 148), qui l'a ainsi caractérisé : fleurs à épis hétérogames; épillets formés de trois fleurs à chaque articulation du rachis, tous sessiles, entourés à la base d'une touffe de poils; la fleur centrale parfaite, composée d'un calice (lépicène, Rich.) à deux valves, d'une glume à deux valves bifides, bordées au sommet de soies; corolle (glume, Rich.) à deux valves hyalines; l'inférieure avec une courte soie; les fleurs latérales mâles, ayant un calice à deux valves, renfermant deux fleurs; la valve inférieure avec une soie courte sur le dos près de la base; une corolle à deux valves nues. Ce genre ressemble, sous plusieurs rapports, à l'*Ægopogon* de Kunth. Il ne renferme qu'une seule espèce, *Pleuraphis Jamesii*, qui a été trouvée par le docteur James dans l'expédition du major Long aux Montagnes-Rocheuses, près des sources de la rivière Canadienne, sur les plateaux élevés de formation trapéenne. (G..N.)

* PLEUREUR. BOT. PHAN. Espèce du genre Saule. *V.* ce mot. (B.)

PLEUREURS. MAM. Le Saï et divers autres Sajous sont désignés sous ce nom par d'anciens voyageurs. (B.)

* PLEUREUSE. INS. Geoffroy désigne sous ce nom un Charanson de petite espèce. (B.)

* PLEURIDIUM. BOT. CRYPT. (*Mousses.*) Bridel nomme ainsi un genre auquel il avait d'abord donné le nom de *Phæridium*, et qui a pour type les *Phascum alternifolium* de Dickson, et son *Phascum globiferum*. Ce genre, qui ne diffère des *Phascum* que par ses urnes latérales et non terminales, n'a pas été adopté. (A. R.)

* PLEURISIS. BOT. PHAN. L'un des synonymes anciens de *Teucrium Scordium*. *V.* GERMANDRÉE. (B.)

PLEUROBÈME. *Pleurobema*. MOLL. Genre proposé dans la sous-famille des Amblémides (*V.* ce mot) par Rafinesque (Monog. des Coq. biv. de l'Ohio, dans les Annales générales de Bruxelles, 1820), pour réunir plusieurs espèces d'*Unio* des auteurs, qui présentent les caractères suivans : coquille oblongue, très-inéquilatérale ; ligament droit ou plutôt unilatéral ; axe totalement latéral ou postérieur ; dent lamellaire verticale ; dent bilobée, peu ridée, placée sous le sommet, qui est supérieur, terminal ; quatre impressions musculaires. Mollusque semblable à celui de l'*Unio*, mais anus et siphons inférieurs. Nous ferons encore une fois remarquer que le mot siphon n'a pas pour Rafinesque la même signification que pour nous. *V*. pour ces détails les articles NAYADES et MULETTE. Ce genre est établi seulement d'après la forme de la coquille. Il ne peut donc être adopté. Il pourra former une section des Mulettes. *V*. ce mot. (D..H.)

PLEUROBRANCHE. *Pleurobranchus*. MOLL. Un Mollusque rapporté par Péron, fut le sujet du genre qui va nous occuper, et que Cuvier a proposé et décrit pour la première fois dans les Annales du Muséum, Tome v. Quoique publié en 1804, le Mémoire qui concerne ce genre ne fut probablement pas connu de Roissy, qui ne mentionna pas ce genre dans le Buffon de Sonnini, dont il acheva les Mollusques. Quelques années après, Lamarck l'adopta dans les Tableaux de la Philosophie zoologique, où on le voit en tête de la famille des Phyllidéens, en rapport avec les Phyllidies, les Oscabrions, Patelles, Fissurelles et Emarginules, quoique la plupart de ces genres aient une organisation fort différente de celle du Pleurobranche. Aussi dans l'Extrait du Cours, cette famille éprouva quelques modifications utiles. Elle fut divisée en deux sections, dont la dernière est composée des deux seuls genres Pleurobranche et Phyllidie ; rapports qui avaient été indiqués positivement par Cuvier ; car, dit-il, page 1 du Mémoire précité : « J'ai aujourd'hui la satisfaction d'ajouter à ces notions superficielles la connaissance de l'organisation intérieure des Phyllidies et celle de deux autres espèces appartenant au même genre, ainsi que d'y joindre la description d'un nouveau genre qui se rapproche singulièrement de cette petite famille, et que l'on pourrait presque nommer demi-Phyllidie ; car il n'a qu'à demi ce caractère si singulier de branchies placées autour de la base du pied, sous le rebord du manteau, etc. » Cependant, à la page 5, en parlant des organes de la respiration et de la circulation, il dit qu'à leur égard les Phyllidies ont plus de rapports avec les Tritonies, et le Pleurobranche avec l'Aplysie, et certainement Cuvier a parfaitement raison ; aussi le savant zoologiste se conformant à ces deux opinions, fait entrer le Pleurobranche dans sa famille des Tectibranches avec les Aplysies et les Dolabelles, et cette famille suit celle des Inférobranches, qui contient les Phyllidies et les Déphyllides. Ces rapports indiqués de cette manière par Cuvier dans le Règne Animal, durent nécessairement modifier l'opinion de Lamarck. Aussi remarque-t-on une bien grande différence dans la disposition respective des différens genres que nous avons vu groupés autour de celui qui nous occupe. La famille des Phyllidiens, déjà partagée en deux sections, fut divisée en deux familles, les Phyllidiens et les Semi-Phyllidiens. Dans ces derniers furent compris les genres Pleurobranche et Ombrelle, réunis d'après la position de l'organe de la respiration ; car Lamarck reconnaît que pour le reste ces deux genres ont entre eux peu de rapports. Férussac cependant adopta, en la modifiant, l'opinion de Lamarck. La famille des demi-Phyllidiens devint le deuxième sous-ordre de ses Inférobranches, et il le divise en deux familles, les Ombrelles et les Inférobranches. Celle-ci renferme trois genres : Pleurobranchie (Pleurobranchidie, Blainv. *V*. ce mot), Pleurobranche et Linguelle ; d'où il suit que les rapports de Lamarck sont à peine changés. Bientôt après, Latreille, dans ses Familles naturelles du Règne Animal, sépara, par la longue série des Pectinibranches, les Ombrelles, qu'il transporte près des Patelles, des Pleurobranches, qu'il conserve dans l'ordre des Inférobranches, où ils forment à eux seuls la famille des Unabranches (*V.* ce mot), à laquelle il rattache d'une manière peu positive les genres Pleurobranchie et Linguelle. Blainville, créateur de ce dernier genre, était en état, mieux que personne, d'établir ses rapports, soit avec les Pleurobranches ou avec tout autre genre ; c'est ce qu'il fit dans un Mémoire, dont un extrait fut publié dans le Bulletin de la Société Philomatique reproduit dans le Dictionnaire des Sciences naturelles, où il rapproche ce genre des Phyllidies, et enfin dans le Traité de Malacologie, où il l'éloigne définitivement des Pleurobranches, pour composer avec lui et les Phyllidies la famille des Phyllidiens. Dans l'ouvrage que nous venons de citer, les Pleurobranches font partie de la première famille de l'ordre des Monopleurobranches (*V.* ce mot). Elle porte le nom de subAplysiens (*V.* également ce mot), et elle contient les trois genres Berthelle, Pleurobranche et Pleurobranchidie. Le genre Berthelle diffère très-peu des Pleurobranches. Blainville l'a reconnu le premier, et il réunit les deux genres dans son article PLEUROBRANCHE du Dictionnaire des Sciences naturelles, ayant soin de le diviser en deux parties. Les caractères donnés par Blainville étant fort détaillés, nous les préférons, parce qu'étant limités dans nos articles, ils nous dispenseront d'entrer dans des détails anatomiques, qui sont d'ailleurs connus par le Mémoire de Cuvier; les voici : corps ovale ou subcirculaire, très-mince, très-déprimé, comme formé de deux disques appliqués l'un sur l'autre ; l'inférieur ou le pied beaucoup plus large, et débordant de toute part le supérieur ; celui-ci, qui est le manteau, est échancré en avant comme en arrière, et contient dans son épaisseur une coquille fort mince; la tête entre les deux disques et à moitié cachée par le supérieur; deux paires d'appendices tentaculaires; les antérieurs à chaque angle de la tête; les postérieurs unis à leur racine, plats et fendus; les yeux sessiles au côté externe de la base des antérieurs; bouche cachée, transverse; une seule grande branchie latérale, profondément cachée et adhérente par toute sa longueur; terminaison de l'organe mâle au tiers antérieur en avant de la branchie; terminaison de l'oviducte à la racine de l'organe excitateur à sa partie postérieure; l'anus tout-à-fait en arrière de la branchie à l'extrémité d'un assez long appendice flottant; coquille grande, bien formée, à bords membraneux, ovale, concave en dessous, convexe en dessus; les bords tranchans et réunis; le sommet subspiré, postérieur. L'espèce la mieux connue dans ce genre, est celle qu'a décrite Cuvier sous le nom de *Pleurobranchus Peronii*, Ann. du Mus. T. V, pl. 18, fig. 1-6; *ibid.*, Lamk., Anim. sans vert. T. VI, p. 359. L'espèce la plus voisine est le *Pleurobranchus Lesueurei*, Blainv., Traité de Malacol., p. 470, pl. 43, fig. 2. Les espèces qui ont le manteau bombé, beaucoup plus long que le pied, à une seule paire de tentacules, à branchie en forme d'arbuscule pinné, libre, si ce n'est à la base, mais qui, du reste, ressemblent aux Pleurobranches, constituaient le genre Berthelle, Blainv., *Pleurobranchus porosus*, Blainv., *loc. cit.*, pl. 42, fig. 1. (D..H.)

*PLEUROBRANCHIDIE. *Pleurobranchidium.* MOLL. Genre très-voisin des Pleurobranches établi par Meckel en 1813, et adopté depuis par Férussac sous le nom de Pleurobranché, et par Blainville sous celui de Pleurobranchidie pour éviter de le confondre avec les Pleurobranches à cause de la grande similitude des dénominations génériques ; ce changement de nom ayant été proposé par Meckel lui-même. Il n'est pas douteux que ce genre ne soit très-voisin des Pleurobranches, et ne doive entrer dans la même famille ; c'est ce qu'ont fait les deux auteurs que nous venons de citer. Il n'est pas douteux non plus qu'il doive être adopté, puisqu'il offre dans son organisation intérieure des différences notables avec ce que Cuvier a décrit du Pleurobranche. Le Pleurobranchidie a le corps ovalaire, assez bombé, lisse, pourvu d'un grand disque musculaire ou pied qui déborde le corps ; le manteau est fort petit, ne contient aucune coquille, et ne peut, en aucune façon, recouvrir ou protéger la branchie. La masse buccale est fort considérable, presque en forme de trompe ; elle est fendue antérieurement et verticalement ; les bords de cette fente buccale, ou les lèvres, sont épais, durs et garnis à l'intérieur d'une plaque cornée qui est dans la même direction. Dans l'intérieur de la bouche et inférieurement ; on trouve une langue fort large, composée de deux plaques très-rudes par les faces qui sont en regard ; réunies, elles forment un demi-cercle. On remarque aussi les orifices de deux appareils glanduleux, tous deux salivaires à ce qu'il paraît. Les glandes salivaires proprement dites sont placées dans la masse des viscères ; elles sont formées de plusieurs lobes, et elles donnent naissance à un canal excréteur fort long qui s'ouvre à la paroi supérieure de la bouche. L'autre glande salivaire est unique ; elle est plus dure que ne le sont ordinairement les glandes. Cependant on ne peut douter que ce ne soit une véritable glande, puisqu'elle donne naissance à deux canaux très-fins qui s'enflent en forme de petites vessies et finissent par s'ouvrir à la partie supérieure et postérieure de la bouche. Un œsophage très-court naît de la partie postérieure de la bouche ; il s'ouvre dans un estomac fort grand et membraneux ; ce premier estomac est séparé d'un second plus petit et plus charnu par un étranglement d'une médiocre longueur. C'est après s'être courbé un peu qu'il donne naissance à un intestin qui ne fait qu'une seule circonvolution de gauche à droite et d'arrière en avant pour se terminer à un anus assez grand placé à droite, en dessus de la branchie, et vers le milieu de sa longueur. Le foie, qui enveloppe une grande partie des organes digestifs, est de couleur verte ; il fournit deux canaux biliaires qui s'ouvrent largement dans le second estomac. La respiration se fait par une seule branchie d'une médiocre grandeur placée à découvert sur le côté droit de l'Animal ; elle est composée de deux rangées de lamelles triangulaires qui s'insèrent sur un vaisseau médian ; elles sont au nombre de vingt-cinq environ de chaque côté. Ce vaisseau est la veine pulmonaire qui bientôt se dilate en une oreillette assez grande qui verse le sang dans le cœur ; il est composé d'un seul ventricule qui fournit, par son extrémité gauche, trois troncs artériels, un postérieur, un moyen et un antérieur ; le postérieur se partage en deux branches, l'une pour l'ovaire et l'autre pour le foie ; le moyen se distribue à l'estomac, aux intestins et aux glandes salivaires ; enfin l'antérieur, après avoir donné les rameaux céphaliques, se répand dans la peau et les muscles qui en dépendent. Les organes de la génération se composent d'un ovaire accolé à la partie postérieure du foie ; cet ovaire diminue insensiblement et se change en un oviducte qui se partage en deux branches. Cette division n'a lieu qu'après l'amincissement considérable de l'oviducte et après un grand nombre de flexions. La première branche reçoit, avant de s'ouvrir dans le vagin, le canal d'une petite vessie ovale dont les fonctions ne paraissent point connues ; la seconde branche se rend à un organe arrondi assez petit, composé d'un grand nombre de filamens ; c'est, sans contredit, le testicule. Le canal entre dans le testicule, y fait un grand nombre de circonvolutions qui le remplissent presque entièrement, en sort, augmente insensiblement de volume, s'introduit dans une sorte de poche musculo-membraneuse où il fait plusieurs circonvolutions et va s'ouvrir à une papille un peu saillante qui termine l'organe mâle, qui est contenu dans la même poche. Dans le vagin aboutit aussi l'orifice d'une poche membraneuse qui contient une grande quantité de matière glutineuse qui sert d'enveloppe aux œufs avant d'être expulsés dehors. La verge est conique, grosse et courte; elle est rétractile à l'aide de deux muscles. L'orifice du vagin et celui de la verge se réunissent à un tubercule commun extérieur placé du côté droit en avant de l'origine de la branchie.

Le système nerveux n'a rien de bien remarquable dans sa distribution. Le cerveau ou anneau œsophagien est formé de cinq ganglions réunis par des branches intermédiaires; l'un d'eux plus petit est exclusivement destiné à fournir des rameaux aux organes de la génération. Blainville, auquel Meckel a envoyé deux individus de ce genre, l'a caractérisé, d'après eux, de la manière suivante (Traité de Malacologie, p. 471): corps assez épais, ovale, allongé, plat et formé en dessous par un large disque musculaire plus étendu en arrière qu'en avant, sans autre indice du manteau qu'un petit bord libre, fort étroit au milieu du côté droit; tête très-grosse, peu séparée du corps; deux paires de tentacules auriformes; les antérieurs à l'extrémité d'un bandeau musculaire transverse, frontal; les postérieurs un peu plus en arrière, et fort séparés l'un de l'autre; orifice buccal à l'extrémité d'une sorte de masse proboscidale et entre deux lèvres verticales; une seule branchie médiocre, latérale, adhérente au côté droit dans toute sa longueur, et parfaitement à découvert; la terminaison des organes de la génération dans un tubercule commun; l'orifice de l'appareil dépurateur à la racine antérieure de la branchie; anus au milieu, de la longueur de celle-ci; aucune trace de coquille.

Ce Mollusque a été trouvé sur les côtes de Naples par Meckel. On ne connaît encore que la seule espèce qu'il a décrite. Blainville l'a nommée Pleurobranchidie de Meckel, *Pleurobranchidium Meckeli*, Traité de Malacol., p. 471, pl. 43, fig. 3; Meckel, Fragm. d'Anat. comp. T. I, pl. 5, fig. 33-40. Animal lisse, d'une couleur blanchâtre uniforme, de deux pouces et demi au plus de longueur. Blainville fait observer que c'est probablement le même Animal que le Pleurobranche baléarique de Delaroche, et le type du genre Cyanogaster de Rudolphi. (D..H.)

PLEUROBRANCHIE. *Pleurobranchia*. MOLL. Nom que Meckel avait d'abord donné au genre que depuis il a désigné sous le nom de Pleurobranchidie pour le distinguer davantage des Pleurobranches. *V*. PLEUROBRANCHIDIE. (D..H.)

PLEUROCÈRE. *Pleurocera*. MOLL. Genre incertain proposé par Rafinesque dans le Journal de Physique (juin 1819, p. 423) pour des Nérites lacustres de l'Amérique septentrionale; mais il paraîtrait, autant qu'il est possible de le présumer, d'après le peu qu'on en sait, que ce serait des Paludines qui ont l'ouverture ovale et la spire assez longues, et qui établissent le passage de ce genre aux Mélanies. Il serait utile que Rafinesque donnât, à cet égard, de nouveaux renseignemens. (D..H.)

PLEUROCYSTÉS. *Pleurocysti*. ÉCHIN. Nom de la troisième classe des Oursins ou Echinodermes, dans l'ouvrage de Klein sur ces Animaux. (E. D..L.)

PLEUROGONIS. BOT. PHAN. (Beauvois.) Syn. de *Pyrularia*. *V*. ce mot. (B.)

* PLEUROGYNE. BOT. PHAN. *V*. DISQUE.

* PLEUROKLASE. MIN. Syn. de

Magnésie phosphatée ou Wagnérite. (G. DEL.)

PLEUROLOBE. BOT. PHAN. Genre formé, aux dépens du genre *Hedisarum*, par Jaume Saint-Hilaire, et qui n'a pas été adopté. (B.)

PLEURONECTE. *Pleuronectes*. POIS. Genre très-remarquable de la seconde famille de l'ordre des Malacoptérygiens subbrachiens, dans la Méthode de Cuvier, et de celui des Thoraciques dans le Système de Linné. Il en est peu qu'on reconnaisse avec plus de facilité, à ses formes singulières, et dont les espèces offrent une chair plus délicate. Ils ont un caractère unique parmi les Animaux vertébrés, dit Cuvier, celui du défaut de symétrie de leur tête, où les deux yeux sont du même côté, qui reste supérieur quand l'Animal nage, et est toujours coloré fortement, tandis que le côté où les yeux manquent, est toujours blanchâtre. Le reste de leur corps, bien que disposé en gros comme à l'ordinaire, participe un peu de cette irrégularité; ainsi les deux côtés de la bouche ne sont point égaux, et il est rare que les deux pectorales le soient. Ce corps est très-comprimé, haut verticalement; la dorsale règne tout le long du dos; l'anale occupe le dessous du corps, et les ventrales ont presque l'air de la continuer en avant, d'autant qu'elles sont unies l'une à l'autre. Il y a six rayons aux ouïes. La cavité abdominale est petite, mais se prolonge en sinus dans l'épaisseur des deux côtés de la queue pour loger quelques portions des viscères. Il n'y a point de vessie natatoire. Le squelette de leur crâne est curieux, par ce renversement qui porte les deux orbites d'un même côté; il présente encore cette irrégularité que les yeux sont souvent inégaux en volume; c'est quelquefois l'œil supérieur qui l'emporte. L'instrument le plus énergique de la natation des Pleuronectes consiste dans leur nageoire caudale qui, étant horizontale, frappe l'eau du haut en bas et de bas en haut, ce qui leur donne la faculté de s'élever et de s'abaisser dans la profondeur des mers avec plus de rapidité que la plupart des autres Poissons. Ils se tiennent en général au fond des eaux, comme appliqués contre la vase ou le sable, et y glissant pour ainsi dire à plat. Ils se nourrissent de plus petits Poissons et de faibles Mollusques. Il se trouve des individus dont les yeux sont placés du côté opposé où ils sont ordinairement, et que les pêcheurs appellent Bistournés ou Contournés; d'autres où les deux côtés sont colorés et qu'on appelle Doubles; le plus souvent c'est le côté brun qui se répète; mais il y a des exemples où c'est le côté blanc. Le Rose-Coloure-Flounder de Shaw est un Flet accidenté de cette dernière façon. Le genre qui nous occupe se divise en quatre sous-genres, savoir :

† PLIES, *Platessa*. Où chaque mâchoire a une rangée de dents tranchantes et obtuses, avec des dents en pavé aux pharyngiens. Leur dorsale ne s'avance que jusqu'au-dessus de l'œil supérieur, et laisse, aussi bien que l'anale, un intervalle nu entre elle et la caudale; leur forme est rhomboïdale; la plupart ont les yeux à droite. On leur observe deux ou trois cœcums. Les espèces de nos mers sont la Plie-Franche ou Carrelet, *Pleuronectes Platessa*, L., Bloch, pl. 42; Encycl., Pois., pl. 41, fig. 162; le Flet ou Pécaud, *Pleuronectes Flesus*, L., Bloch, pl. 44, et *Passer*, Encycl., Pois., pl. 39, fig. 156, et pl. 43, fig. 165, sous le nom de Moineau, avec la Limande, *Pleuronectes Limanda*, L., Bloch, pl. 46; Encycl., pl. 40, fig. 158. Toutes se trouvent fréquemment sur nos poissonneries.

†† FLÉTANS, *Hippoglossus*. Ont, avec les nageoires et la forme un peu plus allongée des Plies, les mâchoires et le pharynx armées de dents aiguës ou en velours. Le Flétan proprement dit, *Pleuronectes Hippoglossus*, L., Bloch, pl. 47; Encycl., pl. 40, fig. 159, est le type de ce sous-genre, qui compte plusieurs pe-

tites espèces dans la Méditerranée, telle que le *Pleuronectes Limandoides*, Bloch, pl. 186, qui est la Plie rude de l'Encyclopédie, pl. 90, f. 374. Le Flétan, qui se trouve dans toutes les mers de l'Europe, y devient l'un des plus grands Poissons; on dit qu'il y en a de dix-huit à vingt pieds de long. Dans le Groënland, où l'on en prend beaucoup, ainsi que sur les côtes de Norvége, on en sale la chair, qui se conserve par tranches comme de la Morue. De vieux individus sont si souvent couverts de plantes et d'animaux marins, qu'ils ne peuvent plus se tenir au fond, et que flottant malades à la surface des eaux, ils y sont dévorés par les Oiseaux pêcheurs.

††† TURBOTS, *Rhombus*. Ont aux mâchoires et au pharynx des dents en velours ou en cordes, comme les Flétans; mais leur dorsale s'avance jusque vers le bord de la mâchoire supérieure, et règne, ainsi que l'anale, jusque tout près de la caudale. La plupart ont les yeux à gauche. Ce sont les meilleurs Poissons de la mer, selon la plupart des connaisseurs gastronomes. Les deux plus exquises de nos côtes, sont le Turbot proprement dit, *Pleuronectes maximus*, L., Bloch, pl. 49; Encycl., pl. 42, fig. 163, et la Barbue, *Pleuronectes rhombus*, L., Bloch, pl. 47. On en connaît quelques autres dans la Méditerranée, telles que le Podar de Laroche, et le *Pleuronectes mancus* de Broussonet.

†††† SOLES, *Solea*. Ont la bouche contournée et comme monstrueuse du côté opposé aux yeux, et garnie seulement de ce côté-là de fines dents en velours serrées, tandis que le côté des yeux n'en a aucune. Leur forme est oblongue; leur museau rond et presque toujours plus avancé que la bouche où la dorsale commence, et règne, aussi bien que l'anale, jusqu'à la caudale. La ligne latérale est droite; le côté de la tête opposé aux yeux est généralement garni d'une sorte de villosité. L'intestin est long, plusieurs fois replié et sans cœcum. Tout le monde connaît et aime la Sole, *Pleuronectes Solea*, L., Bloch, pl. 45; Encycl., pl. 41, fig. 160, dont il existe plusieurs variétés diversement estimées. Il en est plusieurs autres de la Méditerranée, telles que la Sole, *Pleuronectes cynoglossus*, L., et la Pégouse. Parmi les Soles étrangères, est le Zèbre de mer, Encycl., pl. 90, fig. 375.

††††† MONOCHIRES, *Monochirus*. Qui sont des Soles n'ayant qu'une très-petite pectorale du côté des yeux, et où celle du côté opposé est presque imperceptible ou manque tout-à-fait. Nous en avons une dans la Méditernée, et quelques autres sont exotiques. (B.)

* PLEURONECTIDES. POIS. Risso, dans son Histoire de la Méditerranée (T. III, p. 105), établit sous ce nom une quatrième famille dans l'ordre des Jugulaires, qui renferme ce qu'on appelle vulgairement les Poissons plats, c'est-à-dire les Turbots, les Soles, Flétans, etc. (B.)

PLEURONECTITE. CONCH. Schlotheim, dans son Traité des pétrifications, a proposé de réunir, sous ce nom générique, toutes les espèces de Peignes qui se rapprochent du *Pecten Pleuronectes*. Ce genre ne peut être adopté, étant fondé sur de très-faibles caractères. *V*. PEIGNE. (D..H.)

* PLEUROPHORE. ACAL. Espèce du genre Cyanée. *V*. ce mot. (B.)

* PLEUROPOGON. BOT. PHAN. Genre de la famille des Graminées et de la Triandrie Digynie, L., établi par R. Brown (*Chloris Melvilliana*, p. 31) qui lui a imposé les caractères essentiels suivans: épillets multiflores, cylindracés; lépicène courte, à valves inégales et mutiques; valves de la glume (périanthe, Br.) distinctes; l'inférieure mutique, obtuse, concave, nerveuse, scarieuse au sommet; la supérieure munie sur les côtés de deux nervures qui finissent en soies; deux styles à stigmates plumeux; caryopse libre, comprimé sur les côtés. Ce genre est voisin du *Glyceria* par ses épillets cylindriques,

par ses périanthes très-obtus, et par ses feuilles dont les gaînes sont entières; il en diffère par ses stigmates non découpés, sa caryopse comprimée, son inflorescence, et surtout par les soies latérales des nervures de la valve supérieure du périanthe, caractère qui ne se retrouve dans aucune autre Graminée, si ce n'est dans l'*Uniola latifolia* de Michaux. Le *Pleuropogon Sabinii*, R. Br., *loc. cit.*, tab. D, est une Graminée élégante, à feuilles planes, étroites, la gaîne entière ou fendue seulement au sommet. Les fleurs forment une grappe simple, dont les épillets sont penchés, rouges et luisans. Cette Plante croît à l'île Melville. (G..N.)

PLEUROPUS. BOT. CRYPT. *V.* MESOPUS et AGARIC.

* PLEURORHIZÉES. BOT. PHAN. Premier ordre établi par De Candolle parmi les Crucifères. *V.* ce mot. (B.)

* PLEUROSPERMUM. BOT. PHAN. Hoffmann (*Umbell. Gen.*, p. IX) a donné ce nom à un nouveau genre de la famille des Ombellifères et de la Pentandrie Digynie, L., qui a pour type le *Ligusticum austriacum*, L. Ce genre a été adopté par Sprengel (*in Rœm. et Schultes. Syst. veget.*, vol. 6, p. XXXIX), qui l'a placé dans la tribu des Smyrniées, et lui a imposé les caractères essentiels suivans : involucres et involucelles polyphylles; fruit formé d'un double utricule; l'externe à cinq lobes filiformes, adhérent avec l'interne, qui est à cinq angles. Le *Pleurospermum austriacum*, Hoff., tab. tit., f. 16-22; *Ligusticum austriacum*, L.; Allioni, *Pedem.*, tab. 43; *Ligusticum Gmelini*, Vill. Dauph., 2, p. 610, tab. 13 *bis*, est une Plante herbacée, dont la racine est grosse, garnie vers le collet de fibres qui sont les débris des pétioles. La tige, haute d'environ un mètre, est droite, ordinairement simple; les feuilles radicales sont grandes, pétiolées; leur pétiole se divise en trois branches, dont chacune porte trois folioles sessiles, pinnatifides, à lobes divergens, incisés et décurrens le long de la nervure longitudinale. Les folioles supérieures sont plus petites, presque sessiles et divisées à peu près de la même manière. Les fleurs forment une ombelle terminale, blanchâtre, à trente ou quarante rayons. Cette Plante croît entre les rochers et dans les bas-fonds des Alpes de France, d'Italie et d'Autriche. (G..N.)

PLEUROTHALLIS. BOT. PHAN. Genre de la famille des Orchidées, établi par R. Brown dans la seconde édition du Jardin de Kew (vol. 5, p. 211), ayant pour type l'*Epidendrum ruscifolium* de Jacquin. Ce genre offre les caractères suivans : les trois divisions externes du calice sont à peu près égales entre elles; les deux inférieures sont soudées plus ou moins complétement par leur côté interne; le labelle, quelquefois onguiculé, est articulé avec la base du gynostème; celui-ci se termine par une anthère operculiforme à deux loges, contenant chacune une masse pollinique solide, terminée en pointe inférieurement où elle se réunit avec celle de l'autre par un point d'attache commun.

Indépendamment de l'espèce citée plus haut, *Pleurothallis ruscifolia*, Brown, *loc. cit.*, Hook., *Exot. Fl.*, t. 197, notre collaborateur Kunth en a décrit trois espèces nouvelles dans le premier volume des *Nova Genera et Species Americæ æquin.* de Humboldt. Ces trois espèces, originaires de l'Amérique méridionale, sont : *Pleurothallis laurifolia*, *P. sagittifera*, t. 91, *P. macrophylla*. Deux autres espèces nouvelles sont décrites et figurées dans l'*Exotic Flora* du professeur Hooker sous les noms de *Pleurothallis racemiflora*, t. 123, et *Pleurothallis coccinea*, t. 129. Ce genre est très-voisin des *Stelis* dont il ne diffère en quelque sorte que par son labelle qui a une forme différente de celle des divisions intérieures du calice. Aussi croyons-nous que plusieurs des espèces de *Stelis* devront faire partie du genre *Pleurothallis*. (A.R.)

* PLEUROTHEA. BOT. CRYPT. (*Lichens.*) Sous-ordre établi par Acharius dans le genre *Parmelia*, tel qu'il l'avait d'abord formé dans sa méthode. (A. F.)

* PLEUROTOMAIRE. *Pleurotomaria.* MOLL. Genre que l'on ne peut placer convenablement que dans la famille des Turbinées de Lamarck. Il a été proposé, pour la première fois, par Defrance, dans l'Atlas du Dictionnaire des sciences naturelles. Il est établi sur des Coquilles fossiles de la forme des Dauphinules, mais qui présentent le singulier caractère d'avoir une fente profonde sur le bord droit. Semblables en cela seulement aux Pleurotomes, les Pleurotomaires se distinguent très-facilement, en ce qu'ils ont l'ouverture entière, non échancrée ni canaliculée à la base, caractère essentiel qui les retient dans le voisinage des Trochus et des Turbos. Ce genre a été généralement et convenablement adopté, puisqu'il repose sur de bons caractères. Il ne renfermait d'abord que des espèces dont la forme s'approchait beaucoup de celle des Dauphinules. Bientôt après, Defrance y joignit des Coquilles absolument trochiformes, et que l'on avait rapportées jusqu'alors au genre Trochus. D'Orbigny fils, qui avait fait un petit genre Scissurelle pour quelques Coquilles submicroscopiques qui ont la lèvre droite fendue, abandonna son genre pour ranger, peut-être à tort, les Scissurelles parmi les Pleurotomaires. *V.* SCISSURELLE. Enfin, après des recherches multipliées, nous avons réuni un grand nombre de Pleurotomaires, et nous avons reconnu qu'ils affectent plusieurs formes, celle des Cadrans, celle des Dauphinules, celle des Troques et celle des Turbos. Il y a entre elles des passages insensibles qui s'opposent à ce que l'on établisse des coupes bien nettes. Defrance n'avait d'abord connu que trois espèces, et Blainville n'en cite pas davantage. Le premier de ces savans, à son article PLEUROTOMAIRE du Dictionnaire des sciences naturelles, en ajouta deux, ce qui fait cinq espèces en tout; mais ce nombre est bien plus considérable. Nous en avons réuni vingt espèces dans notre collection, et nous en connaissons quelques autres dans divers cabinets de la capitale, mais que nous ne possédons pas. Les caractères génériques peuvent être exprimés ainsi : coquille turbinoïde ou trochiforme, à ouverture entière, le plus souvent ombiliquée à la base; une fente plus ou moins large, mais profonde sur le bord droit.

Les Pleurotomaires sont des Coquilles qui ne se sont encore trouvées que dans les parties inférieures de la Craie, et les terrains qui sont au-dessous de cette formation. Ce sont les terrains oolitiques qui en offrent le plus grand nombre. On en trouve aussi dans les Argiles bleues du Hâvre et autres semblables. Nous allons indiquer quelques-unes des espèces les plus curieuses de ce genre : PLEUROTOMAIRE TUBERCULEUSE, *Pleurotomaria tuberculosa*, Def., Dict. des scienc. natur. T. XXXXI, pag. 382, Atlas, pl. de Foss., fig. 3; *Pleurotomarium tuberculosum*, Blainv., Traité de Malacol., pl. 61, fig. 3. La spire est très-aplatie; les tubercules sont ovales. Elle vient des environs de Caen. PLEUROTOMAIRE ANGLAISE, *Pleurotomaria anglica*, Def., *loc. cit.*; *Trochus similus*, Sow., Minér., Conch., tab. 142. Elle vient de Werton, près Bath, en Angleterre. Elle a beaucoup de rapports avec une espèce de Normandie, mais elle en est distincte. PLEUROTOMAIRE GRANULÉE, *Pleurotomaria granulosa*, Def., *loc. cit.*; Sow., Min. Conch., pl. 220, fig. 2. Elle est ombiliquée et de la même forme que les Cadrans. PLEUROTOMAIRE ORNÉE, *Pleurotomaria ornata*, Def., *loc. cit.*, pl. de Foss., fig. 2; Trait. de Malacol., pl. 61, fig. 2. Elle est un peu variable, aplatie. On la trouve aux environs de Caen. Nous ne pensons pas, comme Defrance, que le *Trochus ornatus* de Sowerby soit la même espèce. PLEU-

ROTOMAIRE PONCTUÉE, *Pleurotomaria punctata*, Nob.; *Trochus punctatus*, Sow., *loc. cit.*, pl. 193, fig. 1. Elle se trouve à Bayeux, près Caen, et à Dundry, près Bristol, en Angleterre. PLEUROTOMAIRE ALLONGÉE, *Pleurotomaria elongata*, Defr.; *Trochus elongatus*, Sow., *loc. cit.*, pl. 193, fig. 2, 3. Nous possédons cette espèce qui nous paraît distincte des espèces de Bayeux, d'Athys et de Caen. On la trouve aux environs de Nancy et en Angleterre, dans la même localité que la précédente. PLEUROTOMAIRE FASCIÉE, *Pleurotomaria fasciata*, Nob.; *Trochus fasciatus*, Sow., *loc. cit.*, pl. 220, fig. 1. On la trouve à Dundry et Bayeux. (D..H.)

PLEUROTOME. *Pleurotoma*. MOLL. Genre que Linné confondait avec les Rochers, Bruguière avec les Fuseaux, et qui a été nettement séparé par Lamarck d'abord dans son Système de 1801. Il avait proposé en même temps le genre Clavatule qui ne diffère des Pleurotomes que par le canal de la base qui est un peu moins grand. Placés entre les Turbinelles et les Cérites, ces genres furent transportés dans la famille des Canalifères sans changer de rapports (Philosoph. zoolog.), et restèrent de même dans l'Extrait du Cours. Cuvier n'adopta que le seul genre Pleurotome, et seulement comme sous-genre des Rochers dans la section des Fuseaux. Ce savant sentit fort bien qu'il n'existait pas assez de différences entre les Pleurotomes et les Clavatules pour les séparer. Conduit par cet exemple, Lamarck réunit en un seul les deux genres dans son dernier ouvrage, et le maintint dans les rapports qu'il lui avait assignés précédemment. Tous les conchyliologues ont adopté ce genre, et l'ont placé dans le voisinage des Rochers et des Fuseaux, mais surtout de ces derniers, avec lesquels il a le plus de ressemblance. Si l'on remarque dans leurs ouvrages quelques nuances dans une même opinion, elles n'ont point assez d'importance pour avoir modifié ces rapports.

L'Animal des Pleurotomes n'est qu'imparfaitement connu. Il n'a été figuré qu'une seule fois, et c'est par D'Argenville dans sa Zoomorphose. Il offre cela de particulier d'avoir, pendant la marche, le corps fortement séparé du pied par un pédicule gros et long qui s'implante au milieu et se sépare du manteau qui déborde sur la coquille, et qui se termine antérieurement par un canal charnu placé dans le canal de la base de la coquille; cette disposition du pied, séparé du corps, fait que, pendant la marche, l'Animal est susceptible de se renverser souvent à cause du poids considérable qu'il porte. D'Argenville ne donne malheureusement pas assez de détails, et on ignore où il a pu avoir le moyen d'observer ce qu'il rapporte, ce qui donne à tout cela assez peu de certitude pour que les zoologistes désirent vivement avoir des détails pris sur le vivant, et par des hommes versés dans l'art difficile d'observer. Ce genre, comme celui des Cérites, est très-nombreux en espèces; ce sont celles fossiles qui sont les plus nombreuses; elles se trouvent dans presque tous les terrains tertiaires; on n'en rencontre point dans les formations secondaires. Lamarck compte vingt-trois espèces vivantes, Defrance quatre-vingt-quinze fossiles, et nous en connaissons davantage des unes et des autres. Caractères génériques : Animal voisin de celui des Rochers, d'après le peu qui en est connu. Coquille soit turriculée, soit fusiforme, terminée inférieurement par un canal droit plus ou moins long; bord droit muni dans sa partie supérieure d'une entaille ou d'un sinus.

Quelques espèces, soit vivantes, soit fossiles, présentent une petite différence dans la place de la fente qui est dans l'endroit de la suture, au lieu d'être prise complétement dans le bord droit au-dessous de la suture. Ce caractère est accompagné aussi d'une autre différence moins importante, c'est l'existence d'un bourrelet plus ou moins gros au bord droit, lorsque la plupart des autres Pleurotomes ont ce bord mince et tranchant. Quelques personnes avaient pensé qu'on pourrait établir un nouveau genre, mais nous croyons que cela serait inutile, car ces caractères sont de très-peu d'importance. Parmi les espèces vivantes, on peut citer les espèces suivantes qui sont les plus remarquables.

Pleurotoma auriculifera, Lamk., Anim. sans vert. T. VII, p. 91, n. 2; *Strombus lividus*, L., Gmel., p. 3523, n. 49; Chemn., Conch., tab. 136, fig. 1269, 1270; Encyclop., pl. 439, fig. 10, a, b; Blainv., Malac., pl. 15, fig. 4.—*Pleurotoma imperialis*, Lamk., *ibid.*, n. 1; Encyclop., pl. 440, fig. 1, a, b.—*Pleurotoma lineata*, Lamk., *loc. cit.*, n. 10; Encyclop., pl. 440, fig. 2, a, b.— *Pleurotoma spirata*, Lamk., *loc. cit.*, n. 11; Chemn. T. X, pl. 164, fig. 1573, 1574; Encyclop., pl. 440, fig. 5, a, b. — *Pleurotoma virgo*, Lamk., *loc. cit.*, n. 16; Favanne, Conch., tab. 71, fig. D; Martini, Conch. T. IV, p. 143, fig. B; Encyclop., pl. 439, fig. 2. — *Pl. babylonia*, Lamk., *loc. cit.*, n. 17. — *Murex babylonius*, L., Gmel., p. 3541, n. 52; Lister, Conchyl., tab. 917, fig. 11; Martini, Conchyl. T. IV, tab. 143, fig. 1331, 1332; Encycl., pl. 439, fig. 1, a, b.— *Pleurotoma tigrina*, Lamk., *loc. cit.*, n. 20; Encyclop., pl. 439, fig. 6.— *Pleurotoma nodifera*, Lamk., *loc. cit.*, n. 23; *Pleurotoma javana*, *ibid.*, Encycl., pl. 439, fig. 3.

Les espèces fossiles, comme nous l'avons dit, sont très-nombreuses; on en compte plus de cent. On peut remarquer les suivantes : *Pleurotoma filosa*, Lamk., *loc. cit.*, p. 97, n. 6; *id.*, Ann. du Mus. T. III, p. 164, n. 1; Encyc., pl. 440, fig. 6, a, b. Fort commune aux environs de Paris. —*Pleurotoma clavicularis*, Lamk., *loc. cit.*, n. 8; *id.*, Annal. du Mus., n. 3; Encyclop., pl. 440, fig. 4. Egalement des environs de Paris. —*Pleurotoma Borsoni*, Bast., Mém. des environs de Bordeaux, p. 64, n. 5, pl. 3, fig. 2. — *Pleurotoma tuberculosa*, *id.*, *loc. cit.*, n. 1, pl. 3, fig. 11. Ces deux espèces viennent de Bordeaux et de Dax où elles sont communes. (D..H.)

PLEUROTOMIER. MOLL. Animal des Pleurotomes. (B.)

PLEUT-PLEUT. OIS. *V.* PLEU-PLEU.

PLEXAURE. *Plexaura*. POLYP. Genre de l'ordre des Gorgoniées, ayant pour caractères : Polypier dendroïde, rameux, souvent dichotome; rameaux cylindriques et roides; axe légèrement comprimé; écorce (dans l'état de dessiccation) subéreuse, presque terreuse, très-épaisse, faisant peu d'effervescence avec les Acides, et couverte de cellules non saillantes, éparses, grandes, nombreuses, et souvent inégales. Le nombre considérable d'espèces comprises dans le genre *Gorgonia* des auteurs, les difficultés qu'on rencontre dans l'étude et la détermination des espèces, portèrent Lamouroux à établir plusieurs coupes génériques dans les Gorgones, et il distingua sous le nom de Plexaures celles qui, avec un axe, petit ou médiocre, ont une écorce très-épaisse, charnue, dans l'état vivant, faisant peu d'effervescence avec les Acides, et dont les cellules, grandes et ouvertes, ne forment point de saillie à la surface. C'est surtout dans les Plexaures que l'on peut facilement distinguer cette substance membraneuse, en général de couleur violette, qui paraît unir l'écorce des Gorgoniées à leur axe; dans l'état de dessiccation, on la voit adhérer tantôt à ces deux parties à la fois, tantôt à l'une ou à l'autre seulement; elle est striée longitudinalement sur ses deux faces; elle joue probablement un rôle important dans la formation de l'écorce et surtout de l'axe qui, sans aucun doute, est inorganique et formé de couches superposées, dont les plus extérieures ou dernières formées enveloppent les plus internes. Les Plexaures varient beaucoup dans leurs formes et leur grandeur ; la plupart sont dichotomes ; quelques-unes ont leurs rameaux épars ou presque pinnés ; il y en a qui parviennent à une taille assez considérable ; on en trouve dont le diamètre ne dépasse pas celui d'une plume de Corbeau, et d'autres qui atteignent un pouce et au-delà. Les couleurs de ces Polypiers sont peu brillantes ; elles varient du blanc jaunâtre au brun olivâtre, ou au rouge terne ; ils sont peu nombreux en espèces, vivent dans les mers intertropicales, et surtout celles de l'Amérique. Les espèces que Lamouroux rapporte à ce genre, sont : les *Plexaura heteropora*, *macrocythara*, *crassa*, *friabilis*, *suberosa*, *homomala*, *olivacea*, *flexuosa*. (E. D..L.)

PLICACÉS. *Plicacea*. MOLL. Sixième famille des Gymnocochlides pectinibranches par Latreille (Fam. nat. du Règn. Anim., p. 191), complétement adoptée de Lamarck qui l'a proposée, pour la première fois, dans l'Extrait du Cours publié en 1811, et reproduite sans altération dans son dernier ouvrage. Quelques zoologistes, et Blainville entre autres, ont rejeté cette famille qui, composée des deux genres Tornatelle et Pyramidelle, leur semblait inutile, parce qu'ils avaient l'opinion que ces deux genres pouvaient entrer dans la famille des Auricules ; mais cette opinion ne se confirma pas, elle fut même complètement détruite par ce seul fait rapporté par Gray, que les deux genres que nous venons de citer sont operculés, ce qui les éloigne pour toujours des Auricules. D'après cela, il est bien à croire que tous les conchyliologues adopteront par la suite la famille des Plicacés comme Latreille en a donné si judicieusement l'exemple. *V*. TORNATELLE et PYRAMIDELLE. (D..H.)

* PLICANGIS. BOT. PHAN. Du Petit-Thouars nomme ainsi une Orchidée de Madagascar qui, suivant la nomenclature linnéenne, doit porter le nom d'*Angræcum implicatum*. (G..N.)

* PLICARIA. BOT. CRYPT. (Lemery.) L'un des noms de pays du Lycopode vulgaire. (B.)

* PLICATILE. REPT. OPH. Espèce du genre Couleuvre. (B.)

PLICATULE. *Plicatula*. MOLL. Petit genre démembré des Spondyles par Lamarck, et proposé, pour la première fois, dans le Système des Animaux sans vertèbres publié en 1801. Comme ses caractères l'indiquaient, il fut placé près des Spondyles, et resta en rapport avec eux, soit qu'il fît partie de la famille des Ostracés (Phil. zool., Ext. du Cours), soit qu'il entrât dans celle des Pectinides (Hist. des Anim. sans vert.). Les zoologistes qui ont suivi Lamarck l'ont, pour la plupart, imité. Cuvier cependant ne l'admet qu'à titre de sous-genre. Férussac, Latreille, Blainville, l'ont adopté comme genre, et l'ont, d'un commun accord, laissé près des Spondyles. Voici les caractères de ce genre : Animal inconnu ; coquille inéquivalve, inarticulée, rétrécie vers la base ; bord supérieur arrondi, subplissé, à crochets inégaux et sans talon ; charnière ayant deux fortes dents divergentes, striées sur chaque valve ; une fossette cardinale entre les dents recevant le ligament qui est tout-à-fait intérieur. Ce genre diffère des Spondyles par plusieurs points essentiels. La base de la coquille est dépourvue des oreillettes qui se retrouvent dans les Hinnites, les Peignes et les Spondyles. Elle n'a pas, comme ces derniers, un talon à facette plate à chaque valve ; le ligament ne laisse pas derrière lui, et en dehors de la coquille, une fente dans laquelle il se loge en partie ; les dents cardinales sont divergentes, elles s'articulent par des crochets comme celles des Spondyles, mais elles en diffèrent cependant en ce qu'elles sont, dans presque toutes les espèces, striées perpendiculairement. Elles vivent attachées aux corps sous-marins par leur valve inférieure, quelquefois par cette valve tout entière, d'autres fois par le sommet seulement. Ce genre contient plusieurs espèces fossiles ; quelques-unes des terrains secondaires, et quelques-autres des terrains tertiaires. Parmi les premières, nous ferons remarquer la Plicatule pectinoïde que Lamarck a confondue, comme Bruguière, parmi les Placunes, et dont Parkinson avait fait un genre inutile sous le nom de Harpax qui n'a pu être admis. Les espèces suivantes nous semblent les plus remarquables du genre et nous les citerons de préférence. PLICATULE RAMEUSE, *Plicatula ramosa*, Lamk., Anim. sans vert. T. VIII, p. 184, n. 1 ; *Spondylus plicatus*, L., Gmel., p. 3298; Chemn., Conch. T. VII, tab. 47, fig. 479, 480 ; *Plicatula gibbosa*, Sowerb., *Genera of Schells*, n. 3, fig. 1, 2. Des mers d'Amérique. PLICATULE EN CRÊTE, *Plicatula cristata*, Lamk., *loc. cit.*, n. 3 ; Lister, Conch., tab. 210, fig. 44 ; Chemn., Conch. T. VII, tab. 47, fig. 481 ; Encyclop., pl. 194, fig. 5. Un peu moins grande, rousse, les plis simples rayonnant du sommet à la base. Des mers d'Amérique. PLICATULE PECTINOÏDE, *Plicatula pectinoides*, Nob. ; *Placuna pectinoides*, Lamk., Anim. sans vert. T. VI, p. 224, n. 4 ; *Placuna*, Encyclop., pl. 175, fig. 1-4. Genre *Harpax*, Park., *Org. rem.* Fossile des environs de Metz et de Nancy, ainsi que de plusieurs autres lieux. PLICATULE TUBIFÈRE, *Plicatula tubifera*, Lamk., *loc. cit.*, n. 10. Espèce singulière par ses épines tubuleuses. Elle est fossile. Des Vaches-Noires, près du Hâvre, dans une couche d'argile. (D..H.)

PLICIPENNES. *Plicipennes.* INS. Nom donné par Latreille à une famille de l'ordre des Névroptères à laquelle il avait donné précédemment celui de Phryganides. Les caractères de cette famille sont exprimés ainsi : mandibules nulles ou très-petites ; ailes inférieures ordinairement beaucoup plus larges que les supérieures, plissées ; antennes sétacées, ordinairement fort longues et composées d'une infinité de petits articles ; larves aquatiques et vivant dans des tuyaux qu'elles forment de diverses matières et qu'elles transportent avec elles. Cette famille comprend les genres Phrygane, Mystacide, Hydroptile et Séricostome. *V.* ces mots à leurs lettres ou au Supplément. (G.)

PLICOSTOME. POIS. (Gronow.) Pour Plécostome. *V.* ce mot. (B.)

PLIE. *Platessa.* POIS. Espèce type d'un sous-genre de Pleuronectes. *V.* ce mot. (B.)

PLINIE. *Plinia.* BOT. PHAN. Ce genre, consacré à la mémoire de Pline, par Plumier (*Gener. Amer.*, 9, tab. 11) a été placé, par les auteurs systématiques, dans l'Icosandrie Monogynie, L. Il offre les caractères suivans : calice découpé profondément en quatre ou cinq segmens ; corolle à quatre ou cinq pétales ovales et concaves ; étamines très-nombreuses dont les filets sont capillaires, aussi longs que la corolle, et terminés par des anthères fort petites ; ovaire petit, supère, surmonté d'un style subulé, plus long que les étamines, terminé par un stigmate simple ; fruit drupacé, gros, globuleux, contenant une seule graine globuleuse, et fort grosse. On ne connaît qu'une seule espèce de *Plinia* ; car les *Plinia rubra* et *pedunculata*, L., ont été réunis au genre *Eugenia*, et sont identiques avec l'*Eugenia Michelii*, Lamk. Il est même fort douteux que l'espèce suivante, qu'on regarde comme type du genre, soit autre chose qu'un individu mal décrit de l'*Eugenia Michelii*.

La PLINIE A FEUILLES AILÉES, *Plinia pinnata*, L., Plumier, *loc. cit.* ; Lamk., Illustr., tab. 428, est un Arbre dont les rameaux sont munis de feuilles alternes, ailées sans impaire, composées d'environ douze folioles opposées, sessiles, ovales, lancéolées et très-entières. Les fleurs naissent par petits paquets sessiles, épars sur les vieux rameaux dépouillés de feuilles. La corolle est jaune, trois fois plus grande que le calice. Le fruit est un drupe bon à manger. Cet Arbre, inconnu des botanistes modernes, croît en Amérique, sans qu'on sache positivement quelle en est la contrée particulière. (G..N.)

* PLINTHE. *Plinthus*. INS. Genre de Charansonite. *V*. RHYNCHOPHORE. (G.)

PLINTHINITES. MIN. Forster donne ce nom au Cuivre oxidulé ferrifère, le *Ziegelerz* des Allemands. (G. DEL.)

PLOAS. *Ploas*. INS. Genre de Diptères de la famille des Tanystomes, tribu des Bombyliers, établi par Latreille aux dépens des Bombyles d'Olivier, et ayant pour caractères : tête sphérique; trompe peu allongée; lobes terminaux allongés, charnus; lèvre supérieure à peu près de la longueur de la trompe, obtuse; langue de la longueur de la trompe, très-pointue; soies capillaires un peu plus courtes que la langue; palpes avancés, cylindriques, terminés par une petite pointe aiguë; antennes très-rapprochées à la base, divergentes, de la longueur de la tête; premier article très-épais, très-velu, assez allongé, en cône tronqué; deuxième court, velu, troisième menu, nu, fusiforme, légèrement comprimé; style court, biarticulé, conique; yeux contigus dans les mâles, séparés par un large front dans les femelles; trois yeux lisses sur le vertex. Ce genre se compose de cinq espèces dont quatre sont exclusivement propres au midi de la France; celle qui se trouve aux environs de Paris est le *Ploas hirticornis* de Latreille, *Bombylius virescens*, Olivier. (G.)

PLOCAMA. BOT. PHAN. Genre de la famille des Rubiacées, et de la Pentandrie Monogynie, L., établi par Aiton (*Hort. Kew.*, p. 292), et admis sans changemens par les auteurs modernes. L'orthographe de ce nom a seulement été viciée en celle de *Placoma* par Gmelin et Persoon. Voici les caractères qui lui ont été assignés : calice persistant, fort petit, à cinq dents; corolle monopétale, campanulée, à cinq découpures oblongues; cinq étamines, dont les filets sont courts et insérés sur le tube de la corolle, terminés par des anthères linéaires droites et pendantes; ovaire infère globuleux, surmonté d'un style filiforme plus long que les étamines, et terminé par un stigmate simple et obtus; baie presque globuleuse, triloculaire, contenant des graines solitaires dans chaque loge, linéaires et oblongues. Le *Plocama pendula*, Ait., *loc. cit.*, Poiret, Encyclop. suppl., est un Arbrisseau qui a presque le port d'un *Galium*, dont les tiges sont cylindriques, très-glabres, ainsi que toute la Plante; les rameaux opposés, un peu étalés, garnis de feuilles sessiles, opposées, très-étroites, presque filiformes, accompagnées de stipules interpétiolaires, courtes, concaves et obtuses. Les fleurs sont solitaires, petites et axillaires, portées sur des pédoncules très-courts. Cette Plante a été trouvée dans l'île de Ténériffe. (G..N.)

PLOCAMIA. BOT. CRYPT. (Stackhouse.) *V*. PLOCAMIE.

PLOCAMIE. *Plocamium*. BOT. CRYPT. (*Hydrophytes*.) Lamouroux fonda ce genre de l'ordre des Floridées aux dépens des *Fucus* de Linné, en lui donnant pour caractères : une fructification consistant en tubercules un peu gigartins; la compression des tiges et des rameaux, lesquels devenaient cloisonnés à leur extrémité. Si ce dernier caractère eût été profondément exact, les Plocamies eussent fait le passage des Floridées aux Céramiaires; mais outre qu'il n'est pas bien constant, il manque précisément dans l'espèce type, et Lyngbye a été plus heureux, quand il a dit que ce genre était fondé sur sa tige comprimée, distique, très-rameuse, ayant les derniers rameaux pectinés et uncinés, avec des capsules latérales ou des séminicules nus aux extrémités. En effet, il y a bien distinctement dans les Plocamies deux sortes de fructification, l'une tuberculaire, l'autre gigartine. Les espèces de ce genre qui ne sont pas fort nombreuses, sont toutes de la plus grande élégance et relevées de belles couleurs pourprées, souvent de la plus grande vivacité. La plus commune sur nos côtes, dont on retrouve des variétés jusque dans les mers australes, était le *Fucus coccineus* de Turner, *Hist. Fuc.*, pl. 59; *Plocamium vulgare* de Linné, dont Roth faisait un *Ceramium* et Agardh une Delessérie. Dans nos ports de mer, on en forme de petits cadres, et des arbrisseaux de paysages fantastiques pour la décoration des chambres. Agardh a dispersé les espèces du genre qui nous occupe dans plusieurs des siens, et particulièrement dans un *Bonnemaisonia*, qui ne saurait être adopté. (B.)

PLOCAMIER. BOT. PHAN. Pour Plocama. *V.* ce mot. (B.)

* PLOCARIA. BOT. CRYPT. (*Lichens.*) Ce genre, créé par Nées d'Esenbeck (*Hor. Physic. Berol.*, p. 12, p. 6), et adopté par Eschweiler (*Syst. Lich.*, p. 23), sur une Plante du Bengale, doit disparaître de la famille des Lichens. Il a été reconnu que ce prétendu Lichen n'était autre chose que le *Fucus lichenoides*, L., *Spherococcus lichenoides*, Agardh. (A. F.)

* PLOCARIÉES. BOT. CRYPT. (*Lichens.*) Eschweiler donne ce nom à la sixième cohorte établie dans sa méthode. Il y renferme les Lichens fruticuleux, dont le thalle cylindrique est revêtu d'une enveloppe corticale; l'apothécie est arrondi, immargé ou libre, et immarginé. Cette cohorte répond presque exactement à notre tribu des Sphærophores. (A. F.)

*PLOCEUS. OIS. (Cuvier.) Syn. de TISSERIN. *V.* ce mot. (DR..Z).

* PLOCHIONE. *Plochionus.* INS. Genre de l'ordre des Coléoptères, section des Pentamères, famille des Carnassiers, tribu des Carabiques, établi par Dejean, et auquel il donne pour caractères (Speciès des Coléoptères de sa collection, T. 1): crochets des tarses dentelés en dessous; le dernier article des palpes labiaux assez fortement sécuriforme; antennes plus courtes que le corps, plus ou moins moniliformes; articles des tarses courts, en cœur et profondément échancrés; corps court et aplati; tête ovale, presque triangulaire, peu rétrécie postérieurement; corselet plus large que la tête, coupé carrément postérieurement; élytres planes, en carré long. Ce genre ne se compose jusqu'à présent que de deux espèces dont les mœurs sont inconnues; l'une trouvée aux environs de Bordeaux sous des écorces de pins, par Bonfils auquel Dejean l'a dédiée, se trouve aussi dans l'Amérique du nord et à l'île de France; la seconde espèce, *Pl. binotatus*, Dej., vient des îles Malouines. (G.)

* PLOCOGLOTTIS. BOT. PHAN. Genre de la famille des Orchidées et de la Gynandrie Diandrie, L., établi par Blume (*Bijdragen tot de Flora van nederlandsch Indië*, p. 380) qui l'a ainsi caractérisé: périanthe en masque, dont les sépales extérieurs sont les plus grands, les latéraux extérieurs connés inférieurement; labelle soudé à la base et de chaque côté avec des plis membraneux appliqués au gynostème, ayant son limbe convexe indivis, d'abord étalé, puis dressé; gynostème libre supérieurement; anthère biloculaire placée dans la partie supérieure et interne du gynostème; masses polliniques, au nombre de quatre, arrondies, comprimées, pulpeuses-céréacées, soutenues par paires sur des pédicelles, et placées au moyen d'une glande commune sur l'échancrure du stigmate. Ce genre ne renferme qu'une seule espèce, *Plocoglottis indica*, qui est une Herbe croissant immédiatement sur le sol, à racines fibreuses, à feuilles solitaires sur un pétiole renflé, oblongues, lancéolées, marquées de nervures, et membraneuses. La hampe est dressée, multiflore; les

fleurs sont pédicellées et accompagnées de bractéoles. Cette Plante croît dans les lieux ombragés et humides, aux pieds des monts Salak, Pantjar, etc., de l'île de Java. On la trouve en fleurs depuis juin jusqu'en septembre. (G..N.)

PLOIÈRE. *Ploiera.* INS. Genre de l'ordre des Hémiptères, section des Hétéroptères, famille des Géocorises, tribu des Nudicolles, établi par Scopoli aux dépens des *Cimex* de Linné ou des *Gerris* de Fabricius, et adopté par Latreille. Les caractères de ce genre sont : corps linéaire ; tête allongée, petite, portée sur un cou distinct, ayant un sillon transversal qui la fait paraître bilobée ; son lobe postérieur large, arrondi ; yeux placés sur le lobe antérieur de la tête, près du sillon transversal ; antennes coudées après le premier article, longues, grêles, presque sétacées, composées de quatre articles, les deux premiers très-longs, le troisième court, le dernier encore plus court, un peu en massue ; bec arqué, court, ne dépassant pas la naissance des cuisses antérieures, de trois articles, le premier court, le second long, cylindrique, le dernier en forme de boule allongée à son origine, diminuant ensuite, et se terminant en pointe conique ; corselet allongé, rétréci antérieurement, un peu aplati en dessus, comme composé de deux lobes, l'antérieur plus court ; élytres plus longues que l'abdomen ; celui-ci convexe en dessous, ses bords un peu relevés, composé de six segmens dont le dernier ne recouvre point l'anus ; ces segmens ayant chacun, de chaque côté, un stigmate un peu étalé ; anus des mâles entier ; pates antérieures ravisseuses, courtes, grosses, avancées, avec les hanches et les cuisses allongées, celles-ci garnies de poils roides en dedans ; leurs jambes et leurs tarses courts, s'appliquant sur les cuisses pour retenir la proie qui sert à la nourriture de l'Insecte ; les autres pates très-longues et fort menues. Ce genre se compose de deux ou trois espèces. Celle qui est bien connue, et qui lui sert de type est le *Cimex vagabundus* de Linné, *Cimex culiciformis*, Degéer, T. III, p. 323, pl. 17, fig. 1-8. Sa larve ressemble à l'Insecte parfait. Elle vit dans les ordures des maisons. (G.)

PLOMARD. OIS. Syn. vulgaire du Garot femelle. *V.* CANARD. (DR..Z.)

PLOMB. POIS. L'un des noms vulgaires du *Squalus Zygena*, L. *V.* SQUALE. (B.)

PLOMB. MOLL. Nom vulgaire et marchand du *Voluta Pyrum*, L. Espèce du genre Turbinelle. *V.* ce mot. (B.)

PLOMB. *Plumbum.* MIN. *Bley*, Werner. Ce Métal peut être considéré comme le type d'une famille composée d'au moins quinze espèces minérales, dans lesquelles il existe, ou libre, ou combiné avec les minéralisateurs, tels que l'Oxigène, le Soufre, le Sélénium, et avec différens Acides. Les minerais de Plomb ont pour caractères communs : d'avoir une grande densité, de noircir au contact d'un hydrosulfure, et de se réduire aisément sur le charbon avec ou sans addition d'un fondant alcalin. Nous allons indiquer leurs caractères spécifiques, en commençant par ceux dont la composition chimique est la plus simple et nous élevant graduellement jusqu'aux plus composés.

PLOMB NATIF. On doute de l'existence du Plomb à l'état métallique dans la nature. Il se peut que l'action des feux volcaniques sur quelque minerai de Plomb préexistant en ait opéré la réduction, et telle est probablement l'origine de celui qu'on a cité dans les laves de l'île de Madère où il est engagé sous la forme de grains ou de petites masses contournées. Le Plomb natif, si on l'admet comme espèce, doit donc être considéré comme n'ayant qu'une existence tout-à-fait accidentelle. Au reste, les caractères auxquels on pourra le reconnaître sont les mêmes que ceux que les chimistes assignent au Métal pur ; obtenu par les procédés de l'art. On sait que le Plomb est une substance simple, métallique, d'un blanc bleuâtre passant facilement au gris livide, pesant spécifiquement 11, très-malléable et fusible à un léger degré de chaleur ; c'est peut-être le moins sonore des Métaux ; il est facile à réduire en lame, mais sa ténacité est très-faible et on ne peut le tirer qu'en fils très-grossiers ; il est aisément attaquable par l'Acide nitrique, et sa solution précipite en blanc par les sulfates, en noir par les hydrosulfates. Le Plomb est l'un des Métaux les plus employés à cause de la grande abondance de ses minerais, de la facilité avec laquelle on parvient à l'en extraire, et des usages variés auxquels il se prête. Il sert à la couverture des édifices, à la conduite des eaux, à la construction des réservoirs et des chambres où se fabrique l'Acide sulfurique ; on l'emploie pour faire des balles et de la grenaille. Allié à l'Étain, il forme la soudure des plombiers ; à l'Antimoine, il constitue les caractères d'imprimerie. C'est de la Galène ou du Plomb sulfuré que l'on extrait presque tout le Plomb versé dans le commerce.

PLOMB SULFURÉ, *Bleyglanz*, W., vulgairement Galène, bi-sulfure de Plomb. Substance d'un gris de plomb douée de l'éclat métallique, aigre, clivable avec facilité parallèlement aux faces d'un cube ; pesant spécifiquement 7,58. Elle fond et se réduit aisément sur un charbon en répandant une odeur sulfureuse. Sa solution, dans l'Acide nitrique étendu, précipite en blanc par un sulfate ou donne des lamelles de Plomb sur un barreau de Zinc. Lorsqu'elle est pure, elle contient deux atomes de Soufre pour un atome de Plomb, ou en poids 13 parties de Soufre, et 87 de Plomb ; mais elle est fréquemment mélangée de sulfure d'Argent et de sulfure d'Antimoine. La forme primitive de la Galène est le cube ; ses cristaux se présentent souvent sous cette forme ou sous celle de l'octaèdre plus ou moins modifié ; ils offrent rarement les faces du dodécaèdre rhomboïdal. Ses variétés de formes accidentelles ou de structure sont peu nombreuses. On distingue particulièrement : la Galène globuleuse, en masses mamelonnées et terminées par des cristaux saillans ; la Galène stalactitique, en concrétions cylindriques ; la Galène pseudomorphique, en prismes hexaèdres provenant de la décomposition du Plomb phosphaté ; la Galène incrustante, en enduit recouvrant des cristaux de Chaux carbonatée ou de Chaux fluatée ; souvent ces cristaux ont disparu et il en est résulté une sorte de moule vide ou de carcasse plus ou moins solide ; la Galène lamellaire, en petites lames brillantes, entrecroisées dans tous les sens ; la Galène grenue ou saccharoïde, on la nomme ordinairement Galène à grains d'acier ; la Galène compacte, le *Bleyschweif* des Allemands ; son grain est terne et si fin qu'on ne peut l'apercevoir qu'à la loupe ; la Galène striée ou palmée, dont la surface est couverte de stries divergentes et plus ou moins larges ; elle contient ordinairement de l'Antimoine ; la Galène spéculaire, dont la surface a été polie naturellement et fait l'office de miroir ; cette variété se rencontre dans les filons du Derbystine, où elle est associée à la Baryte sulfatée ; elle y est connue sous le nom de Plomb foudroyant, parce que la matière du filon se détache en faisant explosion aussitôt que le mineur en attaque les salbandes. Quelques variétés de Galène sont irisées à la surface, ce qui tient probablement à un commencement d'altération qu'éprouve la substance.

Les variétés provenant du mélange de la Galène avec d'autres substances sont les suivantes :

1. La Galène sélénifère, mêlée de séléniure de Plomb. Cette variété, que l'on trouve à Fahlun en Suède, et à Tilgerode au Harz, se reconnaît aisément à l'odeur de rave qu'elle

exhale lorsqu'on la chauffe au chalumeau.

2. La Galène argentifère, mêlée de sulfure d'Argent. Cette variété, qui est ordidairement à petites facettes ou à grain d'acier, est exploitée comme mine d'Argent. La quantité de ce Métal qu'elle contient va quelquefois jusqu'à 10 et même jusqu'à 15 pour 100.

3. La Galène antimonifère, *Dunkles Weissgültigerz*, Wern., vulgairement Mine d'Argent blanche. Sulfure de Plomb mêlé de sulfure d'Antimoine. Trouvé à Sala en Suède.

4. La Galène bismuthifère, *Wismuth-Bleyerz*, en masses amorphes, à cassure grenue, ou en cristaux capillaires; sa solution dans l'Acide nitrique précipite en blanc par l'eau, puis par un sulfate, et donne de l'Argent sur une lame de cuivre. C'est donc un mélange de sulfure d'Argent et de sulfure de Bismuth avec le sulfure de Plomb. On ne l'a encore trouvée que dans une seule mine de la Forêt-Noire.

5. La Galène antimonifère et argentifère, *Lichtes Weissgültigerz*, Wern. Substance d'un gris de plomb passant au noirâtre; cassure à grain fin : elle décrépite fortement et fond aisément sur la pince au chalumeau. D'après l'analyse de Klaproth, c'est un mélange de sulfure de Plomb, de sulfure d'Argent et de sulfure d'Antimoine. On la trouve dans la mine de Himmelsfurst près de Freyberg.

6. La Galène antimonifère et arsénifère, *Bleyschimmer*. Variété analysée par Pfaff, et que l'on a trouvée en Sibérie. Elle est accompagnée de Cuivre pyriteux.

La Galène est le seul minerai de Plomb qui se trouve en dépôts considérables dans la nature. On la rencontre dans presque tous les terrains depuis les primitifs jusqu'aux secondaires; elle forme fréquemment des filons, et quelquefois des amas dans les Granits, les Gneis, les Micaschistes et les Schistes argileux; telles sont les exploitations de Villefort et Viallas dans la Lozère, de Vienne dans le département de l'Isère, de Pesay dans la Tarentaise. On la trouve dans le Calcaire grenu à Sala en Suède, à Schwarzenberg en Saxe, et à Zmeof en Sibérie. Elle existe en plus grande quantité dans les terrains intermédiaires, où elle est le plus souvent en couches, au milieu des Siénites, des Amygdaloïdes, des Grauwackes et des Calcaires compactes. Les mines de Poullaouen et de Huelgoat en Bretagne, celles de Klausthal, de Zellerfeld et de Lautenthal au Harz appartiennent au terrain de Grauwacke; celles de Bleyberg en Carinthie, du Derbyshire et du Northumberland en Angleterre, se trouvent dans les Calcaires qui terminent la période intermédiaire. La Galène est encore très-abondante dans les assises inférieures des terrains secondaires où elle se présente presque toujours en couches. On la trouve dans le terrain de Grès rouge et au milieu du Zechstein et du Calcaire magnésien de la même époque. Les substances minérales, auxquelles la Galène est le plus ordinairement associée, sont le sulfure de Zinc qui ne la quitte presque jamais, le Fer sulfuré, le Cuivre pyriteux, le Cuivre gris, l'Argent rouge, etc.; les substances pierreuses qui lui servent de gangues dans les filons, sont le Quartz, la Baryte sulfatée, la Chaux fluatée, la Chaux carbonatée, etc.

Le principal usage de la Galène est de servir à l'extraction du Plomb que consomme le commerce. On y parvient en grillant le minerai et en le fondant dans un fourneau à réverbère chauffé au bois ou à la houille. Si ce minerai est argentifère, le Plomb qu'on en obtient prend alors le nom de Plomb d'œuvre; on le soumet à la coupellation, pour en séparer le métal précieux, si celui-ci est en quantité suffisante pour couvrir les dépenses de l'opération. La Galène est employée immédiatement par les potiers de terre sous le nom d'Alquifoux; ils la réduisent en poudre et revêtent leurs vases d'une couche de cette poudre qui, par l'action d'un feu violent, forme un enduit vitreux à la surface de ces vases.

PLOMB SÉLÉNIURÉ, bi-séléniure de Plomb. Ce Minéral ressemble beaucoup, quant à son aspect extérieur, au sulfure de Plomb; mais sa couleur, qui est aussi le gris de plomb clair et vif, tire sur le bleu rougeâtre; sa structure est grenue, laminaire et compacte comme celle de la Galène. Malgré sa tendance à cristalliser, on n'a point encore pu reconnaître sa forme. Sa pesanteur spécifique est de 7,69. Traité au chalumeau sur le charbon, il développe une forte odeur de raves putréfiées. Chauffé dans un tube ouvert, il dégage du Séléniure que l'on reconnaît à sa couleur rouge. Ce Minéral a été trouvé dans le Harz oriental, près de Zorge, dans des filons ferrugineux, traversant des couches de Diorite et de Schiste argileux. Il a pour gangue immédiate une Dolomie lamellaire; il renferme, d'après l'analyse de Rose, 71,81 de Plomb et 27,59 de Sélénium; sa composition est ainsi très-rapprochée de celle du Séléniure artificiel, qui est représentée par les proportions suivantes : 63,92 de Plomb et 24,47 de Sélénium. Le Plomb séléniuré se rencontre encore dans une autre localité du Harz, à Tilkerode; il y est pareillement dans un filon, et s'y trouve accompagné de quelques parcelles d'Or natif; il renferme une assez grande quantité d'Argent. On a aussi observé du Séléniure de Plomb dans les mines de Clausthal et de Zellerfeld; mais il est rare de rencontrer ce minerai parfaitement pur : il est fréquemment mélangé de Séléniure de Cobalt, de Séléniure de Cuivre et de Séléniure de Mercure.

PLOMB OXIDÉ JAUNE ou MASSICOT, bi-oxide de Plomb d'un jaune citron, et d'un aspect terne et terreux; facile à réduire en Plomb métallique sur le charbon. Cette espèce est rare et ne se rencontre que sous la forme d'un enduit pulvérulent à la surface de quelques minerais de Plomb, principalement de ceux que l'on exploite à Freyberg.

PLOMB OXIDÉ ROUGE ou MINIUM, tri-oxide de Plomb. Cette espèce, comme la précédente, n'existe qu'à l'état pulvérulent à la surface des autres minerais de Plomb, et surtout du sulfure. Sa couleur est le rouge foncé; on le distingue du Cinnabre terreux, en ce que celui-ci est volatil, tandis que le Minium, chauffé sur des charbons, se réduit facilement sans se volatiliser. On l'a trouvé pour la première fois à Langenbeck dans le pays de Hesse-Cassel, et depuis à Schlangenberg en Sibérie, dans l'île d'Anglesey en Angleterre, à Brilon en Westphalie, à Badenweiler dans le pays de Bade, et à Breinig près d'Aix-la-Chapelle. L'oxide rouge de Plomb est employé dans la composition des émaux et dans celle du verre dit *flint-glass;* il est en outre usité dans la peinture ainsi que le Massicot, que l'on emploie aussi dans l'art de la poterie.

PLOMB CARBONATÉ, *Weiss-Bleyerz*, Wern., vulgairement Plomb blanc, et autrefois Céruse native. Substance pierreuse, blanche, limpide, d'un éclat vitreux et adamantin; très-pesante, tendre et fragile. C'est une combinaison d'un bi-oxide de Plomb avec deux atomes d'Acide carbonique. En poids, elle est formée de 16 parties d'Acide carbonique et de 84 parties d'oxide de Plomb; sa pesanteur spécifique est de 6,5; elle jouit de la double réfraction à un très-haut degré; elle est soluble avec effervescence dans l'Acide nitrique étendu; sa solution précipite par l'Acide sulfurique et donne des lamelles de Plomb sur un barreau de Zinc; elle décrépite au feu et se réduit facilement sur le charbon. Sa forme primitive est un prisme rhomboïdal droit de 117° et 63°; ses formes secondaires sont assez variées; parmi les variétés qu'elles constituent, on distingue : le Plomb carbonaté octaèdre, en prisme rhomboïdal terminé par des sommets dièdres; le Plomb carbonaté dodécaèdre, offrant la combinaison des faces d'un octaèdre rhomboïdal avec les pans d'un prisme à base rhombe; le Plomb carbonaté annulaire, en prisme hexagonal irrégulier, avec un ou plusieurs rangs de facettes annulaires; le Plomb carbonaté tri-hexaèdre, qui offre le même prisme terminé par des sommets à six faces. Ce Minéral, dont la forme se rapproche beaucoup de celle du carbonate de Chaux prismatique ou Arragonite, présente, comme celui-ci, des groupemens réguliers de prismes rhomboïdaux réunis par leurs pans, de manière à laisser entre eux des angles rentrans et de plus des groupemens en croix ou en étoiles à six rayons, provenant de la réunion de deux ou trois cristaux prismatiques dont les axes se croisent en un même point; enfin, des groupemens avec inversion de l'une des formes relativement à l'autre, c'est-à-dire des hémitropies. Ses variétés de structure sont en petit nombre. On n'en connaît que trois qui sont : le Plomb carbonaté aciculaire, en aiguilles blanchâtres, libres ou réunies par faisceaux, ayant leur surface d'un blanc soyeux ou recouverte de Malachite; le Plomb carbonaté bacillaire, en prismes cannelés qui se croisent en différens sens; le Plomb carbonaté compacte, en masses amorphes ou mamelonnées, jaunâtres, à cassure terreuse, et quelquefois luisante et comme onctueuse. La teinte la plus ordinaire des cristaux de carbonate de Plomb est le blanc; leur surface est éclatante, et quelquefois nacrée; quelques variétés ont pris naturellement une teinte noire, probablement par suite d'une altération analogue à celle que produirait le contact d'un sulfure alcalin. On a prétendu qu'elles renfermaient une certaine quantité de Carbone. Ce sont ces variétés qui constituent le Plomb noir de Kirwan. Dans d'autres cas, le Plomb carbonaté prend une belle couleur bleue produite par un mélange de Cuivre azuré : c'est alors le Plomb carbonaté cuprifère. Le Plomb carbonaté n'est pas très-répandu dans la nature; mais c'est le minerai de Plomb le plus commun après la Galène; il n'existe jamais en grandes masses, il ne fait que s'associer accidentellement à d'autres mines de Plomb, ainsi qu'à des mines d'Argent et de Cuivre; ses cristaux sont souvent accompagnés de Quartz ou reposent immédiatement sur lui. Les plus beaux groupes de cristaux viennent de Lacroix dans les Vosges; de Poullaouen et de Saint-Sauveur en Bretagne; de Gazimour en Sibérie; de Mies et de Przibram en Bohême; de Clausthal et de Zellerfeld en Saxe; de Bleyberg en Carinthie; de Leadhills en Ecosse, etc. Le Plomb noir se trouve particulièrement à Poullaouen en Bretagne; à Freyberg et à Tschopau en Saxe, et à Leadhills. La variété terreuse se rencontre à Tarnowitz en Silésie; à Krakau en Pologne, et à Nertschinsk en Sibérie.

Plomb murio-carbonaté, Plomb carbonaté muriatifère, Haüy; Plomb corné. Substance d'un jaune clair, passant au blanc nacré; pesant spécifiquement 6,05; ayant pour forme primitive un prisme à bases carrées. Sa dureté est inférieure à celle du carbonate de Plomb; elle se laisse facilement couper au couteau; le clivage n'a lieu que dans le sens parallèle à la base; dans tous les autres sens la cassure est conchoïdale. Cette substance est transparente et a l'éclat adamantin; sa composition n'est pas encore bien connue : on ignore si c'est une combinaison de carbonate et de chlorure de Plomb ou bien un mélange de ces deux composés. D'après une analyse de Klaproth, elle serait formée de 85,5 d'Oxide de Plomb; 8,5 d'Acide muriatique, et 6 d'Acide carbonique. Seule, au chalumeau, elle fond en un globule transparent qui passe au jaune pâle en se refroidissant; on la réduit aisément sur le charbon. Cette substance, extrêmement rare, ne s'est encore rencontrée qu'en petits cristaux implantés sur d'autres minerais de Plomb à Matlock dans le Derbyshire; près de Badenweiler dans le duché de Bade; à

Southampton dans le Massachusetts. Elle est ordinairement accompagnée de Galène, de Blende et de Chaux fluatée.

Plomb sulfaté, Plomb vitreux, Vitriol de Plomb. Substance blanche, d'un aspect lithoïde, très-pesante; tendre et facile à écraser par la pression de l'ongle; fusible à la simple flamme d'une bougie; ne faisant point effervescence avec les Acides, noircissant par le contact des hydrosulfures. Elle est formée d'un atome de protoxide de Plomb et de deux atomes d'Acide sulfurique, ou en poids, Acide sulfurique, 26; Oxide de Plomb, 74. Ses cristaux sont des octaèdres rectangulaires plus ou moins modifiés, et qu'on peut dériver d'un prisme droit rhomboïdal de 101° 15' et 78° 45'. Sa pesanteur spécifique est de 6,3. Lorsque la substance est pure et cristallisée, elle jouit d'une limpidité parfaite et d'un éclat très-vif, analogue à celui du diamant; sa teinte la plus ordinaire est le blanc tirant sur le jaunâtre. Ses variétés de structure sont peu nombreuses. On ne l'a trouvée jusqu'ici qu'en cristaux implantés sur d'autres Minéraux, en grains cristallins, en masses mamelonnées, compactes ou terreuses. Le Plomb sulfaté est une des substances accidentelles des filons métallifères; on le rencontre dans les filons de Plomb et de Cuivre qui traversent le Schiste argileux et la Grauwacke schisteuse; il y est accompagné de Plomb sulfuré, de Cuivre pyriteux, de Quartz hyalin, etc. On l'a observé principalement à Leadhills et à Wanlockhead en Ecosse; dans la mine de l'île d'Anglesey où il occupe les cavités d'un Fer hydroxidé brun noirâtre, mêlé de Quartz, et ayant l'aspect d'une scorie; on l'a trouvé aussi à Mellanoweth en Cornouailles, à Zellerfeld au Harz, à Wolfach dans le duché de Bade, dans le district de Siegen en Prusse, en Sibérie et à Southampton dans l'Amérique du Nord. Sa gangue la plus ordinaire, dans ces différentes localités, est encore une matière quartzeuse colorée par de l'hydroxide de Fer.

Plomb sulfato-carbonaté, Plomb carbonaté rhomboïdal de Bournon; sulfato-tri-carbonate de Plomb de Brooke; carbonate de Plomb rhomboédrique de Beudant. Substance blanchâtre, jaunâtre ou d'un vert tendre; cristallisant en rhomboèdres aigus d'environ 72° 30', clivables perpendiculairement à leur axe, suivant Brooke et Beudant, et en prismes rhomboïdaux obliques, suivant les recherches plus récentes de Haidinger. Brewster a remarqué qu'elle possédait deux axes de réfraction, ce qui s'accorderait avec la détermination de ce cristallographe. On distingue aisément cette substance du carbonate de Plomb ordinaire, à ce que sa solution dans les Acides donne toujours un résidu insoluble de sulfate de Plomb. D'après une analyse de Berzélius, elle serait composée de 71 parties de carbonate de Plomb et de 30 parties de sulfate, c'est-à-dire de trois atomes de carbonate pour un de sulfate. Traitée seule au chalumeau, sur le charbon, elle commence par se gonfler un peu, jaunit et redevient blanche en se refroidissant. Cette substance a un éclat résineux tirant sur l'adamantin; elle est tendre et facile à couper. Sa pesanteur spécifique est de 6,26. Elle se rencontre, avec d'autres minerais de Plomb, à Leadhills en Ecosse, dans un filon traversant la Grauwacke schisteuse.

Plomb phosphaté, *Grünbleyerz* et *Braunbleyerz*, Wern., Pyromorphite et Traubenerz, Hausm.; Plomb vert, Brongn. Substance lithoïde, à cassure vitreuse et légèrement ondulée, et d'un éclat gras ou résineux; offrant presque toutes les teintes, mais principalement le vert et le brun; donnant une poussière grise, quelle que soit la couleur de la masse; pesant spécifiquement 6,9; dureté supérieure à celle du Calcaire rhomboïdal, et inférieure à celle de la Chaux fluatée. Cette espèce a été long-temps regardée comme un sous-phosphate de Plomb, résultant de la combinaison d'un atome d'Acide phosphorique et d'un atome de bioxide de Plomb; cependant les analyses de Klaproth avaient démontré la présence de l'Acide muriatique dans un grand nombre de variétés provenant de lieux très-divers. Un travail récent de Woehler nous a prouvé que toutes ces variétés sont de véritables combinaisons de chlorure de Plomb avec un sous-phosphate de même Métal, et que dans ces combinaisons l'Acide arsénique peut se rencontrer en remplacement d'une certaine quantité du premier Acide, avec lequel il est isomorphe. D'après la formule de composition, calculée par ce chimiste, le Plomb vert est formé d'un atome de quadri-chlorure de Plomb et de trois atomes de sous-phosphate, ce dernier contenant trois atomes de bioxide de Plomb et trois atomes d'Acide phosphorique. L'analyse directe du Plomb phosphaté brun d'Huelgoat a donné les proportions suivantes : Oxide de Plomb, 78,58; Acide phosphorique, 19,73; Acide muriatique, 1,65; total, 99,96. Le Plomb phosphaté, traité au chalumeau avec l'Acide borique et le Fer, donne du phosphure de Fer et du Plomb métallique. Soumis au feu de réduction, il se transforme en un bouton polyédrique dont les facettes, vues à la loupe, paraissent sillonnées de stries polygones et concentriques. Les cristaux de ce Minéral peuvent être dérivés d'un rhomboïde obtus de 111°, ou plus simplement d'un prisme hexaèdre régulier, dont la hauteur est à la perpendiculaire abaissée du centre de la base sur un des côtés comme 11 est à 6. Ses variétés de formes déterminables sont des prismes hexaèdres simples, ou annulaires, ou pyramidés. Ses variétés de forme ou de structure accidentelle sont en petit nombre; on distingue parmi elles : le Plomb phosphaté aciculaire, en aiguilles ordinairement courtes ou divergentes; le Plomb phosphaté mamelonné ou botryoïde, brun ou d'un vert foncé et ressemblant alors à une sorte de mousse. Sous le rapport de la composition, on peut distinguer le Plomb phosphaté pur et le Plomb phosphaté arsénifère ou mêlé de Plomb arséniaté. Celui-ci se reconnaît à l'odeur d'ail qu'il répand lorsqu'on le chauffe avec le charbon. Ses faces subissent quelquefois des inflexions et des arrondissemens. Le Plomb vert est sujet à une altération, en vertu de laquelle sa couleur passe successivement au bleu indigo et au gris de plomb, et sa texture cristalline change totalement; il finit par se transformer en Plomb sulfuré, en conservant toujours sa forme originelle. Cette épigénie s'observe principalement dans les mines de Tschopau et d'Huelgoat. Le Plomb phosphaté, beaucoup moins rare dans la nature que le Plomb carbonaté et la Galène, les accompagne quelquefois l'un et l'autre dans leurs mines. Les principales localités où il s'est rencontré sont : Huelgoat en Bretagne, Lacroix et Sainte-Marie dans les Vosges, Rozières près Pontgibaud en Auvergne, Hoffsgrund près Fribourg en Brisgaw, Tschopau et Johanngeorgenstadt en Saxe, Bleystadt, Mies et Przibram en Bohême, Leadhills en Ecosse, etc.

Plomb arséniaté. Substance jaune ou jaune verdâtre, à cassure vitreuse, translucide, tendre, pesant spécifiquement 5; donnant des vapeurs arsénicales lorsqu'on la chauffe sur le charbon, et par la fusion avec la Soude, un sel soluble qui précipite en rouge par le nitrate d'Argent. La formule de sa composition est la même que celle de l'espèce précédente; ses formes cristallines paraissent aussi l'identifier avec ce Minéral dont elle ne peut être distinguée que par les propriétés chimiques de ses élémens. La plus commune de ces formes est le prisme hexaèdre, annulaire ou pyramidé. Les variétés de structure se bornent aux trois suivantes : le Plomb arséniaté fibreux, en filamens soyeux, contournés, tendres et flexibles; le compacte, en masses qui ont un aspect vitreux et gras; le terreux, *Flokkenerz*, Plomb arsénié, regardé comme un Arsénite de Plomb. Cette dernière variété a été trouvée à Saint-Prix sous Beuvray, département de Saône-et-Loire, dans un filon de Quartz et de Galène. Les variétés cristallisées, qui sont fort rares, se rencontrent à Johanngeorgenstadt en Saxe, dans des filons d'Argent, à Huel-Unity en Cornouailles, en Andalousie, en Sibérie.

Plomb chromaté, *Roth-Bleyerz*, Wern., vulgairement Plomb rouge. Substance rouge, à poussière orangée, vitreuse, translucide, à cassure raboteuse; facile à gratter avec le couteau; pesant spécifiquement 6,05; s'offrant en lames ou en cristaux dont les formes dérivent d'un prisme oblique rhomboïdal de 93° 1/2 dont la base s'incline sur les pans de 99° 10'. Elle est composée d'un atome d'Acide chromique et d'un atome de bi-oxide de Plomb, ou en poids d'Acide chromique, 32; Oxide de Plomb, 68. L'analyse directe a donné à Vauquelin: Acide chromique, 36; Oxide de Plomb, 64. C'est en faisant cette analyse que notre illustre chimiste a découvert en 1797 l'Acide du Chrôme, et ce Métal lui-même. Le Plomb rouge s'est toujours montré jusqu'ici à l'état cristallin; mais ces cristaux sont fort petits, groupés entre eux ou implantés dans des cavités, ce qui rend leur détermination très-difficile; les formes qu'ils affectent le plus ordinairement sont des prismes rhomboïdaux terminés par des sommets obliques à deux ou quatre faces. Le Plomb rouge est très-rare; on ne l'a trouvé jusqu'à présent que dans un petit nombre de localités, et pendant long-temps même, on ne l'a connu que dans un seul endroit de l'Europe, à Beresof, près d'Ekaterinebourg, sur la lisière orientale des monts Ourals; il y est implanté sur une matière quartzeuse, dans un filon de Galène parallèle à celui qui renferme les Pyrites aurifères décomposées; on le trouve aussi en cristaux implantés, ou en lames étendues à la surface d'une Roche que l'on a regardée jusqu'à présent comme une sorte de Grès ou de Psammite, mais que Menge, qui l'a observée sur place, croit être un Schiste talqueux ou argileux. On a retrouvé depuis un petit nombre d'années le Plomb rouge dans trois autres localités où il se montre toujours accidentellement; en Moldavie, sur un Quartz ferrugineux et cellulaire; au Brésil à Conconhas do Campo, dans un filon de Quartz aurifère traversant un Schiste talqueux, et sur la route de Villa-Rica à Tejuco, dans un Psammite? alternant avec une Argile schisteuse; il y est accompagné de Plomb chromé vert; enfin à Zimapan au Mexique, en cristaux bruns mélangés de Fer et d'Arsenic. Le Plomb rouge est employé dans l'art de la peinture, et fort recherché, surtout des artistes russes, pour la belle couleur jaune qu'il fournit; on s'en sert pour peindre sur toile et sur porcelaine.

Plomb chromé ou Vauquelinite, Chromate double de Plomb et Cuivre, Berz. Substance verte, aciculaire ou pulvérulente, qui accompagne le Plomb rouge dans quelques-unes de ses localités, en Sibérie et au Brésil, et qui est composée, suivant Berzelius: d'Oxide de Plomb, 60,87; Oxide de Cuivre, 10,80; Acide chromique, 28,33. D'après cette analyse, ce serait une combinaison d'un atome de bi-chromate de Plomb avec un atome de bi-chromate de Cuivre. Elle est tendre, d'un vert de serin; pèse spécifiquement 5,7; sur le charbon, elle se boursouffle, fond en écumant, et se convertit en une boule d'un gris sombre, métallique, autour de laquelle on voit de petits grains de Plomb réduit.

Plomb molybdaté, vulgairement Plomb jaune. Substance jaune, tendre et fragile, ayant l'éclat vitreux, la cassure conchoïde et un peu éclatante; pesant spécifiquement 5,6; s'offrant toujours cristallisée en lames carrées, ou en octaèdres plus ou moins modifiés sur les angles et sur les arêtes. Sa forme primitive est un octaèdre à base carrée, dans lequel les faces de l'une des pyramides font avec les faces correspondantes sur l'autre pyramide un angle de 76° 40'; elle est composée d'un atome de bi-oxide de Plomb et de deux atomes d'Acide molybdique, ou en poids, Acide molybdique, 39; Oxide de Plomb, 61. Traitée au chalumeau, elle décrépite fortement; elle fond sur le charbon et pénètre dans l'intérieur de la masse charbonneuse, en laissant à la surface une certaine quantité de Plomb réduit. Elle se dissout à chaud dans l'Acide nitrique, en laissant précipiter une poudre blanche, un peu soluble dans l'eau, qui devient d'un bleu pur par l'action d'un barreau de Zinc. Le Plomb molybdaté est fort rare dans la nature; son principal gissement est au Bleyberg en Carinthie, où il a pour gangue un Calcaire compacte, jaunâtre, appartenant à la formation du Zeichstein; on le trouve encore à Annaberg en Saxe, à Mankeriz en Tyrol, à Korosbanya en Transylvanie, à Leadhills en Ecosse, à Northampton aux Etats-Unis, à Zimapan au Mexique.

Plomb tungstaté. Substance très-rare, de couleur jaune verdâtre, que l'on n'a encore trouvée qu'en petits cristaux implantés sur du Quartz, à Zinnwald en Bohême, où elle accompagne l'Etain oxidé. La forme de ses cristaux est celle d'un prisme à bases carrées, terminé par des sommets pyramidaux; les bases de ce prisme sont souvent modifiées par une facette sur les angles et par un double rang de facettes sur les arêtes; les cristaux se clivent parallèlement aux faces de l'un des octaèdres produits par les modifications des arêtes; les angles de cet octaèdre, d'après Levy, sont de 99° 43' pour les faces d'une même pyramide, et de 131° 30' pour les faces adjacentes dans les deux pyramides. Le Plomb tungstaté se reconnaît à ce qu'il donne, par la fusion avec la Soude, une matière soluble qui précipite, par l'Acide nitrique, une poudre susceptible de devenir jaune par l'ébullition de la liqueur; la solution retient le Plomb, lequel précipite à son tour à l'état métallique sur un barreau de Zinc.

Plomb hydro-aluminaté ou Plomb gomme. Substance jaune ou rougeâtre, en petits mamelons composés de feuillets concentriques, et ressemblant, par son aspect extérieur, à des gouttelettes de gomme arabique; sa cassure est conchoïde et très-éclatante; elle est plus dure que la Chaux fluatée; elle décrépite par l'action de la chaleur, et donne de l'eau par la calcination: fondue avec la Potasse caustique, elle se dissout en totalité dans l'Acide nitrique; la solution précipite du Plomb sur un barreau de Zinc, et donne ensuite un précipité gélatineux par un excès d'Ammoniaque. Cette substance, analysée par Berzélius, est composée de 38 parties d'Alumine, 42 de bi-oxide de Plomb, et 20 d'Eau. Elle est formée d'un atome de quadri-aluminate de Plomb et de douze atomes d'Eau. On ne l'a trouvée que dans un seul lieu, à Huelgoat en Bretagne, où elle est associée au Plomb carbonaté et à la Galène. (G. DEL.)

PLOMBAGINE. MIN. *V*. Fer carburé.

PLOMBAGINÉES. BOT. PHAN. Pour Plumbaginées. *V*. ce mot. (B.)

PLON. BOT. PHAN. Le Saule est ainsi nommé dans certains cantons riverains de la Loire. (B.)

PLONGEON. *Colymbus*. OIS. Genre de l'ordre des Palmipèdes. Caractères: bec médiocre quoique robuste, droit, comprimé et très-pointu; narines placées de chaque côté de sa base, concaves, oblongues, à demi-fermées par une membrane, percées de part en part; pieds retirés dans l'abdomen, tenant le corps hors d'équilibre; tarses comprimés; quatre doigts: trois devant, très-longs, entièrement palmés; un derrière très-court, articulé sur le tarse, portant une petite membrane lâche; ongles plats; la première rémige la plus longue; queue très-courte, arrondie. Les Oiseaux aquatiques pourraient se diviser en quatre séries, relativement aux lieux où ils se tiennent près des eaux. Les uns en parcourent seulement les rivages, ou vont, à la faveur de leurs longues jambes, surprendre le Poisson qui s'est hasardé trop près de ses bords; d'autres sillonnent les flots à l'aide de leurs rames membraneuses; quelques espèces, munies d'ailes puissantes, dédaignent la faculté de nager, et ne font qu'effleurer la surface des mers; enfin un certain nombre poursuivent leur proie jusque dans les gouffres les plus profonds. Les Plongeons font partie de cette dernière série qui, par des dégradations insensibles, réunit les habitans de la terre et des airs à ceux des eaux. Également pesans dans leur vol et dans leur démarche, ils nagent avec une étonnante vivacité; ils plongent surtout avec tant de facilité, qu'on les voit souvent parcourir de très-longs espaces avant que de reparaître à la surface de l'onde. Ces Oiseaux font une très-grande consommation de Poissons; ils sont redoutés des propriétaires des étangs qui les chassent avec soin ou leur tendent des piéges nombreux; rarement ils se reposent à terre, où les embarras de leur marche et leurs chutes fréquentes les exposent à de trop grands dangers; ils nichent dans les îlots ou sur des plages inhabitées, et leur ponte consiste ordinairement en deux œufs brunâtres, tachetés de noirâtre. Ils ne muent qu'une fois dans l'année; mais les jeunes ressemblent tellement aux adultes, qu'on les prendrait avec facilité pour des espèces différentes.

Plongeon Cat-Marin, *Colymbus septentrionalis*, Lath., Buff., pl. enl. 308. Parties supérieures d'un brun noirâtre; côtés de la tête et du cou, gorge d'un gris cendré; sommet de la tête tacheté de noir; occiput, parties inférieures et postérieures du cou striées de noir et de blanc; une longue bande marron sur le devant du cou; parties inférieures blanches; bec noir, droit, légèrement courbé en haut; bords des deux mandibules très-courbés en dedans; iris d'un brun orangé; pieds d'un noir verdâtre à l'extérieur. Taille, vingt-un à vingt-quatre pouces. Les jeunes à leur première mue (*Colymbus stellatus*, Gmel., Buff., pl. enl. 992) ont les parties supérieures d'un brun noirâtre, tacheté de blanc: les plumes du sommet de la tête finement lisérées de blanc; l'espace entre l'œil et le bec, les côtés du cou, la gorge blancs. A la seconde mue (*Colymbus striatus*, Gmel.), ils n'ont plus que quelques taches blanches sur les parties supérieures, et le devant du cou est presque entièrement d'un brun marron; on n'y voit plus que quelques plumes blanches. De l'Europe.

Plongeon de la Chine, *Colymbus sinensis*, Lath. Parties supérieures d'un brun verdâtre sombre, avec le bord des plumes d'une nuance plus claire; rémiges et rectrices noirâtres; menton roux; devant du cou d'un brun verdâtre; parties inférieures d'un blanc roussâtre, tachetées de brun; bec noirâtre; pieds cendrés. Taille, vingt pouces.

Plongeon Imbrim, *Colymbus glacialis*, L.; *Colymbus torquatus*, Brun., Buff., pl. enl. 952. Parties supérieures noires, régulièrement couvertes de taches blanches, carrées, qui se trouvent par paires vers l'extrémité de chaque plume; tête, gorge et cou d'un noir irisé; en dessous de la gorge une petite bande transversale rayée de blanc et de noir; un large collier strié de noir et de blanc; tectrices alaires, flancs et croupion noirs, tachetés de blanc; parties inférieures blanches; bec noir; mandibule supérieure presque droite, l'inférieure recourbée en haut, large dans le milieu, sillonnée en dessous; pieds d'un brun noirâtre. Taille, vingt-sept à vingt-neuf pouces. Les jeunes (*Colymbus immer*, Gmel.) diffèrent considérablement; ils ont les parties supérieures d'un brun très-foncé, avec le bord des plumes bleuâtre; la tête, l'occiput et toute la partie postérieure du cou d'un brun cendré; des petits points blancs et cendrés sur les joues; plus tard les plumes du dos prennent une nuance plus noire, et les taches commencent à paraître. De l'Europe.

PLONGEON LUMME, *Colymbus arcticus*, L. Parties supérieures noires; front noirâtre; tête et nuque d'un cendré brun; une large bande striée de noir et de blanc de chaque côté du cou; scapulaires rayées de douze ou treize bandes blanches; tectrices alaires noires, tachetées de blanc; gorge et devant du cou d'un noir violet irisé; dessous la gorge une bande étroite, striée de noir et de blanc; partie inférieure du cou noire, rayée; poitrine, ventre et abdomen blancs; bec noirâtre; mandibule supérieure très-légèrement courbée; le milieu de l'inférieure d'égale largeur, avec la base et sans rainure; pieds et iris bruns. Taille, vingt-quatre à vingt-six pouces. Les jeunes (*Colymbus ignotus*, Bechst., Buff., pl. enl. 914) ont de plus que les jeunes du Plongeon Imbrim la bande noire des côtés du cou. A l'âge d'un an ils ont la tête et la nuque d'un cendré clair; la gorge et le devant du cou blancs, mêlés de quelques plumes noires, des commencemens de raies et de stries sur les côtés de la gorge et du cou. A deux ans ils se rapprochent davantage encore du plumage adulte. De l'Europe. (DR..Z.)

On a mal à propos étendu le nom de Plongeon à des Oiseaux qui appartiennent à d'autres genres. Ainsi le Grèbe huppé a été appelé PLONGEON DE MER; le Guillemot, PLONGEON NOIR ET BLANC; les Macareux, PLONGEONS A GROSBEC, etc. (B.)

* PLONGET. OIS. (Salerne.) Syn. ancien du Castagneux. *V*. GRÈBE. (DR..Z.)

PLONGEUR. OIS. Espèce du genre Cincle. *V*. ce mot. On appelle le Cormoran, à la Guiane, PLONGEUR A GROSSE TÊTE. (DR..Z.)

PLONGEURS. OIS. On appelle Plongeur tout Oiseau aquatique qui plonge fréquemment pour chercher au sein des eaux sa nourriture, ou pour fuir un danger extérieur. De l'observation de telles habitudes est découlé le nom de Plongeon (*Colymbus*), consacré à un genre. Par extension, ce nom de Plongeur a été donné par Cuvier à sa première famille des Palmipèdes. Les Plongeurs ou Brachyptères de cet auteur sont les Grèbes, les Plongeons, les Guillemots, les Pingouins et les Manchots. Vieillot a nommé Plongeurs, *Urinatores*, la deuxième famille des Oiseaux nageurs, tribu des Téléopodes. Il y range les genres Héliorne, Grèbe et Plongeon.

Les Oiseaux Plongeurs sont organisés pour le fluide au milieu duquel ils vivent. Leurs pieds sont postérieurs et entièrement formés pour la natation et non pour la marche. Leurs plumes sont presque des demi-poils; elles sont lubréfiées par un fluide graisseux qui les rend imperméables à l'eau. Les ailes sont plutôt des nageoires. En un mot, leur organisation est entièrement modifiée pour le genre de vie aquatique; tels sont les vrais Plongeurs. D'un autre côté, il ne faut pas prendre ce nom à la lettre, car presque tous les Oiseaux aquatiques plongent pour saisir leur proie. Cependant cette action varie suivant les genres : ainsi les Pétrels, les Mouettes se laissent tomber de haut sur les Poissons placés à la surface de la mer, mais elles les saisissent sans entrer dans l'eau. Les Fous, au contraire, disposent leur tête dans une rectitude parfaite, et leurs ailes en travers, de manière à simuler le fer d'une flèche, et se précipitent sur leur proie. Ainsi, en ne considérant ce nom que dans le sens grammatical, un grand nombre d'Oiseaux sont Plongeurs. (LESS.)

PLOPOCARPE. *Plopocarpium.*

BOT. PHAN. Desvaux appelle ainsi un fruit composé de plusieurs carpelles membraneux, réunis autour d'un axe fictif ou matériel, par exemple celui des Aconits, des Spirées, des Crassulées. Le même fruit est nommé Étairion par le professeur Mirbel. (A. R.)

PLOTIA. BOT. PHAN. Adanson a donné ce nom à un genre formé sur une Plante que Lippi, dans ses manuscrits, nommait *Arak*, mot arabe qui a été recueilli de nouveau par Cailliaud dans la Relation de son voyage à Méroë. Ce voyageur dit que les Barabras, peuple de Nubie, lui donnent le nom de *Mesuak*. Cette Plante est, selon Delile, le *Salvadora persica*. *V*. SALVADORE. (G..N.)

PLOTOSE. POIS. Le genre que Lacépède forma sous ce nom rentre comme simple sous-genre parmi les Silures. *V*. ce mot. (B.)

PLOTUS. OIS. (Linné.) Syn. d'Anhinga. *V*. ce mot et HÉLIORNE. (B.)

PLUCHÉE. *Pluchea*. BOT. PHAN. Genre de la famille des Synanthérées, tribu des Vernoniées, et de la Syngénésie nécessaire, L., établi par Cassini (Bullet. de la Société Philom., février 1817, p. 31) qui lui a imposé les caractères suivans : involucre presque hémisphérique, composé de folioles imbriquées, appliquées, oblongues, lancéolées, presque membraneuses, à une seule nervure. Réceptacle plan et nu. Calathide presque globuleuse; le disque est formé d'un petit nombre de fleurs mâles par avortement de l'ovaire, à corolle régulière garnie de glandes sur la face externe, à anthères pourvues à la base de longs appendices subulés; les fleurs des rayons sont femelles, disposées sur plusieurs rangs, nombreuses, à corolle longue, filiforme, tubuleuse, terminée par trois dents extrêmement petites; leur ovaire est oblong, mince, presque cylindrique, hispidule, muni d'un petit bourrelet à la base, surmonté d'une aigrette longue, blanche, composée de poils inégaux très-fins, légèrement plumeux. Ce genre a pour type une Plante de l'Amérique du nord, nommée par Michaux *Conyza marylandica*, à laquelle Cassini réunit quelques espèces, probablement du même pays, et cultivées dans le jardin de botanique de Paris. Ce sont des Plantes herbacées ou frutescentes dont quelques-unes ont des feuilles très-odorantes. Leurs fleurs sont purpurines et disposées en panicules formés de corymbes qui terminent les derniers rameaux. Quoique le genre *Pluchea* ait beaucoup de rapports avec le *Conyza* ou avec les genres formés aux dépens de ce dernier, il ne convient pas de les réunir, si le *Conyza squarrosa*, L., est pris comme le type des vrais *Conyza*. Cassini place même ceux-ci dans la tribu des Inulées, tandis qu'il assigne au *Pluchea* une place dans les Vernoniées; cependant il les regarde comme établissant un lien entre ces deux tribus.

Rafinesque a publié, dans le Journal de Physique, août 1819, un genre nommé *Stylimnus*, fondé aussi sur le *Conyza marylandica*. C'est conséquemment le même que le genre *Pluchea* qui, ayant l'antériorité, conservera sa dénomination. Cassini présume que le genre *Gynema* du même auteur comprend des espèces qui probablement font partie du *Pluchea*, et que le *Placus* de Loureiro pourrait bien se confondre aussi avec ce dernier. (G..N.)

PLUIE. *V*. MÉTÉORE.

PLUIE D'ARGENT. MOLL. Nom vulgaire et marchand du *Conus mindanus*, L. (B.)

PLUIE D'OR. MOLL. Nom vulgaire et marchand du *Conus japonicus*, L. (B.)

PLUKENETIE ou PLUKNETIE. *Pluknetia*. BOT. PHAN. Genre de la famille des Euphorbiacées et de la Monœcie Polyandrie, L., dédié à la mémoire du botaniste anglais Plukenet par Plumier (*Nov. Gener.*, p. 47 et

Plant. Amer., édit. Burm., p. 220, tab. 226) qui l'a ainsi caractérisé : fleurs monoïques ; calice ou périanthe divisé profondément en quatre segmens. Les mâles ont huit étamines ou un plus grand nombre dont les filets sont soudés, et qui, à la base, offrent quatre glandes barbues (ovaire avorté selon Plumier). Les femelles ont un style très-long, en forme de trompe, surmonté d'un stigmate pelté à quatre lobes ponctués sur le milieu de leur face supérieure ; la capsule est déprimée, à quatre coques anguleuses, carenées, chacune bivalve et monosperme. Ce genre se compose de trois espèces, deux américaines et une de l'Inde-Orientale que Rumph (*Herb. Amboin.*, 1, tab. 79, fig. 2) a figurée sous le nom de *Sajor*.

La PLUKNÉTIE GRIMPANTE, *Pluknetia volubilis*, L. ; *Pluknetia scandens*, Plum., *loc. cit.*, Lamk., Illustr., tab. 788, est un Arbrisseau dont les tiges sont sarmenteuses, grimpantes, garnies de feuilles alternes, pétiolées, entières, distantes, larges, échancrées en cœur à leur base, dentées en scie, un peu acuminées à leur sommet, et glabres sur les deux faces. Les fleurs mâles forment un épi lâche, pédonculé dans l'aisselle des feuilles. Il n'existe qu'une seule fleur femelle à la base de chaque épi. Cette Plante croît en Amérique et dans les Indes-Orientales, si toutefois le *Sajor-Baguala* de Rumph n'est qu'une variété de cette espèce. Rumph dit qu'on cultive cette Plante autour des habitations, et que ses feuilles, cuites avec du suc de Calappa, sont un légume délicat, ce qui est assez extraordinaire dans les Végétaux de la famille des Euphorbiacées. (G..N.)

* PLUMAIRE. POLYP. *V.* AGLAOPHÉNIE.

PLUMARIA. BOT. PHAN. (Hester.) Syn. d'*Eriophorum*. *V.* ERIOPHORE. (B.)

* PLUMARIA. BOT. CRYPT. (*Conferves.*) Division du genre *Conferva*, proposée par Link (*Hor. Phys. Berol.*, 4) pour les espèces dont les rameaux sont verticillés et distincts ; telles sont les *Conferva verticillata*, *myriophyllum* et *equisetifolia*, que De Candolle avait placées dans le genre *Ceramium*, et dont Agardh a fait son genre *Cladostephus*, adopté par Lyngbye. *V.* CLADOSTÈPHE et CONFERVES. (A. R.)

PLUMATELLE. *Plumatella*. POLYP. *Naisa*, Lamx. Genre de l'ordre des Tubulariées, dans la division des Polypiers flexibles, ayant pour caractères : Polypier fixé, à tige grêle, membraneuse, souvent ramifiée, terminée, ainsi que ses rameaux, par un Polype dont le corps peut rentrer entièrement dans la tige, et dont la bouche est entourée d'un seul rang de tentacules ordinairement ciliés. Les petits Animaux de ce genre, que l'on désigne ordinairement sous le nom de Tubulaires d'eau douce, ne diffèrent pas seulement des Tubulaires marines par la nature du milieu dans lequel elles vivent, mais encore par la disposition des tentacules qui sont entièrement rétractiles et disposés sur un seul rang autour de la bouche, tandis que les tentacules des Tubulaires marines forment deux rangs et ne sont point rétractiles dans le tube. Les Plumatelles n'atteignent que de petites dimensions, un à deux pouces, et quelques-uns beaucoup moins. Ces Polypiers ont la forme d'un petit Arbrisseau rameux, souvent filiforme, de nature subcornée ou presque gélatineuse. Ils adhèrent, sur leur longueur, à la surface des corps qui séjournent dans l'eau ; la plupart se ramifient par dichotomies ; chaque petit rameau ou cellule est court, tronqué à son extrémité, libre et comme échancré en dessous ; il renferme, dans son intérieur, un Polype gélatineux, transparent, qui vient étaler, à l'entrée de son ouverture, ses nombreux tentacules ciliés par verticilles ou latéralement, et qui rentrent subitement dans le tube à la moindre secousse, au moindre attouchement. On voit quelquefois ces tentacules se mouvoir circulairement et faire tourbillonner l'eau ; souvent aussi ils paraissent immobiles. Nous avons observé la Plumatelle campanulée, et nous l'avons trouvée plusieurs fois à la surface inférieure des feuilles de l'*Hydrocharis Morsus-Ranæ*; il n'y agitait point ses tentacules, ils étaient immobiles, et figuraient, ainsi étalés, une sorte de cloche dont une partie de la circonférence, rejetée en dedans, formerait une large sinuosité. Les Plumatelles multiplient par des gemmules oviformes, enfermés dans la cavité des tubes. Ces gemmules, rejetées par l'Animal ou devenues libres, lorsque le tube de celui-ci se trouve détruit après sa mort, vont se fixer sur les corps solides submergés, et ne tardent pas à y germer, en se fendant longitudinalement. Les gemmules varient de forme suivant les espèces, qui sont les *Plumatella repens*, *reptans*, *lucifuga* et *campanulata*. *V.* PSYCHODIAIRES. (E. D..L.)

PLUMBAGINÉES. *Plumbagineæ*. BOT. PHAN. Famille naturelle de Plantes dicotylédones, placée par les uns parmi les Apétales, et par les autres dans les Monopétales. Ce sont des Végétaux herbacés ou sous-frutescens, à feuilles alternes quelquefois toutes réunies à la base de la tige, et engaînantes. Les fleurs sont disposées en épis ou en grappes rameuses et terminales; leur calice est monosépale, tubuleux, plissé et persistant, ordinairement à cinq divisions; la corolle est tantôt monopétale, tantôt formée de cinq pétales, égaux, qui, assez souvent, sont légèrement soudés entre eux par leur base. Les étamines, généralement au nombre de cinq et opposées aux divisions de la corolle, sont épipétales, quand celle-ci est polypétale, et immédiatement hypogynes lorsque la corolle est monopétale (ce qui est le contraire de la disposition générale). L'ovaire est libre, assez souvent à cinq angles, à une seule loge contenant un ovule pendant au sommet d'un podosperme filiforme et basilaire. Les styles, au nombre de trois à cinq, se terminent par autant de stigmates subulés. Le fruit est un akène enveloppé par le calice; la graine se compose, outre son tégument propre, d'un endosperme farinacé au centre duquel est un embryon qui a la même direction que la graine.

Cette petite famille se compose des genres : *Plumbago*, *Statice*, *Limonium*, *Vogelia* de Lamarck, *Thela* de Loureiro, *Ægialitis* de R. Brown. Elle diffère des Nyctaginées, qui sont monopérianthées, par leur ovule porté sur un long podosperme au sommet duquel il est pendant; par plusieurs styles et plusieurs stigmates; par l'embryon droit et non recourbé sur lui-même. (A. R.)

PLUMBAGO. BOT. PHAN. *V.* DENTELAIRE.

PLUME. OIS. Tous les êtres vivans ont leurs organes intérieurs enveloppés par une couche superficielle en rapport avec les fluides au milieu desquels ils vivent, et qu'on nomme Peau. Celle-ci se compose de six couches de tissus qu'on nomme tissus musculaire, contractile ou peaussier, derme, réseau vasculaire, pigmentum, corps papillaire et épiderme. Cette enveloppe extérieure, chez les Animaux de la première classe ou les Mammifères, est plus ou moins revêtue d'organes nommés poils, *V.* ce mot; chez ceux de la seconde classe, elle est recouverte d'organes particuliers qui lui sont propres, analogues aux poils, mais accommodés aux fonctions qu'ils doivent remplir, et qu'on nomme Plumes. Les Plumes ont donc les plus grands rapports avec les poils, soit dans les attributs, la manière de recouvrir le corps, soit dans l'ensemble de l'organisation. Bien que distinctes des poils par une complication de formes, elles s'en rapprochent souvent au point que les distinctions s'effacent complétement. Les Plumes comme les poils naissent d'un bulbe, sont sécrétées par lui de dedans en dehors, et leur vitalité cesse ou devient nulle en grandissant, et à la partie la plus éloignée du centre de vie, ce qui, sous ce rapport, leur donne la plus grande analogie avec les productions cornées qui, aux yeux de beaucoup de naturalistes, ne sont que des poils soudés par une humeur qui les accolle et en polit les surfaces. Les poils naissent et poussent par cônes successifs. Les Plumes paraissent suivre cette marche, bien que quelques naturalistes nient ce mode d'accroissement. Voici ce que dit à ce sujet Blainville : « Le bulbe producteur exhale la matière de la Plume qui se dépose par grains non adhérens, et il se forme réellement une succession de cônes non distincts. Ces cônes ne s'emboîtent pas d'abord les uns dans les autres; ils se fendent le long de la ligne médiane inférieure où les filets cornés, produits des sillons, se réunissent. Il en résulte la lame de la Plume ou l'axe, rachis, tige, qui est pourvue de barbes et celles-ci de barbules. A mesure que ces Plumes sont formées, le bulbe perd de son énergie vitale, et les matériaux qu'il avait en réserve s'épuisant, il s'arrête pour donner naissance au tube creux que remplit une substance médullaire, et ce tube, formé à plusieurs reprises successives, paraît comme cloisonné, et forme ce qu'on appelle l'ame de la Plume.»

Frédéric Cuvier, dans un travail étendu intitulé : Observations sur la structure et le développement des Plumes, inséré dans le tome XIII, p. 327, des Annales du Muséum, regarde les Plumes comme le résultat d'une capsule productrice analogue au phalère de Blainville; mais il assigne les rapports et les lois d'organisation de chaque partie d'une manière différente. Les Plumes, notamment les pennes, ont donc pour lui, une tige, des barbes, des barbules, un tuyau à ombilic inférieur et à ombilic supérieur; une face interne et une face externe; une ligne moyenne; une membrane striée interne, et une externe; des cloisons transverses : mais Cuvier, tout en avouant que les poils et les Plumes sont sécrétés par des organes analogues, pense qu'il n'y a point d'analogie à établir dans la manière dont ces deux sortes de corps se produisent, et que rien, dans les Plumes, ne rappelle les cônes successifs des poils.

Une grande analogie de composition existe entre les poils simples, les poils composés ou Plumes et les poils agglutinés ou productions cornées, telles que les ergots, les éperons des ailes, etc. Cette identité est telle que les Oiseaux les moins Oiseaux, tels que les Pingoins et les Manchots, ont plutôt des poils que des Plumes, et qu'ils font ainsi le passage des Mammifères aux Oiseaux par l'intermédiaire de l'Ornithorhynque, que chacune de ces classes, et surtout la dernière, peut revendiquer.

La texture des Plumes varie à l'infini. La nature s'est plue à leur accorder l'éclat des fleurs et des métaux les plus précieux, sans avoir la fugacité des premières, ni l'éternelle durée des seconds. Les couleurs qui les teignent paraissent dues aux matériaux sécrétés par le sang, et à l'arrangement moléculaire des barbes. Leur forme et leur nature ont été accommodées à l'organisation des Oiseaux. Ces êtres, en effet, destinés à vivre dans un fluide mobile, avaient besoin d'appareils puissans pour le frapper, et se maintenir ou se diriger dans l'air en le déplaçant, et surmonter ainsi la pesanteur spécifique de leur corps. Un tube creux, résistant, plein d'air, des os minces et creux dans leur intérieur, des barbes de Plumes légères, et en même temps rigides, remplissent entièrement ce but. Un enduit plus ou moins huileux, et destiné à servir de vernis aux Plumes, les lubrifie, et empêche que l'eau ne les pénètre; et les Oiseaux marins surtout, destinés à vivre au sein des mers, ou même les Oiseaux de marécage, ont cette sécrétion très-active, et le fluide huileux qui vernit les Plumes paraît tenir de la bile dont il a la couleur et l'odeur. Certains Oiseaux enfin ont, vers l'époque de la mue, une sécrétion assez abondante d'une efflorescence blanche, pulvérulente, qui semble appartenir à la formation de phosphate ou de carbonate de Chaux. On remarque ce fait principalement chez les Kakatoës.

On ne possède aucune analyse chimique particulière des Plumes; on ne sait à quoi rapporter, par exemple, l'éclat métallique des pierres précieuses dont plusieurs jouissent. Mais il y a cette différence entre les Plumes et les poils, que ces derniers n'ont jamais, hors un seul cas, qui est celui de la Taupe dorée, cet éclat brillant. La composition des Plumes, comme celle des poils, est due à du mucus et à une petite quantité d'huile.

Nous croyons inutile de nous appesantir sur les formes diverses qu'affectent les Plumes, formes qui tiennent à des modifications vitales du bulbe producteur. Ainsi les Plumes des aigrettes, des rectrices prolongées en brins, les Plumes des hypocondres offrent des nuances qui varient à l'infini.

Pour tous les détails relatifs aux noms que les Plumes prennent suivant les parties qu'elles recouvrent, leurs formes, leurs usages, leur renouvellement, etc., etc., *V.* les mots MUE, OISEAU, PEAU, RÉMIGES, RECTRICES, SCAPULAIRES, etc. (LESS.)

* PLUME DE COQ D'INDE MARINE. BOT. CRYPT. (*Hydrophytes.*) Nom vulgaire du *Dictyota Pavonia*. *V.* DICTYOTE. (B.)

PLUMEAU ou PLUMEAU D'EAU. BOT. PHAN. Nom vulgaire de l'*Hottonia palustris*. (B.)

PLUMERIA OU MIEUX PLUMIERIA. BOT. PHAN. *V.* FRANCHIPANIER.

* PLUMERIEN. POIS. Espèce de Chœlodiptère du genre Chœtodon. *V.* ce mot. (B.)

* PLUMET D'AMPHITRITE. Dénomination vulgaire du *Spongia*, *Basta* des naturalistes. (E. D..L.)

PLUMET BLANC. OIS. Syn. de *Pipra albifrons*, type du genre *Pithys* de Vieillot. *V.* ce mot. (B.)

PLUMICOLLES. OIS. Duméril, dans sa Zoologie analytique, a nommé ainsi sa deuxième famille des Oiseaux rapaces. Les Plumicolles ou Cruphodères comprennent les genres Griffon, Messager, Aigle, Buse, Autour et Faucon. Ce nom de Plumicolle est opposé à celui de Nudicolle que le même auteur a donné à sa première famille qui embrasse les genres Sarcoramphe et Vautour. (LESS.)

PLUMIERIA. BOT. PHAN. *V.* PLUMERIA.

PLUMIPÈDES. OIS. Vieillot, dans son Analyse d'Ornithologie élémentaire, p. 49, a divisé les Oiseaux de son ordre des Gallinacés en deux familles, les Nudipèdes et les Plumipèdes. Cette dernière, caractérisée par les tarses qui sont emplumés, comprend les genres *Tetrao*, *Lagopus*, *OEnas* et *Sirrhaptes*. (LESS.)

PLUMULAIRES. *Plumularia.* POLYP. Lamarck donne ce nom à un genre de Polypiers flexibles que Lamouroux a nommé Aglaophénie. *V.* ce mot. (E. D..L.)

PLUMULE. BOT. PHAN. Jussieu nommait ainsi le petit bourgeon de l'embryon que l'on désigne plus généralement aujourd'hui sous le nom de Gemmule. *V.* ce mot et EMBRYON. (A. R.)

* PLUMULINE. BOT. CRYPT. Nom proposé par Bridel pour désigner en français le genre *Fabronia*. *V.* FABRONIE. (B.)

* PLUSIE. *Plusia.* INS. Nom donné par Ochseinhemer à un genre de l'ordre des Lépidoptères, comprenant exclusivement les espèces du genre *Noctua* de Fabricius, dont les chenilles n'ont que douze pates au lieu de seize. Ces Insectes, dans l'état parfait, n'offrent aucun caractère qui les distingue nettement des autres

Noctuelles. On sent qu'une telle coupe, ainsi que plusieurs autres du même auteur, doit être exclue d'une bonne méthode systématique; elle ne peut même, sous ce point de vue, former, dans le genre *Noctua*, une division, puisqu'elle suppose toujours la connaissance de la chenille. Dans toute hypothèse, on doit séparer des Plusies celles (*Concha*, *Moneta*) dont les palpes latéraux sont fort grands, recourbés sur la tête, et dont nous avons formé le genre Chrysoptère (Fam. natur. du Règn. Anim., pag. 476). *V.* NOCTUELLE. (LAT.)

PLUTON. OIS. (Leguat.) Syn. de Cormoran. (B.)

* PLUTONIE. REPT. OPH. Espèce du genre Couleuvre. *V.* ce mot. (B.)

PLUTUS. INS. Geoffroy donne ce nom à l'*Altyse Plutus* d'Olivier, *Chrysomela flavicornis* de Fabricius. *V.* ALTYSE. (G.)

PLUVIAL. REPT. BATR. Espèce de Crapaud. *V.* ce mot. (B.)

PLUVIALIS. OIS. (Brisson.) Syn. de Pluvier, *Charadrius*. *V.* ce mot. (B.)

PLUVIAN. *Pluvianus*. OIS. Vieillot a formé sous ce nom un genre distinct pour quelques espèces de Pluviers. *V.* ce mot. (B.)

PLUVIER. *Charadrius*. OIS. Genre de la première famille de l'ordre des Gralles. Caractères : bec plus court que la tête, grêle, droit, comprimé; narines placées de chaque côté, près de sa base, dans un sillon nasal, prolongé sur les deux tiers de sa longueur, entaillées, longitudinalement fendues au milieu d'une grande membrane qui recouvre le sillon; pieds longs ou de moyenne longueur, grêles; trois doigts dirigés en avant et un en arrière, réuni à l'intermédiaire par une courte membrane; première rémige un peu plus courte que la deuxième, qui est la plus longue; queue faiblement arrondie ou carrée. Les Pluviers, qui ont avec les Vanneaux les rapports les plus immédiats, sans néanmoins qu'il soit méthodiquement possible de pouvoir réunir les deux genres, habitent les bords fangeux des fleuves et les rivières, les marais et même assez généralement les côtes couvertes d'Algues et de Fucus. Ils sont essentiellement voyageurs, vivent en société et naissent assez près les uns des autres, dans le sable nu ou sur le gravier, quelquefois au milieu des grèves fournies d'herbes aquatiques, où la femelle dépose dans un petit creux trois à cinq œufs très-gros, relativement au volume de l'Oiseau, d'une teinte olivâtre, pointillés et rayés de brun. L'instinct social dont ils sont animés les tient toujours rassemblés, soit qu'ils prennent leurs repas, soit qu'ils se livrent au sommeil; on a remarqué qu'ils avaient la précaution, dans l'un et l'autre cas, de placer autour d'eux des sentinelles, qui, au moindre bruit, donnaient l'alarme à toute la bande et lui faisaient prendre l'essor. Ils s'éloignent rapidement, et conservent dans leur fuite le même ordre que dans leurs émigrations périodiques; c'est-à-dire qu'ils présentent dans les airs plusieurs rangées de front, formant des lignes transversales; c'est ainsi qu'ils suivent la direction du vent et qu'ils s'abattent dans les plaines pour y prendre du repos et se livrer à la recherche des Mollusques, dont ils font leur unique nourriture. On met les Pluviers au nombre des meilleurs gibiers; aussi ne manque-t-on pas de les chasser et de leur tendre des piéges nombreux à chacun de leurs deux passages annuels. La mue est simple ou double, suivant les espèces, et les différences de livrées sont très-remarquables. On trouve des Pluviers dans toutes les parties communes du globe.

PLUVIER A AIGRETTES, *Charadrius spinosus*, Lath., Buff., pl. enl. 801. Parties supérieures d'un brun roussâtre; tête d'un vert noirâtre, ornée de longues plumes effilées; gorge, poitrine, rémiges et extrémité des rectrices noires; côtés du cou, grandes tectrices alaires et abdomen d'un blanç fauve; un éperon blanchâtre aux ailes; bec et pieds noirs. Taille, onze pouces. De l'Afrique. La femelle a le cou blanchâtre.

Pluvier armé de Cayenne, *Charadrius cayanus*, Lath., Buff., pl. enl. 833. Parties supérieures noires, mêlées de gris et de blanc sur le manteau; un large bandeau noir sur le front et les yeux; un plastron de même nuance sur la poitrine; une plaque grise, bordée de blanc sur l'occiput; rectrices blanches, terminées de noir; parties inférieures blanches; des éperons roussâtres aux ailes; bec noirâtre; pieds orangés. Taille, neuf pouces. Du Brésil.

Pluvier d'Azzara, *Charadrius Azzarai*, Temm., Ois. color., pl. 184. Parties supérieures d'un brun rougeâtre; front blanc; tache sur le sommet de la tête; moustache, collier et grandes rémiges d'un noir pur; trait derrière l'oreille; gorge, parties inférieures et dessous de la queue blancs; grandes tectrices alaires et moyennes rémiges terminées de blanc; rectrices latérales bordées de la même nuance; bec noir; pieds rougeâtres. Taille, six pouces. De l'Amérique méridionale.

Pluvier a calotte rouge, *Charadrius pyrocephalus*, Less. Parties supérieures d'un gris brunâtre; un bandeau blanc sur le front; les joues et les yeux surmontés d'un autre bandeau noir; sommet de la tête d'un roux brun; grandes rémiges brunes, à tige blanche; les moyennes variées de gris et de blanc; un demi-collier roux; une ceinture noire sur la poitrine, dont le milieu est blanc; parties inférieures blanches; bec noir; pieds d'un brun rougeâtre. Taille, sept pouces. De l'Australasie.

Pluvier a camail, *Charadrius cucullatus*, Vieill. Parties supérieures d'un gris blanchâtre; tête, gorge et cou d'un brun foncé; collier, bande longitudinale alaire, et parties inférieures d'un blanc pur; rémiges noires; rectrices noires et blanches; bec orangé, noir à la pointe; pieds orangés. Taille, huit pouces. De l'Australasie.

Pluvier coiffé, *Charadrius pileatus*, Lath., Buff., pl. enl. 834. Parties supérieures d'un gris roussâtre; tête et bande des côtés du cou noires; une membrane jaune sur le front et les paupières; occiput blanc; une bande noire qui couvre le menton, entoure la gorge et le haut du cou; rémiges et extrémité des rectrices noires; parties inférieures blanches; quelques stries noirâtres sur le devant du cou; bec jaune; pieds rouges. Taille, dix pouces. Du Sénégal.

Pluvier a collier interrompu, *Charadrius cantianus*, Lath.; *Charadrius albifrons*, Meyer; *Charadrius littoralis*, Bechst. Parties supérieures d'un brun cendré; front, sourcils, bande sur la nuque et parties inférieures blanches; partie des joues large; tache angulaire sur la tête; une autre sur chaque côté de la poitrine, noires; tête et nuque rousses; tache d'un noir cendré derrière l'œil; rémiges brunes, à tige blanche; rectrices brunes, les latérales blanches; bec et pieds noirs. Taille, six pouces six lignes. La femelle n'a qu'un trait noir sur la tête; les grandes taches sont d'un brun cendré. De l'Europe.

Pluvier a collier de la Jamaïque, *Charadrius jamaicensis*, Lath. Parties supérieures brunes; un collier blanc; rectrices brunes, variées de blanc et de roux; parties inférieures blanches; bec noir; pieds gris-blanchâtres. Taille, sept pouces six lignes.

Pluvier a collier noir, *Charadrius collaris*, Vieill. Parties supérieures brunes, nuancées de roussâtre; lorum noir; front blanc; un large bandeau noir, bordé de roux, au-dessus du front; grandes tectrices alaires et rémiges brunes, terminées de blanc; rectrices noirâtres, terminées de blanc; les latérales entièrement blanches; oreilles et collier noirs; une bande rousse sur les côtés du cou; parties inférieures blanches; bec noir; pieds blanchâtres. Taille, six pouces. De l'Amérique méridionale.

Pluvier a cou rouge, *Charadrius rubricollis*, L. Parties supérieures cendrées; tête, cou, rémiges et rectrices noirs; une large tache fauve de chaque côté du cou; parties inférieures grisâtres; bec et pieds rouges. Taille, huit pouces. De l'Australasie.

Pluvier couronné, *Charadrius coronatus*, Lath., Buff., pl. enl. 800. Parties supérieures d'un brun verdâtre; un cercle blanc sur le sommet de la tête, qui est noir, ainsi que le menton; rémiges noires; grandes tectrices alaires blanches; rectrices blanches, barrées de noir; devant du cou gris; poitrine roussâtre, ondée de verdâtre et tachetée de noir; bec et pieds rougeâtres. Taille, douze pouces. Du sud de l'Afrique.

Pluvier doré, *Charadrius pluvialis*, L.; *Charadrius auratus*, Suck., Buff., pl. enl. 904. Parties supérieures noirâtres, tachetées de jaune doré; côtés de la tête, cou et poitrine variés de cendré, de brun et de jaunâtre; rémiges noires, avec l'extrémité des tiges blanche; parties inférieures blanches; bec noirâtre; pieds gris. Taille, dix pouces trois lignes. En plumage de noces (*Charadrius apricarius*); les parties inférieures sont d'un noir profond. De l'Europe.

Pluvier a double collier, *Charadrius indicus*, Lath.; *Charadrius tricollaris*, Vieill.; *Charadrius bitorquatus*, Dum. Parties supérieures brunes, irisées; un bandeau blanc sur le front, les yeux et la nuque; rectrices latérales blanches; cou gris; un collier noir, accompagné d'une bande blanche; une ceinture noire sur la poitrine; parties inférieures blanches; bec rouge; pieds orangés. Taille, sept pouces. De l'Afrique.

Pluvier échassier. *V.* Oedicnème échasse.

Pluvier a face encadrée, *Charadrius ruticapillus*, Temm., Ois. color., pl. 47, fig. 2. Parties supérieures brunâtres, avec le bord des plumes gris; front et sommet de la tête blancs; une double bande brune alaire d'un œil à l'autre, en traversant le dessus de la tête; une autre bande joignant l'œil à l'angle du bec; nuque et dessus du cou d'un roux vif; moyennes tectrices et rémiges bordées de blanc, de même que les rectrices latérales, qui toutes sont d'un brun noirâtre; parties inférieures blanches, nuancées de gris; bec bleuâtre; pieds bruns. Taille, cinq pouces. De l'Océanie.

Pluvier a face noire, *Charadrius nigrifrons*, Cuv., Temm., Ois. color., pl. 47, fig. 1; *Charadrius melanops*, Vieill. Parties supérieures brunâtres, avec le bord des plumes fauve; front et joues, trait oculaire, large collier et rémiges primaires d'un vert noir pur; sommet de la tête brunâtre; sourcils, gorge et parties inférieures blancs; petites tectrices alaires brunes, bordées de blanc; une barre noire sur les rectrices, dont le bord des latérales est blanc; bec jaune, noir à la pointe; pieds bruns. Taille, six pouces. De l'Australasie.

Grand Pluvier. *V.* Oedicnème.

Grand Pluvier a collier, *Charadrius hiaticula*, L., Buff., pl. enl. 920. Parties supérieures d'un brun cendré; front blanc; un large bandeau sur le sommet de la tête; une bandelette de même nuance, allant du bec aux yeux, qu'elle dépasse; gorge et collier blancs; rémiges noires, avec la tige blanche; rectrices d'un gris brunâtre; les latérales blanches en partie; un plastron noir sur la poitrine; parties inférieures blanches; bec orangé, noir à la pointe; pieds d'un rouge jaunâtre. Taille, sept pouces. Les jeunes ont les teintes noires remplacées par du gris. De l'Europe.

Pluvier gris. *V.* Vanneau suisse, jeune.

Pluvier grignard, *Charadrius morinellus*, L. Parties supérieures d'un cendré noirâtre, nuancées de verdâtre, avec le bord des plumes roussâtre; sommet de la tête d'un gris foncé; sourcils d'un blanc roussâtre; face blanche, pointillée de noir; rectrices terminées de noir; parties inférieures blanches; poitrine et flancs roussâtres, avec un large ceinturon blanc; bec noir; pieds verdâtres. Taille, huit pouces neuf lignes. En plumage de noces (*Charadrius sibiricus*, Gmel.; *Charadrius tataricus*, Buff., pl. enl. 832), il a la face et les sourcils blancs; la tête et l'occiput noirâtres; la nuque et les côtés du cou cendrés; le milieu du ventre noir; une étroite bande brune, et un large ceinturon blanc sur la poitrine. De l'Europe.

PLUVIER KILDIR, *Charadrius vociferus*, Lath., Buff., pl. enlum. 286. Parties supérieures brunes, avec le bord des plumes roux; front blanc, bordé de noir; une tache blanche sur les côtés de la tête; croupion roux; grandes tectrices alaires noires, terminées de blanc; rémiges noires; rectrices intermédiaires noires, rousses à leur base; les latérales blanches et tachetées de noir; un double collier noir sur la gorge qui est blanche ainsi que les parties inférieures; bec noir; pieds jaunâtres. Taille, huit pouces. De l'Amérique septentrionale.

PLUVIER A LAMBEAUX, *Charadrius bilobus*, Lath., Buff., pl. enl. 880. Parties supérieures d'un gris fauve; sommet de la tête noir; un trait blanc derrière l'œil; rémiges noires; une bande blanche sur les tectrices; une barre noire sur les rectrices dont les latérales sont blanches; bec et pieds jaunes; une membrane de cette couleur et pointue, pendant de chaque côté à l'angle du bec. Taille, dix pouces. De l'Inde.

PLUVIER DE MER. *V.* VANNEAU SUISSE.

PLUVIER MONGOL, *Charadrius mongolus*, Lath. Parties supérieures d'un brun cendré; front blanc; sommet de la tête noir; gorge blanche, avec une bande noire de chaque côté; devant du cou ferrugineux; poitrine roussâtre; parties inférieures blanches; bec et pieds bruns. Taille, neuf pouces.

PLUVIER NOIRATRE, *Charadrius obscurus*, Lath. Parties supérieures noirâtres, avec le bord de chaque plume cendré; front blanc, nuancé de rougeâtre; rémiges et rectrices noirâtres, bordées de gris; cou strié de noirâtre; gorge blanchâtre; poitrine et parties inférieures d'un jaune obscur; bec noir; pieds bleuâtres. Taille, huit pouces. De l'Australasie.

PLUVIER PATRE, *Charadrius pecuarius*, Temm., Ois. color., pl. 183; *Charadrius varius*, Vieill. Parties supérieures d'un brun terreux, avec le bord des plumes grisâtre; front, sourcils, collier et gorge blanchâtres; trait oculaire et second collier d'un brun noirâtre; une tache brune sur les épaules; poignet varié de blanc pur et de brun; grandes rémiges brunes; rectrices brunâtres, bordées de blanchâtre; parties inférieures d'un gris rougeâtre très-pâle; bec et pieds noirâtres. Taille, six pouces. Du sud de l'Afrique.

PETIT PLUVIER A COLLIER, *Charadrius minor*, Meyer; *Charadrius fluviatilis*, Bechst.; *Charadrius curonicus*, Bescht., Buff., pl. enlum. 921. Parties supérieures d'un brun cendré; front blanc; un large bandeau noir passant sur le front, les joues et les yeux; un collier noir qui s'étend en plastron sur la poitrine; parties inférieures blanches; rectrices latérales blanches; les suivantes terminées de blanc; bec noir; pieds jaunes. Taille, quatre pouces. Les jeunes ont les plumes des parties supérieures bordées de roux; la base du bec jaunâtre.

PETIT PLUVIER A COLLIER DE L'ILE DE LUÇON, *Charadrius Philippinus*, Lath. Parties supérieures d'un brun foncé; tache frontale, auréole des yeux et côtés de la tête noirs; une ligne brune descendant sur les côtés du cou; rectrices noires, bordées de blanc; collier et parties inférieures d'un blanc pur; bec et pieds noirâtres. Taille, six pouces.

PLUVIER PIE, *Charadrius Duvaucelii*, Less. Parties supérieures d'un gris roussâtre; une calotte noire qui enveloppe la tête et descend sur la gorge qui est blanche; rémiges noires; tectrices alaires blanches; une plaque très-noire sur le poignet qui est armé de deux aiguillons; parties inférieures blanches; poitrine grise; rectrices noires de même que le bec et les pieds. Taille, onze pouces. De l'Inde.

PLUVIER PLUVIAN, *Charadrius melanocephalus*, L., Buff., pl. enl. 918. Parties supérieures noires, de même que le trait oculaire; sourcils, devant du cou et poitrine d'un roussâtre très-pâle; tectrices alaires d'un bleu cendré; rémiges variées de noir et de blanc; rectrices bleuâtres, les latérales terminées de noir et de blanc; parties inférieures blanches. Au temps des amours un ceinturon noir; bec noirâtre; pieds bleuâtres. Taille, huit pouces. Du Sénégal.

PLUVIER ROUGEATRE. *V.* SANDERLING.

PLUVIER DES SABLES. *V.* BÉCASSEAU VARIABLE.

PLUVIER SOCIAL. *V.* VANNEAU SOCIAL.

PLUVIER SOMBRE, *Charadrius nebulosus*, Less.; *Charadrius fuscus*, Cuv. Parties supérieures brunes; front, joues, cou et poitrine d'un gris roussâtre; tête d'un gris noirâtre; rectrices latérales blanches, ainsi que les parties inférieures; cuisses tachetées de roux; bec et pieds noirs. Taille, huit pouces. Du Brésil.

PLUVIER A TÊTE VERTE, *Charadrius africanus*, Lath.; *Pluvianus chlorocephalus*, Vieill. Parties supérieures d'un cendré clair; sommet de la tête d'un vert foncé irisé, entouré d'un cercle blanc; moyennes tectrices alaires blanches; rémiges blanches, terminées et tachées de noir; gorge blanche, avec un demi-collier d'un noir verdâtre brillant; parties inférieures d'un blanc roussâtre; rectrices étagées, barrées de noir, et terminées de blanc; bec noir; pieds bleuâtres. Taille, huit pouces. De l'Egypte.

PLUVIER TRICOLORE, *Charadrius tricolor*, Vieill. Parties supérieures grises; tête, côtés de la gorge, du cou et de la poitrine noirs; rémiges noires, bordées de blanc; rectrices noires et blanches; milieu de la gorge, du cou et de la poitrine, parties inférieures d'un blanc pur; bec orangé; pieds rouges. Taille, dix pouces. De l'Australasie.

PLUVIER A VENTRE BLANC, *Charadrius leucogaster*, Lath. Parties supérieures brunes; front, trait oculaire, base et tige des premières rémiges, bord extérieur des six rectrices intermédiaires, et les trois latérales, parties inférieures d'un blanc pur; bec noir; pieds bleuâtres. Taille, cinq pouces six lignes.

PLUVIER WILSON, *Charadrius Wilsonius*, Vieill., Amér. Orn., pl. 73, fig. 5. Parties supérieures d'un gris jaunâtre; front blanchâtre; trait oculaire qui descend de chaque côté du cou roussâtre; rémiges et rectrices brunes; deux taches brunes sur les petites tectrices alaires; parties inférieures d'un blanc sale; bec et pieds noirs. Taille, six pouces six lignes. (DR..Z.)

PLUVINE. REPT. BATR. L'un des noms vulgaires de la Salamandre terrestre. (B.)

* PLYCTOLOPHUS. OIS. (Vieillot.) Syn. de Kakatoës. *V.* PERROQUET. (B.)

PNEUM. MIN. (Hanneman.) Même chose que Borax. (B.)

PNEUMODERME. *Pneumoderma*. MOLL. Genre établi par Cuvier dans le tome IV des Annales du Muséum, pour un Mollusque, voisin des Clios, découvert par Péron dans les mers du Sud. Ce fut à l'occasion de cet Animal, comparé aux Clios et aux Hyales, que Cuvier proposa l'établissement d'un nouvel ordre, qu'il nomma Ptéropodes; l'ordre et le genre furent adoptés. Ce fut Lamarck le premier qui en donna l'exemple dès 1809, dans le tome 1er de la Philosophie zoologique. Cet ordre commence la grande série des Mollusques, et il contient les trois genres

Hyale, Clio et Pneumoderme. Dans l'Extrait du Cours, les rapports furent un peu changés par l'addition entre les Clios et le Pneumoderme des deux genres Cléodore et Cymbulie ; enfin, dans son dernier ouvrage, Lamarck les sépara encore davantage, en ajoutant le genre Limacine entre les deux que nous venons de citer. Cuvier (Règne Animal) ne changea rien à ces rapports, et Férussac, en cela, n'imita pas complétement Cuvier. Il établit une famille presque pour chacun des genres de cet ordre. La quatrième est destinée aux Pneumodermes et aux Gastéroptères. Blainville (Traité de Malacologie) n'a point partagé cette opinion. Il range les Gastéroptères dans la famille des Acères, la quatrième des Monopleurobranches, tandis que les Pneumodermes, avec les Clios, font une petite famille dans l'ordre suivant, les Aporobranches (*V.* ce mot au Suppl.). Cette petite famille porte le nom de Gymnosomes. Latreille (Familles nat. du Règne Anim.) suivit une marche presque semblable à celle de Férussac; c'est-à-dire qu'il constitua une petite famille, les Pneumodermites, pour les deux genres Gastéroptère et Pneumoderme. Blainville caractérise ainsi ce genre : corps libre, subcylindrique, un peu avancé en arrière, renflé en avant et divisé en deux parties; l'une postérieure ou abdominale, plus grosse, ovale et étroite en arrière; l'autre antérieure ou céphalathorax, bien plus petite, formée par un appendice ou pied médian, accompagnée à droite et à gauche d'un appendice natatoire; bouche à l'extrémité d'une sorte de trompe rétractile, ayant à sa base un faisceau de suçoirs tentaculaires et pouvant se cacher dans une espèce de prépùce, qui porte au dehors deux petits tentacules ; anus à droite et un peu avant les branchies; celles-ci sont extérieures, en forme d'H, placées à la partie postérieure du corps; orifice de la génération dans un tubercule commun, situé à la racine de la nageoire du côté droit. La description que donne Blainville de ce genre, diffère en quelques points de celle de Cuvier. Nous allons rapporter textuellement quelques-uns des passages principaux de ce premier savant, en faisant remarquer les endroits où il n'y a point de concordance entre les deux célèbres anatomistes. « Le Pneumoderme se compose de deux parties séparées par un rétrécissement; la postérieure, beaucoup plus grosse que l'autre, est ovale, un peu atténuée en arrière et terminée par un petit corps en forme de grain d'orge, qu'on pourrait croire percé, mais à tort, et qui est analogue à ce que l'on trouve dans le même endroit dans le Clio boréal; outre cela, on y remarque l'appareil respiratoire, composé de deux branchies, situées horizontalement et entourant l'extrémité du corps de gauche à droite; chaque branchie est elle-même formée de deux branchies denticulées des deux côtés, réunies par un gros pédicule commun, et les deux branchies le sont entre elles par un cordon transverse et vertical, de manière à former une sorte d'H couchée horizontalement, complétement à découvert. Il se pourrait cependant qu'il y eût un rudiment d'opercule dermoïdal; du moins sur un individu, nous avons remarqué un repli qui pouvait être regardé comme tel. C'est en avant de ce rudiment d'opercule et du côté droit que se trouve l'anus, à l'extrémité d'un rectum, formant une légère saillie sous la peau. » Cuvier a désigné cette partie comme la veine pulmonaire, ajoute Blainville, et c'est un des points importans par où ces deux auteurs diffèrent. Sans avoir l'Animal sous les yeux, il est impossible de se décider; on l'aurait, qu'il faudrait en faire une anatomie bien complète avant de prononcer; car Cuvier indique l'anus sous l'aile droite, et Blainville y trouve, au contraire, l'orifice commun des organes de la génération. « Cette région du corps du Pneumoderme est enveloppée par une peau contractile, à fibres circulaires, de manière à former une sorte de sac, dans lequel la partie antérieure peut rentrer un peu, comme dans l'Atlas de Lesueur. Cette partie, arrondie ou globuleuse, beaucoup plus petite que l'autre, présente à sa partie inférieure et médiane une sorte d'appendice médian très-comprimé, en forme de langue allongée, plissée, striée transversalement, libre en arrière dans une grande partie de son étendue, et qui commence par deux espèces d'auricules ovales, verticales, réunies en avant en fer à cheval. C'est cet organe mal figuré dans le Mémoire de Cuvier, dont Péron a fait un capuchon, parce qu'il a envisagé le Pneumoderme sens dessus dessous. C'est un véritable pied conformé comme celui du Clio, et servant sans doute de ventouse pour fixer l'Animal, et peut-être pour ramper un peu. Il faut regarder aussi comme en étant une dépendance, les appendices aliformes qui se trouvent de chaque côté de cette partie du corps. Ils sont plus petits que dans les Clios; ils naissent également de la peau du tronc, dans une sorte d'excavation formée par la saillie des bords antérieurs du manteau; ils sont minces sur les bords, et quoiqu'on puisse aussi y apercevoir un peu les stries obliques que l'on voit sur les ailes des Clios, il est certain qu'ils ne sont pas vasculaires, et que ce sont seulement des organes de locomotion. En dedans de l'aile, du côté droit, entre elle et l'appendice linguiforme du pied, est un tubercule assez gros, qui offre la terminaison des deux parties de l'appareil de la génération. Du milieu de l'extrémité antérieure de cette partie antérieure du corps, peut sortir une sorte de trompe ou de masse buccale assez grosse, subcylindrique, à rides ou replis circulaires. A la base et de chaque côté est un singulier tentacule aplati, ovale, et dont la surface interne est couverte d'une grande quantité de petits tubercules creux, pédiculés, servant probablement de suçoirs; outre cela, il existe une autre paire de tentacules coniques, simples, vers l'ouverture de la trompe. » Ce que nous venons de rapporter suffira pour caractériser ce genre et le faire reconnaître. Nous ne pousserons pas plus loin la description de l'organisation, qui, pour le reste, a une grande analogie avec celle du Clio. Ce genre ne contient encore qu'une seule espèce:

PNEUMODERME DE PÉRON, *Pneumoderma Peronii*, Lamk., Anim. sans vert. T. VI, p. 294; Cuvier, Ann. du Mus. T. IV, p. 228, pl. 59; Blainv., Trait. de Malacol., pl. 46, fig. 4, 4 a, 4 b. Il est essentiel de comparer cette figure avec celle de Cuvier. (D..H.)

PNEUMONANTHE. BOT. PHAN. Les anciens appliquaient ce nom à une belle espèce de Gentiane qui croît en abondance dans les prés humides, et au milieu des bois de presque toute l'Europe. Linné lui a conservé ce nom spécifiquement. Schmidt (*in Rœm. Archiv.*, 1, p. 3) a fait de cette Plante le type d'un genre particulier qu'il a nommé en conséquence *Pneumonanthe*, et qui a été adopté par Link et Hoffmannsegg dans leur Flore Portugaise. Ce genre ne nous semble pas admissible, par les raisons que nous avons développées à l'article GENTIANE. *V.* ce mot. (G..N.)

PNEUMONURES. *Pneumonura*. CRUST. Latreille (*Genera Crust. et Insect.*) désignait ainsi une division des Crustacés branchiopodes, ou des Entomostracés de Müller, composée des genres Calige et Binocle. Les observations de feu Jurine fils lui ayant appris que le dernier répondait à celui d'Argule de Müller, il a rétabli cette dénomination. Les Pneumonures forment dans le Règne Animal une division des Pœcilopes. *V.* ce mot. (G.)

PNEUMORE. *Pneumora*. INS. Genre de l'ordre des Orthoptères, section des Sauteurs, famille des Acrydiens, établi par Thunberg aux dépens du grand genre *Gryllus* de Linné, et adopté par Latreille et tous les entomologistes modernes. Les caractères qui distinguent ce genre des Criquets et autres genres voisins, sont d'avoir les pates postérieures minces, plus courtes que le corps et peu propres au saut. Leur abdomen est très-grand, renflé, et paraît vide. Leurs antennes sont filiformes, de seize articles, et insérées près du bord interne des yeux. Leurs palpes ont le dernier article un peu obconique. La lèvre est bifide. Les trois petits yeux lisses, placés sur le vertex, sont disposés en triangle et à égale distance les uns des autres. Le corselet des Pneumores est grand, comme partagé en deux segmens en dessus; le sternum n'est point creusé en mentonnière. Les élytres sont petites, en toit écrasé ou nulles. Ces Insectes sont tous d'assez grande taille; on n'en connaît que peu d'espèces, toutes propres à l'Afrique australe; leurs mœurs sont inconnues. On les rencontre sur les Plantes et sur les Arbres. L'espèce qui peut être citée comme le type de ce genre, est la Pneumore mouchetée, *Pneumora sexguttata* de Thunberg (*Act. Suec.*, 1775, 258, 3, tab. 7, fig. 6); *Gryllus inanis*, Fabr. (G.)

POA. BOT. PHAN. *V*. PATURIN.

* POARIUM. BOT. PHAN. Genre de la Didynamie Gymnospermie, L., établi par Desvaux (*in Hamilton Prodrom. Plant. Ind.-Occid.*), qui l'a ainsi caractérisé : calice divisé profondément jusqu'à la base en cinq parties; corolle tubuleuse, à cinq lobes obliques; étamines incluses; style allongé, un peu recourbé au sommet; capsule à deux valves et à deux loges dispermes. L'auteur de ce genre n'y signale qu'une seule espèce, sous le nom de *Poarium veronicoides*. Sa tige est divariquée, rameuse et couchée sur la terre. Ses feuilles sont opposées, dentées inégalement, un peu décurrentes à la base et longuement pétiolées. Les fleurs sont axillaires, sessiles et solitaires. Cette Plante croît à l'île d'Haïti. (G..N.)

* POAYA. BOT. PHAN. (Saint-Hilaire.) Nom de pays de l'Ipécacuanha ordinaire, *Cephaelis Ipecacuanha*, Rich. (B.)

POCHE. MAM. (Vicq-d'Azyr.) Syn. de *Vespertilio lepturus*, Erxl. *V*. TAPHIEN. (B.)

POCHE. OIS. L'un des noms vulgaires du Pierre-Garin. Belon donne aussi ce nom à la Spatule. (B.)

* POCHERY. OIS. L'un des noms vulgaires du Martin-Pêcheur commun. (B.)

* POCHOTLE. BOT. PHAN. (Kunth.) Nom de pays du *Bombax ellipticum*. (B.)

* POCILLARIA. BOT. CRYPT. Le genre de Champignons ainsi nommé par Brown dans son Histoire de la Jamaïque, et dont il a figuré une espèce, paraît appartenir aux Chanterelles. *V*. ce mot. (B.)

POCILLOPORE. *Pocillopora*. POLYP. Genre de l'ordre des Madrépores, dans la division des Polypiers entièrement pierreux, ayant pour caractères : Polypier pierreux, fixé, phytoïde, rameux ou lobé, à surface garnie de tous côtés de cellules enfoncées, ayant les interstices poreux; cellules éparses, distinctes, creusées en fossettes, à bord rarement en saillie, et à étoiles peu apparentes, leurs lames étant étroites et presque nulles. Si l'on excepte le *Pocillopora cærulea*, qui paraît se rapprocher des Millépores ou devoir former un genre à part, les autres Pocillopores forment un genre naturel et facile à distinguer par l'*habitus* et l'aspect de leurs cellules, qui sont petites, très-nombreuses, rapprochées, peu profondes, non saillantes et à peine stellifères; les espèces basées presque uniquement sur la forme des rameaux, très-susceptibles de varier, sont souvent difficiles à distinguer entre elles. Ces Polypiers constituent des masses assez considérables, plus ou moins rameuses et touffues, pesantes et sonores lorsqu'on les frappe. Leur tissu intérieur est assez solide, mais non compacte. A mesure que le Polypier croît par l'exhalation de nouvelles couches à sa surface, les Polypes abandonnent le fond des cellules, où ils laissent de petites cloisons d'espace en espace; de sorte que lorsqu'on casse un morceau de ce Polypier, on aperçoit sur la cassure de petits canaux cloisonnés qui pénètrent plus ou moins profondément dans son intérieur; ceux qui proviennent des cellules les premières formées sur les tiges et les rameaux, pénètrent jusqu'au centre. On ne connaît point les Polypes. Tous les auteurs s'accordent à dire que les Pocillopores viennent exclusivement de l'océan Indien; mais il est certain qu'il en existe également dans les mers d'Amérique. Nous possédons au cabinet de Caen plusieurs beaux échantillons du *Pocillopora damicornis*, recueillis sur les côtes de Cuba. Les espèces rapportées à ce genre sont les *Pocillopora damæcornis*, *verrucosa*, *brevicornis*, *fenestrata*, *stigmataria* et *cærulea*. (E.D..L.)

* POCOCKIA. BOT. PHAN. Genre de la famille des Légumineuses et de la Diadelphie Décandrie, L., établi par Seringe (*in De Candolle Prodrom. Syst. veget.*, 2, p. 185), qui l'a placé dans la tribu des Lotées, section des Trifoliées, et lui a imposé les caractères essentiels suivans : calice campanulé à cinq dents; corolle papilionacée, dont la carène simple et les ailes sont plus courtes que l'étendard; légume plus long que le calice, membraneux, comprimé, ailé, en forme de samare. Ce genre ne comprend qu'une seule espèce, *Pocockia cretica*, qui avait été considérée par Linné comme une simple variété du Mélilot ordinaire; c'est son *Trifolium Melilotus*, var. *cretica*. Desfontaines (*Flor. Atlant.*, 2, p. 192) en avait déjà fait une espèce distincte, sous le nom de *Melilotus cretica*. Cette Plante, qui croît dans l'île de Crète et en Barbarie, a une tige ascendante, garnie de feuilles à trois folioles obovées, cunéiformes et obscurément dentées, celle du milieu ou la terminale pétiolulée, accompagnées de stipules lancéolées, incisées. Les fleurs, de couleur jaune, sont disposées en grappes, et presque semblables à celles du Mélilot. Le genre *Pocockia* ne paraît pas très-distinct du *Melilotus*, malgré la forme ailée de son fruit; car dans les divers Mélilots, le fruit affectant des formes très-variées, nous ne croyons pas que ce faible caractère soit suffisant pour autoriser la formation d'un nouveau genre à leurs dépens. (G..N.)

POCOPHORUM. BOT. PHAN. (Necker.) Syn. de *Rhus radicans*. *V.* SUMAC. (G..N.)

POCOYCAN. INS. C'est, selon Bosc, dans Déterville, une grosse Abeille des Philippines, qui construit son nid sous les branches d'arbres qui les mettent ainsi à l'abri des pluies, et dont le miel est exquis. (B.)

PODAGRAIRE. *Podagraria*. BOT. PHAN. *V.* ÉGOPODE.

PODAGRE. MOLL. Nom vulgaire et marchand de divers Ptérocères. *V.* ce mot. (B.)

* PODALIRE. *Podalirius*. INS. Nom scientifique du beau Papillon si commun en Europe, vulgairement nommé Flambé. (B.)

PODALIRIE. *Podaliria*. INS. Latreille nomma d'abord de la sorte les Abeilles, qu'il a depuis nommées Antophores et Mégachiles. *V.* ces mots. (B.)

PODALYRIE. *Podalyria*. BOT. PHAN. Sous ce nom, Lamarck (Illustr., tab. 327) avait fondé un genre de la famille des Légumineuses et de la Décandrie Monogynie, L., adopté par Willdenow et la plupart des auteurs, mais qui bientôt fut encombré d'espèces étrangères à ce nouveau genre. Ainsi, Lamarck lui-même, Willdenow, Michaux, Poiret et plusieurs autres, décrivirent sous le nom de *Podalyria* des Plantes qui ont passé dans des genres déjà établis, ou qui en ont constitué de nouveaux, tels que *Virgilia*, *Ormosia*, *Thermopsis*, *Baptisia*, *Cyclopia*, *Requienia*, etc. *V.* ces mots. Salisbury, dans son *Paradisus Londinensis*, et R. Brown, dans la seconde édition de l'*Hortus Kewensis*, ont limité le genre *Podalyria* de telle sorte qu'il se trouve entièrement composé de Plantes du cap de Bonne-Espérance, parmi lesquelles on remarque la plupart des *Hypocalyptus* de Thunberg, et l'espèce que Necker avait indiquée comme type de son genre *Aphora*. De Candolle (*Prodr. Syst. nat. veget.*, 3, p. 101), en adoptant ces utiles changemens, fixe ainsi les caractères du genre *Podalyria*, qu'il place dans la tribu des Sophorées : calice quinquéfide, dont les lobes sont inégaux et la base du tube renfoncée en dedans ; corolle papilionacée, dont l'étendard est très-grand et la carène recouverte par les ailes ; étamines au nombre de dix, cohérentes par la base ; stigmate capité ; légume sessile, ventru, polysperme. Le genre *Podalyria* se compose seulement d'une douzaine d'espèces, si l'on en excepte la plupart des espèces décrites par Lamarck, Willdenow, Michaux et Ventenat, lesquelles sont assez nombreuses et généralement connues sous ce nom générique dans les jardins et les collections. Le *Baptisia australis*, R. Brown, par exemple, porte encore presque partout le nom de *Podalyria australis*, sous lequel Ventenat l'a décrit et figuré. Les vrais *Podalyria* sont des Arbrisseaux ordinairement soyeux, tous indigènes du cap de Bonne-Espérance. Leurs stipules sont étroites, appliquées contre les pétioles. Leurs feuilles sont simples et alternes. Les pédoncules sont axillaires, tantôt uniflores, tantôt bi ou quadriflores. Les fleurs, dont la corolle est purpurine, rose ou blanche, sont munies de bractées caduques.

Dans le nombre des espèces décrites par les auteurs, nous indiquerons ici celles qui ont été figurées, savoir : *Podalyria sericea*, R. Brown ; Sims, *Bot. Mag.*, tab. 1913; *Sophora sericea*, Andr., *Bot. Rep.*, tab. 440. — *P. cuneifolia*, Venten., Jard. de Cels, tab. 99. — *P. buxifolia*, Willd. non Lamarck, *Bot. regist.*, tab. 869. — *P. styracifolia*, Sims, *Bot. Mag.*, tab. 1580; Séba, Mus., 2, tab. 99, f. 3; *P. calyptrata*, Willd. — *P. argentea*, Salisb., *Parad. Lond.*, tab. 7; *Sophora biflora*, Lamk., Illustr., tab. 327, f. 3. (G..N.)

* PODANTHES. BOT. PHAN. Haworth (*Synops. Plant. succul.*, p. 32) a établi sous ce nom, aux dépens des Stapélies, un genre qui n'a pas été généralement adopté. Les *Stapelia verrucosa*, *irrorata*, *ciliata* et *pulchella*, en sont les principales espèces. *V.* STAPÉLIE. (G..N.)

PODARGE. *Podargus*. OIS. Genre de l'ordre des Chélidons. Caractères : bec dur, robuste, entièrement corné, beaucoup plus large que haut, très-dilaté, surpassant aussi le front en largeur ; arête de la mandibule supérieure ronde, courbée dès son origine, fortement fléchie à la pointe ; bords des mandibules très-dilatés; l'angle formé par leur fonction plus reculé que les yeux; mandibule inférieure cornée, assez large, droite, faiblement courbée à la pointe, qui se forme en gouttière pour recevoir le crochet de la mandibule supérieure ; narines cachées par les plumes du front, fendues longitudinalement à quelque distance de la base du bec et à sa surface, linéaires, presque entièrement fermées par une plaque cornée; fosse nasale très-petite; tarse court; quatre doigts, dont trois en avant; l'interne réuni à l'intermédiaire jusqu'à la première articulation ; l'externe presque libre ; le pouce en partie reversible; ongles courts, courbés; celui du doigt du milieu non pectiné. Les deux premières rémiges moins longues que la quatrième, qui dépasse toutes les autres. Les espèces qui constituent ce genre étaient inconnues avant que Humboldt et Horsfield eussent donné la description de celles qu'ils ont observées, l'un dans le Nouveau-Monde, l'autre dans l'Australasie; leur nombre est encore extrêmement borné; mais il est à présumer qu'il s'agrandira à mesure que des communications plus faciles s'établiront par la civilisation des peuplades sauvages, dont les habitudes féroces ont été jusqu'ici de puissans obstacles à l'étude de la nouvelle et intéressante partie du monde. Les Podarges sont des Oiseaux crépusculaires; ils ne quittent les retraites où ils passent les journées, soit dans l'obscurité des cavernes, soit dans l'épaisseur des forêts, que lorsque la vive lumière a disparu; ils chassent alors les Insectes, dont ils font leur unique nourriture. La vie très-retirée que mènent ces Oiseaux, les soins qu'ils mettent à fuir l'Homme et à lui dérober leurs retraites, n'ont pas moins contribué que les autres difficultés locales, à tenir jusqu'ici ce genre complètement ignoré.

PODARGE CORNU, *Podargus cornutus*, Horsfield; Temm., Ois. color., pl. 159. Parties supérieures d'un gris brun, variées de noir et de blanchâtre; front garni de plumes brunâtres, terminées par des barbules roides et décomposées, noires, dirigées en avant; de semblables plumes, mais plus longues, recouvrent le méat auditif; une espèce de bandeau, d'une teinte roussâtre au-dessus du front; bas de la nuque traversé par une bande blanche; petites tectrices alaires terminées par une tache blanche, dont la réunion forme une espèce de V sur le dos; les grandes, d'un gris blanchâtre, variées de roux et de noir; rémiges brunes, tachetées sur les barbes extérieures de brun foncé et de roussâtre; rectrices étagées, brunes, tiquetées de noirâtre, traversées par huit bandes plus claires, bordées de noir; ces bandes ne forment plus sur les barbes extérieures des rectrices latérales, que des taches d'un blanc roussâtre; gorge brune, variée de petites raies noirâtres; les plumes du centre sont presque blanches, bordées de brunâtre; un large plastron, varié de brun et de noir sur la poitrine; parties inférieures blanchâtres, rayées de noir et de roussâtre; bec et pieds jaunâtres. Taille, huit pouces. Cette espèce nous a été envoyée de Java.

Le Podarge figuré par Cuvier dans la pl. 4 du Règne Animal, paraît être le Podarge cornu.

PODARGE GRIS, *Podargus cinereus*, Vieill. Tout le plumage de cet Oiseau présente un mélange de taches longitudinales et rondes sur un fond gris et pointillé; parmi ces taches, les unes sont noires et les autres blanches; elles sont irrégulières et rares sur les ailes; le bec, les pieds et les ongles sont noirs. Cet Oiseau est à peu près de la grosseur du Choucas. Il est de la Nouvelle-Hollande. (DR..Z.)

* PODAS. POIS. Espèce du genre Pleuronecte. *V.* ce mot. (B.)

PODAXIS. BOT. CRYPT. (*Lycoperdacées.*) Desvaux a établi sous ce nom un nouveau genre aux dépens des Lycoperdons; l'espèce qui lui sert de type est le *Lycoperdon axatum* de Bosc ou *Podaxis senegalensis* de Desvaux. Le caractère de ce genre est de présenter un péridium ovale stipité formé d'une écorce double, l'externe se détruisant irrégulièrement, l'interne persistante se déchirant latéralement; ce péridium est traversé par un axe fibreux, suite du pédicule auquel sont attachés des filamens nombreux, entremêlés de séminules pulvérulens très-abondans. La présence de cet axe et le mode de déhiscence distinguent ce genre des *Lycoperdon* et des *Tulostoma* dont il a l'aspect. Outre l'espèce citée ci-dessus, quelques autres Lycoperdons propres au nord de l'Amérique doivent peut-être se rapporter à ce genre. En effet, Gréville a formé aux dépens de ces espèces un genre sous le nom de *Schweinitzia* qui ne paraît pas différer du *Podaxis*. (AD. B.)

* PODETIUM. BOT. CRYPT. (*Lichens.*) On donne ce nom au support de l'apothécie charnu et fongiforme, qui paraît être particulier aux Bæomycidées et aux Cénomycées. (A. F.)

* PODENCÉPHALE. ZOOL. *V.* ACÉPHALE.

* PODIA. BOT. PHAN. Genre établi par Necker (Elém., 127) sur quelques espèces de Centaurées de Linné, qui ont les écailles munies d'aiguillons placés et disposés circulairement. Ce genre n'a pas été adopté. (G..N.)

PODICEPS. OIS. *V.* GRÈBE.

PODICÈRE. *Podicerus.* INS. Genre de l'ordre des Hémiptères fondé par Duméril aux dépens des Bérytes de Fabricius, et ayant pour caractères : antennes excessivement longues en forme de pates, composées de quatre articles dont le dernier est un peu en masse ; toutes les pates très-longues. Duméril place ce nouveau genre dans la famille des Frontirostres ou Rhinostomes ; il cite comme espèce principale le Podicère vulgaire, *Podicerus tipularius* ou le *Cimex tipularius* de Linné (*Fauna Suec.*). Il est figuré par Duméril dans les Considérations générales sur les Insectes, pl. 36, fig. 7. (AUD.)

PODICIPÈDE. OIS. Vieillot dit que ce sont les Oiseaux dont les pieds sont placés près de l'anus ou du *podex*. Cette division ornithologique ne paraît être adoptée nulle part. (DR..Z.)

PODIE. *Podium.* Genre de l'ordre des Hyménoptères, section des Porte-Aiguillons, famille des Fouisseurs, tribu des Sphégides, établi par Fabricius et adopté par Latreille, qui lui donne pour caractères : antennes insérées au-dessous du milieu de la face de la tête ; chaperon plus large que long ; mâchoires entièrement coriaces ; palpes presque également longs ; mandibules sans dents au côté interne. Ce genre se distingue facilement des Sphex, Chlorions, Dolichures et Ammophiles, parce que ceux-ci ont les mandibules dentées au côte interne. Les Pélopées en diffèrent, parce que leurs mâchoires sont en partie membraneuses, et par d'autres caractères tirés des palpes du chaperon, etc. Ces Hyménoptères sont propres aux pays chauds de l'Amérique méridionale ; leurs mœurs sont inconnues. On ne connaît que deux ou trois espèces de ce genre ; celle qui lui sert de type est le *Podium flavipenne* de Latreille ; *Pepsis luteipennis*, Fabr. (G.)

* PODIN. MAM. Les habitans de la Nouvelle-Guinée donnent ce nom au *Kangourou d'Aroë*, nommé par nous *Kangurus veterum*, décrit primitivement par les anciens voyageurs Valentyn et Lebruyn sous le nom de *Pélandoc*, et que les modernes ont confondu à tort avec le *Kangurus Ualabatus* de notre zoologie, sous le nom de *Kangurus Brunii*, Desm., *Sp.*, 229. Le Podin est un Animal encore mal connu, et qui vit exclusivement sur les îles équatoriales, tandis que le *K. Oualabat* habite uniquement la Nouvelle-Galles du Sud. (LESS.)

* PODISME. *Podismus.* INS. Genre de l'ordre des Orthoptères, famille des Acrydiens, mentionné par Latreille (Fam. nat. du Règne Anim.), et différant du genre Criquet, dont il a été extrait, par son présternum, qui est sans corne, et par ses élytres, qui sont très-courtes, dans l'un des sexes au moins, et nullement propres au vol. Ce genre diffère des OEdipodes, parce que ceux-ci ont les ailes propres au vol dans les deux sexes, et des Gomphocères, parce que ceux-ci ont les antennes renflées à leur extrémité, au moins dans les mâles. (G.)

PODISOMA. BOT. CRYPT. (*Urédinées.*) Ce genre, établi par Link, est fondé sur le *Puccinia juniperi* de Persoon ou *Gymnosporangium fuscum* de De Candolle. Il diffère des Puccinies par ses pédicelles allongés et soudés en une masse charnue, des Gymnosporanges en ce que les pédicelles sont plus distincts et ne forment pas une masse gélatineuse homogène et d'une forme irrégulière. Les sporidies, qui sont portées sur ces pédicelles, sont divisées en plusieurs loges par des cloisons transversales. Cette Plante sort de dessous l'épiderme des Genévriers ; elle forme des tubercules coniques plus ou moins gros, assez réguliers, d'une couleur brune. (AD. B.)

* PODJE. MAM. C'est le nom que les Malais d'Amboine donnent à l'Animal quadrumane décrit par Buffon sous le nom de *Tarsier*, et par Geoffroy Saint-Hilaire, sous celui de *Tarsius spectrum*. C'est le *Woolly-Gerboa* de Pennant. *V.* TARSIER. (LESS.)

PODOA. OIS. *V.* GRÈBE-FOULQUE.

PODOBÉ. OIS. Espèce du genre Merle. *V.* ce mot. (B.)

PODOCARPE. *Podocarpus*. BOT. PHAN. Genre de la famille des Conifères, établi par L'Héritier pour quelques espèces d'Ifs, et qui offre les caractères suivans : les fleurs sont dioïques ; les mâles forment des chatons filiformes nus ; chaque fleur consiste en une étamine composée de deux loges s'ouvrant chacune par un sillon longitudinal ; les fleurs femelles sont solitaires, axillaires ou terminales ; chaque fleur est accompagnée à sa base d'un involucre de deux à trois écailles soudées en un corps charnu, portant à son sommet une fleur renversée, environnée d'un seul côté d'un disque charnu, plus saillant et plus épais d'un côté ; le calice est soudé par un de ses côtés et par sa base avec ce disque ; il est percé à son sommet, qui est inférieur, à cause de la position de la fleur, d'une très-petite ouverture. L'ovaire est semi-infère ; le fruit est drupacé, en forme de gland, recouvert extérieurement par le disque qui est devenu charnu. Ce genre a été établi par L'Héritier pour le *Taxus elongata* d'Aiton. Dans son grand travail sur les Conifères, le professeur L.-C. Richard a décrit et figuré quatre espèces de ce genre ; savoir : *Podocarpus elongatus*, L'Hérit., Rich., Con., tab. 1, f. 2 ; *Pod. chilinus*, Rich., tab. 1, f. 1 ; *Pod. coriaceus*, *id.*, tab. 1, f. 3, et *Pod. taxifolius*, Rich., Con., tab. 29, f. 1. Quant au *Podocarpus asplenii-folia* de Labillardière, il forme le genre *Dacrydium* de Richard. Les Podocarpes sont tous des Arbres ou des Arbrisseaux à feuilles éparses, coriaces, lancéolées, entières, persistantes, originaires du nouveau et de l'ancien continent. (A. R.)

* PODOCE. *Podoces*. OIS. Fischer a décrit, dans les Mémoires de la Société des naturalistes de Moscou (T. VI, p. 251, pl. 21), un genre nouveau, qu'il a nommé *Podoces* (du grec, coureur), et qu'il place à côté du genre *Corvus*. L'espèce unique qu'il y range, habite les déserts des Kirguises, où l'a découverte le docteur Pander. Elle vole peu ; mais elle marche avec une grande vitesse, et elle vit par grandes troupes, à la manière des Corbeaux. Les caractères du genre sont : un bec médiocre, de la longueur de la tête, déclive au sommet, sans échancrure, peu anguleux ; la mandibule supérieure recevant l'inférieure, qui est plus courte ; narines basales, arrondies, grandes, recouvertes de soies tombantes ; pieds robustes, à tarses allongés, à doigts armés d'ongles triangulaires, aigus, presque droits, et bordés d'une membrane granuleuse, plus large que les doigts ; rémige externe très-courte ; la deuxième beaucoup plus longue ; les trois suivantes égales ; queue régulière.

Le genre Podoce ne renferme encore qu'une espèce, qui est le *Podoces Panderi* de Fischer, gris glauque en dessus, ayant deux traits blancs au-dessus de l'œil ; les joues noires ; le bec et les ongles bruns, et les pieds verdâtres. (LESS.)

PODOCÈRE. *Podocerus*. CRUST. Genre de l'ordre des Amphipodes, famille des Crevettines, établi par Leach et adopté par Latreille (Fam. nat., etc.), qui le réunissait avant cet ouvrage à son genre Corophie, auquel il ressemble beaucoup. Il en diffère cependant par des caractères assez faciles à saisir, et surtout parce que la seconde paire de pieds est pourvue d'une grande main, tandis qu'il n'y en a pas chez les Corophies.

Dans les Podocères, les antennes inférieures sont de bien peu plus longues que les supérieures, tandis que celles-ci sont très-courtes dans les Corophies. On ne connaît qu'une espèce de ce genre; c'est le *Podocerus variegatus* de Leach (Edimb. Encycl. T. VII, p. 433), figuré au trait par Desmarest dans le Dictionnaire des Sciences naturelles et dans l'Extrait qu'il en a publié, ayant pour titre : Considérations générales sur la classe des Crustacés. (G.)

* PODOCHILUS. BOT. PHAN. Genre de la famille des Orchidées et de la Gynandrie Diandrie, L., nouvellement établi par Blume (*Bijdragen tot de Flora van nederlandsch Indie*, p. 295), qui l'a ainsi caractérisé : périanthe à cinq sépales connivens; les trois extérieurs connés jusqu'à leur milieu, plus larges que les intérieurs; les latéraux extérieurs, renflés inférieurement; labelle concave, muni à la base de deux appendices introrses, uni élastiquement à l'onglet du gynostème; celui-ci est petit, offrant au sommet trois segmens, dont l'intermédiaire est tricuspidé; anthère dorsale, échancrée antérieurement, à deux loges rapprochées; deux masses polliniques dans chaque loge, oblongues, comprimées, céréacées et fixées, par le moyen d'un style commun et bifide, aux échancrures du segment intermédiaire du gynostème. Ce genre ne renferme qu'une seule espèce, *Podochilus lucescens*, Plante herbacée, caulescente, parasite, à racines fibreuses, à tiges simples, garnies de feuilles distiques, ovales, échancrées, rigides et luisantes. Les fleurs sont petites, presque sessiles, accompagnées de petites bractées et disposées en épis solitaires, axillaires ou terminaux. Cette Orchidée croît sur les arbres des montagnes de l'île de Java, où elle fleurit depuis le mois de juin jusqu'en octobre. (G..N.)

PODOCOMA. BOT. PHAN. Genre de la famille des Synanthérées, tribu des Astérées et de la Syngénésie superflue, L., établi par Cassini (Bull. de la Soc. philom., septembre 1817, p. 137), qui l'a ainsi caractérisé : involucre composé de folioles inégales, irrégulièrement imbriquées sur plusieurs rangs, linéaires, aiguës, presque foliacées. Réceptacle plan, nu et alvéolé. Calathide radiée, dont les fleurs du centre sont nombreuses, régulières et hermaphrodites; celles de la circonférence nombreuses, femelles, et à corolles en languettes, presque linéaires. Ovaires oblongs, comprimés, hispides, amincis et prolongés supérieurement en un col, surmontés d'une aigrette roussâtre, composée de poils nombreux, inégaux, légèrement plumeux. Ce genre se distingue facilement des autres genres du même groupe par ses ovaires dont le sommet est aminci en un col, ce qui rend l'aigrette stipitée, suivant l'ancienne expression. C'est de cette particularité qu'est dérivé le nom générique. L'auteur en a décrit deux espèces, sous les noms de *Podocoma hieracifolia*, et *P. primulæfolia*. La première était l'*Erigeron hieracifolium* de Poiret. C'est une Plante herbacée, haute de sept à huit pouces, dressée, un peu rameuse, à feuilles radicales rapprochées, larges et obovales, à feuilles supérieures alternes, sessiles, lancéolées et entières, à fleurs disposées en corymbes ou en panicules. Cette Plante a été recueillie par Commerson dans les environs de Buénos-Ayres et de Montevidéo. (G..N.)

PODODUNÈRES. INS. (Clairville.) Syn. d'Aptères. (B.)

PODOGYNE. *Podogynium*. BOT. PHAN. On donne ce nom au support particulier formé par l'amincissement de la base de l'ovaire, et qui s'élève quelquefois au-dessus des autres parties de la fleur, comme par exemple dans les Capparidées. Le Podogyne n'est pas un organe distinct du pistil. Il ne faut pas le confondre avec le gynophore, qui est un renflement plus ou moins considérable du réceptacle, tout-à-fait distinct du pistil qu'il supporte. *V.* GYNOPHORE. (A. R.)

PODOLEPIS. BOT. PHAN. Genre de la famille des Synanthérées et de la Syngénésie superflue, L., établi par Labillardière (*Nov.-Holl. Plant. Spec.*, vol. 2, p. 57), examiné de nouveau et adopté par H. Cassini, qui l'a placé dans la tribu des Inulées, section des Gnaphaliées, entre les genres *Helychrysum* et *Antennaria*. Voici les caractères essentiels génériques que nous extrayons de la description très-détaillée publiée par ce second auteur : involucre composé d'écailles nombreuses, régulièrement imbriquées sur plusieurs rangs, appliquées, étroites, oblongues, épaisses, surmontées d'un grand appendice étalé, elliptique, arrondi au sommet, membraneux, doré et ridé. Réceptacle large, plan et nu. Calathide radiée; fleurs du disque nombreuses, hermaphrodites; corolle régulière, tubuleuse, divisée au sommet en cinq segmens un peu inégaux, à anthères pourvues d'appendices apicilaires, ovales, lancéolés, et d'appendices basilaires très-longs et sétacés; styles longs, divergens, épaissis au sommet et pourvus de deux bourrelets stigmatiques; ovaire oblong, hérissé de poils, muni d'un très-petit bourrelet basilaire et surmonté d'une aigrette longue, blanche, composée de poils nombreux, finement plumeux et soudés par la base. Fleurs de la circonférence femelles, et formant un rayon interrompu; corolle en languette étalée, fendue profondément au sommet en deux ou trois lanières; ovaire et aigrette comme dans les fleurs du disque. Le genre *Podolepis* tire son nom, qui signifie écaille pédicellée, de la structure des folioles de l'involucre, où néanmoins le pédicelle est la véritable foliole, tandis que le sommet n'en est que l'appendice. Ce genre était placé par son premier auteur auprès du *Leysera*, et par Jussieu auprès du genre *Aster*; mais, selon Cassini, il est voisin des genres *Helychrysum*, *Antennaria* et *Argyrocome*.

Le *Podolepis rugata*, Labill., *loc. cit.*, tab. 208, est une Plante légèrement laineuse, haute d'environ un pied, rameuse supérieurement, garnie de feuilles linéaires, et dont les calathides de fleurs sont jaunes, solitaires au sommet de pédoncules terminaux. Cette Plante a été rapportée par Labillardière de la terre de Van Leuwin à la Nouvelle-Hollande. Rob. Brown (*in Hort. Kew.*, 2e édit., vol. 5, p. 82) a réuni au genre *Podolepis* le *Scalia jaceoides*, Sims (*Botanical Magaz.*, 956), Plante également de la Nouvelle-Hollande, et à laquelle il a donné le nom de *Podolepis acuminata*. (G..N.)

PODOLOBIUM. BOT. PHAN. Genre de la famille des Légumineuses et de la Décandrie Monogynie, établi par Rob. Brown (*in Hort. Kew.*, éd. 2, vol. 3, p. 9) et adopté par De Candolle, qui l'a placé dans la tribu des Sophorées, et en a ainsi exprimé les caractères : calice quinquéfide, bilabié; la lèvre supérieure bifide; l'inférieure tripartite; corolle papilionacée, dont la carène est comprimée, de la longueur des ailes qui sont presque aussi grandes que l'étendard, lorsqu'il est étendu; ovaire renfermant quatre ovules, disposés sur un seul rang, surmonté d'un style ascendant et d'un stigmate simple; légume pédicellé, linéaire, oblong, légèrement renflé et lisse intérieurement. Ce genre diffère si peu du *Chorizema*, que Smith les a, peut-être avec raison, réunis; car le fruit pédicellé dans l'un, et sessile ou presque sessile dans l'autre, en est la seule différence. Cependant De Candolle (Mémoires sur la famille des Légumineuses, p. 168) a indiqué trois types d'organisation, formant trois sections dans le petit nombre d'espèces de *Podolobium*, lesquelles sont des sous-Arbrisseaux, tous indigènes de la Nouvelle-Hollande. La première section renferme les espèces à feuilles opposées et à lobes terminés en épines. Elles ont le port des *Chorizema;* mais elles s'en distinguent par leurs feuilles opposées. A cette section appartient le *Podolobium trilobatum*, Rob. Brown, *loc. cit.*, et Sims, *Bot. Mag.*, tab. 1477. De Candolle y réunit une nouvelle espèce, rapportée par Sieber, et nommée *P. staurophyllum.* La seconde section se distingue par ses feuilles opposées, mais entières et nullement épineuses. Deux espèces qui ont le port des *Daviesia*, composent cette section ; ce sont les *P. scandens* ou *Chorizema scandens*, Smith, *Trans. Linn.*, 9, p. 253; et *P. sericeum* ou *Chorizema sericeum*, Smith, *loc. cit.* Ces Plantes ont la tige grimpante; les feuilles munies d'une seule nervure longitudinale; des stipules subulées, très-petites, et des fleurs disposées en grappes au sommet des rameaux. Enfin, la troisième section comprend deux espèces qui ont les feuilles alternes, et qui ne sont placées dans le genre *Podolobium* que provisoirement ; car, malgré l'ovaire pédicellé et les feuilles alternes, elles ont de grands rapports avec le genre *Oxylobium.* Ces Plantes sont : 1° le *Podolobium coriaceum*, ou *Chorizema coriaceum*, Smith, *loc. cit;* 2° le *P. aciculare*, De Candolle, espèce très-remarquable par ses feuilles linéaires, étroites, entières, épineuses au sommet, et surtout par son ovaire qui renferme douze à seize ovules. (G..N.)

* PODOLOBUS. BOT. PHAN. Le genre proposé sous ce nom par Rafinesque, dans une Flore du Missouri inédite, mais pourtant citée par quelques auteurs, est le même que le *Stanleya* de Nuttal. *V.* ce mot. (G..N.)

PODONÉRÉIDE. *Podonereis.* ANNEL. Dénomination générique employée par Blainville, et appliquée à deux espèces d'Annelides assez mal connues, les *Nereis punctata* et *corniculata* de Linné. Cette dernière a été figurée par Müller (*Zool. dan.*, 2, tab. 52, fig. 1-4.) (AUD.)

PODOPHTHALME. *Podophthalmus.* CRUST. Genre de l'ordre des Décapodes, famille des Brachyurès, tribu des Arqués, établi par Lamarck, et ayant pour caractères : yeux portés sur des pédicules longs, linéaires, grêles, très-rapprochés à leur base; corps en forme de triangle renversé, court, mais très-large en devant et tronqué postérieurement ou à sa pointe, avec le chaperon étroit, incliné, et sur les côtés duquel s'insèrent les pédicules oculaires. Ce genre ne comprend que deux espèces; l'une (*Podophthalmus spinosus*, Lamk., figuré par Latreille, *Gen. Crust. et Ins.* T. 1, tab. 1 et 2, f. 1) se trouve à l'Ile-de-France ; l'autre est fossile; c'est le *Podoph. Defrancii* décrit par Desmarest. (G.)

PODOPHTHALMES. *Podophthalma.* CRUST. Nom général sous lequel Leach comprend tous les Crustacés dont les yeux sont portés sur des pédicules articulés et mobiles, ou les Crustacés pédiocles de Lamarck. Cette division se compose des Crustacés décapodes et stomapodes de Latreille. (G.)

PODOPHYLLE. *Podophyllum.* BOT. PHAN. Genre d'abord placé parmi les Renonculacées, mais qui est devenu le type d'une famille particulière, que le professeur De Candolle a nommée Podophyllées (*V.* ce mot). Ce genre offre les caractères suivans : calice de trois sépales, caducs ; corolle de six à neuf pétales, très-grands et imbriqués ; étamines de douze à vingt-quatre, disposées sur deux rangs et libres ; ovaire à une seule loge, contenant un grand nombre d'ovules attachés à un seul trophosperme pariétal. Le stigmate est comme lamelleux, plusieurs fois replié sur lui-même et comme pelté. Le fruit est une sorte de baie globuleuse, charnue, contenant un grand nombre de graines attachées à un trophosperme pariétal, qui est devenu charnu, très-gros, et remplit presque toute la cavité du fruit. Ces graines, qui sont ovoïdes, offrent un très-petit embryon dressé dans un endosperme charnu.

Ce genre se compose de deux espèces, *Podophyllum peltatum*, L., Lamk., Illustr., et *Podophyllum callicarpum*, Rafl. Ce sont deux Plantes herbacées, vivaces, originaires de l'Amérique septentrionale. La première, qu'on voit assez souvent dans les jardins, a une racine âcre et purgative, qui jouit des mêmes propriétés que celle du Jalap. Le *Podophyllum diphyllum*, L., forme le genre *Jeffersonia*. (A. R.)

*PODOPHYLLÉES. *Podophylleæ*. BOT. PHAN. Le professeur De Candolle (*Syst. nat. veget.*, 2, p. 31) a proposé d'établir sous ce nom une famille distincte, ayant pour type le genre *Podophyllum* et le *Jeffersonia*, qui, ainsi que nous l'avons dit précédemment, n'en est qu'un démembrement. A ces deux genres, il a réuni les genres *Cabomba* et *Hydropeltis*. Mais, ainsi que nous l'avons dit à l'article CABOMBÉES, ces deux derniers genres sont évidemment monocotylédons, et ne nous paraissent avoir aucune sorte d'affinité avec le *Podophyllum*. Aussi le professeur De Candolle lui-même en avait-il formé une section à part, sous le nom d'Hydropeltidées. Quant au *Podophyllum* et au *Jeffersonia*, ainsi qu'un genre encore fort peu connu, nommé *Achlys*, également réuni aux Podophyllées, ils ne nous paraissent pas suffisamment distincts des Papavéracées, et ainsi que nous l'avons déjà proposé dans la quatrième édition de nos Élémens de botanique, nous croyons qu'ils doivent être réunis à cette famille, dont ils se rapprochent et par le port et par la structure de la fleur du fruit et de la graine. Ainsi, aux genres que nous avons précédemment énumérés, en parlant de la famille des Papavéracées, on peut ajouter le *Podophyllum* et le *Jeffersonia*. (A. R.)

* PODOPSIDE. *Podopsis*. CONCH. Genre proposé par Lamarck dans son dernier ouvrage, pour quelques Coquilles que Bruguière confondit avec les Huîtres, quoiqu'elles aient cependant la forme des Spondyles. Ce genre, dont les caractères ont été mal exprimés par le savant que nous venons de citer, parce qu'il ne connaissait que des individus mal conservés ou en partie cachés par de la gangue, paraît être propre à la Craie. Ces Coquilles offrent le caractère d'être toujours fort minces, et de l'être beaucoup plus sous le crochet que vers le bord des valves; ce qui est l'inverse de toutes les autres, appartenant à l'ordre des Acéphales. Ainsi, un Podopside, dont le bord a à peine une ligne d'épaisseur, n'a tout au plus qu'un douzième de ligne au crochet. Il faut savoir que ce crochet, si mince qu'on le trouve très-rarement entier, sert de point d'appui à toute la coquille, puisque c'est par lui qu'elle adhère aux corps sous-marins. Il était fort difficile d'expliquer cette singulière anomalie, dont ce genre n'offre pas le seul exemple; car presque toutes les Coquilles de la Craie la présentent également. On pouvait raisonnablement l'attribuer à une organisation particulière des Animaux de ces Coquilles appartenant à une époque géologique différente de la nôtre; il était naturel de voir là une trace profonde de cette organisation. Ce fut certainement d'après ces idées que le genre Podopside fut adopté; les personnes qui l'observèrent complétement, y furent d'autant plus portées, qu'il a un caractère qui ne se présente pas de la même manière dans d'autres genres: un grand espace triangulaire de la valve inférieure, placé sur le crochet, limité par la valve supérieure, et qui n'offre pour celle-ci aucun bord cardinal, reste constamment ouvert. Dans les individus bien conservés, les limites de cet espace sont formées par les bords libres et entiers des oreillettes latérales, semblables à celles des Spondyles. Comme il est extrêmement rare de trouver complète cette partie, on attribuait toujours à une cassure l'ouverture postérieure de la valve inférieure, à

tel point que, dans les figures de l'Encyclopédie, le crochet de cette valve est représenté avec du test dans cet endroit, lorsqu'il est certain qu'il ne peut y en avoir. Un dessinateur malhabile a cru sans doute qu'il valait mieux représenter un test qu'il supposait, que des cassures véritables. Quoi qu'il en soit, cette opinion de l'intégrité du sommet de la valve inférieure prévalut. Defrance l'a admise, en adoptant dans son entier la phrase caractéristique de Lamarck; et sans la rectifier sur ce point, Blainville ne mentionne pas l'écartement qui existe entre les bords du crochet et l'ouverture qui en résulte. Cependant la place qu'il assigne à ce genre dans sa méthode, serait en effet la conséquence de l'observation de ce caractère. Ce genre est compris dans la même famille que les Térébratules, et il est mis en rapport avec les Pachites (*V.* ce mot) et le genre Dianchore, qui n'est qu'un double emploi des Podopsides. D'après ce que nous avons dit précédemment, on ne peut douter que ce dernier genre ne soit inutile, puisque ces caractères deviennent identiques. Le Dianchore n'est autre chose que le Podopside, vu plus entier et plus complet. Quelques observations toutes récentes que nous venons de faire sur les Podopsides, vont lever, nous l'espérons, les doutes et les difficultés dont ce genre et plusieurs autres sont entourés, et le faire rapporter à une organisation dont le type très-connu, ne présente aucune anomalie.

Plusieurs individus du Podopside tronqué nous ont été envoyés des environs de Tours par Dujardin, jeune géologue. Un de ces individus complet présentait, en partie recouverts d'une gangue assez tendre, les bords entiers de l'ouverture du crochet de la valve inférieure. Voulant nous assurer de leur intégrité, nous enlevâmes avec une pointe très-aiguë la matière qui les couvrait. Ayant trouvé qu'en dedans elle était plus tendre et plus friable, nous avons entrepris de vider le crochet pour mieux juger de son peu d'épaisseur. Bientôt du côté de la charnière, nous avons rencontré une matière plus dure, qui nous a offert des contours bien arrêtés. Nous pensâmes d'abord que c'était le moule d'une Coquille étrangère qui avait été introduite dans le Podopside au moment de son enfouissement, comme cela peut très-bien se concevoir; mais à mesure que nous en découvrions de nouvelles parties, nous lui trouvions des rapports intimes avec le Podopside, dont nous brisâmes le test pour nous assurer qu'il lui appartenait bien en effet. Ce qu'il y a de remarquable, c'est que ce moule était entouré, enveloppé de toute part d'une couche de matière tendre, semblable à celle que nous avions trouvée dans le crochet; mais ce qui a excité notre étonnement, c'est que ce moule n'est point en rapport pour sa partie postérieure avec la forme extérieure et intérieure de la coquille, c'est qu'il reste entre elle et lui un espace vide qui est très-grand au crochet, et qui diminue insensiblement jusqu'aux bords des valves où il est nul. Ce moule porte des impressions qui lui sont propres; trois gros plis sur son bord cardinal indiquent qu'il existait une charnière puissante par ses moyens d'union; une impression musculaire, unique, profonde, se voit à la face supérieure et inférieure, quoique le test lui-même n'en présente aucune trace. De ce fait et de la manière bien connue dont quelques Coquilles ou seulement certaines de leurs parties sont dissoutes dans la Craie ou dans d'autres couches plus anciennes, il en est résulté pour nous une opinion que nous croyons utile de développer. Pour le bien faire, il faut avoir sous les yeux un Spondyle vivant, comme étant le genre le plus voisin des Podopsides, s'il ne lui est identique. Nous remarquons que le Spondyle est formé de deux couches calcaires fort distinctes, l'une interne, blanche, la plus épaisse, très-épaisse surtout dans les crochets des valves, et s'amincissant vers les bords, où elle disparaît pour faire place à la couche extérieure dont le bord tout entier est formé. Cette couche extérieure diversement colorée, selon les espèces, est beaucoup plus épaisse vers les bords que sous les crochets, où elle devient au contraire d'une excessive minceur. Elle se trouve donc dans un rapport inverse avec la première. Remarquons encore, avant d'aller plus loin, que tout le talon du Spondyle, tout ce grand espace triangulaire, taillé comme à plaisir, et toute la charnière, sont formés de la matière de la couche intérieure de la coquille. Maintenant que l'on suppose le Spondyle rempli par une matière calcaire mêlée de sable; que cette matière a durci; que la couche interne de la coquille, par la propriété dissolvante du milieu, a disparu ou s'est désagrégée, et que toute la couche externe est restée seule intacte : on aura, au milieu de la coquille, un moule qui était en rapport avec la cavité qu'il a remplie, mais qui n'en a plus avec la nouvelle cavité de la coquille. De plus, la disparition de cette couche interne produira une large ouverture au crochet de la valve inférieure; il n'y aura plus de charnière, et la couche extérieure, ainsi dénudée, se présentera très-mince vers les crochets, plus épaisse vers les bords de la coquille; en un mot, à la place du Spondyle, nous trouverons un véritable Podopside. La nature s'est plue à faire pour eux ce que nous supposions pouvoir arriver à un Spondyle. Serait-il possible d'affirmer que les Podopsides appartiennent au genre Spondyle? Malgré l'analogie qu'ils présentent avec eux, ne doivent-ils pas constituer un genre à part? Sur quels caractères positifs pourrait-on opérer leur réunion ou leur séparation? Il est fort difficile, impossible même de répondre à ces questions d'une manière satisfaisante. Plusieurs indices nous engagent à rapporter plutôt ce genre aux Spondyles, que de le laisser à part. 1°. Ils sont adhérens comme eux, striés et épineux. 2°. En supposant l'espace triangulaire du crochet rempli, on aura, comme dans les Spondyles, une surface plane. 3°. Le moule des Podopsides offre à la charnière trois gros plis; celui du milieu formant un cercle presque complet. En prenant avec de la cire l'impression de la charnière d'un Spondyle, on a aussi trois plis semblables; celui du milieu, qui indique la place du ligament, est cependant plus large. 4°. Dans l'un et l'autre genre, il y a des oreillettes sur les côtés de la charnière. 5°. Enfin, l'impression musculaire est la même, quant à la forme et à la place qu'elle occupe. Voilà ce que l'on peut rapporter en faveur de la réunion des deux genres; voici ce que l'on peut objecter : 1°. En supposant que le crochet de la valve inférieure ne fût pas percé, était-il coupé pour cela comme celui des Spondyles? On n'en a pas la certitude, quoique cela soit présumable. 2°. L'impression de la charnière a trois plis, mais peut fort bien présenter des différences notables, quant à la forme des dents, à leur engrénage, à la position du ligament; on ne peut répondre à cela que *de visu*, et c'est ce qui fait le plus grand doute. 3°. On a dit que les Podopsides étaient symétriques, et que ce caractère les distinguait bien des Spondyles. Nous pensons que les auteurs qui ont donné ce caractère, n'avaient peut-être pas assez de matériaux pour décider cette question. La figure de l'Encyclopédie n'est pas symétrique; celles de Brongniart le sont davantage; celle donnée par Blainville ne l'est pas non plus, quoique ce savant soit un de ceux qui regardent comme symétriques ces coquilles; mais ce qui est plus concluant pour nous, ce sont les individus que nous avons sous les yeux, dont aucun n'est symétrique. En résumant, il reste beaucoup plus de présomption à croire que l'on réunira les deux genres, qu'à penser le contraire; du moins telle est notre opinion. *V.* SPONDYLE. (D..H.)

* PODOPTÈRES. OIS. (Duméril.) Syn. de Pinnipèdes. (B.)

PODOPTERUS. BOT. PHAN. Genre de la famille des Polygonées et de l'Hexandrie Trigynie, L., établi par Humboldt et Bonpland (Plantes équinoxiales, 2, p. 89, tab. 107), et ainsi caractérisé : calice double ; l'un et l'autre à trois divisions profondes ; les extérieures ailées sur le dos ; six étamines ; trois styles, surmontés de stigmates capités ; akène couvert par le calice. Ce genre ne renferme qu'une seule espèce, *Podopterus mexicanus*, qui croît dans la région chaude de la Nouvelle-Espagne, entre Vera-Cruz et la Antigua. C'est un Arbrisseau épineux, à feuilles fasciculées, très-entières, chacune munie d'un stipule à sa base ; à fleurs en grappes fasciculées, et portées sur des pédoncules ailés ; circonstance d'où les auteurs ont tiré le nom de *Podopterus*, qui signifie pied ailé. (G..N.)

PODORIA. BOT. PHAN. Persoon (*Enchirid.*, 2, p. 5) a donné ce nom au genre *Boscia* de Lamarck, parce qu'il existait déjà un genre *Boscia* établi par Thunberg. Cependant les caractères assignés par ce dernier botaniste à son genre *Boscia*, sont tellement incomplets, que De Candolle n'a adopté ce dernier genre qu'en substituant à son nom celui d'*Asaphes*, qui signifie vague ou incertain ; et dès-lors le nom de *Boscia* devrait rester pour le genre de Lamarck. Mais comme à l'article BOSCIA on a décrit le genre de Thunberg, en renvoyant à *Podoria* pour celui de Lamarck, nous sommes forcé d'en présenter ici les caractères. Ce genre appartient à la famille des Capparidées et à la Dodécandrie Monogynie, L. Il a des rapports avec les *Cratæva*, et ses fleurs offrent les caractères essentiels suivans : calice à quatre sépales ; point de corolle ; douze à vingt étamines insérées sur un torus court ; une baie stipitée, globuleuse, monosperme. Le *Podoria senegalensis*, Pers., *loc. cit.* ; *Boscia senegalensis*, Lamk., Illust. gen., tab. 395, est un Arbuste rameux, garni de feuilles alternes, pétiolées, coriaces, ovales, oblongues, elliptiques, très-entières, obtuses et quelquefois échancrées à leur sommet. Les fleurs sont petites, disposées en un corymbe terminal. Cette Plante croît au Sénégal. (G..N.)

* PODORICARPUS. BOT. PHAN. (Lamarck, cité par Persoon.) Syn. de *Podoria*. *V.* ce mot. (G..N.)

PODOSÆMUM. BOT. PHAN. Genre de la famille des Graminées et de la Triandrie Digynie, L., établi par Desvaux (Journ. de Botanique, vol. 3, p. 66), sur le *Stipa capillaris*, L., adopté par Beauvois (Agrostogr., p. 28, tab. 8, f. 1, 2, 3) et par Kunth (*Nov. Gen. et Spec. Amer.*, 1, p. 127), qui en a décrit un grand nombre d'espèces. Voici ses caractères essentiels : épillets uniflores ; lépicène à deux valves beaucoup plus courtes que celles de la glume, mutiques ou légèrement aristées ; glume à deux valves, un peu coriaces, presque égales ; l'inférieure bifide, dentée, portant une barbe entre les dents ; stigmates plumeux ; fleurs disposées en panicules. Kunth place ce genre en tête de sa tribu des Agrostidées ; mais il observe qu'il tient le milieu entre cette tribu et celle des Stipacées ; il le regarde en outre comme voisin du *Muhlenbergia*. Les deux genres *Trichochloa* et *Tosagris* proposés avec doute par Beauvois, doivent rester réunis au *Podosæmum*. Les espèces de ce genre sont au nombre d'une quinzaine, toutes indigènes du Mexique, du Pérou et de la Colombie. Ce sont des Graminées assez élégantes, dont plusieurs forment des gazons sur les montagnes volcaniques ou sur les plateaux élevés des contrées du globe que nous venons de citer. Elles croissent à une grande hauteur au-dessus de la mer, la plupart de 2,000 à 3,000 mètres. (G..N.)

PODOSOMATES. *Podosomata.* ARACHN. Ce nom est employé par Leach pour désigner le premier ordre de la sous-classe des Céphalostomes. Cet ordre répond à la famille des Pycnogonides de Latreille. (G.)

PODOSPERMA. BOT. PHAN. Labillardière a proposé sous ce nom, dans le second volume de son *Novæ-Hollandiæ Plantarum Specimen*, publié en 1806, un genre de la famille des Synanthérées. Mais, environ un an auparavant, De Candolle avait déjà proposé l'établissement d'un genre *Podospermum*, qui appartient à la même famille naturelle, mais qui n'a rien de commun avec lui. Pour éviter la confusion de ces genres, Cassini a changé le nom proposé par Labillardière d'abord en celui de *Podotheca*, puis en *Phænopoda*. Cependant, comme c'est sous le titre de PODOTHÈQUE qu'il en a publié la description, nous pensons qu'on doit s'en tenir à ce nom, quoique le nom de *Phænopoda* soit plus convenable. *V.* PODOTHÈQUE. (G..N.)

PODOSPERME. *Podospermium.* BOT. PHAN. Lorsqu'un trophosperme porte plusieurs graines, celles-ci sont quelquefois soutenues chacune par un prolongement ordinairement filiforme de la substance même du trophosperme, auquel on donne le nom de Podosperme. Cet organe peut offrir beaucoup de modifications, quant à sa forme, sa position, sa longueur, sa substance, etc. *V.* GRAINE. (A. R.)

PODOSPERMUM. BOT. PHAN. Genre de la famille des Synanthérées, tribu des Chicoracées et de la Syngénésie égale, L., établi en 1805 par De Candolle dans la seconde édition de la Flore française, et présentant les caractères suivans : involucre composé d'écailles appliquées, régulièrement imbriquées; les extérieures ovales, foliacées, membraneuses sur les bords et munies un peu au-dessous du sommet d'un petit appendice conique ou subulé et comprimé; les intérieures oblongues, lancéolées, sans appendice; réceptacle plan et nu; calathide formée de demi-fleurons nombreux, étalés en rayons et hermaphrodites; akènes longs, grêles, cylindracés, striés, glabres, non amincis en col, pourvus d'un bourrelet apicilaire, glabres, portés sur un pédicelle long comme la moitié du vrai fruit, présentant à leur intérieur un axe fibreux et persistant, surmontés d'une aigrette composée de poils nombreux et plumeux. Le genre *Podospermum* avait été confondu par Tournefort et Linné avec le *Scorzonera.* Vaillant l'avait en quelque sorte constitué sous le nom de *Scorzoneroides*, mais il n'avait eu égard qu'à des caractères secondaires tirés des feuilles. Gaertner décrivit avec soin la structure remarquable de l'akène de son pédicelle; caractère qui a servi à De Candolle pour l'établissement définitif du *Podospermum.*

Un petit nombre d'espèces, indigènes de l'Europe, principalement des contrées méridionales, constituent ce genre. La plus remarquable est le *Podospermum laciniatum*, Plante herbacée, à feuilles longues, linéaires, aiguës; les inférieures pinnatifides, à calathides composées de fleurs jaunes, terminales. Cette Plante est commune dans les terrains secs, sur le bord des chemins et des champs, aux environs de Paris. (G..N.)

* PODOSPHOERA. BOT. CRYPT. (*Hypoxylées.*) Ce genre, à peine distinct des Erysiphés, a été établi par Kunze (*Micol. heft.*, 2, p. 113, pl. 2, fig. 8). Son seul caractère distinctif consiste dans les filamens qui naissent de son péridium, qui, au lieu de s'étendre en se ramifiant comme dans les Erysiphés, se terminent par une extrémité renflée adhérente au corps qui les supporte. Ce genre ne comprend qu'une seule espèce, qui croît à la surface des feuilles du *Vaccinium Myrtillus.* La position de ce genre et de l'Erysiphé, dont il ne nous paraît pas devoir être séparé dans la méthode mycologique, est encore assez douteuse. De Candolle le rapprochait des *Sclerotium ;* mais il ne présente pas le tissu compacte de ce genre; au contraire, on

trouve dans l'intérieur de son péridium un nombre plus ou moins considérable de conceptacles membraneux, analogues aux thèques des Sphœries, et qui contiennent les séminules. On peut consulter à ce sujet les observations d'Ehrenberg et celles de Kunze; c'est ce qui nous a engagé, dans notre Essai d'une méthode nanaturelle des Champignons, à placer ce genre dans les Hypoxylées. On pourrait cependant le rapprocher aussi des Lycoperdacées angiogastres, de la section des Nidulacées, et particulièrement du *Polyangium* de Link. *V.* LYCOPERDACÉES. (AD. B.)

PODOSTÈME. *Podostœmum.* BOT. PHAN. Genre de Plantes monocotylédones établi par le professeur Richard (*in Michx. Flor. Bor. Amer.*, 2, p. 164), et ainsi caractérisé : le calice se compose de deux petites écailles unilatérales, entre lesquelles naît un filament simple inférieurement, divisé supérieurement en deux branches courtes, portant chacune une anthère cordiforme et biloculaire ; le pistil offre un ovaire libre, à deux loges polyspermes, surmonté de deux stigmates sessiles et filiformes, et le fruit est une capsule ovoïde, souvent striée, à deux loges, contenant chacune un assez grand nombre de graines attachées à un trophosperme qui occupe chaque face de la cloison. Ce genre se compose de deux espèces. Ce sont de petites Plantes aquatiques, fixées sur les rochers humides ou parasites sur la racine des arbres qui croissent au voisinage de l'eau. Leurs feuilles sont divisées en un grand nombre de segmens linéaires, et leurs fleurs sont solitaires ou fasciculées. L'une de ces espèces a été trouvée par Michaux sur les rochers humides des cataractes de l'Ohio, c'est le *Podostœmum ceratophyllum*, Michx., *loc. cit.*, t. 44 ; l'autre, observée par Humboldt et Bonpland sur les rives de l'Orénoque, a été décrite par Kunth, sous le nom de *Podostœmum ruppioides*, dans le premier volume de ses *Nova Genera*. (A. R.)

PODOSTÉMÉES. *Podostœmeæ.* BOT. PHAN. Le professeur Richard, en indiquant les rapports du genre *Podostœmum* avec le *Marathrum* de Bonpland, avait annoncé que ces deux genres devaient former une famille distincte sous le nom de PODOSTÉMÉES. Cette famille a été adoptée par Kunth et par Jussieu; mais en considérant attentivement les caractères qu'elle présente, on voit qu'elle a les plus grands rapports avec les Juncaginées du professeur Richard, et qu'elle n'en diffère que par sa capsule à deux loges polyspermes. Dans la quatrième édition de nos Elémens de botanique, nous avons cru devoir réunir les Juncaginées aux Alismacées, que nous rétablissons à peu près dans les limites que Ventenat leur avait assignées, et par conséquent les Podostémées rentrent aussi dans cette famille. Indépendamment des genres *Podostœmum* et *Marathrum*, Jussieu rapporte encore au groupe des Podostémées les genres *Halophila*, *Diplanthera* et *Hydrostachys* de Du Petit-Thouars. (A. R.)

* PODOSTIGMA. BOT. PHAN. Le genre de la famille des Asclépiadées, et de la Pentandrie Digynie, L., établi par Elliot dans son Esquisse de la Botanique de la Caroline du sud et de la Géorgie, est identique avec celui que Nuttall a proposé en 1818 (*Gener. of north Amer. Plants*) sous le nom de *Stylandra*, puisqu'il a également pour type l'*Asclepia pedicellata* de Walter. *V.* STYLANDRE. (G..N.)

PODOSTOME. *Podostoma.* ZOOPH. Rafinesque (Précis des découvertes sémiologiques, p. 87) a établi sous ce nom un nouveau genre qu'il caractérise ainsi : corps allongé; tentacules circulaires, déterminés, simples, rétractiles; anus terminal. Ce genre paraît voisin des Holothuries. En effet, dans un ouvrage subséquent (Analyse de la Nature, p. 152), le même auteur le place dans la sous-famille des Podostomiens, *Po-*

dostomia, laquelle renferme entre autres genres celui des Holothuries. Rafinesque décrit très-succinctement deux espèces : le *Podostoma rufa*, qui est d'un roux foncé, cylindrique, tuberculé, pourvu de douze tentacules ; et le *Podostoma protea*, roussâtre, pointillé de brun, à corps lisse, variable, muni de douze tentacules ; il change à volonté de forme : il devient oblong, ovale, obovale ou pyriforme. Je l'ai vu se propager, ajoute l'auteur, en se divisant en deux. Ces espèces, qui ne sont pas figurées, habitent les mers de la Sicile. (AUD.)

PODOTHÈQUE. *Podotheca*. BOT. PHAN. H. Cassini a donné ce nom au genre *Podosperma*, établi par Labillardière (*Nov.-Holland. Spec.*, vol. 2, p. 35, tab. 177), et qui appartient à la famille des Synanthérées, tribu des Inulées. Voici ses caractères essentiels : involucre cylindracé, composé de folioles irrégulièrement imbriquées, linéaires, acuminées ; réceptacle petit, plan, alvéolé ou hérissé d'appendices charnus ; calathide sans rayons, composée de fleurons nombreux, égaux, réguliers et hermaphrodites ; corolles excessivement longues et grêles, presque filiformes, à limbe très-court, divisé en cinq lobes ; ovaires grêles, presque cylindriques, hispides, portés sur un long pédicelle inséré au centre d'une aréole basilaire oblique, et surmontés d'une aigrette très-longue, composée de cinq petites paillettes soudées par la base et plumeuses. Ce genre est surtout remarquable par la longueur du pédicelle qui supporte l'ovaire ; mais, selon Cassini, ce filet existe aussi dans les autres Synanthérées ; seulement il y est moins visible. C'est ce qui a engagé cet auteur à changer une seconde fois le nom générique en celui de *Phœnopoda*, qui exprime mieux la véritable structure du fruit. Le *Podotheca* ou *Phœnopoda angustifolia*, Cass., ou *Podosperma angustifolia*, Labill., *loc. cit.*, est une Plante herbacée, annuelle, à tige droite, cylindrique, haute d'environ sept pouces, à feuilles demi-amplexicaules, linéaires, obtuses, canaliculées en dedans, à calathides solitaires au sommet des rameaux qui sont épaissis immédiatement au-dessous de l'involucre. Cette Plante croît à la Terre de Van-Leuwin dans la Nouvelle-Hollande. (G..N.)

PODURE. *Podura*. INS. Genre de l'ordre des Thysanoures, famille des Podurelles, établi par Linné, adopté par tous les entomologistes, et dont les caractères sont : corps aptère ; tête distincte, portant deux antennes droites, de quatre articles ; des mâchoires, des lèvres et des palpes, mais peu distincts ; corselet à six pates ; abdomen allongé, linéaire ; queue fourchue, repliée sous le ventre ; propre pour sauter. Ces Insectes sont très-petits, fort mous, et leur forme semble approcher un peu de celle du Pou de l'Homme. Ce genre se distingue des *Smynthures* par la forme de l'abdomen qui est globuleux dans ces derniers ; ceux-ci ont de plus la dernière pièce des antennes formée de petits articles. Les Podures sont ovipares et ne subissent aucune métamorphose. En sortant de l'œuf, elles ont les formes qu'elles auront toute leur vie. Elles croissent journellement et changent de peau. Degéer, dont le nom se rattache aux observations les plus curieuses sur les mœurs des Insectes, a trouvé en Hollande des Podures vivantes et très-alertes pendant les plus grands froids ; leurs œufs étaient auprès d'eux ; ils étaient d'une couleur jaune qui changea en rouge foncé quand ils furent près d'éclore ; ayant ouvert ces œufs, il ne trouva rien dedans qui eût la figure d'un Insecte, mais il y vit seulement quelques points noirs. Peu de jours après, il en sortit de petites Podures qui avaient leur queue fourchue, dirigée en arrière. Il a remarqué que les Podures aquatiques ne peuvent vivre long-temps hors de l'eau ; elles se dessèchent et meurent bientôt ; ce qui fait voir que ces Podures diffèrent des Podures terrestres qui supportent la chaleur du soleil sans en souffrir.

Les Podures se tiennent sur les Arbres, les Plantes, sous les écorces ou sous les pierres, quelquefois dans les maisons. D'autres vivent à la surface des eaux dormantes où elles exécutent leurs sauts. On en trouve quelquefois sur la neige, même au temps du dégel. Plusieurs se réunissent en sociétés nombreuses sur la terre et les chemins sablonneux, et ressemblent de loin à de petits tas de poudre à canon. On pense que les Podures vivent de matières végétales altérées qu'elles rongent. On connaît un assez grand nombre de Podures, toutes d'Europe. Nous citerons comme type du genre : la PODURE PLOMBÉE, *Podura plumbea*, L., *Syst. Nat.*, éd. 13, T. I, *pars* 2, p. 1013; Degéer, Mém. sur les Ins. T. II, p. 31, pl. 3, fig. 1. (G.)

* PODURE. MICR. Espèce du genre Furcocerque. *V.* ce mot. (B.)

PODURELLES. *Podurellæ*. INS. Famille de l'ordre des Thysanoures, établie par Latreille, et comprenant le grand genre Podure de Linné et des autres entomologistes. Ses caractères sont : corps aptère; tête distinguée du corselet, portant deux antennes filiformes de quatre articles simples, ou dont le dernier est composé; mâchoires, lèvres et palpes peu distincts; corselet portant six pates; abdomen terminé par une queue fourchue, appliquée dans l'inaction sous le ventre et servant à sauter. Cette famille renferme les genres Podure et Smynthure. *V.* ces mots. (G.)

* POÉ. MAM. Quoy et Gaimard rapportent que les habitans des îles Carolines donnent ce nom à une espèce nouvelle de Roussette qu'ils ont nommée *Roussette Keraudren*, et qui est figurée pl. 3 de la Zoologie de l'Uranie. Le même Animal porte aux îles Marianes, où on mange sa chair, le nom de *Fanihi*. Dans l'île d'Oualan, où cette Roussette est commune, les naturels la désignent par le nom de *Quoy*, *Koi*. (LESS.)

* POÉ. OIS. Cook le premier a figuré sous ce nom (2e voyag. T. I, p. 209) un Oiseau très-remarquable qui est le *Philedon circinnatus* des ornithologistes. Ce nom de *Poë* est taïtien, et signifie Pendeloque. Cook le donna au Philédon parce que son cou présente en effet deux touffes blanches et frisées qui ornent agréablement cette partie. On conçoit alors combien le nom de *Cincinnatus* au lieu de *Circinnatus*, qu'on trouve dans plusieurs ouvrages, est erroné. Le *Philedon Poë*, aussi connu sous le nom de Merle à cravate frisée, est un Oiseau commun à la Nouvelle-Zélande, et il joue un grand rôle dans la Mythologie de ces peuples. Son vrai nom est *Toui*. (LESS.)

* POEANTIDES. MIN. Des commentateurs se sont donné la peine de rechercher ce que c'était que la Pierre désignée sous ce nom par le crédule compilateur romain, dont Buffon voulut absolument faire un grand naturaliste. Pline rapporte (*Lib.* 35, *cap.* 10) que les Pœantides sont des gemmes qui conçoivent, deviennent enceintes et accouchent à une époque déterminée. Loin d'élever le moindre doute sur ce conte populaire qu'il adopte, Pline ajoute que les Pœantides ont conséquemment la propriété de faciliter l'accouchement des femmes enceintes, et qu'on en trouve en Macédoine près du tombeau de Tirésias. « De tels contes ne vaudraient pas la peine d'être répétés, » dit très-judicieusement l'auteur de l'article PÉANTIDES (pour *Pœantides*), dans le Dictionnaire de Levrault; cependant on les reproduit tous les jours, on admire les ramas d'erreurs où l'antiquité les consacra, et Delaunay assure que les Pierres accoucheuses de Pline sont des Géodes d'Agate. (B.)

* POECILE. *Pœcilus*. INS. Genre de l'ordre des Coléoptères, section des Pentamères, famille des Carnassiers, tribu des Carabiques, établi par Bonelli et adopté par Latreille (Fam. nat. du Règn. Anim.) Les ca-

ractères que Bonelli assigne à ce genre sont : antennes comprimées, plus épaisses à leur extrémité; mandibules munies de petites dents à leur base; palpes maxillaires extérieurs ayant leur quatrième article de la longueur du précédent; languette courte, un peu tronquée, ayant des soies terminales écartées; labre tronqué, entier ou à peine échancré; corselet plus étroit à sa base, ayant deux stries de chaque côté, l'extérieure très-petite et oblitérée par des points enfoncés; ailes quelquefois courtes. Ce genre comprend une vingtaine d'espèces. Celles qui peuvent être considérées comme les types sont : les *Carabus cupreus*, *lepidus*, *punctulatus* et *dimidiatus* de Fabricius. (G.)

POECILIE. *Poecilia*. POIS. Genre de la famille des Cyprins, dans l'ordre des Malacoptérygiens abdominaux de la méthode de Cuvier, dont les caractères consistent en ce que les espèces dont il se compose ont les deux mâchoires aplaties horizontalement, peu fendues, garnies d'une rangée de petites dents très-fines; le dessus de la tête plat; les opercules grands; trois rayons aux branchiostéges; le corps peu allongé; les ventrales peu reculées et une dorsale unique située au-dessus de l'anale. Ce sont, dit Cuvier, de petits Poissons des eaux douces de l'Amérique dont un, le *Poecilia vivipara* de Schneider, fait des petits vivans. Le *Cobitis heteroclita* de Linné, et l'*Hydrargire Swampine* de Lacépède, appartiennent au genre dont il est question. (B.)

* POECILME. *Pœcilma*. INS. Genre de Charansonite. *V.* RHYNCHOPHORES. (G.)

POECILOPES. *Pœcilopa*. CRUST. Dans l'ouvrage sur le Règne Animal de Cuvier, nous avons désigné ainsi la première section de l'ordre des Entomostracés, classe des Crustacés. Depuis (Fam. nat. du Règn. Anim., p. 303), nous avons formé, avec cette section, notre seconde division générale de la même classe, celle des Edentés. La bouche des Crustacés de la première, celle des maxillaires, se compose d'un labre, de deux mandibules, d'une languette, de deux paires de mâchoires, et d'un certain nombre de pieds-mâchoires. Ces organes sont situés, comme d'ordinaire, en avant des pieds ambulatoires; mais les Crustacés édentés diffèrent beaucoup à cet égard. Ainsi que dans les Limules, les mandibules et les mâchoires sont remplacées par un prolongement, hérissé de petites épines, du premier article des hanches des pieds ambulatoires, ou ceux du premier bouclier; le pharynx occupe la ligne médiane. Tantôt, ainsi que dans les Argules, les Caliges et autres Crustacés suceurs, un suçoir, soit saillant et en forme de bec, soit caché, compose la bouche. De part et d'autre, les antennes sont toujours très-courtes et les intermédiaires font souvent l'office de pinces, caractère qui rapproche ces Animaux des Arachnides. Jurine fils, dans son beau Mémoire sur l'Argule foliacé, avait indiqué, avant nous, ces divisions générales des Crustacés. Les Pœcilopes sont tous pourvus d'un test horizontal en forme de bouclier, d'une ou de deux pièces, de deux yeux au moins, mais souvent peu sensibles, et de deux sortes de pieds, les uns préhenseurs et les autres natatoires et branchiaux. Telle est l'origine du nom de Pœcilopes (pieds divers) que nous avons d'abord donné à cette section. Si l'on excepte les Limules, ces Crustacés sont tous parasites. Ils composent deux ordres, celui des Xiphosures et celui des Siphonostomes. *V.* ces articles. (LAT.)

* POECILOPTÈRE. *Pœciloptera*. INS. Genre de l'ordre des Hémiptères, section des Homoptères, famille des Cicadaires, tribu des Fulgorelles, établi par Germar (Magas. entomol., Bullet. 1818), et auquel il donne pour caractères : tête obtuse à sa partie antérieure; front presque ovale, rebordé sur les côtés, sa base occupant le vertex, son extrémité ayant une impression transversale; chaperon

attaché à l'extrémité du front, conique, subulé à son extrémité; labre recouvert; rostre à peu près de la longueur de la moitié du corps; yeux globuleux, pédiculés en dessus; point d'yeux lisses; antennes éloignées des yeux, courtes; leur premier article menu, cylindrique; le second obconique, concave à son extrémité, portant une soie qui est épaisse à sa base. Ce genre a été détaché du genre *Flatta* de Fabricius. L'espèce qui peut en être considérée comme le type, est la *Flatta phalenoides* de cet auteur. (G.)

POEKILOPTÈRE. *Poekiloptera*. INS. Nom sous lequel Latreille avait distingué un petit genre de l'ordre des Hémiptères que Fabricius a désigné sous le nom de Flatte. *V.* ce mot. (AUD.)

* POÉNAMMOU. MIN. Ce mot, chez les naturels de la Nouvelle-Zélande, est appliqué au Jade d'une rare beauté, qui sert à fabriquer leurs *Atouas* (dieux, idoles) et leurs *patous-patous* (haches et casse-têtes). Le nom de *Tawaï Poénammou* que porte l'île méridionale, signifie l'île du Poisson qui produit le Jade vert. Les Nouveaux-Zélandais, habitant une terre sur laquelle existent de nombreux volcans, ont adopté, dans leur Mythologie, que le Jade était le squelette d'un grand Poisson, la Baleine, qui se durcissait dans le sein de la terre, et était vomi à la surface par les volcans. (LESS.)

POEPHAGUS. MAM. (OElien.) Syn. d'Yack, espèce de Bœuf. *V.* ce mot. (B.)

* POESKOP. MAM. Espèce du genre Baleine. *V.* ce mot. (B.)

* POGGE. POIS (Pennant.) Syn. de *Cottus cataphractus*. *V.* COTTE. (B.)

POGONATHE. *Pogonathus*. POIS. Le genre formé par Lacépède, d'après un dessin de feu Commerson, pour un Poisson que ce dernier avait vu pêcher dans le fleuve de la Plata, n'a point été adopté par Cuvier, qui regarde l'une de ces espèces comme appartenant aux Ombrines, sous-genre de Sciènes. *V.* ce mot. (B.)

POGONATHERUM. BOT. PHAN. Palisot de Beauvois (Agrostographie, p. 56, tab. 11, fig. 7) a établi sous ce nom un genre de la famille des Graminées qui a pour type le *Perotis polystachya* de Willdenow et Persoon, ou *Saccharum paniceum* de Lamarck. R. Brown avait déjà indiqué la formation de ce genre dans son *Prodromus Floræ Novæ-Hollandiæ*, p. 172 et 204, en lui associant, avec doute, l'*Andropogon crinitus* de Thunberg. Il le considérait comme très-voisin du genre *Imperata*, fondé sur le *Saccharum cylindricum*, dont il diffère par ses fleurs aristées, son unique étamine, et le défaut de valve intérieure de la glume dans la fleur hermaphrodite. Sans citer en aucune manière les observations de Brown, Palisot-Beauvois caractérise ainsi son genre *Pogonatherum* : chaume rameux; fleurs disposées en épis simples; lépicène (glume, Beauv.) velue à la base, à deux valves, l'inférieure mutique, la supérieure surmontée d'une soie très-longue. La fleur inférieure est neutre, à glumes membraneuses, mutiques. La fleur supérieure est hermaphrodite, à glume inférieure aristée sur le dos; style bipartite; stigmates en goupillon. Le *Pogonatherum paniceum* croît dans l'Inde orientale. (G..N.)

POGONATUM. BOT. CRYPT. (*Mousses*.) Palisot de Beauvois avait séparé sous ce nom générique les espèces de Polytrics qui sont dépourvues d'apophyse à la base de l'urne, et qu'il considérait comme n'ayant pas de perichœtium autour de leur pédicelle; ce genre qui comprenait tous les Polytrics à urne cylindroïde ou hémisphérique, n'a pas été adopté. *V.* POLYTRIC. (AD. B.)

POGONIA. BOT. PHAN. Jussieu avait établi sous ce nom un genre dans la famille des Orchidées, ayant pour type les *Arethusa ophioglossoides* et *Ar. ciliaris*. Ce genre, qui n'avait point été adopté d'abord, a été rétabli comme distinct par R. Brown et Lindley. Voici ses caractères : le calice est étalé ; les trois divisions externes et les deux intérieures sont entièrement libres et non glanduleuses ; le labelle est sessile, concave, marqué d'une crête souvent ciliée. Le pollen est farinacé. Robert Brown rapporte de plus, à ce genre, l'*Arethusa divaricata*. Le genre *Pogonia*, ainsi caractérisé, diffère des *Arethusa*, par son labelle sessile, ses divisions calicinales distinctes et non soudées entre elles ; son pollen farineux et non formé de grains solides.

Andrews avait également établi un autre genre *Pogonia* que Ventenat a nommé *Andrewsia*, mais que R. Brown croit devoir réunir à son genre *Myoporum*. (A. R.)

POGONIAS. OIS. Nom scientifique du genre Barbican. (B.)

POGONIAS. POIS. Genre d'Acanthoptérygiens de la famille des Percoïdes, très-voisin des Sciènes, ayant comme elles le museau obtus, les os de la tête caverneux, les opercules écailleux, mais sans dentelures. Leurs dents sont en velours ; il y a des pores sous la mâchoire inférieure, la partie épineuse de la dorsale est séparée jusqu'à la base molle ; le caractère particulier des Pogonias consiste en de nombreux barbillons, petits, adhérens sous la mâchoire inférieure, et rapprochés surtout sous la symphise. Cuvier en cite deux espèces, savoir : le *Sciæna gigas* de Mitchild, et le *Labrus grunniens* du même auteur, qui est le *Pogonias fasce* de Lacépède (T. II, pl. 26, fig. 2). Ce dernier a quatre bandes transversales, étroites, et d'une couleur très-vive de chaque côté du corps ; il se trouve en abondance dans la baie de Charlestown où il est recherché à cause de l'excellence de sa chair. (B.)

* POGONOCÈRE. *Pogonocerus*. INS. Nom donné par Fischer à un genre de Coléoptères auquel Latreille avait déjà assigné celui de Dendroïde. *V.* ce mot. (G.)

* POGONOCHÈRE. *Pogonocherus*. INS. Genre de l'ordre des Coléoptères, section des Tétramères, famille des Longicornes, tribu des Lamiaires, mentionné par Latreille (Fam. nat. du règn. Anim.), et dont les caractères nous sont inconnus. (G.)

POGONOPHORE. *Pogonophorus*. INS. Genre de l'ordre des Coléoptères, section des Pentamères, famille des Carnassiers, tribu des Carabiques, division des Abdominaux de Latreille, établi par Frœlich sous le nom de *Leistus* que Latreille lui a restitué dans ses Familles naturelles du Règne Animal, et ayant pour caractères : corps aplati, ailé ; tête ayant un cou distinct ; yeux saillans ; antennes sétacées, grêles, écartées à leur base, de onze articles, le premier allongé ; labre coriace, transversal ; mandibules courtes, larges, très-dilatées à leur base, pointues à l'extrémité ; mâchoires très-velues, terminées en pointe aiguë et arquée ; leur base extérieure munie d'un rang d'épines parallèles très-apparentes ; palpes extérieurs avancés, allongés, leur dernier article long et conique ; lèvre étroite, très-allongée, avancée, triépineuse à son extrémité supérieure ; corselet court, cordiforme ; élytres entières ; pates longues, peu fortes ; jambes antérieures sans échancrure ; tarses menus, filiformes ; les quatre premiers articles des antérieurs aplatis et larges dans les mâles. Ce genre se distingue de tous ceux de la division des Abdominaux, dans laquelle Latreille l'a placé, parce qu'aucun de ces genres n'a la base extérieure des mâchoires munie d'un rang d'épines parallèles très-apparentes ; il se compose de huit espèces presque toutes de la même grandeur, et toutes propres à l'Europe. Celle qui est la plus anciennement connue et qui sert de type au genre, est le *Pogonophorus cæruleus* de Latreille ; *Carabus spinibarbis*, Fabr., Oliv. T. III, p. 67, tab. 3, fig. 22, a, b, c ; *Manticora pallipes*, Panz. ; *Listus cæruleus*, Clairv. T. I, p. 148, pl.

23, fig. A, a. On le trouve aux environs de Paris, sous les pierres. (G.)

* POGONOPODES. *Pogonopoda.* CONCH. Dans sa Classification conchyliologique, Gray a nommé ainsi le cinquième ordre des Conchifères. Ce groupe comprend les trois genres *Arca*, *Mytilus*, *Avicula*. *V.* ces mots ainsi que ARCACÉS et MYTILACÉS. (D..H.)

POGOSTEMON. BOT. PHAN. Genre de la famille des Labiées, et de la Didynamie Gymnospermie, L., établi par Desfontaines (Mém. du Mus., vol. 2, p. 154) qui lui a imposé les caractères suivans : calice tubuleux, entouré de bractées, à cinq dents égales. Corolle renversée; la lèvre supérieure à trois lobes entiers, arrondis au sommet; la lèvre inférieure plus courte, entière et aplatie. Quatre étamines distinctes, didynames, plus longues que la corolle, à filets abaissés, ornés de barbes ou papilles transversales. Style de la longueur des étamines, surmonté de deux stigmates. Quatre ovaires renfermant autant de graines. Ce genre a de l'affinité avec l'Hyssope, mais il se distingue facilement par sa corolle renversée, par la structure de la lèvre supérieure, et par les filets de ses étamines qui sont barbus. Le *Pogostemon plectranthoides*, Desf., *loc. cit.*, tab. 6, est un petit Arbuste à feuilles ovales, pétiolées, dentées inégalement et pubescentes; à fleurs de couleur blanche disposées en épis courts. Cette Plante est cultivée depuis plusieurs années dans les serres chaudes du Jardin du Roi à Paris. On ignore son lieu natal. (G..N.)

*POHLANA. BOT. PHAN. Le genre proposé sous ce nom par Nées et Martius est identique avec le *Langsdorfia* de Leandro et le *Macqueria* de Commerson. Selon Adr. De Jussieu (Mém. sur les Rutacées et Zanthoxylées, p. 122), ce genre ne peut être séparé des *Zanthoxylum*; il renferme les espèces à cinq pétales, à cinq étamines et à un seul ovaire. *V.* ZANTHOXYLE. (G..N.)

POHLIA. BOT. CRYPT. (*Mousses.*) Hedwig avait séparé sous ce nom quelques espèces de *Bryum*, que beaucoup de muscologistes modernes persistent à laisser dans ce genre. Au contraire, Bridel multipliant les genres sans une étude suffisante des caractères et de leur valeur, a formé deux nouveaux genres aux dépens des *Pohlia*, les *Hemisynapsium* et les *Cladodium*, genres du reste fort peu connus, mais dont le premier est fondé sur deux espèces de Mousses de l'île Melville, rapportées par R. Brown au genre *Pohlia*, et le second sur une Plante du même lieu classé par ce savant botaniste parmi les *Bryum.*

Quant au genre *Pohlia* lui-même, il diffère à peine des *Bryum;* son péristome intérieur, membraneux, est à seize dents sans filamens intermédiaires, seul caractère qui distingue ce genre des *Bryum;* les auteurs allemands qui l'adoptent en ont admis plus de quinze espèces, mais dont plusieurs sont très-douteuses. (AD. B.)

* POI. OIS. Certains voyageurs citent sous ce nom de pays un Oiseau de proie des côtes de Guinée qui se nourrit d'Ecrevisses ou autres Crustacés. On ne sait encore à quel genre le rapporter. *V.* POÉ. (B.)

POIGNARDS. POIS. Nom vulgaire des Brochets d'âge moyen. *V.* ESOCE. (B.)

* POIKEN ET MANNALAI. Noms de pays du *Clupea sinensis*, espèce du genre Clupe. *V.* ce mot. (B.)

POIKILIS. OIS. Le Chardonneret dans l'antiquité. (B.)

POIL DE LOUP. BOT. PHAN. Plusieurs Graminées touffues à feuilles capillaires rigides, telles que le *Festuca ovina*, et le *Poa rigida*, ont reçu vulgairement ce nom. (B.)

POIL DE NACRE. CONCH. Le byssus des Pinnes marines sur quelques rivages. (B.)

POILS. ZOOL. et BOT. Ce sont des organes extérieurs et accessoires destinés à recouvrir en tout ou en partie l'enveloppe externe des Animaux des classes supérieures. Les Poils semblent donc être un caractère particulier des Mammifères, en exceptant toutefois les Cétacés. Bien que différant peut-être, par leur manière de se développer, des plumes qui remplissent les mêmes fonctions des Animaux de la seconde classe ou les Oiseaux, les Poils varient singulièrement, soit dans leur distribution, soit dans leurs formes. Ils sont le résultat d'un organe folliculaire placé sous l'épiderme et dans lequel est versée la matière qui concourt à les former. Cet organe folliculaire, qu'on a nommé *crypte* ou organe producteur, est une poche fibreuse ouverte à ses deux extrémités. Dans sa partie inférieure se rend l'extrémité des nerfs et des vaisseaux; par l'ouverture supérieure sort le Poil, résultat d'une sécrétion du crypte qui tapisse en dedans une membrane vasculaire chargée de sécréter un fluide qui remplit les parois de sa cavité. De cet organe folliculaire naissent donc les Poils; mais ceux-ci sont formés de deux parties fort distinctes, et dont la réunion a été nommée par Blainville *phanère*. Le bulbe des Poils est le plus ordinairement placé sous le derme; il est formé d'une enveloppe fibreuse extérieure, également percée de deux trous, d'une enveloppe vasculaire moyenne, et enfin d'une membrane mince appartenant au système nerveux, et que remplit une matière pulpeuse; des vaisseaux et des nerfs s'introduisent à la base du bulbe. Le phanère alimente donc le bulbe, et le bulbe à son tour concourt à l'accroissement de la partie morte que nous nommons Poil, et qui est toujours placée à l'extérieur du corps.

L'opinion la plus générale sur l'accroissement des Poils est que le bulbe sécrète sa matière pileuse sous forme de petits mamelons plus ou moins coniques, et que ces petits cônes sont successivement repoussés de l'organe producteur au fur et à mesure que de nouveaux cônes produits viennent s'interposer entre eux et l'organe qui leur a donné naissance; plus le bulbe produit de ces petits cônes, plus l'allongement du poil est considérable. Tel est du moins ce qui se passe pour les Poils simples, mais on conçoit qu'il peut en être un peu différemment pour ceux qu'on nomme Poils composés, tels que les espèces du Porc-Epic, par exemple, dont l'intérieur est creusé par un centre médullaire.

L'organisation des Poils présente particulièrement deux types très-distincts avec des variétés infinies dans chacun d'eux. Dans le premier, le Poil se compose d'une matière dure, consistante, tenace à l'extérieur, et blanche, spongieuse et molle à l'intérieur. Cette structure de Poils que nous nommons Piquans affecte des formes très-variables. Le second type comprend les Poils les plus communs et les plus ordinaires qui sont formés d'une seule substance, agglutinant des filamens très-ténus et peu visibles. Peut-être devrait-on établir un troisième ordre de Poils qui comprendrait les filamens cutanés agglutinés par une matière tenace, qui les transforme en écailles minces et solides, telles que celles des Pangolins. On pourrait leur réunir probablement les écailles imparfaites et de nature probablement pileuse, qui recouvrent l'épiderme des Cétacés.

Il serait sans doute trop long de passer en revue toutes les modifications qu'affectent les Poils; ils présentent mille nuances entre la souplesse et le moelleux de la soie, et la rigidité cassante d'une bourre grossière. Ils ont aussi reçu divers noms suivant les parties qu'ils revêtent. Dans l'Homme, par exemple, on nomme cheveux, ceux qui recouvrent la tête; sourcils, ceux qui sont implantés dans l'arcade du front; cils, ceux qui bordent les paupières; barbe, ceux qui couvrent le menton; et Poils, ceux des autres parties du corps. Les premiers sont généralement longs et communément droits; les derniers sont généralement courts, crispés, tortillés sur eux-mêmes, rigides et secs. Chez quelques Animaux ils ont aussi reçu des noms appropriés aux régions du corps qu'ils occupent : sur le cou du Cheval ils se nomment crins, et forment la crinière; ils constituent la laine, au contraire, lorsqu'ils sont très-fins, très-contournés sur eux-mêmes, et qu'ils sont hérissés d'une infinité de petites pointes; c'est de la bourre lorsque, doux, soyeux, ils forment sur la peau une couche épaisse cachée par les longs Poils secs extérieurs. Enfin, lorsque les Poils ont une certaine rigidité unie à de la flexibilité, on les nomme soies. On a conservé le nom de moustaches aux Poils qui naissent sur le rebord des lèvres d'un grand nombre d'Animaux, et celui de brosses à des réunions de soies courtes et roides qui occupent la partie extérieure des membres de plusieurs Cerfs et Antilopes. Les *pinceaux* sont des touffes de Poils qui caractérisent certains genres de Rongeurs. La réunion de tous les Poils forme la fourrure, et la couleur qu'elle affecte en est le pelage. Quant aux formes propres aux Poils, elles varient dans beaucoup de genres; un grand nombre de Rongeurs ont des piquans; quelques espèces ont des Poils annelés; ils sont coniques, fusiformes, flexueux, aplatis, moniliformes, vésiculeux, etc., chez un grand nombre d'autres.

Les Poils sont implantés ou profondément, ou d'une manière superficielle. Dans le premier cas, ils sont persistans, dans le second ils se renouvellent avec la même facilité qui les fait tomber. Quelques piquans sont implantés sous le derme et maintenus par un élargissement de la base.

La direction qu'ils affectent mérite aussi d'être indiquée. On dit que les Poils sont droits quand ils sont implantés perpendiculairement à la peau; couchés ou lisses quand ils reposent horizontalement sur cette partie; rebroussés, etc.

Tous les Animaux ne présentent point la même quantité de Poils; les uns ont des fourrures très-épaisses, et les Pachydermes, par exemple, ont la peau presque nue; mais la distribution des Poils sur les diverses parties du corps, est loin d'être la même; les parties internes et inférieures des membres en sont généralement privées. Les Poils ne présentent point les vives couleurs qui sont propres à la majeure partie des plumes; leurs teintes sont en général ternes, et on ne connaît qu'un seul Animal (la Taupe dorée) dont les Poils aient les reflets métalliques. En général les couleurs propres aux Poils sont celles du rouge et de ses teintes mélangées jusqu'au jaune vif, et du noir profond jusqu'au blanc pur, ayant pour intermédiaire les teintes brunes, grises, cendrées et blanchâtres. L'influence du climat semble toutefois se faire sentir pour un grand nombre d'Animaux du Nord, et une maladie particulière nommée albinisme affecte souvent des espèces à pelage noir par exemple, et qui deviennent ainsi toutes blanches. Certains Poils sont annelés par plusieurs sortes de couleurs, et ceux du jeune âge fréquemment ne ressemblent point à ceux des individus adultes. Cette modification particulière, dans la couleur des Poils, est connue sous le nom de livrée. On a remarqué qu'on pourrait se servir de la couleur du pelage et de sa nature, comme d'un caractère général fort utile. Les familles les plus naturelles résentent en effet bien peu de diss mblance à ce sujet.

Les chimistes ont reconnu que les cheveux étaient formés d'une grande quantité de mucus, d'une petite quantité d'huile blanche concrète, de beaucoup d'huile noire verdâtre, de Fer, de quelques atômes d'oxide de Manganèse, de phosphate de Chaux, d'une très-petite quantité de carbonate de Chaux, de Silice et de beaucoup de Soufre. L'huile noire verdâtre qu'on rencontre dans les cheveux rouges a une plus grande proportion d'oxide de Fer. Vauquelin a attribué la décoloration des Poils par la vieillesse à l'interruption de la sécrétion de la matière colorante; ne pourrait-on pas attribuer à la même cause le phénomène que présentent les Animaux du Nord, de blanchir chaque hiver aux époques des grands froids qui doivent imprimer sur la peau une atonie assez profonde pour interrompre la sécrétion du fluide nourricier du bulbe? Une matière huileuse entretient la souplesse des Poils; mais c'est principalement chez les Animaux destinés à séjourner dans l'eau que cette sécrétion, qui sert à la garantir des longues macérations, est plus abondante.

Les Poils sont aussi sujets à une sorte de mue. Ils tombent chaque année chez plusieurs Animaux, et cela tient à ce qu'ayant usé la somme d'énergie vitale du bulbe, celui-ci ne fournissant plus de matière nouvelle, les Poils sont forcés de se raccornir à leur base, et ils se détachent alors pour être remplacés par le produit de la nouvelle sécrétion. Cette époque coïncide avec celle du rut et la précède.

Obligé de nous restreindre dans cet article, nous n'avons fait qu'effleurer un sujet qui eût demandé de grands développemens, et l'on voudra bien consulter les articles MAMMIFÈRE, HOMME, ORANG et SYSTÈME PILEUX. (LESS.)

DANS LES VÉGÉTAUX, les Poils peuvent exister sur toutes leurs parties, soit sur celles qui sont exposées à l'action de l'air et de la lumière, soit sur celles qui, comme la racine, sont soustraites à l'action de ces agens. Aussi est-il peu de Plantes qui en soient entièrement dépourvues. Cependant on les observe plus fréquemment sur celles qui sont le plus immédiatement exposées à l'air et à la lumière, sur celles qui vivent dans les lieux secs et arides, tandis qu'ils manquent plus ou moins complétement sur les Végétaux abrités, et surtout sur ceux qui sont étiolés. La forme, la nature de la disposition générale des Poils sont très-variables. Il y a des Poils qui sont constamment simples, d'autres qui sont ramifiés. Mais parmi ceux-ci, les uns sont bifides, trifides ou multifides seulement à leur sommet; les autres sont ramifiés dès leur base. En général les Poils sont plus ou moins subulés et perpendiculaires sur la partie où ils naissent, quelquefois ils sont en navette; c'est-à-dire placés horizontalement et attachés par le milieu de leur longueur. D'autres Poils, au lieu d'être filiformes, sont plus ou moins planes, et servent ainsi de passage des Poils aux écailles. Dans ce cas ils semblent formés d'un grand nombre de Poils étalés en étoile et soudés ensemble par leurs côtes. Quelquefois ces organes sont implantés sur une glande ou en portent une à leur sommet. Dans le premier cas ils sont ou les canaux excréteurs de cette glande, qui est toujours placée sous l'épiderme, et qui le plus généralement sécrète une humeur âcre et corrosive, comme on le remarque dans les Orties, les Malpighia, etc., ou bien ils sont un simple prolongement du tissu de la glande. Les Poils glandulifères à leur sommet se remarquent dans beaucoup de Rutacées, comme la Fraxinelle, plusieurs *Diosma*, etc. Les Poils varient beaucoup quant à leur longueur, quelques-uns étant excessivement courts et à peine visibles, d'autres au contraire étant longs quelquefois de plus d'un pouce comme dans l'*Hieracium eriophorum*. Il y en a qui sont doux et soyeux, d'autres qui sont roides ou laineux et frisés.

La structure anatomique des Poils est en général assez simple; ils sont creux et paraissent être un prolongement d'une des cellules de l'épiderme. Mais certains Poils présentent de distance en distance des cloisons, et sont formés de plusieurs cellules ajoutées bout à bout. D'autres fois enfin les Poils forment un canal simple et non interrompu; c'est ce qu'on remarque dans tous ceux qui sont les canaux excréteurs des glandes sur lesquelles ils sont placés. Quant aux usages des Poils, ils sont assez variés. Ainsi généralement ces organes doivent être considérés comme des moyens de protection des organes qu'ils recouvrent. Ils servent à les défendre contre l'action trop immédiate de l'air et de la lumière. Mais dans quelques circonstances ils paraissent en quelque sorte destinés à augmenter la surface absorbante de la Plante, comme par exemple, lorsque celle-ci vit dans un terrain sec et aride où ses racines ne peuvent puiser dans le sein de la terre tous les matériaux nécessaires à sa nutrition.

La disposition générale des Poils ou la pubescence offre de très-grandes différences suivant la nature, l'abondance, la position de ceux-ci. *V.* PUBESCENCE. (A. R.)

* POINCIA. BOT. PHAN. (Necker.) Syn. de Poinciane. *V.* ce mot.

POINCIANE. *Poinciana.* BOT. PHAN. Genre de la famille des Légumineuses, tribu des Cæsalpinées et de la Décandrie Monogynie, L., établi par Linné et ainsi caractérisé par De Candolle (*Prodrom. System. veget. natur.*, 2, p. 483) : calice à cinq sépales inégaux, réunis par la base en une capsule presque persistante, l'inférieur grand et concave; corolle à cinq pétales stipités, le supérieur de forme différente des autres; dix étamines très-longues, toutes fertiles, à filets hérissés à la base; style très-long; légume plan, comprimé, bivalve, à plusieurs loges séparées par des isthmes spongieux; graines obovées, comprimées, couvertes d'une endoplèvre qui devient gélatineuse dans l'eau, pourvues de cotylédons plans et d'une plumule ovale. Ce genre est tellement rapproché des *Cæsalpinia* que plusieurs auteurs n'ont pas hésité à les confondre. Ils ne diffèrent en effet que par deux caractères fort légers, savoir : 1° les étamines sont à peine plus longues que la corolle dans les *Cæsalpinia*, et beaucoup plus longues qu'elle dans le *Poinciana ;* 2° dans le premier de ces genres, les gousses ne sont pas divisées intérieurement en fausses loges par des cloisons spongieuses comme dans le second.

En conservant le genre *Poinciana* avec ces faibles caractères, on n'y compte que trois espèces qui croissent dans les climats chauds du globe, aux Antilles, dans l'Amérique méridionale, et dans l'Inde-Orientale. Ce sont des Arbres ou des Arbrisseaux très-élégans, pourvus ou dépourvus d'aiguillons, à feuilles bipinnées sans impaire, et à fleurs réunies en panicules corymbiformes. La plus remarquable de ces Plantes, celle qui doit être considérée comme type du genre, est le *Poinciana pulcherrima*, L., Arbrisseau d'un très-bel aspect, remarquable par la beauté de ses fleurs disposées en épi lâche, terminal, et d'où sort un faisceau de longues étamines courbées. Cette Plante croît naturellement dans les deux Indes. On s'en sert aux Antilles pour former des haies qui fixent les limites des possessions. A la Jamaïque, on lui donne le nom de *Séné*, parce qu'on emploie ses feuilles comme purgatif à la place du Séné. Son bois peut être utilisé en teinture, comme celui des *Cæsalpinia.* Cet Arbrisseau porte les noms vulgaires de Fleur de Paon, Feur de Paradis, Haie fleurie, OEillet d'Espagne. (G..N.)

POINCILLADE. BOT. PHAN. Nom francisé du genre *Poinciana* de Linné. On l'a aussi faussement appliqué à l'*Adenanthera* du même auteur. *V.* ces mots. (G..N.)

POINÇON. MOLL. Nom vulgaire et marchand du *Buccinum Pugio*, L., qui paraît être la même Coquille que le *Terebra strigillata* de Lamarck. (B.)

POINT DE HONGRIE. INS. MOLL. Un Lépidoptère du genre Hespérie, le Fossoyeur du genre Nécrophore, le *Cypræa fragilis*, la *Venus costrensis*, et le *Trochus Iris*, ont reçu ce nom vulgaire. (B.)

POINTERELLE. INS. On donne ce nom, dans certains cantons septentrionaux de la France, aux Insectes qui mangent les bourgeons des Arbres. (B.)

POINTES D'OURSINS. ÉCHIN. Ce nom se donne à de petites baguettes plus ou moins allongées et de formes assez variables qui garnissent le dehors des Oursins et leur servent de moyens de progression et de défense tout à la fois. Ce nom s'applique tout aussi bien à celles que l'on trouve fossiles. Quelques-unes ont des formes très-singulières, et il est fort difficile d'expliquer leur production et leur accroissement. Il y a quelques années qu'un savant minéralogiste prétendit que les Bélemnites étaient des Pointes d'Oursins. Il était difficile de soutenir cette opinion devant des faits aussi concluans que ceux qui existent sur ce genre. Cette question a été traitée à l'article BÉLEMNITE auquel nous renvoyons ainsi qu'à OURSIN. (D..H.)

* POINTILLÉ. POIS. (Lacépède.) Espèce du genre Ostracion. On a aussi appelé de même une Blennie et la Roussette du genre Squale. (B.)

POINTILLAGE BLANC. MOLL. Nom vulgaire et marchand du *Cypræa ærosa.* (B.)

POIRE. MOLL. Nom vulgaire et marchand du *Voluta Pirum*, L., qui est une Turbinelle de Lamarck et du *Conus bullatus.* On a aussi appelé POIRE D'AGATHE, le *Murex Tulipa*, et POIRE SÈCHE, le *Murex Pirum* qui est une Pyrule. *V.* ce mot. (B.)

POIRE. BOT. PHAN. Le fruit du Poirier. On a encore appelé POIRE D'ACAJOU, le fruit du *Cassuvium;* POIRE D'ANCHOIS, le fruit du *Grias;* POIRE DE BACHELIER, une Morelle; POIRE DE TERRE, le Topinambour; POIRE DE VALLÉE, la Bardane, etc. (B.)

POIREAU ou PORREAU. BOT. PHAN. *Allium Porrum.* Espèce du genre Ail. *V.* ce mot. (B.)

POIRÉE. BOT. PHAN. Espèce du genre Bette. *V.* ce mot. (B.)

POIRETIE. *Poiretia.* BOT. PHAN. Plusieurs genres ont été dédiés à Poiret, continuateur de la botanique dans l'Encyclopédie par ordre de matières; mais ces genres homonymes sont tous des doubles emplois de genres précédemment établis, à l'exception d'un seul dont nous parlerons plus bas, et qui a été conservé par De Candolle. Le *Poiretia* de Cavanilles est le *Sprengelia* de Smith et R. Brown. Celui de Gmelin est l'*Houstonia* de Linné. Celui de Smith est l'*Hovea* de R. Brown. Enfin, Ventenat (Choix de Plantes, tab. 42) a établi sous le nom de *Poiretia* un genre de Légumineuses qui a été encore désigné sous celui de *Turpinia* par Persoon. C'est de ce dernier genre qu'il sera question dans cet article. Il offre les caractères essentiels suivans : calice campanulé, bilobé; la lèvre supérieure presque bidentée, l'inférieure courte, à trois dents. Corolle dont l'étendard est orbiculé, échancré, repoussé par la carène et réfléchi en arrière, les ailes très-ouvertes. Etamines au nombre de huit à dix, réunies en un seul tube fendu supérieurement. Stigmate capité. Légume composé de trois à quatre articles comprimés, monospermes, se séparant les uns des autres à la maturité, et tronqués à angles droits. Ce genre fait partie de la tribu des Hédysarées de De Candolle. Il renferme trois espèces, savoir : 1° *Poiretia scandens*, Vent., *loc. cit.*; *P. punctata*, Desv., Journ. Bot., 3, p. 122, tab. 5, fig. 7; *Glycine*, Lamk., Illustr., tab. 609, fig. 2. Espèce qui croît à Saint-Domingue et dans l'Amérique méridionale près de Caraccas; 2° *P. psoraloides*, De Cand., ou *Psoralea tetraphylla*, Poiret. Commerson a trouvé cette Plante au pied des montagnes, dans les environs de Montevidéo; 3° *P. latisiliquosa*, Desv., *loc. cit.*; *Hedysarum latisiliquosum*, Juss. et Poiret. Cette espèce, qui forme peut-être le type d'un genre particulier, croît dans le Pérou. Ces Plantes sont des Arbustes grimpans qui ont le port des Glycines. Leurs feuilles sont à deux paires de folioles, accompagnées de stipules distinctes du pétiole. Les fleurs glanduleuses, ponctuées, sont disposées en grappes courtes et axillaires.

(G..N.)

POIRIER. *Pyrus*. BOT. PHAN. Les Poiriers forment dans la famille des Rosacées et dans l'Icosandrie Pentagynie, un genre déjà distingué par les botanistes anciens. Cependant Linné crut devoir réunir en un seul genre qu'il nomma *Pyrus*, non-seulement les Poiriers proprement dits, mais encore les Pommiers et les Coignassiers. Mais la plupart des botanistes modernes, tout en reconnaissant l'extrême analogie qui existe entre ces trois groupes d'Arbres fruitiers, en ont fait autant de genres séparés auxquels ils ont donné les noms de *Pyrus*, *Malus* et *Cydonia*. Dans son excellent travail sur la tribu des Pomacées, John Lindley rétablit le genre *Pyrus* tel que Linné l'avait circonscrit, et il y joint de plus le genre *Sorbus*, qui n'en diffère par aucun caractère important. Sans contester l'exactitude de ces rapprochemens, nous ne nous occuperons ici que des Poiriers proprement dits. Ce sont des Arbres quelquefois très-élevés, portant des feuilles simples, alternes et dentées, munies de deux stipules à leur base; les fleurs sont souvent assez grandes, réunies en bouquets à l'extrémité des rameaux. Le calice est monosépale; son tube est urcéolé; son limbe évasé et à cinq divisions; la corolle est formée de cinq pétales étalés, et les étamines, qui sont nombreuses, sont insérées, ainsi que la corolle, au haut d'un disque pariétal qui tapisse le tube calycinal. Les ovaires, au nombre de trois à cinq, sont placés dans le tube du calice, dressés et soudés avec lui par leur côté externe, et entre eux par leurs côtés. Chaque ovaire contient deux ovules dressés. Les styles sont longs, grêles, distincts, terminés chacun par un petit stigmate simple. Le fruit est une mélonide ordinairement pyriforme.

Les espèces de ce genre, limité ainsi que nous l'avons fait, ne sont pas très-nombreuses. Indépendamment du Poirier commun, dont nous parlerons tout à l'heure, on cultive encore dans les jardins le Poirier à feuilles de saule, *Pyrus salicifolia*, L., qui est originaire de Sibérie et du midi de la France, et qui se distingue par ses feuilles étroites, lancéolées, aiguës et velues; le Poirier du mont Sinaï, *Pyrus Sinaica*, Thouin, qui vient de l'Arabie Pétrée, et dont les fruits, extrêmement petits, sont coriaces et presque secs; le Poirier cotonneux, *Pyrus polveria*, L., qui croît dans nos forêts, et dont les feuilles sont couvertes d'un duvet cotonneux, etc.

Le POIRIER COMMUN, *Pyrus communis*, L., dont on connaît un si grand nombre de variétés obtenues par la culture, est un Arbre qui, dans quelques cas, peut acquérir une hauteur d'environ quarante pieds et même au-delà, et dont le tronc offre souvent à sa base jusqu'à huit et dix pieds de circonférence. Quelquefois les rameaux, surtout chez les jeunes pieds qui n'ont point encore fleuri, sont armés d'épines, lesquelles finissent toujours par disparaître. Ses feuilles, portées sur d'assez longs pétioles, sont ovales, obtuses, finement dentées, pubescentes à leur face inférieure dans leur jeunesse, mais finissant par devenir glabres. Les fleurs sont blanches, pédonculées, disposées en bouquets ou cimes aux extrémités des rameaux particuliers, courts et gros, et qu'on nomme lambourdes. A ces fleurs succèdent des fruits qui varient singulièrement par leurs formes, leur grosseur, leur couleur, leur saveur, etc. Dans l'état de nature, les fruits du Poirier, comme ceux du Pommier et de la plupart des autres Arbres que nous cultivons dans nos vergers, sont petits, durs et d'une âpreté intolérable. La culture, en développant le parenchyme, y fait affluer les principes mucoso-sucrés, qui rendent ces fruits d'une saveur très-agréable. Le nombre des variétés obtenues par la culture est extrêmement considérable, ainsi que nous l'avons dit précédemment. On les divise d'abord en fruits à couteau ou Poires à manger, et en fruits à cidre. Parmi les premières, on peut établir deux sections, suivant que les fruits parvenus à leur maturité parfaite, ont la chair fondante, ou suivant que leur chair reste toujours croquante. Il n'entre pas dans le plan de cet ouvrage d'énumérer ici toutes les variétés de Poires qui font l'ornement de nos vergers; nous nous contenterons simplement de citer ici quelques-unes des plus remarquables qui appartiennent à l'une et à l'autre de ces divisions. Ainsi, parmi les Poires à chair fondante, nous trouvons : la Crassane, les Beurrés gris, jaune et d'Angleterre, le Saint-Germain, l'Epargne, le Bézy de Chaumontel, la Virgouleuse, le Colmar, la Mouille-Bouche, etc. Au nombre des Poires à chair croquante se distinguent : les Bons-Chrétiens d'été et d'hiver, le Martin-Sec, le Messire-Jean, le Catillac, le Franc-Réal, etc. Quant aux Poires à cidre, elles ne sont pas moins variées que les Poires à couteau; mais comme les dénominations vulgaires par lesquelles on les désigne varient dans chaque province, et même souvent dans chaque canton d'une même province, nous croyons inutile de faire ici une énumération qui serait et trop incomplète et trop locale. La liqueur que l'on obtient par la fermentation du suc exprimé des Poires, et qui porte le nom de *Poiré*, est en général plus forte, plus alcoholique que celle qu'on retire de la Pomme; mais elle paraît moins saine, à cause de la trop grande excitation qu'elle détermine; aussi est-elle moins estimée et moins souvent employée comme boisson habituelle. Cependant le poiré bien préparé et mis en bouteille, avant que la fermentation soit entièrement achevée, est une liqueur agréable, pétillante, et qui a une certaine analogie avec le vin de Champagne.

Quant à la culture des Poiriers, nous dirons que cet Arbre peut se mettre en espalier ou en plein vent, et dans ce dernier cas, tantôt il est à haute tige, tantôt en quenouille ou à basse tige et en entonnoir. Il ne faut pas mettre les Poiriers en espalier à l'exposition du midi, mais à celles du levant et du couchant. En général, le terrain qui leur convient le mieux est une terre très profonde, franche et légère, car dans les terres grasses, humides et glaiseuses, leurs rameaux s'effilent, leurs feuilles jaunissent et ils finissent par devenir stériles. Toutes les variétés se multiplient par le moyen de la greffe.

Le nom de Poirier a été donné à des Arbres qui n'appartiennent pas au genre dont il vient d'être question : ainsi l'on a appelé :

Poirier ou Bois de Savane, à Cayenne, le Couma d'Aublet.

Poirier des Iles, le *Bignonia pentaphylla*, L. *V*. Bignone.

Poirier de Chardon, les Cactes. (A. R.)

POIS. *Pisum*. bot. phan. Genre de la famille des Légumineuses, et de la Diadelphie Décandrie, L., établi par Tournefort, et placé par De Candolle dans sa tribu des Viciées entre les genres *Ervum* et *Lathyrus*. Voici ses caractères principaux : calice à cinq découpures aiguës, foliacées, les deux supérieures plus courtes; corolle papilionacée dont l'étendard est très-grand, presque cordiforme, relevé, les deux ailes conniventes, la carène comprimée en forme de croissant plus courte que les ailes; style comprimé, courbé en carène, et velu vers sa partie supérieure; gousse oblongue, comprimée, non ailée, renfermant plusieurs graines sphériques marquées d'un hile arrondi. Le genre *Pisum* est tellement voisin du genre Gesse (*Lathyrus*) qu'il est presque impossible de leur assigner des caractères absolument tranchés. Cependant ces deux genres diffèrent suffisamment entre eux par le port, pour qu'on doive admettre leur séparation. Linné réunissait au genre *Pisum* une espèce (*P. Ochrus*) qui est devenue le type du genre *Ochrus* de Mœnch, adopté par Persoon; mais cette Plante fait partie des Gesses ou *Lathyrus*, selon De Candolle. Dans le second volume du *Prodromus Systematis Vegetabilium* de ce dernier auteur, Seringe a publié huit espèces de Pois. Ce sont des herbes annuelles, à feuilles pinnées sans impaires trijuguées, munies de vrilles et de larges stipules. Leurs fleurs offrent des couleurs très-nuancées, blanches, panachées, rougeâtres, bleues, purpurines, etc. La plupart de ces espèces paraissent indigènes des contrées orientales qui font partie du bassin de la Méditerranée; mais on ignore la patrie de celle qui doit être considérée comme type du genre, et qui est cultivée abondamment dans toute l'Europe.

Le Pois cultivé, *Pisum sativum*, L., est tellement connu, qu'une description en serait superflue. Cette Plante a produit un grand nombre de variétés parmi lesquelles nous citerons particulièrement les suivantes: 1° *Pois sucrés* ou *Petits Pois;* la gousse est un peu coriace, légèrement comprimée, quelquefois cylindroïde; les graines sont rondes, distantes les unes des autres, et ont une saveur sucrée. On en consomme une très-grande quantité comme légume de table, et on les mange avant leur complète maturité. 2° *Pois goulus*, *Pois mange-tout*, *Pois sans parchemin*. Cette variété se reconnaît à ses gousses très-grandes, en forme de faulx, très-comprimées, à valves non coriaces, d'une consistance tendre, succulente, munie intérieurement d'une pellicule très-mince, ce qui les rend comestibles; les graines sont grosses et distantes les unes des autres. 3° *Pois à bouquet;* les fleurs forment une sorte d'ombelle terminale; les graines sont brunes. Ces caractères suffiraient presque pour en former une espèce distincte. On cultive cette variété plutôt comme Plante d'agrément que pour des usages économiques. 4° *Pois carré;* ses graines sont très-grosses, d'une forme carrée, et fournissent une excellente nourriture. 5° *Pois nains;* la tige est très-basse, les gousses sont petites, un peu coriaces, les graines rondes et rapprochées. Outre ces variétés, on remarque aussi le *Pois Michaut* qui est très-hâtif, de toute saison, tendre et sucré; le *Carré fin* ou *Clamart*, excellent et d'un grand rapport; et le *Carré vert*, qui est le plus propre à être conservé pour en faire des purées. Quant au *Pois de Pigeon*, nommé aussi *Bisaille*, il appartient à une espèce nommée par Linné *Pisum arvense*, et fondée principalement sur ce qu'elle présente des pédoncules uniflores, caractère vague et qui s'évanouit dans un grand nombre d'individus. On le cultive principalement pour être employé comme fourrage; ses graines servent à engraisser la volaille.

On a étendu le nom de Pois à des Légumineuses qui appartiennent à des genres très-différens. Ainsi on a appelé:

Pois d'Angole ou de sept ans, le *Cytisus Cajan*, L.

Pois de Brebis, la Gesse cultivée.

Pois Café, le *Lotus tetragonolobus*, L.

Pois Ciche ou Chiche, le *Cicer arietinum*. *V.* Ciche.

Pois doux de la Martinique, le *Mimosa fagifolia*, L.

Pois a gratter ou Pois Patate, le *Dolichos pruriens*, L., qui fait maintenant partie du genre *Mucuna*. *V.* ce mot. On a aussi donné ce nom au fruit du *Cnestis*.

Pois Sabre, l'*Eperua falcata*. *V.* Eperu.

Pois de senteur ou Pois odorant, le *Lathyrus odoratus*. *V.* Gesse, etc.

(G..N.)

POISONS. On entend par ce mot toutes les substances qui, introduites à petite dose dans l'économie animale, y causent un trouble capable de produire des résultats funestes. Ainsi les Poisons ne diffèrent des médicamens qu'en ce que l'action des premiers est toujours fatale aux individus qui y sont soumis, tandis que l'action des seconds se borne à un léger dérangement dans le système, ou si le dérangement qu'ils causent offre un peu de gravité, la santé de l'Animal en est toujours le résultat définitif et désiré. La distinction de ces deux classes de substances est évidemment arbitraire, car telle substance, comme le Sublimé Corrosif, l'Arsenic, l'Emétique et une foule de sels minéraux, sera, suivant les personnes et les circonstances, un remède héroïque ou un Poison dangereux; telle autre, qui frappera de mort certains Animaux, ne produira rien sur d'autres, et même fournira à quelques-uns une nourriture substantielle. La science, qui embrasse la connaissance complète des Poisons, savoir: leur origine, leur composition chimique, leurs effets physiologiques, et les moyens d'y remédier, porte le nom de *toxicologie*. Elle fait partie des sciences d'application, et se lie aux questions importantes de médecine légale qui, les unes et les autres, ne peuvent être traitées dans cet ouvrage. Cependant le naturaliste ne néglige jamais d'indiquer les propriétés délétères des corps, et il s'en sert quelquefois comme d'un caractère utile. Dans les Végétaux, par exemple, il y a des familles entières qui se font remarquer par l'activité de leurs Poisons. Pour ne pas multiplier les citations, nous rappellerons seulement au souvenir des lecteurs les Euphorbiacées et les Asclépiadées. A bien peu d'exceptions près, ces deux familles sont caractérisées par l'âcreté caustique de leurs sucs; et l'uniformité de leur mode d'action sur l'économie animale confirme celle de leurs rapports d'organisation.

On a divisé les Poisons en trois grandes classes qui sont: 1° les *Poisons minéraux*; 2° les *Poisons végétaux*; 3° les *Poisons animaux*. Ces derniers sont plus souvent désignés sous le nom de *Venins*; et pour qu'ils produisent des effets funestes, il faut qu'ils soient introduits dans le torrent de la circulation, car les plus actifs de ces Venins sont fort innocens, ou du moins ne produisent pas des effets très-fâcheux lorsqu'on les introduit dans le canal digestif seulement. Les expériences de Fontana, sur le Venin de la Vipère, ont mis cette vérité en évidence. Quelques Poisons végétaux peuvent, sous ce rapport, être assimilés aux Venins des Animaux; tel est le *Curare*, sur lequel Humboldt et Bonpland ont donné des renseignemens très-détaillés. *V.* CURARE. Mais la plupart des substances vénéneuses tirées du règne végétal, doivent leur action énergique à des principes alcaloïdes découverts en ces derniers temps (Strychnine, Brucine, Morphine, etc.), qui agissent puissamment sur le système nerveux, lorsqu'on les introduit à très-petite dose dans l'économie animale, soit par la bouche, soit par toute autre ouverture du corps.

Observons d'ailleurs en passant qu'il n'y a probablement aucune substance animale qui soit vénéneuse par elle-même (nous ne disons pas venimeuse), si elle ne fait que traverser le canal digestif. Est-il bien certain que les œufs de Brochet, que les Moules et d'autres matières animales, réputées vénéneuses, le soient par l'activité de leurs principes constituans? D'un autre côté, ne sait-on pas à quoi s'en tenir sur les prétendus dangers des Poissons Ichtiques ou toxicophores? Si l'opinion d'un de nos collaborateurs, qui a beaucoup médité sur ce sujet, a quelque poids dans l'esprit de nos lecteurs, nous les engageons à relire l'article ICHTIQUE où il fait la part de la crédulité et celle du crime dans les nombreux empoisonnemens qui ont lieu aux Antilles par les Poissons toxicophores, comme dit Moreau de Jonnès.

(G..N.)

POISSON. *Piscis*. ZOOL. Ce nom qui, au pluriel et collectivement, désigne une grande classe de Vertébrés, est spécifique, mais trivial, lorsque quelque épithète distinctive l'accompagne. Ainsi on a appelé vulgairement:

POISSON ATHROPOMORPHE, le Lamantin et même le Dugong, ainsi que plusieurs êtres fabuleux dont on trouve des figures dans les anciens ichthyologistes.

POISSON D'ARGENT, les Dorades blanches de la Chine, et la Ménidie, espèce du genre Athérine.

POISSON ARMÉ, divers Coffres, particulièrement l'espèce à quatre épines. Dutertre désigne sous ce nom l'Orbe du genre Diodon, et dans les rivières du Canada, c'est le Lépisostée Gavial qui est appelé plus particulièrement ainsi.

POISSON D'AVRIL, le Maquereau.

POISSON BANANE, ce sont aux Antilles les Poissons qui ont une chair molle et trop d'arêtes pour qu'on ait du plaisir à les manger, mais dont on fait ordinairement d'assez bon bouillon. Ils appartiennent, pour la plupart, au genre Elops; ordinairement, c'est l'Argentine Glossodonte.

POISSON BLANC; dans les provinces méridionales, ce nom désigne collectivement les petites espèces du genre Cyprin, aussi appelées Platons, et la plupart des Ables. Dans les mers du Nord, il paraît que c'est le Béluga.

POISSON BOEUF, l'un des noms vulgaires du Lamantin dans les mers d'Amérique.

POISSON BOURSE, une petite espèce du genre Baliste.

POISSON CHINOIS, le *Gobius Schlosseri*, espèce du sous-genre Périophthalme, dont on fait une grande consommation à la Chine.

POISSON CHIRURGIEN, espèce du genre Acanthure.

POISSON COQ, les Collorhynques, etc., un Zée, *Zeus Gallus*.

POISSON COFFRE, la plupart des espèces du genre Ostracion.

POISSON CORNU, les Balistes du sous-genre Aleutère.

POISSON COURONNÉ; on prétend que les pêcheurs hambourgeois appellent ainsi le Hareng.

POISSON CUIRASSÉ, les Syngnathes et le Pégase.

POISSON DE DIEU, la Tortue de France, le Caret, et généralement les grosses espèces de Tortues de mer dans certains parages.

POISSON DORÉ, le beau Cyprin, originaire de la Chine, qui est bien plus rouge que doré, et une Carpe.

POISSON ÉLECTRIQUE, ordinairement le *Gymnotus electricus*, rarement la Torpille dont le nom est plus vulgairement employé.

POISSON EMPEREUR, le *Xiphias Gladius*.

POISSON EPINARDE, l'Épinoche du genre Gastérostée.

POISSON EVENTAIL, un Coriphœne du sous-genre Oligopode.

POISSON FEMME, le Lamantin, et les fabuleuses Syrènes.

POISSON FÉTICHE; on dit que les Nègres, sans désigner lesquels, adorent, sous ce nom, une Baliste et un Squale, sans désigner davantage quels sont ce Squale et cette Baliste.

POISSON FLEUR, diverses Actinies et Méduses qui ne sont pourtant pas des Poissons.

POISSON GLOBE, tout Tétrodon qui se peut gonfler en boule.

POISSON GOURMAND, la Girelle proprement dite, l'une des espèces de Labres les plus voraces.

POISSON EN HABIT DE MOINE; on ne sait quel monstre marin Rondelet a voulu figurer sous ce nom, avec un autre Poisson en habit d'évêque.

POISSON DE JONAS; ce devrait être une Baleine selon le texte de l'Ecriture-Sainte, mais de graves commentateurs ont prouvé, et Rondelet adopta l'opinion que ce devait être une Lamie, sorte de Squale.

POISSON JUIF, le Squale Marteau.

POISSON LÉZARD, le Dragonneau du genre Callionyme.

POISSON LUNE. *V.* CHRYSOTOSE. C'est aussi le *Zeus Gallus* et la Mole. *V.* ces mots.

POISSON MANGUE, diverses espèces du genre Polynème.

POISSON MARTEAU, même chose que Poisson Juif.

POISSON MONOCÉROS, le Narwal et une Baliste du sous-genre Aleutère.

POISSON MONTAGNE, le Kraken dont le conchyliologiste Denis Montfort entreprit de démontrer l'existence, et qu'il a fait représenter dans le Buffon de Sonnini avalant un vaisseau à trois mâts.

POISSON A MOUSTACHES, divers Silures.

POISSON A L'OISEAU, un Pleuronecte dans les mers de l'Inde.

POISSON DE PARADIS, même chose que Poisson Mangue.

POISSON PERROQUET, divers Labres, Scares et autres espèces couleur d'émeraude de divers genres.

POISSON ROND, le *Diodon Orbis*.

POISSON ROUGE DE LA CHINE, la Dorade chinoise.

POISSON ROYAL. *V.* CHRYSOTOSE. C'est aussi le Thon, l'Esturgeon, l'Ombre, etc., etc.

POISSON SABRE, le Dauphin gladiateur et notre Acinacée bâtarde.

POISSON SACRÉ, un Lutjan.

POISSON SAINT-PIERRE, le *Zeus Faber*, à cause des deux taches rondes que laissèrent sur son corps les deux pouces de l'apôtre quand il en prit un individu pour chercher dans sa bouche une pièce de monnaie.

POISSON SCIE, le *Squalus pristis*, L.

POISSON DE NOTRE SEIGNEUR, le Scœpène en certains lieux de l'Occitanique où l'on est persuadé que la couleur rouge de ce Poisson lui a été imprimée en mémoire des maux que souffrit le fils de Dieu mourant sur une sorte de gibet, comme des gouttes de sang se voient sur la Laitue de la passion.

POISSON SERPENT; diverses Murènes ont été ainsi nommées par les voyageurs et les pêcheurs.

POISSON SOLEIL, un Zée et la Mole.

POISSON SOUFFLEUR, divers Cétacés, particulièrement parmi les Cachalots et les grandes espèces de Dauphins.

POISSON STERCORAIRE, même chose que Pilote; espèce de Gastérostée du sous-genre Centronote.

POISSON DE TOBIE; on a cru reconnaître dans l'Amodyte et dans l'Uranoscope, le Poisson d'eau douce dont le foie, brûlé sur des charbons, guérissait les yeux et chassait si bien le Diable suivant l'un des livres inspirés par le très-Saint-Esprit.

POISSON TREMBLEUR, la Torpille.

POISSON TROMPETTE, le Petimbe du genre Fistulaire, et un Syngnathe.

POISSON VERT; c'est, à la Caroline, une espèce des genres Gastérostée dans Linné, et Spare dans Lacépède.

POISSON VOLANT, syn. d'Exocet. *V.* ce mot, etc., etc. (B.)

POISSONNIER. OIS. L'un des noms vulgaires du Castagneux, espèce du genre Grèbe. (B.)

POISSONS. *Pisces*. ZOOL. Ce sont les Animaux dont se compose la quatrième classe du grand embranchement des Vertébrés. Ils sont ovipares, à circulation double, mais leur respiration s'opère uniquement par l'intermède de l'eau. Pour cet effet, ils ont aux deux côtés du cou un appareil nommé Branchies. *V.* ce mot. L'eau que le Poisson avale, s'échappant entre les lames de cet appareil par des ouvertures nommées Ouïes, agit au moyen de l'air qu'elle contient, sur le sang continuellement envoyé aux branchies, par le cœur qui ne représente que l'oreillette et le ventricule droit des Animaux à sang chaud. Ce sang, après avoir été respiré, se rend dans un tronc artériel situé sous l'épine du dos, et qui faisant fonction de ventricule gauche, l'envoie par tout le corps, d'où il revient au cœur par les veines. La structure totale du Poisson est aussi évidemment disposée pour la natation, que celle de l'Oiseau l'est pour le vol, mais suspendu par un liquide presque aussi pesant que lui, il n'avait pas besoin de grandes ailes pour se soutenir. Un grand nombre d'espèces porte immédiatement sous l'épine une vessie pleine d'air qui, en se comprimant ou se dilatant, fait varier la pesanteur spécifique, et aide le Poisson à monter ou à descendre. La progression s'exécute par le moyen de la queue qui choque alternativement l'eau à droite et à gauche, et les branchies, en poussant l'eau en arrière, y contribuent peut-être aussi. Les membres, étant donc peu utiles, sont fort réduits. Les pièces analogues aux os des jambes sont extrêmement raccourcies ou même disparaissent en entier. Des rayons plus ou moins nombreux, soutenant des nageoires (*V.* ce mot), représentent grossièrement les doigts des mains et des pieds. L'os qui représente l'omoplate est quelquefois retenu dans les chairs comme il l'est dans les classes supérieures; d'autres fois il tient à l'épine, mais le plus souvent il est suspendu au crâne. Le bassin adhère bien rarement à l'épine, et fort souvent, au lieu d'être en arrière de l'abdomen, il est en avant et tient à l'appareil claviculaire. Les vertèbres des Poissons s'unissent par des surfaces concaves, remplies de cartilage; dans la plupart, elles ont des apophyses longues et épineuses qui soutiennent la forme verticale du corps. Les côtes sont souvent soudées aux apophyses transverses. On désigne communément ces côtes et ces apophyses par le nom d'Arêtes. La tête varie, pour la forme, plus que dans toute autre classe, et cependant elle se laisse presque toujours diviser dans le même nombre d'os. Le frontal y est composé de six pièces; le pariétal de trois, l'occiput de cinq. Cinq des pièces de l'os sphénoïde, et deux de celles de chaque temporal, restent dans la composition du crâne. Outre les parties ordinaires du cerveau, qui sont placées comme dans les Reptiles, à la file les unes des autres, les Poissons ont encore des nœuds à la base des nerfs olfactifs. Leurs narines sont de simples fossettes creusées au bout du museau et tapissées d'une pituitaire plissée très-irrégulièrement. Leur œil a sa cornée très-plate, peu d'humeur aqueuse, mais un cristallin presque globuleux et très-dur. Leur oreille consiste en un sac qui représente le vestibule et contient en suspension des os, le plus souvent d'une dureté pierreuse, et en trois canaux semi-circulaires membraneux plutot situés dans la cavité du crâne qu'engagés dans l'épaisseur de ses parois, excepté dans les Chondroptérygiens (*V.* ce mot) où ils y sont entièrement. Il n'y a jamais ni trompe ni osselets, et les Sélaciens seuls ont une fenêtre ovale, mais à fleur de tête. Le goût doit avoir peu d'énergie, puisque la langue est le plus souvent osseuse et garnie de dents ou d'autres enveloppes dures. La plupart ont, comme chacun sait, le corps couvert d'écailles; tous manquent d'écailles de préhension: des barbillons charnus, accordés à quelques-uns, peuvent suppléer à l'imperfection des autres organes du toucher.

L'os intermaxillaire forme, dans le plus grand nombre des Poissons, le bord de la mâchoire supérieure, et a derrière lui le maxillaire, nommé communément os labial ou mystace; une arcade palatine composée du palatin, des deux apophyses ptérigoïdes, du jugal, de la caisse, et de l'écailleux, fait, comme dans les Oiseaux et dans les Serpens, une sorte de mâchoire inférieure, et fournit en arrière l'articulation à la mâchoire d'en bas qui a généralement deux os de chaque côté, mais ces pièces sont réduites à de moindres nombres dans les Chondroptérygiens. Il peut y avoir des dents à l'intermaxillaire, à la mâchoire inférieure, aux rames, aux palatins, à la langue, aux arceaux des branchies, et presque sur des os situés en arrière de ces arceaux, tenant comme eux à l'os hyoïde, et nommés os pharyngiens. La variété de ces combinaisons, ainsi que celles de la forme des dents en divers points, sont innombrables. Outre l'appareil des arcs branchiaux, l'os hyoïde porte, de chaque côté, des rayons qui soutiennent la membrane branchiale; un opercule osseux composé de quatre pièces, articulé en arrière à l'arcade palatine, se joint à cette membrane pour former la grande ouverture des ouïes. Plusieurs Chondroptérygiens manquent de cet opercule.

L'estomac et les intestins varient autant que dans les autres classes, pour l'ampleur, la figure, l'épaisseur et les circonvolutions. Excepté dans les Chondroptérygiens, le pa-verus est remplacé, ou par des cœcums d'un tissu particulier situés autour du pylore, ou par ce tissu même appliqué au commencement de l'intestin. Les reins sont fixés le long des côtes de l'épine, et la vessie comme à l'ordinaire au-devant du rectum. Les testicules sont deux énormes glandes appelées communément laites ou laitance; et les ovaires, deux grappes à peu près correspondantes aux laites pour la forme et la grandeur. Ces laites sont remplies et comme toutes formées au temps des amours d'une innombrable quantité de Zoospermes qui, vus au plus fort grossissement, paraissent des globules monadiformes tellement pressés les uns contre les autres, que leurs mouvemens en sont embarrassés et ne deviennent sensibles qu'autant qu'on les disjoint. Leuwenhoeck évaluait qu'il devait en exister au moins 150,000,000,000 dans un seul mâle de Morue. En délayant des fragmens de laitance dans un liquide, on discerne alors leur allure tournoyante, onduleuse ou spirale, et plus ou moins rapide, leur prolongement caudal qui est d'une ténuité incroyable et beaucoup plus long que dans tous les autres mâles. Les ovaires sont des grappes qui, dans les femelles, occupent à peu près la même place que les laites dont ils ont la forme. Le nombre des œufs y est souvent prodigieux ainsi qu'on a pu en juger en lisant divers articles d'ichthyologie dans ce Dictionnaire. La nature a dû pourvoir amplement à la reproduction d'Animaux qui ont tant d'ennemis, qui mangent eux-mêmes leur progéniture, et qui, dans leur jeunesse, demeurent exposés à la voracité de tous les autres habitans des eaux. Sur des millions de Clupes et de Gades qui naissent dans la saison, le plus grand nombre devient la proie des Clupes et des Gades, des autres Poissons voraces, des Oiseaux marins, et des hommes qui livrent aux Poissons une guerre éternelle. En général les femelles pondent et sont à proprement parler ovipares. On a compté dans celles :

		Œufs.
Du Maquereau,	de	129,200 à 546,681
De la Morue,	de	3,686,760 à 9,344,000
De la Carpe.	de	167,400 à 203,109
Du Carrelet.		1,357,400
Du Brochet,	de	49,304 à 166,400
De l'Eperlan. . . .		38,278
De l'Esturgeon,	de	1,467,856 à 7,653,000
Du Hareng.		36,960
De la Perche,	de	28,323 à 380,640
Du Rouget.		81,586
De la Sole.		100,362
De la Tanche. . . .		383,252

Le mâle passe après la ponte sur ces œufs, y répand le fluide spermatique qui les agglutine, les féconde, et en forme ce qu'on nomme vulgairement le *frai*. Cependant il est plusieurs espèces, et des genres même, tels que les Squales, par exemple, où il y a accouplement et où de longs oviductes, faisant fonction, en quelque sorte, de matrice, les œufs y éclosent, de sorte que les petits naissent vivans.

La plupart des Poissons sont revêtus d'écailles, qui, toutes petites qu'elles peuvent être, n'en existent pas moins dans certaines espèces où l'on ne croyait pas qu'il y en eût, et deviennent visibles jusque dans l'Anguille quand la peau qui les revêt vient à se dessécher. Ces écailles ont quelque analogie avec la nature de la corne et du poil chez les autres Vertébrés; elles sont souvent très-dures, épaisses et serrées; revêtent jusqu'à la base des nageoires chez les uns, ou se convertissent en plaques et en boucliers sur certaines parties du corps, ou à sa surface totale chez d'autres. Le squelette est d'une nature particulière, mais consistante et dure dans la plupart, tandis qu'il demeure cartilagineux chez un grand nombre où l'ossification complète n'a pas lieu. Peu d'Animaux varient autant dans les proportions. Depuis l'Epinoche jusqu'au Requin, il y a une distance énorme, et dans la même espèce, selon l'étendue des eaux où elles habitent, on voit des différences encore très-considérables; ainsi l'on trouve, par exemple, des Brochets adultes qui, dans certains étangs ou petites rivières, ne dépassent guère jamais un pied, tandis qu'ailleurs ils atteignent, dit-on, à douze. Chez les Accipensers la différence est encore plus grande. Les formes ne varient pas moins que la taille; chez les Poissons se présentent les plus bizarres, relevées souvent des teintes les plus éclatantes. Aucun n'habite un autre élément que l'eau, hors de laquelle tous meurent assez promptement. Beaucoup sont herbivores, c'est-à-dire qu'ils se nourrissent de Fucacées et autres Hydrophytes, soit de mer, soit d'eau douce, mais le plus grand nombre est carnivore et recherche une proie vivante. L'appareil dentaire varie prodigieusement, mais dans les Poissons où il est disposé en pavé, on peut à coup sûr supposer qu'ils se nourrissent de Crustacés ou de Mollusques à coquilles que ces dents en pavé servent à broyer. Il n'est guère d'eaux à la surface du globe qui n'aient leurs Poissons. Les rivières et les lacs en ont dont la chair est exquise et généralement blanche. Il y en a qui vivent alternativement dans l'eau douce et dans l'eau salée, quittant la mer au temps des amours pour remonter bien avant dans les fleuves et dans les rivières. Ceux de la mer vivent par troupes innombrables, et comme certains Oiseaux obéissent à l'instinct d'émigration. Ceux-là sont en général l'objet de pêches lucratives, et deviennent des richesses pour les nations maritimes qui s'adonnent à leur préparation. On a beaucoup discouru sur ce point de l'histoire des Poissons lorsqu'il était d'usage de commencer un livre d'histoire naturelle par le *cui bono* de la science, mais on oublia de remarquer au nombre des choses très-importantes qui résultent de leur pêche et de l'art de les saler, combien il serait difficile à la chrétienté, en temps de carême, de faire son salut, puisqu'on ne pourrait trouver assez de maigre pour subvenir aux besoins de ces bonnes ames qui savent bien qu'on est éternellement puni dans une autre vie pour avoir mangé gras dans celle-ci quand l'Eglise le défendait; telle est l'utilité de l'ichthyologie, qu'elle peut nous préserver de la damnation éternelle. Pour nous éviter ce malheur, et pour avoir du Poisson aux jours où l'on en fait un commandement exprès, on a des viviers et des étangs où l'on en nourrit et qu'on a soin d'empoissonner au moyen de l'alvin, c'est-à-dire de jeunes individus des espèces qu'on veut propager; ce sont ordinairement des Carpes, des Tanches, des Vendoises, des Brêmes, des Truites, des Anguilles même, quoique ces dernières soient destructrices. La Perche y peut également être accueillie, mais le Brochet en doit être proscrit comme trop féroce consommateur. Il ne faut pas trop nettoyer les étangs et en arracher toutes les Plantes; les racines de celles-ci offrant une nourriture et des abris salutaires aux Poissons qui se pêchent d'ordinaire tous les quatre ans. Dans certains grands lacs de Prusse, en Poméranie particulièrement, on a naturalisé, comme dans des étangs ordinaires, d'excellens Poissons qui n'en étaient pas originaires, mais il est difficile de les y retrouver.

Il nous resterait beaucoup à dire sur la science des Poissons et sur les Animaux qui en sont l'objet, mais comme Cuvier prépare de grands changemens dans cette partie de l'histoire naturelle, ainsi que nous l'avons annoncé au mot Ichthyologie de notre tome huitième, nous renverrons au Supplément afin d'y profiter des nouvelles lumières qui nous sont promises. Là aussi nous traiterons des Poissons fossiles ou Ichthyolites, qui jouent un rôle fort important dans la contexture du globe actuel. (B.)

POITÆA. BOT. PHAN. Genre de la famille des Légumineuses, tribu des Lotées, et de la Diadelphie Décandrie, L., établi par Ventenat (Choix des Plantes, p. et tab. 36), et ainsi caractérisé par De Candolle (*Prodr. Syst. veget. natur.*, 2, p. 263): calice tronqué obliquement, à cinq dents très-courtes, les deux supérieures surtout; corolle presque papilionacée, à cinq pétales connivens, oblongs; l'étendard plus court que les ailes, et la carène plus longue que celles-ci; dix étamines diadelphes presque saillantes; style filiforme, glabre; stigmate terminal; gousse stipitée, linéaire, comprimée, polysperme, mucronée, à valves planes; graines lenticulaires. Ce genre renferme trois espèces qui ont le port des *Galega* ou des *Robinia*. Ventenat a donné le nom de *Poitæa galegoides* à l'espèce qui doit être considérée comme type du genre. C'est une Plante de Saint-Domingue, dont les feuilles sont imparipinnées, à douze ou quinze paires de folioles, et dont les fleurs, d'un rose purpurin, sont penchées. Les deux autres espèces, nommées par De Candolle *Poitæa viciæfolia*, et *P. Campanilla*, sont également indigènes de Saint-Domingue où le docteur Bertero les a recueillies, et les a distribuées à ses amis sous le nom générique de *Robinia*. (G..N.)

* POITRINE. *Pectus.* INS. *V.* THORAX.

POIVRE. BOT. PHAN. Fruit du Poivrier noir, d'un très-grand usage dans l'art culinaire. Ce nom a été étendu à beaucoup d'autres Plantes de saveur aromatique ou brûlante. Ainsi l'on a appelé :

POIVRE D'AFRIQUE, les graines de l'*Uvaria aromatica*.

POIVRE D'AMÉRIQUE, le *Schinus Molle* déjà naturalisé en Andalousie où on emploie ses graines dans la cuisine.

POIVRE D'EAU, le *Polygonum Hydropiper*.

POIVRE D'ÉTHIOPIE, l'*Unona* et l'*Uvaria* dans les anciennes pharmacies. *V.* GRAINS DE ZELIN.

POIVRE DE GUINÉE, les Pimens à saveur très-piquante.

POIVRE DE LA JAMAÏQUE, le *Myrtus Pimenta*.

POIVRE DES MAURES, même chose que Poivre d'Ethiopie.

POIVRE DE MURAILLE, le *Sedum acre*.

POIVRE DES NÈGRES, le *Fagara guyanensis*.

POIVRE A QUEUE, les Cubèbes, etc. (B.)

* POIVRÉE. *Poivræa.* BOT. PHAN. Commerson, dans ses manuscrits, donnait le nom de *Pevræa*, qui fut adopté par Du Petit-Thouars (*Observ. Pl. Afric.*, p. 28), à un genre déjà distingué du genre *Combretum* par Sonnerat, sous le nom de *Cristaria*. Mais Cavanilles ayant établi parmi les Malvacées un genre *Cristaria* (*V.* CRISTAIRE), De Candolle, dans le troisième volume de son *Prodromus*, a préféré admettre la dénomination proposée par Commerson, en rétablissant l'orthographe du nom du célèbre et vertueux Poivre, administrateur des îles de France et de Mascareigne. Le nom de *Gonocarpus*, proposé récemment par Hamilton, doit être considéré comme superflu, puisque indépendamment de ce qu'il est le plus moderne, il existe encore un genre de ce nom créé par Thunberg. Le genre *Poivræa* se compose des espèces de *Combretum* à dix étamines. De Candolle en décrit cinq qui croissent dans les climats intertropicaux, savoir : deux de l'Amérique méridionale et des Antilles, une du Sénégal, une de l'Inde orientale, et une de Madagascar introduite dans l'île Maurice. C'est cette dernière espèce qui doit être considérée comme le type du genre, sous le nom de *Poivræa coccinea*. On la nomme vulgairement Aigrette de Madagascar. *V.*, pour les détails génériques, l'article COMBRET. (G..N.)

POIVRÉS. BOT. CRYPT. Diverses

espèces d'Agarics, particulièrement les espèces laiteuses. (B.)

POIVRETTE. BOT. PHAN. Nom vulgaire du *Nigella sativa*. (B.)

POIVRIER. *Piper*. BOT. PHAN. Genre de Plantes dont la place, dans la série des ordres naturels, nous paraît encore incertaine. Linné l'avait rapproché des *Arum* parmi les Monocotylédons; Jussieu l'a placé dans les Urticées, et le professeur Richard en a fait le type d'un ordre nouveau qu'il a nommé Pipéracées, et qui, d'après la structure de l'embryon, appartient aux Monocotylédons. Ce rapport a été adopté par Kunth (*in Humb. Nov. Gen.*) qui admet la famille des Piperacées et la range auprès des Aroïdées, et plus récemment par Blume, célèbre botaniste hollandais, qui, dans une Monographie des Pipéracées de l'île de Java, dont il a étudié avec soin les productions végétales, a reconnu dans ces Plantes une tige organisée comme celle des Monocotylédons, et un embryon parfaitement indivis et par conséquent monocotylédon. Mais comme d'un autre côté ces rapports des Poivriers avec les Monocotylédons ont été niés par plusieurs botanistes, et tout récemment encore par Jussieu et Rob. Brown, etc., nous croyons devoir décrire avec quelque soin l'organisation des diverses parties des Poivriers, afin qu'après avoir mis sous les yeux de nos lecteurs toutes les pièces du procès, ils soient en état de porter eux-mêmes un jugement. On a distrait de ce genre les espèces herbacées qui ont constamment deux étamines, et l'on en a formé le genre *Peperomia* qui a été traité dans le volume précédent de ce Dictionnaire, de sorte que nous n'avons plus qu'à nous occuper ici des véritables espèces de Poivriers qui forment le genre *Piper* proprement dit. Les espèces de ce genre, extrêmement nombreuses, croissent toutes dans les régions intertropicales du nouveau et de l'ancien continent; mais elles sont incomparablement plus nombreuses dans le premier. Ces espèces sont en général grimpantes, tantôt herbacées, tantôt ligneuses, frutescentes ou même arborescentes. Leur tige, coupée en travers, présente, selon le professeur Blume, l'organisation suivante : elle n'a pas d'écorce proprement dite, et sa substance n'est pas formée de couches concentriques, comme dans les Dicotylédones; les vaisseaux les plus anciens, et qui ont acquis la consistance ligneuse, occupent la circonférence de la tige, tandis que les plus récens sont placés au centre. Les feuilles sont alternes, opposées ou verticillées, et toujours simples et entières, à nervures ramifiées irrégulièrement. Les fleurs sont hermaphrodites, très-rarement unisexuées et dioïques, disposées sur un spadice ordinairement cylindrique, quelquefois conique ou même sphérique. Il naît en général en face de chaque feuille, et est porté sur un pédoncule plus ou moins long. Chaque fleur se compose : 1° d'une écaille en général peltée, mais d'une forme variée qui est quelquefois celle d'un casque s'ouvrant obliquement; 2° d'étamines en nombre très-variable, dont les filets, généralement très-courts, naissent soit immédiatement de la surface du spadice, soit sur la paroi externe de l'ovaire lui-même. Les anthères sont ordinairement globuleuses, à deux loges s'ouvrant par une fente latérale; 3° d'un pistil sessile, même dans les espèces dont le fruit finit par être pédicellé comme dans le *Piper Cubeba* par exemple. L'ovaire est toujours à une seule loge contenant un ovule dressé, le stigmate est ordinairement sessile, à deux, trois ou quatre lobes. Le fruit se compose d'un péricarpe mince, légèrement charnu dans l'état frais, indéhiscent, et contenant une graine dressée. Celle-ci a son tégument propre double, recouvrant un très-gros endosperme granuleux; à son sommet, il présente une petite dépression ou fossette superficielle, dans laquelle est placé l'embryon. Celui-ci est discoïde, déprimé, lenticulaire, mince dans son contour, parfaitement indivis. Si on le fend longitudinalement, on trouve dans son centre une petite fossette exactement remplie par un petit corps également lenticulaire, légèrement bilobé à sa partie inférieure qui est libre, et adhérente par son extrémité supérieure. Il est impossible de ne pas reconnaître dans un pareil embryon la structure ordinaire des Monocotylédons; tout le corps extérieur et indivis est le cotylédon; l'intérieur, légèrement bilobé, est la gemmule, qui, comme l'on sait, est toujours renfermée dans l'intérieur même du cotylédon, dans tous les embryons monocotylédonés. (*V.* l'Atlas de ce Dictionnaire où nous avons figuré l'analyse de deux espèces de Poivriers.) Le professeur Blume a soumis à la germination la graine de plusieurs espèces de ce genre, et voici en somme la manière dont elle s'opère : la partie supérieure de l'embryon, c'est-à-dire celle qui est immédiatement recouverte par le tégument propre de la graine devient d'abord plus proéminente; au bout de huit à dix jours, elle se déchire, et l'on voit sortir de son intérieur la radicule qui était par conséquent endorhize ou coléorhizée, comme dans tous les Monocotylédons. Le cotylédon reste engagé dans la graine, et par son allongement progressif, la radicule finit par entraîner avec elle la gemmule, et les deux lobes qu'elle présente, en se développant, se changent en feuilles primordiales, qui ont été considérées par tous les observateurs comme deux cotylédons ou feuilles séminales. Mais il est évident que le corps qui a formé ces deux feuilles était complétement renfermé dans le cotylédon, adhérent et confondu entièrement par l'une de ses extrémités avec sa cavité intérieure, et que par conséquent c'était la gemmule. D'ailleurs, si l'on compare l'embryon des Poivriers avec celui du *Saururus*, des Cabombées et des Nymphéacées, il est impossible de n'y pas reconnaître la même structure. Mais le célèbre R. Brown donne de cette structure une explication qui, suivant lui, ferait rentrer ces différens Végétaux dans la grande division des Dicotylédons. Pour cet habile observateur, la partie considérée par le professeur Richard et par Blume comme le cotylédon, est un organe entièrement différent. C'est un second endosperme qui n'est autre chose que le sac de l'amnios de Malpighi, et la partie regardée comme la gemmule est le véritable embryon qui est dicotylédoné. Nous laissons nos lecteurs maîtres de choisir entre ces deux opinions également soutenues par des autorités imposantes. Si l'on se décide pour la première, on aura pour la fortifier la structure intérieure des tiges qui, suivant les observations du professeur Blume, est celle des Monocotylédones, et, de plus, l'aspect et l'organisation de l'embryon qui nous paraît la même que dans les Endorhizes ou Monocotylédones. Si au contraire on admet la seconde, il faudra négliger l'organisation de la tige et supposer un prétendu endosperme accessoire formé par le sac de l'amnios et renfermant un embryon qui serait soudé avec sa paroi interne par l'une de ses extrémités. Pour nous, nous croyons la question encore indécise, et nous pensons que de nouvelles observations sont encore nécessaires avant qu'on puisse se décider définitivement.

Plusieurs espèces de ce genre, par leurs usages dans l'économie domestique ou la thérapeutique, méritent d'être mentionnées ici. Nous allons dire quelques mots des principales. A leur tête se présente le POIVRIER NOIR, *Piper nigrum*, L., Rich., Bot. Méd., 1, p. 51. C'est un Arbrisseau sarmenteux, qui porte des feuilles alternes, ovales, acuminées, entières, glabres, longues de trois à cinq pouces, larges d'environ deux pouces, portées sur de courts pétioles. Les fleurs forment des chatons grêles et pendans, longs de quatre à cinq pouces. Les fruits sont globuleux, pisiformes, sessiles, rougeâtres, un peu charnus extérieurement, monospermes et indéhiscens. Cette espèce croît dans l'Inde ; on la cultive particulièrement dans les îles de Java, de Bornéo, de Sumatra et de Malaca. Le fruit entier, quand il a été desséché, devient noirâtre, se ride, et porte dans le commerce le nom de *Poivre noir;* dépouillés de la partie externe et charnue de leur péricarpe, ces grains ont une teinte jaunâtre pâle, et sont appelés *Poivre blanc.* Les usages du poivre, comme aromate et épice, sont trop généralement répandus et trop connus de tout le monde pour que nous croyions nécessaire d'entrer dans aucun détail à cet égard. Mélangé à petite dose dans certains alimens, il en favorise la digestion par l'excitation qu'il communique à l'estomac. Aussi doit-on surtout l'employer pour les substances un peu fades, pour les légumes par exemple, qui, par eux-mêmes, n'exercent qu'une faible action stimulante sur les organes de la digestion. Le professeur OErsted avait annoncé que la saveur âcre et piquante du Poivre était due à une nouvelle base salifiable. Mais notre habile chimiste Pelletier, dans une analyse plus récente du Poivre, a reconnu que cette base salifiable qu'il a nommée *Piperin*, était insipide, et que la saveur poivrée était due à une huile particulière peu volatile.

Poivrier Cubèbe, *Piper Cubeba*, L., Rich., Bot. méd., 1, p. 52. Originaire des mêmes contrées que la précédente, cette espèce est également sarmenteuse et glabre dans toutes ses parties ; sa tige est flexueuse et articulée ; ses feuilles sont pétiolées, ovales, oblongues, quelquefois lancéolées, entières et coriaces. Les fleurs sont disposées en un spadice long et cylindrique. Elles sont d'abord sessiles ; mais après la fécondation, le support du pistil s'allonge et forme une sorte de pédicelle long de quatre à six lignes qui porte les fruits. Ceux-ci ont du reste les mêmes caractères que ceux de l'espèce précédente, dont ils se distinguent surtout par leur long pédoncule ; de-là le nom vulgaire de Poivre à queue sous lequel on connaît cette espèce. La saveur du Poivre Cubèbe est moins âcre et moins brûlante que celle du Poivre noir ; cependant elle est aussi d'une très grande activité. Le professeur Vauquelin ayant soumis ces fruits à l'analyse chimique, en a tiré les principes suivans : une huile volatile presque concrète ; une résine semblable à celle du baume de Copahu ; une petite quantité d'une autre résine colorée ; une matière gommeuse colorée ; un principe extractif analogue à celui des Plantes légumineuses et quelques substances salines. Cette espèce était fort peu usitée en médecine, lorsqu'il y a un petit nombre d'années, certains praticiens en Angleterre et en France l'administrèrent contre la blennorrhagie. On l'emploie en poudre à la dose d'un gros et demi, répétée trois fois dans les vingt-quatre heures.

Nous pourrions citer ici encore d'autres espèces, telles que le *Piper Betel*, L., dont les feuilles entrent dans la préparation masticatoire connue sous le nom de *Betel*, et que les Indiens mâchent continuellement ; le *Piper longum* dont les fruits sont employés comme condimens, ainsi que ceux du Poivre noir, etc., etc. (A. R.)

* POIVRIERS. *Piperineæ* ou *Piperaceæ*. BOT. PHAN. Dans son *Genera Plantarum*, Jussieu avait placé le genre *Piper* parmi les Urticées. Plus tard, il proposa d'en former le type d'une famille distincte, à laquelle De Candolle donna le nom de *Pipéritées*, en continuant de la ranger non loin des Urticées. Le professeur Richard, en adoptant le *Piper* comme type d'une nouvelle famille, sous le nom de *Pipéracées*, la transportait auprès des Aroïdées, parmi les Monocotylédones, et ne la composait que du seul genre *Piper;* mais le célèbre Jussieu ne partage pas cette opinion ; pour lui, la famille des Pipéracées reste distincte, mais il la

reporte dans le voisinage des Urticées, dont il la distingue surtout par la présence de son endosperme, et au genre *Piper*; il ajoute les genres *Gunnera*, *Gnetum* et *Thoa*, sans néanmoins regarder ces genres comme unis entre eux par des rapports bien étroits. Nous renvoyons à ce que nous avons dit dans l'article précédent touchant la structure des Poivriers, et nous dirons encore qu'il ne paraît pas bien démontré qu'il faille en former une famille à part. *V.* POIVRIER. (A. R.)

* POIVRON. BOT. PHAN. *V.* PÉBERON.

POIX. MIN. On donnait anciennement le nom de Poix minérale au Bitume Malthe, et celui de Poix juive ou de Judée au Bitume Asphalte. *V.* BITUME. (G. DEL.)

POLAKÈNE. *Polakenium*. BOT. PHAN. Nom donné par le professeur Richard à une espèce de fruit composé de plusieurs akènes réunis à une axe commun : tel est celui des Ombellifères, des Araliacées. Selon le nombre des akènes, on lui donne les noms particuliers de Diakène, Triakène, Pentakène, etc. *V.* FRUIT. (A. R.)

* POLAMOPHILE. *Polamophilus*. CRUST. Genre de l'ordre des Décapodes, famille des Brachyures, établi par Latreille qui lui a substitué ensuite le nom de THELPHUSE. *V.* ce mot. (G.)

* POLANISIA. BOT. PHAN. Rafinesque (Journ. de Phys., août 1819, p. 98) a établi sous ce nom un genre de la famille des Capparidées, qui a pour type le *Cleome dodecandra*, var. *canadensis*, L. Ce genre a été adopté par De Candolle (*Prodrom. Syst. veget.*, 1, p. 242) qui l'a ainsi caractérisé : calice à quatre sépales ouverts ; corolle à quatre pétales ; étamines dont le nombre varie de huit à trente-deux ; torus petit ; silique sessile ou à peine stipitée, terminée par un style distinct. A l'espèce que nous avons indiquée comme type, et qui croît dans l'Amérique septentrionale, De Candolle en a ajouté neuf autres, dont trois du cap de Bonne-Espérance, quatre de l'Inde-Orientale, et une de la Nouvelle-Espagne. Ce sont des Plantes très-voisines des *Cleome* dont elles ont entièrement le port et avec lesquelles plusieurs d'entre elles avaient été réunies par Linné. (G..N.)

POLATOUCHE. *Pteromys*. MAM. Ces noms ont été donnés par la plupart des zoologistes modernes, et particulièrement par Cuvier, Geoffroy Saint-Hilaire, Illiger et Desmarest, à un genre de Rongeurs claviculés, caractérisé de la manière suivante : système dentaire, appareil des sens, de la génération et du mouvement, organes de préhension, très-analogues à ceux des Ecureuils, mais la peau des flancs très-étendue, velue en dessus et en dessous, joignant les membres antérieurs avec les postérieurs, et formant une sorte de parachute ; un appendice osseux aux pieds, destiné à soutenir cette membrane des flancs (Desmarest, Mammalogie, p. 431). Ces derniers caractères, tout remarquables qu'ils sont, n'avaient pas paru à Linné d'une assez haute importance pour servir de base à l'établissement d'un genre particulier ; et presque tous les auteurs qui ont publié, d'après l'illustre naturaliste suédois, des systèmes ou des catalogues de Mammifères, ont, à son exemple, laissé les Polatouches avec les Tamias, les Guerlinguets et les Ecureuils proprement dits, dans le groupe si étendu des *Sciurus* ; groupe assurément très-naturel, comme le sont, à un très-petit nombre d'exceptions près, tous les groupes linnéens, mais que l'on doit considérer (en y joignant les Marmottes et les Spermophiles) bien plutôt comme une famille que comme un genre. Telle est aujourd'hui l'opinion unanime de tous les zoologistes. Il n'en est plus un seul qui se refuse à séparer des Ecureuils les Polatouches ; et si la classification de ces derniers peut encore donner lieu à quelques contestations, c'est seulement entre les auteurs qui adoptent le genre *Pteromys* tel qu'il a été établi par Cuvier, Geoffroy et Illiger, et ceux qui pensent que ce groupe secondaire doit être lui-même subdivisé. Cette dernière opinion paraît être celle de Desmarest qui, dans sa Mammalogie, a partagé les Polatouches en deux sections parfaitement caractérisées par la forme de la queue; et elle est bien certainement celle de Fr. Cuvier qui, dans son ouvrage sur les dents des Mammifères et dans le Dictionnaire des sciences naturelles, a érigé en genres les deux sections de Desmarest, en faisant connaître plusieurs caractères différentiels non encore observés. Des deux genres ou sous-genres ainsi formés, l'un comprend le Polatouche de Buffon et quelques espèces très-voisines; c'est celui que Fr. Cuvier nomme Sciuroptère, *Sciuropterus* : l'autre est composé du Taguan de Buffon et du *Pteromys nitidus* de Geoffroy; c'est celui auquel Fr. Cuvier laisse le nom de *Pteromys*. Nous décrirons d'abord ce dernier.

† Les PTÉROMYS, *Pteromys*.

Ce sont les Polatouches à queue ronde de Desmarest. Leur caractère extérieur le plus remarquable consiste en effet dans leur queue ronde, ayant les poils non distiques. Ce sont de grandes espèces qui vivent dans les parties chaudes de l'Asie, et principalement dans les îles de l'archipel Indien. Fr. Cuvier (Dictionn. des scienc. natur. T. XLIV) les caractérise de la manière suivante : « J'ai formé, dit-il, le genre *Pteromys* du grand Ecureuil volant, nommé Taguan, à cause du caractère très-particulier de ses mâchoires qui ne ressemblent point à celles des Ecureuils volans ou Sciuroptères avec lesquels cette espèce avait toujours été confondue. Ses dents sont au nombre de vingt-deux, douze supérieures (deux incisives et dix mâchelières) et dix inférieures (deux incisives et huit mâchelières). Les mâchelières semblent participer de la nature des dents simples et des dents composées; cependant elles ne contiennent point de matière corticale. » Les autres caractères que Fr. Cuvier assigne aux Ptéromys sont communs aux Sciuroptères ou Polatouches, et ont été indiqués au commencement de notre article.

Le TAGUAN ou GRAND ECUREUIL VOLANT, Buff., Suppl. III, pl. 21 et 21 *bis*, et Suppl. VII, pl. 67; *Pteromys Petaurista*, Desmarest; *Sciurus Petaurista*, Pall., Misc., p. 54, pl. 6, est l'espèce la moins imparfaitement connue. Les parties supérieures de son corps sont d'un brun tiqueté de blanc, et les inférieures d'un blanc grisâtre; il y a aussi un peu de brun sous le cou. Les cuisses sont rousses, les pieds bruns et la queue noirâtre dans presque toute son étendue. Le nez, le tour des yeux et les mâchoires sont noirâtres; les joues et le dessus de la tête sont variés de brun et de blanc. Les plus grands poils des moustaches sont noirs. La membrane des flancs forme un angle saillant derrière le poignet, et l'on remarque à la base de la queue un petit prolongement cutané qui s'unit à la partie interne des cuisses. Enfin la taille de cette espèce est ordinairement d'un pied et demi environ, sans comprendre la queue qui mesure un pied huit ou neuf pouces de longueur totale. Cette belle espèce habite les Moluques et les Philippines; ses mœurs sont très-peu connues; on sait cependant qu'elle est nocturne.

Le PTÉROMYS ÉCLATANT, *Pteromys nitidus*, Geoff. St.-Hil.; Desm., Mamm., est une espèce très-voisine de la précédente par sa taille, ses proportions et ses formes, mais que les couleurs de son pelage rendent très-distincte. Le dessus de son corps est généralement d'un brun foncé, et le dessous d'un roux brillant. La queue est, à sa base, de même couleur que le dessus du corps; mais elle prend, à son extrémité, une nuance beaucoup plus foncée. Cette espèce habite les Moluques, et particulièrement l'île de Java.

C'est vraisemblablement à ce sous-genre que l'on devra rapporter le Rongeur mentionné par Temminck sous le nom de *Pteromys leucogenys*, dans le premier volume des Monographies de Mammalogie (p. 27). Cette espèce, que le célèbre zoologiste hollandais annonce comme très-remarquable, et qu'il promet de décrire prochainement, a été récemment découverte au Japon.

†† Les SCIUROPTÈRES, *Sciuropterus*.

Ce sont les Polatouches à queue aplatie de Desmarest. Leurs dents, entièrement semblables à celles des Ecureuils, leur queue aplatie, à poils distiques, et leur petite taille, les distinguent parfaitement des Ptéromys, dont ils s'éloignent aussi, suivant notre collaborateur Lesson (Manuel de Mamm., p. 241) par la forme de leur crâne.

Le SCIUROPTÈRE FLÈCHE, *Sciuropterus sagitta*, Less., Man. de Mamm.; *Pteromys sagitta*, Desm., Mamm.; *Sciurus sagitta* de Cuvier et de quelques auteurs. Cette espèce, qui habite Java, est généralement brune en dessus et blanche en dessous, avec la queue d'un brun clair. La membrane des flancs forme, derrière le poignet, un angle saillant, de même que chez les *Pteromys*. Sa taille n'est que de cinq pouces et demi sans comprendre la queue qui mesure cinq pouces.

Le POLATOUCHE, Buff., T. x, pl. 21; *Sciuropterus volucella*, Lesson, Man. de Mamm.; *Pteromys volucella*, Desm.; *Sciurus volucella*, Pall., *Glir.*; l'Assapan, Fr. Cuv., Mamm. lith., liv. 8, est une espèce un peu plus petite que la précédente, et dont la queue est aussi proportionnellement plus courte; son pelage est gris-roussâtre en dessus et blanc en dessous; la membrane des flancs ne forme derrière le poignet qu'un simple lobe arrondi. Le Polatouche (ainsi appelé par Buffon, du nom *Polatucka* que les Russes donnent à l'espèce suivante) habite les Etats-Unis, où il vit, par petites troupes, sur les arbres, et où il se nourrit de graines et de jeunes bourgeons. Il vit très-bien en domesticité, et il paraît même qu'en 1809 l'espèce s'est reproduite à la Malmaison. Plusieurs individus existent encore en ce moment à la Ménagerie du Muséum où nous avons eu occasion de les examiner. Ils se tiennent constamment cachés pendant le jour sous le foin qui leur sert de litière, et ne se montrent jamais que lorsqu'on vient à l'enlever; alors ils s'élancent à la partie supérieure de leur cage, et si on les inquiète de nouveau, ils sautent du côté opposé en étendant les membranes de leurs flancs, au moyen desquelles ils parviennent à décrire, en tombant, des paraboles d'une assez grande étendue.

Le SCIUROPTÈRE DE SIBÉRIE, *Sciuropterus sibiricus*, Less., Man. de Mam.; *Pteromys sibiricus*, Desm.; *Sciurus volans*, L., Pall., est une espèce un peu plus grande que les précédentes dont elle se distingue par les couleurs de son pelage qui est d'un gris cendré en dessus et blanc en dessous, et par les dimensions de la queue qui est de moitié plus courte que le corps. Les membranes des flancs ont la même forme que chez le Polatouche. Cet Animal, dont on connaît une variété entièrement blanche, habite les forêts de Pins et de Bouleaux de la Lithuanie, de la Livonie, de la Finlande, de la Laponie et de la Sibérie. Il est nocturne comme le Polatouche, mais il vit solitairement. Ses habitudes sont du reste très-peu différentes. C'est cette espèce que l'on trouve désignée dans quelques ouvrages sous le nom de Sapan; mais ce nom, dérivé du mot virginien *Assapanik*, appartient à l'espèce américaine.

Quelques autres espèces de Sciuroptères se trouvent indiquées dans les auteurs; telles sont: les *Pteromys genibarbis* et *Pter. lepidus* d'Horsfield (*Zool. Research. in Java*, *liv.* 4 et 5) que l'on devra placer près du *Sciu-*

ropterus sagitta, et qui habitent, comme lui, Java. Nous devons remarquer au reste que, suivant Temminck (Mon. de Mamm. T. 1, p. 27), ces deux indications se rapportent à une seule espèce, le *Pter. lepidus* n'étant qu'un double emploi du *Pter. genibarbis*. (IS. G. ST.-H.)

*POLCAT. MAM. Catesby et Kalm ont nommé ainsi l'Animal que Buffon a appelé, après eux, Conépate, et que Linné rangeait dans les Viverres sous le nom de *Viverra Putorius*. (LESS.)

POLE. POIS. Nom vulgaire du *Pleuronectes Cynoglossus*. *V.* PLEURONECTE. (B.)

POLECAT. MAM. *V.* MOUFETTE.

* POLEMANNIA. BOT. PHAN. Bergius, jeune naturaliste prussien, qui est mort il y a quelques années au cap de Bonne-Espérance, avait envoyé sous le nom de *Polemannia hyacinthifolia*, une Liliacée nouvelle qui croît au pied de la montagne du Lion et à la baie de Kamps. Schlectendal (*Linnæa*, 2e fasc., p. 250) a donné une description très-détaillée de cette Plante. Elle a les plus grands rapports avec l'*Hyacinthus serotinus*, L., qui croît dans le bassin de la Méditerranée, espèce que les auteurs modernes ont placée dans divers genres, tels que *Lachenalia*, *Uropetalum* et *Scilla*. Schlectendal la considère comme voisine du *Lachenalia*, mais elle s'en distingue par plusieurs caractères. (G..N.)

* POLEMBRYUM. BOT. PHAN. Notre collaborateur Adrien De Jussieu, dans son Mémoire sur les Rutacées, place à la suite de cette famille un genre nouveau auquel il donne le nom de *Polembryum*, à cause de son embryon multiple. Ce genre n'est connu que par son fruit décrit et figuré, *loc. cit.*, pag. 136, tab. 28, n. 49. Il est presque sessile, hérissé de pointes, à cinq coques réunies entre elles par leurs côtés, se séparant ensuite par la maturité. Son endocarpe est cartilagineux, coriace, à deux valves séparables du sarcocarpe, renfermant une seule graine ovoïde, marquée à la base d'une large tache noire, couverte d'un tégument mince, et composée intérieurement de plusieurs embryons ordinairement au nombre de trois, disposés et verticillés, inverses, inégaux, à cotylédons charnus, très-épais, ponctués, et à radicules à peine saillantes. De Jussieu ajoute que ce fruit appartient certainement au groupe des Diosmées du Cap, et qu'il offre beaucoup de rapports avec le fruit du *Calodendron* de Thunberg, appelé *Châtaigne sauvage* par les habitans de l'Afrique australe. (G..N.)

POLEMOINE. *Polemonium*. BOT. PHAN. Genre qui sert de type à la famille des Polémoniacées, et caractérisé de la manière suivante : calice monosépale, à cinq divisions plus ou moins profondes et persistantes ; corolle monopétale, régulière, évasée, à tube court et à cinq lobes, portant cinq étamines distinctes, à anthères cordiformes ; ovaire libre, légèrement stipité à sa base et élevé au-dessus d'un large disque hypogyne et lobé qui tapisse le fond du calice ; cet ovaire présente trois loges contenant chacune un grand nombre d'ovules insérés sur plusieurs rangs à leur angle interne ; le style est long, terminé par un stigmate profondément triparti. Le fruit est une capsule triloculaire, s'ouvrant en trois valves portant chacune une cloison sur le milieu de leur face interne. Les espèces de ce genre, au nombre de douze environ, sont des Plantes herbacées, vivaces, portant des feuilles alternes et imparipinnées ; leurs fleurs sont généralement bleues, et forment une sorte de corymbe terminal. Presque toutes ces espèces sont originaires de l'Amérique septentrionale et méridionale ; une seule croît en Europe ; c'est la POLÉMOINE BLEUE, *Polemonium cæruleum*, L., Fl. Dan., tab. 255, que l'on cultive dans nos parterres sous le nom de Valériane grecque. Elle est originaire d'Allemagne, d'Angleterre et de Suisse. (A. R.)

POLÉMONIACÉES. *Polemoniaceæ*. BOT. PHAN. Famille de Plantes dicotylédones, monopétales et hypogynes, établie par De Jussieu et adoptée par tous les autres botanistes. Les Polémoniacées sont des Plantes herbacées ou ligneuses, quelquefois volubiles, munies de feuilles alternes ou opposées, souvent divisées et pinnatifides, et de fleurs axillaires ou terminales, formant des grappes rameuses. Chaque fleur se compose d'un calice monosépale, à cinq lobes; d'une corolle monopétale régulière, rarement irrégulière, à cinq divisions plus ou moins profondes; de cinq étamines insérées à la corolle; d'un ovaire appliqué sur un disque souvent étalé au fond de la fleur, et lobé; à trois loges contenant une ou plus souvent plusieurs ovules; le style est simple, terminé par un stigmate trifide. Le fruit est une capsule à trois loges, s'ouvrant en trois valves septifères sur le milieu de leur face interne, ou portant seulement l'empreinte de la cloison qui reste intacte au centre de la capsule. Les graines offrent un embryon dressé au centre d'un endosperme charnu. Cette famille tient en quelque sorte le milieu entre les Convolvulacées et les Bignoniacées. Elle diffère des premières par les valves de la capsule portant les cloisons sur le milieu de leur face interne et non contiguës par leurs bords sur les cloisons, et par son embryon dressé; des secondes, par sa corolle presque toujours régulière, son ovaire à trois loges, ses valves portant les cloisons, etc. Les genres qui composent cette famille sont peu nombreux: tels sont: *Polemonium*, L.; *Phlox*, L.; *Cantua*, Juss.; *Ipomopsis*, Rich.; *Bonplandia*, Cavan., ou *Caldasia*, Willd., et probablement le *Cobœa*, L. (A. R.)

* POLEO. BOT. PHAN. (Feuillée.) Syn. du *Bistropogon mollis* de la Flore équinoxiale. (B.)

POLIA. BOT. PHAN. Sous le nom de *Polia arenaria*, Loureiro (*Flor. cochinch.*, p. 204) a décrit une Plante qu'il considérait comme le type d'un nouveau genre, mais qui, suivant Jussieu, est le même que le *Polycarpæa*, Lamk., ou *Hagea* de Ventenat. Willdenow avait décrit la même Plante sous le nom d'*Achyranthes corymbosa*. *V.* HAGÉE. (G..N.)

* POLIDIE. *Polidius*. INS. Genre de Charansonite établi par Schœnherr. *V.* RHYNCHOPHORE. (G.)

POLIDONTES. *Polidontes*. MOLL. Montfort a proposé ce genre pour quelques espèces d'Hélices qui ont l'ouverture garnie de dents plus ou moins nombreuses. Férussac a renouvelé cette coupe par un sous-genre qu'il nomme *Helicodonte*. *V.* ce mot et HÉLICE. (D..H.)

* POLIDRUSE. *Polidrusus*. INS. Genre de Charansonite établi par Germar et adopté par Schœnherr. *V.* RHYNCHOPHORE. (G.)

POLIERSCHIEFER. MIN. Schiste à polir, Schiste tripoléen. Argile schisteuse légère, d'un blanc jaunâtre, qui se trouve à Bilin, en Bohême, et qui sert à doucir la surface des métaux. (G. DEL.)

POLINICE. *Polinices*. MOLL. Démembrement inutile proposé par Montfort (Conch. syst. T. II, p. 222) pour des Coquilles du genre Nérite de Linné et Natice de Lamarck. Il réunit dans ce groupe les espèces qui ont l'ombilic entièrement fermé par la callosité, le *Natica mamilla* par exemple. *V.* NATICE. (D..H.)

POLIOPUS. OIS. Syn. de *Fulica nævia*. (B.)

POLISON. BOT. PHAN. (Dombey.) Nom de pays du *Ranunculus Krapfia* De Cand. et Deless., *Icon. sel.* 1, tab. 35. *V.* RENONCULE. (B.)

POLISTE. *Polistes*. INS. Genre de l'ordre des Hyménoptères, section des Porte-Aiguillons, famille des Diploptères, tribu des Guêpiaires, établi par Latreille, et adopté par tous les entomologistes, avec ces caractères : mandibules guère plus longues que larges, en carré long, obliquement et largement tronquées au bout, avec la portion apicale de leur bord interne, ou celle qui est au-delà de son angle, plus courte que le reste de ce bord; chaperon presque carré, avec le milieu de son bord antérieur avancé en pointe ou en dent; division intermédiaire de la lèvre un peu allongée, presque en cœur; abdomen ovalaire ou diversement et distinctement pédiculé. Ce genre, remarquable par les mœurs des espèces qui le composent, a les plus grands rapports avec les Guêpes proprement dites, dont il a été extrait, mais il en diffère, 1° par les mandibules qui, dans les Guêpes, ont la portion apicale du bord interne plus longue ou aussi longue que le reste de ce bord; 2° par le milieu du bord antérieur du chaperon qui est largement tronqué et unidenté de chaque côté dans les Guêpes; 3° et enfin par l'abdomen qui, dans celles-ci, est ovoïdo-conique et tronqué à sa base, ce qui n'a jamais lieu chez les Polistes. Ces différences sont assez sensibles pour que l'on distingue facilement ces deux genres; aussi nous ne donnerons pas de description détaillée des Polistes afin d'avoir plus d'espace pour parler des mœurs des principales espèces que nous allons citer. Le genre Poliste en renferme un assez grand nombre. On en trouve dans presque toutes les parties du globe, mais c'est principalement dans l'Afrique et dans l'Amérique méridionale que vivent les plus grandes.

La Poliste française, *Polistes gallica*, Latr., Fabr., Panz., *Faun. Germ.*, fasc. 49, fig. 22; *Vespa gallica*, L. Elle est un peu plus petite que la Guêpe commune; noire, avec le chaperon; deux points sur le dos du corselet; six lignes à l'écusson; deux taches sur le premier et sur le second anneau de l'abdomen, leur bord supérieur, ainsi que celui des autres, jaunes; l'abdomen est ovalaire et brièvement pédiculé. Cette espèce fixe son nid contre les branches des arbres, dans une position verticale; il se compose d'un seul gâteau formé d'un plus ou moins grand nombre de cellules dont les latérales sont plus petites. Dans le nord de la France, et aux environs de Paris, ces guêpiers ont au plus vingt à trente cellules, tandis que, dans le midi, nous en avons vu qui étaient composés de plus de cent cellules; ils étaient le plus souvent attachés sous le rebord des toits des maisons, et alors dans une position horizontale. Ces Polistes piquent très-fort quand on les irrite; leurs nids sont faits d'un papier gris foncé.

La Poliste cartonnière, *Polistes nidulans*, Latr.; *Vespa nidulans*, Fabr., Coqueb., Ill. iconog., tab. 6, fig. 3, Réaum., Mém., tab. 6, pl. 20 à 24; *Vespa chartaria*, Oliv., Encyclop. Elle est longue de près de cinq lignes, d'un noir soyeux, avec le bord postérieur des anneaux de l'abdomen jaune. Cette espèce se trouve dans l'Amérique méridionale, à Cayenne. Le nid de ces Polistes est composé d'une boîte en carton d'un blanc jaunâtre marbré de brun, d'une demi-ligne d'épaisseur et très-poli, ayant la forme d'un cône tronqué fermé en bas par un autre cône très-évasé et percé à son sommet. Ce guêpier est attaché à une branche d'arbre à laquelle il tient par une espèce de tuyau placé à sa partie supérieure.

La Poliste Lecheguana, *Polistes Lecheguana*, Latr., Ann. des Sienc. natur. T. IV, p. 339, a le corps noir, avec le bord postérieur des cinq premiers anneaux de l'abdomen jaune. Cette Poliste a été rapportée de l'intérieur du Brésil par Aug. de Saint-Hilaire. Ces Hyménoptères suspendent leur nid aux branches de petits arbrisseaux et à environ un pied du sol; ces nids ont une forme à peu près ovale. Les gâteaux qui sont dans l'intérieur de ces guêpiers contiennent un miel excellent, ayant plus de consistance que celui de nos Abeilles, mais possédant souvent une qualité délétère qui rend insensés et furieux ceux qui en ont mangé. Auguste de Saint-Hilaire et deux hommes qui l'accompagnaient en ont fait, sans le savoir, une cruelle expérience et faillirent périr des suites de l'empoisonnement causé par ce miel. *V.*, pour plus de détails sur cet empoisonnement, Ann. des Sc. nat., 4, p. 340. (G.)

* POLISTIQUE. *Polistichus*. INS. Genre de l'ordre des Coléoptères, section des Pentamères, famille des Carnassiers, tribu des Carabiques, établi par Bonelli sur la *Galerita fasciolata* de Fabricius, dont Latreille formait le type de son genre *Zuphium*, genre qui renfermait alors l'espèce du genre *Zuphium* proprement dit de Bonelli. Latreille a depuis adopté les genres Zuphie et Polistique. Celui dont nous nous occupons dans cet article a pour caractères ; dernier article des palpes assez fortement sécuriforme dans les deux sexes. Antennes filiformes, presque moniliformes ; le premier article plus court que la tête ; articles des tarses courts et presque bifides ; ceux antérieurs très-légèrement dilatés dans les mâles, et ciliés également des deux côtés. Corps aplati. Tête presque triangulaire, rétrécie postérieurement. Corselet plan et cordiforme. Ce genre ne renferme que deux espèces propres au midi de la France ; on en trouve une (*Zuph. fasciolatum*, Latr.) aux environs de Paris, mais elle y est très-rare. (G.)

POLITRIC. BOT. CRYPT. Pour Polytric. *V.* ce mot. (B.)

POLIUM. BOT. PHAN. Espèce du genre Germandrée. *V.* ce mot. (A. R.)

POLIXÈNE. *Polixenus*. MOLL. Une petite Coquille microscopique de la classe des Foraminifères a servi à Montfort pour l'établissement d'un genre que D'Orbigny rapporte à celui qu'il a nommé Troncatuline. *V.* ce mot. (D..H.)

* POLLA. BOT. CRYPT. (*Mousses.*) Adanson avait formé sous ce nom un genre de Mousses très-hétérogène, renfermant des Plantes placées maintenant dans les genres *Gymnostomum*, *Dicranum*, *Polytrichum* et *Bryum*. (AD. B.)

POLLACK. POIS. *Gadus Pollachius*. Espèce de Gade du sous-genre Merlan. *V.* ces mots. (B.)

* POLLALESTA. BOT. PHAN. Ce genre de la famille des Synanthérées, établi par Kunth (*Nov. Gen. Plant. Am.*, 4, p. 47, tab. 321), est fondé sur des caractères semblables à ceux du genre *Oliganthes* de Cassini. En conséquence, ces deux genres ont été réunis. *V.* OLIGANTHE. (G..N.)

POLLEN. BOT. PHAN. On donne ce nom à la matière généralement granuleuse qui est contenue dans les loges de l'anthère, et qui sert à la fécondation de l'organe femelle dans les Végétaux. Examiné à l'œil nu, le Pollen se présente sous l'aspect d'une poussière dont les grains sont d'une excessive ténuité ; quelquefois ces grains sont plus gros, et dans quelques cas ils se réunissent et se soudent en une masse solide, qui remplit plus ou moins exactement chaque loge de l'anthère. La forme de ces grains polliniques est extrêmement variable ; mais pour la bien apprécier, il faut se servir du microscope. Aussi les anciens physiologistes n'avaient-ils que des idées fort incomplètes sur les formes et l'organisation de ces granules. Notre ami et collaborateur Guillemin, dans un travail spécial sur cette partie, a fixé nos idées sur la forme générale des grains polliniques et sur leur aspect extérieur. Cette forme, comme nous venons de le dire, est très-variable. Ainsi il y en a qui sont régulièrement sphériques, d'autres ellipsoïdes, d'autres lenticulaires ; quelques-uns sont naviculaires, d'autres trigones, etc. Mais une distinction plus importante à faire parmi les grains de Pollen est celle que l'on tire de l'aspect de leur surface externe. En effet, elle peut être tout-à-fait lisse, ou bien elle peut être hérissée, soit d'aspérités ou de villosités, et dans ce dernier cas elle est toujours couverte d'un enduit visqueux, qui paraît sécrété par les petites aspérités qu'on observe sur cette surface. Par un grand nombre de recherches, le même observateur s'est convaincu que la nature des grains polliniques était, à peu d'exceptions près, la même dans chaque famille de Plantes, c'est-à-dire que dans les genres d'une même famille on ne rencontre que des granules lisses ou des granules visqueux et papillaires. Ainsi dans les Convolvulacées et les Malvacées les granules sont visqueux, sphériques et d'un blanc argentin ; ils sont également sphériques et d'un beau jaune dans un grand nombre de Cucurbitacées ; dans les Onagres ils sont trigones, papillaires, avec une dépression considérable dans leur centre. Les familles où les grains ne sont pas papillaires, sont en grand nombre ; nous citerons comme exemple : les Gentianées, Solanées, Graminées, Scrophulariées, etc., etc.

Mais quelle est l'organisation intérieure de ces grains de Pollen ? Déjà Needham avait reconnu que ce sont des utricules formés de deux membranes, l'une extérieure, plus épaisse ; l'autre intérieure, d'une ténuité extrême, qui contient des granules d'une excessive petitesse, et que c'est cette membrane qui empêche ces granules de se mêler au liquide dans lequel on a fait éclater les grains polliniques. Kœlreuter et Gaertner adoptèrent l'opinion de Needham quant à l'existence des deux membranes ; mais ce dernier avait dit aussi que les granules existaient dans tous les Pollens parfaits, et qu'ils en étaient la partie essentielle et fécondante : cette dernière opinion fut combattue par Kœlreuter, qui voulait que ces granules ne se rencontrassent que dans les Pollens imparfaits, et que par conséquent ils ne servaient en rien à la fécondation des ovules. Les observations importantes de Needham avaient été en quelque sorte négligées par la plupart des physiologistes, quand les observations microscopiques du professeur Amici de Modène, et surtout celles de notre ami et collaborateur Adolphe Brongniart dans son beau travail sur la génération des Végétaux, vinrent en quelque sorte les tirer de l'oubli. Le professeur de Modène, en soumettant à son excellent microscope le Pollen du *Portulaca pilosa*, avait reconnu qu'au moment où les grains sont en contact avec la surface du stigmate, leur membrane externe se rompt, et que par cette déchirure il sort un appendice tubuleux, transparent, formé par la membrane interne, et dans l'intérieur duquel il vit les granules spermatiques se mouvoir pendant l'espace d'environ quatre heures. Brongniart fils a reconnu que toutes les fois que les grains de Pollen se trouvent en contact avec la surface humide du stigmate, ou plongés dans un liquide qui détermine la rupture de la membrane externe, on voit la membrane interne faire ainsi saillie à travers cette ouverture, et se prolonger sous la forme d'un appendice tubuleux plus ou moins long, quelquefois légèrement renflé à son extrémité. Il a vu aussi que les grains polliniques de l'*Œnothera biennis*, qui ont une forme trigone, émettaient fréquemment deux appendices tubuleux ; tandis que dans le *Cucumis acutangulus* la membrane interne faisait saillie par trois ou quatre points de la surface des grains de Pollen. Ces observations faites sur le Pollen de Plantes extrêmement variées, mettent hors de doute l'existence d'une membrane interne, renfermant immédiatement les granules spermatiques et la saillie tubuleuse que fait cette membrane au moment où a lieu la rupture des grains de Pollen. L'existence de ces globules ou granules spermatiques est également incontestable, malgré l'opinion contraire émise par Kœlreuter. Mais ces granules sont d'une telle ténuité, qu'il est extrêmement difficile d'en apprécier la forme. D'après ses observations faites avec le microscope d'Amici, au moyen de la *Camera lucida*, et par un grossissement de 1050 diamètres, Brongniart a reconnu que ces granules avaient en général une forme sphérique, et sur un assez grand nombre de Plantes observées par lui, il a trouvé que leur diamètre variait depuis $^1/_{350}$ jusqu'à $^1/_{875}$ de millimètre. Un fait non moins important, aperçu d'abord par Amici, mais constaté depuis par le jeune physiologiste français, c'est que ces granules sont doués d'un mouvement spontané plus ou moins marqué. Au moyen du plus fort grossissement du microscope d'Amici (1050 diamètres), ces mouvemens sont très-appréciables, et il paraît impossible de les attribuer à aucune cause extérieure. Dans le Potiron, dit Brongniart (*Ann. Sc. nat.*, 12, p. 45), le mouvement des granules consiste dans une oscillation lente, qui les fait changer de position respective ou qui les rapproche et les éloigne, comme par l'effet d'une sorte d'attraction et de répulsion. L'agitation du liquide, dans lequel ces granules nagent, ne paraît pas pouvoir influer sur ce mouvement, puisque d'autres granules, les uns plus fins et les autres plus gros, qui sont mêlés avec eux, restent immobiles, tandis que les granules spermatiques, reconnaissables à leur grosseur uniforme, exécutent les mouvemens lents que je viens de décrire. Ces mouvemens sont encore beaucoup plus apparens dans les Malvacées où l'on voit ces granules, qui sont oblongs, changer de forme, se courber en arc ou en S à la manière des Vibrions.

Ainsi de ces diverses observations il résulte que le Pollen se compose d'utricules de forme très-variée, tantôt lisses extérieurement, tantôt papilleux; que ces utricules sont formés de deux membranes, l'une externe, plus épaisse, l'autre intérieure, extrêmement mince; qu'au moment où a lieu la rupture de chaque grain de Pollen, la membrane interne qui ne se rompt pas se prolonge par l'ouverture de l'externe en un appendice tubuleux plus ou moins allongé, dans lequel viennent s'amasser les granules spermatiques contenus dans la membrane interne; que ces granules, d'une excessive petitesse, paraissent animés d'un mouvement spontané plus ou moins rapide. Il nous reste maintenant à examiner l'action du Pollen sur le stigmate, ou la fécondation. Nous devons faire remarquer d'abord que la manière d'agir des grains polliniques sur le stigmate, varie suivant l'organisation particulière de celui-ci. Ainsi le stigmate observé au microscope se compose d'utricules de formes variées, rapprochés et contigus les uns aux autres. Tantôt ils sont nus, tantôt ils sont recouverts par une sorte de membrane qui peut-être n'est pas distincte de celle qui compose les utricules. Dans le premier cas qui est plus fréquent, quand les grains polliniques se trouvent en contact avec la surface humide du stigmate, ils se rompent, la membrane interne fait saillie par le moyen de son appendice tubuleux; on voit alors cet appendice s'introduire, s'insinuer en quelque sorte dans les espaces interutriculaires et tendre à s'y enfoncer de plus en plus, tandis qu'ils se trouvent retenus dans cette position par la membrane externe qui ne peut les suivre dans leur mouvement. Chaque lobe du stigmate ressemble alors, selon la remarque de Brongniart, à une petite pelotte dans laquelle des épingles seraient enfoncées jusqu'à la tête. Si dans cet état on observe attentivement les appendices tubuleux, on voit que les granules spermatiques, qui y étaient d'abord épars, se réunissent vers leur extrémité inférieure, qu'à une certaine époque celle-ci se déchire, et qu'alors ces granules se trouvent en contact avec le tissu interutriculaire du stigmate. Quand, au contraire, la surface externe du stigmate est revêtue d'une membrane continue, l'appendice tubuleux des grains polliniques s'applique par son extrémité contre cette membrane, finit par se souder avec elle, et les granules spermatiques, s'accumulant dans ce point, en déterminent la rupture, de manière qu'ils se trouvent également répandus dans le tissu interutriculaire du stigmate. Maintenant comment ces molécules spermatiques si ténues cheminent-elles jusqu'à l'ovule dont elles doivent opérer la fécondation? Par quelle voie se fait leur transport? Ici plusieurs opinions ont été émises. Et d'abord il est important de détruire l'erreur des auteurs qui prétendent que la transmission du Pollen a lieu par le moyen de vaisseaux particuliers, dont la réunion constitue des faisceaux qu'on a nommés *cordons pistillaires*. Ces vaisseaux prétendus n'existent pas; c'est-à-dire que la communication, qui existe entre le stigmate et les trophospermes où sont attachés les ovules, a lieu par le tissu cellulaire et non par aucune espèce de vaisseau. Mais il reste encore à déterminer si la transmission des granules se fait en traversant les cellules, ou si elle a lieu par les intervalles intercellulaires. Le professeur Link, qui déjà avait détruit l'erreur des physiologistes touchant les vaisseaux conducteurs de la matière fécondante, avait dit que les granules spermatiques traversaient les cellules en pénétrant par les espaces intermoléculaires dont sont criblées leurs parois. Mais cette opinion paraît peu admissible; car le plus fort grossissement du microscope qui permet de distinguer la forme des granules spermatiques, ne fait nullement reconnaître l'existence des ouvertures par lesquelles ces granules traverseraient les cellules. Mais, ainsi que l'a remarqué Brongniart, les cordons pistillaires ne sont pas composés de vaisseaux, mais bien d'un tissu cellulaire plus fin, plus coloré, formant tantôt de simples cordons, tantôt des lames plus ou moins saillantes, et qui s'étendent depuis le stigmate jusqu'aux ovules. C'est par ce tissu particulier, qu'on nomme *tissu conducteur*, qu'a lieu la transmission des granules spermatiques, non pas en traversant les parois des utricules qui le composent, comme le croyait le célèbre professeur de Berlin, mais en suivant les interstices de ces cellules. Arrivés par cette voie jusqu'au trophosperme qui supporte les ovules, les granules fécondans se trouvent mis en contact plus ou moins immédiat avec l'ouverture des tégumens de l'ovule, et par suite avec l'amande que ces tégumens recouvrent et dans laquelle l'embryon ne tarde pas à se développer. On voit, d'après cette théorie, le rôle important que jouent les granules spermatiques dans la fécondation des ovules. Ce rôle est le même que celui des animalcules spermatiques dans la génération des Animaux. La fécondation dans les Plantes présente donc les mêmes phénomènes que celle des Animaux, et offre un point de contact de plus entre les deux grandes divisions des êtres organisés. *V.* GÉNÉRATION.

Il nous reste, pour terminer cet article, à dire quelques mots des Pollens solides. Dans certains Végétaux, comme dans les Orchidées et les Asclépiadées, les granules de Pollen, renfermés dans chaque loge de l'anthère, se réunissent et se soudent entre eux, de manière à former une masse qui a en général la même forme que la cavité de l'anthère dans laquelle elle était renfermée. Tantôt ces granules sont simplement très-rapprochés, sans qu'ils aient contracté d'adhérence entre eux comme, par exemple, dans le genre *Epipactis*; tantôt ils sont réunis les uns aux autres par une sorte de matière visqueuse très-adhérente, qui s'allonge sous la forme de filamens élastiques quand on tend à séparer ces granules, ainsi qu'on le remarque dans les genres *Orchis*, *Ophrys*, *Serapias*, etc.; tantôt enfin la soudure est tellement intime, que tous les grains polliniques forment une masse solide, ainsi qu'on l'observe dans les Asclépiadées et les Orchidées. *V.* tous ces mots.

(A. R.)

POLLIA. BOT. PHAN. Thunberg (*Flora Japonica*, p. 8) a établi sous ce nom un genre de l'Hexandrie Monogynie, L., et qui paraît se rapporter à la famille des Asparaginées. Voici ses caractères : périanthe à six parties pétaloïdes ; trois extérieures ovées, concaves, obtuses, très-grandes, alternes avec les intérieures qui sont réfléchies, très-minces, marquées de nervures, et un peu plus petites que la bractée ; six étamines insérées sur le réceptacle, à filets capillaires et à anthères didymes ; ovaire supère, globuleux, surmonté d'un style subulé, et d'un stigmate simple et obtus : baie globuleuse, entourée par la bractée et le périanthe persistans, très-glabre, de la grosseur d'un grain de poivre, blanche avant et bleue après la maturité, renfermant plusieurs graines anguleuses et brunes. Ce genre, trop peu connu, ne renferme qu'une seule espèce, *Pollia japonica*, Plante qui croît près de Nangasaki au Japon, et qui se retrouve aussi dans l'île de Java. Sa tige est haute de deux pieds, dressée, articulée, un peu rameuse, garnie de feuilles rapprochées à la base, alternes et très-éloignées dans la partie supérieure, amplexicaules, fusiformes, et marquées de nervures longitudinales. Les fleurs sont disposées en corymbes verticillés. (G..N.)

POLLICATA. MAM. Illiger a formé sous ce nom un ordre de Mammifères dont le pouce est opposable, soit en devant, soit en arrière. Cet ordre correspond en partie aux Quadrumanes de Cuvier. (LESS.)

POLLICHIA. BOT. PHAN. Trois genres ont été ainsi nommés par divers auteurs. Aiton et Smith ont établi un genre *Pollichia* qui avait déjà reçu de Gmelin le nom de *Neckeria ;* mais comme cette dernière dénomination a été appliquée à un genre de Mousses, on doit adopter le changement du nom proposé par les auteurs anglais, et c'est celui que nous allons décrire dans cet article. D'un autre côté les deux genres *Pollichia*, établis par Roth et par Médikus, sont connus sous d'autres dénominations, savoir : celui de Roth, sous le nom de *Galeobdolon*, et celui de Médikus, sous le nom de *Trichoderma*. *V.* ces mots.

Le *Pollichia* d'Aiton et Smith appartient à la Monandrie Monogynie, L., et comme il a quelques rapports avec le genre *Herniaria*, De Candolle l'a placé comme celui-ci dans la nouvelle famille des Paronychiées. Voici ses caractères essentiels : calice monophylle, à cinq dents ; corolle nulle, selon Schreber et Willdenow, à cinq pétales, selon Smith ; un fruit pseudosperme porté sur un réceptacle formé d'écailles agrégées, charnues, succulentes et simulant une baie. Ce genre ne renferme qu'une seule espèce, *Pollichia campestris*, Plante du cap de Bonne-Espérance, à tiges rameuses, déclinées, garnies de feuilles verticillées, linéaires-lancéolées. Les fleurs sont petites, sessiles, agglomérées dans les aisselles des feuilles. (G..N.)

* POLLICHIÉES. *Pollichieæ*. BOT. PHAN. De Candolle (*Prodrom. Syst. Veget. natur.*, vol. 3, p. 377) a donné ce nom à une section de la famille des Paronychiées, qui ne se compose que du seul genre *Pollichia*. *V.* ce mot. (G..N.)

POLLICIPÈDE. *Pollicipeda*. CIRRH. Genre établi par Leach, et adopté par la plupart des zoologistes pour les espèces d'Anatifes qui ont plus de cinq pièces. Lamarck ayant donné le nom de Pousse-Pied à ce genre, c'est à ce mot que nous le traiterons. *V.* aussi ANATIFE. (D..H.)

POLLICIPÉDITES. CIRRH. *V.* POUSSE-PIED.

POLLICITOR. MOLL. Genre établi par Renieri pour quelques espèces d'Alcyons, qui ne sont pas des Animaux simples, mais des réunions d'Animaux agrégés et dont on avait formé le genre Botrylle. L'espèce qui a servi de type, est l'*Alcyon Schlosseri* de Gmelin, ou *Botrillus stellatus* de Gaertner. Le même auteur mentionne aussi l'*Alcyon pyramidatum* de Bosc et deux autres espèces nouvelles, *Pollicitor cristallinus* et *P. mollissmus*. Tous ces Animaux vivent dans la mer Adriatique. (A. R.)

POLLIE. BOT. PHAN. Pour *Pollia*. *V.* ce mot. (B.)

* POLLINIA. BOT. PHAN. Genre établi par Sprengel aux dépens du genre *Andropogon*, L., et qui a pour types les *A. distachyos* et *Gryllus*, L. On y trouve réunies plusieurs Graminées considérées auparavant comme appartenant à des genres très-différens. Ainsi le *Cynosurus filiformis* de Wahl, l'*Holcus pallidus* de R. Brown, le *Perotis polystachya* de Willdenow, les genres *Diectomis* de Kunth, *Arthraxon* de Palisot de Beauvois, etc., font partie de ce genre qui doit être soumis à un nouvel examen avant d'être définitivement admis. (G..N.)

POLLONTHE. *Pollonthes*. MOLL. Genre établi par Montfort (Conch. Syst. T. I, p. 246), et qui est un double emploi de celui que Lamarck avait proposé sous le nom de Milicle, qui a été généralement adopté (*V.* ce mot). Depuis, D'Orbigny, ayant démembré ce genre, pense que le genre de Montfort pourrait bien faire partie de celui qu'il a nommé *Quinqueloculine*. *V.* ce mot. Mais ce n'est qu'avec doute qu'il l'y admet. (D..H.)

* POLLUX. ZOLL.? BOT.? (*Arthrodiées.*) Espèce du genre Tendaridée. *V.* ce mot. (B.)

POLLYXÈNE. *Pollyxenes*. INS. Genre de l'ordre des Myriapodes, famille des Chilognathes, établi par Latreille aux dépens du grand genre Scolopendre de Linné, et dont les caractères sont d'avoir le corps membraneux, très-mou, terminé par des pinceaux de petites écailles, et des antennes de la même grosseur dans toute leur longueur et composées de sept articles. L'espèce qui constitue ce genre est un Insecte très-petit, plat, ovale, allongé, et qui, vu en dessus, paraît composé de huit anneaux. Sa tête est grande, arrondie; elle a de chaque côté une petite éminence en forme de pointe, dirigée en avant; les yeux sont situés près de ces pointes; ils sont noirs, grands et ronds, et l'on voit entre eux et en avant une frange d'un double rang d'écailles; celles du rang antérieur sont dirigées en avant, et celles de l'autre sont portées en arrière; les antennes, que l'Insecte remue sans cesse quand il marche, sont composées de sept articles presque cylindriques. Chacun des huit demi-anneaux supérieurs du corps a, de chaque côté, une touffe de poils ou de longues écailles dirigées en arrière, et deux touffes sur le dos composées d'écailles plus petites, ce qui fait en tout trente-deux bouquets; en outre chaque anneau du corps a deux rangées transversales de courtes écailles, l'une située près du bord antérieur, et l'autre vers le bord postérieur. Le corps est terminé par une espèce de queue qui paraît composée de deux parties allongées, arrondies au bout, séparées à leur naissance, appliquées ensuite l'une sur l'autre et consistant en deux paquets de poils d'un beau blanc de satin luisant; l'extrémité du corps est terminée par une pièce circulaire sous laquelle est l'anus. Le dessous du corps a, suivant Degéer, douze demi-anneaux portant chacun une paire de pates très-petites, coniques, et semblables aux pates écailleuses des Chenilles.

L'organisation de cet Insecte n'est pas si compliquée lorsqu'il est jeune. Le nombre de ses anneaux, de ses bouquets de poils et de ses pates est moindre, et il accroît avec l'âge. Les anneaux des jeunes individus, dont Degéer a vu plusieurs n'en ayant que trois, et par conséquent trois paires de pates, ont la même quantité de bouquets d'écailles que les adultes; les pates des jeunes individus sont plus grosses proportionnellement que celles des individus plus âgés. Le type de ce genre et la seule espèce bien connue est:

Le POLLYXÈNE A PINCEAU, *P. lagurus*, Latr., *Gen. Crust. et Ins.* T. I,

p. 76; Hist. natur. des Crust. et des Ins. T. VII, p. 82, pl. 59, fig. 10, 12; Leach, *Zool. miscell.*, pl. 135, B; *Scolopendra lagurus*, L.; *Iulus lagurus*, Degéer, Oliv., Encycl. (G.)

* POLMOVE. OIS. (Lepechin.) Syn. vulgaire de Stercoraire parasite. V. STERCORAIRE. (DR..Z.)

POLOCHION. OIS. V. PHILÉDON.

POLOCHRE. *Polochrum*. INS. Genre de l'ordre des Hyménoptères, section des Porte-Aiguillons, famille des Fouisseurs, tribu des Sapygites, établi par Spinola, et adopté par Latreille et tous les entomologistes. Les caractères de ce genre sont : corps allongé; tête grande, aussi large que le corselet; chaperon élevé; yeux échancrés, réniformes. Trois petits yeux lisses. Antennes filiformes, insérées dans une échancrure des yeux, composées de douze articles dans les femelles, et de treize dans les mâles. Labre presque caché, membraneux, triangulaire, cilié en devant. Mandibules arquées, fortes, tridentées à l'extrémité. Mâchoires plus courtes que le menton, cornées et un peu renflées à leur base, terminées par un appendice membraneux, cilié au bout. Palpes maxillaires, filiformes, de six articles; le premier plus gros, les autres presque égaux entre eux, insérés à l'extrémité des mâchoires au-dessous de l'appendice. Les labiaux plus courts que les maxillaires, filiformes, de quatre articles presque égaux. Lèvre dirigée en avant, membraneuse, bifide; languette grande, s'élargissant et très-échancrée antérieurement. Corselet convexe; écusson marqué de deux lignes enfoncées, transversales. Ailes supérieures ayant une cellule radiale et quatre cellules cubitales; la seconde et la troisième recevant chacune une nervure récurrente; la quatrième atteignant le bout de l'aile. Pates fortes, courtes; premier article des tarses plus grand que les autres qui vont en décroissant de longueur. Ce genre diffère des Sapyges, parce que ces derniers Hyménoptères ont les yeux entiers; les Thynnes en sont distingués par leurs antennes qui vont en grossissant vers le bout. Les mœurs de la seule espèce qui compose le genre Polochre sont inconnues; cette espèce se trouve dans les environs de Gênes, c'est le *Polochrum repandum* de Spinola (Ins. Ligur., fasc. 1, p. 20, tab. 2, fig. 8, et fasc. 2, p. 1). Il est long de neuf à dix lignes, noir, avec des taches sur le corselet et sur les anneaux de l'abdomen, et des bandes sur ces derniers, jaunes. (G.)

POLOPHILUS. OIS. Leach a proposé sous ce nom un genre d'Oiseau démembré des Coucous. Ce genre, qu'il a établi dans ses *Miscellany*, est caractérisé par un pouce assez analogue à celui de l'Alouette et par des tarses plus allongés et nus; mais cette coupe n'a point été adoptée, parce qu'elle rentre dans le genre Coucal, *Centropus*, d'Illiger, ou Toulou, *Corydonyx*, de Vieillot. V. COUCAL. (LESS.)

POLYACANTHA. BOT. PHAN. Ce nom, donné par les anciens à plusieurs Plantes épineuses, n'est plus employé que comme nom spécifique. (G..N.)

POLYACHYRUS. BOT. PHAN. Genre de la famille des Synanthérées, établi par Lagasca, adopté par De Candolle sous le nom de *Polyachurus*, et placé par ces auteurs dans leur tribu des Chénanthophores ou Labiatiflores. Cassini (Opuscules phytol., 2, p. 136 et 182) l'a fait entrer dans sa tribu des Nassauviées, et l'a ainsi caractérisé en se servant de la description fournie par Lagasca : calathides nombreuses, rassemblées en capitule : chaque calathide composée de deux fleurs, l'une hermaphrodite, l'autre mâle (toutes les deux hermaphrodites, selon Lagasca); involucre composé de quatre folioles, dont un plus large concave, entourant la fleur hermaphrodite; les trois autres environnant extérieurement la fleur mâle; réceptacle très-petit, pourvu d'une seule paillette placée entre les deux fleurs. La fleur hermaphrodite a une corolle à deux lèvres, dont l'intérieure est divisée jusqu'à la base en deux lanières ; un ovaire portant une aigrette sessile, longue, composée de poils légèrement barbus. La fleur mâle a une corolle semblable à celle de la fleur hermaphrodite, probablement plus petite ; un faux ovaire portant une aigrette courte. Ce genre, dont l'organisation est loin d'être suffisamment éclaircie, a été placé par Lagasca entre les genres *Jungia* et *Mutisia*. Il ne se compose que d'une seule espèce qui croît au Chili. (G..N.)

POLYACTIS. BOT. CRYPT. (*Mucédinées.*) Ce genre, établi par Link, est le même que le *Spicularia* de Persoon, à l'exception de quelques espèces qui doivent rentrer dans le genre *Botrytis*. Le *Polyactis* se rapproche surtout du genre *Aspergillus* de Link dont il ne diffère que par ses rameaux rapprochés par touffes, par les extrémités des filamens. Ces rameaux sont de même renflés et couverts de sporules. Toutes les Plantes de ce genre croissent également sur les substances fermentescibles en décomposition. (AD. B.)

POLYADELPHIE. BOT. PHAN. Dix-huitième classe du Système sexuel de Linné, caractérisée par des étamines en nombre variable, et réunies par leurs filets en plusieurs faisceaux ou androphores distincts. Cette classe peu nombreuse en genres a été divisée en trois ordres, suivant le nombre des étamines ; ces ordres sont : 1° Polyadelphie *pentandrie*, exemple : le Cacao ; 2° Polyadelphie *icosandrie*, exemple : les Orangers ; 3° Polyadelphie *polygynie*, exemple : les Millepertuis. *V*. SYSTÈME SEXUEL. (A. R.)

* POLYÆTNIUM. BOT. CRYPT. (*Fougères.*) Desvaux (Ann. de la Soc. Linn. de Paris, juillet 1827, p. 218) a donné ce nom à un genre auquel il a imposé les caractères essentiels suivans : sporanges disposés en sores géminés, continus, presque immergés entre la côte et le bord ; involucre nul. Il ne renferme qu'une seule espèce, *Polyætnium lanceolatum*, Desv., qui est l'*Hemionitis lineata*, Swartz, ou le *Vittaria lanceolata* du même auteur et de Schkuhr, *Crypt.*, tab. 101 *bis*. Cette Fougère se trouve dans les Antilles. (G..N.)

POLYANDRIE. BOT. PHAN. Linné a donné ce nom à la treizième classe de son Système sexuel, caractérisée par un grand nombre d'étamines réunies dans une même fleur et hypogynes. Cette classe se divise en sept ordres, savoir : 1° Polyandrie *monogynie*, exemple : le Pavot, les Cistes ; 2° Polyandrie *digynie*, exemple : les Pivoines ; 3° Polyandrie *trigynie*, exemple : les Pieds d'Alouette ; 4° Polyandrie *tétragynie*, exemple : le *Tetracera* ; 5° Polyandrie *pentagynie*, exemple : les Ancolies ; 6° Polyandrie *hexagynie*, exemple : le *Stratiotes* ; 7° Polyandrie *polygynie*, exemple : les Magnolias, les Renoncules, etc. *V*. SYSTÈME SEXUEL. (A. R.)

POLYANGIUM. BOT. CRYPT. (*Lycoperdacées.*) Ce genre appartient à la tribu des Angiogastres, et à la section des Nidulaires ; il se rapproche particulièrement des genres *Myriococcum* de Fries et *Arachnion* de Schweinitz. Il a été créé par Link, et depuis lors Dittmar a donné une excellente figure et une description très-détaillée (*Sturnis Deutschl. Flor. Abth.* III, tab. 27) de la seule espèce connue : *Polyangium vitellinum*. C'est une petite Cryptogame à peine visible à l'œil nu, croissant sur les bois morts ; son péridium membraneux est transparent, sessile, et renferme plusieurs péridioles secondaires ovoïdes, d'un beau jaune d'œuf. Chacune de ces péridioles est remplie d'une quantité considérable de petites séminules. (AD. B.)

* POLYANTHEA. BOT. PHAN. Sous ce nom De Candolle (Mém. Soc. d'Hist. nat. de Genève, 1, p. 435) a établi une section dans le genre *Passiflora*, qui se compose de six espèces, parmi lesquelles on remarque les

Passiflora holosericea, L.; *P. cirriflora* et *sexflora*, Juss. (G..N.)

POLYANTHEMUM. BOT. PHAN. Les anciens donnaient ce nom à des Renoncules et à plusieurs autres Plantes remarquables par le grand nombre de leurs fleurs. On n'emploie plus ce mot que comme nom spécifique. (G..N.)

POLYANTHES. BOT. PHAN. *V.* TUBÉREUSE.

* POLYBIE. *Polybius.* CRUST. Genre établi par Leach, et que Latreille réunit à son genre Platyonique. *V.* ce mot. (G.)

POLYBORUS. OIS. Nom scientifique du genre *Rancanca*, proposé par Vieillot dans son Analyse élémentaire d'Ornithologie, et qui n'est pas distinct des Caracaras. Le type de ce genre est le petit Aigle à gorge nue de Buffon, pl. enl. 417, *Falco aquilinus*, L. *V.* FAUCON. (LESS.)

POLYBOTRYA. BOT. CRYPT. (*Fougères.*) Ce genre, établi par Humboldt et Bonpland (Willd., *Spec.* T. V, p. 99; Kunth, *Nov. Gener.*, 1, tab. 2) réunit le port des Osmondes aux caractères essentiels des Acrostiques. Il appartient en effet à la tribu des Polypodiacées dont ses capsules ont tout-à-fait la structure; mais ces capsules, réunies en grand nombre, forment sur les divisions avortées des frondes, des grappes plus ou moins rameuses comme dans les Osmondes, et ne sont recouvertes par aucun tégument. Le *Polybotrya Osmundacea* décrit et figuré par Kunth est une des plus belles Fougères de l'Amérique. Elle a été recueillie par Humboldt et Bonbland près de Santa-Cruz dans la Nouvelle-Andalousie. Depuis lors, deux nouvelles espèces ont été ajoutées à ce genre; l'une par Kaulfuss, sous le nom de *Polybotrya cylindrica*, provient également de l'Amérique méridionale; l'autre par Hooker (*Exot. Flor.*, tab. 107), sous le nom de *Polybotrya vivipara*, est originaire des Indes-Orientales.

Le genre *Olfersia* de Raddi ne diffère peut-être pas de celui-ci, quoique cet auteur décrive les fructifications comme attachées sur les deux surfaces du bord des frondes fertiles contractées (*Filicum Brasiliensium Nov. Gener. et Spec.*, tab. 14), ce qui annoncerait seulement un moindre degré d'avortement dans les frondes. (AD. B.)

POLYBRANCHES. *Polybranchiata.* MOLL. C'est ainsi que Blainville nomme, dans son Traité de Malacologie, le second ordre de ses Paracéphalophores monoïques. Cet ordre est caractérisé par des branchies en forme de lanières ou d'arbuscules nombreux disposés symétriquement, et à l'extérieur de chaque côté du corps. Cet ordre est partagé en deux familles d'après les tentacules : la première, les Tétracères, renferme les genres Glaucus, Laniogère, Tergipède, Cavoline et Éolide; la seconde, les Dicères, comprend les genres Scyllée, Tritonie et Téthys. Comme on le voit, cet ordre rentrerait très-bien dans les Nudibranches de Cuvier, et il comprend deux des familles que Férussac a établies dans cet ordre sous le nom de Tritonies et de Glauques. Nous renvoyons à tous les mots de familles et de genres que nous venons de citer. (D..H.)

* POLYCAMARE. BOT. PHAN. Le professeur Mirbel appelle ainsi le fruit des Magnolias, du Tulipier, des Renoncules, qui se compose de plusieurs péricarpes uniloculaires, monospermes et bivalves. (A. R.)

POLYCARDIA. BOT. PHAN. Genre de la famille des Célastrinées et de la Pentandrie Monogynie, L., établi par Jussieu (*Genera Plant.*, p. 377), et ainsi caractérisé : calice persistant, à cinq lobes; cinq pétales; cinq étamines courtes, alternes avec ceux-ci; ovaire déprimé; style unique, très-court, surmonté d'un stigmate lobé; capsule ligneuse, à cinq loges, à cinq valves (quelquefois par avortement réduites à quatre ou trois), portant sur leur milieu des cloisons membraneuses; graines placées au fond de la capsule, en petit nombre, oblongues, entourées d'un arille caliciforme et lacinié. Ce genre ne renferme qu'une seule espèce, nommée par Lamarck *Polycardia phyllanthoides*, et dont Gmelin et Smith ont changé inutilement le nom spécifique en ceux de *madagascariensis* et *epiphylla*. C'est un Arbuste glabre, à feuilles alternes, coriaces, atténuées en pétiole; les unes oblongues, entières; les autres profondément échancrées, et portant les fleurs sessiles dans l'échancrure, au sommet de la nervure médiane. Cette singulière Plante croît à Madagascar. (G..N.)

POLYCARPÆA. BOT. PHAN. (Lamarck.) Syn. d'*Hagea* de Ventenat. *V*. HAGÉE. (G..N.)

POLYCARPON. BOT. PHAN. Genre de la famille des Paronychiées et de la Triandrie Trigynie, L., offrant pour caractères essentiels : un calice profondément quinquéfide, dont les sépales sont plus ou moins cohérens à la base, membraneux sur leurs bords, concaves, carenés, mucronés au sommet; corolle à cinq pétales, très-courts, en forme d'écailles, échancrés, persistans; trois à cinq étamines; ovaire presque stipité, surmonté d'un style à trois stigmates; capsule uniloculaire, trivalve et polysperme. Ce genre, nommé *Trichlis* par Haller, ne se composait originairement que d'une seule espèce, *Polycarpon tetraphyllum*, petite Plante à feuilles quaternées, qui croît dans les localités sablonneuses de l'Europe méridionale et des îles Canaries. Persoon lui a réuni le *Stipulicida setacea* de Richard, sous le nom de *Polycarpon stipulifidum*; mais cette fusion n'a pas été admise par De Candolle dans le troisième volume de son *Prodromus*. Ce dernier auteur ajoute comme espèces du genre dont il est ici question, 1° le *Polycarpon apurense* de Kunth, Plante de l'Amérique méridionale, qui offre trois étamines, comme le *P. tetraphyllum*; 2° le *P. alsinefolium* ou *Hagea alsinefolia*, Bivona, Manip., 3, p. 7, qui croît dans les sables maritimes de la Sicile, de la Ligurie et du Bas-Languedoc; 3° le *P. peploides* ou *Hagea polycarpoides*, Bivon., *loc. cit.*, Plante que l'on rencontre dans des localités à peu près semblables, et que Lapeyrouse a confondue avec l'*Arenaria peploides*. Ces deux dernières espèces sont pourvues de cinq étamines. (G..N.)

* POLYCENIA. BOT. PHAN. Nouveau genre de la famille des Sélaginées et de la Didynamie Angiospermie, L., établi par Choisy (Mém. de la Soc. d'Hist. nat. de Genève, 1823), qui l'a ainsi caractérisé : calice monophylle, en forme de spathe, embrassant le côté supérieur de la fleur; corolle tubuleuse à la base, presque unilabiée au sommet; quatre étamines plus courtes que le limbe de la corolle; capsule quadrangulaire, à loges qui ne s'ouvrent pas spontanément, monospermes et renflées de chaque côté. Ce genre est extrêmement voisin de l'*Hebenstretia*, dont il n'est qu'un démembrement. Il s'en distingue par son fruit petit, presque globuleux, point allongé, muni sur ses quatre angles de logettes vides. Le *Polycenia hebenstretioides*, Choisy, *loc. cit.*, p. 21, tab. 2, f. 1, est une Plante qui a été confondue dans les herbiers avec l'*Hebenstretia dentata*. C'est une Herbe à feuilles alternes, linéaires, dentées, et à fleurs en épis. Elle a pour patrie le cap de Bonne-Espérance. (G..N.)

POLYCÉPHALE. *Polycephalus*. INT. Zeder (*Naturgesch.*) a désigné sous cette dénomination générique quelques Entozoaires vésiculaires, ayant plusieurs corps, pour une vésicule unique. *V*. ÉCHINOCOCQUE et COENURE. (E.D..L.)

POLYCEPHALUS. BOT. PHAN. Le *Polycephalus suaveolens* de Forskahl est synonyme de *Sphæranthus indicus*, L. *V*. SPHÆRANTHE. (G..N.)

POLYCÈRE. *Polycera*. MOLL. Sous ce nom, Cuvier a démembré des Doris quelques espèces dont les branchies sont plus simples et recouvertes dans les momens de danger par deux lames membraneuses, et qui ont plus de deux paires de tentacules; il y en a trois, quelquefois quatre. La valeur de ces caractères a semblé assez peu importante à la plupart des zoologistes, pour ne pas adopter ce genre dont on fait une petite section des Doris. *V.* ce mot. (D..H.)

POLYCÈRE. *Polycerus.* POLYP. Ce genre, établi par Fischer, n'est autre que le genre Encrine de Lamarck, adopté par tous les naturalistes. (B.)

* POLYCHIDIUM. BOT. CRYPT. *V.* COLLEMA.

* POLYCHOETON. BOT. CRYPT. (*Mucédinées.*) Nom donné par Persoon à la seconde section de son genre *Fumago. V.* ce mot. (AD. B.)

POLYCHROA. BOT. PHAN. Loureiro (*Flor. Cochinch.*, ed. Willd., 2, p. 684) a établi sous ce nom un genre de la famille des Amaranthacées et de la Monœcie Pentandrie, L., lequel, selon Willdenow, ne diffère essentiellement du genre *Amaranthus* que par son stigmate sessile et obtus. Le *Polychroa repens*, Lour., *loc. cit.*, est une Herbe vivace, à tige rampante, rouge, succulente, rameuse, émettant latéralement des radicelles courtes, garnies de feuilles cordiformes, oblongues, presque crénées, alternes, versicolores, où les nuances blanche, rouge et verte sont distinctes, accompagnées de deux stipules aiguës. Les fleurs sont blanches, rosées, disposées en petites grappes axillaires. Cette Plante croît dans la Chine et dans la Cochinchine. Elle y est cultivée à cause de son bel effet sur les rochers qui bordent les fontaines. (G..N.)

* POLYCHROMA. BOT. CRYPT. (Bonnemaison.) Syn. de *Griffitsia. V.* ce mot. (B.)

* POLYCHROME. ACAL. Espèce du genre Céphée. *V.* ce mot. (B.)

* POLYCHROME. MIN. (Haussmann.) Syn. de Plomb phosphaté. (B.)

POLYCHRUS. REPT. OPH. *V.* MARBRÉ.

POLYCLINE. *Polyclinum.* MOLL. Genre de Tuniciers établi par Savigny sur des caractères de peu de valeur. Cuvier (Règne Animal) ne l'a adopté qu'en y réunissant cinq à six des genres de Savigny. Tel que ce savant observateur l'a conçu, le genre Polycline ne pourrait faire qu'une section des Botrylles. *V.* ce mot. (D..H.)

POLYCLONOS. BOT. PHAN. L'Armoise chez les anciens, selon Mentzel. (B.)

POLYCNÈME. *Polycnemum.* BOT. PHAN. Genre de la famille des Chénopodées et de la Triandrie Monogynie, L., offrant les caractères essentiels suivans : involucre composé de deux bractées presque épineuses; calice ou périanthe à cinq folioles; capsule utriculaire, pseudosperme, supère, verticale, renfermant un embryon périphérique. Ce genre, qui a des affinités avec le *Salsola*, a pour type le *Polycnemum arvense*, L., Plante rampante et rameuse, à feuilles linéaires et mucronées, et à fleurs fort petites et sessiles dans les aisselles des feuilles. Elle croît dans les champs un peu arides et sur les bords des chemins de l'Europe. Plusieurs auteurs, et particulièrement Pallas, ont augmenté le genre *Polycnemum* de plusieurs espèces indigènes de la Sibérie et de la Russie orientale; mais la plupart d'entre elles ne se rapportent pas parfaitement au genre *Polycnemum*, et se confondent, soit avec les *Salsola*, soit avec les *Anabasis* de Marschall-Bieberstein. (G..N.)

POLYCOME. *Polycoma.* BOT. CRYPT. (*Chaodinées.*) Il est vrai, comme le dit Léman, que Palisot de Beauvois avait donné ce nom à l'un des genres d'Algues qu'il indiqua si vaguement, et qui est le même que notre *Thorea;* mais il est faux qu'il eut l'antériorité dans l'établissement du genre, comme il est dit dans le

Dictionnaire des Sciences naturelles. (B.)

*POLYCONQUES. *Polyconchacea*. MOLL. Blainville a d'abord employé cette dénomination pour les Animaux, que depuis il a nommés Polyplaxiphores ; ce sont les Oscabrions des auteurs. *V*. POLYPLAXIPHORES et OSCABRION. (D..H.)

POLYCYCLE. MOLL. Lamarck (Anim. sans vert., 3, p. 105) appelle ainsi un genre d'Ascidies agrégées qu'il établit pour une espèce de Botrylle décrite et figurée par Renieri, professeur à Padoue (Lettre à Olivi, Opuscul. de Milan, T. XVI, t. 1, fig. 1-12). Ce genre ne diffère des Botrylles proprement dites, qu'en ce que la cavité artificielle, où les individus sont groupés en étoiles, est plus profonde, et que les Animaux y sont plus nombreux et forment un grand nombre de cercles opposés. Le *Polycyclus Renieri*, Lamk, *loc. cit.*, vit dans la mer Adriatique. (A.R.)

*POLYCYCLIQUES. *Polycyclica*. MOLL. Dans les familles naturelles du Règne Animal, p. 164, Latreille établit sous cette dénomination une seconde tribu dans la famille des Céphalopodes polythalames. Les caractères de cette tribu sont exprimés d'une manière assez vague, et cela devait être par le nombre de genres qu'ils réunissent et le peu de rapports naturels qu'ils ont entre eux. Elle est partagée, d'après la forme de l'ouverture, en deux grandes sections : 1° coquille à ouverture circulaire, à bord continu ; cette première section est elle-même partagée en plusieurs groupes : le premier contient les genres Spirule, Oréade, Jésite et Charybde ; le second les genres Scortime, Linthurie et Périple ; cette section répond aux Cristacés de Lamarck ; le troisième groupe renferme les genres Astacole, Cancride et Pénérople ; le quatrième enfin est pour le genre Turrilite lui seul ; 2° coquille à ouverture non circulaire, quelquefois en forme de fente pratiquée dans l'épaisseur du test. Cette seconde section est divisée en trois groupes seulement : le premier pour les genres Cibicide, Cortale, Cidarolle et Storille ; le second pour les genres Ellipsolite, Amalthé, Planulite et Ammonie ; et le troisième pour le seul genre Simplégade.

Cet arrangement de Latreille est loin d'être naturel ; il résulte en partie de la trop grande confiance qu'il a eue dans les travaux de Montfort, et aussi de la fausse appréciation de plusieurs caractères qui font que, dans la même section, se trouvent les Spirules et les Turrilites, dont les Coquilles offrent bien des différences avec toutes les autres qui appartiennent à des genres de Microscopiques sans siphons, et qui, même à les croire pourvus de cette partie essentielle, ne pourraient aucunement s'allier par de bons caractères avec l'un des deux genres que nous venons de citer. Dans la seconde section l'arrangement n'est pas moins défectueux ; Latreille semble ignorer que les Ellipsolites, les Amalthés et les Planulites sont de véritables Ammonites, ou bien croire avec Montfort que le Nautile ombiliqué, nommé par lui Ammonie, est véritablement le type vivant des Ammonites ; dans l'une et l'autre circonstance Latreille serait dans l'erreur. Quant au genre Simplégade, il est intermédiaire entre les Ammonites et les Nautiles, mais il appartient plutôt aux premières qu'aux seconds. Les genres qui composent le premier groupe de cette section, appartiennent, comme d'autres que nous avons signalés, aux Multiloculaires microscopiques sans siphons, et en conséquence ne peuvent convenir ni aux Ammonites ni aux Nautiles. D'après ce qui précède, nous ne croyons pas que l'on admette la famille des Polycycliques de Latreille. (D..H.)

POLYDACTYLE. *Polydactylus*. POIS. Le genre institué sous ce nom par Lacépède ne pouvait être conservé et rentre dans le genre Polynème. *V*. ce mot. (B.)

POLYDÈME. *Polydesmus.* INS. Genre de l'ordre des Myriapodes, famille des Chilognates, établi par Latreille qui l'a démembré du grand genre Iule de Linné, et ayant pour caractères : corps linéaire, composé d'un grand nombre d'anneaux qui portent chacun, pour la plupart, deux paires de pates. Segmens comprimés sur les côtés inférieurs, avec une saillie en forme de rebord ou d'arête au-dessus. Antennes presque filiformes, courtes, de sept articles, dont le troisième est allongé. Les Polydèmes diffèrent des genres Gloméris et Iule par la forme du corps; ils se distinguent des Polyxènes, parce que ceux-ci ont le corps membraneux, très-mou, et terminé par des pinceaux de petites écailles. Les Polydèmes ont les antennes, les organes de la manducation et ceux du mouvement conformés à peu près de même que dans les Iules. Le nombre des pates et des anneaux n'est pas aussi considérable que dans ces derniers Insectes. Latreille a vu sur ces anneaux des apparences prononcées de stigmates, ce qui rapproche encore davantage les Polydèmes des Scolopendres. Le plan supérieur de ces segmens ressemble à une écaille presque carrée; il offre quelques inégalités. Latreille a observé les organes sexuels de l'espèce la plus commune de ce pays, le *Polydesmus complanatus*, *Iulus complanatus* de Linné. Il a reconnu que les organes sexuels occupent la place d'une paire de pates dans les mâles, et que c'est à cette particularité que l'on doit attribuer la différence qui existe entre les descriptions que Geoffroy et Degéer font de cet Insecte. Le premier lui donne soixante pates, et n'a par conséquent observé que des mâles; le second, qui n'a observé que des femelles, lui donne une paire de pates de plus. Les organes de la génération de cet Insecte sont situés à l'extrémité postérieure et inférieure du septième anneau; ils sont composés de deux tiges membraneuses qui s'élèvent d'une base également membraneuse et un peu velue : ces deux tiges sont presque demi-cylindriques, convexes et lisses à leur face antérieure, concaves sur la face opposée; du sommet de chacune part un crochet écailleux, d'un jaune clair, long, arqué du côté de la tête, avec un avancement obtus, dilaté à sa base, et une dent vers le milieu interne du même côté. Latreille a également cherché les parties de la femelle; il croit les avoir aperçues sous le troisième anneau, et répondant à la seconde paire de pates; elles ne s'annoncent par aucun signe extérieur. L'Iule aplati s'accouple en automne; on rencontre souvent alors les sexes réunis; leurs corps sont de la même grandeur, appliqués l'un contre l'autre par leur face inférieure, couchés sur le côté, et l'extrémité antérieure du corps du mâle dépassant celui de la femelle. L'ovaire remplit une bonne portion de la cavité intérieure du corps de la femelle; il forme une espèce de boyau aboutissant à une fente placée au bout postérieur du corps. Les Polydèmes se roulent en cercle comme les Iules; ils vivent sous les débris de végétaux, sous les pierres, dans les lieux frais et près des étangs; ils se nourrissent, comme les Iules, de substances animales et végétales, mais mortes ou décomposées. L'espèce qui sert de type à ce genre est :

Le POLYDÈME APLATI, *P. complanatus*, Latr.; Leach, *Zool. Miscell.*, t. 3, pl. 135; *Iulus complanatus*, L.; *Scolopendra fusca*, etc., Geoff. (G.)

* POLYDENDRIS. BOT. PHAN. Du Petit-Thouars a ainsi nommé une Orchidée des îles de France et de Mascareigne, qui se rapporte à l'*Epidendrum polystachyum* de Swartz. (G..N.)

POLYDONTE. *Polydonta.* MOLL. Nouveau genre qu'on ne peut adopter, proposé par Schumacher dans son Système de Conchyliologie, pour les Trochus qui ont le bord denticulé. On sait que cette dentelure est la terminaison des cannelures qui se voient à l'intérieur de la coquille sur sa face supérieure. (D..H.)

POLYDORE. *Polydora.* ANNEL. Genre de l'ordre des Néréidées, établi par Bosc (Hist. nat. des Vers, T. 1, p. 150) qui lui assigne pour caractères : corps allongé, articulé, à anneaux nombreux, garnis de chaque côté d'une rangée de houppes de soie, et de mamelons rétractiles qui portent les branchies à leur base postérieure. Queue articulée, nue, terminée par une ventouse prenante. Un trou simple entre deux membranes pour bouche. Ce genre est très-voisin des Spios de Fabricius; il lui ressemble surtout par deux filets préhensiles que l'on voit à la partie antérieure du corps, qui le surpassent en longueur lorsqu'ils sont complétement étendus, mais le caractère vraiment distinctif consiste dans la structure de la queue qui présente une sorte de disque ou de ventouse comme dans les Sangsues, et au moyen duquel l'Animal peut se fixer aux corps solides qu'il rencontre. Aucun autre naturaliste que Bosc n'a encore eu occasion d'observer cette Annelide curieuse. Savigny (Description d'Égypte, Syst. des Annelides, p. 45) en parle dans une note, et croit qu'elle se rapproche du genre Spio. On ne connaît encore qu'une espèce, la Polydore cornue, *Polydora cornuta*, figurée par Bosc (*loc. cit.*, pl. 5, fig. 7 et 8). Elle a été trouvée sur les côtes de la Caroline; on la rencontre communément dans la rade de Charlestown; sa grandeur ne surpasse guère trois à quatre millimètres. Elle se cache, comme les Néréides, dans les interstices des pierres, et se fait un léger fourreau de soie couvert de vase. •

Oken a établi sous le même nom de Polydore un genre de la famille des Sangsues, et qui correspond à celui que Savigny a fondé antérieurement sous le nom de Branchellion. *V.* ce mot. (AUD.)

POLYERGUE. *Polyergus.* INS. Genre de l'ordre des Hyménoptères, section des Porte-Aiguillons, famille des Hétérogynes, tribu des Formicaires, établi par Latreille aux dépens du grand genre Fourmi des auteurs, et ne différant des Fourmis proprement dites (*V.* ce mot) que par leurs antennes qui sont insérées près de la bouche et non sur le milieu du front, comme cela a lieu chez celles-ci, par leurs mandibules qui sont étroites, arquées et très-crochues, tandis qu'elles sont triangulaires, épaisses et dentelées intérieurement dans les Fourmis. Ce genre ne renferme qu'une seule espèce propre à l'Europe; ses mœurs sont très-curieuses, et quoique nous ayons déjà donné à l'article FOURMI quelques détails sur les mœurs des Fourmis ordinaires, la manière de vivre de celle-ci mérite que nous en fassions mention.

La POLYERGUE ROUSSATRE, *Polyergus rufescens*, Latr., Hist. nat. des Fourmis, p. 186, pl. 7, fig. 38; la Fourmi roussâtre, Huber, Recherches sur les Fourmis indigènes, p. 210, pl. 2, fig. 1-4. Elle est longue de trois à quatre lignes; la femelle est entièrement d'un fauve marron pâle; son corps est glabre, luisant; ses yeux sont noirs; les mandibules brunes; le dos du corselet continu, sans enfoncement. Les ailes sont blanches, avec leur point marginal et les nervures d'un roussâtre clair. Le mâle est noir, avec les organes sexuels roussâtres. L'extrémité des cuisses, les jambes et les tarses sont pâles. L'ouvrière a le second segment du corselet petit, rabaissé, ce qui forme un enfoncement sur le dos. Elle est plus petite que la femelle et le mâle. Les Polyergues font leur nid dans la terre; elles vivent, comme les Fourmis, en sociétés composées de trois sortes d'individus. Mais on voit souvent, dans ces réunions, des Fourmis connues sous le nom de Noir-Cendrées et de Mineuses, qui sont réunies à la société et qui s'occupent de l'intérêt commun, travaillent, le plus souvent seules, à apporter les provisions nécessaires à la fourmilière, à les distribuer, et à soigner les larves en les transportant au besoin dans les différens étages de l'habitation. Ces Fourmis mêlées aux Polyergues sont ce que l'on peut appeler leurs esclaves; elles se les procurent en allant chercher de vive force les nymphes d'ouvrières dans les fourmilières des Noir-Cendrées ou des Mineuses, et en les apportant dans leur nid. (G.)

POLYGALE. *Polygala*. BOT. PHAN. Type de la famille des Polygalées. Ce genre, d'abord placé parmi les Pédiculaires, peut être caractérisé de la manière suivante: les fleurs sont hermaphrodites, renversées; le calice se compose de cinq sépales, réunis ensemble par leur base et adhérens entre eux, dont trois extérieurs égaux entre eux, et deux intérieurs plus grands et en forme d'ailes. La corolle est irrégulière, caduque, formée de cinq pétales réunis entre eux au moyen des filets staminaux, et imitant une corolle monopétale, irrégulière et hypogyne; le pétale supérieur, qui est devenu inférieur par le renversement de la fleur, est le plus grand; il est en général concave, souvent marqué d'une crête et frangé, contient les étamines. Les deux pétales inférieurs, qui sont devenus supérieurs, sont égaux et rapprochés, et les deux moyens sont très-petits et quelquefois sous la forme de deux petites dents. Les étamines, au nombre de huit, ont leurs filets soudés en une sorte de tube fendu sur un de ses côtés dans toute sa longueur, et divisé supérieurement en deux faisceaux. A leur sommet les filets sont distincts et se terminent chacun par une anthère ovoïde, allongée, dressée, à une seule loge, s'ouvrant par sa partie supérieure. L'ovaire est libre, comprimé, à deux loges, contenant chacune un ovule suspendu. Le style est terminal, plus ou moins dilaté, et recourbé vers sa partie supérieure qui porte un stigmate irrégulier, quelquefois concave et comme bilabié; d'autres à deux lobes, superposés et inégaux. Le disque n'existe pas généralement, cependant il est très-manifeste et unilatéral dans le *Polygala Chamæbuxus*, L. Le fruit est une capsule comprimée, lenticulaire, souvent cordiforme et ailée sur son contour, à deux loges séparées par une cloison extrêmement étroite. Chaque loge contient une seule graine pendante, quelquefois velue, accompagnée à sa base d'un arille de forme variable, à deux ou trois lobes. Cette graine contient un embryon renversé comme elle et placé dans un endosperme charnu. Les espèces de ce genre sont extrêmement nombreuses. Le professeur De Candolle en cite environ cent soixante dans le premier volume de son Prodrome. Ce sont des Plantes herbacées, annuelles ou vivaces, de petits Arbustes ou des Arbrisseaux assez élevés. Leurs feuilles, constamment simples et sans stipules, sont généralement éparses, plus rarement opposées ou verticillées. Les fleurs, accompagnées de bractées, sont tantôt solitaires et axillaires, tantôt en épis simples, tantôt en espèces de corymbes. Parmi les espèces de ce genre, dix ou douze (*Polygala vulgaris*, *amara*, *austriaca*, *Chamæbuxus*, *exilis*, *monopeliaca*, etc.) croissent en Europe. Environ soixante-dix espèces sont distribuées dans les deux Amériques, et près de quarante croissent au cap de Bonne-Espérance. Le professeur De Candolle a partagé toutes ces espèces en huit sections, qui ont en général l'avantage de conserver les stations géographiques. Plusieurs espèces ont été retirées de ce genre pour former des genres particuliers. Ainsi les *Polygala Penæa*, L.; *P. diversifolia*, L.; *P. domingensis*, Jacq.; *P. acuminata*, Willd., forment le genre *Badiera* de De Candolle, ou *Penæa* de Plumier, qui n'est pas le même que le genre décrit sous ce dernier nom par Linné. Le *Polygala spinosa* sert de type au genre *Mundia* de Kunth. Le genre *Muraltia* de Necker, ou *Heisteria* de Bergius, renferme un grand nombre d'espèces originaires du cap de Bonne-Espérance, et autrefois placées dans le genre *Polygala*. *V*. BADIERA au Supplément, MUNDIA, MURALTIA et HEISTERIA. (A. R.)

POLYGALÉES. *Polygaleæ*. BOT. PHAN. Le genre *Polygala* avait été placé parmi les Pédiculaires. Le professeur Richard fut le premier qui, en démontrant que la corolle du *Polygala*, qu'on avait considérée jusqu'alors comme monopétale, était au contraire polypétale, et que la soudure des pétales était due à la connexion des filets staminaux, fit sentir la nécessité d'éloigner le genre des Pédiculaires où on l'avait placé pour en former le type d'un ordre distinct. Cet ordre ou famille a été établi par Jussieu (Ann. du Muséum, 14, p. 386), et depuis il a été adopté par tous les botanistes modernes, et en particulier par R. Brown, Kunth et De Candolle. Voici les caractères qu'on peut assigner à cette famille : les fleurs sont hermaphrodites, quelquefois renversées. Le calice se compose de quatre, ou plus souvent cinq sépales égaux ou inégaux, deux étant en général plus intérieurs et plus grands et sous forme d'ailes. Ce calice est ou persistant ou caduc. La corolle se compose de cinq pétales, dont un à quatre peuvent avorter. Ces pétales, en général inégaux, sont plus ou moins soudés à leur base, et imitent une corolle monopétale, irrégulière; l'un de ces pétales est souvent plus grand, concave, glanduleux, relevé d'une crête et fimbrié sur son bord. Souvent les étamines varient de deux à huit; elles sont monadelphes, forment un tube fendu dans toute sa longueur et divisé supérieurement en deux faisceaux. Les anthères sont uniloculaires, et s'ouvrent en général par leur sommet au moyen d'un petit opercule. Ces étamines, de même que les pétales, sont hypogynes. L'ovaire est libre, à une ou deux loges; dans le premier cas il contient deux ovules collatéraux et pendans; dans le second chaque loge contient un seul ovule suspendu. Le style est plus ou moins recourbé, quelquefois élargi, terminé par un stigmate simple ou irrégulier et à deux lèvres inégales. Le fruit est une capsule comprimée, quelquefois mince et membraneuse dans son contour, à deux loges monospermes, ou une sorte de drupe sèche ou charnue, indéhiscente et monosperme. Les graines, qui sont pendantes, sont quelquefois munies à leur base d'un arille bilobé. Leur tégument propre recouvre une amande, tantôt formée par un endosperme charnu, contenant un embryon homotrope et inclus, tantôt formée par l'embryon seul, dont les cotylédons sont alors plus épais. Les Plantes réunies dans cette famille sont tantôt des Herbes, tantôt des Arbustes et des Arbrisseaux; leurs feuilles, généralement alternes, sont quelquefois opposées ou verticillées. Les fleurs, rarement solitaires et axillaires, forment en général des épis simples ou des espèces de corymbes. On trouve dans cette famille les genres *Polygala*, Tourn.; *Salomonia*, Lour.; *Comesperma*, Labill.; *Badiera*, D. C.; *Soulamea*, Lamk.; *Muraltia*, Necker; *Mundia*, Kunth; *Monnina*, Ruiz et Pavon; *Securidaca*, L.; *Krameria*, Lœfl. Les Polygalées forment une famille très-naturelle, mais dont la place n'est pas facile à déterminer dans la série des ordres naturels. Par l'aspect de sa fleur elle a des rapports avec les Légumineuses et avec les Fumariacées, et nous pensons qu'elle ne saurait être très-éloignée de cette dernière famille. Cependant la plupart des auteurs placent les Polygalées auprès des Violacées. (A. R.)

POLYGALOIDES. BOT. PHAN. (Dillen.) Syn. de *Polygala Chamæbuxus*. *V*. POLYGALE. (B.)

POLYGALON. BOT. PHAN. (Gesner) le Sainfoin; (Cordus) une Astragale ou une Coronille; (De Candolle) une section du genre *Polygala*. (B.)

POLYGAMIE. BOT. PHAN. Dans le

Système sexuel de Linné, ce nom est employé, 1° pour désigner la vingt-troisième classe du Système sexuel de Linné; 2° pour les ordres de la Syngénésie ou dix-neuvième classe du même Système. Dans le premier cas, la Polygamie, comme classe, renferme tous les Végétaux qui ont à la fois des fleurs hermaphrodites mélangées avec des fleurs unisexuées, et comme tantôt ces fleurs diverses sont réunies sur le même pied, sur deux pieds différens, ou enfin sur trois individus distincts; la Polygamie se divise en trois ordres, savoir : la *Polygamie Monœcie*, ex. : les Erables; 2° la *P. Diœcie*, les Frênes; 3° la *P. Polyœcie*, comme les Figuiers.

Comme nom d'ordres, le mot de Polygamie est employé dans la Syngénésie qui se divise en six ordres. *V.* SYSTÈME SEXUEL. (A. R.)

* POLYGASTER. BOT. CRYPT. (*Lycoperdacées.*) Genre de la tribu des Tubérées établi par Fries, et ayant pour type le *Tuber sampadarium* de Rumphius ou *Lycoperdon glomeratum* de Loureiro; il est ainsi caractérisé : péridium arrondi, sessile, tuberculeux, se rompant irrégulièrement, charnu intérieurement, et formé par la réunion de péridioles assez gros, rapprochés, presque globuleux, renfermant des sporules agglomérées. La seule espèce de ce genre est très-imparfaitement connue. Elle croît dans les parties chaudes de l'Asie. (AD. B.)

POLYGINGLYME. CONCH. Dénomination usitée autrefois parmi les conchyliologistes pour indiquer la manière dont les valves des Arches, des Pétoncles, des Nucules, etc., s'articulent entre elles par leur charnière. Ce terme n'est plus employé. (D..H.)

POLYGLOTTE. OIS. Syn. de la Sylvie à poitrine jaune, vulgairement nommée Moqueur. *V.* SYLVIE. (DR..Z.)

POLYGNATHES. CRUST. *V.* QUADRICORNES.

POLYGONASTRUM BOT. PHAN. Mœnch a le premier séparé sous ce nom générique, mais vicieux, le *Convallaria japonica* de Linné. C'est le même genre que Richard père, dans le Journal de botanique de Schrader, nommait *Fluggea*; Kew, dans le *Botanical Magazine*, tab. 1063, *Ophiopogon*; et Desvaux, dans son Journal de botanique, vol. 1, p. 244, *Slateria*. *V.* ce dernier mot. (G..N.)

POLYGONATES. *Polygonata*. CRUST. Fabricius a désigné sous ce nom un ordre de la grande classe des Insectes qui correspond en partie aux Crustacés isopodes de Latreille. Il comprenait les genres Cloporte, Ligie, Idotée et Monocle. *V.* le Système de Fabricius exposé au T. VI, p. 183, article ENTOMOLOGIE. (AUD.)

POLYGONATUM. BOT. PHAN. Tournefort nommait ainsi un genre qui fut supprimé par Linné et réuni à son *Convallaria*. Il a été détaché de nouveau par Mœnch, Desfontaines et Pursh qui lui ont assigné les caractères suivans : périanthe corolloïde, cylindrique, dont le limbe est à six divisions obtuses, peu profondes; six étamines plus courtes que le périanthe, attachées à la partie moyenne ou supérieure du tube; ovaire supère, surmonté d'un style; baie sphérique à trois loges, renfermant chacune deux graines dont quelques-unes avortent souvent. Ce genre est extrêmement voisin du genre Muguet (*Convallaria*) dont il a fait longtemps partie. Les Plantes qui le composent ont des racines rampantes, articulées, épaisses; une tige simple, garnie de feuilles et de fleurs axillaires.

L'espèce type de ce genre est le *Polygonatum vulgare*, Desf., Ann. du Mus., vol. 9, p. 49, ou *Convallaria Polygonatum*, L. C'est une Plante très-commune dans les bois de toute l'Europe, et connue vulgairement sous le nom de Sceau de Salomon. Les autres espèces se rapportent aux *Convallaria verticillata*, *latifolia*, *multiflora* et *orientalis* des auteurs. Ces Plantes ont un port semblable, et se trouvent dans les localités analogues à celles du *C. Polygonatum.* (G..N.)

*POLYGONE. *Polygonum.* MOLL. Schumacher a établi ce nouveau genre pour quelques espèces de Turbinelles voisines du *Turbinella infundibulum* qui, tout en ayant une forme assez particulière, ne doit pas cependant sortir des Turbinelles. *V.* ce mot. (D..H.)

POLYGONÉES. *Polygoneæ.* BOT. PHAN. Famille naturelle de Plantes dicotylédones, à pétales et à étamines périgynes, ayant pour type et pour genre principal, le *Polygonum*, et présentant les caractères suivans : un calice monosépale plus ou moins profondément divisé; des étamines variant en nombre de quatre à neuf, ayant leurs filets libres; leurs anthères à deux loges s'ouvrant chacune par un sillon longitudinal. Ces étamines sont insérées à la base du calice; il n'y a pas de corolle. L'ovaire est libre, à une seule loge contenant un seul ovule dressé. Le style, qui est court, se termine par deux ou trois stigmates quelquefois peltés. Le fruit est une cariopse recouverte par le calice qui persiste. La graine se compose d'un embryon à radicule supérieure, appliqué sur un endosperme farineux autour duquel il est plus ou moins recourbé. Les Polygonées sont des Plantes herbacées ou des Arbrisseaux à feuilles alternes, présentant à leur base une gaîne stipulaire qui embrasse la tige. Ces feuilles, avant leur développement, sont roulées en dessous contre leur nervure médiane. Les fleurs sont petites, disposées en grappes plus ou moins rameuses. Les genres qui composent cette famille sont : *Polygonum*, L.; *Rumex*, L.; *Coccoloba*, Plum.; *Atraphaxis*, L.; *Brunnichia*, Gaertner; *Polygonella*, Rich.; *Tragopyrum*, Marsch.; *Oxyria*, Miller; *Eriogonum*, Rich.; *Triplaris*, L.; *Podopterus*, Kunth; *Pallasia*, L.; *Kœnigia*, L.

Cette famille a de très-grands rapports avec les Chénopodées, mais elle se distingue surtout par la graine stipulaire de ses feuilles, leur enroulement à leur face inférieure, et leur embryon renversé. (A. R.)

POLYGONELLE. *Polygonella.* BOT. PHAN. Genre de la famille des Polygonées, et de la Diœcie Octandrie, L., établi par Richard père (*in Mich. Flor. boreal. Amer.*, 2, p. 240) qui l'a ainsi caractérisé : fleurs dioïques. Calice pétaloïde, ouvert, à cinq divisions ovales et presque égales. Les fleurs mâles ont huit ou quelquefois sept étamines insérées sur le sommet du calice, à filets subulés, étalés, et à anthères presque rondes; un rudiment de pistil oblong triquètre, et terminé par trois petits stigmates imparfaits. Les fleurs femelles offrent un ovaire ovoïde-triquètre, aminci au sommet et terminé par trois petits stigmates obtus presque en massue; il n'y a point de vestiges d'étamines. Le fruit est une capsule oblongue-triquètre, indéhiscente, monosperme, revêtue de trois des divisions du calice qui ont pris beaucoup d'accroissement. Ce genre est très-voisin de l'*Atraphaxis.* Il ne renferme qu'une seule espèce, *Polygonella parvifolia*, qui croît dans les lieux humides de la Caroline. La tige est pubescente, garnie de feuilles alternes, avec des stipules engaînantes. Les fleurs forment de petits épis aux extrémités des jeunes branches; chaque fleur est petite, pédicellée et munie de petites bractées vaginantes. Ventenat a décrit et figuré cette Plante (Jardin de Cels, tab. 63) sous le nom de *Polygonum polygamum.* (G..N.)

POLYGONIFOLIA. BOT. PHAN. Syn. de Corrigiole. *V.* ce mot. (B.)

POLYGONOIDES. BOT. PHAN. Syn. de *Calligonum. V.* ce mot. (B.)

POLYGONOTUS. CRUST. (Gronovius.) *V.* PYCNOGONUM.

POLYGONUM. BOT. PHAN. *V.* RENOUÉE.

POLYGRAMMOS. MIN. Pline paraît désigner sous ce nom un Jaspe vert rayé de rouge, ou un Jaspe rouge tacheté de blanc. (B.)

*POLYGYNIE. BOT. PHAN. Ce nom est employé, dans les premières classes du Système sexuel de Linné, pour désigner un ordre dont le caractère consiste en plusieurs pistils ou seulement plusieurs stigmates distincts dans une même fleur. *V.* SYSTÈME SEXUEL de Linné. (A. R.)

POLYGYRE. *Polygyra.* MOLL. Démembrement proposé par Say (Journ. de l'Acad. des Scienc. natur. de Philadelphie, T. I) dans les Hélices pour celles qui sont ombiliquées, carenées dans le milieu, et qui ont des dents à l'ouverture. On doit s'apercevoir d'après cela que ce genre rentre dans les Carocolles de Lamarck, et conséquemment dans les Hélices; il est donc inadmissible. *V.* HÉLICE. (D..H.)

POLYHALITE. MIN. Cette substance, ainsi nommée par Stromeyer, qui en a fait l'analyse, se présente sous la forme de masses tantôt fibreuses, tantôt compactes, dont la couleur est le rouge obscur. Elle fut prise d'abord pour une variété de Chaux sulfatée ordinaire; mais Werner trouva qu'elle avait beaucoup plus de rapport avec la Chaux anhydro-sulfatée, à laquelle il la réunit sous le nom d'Anhydrite fibreuse. Ce rapprochement fut adopté par Karsten, Mohs et d'autres minéralogistes. Haüy se fondant à la fois et sur le résultat de la division mécanique du Polyhalite et sur celui de son analyse, l'a regardé comme n'étant autre chose qu'un mélange d'Anhydrite et de trois autres sulfates, auquel celle-ci avait imprimé sa forme, et il l'a décrit sous le nom de Chaux anhydro-sulfatée *épitrihalite*, c'est-à-dire avec additions de trois sels. Le Polyhalite a une tendance au clivage qui perce à travers son tissu fibreux; quelques morceaux, fibro-laminaires, se laissent diviser assez nettement en prismes rectangulaires. Son éclat est résineux. Il raye la Chaux carbonatée, et il est rayé par la Chaux fluatée. Sa pesanteur spécifique est de 2,769. Il se dissout aisément dans l'eau, et fond à la flamme d'une chandelle en un globule opaque. Il est composé, suivant Stromeyer, des proportions suivantes: Sulfate anhydre de Chaux, 44,7429; Sulfate de Potasse, 27,7037; Sulfate anhydre de Magnésie, 20,0347; Muriate de Soude, 0,1910; Eau, 5,9535; Péroxide de fer, 6,3376. Le Polyhalite se trouve disséminé dans le sel Gemme, en plusieurs endroits, à Ischel, dans la Haute-Autriche; à Berchtesgaden, en Bavière; et dans les mines de sel de Vic, en Lorraine. (G. DEL.)

* POLYIDES. BOT. CRYPT. (*Hydrophytes.*) Agardh a formé ce genre pour y comprendre un seul Végétal marin qui fut d'abord le *Fucus rotundus* des auteurs, et dont on fit tour à tour un *Gigartina*, un *Chordaria* et un *Furcellaria.* Ses caractères sont: fructification composée de verrues nues, spongieuses, formées par des fibres fastigiées qui servent de réceptacles aux globules séminifères. La consistance des tiges et l'aspect général de la Plante la rapprochent des Varecs et la placent dans la troisième famille dont nous avons proposé l'établissement sous le nom de Cylindracées; sur l'autorité de Lamouroux, et jusqu'à nouvel examen, nous proposons de la laisser parmi les Floridées. Quant au rapprochement qu'en fait Agardh avec ses *Ptilota*, *Digena* et *Liagora*, on a peine à le concevoir; tous ces êtres n'ont guère plus d'analogie qu'il n'y en a entre un Hérisson et un Chameau. Le *Fucus fastigiatus* de Wulfen rentre encore dans le genre qui nous occupe plutôt comme espèce que comme variété, ainsi qu'une autre Plante rapportée par Durville de la Conception au Chili et que nous avons décrite dans notre Cryptogamie du voyage de Duperrey. Le type du genre est commun dans nos mers. (B.)

* POLYLÈPE. *Polylepa.* CIRRH. Blainville (Traité de Malacologie, p.

594) donne ce nom à un genre déjà établi sous le nom de Pouce-Pied ou du moins y comprend des Coquilles qui ont été réunies dans ce genre par les auteurs; cependant il en excepte le Pouce-Pied commun dont il fait une section du genre Pentalèpe (Anatife des auteurs), réservant pour son genre Polylèpe le *Scalpellum* de Leach et le *Lepas Mitella*, et autres espèces analogues. Notre opinion, à l'égard des rapports de ces genres, n'est pas conforme à celle de Blainville. Nous pensons que le *Scalpellum* a plus d'analogie avec les Anatifes qu'avec le *Mitella*, et celui-ci en a beaucoup avec le Pouce-Pied. *V.* ANATIFE et POUCE-PIED. (D..H.)

POLYLEPIS. BOT. PHAN. Genre de la famille des Rosacées et de l'Icosandrie Monogynie, L., établi par Ruiz et Pavon (*Flor. Peruv.*, p. 34, tab. 15) et adopté par Kunth et De Candolle avec les caractères suivans : calice persistant tri- ou quadrifide, dont le tube est turbiné tri- ou quadrangulaire, muni à sa partie supérieure de dents spiniformes ; la gorge resserrée; le limbe à trois ou quatre divisions ; corolle nulle ; cinq à vingt étamines insérées sur l'entrée du calice, à anthères laineuses; carpelle unique, surmonté d'un style filiforme et d'un stigmate en pinceau; petite drupe sèche en massue tri- ou tétragone, renfermée dans le calice, munie sur ses angles de petites dents inégales; graine pendante. Ce genre se distingue à peine du *Margyricarpus*, autre genre établi par les mêmes auteurs. Il renferme quatre espèces indigènes du Pérou : mais Ruiz et Pavon n'en ont décrit qu'une seule sous le nom de *Polylepis racemosa*. Kunth (*Nov. Gener. Amer.*, 6, p. 227 et 228) a publié les trois autres qu'il a nommées *P. incana*, *villosa* et *lanuginosa*. Ce sont des Arbres ou Arbustes à feuilles composées, trifoliolées ou pinnées, à stipules adnées avec le pétiole, et à fleurs en grappes. Le *P. racemosa*, type du genre, est un Arbre d'environ soixante pieds de haut, dont le bois est dur et employé à des usages économiques. (G..N.)

* POLYMÈRE. *Polymera*. INS. Genre de l'ordre des Diptères, famille des Némocères, tribu des Tipulaires, section des Terricoles de Latreille (Fam. natur., etc.), établi par Wiedemann (Dipt. exot., p. 40), et auquel il donne pour caractères : antennes composées de vingt-huit articles, le premier globuleux, le second cylindrique, allongé ; les suivans beaucoup plus courts, ayant leur base garnie de poils verticillés ; pates très-oblongues. Ces Insectes diffèrent des Tipules, Cténophores, Pédicies et Néphrotomes, parce qu'ils n'ont point les ailes toujours étendues, que le dernier article de leurs palpes n'est point noueux et qu'il n'est guère plus long que les autres. Les Rhypidies en diffèrent parce que leurs antennes n'ont que quatorze articles pectinés dans les mâles; celles des Limnobées en ont de quinze à dix-sept ; enfin dans les Erioptères, elles ne sont composées que de seize articles. Les Trichocères, Hexatomes, Nématocères, etc., s'en éloignent parce qu'ils n'ont que deux articles aux antennes. Le type de ce genre est la *Polymera fusca* de Wiedemann (Dipt. exot., p. 44, n. 5) ; elle est longue de cinq lignes, brune, avec les ailes transparentes, jaunâtres, et l'extrémité des tarses blanche. Elle habite le Brésil. (G.)

POLYMERIA. BOT. PHAN. Genre de la famille des Convolvulacées, et de la Pentandrie Monogynie, L., établi par R. Brown (*Prodrom. Flor. Nov.-Holland.*, p. 488) qui l'a ainsi caractérisé : calice à cinq divisions profondes ; corolle infundibuliforme, plissée; un seul style portant quatre à six stigmates aigus; ovaire biloculaire, à loges uniovulées ; capsule uniloculaire, renfermant une ou deux graines. Ce genre est très-voisin du *Convolvulus*, dont il ne diffère que par le nombre des stigmates et les loges monospermes de l'ovaire. Il se compose de cinq espèces : *Polymeria calycina*, *pusilla*, *quadrivalvis*, *lanata* et *ambigua* qui croissent dans la partie de la Nouvelle-Hollande située entre les Tropiques. Ce sont des Herbes diffuses ou rampantes, non lactescentes; les pédoncules des fleurs sont axillaires et accompagnés de deux bractées. (G..N.)

* POLYMERIA. BOT. CRYPT. (*Lichens*.) Sous-genre formé par Acharius dans sa Méthode pour le genre *Parmelia* tel qu'il fut d'abord établi par cet auteur. (A. F.)

POLYMERIS. BOT. PHAN. Dunal établit sous ce nom un sous-genre parmi les *Solanum*. (B.)

POLYMEROSOMATES. *Polymerosomata*. ARACHN. Second ordre de la sous-classe des Céphalostomes, classe des Arachnides, établi par Leach, et qu'il caractérise ainsi : corps formé d'une suite d'anneaux ; abdomen sessile ; bouche garnie de mandibules didactyles et de mâchoires ; six à huit yeux ; huit pates. Cet ordre est divisé en trois familles : les *Sironides* comprenant le genre Siron ; les *Scorpionides*, les genres Obisie, Pince, Buthus et Scorpion ; et les *Tarantulides*, les deux genres Thélyphone et Phryne. Leach donne à ce dernier le nom de Tarentule. (AUD.)

*POLYMIGNITE. MIN. Ce Minéral a été découvert par Tank dans la Siénite zirconienne de Friederischvarn en Norvège, où il est associé à l'Yttrotantalite. Cette Siénite est ordinairement rouge dans les cavités qui contiennent le Polymignite. La couleur de ce Minéral est le noir; il est compacte ; il raye le verre, et n'est pas entamé par le couteau ; sa cassure est conchoïde, et son éclat demi-métallique ; il cristallise en prismes rectangulaires plus ou moins modifiés sur les bords. Analysé par Berzélius, il a offert les parties suivantes : Acide titanique, 46,3; Zircone, 14,4 ; Oxide de Fer, 12,2 ; Chaux, 4,2 ; Oxide de Manganèse, 2,7 ; Oxide de Cerium, 5,0 ; Yttria, 11,5. Ce Minéral paraît être un Titanate de Zircone, mélangé de plusieurs Titanates isomorphes. Sa composition est donc très-compliquée, et c'est ce que l'on a voulu exprimer par le mot de Polymignite. (G. DEL.)

POLYMNE. POIS. Espèce du genre Lutjan tel que le comprenait Lacépède. (B.)

POLYMNIASTRUM. BOT. PHAN. Sous ce nom, Lamarck (Illustr. Pl., 712) a distingué génériquement une espèce de *Polymnia* qui offrait quelques différences dans la structure de sa fleur; c'est le *Polymnia variabilis* de l'Encyclopédie. V. POLYMNIE. (G..N.)

POLYMNIE. *Polymnia*. BOT. PHAN. Genre de la famille des Synanthérées, tribu des Hélianthées de Cassini, et de la Syngénésie nécessaire, L., offrant les caractères suivans : involucre double; l'extérieur grand, ouvert, composé d'un très-petit nombre (quatre à sept) de folioles ovales; l'intérieur d'environ dix folioles un peu concaves. Réceptacle convexe, garni de paillettes obtuses, concaves, fort analogues aux folioles intérieures de l'involucre. Calathide radiée, composée au centre de fleurons hermaphrodites ou mâles par avortement, et à la circonférence de cinq à dix demi-fleurons femelles; ovaire surmonté d'un style filiforme à deux branches stigmatiques aiguës; akènes des fleurs femelles ovoïdes, un peu anguleux du côté intérieur, dépourvus d'aigrette. Linné, auteur du genre *Polymnia*, y a fait entrer deux Plantes qui appartiennent à des genres différens. Ainsi son *Polymnia spinosa* rentre dans le genre *Didelta*; son *P. tetragonotheca* est le type d'un genre particulier qu'il avait d'abord établi, qu'il a lui-même détruit ensuite, mais que plusieurs auteurs ont conservé. Le genre *Wedelia* renferme quelques espèces réunies aux *Polymnia* par Linné, mais reportées de nouveau dans leur genre primitif. Ces nombreuses mutations semblent prouver que le genre *Polymnia* n'est pas bien circonscrit quant aux espèces qui le composent, et que ses caractères ne sont pas assez tranchés. Au surplus il a beaucoup de rapports avec les genres *Sylphium* et *Alcina*.

Le *Polymnia Uvædalia*, L., qui croît dans la Caroline et la Virginie, et que l'on cultive facilement en Europe dans les jardins de botanique, peut être considéré comme la principale espèce du genre. Sa tige s'élève très-haut; elle est rude, anguleuse, rameuse, garnie de feuilles opposées, les inférieures très-grandes, profondément sinuées, les supérieures à lobes moins profonds. Les fleurs sont jaunes, terminales et réunies en bouquets. (G..N.)

POLYMNITE. MIN. Ce mot, cité par Reus dans son Vocabulaire, a servi à désigner une Pierre dendritique dont les dessins, formés par l'hydrate de Manganèse, imitent de petites mares d'eau. (G. DEL.)

POLYMORPHA. BOT. CRYPT. (*Hydrophytes.*) Le genre formé par Stackhouse sous cette désignation, étant aussi vicieux sous le rapport des caractères que de la nomenclature, n'a pu être adopté. Les espèces en sont réparties parmi les Chondres, les Halyménies, etc. *V.* ces mots. (B.)

POLYMORPHES. *Polymorpha*. MOLL. Le célèbre et infatigable micrographe Soldani a rangé sous cette dénomination un peu vague toutes les Coquilles microscopiques qu'il ne put rapporter à des types bien déterminés. C'est dans cette partie de la testacéographie microscopique que Montfort a trouvé matière à plusieurs de ses genres. (D..H.)

* POLYMORPHUM. BOT. CRYPT. (*Lichens.*) Genre créé par Chevallier (Journal de Physique, septembre 1822), et conservé par nous (Méthode lichénographique, p. 16, tab. 1, fig. 4), sous le nom d'*Heterographa*, groupe des Graphidées. Il est fondé sur les *Opegrapha quercina* et *faginea* de Persoon, Plantes très-embarrassantes que Fries (*Systema orbis vegetabilis*) range parmi les Champignons sous le nom de *Dichæna*. Meyer adopte cet avis qui prévaudra difficilement à cause de la grande analogie qui existe entre ces Plantes, et les véritables Opégraphes doivent prendre place parmi les Végétaux qui semblent déjouer tous les systèmes. Quant au nom imposé par Chevallier au genre qui nous occupe, il a dû être rejeté comme la plupart de ceux du même auteur, dont le *nobis* ne saurait légitimer l'impropriété choquante, et qui pèchent contre toutes les règles du bon sens. (A. F.)

* POLYMORPHUS. BOT. CRYPT. (*Champignons.*) Naumburg, dans une Dissertation publiée en 1782, avait déjà formé sous ce nom un genre du *Peziza inquinans* de Persoon ou *Peziza nigra* de Bulliard. Cette division a été admise par les auteurs plus modernes, sous les noms de *Burcardia* par Schmiedel, et de *Bulgaria* par Fries. La forme adjective du nom donné par Naumburg ne permettant pas de le conserver, le nom de Fries est généralement admis par les mycologistes qui y rapportent encore quelques autres espèces. *V.* BURCARDIA. (AD. B.)

POLYMYCES. BOT. CRYPT. (*Champignons.*) Battara avait donné ce nom à quelques Champignons du genre Agaric, et particulièrement à plusieurs variétés de l'*Agaricus melleus*. (AD. B.)

POLYNÈME. *Polynemus*. POIS. Dernier genre de la famille des Squammipennes de l'ordre des Acanthoptérygiens, dans la Méthode naturelle de Cuvier, et de l'ordre des Abdominaux dans le Système de Linné, où les espèces ont le museau bombé, la tête toute écailleuse, les préopercules dentelés, et les dents en velours, où toutes les nageoires verticales, même l'épineuse du dos, sont plus ou moins écailleuses, etc. Le caractère particulier du genre consiste en plusieurs rayons libres, attachés sous les pectorales et dépassant la longueur du corps. Encore qu'on les ait placées dans les Abdominaux, parce que leurs ventrales sont un peu en arrière, cependant leurs os du bassin sont suspendus aux os de l'épaule. Ce sont des Poissons marins des pays chauds, dont quelques-uns remontent les rivières, et dont la chair est excellente. Les principales espèces du genre sont : le PENTADACTYLE, figuré d'après Séba dans l'Encyclopédie méthodique, pl. 74, fig. 307; le POISSON DE PARADIS, *Polynemus paradiseus*, Encyclop., pl. 74, fig. 308, ou *Piracouba* de Marcgraaff; le CAMUS, *Polynemus decadactylus*, Bloch, pl. 401; l'EMOI, Encyclop., pl. 74, fig. 309; *Polynemus Plebeius*, Bloch, pl. 400; et le MANGO ou POISSON MANGUE de l'Amérique du nord qui pourrait bien être la même chose que le *Paradiseus*. (B.)

POLYNEVROS. BOT. PHAN. Le Plantain chez les anciens. (B.)

* POLYNICE. *Polynice*, ANNEL. Othon Fabricius et Müller ont décrit sous le nom de *Nereis bifrons*, une espèce d'Annelide qui appartient certainement à l'ordre des Néréidées et à la famille des Néréides, mais qu'on ne saurait rapporter à aucun des genres qu'elle renferme. Savigny, qui n'a pas eu occasion d'examiner cette espèce, s'est cru autorisé, à cause des différences tranchées qu'elle présente, à en faire un nouveau genre sous le nom de *Polynice*. Ses caractères sont : cinq antennes, les deux mitoyennes (lobes frontaux?) très-courtes, l'impaire grande; quatre yeux; point de cirres tentaculaires; les cirres supérieurs allongés, les inférieurs comme nuls; les rames simples; vingt-quatre paires de branchies saillantes, insérées du septième segment au trentième, entre le cirre supérieur et la rame de chaque pied. Ces branchies, qui consistent chacune en une membrane mince, fortifiée par deux côtes latérales, se plissent ou se déploient en rames au gré de l'Animal. Ce genre devra avoisiner celui des Syllis. (AUD.)

POLYNOÉ. *Polynoe*. ANNEL. Genre de l'ordre des Néréidées, et de la famille des Aphrodites, établi par Savigny (Ouvrage d'Egypte, Syst. des Annelides, p. 11 et 20) qui lui assigne pour caractères distinctifs : trompe pourvue de mâchoires cornées, couronnée à son orifice de tentacules simples; branchies cessant d'alterner après la vingt-troisième paire de pieds; des élytres; une antenne impaire, quelquefois nulle. Le genre Polynoé est le même que celui de Lépidonote de Leach; il correspond au genre Aphrodite des auteurs ou du moins il embrasse la plupart des espèces que Linné, Pallas, Müller, Oth. Fabricius et Cuvier ont décrites sous ce nom. Il avoisine les genres Palmyre et Halithée à la suite desquels Savigny les place; mais il diffère essentiellement du premier par la présence des tentacules qui couronnent la trompe, et par l'existence des élytres; il se distingue du second par ses mâchoires cornées et par ses tentacules simples. Au reste, on trouve, en examinant plus attentivement les espèces de ce genre, des caractères beaucoup plus nombreux. Le corps est ovale, oblong ou linéaire, et composé de segmens quelquefois nombreux; la tête déprimée ou peu convexe en dessus, est carenée par dessous entre les antennes; elle supporte les yeux, la bouche et les antennes. Les yeux sont tous distincts et au nombre de quatre. La bouche est pourvue d'une trompe couronnée à son orifice d'un cercle ou plutôt de deux demi-cercles, de tentacules simples et coniques; il existe des mâchoires cornées, courbées, libres à leur pointe. Les antennes sont généralement complètes; les mitoyennes simplement subulées ou renflées vers le bout, et terminées par une petite pointe; l'impaire semblable pour la forme aux mitoyennes, quelquefois nulle; les extérieures médiocres ou grandes. Les pieds ont des rames rapprochées et réunies en une seule qui est pourvue uniquement de deux faisceaux de soies, dont le supérieur est épanoui en une gerbe tronquée d'arrière en avant ou comme divisé en deux touffes, et l'inférieur comprimé, formé de plusieurs rangs transverses, de soies non fourchues. Les cirres tentaculaires et les cirres supérieurs sont dilatés à la base, presque filiformes, un peu renflés au sommet avec une petite pointe distincte. Les cirres inférieurs sont coniques, avec ou sans petite pointe. Il existe quelques différences entre les paires de pieds des deux extrémités du corps. La première est communément dépourvue de soies, et la dernière est presque toujours réduite aux deux cirres supérieurs convertis en styles ou filets terminaux. Les branchies sont simples et visibles; elles cessent de disparaître et reparaître alternativement à chaque segment après la vingt-troisième paire de pieds. Ce qui caractérise principalement les Annelides de ce genre ce sont les élytres dont leur corps est pourvu (*V.* l'article ELYTRES). On en compte douze paires pour les anneaux du corps proprement dits. « La douzième, qui correspond nécessairement, dit Savigny, à la vingt-troisième paire de pieds, est suivie, quand le corps se prolonge davantage, d'une ou plusieurs autres paires surnuméraires qui ne sont, de même que celles qui les précèdent, ni recouvertes, ni maintenues par les soies des rames dorsales. » Les Polynoés ont un intestin garni de cœcums entiers, c'est-à-dire non divisés, comme le sont ceux des Halithées. Savigny, dont nous suivons ici la méthode, et auquel nous avons emprunté tous les détails qui précèdent, divise ce genre en deux tribus.

† Antenne impaire, nulle; élytres de consistance écailleuse, celles de chaque rang s'imbriquant très-exactement avec celles du rang opposé, et recouvrant ainsi tout le dos; point de styles ou de filets postérieurs; corps ovale ou elliptique.

La seule espèce de cette division est la POLYNOÉ ÉPINEUSE, *Pol. muricata* de Savigny; elle se trouve figurée dans l'Ouvrage d'Egypte, Annelides, pl. 3, fig. 1. On l'a confondue avec les Oscabrions parce qu'elle rampe lentement sur les pierres au fond de l'eau. Savigny l'a découverte sur les côtes de la mer Rouge, et Mathieu l'a retrouvée à l'Ile-de-France.

†† Antenne impaire aussi grande ou plus grande que les mitoyennes; élytres coriaces ou simplement membraneuses; celles de chaque rang s'imbriquant rarement avec celles du rang opposé; deux stylets ou filets postérieurs; corps plus ou moins linéaire.

Cette division renferme six espèces parmi lesquelles on en avait décrit plusieurs sous le nom générique d'Aphrodite. Nous tracerons en quelques mots la synonymie de ce genre difficile. La POLYNOÉ ÉCAILLEUSE, *Pol. squammata*, Sav., ou l'*Aphrodita squammata* de Pallas ou de Cuvier. Des mers d'Europe. La POLYNOÉ HOUPPEUSE, *Pol. floccosa*, Sav. Espèce nouvelle des côtes de l'Océan. La POLYNOÉ FEUILLÉE, *Pol. foliosa*, Sav., ou l'*Aphrodita imbricata* de Linné. Des côtes de l'Océan. La POLYNOÉ VÉSICULEUSE, *Pol. impatiens*, Sav. Des côtes de la mer Rouge, figurée par Savigny (*loc. cit.*, pl. 3, fig. 2). La POLYNOÉ SCOLOPENDRINE, *Pol. scolopendrina*, Sav. Espèce nouvelle des côtes de l'Océan. La POLYNOÉ TRÈS-SOYEUSE, *Pol. setosissima*, Savig. Espèce nouvelle dont la patrie est ignorée.

Savigny énumère différentes espèces qu'il n'a pas eu occasion d'observer, mais qui se rapportent à la seconde tribu du genre Polynoé. Tels sont les *Aphrodita clava* de Montagu; *punctata* de Müller, *cirrosa* de Pallas; *cirrata*, *scabra*, *longa* et *minuta* d'Oth. Fabricius. (AUD.)

POLYODON. POIS. Ce genre, de la famille des Strutioniens, qui seule compose l'ordre des Chondroptérygiens à branchies libres, a été formé par Lacépède sur un Poisson du Missisipi appelé FEUILLE, *Polyodon Folium*, et qui a l'ouverture de la bouche arrondie en devant, et située au dessous de la tête; deux rangs de dents fortes, serrées et crochues sont à la mâchoire supérieure, un seul est à l'inférieure. Du reste, la position des nageoires et les formes générales sont celles des Esturgeons. Le museau a une forme remarquable, ses bords élargis lui donnant l'air d'une feuille d'arbre. Les ouïes sont très-ouvertes et se prolongent en une pointe membraneuse qui règne jusque vers le milieu du corps. L'épine du dos est en forme de corde comme celle des Lamproies. La caudale est *bilobée*. La couleur générale est grise. Il n'a guère que dix pouces à un pied de longueur. (B.)

POLYODON. BOT. PHAN. Genre de la famille des Graminées, établi par Kunth (*Nov. Gener. et spec. Plant. æquin.*, 1, p. 175, t. 55), et caractérisé ainsi: épillets unilatéraux, composés chacun de deux fleurs dont l'une est hermaphrodite, sessile, et l'autre stérile, pédicellée; lépicène à deux valves mutiques. La fleur hermaphrodite se compose d'une glume à deux valves dont l'inférieure offre cinq dents, les latérales et l'intermédiaire aristées; les écailles, les étamines, les styles et les stigmates sont inconnus; caryopse libre. La fleur stérile a la valve inférieure de sa glume munie de sept dents; les dents alternativement aristées; la valve supérieure très-petite, légèrement aristée. Ce genre a été réuni par Sprengel à l'*Atheropogon* de Mulhenberg, genre où il fait entrer plusieurs Graminées appartenant à des genres très-différens. Il ne renferme qu'une seule espèce, *Polyodon distichum*, Kunth, *loc. cit.*, qui croît dans les montagnes de Quito. C'est une Plante dont le port est celui du *Dinebra*; elle est pourvue d'un chaume rameux, à feuilles linéaires, striées et planes, à fleurs disposées en épis courts, distiques, portée sur un rachis nu et bifide au sommet. (G..N.)

* POLYODONTE. MOLL. Espèce du genre Maillot. *V.* ce mot. (B.)

POLYODONTES. POIS. On lit dans le Dictionnaire de Déterville que c'est un ordre introduit par Blainville (lequel a aussi ses Polyodontes parmi ses Malacozoaires) et qui, probablement, ne renferme que le seul genre Polyodon. Or, le genre Polyodon se composant d'une seule espèce, c'est une espèce qui, à elle seule, constituerait un ordre? (B.)

* POLYODONTES. CONCH. La famille des Arcacées a reçu ce nom caractéristique de Blainville dans son Traité de Malacologie. (D..H.)

POLYOMMATE. *Polyommatus*. INS. Genre de l'ordre des Lépidoptères, famille des Diurnes, tribu des Papillonides, division des Argus de Latreille (Fam. nat., etc.), établi par Latreille aux dépens du grand genre Papillon de Linné, et ayant pour caractères distinctifs : palpes inférieurs de longueur ordinaire, composés de trois articles distincts et dont le dernier est presque nu ou peu fourni d'écailles. Crochets des tarses très-petits ou à peine saillans; six pieds semblables. Chenilles ovales ou en forme de Cloportes; chrysalides courtes, contractées, obtuses au bout; ailes inférieures presque aussi larges ou plus larges que longues, et dont les queues, lorsqu'elles existent, ne sont formées que par de simples prolongemens des dents du bord postérieur. Ces Lépidoptères diffèrent de tous les genres de Diurnes par leurs chenilles. Les Erycines en sont distinguées parce qu'elles ont les deux pates antérieures très-courtes et point propres au mouvement dans l'un des sexes, et les Myrines parce que leurs palpes sont extrêmement allongés. Les Polyommates étaient compris par Linné parmi ses Papillons Plébéiens, division des Ruricoles, et par Fabricius, dans une coupe homonyme de son genre des Hespéries. Il l'a divisé depuis en divers autres genres qui n'ont pas été adoptés par Latreille. Le genre Polyommate renferme plus de deux cent cinquante espèces presque toutes d'assez petite taille. Godart (Encyclop. Méthod., art. PAPILLON) décrit deux cent quarante-six espèces de ce genre; il les range dans cinq divisions basées sur la forme des ailes, et sur le nombre des queues des ailes inférieures ou leur absence. Les limites de cet ouvrage ne nous permettant pas de suivre ces divisions, nous nous contenterons de citer deux espèces des plus remarquables ou des plus communes de ce genre, composé des plus jolis Papillons, tant par leur délicatesse que par la fraîcheur et l'élégance de distribution de leurs couleurs.

Le POLYOMMATE AMOUR, *Polyommatus Amor*, Latr., God.; *Papilio*, Fabr., Herbst; *Pap. triopas*, Cram., pl. 320, fig. g, h. Ailes à trois queues, d'un brun noirâtre, leur dessous varié sur le milieu, et offrant à leur extrémité une ligne dorée. Des Indes-Orientales.

Le POLYOMMATE ARGUS, *Polyommatus Argus*, Latr., God.; *Papilio Argus*, Fab.; *Papilio Idas*, L. Ailes entières, d'un bleu violet en dessus, avec une large bordure brune et une frange blanche; leur dessous d'un cendré blanchâtre et ocellé de noir. Celui des inférieures avec une bande fauve sinuée et chargée d'un rang de points argentés. Ce dernier est très-commun aux environs de Paris. (G.)

POLYORCHIS. BOT. PHAN. (Petiver.) Syn. de *Serapias Oxyglottis*, Willd. (B.)

* POLYOSMA. BOT. PHAN. Nouveau genre de la famille des Caprifoliacées, et de la Tétrandrie Monogynie, L., établi par Blume (*Bijdrag. Fl. nederl. Ind.*, p. 658) qui l'a ainsi caractérisé : fleurs hermaphrodites. Calice supère, à quatre dents, persistant. Corolle à quatre pétales quelquefois cohérens par la base. Quatre étamines libres, alternes avec les pétales, ayant leurs filets linéaires presque membraneux; leurs anthères adnées par leur face intérieure, biloculaires, longitudinalement déhiscentes. Ovaire incomplétement biloculaire, pluriovulé, surmonté d'un style filiforme et d'un stigmate simple et tronqué. Drupe succulente, renfermant un noyau à une seule graine composée d'un albumen presque corné, et d'un embryon inverse. Ce genre se compose de trois espèces qui croissent dans les forêts des hautes montagnes de Java. Blume leur a donné les noms de *Polyosma ilicifolium*, *P. serrulatum*, et *P. integrifolium*. Ce sont des Arbres ou des Arbrisseaux à feuilles opposées sans stipules, à fleurs blanchâtres, très-odorantes, disposées en grappes axillaires ou terminales, et munies de trois petites bractées. (G..N.)

POLYOZUS. BOT. PHAN. Genre de la famille des Rubiacées, et de la Tétrandrie Monogynie, L., établi par Loureiro dans sa Flore de Cochinchine, et récemment admis par Blume (*Bijdr. Flor. nederl. Ind.*, p. 947) qui l'a ainsi caractérisé : calice semi-supère, turbiné, à quatre petites dents peu prononcées, caduc. Corolle dont le tube est court, cylindrique, velu à l'entrée, le limbe à quatre ou cinq lobes réfléchis. Étamines au nombre de quatre à cinq, à peine saillantes. Ovaire couronné par un disque, à deux loges uniovulées. Style court, surmonté d'un stigmate bifide. Drupe succulente, presque globuleuse, à deux loges renfermant chacune un noyau creux intérieurement, gibbeux, coriace et monosperme; albumen cartilagineux, et embryon petit, dressé. Ce genre est très-voisin du *Pavetta* dont il se distingue par son calice turbiné et le tube raccourci de sa corolle. Peut-être est-il congénère du *Baconia* de De Candolle, dont il présente en effet la plupart des caractères. *V.* BACONE. Les espèces qui composent ce genre sont au nombre de quatre, savoir : deux décrites par Loureiro dont l'une, *Po-*

lyozus bipinnata, est un grand Arbre qui croît dans les forêts de la Cochinchine, et dont le bois est pesant, blanchâtre, de longue durée, employé dans la construction des ponts. Dans son Mémoire sur les Rubiacées, A.-L. de Jussieu rejette cette espèce du genre *Polyozus*. L'autre espèce de Loureiro, *P. lanceolata*, est un petit Arbrisseau qui croît en Chine, près de Canton. Deux espèces nouvelles ont été décrites par Blume, *loc. cit.*, sous les noms de *P. acuminata* et *P. latifolia*. Ce sont de petits Arbrisseaux à feuilles oblongues, lancéolées, à fleurs petites, disposées en cimes trichotomes, axillaires ou terminales. Elles croissent dans les montagnes de Java et dans l'île de Nusa-Kambanga. (G..N.)

POLYPARA. BOT. PHAN. (Loureiro.) Syn. d'*Houttuynia* de Thunberg. *V.* ce mot. (G..N.)

* POLYPE. *Polypus*. PSYCH. Genre de la famille des Hydrines dans l'ordre des Polypes, et composé d'Animaux végétans dans le sens rigoureux du mot végéter, et qui pourraient être indifféremment du domaine de la botanique ou de celui de la zoologie, comme circonscrivent encore aujourd'hui l'une et l'autre science, des naturalistes qui ne veulent pas reconnaître la nécessité d'un règne organique de plus. Les caractères que nous lui assignerons sont: corps très-contractile, conique, postérieurement aminci, formé de molécules confusément agglomérées dans un mucus épaissi que ne contient aucune peau; constituant un sac alimentaire dont l'ouverture est marginalement environnée de tentacules rayonnantes et disposées sur une seule série. Ce n'est point Trembley qui découvrit ces êtres singuliers, ainsi que l'impriment habituellement toutes les personnes qui écrivent sur ce sujet en copiant de dictionnaire en dictionnaire, ce qui en fut imprimé par Lamarck, dans l'Histoire des Animaux sans vertèbres. Dès l'an 1703, Leuwenboek et un anonyme anglais les avaient fait connaître; on trouve dans les Transactions philosophiques (n. 283, art. 4, et n. 288, art. 1), que ces observateurs avaient fort bien constaté l'une des plus étranges propriétés des Polypes, celle qui consiste dans leur reproduction par bourgeons végétatifs. Notre Bernard de Jussieu en avait non-seulement trouvé depuis, mais il en avait fait dessiner la figure, selon que nous l'apprend Réaumur (Préf. du T. VI, 54). C'est seulement dans l'été de 1740 que Trembley trouva aux environs de La Haye, à Sorgvliet, dans les eaux d'une maison de campagne appartenant au comte de Bentinck, une première espèce de Polype d'eau douce, qu'il fut d'abord tenté de prendre pour de petites Plantes parasites, parce qu'elle était d'un assez beau vert.

« Cette idée de Plantes, dit Trembley, est aussi la première que les Polypes ont réveillée dans l'esprit de plusieurs personnes qui les ont vus pour la première fois dans leur attitude la plus commune. Quelques-uns, en les voyant, ont dit que c'étaient des brins d'Herbes. » Voltaire, qui plaisanta sur les Polypes, et qui probablement n'en avait pas vu, était de cet avis, et se moqua de ceux qui pensaient le contraire. Quant à nous, qui avons vu et nourri des Polypes de toutes sortes, nous avons peine à concevoir qu'on les ait pu prendre pour des Herbes parasites, encore qu'il y eût quelque chose de végétal dans leur couleur et dans leur nature. Quoi qu'il en soit, on discuta d'abord sur leur animalité; il fallut, pour convaincre Trembley qu'il n'avait pas affaire à des Végétaux ordinaires, que Réaumur auquel des Polypes avaient été adressés à Paris, décidât, en mars 1740, qu'ils étaient des Animaux; et bientôt on les vit avaler et digérer des proies vivantes, ce qui ne laissa plus de doute sur leur animalité. Cependant, c'est l'année suivante, en avril et en juillet 1741, que les eaux de Sorgvliet fournirent deux autres espèces de Polypes qui devinrent l'objet de recherches faites avec autant d'exactitude que de sagacité, et qui donnèrent des résultats auxquels on était loin de s'attendre.

Ces Polypes, où les uns voyaient des Plantes, tandis que les autres y voyaient des Animaux, furent trouvés, pour ainsi dire, l'un et l'autre à la fois : Animaux par leur irritabilité, leur voracité, leur manière de se procurer la nourriture, et leur locomotion; Plantes par leur façon de se resemer au moyen de véritables bulbines ou cayeux, et surtout par la faculté de se reproduire par division, comme si chaque division de leur corps était une bouture. Rien n'égale l'importance des observations de Trembley, si ce n'est la modestie et la précision qu'il a mises à les exposer. Son travail est un modèle en ce genre, et mérite la plus aveugle confiance. Nous avons vérifié tout ce qu'il y rapporte, nous n'avons absolument trouvé rien à y ajouter; la matière est épuisée; aussi révoquons-nous en doute qu'on ait trouvé récemment, et par une première inspection, chez les Polypes d'eau douce, des choses que Trembley n'y avait pas vues. En vain on a avancé qu'ils avaient plus d'un orifice, et qu'on avait distingué des ovaires dans leur intérieur. Rien de ces choses n'y existe. Les Polypes n'ont ni sexe ni rien qui puisse y ressembler; ils ne se rapprochent jamais les uns des autres pour se féconder. Le sac vivant dont ils sont composés ne contient nulle part la moindre trace d'organes reproducteurs; la partie postérieure est absolument fermée, encore que Baker eût supposé le contraire; enfin l'orifice du sac ne peut pas être plus exactement appelé la bouche que l'anus, puisque si les alimens entrent par cette ouverture buccale, les excrémens sortent par la même ouverture, qui alors devient anale. Il y a plus, les Polypes n'ont, à la rigueur, ni dehors ni dedans, puisqu'on peut les retourner comme le doigt d'un gant, sans qu'ils cessent de vivre, de se reproduire, d'avaler et de digérer. Leurs parois intérieures ne seraient donc pas même celles d'un sac alimentaire, et nulles racines nutritives n'y seraient distribuées, puisque sa face externe, devenant interne, est apte aux mêmes fonctions, rapport de plus avec ces Végétaux qu'on a plantés à l'envers, et dont les branchages deviennent les racines.

Dès que les belles découvertes de Trembley, vérifiées par Réaumur, qui était alors l'oracle de l'histoire naturelle, eurent transpiré, tous les savans de l'Europe s'occupèrent de Polypes. Bonnet, Lygonet, Baker et surtout l'exact Roësel y donnèrent la plus sérieuse attention. Ces découvertes renversèrent beaucoup d'idées fausses et ouvrirent la carrière d'une physiologie nouvelle. Personne n'osa nier l'existence des faits extraordinaires qui causèrent l'admiration de tous. Il est vrai que nul observateur maladroit ne jeta de folies au milieu de si grandes nouveautés, et n'imagina de dire que les Polypes, qui se régénéraient à la manière des Plantes, et qui digéraient à la manière des Animaux, fussent alternativement, selon leur caprice, et quand bon le leur semblait, tour à tour des Animaux et des Plantes. De telles singularités étaient réservées pour l'époque où l'on devait imaginer des transsubstantiations en histoire naturelle. « J'avoue pourtant, dit Réaumur, que lorsque je vis, pour la première fois, des Polypes se former peu à peu de celui que j'avais coupé en deux, j'eus de la peine à en croire mes yeux, et c'est un fait que je ne m'accoutume même pas à voir, après l'avoir vu et revu cent fois. » Réaumur était cependant préparé par un habile correspondant à cette singularité. Qu'on se figure, si l'on peut, la surprise que dut éprouver celui qui, pour la première fois, ayant coupé un Polype transversalement à coups de ciseaux, en deux, trois, quatre morceaux, et en ayant même presque hâché divers individus, vit renaître de chaque tronçon, de chaque parcelle, un Animal complet, bientôt pareil en tout à celui aux dépens duquel on l'avait artificiellement formé. La fable mythologique de l'Hydre de Lerne se réalisait. Quant à nous, qui, après vingt ans environ d'observations microscopiques, avons trouvé un fait non moins inattendu dans l'émancipation de nos Zoocarpes ou graines vivantes, et qui n'en pouvions d'abord croire nos yeux, nous sentons fort bien quelle dut être l'admiration de Trembley, quand il trouva que des êtres vivans pouvaient se multiplier d'autant mieux qu'on les mutilait davantage.

Avant de soumettre au lecteur le résumé des excellentes observations de Trembley, auxquelles, avons-nous dit plus haut, on ne saurait plus rien ajouter, nous devons faire connaître les espèces du genre qui nous occupe, et qui toutes habitent l'eau douce; car nous ne regardons pas comme appartenant au genre Polype, les *Hydra lutea* et *Corynaria* de Bosc qui, en attendant que l'augmentation de nos connaissances nécessite la multiplication des genres dans la famille des Hydrines, doivent rentrer parmi les Corynes. Nous décrirons les quatre espèces de Polypes d'eau, dans l'ordre qu'établit entre elles la longueur de leurs membres, dont le nombre est trop variable pour qu'on en puisse tirer des caractères valables, comme on avait tenté de faire jusqu'ici. Ce nombre n'est même pas toujours pareil dans chaque individu. « Tous les Polypes, dit Trembley, n'ont pas la même quantité de bras lorsqu'ils se séparent de leur mère; il en vient encore plus ou moins aux uns et aux autres après leur séparation..... C'est surtout sur les Polypes de la seconde espèce (*Polypus Briareus*, N.) que j'ai observé un tel accroissement du nombre des bras, parce que ce sont ceux que j'ai nourris le plus long-temps. J'ai vu, dans quelques-uns, ce nombre augmenter plus d'une année après leur naissance, et parvenir peu à peu jusqu'à celui de dix-huit et de vingt. Je n'ai jamais pu trouver, dans les fossés, des Polypes qui eussent un si grand nombre de bras; je ne l'ai remarqué que dans ceux que j'ai nourris. J'ai aussi observé quelquefois que le nombre des bras diminuait. » Il arrive encore que des bras, ou plutôt des tentacules, poussent comme au hasard épars sur diverses parties du corps, et finissent par tomber plus tard. Le peu d'espèces du genre singulier qui nous occupe, méritant d'arrêter l'attention du lecteur, et se trouvant toutes en France, seront succinctement décrites dans cet article.

POLYPE VERT, *Polypus viridis*, N.; Roës., *Ins.* T. III, pl. 82, fig. a, f et b, pl. 89, fig. 6-8 (4..*Excl.*); *Hydra viridis*, Gmel., Syst. Nat. XIII, T. I, p. 3869; Encyclop. Méthod., Vers., pl. 66, fig. 4-8; Polype de la première espèce, Trembley, pl. 1, fig. 1, la troisième espèce de Baker, *Trad. Fr.*, p. 26, pl. 4, fig. 7. Cette espèce, connue de Leuwenhoek (*Act. Angl.*, n. 283, p. 1494, n. 4) fut la première que rencontra Trembley, et qu'on trouve dans quelques eaux marécageuses, parmi les Lenticules, ou se fixant par sa partie postérieure aux tiges inondées des *Carex*, des *Equisetum* et des Cératophylles. Sa longueur, dans le plus grand état de développement, est de cinq à six lignes; son diamètre au plus large, c'est-à-dire vers son extrémité antérieure, atteint au plus à une demi-ligne. Dans sa plus grande contraction, il prend une forme globuleuse, comme pédicellée. Egalement aminci d'avant en arrière, il se termine en pointe. Ses tentacules varient en nombre de trois à dix, et sont le plus communément au nombre de huit. Quelques individus en ont jusqu'à douze. Ces tentacules, bien plus courts que le reste de l'Animal, souvent un peu plus élargis vers leur extrémité, ne s'étendent guère au-delà de trois lignes. Dans l'état de repos, le Polype les tient souvent ouverts à angles droits, c'est-à-dire dans le plan de l'ouverture buccale; d'autres fois, il les dispose comme en entonnoir, leur donnant avec l'ouverture une inflexion de vingt à quarante-cinq degrés, d'un beau vert plus ou moins intense, comme le sac alimentaire; un liséré transparent semble néanmoins environné de chacun de ces tentacules, ce qui donne à leur réunion l'aspect d'une petite fleur d'Ornithogale vue à l'envers. Les Polypes verts sont les plus agiles dans leurs mouvemens; la longueur de leurs bras ne les embarrasse jamais. Trembley en ayant conservé plusieurs individus, sans qu'il les eût vu prendre de nourriture, ils disparurent dans ses vases. Nous en avons également élevé : nous leur donnions des Daphnies, dont ils paraissaient moins friands que des Microscopiques verts et des Zoocarpes qu'alimentaient les Arthrodiées nourries dans les mêmes vases. Nous avons observé que, selon la saison et diverses circonstances, l'intensité de leur couleur augmentait ou diminuait. Ainsi des Polypes de cette espèce devenaient blanchâtres en été, et presque sans teinte visible, lorsqu'il n'existait aucune élaboration de matière verte autour d'eux, tandis qu'ils revinrent du plus beau vert en automne, lorsque les Conferves et les Arthrodiées émettaient le plus de cette modification de la matière, et de Zoocarpes, ce qui arrive au commencement du printemps et de l'arrière-saison où les eaux et les lieux humides se colorent en vert dans toute la nature.

POLYPE ISOCHIRE, *Polypus Isochirus*, N.; Roës., *Ins.* T. III, tab. 76, fig. 1-4, pl. 77, fig. 1-3; *Hydra pallens*, Gmel., *loc. cit.*, p. 3871; Encyclop. Méth., pl. 68, fig. 1-8. Nous n'hésitons pas à regarder comme appartenant à cette espèce : 1° les figures de la planche 3 de Trembley que cet habile observateur rapportait à sa troisième espèce qui est notre quatrième; 2° le Polype de la seconde espèce de Baker; 3° enfin, la figure assez médiocre d'Ellis, *Coral.*, pl. 28, également rapportée par les auteurs à notre quatrième espèce. Ce Polype, qui n'est pas plus rare que les autres, comme on l'a dit, et que nous avons même trouvé le plus fréquemment, au moins dans les environs de Gand, durant le temps de notre exil, se tient fixé aux racines des Lenticules dans les marais et les fossés des lieux bas de la Flandre où les eaux sont tranquilles, mais très-pures. Il s'y multiplie surtout dans la saison où la longueur des jours permet au soleil d'échauffer le plus fortement les eaux, et nos individus se sont conservés en abondance pendant tout l'hiver de 1817 à 1818 dans de grandes jarres de verre que nous tenions au milieu de la serre du jardin de botanique de Bruxelles, dont le professeur Dekin avait alors la direction. Ils y multiplièrent sans qu'on prît d'autre soin d'eux que de remplacer chaque jour la quantité de liquide qu'avait enlevée l'évaporation.

C'est sur cette espèce que nous vérifiâmes la plupart des belles expériences de Trembley; plusieurs de nos captifs avaient fini par devenir d'une couleur presque laiteuse, et n'avaient plus rien de cette couleur de paille, donnée comme l'un des caractères de l'espèce, lorsque de la matière verte s'étant développée dans nos vases vers le milieu de février, ceux que l'altération de l'eau ne fit pas mourir devinrent verts, au point que nous eussions eu de la peine à les distinguer de l'espèce précédente, s'il n'eût existé quelques différences dans leurs formes. Le Polype dont il est question, un peu plus grand que les autres, s'étend jusqu'à dix et même quinze lignes. Son corps, très-obtus, est un peu renflé à l'extrémité postérieure, qui est parfaitement arrondie, sans le moindre rétrécissement qui lui donne l'air d'un pied ou d'une petite bulbe. Quand il se contracte, il paraît même être à peu près globuleux, excepté en avant où il est alors comme tronqué en coupe avec un rebord circulaire sensible, qui fait mieux distinguer la dilatation de l'ouverture. Dans l'allongement où cette ouverture est en général fort sensible et béante, l'Animal qui, d'ordinaire, a la teinte jaunâtre de la paille, s'atténue en avant vers l'insertion des tentacules qui sont au nombre de cinq, six ou sept, parfaitement incolores, égaux dans leur plus grand développement, à la longueur du corps.

POLYPE BRIARÉE, *Polypus Briareus*, N.; Roës., *Ins.* T. III, pl. 78-83; *Hydra grisea*, Gmel., *loc. cit.*, p. 3870; Encyclop. Méthod., pl. 67. Polype de la deuxième espèce, Trembley, pl. 1, fig. 2 et 5, pl. 11, fig. 2, pl. 6, fig. 278, etc.; première espèce de Baker. Il y a une variété β, *Briareus viridis*, N., Roës., *Ins.*, III, pl. 88, fig. 1-3, pl. 89, fig. 4; Encyclop., pl. 66, fig. 1-3, représentée comme des états de notre première espèce. Nous ne pouvons conserver le nom de Polype gris à celui-ci qui, changeant de couleur presque sous les yeux de l'observateur pour prendre celle des corps dont il se nourrit, est ordinairement d'une teinte orangée. Nous avons dû le singulariser par une dénomination qui indiquât que le nombre de ses tentacules ou bras est plus considérable que dans ses congénères. Ces bras, jamais plus courts que le corps, qui lui sont égaux dans le repos, mais qui peuvent atteindre au double dans leur plus grand état de développement, sont grêles vers leur extrémité, où se prononce une sorte de petit renflement en bouton ovale. Leur nombre varie de cinq dans la première jeunesse, jusqu'à douze, dix-huit et même vingt, surtout quand on nourrit bien l'Animal. Nous en avons possédé un individu qui, outre vingt-un bras pressés autour de l'ouverture buccale, en avait jusqu'à cinq épars sur le reste de sa surface, et dont trois devinrent par la suite des Polypes pareils au tronc. Le Polype Briarée a six, dix, quinze, et jusqu'à dix-huit lignes de long. Son corps se renfle légèrement vers le milieu, et atténué postérieurement, s'y termine comme par une petite bulbe. Le plus commun, il est aussi le plus vorace; on le trouve fréquemment fixé à la partie inondée des tiges des Plantes de marais; nous en avons rencontré une fois en si grande quantité contre le *Scirpus lacustris*, qu'ils y formaient un enduit muqueux. En d'autres occasions, nous avons vu des revers de feuilles de Nénuphar qui en étaient tapissés; enfin, en quelques endroits, ils s'y fixent en tel nombre ainsi qu'aux tiges des Lenticules, qu'ils font plonger ces petites Plantes. C'est particulièrement des individus de cette espèce que nous avons une fois élevé un très-grand nombre, qui se teignaient en vert par le développement de la matière verte dans les grands vases où ils vivaient, ce qui nous a démontré que plusieurs des belles figures données par les auteurs comme appartenant au *Polypus viridis*, appartenaient au Briarée qui s'était coloré par absorption du liquide environnant, comme il arrive à beaucoup d'autres Animaux microscopiques. *V.* MATIÈRE.

POLYPE MÉGALOCHIRE; *Polypus Megalochirus*, N.; Roes., *Ins.* T. III, pl. 84-87; *Hydra fusca*, Gmel., *loc. cit.*, p. 3870; Encycl., pl. 69, fig. 1-9; Polype de la troisième espèce, Trembley, pl. 1, fig. 1-4 et 6, pl. 2, fig. 1-4, pl. 5, fig. 1, pl. 6, fig. 3-6, 9-10, etc.; Polypes de la quatrième espèce de Baker. Le corps, dans cette espèce, la plus grande de toutes, et dont la couleur varie du gris au fauve brunâtre, n'a jamais guère moins d'un pouce de long, et en atteint quelquefois deux; l'extrémité antérieure, un peu renflée en tête, à son ouverture moins béante que dans la précédente, mais non moins susceptible de dilatation; la postérieure est au contraire fort atténuée, et se termine comme en queue pointue, et non par un renflement ou une petite bulbe, de sorte que l'Animal se fixe aux corps inondés, non par la pointe mais par un côté de son extrémité qui se recourbe un peu. Dans la contraction, la queue devient encore plus sensible, et le corps alors parfaitement ovoïde ou sphérique, gros comme un petit pois, paraît stipité, ce qui fait le passage aux Corynes. Les tentacules, assez constamment au nombre de six, rarement de huit, sont un peu robustes à leur insertion; ils vont en s'amincissant vers leur pointe, qui finit par être d'une ténuité extraordinaire, et que termine un petit bouton ovoïde, comme dans le Briarée. Leur longueur est toujours plus considérable que celle du corps, même quand ils se contractent le plus, et, dans leur plus grand état de développement, ils ont jusqu'à huit pouces. Trembley en cite d'un pied, et nous en avons nous-même vu d'aussi étendus. Le Polype Mégalochire est celui qui se couvre le plus de bourgeons reproducteurs. Roësel en figure un individu sur lequel ont poussé jusqu'à une quinzaine d'autres Polypes, et cette figure est exactement reproduite sous le nº 9, dans la pl. 69 de l'Encyclopédie. Il est également plus social, s'il est permis d'employer cette expression, en parlant d'un Polype, comme si, ayant vécu en plus grand nombre sur le même tronc maternel, chaque individu nouveau recherchait ses pareils, même après la séparation de la famille. Aussi rien de plus singulier, et même de plus beau, qu'un amas de ces Animaux figuré dans la pl. 9 de Trembley; nous en avons trouvé de semblables dans certains fossés profonds et dans quelques étangs des environs de Bruxelles, et les ayant conservés et nourris, nous avons souvent admiré comment les milliers de Tentacules de six à dix pouces de longueur, fins comme de la soie, et qui semblaient former une chevelure pâle, s'agitaient, se retiraient, se mêlaient sans confusion, sans se pelotonner, surtout quand quelque proie s'y venait jeter.

Gmelin (Syst. Nat., 13, T. I, p. 3869), et Lamarck, Anim. sans vert. T. II, p. 60, n. 50) mentionnent, d'après Müller (*Zool. Dan.*, tab. 95, fig. 1-2), une cinquième espèce de Polypes sous le nom d'*Hydra* (*gelatinosa*), *minuta*, *gelatinosà*, *lutea*, *cylindrica*, *tentaculis duodecim*, *corpore elongato brevioribus*. Nous ne l'avons jamais rencontrée, et comme on la dit marine, il est douteux qu'elle appartienne au genre dont il vient d'être question. Nous soupçonnons qu'elle doit rentrer parmi les Corynes.

Le genre qui vient de nous occuper, pouvant être considéré comme le type de l'ordre des Polypes, dans notre Règne Psychodiaire, c'est au mot POLYPES que sera traitée l'histoire physiologique des créatures ambiguës sur lesquelles Trembley fit les belles expériences que nous avons vérifiées et que nous rapporterons. (B.)

* POLYPERA. BOT. CRYPT. (*Lycopardacées.*) Persoon a donné ce nom au genre désigné par Albertini et Schweinitz sous le nom de *Pisolithus*, par Link sous celui de *Pisocarpium*, et par De Candolle sous celui de *Polysaccum*. *V.* ce dernier mot. (AD. B.)

POLYPES. *Polypi*. PSYCH. Le nom de Polype, qui vient du grec, signifie *ayant plusieurs pieds*. L'antiquité l'appliquait aux Sépiaires, que par corruption le vulgaire appelle encore POULPES, et qui appartiennent aux Céphalopodes des naturalistes modernes, c'est-à-dire ayant la tête aux pieds ou des pieds à la tête. Il n'était pas bien exact d'appeler pieds les membres de tels Polypes, encore qu'ils servissent, en beaucoup de cas, à l'ambulation; le mot *bras* eût été peut-être un peu moins impropre, car le Poulpe se sert de ses vigoureux appendices pour enserrer sa proie, et, si l'on s'en rapportait à Denis Montfort, on dirait le terrible géant Briarée; l'usage a prévalu, et quand Trembley fixa le premier, vers le dix-huitième siècle, l'attention du monde savant sur des petites créatures qui présentaient des bras analogues, Réaumur n'hésita point à nommer ceux-ci des POLYPES D'EAU DOUCE. Ce nom se trouvait d'autant meilleur, que les premiers Animaux qui l'avaient anciennement porté, en prenaient un autre en devenant des Mollusques. Cependant les Polypes d'eau douce, étant bientôt devenus célèbres par la facilité qu'ils ont à reproduire leurs parties coupées, on les appela des Hydres, par allusion à ce monstrueux Serpent qui infestait les marais de Lerne, et dont les têtes repoussaient à mesure qu'un demi-dieu parvenait à les abattre. Ce déplacement de signification était heureux; il n'a cependant point prévalu. Les Hydres actuels sont les Serpens d'eau (*V.* HYDRE), ceux de l'école d'Upsal sont les Polypes dont il a été question plus haut (*V.* POLYPE), et les Polypes d'Aristote, d'Ovide ou de Rondelet, sont le *Sepia octopus* des premiers systématiques, ou l'*Octopus vulgaris* de Lamarck, représenté dans la pl. 76, fig. 1 et 2 de l'Encyclopédie méthodique. *V.* POULPES.

Les Polypes sont pour Lamarck la seconde classe des Animaux sans vertèbres; ce savant les caractérise ainsi: Animaux gélatineux, à corps allongé, contractile, n'ayant aucun autre viscère intérieur qu'un canal alimentaire, à une seule ouverture; bouche distincte, terminale, soit munie de cils mouvans, soit entourée de tentacules ou de lobes en rayons; aucun organe connu pour le sentiment, la respiration ou la fécondation; reproduction par des gemmes tantôt extérieurs, tantôt internes, quelquefois amoncelés, la plupart adhérens les uns aux autres, communiquant ensemble et formant des Animaux composés. Circonscrite de la sorte, la classe des Polypes est divisée par le Linné français en cinq ordres, ainsi qu'il suit:

I. POLYPES CILIÉS, *Polypi ciliati*, non tentaculés, mais ayant près de leur bouche ou à son orifice des cils vibratiles ou des organes ciliés et rotatoires qui agitent ou font tourbillonner l'eau. Cet ordre entre pour nous dans la classe des Microscopiques (*V.* ce mot), parce que nous ne pouvons consentir à regarder comme des organes pareils, ni même analogues à de véritables tentacules extensibles ou contractiles, composés de façon à ce que la sensibilité la plus exquise s'y manifeste évidemment, des poils ou cirres, vibratiles quels qu'ils soient, mais rigides, non contractiles, et probablement privés de toute irritabilité

II. POLYPES NUS, *Polypi denudati*, tentaculés, ne se formant point d'enveloppe ou de Polypier, et fixés, soit constamment, soit spontanément. Cet ordre contient quatre genres: Hydre, *Hydra* (*Polypus*, N.); Coryne, *Coryna*; Pédicellaire, *Pedicellaria*; *Zoantha*. Tous ceux-ci, ainsi que les suivans, sont pour nous des Polypes véritables.

III. POLYPES A POLYPIER, *Polypi vaginati*, tentaculés, constamment fixés dans un Polypier inorganique, qui les enveloppe et forme en général des Animaux composés. Cet ordre est divisé en deux tribus, les Polypes d'une seule substance, et ceux qui forment des substances séparées et très-distinctes. Ce sont encore pour nous des Polypes véritables, à l'exception des Spongilles, que, sous le nom d'Ephydaties, nous plaçons, avec les Spongiaires, dans un ordre fort distinct, et des Dichotomaires qui répondent au *Liagora* de Lamouroux, et que nous croyons appartenir tout simplement au règne végétal. Les Animaux de tous les Polypiers ne nous étant pas suffisamment connus, nous nous trouvons réduits à les classer selon les caractères que présentent les parties qu'on en a pu conserver. A cet égard les naturalistes sont réduits au même embarras que les conchyliologistes, qui, lorsque les Mollusques et les Conchifères, habitans des trésors de leurs collections, seront mieux connus, verront beaucoup de genres qu'ils se pressent d'établir sur le moindre tour de spire, ou sur une légère différence dans la disposition de la columelle et de la bouche, s'effacer ou changer totalement. Nous sommes exactement, par rapport aux Polypes à Polypiers, dans la position où seraient des botanistes à qui on rapporterait d'une terre lointaine des herbiers où ne seraient conservés que des tiges, des feuilles ou quelques débris de capsules vides et mutilées. Ces botanistes seraient réduits à la méthode grossière de Sauvage, et conséquemment exposés à de monstrueux rapprochemens. Quoi qu'il en soit, Lamarck forme dans cet ordre les sections suivantes, où il reporte soixante-un genres.

1°. *Polypiers fluviatiles*. Difflugie, Cristatelle, Spongille et Alcyonelle.

2°. *Polypiers vaginiformes*. Plumatelle, Tubulaire, Cornulaire, Campanulaire, Sertulaire, Antennulaire, Plumulaire, Sérialaire, Tulipaire, Cellaire, Anguinaire, Dichotomaire, Tibiane, Acétabulaire et Polyphyse.

3°. *Polypiers à réseaux*. Flustre, Tubipore, Discopore, Cellépore, Eschare, Adéone, Rétépore, Alvéolite, Ocellaire et Dactylopore.

4°. *Polypiers foraminés*. Ovulite, Lunulite, Orbulite, Distichopore, Millépore, Favosite, Caténipore et Tubipore.

5°. *Polypiers lamellifères*. Styline, Sarcinule, Caryophyllie, Turbinolie, Cyclolite, Fongie, Pavone, Agarice, Méandrine, Monticulaire, Échinophore, Explanaire, Astrée, Porite, Pocillipore, Madrépore, Sériapore et Oculine.

6°. *Polypiers corticifères*. Corail, Mélite, Isis, Antipate, Gorgone et Coralline.

7°. *Polypiers empâtés*. Pinceau, Flabellaire, Éponge, Thétie, Géodie et Alcyon.

IV. Polypes tubifères, *Polypi tubiferi*. Polypes réunis sur un corps commun, charnu et vivant, mais constamment fixé et jamais libre, sans Polypiers véritables qui le constituent, ni axe, ni fibres cornées qui en soutiennent la masse. Ici l'organisation se complique, et le passage des Polypiers empâtés aux Polypiers flottans a naturellement lieu. C'est au savant Savigny qu'on doit la connaissance approfondie de ces collections singulières d'Animaux qui n'en forment qu'un, et qui sont réparties dans les quatre genres Anthélie, Xénie, Ammothée et Lobulaire.

V. Polypes flottans, *Polypi natantes*. Polypes tentaculés, ne formant point de Polypiers, et réunis sur un corps libre, commun, charnu, vivant, axigère, mais dont les masses semblent nager dans les eaux. Les genres de cet ordre sont: Vérétille, Funiculine, Pennatule, Rénille, Virgulaire, Encrine et Ombellulaire. Nous ne croyons pas que les Ombellulaires et les Encrines puissent être considérés comme des Polypiers libres; ils sont ou ont été bien certainement fixés par une espèce de stipe, et s'ils ne font pas partie de l'ordre quatrième, il serait peut-être nécessaire d'en établir un distinct pour les y placer.

Pour le savant Cuvier, les Polypiers ne sont qu'une section de son quatrième embranchement des Animaux rayonnés ou Zoophytes; et ce dernier nom, emprunté de Linné, qui le premier lui avait donné une signification positive, est des plus convenables, parce que les Zoophytes de Cuvier sont des Animaux végétans dans toute l'étendue du mot, encore que ce savant n'en donne point cette définition : « Les Polypes, dit-il, ont été ainsi nommés, parce que les tentacules qui entourent leur bouche les font un peu ressembler aux Poulpes, que les anciens appelaient Polypes. La forme et le nombre des tentacules varient; le corps est toujours cylindrique ou conique, souvent sans autres viscères que sa cavité, souvent aussi avec un estomac visible, duquel pendent des intestins, ou plutôt des vaisseaux creusés dans la substance du corps, comme celles des Méduses; alors on voit ordinairement aussi des ovaires. Tous ces Animaux sont susceptibles de former des Animaux composés, en poussant de nouveaux individus comme des bourgeons ; néanmoins ils se propagent aussi par des œufs. » Cette définition est exacte ; elle convient à l'universalité des Polypes, si ce n'est quant au mot *œuf*, qui n'est pas ici bien exact, et qui doit être remplacé par celui de *propagules* ou *ovaires*. L'auteur de l'excellente Histoire du Règne Animal divise ensuite la classe des Polypes en deux ordres.

I. POLYPES NUS, qui sont les mêmes que ceux auxquels Lamarck avait bien auparavant donné le même nom, c'est-à-dire les Hydres ou Polypes à bras, les Corynes et les Pédicellaires ; seulement Cuvier y comprend les Vorticelles, qui nous y paraissent complétement déplacées, et les Cristatelles qui nous semblent y convenir.

II. POLYPES A POLYPIERS, qui forment cette nombreuse suite d'espèces que l'on a long-temps regardées comme des Plantes marines, et dont les individus sont en effet réunis en grand nombre pour former les Animaux composés, pour la plupart fixés comme des Végétaux, soit qu'ils forment une tige ou de simples expansions, par le moyen des appuis solides qui les revêtent à l'extérieur ou les soutiennent à l'intérieur. Les Animaux particuliers, plus ou moins analogues aux Polypes à bras, y sont tous liés par un corps collectif et en communauté de nutrition ; de sorte que ce qui est mangé par l'un des Polypes profite à l'ensemble de tous les autres Polypes. Ils ont même une communauté de volonté outre la volonté individuelle. Les Polypes à Polypiers sont répartis dans trois familles.

1°. *Polypes à tuyaux*, qui habitent des tubes dont le corps gélatineux, commun, traverse l'axe, comme ferait la moelle d'un Arbre, et qui sont ouverts, soit au sommet, soit aux côtés, pour laisser passer les Polypes. Cette famille renferme les genres Tubipore, Tubulaire et Sertulaire.

2°. *Polypes à cellules*, où chaque Polype est adhérent dans une cellule cornée ou calcaire, à parois minces, et ne communique avec les autres que par une tunique extérieure très-ténue, ou par les pores déliés qui traversent les parois des cellules. Ces Polypes, qui ressemblent généralement à ceux que l'auteur nomme Hydres, sont compris dans les genres Cellulaire, Flustre, Cellépore et Tubipore, entre lesquels nous sommes contraint d'avouer que nous n'entrevoyons guère de convenance. Cuvier, indécis sur l'animalité des genres qu'il réunit sous le nom de *Corallinées*, propose de les comprendre dans cette seconde famille, si l'existence des Hydres y est jamais démontrée.

3°. *Polypes corticaux*, où les Polypes se tiennent tous par une substance commune, épaisse, charnue ou gélatineuse, dans les cavités de laquelle ils sont reçus, et qui enveloppe un axe de forme et de substance variables. Ces Polypes, plus avancés dans l'échelle de l'organisation, présentent déjà quelques rapports avec les Actinies, et se subdivisent en quatre tribus.

† Les *Cératophytes*, où l'axe intérieur, d'apparence de bois ou de corne, croît fixé à la surface des rochers : ce sont les genres, nombreux en espèces, Antipate et Gorgone.

†† Les *Lithophytes*, où l'axe intérieur, fixé au fond des mers, est de substance pierreuse : ce sont les genres Isis, Madrépore et Millépore, non moins considérables les uns que les autres en espèces variées et souvent peu faciles à distinguer.

††† Les *Polypiers nageurs*, qui forment en commun un corps libre de toute adhérence : ce sont les genres Pennatule, Virgulaire, Scirpéaire, Pavonaire, Rénille, Vérétille et Ombellulaire.

†††† Les *Alcyons*, où une écorce

animale ne renferme qu'une substance charnue, sans axe osseux ni corné. Cuvier place les Éponges à la suite de ces Animaux; mais nous persistons à ne pas voir des Polypiers dans les Spongiaires, où personne, quoi qu'on en puisse dire, n'a jamais vu de Polypes. *V.* SPONGIAIRES.

Avant les deux illustres professeurs dont nous venons d'analyser les méthodes, les Polypes n'avaient guère qu'accessoirement occupé les naturalistes; les anciens les avaient dédaignés. Marsigli fut le premier, parmi les modernes, qui leur accorda quelque attention; mais on ne lui doit point, comme nous le trouvons imprimé quelque part, la découverte des Polypes du Corail, et nous saisirons, pour rectifier cette erreur qui pourrait se propager sous l'égide d'un nom célèbre dans l'Histoire des Polypiers, un excellent passage de l'article CORAIL de Blainville (Dict. de Levrault, T. x, p. 352). « Le comte Marsigli, en 1703, dit le savant professeur, ayant eu l'occasion d'observer cette substance sortant immédiatement de la mer, et ayant aperçu, dans différens points de la surface, des petits corps rayonnés à peu près comme la corolle des fleurs régulières, il en fit les fleurs de cet Arbre, auquel, par conséquent, il ne manqua plus rien pour être un Arbre véritable. Alors tous les auteurs de botanique, n'ayant aucun doute sur la nature du Corail, le rangèrent dans le règne végétal jusqu'au moment où Peyssonel (en 1723), devenu justement célèbre par cette seule découverte, étendit au Corail ce qu'il avait observé sur une foule d'autres êtres organisés, également complexés, et fit voir, par des preuves sans réplique, que ce qu'on regardait comme des fleurs de Corail, étaient de véritables Animaux. Cette découverte n'eut cependant pas tout le succès qu'elle méritait, et Réaumur, qui était alors en France le chef de toutes les personnes qui s'occupaient d'histoire naturelle, soutint encore quelque temps l'ancienne opinion. Cependant la découverte, jusqu'à un certain point analogue, du Polype d'eau douce par Trembley, fit revenir sur l'opinion de Peyssonel. »

Nous avons récemment et les premiers observé sur des êtres regardés jusqu'à ce jour comme des Végétaux un phénomène dans le genre de celui que découvrit Peyssonel. Les Réaumur du jour ne peuvent consentir à l'admission des conséquences que nous en avons tirées; mais à chaque instant quelques observateurs viennent confirmer notre découverte par la découverte de quelques faits semblables ou analogues. Il faudra bien, tôt ou tard, revenir sur notre opinion comme on revint sur celle de Peyssonel. Quoi qu'il en puisse être, on doit regarder comme presque inutile, même à consulter, ce qu'avant l'auteur italien qui prenait un Polypier pour un Arbre, avaient écrit de quelques-unes des productions naturelles qui nous occupent Aldrovande, Gesner, Impératus, L'Ecluse, les Bauhins, Boccone, Morison, Plukenet, Ray, Pétiver, Barrelier, et surtout Tournefort, qui, dans son zèle pour la science où il marqua, voyait des Plantes dans tout ce qui se ramifiait, et qui rangeait jusqu'aux Madrépores parmi les Végétaux. Guettard est le premier auteur dont on puisse avec fruit étudier encore les écrits sur les créatures dont il est ici question; enfin Linné, avec son regard d'aigle et cette sorte de prévision qui lui fut propre, commença vers 1744 à débrouiller le chaos de leur histoire : il leur conserva le nom de *Zoophytes*, et il les regardait comme étant d'une nature intermédiaire entre les Plantes et les Animaux. « Le premier, dit Lamouroux, il fit connaître les principes qui devaient servir de base à l'étude des Polypiers; il les classa d'après une méthode particulière, type de toutes celles qu'on a suivies depuis; il en détermina les principaux genres et augmenta considérablement le nombre des espèces; enfin il rendit à cette partie de la Zoologie un aussi grand service qu'à la Botanique, en la dépouillant de tout cet appareil de phrases fatigantes qui en rendait l'étude si laborieuse et si difficile. » On aime à trouver une telle déclaration dans les ouvrages d'un naturaliste qui de nos jours s'est occupé de Polypes avec quelque succès, et qui, ne déguisant pas les rapports que sa méthode peut avoir avec celle du législateur de l'histoire naturelle, ne s'efforce jamais de rabaisser le mérite de ses maîtres. C'est dans le même esprit honorable de reconnaissance, que Lamouroux ajoute, au passage que nous venons de citer, l'éloge d'Ellis, qui publia en 1755 un Essai sur l'Histoire naturelle des Corallines, ouvrage qui, traduit l'année suivante en français, s'est répandu dans toutes les bibliothèques où il est d'un usage journalier; les planches en étaient fort bonnes pour le temps et ont été très-citées; cependant il faut avouer qu'on les ferait bien autrement aujourd'hui. Ellis ne dessinait d'ailleurs pas lui-même, et nous croyons que tout naturaliste qui n'est pas en état de faire ses dessins, doit renoncer à rien publier sur les corps naturels, dont le microscope seul peut révéler les caractères. Nul peintre, à moins que ce ne soit un Turpin, ne rendra les descriptions d'un autre observateur parfaitement compréhensibles, et les Turpin sont des hommes très-rares.

C'est à dater de la seconde partie du siècle dernier que l'étude des Polypes commença à faire de grands progrès. Pallas, qui s'occupa de cette branche de l'histoire naturelle avec cette supériorité qui caractérise toutes ses productions, réunit, vers 1766, dans son *Elenchus Zoophytorum*, tout ce que ses prédécesseurs avaient écrit sur les Zoophytes; et nous ne croyons pas que ce soit parce qu'il était *imbu de préjugés* qu'il repoussa à la fin de son travail les Corallines, comme étant d'une animalité douteuse. Pallas avait raison, et nous sommes de l'avis du naturaliste qui, en adressant au savant de Pétersbourg des reproches à ce sujet, déclare néanmoins que son *Elenchus* doit être considéré comme le *bréviaire* des zoologistes qui s'occupent de la même partie des sciences naturelles. Depuis Pallas, beaucoup d'observateurs se sont occupés de Polypiers; mais bien peu l'ont fait sur la nature vivante. On voit avec peine trop d'écrivains de la capitale, dont la plupart ont à peine entrevu la mer ou ne la connaissent même pas, s'occuper de ces productions, qui, lorsqu'on les observe vivantes, ne ressemblent presqu'en rien à ce que deviennent leurs dépouilles. Il ne résulte de leurs travaux, faits sur d'informes débris, que des idées fausses, des noms presqu'impossibles à prononcer et qui écrasent les plus belles mémoires, avec des conjectures hasardées, dont ces auteurs ne se vantent pas quand des observations nouvelles en viennent démontrer la légèreté, mais qu'eux-mêmes ou leurs amis proclament comme d'admirables découvertes lorsque le hasard vient à les confirmer. On doit cependant excepter du nombre des écrivains que nous venons de signaler: 1° Spallanzani, qui s'est trompé en beaucoup de choses touchant les Microscopiques, mais qui a fort bien vu les Polypes de quelques Alcyons et d'une Gorgone; qui a fort bien senti que les Éponges n'étaient pas des Polypiers, et qui n'a pas considéré la matière crétacée des Corallines comme une preuve de leur animalité; 2° Solander, dont nous aurons occasion de parler au sujet des travaux de Lamouroux; 3° Olivi, qui a donné beaucoup de figures des Zoophytes de l'Adriatique; 4° Bosc, qui dans ses traversées d'un monde à l'autre, nous a fait connaître diverses espèces nouvelles; 5° Savigny, que le monde savant voit avec tant de regret ne pouvoir achever ses beaux travaux dans le grand ouvrage, fruit de l'immortelle expédition d'Egypte; 6° de Moll, à qui l'on doit une histoire des Eschares, publiée à Vienne en 1803; 7° Lesueur, dont l'admirable pinceau fait bien mieux connaître les objets observés par lui que ne le font de verbeuses et emphatiques descriptions, et qu'on doit enfin cesser de mettre en seconde ligne dans certains travaux où le principal mérite appartient au dessinateur naturaliste; 8° Desmarest, auquel nulle branche de l'histoire naturelle n'est étrangère, et qui, avec Lesueur, entreprit sur les Sertulariées un travail des plus curieux, et que les savans doivent regretter qu'on n'ait point publié; 9° enfin Risso, de Nice, dont on vient de mettre au jour une Histoire des productions de la Méditerranée, où se trouvent des découvertes en divers genres.

Feu Lamouroux, notre collaborateur, notre compatriote et notre ami, très-versé dans toutes les branches de l'histoire naturelle, mais plus particulièrement entraîné par un goût dominant vers les productions de la mer, étudia les Polypes et leur demeure, non-seulement dans les collections, mais encore dans leur élément. Il n'en jugea pas seulement sur des images, sur des dépouilles mal desséchées, ou sur des morceaux altérés dans l'esprit-de-vin; il observa la plupart à l'état vivant. Un heureux hasard, qui secondait sa passion pour les Hydrophytes et les Polypiers, ayant fixé son séjour au voisinage d'une rive qui n'est pas sans richesses, il put avec avantage s'occuper de l'histoire des Polypiers; il y débuta en 1816 par la publication d'un excellent traité sur les Coralligènes flexibles, et ce traité fit époque. Etendant ses recherches sans interruption jusqu'à la fin de ses jours, c'est en 1821 qu'il a publié comme le Prodrome d'un travail général, sous le titre d'Exposition méthodique des genres de l'ordre des Polypiers, ce grand et important ouvrage, modestement annoncé comme une simple édition d'un livre d'Ellis et de Solander, lequel n'est véritablement recommandable que par les additions qu'y fit Lamouroux, et par la beauté de planches, tellement nombreuses, que dans l'état actuel de la science, un naturaliste ne peut se passer du livre où elles sont jointes à une savante classification. Cette classification peut être considérée comme ce qu'il était possible de tenter en ce genre, dans l'état actuel de nos connaissances; on pourra bien lui faire subir des déplacemens de genres et même des modifications plus importantes, mais elle demeurera comme une source d'excellentes coupes et de divisions très-heureuses. Dans la méthode de Lamouroux, les Polypes et Polypiers sont disposés de la manière suivante :

§ Ier. Polypiers flexibles ou non entièrement pierreux.

† *Polypiers cellulifères*, c'est-à-dire où les Polypes sont contenus dans les cellules non irritables.

1°. Celléporées. Polypiers membrano-calcaires, encroûtans; cellules sans communications entre elles, ne se touchant que par leur partie inférieure, ou seulement par leur base; ouverture des cellules au sommet, ou latérale; Polypes isolés. Les genres compris dans cet ordre sont : Tubulipore et Cellépore.

2°. Flustrées. Polypiers membrano-calcaires, quelquefois encroûtans, souvent phytoïdes, à cellules sériales, plus ou moins anguleuses, urcéolées dans presque toute leur étendue, mais sans communications apparentes entre elles, et disposées sur un ou plusieurs plans. Les genres de cet ordre sont : Bérénice, Phéruse, Elzérine, Flustre et Electre.

3°. Cellariées. Polypiers phytoïdes, souvent articulés, plans, comprimés ou cylindriques; cellules communiquant entre elles par leurs extrémités inférieures; ouverture en général sur une seule face; bord avec un ou plusieurs appendices sétacés sur le côté externe; point de tiges distinctes. Les genres de cet ordre sont : Cellaire, Cabérée, Canda, Acamarchis, Crisie, Ménipée, Loricaire, Eucratée, Lafoée, Aétée.

4°. Sertulariées. Polypiers phytoïdes, à tige distincte, simple ou rameuse, très-rarement articulée, presque toujours fistuleuse, remplie d'une substance gélatineuse animale, à laquelle vient aboutir l'extrémité inférieure de chaque Polype contenu dans une cellule dont la situation et la forme varient ainsi que la grandeur. Les genres de cet ordre sont : Pasythée, Amathie, Némertésie, Aglaophoenie, Dynamène, Sertulaire, Idie, Clytie, Laomédée, Thoée, Salacie et Cymodocée.

5°. Tubulariées. Polypiers phytoïdes, tubuleux, simples ou rameux, jamais articulés, ordinairement d'une seule substance cornée ou membraneuse; ni celluleuse, ni poreuse; recouverte quelquefois d'une légère couche crétacée; Polypes situés aux extrémités des tiges, des rameaux ou de leurs divisions. Les genres de cet ordre sont : Tibiane, Naisa, Tubulaire, Cornulaire, Télesto, Liagore et Néoméris.

†† *Polypiers calcifères*. Substance calcaire mêlée avec la substance animale ou la recouvrant, apparente dans tous les états.

6°. Acétabulariées. Polypes à tige simple, grêle, fistuleuse, terminée par un appendice ombellé ou par un groupe de petits corps pyriformes et polypeux. Les genres de cet ordre sont : Acétabulaire et Polyphyse.

7°. Corallinées. Polypiers phytoïdes, formés de deux substances, l'une intérieure ou axe, membraneuse ou fibreuse, fistuleuse ou pleine; l'autre extrémité ou écorce, plus ou moins épaisse, calcaire et parsemée de cellules polypifères, très-rarement visibles à l'œil nu dans l'état de vie, encore moins dans la dessiccation. Les genres de cet ordre sont : 1° *tubuleux*, Galaxaure; 2° *articulés*, Nésée, Janie, Coralline, Cymopolie, Amphiroé et Halimède; 3° enfin, *inarticulés et en éventail*, Udotée.

††† *Polypiers corticifères*, composés de deux substances, une extérieure et enveloppante, nommée *écorce* ou *encroûtement*; l'autre appelée *axe*, placée au centre et soutenant la première.

8°. Spongiées. Polypes nuls ou invisibles; Polypiers formés de fibres entre-croisées en tous sens, coriaces ou cornées, jamais tubuleuses, et enduites d'une humeur gélatineuse, très-fugace, et irritable suivant quelques auteurs. Les genres appartenant à cet ordre sont : Ephydatie et Eponge.

9°. Gorgoniées. Polypiers dendroïdes, inarticulés, formés intérieurement d'un axe en général corné et flexible, rarement assez dur pour recevoir un beau poli, quelquefois de consistance subéreuse et très-mou, enveloppé d'une écorce gélatineuse et fugace, ou bien charnue, crétacée, plus ou moins tenace, toujours animés et souvent irritables, enfermant les Polypes et leurs cellules. Les genres de cet ordre sont : Anadiomène, Antipate, Gorgone, Plexaure, Eunicée, Muricée et Corail.

10°. Isidées. Polypiers formés d'une écorce analogue à celle des Gorgoniées et d'un axe articulé, à articulations alternativement calcaréo-pierreuses et cornées, quelquefois solides ou spongieuses, ou presque subéreuses. Les genres appartenant à cet ordre sont : Mélitée, Mopsée et Isis.

§ II. Polypiers pierreux, jamais flexibles.

† *Polypiers foraminés*, qui ont de petites cellules perforées, ou semblables à des pores presque tubuleux et sans aucune apparence de lames.

11°. Escharées. Polypiers lapidescens, polymorphes, sans compacité intérieure; cellules petites, courtes ou peu profondes, tantôt sériales, tantôt confuses. Cet ordre, remarque Lamouroux, est formé d'une partie seulement des Polypiers à réseaux de Lamarck; les autres appartiennent à la première division, composée des Polypiers flexibles. Les genres qui s'y viennent grouper sont : Adéone, Eschare, Rétépore, Krusensterne, Hornère, Tilésie, Discopore et Celléporaire.

12°. MILLÉPORÉES. Polypiers pierreux, solides, compactes intérieurement; cellules très-petites et poliformes, éparses ou sériales, jamais lamelleuses, quelquefois cependant à parois légèrement striées. Les genres compris dans cet ordre sont: Ovulite, Rétéporite, Lunulite, Orbulite, Ocellaire, Mélobésie, Eudée, Alvéolite, Distichopore, Spiropore et Millépore.

†† *Polypiers lamellifères*, pierreux, offrant des étoiles lamelleuses, ou des sillons ondés et garnis de lames.

13°. CARYOPHYLLAIRES, Polypiers à cellules étoilées et terminales cylindriques et parallèles, soit turbinées, soit épatées, mais non parallèles. Les genres suivans rentrent dans cet ordre : Caryophillie, Turbinolie, Cyclolite et Fongie.

14°. MÉANDRINÉES, étoiles ou cellules latérales, ou répandues à la surface, non circonscrites, comme ébauchées, imparfaites ou confluentes. Cet ordre renferme les genres Pavone, Agaricie, Méandrine et Monticulaire.

15°. ASTRÉES, étoiles ou cellules circonscrites, placées à la surface du Polypier. Les genres de cet ordre sont : Echinopore, Explanaire et Astrée.

16°. MADRÉPORÉES, étoiles ou cellules circonscrites, répandues sur toutes les surfaces libres du Polypier. Les genres de cet ordre sont Porite, Sériatopore, Pocillopore, Madrépore, Oculine, Styline et Sarcinule.

††† *Polypiers tubulés*, pierreux, formés de tubes distincts et parallèles, à parois internes lisses.

17°. TUBIPORÉES, Polypiers composés de tubes parallèles, en général droits, cylindriques et quelquefois anguleux, plus ou moins réguliers, réunis et accolés dans toute leur longueur, ou ne communiquant entre eux que par des cloisons externes et transversales. Les genres appartenant à cet ordre sont : Mécrosélène, Caténipore, Favosite et Tubipore.

§ III. POLYPIERS SARCOÏDES. Plus ou moins irritables et sans axe central. Ici les Polypes sont encore placés dans des cellules; mais ces cellules ne sont plus contenues dans une masse cornée flexible, ou pierreuse et dure; elles sont à la surface d'une masse plus ou moins charnue, entièrement amincie. Lamouroux n'a point formé de section parmi les Polypiers Sarcoïdes, qui sont seulement divisés en trois ordres.

18°. ALCYONÉES, où les Polypes connus ont huit tentacules souvent ponctués, ou plutôt garnis de papilles quelquefois de deux sortes différentes. Les genres appartenant à cet ordre sont : Alcyon, Ammothée, Xénie, Anthélie, Polythoé, Alcyonelle, Halliroé.

19°. POLYCLINÉES, où les Polypes ont une ou deux ouvertures formées par six divisions tentaculiformes. Ce sont les Thétyes composées de Savigny, dont Lamarck, qui n'y voit plus de Polypes, a formé l'ordre de Botryllaires dans sa quatrième classe, appelée des Tuniciers, laquelle suit celle des Radiaires; il est cependant difficile de concevoir que des êtres qui par leur réunion exercent encore une vie commune, indépendamment de celles de chaque individu, puissent être transportés, dans l'échelle de l'organisation, au-delà des créatures où l'individualité devient l'essence de l'existence. Quoi qu'il en soit, les genres appartenant à l'ordre des Polyclinées sont : Distome, Sigilline, Synoïque, Aplide, Didemne, Encélie et Botrylle. Lamouroux en exclut le genre Pyrosome sans en donner les motifs.

20°. ACTINAIRES. Polypiers composés de deux substances, une inférieure, membraneuse, ridée transversalement, susceptible de contraction et de dilatation; l'autre supérieure, polypeuse, poreuse, cellulifère, lamelleuse ou tentaculifère. Ici existe le passage des Polypiers Sarcoïdes aux Acalèphes fixés de Cuvier, qui sont en partie les Radiaires de Lamarck. Les genres de cet ordre sont : Chénendopore, Hippalime, Lymnorée, Montlivaltie et Iérée.

Telle est la méthode de Lamouroux la plus généralement adoptée, suivie dans le cours de cet ouvrage, et à laquelle probablement le temps et l'accroissement des découvertes n'apporteront point de changemens notables, la classe entière des Polypes subît-elle une transposition dans l'ordre naturel, pour former la plus grande partie d'un règne intermédiaire que nous nous proposons d'établir sous le nom de *Psychodiaires*. Et par Psychodiaires (*V.* ce mot) nous entendons des êtres chez lesquels la vie est de deux natures, double, complexe; soit que les créatures de cette sorte présentent dans la durée de leur existence des phases purement végétales et purement animales alternativement; soit qu'après avoir végété, la vie s'y développe sous la forme d'Animaux-Fleurs; soit que, toujours animale, il y ait dans leur ensemble une vie commune, résultant de vies individuelles; soit enfin qu'à quelque chose d'Animaux, les Psychodiaires joignent de tels rapports avec le règne inorganique, que l'existence vitale n'y soit guère qu'un moyen à l'aide duquel se forment des agglomérations de substances calcaires qui, sans ces singuliers appareils vivans, fussent peut-être demeurées éternellement à l'état de dissolution, dans l'immensité des eaux, où la vie les vient élaborer pour en former plus tard des couches de la terre.

On voit que, dans sa méthode, Lamouroux adopte pour titre de ses divisions, des mots dont il intervertit la signification sans motifs suffisans. Ainsi ce qu'il nomme ordres, doit être considéré comme familles, ses sections sont des tribus, et ses divisions sont les véritables ordres. C'est encore à tort, selon nous, qu'il comprend les genres Liagore et Coralline au rang des Polypiers. On n'y a jamais vu d'Animaux, nous n'avons jamais pu y en découvrir, ce qui néanmoins n'établit pas que ce soit des Plantes, comme nous l'expliquerons à l'article PSYCHODIAIRE (*V.* ce mot); enfin nous ne saurions non plus voir des Polypiers chez les Eponges, dont nous avons eu occasion d'examiner un grand nombre dans toute leur fraîcheur, et qui ne nous ont en aucun temps présenté quoi que ce soit qui puisse y être considéré même comme analogue. Y voir, avec certains naturalistes qui étendent leurs méthodes de classification à des choses qu'ils n'ont peut-être jamais regardées, des *commencemens d'estomac* manifestés par les oscules, nous paraît une manière de voir plus singulière encore que les Eponges elles-mêmes, quelque étrange que soit l'organisation de ces bizarres productions. Lamouroux ne donnait pas à la vérité dans ces idées baroques; mais ne condamna-t-il pas lui-même l'introduction des Spongiées dans la classe dont les Polypes forment le caractère principal, par sa phrase descriptive même qui commence par ces deux mots, *Polypes nuls*, en contradiction manifeste avec l'idée d'un Polypier qui cesserait d'en être un dès qu'il ne servirait plus de domicile aux créatures dont il emprunte uniquement son nom?

Tout ce qu'on appelle aujourd'hui Polypes, avec quelques autres êtres maintenant rejetés plus ou moins loin de cette classe, était, dans les premiers ouvrages de Linné, compris dans la classe des Vers, et terminait le système en deux ordres, savoir : la quatrième, des *Lithophytes*, qui comprenait trois genres, *Tubipora*, *Millepora* et *Madrepora*; la cinquième, des *Zoophytes*, qui en renfermait onze, savoir : *Isis*, *Gorgo-*

nia, *Alcyonium*, *Tubularia*, *Eschara*, *Tœnia* et *Volvox*. Les Tænia sont depuis long-temps des Intestinaux ou Entozoaires ; les Volvoces appartiennent à nos Microscopiques, et Linné n'admettait point alors les Eponges dans le règne animal ; c'est plus tard, qu'entraîné dans cette manière de voir par l'opinion commune des zoologistes, il les y comprit ; et finalement Gmelin en donnant une treizième édition du *Systema Naturæ*, réunissant les deux ordres des Lithophytes et des Zoophytes sous ce dernier nom, y renferma tous les Polypes, en définissant ainsi son ordre quatrième : Etres composés, vivant de deux manières, à la façon des Plantes et des Animaux, où plusieurs ont comme des racines avec des tiges, où se voient des rameaux qui se chargent de fleurs animées, etc. Linné avait le premier, avec son ordinaire sagacité, appelé Fleurs, les Hydres de ses Zoophytes. L'ordre des Zoophytes contenait, dans l'édition de Gmelin, quinze genres, savoir : *Tubipora*, *Madrepora*, *Cellepora*, *Isis*, *Antipatès*, *Gorgonia*, *Alcyonium*, *Spongia*, *Flustra*, *Tubularia*, *Corallina*, *Sertularia*, *Pennatula* et *Hydra*. Ces genres sont aujourd'hui autant de familles. Il devient inutile de citer d'autres méthodes, où les Polypes sont rangés à peu près dans le même ordre, seulement sous des noms différens ; ces méthodes ne sont d'aucun usage, et n'étant même fondées sur aucune vue nouvelle, ne peuvent qu'introduire la confusion dans une science qui menace de disparaître sous un amas de noms barbares.

Sur la Physiologie des Polypes.

Il nous reste à parler des particularités physiologiques qui singularisent les Polypes. Dans tous on n'observe, à proprement parler, aucune existence qu'on puisse appeler individuelle. C'est là leur grand caractère, dont l'influence entraîne la possibilité de supporter des déchiremens, non-seulement sans que la mort s'ensuive, pour le fragment enlevé à la masse commune, ou pour cette masse même ; mais encore sans que ce déchirement puisse être considéré comme une lésion pour l'une ou pour l'autre, puisque, au lieu d'une destruction, il en résulte des augmentations dans les parties déchirées où se développent des individus nouveaux. Trembley, comme on l'a vu lorsqu'il a été question du genre Polype, découvrit cette merveilleuse propriété dont on était jusqu'ici loin d'avoir même entrevu les conséquences énormes. Le premier s'étant avisé de partager un Polype de la seconde espèce (*Polypus Briareus*, N.) avec des ciseaux, il vit avec admiration chaque moitié devenir en peu de temps un Polype complet. Des tentacules ne tardèrent pas à garnir tout autour, pour en former une nouvelle bouche, la partie antérieure du tronçon de derrière, tandis que le tronçon de devant où les tentacules primitifs étaient demeurés, se forma et s'allongea en manière de corps parfaitement semblable à celui qui terminait auparavant le Polype entier. Dans sa surprise, il ne croyait pas au témoignage de ses yeux ; il raconte avec la plus noble et la plus élégante naïveté, comment il n'ajouta foi à ses propres observations qu'après les avoir répétées de toutes les manières. Enhardi par le succès, il ne s'en tint bientôt plus à un simple partage, il coupa des Polypes en plusieurs morceaux ; chaque morceau redevint en tout semblable à celui dont il avait fait partie ; il finit par les hacher en quelque sorte, et chaque parcelle se reproduisit. Il en coupa plusieurs longitudinalement, et, soit qu'il les eût partagés en long, obliquement ou en travers, il obtint toujours les mêmes résultats.

La singularité de ces faits produisit une grande sensation dans toute l'Europe, et parmi les observateurs qui en vérifièrent l'exactitude, nul n'y a porté plus de soin que le sage Roësel, dont le beau travail est accompagné d'admirables figures. Cet observateur s'occupa en outre de la composition d'un être si bizarre, dont chaque fragment était une possibilité d'individus indépendante de la masse, quoique asservie à l'existence commune, tant qu'elle n'en était pas distraite. Il vit que les Polypes, essentiellement privés d'organes internes, n'étaient formés que d'une molécule globuleuse, monadiforme, agglomérée dans un mucus, mais où nulle enveloppe solide ou même pelliculaire ne contenait et n'asservissait irrévocablement l'une à l'autre la molécule et la mucosité, de sorte que lorsque par l'effet de l'âge, qui amène aussi la mort jusque dans les Polypes individualisés, ou par quelque autre cause, cette mucosité venant à se dissoudre, la masse des Polypes s'évanouissait sur le porte-objet de son microscope, un nuage moléculaire qu'il a parfaitement représenté, mais où chaque petite graine sphérique, qu'on dirait un *Monas*, ou ce que Turpin nomme une globuline, n'est plus apte à reproduire un Polype, parce que les conditions vitales y ont cessé. Mais, à notre tour, quelle a été notre surprise, lorsque dans les verres de montre remplis d'eau, où nous avons laissé mourir et se dissoudre les Polypes, nous avons trouvé après et lorsque la dissolution a été complète, notre matière agissante, partout développée? Etait-ce la molécule, la globuline du Polype retournant à sa forme élémentaire? Nous laissons ce point à la décision des bons esprits qui savent distinguer les transmutations, des transsubstantiations (*V.* MÉTAMORPHOSES); comme Roësel, Baker, Ellis et plusieurs autres, nous avons répété toutes les expériences de Trembley, et nous les avons étendues à beaucoup d'autres Polypes marins, parce que nous avons très-souvent, long-temps et en beaucoup de mers, vu autrement que dans les herbiers, dans l'esprit-de-vin, ou dans les étagères d'un Muséum. Nous avons trouvé que tous les Polypes jouissent des mêmes facultés reproductives que ceux de Trembley. De-là cette multiplication extraordinaire des Polypiers, où nulle parcelle animale n'est perdue; de sorte qu'un morceau, tant que les parties vivantes n'y sont pas dissoutes en molécules, croît pour son compte et devient un Polypier nouveau, semblable à celui dont il fut détaché, s'il tombe dans une localité et dans des circonstances favorables à sa végétation. Nous tenons de Risso un fait parfaitement confirmatif de ce que nous venons d'avancer. Dans la mer de Nice, que ce savant semble avoir épuisée, les pêcheurs de Corail ne se procurent cette précieuse substance qu'au moyen de dragues imparfaites qui vont en mutiler les rameaux à d'assez grandes profondeurs. Ces mutilations, dont il ne revient qu'une bien petite partie à celui qui les fait subir, ne nuisent en rien à la reproduction du Corail; au contraire, ceux des morceaux chargés de Polypes que ne ramène pas la drague, tombant autour des vieux pieds, se fixent aux mêmes rochers et deviennent à leur tour des Arbres pareils à ceux dont ils avaient fait partie. La faculté reproductive des Polypes est donc leur essence; ils la transmettent jusqu'à leurs supports lorsqu'ils en ont, et lorsqu'ils n'en ont pas, leur mollesse n'en présente pas moins une puissante végétation. Pour se convaincre de cette vérité, il suffit d'examiner comment se reproduisent naturellement les Polypes d'eau douce, lorsqu'on n'aide point à leurs multiplications en les divisant soi-même. Un Polype complet que vous ramassez dans un marais ou dans un étang, se charge en tout temps de bourgeons, où le microscope vous fait reconnaître la même organisation que dans le corps même du Polype.

D'abord presque imperceptible et globuleux, on dirait de petites pustules, où, bien examinées, on reconnaît un vide intérieur communiquant avec celui du Polype même qui est une espèce de cylindre ou sac vivant, dont la tubulosité, si cette expression nous peut être permise, s'étend jusque dans les tentacules buccaux, ou du moins assez avant vers l'insertion de celle-ci; si l'hiver approche, et si le froid qui semble engourdir les Polypes empêche les bourgeons de se développer davantage, la base de ces bourgeons s'étrangle, ils prennent la figure d'une petite verrue, se détachent et tombent au fond des eaux, où la gelée ne doit point atteindre; ils y demeurent en réserve comme des semences pour le printemps prochain, quand l'influence de la saison de vie pénétrera jusque dans la vase des marécages; mais ce ne sont là ni des œufs, ni des graines. La nature, avant d'introduire dans son immensité de tels dépositaires d'une végétation et d'une vie compliquée, devait compliquer la végétation et la vie. Elle n'avait besoin, pour conserver la lignée de l'être le plus simple, que d'un mode très-simple de propagule; de quelle utilité y eût été une enveloppe? Il n'en devait pas sortir de créature contenue dans un test, dans une peau, ou dans une tunique quelconque; qu'y eût servi un embryon? Nul organe ne s'y devant développer, une bulbine suffisait pour reproduire un être capable de s'accroître par absorption externe, et qui ne devait jamais posséder divers organes, quelque forme que la molécule constitutrice dût prendre dans la matière muqueuse qui en était la base. Et cette voie de reproduction ou plutôt de perpétuation par bulbines, persista dans les créatures d'ordre fort élevé, même après que la nature eut ajouté à ses productions des moyens reproducteurs qui semblaient les rendre inutiles. C'est ainsi que les Végétaux, dont le plus grand luxe floral accompagne les amours et qui se multiplient par graines et par bulbes, se peuvent toujours reproduire par des bulbines bien plus analogues qu'on ne l'a soupçonné jusqu'ici à celle des Polypes, puisqu'elles sont également homogènes.

Si la saison est chaude, si les conditions favorables protégent la multiplication des Polypes, les bulbines ou bourgeons qui se sont développés à sa surface ne s'en détacheront point pour être léthargiquement mis en réserve au fond des eaux; mais sous l'œil de l'observateur ils s'allongent, deviennent en tout semblables à l'individu qui les émit, et, en peu de temps, peuvent se suffire à eux-mêmes; ils se détachent sous la figure de Polypes complets, et vont exercer une vie individuelle, d'où ne tardent pas à résulter des bourgeons et des Polypes semblables à ceux qu'on a vu poindre et devenir des individus parfaits. Un Polype vigoureux peut ainsi produire jusqu'à vingt Polypes semblables à lui dans la durée d'un mois. Il arrive souvent qu'il se développe dans toute son étendue de trois à six et même dix bourgeons qui, ayant apparu les uns après les autres, deviennent des Polypes de tailles diverses sur la souche qu'on ne peut qualifier de père ni de mère; et ce qu'il y a de merveilleux, c'est que présentant alors véritablement la figure de l'Hydre de l'antiquité, le groupe jouit d'une vie commune, puisque ce que chaque Polype mange tourne au profit de tous, tandis que chacun de ces Polypes manifeste une volonté indépendante de celle du tout, en pêchant pour son compte, et en disputant une proie à l'un de ceux qu'on peut indifféremment nommer ses frères ou ses morceaux.

En raison de leur âge et de leur taille, ces Polypes cessant de s'appartenir, se séparent successivement les uns des autres. Cette séparation a lieu quand chaque rameau vivant étant assez fort pour n'avoir plus besoin de l'appui producteur, se rétrécit par le point d'attache; alors le tube interne qui communiquait à celui du tronc, qui en recevait des sucs vivifères, ou lui en envoyait, selon que la souche ou le rameau avaient mangé séparément, alors le tube interne se ferme et il y a indépendance. Le Polype ne communiquant plus par son sac alimentaire avec le sac alimentaire des vieux, tout rapport est rompu, les membres de la famille se déjoignent. Chacun agira, mangera, digérera pour son propre compte, jusqu'à ce que la force végétatrice qui partage son existence, lui fasse émettre à son tour des bulbines et des rameaux.

On nous dit que des personnes qui ont récemment trouvé des Polypes d'eau douce prétendent y avoir découvert des Propagules internes qu'ils nomment ovaires. Si ces personnes n'ont pas pris une chose pour une autre, il faut convenir que la nature qui leur révéla du premier coup un fait échappé à la persévérance de Trembley, à Réaumur, à Baker, à Ellis, à nous, à la sagacité de Roësel surtout, les traita en enfans gâtés.

Outre la propriété reproductive par végétation, on a signalé comme un autre caractère chez eux, l'existence d'une seule ouverture qui, mettant leur extérieur ou sac stomacal en rapport avec ce qui les environne, remplit les fonctions de bouche lorsqu'il est question d'avaler, et celle d'anus quand, après que le Polype a extrait de sa proie ce qui était utile à sa nutrition, il en rejette le superflu. Baker croyait à tort voir une ouverture postérieure dans les Polypes qu'il observa; en vain, l'on a récemment reproduit cette idée pour faire preuve de sagacité, après des gens qui avaient vu des Polypes sans y avoir aperçu deux ouvertures. Le caractère de ce qu'on pourrait nommer *monophorisme* est encore des plus positifs, et c'est à lui que les Polypes doivent même la singulière faculté de vivre en commun et séparément, selon les temps et leurs besoins. Tant qu'il n'a pas lieu, les jeunes sont dans la dépendance des vieux qui les nourrissent par une ouverture de communication, parce qu'ils ne peuvent pas entièrement se substanter eux-mêmes; mais dès que cette seconde ouverture de communication se ferme, le monophorisme avertit les Polypes développés à la surface de leur prédécesseur, qu'ils peuvent se passer de tout secours étranger; et la chose est rendue sensible par le fait que nous avons observé sur des Tubulariées, soit de mer, soit d'eau douce, et des Sertulariées qu'on peut considérer comme un ensemble de Polypes analogues à ceux de Trembley et de Roësel, mais qui, s'étant compliqués de tubes protecteurs, soit simples, soit rameux, y vivent en commun, communiquant tous les uns aux autres par leur sac alimentaire, capillairement prolongé à l'intérieur des pédicules individuels : delà cette subordination de chaque individu dans la vie commune, où existent autant de bouches-anus que d'individus béans et étendant leurs tentacules pour saisir une nourriture qui doit profiter à tous. Mais que, dans un des individus, le pédicule s'étrangle, et que, par cet étranglement, la communication qui existait entre cet individu et le tronc sur lequel il vivait en communauté vienne à cesser, le petit Polype se trouve libre et va se fixer ailleurs pour végéter, se ramifier et donner lieu à de nouvelles floraisons vivantes. Tel est le mode constant de reproduction de tout véritable Polype. Il échappa à l'habile Müller qui, cependant, vit de jeunes Tubulariées émancipées (au moment où venant de se détacher de la masse qui les avait produites, ces jeunes Tubulariées allaient chercher un site d'élection pour se fixer), croître, se ramifier et perpétuer l'espèce; il les prit pour des Leucophres, crut y voir des poils et des intestins, et les décrivit sous le nom *Leucophra heteroclita* (*Infus.*, p. 158, tab. 171). Cependant le hasard avait mis Müller sur la voie d'une découverte qu'il n'eût pas dû nous abandonner. C'est dans un vase, où ce grand observateur tenait des Tubulaires, qu'il trouva son *Leucophra heteroclita*, et il le soupçonna d'avoir quelques rapports avec ces Tubulaires; mais il renonça à cette idée qui s'est changée en réalité pour nous. Lorsqu'après la paix de Tilsitt, qui fut la conséquence de la brillante victoire de Friedland, le 5e régiment de dragons, où l'auteur de cet article avait l'honneur de commander un escadron, vint prendre ses cantonnemens aux environs de Marienwerder et dans l'île de la Nogat, il rencontra en abondance une espèce non décrite, assez grande, du genre *Naisa* de Lamouroux, ou Plumatelle de Lamarck, qui, conjointement avec le *campanulata*, habitait à la base inondée des grands scirpes le long des étangs si fréquens dans la Prusse ducale. Ces deux Tubulariées y formaient, soit distinctement, soit confusément, des masses grosses comme des cerises et des noix, ou rampaient en couches plus ou moins épaisses; entre celles que nous élevâmes durant deux mois d'été, plusieurs émirent de ces sortes de propagules, si bien rendues par Roësel, dont beaucoup devinrent, sous nos yeux, des êtres distincts, selon chaque espèce, mais toujours ressemblans au prétendu Leucophre de Müller, tandis que ces êtres, que nous avions rencontrés nageant individuellement en d'autres parties des marais, devinrent de véritables Tubulariées.

Nous avons observé néanmoins dans des espèces de Flustrées, de Sertulariées, sur l'un des côtés de chaque capsule, ou au-devant, au-dessous du grand orifice antérieur par lequel se développait l'Animal, un pore ou petit trou que nous avions d'abord considéré comme une ouverture anale; mais comme cette observation n'a pas été faite sur le vivant, et que des espèces très-voisines n'offraient pas de trou pareil, il faut attendre qu'on ait, par de nouvelles recherches, décidé quel rôle ce trou joue dans l'économie animale où nous n'hésitons pas à le considérer comme fort différent d'une ouverture anale.

Se substantant uniquement par absorption, les Polypes, tant qu'ils ne se sont pas compliqués d'une enveloppe, soit cornée, soit solide et calcaire, absorbent indifféremment à l'extérieur et à l'intérieur. Ils peuvent vivre conséquemment très-long-temps sans rien dévorer, et trouvent dans la matière muqueuse que l'eau tient en dissolution, de suffisans élémens d'entretien; cependant, s'ils en sont réduits là, ils languissent sans couleur et se teignent tout au plus de la matière verte qui vient à se développer autour d'eux; mais à l'approche d'une proie vivante qu'ils perçoivent fort distinctement, soit au mouvement que celle-ci communique au fluide environnant, soit de toute autre manière, on les voit étendre leurs bras tentaculiformes autant qu'ils le peuvent; l'Entomostracé, la Naïs s'y trouvent saisis et demeurent aussitôt comme frappés de stupéfaction. Veulent-ils un instant résister? un autre bras ou plusieurs autres viennent au secours de celui qui a fait la capture, entortillent la victime, et, en se contractant, la portent vers la bouche qui se dilate de manière à la recevoir; le sac l'engloutit, et on la distingue dans son intérieur se décomposant, pour que ce qui en doit être digéré soit assimilé par le Polype. En raison de la couleur de ce qu'il a avalé, celui-ci se colore en rose si l'objet mangé contient un fluide circulateur de cette nuance; en noirâtre si c'est une petite Planaire noire; en gris, en brun, en fauve, et même en rouge, si c'est un petit Poisson, car l'on a vu des Polypes avaler jusqu'à de jeunes Goujons bien plus gros qu'eux, et de trois à quatre lignes de longueur. Ainsi remplie, la petite bête vorace retire ses tentacules, et plongée dans un état de torpeur qu'on peut comparer à celui qu'éprouvent les grands Boas et les Couleuvres, qui, ayant fait effort pour avaler des Animaux plus gros que leur tête, sont obligés de se remettre, en digérant, des fatigues d'une dilatation buccale. Un Polype ordinaire a avalé de suite jusqu'à trois Naïs ou bien douze Daphnies, et les ayant digérées dans vingt-quatre heures, en a rejeté le résidu. A peine un autre venait d'être partagé, que ses tentacules étendus ne laissaient pas que de saisir une proie, de la porter à sa bouche et de l'avaler, sauf à ce qu'elle s'échappât par le côté de la section qui n'était pas cicatrisé. Mais de toutes les expériences faites par Trembley sur la manière dont les Polypes digèrent, l'une des plus délicates et en même temps des plus surprenantes, est le retournement de ces Animaux végétans. Comme on a vu des Arbres plantés par leur cime convertir leurs racines en branchage feuillé, et au contraire leurs rameaux devenir des racines, de même un Polype dont on saisira adroitement le sac intérieur à sa pointe, et qu'on parviendra à retourner comme on retournerait un doigt de gant, convertit sa face externe en face interne digérante. Il fera bien quelques efforts pour se *déretourner*, selon l'expression de Trembley; il y parviendrait même en tout ou en partie; mais si avant qu'il tente de se remettre dans sa forme première, on lui livre quelque Animalcule à dévorer, il semble oublier aussitôt l'état de gêne où l'a mis d'abord l'opération, il saisit, attire, dévore, et aussitôt concentré dans les délices qu'il trouve à digérer, une fois qu'il a digéré ainsi à l'envers, il demeure retourné comme s'il était dans son état naturel, sans songer à se remettre comme il fut d'abord. Enfin, il est des Polypes retournés, déretournés et retournés encore, qui ont pris les habitudes de l'état inverse qu'on leur avait donné. Les Polypes donc sont des Végétaux par la manière dont ils croissent et absorbent, mais des Végétaux agames, c'est-à-dire sans sexe; ils sont tomipares, bulbipares, et plusieurs même sont gemmipares, mais nul n'est ovipare ni vivipare dans le vrai sens de ces deux mots. Cependant ils sont aussi des Animaux, car ils se meuvent, agissent, se déplacent en manifestant la conscience du bien-être. Ils ne se trompent pas sur le choix de leurs alimens : essentiellement carnivores, ils repoussent ce qui n'a pas vie, et ne conservent, dans leur sac alimentaire, que ce qui les peut convenablement substanter; ils savent à propos tendre des embuches, diriger leurs bras vers le point où s'agite une faible victime; ils n'attaquent pas les êtres qui, par leur force, pourraient se débarrasser de leurs lacs et les rompre. Aimant la lumière, non-seulement ils se tournent vers elle comme les fleurs, mais ils s'y portent et accourent à l'éclat de ses rayons, en voyageant à la manière des chenilles arpenteuses quand ils ne sont pas captifs dans quelque agrégation qui leur interdit tout déplacement, et c'est de cette faculté de discerner la lumière et de venir à elle, selon le degré d'intensité qui lui convient, que résulte l'élection du site que fait chaque espèce pour se propager. Chaque Polype individualisé voyage en se fixant par son extrémité inférieure au fond, contre quelque corps résistant, puis se courbant, il pose l'extrémité de ses tentacules, qui alors ne sont plus des bras, mais font les fonctions de pieds, à la plus grande distance possible, et en rond sur le plan où sa pointe le retient, puis détachant celle-ci, il la porte au centre du rond formé par les tentacules, qu'il porte ensuite plus loin, et ainsi de suite, jusqu'à parcourir la distance de quelques pouces dans vingt-quatre heures. C'est par ce mécanisme, qu'aidés par les courans, les petits Polypes des Sertulariées et des Flustrées, après s'être individualisés, vont choisir le Fucus ou quelque autre Polypier sur lequel leur progéniture se plaira; les nombreuses tribus madréporiques ne se propagent pas autrement, et de cet asservissement à une vie commune qui, dès le développement de chaque rangée de Polypes, fit le fond de l'existence de l'être complet, résulte cette sorte d'état social nécessaire qui fait que les Polypiers se recherchent en quelque sorte et se confondant les uns les autres comme dans un dessein de protection naturelle contre la fureur des flots, finissent, tout faibles qu'ils sont, par triompher des tempêtes même qui ne sauraient les empêcher d'envahir l'Océan, en tirant de sa masse même les élémens de rochers qu'ils préparent pour combler son lit.

Nous ajouterons aux caractères qui doivent singulariser les Polypes, et qu'on avait jusqu'ici négligé de leur assigner, l'absence totale d'yeux et de branchies, ou autre système respiratoire quelconque. Ils ne voient donc pas? Cependant la lumière et l'air leur sont indispensables pour vivre : on ajoute qu'ils sont sensibles au son. Les Sangsues, qui sont cependant des Animaux bien avancés, et qui ont jusqu'à du sang rouge, respirent et éprouvent l'influence de la lumière à la façon des Polypes, c'est-à-dire par toute leur surface. Les Polypes, s'ils étaient entièrement des Animaux, seraient donc les plus simples de la nature, puisqu'il est impossible de rien découvrir en eux qui ressemble non-seulement aux organes des sens, mais encore on n'y trouve ni cerveau, ni moelle longitudinale, ni ganglions, ni nerfs, ni cirres vibratiles ou rotatoires, ni la moindre trace d'appareil respiratoire, ni système de circulation, ni intestins proprement dits. Ils vivent uniquement par absorption, soit externe, soit interne; la sensation de la lumière, l'influence du son, l'air qui leur est nécessaire, leur sont transmis comme la nourriture par leur surface; ils sont donc encore plus sensibles que les Plantes même les moins compliquées, à l'exception de nos Chaodinées (*V.* ce mot) qui sont au règne végétal, comme les Polypes seraient à la zoologie, si l'on continuait de les y comprendre. Linné qui paraissait indécis à cet égard, et que l'on crut cependant être, sous d'autres points, dans la confidence du Créateur, les appelait des Animaux-Plantes, des Animaux-Pierres. C'est au mot PSYCHODIAIRE que nous examinerons jusqu'à quel point Linné avait tort ou raison. En attendant, les Polypes formeront pour nous, dans ce règne, un ordre de sa troisième classe.

Les premiers observateurs qui s'occupèrent de recherches sur les Polypes d'eau douce, type de l'ordre des Polypes, appelaient aussi POLYPES A BOUQUETS et POLYPES A PANACHES les Cristatelles et les Plumatelles. *V.* ces mots. (B.)

* POLYPÉTALE (COROLLE). BOT. PHAN. Corolle formée de plusieurs folioles ou pétales distincts. *V.* COROLLE. (A. R.)

* POLYPÉTALIE. BOT. PHAN. Dans nos Élémens de botanique et notre Botanique médicale, nous avons employé ce mot pour désigner les huitième et neuvième classes de la Méthode que nous y avons proposée, classes qui renferment toutes les familles de Plantes à corolle polypétale. La huitième, *Polypétalie-Symphysogynie*, comprend les familles polypétales à ovaire adhérent, et la neuvième, *Polypétalie-Eleuthérogynie*, les familles polypétales à ovaire libre. (A. R.)

* POLYPHACUM. BOT. CRYPT. (Agardh.) *V.* OSMONDARIA.

POLYPHEMA. BOT. PHAN. Loureiro a décrit sous le nom de *Polyphema Jaca*, l'*Artocarpus integrifolia*, L., Suppl. *V.* JAQUIER. (G..N.)

POLYPHÈME. INS. Espèce du genre Goliath. *V.* ce mot. (B.)

* POLYPHÈME. *Polyphemus*. CRUST. Genre de l'ordre des Lophiropodes, famille des Ostracodes, extrait par Müller du grand genre Monocle de Linné, et ayant pour caractères : pieds uniquement propres à la natation, simplement garnis de poils tantôt simples, tantôt branchus ou en forme de rames. Tête confondue avec l'extrémité antérieure du tronc; deux yeux réunis en un seul fort gros situé à l'extrémité antérieure du corps, et figurant une espèce de tête; pieds au nombre de dix, dont les deux premiers plus grands et ressemblant à deux rames fourchues. Le corps de ces Animaux est transparent, presque crustacé, comprimé et terminé par une queue en forme de dard, avec

deux soies au bout; ils nagent sur le dos et poussent l'eau avec promptitude à l'aide de leurs pieds en forme de rames. Degéer a vu une femelle accoucher de tous ses petits à la fois; ils étaient au nombre de sept. Le type de ce genre est le POLYPHÈME ŒIL, *Polyphemus Oculus*, Müll., Latr., Hist. nat. des Crust., etc. T. IV, p. 287, pl. 30, fig. 3, 4 et 5; *Monoculus pediculus*, Fabr.; *Cephaloculus stagnorum*, Lamk., Syst. des Anim. sans vert., p. 170; Cette espèce est commune dans les eaux des lacs et des marais de toute l'Europe. (G.)

POLYPHÈME. *Polyphemus*. MOLL. C'est avec quelques espèces du genre Agathine de Lamarck, que Montfort, dans sa Conchyliologie systématique, T. II, p. 415, a établi le genre Polyphème. Le *Bulimus Glans* de Bruguière (*Agathina Glans*, Lamk.) lui sert de type. Les rapports de cette Coquille et d'autres, semblables avec les Agathines proprement dites, le passage insensible et la fusion des divers caractères sur lesquels Montfort a établi son genre avec les autres Agathines, prouvent avec évidence que ce genre est inutile et ne peut être adopté. *V.* AGATHINE et HÉLICE. (D..H.)

POLYPHORE. BOT. PHAN. Le professeur Richard a proposé ce nom pour une sorte de réceptacle qui porte plusieurs pistils, comme dans le Framboisier, le Fraisier. *V.* RÉCEPTACLE. (A. R.)

* POLYPHRAGMON. BOT. PHAN. Genre de la famille des Rubiacées, et de la Décandrie Monogynie, L., établi par Desfontaines (Mém. du Mus. d'hist. natur., vol. VI, p. 5) qui l'a ainsi caractérisé: calice persistant, cylindrique, supère, entier ou couronné par cinq petites dents. Corolle supère, tubuleuse, soyeuse; le limbe à dix découpures ovales, elliptiques, étalées. Dix étamines insérées sur le milieu du tube, alternes avec les lobes de la corolle, à anthères linéaires et à filets très-courts. Ovaire infère, ovoïde, oblong, surmonté d'un style épais, sillonné longitudinalement, portant des stigmates aigus et recourbés, au nombre de six, sept et même davantage. Baie globuleuse, ombiliquée, légèrement sillonnée, divisée en un grand nombre de loges (environ vingt) polyspermes, et séparées par des cloisons longitudinales qui aboutissent à un placenta central. Graines petites, oblongues, aiguës au sommet, placées régulièrement en travers les unes au-dessus des autres autour du placenta auquel elles adhèrent par la pointe. Elles sont revêtues d'un double tégument; l'extérieur osseux, terminé par de petits appendices aigus; l'intérieur plus mince, membraneux, également appendiculé. Ce singulier genre appartient à la dernière section des Rubiacées de Jussieu, c'est-à-dire à celle où le fruit est multiloculaire. Mais le nombre très-considérable des parties de la fleur, ainsi que la singulière organisation de son fruit et de sa graine, l'éloignent de toutes les Plantes connues, si ce n'est de l'*Erithalis uniflora* décrit et figuré par Gaertner fils (*Carpolog.*, p. 93, tab. 196, fig. 4). Le *Polyphragmon sericeum*, Desf., *loc. cit.* avec figure, est un Arbrisseau de cinq à six pieds de haut, dont les rameaux sont noueux, velus supérieurement, garnis de feuilles opposées, ovales, lancéolées, acuminées, velues en dessous. Les fleurs sont axillaires, pédonculées, solitaires et opposées à la partie supérieure des rameaux. Cette Plante croît dans l'île de Timor. (G..N.)

POLYPHYSE. *Polyphysa*. BOT. CRYPT. (*Hydrophytes*.) Genre rapporté par Lamarck, Cuvier et Lamouroux, à la classe des Polypiers, et regardé comme une Corallinée ou une Acétabulariée, mais qu'Agardh nous paraît avoir eu raison de rapporter au règne purement végétal, et nous croyons qu'il ne doit pas être éloigné du genre Vallonie. *V.* ce mot. Rien n'indique la moindre apparence d'animalité dans cette production que sa consistance rapproche aussi des Caulerpes. Ses caractères consistent dans la simplicité de la tige qui est filiforme, simple et terminée par un capitule formé d'un plus ou moins grand nombre de vésicules bulbeuses, pyriformes, implantées par le côté aminci. La seule espèce qui nous soit connue a été rapportée par Brown de la Nouvelle-Hollande; elle forme des paquets paniculés, composés par la racine d'un plus ou moins grand nombre d'individus de couleur verdâtre; devenant blanchâtre, un peu cornée par la dessiccation; fragile quand elle séjourne jetée sur le rivage; longue d'un à deux pouces, avec huit, dix ou douze vésicules à l'extrémité. C'est le *Polyphysa Penicillus* d'Agardh, *Spec. Alg.*, p. 473; *Polyphysa aspergillosa*, Lamx., Gen. Polyp., tab. 69, fig. 2, 6; et Polyp. flex., pl. 8, fig. 2, où la tige est représentée trop fortement articulée en B; Lamk., Anim. sans vert., II, p. 152; *Fucus Penicillus*, Turn., *Hist. Fuc.*, t. 228, etc. (B.)

POLYPIAIRES. ACAL. (Blainville.) *V.* ACTINOMORPHES. (B.)

POLYPIERS. *Polyparii.* ZOOL. On entend proprement par ce mot l'habitation de ceux des Polypes qui vivent en agrégations composées d'un nombre plus ou moins considérable d'individus. « Le Polypier, dit Lamarck (Anim. sans vert. T. II, p. 73), est tout-à-fait distinct des Animaux qu'il contient, comme le guêpier l'est des Guêpes qui l'habitent; il leur est de même tout-à-fait extérieur, et, quelle que soit la configuration de ce Polypier et sa consistance, il n'offre dans sa nature qu'une production animale, ce que l'analyse atteste et ce que constate sa structure qui n'offre aucune trace d'organisation. » De ceci, Lamarck conclut que Linné et Pallas eurent tort d'adopter une opinion mixte entre l'ancienne erreur qui consistait à regarder les Polypiers comme des Plantes, et les idées des modernes qui voyaient en eux uniquement des Animaux. Linné, et ensuite Pallas, ajoute notre illustre professeur, considérant de nouveau la configuration rameuse de la plupart des Polypiers, la gemmation des Polypes à la manière des Plantes, et croyant reconnaître dans différens Polypiers une écorce et des racines, introduisirent une nouvelle erreur à leur égard; prenant un terme moyen entre l'opinion ancienne qui considérait les Polypiers comme des productions purement végétales, et l'opinion nouvelle de leur temps qui plaçait ces objets parmi les productions uniquement animales, ils se persuadèrent que les objets dont il s'agit participaient de la nature de l'Animal et de celle de la Plante. En conséquence, ils donnèrent à ces mêmes objets le nom de Zoophytes, qui veut dire Animaux-Plantes, et ils les regardèrent effectivement comme des Animaux végétans et fleurissans, croissant sous les formes et à peu près par les mêmes voies que les Plantes; en un mot, comme des êtres dont la nature participe en partie de celle de la Plante et de celle de l'Animal. Nous ne voyons rien dans cette opinion de Linné et de Pallas qui ne soit parfaitement exact, et nous nous rangerons de leur avis contre le Linné français, lorsque celui-ci regarde comme une erreur importante pour les progrès de la zoologie et de l'histoire naturelle ce que l'observation des Polypiers vivans démontre pourtant être vrai. Habitué à regarder Lamarck comme un guide sûr, pénétré d'admiration pour ses ouvrages immortels, n'hésitant pas à le placer seul entre tous les naturalistes sur la même ligne que le législateur suédois, il nous faut être soutenu par une bien intime conviction pour oser être d'un autre avis que lui sur l'un des points les plus essentiels de la science. Nous ne croyons pas que la nutrition et des mouvemens spontanés, sans locomotion, soient des caractères suffisans pour constituer un Animal; car les Plantes se nourrissent par absorption et respirent à la manière des Polypes, outre que plusieurs présentent dans certaines de leurs parties des mouvemens bien plus déterminés que ceux qu'on observe par exemple dans l'enduit gélatineux des Nudipores, dans les Eponges et dans la masse de la plupart des Sarcoïdes. La composition des Polypiers, fût-elle exclusivement animale par sa substance, ne ferait pas plus des Animaux de ces Polypiers, que les bases calcaires des tribus madréporiques n'en font des Pierres; d'ailleurs, selon Lamarck lui-même, la structure des Polypiers n'offre aucune trace d'organisation; or, comme un Animal est nécessairement organisé d'une manière quelconque, un Polypier qui ne l'est pas pourrait-il être un Animal? Enfin, s'il est aussi distinct de l'être qui l'habite, que la Guêpe l'est de sa demeure, doit-on le confondre avec ses domiciliers, et personne a-t-il jamais avancé qu'un guêpier fût des Guêpes? Il nous paraît que les Polypes sont bien plus liés à leurs Polypiers que les Hyménoptères ne le sont aux alvéoles qu'ils se construisent; mais ce n'est pas seulement dans les formes végétales de ceux des Polypiers qui les affectent, ni dans leurs racines, ni même dans l'espèce d'écorce qu'on trouve sur plusieurs d'entre eux, que nous reconnaissons l'existence végétale non moins développée que l'animal pour les Polypiers: la composition chimique n'y fait rien. Il faut, avant tout, se rappeler cet axiôme infaillible de Cuvier: « La forme du corps vivant lui est plus essentielle que sa matière. » Il entre beaucoup de matière animale dans la composition des Crucifères, et nul pourtant ne s'est avisé d'avancer qu'un Chou, par exemple, fût un Animal. Quelle que soit la substance qui les compose, la plupart des Polypiers végètent aussi parfaitement que ce même Chou, peut-être plus éminemment encore, car non-seulement les rameaux des Polypiers, mais encore leurs habitans peuvent se multiplier par division, ce qui n'arriverait pas aux fleurs d'un Végétal quelconque, si on les séparait de leur tige pour les planter; et vers le temps prescrit, les Polypes, soumis comme les fleurs qu'ils surpassent en vitalité, à l'influence d'un épanouissement, remplissent le même rôle propagateur, à certains égards, comme nous l'expliquerons ailleurs. *V.* VORTICELLAIRES.

Les Polypiers, dont il est presqu'impossible de conserver les Animaux-Fleurs ou corticaux, sont tout ce que nous pouvons posséder dans nos collections de ces êtres ambigus, généralement de la plus grande élégance, et d'après lesquels on est, dans les capitales, réduit à les étudier et à les classer. Nous avons au mot POLYPE indiqué d'après quelle méthode ils y peuvent être rangés le plus naturellement; nous indiquerons, en parlant du règne où nous croyons pouvoir les reléguer, leur mode de croissance. Il nous reste à dire un mot du rôle important qu'ils jouent dans la composition de notre planète. Ce sont ceux qui, probablement formés les premiers dans la nature lorsque les eaux couvraient la totalité du globe, y furent comme des essais de vie et de végétation que la puissance créatrice sépara ensuite l'une de l'autre quand elle vit, selon l'expression consacrée par le style sacré, *que cela était bon*, et que l'une des deux combinaisons pouvait se développer et se perpétuer sans le secours de l'autre. Dès-lors les dépouilles des Polypiers se superposèrent et les couches calcaires préparèrent les continens. Ils contribuent puissamment encore aujourd'hui au départ des matières calcaires, que des facultés vitales appropriées à cette grande opération leur donnent les moyens de continuer sans effort comme sans relâche; ils sont, conséquemment les principaux agens de la diminution graduelle des eaux; leur superposition élève le fond des mers, augmente la masse des écueils, et dans certaines parties du globe, dans la Polynésie et l'océan Pacifique surtout, l'effet de leur entassement est tellement rapide, que la navigation y devient fort difficile. « Les dangers qu'ils présentent, dit Labillardière (1er Voyage, T. 1, p. 213), sont d'autant plus à craindre, que les Polypiers forment des rochers escarpés couverts par les flots, et qui ne peuvent être aperçus qu'à une très-petite distance. Si le calme survient, et que le vaisseau y soit porté par les courans, sa perte est presque inévitable; on chercherait en vain à se sauver en jetant l'ancre; elle ne pourrait atteindre le fond, même tout près de ces murs de Corail élevés perpendiculairement du fond des eaux. Ces Polypiers, dont l'accroissement continuel obstrue de plus en plus le bassin des mers, sont bien capables d'effrayer les navigateurs; et beaucoup de bas-fonds, qui offrent encore aujourd'hui un passage, ne tarderont pas à former des écueils extrêmement dangereux. » C'est ainsi que des îles madréporiques préparent des continens, et les architectes de ces parties futures du globe sont cependant les plus frêles des créatures qui végètent et vivent dans son étendue. Cependant un besoin de se singulariser, qui depuis quelque temps tourmente les naturalistes à leur début dans la carrière, a fait soutenir dernièrement par un jeune néophyte, dont les premiers pas ont été brillans, que les Polypiers contribuaient pour fort peu de chose à l'élévation du fond de la mer, ainsi qu'à la formation des récifs calcaires de l'Océanie. Pendant qu'on écrivait ainsi pour faire un peu de bruit dans le monde savant, des Polypes travaillaient en silence à l'augmentation des couches du monde réel, ce qui ne veut pas dire pourtant qu'on n'ait dans plus d'un écrit exagéré l'importance du rôle que remplissent les Polypiers dans l'univers. (B.)

* POLYPILUS. BOT. CRYPT. (*Champignons.*) Sous-genre de Théléphore. *V.* ce mot. (B.)

POLYPITES. POLYP. On a quelquefois donné ce nom aux Polypiers fossiles. (B.)

* POLYPLACOPHORES. *Polyplacophora.* MOLL. Dès 1821, Gray avait donné ce nom au dixième ordre de ses Gastéropodes pour y réunir sous la dénomination de *Gymnoplax* et de *Cryptoplax* les genres Oscabrion et Oscabrelle. Cet ordre, dans sa classification naturelle des Mollusques, est placé entre les Patelles et les Phyllidies, ce qui est conforme à l'opinion du plus grand nombre des zoologistes. Blainville, en l'adoptant sous le nom de Polyplaxiphores, lui a assigné une toute autre place dans le Système. *V.* POLYPLAXIPHORES. (D..H.)

POLYPLAXIPHORES. *Polyplaxiphora.* MOLL. Dans l'opinion de Blainville, les Oscabrions formant un type d'organisation à part des vrais Mollusques, et intermédiaire entre eux et les Animaux articulés, il en a fait une classe séparée dans l'ordre qu'il nomme *sous-type* des Mollusques, et lui a donné le nom de Polyplaxiphores. Nous avons discuté l'opinion du savant anatomiste à l'article OSCABRION auquel nous renvoyons. (D..H.)

* POLYPLECTRON. OIS. *V.* EPERONNIER.

POLYPODE. *Polypodium.* BOT. CRYPT. (*Fougères.*) Ce genre, l'un des plus anciennement établis dans la famille des Fougères, a subi, depuis Linné qui, le premier, l'avait défini exactement, de nombreuses modifications. Linné en effet y plaçait toutes les Fougères dont les capsules sont disposées par groupes arrondis à la surface inférieure des feuilles; on a restreint avec raison ce nom aux espèces qui présentent des groupes de capsules arrondis et complétement nus, et dont les capsules, disposées sans ordres dans ces groupes, sont pédicellées et pourvues d'un anneau élastique étroit. On a donc exclu toutes les espèces à capsules sessiles et à anneau élastique large qui appartiennent aux genres *Gleichenia*, ou *Mertensia ;* celles à capsules recouvertes d'un tégument de formes variées qui constituent les genres *Aspidium*, *Athyrium*, *Nephrodium*, *Cyathea*, *Pleopeltis*, *Allantodia*, *Alsophila*, *Woodsia*, etc. ; celles à groupes non circulaires, telles que les *Grammitis*, *Meniscium*, etc. ; enfin, les espèces à capsules réunies en cercles réguliers forment le genre *Cyclophorus* de Desvaux.

Quelques autres genres ou sous-genres ont été fondés sur la position respective des groupes de fructification, et établissent des coupes très-naturelles dans ce grand genre. Tels sont les genres *Marginaria*, *Lastrea* et *Drynaria* de Bory, et le genre *Adenophorus* de Gaudichaud.

Malgré ces subdivisions, le genre *Polypodium* lui-même est encore le plus nombreux de tous ceux de la famille des Fougères. Il n'y resterait pourtant que les espèces où le paquet de sores nus termine la nervure qui le supporte, tandis que dans le *Lastrea* cette nervure l'outrepasse. On en connaît près de trois cents espèces. La plupart croissent entre les Tropiques, car l'Europe n'en présente guère plus de trois ou quatre. Les Plantes de ce genre varient beaucoup par la forme de leurs frondes plus ou moins subdivisées, par la disposition des nervures et des capsules, caractères propres à y établir des sections très-naturelles. Les espèces du sous-genre *Drynaria* présentent des caractères très-remarquables. Confondues par Linné et les auteurs plus modernes sous le nom de *Polypodium quercifolium*, elles constituent, ainsi que notre collaborateur Bory de Saint-Vincent l'a prouvé (Ann. des Scienc. natur. T. v, p. 462, pl. 12, 13, 14) plusieurs espèces bien distinctes, mais qui toutes ont à la base de leurs feuilles un appendice foliacé plus ou moins profondément divisé et ressemblant à une feuille de Chêne ; on retrouve cette même structure dans quelques *Acrostichum*, tels que l'*A. alcicorne*. Ces Drynaires ont aussi ce caractère, singulier dans cette famille, que les feuilles sont quelquefois réellement pinnées à pinnules caduques.

Les Polypodes arborescens sont rares ; on en connaît cependant quelques espèces du Brésil, mais on doit remarquer à ce sujet que le *Polypodium arboreum* de Linné n'appartient pas à ce genre, mais fait partie du genre *Cyathea*. L'espèce la plus commune du genre qui nous occupe est le *Polypodium vulgare*, figuré dans tous les anciens botanistes et dans Bulliard, Plante dont les murs sont souvent tous couverts, ainsi que les vieux arbres et les souches dans les taillis. L'ancienne médecine en ordonnait souvent la racine quand on la trouvait sur le Chêne. Le *P. aureum*, qui a le même port, mais qui est dix à douze fois plus grand, est originaire des Antilles et souvent cultivé dans les serres d'Europe.

Ce nom de Polypode fut donné spécifiquement par d'anciens botanistes, à diverses Fougères qui, la plupart, ne font plus partie du genre qui vient de nous occuper ; ainsi l'on a appelé POLYPODE FEMELLE, l'*Athyrium* ou *Aspidium Filix-fœmina ;* POLYPODE MALE, le *Polystichum Filix-mas*, etc. (AD. B.)

*POLYPODES. INS. On a quelquefois donné ce nom à des Insectes qui ont beaucoup de pieds, tels que les Lépismes. *V.* ce mot. (B.)

* POLYPODIACÉES. BOT. CRYPT. (*Fougères.*) Rob. Brown a donné ce nom à la tribu de cette famille qui a pour type le genre *Polypodium*, groupe qui, dans le *Species* de Willdenow avait reçu spécialement le nom de *Filices*. Cette division, de la grande famille des Fougères, est caractérisée par la structure de ses capsules qui sont entourées d'un anneau élastique étroit entourant presque toujours complétement la capsule, et se terminant inférieurement en un pédicelle plus ou moins long ; ces capsules s'ouvrent irrégulièrement et renferment des séminules très-fines. Cette tribu comprend un

grand nombre de genres qui ont été énumérés à l'article FOUGÈRE, où notre collaborateur Bory de Saint-Vincent propose de la réduire encore aux Polypodiacées dépourvues d'induses, et d'en extraire les Hyménophyllées. *V.* tous ce mots. (AD. B.)

POLYPOGON. BOT. PHAN. Genre de la famille des Graminées et de la Triandrie Digynie, L., établi par Desfontaines (*Flor. Atlant.*, 1, p. 66), et offrant les caractères suivans : fleurs disposées en panicule composée, touffue, ayant la forme d'un épi. Lépicène uniflore, à deux valves presque égales, légèrement échancrées et surmontées de soies beaucoup plus longues que les valves de la glume; celles-ci membraneuses, l'inférieure aristée, la supérieure bifide, dentée; style profondément biparti; stigmates velus; caryopse libre, non sillonnée. Linné avait confondu ce genre avec l'*Alopecurus*. Willdenow et Persoon lui réunirent diverses Plantes dont quelques-unes ont formé depuis les types de genres nouveaux, tels que le *Chæturus* de Link et le *Colobachne* de Palisot-Beauvois. On compte environ huit espèces véritables de Polypogons; elles croissent en Europe et en Amérique. Celle sur laquelle le genre a été fondé est le *Polypogon monspeliense*, Desfont., Plante que les auteurs ont à l'envi transportée dans les genres *Alopecurus*, *Agrostis*, *Phleum*, *Phalaris*, *Cynosurus*, *Panicum*, *Vilfa*; en un mot, on n'a donné pas moins de vingt synonymes à cette espèce. Elle est assez commune dans presque toutes les contrées du bassin de la Méditerranée. (G..N.)

* POLYPORE. *Polyporus*. BOT. CRYPT. (*Champignons.*) Micheli est le premier qui établit ce genre dans la famille des Champignons; mais plus tard Linné le réunit au genre Bolet. Cependant les mycographes modernes, et entre autres Persoon, rétablirent le genre de Micheli, et lui donnèrent les caractères suivans : chapeau de consistance variée, mais non charnu, ayant sa face inférieure garnie de pores nombreux, entiers, séparés les uns des autres par des cloisons simples et très-minces; les sporules sont très-ténues et réunies en petits glomérules. Ce genre est très-voisin des Bolets, mais dans ceux-ci la face inférieure est garnie de tubes accolés, très-nombreux et se détachant facilement du chapeau. Le genre Polypore se compose de plus de deux cents espèces dont les formes sont très-variées. On y a réuni les genres *Favolus* et *Microporus* de Palisot-Beauvois, qui n'en diffèrent pas sensiblement. Tantôt ces espèces sont munies d'un pédicule, tantôt elles sont sessiles; quelquefois le pédicule est central, d'autres fois il est latéral, etc.

A ce genre se rapportent plusieurs espèces intéressantes; telles sont les suivantes : POLYPORE OFFICINAL, *Polyporus officinalis*, Fries, Syst. 1, p. 365; *Boletus Laricis*, Bull., tab. 353. Ce Champignon, qui est connu sous les noms vulgaires d'*Agaric du Mélèze* ou *Agaric des boutiques*, est sessile, tubéreux, blanchâtre, et croît sur le tronc des Mélèzes dans les montagnes de l'Europe australe. Dans sa jeunesse il a une forme ovoïde, allongée, et finit par prendre celle d'un sabot de cheval. On le trouve dans les pharmacies dépouillé de son épiderme; il est blanc, léger, tubéreux. C'est un violent purgatif drastique, qu'on ne doit employer qu'à des doses très-faibles, comme de deux à six grains dans le traitement des hydropisies passives. Selon Braconnot de Nancy, il se compose de soixante-douze parties d'une résine particulière, de vingt-six parties de matière fongueuse et de deux parties d'extrait amer. — POLYPORE AMADOUVIER, *Polyporus igniarius*, Pers.; *Boletus igniarius*, tab. 434, fig. B, D. Cette espèce, en forme de sabot de cheval, est d'un brun foncé, presque lisse, brun clair à sa face inférieure; il croît sur les Cerisiers, les Pruniers, les Saules, etc. Coupé par tranches et battu, il forme l'Agaric des chirurgiens, dont on se sert pour arrêter les hémorragies des petits vaisseaux. Ces mêmes tranches d'Agaric, trempées dans une dissolution de nitre, séchées et battues, forment l'amadou dont on se sert pour fixer l'étincelle qui s'échappe du Silex frappé avec le briquet. Les teinturiers emploient aussi ce Champignon sous le nom d'Agaric de Chêne pour préparer une teinture noire. Plusieurs espèces de Polypores sont bonnes à manger; nous citerons ici les suivantes: *Polyporus tuberaster*, Pers., Champ. com., 257. Cette espèce est la Pierre à Champignon des Italiens; *Polyporus ovinus*, Pers.; *P. subsquamosus*, id.; *P. Pes capræ*, id.; *P. frondosus*, etc., et plusieurs autres. (A. R.)

POLYPREMUM. BOT. PHAN. Ce genre établi par Linné et placé dans la Tétrandrie Monogynie, fut d'abord considéré comme appartenant à la famille des Scrophularinées; mais les observations de Richard et de Jussieu l'ont fait rapporter à la famille des Rubiacées. Voici ses caractères essentiels, d'après Richard (*in Mich. Flor. boreal. Amer.*, 1, p. 82): calice tétragone à sa base, divisé supérieurement, les quatre segmens dressés; corolle dont le tube est très-court, la gorge barbue, le limbe rotacé, à quatre lobes arrondis; quatre étamines incluses, insérées sur le milieu du tube; ovaire infère dans sa partie inférieure, libre supérieurement, comprimé, ovoïde, surmonté d'un style très-court et d'un stigmate capité; capsule un peu plus courte que le calice, comprimée, à deux valves qui portent les cloisons sur leur milieu, à deux loges, et renfermant des graines nombreuses, anguleuses, presque rondes. Le *Polypremum procumbens*, L. et Lamk., Illustr., tab. 71, fig. 4; *P. Linnæi*, Michx., *loc. cit.*, est une Plante glabre, couchée, à feuilles linéaires, aiguës, accompagnées de stipules sinuées-tronquées, à fleurs sessiles, très-petites, placées dans les dichotomies des rameaux ou terminales. Cette Plante croît dans les lieux stériles de la Caroline et de la Virginie. (G..N.)

POLYPRION. POIS. Genre de la famille des Percoïdes, de la section où les dents sont en velours, dont les caractères sont: corps, tête, et jusqu'aux maxillaires revêtus d'écailles durement ciliées; des dentelures au sous-orbitaire, au préopercule, à toutes les pièces de l'opercule, et à une sorte d'écaille sur l'os de l'épaule; une forte arête dentelée, terminée par deux ou trois pointes sous l'opercule; l'épine de leurs ventrales elle-même est dentelée. Il y a des dents non-seulement aux mâchoires, mais au vomer, aux palatins et sur la base de la langue. On ne connaît encore qu'une espèce de Polyprion, qui est un assez grand Poisson des mers de l'Amérique; c'est l'*americanum* de Schneider, pl. 205, dont l'*australe*, pl. 47, est un double emploi. (B.)

POLYPTÈRE ET POLYPTERUS. POIS. *V.* BICHIR.

POLYPTERIS. BOT. PHAN. Nuttall (*Gener. of north Amer. Plants*, 2, p. 139) a établi sous ce nom un genre de la famille des Synanthérées, qu'il a placé à la suite de l'*Hymenopappus*, dont on le distingue par son aigrette longue et fort visible. Cette différence n'a pas semblé suffisante à plusieurs auteurs et particulièrement à Sprengel pour mériter qu'on en formât un nouveau genre. Le *Polypteris integrifolia*, Nutt., est une Plante herbacée, à feuilles alternes et entières, à fleurs disposées en corymbes, et qui croît dans la Géorgie de l'Amérique septentrionale. (G..N.)

POLYRHIZE. BOT. PHAN. Ce nom est, pour les botanistes modernes, celui d'une espèce du genre *Lemna*, mais il paraît que le *Polyrhizos* de Pline était l'*Epimedium alpinum*. (B.)

POLYSACCUM. BOT. CRYPT. (*Lycoperdacées.*) Ce genre avait d'abord été distingué par Albertini et Schweinitz sous le nom de *Pisolithus*, nom que son emploi en minéralogie a fait rejeter. A la même époque, Link et De Candolle le changèrent, l'un en *Pisocarpium*, et l'autre en *Polysaccum*; depuis il a encore reçu de Persoon le nom de *Polypera* (Champ. comest., p. 116). Les espèces qui constituent ce genre se rapprochent par leur aspect extérieur des *Scleroderma*; leur péridium est épais, coriace, presque globuleux, sessile ou porté sur un pédicule large et solide; il renferme dans son intérieur des péridiums plus petits, très-nombreux, filamenteux et remplis de sporules agglomérées; la nature filamenteuse et la forme irrégulière de ces péridiums intérieurs distinguent ce genre des Tubérées dont les péridioles sont des vésicules membraneuses. Le péridium général se détruit irrégulièrement et est percé d'un grand nombre de trous par les Insectes qui s'y logent. On connaît maintenant plusieurs espèces de ce genre, mais la plus commune est le *Polysaccum crassipes*, D. C., Fl. Fr., Suppl., p. 103 (*Lycoperdoides*, Micheli, *Nov. Gen.*, pl. 98, fig. 1), qui croît dans le nord de la France, et même aux environs de Paris dans les lieux sablonneux.

Le genre *Endacinus* de Rafinesque a été créé pour une Plante de Sicile qui appartient probablement à ce genre. (AD. B.)

POLYSCIAS. BOT. PHAN. Forster (*Char. Gener.*, p. 63, tab. 32) a donné ce nom à un genre de l'Octandrie Pentagynie, que l'on a rapporté à la famille des Araliacées et qui paraît se rapprocher du *Gastonia*. Lamarck présume que le type de ce genre est son *Aralia palmata*. Voici ses caractères : fleurs disposées en une grande ombelle, offrant au centre plusieurs petites ombelles prolifères. Calice à bords tronqués, persistans, marqué de cinq, sept ou huit petites dents à peine visibles. Corolle à six, sept ou huit pétales lancéolés-subulés, très-ouverts. Étamines en nombre égal à celui des pétales, dont les filets sont subulés, les anthères droites à quatre sillons. Ovaire infère, hémisphérique, bordé par le calice, surmonté de trois, quatre ou cinq stigmates sessiles, très-courts et un peu divergens. Fruit bacciforme, globuleux, quadriloculaire, couronné par le rebord du calice et par les styles. Graines solitaires dans chaque loge, triquètres et convexes. Ce genre, trop imparfaitement connu pour être définitivement admis, ne renferme qu'une espèce, *Polyscias pinnata*, dont on sait seulement le nom. (G..N.)

* POLYSÉPALE (CALICE). BOT. PHAN. Calice formé de plusieurs sépales distincts. *V.* CALICE. (A. R.)

POLYSÈQUE. BOT. PHAN. Desvaux avait proposé ce nom pour le fruit des Renoncules, Anémones, etc., qui se compose de plusieurs akènes réunies sur un réceptacle commun. (A. R.)

POLYSPERME. *Polysperma*. BOT. CRYPT. Le genre, formé sous ce nom par Vaucher dans son travail sur les Confervées d'eau douce, ne pouvait être conservé, réunissant des espèces tout-à-fait incohérentes, dont les unes sont devenues des Lémanées, telles que notre *Lemanea corallina*, et les autres sont des Céramies, telles que le *Conferva glomerata*, L. *V.* CÉRAMIE et LÉMANÉE. (B.)

POLYSPERMON ET POLYSPORON. BOT. PHAN. Lobel et autres botanistes anciens ont ainsi appelé une espèce de Chénopode à laquelle Linné a conservé le même nom spécifique. (B.)

* POLYSPORA. BOT. PHAN. Dans l'*Hortus britannicus* de Sweet, ce nom est appliqué génériquement au *Camellia axillaris* du *Botanical Register*, n° 349, qui appartiendrait même à la famille des Ternstrœmiées et non à celle des Camelliées, familles d'ailleurs peu distinctes entre elles. (G..N.)

* POLYSTACHYA. BOT. PHAN. Genre établi par le professeur Hooker

(*Exotic Flora*, tab. 103) pour le *Dendrobium polystachyum*, et auquel il assigne pour caractère distinctif quatre masses polliniques, solides, hémisphériques, toutes réunies sur une caudicule commune, terminée par un tubercule glanduleux. Nous avons analysé avec tout le soin possible la Plante qui sert de type à ce genre, et quelque attention que nous ayons mise dans cet examen, nous n'avons pu jamais trouver que deux masses polliniques, ovoïdes, parfaitement distinctes l'une de l'autre, comme on l'observe dans les autres espèces de *Dendrobium*. Nous avons déjà consigné cette remarque dans notre Monographie des Orchidées des îles de France et de Mascareigne (Mém. Soc. d'Hist. nat. de Paris, 4, p. 51). (A. R.)

* POLYSTEMA. BOT. CRYPT. (*Lycoperdacées.*) Genre simplement indiqué par Rafinesque, qui le place entre les *Diderma* et les *Trichia*. (AD. B.)

* POLYSTEPIS. BOT. PHAN. Du Petit-Thouars a ainsi nommé une Orchidée des îles de Mascareigne et de Madagascar, qui, suivant la nomenclature Linnéenne, doit porter le nom d'*Epidendrum* ou *Dendrobium polystachyum*. (G..N.)

POLYSTICHUM. BOT. CRYPT. (*Fougères.*) Ce genre, établi par Roth, correspond à une partie du genre *Nephrodium* de Richard. Il renferme la plupart des Plantes placées par R. Brown dans ce genre *Nephrodium*, tel qu'il l'a limité, et en outre une partie des *Aspidium* du même auteur. Les caractères de ces genres ayant été mieux définis par le célèbre botaniste anglais que nous venons de citer, et le nom de *Nephrodium* indiquant bien la forme en rein du tégument, on l'a adopté de préférence à celui de *Polystichum* que De Candolle avait conservé dans la Flore française. Tous ces genres sont des démembremens du genre *Aspidium* de Swartz. *V.* ce mot. (AD. B.)

* POLYSTICTA. BOT. CRYPT. (*Champignons.*) Sous-genre établi par Fries parmi les Polypores, qui renferme les espèces complétement adhérentes et à base tomenteuse, à peine distincte et mal limitée. Le *Polyporus polystictus*, Pers., Mycol., 2, p. 111, ou *Polyporus corticola* de Fries, Syst. mycol., 1, 585, est le type de cette division qui ne renferme que deux ou trois espèces. (AD. B.)

POLYSTIGMA. BOT. CRYPT. (*Hypoxylées.*) De Candolle a créé sous ce nom un genre qui comprend plusieurs Plantes voisines des *Sphæria* et des *Xyloma*, mais qui en diffèrent au premier aspect par leur couleur fauve, brune ou rougeâtre; elles diffèrent, en outre, de ces deux genres par leur structure intérieure. On les distingue des *Sphæria* par l'absence du péridium propre; le tissu qui forme les loges de ces petites Cryptogames étant le résultat d'une modification du tissu de la Plante sur laquelle elles croissent; ces loges s'ouvrent par autant de petits pores qu'il y a de loges réunies dans chaque tuberculé, ce qui empêche de les confondre avec les *Xyloma*. Ces divers caractères rapprochent beaucoup ces Plantes des *Dothidea* de Fries, avec lesquelles cet auteur les réunit. De Candolle en a décrit trois espèces; une d'elles est très-commune sur les feuilles vivantes des Pruniers, sur lesquelles elle forme de larges taches rouges, épaisses, un peu charnues et visibles sur les deux surfaces. (AD. B.)

POLYSTOME. *Polystoma.* INTEST. Genre de l'ordre des Trématodes, ayant pour caractères: corps subcylindrique ou aplati; pores céphaliques ou antérieurs, au nombre de six; un pore ventral et un pore postérieur, solitaire. Ce genre, tel que l'admet maintenant Rudolphi dans son *Synopsis*, paraît naturel, et n'est composé que d'un petit nombre d'espèces, parmi lesquelles celles qui ont été trouvées dans l'Homme auraient besoin d'être examinées de nouveau, et laissent même douter de leur nature comme véritables Entozoaires. Le genre Polystome du *Synopsis* diffère de celui que Rudolphi avait nommé ainsi, d'après Zéder, dans l'Histoire des Entozoaires, en ce qu'il ne renferme plus les espèces n'ayant que cinq pores antérieurs, qui forment maintenant un genre à part sous le nom de Pentastome (*V.* ce mot). Les Polystomes sont de petite taille, ont l'aspect et la consistance ordinaire des Trématodes, et sont fort remarquables par le nombre et la disposition des pores de leur extrémité antérieure ou tête; ces pores sont au nombre de six, disposés circulairement autour de la tête dans deux espèces, en demi-cercle et situés en dessous dans deux autres; il existe également un pore ventral et un pore postérieur plus petit et moins distinct que les antérieurs; le corps est pourvu de vaisseaux nourriciers, rameux, analogues à ceux des autres Trématodes. On ne sait rien autre chose sur ces Vers singuliers, qui n'ont été trouvés que très-rarement: le *Polystoma integerrimum* dans la vessie urinaire des Grenouilles commune et rousse, et du Crapaud variable; le *P. ocellatum* dans le pharynx de la Tortue d'eau douce d'Europe; le *P. pinguicola* dans un kiste graisseux, développé au voisinage de l'ovaire gauche d'une femme de vingt ans; le *P. duplicatum* dans les branchies du Thon. (E. D..L.)

POLYSTOME. *Polystoma.* ANNEL. Delaroche (Nouveau Bulletin de la Société Philomatique, année 1811) a décrit sous ce nom un Animal trouvé près de Majorque sur les branchies d'un Thon, et qui semble appartenir à la famille des Sangsues. La description que Delaroche en donne est assez vague, et il paraîtrait qu'elle a été faite à contre-sens, c'est-à-dire qu'il a nommé anus l'ouverture buccale. Des observations plus précises sont nécessaires pour bien caractériser cet Animal qui pourrait bien être le même que le *Polystoma duplicatum* de l'article précédent. (AUD.)

*POLYSTOMELLE. *Polystomella.* MOLL. Genre de l'ordre des Céphalopodes et de la division des Polythalames, établi par Lamarck pour de très-petites Coquilles microscopiques vivantes, et ayant, suivant lui, pour caractères: coquille discoïde, multiloculaire, à tours contigus, non apparens au dehors, et rayonnée à l'extérieur par les sillons ou des côtes qui traversent la direction des tours. Ouverture composée de plusieurs trous diversement disposés. Lamarck ne cite que quatre espèces qu'il n'a point vues, mais qu'il mentionne d'après les figures qu'en a données Fichtel. D'Orbigny, qui a fait sur les Coquilles céphalopodes microscopiques un travail *ex-professo* (Ann. des Sc. nat. T. VII, in-8°, avec figures), admet le genre Polystomelle en y réunissant les genres Vorticiale de Lamarck et de Blainville, Andromède, Cellulie, Sporulie, Théméone, Pelore, Géopone et Elphide de Montfort. Il le caractérise ensuite de cette manière: ouvertures rondes, disposées sur deux lignes, formant un triangle, ou éparses sur la cloison; coquille déprimée, régulière, ne variant pas dans sa forme et non ombiliquée; le plus souvent un disque ombilical. D'Orbigny cite dix espèces, parmi lesquelles cinq sont nouvelles. Les petites Coquilles de ce genre habitent les plages sablonneuses des côtes de France, de l'Océan et de la Méditerranée, les côtes de l'île de France, des Antilles, des îles Marianes et Malouines; quelques-unes se trouvent fossiles. (AUD.)

*POLYSTROMA. BOT. CRYPT. (*Lichens.*) Genre mal connu qui figure dans les Verrucariées de notre Méthode, mais qui peut disparaître de la liste des genres de Lichénacées sans inconvénient. Voici les caractères qu'Acharius lui avait donnés (*Syn. meth. Lich.*, 136): thalle crustacé, cartilagineux, plan, adhérent, uniforme; apothécie verruciforme, composé de plusieurs couches proligères, superposées et séparées par d'autres couches de la nature du thalle. Une seule espèce, le *Polystroma Fernandesii* (Clémente, *Ensay. vid. comm. add.*, p. 299), figure dans ce genre; ce n'est peut-être autre chose qu'une monstruosité, une sorte de luxuriance dont la nature présente tant d'exemples. Ce Lichen offre un thalle sous-cartilagineux, mince, lisse, d'un brun cendré, blanc à l'intérieur; des apothécies recouverts d'une couche cartilagineuse analogue au thalle; ils sont scutelliformes, concaves, ou un peu convexes, et soutiennent une couche proligère simple, à bords infléchis avec l'âge et susceptibles de se métamorphoser en verrues planes, composées d'une série de scutelles implantées les unes sur les autres à la manière des Pyxides, et entremêlées de lames proligères superposées.

Nous pensons que ce genre n'est autre chose que l'*Urceolaria scruposa* qui recouvre quelque *Cœnomyce*. Il arrive parfois que ce Lichen incruste les Plantes qui se trouvent dans son voisinage, de manière à les rendre méconnaissables. Un botaniste très-distingué nous présenta, il y a quelque temps, une Plante lichénoïde, dont il voulait faire un nouveau genre, tant cette production lui paraissait singulière; il nous la montra, et nous le convainquîmes facilement que ce Lichen était le *Gyalecta bryophylla* d'Acharius, recouvrant de plusieurs couches successives un *Scyphophorus*. Peut-être était-ce là le *Polystroma* de Clémente? (A. F.)

POLYTHALAMES. *Polythalama*. MOLL. Nom appliqué à une division des Mollusques. *V.* CÉPHALOPODES. (AUD.)

POLYTHME ET POLYTHMUS. OIS. *V.* POLYTMUS.

* POLYTHRINCIUM. BOT. CRYPT. (*Mucédinées.*) Kunze a décrit sous ce nom un genre de Cryptogames, dont la seule espèce connue croît sur les feuilles vivantes de diverses espèces de Trèfles. Elle forme des touffes de filamens articulés, simples, droits, dont les articles sont membraneux et très-rapprochés. Les sporidies sont éparses à leur surface et divisées en deux loges par une cloison transversale. Kunze, se fondant sur la manière dont ce genre croît sur les Plantes vivantes, l'a placé parmi les Urédinées auprès du *Phragmidium*; mais tous ses caractères nous semblent le rapprocher des Monilies et des *Acrosporium*. *V.* ces mots. (AD. B.)

POLYTMUS. OIS. Et non *Polythmus*. Il paraît que quelques auteurs ont adopté ce nom de *Polytmus*, proposé par Brisson, pour y placer les Oiseaux-Mouches séparés des Colibris. C'est ce que nous devons conclure d'une citation de Charles-Lucien Bonaparte dans ses Observations sur la Nomenclature ornithologique de Wilson. Le nom de *Polytmus*, pour désigner les Oiseaux-Mouches, n'a point été adopté, et celui d'*Orthorynchus* proposé par Lacépède, qui lui est antérieur, est lui-même généralement négligé. Brisson nommait *Polytmus*, les Colibris et les Oiseaux-Mouches que Linné a confondus sous le nom de *Trochilus*. (LESS.)

* POLYTOME. *Polytomus*. ACAL. Genre de Zoophytes créé par Quoy et Gaimard pour recevoir un Animal mou, agrégé, et des plus singuliers peut-être de tous ceux qu'on rencontre flottans sur la mer. Ce genre a été établi page 588 de la partie zoologique du Voyage autour du monde de la corvette l'*Uranie*, et la seule espèce qui le compose est figurée pl. 87, fig. 12 et 13 de l'Atlas. Il est ainsi caractérisé : Animaux gélatineux, mais fermes, transparens, rhomboïdes, comme taillés à facettes, réunis et groupés entre eux, de manière à former une masse ovoïde, dont le moindre effort fait cesser l'agrégation; chaque individu parfaitement homogène, ne présentant ni ouverture ni organe quelconque. La seule espèce décrite par Quoy et Gaimard est le Polytome Lamanon,

Polytomus Lamanon, dont ils tracent l'histoire en ces termes : « Voici le corps animé le plus simple que nous ayons encore rencontré. Si nous voulons le comparer à quelque chose, ce n'est point dans le règne animal que nous devons chercher nos exemples. Pour en avoir une juste idée, il faut se figurer un petit morceau de Cristal taillé à facettes en forme de rhombe, sans ouvertures ni aspérités; qu'avec plusieurs de ces pièces réunies on forme une masse ovalaire de la grosseur d'un très-petit œuf, on aura l'ensemble de notre Zoophyte. Chaque Animalcule est ferme comme de la gélatine bien cuite et résistant sous le doigt; mais leur agrégation entre eux est tellement faible, que le moindre contact la rompt. Au centre est une bulle d'air, avec quelques filamens couleur de rose autour desquels chaque pièce est groupée. La nutrition de cette réunion d'individus doit se faire par imbibition; car nous n'y avons remarqué ni apparence de viscères, ni même aucun signe d'irritabilité. Le Polytome Lamanon a donc pour caractères spécifiques d'être hyalin, rhomboïdal, privé d'ouvertures, agrégé en masse, ovalaire, rose à sa partie centrale. Cet Animal a été trouvé en juillet 1819, par 33 degrés de latitude nord et 161 de longitude à l'est de Paris, dans le grand Océan. Il est dédié à Lamanon, compagnon de La Peyrouse, massacré à Maouna. »

Nous n'avons été jusqu'à présent que simple historien des observations de Quoy et Gaimard. Nous allons maintenant joindre quelques réflexions. Dans le Voyage de la corvette *la Coquille*, nous espérons traiter plus en détail le genre Polytome, sur lequel nous avons des renseignemens beaucoup plus complets que nos deux devanciers. Ce genre avait été décrit dans nos notes manuscrites sous le nom de *Plethosoma* (corps multiple), que nous croyons plus convenable, mais qui ne peut être admis, puisqu'il y en a un de proposé. L'individu de Quoy et Gaimard était tellement petit et maigre, qu'ils n'ont pu en tracer les caractères génériques d'une manière convenable. Un bel individu, que nous nommons *Polytomus halyosoma*, et que nous prîmes sous l'équateur entre la Nouvelle-Guinée et la Nouvelle-Irlande, avait trois pouces de hauteur. Sa forme générale est ovalaire, cylindrique, arrondi, composé d'une grande quantité de pièces juxta-posées, taillées à facette comme des morceaux de Cristal, translucides, concourant chacune à former un canal central rempli par des vaisseaux ou des ovaires entortillés, d'un beau rouge, et garnis de paquets ou de renflemens de distance en distance. Les pièces d'enclavement en haut et en bas sont pyramidales, creusées d'un canal, et ont servi à Otto à établir un genre *Pyramis*, et à Quoy et Gaimard leur genre Calpe. Les pièces des Polytomes se séparent avec une facilité extrême. Une autre espèce, de moitié plus petite que la précédente, fut aussi prise par nous. Nous la nommons *Polytomus cœruleus*, parce que ses ovaires ou vaisseaux offraient une belle teinte d'Indigo. (LESS.)

* POLYTOME. *Polytomus*. INS. Genre de l'ordre des Coléoptères, établi par Dalman dans ses *Analecta entomologica*, et correspondant à celui de Rhypicère précédemment établi. *V.* RHYPICÈRE. (G.)

POLYTRIC. *Polytrichum*. BOT. CRYPT. (*Mousses*.) Ce genre, établi par Linné, est le seul de cette famille qui n'ait subi aucune modification depuis cette époque, la plupart des botanistes n'admettant pas les genres qu'on a voulu en séparer. Ces genres sont : 1° le *Catharinea* d'Hedwig, *Oligotrichum* de De Candolle, ou *Atrichum* de Palisot-Beauvois ; 2° le *Pogonatum* de ce dernier auteur. Le premier, adopté par quelques botanistes, est considéré par beaucoup d'autres comme une simple section du genre *Polytrichum* ; le second n'a été admis par aucun auteur.

Le caractère du genre *Polytrichum* ainsi défini peut être exprimé de la manière suivante : capsule pédicellée, terminale; péristome simple, de trente-deux ou de soixante-quatre dents également espacées, recourbées intérieurement, et dont les extrémités sont réunies par une membrane horizontale qui recouvre l'ouverture de la capsule. Coiffe petite, fendue obliquement, tantôt glabre, tantôt recouverte de poils plus ou moins longs. Ces Mousses assez grandes présentent une tige dressée, peu rameuse, couverte de feuilles allongées, solides, épaisses, souvent dentelées, dont la nervure, presque toujours très-saillante, est quelquefois garnie sur ses côtés de lames membraneuses. Les fleurs mâles en rosettes terminales, entourées de feuilles périchœtiales, très-grandes et étalées, représentent presqu'une sorte de fleur, et sont plus faciles à étudier que celles d'aucun autre genre de Mousses. Les espèces de ce genre, très-répandues en Europe, sont surtout variées dans les pays montueux. On en connaît maintenant trente environ, dont la plupart croissent dans le nord de l'Europe, ou dans les parties froides ou élevées de l'hémisphère austral.

Une Fougère du genre *Asplenium* porte aussi le nom de Polytric.

(AD. B.)

*POLYTRICHOIDES. BOT. CRYPT. (*Mousses.*) Arnott, dans son Tableau de la famille des Mousses, a donné ce nom à la dernière tribu naturelle qu'il a établie dans cette famille; elle comprend les genres *Lyellia*, Brown; *Polytrichum*, Hedw.; et *Dawsonia*, Brown. *V.* MOUSSES et POLYTRIC.

(AD. B.)

POLYTRICHUM. BOT. CRYPT. *V.* POLYTRIC.

* POLYTRIQUÉES. MICR. Première famille de l'ordre des Trichodés dans la classe des Microscopiques, où des poils très-fins, et non distinctement vibratiles, sont répandus en villosité sur toute la surface du corps, ou en cils sur l'intégrité de sa circonférence. Les Animaux de cette famille semblent être l'ébauche de ce genre Béroë (*V.* ce mot), placé par Lamarck dans l'ordre premier de ses Radiaires, et par Cuvier entre ses Acalèphes libres dans la famille des Médusaires. Plusieurs n'en diffèrent guère que par les dimensions, et l'agitation de leurs poils les fait quelquefois paraître brillans, comme pour compléter la ressemblance. Les genres de Polytriquées sont : Leucophre, Dicératelle, Péritrique et Stravolæme. *V.* tous ces mots, et le tableau joint à l'article MICROSCOPIQUES. (B.)

* POLYTRYPE. FOSS. Defrance a établi, sous ce nom, un genre de Polypier fossile et qu'il caractérise ainsi : Polypier pierreux, libre? simple, cylindracé, un peu en massue, à tige fistuleuse, percée aux deux bouts; surface extérieure couverte de petits pores. Ce petit Polypier, qui atteint tout au plus cinq lignes de hauteur, se trouve dans le Calcaire grossier et dans le Grès marin supérieur des environs de Paris, à Grignon, à Mortefontaine et à Villiers. On l'a aussi rencontré à Orglandes dans le département de la Manche. Ce genre a été décrit et figuré dans le Dictionnaire des Sciences naturelles. Il eût été à désirer, pour qu'il n'échappât point aux naturalistes, que l'auteur l'eût fait préférablement connaître dans quelque recueil scientifique. (AUD.)

* POLYXÈNE. *Polyxena.* INS. Latreille a établi sous ce nom un petit genre d'Insectes de l'ordre des Myriapodes et qui termine la famille des Chilognathes. Ces Insectes ont le corps membraneux, très-mou et terminé par des pinceaux de petites écailles. Leurs antennes sont de la même grosseur. On ne connaît encore qu'une espèce que Degéer a décrite sous le nom de *Iule à queue en pinceau.* Elle se tient sous les écorces.

(AUD.)

POLYXÈNE. FOSS. Denys de Montfort a donné ce nom à un genre de

Coquilles fossiles auquel il attribue les caractères suivans : coquille libre, univalve, cloisonnée, à sommet et à base ombiliqués, roulée sur elle-même; bouche linéale contre le retour de la spire; cloisons unies. Mais ce genre, qui ne se compose que d'une seule espèce, *Polyxenes cribratus*, petite Coquille microscopique d'une demi-ligne de diamètre, qui vient des environs de Sienne, est resté fort douteux pour tous les conchyliologistes. (A. R.)

* POLYXÈNE. MIN. (Hausmann.) Syn. de Platine natif. (B.)

* POLYZONITE. MIN. Pline a donné ce nom à une Pierre noire marquée d'un grand nombre de zônes blanches. Lamétherie l'a transporté à une variété de Schiste zônaire, dont il a fait la quatrième espèce de son genre Alumino-Silicites. (G. DEL.)

POLZEVERA. MIN. Nom donné à une Roche composée de Serpentine et de Calcaire, tachetée de vert et de rouge, susceptible de poli, et que l'on exploite à Polzevera, village à peu de distance de Gênes. (G. DEL.)

POMACANTHE. *Pomacanthus*. POIS. Le genre formé sous ce nom par Lacépède, n'ayant pas même été conservé comme sous-genre par Cuvier, mais nous paraissant mériter qu'on ne le confonde cependant pas avec le reste des Chœtodons, il en a été question comme seconde section d'Holacanthe. *V.* ce mot. (B.)

* POMACÉES. BOT. PHAN. L'une des tribus établies par le professeur Richard dans la famille des Rosacées. *V.* ce mot. (A. R.)

POMACENTRE. *Pomacentrus*. POIS. Genre de la deuxième tribu de la famille des Squammipennes, dans l'ordre des Acanthoptérygiens, très-voisin des Glyphisodons dont il diffère parce que le préopercule y est dentelé. Les Pomacentres ont le corps très-mince, presque aussi haut que long; les yeux latéraux; les dents rondes, minces, tranchantes, sur une seule rangée; une seule dorsale, et la ligne latérale terminée vis-à-vis la fin de celle-ci. Le Paon, *Chœtodon Pavo* de Bloch, pl. 198, fig. 8, et le *Chœtodon aruanus* du même ichthyologiste, fig. 2, sont des Pomacentres, tandis que les Pomacentres Séton et Faucille de Lacépède doivent être réintégrés parmi les véritables Chœtodons. *V.* ce mot. (B.)

POMACIE. MOLL. Pour Pomatie. *V.* ce mot. (B.)

POMADASYS. *Pomadasys*. POIS. Le genre formé sous ce nom par Lacépède, pour une seule espèce qu'il n'avait sans doute jamais vue, et qui était le *Sciæna argentea* de Forskahl, n'a point été conservé par Cuvier qui ne sait qu'en faire, et qui soumettant ses doutes sur la place qu'il doit occuper, penche vers les Serrans. *V.* ce mot. (B.)

POMADÈRE. BOT. PHAN. Pour *Pomaderris*. *V.* ce mot. (B.)

POMADERRIS. BOT. PHAN. Genre de la famille des Rhamnées et de la Pentandrie Monogynie, établi par Labillardière, et ayant pour caractères : calice turbiné, adhérent avec l'ovaire; limbe à cinq divisions étalées; corolle de cinq pétales plans et onguiculés, qui manquent quelquefois; cinq étamines dressées; point de disque; ovaire à trois loges monospermes, surmonté d'un style trifide. Fruit semi-infère, à trois coques monospermes, indéhiscentes, présentant inférieurement un trou par lequel sort la graine qui est attachée à un podosperme épais, charnu et court. Les espèces de ce genre sont toutes originaires de la Nouvelle-Hollande. Ce sont des Arbustes rameux, couverts d'écailles en étoiles, portant des feuilles alternes, des fleurs en corymbe. Dans une espèce, *Pomaderris apetala*, Labill., la corolle manque. Notre collaborateur Adolphe Brongniart, dans sa Dissertation sur les Rhamnées, a réuni au genre *Pomaderris* les *Ceanothus globulosus* et *C. spathulatus* de Labillardière. (A. R.)

POMARIA. BOT. PHAN. Genre de la famille des Légumineuses, tribu des Césalpinées, et de la Décandrie Monogynie, L., établi par Cavanilles, et ainsi caractérisé par De Candolle (*Prodrom. Syst. Veget. nat.*, 2, p. 485) : calice à cinq sépales soudés par la base en un tube presque persistant; les lobes caducs, oblongs et obtus; corolle à cinq pétales à peine plus longs que le calice; dix étamines dont les filets sont velus à la base, distincts entre eux et déclinés; style filiforme; stigmate capité; légume oblong, comprimé, bivalve, uniloculaire, et renfermant deux graines ovées. Ce genre, qui est très-voisin de l'*Hoffmanseggia*, également établi par Cavanilles, ne renferme qu'une seule espèce, *Pomaria glandulosa*, Cav., *Icon.*, 5, tab. 402. C'est un Arbuste à feuilles bipinnées sans impaire, couvertes, ainsi que les branches et les fleurs, de glandes fort saillantes, à stipules pinnatifides, et à fleurs jaunes, disposées en grappes axillaires. Cette Plante croît près de Queretaro dans la Nouvelle-Espagne. (G..N.)

*POMARIN. OIS. Syn. vulgaire du Stercoraire Cataracte. *V.* STERCORAIRE. (DR..Z.)

* POMATHORIN. *Pomathorinus.* OIS. Horsfield, dans son Travail sur les Animaux de la grande île de Java, travail très-recommandable, a créé le genre *Pomathorinus* pour une espèce de Soui-Manga, dont les caractères étaient très-distincts de ceux des vrais *Cynniris*. Horsfield et Vigors y ont ajouté depuis deux espèces, et nous-même en avons découvert une à la Nouvelle-Guinée, ce qui porte à quatre tous les Pomathorins connus. Les caractères de ce nouveau genre de l'ordre des Passereaux ténuirostres, sont : un bec allongé, droit à la base, se recourbant un peu au-delà des narines, et comprimé brusquement sur les côtés ; à arête très-apparente, carenée, entière au sommet. Narines recouvertes d'un opercule oblong, convexe, à ouverture oblique, étendue jusqu'au front. Ailes arrondies ; queue longue, ronde au sommet. Doigt du milieu plus long; ongles comprimés, recourbés; le postérieur le plus grand, le plus robuste. On ne connaît rien des habitudes et des mœurs des Pomathorins, qui sont tous des parties chaudes des terres d'Asie.

POMATHORIN TEMPORAL, *Pomathorinus temporalis*, Vigors et Horsf., *Trans. Soc. Linn. Lond.* T. XV, p. 330. Cet Oiseau, qui est le *Dusky bee eater* de Latham, *Gen. Hist.* T. IV, p. 146, n° 31, a le plumage fauve cendré, passant au fauve jaunâtre en dessous. Il a le front, les tempes, la gorge et la poitrine de couleur blanche, et une ligne légère au-dessus de chaque œil, et noire ainsi que la queue; l'extrémité de celle-ci est blanche. Le bec est noir et blanchâtre vers le front. Il a de longueur dix pouces trois lignes, et l'individu qui a servi à établir cette espèce a été trouvé à *Shoalwater-Bay*, sur les côtes de la Nouvelle-Hollande, en août 1802, par R. Brown.

POMATHORIN A SOURCILS, *Pomathorinus superciliosus*, Vigors et Horsf., *loc. cit.* Cette espèce est d'un fauve brunâtre; la ligne qui passe au-dessus des yeux s'étend jusqu'à la nuque. La gorge, la poitrine, la partie antérieure de l'abdomen, ainsi que l'extrémité de la queue, sont de couleur blanche. Le bec et les pieds sont noirs. Le corps a de longueur totale sept pouces neuf lignes. Cet Oiseau a été découvert sur la côte sud de la Nouvelle-Hollande par R. Brown. Ces deux espèces appartiennent à la Nouvelle-Hollande. On sait en effet que la partie intertropicale de cette grande terre a les mêmes productions animales que les terres environnantes des Moluques et de la Nouvelle-Guinée. Aussi nous ne doutons pas que c'est par transposition d'étiquette qu'on indique la deuxième connue du sud de l'Australie; elle doit être plutôt de la portion nord.

POMATHORIN DES MONTAGNES, *Pomathorinus montanus*, Horsf. (*Res. in

Java). Cette espèce habite les montagnes boisées de Java à sept mille pieds au-dessus du niveau de la mer. Elle a sept pouces et demi de longueur totale; son plumage est marron; la tête est d'un noir cendré; un trait blanc passe derrière l'œil; la gorge et la poitrine sont d'un blanc pur. C'est le Bokkrek des Javanais.

POMATHORIN D'ISIDORE, *Pomathorinus Isidorii*, N. Cet Oiseau, de la Nouvelle-Guinée, a neuf pouces de longueur totale, du bout du bec à l'extrémité de la queue. Le bec est long d'un pouce, légèrement recourbé, de couleur jaune, très-comprimé vers sa pointe. La commissure est garnie d'un rebord, et recouvre la mandibule inférieure. Les tarses sont robustes, garnis de larges scutelles. Les doigts sont robustes, garnis d'ongles comprimés. Celui du pouce est plus fort que ceux de devant; le doigt du milieu est le plus long. La queue est composée de dix pennes étagées. Elle est longue d'un peu moins de quatre pouces. Les ailes sont courtes, à pennes presque égales, allant jusqu'aux deux tiers de la queue. Les quatre, cinq et six rémiges sont les plus longues, la première étant la plus courte de toutes. Le plumage de cet Oiseau est en entier d'une teinte assez uniforme; les ailes et la queue sont d'un marron assez vif, plus clair sur la gorge et sur la poitrine, plus terne sur le ventre, et mêlé à du gris sur la tête et sur le dos. L'extrémité des plumes caudales est fréquemment usée. Les tarses sont d'un brun roux, et les ongles jaunâtres. Il habite les forêts des alentours du hâvre de Dorery, à la Nouvelle-Guinée. Nous l'avons dédié à notre ami et collaborateur Isid. Geoffroy Saint-Hilaire. (LESS.)

POMATIE. *Pomatia*. MOLL. Grosse espèce vulgaire du genre Hélice. (B.)

POMATIQUE. MOLL. Même chose que Pomatie. *V*. ce mot. (B.)

* POMATIUM. BOT. PHAN. Gaertner fils (*Carpologia*, p. 252, t. 225, fig. 10) a fondé sous ce nom un genre de la famille des Rubiacées, qu'il considère comme voisin de l'*Hamelia*, mais suffisamment distinct par son fruit bacciforme, biloculaire. Ce genre aurait pour type une Plante d'Afrique, conservée dans l'herbier de L'Héritier sous le nom de *Genipa lyrata*. Sa tige est frutescente, pubescente; ses fleurs sont brièvement pédonculées et disposées en un épi dense; ses feuilles sont ovées-lancéolées, pubescentes et ferrugineuses en dessous, munies de stipules interpétiolaires. On ne connaît pas les détails de l'organisation florale, excepté ceux du fruit mûr. (G..N.)

POMATOME. *Pomatomus*. POIS. Genre de la tribu des Parsèques, de la nombreuse famille des Percoïdes, et de l'ordre des Acanthoptérygiens, dont les caractères sont : corps épais, comprimé; opercules lisses; deux dorsales fort écartées; écailles larges et tombantes sur la tête; opercules écailleuses et entaillées dans le haut de leur bord postérieur; museau court, nullement décliné; dents en velours; œil d'une grandeur extraordinaire; sept rayons aux ouïes; anale très-adipeuse. On en distingue deux espèces : le Télescope qui est l'Ugliassou des mers de Nice, *Pomatopus Telescopus* de Risso, dont la taille est d'un pied environ; beau Poisson agile qui se tient dans les plus grandes profondeurs; et le Skib ou *Perca Skibea* de Bosc, qui fut le *Gasterosteus Saltatrix* de Linné. Cette dernière a la caudale très-fourchue; le dos verdâtre; le ventre argenté; les pectorales jaunâtres, avec une tache noire à la base. Le Skib fréquente l'embouchure des rivières, à la Caroline, où il acquiert un pied de long, et où l'on estime beaucoup sa chair qui est ferme et savoureuse. Il dépasse rarement six pouces de longueur, et saute hors de l'eau avec la plus grande agilité. (B.)

* POMAX. BOT. PHAN. (Solander.) Syn. d'Operculaire. *V*. ce mot. (G..N.)

POMBALIA. BOT. PHAN. Vandelli avait établi sous ce nom un genre particulier pour une Violette du Brésil, dont la racine y est connue sous le nom d'*Ipécacuanha blanc*. Ventenat plus tard fit un genre *Ionidium*, dans lequel doit rentrer le *Pombalia*, nom qui aurait dû être préféré à cause de son antériorité; mais l'usage a fait prévaloir le nom de Ventenat. Plus tard, de Gingins, dans le Prodrome de De Candolle, a rétabli le *Pombalia* de Vandelli comme genre distinct de l'*Ionidium*. Mais Auguste de Saint-Hilaire a de nouveau démontré que ces deux genres ne pouvaient être séparés. *V*. IONIDION. (A. R.)

POMETIA. BOT. PHAN. Le genre établi sous ce nom par Forster rentre dans l'*Aporetica* du même auteur, qui ne diffère même pas du *Schmidelia* de Linné d'après Kunth et Aug. Saint-Hilaire. *V*. SCHMIDÉLIE. (G..N.)

POMME. BOT. PHAN. Le fruit du Pommier. On a étendu ce nom à beaucoup d'autres fruits, et même à d'autres corps naturels qui n'appartiennent pas au règne végétal. Ainsi l'on a appelé :

POMME D'ACAJOU, les fruits du *Cassuvium* et une Coquille du genre Ptérocère.

POMME D'ADAM, une variété d'Orange et les Bananes.

POMME D'AMOUR, les baies du *Solanum Pseudo-Capsicum*.

POMME D'ARMÉNIE, l'Abricot.

POMME D'ASSYRIE OU DE MÉDIE, les Citrons.

POMME DE BACHE, les fruits du *Corypha umbraculifera*.

POMME BAUME, la Momordique lisse.

POMME CANNELLE, l'Atte, espèce d'Anone. *V*. ATTE et COROSSOL.

POMME DE CHIEN, la Mandragore.

POMME ÉPINEUSE, la Stramoine commune.

POMME DE FLAN, le Corossol.

POMME HÉMORROÏDALE, le fruit du Gui.

POMME DE JÉRICHO, le *Solanum sanctum*, L.

POMME DE LIANE, les fruits des Passionaires, particulièrement des *Passiflora laurifolia* et *maliformis*.

POMME DE MANCENILLE, le fruit du Mancenillier.

POMME DE MÉDIE, *Malus medica*. *V*. POMME D'ASSYRIE.

POMME DE MER, les Oursins sur certaines côtes.

POMME DE MERVEILLE, le *Momordica Balsamina*.

POMME D'OR, les Oranges et la Tomate.

POMME DE PARADIS, les Bananes.

POMME DE PÉROU, la Tomate.

POMME DE PIN, les fruits des Conifères, etc., et le Toit chinois, *Turbo Pagodus*, Coquille dont Montfort a fait son genre *Tectus*. Paulet avait aussi donné ce nom à un Agaric.

POMME POISON, la Morelle mammiforme.

POMME RAQUETTE, les fruits des Cactes à expansions aplaties.

POMME ROSE, les fruits du Jambosier, du genre *Eugenia*.

POMME ROYALE OU PURGATIVE, le Médicinier du genre *Jatropha*.

POMME DE SAUGE, la galle qui se développe sur le *Salvia pomifera*, L.

POMME SAVON, le fruit du *Sapindus Saponaria*.

POMME DE SIDON, le Coing.

POMME DE SODOME, le fruit d'un *Solanum* qui n'est peut-être que la Mélongène.

POMME DE TERRE, la racine nourricière et devenue un trésor pour l'humanité, d'un *Solanum* originaire de l'Amérique méridionale. On a étendu ce nom très-impropre aux tubercules de l'*Helianthus tuberosus*, et à une espèce de *Curcuma* de Saint-Domingue. (B.)

Linné appelait *Pomum*, dans l'acception générale, une manière de fruits semblables aux Pommes, et que dans la terminologie actuelle on désigne sous le nom de Mélonide. (A. R.)

POMMEREULLA. BOT. PHAN. Linné fils dédia ce genre à une dame De Pommereuil, fort instruite dans la botanique, mais qui n'a rien publié. Il appartient à la famille des Graminées, à la Triandrie Digynie, et il a été adopté par Jussieu et Palisot de Beauvois. Voici ses caractères essentiels : chaume rameux : fleurs disposées en épis simples, à épillets sessiles, distiques, presque unilatéraux. Lépicène dont les valves sont courtes et renferment cinq à six petites fleurs. Valve inférieure de la glume à quatre dents ou laciniures sétigères, surmontée d'une barbe qui s'élève du milieu des dents; valve supérieure entière. Style profondément divisé en deux branches, surmontées de stigmates en goupillon. L'espèce sur laquelle ce genre a été fondé, *Pommereulla Cornucopiæ*, L., Suppl., p. 105; Palisot de Beauvois, Agrostogr., p. 93, tab. 18, fig. 6, est une Herbe glauque dont la fleur, pour nous servir des expressions de Linné fils, ressemble à une fleur de Caryophyllée monstrueuse, ou plutôt à l'instrument de jeu que l'on nomme Volant. Cette Plante croît dans l'Inde orientale, ainsi qu'une seconde espèce qui a reçu le nom de *Pommereulla monoica*. (G..N.)

POMMETTE. BOT. PHAN. L'un des noms vulgaires des fruits de l'Azerolier. (B.)

POMMETTE ÉPINEUSE. BOT. PHAN. Le *Datura Stramonium*, L. (B.)

POMMIER. *Malus*. BOT. PHAN. Genre de la famille des Rosacées, tribu des Pomacées et de l'Icosandrie Pentagynie, distingué par Tournefort, mais réuni par Linné aux Poiriers. Cependant il offre quelques différences, fort peu importantes il est vrai, et que nous allons signaler : le calice et la corolle sont les mêmes dans l'un et l'autre genre; les étamines dans les Poiriers sont dressées et rapprochées les unes contre les autres, tandis qu'elles sont étalées et divergentes dans les Pommiers. Dans les premiers, les cinq styles sont distincts, ils sont soudés entre eux à leur base dans les seconds; le fruit des Poiriers est ombiliqué à son sommet seulement, celui des Pommiers est ombiliqué à son sommet et à sa base. D'ailleurs les différences qui existent entre ces deux sortes d'Arbres sont trop facilement appréciées par les personnes étrangères à la botanique, pour que nous n'ayons pas cru devoir en traiter séparément dans ce Dictionnaire. Les espèces de Pommier sont peu nombreuses; mais les variétés du Pommier commun sont en quelque sorte innombrables. Parmi les premières, on cultive quelquefois dans les jardins : le POMMIER HYBRIDE, *Malus hybrida*, Desf., Arb., 2, p. 141, qu'on croit originaire de la Sibérie, et dont les fruits, de la grosseur et de la couleur d'une prune de Mirabelle, relevée de quelques zônes rougeâtres, sont acerbes et semi-transparens; le POMMIER TOUJOURS VERT, *Malus sempervirens*, Desf., *loc. cit.*, de l'Amérique septentrionale. Ses feuilles sont vertes, luisantes et un peu coriaces; le POMMIER A BOUQUETS, *Malus spectabilis*, Desf., *loc. cit.* Cette espèce, qui est originaire de la Chine, forme un Arbre de moyenne grandeur et du plus joli effet. Ses fleurs naissent en bouquets à l'extrémité des rameaux; elles sont roses et semi-doubles; aussi sont-elles généralement stériles. On cultive encore le Pommier dioïque, le Pommier baccifère, etc.; mais de toutes ces espèces la plus importante est la suivante :

POMMIER COMMUN, *Malus communis*, D. C., Fl. Fr. C'est la souche primitive de toutes les variétés que l'on cultive dans nos jardins et dans les vergers de plusieurs provinces de la France. Le Pommier qui vit sauvage dans nos forêts est un Arbre de moyenne grandeur qui, lorsqu'il croît en liberté dans nos champs, forme une tête hémisphérique, et ressemble en quelque sorte à un vaste parasol très-bombé. Ses fleurs sont grandes, d'une couleur rosée, et s'épanouissent au mois de mai. Quant à ses fruits, leur forme, leur couleur, leur grosseur sont différentes suivant les diverses variétés. Les unes sont bonnes à manger, les autres au contraire, d'une saveur âpre et désagréable, sont principalement cultivées pour la fabrication du cidre. Nous citerons ici quelques-unes des variétés les plus remarquables parmi celles que l'on mange, et surtout celles qui méritent la préférence; telles sont : le *Calville blanc* d'hiver, ou *Bonnet carré*, à fruit conique, relevé de côtes, à peau luisante, d'un jaune clair, et à chair très-sucrée; le *Calville rouge* d'automne, excellente Pomme dont la chair est parfumée de violette; les *Fenouillets*, distingués en gris et en jaune; les *Reinettes*, savoir la *Reinette franche*, qui est une des variétés que l'on conserve le plus long-temps; la *Reinette d'Angleterre*, ou *Pomme d'or;* la *Reinette du Canada*, remarquable par la grosseur de ses fruits; les *Reinettes grises;* le *Pigeonnet*, Pomme moyenne, rouge, très-bonne; les *Rambours;* l'*Api*, ainsi nommée parce que ce fut C. Appius qui rapporta, dit-on, cette variété du Péloponèse. Son fruit est petit, mais aussi bon que beau, et une foule d'autres encore. Disons maintenant quelques mots de la culture du Pommier et de ses moyens de multiplication.

Les racines du Pommier ne sont pas pivotantes comme celles du Poirier; aussi cet Arbre peut-il prospérer là où le Poirier ne saurait réussir. En général le terrain qui lui convient le mieux est une terre franche, légère et humide; il ne peut végéter dans les terrains secs, sablonneux ou trop calcaires. Mais les Arbres cultivés en plein champ fournissent un cidre d'autant meilleur, qu'ils croissent dans un terrain plus pierreux et plus en pente, parce que leurs fruits sont plus petits, et que les sucs qu'ils contiennent sont moins aqueux et plus élaborés. On multiplie le Pommier par plusieurs procédés. Pour se procurer des sujets, on peut les aller chercher dans les forêts, moyen peu usité, mais qui néanmoins fournit les sujets les plus vigoureux, et surtout les plus durables; ou bien on sème les pepins ou graines, tantôt des espèces sauvages, tantôt des espèces cultivées. Lorsque ces sujets sont formés, ils doivent être ensuite greffés; on s'en sert pour les espèces de plein vent qui doivent acquérir un assez grand développement. Mais pour les petites espèces, et pour celles que l'on désigne communément sous le nom de Pommiers nains ou Pommiers paradis, on les greffe sur deux variétés de Pommiers sauvages obtenus jadis par le moyen de graines, et désignées sous les noms de *doucin* et de *paradis*. Les sujets greffés sur doucin sont un peu plus forts que ceux qui proviennent de paradis. Le choix du sujet sur lequel on doit opérer la greffe est très-important. Ainsi, comme nous l'avons dit précédemment, pour faire une plantation en plein champ ou dans un grand verger, il faut autant que possible employer des sauvageons ou, à défaut de ceux-ci, des *égrins* ou sujets provenus de semences de Pommiers sauvages, parce que ces Arbres durent extrêmement long-temps. Pour les Pommiers de jardin, on peut prendre, soit les sujets provenus des pepins de Pommes à couteau, soit les Doucins ou les Paradis. Ces derniers durent à peine quinze à vingt ans, ce qui est un grand inconvénient, mais ils le rachètent par plusieurs avantages; ainsi un sujet greffé sur sauvageon ne donne de fruit que dix ou douze ans après avoir été greffé; sur égrin ou sur des sujets venus de graines d'espèces à couteau, il faut six à huit ans; tandis que sur doucin ou paradis on a des fruits au bout de deux ou trois ans au plus tard. Remarquons encore que les fruits des Paradis sont toujours beaucoup plus gros que ceux des autres variétés. Pour multiplier les variétés on se sert de la greffe; la greffe en fente est celle qui devrait toujours être préférée, mais on ne l'emploie guère que pour les individus de plein vent; pour les paradis on se sert de la greffe en écusson, qui est beaucoup plus facile et moins longue à exécuter. Le bois du Pommier est assez compacte; non-seulement il est très-bon à brûler, mais à cause des veines qu'il présente, on l'emploie aussi pour des ouvrages de menuiserie. (A. R.)

POMPADOUR. OIS. On a donné ce nom à une espèce de Pigeon, ainsi qu'à un Cotinga; il est synonyme de Pacapac. *V.* ce mot. (B.)

* POMPADOURE. *Pompadoura.* BOT. PHAN. *V.* CALYCANTHE.

POMPELMOUSE. BOT. PHAN. Pour Pamplemouse. *V.* ORANGER. (B.)

POMPHOLIX. CHIM. MIN. Un des anciens noms de l'Oxide de Zinc préparé par le feu. (G. DEL.)

POMPILE. *Pompilus.* POIS. Espèce du genre Coryphœne. *V.* ce mot. (B.)

POMPILE. MOLL. *V.* NAUTILE.

POMPILE. *Pompilus.* INS. Genre de l'ordre des Hyménoptères, section des Porte-Aiguillons, famille des Fouisseurs, tribu des Pompiliens, établi par Latreille aux dépens du genre Sphex de Linné, sous le nom de *Psammochare* auquel il a substitué celui de Pompile que lui donnait Fabricius dans le même temps, et ayant pour caractères : tête comprimée, de la largeur du corselet; trois petits yeux lisses disposés en triangle sur le vertex. Antennes longues, presque sétacées, insérées au milieu de la face antérieure de la tête, composées d'articles cylindriques, le premier plus gros, le second petit, au nombre de douze dans les femelles et de treize dans les mâles; labre entièrement caché ou peu découvert; mandibules dentelées au côté interne; mâchoires coriaces, terminées par un petit appendice arrondi. Palpes maxillaires notablement plus longs que les labiaux, pendans, de six articles, le troisième plus gros, conico-ovale; les trois derniers presque égaux en longueur; les labiaux de quatre articles à peu près égaux. Lèvre trifide, sa division intermédiaire plus large et échancrée à son extrémité. Premier segment du tronc plus large que long, transversal, échancré postérieurement; ses côtés prolongés jusqu'à la naissance des ailes. Ailes supérieures ayant une cellule radiale petite, courte; son extrémité ne s'écartant pas de la côte, et quatre cellules cubitales; la première aussi longue ou plus longue que les deux suivantes réunies; la seconde recevant, au-delà de son milieu, la première nervure récurrente, la troisième recevant la deuxième nervure récurrente, et la quatrième commencée. Abdomen brièvement pédiculé, ovalaire, composé de cinq segmens outre l'anus dans les femelles, en ayant un de plus dans les mâles. Pates longues, les postérieures surtout; jambes finement dentelées à leur partie extérieure, les intermédiaires et les postérieures munies à l'extrémité de deux épines longues et aiguës, les antérieures d'une seule. Tarses ciliés de poils roides; leurs crochets unidentés à la base. Ces Hyménoptères se rencontrent dans toutes les parties du monde; ils vivent dans les localités chaudes et sablonneuses. C'est dans le sable que les femelles creusent un trou dans lequel est leur nid. Quelques espèces s'emparent des trous qu'elles trouvent tout faits dans le bois. Les Pompiles varient beaucoup pour la taille, ils sont très-vifs; les femelles piquent très-fort. Ces Insectes se nourrissent du miel des fleurs; ils les fréquentent aussi pour tâcher d'attraper des Diptères ou des Araignées qu'ils apportent dans leurs trous et qui sont destinés à servir de nourriture à leurs larves qui naîtront de l'œuf déposé avec ces cadavres. On connaît plus de soixante espèces de ce genre; Vander-Linden, dans un ouvrage très-bien fait ayant pour titre : Observations sur les Hyménoptères d'Europe de la famille des Fouisseurs, fait connaître quarante-trois Pompiles propres à l'Europe. Parmi ceux-ci, nous citerons comme le type du genre, le POMPILE VOYAGEUR, *Pompilus viaticus*, Fab., Latr., Panzer, *Faun. Germ.*, fasc. 67, f. 16; *Sphex viatica*, Linn. Il est long de huit à neuf lignes, le mâle est beaucoup plus petit : les deux sexes sont noirs, avec les trois premiers anneaux de l'abdomen d'un rouge ferrugineux, bordés de noir postérieurement. Il est très-commun aux environs de Paris. (G.)

POMPILIENS. *Pompilii*. INS. Troisième tribu de l'ordre des Hyménoptères, section des Porte-Aiguillons, famille des Fouisseurs, établie par Latreille et à laquelle il donne pour caractères (Fam. nat., etc.) : les deux pieds postérieurs une fois au moins plus longs que la tête et le thorax. Antennes des femelles au moins formées d'articles allongés, peu serrés et souvent contournés; prothorax en forme de carré, soit transversal, soit longitudinal, avec le bord postérieur presque droit. Abdomen ovoïde sans rétrécissement, en forme de long pédicule à sa base. Côté interne des deux jambes postérieures offrant une brosse de poils. Latreille distribue de la manière suivante les genres de cette tribu :

I. Palpes presque d'égale longueur; les deux derniers articles des maxillaires et le dernier des labiaux, beaucoup plus courts que les précédens. Languette profondément bifide, à lobes étroits et aigus.

Genre : PEPSIS.

II. Palpes maxillaires beaucoup plus longs que les labiaux, pendans; le dernier de ceux-ci et les deux derniers des précédens peu différens en longueur des articles précédens. Languette simplement échancrée.

† Prothorax transversal, une fois au moins plus large que long.

Genres : POMPILE, CÉROPALE, APORE.

†† Prothorax presque aussi long que large.

α. Mandibules sans dents au côté interne. Tête convexe, du moins postérieurement.

Genre : SALIUS.

β. Une dent au moins, au côté interne des mandibules. Tête déprimée; ocelles très-petits, écartés.

Genre : PLANICEPS. *V.* ces mots à leurs lettres ou au Supplément. (G.)

* POMPON. BOT. PHAN. Espèce de Rose et variété de Camellie du Japon. (B.)

PONÆA. BOT. PHAN. Schreber a substitué sans motif ce nom à celui de *Toulicia* d'Aublet, qui d'ailleurs n'est probablement pas différent du *Cupania*. *V.* ces mots. (G..N.)

PONCE (PIERRE). MIN. Pumite, Cordier. Lave feldspathique, formée de verre boursoufflé, mélangé de cristaux microscopiques plus ou moins abondans; poreuse, légère et rude au toucher. Les cellules dont elle est parsemée sont très-étroites et très-allongées, tantôt parallèles les unes aux autres, tantôt contournées de différentes manières et comme tressées. Cette structure remarquable paraît être le résultat d'un dégagement de matière gazeuse, qui s'est opéré pendant que la masse encore pâteuse coulait sur un plan incliné, ou s'affaissait sur elle-même. Il en résulte que les Ponces semblent composées de filamens, ordinairement d'un gris de perle et comme satinés. Elles ont pour caractère commun de fondre au chalumeau en un émail blanchâtre. Leur texture est assez variée : tantôt elles sont très-légères, à raison des vides nombreux qu'elles offrent dans leur intérieur; tantôt elles sont pesantes, et se rapprochent alors de la Roche vitreuse connue sous le nom d'Obsidienne. Ces matières scoriformes n'ont pas toutes la même origine : on ne doit voir en elles qu'un certain état cellulaire, auquel peuvent être amenées plusieurs des Roches des terrains trachytiques et volcaniques, lorsqu'elles sont soumises à une action incomplète de vitrification. Aussi observe-t-on des passages insensibles de la Ponce aux Roches feldspathiques leucostiniques, telles que le Phonolite, le Trachyte, la Perlite et l'Obsidienne. Les couches ou courans formés par ces Roches ont fréquemment leur surface supérieure recouverte de matières scorifiées, qui sont de véritable Ponce. La couleur dominante de la Ponce est le blanc-grisâtre, tirant quelquefois sur le verdâtre; tantôt cette matière paraît faire partie d'une véritable coulée, comme aux îles Ponces et de Lipari; tantôt elle semble plutôt avoir été lancée par les volcans, en petits fragmens, qui sont retombés comme une sorte de grêle, et par leur tassement ont produit des amas immenses, comme la Ponce des environs d'Andernach; celle de Campo-Bianco, dans l'île de Lipari, et celle des îles volcaniques de la mer du Sud. Cette Pierre étant ordinairement assez légère pour surnager sur l'eau, on trouve quelquefois, aux Moluques, la mer couverte de Ponces à plusieurs lieues de distance du volcan brûlant qui les a lancées; c'est sans doute une observation de ce genre qui a fait donner à cette Pierre, par les anciens, le nom de *Pumex*, *Spuma maris*. On peut distinguer plusieurs variétés de Ponces, quoique les limites qui les séparent soient peu tranchées. 1°. La Ponce commune, grumeleuse, ou filamenteuse; elle renferme souvent de petits cristaux de Feldspath vitreux, de Pyroxène, de Mica bronzé, quelquefois de Haüyne. 2°. La Ponce arénacée (Pumite lapilliforme de Cordier); en masse composée de grains vitreux, quelquefois homogène, solide et ayant l'apparence d'une matière broyée; dans ce dernier cas, elle a été regardée comme une sorte de Tripoli, ou de Schiste à polir. 3°. La Ponce décomposée (Asclérine de Cordier), terreuse, dans un état argiloïde qui lui donne une certaine analogie avec le Kaolin. C'est dans cette Ponce altérée que l'on trouve en Hongrie l'Opale résinite xyloïde, d'un brun-rougeâtre orangé. La dureté des molécules de la Ponce la rend propre à divers usages. La variété commune, qui est très-répandue dans le commerce, et qui vient principalement des îles Ponces et de Lipari, s'emploie pour polir le bois, l'ivoire et les métaux; en Orient et même en Europe, on s'en sert au bain pour adoucir la peau et effacer les durillons des pieds. Réduite en poudre et mêlée avec la chaux, elle fournit un ciment qui prend une grande dureté sous l'eau. La Ponce arénacée est employée aux environs de Tokai en Hongrie, comme pierre à bâtir; elle est solide, légère, se taille avec facilité et conserve bien ses arêtes et ses moulures. La Ponce décomposée a été employée comme Kaolin dans quelques fabriques de faïence fine et à la manufacture de porcelaine de Vienne.

(G. DEL.)

* PONCEAU. OIS. Espèce du genre Coracine. *V.* ce mot. (B.)

PONCEAU. BOT. PHAN. L'un des noms vulgaires des gros Pavots rouges et des Coquelicots doubles. (B.)

PONCELETIA. BOT. PHAN. Genre de la famille des Epacridées et de la Pentandrie Monogynie, L., établi par R. Brown (*Prodr. Flor. Nov.-Holl.*, p. 554) qui l'a ainsi caractérisé : calice foliacé; corolle brièvement campanulée, imberbe et quinquéfide; étamines hypogynes, dont les anthères sont peltées un peu au-dessous de leur milieu, à cloison bordée; point de petites écailles hypogynes; placentas de la capsule adnés à une colonne centrale. Ce genre ne renferme qu'une seule espèce nommée *Ponceletia sprengelioides*, qui croît dans les endroits marécageux du port Jackson dans la Nouvelle-Hollande. C'est un très-petit Arbrisseau, dressé, à rameaux effilés, nus, non marqués d'anneaux après la chute des feuilles, les florifères très-fragiles; les feuilles sont presque amplexicaules, cuculliformes à la base. Les fleurs sont solitaires et dressées au sommet des rameaux.

Du Petit-Thouars avait établi un autre genre *Ponceletia ;* mais il a été réuni au genre *Spartina. V.* ce mot. (G..N.)

PONCI. BOT. PHAN. L'un des noms de pays de l'*Olea emarginata.* (B.)

PONCIRADE. BOT. PHAN. L'un des noms vulgaires du *Melissa officinalis*, L. (B.)

PONCIRE. BOT. PHAN. L'une des très-nombreuses variétés de Citrons. (B.)

* PONDEUSE. BOT. PHAN. L'un des noms vulgaires de la Mélongène. (B.)

PONÈRE. *Ponera.* INS. Genre de l'ordre des Hyménoptères, section des Porte-Aiguillons, famille des Hétérogynes, tribu des Formicaires, établi par Latreille et très-voisin de son genre Fourmi dont il ne diffère que parce que les femelles et les neutres ont un aiguillon, ce qui n'a lieu chez aucune espèce de Fourmi. Les Myrmices, OEcodomes et Cryptocères ont bien aussi un aiguillon ; mais ils diffèrent des Ponères parce qu'ils ont le pédicule de l'abdomen composé de deux nœuds, tandis qu'il n'y en a qu'un chez les Ponères. Les Polyergues en diffèrent parce qu'elles n'ont point d'aiguillon. Ces Formicaires vivent en sociétés nombreuses ; leurs mœurs sont entièrement semblables à celles des Fourmis. Ce genre est peu nombreux en espèces ; on n'en connaît qu'une aux environs de Paris, c'est :

La PONÈRE RESSERRÉE, *Ponera contracta*, Latr., Gen. Crust., etc.; *Formica contracta*, Latr., Hist. nat. des Fourmis, p. 195, pl. 7, f. 40 ; elle est longue de deux lignes ; le Mulet n'a presque point d'yeux, et vit sous les pierres en sociétés peu nombreuses. Il est noir, presque cylindrique, avec les antennes et les pieds d'un brun-jaunâtre.

Quelques espèces exotiques atteignent jusqu'à huit à dix lignes de longueur. (G.)

PONGA. Sous ce nom Rhéede (*Hort. Malab.*, vol. 4, p. 73, tab. 35) a décrit et figuré un Arbre du Malabar qui paraît appartenir à la famille des Urticées, section des Artocarpées ; mais la description est trop incomplète pour qu'on puisse déterminer avec certitude si c'est un *Ficus*, un *Artocarpus*, ou un *Broussonetia.* (G..N.)

PONGAM OU PUNGAM. BOT. PHAN. Sous ce nom, adopté par Adanson, Rhéede (*Hort. Malab.*, 6, t. 3) a figuré une Légumineuse qui est devenue le type du genre *Pongamia* de Ventenat. *V.* PONGAMIE. (G..N.)

* PONGAMIE. *Pongamia.* BOT. PHAN. Genre de la famille des Légumineuses et de la Diadelphie Décandrie, L., établi d'abord par Lamarck dans l'Encyclopédie, sous le nom de *Galedupa.* Ce nom ne fut point admis, parce que Lamarck avait cité à tort comme synonyme une Plante anciennement nommée *Galedupa* par Rumph ; et Ventenat (Jardin de Malmaison, n. 28) lui substitua le nom de *Pongamia*, qui a été généralement adopté. De Candolle (*Prodrom. Syst. Veget.*, 2, p. 416) a placé ce genre dans la tribu des Dalbergiées, et l'a ainsi caractérisé : calice en forme de coupe à cinq dents, obliquement tronqué ; corolle papilionacée à cinq pétales onguiculés ; dix étamines monadelphes, la gaîne fendue supérieurement, et la dixième étamine à moitié libre ; gousse légèrement stipitée, comprimée, plane, indéhiscente, pointue, uniloculaire, renfermant une ou deux graines. Ce genre comprend cinq espèces qui croissent dans l'Inde orientale et dans la Chine. Le type du genre est le *Pongamia glabra*, Vent., *loc. cit. ; Robinia mitis*, L. ; *Galedupa Indica*, Lamk., et *Dalbergia arborea*, Willd. Cette espèce est, ainsi que ses congénères, un Arbre à feuilles imparipinnées, à folioles opposées, et à fleurs blanchâtres, disposées en grappes. (G..N.)

* PONGATIUM. BOT. PHAN. (Lamarck et Jussieu.) Syn. de *Sphenoclea* de Gaertner. *V.* SPHÉNOCLÉE. (G..N.)

PONGELION. BOT. PHAN. Rhéede (*Hort. Malab.*, vol. 6, tab. 15) a décrit et figuré sous ce nom adopté par Adanson l'*Ailanthus glandulosa*, Desf. *V*. AILANTHE. (G..N.)

PONGO. MAM. *V*. ORANG.

* PONGOLE. MOLL. Est le nom qu'à la Nouvelle-Irlande les naturels donnent à l'Ovule OEuf de Léda. (LESS.)

PONNA. BOT. PHAN. Probablement la même chose que le Ritangor des Malais, et synonyme de *Calophyllum inophyllum*. *V*. CALOPHYLLE. (B.)

* PONTÉDÉRIACÉES. *Pontederiaceæ*. BOT. PHAN. Famille naturelle de Plantes monocotylédones périgynes, établie par le professeur Kunth (*in Humb. Nov. Gen.*, 1, p. 265) et qui comprend les genres *Pontederia*, L., et *Heteranthera*, Beauvois. Ses caractères sont les suivans : les fleurs sont solitaires ou disposées en épis denses ou en ombelle, qui naissent de la gaîne des feuilles. Leur calice est monosépale, tubuleux, à six divisions plus ou moins profondes, égales ou inégales et formant deux lèvres ; les étamines varient de trois à six et sont insérées au tube du calice ; leurs filets sont quelquefois inégaux. L'ovaire est libre ou semi-infère, à trois loges, contenant chacune plusieurs ovules insérés à leur angle interne. Leur style est grêle, simple, terminé par un très-petit stigmate simple ou légèrement trilobé. Le fruit est une capsule quelquefois un peu charnue, à trois ou plus rarement à une seule loge, contenant chacune une ou plusieurs graines attachées à leur angle interne, et s'ouvrant en trois valves septifères sur le milieu de leur face interne. Ces graines offrent un hile ou point d'attache extrêmement petit; un endosperme farineux, qui contient un embryon dressé ayant la même direction que la graine. Les deux genres qui forment cette famille se composent de Plantes herbacées, vivaces, croissant en général dans l'eau ou nageant à sa surface; leurs feuilles sont alternes, engaînantes à leur base, ayant la gaîne fendue. Ces deux genres faisaient autrefois partie des Narcissées dont ils ont été retirés pour former une famille distincte. Cette famille a de grands rapports d'une part avec les Commélinées, dont elle diffère par son embryon ayant la même direction que la graine, ce qui est le contraire pour ces dernières, par son hile punctiforme, par son calice tubuleux et uniforme et par son ovaire à loge polysperme. D'une autre part elle a beaucoup d'affinité avec les Liliacées, dont elle ne diffère guère que par le port des Végétaux qui la composent, en sorte qu'il serait peut-être possible de les y réunir comme une simple tribu. (A. R.)

PONTÉDÉRIE. *Pontederia*. BOT. PHAN. Genre d'abord placé dans la famille des Narcissées, mais qui est devenu le type d'une famille nouvelle, sous le nom de Pontédériacées. *V*. ce mot. Le genre Pontédérie établi par Linné offre un calice monosépale, coloré, tubuleux, infundibuliforme, à six divisions inégales et souvent comme bilabié ; six étamines dont trois sont insérées au tube du calice et trois à son limbe. Le fruit est une capsule légèrement charnue, à trois loges polyspermes. Les espèces de ce genre sont des Plantes herbacées, vivant en général dans l'eau, ayant des feuilles alternes et engaînantes ; des fleurs en épis ou en sertules, qui naissent des gaînes des feuilles. Toutes sont exotiques, les unes originaires des deux Amériques, comme *Pontederia cordata*, L., qu'on cultive quelquefois dans les jardins, *P. azurea*, Swartz, *P. rotundifolia*, L., Suppl. Les autres d'Afrique, *P. natans*, Beauv., etc.; quelques-unes de l'Inde, *P. hastata*, L., *P. vaginalis*, L., *P. dilatata*, Ait., etc. (A. R.)

PONTÉDÉRIÉES. BOT. PHAN. Pour Pontédériacées. *V*. ce mot. (A. R.)

PONTHIEVA. BOT. PHAN. Rob. Brown (*Hort. Kew.*, 5, p. 199) appelle ainsi un genre de la famille des

Orchidées qu'il a formé pour le *Neottia glandulosa* de Sims (*Botan. Mag.*, 842). Ce genre diffère des autres *Neottia* par son labelle et les divisions intérieures de son calice qui sont insérées au gynostème. Cette espèce croît dans l'Inde. (A. R.)

PONTIANE. BOT. PHAN. L'un des anciens noms du Tabac. (B.)

* PONTIE. *Pontia.* CRUST. Nous avons fondé sous ce nom un nouveau genre de Crustacés qui nous paraît devoir prendre place dans l'ordre naturel entre les Décapodes Macroures Schézipodes et les Crustacés des ordres inférieurs. La forme générale du petit Animal pour lequel nous avons établi ce genre, rappelle un peu celle de la Ligie, mais il est plus aplati et plus allongé postérieurement. La tête n'est pas très-distincte du thorax; antérieurement, elle est terminée par un rostre aigu qui est un peu mobile, et paraît formé de deux articles. Les yeux sont au nombre de deux, assez petits et sessiles; les antennes supérieures sont très-longues, sétacées et formées d'un grand nombre d'articles; les inférieures sont bifides, et garnies de poils à leur extrémité qui est plate et élargie; elles sont dirigées en bas, et paraissent remplir l'office de pates natatoires ou de pieds-mâchoires. Le thorax, ainsi que nous l'avons déjà dit, est formé de six anneaux dont les deux antérieurs sont les plus larges, et les autres diminuent progressivement de grandeur. Les cinq derniers supportent autant de paires de pates qui sont bifides, ciliées, dirigées en arrière et propres seulement à la natation; le second segment thoracique qui supporte la première paire de pates soutient aussi une paire d'appendices très-larges, bifides et garnis d'un grand nombre de longs poils rameux; ces derniers appendices, que l'on doit considérer comme des pieds-mâchoires, sont dirigés en avant, et cachent complétement la bouche ainsi que les pieds-mâchoires; ceux-ci, au nombre de deux paires, diffèrent beaucoup par leur forme; la première, c'est-à-dire celle qui recouvre les mandibules, est courte, large, garnie d'un assez grand nombre de poils, et formée de quatre articles; la suivante est au contraire grêle et allongée. La troisième a été décrite ci-dessus. L'abdomen est divisé en deux segmens; le premier supporte une paire de fausses pates rudimentaires; le second est terminé par deux appendices en forme de spatule, biarticulés et ciliés. Ce Crustacé diffère essentiellement de tous les autres Animaux de la même classe déjà étudiés. Le nombre et la disposition de ses pates le rapprocheraient de certains Mysis, mais il s'en éloigne beaucoup par la structure de son thorax qui est assez semblable à celui des Isopodes et des Amphipodes. Enfin, la forme de son rostre et de ses antennes rappelle ce que l'on voit dans quelques Entomostracés. Les caractères que nous avons assignés au genre Pontie, *Pontia*, sont les suivans: tête distincte du thorax; deux yeux sessiles, quatre antennes dont les supérieures sétacées et multiarticulées; les inférieures pédiformes, ciliées et formées de deux tiges partant d'un pédoncule commun; thorax divisé en six anneaux; cinq paires de pates bifides et natatoires; abdomen formé de deux segmens et terminé par deux appendices.

L'Animal dont il est question ici, que nous avons nommé *Pontia Savignyi*, et que nous avons figuré dans les Annales des Sciences naturelles, T. XIII, pl. 14, est remarquable par la beauté de ses couleurs; le dos est d'un blanc argenté et nacré, entouré d'une bordure assez large d'un vert émeraude. Il nage sur le ventre et se meut avec une vivacité extrême. Nous l'avons trouvée sur des rochers qui ne se découvrent que lors des grandes marées, et qui sont situés près du Croisic en Bretagne. (H.-M. E.)

PONTIE. *Pontia.* INS. Genre de l'ordre des Lépidoptères, famille des

Diurnes, établi par Fabricius, et renfermant les Piérides de Schranck et Latreille. *V*. PIÉRIDE. (G.)

PONTOBDELLE. *Pontobdella*. ANNEL. Ce genre a été établi par Leach et adopté par Lamarck. Savigny, dont nous suivons ici la méthode, lui a substitué le nom d'Albione, *Albione* (Ouvrage d'Egypte, Syst. des Annel., p. 110). Il le range dans la deuxième section de la famille des Sangsues, et lui donne pour caractères distinctifs: ventouse orale, très-concave; mâchoires réduites à trois points saillans; six yeux disposés sur une ligne transverse; ventouse anale exactement terminale. Les espèces de ce genre ont le corps cylindrico-conique, aminci vers la ventouse antérieure, composé d'anneaux quaternés, c'est-à-dire ordonnés quatre par quatre, inégaux, hérissés de verrues; les huit anneaux compris entre le quinzième et le vingt-quatrième sont courts et serrés; ils offrent dans la jonction du dix-septième au dix-huitième, et dans celle du vingtième au vingt-unième les deux orifices de la génération. La bouche est très-petite, située dans le fond de la ventouse orale, plus près de son bord inférieur; elle est munie de mâchoires réduites à trois points saillans et peu visibles. Il est douteux qu'il existe des yeux. Blainville le nie formellement; Savigny croit qu'il y en a six, placés sur une ligne transverse derrière le bord supérieur de la ventouse. Moquin-Tandon, auquel on est redevable d'une Monographie de la famille des Hirudinées, en compte huit, mais avec doute. La ventouse orale, formée par un seul segment, est séparée du corps par un fort étranglement, très-concave, en forme de godet; son ouverture est oblique, elliptique, sensiblement longitudinale et garnie d'un rebord. La ventouse anale est très-concave et bordée. Les Pontobdelles ou Albiones sont toutes marines; elles se nourrissent du sang des Raies et autres Poissons. « Battara a observé, dit Thomas (Mémoire pour servir à l'histoire naturelle des Sangsues, p. 96), que si on place dans de l'eau de puits ou dans de l'eau commune les Sangsues marines, elles y meurent en une ou deux heures. Elles y vivent très-long-temps au contraire si on y jette du Sel marin, de manière à donner à l'eau une saveur analogue à celle des flots de la mer. » Moquin-Tandon observe que l'œsophage est long et très-étroit: que les estomacs sont médiocrement larges, peu distincts et réduits à un tube longitudinal, sinueux sur les bords et plus large postérieurement. « Il n'y a, dit-il, qu'un seul cœcum assez large et de la longueur du rectum. Le rectum est étroit, sinueux et dilaté postérieurement, de manière à former un cloaque près l'ouverture de l'anus. La vésicule séminale est très-petite, à peu près de la forme de celle des Néphélis. Les canaux déférens sont courts et dirigés antérieurement. Les testicules sont à demi déployés. Les vésicules séminales, supplémentaires, ajoute-t-il, sont très-petites, ovales, presque pyriformes; on n'en observe que cinq paires. » Le genre Pontobdelle de Leach ou Albione de Savigny, correspond au genre *Gôl* d'Oken, et à celui de *Phormio* de Goldfuss et Schinz. Il renferme, suivant Savigny, deux espèces:

L'ALBIONE ÉPINEUSE, *Albione muricata*, ou la *Pontobdella muricata* de Lamarck. C'est la *Pontobdella spinulosa* de Leach, et l'*Hirudo muricata* de Linné et de Cuvier. On la trouve communément sur nos côtes de l'Océan et de la Méditerranée; elle s'attache aux Raies et à d'autres Poissons.

L'ALBIONE VERRUQUEUSE, *Albione verrucata*, ou la *Pontobdella verrucata* de Leach, qui est la même espèce que l'*Hirudo piscium* de Baster. Elle vit comme l'espèce précédente, et se trouve dans les mêmes lieux.

Moquin-Tandon (*loc. cit.*) ajoute une troisième espèce, et Blainville (Dict. des Sc. nat. T. XLVII, p. 241) en admet en tout sept. (AUD.)

* PONTOCARDE. *Pontocardia.* ACAL. Nous avons créé ce nouveau genre dans le tome III des Mémoires de la Société d'histoire naturelle de Paris, pour y placer un Zoophyte fort obscur trouvé pendant notre voyage sur la corvette la Coquille, et que nous avons figuré ; mais il est si facile de prendre des parties de Zoophytes pour des Animaux entiers, que, malgré l'exactitude de notre dessin, nous ne répondons pas de l'existence réelle de ce genre que nous définissons ainsi : corps libre, simple, gélatineux, consistant, ovaliforme, échancré supérieurement de manière à affecter une forme de cœur, et aminci et rétréci en bas. Nulle trace de viscères. Un canal translucide en croix occupant l'intérieur, et composé d'une branche plus longue, transversale, et d'une plus courte, verticale, ayant à son sommet une bouche correspondant à une autre ouverture placée à la partie inférieure du Zoophyte ; hyalinité parfaite. La place de ce genre serait peut-être à côté de celui nommé *Gleba*, ou dans les Acalèphes libres, près des Diphies.

La seule espèce de ce genre, dont le nom tiré du grec signifie *cœur marin*, est le PONTOCARDE CROISÉ, *Pontocardia cruciata*, Less. C'est un Zoophyte de consistance mollasse, d'un blanc de cristal hors de la mer, nuageux, et ne paraissant que comme une croix délicate dans l'eau. Le pourtour de la bouche inférieure est d'un jaune pâle. On ne voit aucune trace de nucléus. Des sortes de très-petits tubes entortillés et blancs sillonnent le dedans de la croix. Ce Zoophyte est un peu moins grand qu'une pièce d'un franc ; il est assez régulièrement cordiforme, et l'échancrure supérieure profonde et concave. Nous le prîmes le 18 septembre 1823, par les 27° 30' de latitude sud, en nous rendant de Waigiou aux Moluques, et près de l'île de Guébé. (LESS.)

* PONTONIE. *Pontonia.* CRUST. Genre de Salicoques, voisin des Alphées, mentionné par Latreille (Fam. Natur., etc.), et dont nous ne connaissons pas les caractères. (G.)

PONTOPHILE. *Pontophilus.* CRUST. Nom donné par Leach (*Mal. Podophil. Britan.*) à un genre de l'ordre des Décapodes, famille des Macroures, tribu des Salicoques, qui ne diffère des Crangons de Fabricius que par la longueur relative des deux derniers articles des pieds-mâchoires extérieurs, ou du premier article du pédoncule des antennes inférieures. Dans les Pontophiles, cet article se prolonge au-delà du milieu de la longueur de l'écaille annexée au pédoncule ; le dernier article des pieds-mâchoires extérieurs est presque une fois plus long que le précédent et pointu. Dans les Crangons, il est de sa longueur et obtus ; le premier article des antennes est plus court. Risso avait établi ce genre sous le nom d'Égeon. Latreille ne l'a pas adopté et il les réunit à ses Crangons. *V.* ce mot. (G.)

PONTOPIDANA. BOT. PHAN. Scopoli a donné ce nom au *Couroupita guianensis* d'Aublet, ou *Lecythis bracteata*, Willd. *V.* COUROUPITA et LECYTHIS. (G..N.)

POO-BOOK. OIS. Espèce du genre Engoulevent. *V.* ce mot. (B.)

* POOPO-AROWRO. OIS. Syn. d'Eclatant, espèce du genre Coucou. *V.* ce mot. (B.)

POPEL. MOLL. (Adanson.) Dénomination appliquée au *Cerithium radula*. *V.* CÉRITE. (AUD.)

POPETUÉ. OIS. Espèce du genre Engoulevent. *V.* ce mot. (B.)

* POPINETTE. OIS. Syn. vulgaire de Mésange à longue queue. *V.* MÉSANGE. (DR..Z.)

POPULAGE ET POPULAGO. BOT. PHAN. *V.* CALTHA.

POPULUS. BOT. PHAN. *V.* PEUPLIER.

* PORANGA. OIS. Pison (Hist. nat. Brésil., p. 80, liv. III) a figuré

sous le nom de *Mutu-Poranga*, le *Crax Alector* des Méthodes. (LESS.)

PORANE. *Porana*. BOT. PHAN. Genre de la famille des Convolvulacées et de la Pentandrie Monogynie, L., offrant les caractères suivans : calice à cinq folioles lancéolées, obtuses, persistantes et agrandies avec le fruit; corolle monopétale, campanulée, divisée jusqu'à la moitié en cinq segmens aigus et égaux entre eux; cinq étamines alternes avec les segmens de la corolle non saillantes; ovaire supère, presque rond, surmonté d'un style filiforme de la longueur des étamines, persistant, bifide, et terminé par des stigmates capités; fruit capsulaire bivalve. Jussieu, dans son *Genera Plantarum*, avait indiqué les affinités de ce genre avec l'*Ehretia* et les Borraginées, mais tous les auteurs modernes l'ont rapporté aux Convolvulacées. L'espèce qui en forme le type, *Porana volubilis*, Burmann, *Flor. Ind.*, p. 51, tab. 21, est un Arbrisseau grimpant, à feuilles distantes, ovées, acuminées, et à fleurs en grappes lâches. Cette Plante croît à Java. Palisot-Beauvois en a décrit et figuré (Flore d'Oware, p. 65, tab. 49) une seconde espèce sous le nom de *Porana acuminata*. Enfin, dans la *Flora Indica*, publiée récemment à Calcutta par Wallich, sont décrites deux nouvelles espèces sous les noms de *P. racemosa* et *P. paniculata*, dont Sweet a fait un nouveau genre sous le nom de *Dinetus*. *V.* ce mot au Supplément. (G..N.)

PORANTHÈRE. *Poranthera*. BOT. PHAN. Sous le nom de *Poranthera ericifolia*, Rudge a décrit et figuré (*Transact. Soc. Linn.*, vol. x, p. 302, tab. 32, fig. 2) une Plante qui appartient à la Pentandrie Trigynie, L., mais dont les affinités naturelles ne sont pas bien déterminées, quoiqu'il paraîtrait, d'après une note de Sweet (*Hort. Britan.*, 2, p. 492) qu'on doive le rapporter aux Rutacées. Cependant, ni Adr. De Jussieu, ni De Candolle, n'ont mentionné ce genre lorsqu'ils ont revu complétement cette famille. Il appartient probablement à la petite famille des Trémandrées de R. Brown, également composée de Plantes de la Nouvelle-Hollande, qui offrent des caractères à peu près semblables. Le *Porant. ericifolia* est un Arbrisseau dont la tige est divisée en rameaux étalés, garnis de feuilles nombreuses, linéaires, imbriquées. Les fleurs forment un corymbe dense et terminal. Chacune d'elles est dépourvue de calice; la corolle est composée de cinq pétales oblongs, très-entiers; les étamines au nombre de cinq, ont leurs filets du double de la longueur des pétales; les anthères quadriloculaires, terminées par des pores; trois fruits capsulaires polyspermes. Cette Plante croît aux environs du port Jackson, dans la Nouvelle-Hollande. Elle est cultivée en Angleterre depuis 1825. (G..N.)

PORAQUEIBA. BOT. PHAN. Aublet a donné ce nom à un Arbrisseau originaire de la Guiane, qu'il décrit et figure sous le nom de *Poraqueiba guianensis*, Aublet, Gui., 1, tab. 47. Nous allons donner une description de ce genre d'après des échantillons recueillis à la Guiane par mon père, et que nous possédons dans notre herbier. C'est un Arbuste très-touffu et très-rameux qui croît au voisinage de l'eau, ou quelquefois c'est un Arbre qui acquiert jusqu'à trente pieds d'élévation. Son écorce est cendrée et couverte de petits points proéminens. Ses feuilles sont alternes, pétiolées, très-grandes, ovales, acuminées, entières, glabres, blanchâtres à leur face inférieure; le pétiole, long d'environ un pouce, est canaliculé. Les fleurs sont très-petites, d'un jaune verdâtre, très-caduques, formant des grappes axillaires presque simples, et plus courtes que les feuilles. Le calice est très-petit, monosépale, à cinq divisions obtuses et persistantes. La corolle est formée de cinq pétales valvaires, légèrement cohérens entre eux par leur base, lancéolés, aigus, un peu épais, offrant à leur face interne une lame longitudinale, légèrement proéminente. Les étamines, au nombre de cinq, sont alternes avec les pétales; leurs filets sont subulés ou peu dilatés à leur base; leurs anthères terminales, rapprochées, subcordiformes, et à deux loges introrses, s'ouvrant par un sillon longitudinal. Les étamines sont insérées tout-à-fait à la base du calice. L'ovaire est libre, globuleux, à une seule loge; il se termine supérieurement par un style très-court, au sommet duquel est un stigmate très-petit, et qui paraît simple. Le fruit, qui n'est pas à son état de maturité parfaite, est ovoïde, terminé en pointe, du volume d'un gros pois, charnu, accompagné à sa base par le calice.

Il est fort difficile de déterminer la place de ce genre dans la série des ordres naturels. De Jussieu l'avait rapproché des Berbéridées, mais il ne peut y demeurer. Il nous paraît plutôt avoir quelques rapports avec les Térébinthacées ou les Aurantiées.

(A. R.)

PORC. ZOOL. C'est l'un des noms vulgaires du Cochon. On l'a étendu à d'autres Animaux avec quelque épithète. Ainsi l'on a appelé :

PORC ou POISSON PORC, le Humantin, sorte de Squale, le *Balistes Capriscus*, etc.

PORC DE RIVIÈRE, le Cabiais.

PORC DE MER, le Marsouin.

PORC A MUSC, le Pécari, etc. (B.)

PORC-EPIC. *Hystrix*. MAM. C'est, suivant tous les auteurs systématiques, et même suivant tous les zoologistes modernes, à l'exception de Lacépède, de Fr. Cuvier, de Ranzani, de Temminck et de Lesson, un genre de Rongeurs à clavicules incomplètes, comprenant toutes les espèces qui présentent les caractères suivans : deux incisives supérieures très-fortes, lisses antérieurement, terminées en biseau; deux inférieures fortes et un peu comprimées latéralement; molaires au nombre de quatre de chaque côté et à chaque mâchoire; toutes sont de forme cylindrique, et marquées sur leur couronne de quatre ou cinq empreintes enfoncées; tête forte; museau très-gros et renflé; oreilles courtes, arrondies; langue hérissée d'écailles épineuses; pieds antérieurs à quatre doigts, les postérieurs ordinairement à cinq; tous armés d'ongles robustes; un rudiment de pouce avec un ongle obtus aux pieds de devant. Des piquans plus ou moins longs sur le corps, quelquefois entremêlés de poils; queue plus ou moins longue, quelquefois prenante (Cuv., Règne Anim. T. I, p. 208, et Desm., Mammif., p. 344). Ce genre, ainsi établi, comprend, dans l'état présent de la science, cinq ou six espèces assez bien déterminées, et deux ou trois autres très-obscures, répandues dans l'Europe méridionale, l'Asie, l'Afrique et les deux Amériques. Toutes se trouvent liées entre elles par des rapports que l'on doit considérer comme assez intimes pour qu'elles ne puissent être éloignées les unes des autres, mais qui cependant n'empêchent pas qu'on ne puisse signaler parmi elles plusieurs types génériques. C'est ce que Lacépède a indiqué le premier en formant aux dépens du groupe des *Hystrix* son genre Coendou, et ce que Fr. Cuvier a démontré d'une manière rigoureuse, dans un Mémoire où l'on pourrait peut-être signaler quelques déterminations un peu hasardées, mais que les vues philosophiques qu'il renferme, et des idées très-ingénieuses sur quelques-uns des principes de la science zoologique, nous font regarder comme éminemment remarquable. Dans ce Mémoire, publié dans le T. IX des Mém. du Mus., p. 413, l'auteur propose de diviser le groupe des Porcs-Epics en cinq genres ou sous-genres qu'il désigne sous les noms d'*Hystrix*, d'*Acanthion*, d'*Erethizon*, de *Synœther* et de *Sphiggurus*, et que nous allons rapidement passer en revue, en indiquant seulement les caractères différentiels propres à chacun d'eux.

† Les Porcs-Épics proprement dits, *Hystrix*.

Les caractères assignés par Fr. Cuvier, à ce premier groupe, sont les suivans : mâchelières à peu près d'égale grandeur, circulaires et divisées par des échancrures transverses qui, en s'effaçant, laissent au milieu de la dent des rubans plus ou moins longs, irréguliers, dessinés par l'émail; incisives supérieures unies et arrondies en devant, naissant de la partie antérieure et inférieure des maxillaires; et les inférieures, semblables aux supérieures par la forme, naissant à quelques lignes au-dessous du condyle. Pieds plantigrades; queue rudimentaire; œil très-petit, à pupille ronde; oreille peu étendue, arrondie; fentes des narines longues, étroites, s'étendant, en se recourbant légèrement sur les côtés du museau, et se réunissant au-dessus de la lèvre supérieure; la peau qui entoure les narines, nue, épaisse et non glanduleuse; poils du dessous du corps courts, peu épais et peu épineux; de longues soies flexibles, répandues entre les longues épines du dos; côtés du museau et dessus des yeux garnis d'épaisses et longues moustaches.

Le Porc-Épic d'Italie, *Hystrix cristata*, L.; le Porc-Epic, Buff. T. xii, pl. 51, est la seule espèce bien connue de ce groupe. Sa taille est de plus de deux pieds, sans comprendre la queue qui est extrêmement courte. Les piquans, qui couvrent la partie supérieure du corps, sont colorés par de grandes zônes de blanc et de noirâtre, et présentent des stries longitudinales; ils sont très-pointus, très-épais, et généralement aussi très-longs, principalement sur le dos où l'on en voit qui ont jusqu'à un pied de long et quelquefois davantage; le cou, les épaules, la poitrine, le ventre et les jambes n'ont au contraire que des piquans très-courts, très-grêles, colorés uniformément de brun noirâtre, et terminés par un filament très-flexible. Des piquans, de même nature mais beaucoup plus longs, se retrouvent aussi mêlés avec un grand nombre de soies très-longues sur la nuque et le sommet de la tête où ils composent une sorte de crinière ou plutôt une huppe qui a plus d'un pied de long. C'est ce caractère qui a valu au Porc-Épic d'Italie le nom spécifique d'*Hystrix cristata*; mais le caractère le plus remarquable que présente ce Porc-Epic est, sans contredit, la forme des poils (nous employons ici ce mot dans son acception la plus générale) qui garnissent la queue. Ce sont des tuyaux creux, blancs, à parois minces, longs de deux pouces environ, coupés transversalement à leur extrémité, et supportés à leur base par un pédicule délié, long d'un pouce environ. Enfin le bout du museau et l'extrémité des pieds sont garnis de petites soies rudes, de couleur brunâtre, et les moustaches, dont la longueur est considérable, sont d'un noir brillant. Ce Porc-Epic, principalement répandu dans le sud de l'Italie, existe aussi en Espagne et en Grèce. Il se nourrit de racines, de bourgeons, de graines et de fruits sauvages, et vit dans des terriers à plusieurs issues qu'il se creuse loin des lieux habités, et où il reste solitaire et caché pendant toute la durée du jour. Lorsqu'il est irrité ou effrayé, il redresse tous ses piquans, à la manière du Hérisson; mais il est faux qu'il puisse, comme on l'a cru long-temps, lancer des épines contre ses ennemis. Le Porc-Epic n'est pas ordinairement placé au nombre des Animaux hibernans. Il paraît cependant qu'il hiverne, mais son sommeil est peu profond, et il se réveille dès les premiers beaux jours du printemps. C'est au mois de mai que l'accouplement a lieu, et c'est au mois d'août que les petits naissent; ils ont alors neuf pouces environ, et sont déjà couverts de petits poils épineux de six ou sept lignes de long. L'accouplement se fait de la même manière que chez presque tous les Mammifères, quoiqu'on ait souvent dit le contraire.

On trouve dans l'Inde, au Sénégal, en Barbarie et au cap de Bonne-Espérance, des Porcs-Epics très-semblables à l'*Hystrix cristata*. Il est vraisemblable, et plusieurs auteurs ont déjà émis cette opinion, que l'on trouvera, parmi eux, le type d'une ou de plusieurs espèces nouvelles; Fr. Cuvier (*loc. cit.*) a même déjà désigné l'un d'eux sous le nom d'*Hystrix senegalica*.

†† Les ACANTHIONS, *Acanthion*.

Fr. Cuvier n'a établi ce sous-genre que sur l'examen de deux crânes présentant un système dentaire absolument analogue à celui du Porc-Epic d'Italie, mais dans lequel le chanfrein est presque droit, au lieu d'être, comme chez celui-ci, extrêmement arqué. Les os propres du nez, les frontaux, les pariétaux présentent aussi quelques différences; mais il faut avouer que dans l'état présent de la science, ce genre ne peut être admis que provisoirement. Il en est de même des deux espèces indiquées par Fr. Cuvier sous les noms d'*Acanthion javanicum* et d'*Acanthion Daubentonii*.

††† Les ERÉTHIZONS, *Erethizon*.

Ce groupe, et les deux autres qui nous restent à faire connaître, sont propres à l'Amérique, et tous trois présentent des caractères communs qui les éloignent des Porcs-Epics de l'ancien monde, un peu plus que les *Hystrix* ne s'éloignent des *Acanthion*, et un peu plus que les *Synœther* ne s'éloignent des *Sphiggurus*. Les dents de toutes les espèces américaines sont plus simples et à contour moins anguleux, et la plante est susceptible de se ployer de manière à embrasser et à saisir les corps, d'où résulte, pour les Porcs-Epics américains, la possibilité de monter et de se percher sur les arbres. Quant aux caractères propres aux Eréthizons, Fr. Cuvier les indique à peu près de la manière suivante: os du nez courts; arcades zygomatiques très-saillantes; pieds antérieurs tétradactyles; postérieurs, pentadactyles; paume et plante entièrement nues, garnies de papilles très-petites; queue non prenante.

L'URSON, Buff., T. XII, pl. 55, *Hystrix dorsata*, Gmel.; *Erethizon dorsatum*, Fr. Cuv., est la seule espèce bien connue de ce groupe. Sa taille est de deux pieds environ, sans comprendre sa queue qui a elle-même huit pouces; son corps est couvert de piquans annelés de blanchâtre et de noirâtre ou de brun, beaucoup plus courts que ceux du Porc-Epic d'Italie; les plus grands, situés sur la croupe, n'ayant que deux ou trois pouces; ces piquans sont en partie cachés dans de longs poils brun-roussâtres, assez rudes, et il existe en outre à la base des poils et des piquans un duvet cendré brunâtre. La queue est revêtue en dessous de poils roides, de couleur brune, et le ventre, les jambes, les pieds et le museau, de soies d'un brun noirâtre. Cette espèce, répandue dans toute l'étendue des Etats-Unis, mais sans être commune dans aucune partie de cette vaste région, s'établit ordinairement sous les rameaux des arbres creux, et se nourrit d'écorces, de fruits et de racines qu'il recherche pendant la nuit. Cozzens, dans un article récemment publié dans les Annales du Lycée d'Histoire naturelle de New-York, cite parmi les substances végétales qui forment la nourriture la plus habituelle de l'Urson, les feuilles et l'écorce du *Pinus canadensis*, et du *Tilia glabra*.

Fr. Cuvier croit pouvoir regarder comme une seconde espèce d'*Erethizon*, le Porc-Epic figuré par Buffon (T. XII, pl. 54), sous le nom de Coendou. Cette figure, dont l'original existe encore au Muséum d'Histoire naturelle, ne serait-elle pas une variété de l'Urson, remarquable par le petit nombre de poils qui se trouvent mêlés avec ses piquans?

†††† Les SYNÉTHÈRES, *Synœther*, ou COENDOUS, *Coendus*, Lacép.

Fr. Cuvier caractérise ainsi ce sous-genre, auquel Lesson (Manuel de Mamm.) conserve le nom de *Coendus* en remarquant que le nom de Lacépède, ayant l'antériorité, doit être préféré : yeux petits, saillans, et pupille ronde ; narines s'ouvrant par des orifices simples et circulaires, très-rapprochés l'un de l'autre dans une surface large, plate, couverte d'une peau lisse et non glanduleuse ; oreilles très-simples ; bouche très-petite ; lèvre supérieure entière ; langue douce. Pelage presque entièrement formé d'épines tenant à la peau par un pédicule très-mince. Il n'y a de poils que sur la queue et sous le corps. Pieds de derrière tétradactyles.

Le Coendou a longue queue, Buff., Supplém. VII, pl. 78 ; *Hystrix prehensilis*, var. β, Gmel. ; *Coendus prehensilis*, Less. ; Synéthère à queue prenante, Fr. Cuv., est couvert sur les parties supérieures du corps de piquans de grandeur moyenne, jaunes à leur base, noirs dans leur milieu, et blancs dans leur portion terminale ; sur les membres, les côtés de la tête, et dans la première moitié de la queue, de piquans courts et très-minces ; enfin, sur les parties inférieures du corps, et dans la dernière moitié de la queue, de poils rudes, d'un brun noirâtre. Cette espèce a deux pieds de long, sans comprendre la queue qui atteint un pied et demi. Ce Porc-Épic, répandu dans le Mexique et dans l'Amérique méridionale, vit habituellement sur les arbres où il se tient avec facilité à l'aide de ses pates. On a remarqué qu'il n'emploie sa queue que lorsqu'il veut descendre. Il se nourrit de fruits, de feuilles, de racines et de bois tendre. Nous avons eu occasion d'observer à la Ménagerie du Muséum, un individu de cette espèce, qui y vit depuis quelques années. Il se tient constamment, pendant toute la durée du jour, caché dans du foin, et paraît redouter l'éclat de la lumière. Sa queue, ordinairement appuyée par terre, et dirigée horizontalement suivant l'axe du corps, est toujours enroulée sur elle-même à son extrémité, comme celle d'un Sajou ; mais jamais nous n'avons vu l'Animal l'employer pour saisir. Son cri, qu'il fait entendre toutes les fois qu'on le touche ou qu'on l'expose au contact de la lumière, en enlevant le foin qui le couvre, est un petit grognement plaintif.

Fr. Cuvier pense que le Hoitztlacuatzin de Hernandez (chap. XII, p. 322) est peut-être une seconde espèce de Coendou, caractérisée par la couleur noire de l'extrémité des piquans.

††††† Les Sphiggures, *Sphiggurus*.

Ce groupe, que la plupart des naturalistes se refuseront à admettre comme générique, et peut-être même comme subgénérique, ne diffère du précédent que par la forme des parties antérieures de la tête qui, très-proéminentes chez les Synéthères, sont très-déprimées chez les Sphiggures. Du reste, ce sont les mêmes caractères, les mêmes formes, les mêmes mœurs et la même patrie.

Le Couiy, Azzar., Hist. du Par., *Sphiggurus spinosus*, Fr. Cuv. ; *Hystrix prehensilis*, var. γ, Gmel. Cette espèce, d'un tiers plus petite que le Coendou, et à queue proportionnellement beaucoup plus courte, est caractérisée par Fr. Cuvier de la manière suivante : toutes les parties supérieures du corps revêtues d'épines attachées à la peau par un pédicule très-mince, et terminées par une pointe fort aiguë ; les plus grandes ont de dix-huit lignes à deux pouces de long ; celles de la tête sont blanches à leur base, noires à leur milieu, et marron à leur extrémité ; celles qui viennent après, depuis la naissance du cou jusque vers la croupe, ont leur base d'un jaune soufré ; celles qui garnissent la croupe et le tiers supérieur de la queue sont jaunes à leur base et noires à leur pointe. Parmi toutes ces épines s'aperçoivent quelques poils longs et fins, mais très-rares. De petites épines se voient encore sur les membres et les parties inférieures du corps qui sont revêtues principalement d'un pelage grisâtre d'apparence laineuse; les parties supérieures de la queue sont garnies d'épines, couvertes d'un poil dur et noir, excepté dans la longueur de deux à trois pouces en dessus de l'extrémité où cet organe est nu.

L'Orico, *Sphiggurus villosus*, F. Cuv., *loc. cit.*, est une espèce qui, généralement semblable au Couiy, en différerait par l'existence de poils assez nombreux et assez longs pour recouvrir les piquans cachés entièrement ou presque entièrement; les poils, blanchâtres à leur origine, et blonds à leur extrémité, sont noirs dans le reste de leur étendue. Cette espèce, établie d'après plusieurs individus rapportés du Brésil par Delalande et Auguste Saint-Hilaire, est regardée par Fr. Cuvier comme parfaitement caractérisée, et elle a été admise par notre savant collaborateur Lesson, dans son Manuel de Mammalogie. Nous sommes cependant obligé d'avouer que nous ne partageons pas l'opinion de ces zoologistes. Ayant, il y a quatre ans, examiné avec beaucoup de soin tous les Porcs-Epics qui existent au Muséum d'Histoire naturelle, nous avons dès-lors regardé comme certain que l'Orico n'est qu'une variété d'âge ou de saison de l'*Hystrix Couiy*. Depuis, plusieurs faits nous ont confirmé dans cette pensée, et notre savant ami Dessalines D'Orbigny fils, si honorablement connu pour ses travaux sur les Céphalopodes, a bien voulu, à notre prière, faire dans le Brésil même quelques recherches qui ne nous permettent plus de conserver à cet égard même les plus légers doutes. Nous transcrivons ici textuellement la note qu'il a bien voulu nous faire parvenir sur le Couiy. « Cette charmante espèce, digne de la plus scrupuleuse étude dans ses mœurs et son pelage changeant avec les saisons, avait attiré toute l'attention des naturalistes, et après divers examens de divers savans, il n'était pas encore bien connu, puisque deux noms spécifiques lui ont été donnés. Ce qui avait causé l'erreur est sans doute la différence complète de sa robe d'été à sa robe d'hiver. Dans l'hiver, il sort à travers les épines, de longs poils dont elles sont presque entièrement cachées, tandis que l'été ces poils tombent, et il ne reste plus que les épines dont la couleur jaunâtre, exposée à l'ardeur d'un soleil brûlant, devient roussâtre à l'extrémité des aiguillons. Dans une de nos courses à Rio de Janeiro, près des Forêts-Vierges du côté du Pain de Sucre, nous vîmes un individu vivant dans les mains d'un Nègre, et nous l'achetâmes. Le Nègre, questionné sur l'Animal, nous apprit que le poil lui tombait chaque été, et que ce Porc-Epic se rencontrait fréquemment sur le sommet des montagnes dans l'intérieur des épaisses forêts. »

Nous ne dirons rien ici du *Porcus aculeatus sylvestris* de Séba, qui n'est connu que par la figure et la description incomplète de cet auteur; mais nous décrirons, en terminant, une espèce très-remarquable que quelques auteurs ont rangée parmi les Rats, mais qui paraît devoir être décidément rapportée aux Porcs-Epics; c'est le Porc-Epic de Malacca, Buff., Suppl. VII, pl. 77; *Hystrix fasciculata*, Sh. Ses formes générales la rapprochent du Porc-Epic d'Italie, mais elle s'éloigne de celui-ci par sa queue de moyenne longueur, nue et écailleuse jusque vers sa pointe, mais terminée par un bouquet de poils rudes, longs et aplatis en forme de lanières que l'on a comparées à des rognures de parchemin. Le museau est revêtu d'une peau noire; les yeux sont noirs et petits; les oreilles petites et arrondies, le dessus du corps hérissé de piquans longs, aplatis, sillonnés dans toute leur longueur d'une rainure; colorés par grands anneaux de noir et de blanc; le ventre couvert de soies blanchâtres, et les jambes de poils d'un brun noir. Cette espèce, qui habite la presqu'île de Malacca et quelques-unes des îles de la Sonde, n'appartiendraitelle pas au groupe des Acanthions ? Et, dans ce cas, n'est-il pas vraisemblable qu'on devra lui rapporter l'*Acanthion javanicum?* Ces questions, auxquelles nous ne pouvons dès à présent répondre, ne tarderont pas à être promptement résolues ; car nous apprenons que Diard vient enfin d'envoyer au Muséum la peau et le squelette complet du Porc-Epic de Malacca. (IS. G. ST.-H.)

PORC-EPIC. ÉCHIN. Espèce du genre Cidarite. *V.* ce mot. (B.)

PORCELAINE. *Cypræa.* MOLL. Ce beau genre, qui rassemble un grand nombre de Coquilles aussi remarquables par leur belle coloration que par le poli et le brillant de leur surface, est un de ceux qui ont excité l'admiration des anciens, et même, disent quelques historiens, qui est devenu l'objet de leur culte. Le nom de *Cochlea* ou *Concha Veneris*, qu'ils lui donnaient, indique assez par quelle comparaison ils l'avaient consacré à la déesse de la volupté, et ce nom conservé, au renouvellement des lettres, par Rondelet, Aldrovande et d'autres, fut changé en France par celui plus vulgaire de Pucelage, qu'Adanson lui seul voulut introduire dans la science. Le poli vitreux de ces Coquilles les a fait comparer à celui des vases de porcelaine, et, de cette comparaison, est resté le nom de Porcelaine que tous les zoologistes ont adopté. Rondelet n'a fait connaître que quatre espèces, et elles sont toutes réunies; on pourrait donc considérer cet auteur comme le créateur du genre, aussi bien qu'Aldrovande; mais l'un et l'autre, on peut le dire, n'ont fait que se laisser aller à des rapports si évidens, si naturels, qu'il est impossible de ne pas les admettre. Lister est plutôt l'auteur de ce genre que ceux que nous venons de citer; il en rassembla un assez grand nombre d'espèces dont il donna les figures dans le *Synopsis Conchyliorum* que nous avons de lui; elles sont rassemblées dans une même section, et il y réunit, dans des chapitres particuliers, les Ovules et les Bulles : ce dernier genre est sans doute mal placé, mais cela est bien pardonnable dans l'état où était alors la science.

Adanson le premier fit connaître l'Animal des Porcelaines ; mais il tomba dans une erreur qui a trouvé sa source dans la grande différence qui existe entre les jeunes et les vieux individus de ce genre. Il donna le nom de Péribole à celui où il rassembla les premiers, et celui de Pucelage à celui qui renferme les seconds. Linné n'imita point Adanson, et donna à son genre *Cypræa* des caractères tels que les Bulles, que Lister y avait confondues, durent en être séparées ; mais par un rapprochement assez singulier, Linné confondit les Ovules avec les Bulles, ce que Lister avait su éviter. Cela prouve peut-être combien le genre Porcelaine est naturel, ne pouvant admettre aucune Coquille étrangère. Bruguière sentit probablement la justesse des distinctions de Lister, et, réformant les Bulles de Linné, proposa, dans l'Encyclopédie, son genre Ovule qui fut universellement adopté. Linné avait placé ce genre entre les Cônes et les Bulles ; ces rapports devaient par la suite éprouver quelques modifications. Bruguière interposa son genre Ovule entre lui et les Bulles. Lamarck éloigna bien davantage les Bulles ; mais du reste il imita Bruguière. Dans la Philosophie zoologique, il institua la famille des Enroulées, composée des six genres Ancillaire, Olive, Tarière, Ovule, Porcelaine et Cône. Ces rapports furent maintenus par Lamarck dans tous ses ouvrages, et ils ne furent même pas contestés par Cuvier, malgré la différence de méthode de ces deux illustres professeurs. Cependant Blainville, dans son Traité de Malacologie, a apporté quelques changemens qui ont eu lieu, surtout pour le genre Cône, qui fut transporté près des Strombes; mais les Porcelaines furent comprises dans la famille des Agiostomes (*V.* ce mot au Supplément), entre les Marginelles et les Ovules. Blainville, conduit par la grande confiance que lui ont inspirée les travaux d'Adanson et aussi par les mêmes motifs que ce naturaliste si justement estimé, adopta le genre Péribole que bientôt il abandonna, ayant reconnu son inutilité, comme il se plaît à l'avouer à l'article *Porcelaine* du Dictionnaire des Sciences naturelles.

Quelques individus d'une grande espèce de Porcelaine furent rapportés par Quoy et Gaimard de leur voyage autour du monde. Blainville, à qui ils furent remis, en donna une bonne figure dans l'Atlas du voyage, et put entrer dans plusieurs détails anatomiques qui n'étaient point connus. Les caractères génériques que Blainville donne à ce genre, sont assez étendus pour nous dispenser, en les rapportant, d'une description plus longue qui devient alors presqu'inutile; les voici : Animal ovale, allongé, involvé, gastéropode, ayant de chaque côté un large lobe appendiculaire, un peu inégal; un manteau, garni en dedans d'une bande de cirres tentaculaires, pouvant se recourber sur la coquille et la cacher; tête pourvue de deux tentacules coniques, fort longs; yeux très-grands, à l'extrémité d'un renflement qui en fait partie; tube respiratoire du manteau fort court ou presque nul, et formé par le rapprochement de l'extrémité antérieure de ses deux lobes; orifice buccal transverse, à l'extrémité d'une espèce de cavité, au fond de laquelle est la bouche véritable entre deux lèvres épaisses et verticales; un ruban lingual, hérissé de denticules et prolongé dans la cavité viscérale; anus à l'extrémité d'un petit tube situé tout-à-fait en arrière dans la cavité branchiale; organe excitateur linguiforme, communiquant par un sillon extérieur avec l'orifice du canal déférent, plus en arrière que lui. Coquille ovale, convexe, fort lisse, presque complétement involvée; spire tout-à-fait postérieure, très-petite, souvent cachée par une couche calcaire, vitreuse, déposée par les lobes du manteau; ouverture longitudinale très-étroite, un peu arquée, aussi longue que la coquille, à bords rentrés, dentés le plus souvent dans toute leur longueur, et échancrée à chaque extrémité.

La partie postérieure du corps de la Porcelaine est formée par les viscères de la digestion et de la génération, et en cela ces Animaux suivent la règle commune à tous les Mollusques à coquille spirale; mais ce qui est particulier à ce genre, c'est la forme du muscle columellaire qui s'attache au pied dans toute la longueur et qui, formé de faisceaux fibreux nombreux qui laissent entre eux de petits intervalles, produit les dentelures de l'ouverture. Le manteau, dans les individus adultes, a une disposition particulière, formée de deux grands lobes; ils se relèvent sur la coquille, l'enveloppent complétement et sécrètent sur la surface extérieure cette matière calcaire vitreuse qui est douée d'un si beau poli. On est convaincu que c'est le manteau qui fournit à cette sécrétion, par l'observation facile à faire entre les jeunes et les vieux individus de même espèce; ils ont non-seulement une coloration complétement différente, mais, à un certain âge, ils ont une forme qui présente si peu de rapports, que des zoologistes très-recommandables n'ont pas hésité d'en faire un genre à part, comme nous l'avons vu précédemment. Cette différence de coloration tient, comme le prouvent les observations d'Adanson, à ce que le manteau n'est point encore développé; il ne commence à prendre un accroissement considérable que lorsque la coquille, de bulloïde qu'elle était, cesse toute espèce d'accroissement en grosseur par le renversement en dedans du bord droit.

On ne conçoit guère aujourd'hui comment un aussi bon observateur que Bruguière a pu soutenir une hypothèse comme celle qu'il a publiée dans le Journal d'histoire naturelle. Remarquant que dans la même espèce de Porcelaine on trouvait des individus de tailles diverses, reconnaissant l'impossibilité d'un accroissement plus grand, lorsque ces Mollusques ont terminé l'enroulement des deux bords de leur coquille, Bruguière, au lieu de trouver là un fait naturel facile à expliquer, établit la supposition que lorsque l'Animal d'une Porcelaine est trop à l'étroit dans sa coquille, il la quitte pour en sécréter une autre en harmonie avec le nouveau volume du corps de l'Animal; mais outre que cet Animal est lié à la coquille d'une manière invincible, ne doit-on pas raisonner, par analogie avec les autres êtres dont on trouve des individus de tailles variables, ce qui tient à des circonstances qu'il ne nous est pas toujours donné de pouvoir apprécier? Dans les Mollusques, ce sont souvent les causes locales qui agissent le plus fortement sur le développement des espèces; mais comme dans chaque individu ce développement ne dépasse pas certain âge et certaines limites, il doit en être de même dans tous les Mollusques. Dans les uns, le terme de l'accroissement se montre par un bourrelet à l'ouverture de la coquille; ici il est indiqué par le renversement du bord droit. Dans le genre qui nous occupe, le terme de l'accroissement peut être d'autant plus voisin du jeune âge que l'Animal a un puissant moyen de rejeter au dehors de la coquille, par la sécrétion de son manteau, toute la matière calcaire, qu'à l'exemple de presque tous les autres Mollusques, il ne peut déposer à l'intérieur ou sur le bord droit.

Le genre Porcelaine, qui a commencé avec les quatre espèces de Rondelet, s'est accru fort rapidement, et notamment par l'ouvrage de Lister. Gmelin porta le nombre des espèces à cent quatorze; Bruguière réduisit ce nombre, et Lamarck n'en décrivit que soixante-six; Gray, dans une Monographie fort bien faite, a augmenté ce nombre, que Duclos, après des rectifications nombreuses et bien entendues, a augmenté d'une vingtaine d'espèces. Il est à regretter que le travail approfondi de Duclos, travail fondé sur l'observation des espèces à tous les âges et dans tous les états, n'ait point été publié; il ne pouvait manquer d'être d'une grande utilité à la science.

Les espèces fossiles de ce genre ne sont répandues que dans les terrains tertiaires; leur nombre ne saurait se comparer avec celui des vivantes. Celles-ci se trouvent dans presque tous les parages; cependant nous n'en connaissons pas dans les mers du Nord. Les grandes espèces sont toutes des régions équatoriales.

Nous allons indiquer ici quelques-unes des espèces les plus remarquables. PORCELAINE CERVINE, *Cypræa cervina*, Lamk., Anim. sans vert. T. VII, p. 375, n. 1; *Cypræa occellata*, L., Gmel., p. 3403, n. 18; Chemn., Conch. cab. T. X, tab. 145, fig. 1343; Encycl., pl. 351, fig. 3. — PORCELAINE ARGUS, *Cypræa Argus*, L., *loc. cit.*, n. 4; Chemn. T. I, tab. 28, fig. 285, 286; Lister, Conch., tab. 705, fig. 54; Encycl., pl. 350, fig. 1, a, b. — PORCELAINE LIÈVRE, *Cypræa testudinaria*, L., Gmel., n. 5; Lamk., *loc. cit.*, n. 4; Lister, Conch., tab. 689, fig. 36; Chemn. T. I, tab. 27, fig. 271, 272; Encycl., pl. 351, fig. 2. — PORCELAINE GÉOGRAPHIQUE, *Cypræa mappa*, L., Gmel., *loc. cit.*, n. 2; *ibid.*, Lamk., *loc. cit.*, n. 6; Favann., Conch., pl. 29, fig. A, 3; Chemn. T. I, t. 25, fig. 245, 246; Encycl., pl. 352, fig. 4. Cette Porcelaine est une de celles que l'on recherche dans les collections; elle est connue dans le commerce sous le nom de Carte de géographie. Nous en avons fait figurer une belle variété avec les Porcelaine à bandes, *Cypræa vittata*, et Porcelaine ocellée, *Cypræa ocellata*, dans les planches de ce Dictionnaire. — PORCELAINE ARABIQUE, *Cypræa arabica*, L., Gmel., n. 3; *ibid.*, Lamk., *loc. cit.*, n. 7; Encycl., pl. 352, fig. 1, 2. Coquille des plus communes de l'Océan des Grandes-Indes ; on la nomme vulgairement la Fausse Arlequine ; elle présente quelques variétés fort belles par la disposition des taches. Nous pourrions citer, parmi les fossiles d'Italie, quelques analogues d'autant plus reconnaissables, que quelquefois on les retire des couches fossiles avec des restes bien caractérisés de couleurs. Nous pouvons indiquer le *Cypræa Mus* et le *Cypræa Gula* comme deux analogues parfaits. Aux environs de Paris, deux espèces sont très-remarquables par les stries élégantes et régulières dont elles sont ornées ; ce sont les *Cypræa dactylosa* et *elegans*, que l'on trouve aussi à Néhou près Valognes. (D..H.)

PORCELAT ou PORCELET. ZOOL. On a donné ce nom vulgaire au Cobaie ou Cochon d'Inde, et dans quelques provinces de France on appelle ainsi les Cloportes. (B.)

* PORCELET. BOT. PHAN. L'un des noms vulgaires de la Jusquiame noire. (B.)

PORCÉLIE. *Porcelia*. BOT. PHAN. Genre établi par Ruiz et Pavon, appartenant à la famille des Anonacées, et caractérisé de la manière suivante : le calice est à trois divisions profondes ; la corolle est formée de six pétales dont les trois intérieurs sont plus grands. Les étamines sont extrêmement nombreuses, courtes et presque sessiles. Les pistils varient de trois à six ; les carpelles sont sessiles, coriaces, cylindriques ou toruleux, un peu charnus, contenant un grand nombre de graines disposées sur deux rangées longitudinales. Ce genre, auquel on avait réuni plusieurs espèces, ne se compose que d'une seule, *Porcelia nitidifolia*, R. et P., grand Arbre originaire des montagnes du Pérou. (A. R.)

* PORCELIN, PORCELLANIE ET PORCHAILLES. BOT. PHAN. Noms divers du Pourpier en vieux français. (B.)

* PORCELLANE. MOLL. Espèce du genre Crépidule. *V.* ce mot. (B.)

PORCELLANE. *Porcellana*. CRUST. Genre de l'ordre des Décapodes, famille des Macroures, tribu des Galathines, établi par Lamarck et adopté par tous les entomologistes avec ces caractères : antennes latérales insérées au côté extérieur des yeux, sétacées, longues, les intermédiaires très-petites et logées entre les yeux dans deux cavités longitudinales, et creusées au-dessous du front. Pieds-mâchoires extérieurs ayant leur second, troisième, quatrième et cinquième articles comprimés et dilatés en dedans, surtout le second ; le sixième étant en forme de triangle allongé, garni d'une série de très-longs poils sur son bord interne ; pates de la première paire ou serres grandes terminées par une main plus ou moins comprimée, didactyle ; celles des seconde, troisième et quatrième paires assez grandes et terminées par un article ou un angle pointu ; celles de la cinquième très-petites, filiformes, mutiques, repliées de chaque côté du test, cachées ou peu apparentes. Carapace presque orbiculaire, déprimée, légèrement bombée en dessus, un peu rétrécie en pointe à son extrémité antérieure. Abdomen tout-à-fait recourbé, et appuyé sur la poitrine, terminé par une nageoire caudale qui est formée de la dernière pièce abdominale divisée par des scissures en quatre parties distinctes, et de deux nageoires placées une de chaque côté, lesquelles se composent de deux lames portées sur un pédoncule commun. Ce genre se distingue des Eryons, Janires et Mégalopes, par ses deux pieds postérieurs qui sont petits, filiformes et repliés, tandis qu'ils ressemblent aux autres dans les trois genres que nous avons cités. Les Galathées qui ressemblent aux Porcellanes par leurs deux pieds postérieurs en sont bien distinguées par la forme générale de leur corps qui est plus allongée, et par la queue toujours étendue. Les habitudes des

Porcellanes sont peu connues; d'après Risso elles sont faibles et timides, et restent pendant le jour cachées sous les pierres des bords de la mer: elles n'en sortent que pendant la nuit pour chercher leur nourriture. Ce genre se compose d'une quinzaine d'espèces presque toutes d'assez petite taille. Leach a formé à ses dépens un genre qu'il a nommé Pisidie et qui est basé sur des caractères si peu importans, qu'il n'a pas été adopté; ce genre Pisidie comprend sept espèces parmi lesquelles on peut citer comme types la *Porcellana linnæana* de Leach, *P. hexapus*, L., et la *Porcellana longicornis*, Latr.; *Cancer longicornis*, L.; Séba, nouvelle édition, t. 3, tab. 17, fig. 1 à 4. Les Porcellanes proprement dites sont au nombre de quatre, parmi lesquelles nous citerons la PORCELLANE A LARGES PINCES, *Porcellana platycheles*, Lamk., Latr.; *Cancer platycheles*, Penn., Zool. Brit., t. 4, tab. 6, f. 12; Herbst, Cancr., tab. 47, fig. 2. On la trouve dans la Méditerranée. (G.)

* PORCELLANITE. MIN. Même chose que Thermantide Jaspoïde. (G. DEL.)

* PORCELLANITES. MOLL. On a quelquefois ainsi nommé les Porcelaines fossiles. (B.)

* PORCELLARIA. OIS. *V.* PÉTREL.

PORCELLE. BOT. PHAN. Nom vulgaire de l'*Hypochœris radicata* que Dodoens appelait *Porcellia*, et qui est devenu le type du genre Porcellites. *V.* ce mot. (B).

PORCELLION. *Porcellio*. CRUST. Genre de l'ordre des Isopodes, section des Terrestres, famille des Cloportides, établi par Latreille aux dépens du genre Cloporte, *V.* ce mot, et ne différant de ce genre que par les antennes qui n'ont que sept articles, tandis que celles des Cloportes en ont huit. Ces Insectes ont absolument les mêmes mœurs que les Cloportes, et nous renvoyons à cet article pour ce qui concerne cette partie de leur histoire; seulement on a observé depuis que les appendices de la queue des Porcellions, ou du moins deux d'entre elles, laissent échapper une liqueur visqueuse que l'on peut tirer à plusieurs lignes de distance; elles paraissent être des sortes de filières. Dans les mâles, les petites pièces ou valvules qui recouvrent, sur deux rangs, le dessous de la queue, sont beaucoup plus longues que dans les femelles, et terminées en pointe allongée: les appendices latérales du bout de la queue sont aussi plus longues. Le type de ce genre est le PORCELLION RUDE, *Porcellio scaber*, Latr.; *Oniscus Asellus*, Cuvier, journal d'Histoire naturelle, XXVI, 9; Panz., Faun., Germ., fasc. 9, fig. 21; var. C. du Cloporte ordinaire, Geoff. (G.)

PORCELLITES. BOT. PHAN. Genre de la famille des Synanthérées, Chicoracées de Jussieu, établi par Cassini dans le Dict. des Sc. nat., et qui a pour type l'*Hypochœris radicata*. Il ne se distingue du genre *Hypochœris* de Gaertner que par ses fruits qui sont tous collifères, c'est-à-dire qui ont tous l'aigrette stipitée, tandis que, dans l'*Hypochœris*, ceux de la circonférence ont l'aigrette sessile. Le genre *Porcellites* se distingue aussi du *Seriola* par quelques caractères analogues et par son involucre formé de folioles irrégulièrement imbriquées. Au surplus ce genre est le même que l'*Achyrophorus* de Gaertner. Cette dernière dénomination n'a pas été adoptée, parce qu'elle a été appliquée à des genres réellement distincts par Vaillant, Adanson et Scopoli, et qu'elle exprime une idée fausse relativement à l'aigrette. A l'article HYPOCHÉRIDE, nous avons parlé de l'*Hypochœris radicata*, type du genre *Porcellites*, dans lequel Cassini place encore l'*Hypochœris maculata*, L., et l'*H. helvetica*, Jacquin. (G..N.)

PORCELLUS. MAM. Comme qui dirait *Petit-Porc*. Sous le nom de *Porcellus frumentarius*, Schwenckf désigne le Hamster ou *Mus cricetus* de Linné. Le Cobaie était le *Porcellus indicus*, etc. (LESS.)

* PORCIEN. BOT. CRYPT. (Paulet.) *V*. PLATEAU.

PORCINS. *Porcini*. MAM. Vicq-d'Azyr formait sous ce nom une famille de Mammifères dans laquelle il comprenait les genres Cochon, Pécari et Phacochère. (B.)

PORCUS. MAM. Syn. de *Sus*. *V*. PORC et COCHON.

* PORE. POLYP. Ce nom fut employé quelquefois par d'anciens naturalistes pour désigner les Polypiers pierreux qui sont couverts de pores. (B.)

POREAU ET PORÉE. BOT. PHAN. Pour Poireau. *V*. ce mot et AIL. (B.)

PORELLA. BOT. CRYPT. Dillen avait donné ce nom à un genre dont la fructification avait été mal observée, et plus mal figurée encore par lui (Hist. musc., tab. 48); car il paraît que ce qu'il avait figuré comme tel n'était que des bourgeons ou des fructifications imparfaites. Dickson, qui reçut des échantillons en bon état de la même Plante, reconnus, par la comparaison avec l'échantillon de Dillen, pour être bien la même espèce, s'assura que c'était une véritable Jungermanne qu'il a décrite sous le nom de *Jungermannia Porella* (Trans. Linn., 3, p. 237, tab. 20, fig. 1). Il paraît toutefois que cette espèce, ainsi que plusieurs autres Jungermannes qui croissent dans les lieux humides, est très-rare en fructification; car, depuis Dickson, personne ne l'a retrouvée dans cet état, et cependant elle est commune en Pensylvanie.

Quant au *Porella imbricata* de Loureiro (Flor. Coch., 2, p. 839), on ignore encore ses véritables caractères; il dit que ses capsules sont ovales, multiloculaires, sessiles, et s'ouvrent par des pores nombreux; ses tiges dressées, rameuses, portent des feuilles lancéolées, linéaires, ondulées, insérées sur cinq rangs. Est-ce réellement un genre distinct, ou serait-ce une espèce d'*Azolla?* (AD. B.)

PORES. ZOOL. et BOT. On appelle ainsi des ouvertures extrêmement petites, qu'on n'aperçoit qu'avec le secours du microscope et qui existent sur la surface de certains organes dans les Animaux et les Végétaux. Dans les Animaux, on observe de semblables ouvertures à la surface de l'estomac et des intestins où ils paraissent être les ouvertures des vaisseaux absorbans; on en voit aussi dans l'intérieur des membranes séreuses où Bichat, sans aucune preuve anatomique, les considérait comme les ouvertures externes des prétendus vaisseaux exhalans. Dans les Végétaux, il existe également des Pores. On avait admis les organes sur les parois du tissu cellulaire; mais quelque soin qu'on ait mis à observer ces organes, même avec les microscopes les plus parfaits, on n'est pas parvenu, dans ces derniers temps, à y constater l'existence des Pores. Cependant, comme les cellules communiquent entre elles, et que les fluides aqueux passent des uns dans les autres à travers les parois, on peut admettre que cette transmission a lieu à travers des Pores intermoléculaires que nos meilleurs instrumens d'optique ne nous ont point encore fait apercevoir. L'existence des Pores, quoique contestée et même niée par la plupart des naturalistes, nous paraît plus certaine sur les vaisseaux. En effet, ces Pores avaient été aperçus par Lewenhoeck, et, dans ces derniers temps, le professeur Mirbel en a fait connaître l'organisation. Selon cet habile physiologiste, les Pores des parois des vaisseaux sont de deux sortes, les uns sont de très-petites ouvertures arrondies, les autres, au contraire, sont plus ou moins allongés et sous la forme de fentes. Dans l'un et l'autre cas, ils sont bordés d'un bourrelet plus épais, et qui paraît être formé de cellules. Les tubes, sur lesquels on trouve des Pores de la première sorte, sont appelés *vais-*

seaux ou *tubes poreux*, ceux où existent des Pores allongés ou fentes, sont désignés sous le nom de *Pores* ou *vaisseaux fendus*. Ainsi que nous l'avons dit précédemment, l'existence de ces Pores ou de ces fentes a été généralement niée par le plus grand nombre des physiologistes. Selon Dutrochet, au lieu d'être des ouvertures, ce sont de petites vésicules pleines d'un fluide particulier, et qu'il regarde comme l'ébauche du système nerveux dans les Végétaux. Les fentes des vaisseaux fendus ne seraient, selon le même auteur, que des amas en série linéaire de ces mêmes cellules. Mais nous pouvons ici joindre notre témoignage à celui du professeur Mirbel, et nous avons vu, et plusieurs fois revu chez le professeur Amici de Modène, et au moyen de son excellent microscope, des vaisseaux présentant des fentes transversales et parallèles bordées d'un bourrelet. Ainsi, si l'opinion si longtemps contestée sur l'existence des fentes, dans l'épaisseur des parois de certains vaisseaux, est aujourd'hui mise hors de doute, c'est une présomption très-forte pour en conclure celle de Pores qui paraissent être peu différens des premiers. Il existe encore des Pores dans l'épaisseur de l'épiderme; mais ceux-ci étant plus généralement désignés sous le nom de *Stomates*, nous en traiterons à ce mot. *V*. STOMATES. (A. R.)

* PORESSA. CRUST. Espèce du Genre Crabe. *V*. ce mot. (B.)

PORIE. *Poria*. BOT. CRYPT. (*Champignons*.) Genre créé par Hill pour quelques espèces de Bolets, conservé par plusieurs auteurs, mais réuni par Fries aux Polypores, parmi lesquels ils constituent une section particulière. (AD. B.)

PORILLON. BOT. PHAN. L'un des noms vulgaires du *Narcissus Pseudo-Narcissus*, L. *V*. NARCISSE. (B.)

PORINE. *Porina*. BOT. CRYPT. (*Lichens*.) Ce genre doit être ainsi caractérisé : thalle cartilaginéo-membraneux et uniforme; apothécies verruciformes formées par le thalle, renfermant un ou plusieurs thalamiums, entourés par un périthécium tendre et hyalin, surmontés par des ostioles discolores; les nucléums sont sous-globuleux et celluloso-vésiculifères. Acharius a fondé ce genre dans sa Lichénographie universelle, pag. 308. Cet auteur y a renfermé plusieurs Lichens compris dans le genre *Thelotrema* de sa Méthode, quelques Verrucaires de Persoon, le *Sphæria leucostoma* de Bernardi et le genre *Pertusaria* de De Candolle. Les Porines diffèrent des Verrucaires par le petit mamelon discolore qui couronne les apothécies, par la consistance presque gélatineuse du périthécium qui est simple; enfin, par la présence presque constante de plusieurs thalamiums réunis dans un même périthécium. Elles diffèrent des Pyrénules par la situation superficielle des apothécies, par le mamelon discolore et la consistance du thalamium. Le genre Porine a été adopté par Eschweiler et Fries, mais rejeté par Meyer qui l'a réparti dans ses genres *Porophora*, *Stigmatidium* et *Mycoporum*. La station la plus ordinaire des Porines est sur les écorces. Deux espèces se fixent pourtant sur les Mousses en décomposition, et l'une d'elles vit sur les pierres. On conçoit qu'un Lichen, dont les apothécies sont d'une consistance aussi délicate, ne peut vivre sur des corps qui opposent à son accroissement une trop grande résistance.

Dans l'état actuel de la science, on compte environ trente-six espèces de Porines, la plupart originaires des contrées lointaines. Nos travaux sur les Ecorces exotiques, usitées en pharmacie, ont accru leur nombre de six nouvelles espèces parmi lesquelles nous mentionnerons : le *Porina americana*, N., Ess. Crypt., Ecorc. officinal. T. XX, fig. 4, fort commun sur les écorces des Arbres intertropicaux, tels que la Cascarille, les divers Quinquinas, etc.; le thalle occupe de grands espaces, n'a point de limites, est mince et un peu luisant, il se détache quelquefois en squammes fragiles. Nous avons fait figurer dans les planches de ce Dictionnaire une variété curieuse qui se fixe sur les feuilles de plusieurs Fougères, Palmiers et Dicotylédones des régions intertropicales; elle ne diffère guère du type principal que par des proportions plus délicates. Le *Porina uberina*, N., Essai, etc, *loc. cit.*, t. 20, fig. 3, a thalle jaunâtre, inégal, sans limites, rugueux; apothécies en cônes, fort gros, allongés, et surmontés d'un ostiole apparent, rougeâtre, caduc par vétusté. Cette espèce est commune sur nos écorces officinales, notamment sur les Quinquinas jaune et jaune royal; elle y est rarement en bon état. (A. F.)

* PORINÉES. BOT. CRYPT. (*Lichens.*) C'est le troisième sous-ordre du groupe des Verrucariées de notre Méthode; il renferme les genres dont l'apothécie s'ouvre par un pore à son sommet, et qui communique avec le nucléum, auquel l'air semble nécessaire pour opérer son entier développement. Six genres composent ce sous-ordre: *Parmentaria*, *Pyrenula*, *Porina*, *Verrucaria*, *Thelotrema*, et *Ascidium*. *V.* ces mots et VERRUCARIÉES. (A. F.)

PORITE. *Porites*. POLYP. Genre de l'ordre des Madréporées dans la division des Polypiers entièrement pierreux, ayant pour caractères: Polypier pierreux, rameux ou lobé et obtus, surface libre, partout stellifère; étoiles régulières, subconiques, superficielles ou excavées; bords imparfaits ou nuls; lames filamenteuses, acéreuses ou cuspidées. Ce genre paraît intermédiaire entre les Madrépores proprement dits et les Astrées; en effet, l'aspect des étoiles de la plupart des Porites rappelle celles de certaines Astries; cependant celles-ci ne forment point de masses rameuses, tandis que les Porites sont presque toujours configurées ainsi. On ne confondra point les Madrépores avec les Porites, parce que les premiers ont toujours leurs étoiles tubuleuses et saillantes. En considérant avec attention les étoiles des Porites, on y reconnaîtra une conformation particulière qui suffit pour distinguer ce genre de tous les autres Polypiers lamellifères; elles sont en général petites, non circonscrites ou imparfaitement; leurs lames ne sont point complètes; ce sont plutôt de petits filamens calcaires qui naissent des parois de chaque cellule sans se réunir au centre; il en naît également du fond. La circonférence des étoiles est ornée de petites épines calcaires. Nul intestin ne sépare ces étoiles; elles sont continues les unes aux autres, et toutes communiquent au moyen de porosités, de sorte que toute la masse des Porites est éminemment lacuneuse et légère, eu égard à son volume. Ces Polypiers varient beaucoup dans leurs formes générales; leurs rameaux s'élèvent peu, et sont le plus souvent dichotomes, à lobes obtus, quelquefois un peu comprimés sur les côtés; il y en a d'aplatis en lames, d'autres étalés en croûtes; leur couleur, quelquefois blanche, est le plus souvent brunâtre. Les Porites sont assez nombreux en espèces. Ils habitent les mers intertropicales où ils adhèrent aux corps sous-marins. Ils sont quelquefois simplement implantés dans le sable. On n'en a encore décrit qu'à l'état vivant, mais nous croyons qu'il en existe à l'état fossile, et notamment à Dax. Les échantillons de cette localité, que nous avons eu occasion de voir, étaient roulés et trop frustres pour pouvoir être décrits.

Lesueur (Mém. du Mus. T. III) a décrit les Animaux de plusieurs espèces de Porites des Antilles, et parmi ces espèces, il s'en trouve trois regardées comme nouvelles. Il résulte des observations de Lesueur que les Animaux des Porites sont gélatineux, orbiculaires, qu'ils peuvent s'élever au-dessus de leurs cellules d'environ la hauteur de leur diamètre; leur bouche centrale est placée au milieu d'un petit disque entouré de douze tubercules tentaculiformes; leurs couleurs sont agréablement variées de rouge, de blanc, de jaune, de bleu, suivant les espèces. Les espèces comprises dans ce genre sont : les *Porites reticulata*, *conglomerata*, *astreoides*, *arenacea*, *recta*, *divaricata*, *flabelliformis*, *Clavaria*, *scabra*, *elongata*, *furcata*, *angulata*, *subdigitata*, *cervina*, *verrucosa*, *tuberculosa*, *complanata*, *rosacea*, *spumosa*. (E.D..L.)

* PORIUM. BOT. CRYPT. (*Champignons.*) Ce genre, créé par Hill et voisin de son *Poria*, correspond aussi à une partie des Polypores des auteurs modernes. *V.* ce mot. (AD. B.)

* PORKA. MAM. Ce mot, d'origine espagnole, est celui dont se servent les habitans de la baie des Iles, à la Nouvelle-Zélande, pour désigner le Cochon. L'introduction de cet utile Animal dans leur île, est incontestablement attestée par ce nom dérivé de l'européen, et Cook, d'ailleurs, avait déjà remarqué que lors de sa première apparition sur les terres Australes, il n'y existait pas. (LESS.)

PORLIERIA. BOT. PHAN. Genre de la nouvelle famille des Zygophyllées, et de l'Octandrie Monogynie, L., établi par Ruiz et Pavon, adopté par De Candolle et Adr. De Jussieu. Voici les caractères qui lui ont été assignés par celui-ci (Mém. sur les Rutacées, p. 74, tab. 16, n. 6) : calice profondément divisé en quatre parties; corolle à quatre pétales un peu plus longs que le calice, légèrement onguiculés; huit étamines dont les filets sont munis à la base de petites écailles; ovaire porté sur un court gynophore, à quatre loges dont chacune contient quatre ovules suspendus à l'angle interne, près du sommet de la loge; quatre styles soudés ensemble, excepté à la partie supérieure; fruit charnu, globuleux, quadriloculaire; graines solitaires par avortement, ovoïdes, pendantes, renfermant un embryon un peu recourbé au milieu; un périsperme épais, la radicule très-près du hile. Le genre *Porlieria* tient le milieu entre le *Guaiacum* et le *Larrea*, se rapprochant du premier par la structure de sa graine, et du second par ses étamines et son port, mais distinct de l'un et de l'autre par le nombre de ses parties. Le *Porlieria hygrometrica*, Ruiz et Pavon, *Syst. Flor. Peruv.*, p. 94, est un Arbrisseau à rameaux étalés, rigides, garnis de feuilles pinnées sans impaire, et composées de folioles linéaires. Les fleurs sont réunies en bouquets peu garnis. Les feuilles, par leur ouverture ou leur fermeture, annoncent la sérénité du ciel ou le mauvais temps. Cette Plante croît au Chili et au Pérou où on la nomme vulgairement *Turucasa*. (G..N.)

POROCARPUS. BOT. PHAN. Gaertner (*de Fruct.*, tab. 178) a décrit et figuré sous le nom de *Porocarpus Helminthotheca*, un fruit produit par une Plante inconnue, mais que l'on sait être originaire de Ceylan. Ce fruit est drupacé, globuleux, de la grosseur d'un très-gros pois, un peu rétréci à la base, et percé par une grande ouverture. Les autres détails que présente la description ne suffisent pas pour permettre d'établir les affinités botaniques de ce fruit. (G..N.)

POROCÉPHALE. *Porocephalus.* INT. Humboldt (Recueil d'Observ. de zool. et d'anat. comp., fasc. 5 et 6) a établi sous cette dénomination un genre d'Entozoaires pour un Ver qu'il trouva dans le Crotale de la Guiane. Rudolphi le réunit à son genre Pentastome. *V.* ce mot. (E. D..L.)

*PORODOTHIE. *Porodothion.* BOT. CRYPT. (*Lichens.*) C'est sous ce nom que Fries (*Syst. orb. veget.*, p. 262) a conservé le genre *Porothelium* d'Eschweiler. Voici quels sont les caractères adoptés par le premier des deux naturalistes : nucléum subglobuleux, dépourvu de périthécium, immergé dans une verrue hétérogène et multiloculaire; ostioles distincts. Ces Lichens sont communs sur les écorces de divers Arbres intertropicaux. Le thalle est crustacé et presque cartilagineux. Fries ramène à ce genre le *Lecidea glaucoprasina* de Sprengel, ainsi que les *Trypethelium conglobatum* et *Trypethelium anomalum* d'Acharius. (A. F.)

PORODRAGUE. MOLL. Denys de Montfort a établi sous ce nom un genre de Mollusques fossiles, ayant pour caractères : coquille libre, univalve, cloisonnée, droite, renflée, en fer de lance arrondi; bouche ronde, horizontale; siphon central; cloisons coniques, unies; une gouttière sur le test extérieur qui est criblé de pores allongés. Suivant Defrance, ce genre ne doit pas être distingué des Bélemnites avec lesquelles Blainville l'a rangé. (AUD.)

PORON. CONCH. Adanson a désigné sous ce nom (Hist. nat. du Sénégal, p. 227, pl. 17, n° 9) une Coquille bivalve que Gmelin a décrite comme une Telline sous le nom de *Tellina Adansonii*. Blainville croit que c'est une espèce de Mactre, peut être, dit-il, la *Mactra gigas*. Mais Adanson observe qu'elle atteint tout au plus deux lignes de diamètre. (AUD.)

* PORONEA. BOT. CRYPT. Le genre indiqué par Rafinesque sous ce nom, et qu'il place entre les *Sphæria* et les *Hypoxylon*, est probablement le même que le *Poronia* de Willdenow. *V.* ce mot. (AD. B.)

PORONIA. BOT. CRYPT. (*Hypoxylées.*) Ce genre fut établi par Willdenow pour une Plante décrite par Linné sous le nom de *Peziza punctata*. Cette Plante fut ensuite considérée comme une espèce de *Sphæria*, et le *Poronia* devint une section de ce genre. Enfin Fries, dans son *Systema orbis vegetabilis*, le considère comme une section du genre Hypoxylon, un des genres qu'il a formés aux dépens des *Sphæria*. *V.* ce mot. (AD. B.)

* POROPHORA. BOT. CRYPT. (*Lichens.*) Ce genre a été créé par Meyer (*Lich. Diss.*); qui le caractérise ainsi : porocarpes sphéroïdes ; sporanges nuls; plusieurs nucléums, rarement un seul, renfermés dans des verrues formées par le thalle; à ostioles percés d'un pore ; les nucléums sont entourés d'une gélatine subcéracée, colorée. Meyer rapporte à ce genre diverses espèces de Porines et de Variolaires d'Acharius. Il y joint notre genre *Ascidium*, et annonce qu'il en décrira plusieurs nouvelles espèces d'Amérique.

Le *Porophora*, ainsi que tous les genres nouveaux de Meyer, ayant été publié sans figures, sont difficiles à juger; il faut donc attendre pour se prononcer sur leur validité. *V.* VERRUCARIÉES. (A. F.)

POROPHYLLE. *Porophyllum.* BOT. PHAN. Sous ce nom, Vaillant avait établi un genre de la famille des Synanthérées, qui fut d'abord adopté par Linné, puis supprimé par ce naturaliste, et réuni au *Cacalia;* enfin rétabli par Adanson sous le nom imposé par Vaillant, et par Jacquin sous celui de *Kleinia*. Schreber, Willdenow, Persoon et Kunth ont conservé cette dernière dénomination qui avait d'abord été employée par Linné pour désigner le genre qu'il a, par la suite, nommé *Cacalia*, et que Jussieu a plus tard appliqué à un autre genre de la famille des Synanthérées. *V.* KLEINIE. Le genre *Porophyllum* appartient à la tribu des Tagétinées de Cassini, et offre les caractères suivans : involucre cylindrique, formé de cinq folioles sur un seul rang, contiguës, égales, ovales-oblongues, membraneuses sur les bords, parsemées de grosses glandes oblongues. Réceptacle presque nu, garni de petits appendices en forme de papilles ou de poils. Calathide composée de fleurons égaux, nombreux, réguliers et hermaphrodites; ovaires longs, minces, cylindracés, striés, hispides, munis d'un bourrelet basilaire, surmontés d'une aigrette composée de poils inégaux et légèrement plumeux; style à deux branches stigmatiques. Ce genre se compose de sept à huit espèces indigènes de l'Amérique méridionale et des Antilles. Le *Porophyllum ellipticum*, Cass., *Cacalia Porophyllum*, L., *Kleinia Porophyllum*, Willd., espèce sur laquelle le genre a été fondé, est une Plante herbacée, annuelle, glabre, dont la tige s'élève à environ un demi-mètre, et porte des feuilles éparses, nombreuses, pétiolées, elliptiques, obtuses, mucronées, légèrement crénelées, parsemées de taches glanduleuses et transparentes. Les fleurs forment des calathides terminales. (G..N.)

* POROPHYRA. BOT. CRYPT. (*Hydrophytes.*) Pour *Porphyra*. *V.* ce mot. (B.)

POROPTÉRIDES. *Poropteris*. BOT. CRYPT. Willdenow a donné ce nom à la troisième section qu'il établit dans l'ordre des Fougères et qui renferme les genres *Myriotheca* ou *Marattia* et *Danœa*. *V.* ces mots. (B.)

POROSTEMA. BOT. PHAN. (Schreber.) Syn. d'*Ocotea* d'Aublet. *V.* OCOTÉE. (B.)

* POROTHELIUM. BOT. CRYPT. (*Lichens.*) Eschweiler a fondé ce genre dans sa cohorte des Trypétéliacées, et le caractérise comme il suit : thalle crustacé, attaché, uniforme; verrues subgélatineuses, noires, percées au sommet par plusieurs ouvertures, contenant quelques noyaux presque globuleux, nus, recevant les thèques qui sont oblongues, cylindriques et en anneau (fig. 21). Il est fondé sur les *Trypethelium conglobatum*, Ach., *Act. Mosq.*, 5, p. 169, tab. 8, fig. 5; *Trypethelium anomalum*, Ach., *loc. cit.*, p. 167, tab. 8, fig. 4, et sur la *Porina campuncta* d'Acharius. C'est le *Porodothion* de Fries, *Syst. orb. veget.*, p. 262, genre qui n'a pu conserver le nom de *Porothelium*, déjà employé pour un genre de la famille des Champignons.

Le genre d'Eschweiler, fondé en 1824, était déjà démembré en 1825 par Meyer, lequel le plaçait dans ses genres *Mycoporum* et *Stigmatidium*. *V.* ce dernier mot. Les *Porothelium* sont des Plantes exotiques que l'on trouve sur les écorces. (A. F.)

* POROTHELIUM. BOT. CRYPT. (*Champignons.*) Genre très-voisin des Polypores, séparé par Fries, ensuite considéré par cet auteur comme une simple section des Polypores; enfin admis comme genre distinct dans son *Systema orbis vegetabilis*, avec les caractères suivans : membrane fructifère, interrompue; pores à la surface de papilles séparées et superficielles. Il y rapporte les *Boletus fimbriatus* et *byssinus* de Persoon, qu'il considère comme une seule espèce, et le *Boletus subtilis* du même auteur. Ces Bolets sont adhérens par toute leur surface et par conséquent sans chapeau distinct. (AD. B.)

* PORPA. BOT. PHAN. Genre de la famille des Tiliacées et de la Polyandrie Monogynie, L., établi par Blume (*Bijdr. Flor. ned. Ind.*, p. 117), qui l'a ainsi caractérisé : calice divisé profondément en cinq parties caduques. Corolle à cinq pétales cotonneux à la base de leur face intérieure, un peu plus courts que le calice. Étamines nombreuses (environ vingt-six à trente), libres, insérées sur un disque hypogyne, ceintes d'un anneau membraneux. Ovaire hérissé, à huit loges uniovulées, surmonté d'un style simple et d'un stigmate tridenté. Fruit probablement capsulaire, à huit loges monospermes. Ce genre a de l'affinité avec le *Triumfetta*. Il ne se compose que d'une seule espèce, *Porpa repens*, qui croît sur le littoral arénacé de l'île de Nusa Kambanga dans l'Inde orientale. C'est un sous-Arbrisseau à feuilles pétiolées, trilobées, dentées, presque cordées à la base, scabres, et accompagnées de stipules lancéolées, à fleurs disposées par trois sur des pédoncules solitaires et opposés aux feuilles. (G..N.)

PORPHYRA. BOT. PHAN. (Loureiro.) *V.* CALLICARPE.

* PORPHYRA. BOT. CRYPT. (*Hydrophytes.*) Agardh a, dans son *Sys-*

tema Algarum, formé ce genre aux dépens des Ulves. La couleur pourprée en forme le principal caractère. On sent bien que de pareilles distinctions ne sauraient être admises autrement que comme spécifiques; aussi n'adopterons-nous point le genre *Porphyra* dont le type sera décrit au mot ULVE. (B.)

PORPHYRE. OIS. Espèce du genre Pigeon. *V.* ce mot. (B.)

* PORPHYRE. REPT. SAUR. (Daudin.) Espèce du sous-genre Ptyodactyle parmi les Geckos. *V.* ce mot. (B.)

PORPHYRE. MOLL. Nom vulgaire et marchand d'une Volute, appelée aussi Olive de Panama, et du *Voluta hispidula*, L. (B.)

PORPHYRE. MIN. et GÉOL. Le nom de *Porphyre* ou de *Porphyrite* qui signifie couleur de pourpre, a été donné par les anciens à une Roche d'un rouge foncé, parsemée de taches blanches, et que l'on tirait principalement de la Haute-Egypte. Les artistes ont considérablement étendu l'acception de ce mot, en l'employant pour désigner toute espèce de Pierre dure et polissable, présentant au milieu d'une pâte d'une certaine couleur, des cristaux disséminés dont la teinte tranchait nettement sur celle du fond; mais depuis Werner, la plupart des minéralogistes réservent le nom de Porphyres aux Roches à structure porphyroïde, composées d'une pâte de Feldspath compacte plus ou moins mélangée, qui enveloppe des cristaux de Feldspath ordinairement blanchâtres. Ces Roches, qui sont fréquemment cellulaires, paraissent avoir une origine pyrogène: on les rencontre rarement au milieu des terrains primitifs, où elles se présentent plutôt en filons qu'en véritables couches; mais elles sont très-répandues dans le sol intermédiaire, où elles forment des dépôts assez considérables; à la base du sol secondaire, dans le terrain de grès rouge, et enfin au milieu des Roches qui composent la série trachytique. — Tous les vrais Porphyres sont fusibles en émail gris ou noirâtre. Ils sont formés essentiellement de Feldspath sous deux états différens, savoir: de Feldspath compacte mélangé ou Pétrosilex (*V.* ce mot), et de Feldspath lamelleux ou Albite; mais ils renferment aussi, comme parties accessoires, des cristaux de Quartz, de Mica, d'Amphibole, des Pyrites, etc. Ils ne sont point distinctement stratifiés, à l'exception peut-être des Porphyres de Hongrie; le plus souvent ils s'offrent en masses, n'ayant aucune forme déterminée, et se divisent parfois en prismes à cinq ou six pans, comme le Basalte, ou bien en plaques tout-à-fait planes. Certaines variétés de Porphyres sont sujettes à une altération qui les fait passer à un état terreux ou argiloïde; il est probable qu'à l'instar des Wackes, elles éprouvent une décomposition sur place. Les Porphyres renferment peu de couches étrangères; mais beaucoup de substances métalliques, entre autres l'Or et l'Argent, ce qui avait fait donner par de Born au Porphyre de Hongrie, le nom de *Saxum metalliferum*.

Sous le rapport de la composition minéralogique, on distingue parmi les Porphyres les variétés suivantes:

Le PORPHYRE PÉTROSILICEUX proprement dit, Cord.; Hornstein-Porphyr, W.; Porphyre euritique, D'Aubuisson. Souvent fragmentaire ou cellulaire, avec des infiltrations siliceuses; quelquefois sans fragmens ni cellules; composé d'une pâte pétrosiliceuse, enveloppant des cristaux de Quartz associés à de nombreux cristaux de Feldspath. Couleurs variables: le rouge, le brun, le vert, etc. C'est cette variété de Porphyre qui constitue les terrains porphyriques de la Saxe et de la Silésie, traversés par des filons d'étain. On les a crus primitifs; mais ils appartiennent très-probablement aux anciens terrains intermédiaires. On peut également rapporter à la même variété les Porphyres de transition des Vosges, de Norwège; ceux qui accompagnent les Syénites des Cordillères et de Hongrie. On la trouve aussi dans le grès rouge (Porphyre de Corse).

LE PORPHYRE SYÉNITIQUE, D'Aub. et Cord.; Sienit-Porphyr, Wern. Pâte pétrosiliceuse avec cristaux de Feldspath et d'Amphibole. Ce Porphyre est quelquefois cellulaire (Porphyre de Christiania), et même amygdalaire : il renferme alors des noyaux de terre verte. On peut rapporter à cette variété le Porphyre rouge antique, qui a été si souvent employé par les Egyptiens pour leurs cuves sépulcrales et leurs obélisques. Ses carrières ont été retrouvées par Rosière dans les déserts qui sont entre le Nil et la mer Rouge. Il en existe aussi aux environs du mont Sinaï. Suivant Cordier, sa couleur serait due à du Fer oligiste, dont on aperçoit quelquefois les particules métalliques sur les surfaces polies. Le Porphyre syénitique est très-abondant en Norwège (à Christiania et Friedrischvarn). Il appartient au sol intermédiaire.

Le PORPHYRE ARGILOÏDE, Cord.; Thonporphyr, W.; Porphyre terreux de Beudant; Argilophyre de Brongniart, provenant de l'altération des Roches précédentes. Il est souvent cellulaire ; il appartient aux terrains secondaires les plus anciens (Porphyre des environs de Fréjus, de Schemnitz en Hongrie). On le trouve aussi en filons au milieu des terrains primitifs (Auvergne), avec des cristaux de Mica, de Pinite et de Feldspath décomposé en Kaolin verdâtre.

Le PORPHYRE TRACHYTIQUE, Cord., pâte feldspatique (Leucostine), grisâtre, à grain grossier et rude comme celui du Trachyte, avec cristaux disséminés de Feldspath, d'Amphibole et de Pyroxène. Sa couleur est quelquefois rougeâtre dans la croûte superficielle ; il forme des dépôts très-considérables dans les terrains de Trachyte. On trouve aussi dans le même terrain une autre Roche porphyrique celluleuse, renfermant une grande quantité de Silex, qui lui donne beaucoup de dureté. C'est le Porphyre molaire de Beudant, ainsi nommé parce qu'on s'en sert en Hongrie comme de Pierres à meules.

On a donné aussi le nom de Porphyre, en y ajoutant une épithète, à des Roches amphiboliques, pyroxéniques ou autres, qui offrent la structure porphyroïde. C'est ainsi qu'on a nommé :

PORPHYRE BASALTOÏDE, Cord., une Roche pyroxénique peu connue, qui a été confondue avec le Diorite porphyroïde, et dont il existe des couches assez puissantes aux environs d'Oberstein, dans le Palatinat et dans les Alpes du Tyrol.

PORPHYRE DIORITIQUE, Cord., le Grunstein Porphyr, ou la Diabase porphyroïde. *V.* DIABASE.

PORPHYRE GLOBULEUX DE CORSE, le Pyroméride de Monteiro. *V.* PYROMÉRIDE.

PORPHYRE NOIR, l'un des Trapporphyr de Werner, ou le Mélaphyre de Brongniart. *V.* MÉLAPHYRE.

PORPHYRE RÉTINITIQUE, le Pechsteinporphyr de Werner, ou le Stigmite de Brongniart. *V.* STIGMITE.

PORPHYRE TRAPÉEN, l'un des Trapporphyr de Werner, sorte de Trachyte porphyroïde. *V.* TRACHYTE.

PORPHYRE VERT, l'Ophite. *V.* OPHITE. (G. DEL.)

PORPHYRIO. OIS. (Brisson.) Syn. de Talève. *V.* ce mot. (DR..Z.)

PORPHYRION ou POULE-SULTANE. OIS. Espèce du genre Talève. *V.* ce mot. (DR..Z.)

PORPHYRIS. BOT. PHAN. L'un des synonymes anciens de Buglosse. *V.* ce mot. (B.)

PORPHYRITE. GÉOL. Quelques naturalistes ont donné ce nom comme synonyme du Porphyre argileux, *Thon Porphyr* des Allemands, et d'une sorte de Poudingue porphyroïde ou Mimophyre. (G. DEL.)

PORPHYROIDE. GÉOL. Ce mot désigne dans une Roche une structure analogue à celle du Porphyre, et dont le caractère est d'offrir des Cristaux disséminés au milieu d'une pâte d'apparence homogène. C'est dans ce sens qu'on peut dire un Granite porphyroïde, une Syénite porphyroïde, etc. (G. DEL.)

PORPITE. *Porpita*. ACAL. Genre d'Acalèphes libres, ayant pour caractères : corps orbiculaire, déprimé, gélatineux à l'extérieur, cartilagineux intérieurement, soit nu, soit tentaculifère à la circonférence, à surface supérieure, plane, subtuberculeuse, et ayant des stries en rayons à l'inférieure. Lamarck a séparé des Méduses les espèces ayant intérieurement un cartilage qui soutient leurs parties molles; il en a formé deux genres, les Porpites et les Vélelles, adoptés par la plupart des naturalistes. Ses Porpites se caractérisent par la forme orbiculaire de leur cartilage, qui offre des stries concentriques et d'autres rayonnantes; ce cartilage est couvert en dessus d'une membrane très-mince; en dessous, et au centre est la bouche en forme de petite trompe saillante qui s'ouvre et se ferme presque continuellement; la surface inférieure est garnie d'un grand nombre de tentacules simples, et plusieurs espèces ont à leur circonférence d'autres tentacules plus longs que les premiers, munis de petits cils terminés chacun par un globule. Ses Porpites sont de petits Animaux pélagiens que l'on voit flotter à la surface de la mer, et qui ressemblent à des pièces de monnaie emportées par les eaux. D'après Cuvier, les espèces de Porpites connues ou mentionnées doivent être réduites à une seule, que ses variétés ou différens degrés de mutilation ont fait regarder comme plusieurs espèces. Lamarck décrit quatre Porpites, les *Porpita nuda*, *appendiculata*, *glandifera*, *gigantea*. Bory de Saint-Vincent, qui s'occupa de ces Animaux dans la Relation de son voyage en quatre îles des mers d'Afrique, donna le premier une très-bonne figure de l'un d'eux. Celle qu'en a donnée postérieurement Péron est fort exagérée et ne vaut pas à beaucoup près celle de notre collaborateur, quoiqu'elle soit plus souvent citée. (E. D..L.)

* PORPUS. MAM. Le nom de *Porpus* ou de *Porpes*, et provenant du portugais *Por-Pesse*, Poisson-Porc, usité dans le Nord et dans la langue anglaise, est le synonyme du danois *Tümler*, et des mots allemands *Meer-Schwein*, cochon de mer, dont nous avons fait en français Marsouin. *V.* ce mot et DAUPHIN. (LESS.)

PORPYTE. POLYP. (Deluc.) Syn. d'Orbulite. *V.* ce mot. (B.)

PORRO. BOT. CRYPT. *V.* DURVILLÉE à l'article LAMINARIÉES.

PORRUM. BOT. PHAN. Nom scientifique du Poireau. *V.* AIL. (B.)

* PORRUT-AJANG. ANNEL. Nom javanais d'une Annelide nommée *Soa-See* par les Chinois, et que Pallas a décrite et figurée dans le dixième fascicule de ses *Spicilegia Zoologica*, sous le nom de *Lumbricus edulis*. Il est très-probable que le *Tambiloc* des îles Philippines, décrit par Camelli, est le même Animal, très-estimé par sa saveur, et qui est l'objet d'un commerce étendu. (LESS.)

PORTE-AIGUILLONS. *Aculeata*. INS. Seconde section de l'ordre des Hyménoptères, établie par Latreille et composée des Hyménoptères dont l'abdomen est toujours pédiculé, et renfermant un aiguillon acéré, offensif, sortant par l'anus; ou bien seulement, et dans quelques-uns, des glandes remplies d'une liqueur acide et susceptible d'être éjaculée. Les antennes des mâles ont treize articles, et celles des femelles douze. Les ailes sont toujours veinées et offrent les diverses sortes de cellules ordinaires; quelques-uns n'ont point de cellule discoïdale fermée ou complète. Les larves sont apodes et approvisionnées d'avance pour le temps qu'elles doivent rester dans cet état, ou bien nourries journellement par des individus neutres ou mulets, ou par des femelles. Dans ce dernier cas ces Insectes sont réunis en sociétés; quelques-uns sont parasites. Cette section renferme les quatre dernières familles de l'ordre. *V.* HÉTÉROGYNES, FOUISSEURS, DIPLOPTÈRES et MELLIFÈRES. (G.)

PORTE. ZOOL. et BOT. Suivi d'un nom quelconque, ce mot s'est trouvé devenir spécifique en beaucoup de cas, et l'on a conséquemment appelé:

PORTE-BANDEAU (Bot. Phan.), l'*Ethulia nodiflora*, selon Bosc. *V.* ETHULIE.

* PORTE-BARBE (Bot. Crypt.). Nom francisé sous lequel Léman s'occupe, dans le Dictionnaire des Sciences naturelles, du genre Pilopogon, que vient d'instituer Bridel dans sa dernière Histoire des Mousses, et que nous croyons devoir renvoyer au Supplément plutôt que de le traiter où il ne viendrait dans l'idée à qui que ce soit de le chercher dans notre Dictionnaire.

PORTE-BEC (Ins.). Nom vulgaire qui répond à Rhinchophore. *V.* ce mot.

* PORTE-CHANDELLE (Ins.). Espèce du genre Fulgore.

PORTE-CHAPEAU (Bot. Phan.). Nom vulgaire des Nerpruns, dont on a fait le genre *Paliurus*. *V.* PALIURE.

* PORTE-CHAUME (Échin.). Espèce du genre Cidarite. *V.* ce mot.

PORTE-COLLIER (Bot. Phan.). Nom vulgaire de l'*Osteospermum moniliforme*, L. *V.* OSTÉOSPERME.

PORTE-CORNE (Mam.). On trouve le Rhinocéros désigné sous ce nom dans quelques livres; d'où *Cherophorus* a été employé en grec francisé par Blainville, pour désigner les Ruminans qui ne portent pas à la tête de bois caduc, mais des cornes dans l'acception la plus exacte du mot.

PORTE-CRÊTE (Rept. Saur.), l'Iguane d'Amboine.

* PORTE-CRIN (Bot. Crypt.). Le genre *Chætophora* de Bridel (*V.* ce mot au Supplément) est décrit sous ce nom par Léman dans le Dictionnaire de Levrault.

PORTE-CROIX (Rept. Oph. et Ins.). Espèces des genres Couleuvre, Criocère et Ptine. *V.* ces mots.

* PORTE-CUPULE (Crust.). Espèce du genre Pilumne. *V.* ce mot.

PORTE-ÉCHELLE (Ins.). Nom vulgaire du *Saperda scalaris*.

PORTE-ECUELLE (Pois.). *V.* LÉPADOGASTRE.

* PORTE-ÉPERON (Ois.). Syn. vulgaire du Montain. *V.* BRUANT.

PORTE-ÉPINE (Mam.). Pour Porc-Épic. *V.* ce mot.

PORTE-FEUILLE (Bot. Phan.). Syn. vulgaire d'*Asperula odorata*. *V.* ASPÉRULE.

* PORTE-FAIX (Ins.). Nom vulgaire d'une espèce du genre Callidie. *V.* ce mot.

* PORTE-GLAIVE (Pois.). *V.* GLAIVE.

* PORTE-GOITRE ou CRETINELLE (Bot. Crypt.). Noms imaginés par Léman pour ramener, dans le Dictionnaire de Levrault au XLIIIe volume, le genre *Oncophorus* de Bridel (*V.* ce mot), qui avait été précédemment oublié dans son ordre alphabétique.

* PORTE-HOUSSOIR (Ins.). *V.* APIAIRES.

PORTE-IRIS (Acal.). Les deux Animaux de la mer du Hâvre, ainsi nommés par l'abbé Dicquemare, paraissent être des Béroès. *V.* ce mot.

* PORTE-LAINE (Bot. Phan.). Nom imaginé par Cassini pour ramener au quarante-troisième volume du Dict. de Levrault le genre *Lasiorrhiza* de Lagasca, qui sera traité par nous au Supplément.

PORTE-LAMBEAU (Ois.). Espèce du genre Martin. *V.* ce mot.

PORTE-LANCETTE (Pois.). Syn. d'Acanthure Chirurgien.

PORTE-LANTERNE (Ins.). On donne ce nom à quelques Insectes lumineux d'Amérique, tels que quelques Fulgores, des Taupins et des Lampyres.

PORTE-LENTILLE (Bot. Crypt.), les Champignons du genre Nidulaire dont Linné faisait des Pezizes.

PORTE-LYRE (Ois.). Même chose

que Lyre, espèce du genre Ménure. *V.* ce mot.

PORTE-MALHEUR (Ins.), l'un des noms vulgaires des *Blaps mortisaga.* *V.* BLAPS.

PORTE-MASSUE (Bot. Phan.). Syn. de Corynéphore. *V.* ce mot.

PORTE-MIROIR (Ins.). Nom vulgaire des *Bombyx Hesperus* et *Atlas*, qui portent sur les ailes des taches sans écailles, brillantes comme si elles étaient de verre étamé.

PORTE-MITRE D'OR (Ois.). Syn. vulgaire du Chardonneret. *V.* GROS-BEC.

PORTE-MORT (Ins.). Syn. vulgaire de Nécrophore. *V.* ce mot.

PORTE-MUSC (Mam.). Espèce de Chevrotain. *V.* ce mot.

PORTE-NOIX (Bot. Phan.), le *Caryocar nuciferum* à la Guiane.

PORTE-OR (Géol.). *V.* PORTOR.

PORTE-PLUME (Bot. Phan.). Syn. vulgaire de *Pteronia camphorata.*

PORTE-PLUMET (Moll.). Espèce de Cyclostome dans Geoffroy.

* PORTE-PINCE (Ins.). *V.* PINCE.

* PORTE-POIL (Bot. Crypt.). Nom français proposé par Bridel pour désigner le genre *Leptostomum.* *V.* ce mot.

PORTE-QUEUE (Ins.). Les Papillons dont les ailes inférieures sont appendiculées, et qui étaient appelés Chevaliers par Linné; quelques Polyomates, etc., ont été appelés ainsi. Le *Papilio Machon* entre autres est nommé Grand Porte-Queue.

* PORTE-QUILLE (Echin.). Espèce du genre Cidarite. *V.* ce mot.

* PORTE-RAME (Mam.). Espèce du genre Musaraigne. *V.* ce mot.

PORTE-SCIE, *Securifera* (Ins.). Latreille donne ce nom à la première famille de la section des Térébrans établie dans l'ordre des Hyménoptères. Les Insectes de cette famille ont l'abdomen parfaitement sessile ou intimement uni à sa base et dans toute sa largeur, au métathorax, et paraissant en être une continuation. Les larves ont toujours six pieds écailleux et le plus souvent des pates nombreuses; elles se nourrissent de Végétaux. Cette famille renferme deux tribus, les Tenthrédines et les Urocérates. *V.* ces mots et UROPRISTE.

* PORTE-SCIE (Crust.). Espèce du genre Palémon. *V.* ce mot.

PORTE-SOIE (Ois.). On appelle ainsi une variété de Poules et de Coqs du Japon.

PORTE-SOIE (Conch.), et non *Porte-Scie*, l'un des synonymes de Pinne. *V.* ce mot.

* PORTE-SUIF (Bot. Phan.), le *Virola sebifera*, Aublet. *V.* MUSCADIER.

PORTE-TARIÈRE (Ins.). Syn. de Térébrans. *V.* ce mot.

PORTE-TUBE (Moll.). Nom vulgaire et marchand du *Murex tubifer*, qui est pour Montfort le type du genre Typhis. *V.* ce mot.

PORTE-TUYAUX, *Tubuliferi* (Ins.). Dénomination employée par quelques entomologistes pour désigner une section d'Insectes Hyménoptères renfermant des espèces dont les femelles ont l'extrémité de l'abdomen effilée et terminée par une série d'anneaux qui rentrent dans son intérieur et au bout desquels il y a un aiguillon. Tels sont les Chrysides. *V.* ce mot. (AUD.)

* PORTE-VERGETTE (Pois.). (Commerson.) Syn. de *Balistes hispidus.* *V.* BALISTE. (B.)

*PORTENSCHLAGIA. BOT. PHAN. Sous ce nom Trattinick a établi un genre qui a pour type l'*Elæodendron australe* de Ventenat (Jardin de la Malmaison, 2, tab. 117), auquel il donne le nom de *Portenschlagia australis*; et il en a publié une seconde espèce sous celui de *Portenschlagia integrifolia.* Ce genre n'a pas été adopté. *V.* ELÆODENDRON. (G..N.)

PORTESIA. BOT. PHAN. Ce genre de Cavanilles et de Jussieu a été rapporté par De Candolle (*Prodrom. Syst. Veget.*, 1, p. 622) au *Trichilia* de Linné. *V.* TRICHILIE. (G..N.)

PORTLANDIE. *Portlandia.* BOT. PHAN. Genre de la famille des Rubiacées et de la Pentandrie Monogynie, L., établi par P. Browne, adopté par Linné fils, Jussieu, Swartz, Lamarck et tous les auteurs modernes avec les caractères suivans : calice grand, à cinq divisions peu profondes; corolle très-longue, grande, infundibuliforme, dont le limbe est élargi, à cinq lobes étalés; étamines insérées au sommet du tube, à anthères longues, dressées, à demi saillantes hors de la corolle; un seul stigmate; capsule ligneuse, obovée, pentagone, tronquée au sommet et couronnée par les dents du calice, à deux loges et à deux valves qui s'ouvrent par le sommet, renfermant plusieurs graines non membraneuses sur les bords. On a rapporté à ce genre deux Plantes qui s'en éloignent par les caractères, savoir : 1° le *Portlandia hexandra*, Jacq., Amér., tab. 65, type du genre *Coutarea*, *V.* ce mot; 2° le *Portlandia tetrandra* de Forster et Linné fils, qui, selon Jussieu, doit former un genre distinct, à raison du nombre quaternaire de ses parties florales et de son fruit plus allongé. Le *Portlandia corymbosa* de Ruiz et Pavon est aussi une espèce douteuse; elle semble plutôt appartenir au genre *Exostemma*, dont les espèces avaient d'ailleurs été réunies aux Portlandies par Swartz, dans le Journal de Schrader, pour 1801.

Les *Portlandia grandiflora* et *coccinea* de Swartz, légitimes espèces du genre, sont des Arbrisseaux légèrement rameux, à feuilles très-grandes, lancéolées-elliptiques ou ovales, à fleurs aussi très-grandes, de couleur jaunâtre ou purpurine, répandant une odeur forte et agréable pendant la nuit; portées au nombre de une à trois, sur des pédoncules axillaires. Ces Plantes croissent dans les Antilles, au pied des montagnes. (G..N.)

PORTOR. GÉOL. MIN. Et non *Porte-Or*. Nom vulgaire d'une espèce de Marbre. *V.* ce mot. (B.)

PORTULA. BOT. PHAN. (Dillen et Mœnch.) Syn. de *Peplis*, L. *V.* PÉPLIDE. (G..N.)

PORTULACA. BOT. PHAN. *V.* POURPIER.

PORTULACARIA. BOT. PHAN. Genre de la famille des Portulacées et de la Pentandrie Trigynie, L., établi par Jacquin (*Collectanea*, 1, p. 160), adopté par De Candolle (*Prodrom. Syst. Veget.*, vol. 3, p. 360) qui l'a ainsi caractérisé : calice à deux sépales, persistant et membraneux; corolle à cinq pétales persistans, égaux, obovés et hypogynes; cinq étamines insérées sur les pétales, mais disposées sans rapport avec le nombre des pétales (car on en trouve quelquefois dix dont cinq stériles), à anthères courtes souvent vides de pollen; ovaire ovoïde-triquètre, surmonté de trois stigmates sessiles, étalés, glanduleux, muriqués en dessus; fruit ailé, triquètre, indéhiscent et monosperme. Le *Portulacaria afra*, Jacq., *loc. cit.*, tab. 22, a été décrit sous plusieurs noms par divers botanistes. C'est le *Claytonia Portulacaria* de Linné, *Mantiss.*, et Lamk., *Illustr.*, tab. 144; le *Crassula Portulacaria* de Linné, *Species Plant.* 406; l'*Hænkea crassifolia* de Salisbury, *Prodrom.* 174; enfin le *Portulaca fruticosa* de Thunberg, *Flor. cap.*, p. 399. Cette Plante est frutescente, glabre, à feuilles opposées, obovées, presque rondes, planes et charnues, à fleurs petites et roses. Elle croît dans l'Afrique australe, et on la cultive en Europe dans quelques jardins de botanique où elle fleurit rarement. (G..N.)

PORTULACÉES. *Portulaceæ*. BOT. PHAN. Famille de Plantes dicotylédones, polypétales, à étamines périgynes, établie par Jussieu (*Gen. Plant.*) et ayant pour type le genre Pourpier (*Portulaca*) qui lui a donné son nom. Les Plantes qui composent cette famille sont herbacées ou sous-frutescentes : leurs feuilles sont opposées, rarement alternes, simples, épaisses et charnues, sans stipules; les fleurs sont terminales ou axillaires. Leur calice se compose de deux sépales opposés, concaves, souvent réunis par leur base et formant une sorte de tube; la corolle est pentapétale, et quelquefois les pétales se soudant entre eux constituent une corolle monopétale plus ou moins régulière. Les étamines en même nombre que les pétales leur sont opposées; dans quelques genres elles sont en plus grand nombre. L'ovaire est libre ou quelquefois semi-infère, à une seule loge contenant un nombre variable d'ovules, naissant immédiatement du fond de la loge ou attachés à un trophosperme central. Le style est simple et se termine par trois ou cinq stigmates filiformes. Le fruit est une capsule recouverte par le calice, à une seule loge polysperme, s'ouvrant soit en trois valves, soit par le moyen de deux valves superposées et en forme de boîte à savonnette. Les graines offrent un tégument propre, souvent crustacé et comme chagriné, et un embryon cylindrique roulé sur un endosperme farineux. Cette famille, telle qu'elle avait été présentée par Jussieu, renfermait plusieurs genres qui en ont été retirés. Ainsi le *Tamarix* forme le type de la famille des Tamariscinées établie par Desvaux et qui entre autres caractères diffère des Portulacées par l'absence de l'endosperme. Les genres *Scleranthus*, *Gymnocarpus*, et très-probablement le *Telephium* et le *Corrigiola*, ont été transportés parmi les Paronychiées. Les Portulacées ont en effet de très-grands rapports avec cette famille, dont ils ne diffèrent guère que par leur stigmate à trois ou cinq lobes linéaires et par leur ovaire polysperme et leurs étamines opposées aux pétales. Les genres principaux de cette famille sont : *Portulaca*, L., *Montia*, Micheli; *Trianthema*, L., *Claytonia*, L., *Calandrinia*, Kunth; *Fouquiera*, *id.*; *Bronnia*, *id.* Quant au genre *Turnera*, le professeur Kunth en a fait une tribu particulière sous le nom de Turnéracées dans la famille des Loasées. (A. R.)

PORTUMNE. *Portumnus*. CRUST. Nom donné par Leach à un genre que Latreille réunit à ses Platyoniques. *V.* ce mot. (G.)

PORTUNE. *Portunus*. CRUST. Genre de l'ordre des Décapodes, famille des Brachyures, tribu des Arqués, établi par Fabricius aux dépens du grand genre Cancer de Linné et adopté par tous les entomologistes avec ces caractères essentiels : les deux pieds postérieurs terminés en nageoires. Test en segment de cercle plus large que long, dilaté en avant, rétréci et tronqué postérieurement; cavité buccale carrée; troisième article des pieds-mâchoires extérieurs presque carré, avec un sinus ou échancrure interne près du sommet de l'insertion du suivant. Pédicules oculaires courts; post-abdomen ou queue des mâles de cinq anneaux distincts, de sept dans les femelles. Ces Crustacés ne diffèrent des Crabes proprement dits que par la manière dont se terminent leurs pieds postérieurs. Ils se distinguent du genre Lupe ou Lupée de Leach, que Latreille leur réunissait avant la publication de son ouvrage sur les familles naturelles du règne animal, parce que les Lupes ont toujours la carapace plus large et terminée, de chaque côté, par une longue épine recourbée (*V.* LUPÉE). Les Podophtalmes, qui ont encore les deux pieds postérieurs en nageoires, sont bien distincts des Portunes, parce que leurs pédicules oculaires sont très-longs. Enfin les genres Thie et Platyonique en sont séparés parce que leurs quatre derniers pieds sont terminés en nageoires.

Le genre Portune renferme un grand nombre d'espèces propres à toutes les mers; ce sont des Crustacés nageurs qui voyagent et traversent souvent de grands espaces de mers. Bosc et Risso ont donné quelques détails sur les mœurs de plusieurs espèces de France et de la Caroline, qui méritent d'être rapportés ici. Ceux qui habitent les côtes de France vivent réunis en société; ils se choisissent des demeures conformes à leurs besoins, les uns dans les régions des Polypiers corticifères, les autres parmi les rochers à quatre ou cinq cents mètres de profondeur. Le Portune dépurateur se plaît dans les plaines de Galets; il se mêle toujours avec les petites colonnes de Clupées, telles que les Anchois et les Sardines. Quelques autres vivent dans le milieu des algues qui croissent à quelques mètres de profondeur; enfin une autre espèce fréquente les trous du calcaire compacte qui borde les rivières. En général les Portunes vivent de Mollusques et de petits Crustacés. Beaucoup d'espèces de Portunes sont un aliment pour les habitans des côtes de France et des autres pays d'Europe; on les mange aussi au Brésil, à la Caroline et en Chine. En général les Portunes sont plus communs dans les mers qui avoisinent les tropiques. Parmi le grand nombre d'espèces de Portunes connus, nous citerons comme type du genre: le PORTUNE ÉTRILLE, *Portunus velutinus*, Latr.; *Portunus puber*, Leach., Mal., Podoph., Brit., tab. 6; *Cancer velutinus*, Penn., Oliv., Herbst., Krabb., tab. 7, fig. 9. Il est commun sur les côtes occidentales de la France et sur celles d'Angleterre. (G.)

* PORULA. BOT. CRYPT. Le genre d'Hydrophytes institué sous ce nom par Rafinesque ne nous paraît pas devoir être conservé; c'est un démembrement malheureux des Ulves. *V.* ce mot. (B.)

PORZANE. *Porzana*. OIS. *V.* GALLINULE.

POSIDONIA. BOT. PHAN. Kœnig, dans les Annales de Botanique, a donné ce nom générique au *Zostera oceanica*, L., ou *Caulinia oceanica*, De Candolle. *V.* CAULINIE. (G..N.)

POSOPOS ET POSOPOSA. BOT. PHAN. Espèce du genre *Carica*. *V.* PAPAYER. (B.)

POSOQUERIE. *Posoqueria*. BOT. PHAN. Genre établi par Aublet et appartenant à la famille des Rubiacées. Il offre pour caractères: un calice adhérent, turbiné et à cinq dents; une corolle monopétale longuement tubuleuse, légèrement dilatée dans sa partie supérieure qui est velue, ayant son limbe à cinq divisions étalées, étroites et aiguës; les étamines insérées à la gorge de la corolle, ont leurs filamens courts; leurs anthères linéaires et saillantes. Le style se termine par un stigmate bifide et le fruit est légèrement charnu, ombiliqué à son sommet et à deux loges polyspermes. Une seule espèce, *Posoqueria longiflora*, Aublet, Guian., 1, t. 51, compose ce genre. C'est un Arbuste à feuilles opposées, ovales, oblongues, aiguës, un peu sinueuses sur les bords, portant des fleurs réunies en une sorte de corymbe terminal. Il croît à la Guiane. (A. R.)

POSSIRA. BOT. PHAN. A l'exemple de Willdenow, le professeur De Candolle a réuni les genres *Possira* et *Tounatea* d'Aublet, qui appartiennent à la famille des Légumineuses, en un seul genre qui porte le nom de *Swartzia*. *V.* SWARTZIE. (A. R.)

POSSUM. MAM. Pour Opossum. *V.* ce mot. (B.)

POST. POIS. (Lacépède.) *V.* GOUJONNIÈRE au mot GRÉMILLES.

POSYDON. CRUST. Nom donné par Fabricius à un genre de l'ordre des Décapodes, famille des Macroures, auquel Latreille n'a pu assigner une place dans sa Méthode d'après la description incomplète qu'en a donnée son auteur et que nous transcrivons ici: palpes extérieurs foliacés, ou onguiculés au bout; quatre antennes sétacées, avec leur pédoncule simple; les intérieures bifides, courtes. Fabricius cite deux espèces dans ce genre; toutes deux se trouvent dans l'océan Indien. (G.)

POTALIE. *Potalia*. BOT. PHAN. Ce genre fondé par Aublet (Plantes de la Guiane, p. 394, t. 151) avait été placé par Jussieu à la fin des Gentianées. Martius en a fait le type d'une nouvelle famille ou tribu à laquelle il a donné le nom de Potaliées, *V.* ce mot. D'ailleurs il appartient à la Décandrie Monogynie, L., et présente les caractères suivans : calice coloré, turbiné, divisé profondément en quatre parties ; corolle tubuleuse, dont le limbe est partagé en dix lobes qui se recouvrent par un de leurs bords ; dix étamines insérées sur le tube, à filets réunis par une membrane annulaire et à anthères linéaires ; stigmate capité-pelté et lobé ; baie biloculaire, contenant plusieurs graines attachées à deux placentas situés au fond des loges. Ce genre, auquel Schreber a fort inutilement donné le nom de *Nicandra* maintenant appliqué à un autre genre, se compose de deux espèces qui croissent dans les forêts vierges de l'Amérique équinoxiale.

Aublet (*loc. cit.*) a décrit la première espèce du genre sous le nom de *Potalia amara*. C'est une Plante ligneuse, haute de deux à trois pieds, à feuilles opposées, entières, longues de plus d'un pied, étroites à la base, et marquées d'une forte côte. Les fleurs naissent au sommet de la tige sur un ou deux pédoncules qui se subdivisent en quelques pédoncules partiels et forment un corymbe. Toutes les parties de cette Plante sont très-amères ; les jeunes tiges sont couvertes d'une résine jaune exhalant lorsqu'on la brûle une odeur analogue à celle du Benjoin. Ses feuilles et ses jeunes tiges sont employées en tisane comme antisyphilitiques. Cette tisane est de plus vomitive, et on l'emploie à la Guiane lorsqu'on veut se débarrasser l'estomac dans les cas d'empoisonnement par le suc de Manioc ou de toute autre substance vénéneuse. Martius (*Nov. Gen. et Spec. Brasil.*, 2, p. 90, tab. 170) a décrit et figuré la seconde espèce sous le nom de *Potalia resinifera*. C'est une belle Plante indigène du Brésil, dans la province de Rio-Negro, où les habitans emploient, contre l'ophtalmie, l'infusion de ses feuilles qui sont mucilagineuses et astringentes. (G..N.)

* POTALIÉES. *Potalieæ.* BOT. PHAN. Martius (*Nov. Gen. et Spec. Brasil.*, vol. 2, p. 133) a proposé sous ce nom l'établissement d'une petite famille composée des genres *Potalia*, Aublet, *Fagræa*, Jussieu et *Anthocleista*, Afzelius. Le premier de ces genres, qui est le type de la nouvelle famille, avait été placé à la fin des Gentianées par Jussieu. Les principaux caractères de ce groupe consistent dans le fruit qui est une baie bi- ou quadriloculaire, pourvue d'un réceptacle central pour les graines dont le tégument est double. Pour le reste de l'organisation, *V.* les articles FAGRÉE et POTALIE. La famille ou tribu des Potaliées est placée entre les Loganiées et les Apocynées. (G..N.)

* POTAMÉES. BOT. PHAN. La famille de Plantes ainsi nommée par Ventenat est la même que celle que nous avons décrite dans ce Dictionnaire sous le nom de Naïades. *V.* ce mot. (A. R.)

POTAMEIA. BOT. PHAN. (Du Petit-Thouars.) *V.* CÉNARRHÈNE.

POTAMIDA. OIS. L'un des noms de pays de la Fauvette babillarde, *Motacilla curruca*, L. (B.)

POTAMIDE. *Potamides.* MOLL. Brongniart (Ann. du Mus. d'Hist. nat. T. XV, pl. 22, fig. 3) a fondé sous ce nom, aux dépens des Cérithes, un sous-genre de Coquille univalve auquel il a donné pour caractères : coquille turriculée ; ouverture presque demi-circulaire, comme pincée à la base de la columelle et terminée par un canal droit très-court qui est à peine échancré ; point de gouttière à l'extrémité supérieure du bord droit ; mais la lèvre externe dilatée. Si l'on compare ces caractères à ceux des Cérithes, on remarquera que le genre Potamide en diffère très-peu zoologiquement ; ce qui le distingue surtout, c'est le séjour des espèces qu'il renferme dans les eaux douces, à l'embouchure des fleuves. *V.* CÉRITHE. Blainville ne croit pas devoir séparer les Potamides des Cérithes. On connaît quelques espèces vivantes et plusieurs fossiles, dans certains terrains d'eau douce. (AUD.)

* POTAMOBIE. *Potamobia*. CRUST. Leach donne ce nom à un genre qui paraît, d'après Desmarest, être le même que le genre Thelphure de Latreille. *V.* THELPHURE. (G.)

POTAMOGETON. BOT. PHAN. *V.* POTAMOT.

* POTAMON. CRUST. Savigny désignait ainsi un genre que Desmarest pense être le même que le genre Thelphuse de Latreille. *V.* THELPHUSE. (G.)

POTAMOPHILA. BOT. PHAN. Genre de la famille des Graminées et de l'Hexandrie Digynie, L., établi par R. Brown (*Prodrom. Flor. Nov.-Holl.*, p. 211) qui l'a ainsi caractérisé : fleurs polygames, souvent monoïques ; les hermaphrodites et mâles, situées à la partie supérieure, les femelles pourvues de rudimens d'étamines et de stigmates plus grands. Les unes et les autres ont la lepicène (*glume*, Br.) uniflore, bivalve et très-petite. La glume (*périanthe*, Br.) est mutique, membraneuse, à deux valves ; l'extérieure à cinq nervures ; l'intérieure à trois nervures ; deux écailles hypogynes ; six étamines ; deux styles ; stigmates plumeux. Ce genre est voisin de l'*Oryza* et du *Zizania*. Il ne renferme qu'une seule espèce (*Potamophila parviflora*), Graminée vivace, de trois à cinq pieds de long, formant des gazons très-denses dans les eaux courantes aux environs du port Jackson à la Nouvelle-Hollande. Ses chaumes sont un peu rameux, garnis de feuilles étroites, un peu enroulées, à ligule longue et déchiquetée. Les fleurs forment une panicule lâche et dressée. (G..N.)

POTAMOPHILE. *Potamophilus*. INS. Genre de l'ordre des Coléoptères, section des Pentamères, famille des Clavicornes, tribu des Macrodactyles, établi par Germar et auquel Latreille a donné le nom d'*Hydera* qu'il a abandonné. Les caractères de ce genre sont : corps elliptique, convexe ; tête petite ; antennes presque filiformes, guère plus longues que la tête, insérées près du bord interne des yeux, toujours saillantes, composées de onze articles, le premier de la longueur des dix autres pris ensemble, presque cylindrique, aminci vers sa base, un peu courbé, le second plus grand que les suivans, presque en cône renversé, les autres très-courts, transversaux, un peu en scie, formant par leur réunion une petite masse cylindrique, un peu plus mince à son origine, obtuse vers le bout. Labre grand, en cône transversal, un peu échancré au milieu de son bord antérieur. Mandibules arquées, ayant trois dents, dont deux à la pointe et une plus petite en dessous. Palpes courts, terminés par un article plus gros, tronqué, presque obtrigone, les maxillaires plus grands ; menton très-court, transversal ; corselet transversal, en trapèze, rebordé sur les côtés, plus large postérieurement ; avant-sternum point avancé sur la bouche. Ecusson petit ; élytres allongés, recouvrant les ailes et l'abdomen. Pates allongées ; jambes longues, grêles, sans épines ; tarses longs, ayant cinq articles distincts, les quatre premiers courts, presque égaux ; le dernier beaucoup plus long, grossissant vers le bout et muni de deux crochets fort mobiles. Ce genre se distingue facilement des Elmis, Macronyques et Géorises par les antennes qui, dans ceux-ci, ont la longueur de la tête et du corselet pris ensemble ; les Dryops ont les antennes reçues dans une fossette, tandis qu'elles sont libres dans le genre qui nous occupe. Enfin le genre Hétérocère en est bien distingué par ses tarses composés de quatre articles. Nous ne connaissons qu'une espèce de Potamophile, elle se trouve en Europe au bord des eaux et elle est très-rare aux environs de Paris ; c'est le *Potomophilus acuminatus*, Germ. ; *Hydera acuminata*, Latr. ; *Parnus acuminatus*, Fabr., figuré par Panzer dans sa Faune germanique, fig. 8. Cet Insecte a trois lignes et demie de long, son corps est noirâtre et ses élytres sont terminées en pointe. (G.)

POTAMOPHILE. *Potamophila.* CONCH. Sowerby, dans son *Genera* des Coquilles, n. 3, craignant que l'on ne confondît les Coquilles nommées Galathées par Bruguière et par Lamarck, avec un genre de Crustacé qui porte le même nom, a proposé cette dénomination, qui est d'autant plus inutile, que Roissy, bien longtemps avant, avait proposé celle d'Égérie qui n'avait point été adoptée. *V.* GALATHÉE. (D..H.)

* POTAMOPHILES. BOT. PHAN. La famille ainsi nommée par le professeur Richard est la même que celle que l'on désigne plus généralement sous le nom de Naïades. *V.* ce mot. (A. R.)

POTAMOPITYS. BOT. PHAN. (Adanson.) Syn. d'Élatine. *V.* ce mot. (B.)

POTAMOT. *Potamogeton.* BOT. PHAN. Genre de la famille des Naïades, et de la Tétrandrie Tétragynie, offrant les caractères suivans : fleurs hermaphrodites, généralement disposées en épis denses et cylindriques, composées chacune de quatre écailles calicinales, de figure variée; de quatre étamines sessiles, opposées aux écailles, formées chacune de deux loges écartées l'une de l'autre; de quatre pistils sessiles au fond de la fleur, distincts les uns des autres, à une seule loge, contenant un seul ovule ascendant et un peu latéral, et terminé supérieurement par un petit stigmate sessile et oblique. Le fruit se compose de quatre petits akènes sessiles. La graine renferme un embryon recourbé en forme de fer-à-cheval et dépourvu d'endosperme. Nous venons de décrire le caractère de ce genre tel que le donnent tous les botanistes. Mais si l'on compare l'organisation du genre *Potamogeton* à celle des autres genres de la famille des Naïades, il nous semble qu'on peut donner une autre description de ses fleurs. Ainsi, comme, dans tous les genres de cette famille, les fleurs sont unisexuées, ne peut-on pas admettre que la prétendue fleur des *Potamogeton* est une réunion de quatre fleurs mâles, entourant autant de fleurs femelles, que chaque écaille, avec l'étamine placée à son aisselle, forme une fleur mâle, tandis que chaque pistil constitue une fleur femelle ? L'analogie appuie cette explication que nous avons développée à l'article NAÏADES.

Les espèces du genre Potamot sont assez nombreuses. Ce sont toutes des Plantes vivaces, qui naissent au fond des eaux et s'étalent à leur surface. Les unes ont les feuilles larges et étalées; tels sont les *Potamogeton natans*, *fluitans* et *lucens*, etc. Les autres ont des feuilles fines, linéaires et sétacées, comme les *Potamogeton compressum*, *gramineum* et *marinum*, etc. (A. R.)

* POTAMYS. MAM. Ce nom a été proposé par dom Damasio de Larranhaga pour former un genre du Rongeur décrit par Molina sous le nom de Rat Coypou, et par d'Azara sous celui de *Quouiya*. Mais comme déjà Commerson avait formé un genre pour ce Coypou et qu'il l'avait nommé *Myopotamus*, on ne pense pas que le nom de *Potamys* puisse être adopté. *V.* MYOPOTAME. (LESS.)

POTAN. MOLL. Décrit par Adanson, cet Animal dont on a formé un genre Péribole, n'est autre chose qu'un individu jeune du genre Porcelaine. *V.* ce mot. (AUD.)

* POTARCUS. BOT. CRYPT. (Rafinesque.) *V.* CHAODINÉES, par erreur écrit CAHODINÉES. (B.)

POTASSE. CHIM. et MIN. Substance alcaline qui, sans être abondamment répandue dans la nature, se rencontre cependant dans les trois règnes. On lui donnait anciennement le nom d'Alcali végétal, parce qu'on la retire principalement des cendres des Végétaux pour les besoins du commerce. Elle existe en effet dans la plupart des Plantes qui croissent dans des terrains dépourvus d'hydrochlorate de Soude. On la trouve aussi dans les Animaux, et elle fait partie composante d'un grand nombre de substances minérales. Mais dans aucun cas, elle n'est à l'état de pureté ou de liberté dans la nature; elle est toujours à l'état de sel, et combinée le plus souvent avec les Acides carbonique, sulfurique, hydrochlorique, nitrique, et avec la Silice. On l'a regardée comme un corps simple jusqu'en 1807, époque à laquelle Davy la décomposa par le moyen de la pile. Il parvint à en extraire un nouveau Métal, auquel il donna le nom de *Potassium*, Métal solide à la température ordinaire, d'un blanc d'argent, ductile, et plus mou que la cire, car on le pétrit entre les doigts avec la plus grande facilité, pesant moins que l'eau, fusible à 58 degrés centigrades, et très-volatil, absorbant le Gaz oxigène, et décomposant subitement l'eau à la température ordinaire. Lorsqu'on le projette sur ce liquide, il reste à la surface, y brûle en tournoyant, et finit par se convertir en un globule rouge de feu, qu'un refroidissement subit fait éclater, et qui se dissout à l'instant même dans le liquide inférieur, en lui communiquant les propriétés alcalines; ce globule est de la Potasse que le Métal produit en s'oxidant aux dépens de l'eau qu'il décompose. La Potasse est un protoxide de Potassium, composé d'un atome de Métal et de deux atomes d'Oxigène, ou en poids de 83 parties de Potassium et 17 d'Oxigène. Elle est blanche, extrêmement caustique, déliquescente, et par conséquent soluble dans l'eau pour laquelle elle a une grande affinité. Unie à ce liquide, elle forme l'hydrate de Potasse, qui est l'un des réactifs les plus employés par les chimistes. Combinée à l'Acide carbonique, elle donne le sous-carbonate de Potasse, sel que l'on n'emploie à l'état pur que dans les laboratoires, mais qui, mêlé avec le sulfate de Potasse et le chlorure de Potassium, constitue la Potasse du commerce, que l'on retire immédiatement des Végétaux par l'incinération et la lixivation, et dont on fait un grand usage pour les lessives, et pour la fabrication du nitre, de l'alun, du verre et du savon mou. Combinée avec les Acides nitrique et sulfurique, la Potasse forme des sels d'une grande importance pour les arts, et dont nous devons présenter ici l'histoire en peu de mots, parce qu'ils ont leur existence dans la nature.

Potasse nitratée, vulgairement *Nitre* ou *Salpêtre*. Substance saline, blanche, soluble dans l'eau, non déliquescente, ayant une saveur fraîche, et la propriété de fuser sur les charbons ardens au moment où on l'y projette, c'est-à-dire d'augmenter la combustion et l'incandescence des parties sur lesquelles elle tombe, en faisant entendre un bruissement qui dure pendant tout le temps de cette combustion accélérée. Le Nitre est formé d'un atome de Potasse et de deux atomes d'Acide nitrique, ou en poids, Potasse 47, Acide nitrique 53. Mêlé avec de la limaille de Cuivre, et traité par l'Acide sulfurique, il donne lieu à un dégagement de vapeur rouge; mis en solution dans l'eau, il précipite en jaune par l'hydrochlorate de Platine. Ce Sel est du petit nombre de ceux dans lesquels on ait observé le dimorphisme, c'est-à-dire la propriété de cristalliser sous des formes qui appartiennent à deux systèmes différens, mais qui sont toutes des produits de l'art; les plus communes sont des prismes hexaèdres, simples ou pyramidés, très-allongés, et profondément cannelés, que l'on peut rapporter à un prisme rhomboïdal droit d'environ 60° et 120°. Ces prismes sont souvent comprimés, dans un sens perpendiculaire à l'axe, et se présentent alors sous l'aspect de tables rectangulaires, terminées vers leurs bords par des biseaux. Mais d'après des observations de Beudant, on peut aussi obtenir le nitrate de Potasse cristallisé en rhomboïdes obtus, qui approchent beaucoup de ceux du nitrate de Soude. Dans la nature, il ne s'est encore offert que sous la forme d'aiguilles, de filamens capillaires ou de concrétions composées de fibres parallèles et soyeuses. On le trouve en efflorescence à la surface de vastes plaines sableuses au Bengale, en Perse, en Arabie, en Egypte, etc. Il se forme journellement sous nos yeux, à la surface des vieux murs, des pierres calcaires poreuses des terrains calcaréo-sableux, surtout dans les endroits qui sont exposés aux émanations des matières animales et végétales en putréfaction. C'est ainsi qu'il se présente en filamens dans les écuries, les étables et les caves, et comme on le recueille alors avec des houssoirs, on lui a donné le nom de *Salpêtre de Houssage*. En observant avec soin toutes les circonstances de cette formation journalière et naturelle du nitrate de Potasse, on est parvenu à établir dans quelques pays des nitrières artificielles, c'est-à-dire des mélanges de matières propres à produire du Nitre. *V.* NITRIÈRE. En France, on retire presque tout le Nitre, employé dans les arts, des vieux platras, où il est mélangé avec les nitrates de Chaux ou de Magnésie. Ce sel existe aussi, mais plus rarement en solution dans les eaux des mares et des lacs situés au milieu de plaines sableuses. C'est ainsi qu'on le trouve dans les plaines de la Haute-Hongrie, de l'Ukraine, de la mer Caspienne, de la Perse, etc.

Le Nitre est employé comme fondant dans plusieurs opérations docimastiques; il entre dans la composition de quelques verres, dans celle de plusieurs médicamens. On s'en sert pour préparer l'Acide sulfurique et l'Acide nitrique du commerce; mais son principal usage est d'être employé concurremment avec le soufre et le charbon dans la fabrication de la poudre à canon, qui est un mélange d'environ six parties de Nitre bien purifié, d'une partie de Charbon, et d'une partie de Soufre. Les effets violens de ce mélange proviennent de la formation instantanée et de l'expansion subite de divers Gaz qui se développent dans son inflammation; la poudre est d'autant meilleure qu'elle peut produire plus de Gaz dans un temps donné, et que ces Gaz ont un plus grand ressort. De-là toutes les précautions que l'on prend pour s'assurer de la pureté des élémens qui entrent dans la composition de cette poudre, et pour effectuer leur mélange dans les proportions convenables.

POTASSE SULFATÉE, substance soluble, non efflorescente, qui ne s'est rencontrée que bien rarement dans la nature. On ne l'y trouve que dans deux circonstances différentes, ou en solution dans quelques eaux minérales, ou en concrétions à la surface de quelques laves, au Vésuve. Ce sel est composé de Potasse, 54, et Acide sulfurique, 46. Il cristallise aisément dans les laboratoires, et ses formes les plus ordinaires sont des dodécaèdres bipyramidaux à triangles isoscèles, simples ou prismes, et qui dérivent, suivant Haüy, d'un rhomboïde aigu de 87° 48'; ou, suivant Brooke, d'un prisme droit rhomboïdal de 120° 30'. (G. DEL.)

POTELÉE. BOT. PHAN. Syn. vulgaire de Jusquiame. (B.)

POTELET. BOT. PHAN. Nom vulgaire de l'*Hyacinthus non scriptus*, L. (B.)

POTELOT. MIN. Syn. vulgaire de Molybdène sulfurée. (B.)

POTENTILLE. *Potentilla*. BOT. PHAN. Parmi les genres européens qui composent la tribu des Dryadées dans la famille des Rosacées, celui des Potentilles est un des plus considérables, eu égard au nombre des espèces qu'il renferme. On doit aux professeurs Nestler de Strasbourg et Lehman de Hambourg d'excellentes Monographies de ce genre. Il appartient à l'Icosandrie Polygynie, L., et il offre les caractères suivans: calice, muni extérieurement de quatre à cinq bractées, le tube court et évasé, le limbe à quatre ou cinq divisions peu profondes ; corolle à quatre ou cinq pétales insérés sur le calice; étamines en nombre indéfini ; carpelles nombreux, munis d'un style latéral, et placés sur un réceptacle sec et arrondi ; graine unique pendante dans chaque carpelle. Ce genre ne se distingue du Fraisier que par le réceptacle des fruits qui est sec et non succulent comme dans ce dernier genre. On y a réuni avec raison les genres *Comarum* et *Tormentilla* de Linné qui n'en diffèrent que par des caractères d'une valeur minime, comme la forme et la couleur des pétales, le nombre des parties de la fleur, etc. Dans le second volume du *Prodromus Systematis Vegetabilium* du professeur De Candolle, Seringe a décrit cent six espèces de Potentilles. Ce sont des Herbes ou des Plantes suffrutescentes, à feuilles composées, accompagnées de stipules adnées au pétiole ; les fleurs sont blanches ou jaunes, quelquefois rouges. La plupart de ces espèces croissent dans les localités montueuses de notre hémisphère. Les Alpes, les Pyrénées, les montagnes de la Sibérie et de l'Amérique septentrionale, sont les contrées où l'on en trouve le plus grand nombre. Quelques-unes, telles que les *Potentilla verna*, *aurea*, *grandiflora*, paraissent dès les premiers jours du printemps, et couvrent la terre de leurs fleurs d'un beau jaune de soufre. D'autres ont des fleurs d'un blanc lacté, et ressemblent beaucoup aux Fraisiers ; elles ne s'en distinguent que par le réceptacle des fruits qui est sec et aplati. Enfin on cultive dans les jardins une magnifique espèce nouvelle (*Potentilla atropurpurea*) dont les pétales ont une belle couleur rouge, et qui est originaire du Népaul. (G..N.)

* POTÉRIOCRINITE. *Poteriocrinites*. ÉCHIN. Genre de l'ordre des Crinoïdes, ayant pour caractères : Animal supporté par une colonne formée de pièces articulées, minces et nombreuses, percée dans son centre d'un canal assez grand, circulaire, destiné à loger l'intestin ; pièces articulaires, striées en rayons sur les surfaces par lesquelles elles se touchent ; bras auxiliaires latéraux, naissant irrégulièrement sur la colonne ; bassin formé de cinq plaques pentagones, supportant cinq plaques intercostales, hexagones, sur lesquelles s'appuient cinq plaques scapulaires ; une ou deux plaques interscapulaires, appuyées sur une des plaques intercostales. Chaque plaque scapulaire supporte un bras. Base de la colonne probablement fasciculée et adhérente. Ce genre de Crinoïdes, composé de deux espèces fossiles, se reconnaît à sa colonne cylindrique, à ses articulations minces, égales et assez largement percées d'une ouverture ronde, striées en rayons, à son corps figuré en verre à vin, creux, formé de plusieurs séries de plaques minces, articulées, à la présence de deux plaques surnuméraires, situées d'un seul côté entre les plaques scapulaires ; enfin à la forme des plaques scapulaires qui présentent en leur bord supérieur une échancrure de laquelle naissent les bras formés d'un seul article allongé ; deux doigts naissent de chaque bras. Muller n'a point eu occasion d'examiner des échantillons assez parfaits pour compléter les caractères génériques. Du reste, ce que l'on connaît suffit pour distinguer nettement les Potériocrinites des autres Crinoïdes. Les espèces rapportées à ce genre sont les *Poteriocrinites crassus* et *P. tenuis*, que l'on trouve fossiles dans la pierre à chaux de quelques parties de l'Angleterre. (E. D..L.)

POTERIUM. BOT. PHAN. *V.* PIMPRENELLE.

* POTHEL. BOT. PHAN. (Thevet.) Le *Ficus Sycomorus*, L. (B.)

POTHOS. BOT. PHAN. C'est un genre de la famille des Aroïdes et de la Tétrandrie Monogynie, L., qui se compose d'un très-grand nombre d'espèces, pour la plupart originaires de l'Amérique méridionale, et dont quelques-unes sont parasites. Ce sont en général des Plantes herbacées, dépourvues le plus souvent de tige, dont la racine se compose d'une touffe de grosses racines cylindriques et simples, qui naissent même des différens points de la tige quand celle-ci existe. Les feuilles sont ou radicales ou alternes, entières ou découpées, généralement dures et coriaces. Les fleurs sont disposées en un spadice cylindrique, simple, qui est environnée d'une spathe monophylle. Chaque fleur offre un calice formé de quatre sépales épais, dont deux plus extérieurs, d'autant d'étamines qui correspondent chacune à une des sépales et dont le filet est épais et terminé à son sommet par une anthère dont les deux loges sont écartées et s'ouvrent par une suture longitudinale. L'ovaire est libre, à deux loges, contenant chacune deux ovules. Le stigmate est simple et presque sessile. Le fruit est une baie renfermant en général deux graines. Plusieurs des espèces de ce genre sont cultivées dans nos serres ; telles sont les *Pothos crassinervia*, Jacq., Ic., t. 609 ; *Pothos violacea*, Swartz, Hook., Exot. Fl., 55 ; *Pothos acaulis*, Jacq., Hook., *loc. cit.*, t. 122, etc. (A. R.)

* POTICHIS. MAM. Nom d'une petite espèce de Cochon sauvage de la Nouvelle-Espagne, suivant le père Caulin. (LESS.)

POTIMA. BOT. PHAN. Persoon a donné ce nom à une section du genre *Coffea*, caractérisée par sa baie monosperme, c'est-à-dire où une des graines avorte constamment. Le *Coffea occidentalis*, Jacq. (*Pl. Amer. pict.*, tab. 68), en est le type. *V.* CAFÉ. (G..N.)

POTIRONS ET POTURONS. BOT. PHAN. *V.* PATURON.

POTOROO OU POTOROU. *Hypsyprymnus*. MAM. Genre de Mammifères, de l'ordre des Marsupiaux, établi d'abord par Vicq-d'Azyr et Cuvier sous le nom de Kanguroo-Rat ; rangé parmi les Kanguroos ou *Macropus* par Shaw, et dont Illiger a formé son genre *Hypsyprymnus*, et que Desmarest a nommé *Potorous*, en latinisant le nom de *Potoroo*, que l'espèce primitivement connue porte chez les naturels de la Nouvelle-Galles du sud, au rapport de White. Le mot *Hypsyprymnos* signifie qui est élevé de la partie postérieure. Les Potorous ont les plus grands rapports avec les Kanguroos ; et par la forme et l'organisation de leurs dents, ils font le passage des Phalangers à ces derniers. Ce qui les distingue surtout, est l'appareil dentaire. Voici ce que nous apprend à ce sujet F. Cuvier (Dents, p. 133) : dents, trente ; mâchoire supérieure, six incisives, deux canines, deux fausses molaires et huit vraies ; mâchoire inférieure, deux incisives, canines nulles, deux fausses molaires et huit vraies. A la mâchoire supérieure, la première incisive est forte, plus longue que les autres, à trois faces arrondies en avant, et droite sur ses deux autres côtés ; elle est en outre enracinée profondément, et la capsule dentaire reste libre ; la seconde est une petite dent semblable à l'analogue des Pétaurus et des Phalangers ; la troisième, un peu plus grande que la précédente, est tranchante et se rapproche de la forme normale des dents de son ordre. Après un petit intervalle vide, vient une petite dent mince, comprimée et crochue, qui est la canine, et qui, comme l'analogue des Phalangers, dépend presque autant de l'os incisif que du maxillaire. Un large vide suit, et la première mâchelière est une fausse molaire, remarquable par sa forme singulière, mais dans laquelle on trouve modifiée l'analogue des Phalangers ; elle est longue, mince, en forme de coin, striée sur ses deux faces et dentelée sur son bord. Les quatre molaires qui viennent immédiatement après, se ressemblent entre elles, si ce n'est que la dernière est plus petite que les autres, et elles ont absolument les formes des molaires des Phalangers. A la mâchoire inférieure, les incisives ressemblent à celles des deux genres précédens, et les fausses molaires sont, comme les molaires, sans aucune exception, semblables à leurs analogues de la mâchoire opposée. Dans leur action réciproque, ces dents n'offrent rien de particulier, si ce n'est que la face externe de la fausse molaire inférieure correspond à la face interne de la fausse molaire supérieure. Ce système de dentition, dit F. Cuvier, nous est donné par quatre têtes qui appartiennent certainement à trois ou quatre espèces; l'une est celle du Kanguroo-Rat (*Hypsyprymnus Whitei*); les espèces auxquelles les autres appartiennent ne me sont point connues: je m'abstiendrai donc de les nommer.

Les caractères extérieurs des Potorous sont principalement les suivans: leurs jambes de derrière sont beaucoup plus grandes à proportion que celles de devant, dont les pieds manquent de pouce, et ont les deux premiers doigts réunis jusqu'à l'ongle; en sorte, dit Cuvier, qu'on croit d'abord n'y voir que trois doigts, dont l'interne aurait deux ongles. Leur queue est longue et robuste; la poche abdominale est complète et renferme deux mamelles. Leur estomac est grand, divisé en deux poches, et muni de plusieurs boursouflures; le cœcum est médiocre et arrondi.

Les Potorous ne vivent que d'herbes qu'ils paissent avec leurs longues incisives coupantes. Ils se tiennent dans les broussailles et dans les buissons, où ils poussent de petits cris, assez analogues à ceux des Rats. Ils sautent avec force. Bien qu'on ne connaisse qu'une espèce de ce genre, on a acquis la certitude qu'il y en a un plus grand nombre: et déjà, dans un envoi de Quoy et Gaimard, adressé de la baie du Roi Georges au Muséum, nous avons reconnu une belle espèce de Potorou que ces naturalistes décriront à leur retour. Ces Animaux sont très-multipliés dans les cantons rocailleux de la Nouvelle-Galles du Sud, et notamment aux environs de Port-Jackson. Ils se sont aussi présentés aux navigateurs sur toutes les côtes occidentales et méridionales de la Nouvelle-Hollande.

POTOROU DE WHITE, *Hypsyprymnus Whitei*, Quoy et Gaimard, Zool. de l'Uranie, pl. 10; *Potorous murinus* et *Kangurus Gaimardi*, Desm., sp. 422 et 842, Mamm., Kanguroo-Rat, Phillip., *It.*, pl. 47; White, *It.*, pl. 60; Kanguroo-Rat, Cuv., Règn. Anim. T 1, p. 181; *Macropus minor*, Shaw, Gen. Zool., pl. 126. Ce Potorou a la tête triangulaire, large et un peu aplatie par derrière, pointue en avant; le muffle et les narines sont placés à l'extrémité du museau et sont séparés dans leur milieu par un sillon longitudinal; les moustaches sont d'une médiocre longueur; la bouche est petite, et la mâchoire supérieure s'avance un peu plus que l'inférieure. Quelques poils noirs surmontent l'œil; les oreilles sont courtes, très-larges et velues à leur partie postérieure. La grosseur du cou donne à cette espèce quelque ressemblance avec les Rats, disent Quoy et Gaimard. Leurs pates antérieures sont petites, pourvues d'ongles blanchâtres, longs, grêles et arqués. L'ongle du milieu est plus saillant. Les membres postérieurs sont proportionnellement plus longs et plus déliés que dans les Kanguroos. La queue est presque aussi longue que le corps; elle est grêle, écailleuse, presque nue, flexible, et porte à terre; son extrémité est terminée par un bouquet de poils. La couleur du pelage de cet Animal est uniformément d'un gris roux; la gorge, la poitrine, le ventre et l'intérieur des membres sont d'un blanc sale; le dessus de la tête, le dos, une partie des flancs et des cuisses, sont d'un gris brun. Le bout de la queue est brun. Les poils sont de deux sortes; les plus profonds sont courts, doux, moelleux et un peu floconneux. Ils présentent une teinte gris de souris lorsqu'on les écarte; les extérieurs sont plus longs, roides et plus rares. Les tarses sont recouverts de poils longs, rudes et fauves, dirigés d'arrière en avant, et s'étendant jusqu'à l'extrémité des ongles. Ceux des pates antérieures, plus doux, recouvrent les ongles. Tels sont les renseignemens dont nous sommes redevables à la description soignée que Quoy et Gaimard ont publiée, d'après un individu bien conservé, et qui avait les dimensions suivantes : longueur du corps, du bout du museau à l'origine de la queue, un pied cinq lignes; de la queue, un pied; de la tête, du bout du museau à l'occiput, trois pouces; des membres antérieurs, trois pouces six lignes; des membres postérieurs, huit pouces dix lignes. En général, la taille du Potorou est celle d'un petit Lapin. Les Potorous ont des mœurs très-douces et moins timides que celles des Kangourous. Ils sont très-agiles et fuient en faisant des bonds considérables lorsqu'on les inquiète. Quoy et Gaimard rapportent qu'un de ces Animaux vint enlever familièrement des restes d'alimens, au milieu d'une cabane bâtie pour les abriter, dans une excursion dans les montagnes Bleues, et qu'il s'enfuit par un trou à la manière des Rats. Nous les avons souvent vus au milieu des rocailles de la Weira-Gambia, courir sur les petits buissons qui couvrent cette partie de la Nouvelle-Hollande.

Quoy et Gaimard ont rapporté de l'île Dirck-Hatichs plusieurs têtes de Potorous, qui ont à peu près les mêmes dimensions que le Potorou de White. Elles diffèrent toutefois par l'étendue plus considérable de la cavité tympanique, par la largeur des arcades zygomatiques, ce qui les rapproche de celle du Kanguroo élégant, et par la brièveté de la voûte palatine. Ces têtes appartiennent à une espèce nouvelle, pour laquelle ils proposent le nom de Potorou de Lesueur, *Hypsyprymnus Lesueurii.*

Péron a déposé au Muséum d'Histoire naturelle un squelette de Potorou, dont la tête, longue de deux pouces onze lignes, est plus mince, plus pointue et plus allongée en cône que les précédentes. Les incisives supérieures mitoyennes et les canines ont plus de longueur; la caisse du tympan est moins développée; les arcades zygomatiques sont plus étroites et moins convexes; l'extrémité des os du nez dépasse le niveau des dents incisives supérieures. Sans doute ce squelette est celui qu'a mentionné F. Cuvier. Quoy et Gaimard, après l'avoir comparé avec le Potorou de White, proposent le nom de Potorou de Péron, *Hypsyprymnus Peronii.* (LESS.)

* POTOT ou PATTOT. MAM. *V.* KINKAJOU.

POTTIA. BOT. CRYPT. (*Mousses.*) Le genre qu'Erhart nommait ainsi est le même que le *Gymnostomum.* *V.* ce mot. (A. R.)

* POTTO. MAM. C'est le nom par lequel Bosman, voyageur en Guinée, a le premier fait connaître un Animal dont Gmelin a fait son *Lemur Potto*, et que Geoffroy a nommé Nycticèbe Potto. Illiger en avait fait un *Stenops*, et Desmarest l'a décrit, *Spec.*, 127 de sa Mammalogie, sous le nom de *Galago guineensis.* (LESS.)

POTURONS. BOT. PHAN. *V.* POTIRONS.

* POT-VERT. MOLL. Nom vulgaire et marchand du *Turbo marmoratus*, L. (B.)

* POTZCHORI. MAM. Nom de pays du Lynx, espèce du genre Chat. *V.* ce mot. (B.)

POU. *Pediculus.* INS. Genre de l'ordre des Parasites, famille des Rostrés, établi par Linné et adopté par tous les entomologistes. Degéer a le premier divisé ce grand genre en Poux proprement dits et RICINS. *V.* ce mot. Latreille a conservé le nom de Pou aux Insectes qui ont pour caractères essentiels : bouche consistant en un museau d'où sort à volonté un petit suçoir. Ces Insectes, qui ne sont que trop connus des personnes malpropres, des enfans et des individus attaqués de maladies particulières qui semblent les propager, méritent autant l'attention du naturaliste que les Animaux ornés des plus belles couleurs : ils ont le corps aplati, demi-transparent, mou au milieu et revêtu d'une peau coriace sur les bords; la tête assez petite, ovale ou triangulaire, munie à sa partie antérieure d'un petit mamelon charnu, renfermant un suçoir qui paraît simple, de deux antennes courtes, filiformes, de cinq articles et de deux yeux petits et ronds; le corselet est presque carré, un peu plus étroit en devant; il porte six pates courtes, grosses, composées d'une hanche de deux pièces, d'une cuisse, d'une jambe et d'un fort crochet arqué et tenant lieu de tarse dont l'Insecte se sert pour se cramponner aux poils ou à la peau des Animaux sur lesquels il vit; l'abdomen est rond, ou ovale, ou oblong lobé et incisé sur les côtés, de huit anneaux, pourvu de seize stigmates sensibles et d'une pointe écailleuse au bout dans les deux sexes.

Swammerdam a soupçonné que le Pou de l'Homme, dont il a donné une anatomie, était hermaphrodite : il a été porté à cette idée parce qu'il n'a pas découvert de mâles parmi ceux qu'il a examinés, et qu'il leur a trouvé un ovaire. Leuwenhoek a fait sur cette même espèce des observations qui diffèrent beaucoup de celles dont nous venons de parler; il a observé parmi ces Insectes des individus pourvus d'organes générateurs mâles dont il a donné des figures; il a découvert dans ces mâles un aiguillon recourbé, situé dans l'abdomen, et avec lequel, selon lui, ils peuvent piquer; il pense que c'est de la piqûre de cet aiguillon que provient la plus grande démangeaison qu'ils causent, parce qu'il a remarqué que l'introduction de leur trompe dans les chairs ne produit presque aucune sensation si elle ne touche pas à quelque nerf. Degéer a vu un aiguillon semblable placé au bout de l'abdomen de plusieurs Poux de l'Homme; ceux-ci qui, d'après Leuwenhoek, sont des mâles, ont, suivant Degéer, le bout de l'abdomen arrondi, au lieu que les femelles, ou ceux à qui l'aiguillon manque, l'ont échancré. Latreille a vu très-distinctement dans un grand nombre de Poux l'aiguillon et la pointe dont parlent ces auteurs.

Les Poux vivent de sang; les uns se nourrissent de celui des Hommes, les autres de celui des Quadrupèdes; c'est avec leur trompe, qu'on n'aperçoit presque jamais quand elle n'est pas en action, qu'ils le sucent. Chaque Quadrupède a son Pou particulier, et quelques-uns même sont attaqués par plusieurs. L'Homme nourrit trois espèces de ce genre : le Pou commun ou des vêtemens, le Pou de la tête, et le Pou du pubis, vulgairement appelé Morpion. Ces Insectes sont ovipares; leurs œufs, qui sont connus sous le nom de Lentes, sont déposés sur les cheveux ou sur les vêtemens; les petits en sortent au bout de cinq à six jours; après plusieurs mues et au bout d'environ dix-huit jours ils sont en état de reproduire : ils multiplient beaucoup, des expériences ont prouvé qu'en six jours un Pou peut pondre cinquante œufs, et il lui en reste encore dans le ventre; on a calculé que deux femelles peuvent avoir dix-huit mille petits dans deux mois. La malpropreté et l'usage de la poudre à cheveux mal préparée, et qu'on laisse trop long-temps sur la tête, surtout en été, attirent les Poux et leur fournissent un local favorable pour la reproduction de leur postérité. Les moyens que l'on emploie pour se débarrasser de ces Insectes incommodes sont : 1° l'emploi des substances huileuses ou graisseuses qui contiennent du gaz azote et qui bouchent les stigmates de ces Insectes et les étouffent; 2° les semences de *Staphisagria*, du Pied d'Alouette, les Coques du Levant, le Tabac réduit en poudre, et surtout les préparations mercurielles font sur ces Insectes l'effet d'un poison qui les fait périr promptement. On prétend que ces Insectes, en perçant la peau, font naître des pustules qui se convertissent en gale, et quelquefois en teigne; leur multiplication, dans certains sujets, est si grande qu'elle finit par produire une maladie mortelle connue sous le nom de *phthiriase*, et dont le docteur Alibert a parlé dans son bel ouvrage sur les maladies de la peau. Latreille lui a fourni des observations d'où il résulte que l'espèce qui cause cette maladie est le Pou humain ou du corps. Oviédo dit avoir observé que les Poux quittent les marins espagnols qui vont aux Indes, à une certaine latitude, et qu'ils les reprennent au retour sous le même degré : c'est à peu près à la hauteur des Tropiques que cela a lieu; mais ces observations ont besoin d'être confirmées et appuyées de témoignages plus certains. On dit encore que dans l'Inde, quelque sale qu'on soit, on n'en a jamais qu'à la tête. Les Nègres, les Hottentots et différens Singes mangent les Poux, et ont été nommés, par cette raison, *Phthiriophages*. Il fut un temps où la médecine employait le Pou de l'Homme pour les suppressions d'urine, en l'introduisant dans le canal de l'urètre.

Dans la méthode de Duméril, le genre Pou est placé dans son ordre des Aptères, famille des Rhinoptères (*V*. ce mot.). Le professeur Nitzch le place dans son ordre des Hémiptères épizoïques; enfin le docteur Leach place les Poux dans son ordre des Anoplures, famille des Pédiculidés; il les divise en trois genres, les Phtires, Hœmatopines et les Poux proprement dits.

On a donné le nom de Pou à plusieurs Insectes de genres bien différens; tels sont les suivans :

Pou AILÉ. *V*. POU VOLANT.

Pou DE BALEINE. *V*. CYAME, PYCNOGONON.

Pou DE BOIS ou FOURMI BLANCHE. *V*. KERMÈS et PSOQUE.

Pou DE MER. *V*. CYMOTHOÉ et CYAME.

Pou DE MER D'AMBOINE. Espèce de Crustacé qui nous est inconnu et que l'on mange dans quelques parties de l'Inde sous le nom de FOTOK.

Pou DE MER DU CAP DE BONNE-ESPÉRANCE. Crustacé dont il est fait mention dans Kolbe et qui est probablement un Cymothoé.

Pou DES OISEAUX. *V*. RICIN.

Pou DE PHARAON. C'est peut-être une espèce d'Ixode ou de Chique.

Pou DES POISSONS ou POU DE RIVIÈRE. Espèce d'Entomostracé qui s'attache aux ouïes de plusieurs Poissons. *V*. CALIGE et ARGULE.

Pou DES POLYPES. Animal qui s'attache aux Polypes et qu'on a soupçonné être un Hydrachnelle, mais que Bory de Saint-Vincent regarde comme un Microscopique, et dont il a fait son *Politricha Polypiarum*.

Pou PULSATEUR. *V*. PSOQUE PULSATEUR.

Pou DE RIVIÈRE. *V*. POU DES POISSONS.

Pou DE SARDE. (Nicholson.) C'est peut-être le *Cymothoa guadelupensis* de Fabricius.

Pou VOLANT ou POU AILÉ. Ce sont des Insectes qui habitent les lieux humides et se jettent, dit-on, sur les Cochons qui vont se vautrer dans la fange; ils sont de la grosseur des Poux qui se trouvent sur ces Animaux, mais ils sont noirs et ailés. Ce sont des Diptères peut-être des genres Simulie et Cousin. (G.)

POUACRE. OIS. *V*. BIHOREAU au mot HÉRON.

POUC OU POUCH. MAM. Nom sous lequel les Russes connaissent une espèce du genre *Mus*. (LESS.)

POUCE-PIED. *Pollicipes*. CIRRH. Ce genre, qui appartient à l'ordre des Cirrhipèdes pédonculés, a d'abord été fondé par Leach aux dépens des Anatifes, et a été adopté ensuite par Lamarck (Hist. des Anim. sans vert. T. V, p. 405) qui lui a donné pour caractères : corps recouvert d'une coquille et soutenu par un pédoncule tubuleux et tendineux; plusieurs bras tentaculaires, comme dans les Anatifes; coquille comprimée sur les côtés et multivalve; les valves presque contiguës, inégales, au nombre de treize ou davantage; les inférieures des côtés étant les plus petites. Ainsi caractérisé, ce genre ne renfermait qu'un très-petit nombre d'espèces; mais il a été encore réduit depuis, et de plus, son nom français de Pouce-Pied a été changé en celui de Pollicipède qui est la traduction littérale du nom latin. Ce n'est pas ici le lieu d'entrer dans le détail des diverses métamorphoses qu'on a fait subir à ce petit genre. On en trouvera l'historique dans un travail complet que nous préparons sur la famille des Anatifes et qui paraîtra bientôt. Il nous suffira ici de citer deux espèces propres à ce genre : le POUCE-PIED GROUPÉ, *P. Cornucopiæ* ou l'*Anatifa pollicipes* de Bruguière, des côtes de la Manche et de la Méditerranée; et le POUCE-PIED COURONNÉ, *P. mitella*, qui est la même espèce que le *Lepas mitella* de Linné, de la mer des Indes. *V.* pour les habitudes et pour les rapports d'organisation avec les genres voisins, les articles ANATIFE et CIRRHIPÈDE. (AUD.)

POUCHARI. OIS. *V.* BOUCHARI.

POUCHET. MOLL. Dénomination employée par Adanson (Hist. natur. du Sénégal, p. 18, pl. 1) pour désigner une espèce qui doit être rapportée au genre Hélice, et qui paraît être l'*Helix muralis* de Linné. (AUD.)

* POUCHON. OIS. Espèce de Hibou des îles Sandwich. (B.)

POUDINGUE. MOLL. Nom vulgaire et marchand du *Conus rubiginosus*. (B.)

POUDINGUE. MIN. et GÉOL. Conglomérat ou Roche de transport formée par l'accumulation de cailloux roulés et réunis par un ciment quelconque. Les Poudingues diffèrent des Brèches (*V.* ce mot) en ce que celles-ci ne sont composées que de fragmens anguleux et de débris provenant des roches voisines du lieu où on les trouve, tandis que les premiers ne renferment que des parties nodulaires et ovoïdes, de véritables galets ou débris de roches de nature diverse, transportés au loin par les eaux, et complétement arrondis par leur frottement mutuel. Les Poudingues forment des bancs ou amas puissans, assez étendus, intercalés dans les diverses sortes de terrains depuis ceux de transition jusqu'aux plus superficiels. Pour les distinguer les uns des autres, on ajoute au nom générique de Poudingue une épithète qui exprime tantôt la nature des fragmens dont il se compose, ou au moins de l'élément qui y domine, tantôt celle du ciment ou de la pâte qui réunit ces fragmens. Ces matières ont souvent assez de consistance pour pouvoir être taillées, polies et employées dans l'art de la décoration. Les principales espèces de Poudingue sont les suivantes : le POUDINGUE ANAGÉNIQUE (Anagénite d'Haüy), qui est un assemblage de fragmens de Roches primitives, réunis par un ciment schistoïde, pétrosiliceux ou calcaire. A cette espèce appartiennent les Poudingues de Trient et de Valorsine en Valais, et le Poudingue talqueux ou pétrosiliceux de Cosseyr dans la Haute-Egypte, nommé *Brèche universelle*, *Brèche égyptienne*, qui est composé de galets de Quartz, de Pétrosilex verdâtre, de Siénite, etc., et dans lequel le Talc est l'élément dominant. — Le POUDINGUE PROTOGYNIQUE du pied du Mont-Blanc. — Le POUDINGUE OPHITIQUE des Vosges et de la vallée de Bruche, composé de fragmens de roches de diverses natures, réunis par une pâte ophitique ou un ciment de Serpentine. — Les POUDINGUES FELDSPATHIQUE, PÉTROSILICEUX, BASALTIQUE, etc., à fragmens de Feldspath, de Pétrosilex, de Basalte. — Le POUDINGUE SILICEUX ou jaspique, à noyaux de Silex ou d'Agathe, réunis par une pâte de Jaspe ou un ciment de Grès : tel est le caillou de Rennes à petits fragmens rougeâtres ou jaunâtres, réunis par une pâte de couleur rouge, et qu'on trouve en cailloux roulés plus ou moins gros; tels sont encore le Poudingue psammitique ou Poudingue des Anglais (*Puddingstone*) formé de cailloux de Silex réunis par un ciment de Psammite, et que l'on trouve dans le comté d'Herfort en Angleterre, et le Poudingue siliceux à ciment de Grès quartzeux de la forêt de Fontainebleau. — Le POUDINGUE CALCAIRE, à fragmens de Carbonate de Chaux réunis par un ciment de même nature. A cette espèce appartient le Nagelflue des Suisses, Gompholite de Brongniart. (G. DEL.)

POUDRÉ. MAM. (Vicq-d'Azyr.) Syn. de Blanc-Nez, espèce de Guenon. (B.)

POUFIGNON. OIS. Syn. vulgaire du Pouillot. *V.* SYLVIE. (DR..Z.)

* POUGITOPI. BOT. PHAN. C'est-à-dire *Pique-Souris*, selon Daléchamp, qui dit qu'on donne ce nom en Italie au *Ruscus aculeatus*, parce qu'on enveloppe les viandes avec ses rameaux pour que les Souris ne les viennent pas ronger. (B.)

POUILLEUX. BOT. PHAN. L'un des noms vulgaires du Thym commun. (B.)

POUILLOT. OIS. Espèce du genre Sylvie. *V.* ce mot. (DR..Z.)

POUKIOBOU. OIS. Et non *Poukioban*. Espèce du genre Pigeon. *V.* ce mot. (B.)

POUL. OIS. Nom que l'on donne vulgairement au Roitelet. *V.* SYLVIE. (DR..Z.)

POULAIN. MAM. Le jeune Cheval. *V.* ce mot. (B.)

POULAIN. *Equula*. POIS. Sous-genre de Zée. *V.* ce mot. Une espèce de Centrogastre porte aussi ce nom. (B.)

POULARDE. OIS. Une Poule à laquelle on a fait l'extraction des ovaires pour que ne pondant point elle engraissât davantage. (B.)

POULE. ZOOL. C'est la femelle du Coq à proprement parler; mais on a étendu ce nom à beaucoup d'autres Oiseaux qui n'appartiennent pas au genre Coq, et même à des Coquilles; ainsi l'on a appelé :

POULE, les Anomies et les Térébratules fossiles.

POULE D'AFRIQUE et DE BARBARIE, la Peintade.

POULE BLEUE, le Porphyrion.

POULE DE BOIS, DES COUDRIERS et SAUVAGE, la Gélinotte.

POULE DU BON DIEU, le Troglodyte.

POULE DE BRUYÈRE OU DE LIMOGES, le Tétras.

POULE DE BOULEAU, le petit Tétras.

POULE DE CORÉE, le Paon.

POULE DE DAMIETTE, le Porphyrion.

POULE D'EAU. *V.* GALLINULE.

POULE DE LA MÈRE CAREY, le *Procellaria gigantea*.

POULE FAISANDE, la femelle du Faisan.

POULE GLOUSSANTE, les Crabiers.

POULE DE MER, le Guillemot, et divers Poissons des genres Labre, Zée, Gade, etc.

POULE DE NEIGE, le Lagopède.

POULE DE NUMIDIE, la Peintade.

POULE PÉTEUSE, l'Agami.

POULE DE PHARAON, l'Alimoche, espèce du genre Catharte.

POULE DU PORT EGMONT, le Goéland brun.

POULE ROUGE DU PÉROU, le Hocco du Pérou.

POULE SULTANE, le Porphyrion.

Les habitans du Port-Praslin nomment aussi POULE, la Tortue franche au rapport de Lesson. (B.)

POULE. BOT. PHAN. On a appelé POULE BLANCHETTE, les Mâches ou Valérianelles; POULE GRASSE, le *Lampsana communis* et le *Chenopodium album*; POULE QUI POND, la Mélongène, etc. (B.)

POULET. OIS. Nom du jeune Coq. On a appelé la Huppe, POULET DE BOIS, POULET D'EAU, la Gallinule, etc. (DR..Z.)

POULETTE. ZOOL. C'est à proprement parler la jeune Poule; mais on a étendu ce nom aux Gallinules; chez les Conchifères, à des Térébratules, ainsi qu'à des Anomies, et jusqu'à un Microscopique du genre Enchélide, *Enchelis Gallinula*. *V*. tous ces mots. (B.)

POULIN ET POULINE. MAM. Le jeune Cheval et la jeune Jument. Celle-ci est aussi désignée par le nom de POULICHE, d'où l'on appelle POULINIÈRE, la Jument en état de gestation. (B.)

POULIOT. BOT. PHAN. Espèce du genre Menthe, *Mentha Pulegium*; on a encore appelé POULIOT-THYM, le *Mentha cervina*, et POULIOT DE MER, le *Teucrium capitatum*. (B.)

* POULL. MAM. C'est le nom que les habitans du Port-Praslin, à la Nouvelle-Irlande, donnent à la variété du Chien domestique que nous avons nommée *Canis Novæ-Hyberniæ*. Ce Chien est de moitié plus petit que celui de la Nouvelle-Hollande auquel il ressemble; son museau est aigu, ses oreilles sont droites, pointues et courtes; ses jambes grêles, le pelage ras, de couleur brune ou fauve. Les Nègres se nourrissent de sa chair. (LESS.)

POULLAZES. OIS. Ce nom, qui paraît signifier *grosses Poules*, a été appliqué, par le jésuite Acosta, au Vautour Urubu, d'où peut-être le nom de Gallinaze. *V*. ce mot. (B.)

POULPE. *Octopus*. MOLL. Ce genre est un de ceux dont la connaissance remonte à une haute antiquité, puisqu'Aristote l'a mentionné d'une manière toute particulière. Ce père de la science en a fait une histoire assez complète, et il est entré dans des détails anatomiques tellement exacts, que les naturalistes plus modernes ont eu peu à y ajouter. Nous devons observer que parmi les Animaux, ceux qui ont été le mieux connus autrefois sont ceux qui, par leur forme bizarre et particulière, leurs propriétés et leur abondance, réunissaient toutes les qualités convenables pour exciter la curiosité. Pendant longtemps on se contenta de copier Aristote, et ce ne fut guère qu'au renouvellement des lettres que l'on commença à ajouter quelques faits nouveaux. Rondelet distingua très-bien les Sèches, les Calmars et les Poulpes. Ce fut lui qui le premier imposa à ces Animaux le nom de Poulpe, qu'on leur a restitué dans ces derniers temps. Cet auteur distingue aussi le Poulpe de l'Argonaute, ce qu'Aristote avait fait avant lui. Aldrovande le compilateur, Jonston son abréviateur et d'autres se contentèrent de répéter ce qui était connu. On peut donc dire que Swammerdam fut le premier qui donna des détails nouveaux sur l'anatomie de la Sèche. Ce fut dans son ouvrage si célèbre, *Biblia Naturæ*, que parurent ces faits; il y resta cependant plus d'une erreur. Monro d'abord, dans sa Physiologie des Poissons, en rectifia plusieurs. Scarpa rétablit aussi quelques faits mal observés sur les nerfs et l'organe de l'ouïe. Tilesius, dans deux Mémoires fort étendus, mais dans lesquels, comme l'observe très-bien Cuvier, il s'est introduit des erreurs, a donné des détails sur la structure de l'os et l'arrangement des nerfs de la Sèche. Jusque-là les anatomistes s'étaient occupés seulement de la Sèche et du Calmar. Cuvier fut le premier qui, dans l'étude des Céphalopodes, prit le Poulpe comme type et en donna une excellente anatomie dans les Annales du Muséum. Depuis cette époque, nous ne connaissons aucun travail qui ait eu le même objet.

Aristote avait nettement séparé les Animaux mous sans coquille extérieure de ceux qui sont couverts de coquille; les Céphalopodes et d'autres Animaux limaciformes y furent compris. Cet arrangement fut généralement imité long-temps même après la renaissance des lettres, puisqu'il se retrouve encore dans les ouvrages de Linné et de Bruguière. Ce fut donc Cuvier qui le premier réunit sous le nom de Mollusques des types d'organisation qu'on ne pouvait plus séparer à l'avenir. Linné avait cru pouvoir s'abstenir d'admettre les divisions indiquées par Aristote; il fit un grand genre Sèche dans lequel sont compris tous les Céphalopodes nus. Mais entraîné par la présence de la coquille de l'Argonaute, il plaça des Animaux semblables dans deux classes différentes. Bruguière, si judicieux, ne sentit pas cela sans doute; il laissa subsister cette faute de classification dans toute son intégrité, et conserva le genre *Sepia* tel que Linné l'avait donné. Cuvier, comme nous l'avons dit, rassembla dans un même cadre tous les vrais Mollusques; mais suivant trop le système de Linné dans son Tableau élémentaire, il laissa les Calmars dans le même genre que les Sèches, et en sépara les Poulpes qu'il rapprocha des Argonautes et des Nautiles, ce que personne n'avait fait avant lui. Lamarck ne suivit pas d'abord un aussi bon exemple; dans son Système des Animaux sans vertèbres, il sépare en genres les trois divisions d'Aristote; mais tout en les réunissant aux Mollusques, il les place à la tête des Mollusques nus céphalopodes ou limaciformes, les éloignant des Nautiles et des Argonautes par toute la série des Coquilles univalves. Il est vrai que le beau Mémoire de Cuvier n'avait point encore paru; il ne fut publié que l'année suivante. Un travail aussi important ne pouvait manquer de porter son heureuse influence dans l'esprit des classificateurs. Lamarck un des premiers en profita. Dans sa Philosophie zoologique, l'arrangement des Céphalopodes fut établi sur de bons principes, et les Argonautes y furent placés non loin des Poulpes, qui font partie des trois genres dont se compose la famille des Sépialées. Montfort, dans le Buffon de Sonnini, avait déjà, à l'imitation de Cuvier, opéré ce rapprochement que personne par la suite ne contesta plus. Le genre Poulpe resta donc caractérisé d'après Cuvier et Lamarck. Ce ne fut que dans ces derniers temps que Leach proposa de faire un genre à part, déjà indiqué par Aristote et par Rondelet, pour les espèces qui n'ont qu'un seul rang de ventouses, tel que l'*Octopus moschatus* : ce genre ne fut point adopté. Rafinesque, dans son petit Traité de Somiologie, proposa un genre Ocythoé pour les espèces qui ont deux bras palmés à l'extrémité. Blainville s'aperçut le premier que ce genre avait été fait sur le Poulpe de l'Argonaute trouvé sans coquille. Après un examen très-approfondi, Blainville, dans un Mémoire d'un haut intérêt, combattit l'opinion généralement reçue, que le Poulpe que l'on trouve dans la coquille de l'Argonaute en fût le véritable constructeur. S'appuyant des principes les plus incontestables et des raisonnemens qui en découlent, agissant par conséquent dans les règles d'une saine logique, il a prétendu qu'un Animal Mollusque sans manteau, dont le corps n'a point la forme de la coquille qu'on lui attribue, qui a le corps coloré d'une toute autre manière que cette coquille, qui n'a avec elle aucune adhérence, qui peut même s'en passer comme le prouve aussi bien le genre Ocythoé qu'une observation de Ranzani; qu'un Animal enfin qui quitte sa coquille dans les momens de danger, ne peut être considéré autrement qu'un parasite qui s'empare d'une habitation qui lui est étrangère et dont le véritable habitant jusqu'ici n'est pas connu. Comment en effet, demande Blainville, concilier ce qui a lieu à l'égard du Poulpe de l'Argonaute avec ce qui existe dans tous les autres Mollusques? Comment concevoir qu'un Animal qui peut quitter sa coquille, en supposant même qu'il la retrouvât, pourra s'y replacer d'une manière si exactement semblable, que cette coquille si mince, si fragile, n'éprouvera aucune sorte d'irrégularité? Il nous semble que Blainville (et les personnes qui ont adopté son opinion) a, dans le cas où elle ne serait pas conforme à des faits bien observés, le grand avantage sur ses adversaires d'avoir posé des bases solides à son raisonnement et de ne point admettre des faits si extraordinaires, si peu dans les principes établis pour les Mollusques, on peut même dire tellement contraires à ce qui est connu, qu'il est de toute raison de les rejeter jusqu'à ce que le contraire soit prouvé jusqu'à l'évidence par des hommes dignes de confiance par leur savoir et leur bonne foi. Les adversaires de Blainville s'appuient pour le combattre de quelques faits qui sont loin d'être concluans comme ceux qu'il allègue en sa faveur. Il sont forcés d'admettre un grand nombre d'hypothèses contradictoires avec ce que la science a de plus positif dans ses principes qu'ils sont obligés d'admettre. Il en résulte pour eux une position d'autant plus désavantageuse, qu'ils n'ont point un fait capital en leur faveur, ni une observation directe autrement établie que par ouï-dire, ou manquant des circonstances concluantes dans des observations si importantes. On ne peut pas dire qu'il en soit de ceci comme de certaines questions oiseuses, puisqu'il s'agit de savoir si la science des Mollusques aura ou n'aura pas de principes fixes comme toutes les autres branches de la zoologie. Voici cependant ce que les adversaires de l'opinion de Blainville allèguent en leur faveur: On trouve, disent-ils, une espèce de Poulpe dans chaque espèce d'Argonaute; ce qui prouve seulement, selon nous, que dans les mers où les observations ont été faites, il y a une espèce de Poulpe et une espèce d'Argonaute dont il prend la coquille. Si l'on disait: Dans tel parage il y a deux espèces de Poulpes dont la coquille est toujours la même pour chacun d'eux, cette observation aurait quelque poids; mais dans l'état où elle se présente, cette question ne prouve rien. On prétend que l'Animal a une position constante dans sa coquille, que les ventouses des deux bras palmés répondent aux tubercules de la coquille, ce qui n'aurait pas lieu si l'Animal était un parasite. Il paraît, d'après Blainville qui a eu occasion d'observer plusieurs Poulpes encore contenus dans leurs coquilles et qui n'en avaient point été dérangés, qu'il n'en est pas ainsi. On peut même s'en assurer par la comparaison entre elles des descriptions que les auteurs ont données de cet Animal. Il en est peu qui s'accordent. Et quant à la correspondance des ventouses aux tubercules, circonstance par laquelle on a expliqué la formation et la grande régularité de ceux-ci, Blainville a opposé à ce fait une observation sans réplique. C'est un individu de Poulpe dans une coquille d'Argonaute, dont un des bras palmés, coupé à la base, montrait une vieille cicatrice, et la régularité de la coquille n'en avait cependant pas souffert.

On a vu, dit-on, la coquille dans l'œuf. Jusqu'à présent le fait ne s'est pas confirmé. Plusieurs personnes ont observé ces œufs, et Blainville, qui en possède, n'a jamais vu de coquille ainsi que l'affirment aussi plusieurs autres habiles observateurs. Cependant on a assuré que le célèbre Poli, avant sa mort, avait fait une suite d'expériences sur les œufs à différens âges, qu'il avait reconnu la coquille, et que le Mollusque sortait de l'œuf avec elle. Si ce fait se confirme, il n'y aura absolument rien à répondre; mais depuis long-temps il a été annoncé, et depuis il n'en a plus été question. Cependant un jeune zoologiste très-instruit, l'un des collaborateurs de ce Dictionnaire, de retour d'un voyage qu'il fit à Naples, nous a assuré tout dernièrement que Dellachiaje, anatomiste des plus distingués, le continuateur de Poli, avait observé ce fait avec tout le soin désirable, et avait fait faire une série de dessins magnifiques, qui seront publiés prochainement dans le troisième et dernier volume du bel ouvrage de Poli. Nous attendons avec impatience la publication de ce fait qui mettra un terme à cette discussion. Nous pouvons le répéter, quand même il se confirmerait, cela n'empêcherait pas Blainville et les zoologistes qui ont adopté son opinion d'avoir raisonné logiquement d'après des principes incontestables, ce que ne peuvent dire leurs adversaires.

D'après ce qui précède, il était bien naturel que Blainville, conformément à son opinion, plaçât le genre Argonaute comme section des Poulpes à l'égal des Elédones.

Les mœurs des Poulpes ne paraissent pas différer beaucoup de celles des Sèches et des Calmars; cependant ils sont moins bien disposés pour la nage, mais ils sont mieux organisés pour la marche; aussi se tiennent-ils presque toujours au fond de l'eau, près des rivages où ils se cachent dans le creux des rochers. Ils se cachent ou gagnent la haute mer pendant l'hiver, car on n'en trouve presque pas pendant cette saison; on dit pourtant que c'est le temps de leur accouplement, ce qui est peu probable. Ils sont très-abondans sur les côtes, vers le printemps, où ils font une très-grande destruction de Crustacés, ce qui fait un véritable tort aux pêcheurs, parce qu'ils se jettent de préférence sur ceux qui sont les plus recherchés pour la nourriture de l'Homme. Ces Mollusques eux-mêmes servent de nourriture, si ce n'est délicate, du moins abondante. Comme la chair en est ferme et dure, elle a besoin d'être fortement battue pour devenir plus tendre et de plus facile digestion. Certains Poulpes peuvent, à ce qu'il paraît, atteindre à une taille assez grande, mais il y a loin de là à la taille vraiment gigantesque qu'on attribue à quelques-uns d'entre eux. Montfort s'est plu à rechercher tout ce qui a pu être dit sur ces Animaux fabuleux, soit chez les anciens, soit dans les temps de barbarie du moyen âge. Aidé de son imagination, il les a comparés à des îles, à des montagnes, surpassant en taille les plus grands Cétacés, capables en un mot de se jeter sur un navire et de le faire sombrer sous voile, tant par leur force que par leur pesanteur. De tels récits ne méritent aucune croyance, et nous ne savons ce que l'on doit le plus admirer ou de l'effronterie de l'auteur qui a prétendu faire croire aux naturalistes de tels récits ou les récits eux-mêmes. On a dit qu'il y avait des Poulpes assez grands pour faire périr un homme à la nage en empêchant ses mouvemens par l'enlacement de ses bras. Cela ne présente rien d'impossible, d'autant qu'il est assez facile de s'effrayer lorsqu'on se sent en contact avec un Animal contre lequel il existe des préventions. On a assuré aussi que le contact des ventouses occasionait à la peau des irritations pustuleuses, quelquefois dangereuses. Cela a pu avoir lieu, mais il arrive plus souvent que la peau conserve seulement un peu de rougeur.

Le genre Poulpe peut être caractérisé de la manière suivante : corps plus ou moins globuleux, sans expansion natatoire du manteau, ni corps protecteur dorsal, avec une tête fort grosse pourvue, autour de la bouche, de quatre paires seulement d'appendices tentaculaires très-considérables, garnis d'un ou de deux rangs de ventouses dont le bord est constamment musculaire.

Le nombre des espèces connues de ce genre est encore peu considérable. Il n'est pas douteux qu'il ne s'augmente considérablement, puisqu'on en trouve dans toutes les mers. Lamarck en a décrit quatre seulement. Blainville, dans l'article POULPE du Dictionnaire des Sciences naturelles, en indique un plus grand nombre dont quelques-unes nous semblent douteuses. Si ce que dit Rafinesque est vrai, les auteurs auraient confondu jusqu'à neuf espèces bien distinctes dans le seul *Octopus vulgaris*; cela paraît peu probable, et surtout que toutes soient de la même mer.

POULPE COMMUN, *Octopus vulgaris*, Lamk., Mém. de la Sociét. d'Hist. natur., p. 18; Encycl., pl. 76, fig. 1, 2; *Sepia Octopus*, L., Gmel., p. 3149, n. 1; *Polypus Octopus*, Rondelet, Pis., p. 513, très-commun dans les mers d'Europe. POULPE GRANULEUX, *Octopus granulatus*, Lamk., Anim. sans vert. T. VII, p. 658, n. 2; *ibid.*, Lamk., *loc. cit.*, p. 20, ou *Sepia rugosa?* Bosc, Act. Soc. Hist. natur., p. 24, tab. 5, fig. 1, 2. POULPE CIRRHEUX, *Octopus cirrhosus*, Lamk., *loc. cit.*, n. 3; *ibid.*, Mém., p. 21, pl. 1, fig. 2, a, b. Espèce fort rare dont on ignore la patrie. POULPE MUSQUÉ, *Octopus moschatus*, Lamk., *loc. cit.*, n. 4; *ibid.*, Mém., pl. 2, 1; Rondelet, Pis., p. 373. Troisième espèce de Poulpe à un seul rang de ventouses. On le trouve dans la Méditerranée. (D..H.)

* POULS. ZOOL. *V.* ARTÈRES.

POUMA OU PUMA. MAM. Nom de pays du Cougar, espèce du genre Chat. *V.* ce mot. (B.)

POUMELLE. BOT. CRYPT. L'un des noms vulgaires de l'*Agaricus procerus*, espèce mangeable. (B.)

POUMERGUE ET POUMÉRINGUE. POIS. Noms vulgaires du *Sparus auratus* sur quelques rivages. (B.)

POUMON MARIN OU POUMON DE MER. ACAL. Nom vulgaire de plusieurs espèces de Méduses. (E. D..L.)

POUMONS. *Pulmones.* ZOOL. Les organes de la respiration aérienne chez les Mammifères, les Oiseaux et les Reptiles, *V.* ces mots et l'article RESPIRATION, dans lequel on montrera ce qu'il y a de semblable et ce qu'il y a de différent entre les Poumons, les branchies et les trachées. Quelques Invertébrés de différentes classes ont aussi des organes de respiration aérienne que l'on a comparés, avec juste raison, aux Poumons des Animaux supérieurs, et qui ont reçu le même nom. Parmi les Poissons, un seul genre a, jusqu'à ce jour, présenté des organes que leur structure et leur disposition permettent de leur comparer : c'est le genre Hétérobranche de Geoffroy Saint-Hilaire, appartenant à la famille des Siluroïdes (*V.* SILURE), et jusqu'ici composé seulement des deux espèces figurées par Geoffroy Saint-Hilaire, et décrites par nous dans le grand ouvrage sur l'Egypte, sous les noms d'*Heterobranchus anguillaris* et d'*Heterobranchus bidorsalis*. (IS. G. ST.-H.)

* POUNBO. BOT. PHAN. L'un des noms de pays du *Gardoquia tomentosa* de Kunth. (B.)

POUPART. CRUST. L'un des noms vulgaires du *Cancer Pagurus*. (B.)

POUPARTIA. *Poupartia.* BOT. PHAN. Commerson a donné ce nom à un Arbrisseau originaire de l'île de Mascareigne, et qui appartient à la famille des Térébinthacées, tribu des Spondiacées de Kunth. Le *Poupartia borbonica*, la seule espèce qui compose ce genre, est un Arbrisseau ayant des feuilles alternes, imparipinnées, composées de neuf folioles disposées par paire. Les fleurs forment des grappes axillaires et terminales; elles sont unisexuées, dioïques; les mâles offrent un calice à cinq divisions elliptiques concaves; une corolle de cinq pétales sessiles et égaux, insérés à un disque hypogyne; dix étamines attachées sous le disque et moitié plus courtes que les pétales; les fleurs femelles offrent un calice persistant, un ovaire à deux loges, contenant chacune un ovule, attaché et pendant à la partie supérieure de la cloison. Le fruit est une drupe contenant une noix osseuse; les graines sont un peu comprimées, renfermant un embryon sans endosperme. (A. R.)

* POUPÉE. MICR. Espèces des genres Histrionelle et Enchélide. *V.* ces mots. (B.)

POUPON. BOT. PHAN. Même chose que Pépons, et quelquefois anciennement synonyme de Melon. (B.)

* POUPON NOBLE. POIS. L'un des noms vulgaires du Baliste Caprisque. *V.* BALISTE. (B.)

POURCEAU. MAM. Syn. de Cochon. *V.* ce mot. On a étendu ce nom au Hérisson qu'on appelle quelquefois POURCEAU FERRÉ, au Marsouin appelé POURCEAU DE MER. (B.)

* POURCELANE ET POURCHAILLE. BOT. PHAN. Vieux noms du Pourpier. *V.* ce mot. (B.)

* POURÉ. MOLL. C'est le nom que porte dans l'île de Rotouma l'Ovule OEuf de Léda, que presque tous les insulaires de la mer du Sud affectionnent pour former de gros colliers ou divers autres ornemens destinés à cacher à demi leur nudité. (LESS.)

* POUROKOU. MAM. Les habitans de la Nouvelle-Zélande se servent de ce nom pour désigner les Chèvres que les navigateurs européens ont introduites dans leur île. (LESS.)

POUROUMA. BOT. PHAN. Aublet a nommé ainsi un genre encore fort mal connu, qui offre des fleurs dioïques; les fleurs femelles se composent d'un ovaire ovoïde, comprimé, terminé par un stigmate discoïde, strié et crénelé, sans calice ni corolle; cet ovaire devient une capsule ovoïde, uniloculaire, s'ouvrant en deux valves et contenant une seule graine. On ne connaît point encore les fleurs mâles. Le *Pourouma guianensis*, Aublet, Plant. Guian., 3, p. 892, t. 341, est un très-grand Arbre, portant des feuilles alternes, trilobées, rudes à leur face supérieure, blanchâtres et velues à l'inférieure; ces feuilles sont enveloppées, avant leur déroulement, dans une grande stipule membraneuse. Ce genre paraît appartenir à la famille des Urticées. (A. R.)

POURPAIROLLE. BOT. PHAN. Le Sorgho en quelques cantons de la France centrale. (B.)

POURPIER. *Portulaca*. BOT. PHAN. Principal genre de la famille des Portulacées, établi par Tournefort et adopté par Linné qui l'a placé dans la Dodécandrie Monogynie. Ce dernier auteur avait formé, sous le nom de *Meridiana*, un genre qui avait pour type son *Portulaca quadrifida*; mais il fut abandonné par Linné fils et par la plupart des auteurs, excepté Schrank. D'un autre côté, Thunberg décrivit, sous le nom de *Portulaca fruticosa*, une Plante du Cap que Jacquin a érigée en un genre particulier et nommée *Portulacaria*. *V.* ce mot. Dans le troisième volume de son *Prodromus systematis Vegetabilium*, De Candolle admet le genre *Portulaca* tel que l'établit Tournefort, et il le caractérise ainsi : calice ou libre ou adhérent à la base de l'ovaire, divisé profondément en deux parties, finissant par se fendre circulairement à la base; corolle à quatre ou six pétales égaux, libres ou réunis légèrement entre eux à la base, et insérés sur le calice; huit à quinze étamines dont les filets sont libres, ou quelquefois soudés avec la base de la corolle; ovaire presque rond, surmonté d'un style divisé au sommet en trois à six parties, ou surmonté de trois à huit stigmates allongés; capsule presque globuleuse, uniloculaire, fendue circulairement par le milieu comme une boîte à savonnette; graines nombreuses attachées à un placenta central. Ce genre se compose de plus de quinze espèces qui croissent dans les climats chauds des diverses contrées du globe; la plupart d'entre elles sont indigènes de l'Amérique méridionale et des Antilles. Ce sont des Plantes herbacées, charnues, couchées à terre ou très-basses; leurs feuilles sont éparses, très-entières, épaisses, souvent munies de poils dans les aisselles, fasciculées ou verticillées autour des fleurs. Celles-ci s'ouvrent ordinairement par l'effet de la lumière solaire de neuf heures à midi. On considère comme type du genre : Le POURPIER DES CUISINES, *Portulaca oleracea*, L., Plante que l'on dit originaire des Indes, mais qui est maintenant naturalisée et comme spontanée dans les lieux voisins des jardins potagers de toute l'Europe. Cette espèce offre plusieurs variétés, les unes à feuilles larges, les autres à feuilles vertes ou jaunâtres; cette dernière a reçu des jardiniers le nom de Pourpier doré. Le Pourpier a une saveur un peu âcre qui se dissipe par la cuisson; on le mange en salade, ou cuit et assaisonné de diverses manières. Ses feuilles mâchées passent pour détersives des ulcères de la bouche, et pour antiscorbutiques. (G..N.)

On a étendu le nom de Pourpier à des Végétaux qui n'appartiennent pas au genre *Portulaca*, et appelé :

POURPIER AQUATIQUE (PETIT), le *Montia fontana*.

POURPIER DE BOIS, les Pépéromies dans les Antilles

POURPIER DE CHEVAL, le *Trianthema monogyna* dans les colonies.

POURPIER DE MER, l'*Atriplex Halimus* et le *Crassula Cotyledon*. (B.)

POURPIÈRE. BOT. PHAN. Le *Peplis Portula*, L. (B.)

POURPOIS. MAM.? POIS.? Le prétendu Poisson dont on recherchait la chair à Paris, sous ce nom du douzième siècle, paraît être le Marsouin. (B.)

POURPRE. *Purpura*. MOLL. Genre établi par Lamarck (Hist. des Anim. sans vert. T. VII, p. 233) aux dépens des Buccins et des Rochers, et caractérisé de la manière suivante : coquille ovale, soit mutique, soit tuberculeuse ou anguleuse; ouverture dilatée, se terminant inférieurement en une échancrure oblique, subcanaliculée; columelle aplatie, finissant en pointe à sa base. La coquille des Pourpres se distingue essentiellement de celle de plusieurs des genres voisins par l'existence d'un canal à la base de l'ouverture, mais ce canal est très-court, et il conduit naturellement à ce qu'on observe dans les Harpes, les Buccins, etc., dans lesquels il a complétement disparu. Adanson (Voy. au Sénég., p. 100, pl. 7, fig. 1) a décrit sous le nom de *Sakem* l'Animal de la Pourpre Hémastome. Il nous apprend que la tête de l'Animal qui remplit la coquille est petite, eu égard au reste du corps; elle est cylindrique, de longueur et de largeur presque égales. De son extrémité qui paraît comme échancrée et creusée en arc, sortent deux tentacules épais de figure conique et près de deux fois plus longs qu'elle. Ces tentacules sont renflés considérablement depuis leur racine jusqu'au milieu, et coupés en dessous par un sillon qui en parcourt la longueur. C'est sur ces appendices que les yeux sont placés au milieu de leur longueur et à leur côté externe; ils sont noirs, fort petits et semblables à deux points qui ne saillent point au dehors. La bouche se fait reconnaître par un petit trou ovale ouvert transversalement au-dessous de la tête vers son milieu. Il y a apparence qu'elle renferme une trompe ou une langue en forme de tuyau; le manteau consiste en une membrane peu épaisse tapissant les parois intérieures de la coquille, sans s'étendre au dehors. Ce manteau est ondulé et comme légèrement frisé sur les bords; à sa partie supérieure, il se replie en un tuyau qui sort par l'échancrure de la coquille, se déjette à gauche et atteint en longueur le sixième de la coquille. Le pied est un gros muscle elliptique, obtus à ses extrémités, une fois plus long que large, et près de moitié plus court que la coquille. On remarque en dessous deux sillons dont l'un traverse son extrémité antérieure pendant que l'autre parcourt sa longueur, en croisant le premier à angles droits. Le reste de sa surface est encore coupé d'un nombre infini de petits sillons longitudinaux. Lorsque l'Animal marche, ce pied cache la tête en dessous et une partie des tentacules. Un opercule mince et cartilagineux est attaché entre le manteau et le pied de l'Animal, un peu au-dessus du milieu de sa longueur. Il a la forme d'une demi-lune; sa longueur est double de sa largeur, et une fois moindre que celle de l'ouverture de la coquille; il la bouche cependant très-exactement en rentrant avec l'Animal jusqu'au milieu de la première spire qui se trouve beaucoup rétrécie dans cet endroit. Sa surface est lisse, d'un brun noir, et marquée de cinq sillons légèrement creusés en arc dont les cornes sont tournées en haut. Adanson ajoute à cette description extérieure bien complète que les sexes sont bien distincts. Blainville a aussi décrit l'Animal des Pourpres ; sa description s'accorde avec celle d'Adanson ; de plus, il parle des branchies qui sont au nombre de deux, pectiniformes, presque parallèles ; la droite plus grande que la gauche. Le nom de Pourpre, appliqué par Lamarck à un genre distinct, avait été employé antérieurement par un grand nombre d'auteurs, et surtout par ceux de l'antiquité, pour désigner certaines Coquilles qui fournissaient des couleurs plus ou moins rouges. Tout le monde a entendu parler de la Pourpre des anciens et du coquillage qui la fournissait. Cette espèce de Coquille, qu'on croit avoir retrouvée, n'appartient pas au genre Pourpre de Lamarck, mais à celui de Rocher (*V.* ce mot); c'est probablement le *Murex Brandaris*. Quoi qu'il en soit, plusieurs espèces du genre Pourpre de Lamarck sont pourvues d'un appareil qui sécrète une matière colorante dont on ne paraît tirer aucun usage important. On connaît plus de cinquante espèces vivantes et provenant de l'océan Indien et Atlantique, de la Méditerranée, des mers de la Nouvelle-Zélande, de la Nouvelle-Hollande, etc. Les plus connues sont :

La POURPRE PERSIQUE, *P. persica*, vulgairement *Conque persique*. La POURPRE ANTIQUE, *P. patula*. Columna a prétendu avoir retrouvé dans cette espèce la Pourpre des anciens ; mais cette opinion a été réfutée. On la trouve en très-grande quantité dans l'Océan et dans la Méditerranée, et elle répand en abondance une couleur pourpre. La POURPRE CONSUL, *P. Consul*, c'est la plus grande des espèces connues. La POURPRE A TEINTURE, *P. lapillus*, très-commune sur nos côtes. Elle fournit une couleur pourpre ou cramoisie qui a été mise en usage, mais à laquelle on a renoncé depuis la découverte de la Cochenille. La POURPRE HÉMASTOME, *P. hæmastoma*, de l'océan Atlantique, et dont Adanson a décrit l'Animal sous le nom de *Sakem*. (AUD.)

POURPRIER. MOLL. L'Animal des Pourpres. (B.)

POURRAGNE. BOT. PHAN. Et non *Pouragne*. L'*Asphodelus fistulosus*, dans une partie de la Provence. (B.)

POURRETIE. *Pourretia*. BOT. PHAN. Genre de la famille des Bombacées de Kunth et de la Monadelphie Polyandrie, L., établi par Willdenow (*Species Plant.*, 3, p. 844), et ainsi caractérisé : calice nu, divisé profondément en cinq segmens, campanulé et persistant; corolle à cinq pétales ; étamines nombreuses, soudées par leurs filets en un cylindre découpé au sommet en cinq faisceaux, à anthères uniloculaires ; stigmate capité ; capsule coriace, membraneuse, à cinq ailes foliacées, très-grande, uniloculaire, indéhiscente, à loges monospermes, la plupart avortées ; cotylédons chiffonnés. Ce genre avait été nommé *Cavanillesia* par Ruiz et Pavon. Kunth est le seul, parmi les botanistes d'aujourd'hui, qui ait adopté cette dernière dénomination ; on l'a rejetée à cause de l'existence antérieure d'un genre dédié à Cavanilles par Thunberg. *V.* CAVANILLA. Le *Pourretia arborea*, Willd. : *Cavanillesia umbellata*, Ruiz et Pav., *Prod. Fl. Peruv.*, tab. 20, est un Arbre dont le tronc est épais et comme renflé vers son milieu, le bois fongueux, les feuilles cordiformes, les fleurs rouges, très-fugaces et disposées en ombelles; il croît dans les Andes du Pérou. Humboldt et Bonpland (Plant. équinox., 2, p. 162, tab. 133) ont décrit et figuré une seconde espèce sous le nom de *Pourretia platanifolia*. Ses feuilles sont presque peltées, à cinq ou sept lobes; ses fleurs ont les pétales couleur de chair et couverts extérieurement d'un coton couleur de rouille. Cet Arbre croît dans la province de Carthagène dans l'Amérique méridionale.

Ruiz et Pavon ont établi un genre *Pourretia* qui a été réuni au *Pitcairnia*. *V.* ce mot. (G..N.)

POUSSEPIED. CIRRH. Pour Pouce-Pied. *V.* ce mot. (B.)

POUSSIÈRE FÉCONDANTE. BOT. PHAN. *V.* POLLEN.

POUTALETJE. BOT. PHAN. Il est difficile de dire à quel genre se rapporte la Plante décrite et figurée sous ce nom par Rheede (*Hort. Malab.*, 4, tab. 57); néanmoins quelques auteurs ont cru y reconnaître le *Lawsonia*, d'autres le *Petesia*. *V.* ces mots. (G..N.)

POUTARQUE. POIS. *V.* BOUTARQUE.

POUTERIE. *Pouteria*. BOT. PHAN. Genre de la famille des Ebénacées, établi par Aublet qui lui donne pour caractères : un calice persistant, à quatre lobes; une corolle monopétale, tubuleuse, renflée, à quatre divisions terminées chacune par une soie; quatre étamines insérées au fond de la corolle; un ovaire libre, terminé par un style simple et un stigmate quadrilobé; le fruit est une capsule ovoïde, hispide, à quatre loges, s'ouvrant en quatre valves et contenant chacune une graine enveloppée de pulpe. Ce genre est le même que le *Chætocarpus* de Schreber; on doit aussi y réunir le *Labatia* de Swartz. Il se compose d'Arbres ou d'Arbustes tous originaires d'Amérique, ayant leurs fleurs réunies en petit nombre aux aisselles des feuilles. (A. R.)

POUZZOLANE. MIN. et GÉOL. Pouzzolite ou Pozzolite lapilliforme, Cordier. Sorte de lave pyroxénique altérée, provenant de la décomposition des Scories, et qui, vue à la loupe, offre un aspect terreux. Le type de cette espèce de Roche est cette matière pulvérulente d'un brun rouge foncé ou d'un gris plus ou moins sombre que l'on tire de Pouzzoles, près de Naples, où il s'en est formé des dépôts immenses, et qui est extrêmement précieuse pour les arts. Son caractère essentiel, celui qui en fait toute la valeur, est la propriété dont elle jouit de former, avec la Chaux et le Sable commun, des mortiers qui durcissent sous l'eau en très-peu de temps, et qui s'opposent aux infiltrations. On en distingue deux variétés principales; l'une est la Pouzzolane poreuse, friable, rude au toucher et magnétique, composée de Silice, d'Alumine, de Chaux, de Magnésie, de Soude, de Fer titané et d'Eau; c'est l'*Arena* des anciens que l'on trouve en abondance à Baies, à Pouzzoles, à Naples et à Rome. Son exploitation, pendant de longues années, aux portes de cette dernière ville, a donné naissance à ces immenses carrières connues sous le nom de Catacombes. L'autre est la Pouzzolane argileuse que l'on trouve aux environs du cratère de l'Etna, et dans les volcans éteints d'Italie, de l'Auvergne et du Brisgaw. (G. DEL.)

POUZZOLITE ou POZZOLITE. MIN. et GÉOL. Nom donné par Cordier à une variété de Pouzzolane ou de Scorie décomposée qui s'offre en couches, et jouit d'un certain degré de consistance. Ses couleurs sont variables; elle est amygdalaire ou fragmentaire, et renferme souvent des cristaux disséminés. *V.* POUZZOLANE. (G. DEL.)

POXOS. BOT. CRYPT. On ne peut guère savoir quel Champignon Théophraste désignait sous ce nom; mais on y a vu une Pezize. (B.)

* POYER. BOT. PHAN. Nom de pays du *Bignonia pentaphylla*, L. (B.)

POZOA. BOT. PHAN. Lagasca (*Nov. Gen. et Spec.*, p. 13, n. 163) a établi sous ce nom un genre qui appartient à la famille des Ombellifères, et qui a été placé par Sprengel (*in Rœmer et Schultes Syst. Veget.*, vol. 6) à la suite de l'*Astrantia*. Voici les caractères qui lui sont assignés : ombelle simple; involucre plus grand que l'ombelle, crénelé-denté, à plusieurs nervures, et de consistance un peu coriace. Corolle dont les pétales sont entiers. Fruit prismatique tétragone, couronné par les dents du calice. Le *Pozoa coriacea*, Lagasc., *loc. cit.*, est une Plante herbacée, à feuilles simples, cunéiformes, profondément dentées au sommet, longuement pétiolées, coriaces, et à cinq nervures. Cette Plante croît dans les Andes de l'Amérique méridionale. (G..N.)

PRAEDATRIX. OIS. (Vieillot.) Syn. de Stercoraire. *V.* ce mot. (B.)

* PRAESEPIUM. BOT. PHAN. Ancien nom du Chardon bénit. (B.)

PRANIZE. *Praniza*. CRUST. Genre de l'ordre des Amphipodes, famille des Décempèdes, établi par Leach et adopté par Latreille qui lui donne pour caractères : dix pieds onguiculés, sans pinces, et dont la longueur augmente graduellement en allant de devant en arrière ; quatre antennes sétacées, simples, courtes ; tronc ou thorax divisé en trois segmens dont le dernier est très-grand, et porte les trois dernières paires de pieds ; une paire à chacun des autres ; post-abdomen ou queue de six segmens, avec quatre lames ou nageoires ciliées au bout. Ce genre a été formé avec l'*Oniscus cæruleatus* de Montagu ; c'est la seule espèce connue jusqu'à présent. Ce Crustacé a été représenté par Slabber (Recueil d'observ. microscop., pl. 1, fig. 1). Montagu l'a aussi figuré dans les Transactions de la Société Linnéenne de Londres. Enfin, ces figures ont été reproduites par Latreille dans l'Atlas de l'Encyclopédie Méthodique, tab. 336, fig. 28 et tab. 329, fig. 24. Ce Crustacé n'a pas plus de deux lignes de longueur. (G.)

* PRAROW. MAM. On trouve cité sous ce nom, dans l'expédition au Missouri de Lewis et Clarke (p. 25, trad. franç.) un Animal de la grosseur à peu près du Cochon, de la même couleur, dont la tête ressemble à celle d'un Chien, dont les jambes sont courtes, et les pieds de devant armés de griffes dont quelques-unes ont un pouce et demi de long, et qui paraît être une espèce de Blaireau. Ne serait-ce pas plutôt le *Gulo arcticus* grossièrement décrit? (LESS.)

PRASE. MIN. *V.* CHRYSOPRASE.

* PRASIN. OIS. Espèce du genre Gros-Bec. *V.* ce mot. (B.)

PRASIOIDES, PRASIOS ET PRASITIS. MIN. On rapporte à des variétés de Topaze, de Corindon et de Péridot, les Pierres à qui l'on donnait ces noms. (B.)

PRASIUM. BOT. PHAN. Genre de la famille des Labiées et de la Didynamie Gymnospermie, L., offrant les caractères suivans : calice turbiné, presque campanulé, à deux lèvres dont la supérieure est plus large et à trois dents, l'inférieure plus petite et à deux dents ; corolle à deux lèvres, la supérieure droite, concave, légèrement échancrée, l'inférieure pendante, plus large, à trois lobes, celui du milieu plus long que les latéraux ; quatre étamines didynames dont les filets sont appliqués contre la lèvre supérieure de la corolle ; ovaire quadrilobé, au centre duquel s'élève un style filiforme de la longueur des étamines ; fruit formé de quatre baies arrondies situées au fond du calice. Le genre *Prasium* est très-remarquable entre les Labiées par son fruit bacciforme. Linné l'a constitué sur deux Plantes qui croissent dans la Sicile, l'Italie méridionale et sur les côtes de Barbarie. Il les a décrites sous les noms de *Prasium majus* et *P. minus*. Ce sont des Arbrisseaux très-rameux, hauts d'environ quatre à cinq pieds, garnis de feuilles assez semblables à celles de la Mélisse officinale. Les fleurs, d'une couleur blanche ou d'un bleu tendre, sont peu nombreuses, terminales et axillaires. Walter, dans sa Flore de la Caroline, a décrit, sous les noms de *Prasium purpureum*, *coccineum* et *incarnatum*, des Plantes qui se rapportent au genre *Dracocephalum*. *V.* ce mot. (G..N.)

PRASOCURE. *Prasocuris*. INS.

Genre de l'ordre des Coléoptères, section des Tétramères, famille des Cycliques, tribu des Chrysomelines, établi par Latreille, et ayant pour caractères : corps allongé, presque linéaire, au moins trois fois plus long que large, déprimé; tête presque horizontale, un peu enchâssée dans le corselet; antennes de onze articles, les cinq derniers formant une espèce de massue allongée; les septième, huitième, neuvième et dixième, qui font partie de cette massue, semi-globuleuse, pas plus longs que larges; labre coriace, court, assez large, arrondi antérieurement; mandibules courtes, obtuses; mâchoires membraneuses, bifides; palpes courts, plus épais dans leur milieu; les maxillaires de quatre articles, les labiaux de trois; lèvre plus étroite à sa base, ayant son extrémité arrondie, dilatée, membraneuse; corselet carré; écusson triangulaire, assez grand; élytres débordant peu l'abdomen; pénultième article des tarses bilobé. Ces Insectes vivent à l'état de larve, dans l'intérieur des tiges des Plantes aquatiques. L'Insecte parfait ronge les feuilles des mêmes Plantes. On ne connaît que peu d'espèces dans ce genre.

La PRASOCURE DE LA PHELLANDRIE, *Prasocuris Phellandrii*, Latr.; *Helodes Phellandrii*, Payk., *Faun. succ.* T. II, p. 84, n. 1; Fabr., *Crioceris Phellandrii*, Panz., *Faun. germ.*, fasc. 83, fig. 9. Elle est commune aux environs de Paris. (G.)

PRASOIDE. MIN. Syn. de Péridot. *V.* ce mot. (B.)

PRASON. BOT. PHAN. Syn. ancien de Poireau, d'où les noms de *Scorodo-Prason*, *Ampelo-Prason*, *Schœno-Prason*, donnés à d'autres espèces du genre Ail. *V.* ce mot. (B.)

PRASOPHYLLE. *Prasophyllum.* BOT. PHAN. Genre établi par Robert Brown (*Prodr.*, 1, p. 317) dans la famille des Orchidées, et dont toutes les espèces croissent dans la Nouvelle-Hollande. Ce sont des Herbes glabres, terrestres, ayant des bulbes entiers; une tige portant une seule feuille, au-dessous de laquelle sont une ou deux graines courtes; la feuille, également engaînante, est en général cylindrique et fistuleuse; les fleurs sont extrêmement petites et en épis; leur calice est irrégulier; les trois divisions externes forment un casque placé vers la partie inférieure de la fleur; les deux divisions internes sont inéquilatérales; le labelle est supérieur, indivis, onguiculé à sa base et sans éperon; le gynostême est divisé supérieurement en deux parties latérales et membraneuses; l'anthère est antérieure, persistante, à deux loges contenant chacune deux masses polliniques, pulvérulentes et fixées au stigmate par leur sommet. Rob. Brown a décrit douze espèces de ce genre qui a des rapports, d'une part avec le genre *Cranichis*, et d'autre part avec le genre *Genoplesium*. (A. R.)

* PRASSE. OIS. L'un des noms vulgaires du Moineau, qu'on a étendu aux Bergeronnettes grise et jaune. (B.)

* PRASSIUM. BOT. PHAN. Qu'il ne faut pas confondre avec *Prasium*. Petiver a mentionné sous ce nom une Labiée de Madras qui paraît appartenir au genre Ballote. (B.)

PRATELLA. BOT. CRYPT. *V.* AGARIC.

PRATIA. BOT. PHAN. Gaudichaud, dans sa Flore des îles Malouines, appelle ainsi un genre de la famille des Lobéliacées, qui offre tous les caractères du genre *Lobelia*, mais qui a son fruit légèrement charnu. Nous pensons que le genre *Pratia* doit rester réuni au *Lobelia*. (A. R.)

PRATICOLA. BOT. PHAN. (Ehrhart.) Syn. de *Thalictrum simplex*. *V.* PIGAMOT. (B.)

PRATINCOLA. OIS. (Kramer.) Syn. de *Glareola austriaca*. (B.)

* PRAUNUS. CRUST. Nom donné par Leach à un genre correspondant aux Mysis de Latreille. *V.* MYSIS. (G.)

* PRAXÉLIDE. *Praxelis*. BOT. PHAN. Nouveau genre de la famille des Synanthérées, tribu des Eupatoriées, proposé dans le Dictionnaire des Sciences naturelles par H. Cassini qui l'a ainsi caractérisé : involucre cylindracé, à peu près égal aux fleurs, très-caduc, composé de folioles imbriquées, appliquées, comme striées, presque membraneuses, les extérieures plus courtes, ovales, lancéolées, acuminées, les intérieures oblongues, presque obtuses. Réceptacle élevé, conique et nu. Calathide sans rayons, composée de fleurons nombreux, réguliers et hermaphrodites. Ovaires oblongs, presque pentagones, hispidules, munis à la base d'un petit bourrelet presque cartilagineux, surmontés d'une aigrette composée de poils nombreux et brièvement plumeux. Ce genre est voisin de l'*Eupatorium* dont il se distingue par son involucre très-caduc, et par son réceptacle conique fort élevé. Ces caractères ont paru suffisans à l'auteur pour motiver l'établissement d'un genre nouveau aux dépens de l'*Eupatorium* dont les espèces sont si nombreuses que leur étude devient de plus en plus difficile, et dont il convient par conséquent de resserrer les limites. La Plante qui a servi de type à Cassini pour établir les caractères génériques, a reçu le nom de *Praxelis villosa*. Elle est herbacée, haute d'environ un pied, un peu ramifiée supérieurement, laineuse ou garnie de longs poils articulés. Les feuilles sont opposées, distantes, pétiolées, ovales, dentées en scie et hérissées, comme la tige, de longs poils. Les calathides sont peu nombreuses et comme paniculées au sommet de la tige et des rameaux. Cette Plante croît dans la Guiane française. (G..N.)

* PRECIPITÉ ROUGE. MIN. CHIM. *V.* MERCURE.

PRÉCONSUL. OIS. L'un des noms vulgaires du *Larus glaucus*. *V.* MOUETTE. (B.)

PRÉFET. MOLL. Espèce du genre Cône, *Conus prefectus*. (B.)

*PRÉFLEURAISON. *Præfloratio*. BOT. PHAN. Ce nom, et celui d'Estivation que l'on emploie quelquefois, signifie la manière d'être des différentes parties de la fleur avant son épanouissement. Cette considération est d'une très-haute importance, et fort souvent elle fournit un bon caractère pour la disposition de genres en familles naturelles. Aussi les botanistes modernes y attachent-ils une grande importance. Les expressions, par lesquelles on exprime les diverses modifications de la Préfleuraison, peuvent s'appliquer à la fois, soit au calice, soit à la corolle, soit enfin au périanthe simple. Nous allons indiquer ici celles de ces modifications qui se présentent le plus fréquemment : 1° tantôt les sépales, les pétales ou les divisions du calice et de la corolle sont rapprochés et contigus bords à bords, à la manière des valves d'une capsule, et la Préfleuraison est dite *valvaire*, comme dans les Araliacées, les sépales des Clématites, etc.; 2° les divisions du périanthe peuvent être *imbriquées*, quand elles sont très-nombreuses et qu'elles se recouvrent mutuellement en partie les unes les autres à la manière des tuiles d'un toit : cette disposition se remarque par exemple dans un grand nombre de fleurs doubles; 3° on dit que la Préfleuraison est *tordue*, quand les parties du périanthe se recouvrent mutuellement entre elles par un de leurs côtés : c'est ce qu'on observe dans les pétales des Malvacées, de beaucoup de Caryophyllées, etc.; 4° la corolle monopétale peut être pliée sur elle-même à la manière des filtres de papier, ainsi qu'on le voit dans les Convolvulacées et plusieurs Solanées; 5° les pétales sont quelquefois chiffonnés (*Præfloratio corrugata*) quand ils sont pliés en tous sens et irrégulièrement, comme dans les Pavots, les Cistes, le Grenadier; 6° les pétales ou les divisions de la corolle peuvent être roulées en spirale, ainsi qu'on le remarque dans les *Oxalis*, les Apocynées, etc.; 7° enfin quand les pétales sont au nombre de cinq, qu'il y en a deux extérieurs, deux intérieurs et un cinquième qui recouvre les intérieurs par un de ses côtés, tandis qu'il est recouvert de l'autre par les extérieurs, on donne à ce mode le nom de *Préfleuraison quinconciale*, ex. : la corolle de l'OEillet, le calice des Rosiers. (A. R.)

* PREGA-DIOU. INS. *V.* MANTE.

* PRÉHENSIPÈDE. OIS. Ce mot veut dire *Pied préhenseur;* on l'a appliqué aux Martinets qui ont le pouce versatile et qui se cramponnent aux murailles, mais il conviendrait beaucoup mieux aux Oiseaux grimpeurs. Il est, au reste, peu usité. (LESS.)

PREHNITE. MIN. Aussi nommé Chrysoprase et Chrysolithe du Cap, Prase cristallisée, Bostrichite, Zéolithe radiée. Substance vitreuse d'une teinte plus ou moins verdâtre, transparente, ou d'une translucidité comme gélatineuse, d'une dureté moyenne entre celles de l'Apatite et du Quartz, aisément fusible, pesant spécifiquement 2,7. Ce Minéral a été rapporté du cap de Bonne-Espérance, d'abord par le physicien Rochon, et quelques années après par le colonel Prehn, dont il porte le nom. C'est un double silicate de Chaux et d'Alumine, contenant : Silice, 50; Alumine, 25; Chaux, 25. Il renferme souvent un peu de tritoxide de Fer, qui y fait fonction de principe colorant, et remplace une portion d'Alumine. La Prehnite est souvent cristallisée en prismes rhomboïdaux ou rectangulaires, ordinairement très-courts, plus ou moins modifiés sur les arêtes ou sur les angles. Ces prismes ont pour forme primitive un prisme droit, rhomboïdal, d'environ 102° 40' et 77° 20', dans lequel le côté de la base est à la hauteur à peu près comme 7 est à 5. Ce prisme se subdivise dans le sens des petites diagonales de ses bases; le clivage parallèle à celles-ci est le plus net. La cassure de la Prehnite est ordinairement écailleuse; son éclat vitreux assez vif, et quelquefois un peu nacré. Soumise à l'action du chalumeau, elle se boursouffle considérablement et fond ensuite en un émail brunâtre. Elle est du nombre des substances qui sont électriques par la chaleur; l'axe électrique est situé dans le sens de la petite diagonale du prisme foudamental. Ses principales variétés de formes sont : 1° la Prehnite cristalline, en prismes rhomboïdaux plus ou moins nets, ayant leurs faces souvent un peu courbées; ils sont quelquefois blanchâtres et presque incolores; souvent olivâtres, d'un vert jaunâtre, d'un vert pomme ou d'un vert de poireau; 2° la Prehnite lamelliforme ou la Koupholithe, sous-variété de la précédente dont le prisme est si court qu'il se réduit à de simples lames tirant sur le jaunâtre ou le blanc sale, et ordinairement implantées dans leur gangue sur leurs tranches; 3° la Prehnite flabelliforme ou conchoïde, composée de cristaux qui divergent par leurs grandes faces à peu près comme les rayons d'un éventail, de manière que le tout présente souvent l'aspect d'une Coquille bivalve du genre des Cames; 4° la Prehnite entrelacée, composée de cristaux prismatiques qui sont comme enchevêtrés les uns dans les autres, et se réunissent deux à deux par leurs sommets sous un angle obtus d'environ 140°; 5° la Prehnite fibreuse, à fibres droites, divergentes ou entrelacées, composant souvent des globes, et par la réunion de ces globes, des masses mamelonnées; enfin, 6° la Prehnite compacte (Prehnite d'Ædelfors ou OEdelithe de Kirwan). La Prehnite se rencontre dans deux sortes de terrains différens. Dans les terrains primordiaux, où elle se montre tantôt en Cristaux implantés sur les parois des cavités des Roches, tantôt en nids ou en veines plus ou moins puissantes au milieu de ces Roches, savoir : dans le Diorite du Dauphiné, au bourg d'Oysans, avec la Chlorite et l'Epidote; dans un Stéaschiste, au pic d'Eredlitz, près de Baréges, dans les Pyrénées, dans une roche diallagique, au Monte-Ferrato, en Toscane; dans la Siénite, au Groenland. L'autre sorte de gisement de la Prehnite a lieu dans les Roches pyrogènes, savoir : au milieu des Amygdaloïdes, à Oberstein, dans le Palatinat, où le Cuivre natif et le Cuivre oxidulé l'accompagnent; à Fassa, dans le Tyrol; en Ecosse, et dans les îles Feroë, où elle s'associe à la Stilbite, à la Chabasie, etc. (G. DEL.)

PRÉLAT. MOLL. Espèce du genre Cône, *Conus Prelatus.* (B.)

PRÈLE. OIS. L'un des noms vulgaires du Proyer. (B.)

PRÊLE. *Equisetum.* BOT. CRYPT. (*Equisétacées.*) Ce genre constitue à lui seul la famille des Equisétacées, famille bien distincte néanmoins de toutes celles dont on peut la rapprocher, et qui n'a que des analogies assez éloignées avec les Fougères, les Lycopodes et les Characées auprès desquelles on doit cependant la placer. Déjà distingué par les botanistes les plus anciens sous les noms d'*Equisetum*, et quelquefois d'*Hippuris*, il a été bien caractérisé par Linné, et placé parmi les Fougères. Willdenow en avait formé une section particulière de cette grande famille sous le nom de *Gonopterides;* enfin, il fut considéré comme type d'une famille naturelle particulière par L.-C. Richard et par tous les botanistes modernes. Il a été l'objet de recherches nombreuses de la part d'Hedwig (*Theoria generationis*), de Mirbel (*Bull. Soc. Phil.*), de Vaucher (Monograp. des Prêles), d'Agardh (Mém. du Mus.), et de Bischoff (*Cryptog. Gewachse*, 1818). Ces Plantes croissent ordinairement dans les terrains froids et profonds, souvent même dans les lieux très-humides; elles présentent une tige qui rampe horizontalement à une plus ou moins grande profondeur sous le sol; cette tige est divisée de distance en distance par des nœuds d'où naissent des gaînes bien moins développées que celles des tiges aériennes et des racines, verticillées, nombreuses, peu rameuses, qui sortent ordinairement deux par deux des tubercules placés à la base des gaînes. Ces tiges diffèrent encore des tiges aériennes en ce qu'elles ne présentent pas de cavité centrale, ou que cette cavité est beaucoup plus étroite. Outre les racines, il naît assez souvent des tiges souterraines, des rameaux imparfaits, ovoïdes, quelquefois disposés en chapelets, pleins et solides, ressemblant à de véritables tubercules, de la grosseur d'une noisette; ces tubercules bien figurés par Bischoff ne sont évidemment, comme les tubercules de la Pomme de terre, que des rameaux qui ont subi un mode de développement particulier. De ces mêmes tiges rampantes, véritables rhizomes, sortent les tiges aériennes qui s'élèvent au-dessus du sol, et portent les rameaux et les fructifications. Ces tiges fistuleuses présentent, à des distances assez régulières, des nœuds formés par des diaphragmes transversaux; c'est du point de la surface qui correspond à ces articulations que naissent des gaînes très-régulières, cylindriques, embrassant étroitement la tige, et terminées supérieurement par un nombre plus ou moins considérable de dents aiguës, mais souvent en partie desséchées; la tige montre intérieurement, outre la cavité centrale qui la parcourt, un ou deux rangs de cavités tubuleuses placées très-régulièrement vers la circonférence; ces cavités sont en rapport avec les stries qu'on remarque sur la surface extérieure, mais ce ne sont pas des vaisseaux, car elles sont interrompues à chaque nœud; les vrais vaisseaux, en petit nombre, sont placés autour des plus intérieures de ces lacunes cylindriques : ce sont des vaisseaux annelés, très-bien caractérisés; on n'en aperçoit pas d'autres; tout le reste de la Plante n'est formé que de tissu cellulaire plus ou moins allongé, et souvent rempli de matière verte vers la surface; cette surface est recouverte par un épiderme qui, dans les espèces dont la tige est verte, est percé de stomates ou pores corticaux assez nombreux, disposés en séries longitudinales. Les rameaux naissent en verticilles plus ou moins complets autour des articulations; ces rameaux offrent à peu près la même structure que les tiges, mais ils paraissent pleins; ils sont également articulés, et leurs articulations sont environnées de gaînes plus courtes, et à trois, quatre, cinq ou six dents. La fructification de ces Plantes singulières consiste en épis terminaux qui, le plus souvent, n'existent qu'à l'extrémité des tiges principales qui, quelquefois cependant, se développent aussi à l'extrémité des rameaux; ces épis sont formés d'écailles peltées, disposées en verticilles plus ou moins réguliers. Chaque écaille représente un disque le plus souvent à peu près hexagone, porté sur un pédicelle central, et soutenant à la surface inférieure six ou huit sacs membraneux qui contiennent les corps reproducteurs. A la maturité, on voit ces écailles s'écarter, les sacs qu'ils supportent s'ouvrir par une fente longitudinale du côté qui correspond au pédicelle de l'écaille, et une poussière abondante d'un gris verdâtre s'échapper de ces sacs. En examinant cette poussière au microscope, on voit qu'elle est composée de grains verts assez gros, sphériques, donnant attache sur un des points de leur surface à deux filamens disposés en croix et se terminant à chacune de leur extrémité par un renflement en forme de spatule; chaque grain paraît ainsi supporter quatre filamens tubuleux et membraneux spatulés. Les filamens, très-hygroscopiques, s'enroulent par l'influence de l'humidité autour du globule vert; la sécheresse, au contraire, les fait étaler, et détermine en eux des mouvemens continuels. Ces mêmes filamens renferment particulièrement dans leur extrémité spatulée des granules nombreux très-fins qu'Hedwig avait déjà bien figurés et qu'on trouve en grande quantité à leur surface sans qu'on sache bien comment ils en sortent. Hedwig avait déjà considéré chaque filament avec ses granules comme l'organe mâle, mais il les avait assimilés à des anthères remplies de pollen, opinion qu'il est difficile d'admettre, car ces sacs membraneux n'ont la structure d'aucune anthère connue, et les granules qu'elle renferme sont bien plus ténus que ceux qui constituent le pollen. L'analogie seule indiquait donc que ces filamens renflés avaient beaucoup plus d'analogie avec les grains de pollen eux-mêmes, et les granules qu'ils contiennent avec les granules spermatiques des Plantes phanérogames (*V.* notre Mém. sur la génération des Végétaux phanérogames, Ann. des Scienc. natur. T. XII); mais une observation nouvelle confirme cette idée, car ces petits granules, qui ont à peine $^1/_{600}$ à $^1/_{700}$ de millimètre de diamètre, sont doués des mêmes mouvemens que nous avons observés sur les Granules spermatiques des Plantes phanérogames, et ces mouvemens nous ont paru même plus vifs que dans la plupart des Plantes que nous avions déjà observées.

On ne peut donc plus douter que ces granules ne soient les corpuscules fécondans de ces Plantes, et les sacs qui les renferment les analogues des grains de pollen; quant au globule vert qui les porte, sa germination observée par Agardh, Vaucher et Bischoff, prouve bien qu'il renferme l'embryon; mais sa véritable organisation est peu connue, car sa petitesse le soustrait à une véritable anatomie. Hedwig remarqua que le développement de cette partie n'avait lieu que plus tard que celui des filamens spatulés, et que, dans sa jeunesse, ce globule présentait, sur le point opposé à celui qui donne attache à ces filamens, un petit mamelon saillant; ces considérations lui firent regarder ce corps comme un ovaire surmonté d'un stigmate qui disparaissait après la fécondation, lorsque l'embryon se développait; mais la simplicité de structure de ce petit corps, dans lequel on ne peut reconnaître que des granules amylacés, comme dans les graines des *Chara* et d'autres Plantes cryptogames, porterait à le considérer plutôt comme un ovule nu, et peut-être même comme l'amande de l'ovule seulement surmonté de son mamelon d'imprégnation, se transformant ensuite en une graine nue composée de l'embryon et d'un périsperme amylacé abondant. Telle est la manière qui nous paraît la plus naturelle de concevoir le mode de reproduction de ces Plantes. Ces séminules donnent naissance en germant à des filamens radicellaires très-fins et confervoïdes, et à d'autres filamens courts, dressés, irréguliers, sortes d'appendices cotylédonaires du centre desquels naît la jeune tige.

Ces Plantes, dont nous venons de faire connaître d'une manière générale l'organisation, présentent des modifications nombreuses dans leur structure extérieure. Tantôt leurs tiges sont simples et nues ou peu rameuses; d'autres fois elles sont couvertes d'une infinité de rameaux verticillés simples ou même subdivisés; les fructifications sont le plus souvent portées sur des tiges semblables à celles qui en sont dépourvues; dans quelques espèces, au contraire, elles sont soutenues par des tiges d'un aspect tout-à-fait différent, car ces tiges fructifères sont brunes, privées de rameaux et entourées de gaînes grandes et larges, tandis que les tiges stériles sont vertes et très-rameuses.

Cette considération a servi à classer les Prêles en deux sections : celles à tige fructifère différente des tiges stériles, et celles parmi lesquelles les deux sortes de tiges ne diffèrent pas. Le nombre et la forme des dents, et la structure de l'épiderme sont ensuite les meilleurs caractères pour distinguer les espèces. Ces espèces, assez nombreuses, croissent dans toutes les parties du globe. La Nouvelle-Hollande est la seule région où on n'en connaisse pas. On en trouve jusqu'en Laponie et sous l'équateur. On remarque cependant que ces Plantes ne s'élèvent pas très-haut dans les Alpes, et qu'elles atteignent une taille d'autant plus considérable qu'elles croissent dans des climats plus chauds. Il suffit pour cela de comparer l'*Equisetum scirpoides* de Laponie avec l'*Equis. giganteum* de l'Amérique équatoriale. La nature rugueuse et la dureté de l'épiderme de plusieurs de ces Plantes, et particulièrement de l'*Equis. hiemale*, fait généralement employer ces tiges pour donner au bois son dernier poli dans les ouvrages d'ébénisterie.

Les Prêles sont anciennes dans la nature, et font partie de la première végétation dont il reste des traces dans les couches du globe. La famille des Equisetacées paraît s'y présenter sous des formes assez différentes dans les terrains de diverses époques; dans les terrains de sédiment supérieur on retrouve quelquefois des fragmens de tiges ou plutôt de rameaux qui ne diffèrent pas sensiblement de ceux des *Equisetum* vivans; tel est l'*Equisetum brachyodon* (Descript. géolog. des environs de Paris, p. 307, pl. 10, fig. 3) trouvé dans le calcaire grossier, près de Paris, et dans les mares d'eau douce des environs de Narbonne, par Tournal fils, pharmacien de cette ville.

Dans les terrains un peu plus anciens, tels que ceux qui font partie de la formation du Calcaire jurassique, on a encore trouvé, 1° quelques fragmens analogues à nos *Equisetum*, à la Neuewelt, près Bâle (*Equisetum Meriani*, Nob., Hist. veg. foss. T. I, p. 115); 2° une espèce d'*Equisetum* gigantesque (*Equisetum columnare*, Hist. vég. foss. T. I, p. 115, ob. XIII) qui caractérise les couches qui accompagnent le Charbon fossile de Whitby en Yorkshire, couches que les géologues anglais rapportent à leur grande Oolithe; cette même espèce a été retrouvée en fragmens incomplets, il est vrai, dans beaucoup de points de l'Allemagne, et paraît caractéristique de cette époque de formation; elle a tous les caractères des *Equisetum* quant à l'organisation de sa tige et de ses gaînes, car on ne connaît pas encore ses épis de fructification.

Dans les terrains encore plus anciens, c'est-à-dire dans le Grès bigarré, et surtout dans le terrain houiller, on ne trouve plus que rarement des fragmens de tiges complétement analogues à celles des vrais *Equisetum*, mais on y rencontre abondamment des tiges qui semblent indiquer un genre différent de cette même famille; c'est à ces tiges qu'on a généralement donné le nom fort impropre de Calamites, nom que son ancienneté doit cependant faire respecter.

Nous avons exposé au mot CALAMITES nos raisons pour considérer ces tiges comme analogues à celles des Equisétacées; nous avons maintenant une preuve certaine de cette analogie. Le Muséum de l'Université de Strasbourg possède un échantillon d'une de ces Plantes encore enveloppée en partie dans la roche qui l'environnait, et on voit dans cette roche les restes de gaînes dentées qui s'inséraient sur les articulations de la tige; ces gaînes ne diffèrent de celles des vrais *Equisetum* qu'en ce qu'elles sont étalées et non pas appliquées contre la tige; mais du reste, leur structure paraît absolument la même. Cet échantillon remarquable est figuré dans notre Histoire des Végétaux fossiles, T. I, pl. 26. Nous renvoyons également à cet ouvrage pour avoir plus de détails sur ces Fossiles. (AD. B.)

* PREMECOPS. INS. Genre établi par Schonnher. *V.* RHYNCHOPHORES. (G.)

PREMNA. BOT. PHAN. Genre de la famille des Verbénacées et de la Didynamie Angiospermie, L., ainsi caractérisé : calice cyathiforme-campanulé, à cinq dents; corolle dont le limbe est étalé et bilabié; la lèvre supérieure partagée jusqu'à la moitié en deux lobes, l'inférieure divisée profondément en trois lobes presqu'égaux; quatre étamines didynames, saillantes hors de la corolle et également distantes; stigmate bifide; drupe pisiforme, contenant un noyau quadriloculaire, à une seule graine dans chaque loge. En établissant ce genre, Linné n'en décrivit que deux espèces sous les noms de *Premna integrifolia* et *P. serratifolia*. La première a pour synonyme le *Cornutia corymbosa* de Burmann, et le *Gumira littorea* de Rumph (*Herb. Amboin.*, 3, tab. 133 et 134). Jussieu y ajoute le *Citharexylon melanocardium* de Swartz, et Willdenow le *Callicarpa lanata* de Lamarck. Enfin R. Brown (*Prodr. Flor. Nov.-Holl.*, p. 512) a décrit six nouvelles espèces de *Premna*, toutes indigènes de la Nouvelle-Hollande entre les tropiques. Ce sont des Arbrisseaux à feuilles opposées, simples, quelquefois dentées en scie dans les jeunes Plantes, et très-entières dans les adultes. Leurs fleurs sont petites, blanchâtres, disposées en cymes terminales, paniculées; celles du *Premna integrifolia*, L., ressemblent aux corymbes de fleurs de Sureau. Les feuilles ont en général une odeur forte et désagréable, surtout lorsqu'elles sont sèches, R. Brown la compare à celle du *Chenopodium olidum* (*C. vulvaria*, L.). Lamarck cite une observation de Commerson qui attribue aux feuilles du *Premna integrifolia* la propriété de dissiper les maux de tête lorsqu'on les applique sur le front. (G..N.)

PREMNADE. *Premnas.* POIS. Genre de la famille des Squammipennes, dans l'ordre des Acanthoptérygiens, établi par Cuvier qui lui donne pour caractères : de fortes épines au sous-orbiculaire; le préopercule et le second opercule dentelés; la tête extrêmement obtuse; les dents fines, courtes, égales, et sur une seule rangée; la ligne latérale se termine avant d'arriver à la queue. L'auteur de l'Histoire du Règne Animal y rapporte le *Chœtodon biaculeatus* de Bloch, pl. 219, fig. 2. (B.)

PRÉNANTHE. *Prenanthes.* BOT. PHAN. Genre de la famille des Synanthérées, tribu des Chicoracées, établi par Vaillant, et offrant les caractères suivans : involucre cylindroïde-campanulé, formé d'un petit nombre de folioles, presque sur un seul rang, égales, appliquées, oblongues, obtuses au sommet, presque foliacées, un peu membraneuses sur les bords, et munies à la base de quelques petites écailles surnuméraires très-inégales. Réceptacle très-petit, plan et nu. Calathide composée de demi-fleurons en très-petit nombre et hermaphrodites ; corolle dont le limbe en languette est très-arqué en dehors ; le tube élargi vers son sommet et velu. Styles très-longs, fort saillans hors du tube des anthères. Ovaires portés sur de courts pédicelles, cylindroïdes ou presque pentagones, un peu amincis vers la base, surmontés d'une aigrette blanche, longue et plumeuse. Cassini a séparé de ce genre plusieurs espèces que les auteurs y avaient rapportées, et il en a formé autant de nouveaux genres. Ainsi le *Prenanthes viminea*, L., est le type de son genre *Phœnixopus*; le *Prenant. muralis*, L., du genre *Mycelis*; le *Prenanth. hieracifolia*, Willd., du *Phœcasium*; et le *P. alba*, du *Nabalus*. Indépendamment de ces changemens survenus dans le genre *Prenanthes*, il serait nécessaire d'en faire encore d'autres, d'examiner, par exemple, avec soin plusieurs de ses espèces qui doivent probablement prendre place dans les genres *Sonchus* et *Chondrilla*. Les Prenanthes sont des Plantes herbacées, indigènes des pays montueux de l'Europe. Le *Prenanthes purpurea*, L., que l'on doit regarder comme l'espèce principale, est commun dans les bois pierreux des Alpes, des Cévennes, des montagnes de l'Auvergne et des Vosges. Sa tige est haute d'environ un mètre, menue, lisse, paniculée supérieurement, garnie de feuilles lisses, oblongues, d'un vert glauque en dessous. Chaque calathide est ordinairement pendante et se compose de trois à cinq fleurs purpurines. (G..N.)

PRENSICULANTIA. MAM. Illiger a donné ce nom à l'ordre des Mammifères qui renferme les Rongeurs à clavicules parfaitement distinctes. Ce nom n'a point été sanctionné par l'usage. (LESS.)

PREONANTHUS. BOT. PHAN. De Candolle appelle ainsi l'une des sections du genre Anémone, qui comprend les espèces dont les fruits se terminent en une pointe plumeuse. (A. R.)

*PRÉPARATIONS CONSERVATRICES. Les préparations que nécessitent les Animaux, pour leur conservation dans les collections, seront passées en revue à l'article TAXIDERMIE (*V.* ce mot). Il ne s'agira, dans le présent article, que des soins à apporter aux préparations les plus simples pour recueillir et préserver les Animaux dans les voyages comme dans les cabinets, celles enfin qui demandent l'emploi des liqueurs alcoholiques ou autres.

Un mouvement intérieur, nommé putréfaction, tendant à séparer et à rendre à leur unité primitive les élémens qui composent les corps, s'empare des substances animales et végétales immédiatement après la cessation de l'acte appelé la vie, et anéantit ainsi les formes, les caractères des individus sur lesquels la science veut porter son analyse en s'éclairant de nouvelles observations. On a dû chercher alors à préserver de cet acte destructeur (vrai but de la nature, qui détruit pour créer) les corps qu'il importait de connaître, et l'on y est parvenu en les plongeant dans des liquides qui empêchent la réaction de ces mêmes élémens constituans : ce sont ces liquides que nous devons indiquer ici. 1°. Les liqueurs aqueuses dissolvant les diverses parties des corps, n'empêchent point la putréfaction ; mais, au contraire, l'accélèrent et ne peuvent servir qu'à dessaler les Animaux marins ou laver ceux qui sont recouverts de malpropretés. L'eau chargée d'alun dissous, resserre bien un peu la fibre animale, mais d'une manière si faible qu'on ne peut guère compter sur des résultats constans. Quant à l'eau surchargée de sel marin, on borne son usage aux fruits, qu'elle peut préserver quelque temps. 2°. L'essence de térébenthine, usitée par quelques préparateurs, dénature les tissus, et, de plus, a l'inconvénient de devenir épaisse et visqueuse : on doit en rejeter l'emploi. 3°. Les huiles peuvent servir à préserver quelques Animaux mous, comme certains Poissons. 4°. Le sel marin (muriate de soude) (1) ne permet pas de compter sur de bien grands avantages. On lui reproche d'altérer les formes, les couleurs même des objets qu'on lui soumet. Quelques Poissons, munis d'une peau épaisse et dure, paraissent mieux réclamer la salure; dans ce cas, on doit fréquemment épuiser la saumure en l'évacuant et en ajoutant de nouveau sel dans le baril qui les contient. Des salaisons faites avec quelques soins doivent être employées pour les peaux volumineuses d'animaux qui consommeraient plus de savon arsenical qu'on ne doit en emporter dans un voyage ordinaire. On trouve cependant dans le *Journal medical and physical*, 1818, l'indication de substituer à l'alcohol, pour la conservation des pièces anatomiques, et, par suite, de celles d'histoire naturelle, l'emploi de l'eau saturée de sel solide (2). Ce procédé, indiqué par le chirurgien W. Cooke, lui a fourni, dit-il, des résultats en apparence avantageux; nous disons en apparence, parce que les pièces conservées par ce moyen n'ont pas une date assez prononcée pour qu'on puisse l'adopter entièrement. 5°. Le sublimé corrosif, proscrit par le naturaliste Péron qui énumère les dangers que l'emploi de cette substance éminemment vénéneuse peut entraîner, offre cependant aux anatomistes un moyen énergique et actif qu'on doit employer dans une foule de cas, en prenant, au reste, les précautions nécessaires pour se soustraire à son action. Ce sel, dont les propriétés momifiantes ont été signalées par le savant professeur Chaussier, opère une dessiccation durable et rapide, réagit puissamment sur le composé animal, modifie sa nature d'une manière particulière, et rend inaltérables les pièces qui en ont été suffisamment pénétrées. Il facilite leur dessèchement à l'air libre, de telle sorte que jamais par la suite elles n'éprouvent le moindre mouvement de décomposition. Le sublimé semble se combiner tout entier, et la liqueur qui ne peut contenir qu'une faible proportion de ce sel peu soluble est bientôt épuisée si l'on n'a le soin d'y suspendre des nouets remplis d'une nouvelle dose de sublimé, qui s'y dissout peu à peu et entretient la saturation de l'eau, sans formation de muriate doux. Enfin, il arrive un point de saturation où la liqueur cesse de perdre et par suite d'en dissoudre. On peut alors retirer la pièce et la laisser sécher. Cependant on conçoit que ce moyen de conservation ne pourrait nullement convenir à la majeure partie des objets d'histoire naturelle qu'il est important de conserver, mais non de dessécher au point porté par le sublimé. Dans ce dernier cas, on se sert d'eau rendue active par du vinaigre, dans laquelle on ajoute de faibles doses de sublimé corrosif d'une manière tellement graduée que les tissus des Animaux qu'on y soumet ne contractent ni racornissement, ni rigidité; ce qui serait une suite immédiate d'une eau

(1) Le sel marin entre cependant dans une composition employée pour préserver les peaux, mais qui est tombée en défaveur, et à bien juste titre. Elle consistait à prendre deux livres de sel commun, quatre onces de vitriol romain, huit onces d'alun, qu'on faisait fondre dans trois pintes d'eau bouillante : on y plongeait la peau après l'avoir dépouillée de la graisse, on l'agitait pendant une demi-heure; on la laissait dans la même eau pendant vingt-quatre heures; on renouvelait l'eau. Deux jours après, on retirait la peau, qu'on faisait sécher sans l'exposer au soleil, et à l'air libre seulement.

(2) On appelle en Angleterre sel solide, du muriate de soude plus pur que celui du commerce.

chargée de ce sel à saturation complète. 6°. Les acides antiputrides reconnus apportent dans les tissus des changemens notables. Ils concrètent l'albumine et dissolvent la gélatine. Les acides minéraux désorganisent ces mêmes tissus : on ne doit compter que sur l'acide acétique (vinaigre commun) qui, saturé de sel commun et ayant digéré une forte quantité de poivre ou de piment très-fort, peut servir avec succès à la conservation des objets d'histoire naturelle. 7°. Le vin rouge, sur lequel on a versé de la dissolution nitreuse de mercure, doit encore être employé par les navigateurs qui n'auraient pas d'autres moyens pour apporter les collections. Les coffres de chirurgie sont habituellement munis de ce dernier objet. Dans ce mélange, le vin filtré pour l'usage a perdu sa couleur naturelle. 8°. Nous devons seulement indiquer ici que certaines fontaines tiennent en dissolution de la chaux carbonatée, et qu'en y baignant pendant plus ou moins de temps des Végétaux, de petits Animaux même, on les retire recouverts d'une couche épaisse de ce sel qui leur fait conserver leur forme primitive. 9°. Nous ignorons encore toute l'utilité que l'histoire naturelle doit retirer de l'immersion de ses produits dans l'oxide pyro-ligneux; mais si les espérances ne sont point fallacieuses, il est permis de compter sur des résultats d'une haute importance. 10°. Liqueurs alcoholiques. Le seul moyen conservateur, sur lequel on puisse raisonnablement compter et dont les résultats sont les plus constans et les plus utiles, réside dans l'emploi des liqueurs spiritueuses, et plus spécialement dans l'usage de l'eau-de-vie ou de l'alcohol obtenus par la distillation du vin. Le rak, l'arak, le tafia, le rhum, l'esprit de grain, l'eau-de-vie de genièvre, etc., que les navigateurs pourront se procurer avec facilité dans les pays qui en font usage, quoique jouissant en apparence des mêmes propriétés que l'alcohol rectifié ou aqueux, produits de la distillation vineuse, sont cependant bien inférieurs dans l'emploi qu'on en fait pour les collections zoologiques. Il est inutile d'indiquer, sans doute, que les liqueurs qu'on peut se procurer avec plus de facilité dans les contrées qui les produisent, doivent être préférées dans ce cas, tant à cause de l'abondance que de la modicité de leur prix. Au reste, on les choisira les plus privés possible des principes inhérens aux substances qui les produisent. Cependant les liqueurs alcoholiques ont un désavantage, celui de racornir les tissus et de les dénaturer. On est parvenu à annihiler un peu cette propriété, en graduant la force intrinsèque du liquide spiritueux avec le volume de l'objet qu'il doit conserver. En résumé, on doit s'aider de ces données pour choisir le liquide le plus capable d'arriver au but qu'on veut atteindre. Plus la transparence des liqueurs spiritueuses est grande, plus leur bonté pour les collections est reconnue. Plus elles sont concentrées, plus elles détruisent les couleurs. On doit les prendre dans les degrés les plus faibles, s'il est possible, sans être obligé de les affaiblir soi-même.

L'alcohol pur détruit les couleurs animales; très-concentré il désorganise les tissus. Dans ce cas, uni aux acides, l'alcohol a fourni d'excellens résultats. Affaiblies par l'eau, et ramenées par conséquent à un degré moins fort, ces liqueurs paraissent jouir d'une action plus défavorable que les spiritueux, qui égalent naturellement la force factice qu'on leur a donnée. On se rappellera, pour les bocaux placés à demeure, que l'alcohol devient laiteux quand on s'est servi, au lieu d'eau distillée, d'eau commune. En général, il suffit d'employer une liqueur alcoholique de seize à vingt-deux degrés de l'aréomètre de Beaumé, en graduant la liqueur sur la force et la pénétrabilité de l'objet à conserver. Pour les gros Animaux on emploiera la liqueur la plus concentrée. Si l'on était privé d'esprit de vin, on pourrait ajouter à la force ordinaire des liqueurs qui en tiendraient lieu, par du camphre dissous qui, sans ajouter à leur force aréométrique, leur donne un degré d'énergie suffisant pour la conservation des Animaux. On n'a pas à craindre, comme par l'alcohol déflegmé, l'altération des couleurs. Une combinaison, dans les proportions suivantes, paraît être très-convenable pour les Animaux mous : eau pure, deux parties; alcohol, une; sulfate d'alumine, deux onces par litre de liquide.

La liqueur de Guyot, ayant joui d'une réputation assez étendue, doit être indiquée ici pour les personnes qui, dans les colonies, désireraient en faire usage. Prenez vingt pintes de la meilleure eau-de-vie de Cognac dont on retire par la distillation cinq pintes d'eau-de-vie; on ajoute ensuite à ce qui reste parties égales d'eau de puits et une livre de fleurs ou de feuilles de lavande verte; on distille de nouveau jusqu'à siccité; cela fait, on prend onze parties de l'esprit de vin qui a passé dans la première distillation; on les mêle avec soixante-neuf parties d'eau de puits et on ajoute à ce mélange parties égales de la liqueur fournie par la distillation. On obtient ainsi la liqueur conservatrice de Guyot, qui est de la plus grande limpidité, dont la saveur est un peu amère, dont l'odeur est légèrement aromatique, qui ne contient guère qu'une partie d'alcohol sur treize d'eau. L'anatomiste Monro ajoutait, à petites doses, de l'acide nitrique ou de l'acide muriatique aux liqueurs dont il se servait. Le célèbre Ruysch faisait usage d'esprit de vin distillé avec le poivre noir, le cardamome et le campbre.

Avant de plonger les objets quelconques d'histoire naturelle, on doit, pour premier soin, les nettoyer, les laver ou les faire dégorger dans plusieurs bains d'eau simple à une douce température; mais on doit surtout faire dessaler les Animaux marins, notamment les Crustacés qui se gâteraient irrémédiablement sans cette attention : on doit enfin surveiller sans cesse les objets immergés; changer ou ajouter des liqueurs quand celles des vases s'affaiblissent, et porter tous ces soins à adapter avec justesse et solidité les disques des flacons. Dans les voyages sur mer, on doit préférer aux vases ronds des vases en verre noir et fort, régulièrement carrés, qu'on peut mieux ranger dans des caisses également carrées.

Les inconvéniens qui résultent de l'abandon à leur propre poids des Animaux qu'on veut conserver dans les liquides, sont : que le mucus, les alimens, les excrémens, qui ne peuvent se détacher, hâtent la corruption de l'Animal; que les Reptiles, les Poissons, etc., tendant à se précipiter au fond du vase, ont alors quelques-unes de leurs parties soustraites à l'action de l'alcohol ou ensevelies sous une couche épaisse de mucus, et qu'ainsi la corruption doit s'étendre rapidement, et de proche en proche.

Dufrêne, auquel on est redevable du meilleur traité de Taxidermie que nous ayons, indiquait avant Péron un procédé que ce dernier a signalé comme singulièrement défectueux, mais que nous pensons cependant être plus à la portée des personnes pour qui nous écrivons; on va le lire textuellement : « Les liqueurs spiritueuses, dit-il, sont encore préférables à tous les moyens de préparations.... Nous recommandons aux voyageurs de mettre dans la liqueur le plus de Poissons qu'ils pourront : nous allons indiquer les précautions à prendre pour leur transport. Dans les voyages de long cours, on se munira de petits tonneaux de trente à soixante pintes, cerclés en fer; on fera pratiquer à l'un des fonds une espèce de soupape taillée en biseau, à peu près de six sur quatre pouces d'ouverture; on remplira une de ces petites barriques aux deux tiers seulement de liqueur spiritueuse. Lorsque l'on aura un Poisson à conserver, on prendra des notes sur cet individu, sur l'endroit où il a été pêché, s'il est mâle ou femelle, s'il est bon ou mauvais à manger, si on le sale dans le pays; enfin on prendra des pêcheurs tous les renseignemens qu'ils pourront en donner : cela fait, on enveloppe le Poisson dans un morceau de linge et on le coud; ensuite on lui attache une petite plaque de bois sur laquelle on aura gravé, avec la pointe d'un couteau, un numéro en chiffre romain correspondant à celui de la note qu'on aura prise; ensuite on déposera le Poisson ainsi arrangé dans le petit tonneau par la soupape que l'on refermera bien hermétiquement, pour que la liqueur qu'il contient ne s'évapore pas. S'il arrive que quelques-uns des Poissons qu'on voudra conserver, aient le ventre très-gonflé par les ovaires, on fera une incision à l'anus, et on le plongera vers la partie antérieure du ventre, afin d'en extraire les œufs qui, s'ils n'étaient ôtés, affaibliraient promptement la liqueur. A mesure que l'on aura déposé dans la barrique à peu près un lit de Poissons, on y mettra un lit de coton ou de filasse neuve pour empêcher le frottement et le ballottage dans le transport. En général, le vase ne doit contenir que les deux tiers de Poissons; le reste doit être en filasse ou coton et liqueur. »

On a reproché le plus spécialement à ce procédé de permettre à la corruption de s'étendre facilement d'un Animal à l'autre et de compromettre ainsi toute la collection, surtout sous la zône torride, où il devient difficile d'en empêcher l'altération souvent rapide. On a dû alors chercher des moyens plus efficaces, et le naturaliste Péron a proposé ceux qui suivent et dont il a retiré les succès les plus constans. Laver l'Animal, avant de le mettre dans l'alcohol, avec de l'eau de mer, du vinaigre, du rhum, du tafia, de l'eau-de-vie camphrée, suivant qu'il est plus ou moins précieux, et que l'on peut plus facilement se procurer les objets mentionnés. Enlever avec une brosse en crin les mucosités qui recouvrent quelques espèces et ménager les frottemens. Les Animaux ainsi préalablement nettoyés, seront supendus dans la liqueur; mais on les y suspendra de manière qu'ils puissent flotter à la superficie du liquide. Il convient d'attacher au milieu du corps de plusieurs de petites plaques de liége successivement diminuées, afin de les soutenir au milieu du liquide; d'employer, dans bien des cas, un ovale en liége, et de fixer à son pourtour, par du fil de laiton, des épingles ou du fil à coudre, une réunion plus ou moins nombreuse de petits Animaux et surtout de petits Poissons, qui s'accommodent mieux de ce moyen. C'est ainsi qu'on obtient sûrement une conservation entière, en ménageant de plus les formes qui sont propres à chaque espèce.

Les Reptiles réclament encore un petit moyen accessoire, qui consiste à former des spirales en liége, dans lesquelles on fait passer le corps des Serpens. Engagés de cette manière et baignés de toutes parts par l'alcohol, et surtout ne pouvant céder à la tendance que leur propre poids leur imprime, celle de tomber au fond, ces Animaux sont parfaitement conservés. Enfin on doit pratiquer des incisions au ventre des gros Animaux immergés, afin de mettre les parties les plus profondes des viscères à même d'être baignées par l'alcohol, toujours dans le but de permettre le contact le plus immédiat des parties avec ce liquide préservateur. On enlèvera cependant de l'estomac tous les alimens qu'il pourrait contenir. On se rappellera en outre, que les viscères étant importans pour l'étude de l'organisation intérieure des Animaux, on ne doit jamais pratiquer l'éviscération que dans les cas forcés; et encore alors faut-il mettre à part et conserver avec soin ces mêmes viscères, portant un numéro de renvoi analogue à celui de l'Animal auquel ils appartiennent.

Un peu d'habitude et d'exercice rend bientôt faciles ces soins qui paraissent minutieux et difficiles ; mais les grands avantages qu'ils procurent compensent parfaitement la peine qu'on prend à les prodiguer. Les Animaux renfermés dans les vases ainsi préparés, n'ont rien à redouter des secousses que leur imprime le roulis du bâtiment, ni des chaleurs excessives de la zône torride, qui ne peut alors opérer l'évaporation de l'alcohol. On se servait, il n'y a pas long-temps, des divers moyens de fermeture que nous allons indiquer. Le naturaliste Péron, ayant reconnu l'insuffisance de plusieurs, en a substitué d'autres plus favorables et dont un voyage autour du monde a grandement prouvé la bonté et les avantages. Il y a peu de temps encore, on employait, pour fermer les vases qui renferment des Animaux, un parchemin collé et verni avec une dissolution épaisse de cire d'Espagne dans l'alcohol pur. Mais on a remarqué que ce parchemin était facilement réduit en une espèce de putrilage par l'humidité et la chaleur et que la cire, constamment baignée elle-même par l'alcohol, devenait rance, friable et permettait alors l'évaporation. On a aussi employé la préparation suivante avec plus de succès ; elle consiste à faire tremper quelque temps le liége dans une composition de trois parties de cire et d'une de suif, tenues liquides à un degré de chaleur qui ne soit pas capable de faire boursouffler le liége. Le bouchon se trouve ainsi recouvert d'un enduit flexible, qui en pénètre les pores et qui peut empêcher l'évaporation. On a également recouvert le disque en liége d'un mastic fait avec quatre parties de brai ; une partie de soufre et une demi-partie de suif, bien fondues ensemble : cet enduit était appliqué chaud. Le docteur Sue opérait de cette manière : il plaçait un rond de verre à l'embouchure du bocal ; il mettait un morceau de parchemin huilé par-dessus ; il recouvrait ce premier parchemin avec un morceau de plomb laminé, sur lequel il appliquait un second morceau de parchemin trempé dans de l'huile colorée avec le noir de fumée. Il liait ce parchemin avec une corde très-fine, qu'il serrait le plus possible. Enfin chacun connaît l'amalgame employé par le célèbre Daubenton, pour le Muséum de Paris, inséré dans les *OEuvres du comte de Buffon*, tome 3, page 193, de l'édition royale in-4.

Voici la série des moyens employés et indiqués par feu Péron : Préférer les bouchons de liége aux disques en verre, qui sont brisés par l'évaporation de l'alcohol. Employer un lut d'un usage facile, d'une dessiccation instantanée et capable de résister à l'action de l'alcohol et au choc des Animaux dans les roulis et tangages, quand la mer est mauvaise ; un lut enfin, susceptible d'adhérer avec ténacité aux parois du verre et à la surface du liége, en faisant corps avec lui. Les élémens de ce lut sont parties variables de résine ordinaire, d'ocre rouge (sanguine des charpentiers marins), de cire jaune et d'huile de térébenthine. Les proportions de résine ou d'ocre, d'huile de térébenthine ou de cire, devront être en rapport avec la consistance qu'on voudra donner à ce lut, en le rendant plus ou moins cassant ou plus ou moins gras. La manière de l'obtenir consiste à faire fondre préalablement la résine et la cire, puis ajouter l'ocre bien pulvérisé par petites portions. On tourne vivement, avec une spatule, ce mélange qu'on laisse bouillir sept ou huit minutes ; on ajoute l'huile de térébenthine, puis on laisse continuer l'ébullition. Mais l'inflammation qui s'empare facilement de ces ingrédiens et qui peut devenir dangereuse à bord des bâtimens, exige les précautions suivantes : on se servira d'un vase dont la capacité sera triple au moins du volume du mélange à opérer ; le vase sera muni d'un manche pour être facilement retiré du feu quand la matière s'élève. On évitera l'action directe de la flamme, dont il faudra surveiller l'activité : on remuera constamment avec une spatule les élémens du lut. Si, malgré toutes ces précautions, ces substances viennent à s'enflammer, on saisira promptement un couvercle dont on se sera muni pour fermer le vase; il sera en bois, en cuivre ou en fer-blanc, n'importe.

Telle est la manière simple et nullement dispendieuse de se procurer le lut dont s'est servi avec tant de succès Péron, et qu'il a appelé lithocolle, à cause de son extrême ténacité. Il ressemble, suivant son auteur, au mastic qu'emploient certains graveurs pour sceller leurs pièces sur la table et qui se compose de parties égales de résine et de sable fin. Ce mastic des graveurs n'a pu servir au même usage que le lithocolle. D'abord, sa friabilité a été un obstacle; en second lieu, les grains du sable empêchent son introduction dans les fissures du liége; enfin, la résine, qui n'y est pas maintenue par un corps gras, serait facilement attaquée par l'alcohol. Pour se servir du ciment lithocolle, on procédera de la manière suivante : on ajustera exactement le bouchon de liége qui doit fermer l'ouverture du flacon, et l'on frottera le goulot avec un linge sec pour enlever l'humidité qui pourrait y exister; on chauffera le lithocolle à un degré voisin de l'ébullition : on se fabriquera un pinceau grossier avec un morceau de linge; on remuera le mélange pour détacher l'ocre tendant à se précipiter au fond du vase; on prendra avec l'espèce de pinceau indiquée, un peu de lithocolle, avec lequel on couvrira la surface extérieure du bouchon. On renouvellera cette application autant de fois qu'on le jugera nécessaire. On pourra, et surtout pour les petits flacons, les tremper plusieurs fois, mais rapidement, dans ce lut et obtenir ainsi des couches égales qui recouvriront et protégeront également leurs surfaces. On aura préalablement essuyé ces vases, afin de les priver de toute humidité. Enfin, on applique sur ce lut un simple morceau de toile, exactement tendu et maintenu par des tours de ficelle autour du cou du bocal. A cette toile simple, on peut faire succéder par suite des toiles trempées dans de l'huile ou dans du brai gras liquide : la tension devient plus facile, et le brai, en ajoutant à l'adhésion du lithocolle, rend ce moyen beaucoup plus avantageux que ceux employés naguère. Pour surcroît de précaution, on doit, pour les grands bocaux surtout, soutenir les bouchons en liége par des tours de ficelle attachés primitivement au cou, et se croisant ensuite sur le couvercle.

Nous pensons qu'avant de s'embarquer pour une campagne de découvertes dont la durée présumée est au moins de trois années, on se munira de tous les objets indispensables pour assurer la réussite de l'entreprise. Dans le voyage autour du monde de la corvette la Coquille, nous avons eu suffisamment pour la campagne des objets ci-après et dans les quantités suivantes. *Esprit de vin incolore*, trois cents litres. Pour le conserver sans perte ni évaporation, il est nécessaire de le renfermer dans des vases en cuivre, de forme carrée, nommés en Provence *Estagnons*, ayant un goulot étroit, fermant par un bouchon en métal et à vis. Cet esprit de vin sera plus ou moins étendu d'eau, suivant les objets à conserver et d'après les règles indiquées précédemment. *Bocaux en verre fort et blanc*, trois cents : leurs dimensions varieront. Cependant nous conseillons de les avoir tous de forme quadrilatère, de même hauteur, pour remplir des caisses qui seront faites d'avance, et où ils seraient même emballés, de manière que remplis de liquide et d'Animaux, ils puissent ne rien craindre du roulis et du tangage. Les caisses seront assujetties dans le lieu que l'officier chargé du détail aura choisi pour cet objet. Les bocaux de quinze litres seront en petit nombre; mais ceux de un à trois litres sont les plus avantageux et doivent être en grand nombre. Le col des flacons sera rond. On se munira de cinq cents *bouchons de liége*, taillés, par un homme habitué à travailler le liége, sur l'ouverture des vases. *Mastic* ou *Lithocolle de Péron* : vingt cinq kilogrammes. Nous devons observer que le brai sec du bord est tout aussi bon, et que quant au Lithocolle de Péron, il est juste de dire que c'est bien à tort qu'on lui en attribue la composition. Elle était connue de temps immémorial par les maîtres calfats des ports qui s'en servent pour fermer les vases et autres objets envoyés dans les colonies. *Sublimé corrosif*, renfermé dans un vase en verre bouché à l'éméril et toujours serré dans le coffre à médicamens, cinq cents grammes.

Les autres objets indispensables sont : 1° Plomb laminé, de l'épaisseur d'une feuille de carton mince, pour faire des étiquettes, trois pieds carrés ; 2° un emporte-pièce de la grandeur d'un sou, avec une série de dix petits numéros en poinçons. Les numéros ainsi gravés sur le Plomb, servent à désigner chaque bocal, et ce numéro est répété sur une liste où sont inscrites toutes les notes relatives à l'objet qui y est renfermé ; 3° trois fusils de chasse avec leurs fournimens ; quatre cents livres de plomb de chasse de toutes grosseurs, et surtout du fin, et cent livres de poudre fine. Le navire supplée au besoin par de la poudre à canon ; 4° deux boîtes en fer-blanc un peu aplaties, pour la chasse et pour la botanique ; 5° savon arsenical, vingt-cinq kilogrammes, renfermé dans un petit baril ; 6° douze boîtes doublées de liége et s'emboîtant les unes dans les autres pour Insectes ; 7° quinze rames de papier pour Plantes, et cinquante kilogrammes de vieux papier pour envelopper les Minéraux.

Telles sont les quantités des principaux objets que nous croyons convenable d'emporter pour une longue campagne, et ils nous paraissent bien suffisans, d'autant plus qu'on doit éviter avec soin toute espèce d'encombrement. Les instrumens n'y sont point compris, ainsi que plusieurs autres choses dont on sentira la nécessité. Quant aux soins à prendre à bord des collections, ils doivent varier suivant le local qui est affecté à leur conservation ; il serait donc fort inutile d'entrer dans des détails qui allongeraient singulièrement cet article sans grande utilité. (LESS.)

* PREPODES. *Prepodes*. INS. Genre établi par Schonnher. *V*. RHYNCHOPHORES. (G.)

PRÉPUCE. ZOOL. Tous les Animaux de la première classe ont la verge des mâles et le clitoris des femelles munis à leur sommet d'un repli de la peau qui s'abaisse et s'élève pour envelopper complétement le gland. Ce Prépuce sert donc à garantir cet organe du frottement et du choc des corps extérieurs, et en même temps à conserver intacte la sensibilité dont il est doué. Le gland où viennent s'épanouir une grande quantité de filets nerveux, et que recouvre un épiderme mince et perméable, jouit d'une exaltation d'autant plus vive par le frottement et la constriction des parois tièdes du vagin, que son épiderme est plus garanti de l'endurcissement par l'enveloppe du Prépuce. La forme de celui-ci varie à l'infini dans les Animaux, et suit en général celle du gland. Dans l'Homme, cette partie est devenue un objet d'usage national et religieux. Les législations des pays chauds ont fait un dogme de son retranchement, parce que les glandes qui sécrètent une humeur sébacée entre le gland et ce repli de la peau donnent lieu, chez les hommes mal-propres, à un prurit excitant à la salacité. Sous le rapport philosophique le plus ou le moins de Prépuce ne fait pas grand'chose au mérite d'un Homme, mais la superstition et le fanatisme ont établi à ce sujet des distinctions qu'il ne nous appartient pas de développer. (LESS.)

PRÉPUCE. MOLL. *V*. ARROSOIR. On a quelquefois donné ce nom marchand aux Bullées, et appelé une espèce de Pennatule PRÉPUCE DE MER. (B.)

* PREPUSA. BOT. PHAN. Genre nouveau de la famille des Gentianées et de l'Hexandrie Monogynie, L., établi par Martius (*Nova Gen. et Spec. Plant. Brasil.*, 2, p. 120, tab. 190) qui l'a ainsi caractérisé : calice grand, coloré comme la corolle, campanulé, à six divisions profondes, aiguës et droites, muni de six ailes, perpendiculaires, grandes et correspondantes (d'après la figure, et non d'après la description) aux sinus des divisions calicinales. Corolle campanulée, à six divisions peu profondes, à tube court, cylindrique, ayant l'orifice nu. Six étamines insérées sur l'entrée du tube de la corolle; la base des filets semble former une duplicature de la corolle; les anthères ne changent pas de forme après la floraison. Style filiforme, de la longueur des étamines, terminé par un stigmate à deux lamelles. Capsule uniloculaire, bivalve; les valves rentrantes et portant un grand nombre de graines. Ce genre ne renferme qu'une seule espèce décrite et figurée avec soin sous le nom de *Prepusa montana*. C'est un Arbrisseau à rameaux dressés et fastigiés, garnis de feuilles opposées à angles droits; les supérieures très-rapprochées, à fleurs jaunâtres, très-belles, disposées en grappes terminales. Cette Plante croît dans les montagnes de la province de Bahia au Brésil. (G..N.)

PRESAIE. OIS. Par corruption d'Effraie et de Fresaye. Syn. vulgaire de *Strix flammea*. (B.)

* PRESBYTIS. MAM. Eschscholtz, médecin de la marine impériale russe, a publié, à la suite du Voyage autour du monde du capitaine Kotzebue, un Mémoire sur une espèce de Singe de Sumatra, et lui trouvant des caractères suffisans pour créer un nouveau genre, il proposa le nom de *Presbytis*, pour indiquer la physionomie grippée de la seule espèce qu'il y rangea. Ce genre est très-mal défini, et tout porte à croire, ainsi que le pense Temminck, que le *Presbytis mitrata* d'Eschscholtz n'est pas autre que le Semnopithèque Croo, *Semnopithecus comatus*, Desmarest, Sp., 816, que Diard et Duvaucel ont découvert dans l'île de Sumatra. (LESS.)

* PRESCOTIA. BOT. PHAN. Genre de la famille des Orchidées et de la Gynandrie Monogynie, L., établi par Lindley (*Exotic. Flora*, n. 115) qui l'a ainsi caractérisé : périanthe droit (résupiné, selon la manière de s'exprimer des auteurs), à segmens réfléchis, les deux supérieurs connés par la base; labelle dressé, charnu, cucullé, très-entier, embrassant la colonne qui est très-petite; anthère biloculaire, persistante, parallèle au stigmate; les deux masses polliniques didymes, granuleuses, fixées au gynize par une glande apicilaire. Ce genre a été constitué sur une Plante originaire des environs de Rio-Janeiro, décrite et figurée sous le nom de *Prescotia plantaginifolia*. Elle a beaucoup de rapports, quant aux diverses parties de la fleur, avec le *Malaxis paludosa*. (G..N.)

* PRESLÆA. BOT. PHAN. Genre de la Pentandrie Monogynie, L., établi par Martius (*Nov. Gener. et Spec. Plant. Brasil.*, 2, p. 75, t. 164) qui l'a placé dans la famille des Borraginées ou Aspérifoliacées, et l'a ainsi caractérisé : calice persistant, divisé en cinq parties profondes, linéaires, lancéolées, droites; corolle infundibuliforme, le limbe à cinq lobes égaux, courts, présentant dans chacun des sinus un petit appendice pointu et recourbé en dedans, et à la base interne au niveau du sommet des anthères, cinq touffes de poils; cinq étamines dont les filets, très-courts, sont attachés sur la base interne de la corolle; les anthères oblongues sont unies entre elles par un tissu réticulé, et munies à leur sommet de cinq touffes de poils; ovaire quadriovulé, terminé par un style persistant, et un stigmate conique dis-

coïde à la base ; drupe sèche, divisible en quatre noyaux uniloculaires. Ce singulier genre ne se compose que d'une seule espèce décrite et figurée (*loc. cit.*) sous le nom de *Præslea paradoxa*. C'est une Herbe très-rameuse, diffuse, entièrement hérissée de poils simples, à feuilles alternes, lancéolées, à fleurs jaunes, solitaires dans les aisselles des feuilles, et brièvement pédonculées. Elle croît dans les localités sablonneuses sur les rives du fleuve de San-Francisco, dans la province de Bahia, au Brésil. (G..N.)

PRESLE. BOT. CRYPT. *V.* PRÊLE.

* PRESS. MAM. Nom que porte à Sumatra, suivant sir Raffles et Horsfield, le *Cladobates ferrugineus* de Fr. Cuvier, le *Tupaïa ferruginea* d'Horsfield, le *Sorex-Glis* de Diard. *V.* TUPAÏA. (LESS.)

* PRESSET. BOT. PHAN. Même chose que Persec. *V.* PAVIE. (B.)

* PRESSIROSTRES. OIS. Nom donné par Duméril à une famille d'Oiseaux de rivage ou Gralles, qui comprend les genres Jacana, Râle, Huîtrier, Gallinule et Foulque. Cuvier a donné le même nom à une famille plus étendue qui admet les genres Outarde, Pluvier, OEdicnème, Vanneau, Huîtrier, Coure-Vite et Cariama. (DR..Z.)

* PRESTOMUS. INS. Genre établi par Schonnher. *V.* RHYNCHOPHORES. (G.)

* PRESTONIA. BOT. PHAN. Genre de la famille des Apocynées, et de la Pentandrie Monogynie, L., établi par R. Brown (*Trans. Soc. Werner.*, 1, p. 69), et ainsi caractérisé : calice divisé profondément en cinq parties ; corolle hypocratériforme ; couronne double, placée au sommet du tube ; l'extérieure annulaire, indivise ; l'intérieure à cinq folioles en forme d'écailles, et opposées aux anthères ; celles-ci à demi-exertes, sagittées, adhérentes par leur milieu au stigmate ; les lobes extérieurs vides de pollen ; deux ovaires entourés de cinq écailles hypogynes, quelquefois soudées entre elles ; style unique, filiforme, dilaté au sommet ; stigmate turbiné, dont le sommet est très-étroit ; follicule urcéolé. L'auteur de ce genre n'en a décrit qu'une seule espèce sous le nom de *Prestonia tomentosa*. C'est un Arbrisseau volubile, à feuilles cotonneuses, à fleurs en corymbes ou fascicules axillaires. Joseph Banks l'a rapporté de Rio-Janeiro. Deux espèces ont été ajoutées à ce genre par Kunth qui les a nommées *Prestonia mollis* et *P. glabrata*. La première, décrite et figurée avec soin (*Nov. Gener. et Spec. Plant. æquin.*, tab. 242), croît sur les rives du fleuve des Amazones, dans la province de Jaen de Bracamoros. Elle se rapproche de l'*Echites hirsuta* de Ruiz et Pavon, qui, selon Kunth, est probablement une espèce de *Prestonia*.

Scopoli avait établi sous le nom de *Prestonia*, un genre de Malvacées qui se rapporte au *Pavonia* de Cavanilles. *V.* PAVONIE. (G..N.)

PRESTRA OU PRESTRE. POIS. *V.* JOËL au mot ATHÉRINE. Syn. vulgaires d'Eperlans, etc. (B.)

* PRETENOMUS. INS. Genre de Charansonite. *V.* RHYNCHOPHORES. (G.)

PRÊTRE. ZOOL. Plusieurs Bêtes portent ce nom dans diverses classes ; tels sont les Agrions parmi les Insectes, le Bouvreuil entre les Oiseaux, etc. (B.)

* PRETREA. BOT. PHAN. Sous ce nom, Gay (Ann. des Sc. nat., avril 1824) a indiqué la formation d'un nouveau genre intermédiaire entre le *Sesamum* et le *Josephinia*, il a pour type le *Martynia Zanguebarica* de Loureiro. Aucun travail n'ayant été publié ultérieurement sur ce genre, nous en ignorons les caractères essentiels. (G..N.)

* PRÉTROT. OIS. Syn. vulgaire du Rossignol de muraille. *V.* SYLVIE. (DR..Z.)

PRÉVAT. BOT. CRYPT. Paulet appelle ainsi génériquement neuf espèces d'Agarics dont la saveur est poivrée. Il y a évidemment une faute dans l'orthographe de ce mot qui doit être le *Pevrat* des jargons du Midi, signifiant poivré, et désignant les mêmes Champignons. (B.)

* PREVOSTEA. BOT. PHAN. Dans les Annales des Sciences naturelles, T. IV, p. 497, Choisy a imposé cette dénomination générique au genre *Dufourea* de Kunth, parce qu'il existait déjà deux genres de ce dernier nom dédiés au savant naturaliste Léon Dufour. Les descriptions du *Dufourea* de Kunth, et des espèces qui le composent, ont été exposées à l'article DUFOURÉE. *V.* ce mot. (G..N.)

PREVOTIA. BOT. PHAN. Adanson a désigné sous ce nom le genre *Cerastium* de Linné. *V.* CERAISTE. (G..N.)

PREYER, PRIER, PRUYER. OIS. Le Proyer anciennement et encore en divers cantons de la France. (DR..Z.)

PRIACANTHE. *Priacanthus.* POIS. Les Poissons de ce genre, qui appartiennent à la famille des Percoïdes, dans l'ordre des Acanthoptérygiens, et qui sont de la tribu des Sparoïdes, ont le corps couvert d'écailles rudes jusqu'au bout du museau; la mâchoire inférieure plus avancée; la bouche obliquement dirigée vers le haut; les dents faisant la carde ou le velours, et sans inégalités. Leur caractère particulier consiste en un préopercule dentelé, et terminé par le bas par une épine elle-même dentelée. L'*Anthias macrophthalmus* de Bloch, pl. 519, Poisson du Japon, et l'*Anthias Boops* de Schneider, pl. 508, étaient les deux espèces de Priacanthes connues jusqu'à l'époque où Desmarest en a décrit une nouvelle originaire des mers de l'île de Cuba, et qu'on trouvera figurée dans les planches de notre Dictionnaire sous le nom de Priacanthe de Lacépède, *Priacanthus Cespedianus.* (B.)

* PRIAM. *Priamus.* INS. L'une des plus belles espèces de Papillons de la division des Chevaliers troyens de Linné. (B.)

PRIAPÉE. BOT. PHAN. L'un des noms vulgaires du *Nicotiana rustica*, L. (B.)

PRIAPE DE MER. Quelques anciens naturalistes ont donné ce nom à des Holothuries, à des Alcyons, ainsi qu'à des Véritilles. *V.* tous ces mots. (E. D..L.)

PRIAPOLITHES. FOSS. Quelques auteurs ont donné ce nom à des espèces d'Alcyons fossiles percés par une extrémité. *V.* ALCYON. (A. R.)

PRIAPULE. *Priapulus.* ÉCHIN. Genre de l'ordre des Échinodermes sans pieds, ayant pour caractères: corps allongé, cylindracé, nu, annelé transversalement à l'extrémité antérieure-glandiforme, presque en massue, striée longitudinalement, rétractile; bouche terminale, orbiculaire, munie de dents cornées à son orifice; anus à l'extrémité postérieure; un filament papillifère sortant près de l'anus. Ce genre ne renferme qu'une espèce que l'on avait rangée parmi les Holothuries, mais qui s'en distingue éminemment par le défaut de petits pieds rétractiles. Elle se trouve dans la mer du Nord; sa longueur varie de deux à six pouces; son corps est cylindrique, marqué transversalement de rides annulaires, profondes, terminé en avant par une masse elliptique, légèrement ridée en longueur, percée de la bouche et en arrière de l'anus d'où sort un gros faisceau de filamens qui, suivant Cuvier, pourraient être des organes de la génération, et que Lamarck croit destinés pour la respiration. L'intérieur de la bouche est garni d'un grand nombre de dents cornées très-aiguës, placées en quinconce et dirigées en arrière; l'intestin va droit de la bouche à l'anus: le système musculaire ressemble à celui des Holothuries. (E. D..L.)

* PRIAPUS. BOT. CRYPT. Rafinesque a donné ce nom à un genre de Champignons qui présente, dit-il, la forme

du genre *Phallus* et la fructification des *Hydnum*. La seule espèce de ce genre croît aux Etats-Unis. (AD. B.)

* PRICKA. POIS. *V.* PETROMYZON.

PRIER. OIS. *V.* PREYER.

* PRIESTLEYA. BOT. PHAN. Genre de la famille des Légumineuses, et de la Diadelphie Décandrie, L., établi par De Candolle (Mém. sur les Légumineuses, p. 190, et *Prodrom. Syst. veget.*, 2, p. 121) qui l'a ainsi caractérisé : calice à cinq lobes presque égaux; corolle glabre, ayant l'étendard presque arrondi, brièvement stipité, les ailes obtuses, presque en forme de faulx; le dos de la carène courbe et convexe; étamines diadelphes; style filiforme, surmonté d'un stigmate capité, quelquefois muni postérieurement d'une dent aiguë; gousse sessile, plane, comprimée, ovale-oblongue, apiculée par le style, et renfermant quatre à six graines. Ce genre tient le milieu entre le *Borbonia* et le *Liparia*. Son auteur l'a composé d'espèces que Linné et Thunberg avaient placées dans ces deux genres. Elles sont au nombre de quinze, toutes indigènes du cap de Bonne-Espérance. De Candolle les a distribuées en deux sections auxquelles il a imposé les noms d'*Eisothea* et d'*Aneisothea*. La première est caractérisée par la forme du calice dont la base est repoussée en dedans comme le fond d'une bouteille. La seconde a le calice conoïde ou aminci à la base à la manière ordinaire. Les *Priestleya myrtifolia* et *lævigata*, De Cand., *loc. cit.*, tab. 29 et 30, sont des exemples de la première section. Le *Priestleya axillaris*, De Cand., *loc. cit.*, tab. 32, ou *Borbonia axillaris*, Lamk., et le *Priestleya elliptica*, De Cand., tab. 43, peuvent être citées comme types de la seconde section. Ces Plantes sont des Arbrisseaux à feuilles simples, entières, dépourvues de stipules, et à fleurs jaunes et disposées en capitules. (G..N.)

* PRIEURÉE. *Prieurea*. BOT. PHAN. Genre nouveau de la famille des Onagraires, et de la Triandrie Monogynie, L., établi par De Candolle (*Prodr. Syst. veget.*, 3, p. 58) qui l'a ainsi caractérisé : calice dont le tube est cylindrique, allongé, adhérent à l'ovaire; le limbe profondément découpé en trois folioles lancéolées, aiguës, persistantes; corolle à trois pétales petits; trois étamines alternes avec les lobes du calice, à filets grêles et courts; style court; semences très-petites. Ce genre est placé à la suite du *Jussiœa* dont il diffère surtout par le nombre des parties de la fleur. Il est fondé sur une espèce qui a été découverte au Sénégal par Le Prieur, pharmacien de la marine, auquel le professeur De Candolle a dédié le genre. Cette Plante (*Prieurea senegalensis*, D. C., *loc. cit.*, et Collect. Mém., 3, t. 2) est une herbe glabre, rameuse, couchée, d'une couleur obscure rougeâtre, ayant le port du *Jussiœa ramulosa*. Ses feuilles sont alternes, linéaires, aiguës et entières. Ses fleurs sont brièvement pédicellées et solitaires dans les aisselles des feuilles. (G..N.)

PRIMEVÈRE. *Primula*. BOT. PHAN. Aussi appelé vulgairement *Primerole*. Genre de la Pentandrie Monogynie, L., formant le type de la famille des Primulacées, et qu'on distingue aux caractères suivans : le calice est monosépale, persistant, cylindrique ou vésiculeux, à cinq dents; la corolle est monopétale, régulière, hypocratériforme, ayant son tube cylindracé, variable en longueur, nu à son sommet; son limbe plan à cinq divisions, et ses cinq étamines incluses, à filamens très-courts, insérées à la partie supérieure du tube. L'ovaire est libre, appliqué sur un disque hypogyne et annulaire; il offre une seule loge contenant un très-grand nombre d'ovules, attachés à un trophosperme central. Le style est simple, terminé par un stigmate globuleux ou un peu déprimé. Le fruit est une capsule uniloculaire, s'ouvrant par son sommet au moyen de cinq ou dix dents qui sont autant de valves incomplètes. Les espèces de ce genre sont fort nombreuses. On en compte plus de soixante qui sont surtout très-communes dans les lieux montueux de l'Europe et de l'Asie. On n'en trouve aucune ni dans l'Amérique méridionale, ni à la Nouvelle-Hollande. Ce sont en général des Plantes herbacées et vivaces, ayant leurs feuilles toutes radicales; des fleurs portées sur une hampe simple ou pédoncule radical et disposées en sertule ou ombelle simple. Parmi ces espèces, quelques-unes sont extrêmement communes dans presque toutes les parties de la France et leurs fleurs s'épanouissent dès le premier printemps : de-là le nom de *Primevère* qui leur a été donné; telles sont les *Primula veris*, *P. elatior* et *P. grandiflora*, qu'on voit fleurir partout dans nos bois dès les premiers jours du printemps. Un assez grand nombre d'espèces de ce genre sont cultivées dans les jardins où elles font un très-bel effet par la variété des couleurs de leurs fleurs. Parmi ces espèces, il n'en est pas de plus célèbre que la *Primula auricula*, L., connue sous le nom vulgaire d'*Oreille d'Ours*. Originaire de nos Alpes, cette espèce, cultivée dans les jardins, y a produit un très-grand nombre de variétés dont quelques-unes sont extrêmement recherchées par les amateurs de fleurs. Les plus estimées sont celles dont les fleurs bien veloutées sont, ou d'un bleu pourpre liséré de blanc, ou brun foncé, brun olive, orangé, etc. On les multiplie en général par le moyen des graines, ou on éclate les vieux pieds. Une seconde espèce est la Primevère à feuilles de Cortuse, *Primula cortusoides*, L. Elle est originaire du nord de l'Europe, et on la voit dans les jardins de quelques amateurs. Depuis un petit nombre d'années, on cultive deux autres espèces, fort remarquables l'une et l'autre. Ce sont les *Primula Palinuri*, Tenore, et *Primula sinensis*, Lindley. La première est une belle espèce originaire du royaume de Naples. Elle a beaucoup de rapports avec la *Primula auricula*, dont elle diffère par ses fleurs complétement jaunes, ses feuilles très-glauques et offrant des dents très-aiguës dans leur contour. La seconde est une des plus jolies Plantes d'agrément que nous ayons introduites dans nos jardins. Elle est originaire de Chine. Elle a été décrite et publiée pour la première fois par Lindley dans ses *Collectanea botanica*, T. VII. Ses feuilles sont étalées, échancrées en cœur, et pétiolées, découpées en lobes assez profonds et bidentés, légèrement velues, ainsi que la hampe qui se termine par une sertule de fleurs roses à gorge jaune, très-grandes et très-nombreuses. Cette espèce commence à se répandre dans les jardins. On la multiplie de graines. (A. R.)

* PRIMNO. CRUST. Nom donné par Rafinesque à un genre dont nous ne connaissons pas les caractères. (G.)

* PRIMNOA. POLYP. Genre de l'ordre des Gorgoniées dans la division des Polypiers flexibles, ayant pour caractères : Polypier dendroïde, dichotome; mamelons allongés, pyriformes ou coniques, pendans, imbriqués et couverts d'écailles également imbriquées. Tous les auteurs ont laissé parmi les Gorgones le Polypier appelé *Primnoa* par Lamouroux, que la forme bien particulière de ses cellules a déterminé à regarder comme un genre distinct. Aucune Gorgone en effet n'a ses cellules conformées d'une façon aussi singulière; elles sont dirigées en bas, pendantes comme des stalactites, rétrécies à leur base, ovalaires, assez volumineuses, et couvertes à l'extérieur d'écailles anguleuses, imbriquées. Nous doutons néanmoins que Lamouroux ait été bien fondé à regarder ces cellules écailleuses comme le corps desséché des Polypes. Cette supposition, fondée sans doute sur l'idée qu'il s'était faite que les cellules de toutes les Gorgones faisaient partie constituante du corps de leurs Polypes, ne nous paraît pas s'accorder avec ce que

l'observation apprend de ces Animaux.

L'axe du *Primnoa sepadifera* est solide, blanchâtre, presque pierreux dans la tige et les branches principales, corné et flexible dans les rameaux; ceux-ci sont nombreux, dichotomes ou irréguliers; l'écorce peu épaisse est de couleur blanc sale ou jaunâtre. Cette espèce se trouve sur les côtes de la Norvège. (E. D..L.)

PRIMULA. BOT. PHAN. *V.* PRIMEVÈRE.

PRIMULACÉES. *Primulaceæ.* BOT. PHAN. Cette famille, ainsi nommée par Ventenat, est la même que celle que Jussieu avait désignée sous le nom de Lysimachiées. Celui de Primulacées, quoique moins ancien, a néanmoins été plus généralement adopté. Ce sont des Plantes généralement herbacées et vivaces, ayant des feuilles simples, opposées ou verticillées, plus rarement alternes, quelquefois toutes radicales. Les fleurs sont composées d'un calice monosépale persistant, à cinq dents ou cinq divisions plus ou moins profondes; une corolle monopétale régulière, de forme variée, hypogyne, donnant attache à cinq étamines, très-rarement monadelphes par leur base, mais constamment opposées aux lobes de la corolle; les anthères, qui sont à deux loges, s'ouvrent chacune par un sillon longitudinal. L'ovaire est libre, globuleux ou ovoïde, placé sur un disque hypogyne et annulaire; il présente une seule loge, dans laquelle un grand nombre d'ovules sont attachées à un trophosperme central, basilaire et globuleux. Le style est constamment simple, terminé par un stigmate indivis. Le fruit est une capsule recouverte par le calice persistant, à une seule loge contenant un grand nombre de graines anguleuses, fixées à un trophosperme basilaire et central. Cette capsule s'ouvre soit en cinq valves, soit par son sommet seulement en cinq ou six dents, soit en boîte à savonnette (pyxide). Les graines se composent d'un double tégument recouvrant un endosperme charnu, dans lequel un embryon presque cylindrique se trouve placé transversalement au hile. Les genres principaux de cette famille sont: *Primula*, L.; *Androsace*, L.; *Cortusa*, L.; *Soldanella*, L.; *Dodecatheon*, L.; *Cyclamen*, L.; *Anagallis*, L.; *Lysimachia*, L.; *Centunculus*, L.; *Hottonia*, L.; *Coris*, L.; *Euparea*, Gaertn.; *Pelleteria*, St.-Hil.; *Trientalis*, L. Les caractères essentiels de cette famille, qui la distinguent vraiment des autres familles monopétales et hypogynes, consistent surtout dans les étamines opposées aux lobes de la corolle et l'ovaire uniloculaire, avec un trophosperme central. Ces caractères se retrouvant aussi dans le genre *Samolus*, presque tous les botanistes le placent à la suite des Primulacées, bien qu'il ait son ovaire adhérent avec le calice. Le genre *Glaux*, placé par Jussieu dans les Salicariées, a été réuni, par Auguste de Saint-Hilaire, aux Primulacées, malgré l'absence de la corolle. D'un autre côté, on a retiré des Primulacées plusieurs genres qui y avaient été associés. Ainsi le genre *Globularia* forme la famille des Globulariées; les genres *Utricularia* et *Pinguicula*, celle des Lentibulariées. (*V.* ces mots.) Le genre *Nymphoides* de Tournefort ou *Villarsia* de Gmelin a été transporté dans les Gentianées; le *Tozzia* et le *Conobæa* aux Antirrhinées. *V.* ces différens mots. (A. R.)

PRINCARD, PRINCHARD. OIS. Syn. vulgaires du Pinson. *V.* GROS-BEC. (DR..Z.)

PRINCE. INS. L'un des noms vulgaires de l'Argyne Collier argenté, espèce de Papillon nacré. (B.)

* PRINCE-RÉGENT. OIS. Les Anglais établis à la Nouvelle-Hollande donnèrent ce nom à une magnifique espèce d'Oiseaux qu'ils découvrirent dans les environs de Port-Macquarie, dans la partie nord de la Nouvelle-Galles du sud. Cet Oiseau, que Lewin figura sous le nom de *Meliphaga chry-*

socephala, ou *King's honey sucker*, a été nommé ainsi en l'honneur du roi actuel de la Grande-Bretagne, alors prince régent, bien que le capitaine King ait prétendu, dans ces derniers temps, que ce nom rappelât celui de son père, alors gouverneur de la Colonie. Quoi qu'il en soit, le Prince-Régent est un des plus beaux Oiseaux connus, et nous en avons offert un bel individu au Muséum. Le mâle est figuré sous le nom d'*Oriolus Regens* dans la Zoologie de l'Uranie par Quoy et Gaimard, p. 22, et par Temminck, pl. 320. Swainson en a fait le genre Séricule, *Sericulus*, et la femelle, avant nous inconnue, est figurée dans notre atlas sous le nom de *Sericulus Regens*. *V*. SÉRICULE. (LESS.)

* PRINCESSE. POIS. Syn. de Vagabond, espèce du genre Chœtodon. *V*. ce mot. (B.)

PRINCESSE. MOLL. L'un des noms marchands du *Turbo marmoratus*, L. *V*. SABOT. (B.)

* PRINCESSE. BOT. PHAN. Espèce du genre Passiflore. *V*. ce mot. (B.)

PRINCHARD. OIS. *V*. PRINCARD.

* PRINCIPE. MICR. Espèce du genre Monade. *V*. ce mot. (B.)

* PRINIA. OIS. Horsfield a créé le genre *Prinia*, dans son Catalogue systématique des Oiseaux de Java, pour un Oiseau de l'ordre des Passereaux ténuirostres de la famille des Cynnirîdées. Le genre *Certhia* de Linné et de Latham a, dans ces derniers temps, reçu des naturalistes des modifications nombreuses, et se trouve divisé aujourd'hui en un grand nombre de genres, qui sont les *Tichodroma*, *Nectarinia*, *Furnarius*, *Dicæum*, *Mellitreptus*, *Climacteris*, *Cinnyris*, *Pomatorhinus*, *Orthotomus*, *Myzantha*, *Anthochæra*, *Tropidorhyncus*, *Sericulus* et *Psophodes*. Le genre *Prinia* a pour caractères d'avoir : un bec médiocre, droit, élargi à la base, atténué un peu au-delà des narines, robuste à la pointe. La mandibule droite à la base, légèrement recourbée vers le sommet; l'arête est carénée entre les narines, puis arrondie, et légèrement échancrée à sa pointe. Mandibule inférieure droite, légèrement recourbée. Narines basales, grandes, oblongues, à moitié recouvertes d'une membrane. Les ailes sont arrondies; la queue longue, cunéiforme; les pieds allongés; le doigt du milieu plus grand, soudé à la base à l'extérieur. Les caractères essentiels de ce genre, qui se rapproche beaucoup du *Pomatorhinus*, sont les narines à moitié recouvertes et des tarses allongés. Une seule espèce nouvelle lui appartient; c'est le *Prinia familiaris* qui n'est connu que par cette courte phrase : olivâtre fauve; abdomen jaune; gorge et poitrine, ainsi que deux bandes sur les ailes, blanches; queue bordée d'un liséré blanc, surmontée d'une raie fauve. Longueur cinq pouces. Le nom de *Prinia* est emprunté de la langue javanaise, patrie de cet Oiseau, où il est ainsi nommé vulgairement.

Le genre Orthotome, *Orthotomus*, Horsf., est très-voisin du *Prinia*; il ne renferme aussi qu'une espèce, qui est le Chiglet des Javans. *V*. le mot ORTHOTOMUS au Supplément. (LESS.)

PRINOS. BOT. PHAN. Genre de la famille des Célastrinées, extrêmement rapproché du genre *Ilex* dont il ne diffère, selon De Candolle (*Prod. Syst. Veget.*, 2, p. 16), que par ses fleurs dioïques par avortement ou polygames, à six divisions, à six étamines, et par ses fruits à six noyaux (*V*., pour le reste des détails de l'organisation florale, l'article HOUX). Adanson donnait à ce genre le nom d'*Ageria*, et Mœnch a constitué son genre *Winterlia* sur le *Prinos glaber*, L. Les Prinos sont des Arbrisseaux à feuilles caduques ou persistantes, et à fleurs portées sur des pédicelles axillaires. De Candolle (*loc. cit.*) a distribué les treize espèces connues jusqu'à ce jour en trois sections, qu'il a nommées *Prinoides*, *Ageria* et *Winterlia*. Elles sont caractérisées, d'après les fleurs, à quatre ou cinq divisions dans la première, à six divisions et à feuilles caduques dans la seconde, à six divisions et à feuilles persistantes dans la troisième. La plupart des Plantes qui composent ces sections sont indigènes de l'Amérique septentrionale. La principale espèce (*Prinos verticillatus*, L.; Duham., Arb., 1, tab. 25) a des feuilles ovales, acuminées, dentées en scie, et pubescentes en dessous; les fleurs naissent par paquets dans les aisselles des feuilles. Cette Plante croît dans les forêts humides depuis le Canada jusqu'en Virginie.

Le PRINOS ou PRINUS des anciens était l'Yeuse, et non le genre du Nouveau-Monde dont il vient d'être question et pour lequel les Dictionnaires précédens ont proposé le nom d'APALACHINE. (G..N.)

* PRINTANIÈRE. ZOOL. Espèce du genre Bergeronnette. *V.* ce mot. Geoffroy avait donné ce nom à la femelle d'un Bombyx, *Phalœna prodromaria*, Fabr. (DR..Z.)

* PRINTZIE. *Printzia.* BOT. PHAN. Genre de la famille des Synanthérées, tribu des Astérées, établi par H. Cassini, qui lui a imposé les caractères suivans : involucre composé de folioles sur deux rangées, les extérieures un peu plus petites, lancéolées, aiguës, concaves et carenées; réceptacle nu, plan et marqué de fossettes; calathide composée au centre de fleurons nombreux, réguliers et hermaphrodites, à la circonférence de demi-fleurons femelles; les corolles des fleurs centrales à cinq divisions aiguës; corolles des fleurs de la circonférence ayant le tube filiforme, le limbe en languette droite, lancéolée et tridentée au sommet; anthères peu cohérentes, munies d'un appendice au sommet, et de deux appendices à la base; style à deux branches saillantes, dressées et aiguës; ovaires oblongs, hispides, surmontés d'une aigrette fragile et brièvement plumeuse. Ce genre est voisin, selon Cassini, de l'*Olearia* de Mœnch, et du *Chiliotrichum.* La Plante qui a servi à l'établir est indigène du cap de Bonne-Espérance. Bergius (*Descript. Plant. cap. Bon. Spei*) l'a décrite sous le nom d'*Inula cernua*, dont Linné a changé le nom spécifique dans son *Mantissa Plantarum* en celui de *cœrulea.* Dans les premières éditions de son *Species Plantarum*, ce dernier botaniste l'avait nommée *Aster polifolius.* Cassini présume que le genre *Lyoidia* de Necker peut avoir pour objet la Plante dont il s'agit. (G..N.)

* PRIOCÈRE. *Priocera.* INS. Genre de l'ordre des Coléoptères, section des Pentamères, famille des Serricornes, tribu des Clairones, établi par Kirby, et auquel il donne pour caractères : labre échancré; lèvre bifide; palpes maxillaires, filiformes, de quatre articles, le dernier comprimé, oblong; les labiaux de trois articles; le dernier grand pédonculé, sécuriforme; antennes dentées en scie; corselet presque cylindrique, très-resserré; corps convexe. Ce genre, qui est très-voisin des Tilles et des Thanasimes, ne contient qu'une seule espèce propre au Brésil; Kirby lui donne le nom de PRIOCÈRE VARIÉE, *Priocera variegata.* Elle est représentée et décrite dans le T. XII, p. 479, pl. 21, fig. 7, des Transactions de la Société Linnéenne de Londres. (G.)

PRIOCÈRES. INS. (Duméril.) *V.* SERRICORNES.

* PRIODONTE. *Priodontes.* MAM. Fr. Cuvier a établi sous ce nom un genre qu'il a démembré des Tatous de l'ordre des Mammifères édentés, pour recevoir le grand Tatou de d'Azzara, *Dasypus giganteus* de G. Cuvier. *V.* TATOU. (LESS.)

PRION. *Pachyptila.* OIS. Genre de l'ordre des Palmipèdes. Caractères : bec gros, robuste, très-déprimé, très-large; mandibule supérieure renflée sur les côtés; arête distincte, terminée par un crochet comprimé; bord intérieur garni de lamelles cartilagineuses; mandibule inférieure très-déprimée, composée de deux arcs soudés à la pointe, formant dans leur intervalle une petite poche gutturale. Narines placées à la surface du bec et près de sa base, s'ouvrant par deux troncs distincts, dans un tube nasal, très-court. Trois doigts en avant, à palmures découpées; il ne paraît du pouce qu'un ongle très-court. Première rémige plus longue que les autres. C'est Lacépède qui a distingué ce genre admis par Illiger. On ne connaît guère les Prions que par ce qu'en a rapporté Forster dans la Relation du second voyage de Cook, et, d'après les observations de ce naturaliste, il y a une telle ressemblance de mœurs et d'habitudes entre ces Oiseaux et les Pétrels, que si l'on ne devait tenir compte que de cette seule considération, il faudrait aussitôt réunir et confondre les deux genres comme ils le furent primitivement.

PRION A BEC ÉTROIT, *Procellaria cœrulea*, Lath.; *Pachyptila cœrulea*, Illig. Parties supérieures d'un gris bleu, les inférieures blanches; un trait sous les yeux et une bande sur la poitrine d'un noir pur; grandes rémiges d'un cendré blanchâtre plus foncé que le dos; rectrices terminées de blanc, les latérales blanches extérieurement; bec bleu à sa base, puis jaune et terminé de noir; pieds bleus. Taille, onze pouces. De l'Océanie.

PRION A LARGE BEC, *Procellaria vittata*, L.; *Pachyptila Forsterii*, Illig. Parties supérieures d'un gris bleu, avec une bande plus foncée sur les ailes et le bas du dos; côtés de la tête blanchâtres; sourcils noirs; rémiges et extrémité des six rectrices intermédiaires d'un noir bleuâtre; parties inférieures d'un blanc bleuâtre; bec d'un gris bleu, très-large; pieds noirs. Taille, treize pouces. De l'Océanie. (DR..Z.)

PRIONE. *Prionus*. INS. Genre de l'ordre des Coléoptères, section des Tétramères, famille des Longicornes, tribu des Prioniens, établi par Geoffroy aux dépens du grand genre Cérambyx de Linné, et adopté par tous les entomologistes avec ces caractères : tête aplatie, placée dans la direction de l'axe du corps, ayant un prolongement spiniforme sous la base des mandibules. Antennes sétacées ou filiformes, souvent plus longues que le corps, ou dépassant au moins sa moitié, insérées au-devant des yeux, et composées de onze à vingt-un articles de forme très-variable. Labre très-petit, presque nul, entier, corné, cilié antérieurement. Mâchoires cornées, courtes, étroites, cylindriques, entières, obtuses et ciliées, quelquefois un peu aplaties. Palpes presque égaux entre eux; leur dernier article un peu plus grand; les maxillaires de quatre articles; les labiaux de trois. Lèvre cornée, très-courte, presque triangulaire; menton très-court, transverse. Yeux échancrés. Corps déprimé; corselet de forme variable, épineux ou dentelé sur les côtés. Écusson petit. Élytres grandes, recouvrant entièrement l'abdomen. Pates comprimées; jambes terminées par deux petites épines. Pénultième article des tarses bilobé.

Ce genre diffère de tous les genres de la tribu des Cérambycins par son labre qui est peu distinct, tandis qu'il est très-apparent dans ceux-ci. Les Spondiles ne peuvent être confondus avec lui, parce qu'ils ont le corps cylindrique et les antennes courtes et grenues; enfin les genres Thyrsie et Anacole de Latreille en diffèrent suffisamment par leurs élytres triangulaires et rétrécies en pointe. Les larves des Priones vivent dans le tronc des vieux arbres; elles diffèrent peu de celles des Cérambyx, et elles ont une tête un peu plus large que le corps, d'une consistance assez solide et armée de fortes mandibules. Ces larves se construisent une coque pour se métamorphoser. On connaît plus de cinquante espèces de Priones; en général ces Insectes sont assez grands; et c'est dans ce genre que sont les plus grands Coléoptères connus, puisque certaines espèces américaines atteignent plus de six pouces de longueur.

On n'en connaît que quatre ou cinq en Europe. On a formé plusieurs divisions pour grouper les espèces de Prione, l'étendue de cet ouvrage ne nous permet pas de les mentionner ici; nous nous contenterons de citer quelques espèces les plus remarquables de ce genre :

Le PRIONE TANNEUR, *Prionus coriarius*, Fabr., Oliv., Ent., n° 32, pl. 1, fig. 1; *Cerambyx coriarius*, L.; le Prione, Geoff., Ins. Paris. Il est long de quinze à dix-huit lignes. Il n'est pas rare dans les bois des environs de Paris.

Le PRIONE CERVICORNE, *Prionus cervicornis*, Fabr., Oliv., Ent., n° 8, pl. 2, fig. 8, etc. Long de quatre pouces et demi, assez commun à Cayenne. Sa larve vit dans le Fromager (Bombax).

Le PRIONE GÉANT, *Prionus giganteus*, Fabr., Oliv., Ent., n° 7, pl. 6, fig. 21, etc. Long de six pouces et demi. On le trouve à Cayenne. (G.)

PRIONIENS. *Prionii*. INS. Tribu de l'ordre des Coléoptères, famille des Longicornes, établie par Latreille qui lui donne pour caractères : labre nul ou très-petit. Corps généralement déprimé, avec les bords latéraux du corselet souvent tranchans, dentés ou épineux. Les mâles d'un grand nombre ont les mandibules plus fortes et les antennes pectinées en scie. Cette tribu renferme les genres Spondyle, Prione, Thyrsie et Anacole. *V*. ces mots à leur lettre ou au Supplément. (G.)

* PRIONITES. OIS. Illiger, dans son *Prodromus Mammalium* et *Avium*, a proposé ce nom pour réunir les Momots que Brisson avait depuis longtemps séparés en genre distinct sous le nom de *Momotus*, et dont Vieillot a fait depuis et sans raison son genre *Baryphonus*. Linné avait placé les Momots avec les Toucans dans le genre *Ramphastos*. Ce nom de *Prionites* vient du grec et veut dire *bec denté*. (LESS.)

PRIONITIS. BOT. PHAN. Linné, dans son *Hortus Cliffortianus*, avait donné ce nom à une Plante de la famille des Acanthacées, déjà désignée par Plumier sous le nom générique de *Barleria*. *V*. ce mot.

Le même nom a été employé par Adanson, d'après un auteur ancien, pour un genre d'Ombellifères formé sur le *Sium falcaria*, L. Ce genre a été admis seulement par Delarbre dans sa Flore d'Auvergne. (G..N.)

PRIONODERME. *Prionoderma*. INTEST. Genre de Vers intestinaux d'un ordre indéterminé, que Rudolphi avait institué (*Entoz. Hist.*) pour une espèce anomale de Vers trouvés dans l'estomac du Silure mâle. Il lui donnait pour caractères : corps aplati, plissé transversalement; bouche munie de lèvres inégales. Il a été supprimé dans le *Synopsis* du même auteur, et regardé néanmoins comme devant appartenir à l'ordre des Nématoïdes. Cuvier (Règn. Anim. T. IV) a établi sous le nom de Prionoderme un genre de Vers intestinaux qui diffère de celui de Rudolphi et qui rentre dans le genre que ce dernier a nommé *Pentastome*. *V*. ce mot. (E. D..L.)

* PRIONOPS. OIS. Vieillot a cherché à établir, sous le nom de Bagadais, *Prionops*, un genre d'Oiseaux de la famille des Pies-Grièches dans lequel il plaçait le Geoffroy de Levaillant, Af., pl. 80 et 81, et le *Manikup* de Buffon (*Pipra albifrons*), fig. enl. 707. Le Genre Prionops n'a point été adopté, et tous ses caractères sont ceux des Pies-Grièches. *V*. ce mot. (LESS.)

PRIONOTE. *Prionotus*. POIS. Lacépède, qui forma ce genre aux dépens des Trigles, lui assigna pour caractères : un corps épais, comprimé; pectorales à rayons distincts, isolés et libres; des aiguillons dentés entre les deux nageoires du dos. Cuvier pense que le genre en question n'est fondé que sur un individu mutilé où les derniers rayons épineux avaient perdu leur membrane. Cependant Bosc prétend avoir lui-même pêché ce Prionote, qui est le *Trigla evolans* de Linné, et il en donna une description assez précise pour qu'on soit autorisé à penser que ce Poisson existe. Il dit que sa tête est couverte de grandes écailles ciliées en rayons, et que ses nageoires pectorales sont très-longues et de la longueur de la moitié du corps; aussi peut-il les employer et les emploie-t-il souvent comme les Exocets pour s'élancer hors de l'eau et parcourir dans les airs d'assez grands espaces. Il n'a pas moins d'un pied de long; son corps est rougeâtre, et ses nageoires tirent au noir. (B.)

PRIONOTES. BOT. PHAN. Genre de la famille des Epacridées et de la Pentandrie Monogynie, L., établi par Rob. Brown (*Prodr. Flor. Nov.-Holl.*, p. 552), qui l'a ainsi caractérisé : calice dépourvu de bractées; corolle tubuleuse, dont l'entrée est libre et le limbe non hérissé; étamines hypogynes, dont les filets adhèrent par leur moitié au tube, et dont les anthères ont leurs cloisons complètes; cinq écailles hypogynes. Ce genre est fondé sur l'*Epacris cerinthoides* de Labillardière, *Nov.-Holl.*, 1, p. 43, tab. 59. R. Brown doute de l'exactitude du caractère que cet auteur exprime dans la figure de la capsule, caractère qui consiste dans les placentas libres et pendans du sommet. Cette structure ne se présente que dans quelques genres d'Epacridées qui ont d'ailleurs leurs feuilles engaînantes, ou laissant après leur chute des cicatrices annulaires sur les branches.

Le *Prionotes cerinthoides*, R. Br., est un Arbrisseau glabre, très-rameux, à feuilles éparses, pétiolées, dentées en scie, à fleurs grandes, pendantes, solitaires au sommet de pédoncules axillaires. Labillardière a trouvé cette Plante au cap de Van-Diémen. (G..N.)

PRIONOTI. OIS. Nom adopté par Vieillot, dans son Ornithologie élémentaire, pour désigner une famille d'Oiseaux dont les Momots sont le type. Ces *Prionoti* correspondent à notre famille des Bucéridées, qui comprend les genres Momot et Calao. (LESS.)

* PRIONURES. POIS. *V.* ACANTHURES.

* PRIRIT. OIS. Espèce du genre Gobe-Mouche. *V.* ce mot. (B.)

PRISMATOCARPE. *Prismatocarpus*. BOT. PHAN. Ce genre de la famille des Campanulacées et de la Pentandrie Monogynie, L., avait été primitivement établi par Durande, dans sa Flore de Bourgogne, sous le nom de *Legouzia*. L'Héritier, dans son *Sertum anglicum*, proposa pour ce genre le nom de *Prismatocarpus* qui, malgré l'antériorité du *Legouzia*, a été admis par De Candolle (Fl. Fr.), et qui a prévalu sur ce dernier nom. Ce genre ne diffère du *Campanula* qu'en ce qu'il a sa corolle en roue, l'ovaire et la capsule grêles, allongés, prismatiques, à deux ou trois loges qui s'ouvrent non par les côtés, mais par le sommet. Il ne renferme qu'un bien petit nombre d'espèces, dont la principale est le *Prismatocarpus Speculum*, L'Hér., ou *Campanula Speculum*, L. Cette Plante est très-commune dans les moissons; on la connaît vulgairement sous le nom de Miroir de Vénus. Sa tige est herbacée, petite, rameuse, garnie de feuilles petites, sessiles, légèrement dentées. Ses fleurs ont un aspect assez agréable; leur couleur est violette, un peu rougeâtre, et elles sont disposées au sommet et dans les aisselles supérieures des fleurs de la tige. (G..N.)

* PRISMOPHYLLIS. BOT. PHAN. Du Petit-Thouars a ainsi nommé une Orchidée de l'Ile-de-France qui, suivant la nomenclature reçue, doit porter le nom de *Cymbidium* ou *Bulbophyllum prismaticum*. (G..N.)

* PRISODON. CONCH. Schumacher, dans son Nouveau Système de Conchyliologie, a proposé ce nom pour un genre qu'il établit aux dépens des Mulettes. *V.* ce mot. (A. R.)

PRISTIGASTRE. *Pristigaster*.

POIS. Espèce et sous-genre dans le genre Clupe. *V*. ce mot. (B.)

* PRISTIN. POIS. C'est le nom que Clusius imposa à la Scie par corruption du nom que ce Squale portait chez les Grecs. On voit une figure assez bonne pour le temps du *Pristis antiquorum*, p. 288 du *Museum Wormianum*. * (LESS.)

PRISTIPHORE. *Pristiphora*. INS. Genre de l'ordre des Hyménoptères, section des Térébrans, famille des Porte-Scies, tribu des Tenthredines, établi par Latreille aux dépens du genre *Tenthredo* de Fabricius, et ayant pour caractères : antennes filiformes, de neuf articles nus et point tronqués obliquement. Labre apparent. Mandibules échancrées ou légèrement bidentées. Palpes filiformes; les maxillaires plus longs que les labiaux, de six articles; les labiaux de quatre. Lèvre trifide. Trois petits yeux lisses, disposés en triangle sur le vertex. Corselet un peu cylindrique. Ailes supérieures ayant une cellule radiale, grande, et trois cellules cubitales, la dernière atteignant l'extrémité de l'aile. Abdomen composé de huit segmens, outre l'anus; tégument supérieur du premier incisé dans son milieu; une tarière dans les femelles, ne dépassant pas l'extrémité de l'abdomen, logée pendant le repos dans une coulisse qui partage en deux le tégument inférieur de l'anus, ce même tégument entier, avec le supérieur presque nul dans les mâles. Pates de longueur moyenne; les quatre jambes postérieures dépourvues d'épine médiale. Ce genre renferme huit espèces propres à l'Europe; celle que l'on peut considérer comme type est :

La PRISTIPHORE TESTACÉE, *Pristiphora testacea*, Latr., Lep. de Saint-Farg., Mon. Tenthr., p. 59, n° 171; *Pteronus testaceus*, Jurine, p. 64, pl. 15. On la trouve aux environs de Genève. (G.)

PRISTIPOME. *Pristipomus*. POIS. Genre formé par Cuvier aux dépens des Lutjans de Bloch et de Lacépède, où le corps est comprimé, haut, avec les grandes écailles et la petite bouche des Spares; des dents en velours et le bord du préopercule dentelé. La plupart des espèces qui le composent ont le front élevé, et viennent des mers des pays chauds. Entre ces espèces, qui s'élèvent à une quinzaine, on distingue le BLANCOR de l'Ile-de-France, *Pristipomus albo-aureus* dont Lacépède faisait un Lutjan; le JUB, *Perca Juba* de Bloch, pl. 308, qui était un Spare pour le continuateur de Buffon, ainsi que les trois Poissons des côtes de Coromandel que Russel a fait connaître sous les noms de Caripe, Paikeli et Gouraca. (B.)

PRISTIS. POIS. *V*. SCIE.

PRISTOBATE. *Pristobatus*. POIS. Blainville a établi aux dépens des Raies un sous-genre qui nous occupera à l'article de ces Animaux. *V*. RAIE. (B.)

PRIVA. BOT. PHAN. Genre de la famille des Verbénacées et de la Didynamie Angiospermie, L., établi par Adanson, et adopté par Jussieu, Persoon, et tous les auteurs modernes, avec les caractères essentiels suivans : calice ventru, à cinq dents; corolle dont le tube est cylindracé, le limbe quinquéfide, plan, inégal, resserré à la gorge; quatre étamines didynames, incluses; stigmate latéral; drupe sèche, couverte par le calice renflé, quadriloculaire, bipartite, à loges monospermes. A ce genre se rapportent plusieurs autres établis sous différens noms par quelques auteurs. Ainsi le *Phryma* de Forskahl est synonyme du *Priva dentata*, Juss.; le *Castelia* de Cavanilles se rapporte au *Priva lœvis*, Juss.; le *Tamonea lappulacea* de Poiret au *Priva lappulacea*, Pers.; le *Streptium* et le *Tortula* de Roxburgh au *P. leptostachya*, Juss.; le *Blairia* de Houston et de Mœnch à diverses espèces de *Priva*. Linné confondait celles-ci parmi les *Verbena*, et Lamarck les avait réunies aux *Zapania*. Ces Plantes sont des Herbes presque dichotomes, hérissées de poils rudes et à feuilles opposées. Leurs fleurs, presque sessiles et accompagnées de bractées, sont disposées en épis terminaux et axillaires. Le *Priva dentata*, qui paraît devoir former le type du genre, croît en Arabie. Les autres espèces, au nombre de quatre à cinq, ont été trouvées au Mexique. (G..N.)

PRO-ABEILLE. INS. Ce nom a été donné par Degéer et Réaumur aux Hyménoptères de la tribu des Andrenètes. *V.* ce mot. (G.)

PROBOSCIDE. *Proboscidea.* INTEST. Genre établi par Bruguière (Encycl. méth.), et adopté par quelques auteurs; il y comprenait cinq à six espèces que Rudolphi a réparties dans les genres Ascaride, Ophiostome, Liorhynque et Échinorhynque. *V.* ces mots. (E. D..L.)

PROBOSCIDEA. BOT. PHAN. Sous ce nom Schmiedel, Mœnch et Medicus ont formé un genre qui a été réuni au *Martynia*, L. *V.* ce mot. (G..N.)

PROBOSCIDÉS. *Proboscidea.* INS. Latreille désignait ainsi (*Gen. Crust. et Ins.*, et Consid. sur l'ordre naturel des Crust. Arach. et Ins.) sa première section de l'ordre des Diptères. Actuellement cette section existe dans ses Familles naturelles, mais sans dénomination. *V.* DIPTÈRES. (G.)

* PROBOSCIDIA. BOT. PHAN. De Candolle, dans son *Prodromus*, cite ce mot comme nom générique d'une Mélastomacée de l'Herbier de Richard, laquelle fait partie du nouveau genre *Rhynchanthera*. *V.* ce mot. (G..N.)

PROBOSCIDIENS. MAM. *V.* PACHYDERMES.

* PROBOSKIDIE. *Proboskidia.* MICR. Genre de la famille des Brachionides de l'ordre des Crustodes, et de la division de ceux qui ont leur test univalve. Ce test est arrondi, n'étant échancré ou denté en aucune partie de son limbe, sous lequel le corps, terminé par une queue obtuse et muni de deux appendices cirreux et latéraux, n'occupe guère que le centre. Les rotatoires très-complets, lorsque l'Animal les développe entièrement, s'allongent en forme de petites trompes ou de cornets coniques, dont le sommet est à l'insertion et la base ouverte en dehors, où les cirres vibratiles semblent garnir le pourtour d'une ventouse. Ce genre a de grands rapports avec les Argules; il n'y manque guère que des yeux pour établir l'identité. Il est voisin des Testudinelles. *V.* ce mot. La seule espèce de Proboskidie qui nous soit encore connue est un petit Animalcule des eaux douces, *Brachionus Patina* de Müller, *Inf.*, tab. 48, fig. 6-10; Encyclop., Vers., pl. 27, fig. 15-16. On le rencontre fréquemment parmi les Lenticules, où le microscope le fait reconnaître, toujours agité, et le plus brillant des Crustodés. *V.* les planches de ce Dictionnaire. (B.)

PROCELLAIRE. OIS. L'un des noms du Goëland à manteau noir, jeune. *V.* MOUETTE. (DR..Z.)

PROCELLARIA. OIS. *V.* PÉTREL.

PROCÉPHALES. *Procephala.* MOLL. Tel est le nom que Latreille a donné à la première famille de son ordre des Magaplexigiens, appartenant aux Ptéropodes. Cette famille, caractérisée par une tête distincte, par les branchies qui font partie des nageoires, et par la coquille qui n'a qu'une seule ouverture, est partagée en deux sections : la première, qui a pour type le genre Atlante, dont la coquille est tournée en spirale, et la seconde pour ceux qui n'ont point de coquille ou qui ne l'ont point en spirale; tels sont les genres Clio, Léodoxe et Cymbulie. Le genre Hyale, qui semblerait devoir naturellement entrer dans cette dernière section, en est rejeté pour former à lui seul la famille des Exyphocéphales. Nous renvoyons à PTÉROPODES, où nous discuterons cette opinion de Latreille. (D..H.)

* PROCÉRATE. *Procerata.* INS. Nous trouvons ce genre mentionné

par Latreille, dans son ouvrage sur les Familles naturelles du règne animal; il fait partie de l'ordre des Lépidoptères, famille des Nocturnes, tribu des Tordeuses, et a été formé avec le *Pyralis soldana* des auteurs. Ses caractères nous sont inconnus. (G.)

* PROCÈRE. *Procerus*. INS. Genre de l'ordre des Coléoptères, section des Pentamères, famille des Carnassiers, tribu des Carabiques, appartenant à la division des Abdominaux de Latreille, et établi par Megerle aux dépens du genre Carabe de Latreille. Ce genre a été adopté dans ces derniers temps, et Dejean, dans la Description des Coléoptères de sa collection, le caractérise ainsi : tarses semblables dans les deux sexes; dernier article des palpes très-fortement sécuriforme et plus dilaté dans les mâles. Antennes filiformes. Lèvre supérieure bilobée. Mandibules légèrement arquées, très-aiguës, lisses, et n'ayant qu'une dent à leur base. Une très-forte dent au milieu de l'échancrure du menton. Corselet presque cordiforme. Élytres en ovale allongé. Ce genre diffère surtout des Carabes proprement dits, parce que ceux-ci ont les tarses antérieurs dilatés chez les mâles; ce sont les géans des Carabiques européens, dit Dejean. Ils paraissent habiter exclusivement les montagnes et les forêts de la Carniole, de l'Illyrie, de la Turquie d'Europe, des parties de la Hongrie qui en sont voisines, de la Russie méridionale, du Caucase et de l'Asie-Mineure. On connaît quatre espèces de ce genre; la plus commune est :

Le PROCÈRE SCABREUX, *Procerus scabrosus*, Dej., Spec. de Col. T. II, p. 23; *Carabus scabrosus*, Fabr., Latr.; *Carabus gigas*, Creutzer, Ent. Vers., 1, p. 107, nº 1, tab. 2, fig. 13. Il atteint jusqu'à plus de deux pouces de longueur, et il est tout noir. On le trouve dans les montagnes de la Carniole, dans les bois et sous les feuilles sèches. Le *Procerus Olivieri* de Dejean, *Carabus scabrosus* d'Olivier (Ent., nº 7, tab. 7, fig. 83), est aussi grand que le précédent; il est d'un beau bleu foncé tirant sur le violet. On le trouve aux environs de Constantinople. (G.)

PROCESSE. *Processa*. CRUST. Nom donné par Leach au genre que Latreille a nommé Nika. *V.* ce mot. (G.)

PROCESSIONNAIRES. INS. Réaumur donne cette épithète aux chenilles des Bombyx, *Processionnea* et *Pithyocampa* des auteurs. *V.* BOMBYCE. (B.)

* PROCHETON. BOT. PHAN. L'un des noms du Tussilage. (B.)

* PROCHILE. *Prochilus*. POIS. Sous-genre de Perche. *V.* ce mot. (B.)

PROCHILUS. MAM. Illiger créa sous ce nom un genre destiné à recevoir l'Animal connu alors sous le nom d'Ours paresseux. Mais Illiger avait été trompé par l'évulsion complète des dents de l'Animal en captivité qu'il avait sous les yeux, et Blainville reconnut le premier que le genre *Prochilus* devait être supprimé, et que l'Ours paresseux était un véritable *Ursus*, bien que Meyer en eût fait un *Melursus* ou Ours-Blaireau, et Fischer un *Chrondorhynchus*. Dans ces derniers temps Horsfield a formé le genre *Helarctos* (*V.* ce mot au Supplément) pour recevoir plusieurs espèces d'Ours des régions équatoriales, et notamment le *Prochilus* ou *Ursus labiatus* de Blainville. *V.* OURS. (LESS.)

PRO-CIGALE. INS. Réaumur et Geoffroy désignent ainsi les Insectes qui forment les genres Tettigone et Membracis. *V.* ces mots. (G.)

* PROCKIE. *Prockia*. BOT. PHAN. Genre placé à la suite des Rosacées, mais réuni par notre collaborateur Kunth à sa nouvelle famille des Bixinées, et qui peut être caractérisé de la manière suivante : son calice est persistant, à trois ou cinq divisions profondes, incombantes latéralement; il n'y a pas de corolle; les

étamines sont extrêmement nombreuses, libres, attachées sous l'ovaire et y formant plusieurs rangées; leurs filets sont grêles, et leurs anthères sont presque globuleuses, à deux loges, s'ouvrant chacune par un sillon longitudinal. L'ovaire est libre, ovoïde, rétréci à sa base, offrant une seule loge dans laquelle un grand nombre d'ovules sont attachés à trois trophospermes pariétaux. Le style, quelquefois assez long, d'autres fois très-court, se termine en général par un stigmate entier. Le fruit est charnu, indéhiscent, à une seule loge, et contient un nombre très-variable de graines. Celles-ci ont un embryon légèrement recourbé dans un endosperme charnu, très-mince. Ce genre se compose d'environ cinq ou six espèces; ce sont des Arbrisseaux à feuilles alternes, simples, munies d'une ou de deux stipules à leur base; les fleurs sont de grandeur moyenne, pédonculées et axillaires. L'espèce type de ce genre est le *Prockia Crucis*, L., qui vient de l'île de Sainte-Croix. Cette espèce, par ses feuilles minces, dentées en scie, cordiformes, son style grêle et allongé, ses deux stipules opposées, me paraît génériquement différente des autres espèces, telles que *Prockia serrata*, *integrifolia*, *theæformis*, qui sont ou de l'Inde, ou des îles australes d'Afrique, et qui n'ont qu'une seule stipule très-caduque et roulée comme celle des Figuiers, dont le style est excessivement court. Peut-être faudrait-il les séparer sous un nouveau nom générique. (A. R.)

PROCNIAS. OIS. Genre de l'ordre des Insectivores. Caractères : bec plus large que le front, dur, robuste, dilaté sur les côtés, déprimé au centre, mais très-comprimé vers la pointe qui est un peu échancrée; arête faiblement élevée à la base. Narines placées près du front, à la partie supérieure du bec, un peu tubulaires, bordées par un cercle membraneux. Tarse plus long que le doigt intermédiaire; quatre doigts : trois en avant, soudés à la base, les latéraux égaux; un pouce libre. Première, deuxième et troisième rémiges presque égales et plus longues que les autres. Le genre Procné est un démembrement du genre Cotinga; il a été proposé par Illiger et adopté par la plupart des méthodistes. Du reste l'*habitus* des Procnias paraît en tout semblable à celui des Cotingas, originaires comme eux de l'Amérique méridionale.

PROCNIAS TERSINE, *Procnias ventralis*, Illig., Temm., Ois. color., pl. 5. Tête, cou, dos, tectrices alaires, poitrine et flancs d'un bleu céleste, changeant en aigue-marine; rémiges et rectrices noires, bordées extérieurement de bleuâtre; lorum, auréole des yeux, bec et pieds noirs; ventre et abdomen blancs, finement rayés de bleu. Taille, six pouces. La femelle (*Hirundo viridis*, Temm.) a le plumage d'un vert tendre, et brillant où le mâle l'a bleu; la gorge grise, variée de cendré-verdâtre. Du Brésil. *V.* AVERANO. (DR..Z.)

* PROCONIE. *Proconia*. INS. Genre de l'ordre des Hémiptères, section des Homoptères, famille des Cicadaires, tribu des Cicadelles, établi par Lepelletier de Saint-Fargeau et Serville, dans l'Encyclopédie méthodique, aux dépens du genre Tettigone, et auquel ces entomologistes donnent pour caractères : antennes ayant leur premier article plus gros que le second, un peu dilaté extérieurement; le second cylindrique; le troisième peu épais à sa base, terminé par une soie fort longue. Tête plus longue que large, triangulaire, aussi longue que le corselet. Yeux grands, saillans, débordant de beaucoup le derrière de la tête. Corselet point dilaté latéralement, rhomboïdal; son bord postérieur échancré vis-à-vis de l'écusson; les latéraux formant chacun un angle. Ecusson triangulaire, sa base sinueuse. Elytres presque linéaires. Jambes postérieures légèrement arquées. Premier article des tarses presque aussi long

que les deux autres réunis. Ce genre diffère des Tettigones, parce que ceux-ci ont les deux premiers articles des antennes petits et égaux entre eux, et la tête transversale. Il diffère des autres genres voisins par des caractères de même valeur. Toutes les espèces de ce genre sont étrangères à l'Europe; elles habitent les climats chauds. Les auteurs de ce genre l'ont divisé en deux sections ainsi qu'il suit :

† Corselet portant dans son milieu un appendice relevé en forme de crête.

La PROCONIE A CRÊTE, *Proconia cristata*, Lep. de St.-Farg. et Serv., *loc. cit.*; *Cicada cristata*, Fabr. De Cayenne.

†† Corselet sans appendice.

La PROCONIE TACHETÉE, *Proconia adspersa*, Lep. de St.-Farg. et Serv.; *Cicada adspersa*, Fabr. Du Brésil. On connaît encore cinq à six autres espèces de ce genre. (G.)

PROCRIS. INS. Genre de l'ordre des Lépidoptères, famille des Crépusculaires, tribu des Zygénides, établi par Fabricius aux dépens du genre Sphynx de Linné, adopté par tous les entomologistes avec ces caractères : palpes non velus, s'élevant à peine au-delà du chaperon; antennes sans houppe à leur extrémité, simples ou garnies d'écailles peu allongées dans les femelles, bipectinées dans les mâles. Langue distincte. Ailes oblongues ciliées. Jambes postérieures terminées par deux épines très-petites. Chenilles courtes, ramassées, peu garnies de poils, se rapprochant beaucoup de la forme des chenilles Cloportes. Chrysalide renfermée dans une coque. Ces Lépidoptères forment un genre composé de très-peu d'espèces; ils se distinguent des Atychies, parce que ceux-ci ont les palpes très-velus et s'élevant notablement au-dessus du chaperon. Les Aglaopes, Glaucopides et Stygies ont les antennes bipectinées dans les deux sexes; enfin les Sésies, OEgocères, Thyrides, Zygènes et Syntomydes ont les antennes simples dans les deux sexes. La taille des Procris est moyenne. Elles ont le port des Zygènes; mais leurs ailes ne sont pas tachées de diverses couleurs comme dans celles-ci : elles sont en général d'un vert métallique ou brunes. On les trouve dans les lieux secs des bois, dans les clairières. Elles se tiennent posées sur la tige ou les feuilles des Herbes. L'espèce qui sert de type à ce genre est :

La PROCRIS DU STATICE, *Procris Staticis*, Latr., God., Hist. des Lépid. de France, T. III, p. 158, pl. 22, fig. 15; *Zygæna Staticis*, Fabr.; *Sphynx Staticis*, L.; la Turquoise, Geoff., Ins. Paris, T. II, p. 129, n° 40. Elle a neuf lignes d'envergure. Ses ailes supérieures sont d'un vert doré; les inférieures cendrées. Elle est commune dans les lieux secs et boisés des environs de Paris.

Geoffroy donnait le nom de Procris au Satyre Pamphile. *V.* SATYRE. (G.)

PROCRIS. BOT. PHAN. Genre de la famille des Urticées, extrêmement voisin des *Bœhmeria* de Swartz, et offrant des fleurs unisexuées, monoïques ou dioïques; les fleurs mâles ont un calice à quatre divisions profondes et quatre étamines; les fleurs femelles sont réunies en un chaton globuleux, et finissent par former un fruit pulpeux et rugueux, qui se compose d'un réceptacle charnu, dans lequel sont enfoncés un très-grand nombre de petits akènes indéhiscens. Les espèces de ce genre sont toutes exotiques, originaires des Antilles ou de l'archipel Indien. Ce sont en général des Plantes herbacées, vivaces, à feuilles alternes et entières. Aucune d'elles ne mérite un intérêt particulier. (A. R.)

PROCRUSTE. *Procrustes.* INS. Genre de l'ordre des Coléoptères, section des Pentamères, famille des Carnassiers, tribu des Carabiques abdominaux, établi par Bonelli, et adopté par Latreille et par tous les entomologistes. Dans l'ouvrage ayant pour titre Species des Coléoptères de la Collection du comte Dejean, cet entomologiste caractérise ainsi ce genre : les quatre premiers articles des tarses antérieurs dilatés dans les mâles, les trois premiers très-fortement, le quatrième beaucoup moins; dernier article des palpes fortement sécuriforme, et plus dilaté dans les mâles. Antennes filiformes. Lèvre supérieure trilobée. Mandibules légèrement arquées, lisses, et n'ayant qu'une dent à leur base. Une très-forte dent bifide au milieu de l'échancrure du menton; corselet cordiforme; élytres allongées. Ce genre, dit Dejean, a été établi par Bonelli sur le *Carabus coriaceus* de Fabricius. Il a les plus grands rapports avec les Carabes, et il en diffère seulement par la lèvre supérieure qui est distinctement trilobée, tandis qu'elle est bilobée dans les Carabes. Pendant long-temps on n'a connu qu'une seule espèce de ce genre; c'est Dejean qui en a fait connaître trois autres, dont deux propres à l'Europe; et la dernière trouvée dans l'île de Mytilène, et communiquée par notre ami De Cérisy, ingénieur de la marine, à qui elle a été dédiée. Nous citerons comme type du genre :

Le PROCRUSTE CORIACÉ, *Procrustes coriaceus*, Dej., Bon.; *Carabus coriaceus*, Fabr., Latr., Oliv., Entom. T. III, p. 18, fig. 35, n° 9, tab. 2, fig. 1, a, b; le Bupreste noir chagriné, Geoff. Il est long de quinze à dix-sept lignes, noir, avec les élytres couvertes de points enfoncés et irréguliers. On le trouve communément en France, en Allemagne et en Suède, dans les bois, les champs et les jardins. (G.)

PROCTOLES. POLYP.? (Rafinesque.) *V*. PHYSOON.

PROCTOTRUPE. *Proctotrupes*. INS. Genre de l'ordre des Hyménoptères, section des Térébrans, famille des Pupivores, tribu des Oxyures, établi par Latreille, et adopté par tous les entomologistes, avec ces caractères : mandibules arquées, aiguës, sans dentelures. Palpes maxillaires, beaucoup plus longs que les labiaux et pendans; composés de quatre articles inégaux; les labiaux de trois. Antennes filiformes, point coudées, presque de la longueur du corps, un peu velues dans les mâles, insérées au milieu de la face antérieure de la tête, composées de douze articles dans les deux sexes. Tête verticale, comprimée, presque carrée, les angles arrondis et lisses. Yeux ovales, entiers; trois petits yeux lisses, disposés en triangle sur le haut du front. Corps étroit, allongé. Corselet long, son premier segment court; métathorax allongé, obtus, chagriné. Ailes supérieures, ayant une cellule radiale extrêmement petite, qui, avec le point marginal, forme un triangle et émet une nervure en se dirigeant vers le disque; point d'autres cellules distinctes. Abdomen ovale, conique, lisse, comprimé, très-brièvement pédiculé, son premier segment fort grand, en forme de cloche. Anus des mâles terminé par deux valvules latérales, pointues; une tarière simple, cornée, toujours saillante, servant de conduit aux œufs, terminant le corps dans les femelles. Pates assez grandes; jambes antérieures sans échancrure. Ce genre est peu nombreux en espèces. En général elles fréquentent les Plantes, d'autres courent sur la terre. Il est probable que leurs femelles déposent leurs œufs dans le corps des larves ou des nymphes d'autres espèces. On trouve cinq à six espèces de Proctotrupe aux environs de Paris. Parmi celles-ci nous citerons comme type du genre :

Le PROCTOTRUPE PALLIPÈDE, *Proctotrupes pallipes*, Latr.; *Codrus pallipes*, Jurine, Hym., p. 309, pl. 13. Il est long de deux lignes et demie. Ses antennes et ses pates sont testacées; la tête et le thorax noirs, et l'abdomen brun. (G.)

PROCTOTRUPIENS. *Proctotrupii*. INS. Nom donné par Latreille à une famille d'Hyménoptères à laquelle il a substitué depuis celui d'Oxyures. *V*. ce mot. (B.)

* PROCYON. MAM. (Storr.) Syn. de Raton. (B.)

PRODUCTE. *Productus*. FOSS. Sowerby, dans son Histoire des Coquilles fossiles d'Angleterre, a donné ce nom à un genre de Coquilles fossiles qu'il croit voisin des Anomies, et auquel on peut assigner les caractères suivans : Coquille bivalve, inéquivalve, équilatérale, à bord presque cylindrique, à charnière linéaire, transverse, garnie dans toute sa longueur de très-petites dents sériales et intrantes comme celles des Arches ; le sommet est imperforé ; l'une des valves est convexe et l'autre concave extérieurement. Ce genre se compose d'un assez grand nombre d'espèces, observées en Angleterre et en Écosse par Sowerby. *V*. TÉRÉBRATULE. (A. R.)

PRO-GALLINSECTES. INS. Réaumur donne ce nom aux Insectes hémiptères du genre Cochenille. *V*. ce mot. (G.)

* PROGNATHE. *Prognathus*. INS. Genre de l'ordre des Coléoptères, section des Pentamères, famille des Carnassiers, tribu des Aplatis, établi par Kirby, qui lui avait donné le nom de Siagone déjà employé pour un genre de Carabiques, et auquel Latreille a substitué le nom sous lequel nous le faisons connaître aujourd'hui. Ce genre a pour caractères : tête séparée du corselet par une sorte de col ; labre entier ; palpes filiformes et subulés ; le quatrième ou dernier article des maxillaires et le troisième ou dernier des labiaux distincts. Jambes antérieures un peu dentelées ou épineuses extérieurement. Tarses ordinairement susceptibles de se replier sur la jambe, composés de cinq articles, dont le premier, qui est court, est caché par les poils de l'extrémité de la jambe, et dont le dernier est au moins aussi long que les quatre précédens réunis. Antennes de onze articles ; corps déprimé, allongé et parallélipipède. Ce genre se distingue des Coprophiles de Latreille, parce que ses antennes sont filiformes et diminuent vers l'extrémité, tandis que dans ceux-ci elles sont moniliformes et grossissent au bout. Les Osories en sont éloignés par leur corps cylindrique ; les Ziropbores par la longueur des mandibules qui est plus considérable dans ceux-ci ; et enfin les Oxytèles, par des caractères de même valeur. Ce genre ne se composait que d'une espèce propre à l'Angleterre ; mais un jeune entomologiste de Versailles, Hippolyte Blondel, a publié depuis peu dans les Annales des Sciences naturelles, T. X, p. 414, pl. 18, fig. 14 et 15, un Mémoire sur une espèce nouvelle de ce genre trouvée à Versailles. Il la nomme PROGNATHE RUFIPENNE, *Prognatus rufipennis*. Elle est longue de quatre millimètres, glabre, ponctuée, rousse ; avec la partie postérieure de la tête, du thorax et de l'abdomen noire. Il l'a trouvée sous l'écorce d'un Peuplier mort. (G.)

* PROGRESSION. ZOOL. La Progression est la faculté dont jouissent le plus grand nombre des Animaux de changer de lieu et de se déplacer à l'aide de l'appareil locomoteur, et de se transporter d'un endroit dans un autre (*V*. LOCOMOTION). Long-temps on en a fait un attribut de la vie, bien que depuis on ait reconnu que beaucoup d'êtres, classés parmi les Animaux, ne jouissaient d'aucun mouvement de Progression. Les Minéraux, formés par l'agrégation moléculaire, ne se meuvent point : s'ils avancent, cela tient à des causes locales qui ajoutent sans cesse de nouveaux matériaux sur le noyau primitif. Implantés sur le sol, les Végétaux, qui font partie des êtres animés, n'ont point de mouvement de Progression proprement dit : cependant comment définir ces mouvemens des feuilles qui s'ouvrent et s'épanouissent quelquefois pour aller chercher la lumière et les gaz qui entretiennent la vie? Comment nommer ce mouvemens des racines des Orchis, des Plantes gazonnantes envoyant par

leurs stolons des colonies qui envahissent toute la surface d'un pays? La Progression est donc le déplacement que les Animaux des classes supérieures se procurent par la volonté qui met en jeu l'appareil locomoteur. On la nomme Progression pour les Animaux mammifères terrestres, et elle se divise en marche, en saut, en course, etc. On conçoit que la Progression doit varier à l'infini, suivant l'enchaînement des êtres, et qu'elle est le résultat des modifications qu'a reçues l'appareil locomoteur. (LESS.)

PROINOIA. BOT. PHAN. (Erhart.) Syn. d'*Aira præcox*, L. (B.)

* PROIPHYS. BOT. PHAN. Sous ce nom W. Herbert a proposé l'établissement d'un genre qui a pour type le *Pancratium amboinense*, L., figuré dans le *Botanical Magazine*, tab. 1419. Mais ce genre, qui a des rapports avec le *Pancratium*, le *Crinum* et le *Narcissus*, a été réuni à l'*Eurycles* de Salisbury. *V.* ce mot au Supplément. (G..N.)

PROLIFÈRE. *Prolifera*. BOT. CRYPT. (*Hydrophytes*.) Vaucher établit, dans son Travail sur les Conferves d'eau douce, un genre sous ce nom vicieux qui ne pouvait être conservé. En changeant ce nom, n'était-il pas plus juste de lui substituer celui du savant qui avait si bien saisi les caractères du genre nouveau, que d'aller substituer ce nom à celui d'Ectosperme qui est très-bon, et qui désignait aussi un excellent genre? Nul n'a le droit de changer arbitrairement des désignations qui ne pèchent contre aucune règle. Nous avons donc cru, en conservant le nom d'Ectosperme d'une part, devoir appeler Vauchérie les Prolifères dont il est ici question, qui demeuraient sans nom convenable. *V.* ECTOSPERME et VAUCHÉRIE. (B.)

PROMÉCOPSIDE. *Promecopsis*. INS. Genre de l'ordre des Hémiptères fondé par Duméril, et ne différant, suivant lui, des Cicadelles que par l'absence des yeux lisses. Duméril, qui établit ce genre dans la Zoologie analytique, n'en fait aucune mention dans ses autres ouvrages; il ne le traite point à son ordre alphabétique dans le Dictionnaire à la rédaction duquel il concourt; en sorte qu'il nous est difficile de savoir quels Insectes il a voulu désigner sous ce nom. (AUD.)

* PROMÉFIL. OIS. Espèce du genre Promérops. *V.* ce mot. (DR..Z.)

* PROMENEURS. OIS. Sous ce nom ou plutôt sous celui d'*Ambulatores*, Illiger a formé le deuxième ordre de son *Prodromus Avium*. Cet ordre suit les *Scansores* et précède les *Raptatores*; il contient onze familles qui, avec les Grimpeurs, constituent les seize premiers groupes de la méthode. Ces familles sont : *Angulirostres*, les genres Martin-Pêcheur et Guêpier. *Suspensi*, Colibri. *Tenuirostres*, Guit-Guit, Tichodrome, Huppe. *Pigarrhighi*, Grimpereau, Picucule. *Gregarii*, Xenops, Sittèle, Pique-Bœuf, Loriot, Cassique, Etourneau. *Canori*, Merle, Cincle, Accenteur, Motacille, Traquet, Sylvie, Gobe-Mouche, Moucherolle, Brève, Pie-Grièche, Bec de Fer, Todier, Manakin. *Passerini*, Mésange, Alouette, Pipi, Bruant, Tangara, Moineau, Gros-Bec, Coliou, Glaucope, Phytotome. *Dentirostres*, Momot, Calao. *Coraces*, Corbeau, Rollier, Paradisier, Céphaloptère, Mainate. *Sericati*, Cotinga, Procnia. *Hiantes*, Hirondelle, Martinet et Engoulevent. *V.* tous ces mots. (LESS.)

* PROMÉPIC. OIS. Espèce du genre Pic. *V.* ce mot. (B.)

PROMERAR. OIS. Espèce du genre Promérops. *V.* ce mot. (DR..Z.)

PROMÉROPS. OIS. *Epimachus*, Cuvier; *Falcinellus*, Vieillot. Genre de l'ordre des Anisodactyles. Caractères : bec beaucoup plus long que la tête, grêle, fendu jusque sous les yeux, plus ou moins arqué, comprimé dans toute sa longueur; mandibules acérées, la supérieure faiblement échancrée à la pointe ; plus longue que l'inférieure ; arête s'avançant entre les plumes du front ; narines placées de chaque côté du bec et à sa base, ouvertes par devant, en partie recouvertes par une membrane emplumée. Tarse de la longueur du doigt intermédiaire ; quatre doigts : trois en avant, dont l'externe, plus long que l'interne, est soudé à sa base ; un pouce muni d'un ongle long et robuste. Première rémige très-courte ; deuxième, troisième et quatrième étagées, plus courtes que la cinquième qui dépasse toutes les autres. Les récits contradictoires que plusieurs historiens des Oiseaux ont faits concernant les mœurs et les habitudes des Promérops, tendent à faire croire que l'on manque encore d'observations exactes pour établir avec certitude les généralités de cette petite famille ; nous espérons que les naturalistes qui parcourent en ce moment l'Océanie et l'Australasie, nous mettront bientôt à même de concilier des opinions qui peuvent n'être divergentes que parce qu'elles sont basées sur des observations partielles et momentanées.

PROMÉROPS AZURÉ, *Upupa indica*, Lath. ; *Falcinellus cyaneus*, Vieill., Levaill., Hist. des Prom., pl. 7. Parties supérieures d'un bleu azuré, irisé en vert ; rémiges et rectrices d'un gris argentin en dessous, bordées de bleu azuré ; parties inférieures d'un bleu céleste tirant sur le vert ; bec noirâtre ; pieds d'un gris bleuâtre. Taille, quatorze pouces. Du sud de l'Afrique.

PROMÉROPS DES BARBADES. *V.* TROUPIALE ORANGÉ.

PROMÉROPS A BEC ROUGE, *Upupa erythrorhynchos*, Lath., Levaill., Hist. des Ois. de paradis, pl. 1, 2 et 3. Parties supérieures d'un vert luisant, irisé de bleu et de bronzé ; rémiges et rectrices latérales tachées de blanc ; parties inférieures d'un vert changeant en violet ; bec et pieds rouges. Taille, douze pouces. Du sud de l'Afrique. La femelle est plus petite.

PROMÉROPS BRUN A VENTRE TACHETÉ. *V.* SOUIMANGA DU PROTEA.

PROMÉROPS DU CAP DE BONNE-ESPÉRANCE. *V.* SOUIMANGA DU PROTEA.

PROMÉROPS HUPPÉ DES INDES. *V.* MOUCHEROLLE PROMÉRUPE.

PROMÉROPS JAUNE DU MEXIQUE. *V.* TROUPIALE ORANGÉ.

PROMÉROPS MULTIFIL, *Paradisea alba*, Blum. ; *Falcinellus resplendescens*, Vieill. Parties supérieures, tête, cou et poitrine d'un noir velouté, à reflets verts et pourpres ; plumes des côtés larges et arrondies, terminées par des taches d'un vert doré, très-brillant ; celles des flancs larges, à barbes effilées, d'un blanc jaunâtre, terminées, du moins six d'entre elles, par de longs appendices criniformes de la tige ; rectrices intermédiaires d'une nuance semblable à celle du dos, les latérales noires, bordées de roux ; parties inférieures blanches ; bec et pieds noirs. Taille, neuf pouces six lignes. De l'Australasie.

PROMÉROPS NAMAQUOIS, *Falcinellus cyanomelas*, Vieill., Lavaill., Hist. des Prom., pl. 5 et 6. Parties supérieures noires, irisées, les inférieures d'un noir lavé de brun ; rectrices latérales, terminées de blanc ; bec et pieds noirs. Taille, dix pouces. La femelle est plus petite ; elle a le bec moins arqué, les parties supérieures moins irisées, et les inférieures brunâtres. Du sud de l'Afrique.

PROMÉROPS OLIVATRE. *V.* PHILÉDON OLIVATRE.

PROMÉROPS ORANGÉ. *V.* TROUPIALE ORANGÉ.

PROMÉROPS PROMÉFIL, *Falcinellus magnificus*, Vieill., Levaill., Hist. des Prom., pl. 16. Parties supérieures d'un noir velouté, irisé en pourpre avec le bord des tectrices alaires reflété en pourpre doré ; rémiges larges et coupées carrément ; rectrices d'un vert pourpré, les latérales d'un noir velouté ; gorge et devant du cou écaillés, formant une sorte de plastron bleu, à reflets argentés sur la poitrine ; un collier vert bronzé ; parties inférieures et flancs d'un violet irisé ; les plumes de ces dernières parties longues et décomposées ; bec et pieds noirs. Taille, douze pouces trois lignes. De l'Australasie.

PROMÉROPS PROMÉRAR, *Falcinellus caudacutus*, Vieill., Levaill., Hist. des Prom., pl. 8. Parties supérieures d'un noir irisé en vert sombre; rémiges primaires noires, les secondaires variées de blanc et de fauve au centre, ainsi qu'à l'extrémité; rectrices pointues, d'un noir irisé; parties inférieures d'un noir brunâtre; bec noir avec un trait blanc sur l'arête; pieds bruns. Taille, onze pouces. De Madagascar.

PROMÉROPS PROMÉRUPE. *V.* MOUCHEROLLE PROMÉRUPE.

PROMÉROPS SIFFLEUR, *Falcinellus sibilator*, Vieill., Levaill., Hist. des Ois. de paradis, pl. 10. Parties supérieures brunâtres, nuancées d'olivâtre, les inférieures blanches, avec les flancs mouchetés de brunâtre; un collier blanc; rectrices latérales blanches, rayées de brun noirâtre; bec brun; pieds jaunes. Du sud de l'Afrique.

On a donné le nom de PROMÉROPS à une espèce du genre Picucule. *V.* ce mot. (DR..Z.)

PROMÉRUPE. OIS. Espèce du genre Moucherolle. *V.* ce mot. (DR..Z.)

PRONACRE. *Pronacron*. BOT. PHAN. Nouveau genre de la famille des Synanthérées, tribu des Hélianthées, proposé dans le Dictionnaire des Sciences naturelles par H. Cassini, qui l'a ainsi caractérisé : involucre presque globuleux, composé de sept folioles sur deux rangs; deux extérieures plus grandes, opposées, arrondies, foliacées, hispides; cinq intérieures, verticillées, arrondies, concaves, membraneuses, glabres. Réceptacle à peu près plan, garni de quelques paillettes rudimentaires, subulées. Calathide presque globuleuse, composée au centre d'environ douze fleurons réguliers et mâles, et à la circonférence de cinq demi-fleurons femelles. Les fleurs du centre ont un ovaire avorté, grêle, glabre et privé d'aigrette; une corolle dont le limbe est plus long que le tube, et à cinq divisions; des anthères soudées entre elles. Les fleurs de la circonférence ont l'ovaire très-comprimé des deux côtés, très-large, épais, comme tronqué au sommet, muni d'aréoles apicilaire et basilaire obliques intérieurs, et dépourvu d'aigrette; leur corolle a le tube parsemé de glandes, élargi à la base; la languette longue, large, entière et arrondie au sommet. Ce genre est fondé sur une Plante de la Guiane française, que l'auteur nomme *Pronacron ramosissimum*. C'est une Herbe dont la tige, qui s'élève à environ deux pieds, est très-rameuse, garnie, ainsi que les feuilles, de très-longs poils articulés, munis de feuilles opposées, brièvement pétiolées, lancéolées et à peine dentées. Les calathides sont jaunes, presque globuleuses, placées sur de courts pédoncules terminaux, et accompagnées de deux bourgeons opposés, qui s'allongent en branches après la floraison, de sorte que chaque calathide semble née dans la bifurcation de ces branches. (G..N.)

* PRONÉE. *Pronœus*. INS. Genre de l'ordre des Hyménoptères, section des Porte-Aiguillons, famille des Fouisseurs, tribu des Sphégines, établi par Latreille (Fam. nat. du Règne Animal), et différant très-peu des Chlorions. Ce genre est formé avec le *Pepsis maxillaris* de Palisot de Beauvois (Ins. d'Afr. et d'Amér., Hymén., pl. 1, fig. 1) et le *Dryinus œneus* de Fabricius. Ses caractères sont : antennes insérées près de la bouche, à la base d'un chaperon très-court et fort large; palpes maxillaires filiformes, guère plus longs que les labiaux; lobe terminal des mâchoires lancéolé; division intermédiaire de la lèvre étroite et allongée. (G.)

PRONO-DJEVO OU DJIVO. BOT. PHAN. *V.* ANGELIN.

PROPAGULES. BOT. CRYPT. On a désigné sous ce nom des corps pulvérulens qui se trouvent à la surface de plusieurs Agames, particulièrement du thalle de certains Lichens, et l'on a pensé qu'ils y servaient à la reproduction; quelques naturalistes ne voient dans ces prétendus Propagules que des accidens qui n'ont nul rapport avec des organes propagateurs. Le Propagule n'avait donc point été exactement défini jusqu'ici. Nous le considérons comme le premier moyen qu'employa la nature pour la reproduction des êtres organisés. Il est, comme l'indique son nom, l'organe propagateur dans les conditions les plus simples; et dans la partie agamique de la Relation de *la Coquille*, nous en avons traité de la manière suivante :

Un grain de Globuline et un Monade sont les premiers termes de végétation et de vie qu'il nous soit donné de discerner; dans les amas que forment des milliers de leurs pareils, on reconnaît autant d'individus que de petites sphères; et de tels corps, dont on peut opérer le développement à volonté, selon qu'on met dans certaines conditions les substances qui en recèlent les principes essentiels, de tels corps doivent être nécessairement agames; des organes générateurs, destinés à reproduire des machines compliquées, n'étant pas indispensables où nulle complication organique n'existe encore. Il n'y a pas de différence réelle quant à l'apparence, entre un globule végétal et un globule animal, si ce n'est dans le mouvement spontané que la nature accorda au second en le refusant au premier. Au-dessus de cette Globuline, point de départ dans l'ordre admirable de la création, viennent des Agames tomipares, c'est-à-dire des Végétaux déjà composés où les molécules de Globuline se subordonnant les uns aux autres pour concourir à une existence commune; des fragmens de la masse résultant d'une telle agglomération, s'en doivent détacher, pour reproduire celle-ci et perpétuer, en devenant semblable au tout dont ils se détachèrent, la lignée de ce qui désormais constituera une espèce organisée. A ce premier degré de complication, il n'existe pas encore de corps reproducteurs, à proprement parler. Les fragmens, détachés d'un corps tellement simple et homogène, que chacun de ces fragmens emporte avec soi toutes les conditions indispensables de développement, ne croissent guère que par extension, en produisant dans leur propre étendue la matière muqueuse, la matière vésiculeuse et la matière végétative qui déterminent l'apparition de cette infinité de Globuline, dont plusieurs milliers de sphérules doivent s'ajouter les unes aux autres pour atteindre au volume que comporte spécifiquement chaque espèce d'Agame borné au mode de reproduction tomipare. Ici la Globuline, comme l'Homme dans le corps social, semble avoir aliéné une partie de ses facultés individuelles au profit de l'association commune; mais elle n'a pas changé de principes, et il demeure entre ses myriades d'individus des individus privilégiés, destinés à se développer beaucoup plus qu'il ne l'eussent fait dans leur état d'isolement; ceux-ci accroissent leur puissance de celle qu'ont perdue les autres, condamnés à ne remplir qu'un rôle obscur; ce sont eux qui devront conserver l'espèce en la reproduisant : nous les nommerons *Propagules*. Ils furent une sorte d'essai de la graine quand la nature, n'ayant pas encore arrêté toutes les conditions nécessaires pour constituer cet œuf végétal, en introduisait l'ébauche dans son immensité.

Au troisième degré de complication se montrent des corpuscules où le plan, sur lequel la graine fut conçue, commence à se manifester plus clairement. Nous les appelons Gongyles. La Globuline constitutrice s'y concentre, et probablement en vertu d'une attraction qui se reconnaît dans les corps sphériques, elle s'y presse au point que chacun des globules ainsi rapprochés semble demeurer bien plus petit que ceux dont se compose le simple tissu où de tels globules peuvent s'étendre sans obstacle à toutes les proportions qu'il leur est donné d'atteindre. Cette pression qu'exercent les unes sur les autres les sphérules de Globuline constitutrice des gongyles, est telle, que des formes polygones en résultent bientôt; ce qui n'a lieu que beaucoup plus tard dans les lames frondescentes où sont dispersés les gongyles, et seulement lorsque des membranes, devenues compactes et résistantes, commencent à protéger l'ensemble des espèces agames, parvenues au plus haut degré de complication qui soit propre à de tels Végétaux. Dans l'épaisseur des gongyles se dessinent bientôt des points plus obscurs et qui paraissent être aussi plus compactes que le reste de leur substance; des teintes diverses les caractérisent; ces teintes semblent y provenir du dépôt de ce principe que nous avons appelé la matière terreuse, lequel est essentiellement colorant (*V.* MATIÈRE). Ce sont des Propagules internes dont les contours paraissent souvent être à peine arrêtés, qui, ayant subi une modification en commun durant leur emprisonnement, reproduiront des êtres semblables à ceux où ils furent conçus dès que la maturité du gongyle où nous les voyons retenus, permettra qu'ils se disséminent.

On a pensé que chez les Agames, les gongyles étaient les analogues de ces bulbines ou de ces bourgeons qui se retrouvent sur diverses parties de beaucoup de Plantes phanérogames, et qui peuvent reproduire ces Plantes sans le secours d'aucune fécondation. Nous l'avions d'abord cru comme tant d'autres : nous nous étions trompés avec eux. Ce sont les Propagules des Agames du second degré, individus non subordonnés les uns aux autres dans un berceau commun durant la conception, qui tout au plus représentent ces bulbines. On doit remarquer, chez ces Végétaux, les plus simples entre ceux où la Globuline se subordonne, que les formes sont à peine arrêtées; l'accroissement n'y étant pour ainsi dire pas limité dès son point de départ, selon des contours qu'on peut considérer comme une conséquence de la captivité originelle. Ainsi dès que les Propagules enveloppés dans les gongyles s'y sont développés au point d'en rompre les parois, comme s'ils eussent contracté une tendance à se tenir enfermés dans des bornes prescrites, les formes propres à chaque espèce s'arrêtent d'une manière assez fixe. Elles deviennent de plus en plus invariables, et ressemblent d'autant mieux à celles dont ne s'écartent guère les Végétaux parfaits, que la prison fut plus étroite, plus prolongée et plus difficile à briser. (B.)

* PROPEDULA. BOT. PHAN. L'un des noms anciens de la Potentille quintefeuille. (B.)

* PROPHYLACE. *Prophylax.* CRUST. Genre de l'ordre des Décapodes, famille des Macroures, tribu des Paguriens, établi par Latreille (Fam. nat. du Règne Animal), et ayant pour caractères : corps grêle, étroit, presque linéaire. Post-abdomen droit, simplement courbé en dessous, avec tous les segmens distincts et recouverts d'une peau coriace, canaliculé longitudinalement en dessous, avec deux rangs d'appendices ovifères; ceux de l'avant-dernier segment presque égaux, leur plus grande division foliacée, en nageoire et ciliée; ces appendices, ainsi que l'extrémité des quatre pieds postérieurs, faiblement granuleux; ces pieds terminés par un seul doigt, peu ou point ouvertement bifides. (G.)

PROPION ET PROSOPIS. BOT. PHAN. Anciens noms de la Bardane. (B.)

PROPOLIS. INS. Substance résineuse et odorante que les Abeilles préparent pour enclorre leur demeure. *V.* ABEILLE. (B.)

* PROPTÈRE. *Proptera.* MOLL. Rafinesque (Journ. de Phys. élém., 1619, p. 426) a établi sous ce nom une tribu du genre *Unio*, comprenant les espèces dont les valves sont dilatées antérieurement et plus ou moins ailées à leur bord supérieur,

qui ont l'axe presque médian et la dent lamelleuse, flexueuse; telles sont les *Proptera alata*, *Phacida* et *pallides*. (A. R.)

PROQUIER. BOT. PHAN. Pour *Prockia*. *V*. ce mot. (B.)

PROSCARABÉE. *Proscarabœus*. INS. Geoffroy désigne ainsi une espèce du genre Méloé, *Meloe Proscarabœus*. *V*. MÉLOÉ. (G.)

PROSCOLLE. *Proscolla*. BOT. PHAN. Le professeur Richard appelle ainsi dans les Orchidées une glande que l'on observe dans certains genres vers la partie moyenne ou au sommet du processus qui termine supérieurement et antérieurement le gynostème. Cette glande existe principalement dans les genres dont les masses polliniques sont dépourvues de caudicule et de rétinacle, et, comme ce dernier organe, elle sert à agglutiner le pollen, et favorise ainsi son séjour sur la surface du stigmate. *V*. ORCHIDÉES. (A. R.)

* PROSCOPIE. *Proscopia*. INS. Genre de l'ordre des Orthoptères, famille des Sauteurs, tribu des Acrydiens, établi par Klug, et adopté par Latreille (Fam. nat., etc.). Les caractères de ce genre sont : tête ayant sa partie supérieure sinuée, souvent très-longue, s'élevant en une apparence de rostre conique, plissé ou anguleux. Yeux saillans, hémisphériques, situés à la base du prolongement, assez près du sommet de la tête et placés latéralement. Point de petits yeux lisses. Antennes filiformes, plus courtes que la tête, composées de sept articles dans les femelles, de six dans les mâles; le dernier plus long, acuminé. Labre grand, membraneux, voûté, échancré à l'extrémité, ayant quatre dents obtuses et des tubercules vers le bout. Mâchoires courtes, cornées, bifides ou plutôt bidentées; ces dents aiguës, l'interne simple, l'externe petite, portant elle-même une petite dent avant son extrémité. Lèvre grande, membraneuse, échancrée. Quatre palpes membraneux, à articles cylindriques; les maxillaires plus longs, de cinq articles; les labiaux de trois, dont le dernier plus long. Corps cylindrique, très-long, aptère. Corselet long, cylindrique; métathorax court. Point d'ailes ni d'élytres; abdomen cylindrique, faisant à lui seul la moitié de la longueur du corps, composé de huit segmens, les premiers plus grands, le dernier très-court. Oviducte nul. Parties sexuelles saillantes. Cuisses et jambes presque d'égale longueur; les quatre pates antérieures presque de la longueur du cou, presque égales entre elles. Les deux premières insérées vers le milieu du corselet, très-éloignées des autres; les quatre suivantes très-rapprochées, les deux postérieures plus longues que l'abdomen; leurs cuisses allongées, renflées, propres à sauter; leurs jambes un peu courbes, carenées en dessus, et munies de deux rangs d'épines ou de dents. Ces pates ont leur attache à la partie postérieure du corselet; tarses de trois articles, le second plus court; crochets aigus, un peu dentelés, munis dans leur entre-deux d'une pelotte grande, membraneuse, dilatée. Ce genre est composé de quinze espèces qui ont été décrites par Klug dans la Monographie qu'il en a publiée; toutes ces espèces sont propres à l'Amérique méridionale. Ces Insectes sont en général de très-grande taille; nous citerons comme type du genre :

La PROSCOPIE GÉANTE, *Proscopia gigantea*, Klug, *Prosc. Nov. Gen.*, p. 18, n° 1, tab. 3, fig. 1. Elle est longue de six pouces, et on la trouve au Brésil et à Cayenne. (G.)

PROSERPINACA. BOT. PHAN. Ce genre nommé *Trixis* par Gaertner appartient à la famille des Hygrobiées du professeur Richard. Il se compose de deux espèces originaires de l'Amérique septentrionale. Ce sont deux Plantes vivaces, croissant dans les eaux, portant des feuilles opposées, glabres, des tiges rampantes, des fleurs axillaires, presque sessiles.

Celles-ci sont hermaphrodites. Leur ovaire est adhérent avec le calice, dont le limbe est partagé en trois divisions très-profondes; il n'y a pas de corolle; les étamines, au nombre de trois, sont presque sessiles et placées en face des divisions calicinales. Du sommet de l'ovaire naissent trois stigmates subulés; cet ovaire présente trois loges, contenant chacune un ovule pendant de leur sommet. Le fruit est à trois angles membraneux, et à trois loges monospermes, indéhiscentes. Les graines offrent sous leur tégument propre un endosperme charnu, dans lequel est renfermé un embryon cylindrique qui a la même direction que la graine. (A. R.)

PROSIMIA. MAM. Brisson a décrit sous cette dénomination plusieurs Makis, et entre autres le *Lemur Mongoz* de Linné, le Mongous de Buffon et le *Lemur Catta*. (LESS.)

PROSOPE. *Prosopis*. INS. Genre de l'ordre des Hyménoptères, section des Porte-Aiguillons, famille des Mellifères, tribu des Andrénètes, établi par Jurine, et adopté par Latreille qui lui avait d'abord donné le nom d'*Hylæus*. Ce genre a pour caractères: tête verticale, appliquée contre le corselet; face plane. Trois petits yeux lisses, disposés en triangle et posés sur le vertex. Antennes filiformes, non coudées, insérées au milieu du front, composées de douze articles, grossissant un peu vers le bout dans les femelles; de treize articles dans les mâles, dont le premier assez long, souvent renflé et patelliforme; second et troisième articles égaux en longueur dans les deux sexes. Mandibules sans dents dans quelques-uns, dans les autres obtuses à leur bout, échancrées, et ayant deux dents égales. Mâchoires courtes, leur bord interne membraneux, en forme de dent. Languette membraneuse, cordiforme, divisée en trois lobes égaux en longueur. Palpes ayant leurs derniers articles plus petits, les maxillaires longs, de six articles, les labiaux de quatre. Corps glabre, presque cylindrique. Segment antérieur du corselet très-court, ne formant qu'un rebord transversal, ses côtés se prolongeant jusqu'à la naissance des ailes en manière d'épaulettes arrondies et ciliées; métathorax coupé presque droit postérieurement; écusson mutique; ailes supérieures, ayant une cellule radiale se rétrécissant du milieu à l'extrémité, celle-ci presque aiguë, un peu appendiculée, et trois cellules cubitales, la première plus grande que la seconde, recevant la première nervure récurrente près de sa jonction avec la seconde; la deuxième un peu rétrécie vers la radiale, recevant la seconde nervure récurrente près de sa jonction avec la troisième; celle-ci atteignant presque le bout de l'aile. Pates de longueur moyenne; jambes intermédiaires, n'ayant qu'une seule épine, courte et aiguë à leur extrémité; crochets des tarses petits, unidentés. Point d'organes pour la récolte du Pollen. On ne connaît qu'un très-petit nombre d'espèces de ce genre; leurs couleurs ordinaires sont le jaune, le noir, et quelquefois un peu de ferrugineux. Les Prosopes exhalent une odeur agréable qui ressemble à celle de la rose; ils fréquentent les fleurs des jardins et des prés. Ce sont des Insectes parasites, c'est-à-dire que leurs femelles déposent leurs œufs dans le nid d'autres Hyménoptères, tels que les Andrénètes et les Apiaires récoltantes. Le type de ce genre est la PROSOPE VARIÉE, *Prosopis variegata*, Latr., Fabr., Jurine (Hym., p. 220); *Prosopis colorata*, Panz. (Faun. Germ., fas. 89, fig. 14). Elle est longue de trois lignes, noire, variée de jaune, avec la base du premier et du second segment de l'abdomen ferrugineuse. On la trouve aux environs de Paris. (G.)

PROSOPIS. BOT. PHAN. Genre de la famille des Légumineuses, établi par Linné, adopté par Kunth et par De Candolle, avec les caractères essentiels suivans: fleurs polygames.

Calice à cinq dents; corolle à cinq pétales libres; dix étamines à peine cohérentes par leur base; gousse continue, remplie de pulpe, linéaire, un peu comprimée, souvent toruleuse dans les points où sont situées les graines, et un peu séparable entre celles-ci. Ce genre fait partie de la tribu des Mimosées, et se place après le *Desmanthus* et l'*Adenanthera*. Il renferme quinze espèces, qui croissent dans l'Amérique méridionale, à l'exception d'une seule (*Prosopis spicigera*, L. et Roxb., *Plant. Corom.*, 1, tab. 63), qui est indigène de la côte de Coromandel. Ces espèces sont des Arbres ou des Arbrisseaux à feuilles bipinnées, chaque pinnule à une ou quatre paires de folioles oblongues-linéaires. Les fleurs verdâtres ou jaunâtres forment des épis axillaires, pédonculés et allongés. Leurs gousses sont comestibles. Kunth, dans son bel ouvrage sur les Mimoses et autres Légumineuses d'Amérique, en a figuré deux espèces (*Prosopis horrida* et *P. dulcis*), et il en a décrit plusieurs autres espèces nouvelles. Quelques-unes ont encore été décrites par Swartz, Desfontaines et Lagasca sous les noms génériques de *Mimosa* et d'*Acacia*. De Candolle (*Prodrom. Syst. Veget.*, 4, p. 446) a formé deux sections dans le genre *Prosopis*. La première, qu'il nomme *Adenopis*, est remarquable par ses anthères terminées au sommet, comme dans certains *Desmanthus*, par une glande caduque. Cette section ne renferme qu'une seule espèce; c'est celle de l'Inde orientale que nous avons mentionnée plus haut, et qui en outre est munie d'aiguillons épars. La seconde section, qui porte le nom d'*Algarobia*, n'a pas les anthères terminées par une glande. Elle se compose de toutes les espèces américaines, lesquelles sont dépourvues d'épines, ou n'en ont que d'axillaires et en forme de stipules. (G..N.)

PROSTANTHERA. BOT. PHAN. Genre de la famille de Labiées et de la Didynamie Gymnospermie, établi par Labillardière, et adopté par R. Brown (*Prodr. Flor. Nov.-Holl.*, p. 508), qui l'a ainsi caractérisé : calice bilabié, fermé après la fructification, ayant le tube strié, les lèvres indivises et obtuses, l'inférieure quelquefois tronquée; corolle ringente, la lèvre supérieure ou casque partagée en deux jusqu'à la moitié, la lèvre inférieure divisée en trois laciniures, dont celle du milieu est la plus grande et bilobée; anthères munies en dessous d'éperons, naissant du point de l'insertion, et qui diffèrent dans les diverses espèces, souvent adnés inférieurement aux lobes des anthères, et en forme de crête supérieurement; caryopses nucamentacées, presque bacciformes. Le *Prostanthera Lasianthos*, Labill., *Nov.-Holl. Specim.*, 2, p. 18, tab. 157, est le type générique. R. Brown, *loc. cit.*, a fait connaître douze espèces nouvelles, qui croissent à la Terre de Van-Diémen et dans les environs de Port-Jackson à la Nouvelle-Hollande. Ce sont des Arbrisseaux qui exhalent une odeur forte et qui sont couverts de glandes sessiles. Leurs feuilles sont pour la plupart dentées ou crénelées; leurs fleurs sont, ou en grappes terminales que soutendent des bractées caduques, ou axillaires et solitaires. (G..N.)

* PROSTATE. ZOOL. *V.* GÉNÉRATION et GLANDES.

* PROSTÈNE. *Prostenus* INS. Genre de l'ordre des Coléoptères, section des Hétéromères, famille des Taxicornes, tribu des Crassicornes, mentionné par Latreille (Fam. nat. du Règne Animal), et dont nous ne connaissons pas les caractères. Ce genre avoisine les Cnodalons. (G.)

* PROSTHEMIUM. BOT. CRYPT. (*Hypoxylées.*) Genre de la tribu des Xylomacées de Fries, établi par Kunze, et se rapprochant beaucoup des *Cytospora* de Fries. Il est caractérisé ainsi : péridium inné dans la Plante qui le porte, à moitié libre, se fendant à sa maturité, et renfermant des sporidies fusiformes, cloi-

sonnées, réunies plusieurs par leur base, et rayonnant comme des étoiles, d'abord adhérentes à une base filamenteuse, ensuite libres. Une partie des sporidies avortent et restent transparentes, les autres sont plus renflées et opaques. La seule espèce connue, *Prostemium Betulinum* (Kunze, *Myc. Hist.*, 1, p. 17, tab. 1, fig. 10), croît sur les branches à moitié sèches du Bouleau. (AD. B.)

* PROSTHESIA. BOT. PHAN. Blume (*Bijdr. Fl. ned. Ind.*, p. 866) a établi sous ce nom un genre de la Pentandrie Monogynie, L., qu'il a placé à la suite des Ericinées, en indiquant néanmoins de plus grands rapports avec le *Thomasia* de Gay, qui se rapporte aux Byttnériacées, famille assez éloignée des Ericinées. Il se rapproche encore du *Vareca* de Gaertner; mais il s'en distingue facilement par son fruit capsulaire et ses graines non arillées. Voici au surplus ses caractères : calice divisé profondément en cinq parties; corolle à cinq pétales, connivens en tube inférieurement; cinq étamines alternes avec les pétales, ayant leurs filets cohérens par la base, et leurs anthères dressées, biloculaires, introrses, portant sur le dos une écaille membraneuse, et terminée en dedans par deux soies; un seul style surmonté d'un stigmate simple et tronqué; capsule uniloculaire, trivalve, renfermant plusieurs graines sans arille, fixées à trois réceptacles placés sur le milieu des valves.

Une seule espèce, *Prosthesia javanica*, qui croît dans les forêts des montagnes de Burangrang et de Salak à Java, constitue ce genre. C'est un Arbrisseau à feuilles alternes, oblongues, finement dentées en scie, munies de petites stipules, à fleurs disposées en grappes composées, axillaires, courtes, et munies de bractées sur le milieu des pédicelles. (G..N.)

PROSTOMIS. INS. Genre de l'ordre des Coléoptères, section des Tétramères, famille des Xylophages, tribu des Trogossitaires, établi par Latreille aux dépens du genre Trogossite de Fabricius, et ayant pour caractères : corps étroit et allongé; antennes plus courtes que le corselet, plus épaisses vers leur extrémité, comprimées, de onze articles, les cinq intermédiaires moniliformes, les trois derniers arrondis, formant une masse. Labre avancé, coriace, petit, plus large que long, presque carré, velu en devant. Mandibules avancées, fortes, très-grandes, trigones; leur côté interne finement multidenté. Mâchoires bilobées, s'avançant sous les mandibules. Palpes courts, les maxillaires un peu plus longs que les labiaux, presque filiformes, de quatre articles, les labiaux de trois, le dernier plus épais, presque ovale, obtus. Lèvre coriace, presque carrée; languette étroite, fort allongée, s'avançant sous les mandibules. Corselet en carré long, séparé de l'abdomen par un étranglement très-visible. Ce genre se distingue des Trogossites, parce que ceux-ci n'ont que deux dents au côté interne des mandibules. Les Mérix, Latridies et Sylvains ont les mandibules petites et peu saillantes. Enfin les autres genres de la tribu s'en distinguent par des caractères aussi tranchés. On ne connaît encore qu'une espèce de ce genre; c'est le PROSTOMIS MANDIBULAIRE, *Prostomis mandibularis*, Latr.; *Trogossita mandibularis*, Fabr., Sturm., Faun. d'Allem., tab. 2, pl. 49; Panz., Faun. Germ., fasc. 105, fig. 3. Il est long de quatre lignes, d'un brun marron. Ses élytres sont striées, et les stries sont ponctuées. On le trouve dans le nord de l'Allemagne. (G.)

PROSTYPE FUNICULAIRE. BOT. PHAN. Le professeur Mirbel appelle ainsi le petit faisceau de vaisseaux qui, pénétrant par le hile, rampent entre les deux lames du tégument propre de la graine pour former le raphe. *V.* GRAINE et RAPHE. (A. R.)

PROTEA. BOT. PHAN. *V.* PROTÉE.

PROTÉACÉES. *Proteaceæ.* BOT. PHAN. Famille extrêmement naturelle et très-bien caractérisée, appartenant à la classe des Dicotylédones apétales et hypogynes, et qu'on peut définir de la manière suivante : les fleurs sont hermaphrodites, rarement solitaires, plus souvent réunies en épis, ou en capitules, ou accompagnées quelquefois de bractées très-grandes et formant des espèces de cônes. Chaque fleur se compose d'un calice à quatre sépales distincts ou plus ou moins soudés entre eux, et formant quelquefois un périanthe tubuleux, à quatre découpures. Les étamines, en même nombre que les sépales, sont sessiles et placées à la partie supérieure de la face interne de chaque sépale; leur anthère est à deux loges, s'ouvrant chacune par un sillon longitudinal. L'ovaire est libre, tantôt sessile, tantôt stipité, un peu oblique, à une seule loge, contenant un seul ovule attaché par le milieu de sa hauteur au côté de l'ovaire où correspond le sillon longitudinal qui règne sur le style; celui-ci est simple, plus ou moins allongé, terminé par un stigmate discoïde et un peu oblique. Le fruit est une sorte de capsule uniloculaire, s'ouvrant d'un seul côté par un sillon longitudinal. La graine, qui est quelquefois membraneuse et ailée, contient, sur un tégument propre extrêmement épais, un embryon dressé, dont la radicule est inférieure et placée au-dessous du point d'insertion de la graine. Les Protéacées sont tantôt des Arbres extrêmement élevés et d'un port très-majestueux, tantôt des Arbrisseaux ou des Arbustes très-petits; leurs feuilles sont alternes ou éparses, sans stipules, et leurs fleurs, tantôt axillaires, tantôt terminales, offrent une inflorescence très-variée. Aucune espèce de cette famille ne croît en Europe; elles abondent au contraire et forment un des caractères particuliers de la végétation au cap de Bonne-Espérance et à la Nouvelle-Hollande. Cette famille a été l'objet de travaux importans de la part de Salisbury et de R. Brown. Voici le tableau des genres présenté par ce dernier botaniste dans le dixième volume des Transactions de la Société linnéenne de Londres :

†. Fruit indéhiscent.

α. Anthères distinctes.

Aulax, Berg.; *Leucadendron*, Herm.; *Petrophila*, Brown; *Isopogon*, Brown; *Protea*, L.; *Leucospermum*, Brown; *Serruria*, Salisb.; *Mimetes*, Brown; *Nivenia*, Brown; *Sorocephalus*, Brown; *Spatella*, Brown; *Adenanthos*, Labill.; *Guevina*, Molina; *Brabeium*, L.; *Persoonia*, Smith; *Cenarrhenes*, Brown; *Agastachys*, Brown; *Symphionema*, Brown; *Bellendena*, Brown; *Franklandia*, Brown.

β. Anthères soudées.

Simsia, Brown; *Conospermum*, Smith; *Synaphea*, Brown.

††. Fruit déhiscent.

α. Uniloculaire.

Anadenia, Brown; *Grevillea*, Brown; *Hakea*, Schrad.; *Lambertia*, Smith; *Xylomelum*, Smith; *Orites*, Brown; *Rhopala*, Aubl.; *Knightia*, Brown; *Embothrium*, Forster; *Oreocallis*, Brown; *Telopea*, Brown; *Lomatia*, Brown; *Stenocarpus*, Brown.

β. Biloculaire.

Banksia, L. fils; *Dryandra*, Brown.
(A. R.)

PROTÉE. *Proteus*. REPT. BATR. Genre des Batraciens de la famille des Urodèles, très-voisin des Tritons et des Salamandres dont il diffère en ce qu'il conserve des branchies durant tout le temps de son existence. Il fait donc un passage très-naturel aux Poissons. Établi par Laurenti, d'abord mal connu, il est aujourd'hui de ceux sur lesquels on a des données fort exactes. Ses caractères sont : corps allongé avec une queue en nageoire; quatre pates d'égale longueur sans ongles; des branchies et des poumons existant ensemble à l'âge adulte; corps nu sans écailles. Les Animaux du genre Protée existèrent dès les premiers âges du monde ou du moins à l'époque où remonte la formation de ces Schistes d'Œningen si abondans en fossiles et en empreintes rares. Les restes d'un pareil Animal dont la taille devait être fort considérable, ayant été découverts vers le premier quart du siècle dernier, furent pris par le théologien naturaliste Scheuchzer pour les débris pétrifiés d'un homme témoin du déluge. *V.* ANTHROPOLITHE. Nous en avons fait graver l'empreinte dans les planches de ce Dictionnaire, en regard d'un squelette humain pétrifié de la Guadeloupe. Ce n'est qu'assez récemment que les espèces de Protées encore existantes ont été connues. La première appelée ANGUILLARD, *Protéus anguinus* de Laurenti, n'a encore été trouvée que dans les eaux des lacs souterrains de la Carniole et de l'Autriche, qui débordant quelquefois par les cavernes qui les mettent en communication avec l'extérieur en entraînent quelques-unes au dehors. Schreber, directeur du cabinet de Vienne, est le premier naturaliste auquel on doive une bonne anatomie de ce singulier Reptile. Lors de la campagne d'Austerlitz, il nous en montra plusieurs qui, conservés dans de grandes caisses doublées de plomb toujours pleines d'une eau courante et pure, se portaient à merveille et paraissaient s'abandonner à leurs tristes habitudes dans l'obscurité profonde où on les tenait entre des pierres, des cailloux et du sable qui leur représentait le sol de leurs cavernes. Ces Protées avaient jusqu'à un pied de long, savaient à peine marcher, mais nageaient très-bien à la manière des Tritons; ils paraissaient être fort incommodés par la lumière, et dès qu'il en pénétrait dans leurs réservoirs, ils cherchaient à se cacher sous les roches. Leur couleur naturelle tirait au rose pâle, mais devenait bien plus vive au jour, surtout aux houppes branchiales, de sorte qu'il était facile de juger que si on les eût tenus trop long-temps exposés à une lumière vive, ils fussent morts. Leur museau était conique, obtus et déprimé; les deux mâchoires garnies de petites dents, l'inférieure plane et plus courte. La langue est peu mobile et libre en avant; l'œil dans les adultes disparaît sous les tégumens, de sorte qu'il finit par ne plus se manifester que par une tache bleuâtre vers l'endroit où il brille chez les autres Batraciens. Dans les jeunes, les tégumens qui le recouvrent le laissent au contraire fort bien distinguer. Des petits à peine nés l'avaient fort grand en comparaison du reste de la tête et extérieur. L'utilité de cet organe disparaît donc avec l'âge, et l'extrême sensibilité de toute la surface du corps sur laquelle agit si puissamment la lumière le doit suppléer. Cette surface dépourvue d'écailles rappelle au tact par sa mucosité celle de la Lamproie; elle était marquée d'une multitude de petits points plus colorés. C'est pour n'en avoir vu encore que des individus conservés dans l'esprit de vin, que l'on a dit dans le Dictionnaire de Levrault que leur couleur était blanchâtre. La forme générale de l'Animal est celle d'une Salamandre à queue plate. L'oreille y est couverte par des chairs; les pates très-courtes ont trois doigts aux antérieures, et deux à celles de derrière. Outre des poumons, il y a trois houppes branchiales extérieures de chaque côté, plus colorées que le reste et de la nature de celles qui tombent chez les Tritons dont les larves ont tellement d'analogie avec le Protée Anguillard, qu'on prit d'abord celui-ci pour une larve de quelque Triton ou Salamandre dont l'état parfait restait à trouver. Mais cette opinion est maintenant abandonnée. L'Animal possède un vestige de larynx et fait entendre un petit cri. Entre ses branchies sont pratiqués des trous qui pénètrent dans l'arrière-bouche. Le foie est divisé en cinq lobes; la vésicule du fiel est fort ample, l'estomac est fort épais et coriace, il se termine par un intestin grêle qui fait trois plis avant que de se terminer au rectum. Le cœur, situé entre les pieds de devant, n'a qu'un ventricule et une oreillette, et les poumons semblables à ceux des Salamandres, ont la forme de tubes minces et simples, terminés chacun par une dilatation vésiculaire. Le squelette qui ressemble aussi à celui des Salamandres a beaucoup plus de vertèbres, avec moins de rudimens de côtes; mais la tête osseuse y est beaucoup plus analogue à celle de la Sirène (*V.* ce mot). On compte trente vertèbres entre la tête et le bassin, deux auxquelles celui-ci est suspendu, et vingt-cinq du bassin au bout de la queue, en tout cinquante-sept. Elles sont fort bien ossifiées et s'articulent comme chez les Poissons par des faces creuses remplies de cartilages. Excepté le col de l'omoplate, tout le reste de l'épaule est cartilagineux. Il n'y a point de sternum proprement dit; le bassin est cartilagineux ainsi que l'extrémité des quatre pieds qui ne sont que de véritables ébauches. Les Protées que l'on conserve s'obstinent à ne pas manger, mais n'en vivent pas moins assez long-temps. On a trouvé dans l'estomac de ceux qu'on disséqua et qui avaient été pris au sortir de leurs ténèbres, des restes de petites Coquilles, ce qui indique leur manière de se nourrir. On en a dans ces derniers temps envoyé de vivans à Paris où l'un d'eux fut présenté à l'Académie des Sciences, par feu Pictet de Genève. On en a récemment fait connaître une seconde espèce américaine dont la queue est comme une nageoire et qui se trouve à la Nouvelle-Jersey. Enfin Lacépède en a fait connaître une troisième dans les Annales du Muséum (T. x, p. 230, pl. 17), sous le nom de Tétradactyle. On ignore la patrie de cet Animal qui est long de huit pouces environ, cylindrique avec un sillon sur le dos. La queue est plate et spatuliforme, obtuse et égale en longueur au tiers de l'Animal. Il y a quatre petits doigts à chaque pate. (B.)

PROTÉE. *Proteus.* MICR. Roësel découvrit et figura le premier un Animal très-singulier, qui, changeant sans cesse de forme sous son microscope, lui parut mériter le nom de ce Protée de l'antiquité qu'Aristée interrogeait sur ce qu'étaient devenues ses Abeilles. Ce nom, adopté par Müller et reproduit par tous les copistes de ce premier historien des Infusoires, ne pouvait subsister dans une science où son emploi causerait nécessairement confusion, puisque, non-seulement un grand genre de Plantes qui apparaît en tête d'une famille naturelle le porte déjà, mais qu'il appartient à un genre de Reptiles des plus singuliers, et dont il vient d'être question. Nous avons donc cru devoir substituer au *Proteus* de Müller et de Roësel le nom d'Amibe. *V.* ce mot, où l'on se convaincra qu'il n'y est pas question de *prétendus Animaux*, comme le disent certains naturalistes qui ne croyant pas à la possibilité de ce qu'ils ne connaissent pas, et dédaignant les observations qu'on pourrait leur faire vérifier sur les lieux, adoptent pourtant les erreurs les plus manifestes et les observations les plus mal faites quand elles viennent de loin; qui, n'ayant jamais vu les Amibes réelles, copient complaisamment de longs catalogues de Protées en grande partie chimériques, et qui voulant passer pour universels, commettent les fautes les plus palpables à force d'écrire sur ce qu'ils ne jugent guère que d'après des livres, des images ou des préventions. (B.)

PROTÉE. *Protea.* BOT. PHAN. Type de la famille des Protéacées, ce genre établi par Linné, a été subdivisé en plusieurs autres genres par les auteurs modernes, et en particulier par Salisbury et R. Brown. Ce dernier caractérise de la manière suivante les véritables espèces du genre *Protea :* le calice est tubuleux; le limbe est partagé en deux lèvres inégales, la supérieure est plus large, à quatre lobes soudés et portant les étamines sessiles à sa face interne. Le style est allongé, subulé, terminé par un stigmate cylindrique. Le fruit est une sorte de noix toute couverte de poils, et terminé à son sommet par le style qui est persistant. Les fleurs forment des capitules terminaux, rarement axillaires, dont le réceptacle commun est couvert d'écailles courtes et persistantes, et qui sont environnés par un involucre imbriqué et persistant. Les espèces de ce genre sont des Arbustes, des Arbres, ou quelquefois même de petits sous-Arbrisseaux sans tige, portant des feuilles alternes et très-entières. On en compte environ une quarantaine, toutes originaires des parties australes de l'Afrique, et en particulier du cap de Bonne-Espérance, qui paraît être en quelque sorte le berceau de toute la famille des Protéacées. Parmi ces espèces nous citerons comme exemples de ce genre les *Protea cynaroides*, L., *Mant.*, *Sims Bot. Magaz.*, tab. 770; *P. speciosa*, L., *loc. cit.*, *Sims Bot. Magaz.*, tab. 1183; *P. mellifera*, Thunb., *Diss. Curt. Magaz.*, 346; *P. grandiflora*, Thunb., etc., et plusieurs autres espèces cultivées dans nos serres. *V.*, pour les espèces de *Protea* dont on a fait des genres nouveaux, les mots AULAX, LEUCADENDRUM, LEUCOSPERMUM, MIMETES, SERRARIA, etc. (A. R.)

PROTEINE. *Proteinus*. INS. Genre de l'ordre des Coléoptères, section des Pentamères, famille des Brachélytres, tribu des Aplatis, établi par Latreille, et adopté par tous les entomologistes avec ces caractères : corps aplati; tête libre, entièrement découverte; corselet court, transversal; élytres couvrant la plus grande partie de l'abdomen et des ailes. Antennes insérées devant les yeux, sous un rebord de la tête, allant en grossissant, composées de onze articles presque entièrement grenus. Les derniers notablement plus gros que les précédens. Labre entier; palpes maxillaires beaucoup plus courts que la tête, de quatre articles, le pénultième épais, le dernier distinct, grêle, aciculaire, presque aussi long que le précédent; les labiaux de trois articles. Tarses à articles allongés, le dernier beaucoup plus court que les autres réunis. Ce genre se distingue des Oxytèles et des Omalies, parce que ceux-ci ont le dernier article des tarses aussi long à lui seul que les autres réunis. Dans les Lestèves les antennes sont presque filiformes. Les Aléochares ont l'insertion des antennes à nu, et non sous un rebord de la tête. On ne connaît qu'une seule espèce de ce genre, c'est le PROTEINE BRACHYPTÈRE, *Proteinus brachypterus*, Latr. Il est long d'une ligne, noir, luisant et très-finement pointillé. Les mandibules, la base des antennes et les pates sont roussâtres. On le trouve aux environs de Paris; il vit à terre et sous les Plantes. (G.)

* PROTÈLE. *Proteles*. MAM. Nous avons établi sous ce nom (Mém. du Mus. T. XI, p. 354, 1824) un genre fort remarquable de Carnassiers digitigrades, dont le type est une espèce rapportée il y a quelques années du cap de Bonne-Espérance par Delalande, et à laquelle Cuvier avait d'abord donné le nom provisoire de Civette ou Genette hyénoïde. Notre genre *Proteles*, adopté par tous les auteurs qui ont publié dans ces derniers temps des systèmes ou des catalogues de Mammifères, doit, à notre avis, être placé près du genre Hyène; et c'est ce que nous croyons avoir démontré de la manière la plus concluante, en comparant avec détail toutes les pièces du squelette et toutes les parties des organes des sens et de la locomotion, qu'il nous a été possible d'examiner chez le Protèle, avec celles des trois genres qui peuvent en être le plus rapprochés sous divers points de vue, c'est-à-dire les Chiens (et plus particulièrement les Renards), les Civettes et les Hyènes. Au premier coup-d'œil, le Protèle frappe par sa grande ressemblance avec ce dernier genre; ses formes générales sont les mêmes; ses membres postérieurs paraissent, comme dans ce groupe et par la même cause, beaucoup plus courts que les an-

térieurs. Quelques personnes pourraient même, sur une première vue, être tentées de prendre le Protèle pour un jeune âge de l'Hyène d'Orient (*Hyæna vulgaris*); car il se rapproche d'elle plus encore par son pelage que par ses formes, présentant sur un même fond de coloration de semblables rayures transversales. Nous insistons à dessein sur ce fait, à nos yeux très-remarquable, puisqu'il nous montre, entre deux espèces de genres différens, plus de rapports de ressemblance extérieure qu'on n'en trouve quelquefois entre deux espèces d'un même genre bien naturel. Et cependant les caractères qui isolent le Protèle et l'écartent des Hyènes sont d'une haute importance, comme on va le voir. Ce qui distingue particulièrement le Protèle, c'est la forme de son crâne et le nombre de ses doigts. Sa tête, au lieu d'être ramassée comme chez les Hyènes, est svelte et remarquable par d'élégantes proportions; son museau, au lieu d'être obtus et comme tronqué, est allongé et assez fin, en sorte que la tête du Protèle, dans son ensemble, se rapproche un peu de celle de la Civette, et beaucoup de celle du Renard. Ce rapport donné par l'inspection immédiate des parties extérieures, l'est pareillement par l'étude du crâne. Il est très-vraisemblable que le système dentaire du Protèle diffère à quelques égards de celui des Hyènes : malheureusement nous n'avons pu constater ce fait. Les individus que nous avons examinés étaient de jeunes sujets chez lesquels il n'y avait que de très-petites dents de lait très-remarquables par l'anomalie de leurs formes. Cuvier, qui a cherché à se rendre compte de cette particularité, pense que les dents persistantes avaient été retardées chez ces individus; ce qui, ajoute-t-il, arrive assez souvent aux Genettes. Si maintenant nous passons à l'examen des organes du mouvement, nous trouvons chez le Protèle un caractère qui permet de le distinguer au premier coup-d'œil des Hyènes : ses membres postérieurs sont tétradactyles comme chez celles-ci; mais les antérieurs sont pentadactyles comme chez les Renards et les Civettes, et ils portent un pouce semblable, par son volume et sa position, à celui des Chiens. Mais si le Protèle s'éloigne des Hyènes par le nombre de ses doigts, il se rapproche de celles-ci par toutes les autres parties du membre antérieur, et particulièrement par son carpe, disposé comme chez les Hyènes, et même par son métacarpe. Les Carnassiers ont ordinairement le pied de devant plus court que celui de derrière, et particulièrement (car c'est sur eux que porte la différence) les os métacarpiens plus courts que les métatarsiens. Les Hyènes font exception à ce rapport : chez elle le métacarpe ne le cède en rien pour la longueur au métatarse. Or, nous avons constaté qu'il en est absolument de même chez le Protèle, qui se rapproche ainsi des Hyènes jusque dans leurs anomalies.

On ne connaît encore dans le genre *Proteles* que l'espèce rapportée du Cap par Delalande, et à laquelle nous avons donné le nom de Protèle Delalande, *Proteles Lalandii* (Mém. du Mus. T. XI, pl. 20). Nous ferons connaître succinctement ses caractères extérieurs. Nous avons déjà dit que son aspect général est celui des Hyènes. Ses jambes de derrière paraissent très-courtes, ce qui vient de la flexion continuelle où il en tient les diverses parties, et non de leur brièveté réelle; car malgré l'allongement du métacarpe dont nous avons fait mention, les membres postérieurs sont aussi longs que les antérieurs. Les oreilles sont allongées et couvertes d'un poil très-court et peu abondant : elles ressemblent à celles de l'Hyène rayée. Les narines font saillie au-delà du museau qui est noir et peu fourni de poils. Les moustaches sont longues. Les poils de la crinière et ceux de toute la queue sont de longues soies rudes au toucher, et annelées de noir et de blanchâtre; ce qui fait que la crinière et la queue sont aussi dans leur ensemble annelées des mêmes couleurs. La crinière s'étend de la nuque à l'origine de la queue. Le reste du corps est presque en entier couvert d'un poil laineux, entremêlé de quelques poils plus longs et plus rudes. Le fond du pelage est d'un blanc lavé de gris-roussâtre, mais il est varié sur les côtés et la poitrine de lignes noires transversales, inégalement prononcées et espacées. Les tarses sont noirs; le reste de la jambe, de même couleur que le corps, est varié aussi de bandes noires transversales, dont les supérieures se continuent avec celles du tronc. Ce bel Animal, répandu dans la Cafrerie et le pays des Hottentots, est, à l'état de l'adulte, de la taille du Chien de berger, suivant des renseignemens qu'a bien voulu nous transmettre le docteur Knox qui a vu trois fois des Protèles sur les bords de la rivière des Poissons, en Cafrerie. Elle paraît être rare; car très-peu connue des naturels du pays, nous ne l'avons trouvée clairement indiquée dans les relations d'aucun voyageur. Au reste, si le Protèle a échappé pendant longtemps aux recherches des naturalistes, cette circonstance doit être attribuée, non-seulement à la rareté de l'espèce, mais aussi à ses habitudes. Elle est nocturne, et se tient pendant toute la durée du jour dans des terriers à plusieurs issues. Lorsqu'on l'irrite, sa crinière se dresse, et ses longs poils se hérissent depuis la nuque jusque sur la queue. Delalande a tué et rapporté en Europe trois individus qui habitaient le même terrier: il les a vu fuir avec vitesse, les crinières hérissées, le corps très-oblique sur le sol, les oreilles et la queue baissées. (IS. G. ST.-H.)

PROTEOIDES. *Proteæ.* BOT. PHAN. (Jussieu.) Syn. de Protéacées. *V.* ce mot. (B.)

* PROTÉSILAS. INS. Papillons de la division des Chevaliers grecs de Linné. (B.)

* PROTHORAX. INS. *V.* THORAX.

PROTIUM. BOT. PHAN. Genre de la famille des Térébinthacées et de la Décandrie Monogynie, L., établi par Burmann dans sa *Flora indica*, réuni par Linné aux *Amyris*, puis rétabli par Kunth avec les caractères suivans: fleurs diclines; calice quinquéfide, persistant; corolle à cinq pétales sessiles, étalés, insérés sous le disque, et à estivation valvaire; dix étamines plus courtes que les pétales; ovaire probablement à trois loges biovulées; un seul style; disque tronqué à dix côtes; drupe indéhiscente à trois noyaux, dont deux souvent avortent. Ce genre, qui diffère à peine du *Bursera*, ne renferme qu'une seule espèce (*Protium javanicum*, Burm.), figurée par Rumph., *Herb. Amboin.*, 7, tab. 23, f. 1. C'est un Arbre indigène de Java et des autres îles de l'archipel Indien; ses feuilles sont imparipinnées, et ses fleurs disposées en panicules axillaires. (G..N.)

* PROTO. MOLL. Déjà sous le nom de *Misal*, Adanson, dans le Voyage au Sénégal, avait indiqué dans son genre Cérite une Coquille du genre Turritelle de Lamarck, mais qui, par le renversement de sa base subéchancrée, pouvait servir de passage entre les Turritelles et le nouveau genre institué par Defrance sous le nom de *Proto*. Une Coquille probablement vivante qui fut donnée à ce savant par Maraschini, ainsi qu'une autre fossile des environs de Bordeaux, ont servi, surtout la première, à l'établissement de ce genre, auquel Defrance assigne les caractères suivans: coquille univalve, turriculée, pointue au sommet, sans columelle apparente, à ouverture arrondie, presque inférieure, et formée par la réunion du bord gauche, qui, passant circulairement au bord droit, va se terminer plus haut vers le milieu du dernier tour. Blainville, dans son Traité de Malacologie, a adopté ce genre, qu'il a justement placé près des Turritelles et des Scalaires. Il en a rejeté l'espèce fossile; et, depuis, Defrance, après l'avoir admise, n'en a

plus fait mention. Cependant les caractères de cette Coquille sont tels, qu'il serait impossible de la faire entrer ailleurs, ce qui nous fait présumer que l'individu de la Collection de Defrance, comme le témoigne d'ailleurs la figure qu'il en a donnée, n'était point entier. Basterot, dans son intéressant Mémoire sur les Fossiles de Bordeaux, a rapporté cette Coquille au genre Turritelle. On voit, par la figure, qu'il n'a vu que de trop jeunes individus pour pouvoir en connaître les vrais caractères. Ainsi nous persistons, d'après les beaux échantillons que nous possédons, à ranger cette espèce dans le genre qui nous occupe. Il en contiendra donc deux : PROTO DE MARASCHINI, Def., Dict. des Scienc. nat. T. XLIII, fig. 1; *Proto alene*, *Proto terebralis*, Blainv., Traité de Malac., pl. 31 *bis*, fig. 1. — PROTO TURRITELLE, *Proto Turritella*, Def., Dict., Atlas, fig. 1, a; *Turritella Proto*, Bast., Mém. Géol. sur Bord., pl. 1, fig. 7. (D..H.)

* PROTO. CRUST. *V.* PROTON.

PROTOGYNE. GÉOL. C'est à Jurine que l'on doit l'établissement de cette espèce de Roche talqueuse, à contexture granitoïde, essentiellement composée de Feldspath, de Talc et de Quartz, dans laquelle le Feldspath est ordinairement le principe dominant. Elle est remarquable par sa grande ténacité. Le Feldspath y est souvent rougeâtre; le Quartz gris et le Talc, qui est presque toujours à l'état compacte ou chloriteux, communique à la Roche une teinte verdâtre. Cette Roche est peu sujette à la décomposition; elle contient peu de Minéraux accidentels : on y a observé, mais rarement, du Sphène, des Pyrites de Fer, du sulfure de Molybdène, etc. La Protogyne est stratifiée d'une manière distincte; elle ne renferme presque point de filons, mais des couches subordonnées de Talc schistoïde, de Pétrosilex, de Diorite, etc. Elle paraît appartenir à la partie supérieure des terrains talqueux, et se montre dans deux localités principales, en Corse (au Violo), et dans les Alpes du Mont-Blanc (au Pormenaz, vallée de Servoz; au Talèfre). *V.* ROCHES et TERRAINS. (G. DEL.)

* PROTOCOCCUS. BOT. CRYPT. (*Hydrophytes.*) Ce genre a été récemment établi par le professeur suédois Agardh dans son *Systema Algarum*. Aux caractères qu'il lui assigne, on reconnaît bien évidemment son identité avec ces globules végétaux élémentaires, premiers résultats d'une organisation sans vie proprement dite, où concourt déjà la présence de deux ou trois de ces états de la MATIÈRE dont il a été traité à ce mot; et dont Turpin s'est occupé soigneusement en créant pour les désigner le nom heureux de Globuline. Agardh n'admettait que deux espèces dans son genre nouveau, celle qui colore parfois la neige en rouge, et celle qui teint certaines murailles en vert. Il aurait pu en ajouter un grand nombre d'autres. Pour les micrographes qui puisent leurs observations dans la nature même, il est de toute évidence que la Globuline ou les petites sphères dont se forment les nuances colorantes du Protococcus, sont purement végétales, et qu'on n'y distingue jamais le moindre indice d'aucun mouvement spontané, en conservât-on des années entières, en fît-on produire en diverses circonstances autour de soi. Pour les personnes qui écrivent d'après ce que leur en content les gens qui voient pour elles, à travers le verre grossissant, et qui confondent tout ce qui est globuleux et vert, soit qu'il s'agite spontanément, soit qu'il demeure inerte, le Protococcus peut être un Animal, et tout ce qu'on voudra; mais alors il cessera d'appartenir au domaine de l'Histoire naturelle, et passant dans celui de l'imagination, nous cesserons de nous en occuper. *V.* CHAOS et MATIÈRE. (B.)

PROTON. *Proto.* CRUST. Genre de l'ordre des Lœmodipodes, famille des Filiformes, établi par Leach, et ayant pour caractères : dix pieds disposés en une série continue depuis la tête jusqu'au dernier anneau inclusivement; corps terminé par deux ou trois articles qui forment une espèce de queue : un appendice à la base des pieds de la seconde paire et de ceux des paires suivantes. Femelles portant leurs œufs dans une poche formée d'écailles rapprochées, et placée sous les second et troisième segmens du corps. Leach avait placé avec doute, dans son genre *Proto*, la *Squilla ventricosa* de Müller; mais Latreille en a formé le genre Leptomère (*V.* ce mot). L'espèce qui sert de type au genre Proton est :

Le PROTON PÉDIAIRE, *Proto pedatum*, Desm., Latr.; *Squilla pedata*, Müll., Zool. Dan., tab. 101, fig. 1 et 2; *Cancer pedatus*, Montagu, Trans. Linn. T. XI, pl. 2, fig. 6. On trouve cette espèce sur les côtes de France. Desmarest l'a prise au Havre sur des Eponges ramenées du fond de la mer par la vague. (G.)

*PROTONEMA. BOT. CRYPT. Genre imaginaire établi entre les Conferves par le professeur Agardh qui penche lui-même à en regarder les deux espèces comme les cotylédons des Fougères, des Prêles et des Mousses. Il y a long-temps que nous avons exprimé notre avis au sujet de tous ces duvets verts ou bruns qu'on trouve à terre dans les bois et autres lieux ombragés, ou dans les serres, et auxquels succèdent en effet des Cryptogames dont ils sont le premier état de végétation. Le *Byssus velutina* de Linné mentionné dans un si grand nombre de Flores, et qui appartient au genre *Protonema*, paraît être le premier état du *Polytrichum aloides*, jolie petite Mousse, et selon Agardh dans un Mémoire inséré aux Annales du Muséum pour 1822, la végétation des Prêles commence par un autre *Protonema* de couleur verte. Les espèces brunes revêtent les racines de certaines Fougères, particulièrement du *Pteris aquilina* et des Mousses telles que les Orthotrics ou les Mnies. Fries, qui adopta le genre *Protococcus*, l'appelle *Herpotrichum*. (B.)

* PROTONIE. *Protonia*. CRUST. Nom donné par Rafinesque (Précis des Découvertes somiologiques) à un genre de Crustacé dont les caractères nous sont inconnus. (G.)

PROTONOTAIRE. OIS. Espèce du genre Sylvie. *V.* ce mot. (DR..Z.)

PROUSTIA. BOT. PHAN. Genre de la famille des Synanthérées, établi par Lagasca (*Amenid. nat. de las Espan.*, vol. 1, p. 33), qui l'a placé dans sa tribu des Chœnanthophores. De Candolle (Ann. Mus., vol. 19, p. 67) en a publié une description ainsi que la figure de l'espèce sur laquelle il a été établi. Voici ses caractères génériques essentiels : involucre imbriqué, à folioles petites et obtuses; cinq fleurons tous hermaphrodites, à deux lèvres; l'extérieure tridentée, l'intérieure bidentée; aigrette poilue, denticulée, sessile; réceptacle nu et étroit. Le *Proustia pyrifolia*, D. C., *loc. cit.*, tab. 12, a le port de certains Eupatoires. C'est un Arbrisseau à rameaux cylindriques, un peu tomenteux vers leur partie supérieure, à feuilles opposées ou alternes, pétiolées, cotonneuses en dessous, lisses, entières, ovales et mucronées au sommet; à fleurs disposées en grappes courtes au sommet de pédoncules axillaires. Cette Plante croît au Chili près de Talcahuano. (G..N.)

PROVENZALIA. BOT. PHAN. (Petit.) Syn. de *Calla palustris*. *V.* CALLA. (A. R.)

PROYER. OIS. Espèce du genre Bruant. *V.* ce mot. (DR..Z.)

PROZETIA. BOT. PHAN. (Necker.) Syn. de *Pouteria* d'Aublet. (G..N.)

PRUNE. BOT. PHAN. Fruit du Prunier dont les variétés sont innombrables et portent des noms divers qu'il serait trop long et inutile de recueillir ici. On a étendu ce nom de Prune à beaucoup d'autres productions végétales, et conséquemment appelé

PRUNE DES ANSES et PRUNE COCO, le Jacquier; PRUNE DE DAME, le *Comocladia*; PRUNE A COCHONS, l'Icaquier; PRUNE ÉTOILÉE, le Carambolier, etc. (B.)

* PRUNE DE REINE-CLAUDE. MOLL. Ce nom d'une variété de Prunes très-estimée est devenu, dans le langage vulgaire et marchand, celui de l'*Ampularia guinaica*. *V.* AMPULAIRE. (B.)

PRUNELLA. OIS. L'un des synonymes de Fauvette brune ou Mouchet. (B.)

PRUNELLE. *Prunella*. BOT. PHAN. Ce genre, de la famille des Labiées et de la Didynamie Gymnospermie, L., avait été primitivement nommé *Brunella* par Tournefort. Nous ignorons pourquoi Linné en varia la dénomination; aussi Lamarck, Mœnch, Jussieu, De Candolle et beaucoup d'autres, qui ne se sont pas crus enchaînés par l'autorité de Linné, ont rétabli l'orthographe du nom tel que le proposa Tournefort. Cependant, comme le nom de *Brunella* pourrait être facilement confondu avec celui du genre *Brunellia* établi par Ruiz et Pavon, la plupart des botanistes sont maintenant d'accord pour conserver le nom de *Prunella* au genre dont il est ici question. Voici ses caractères essentiels : le calice est nu pendant la maturation, à deux lèvres, la supérieure grande, plane, à trois dents, et presque tronquée au sommet, l'inférieure bilobée. La corolle a le tube renflé vers l'orifice, le limbe à deux lèvres; la supérieure, concave, inclinée vers l'entrée du tube, l'inférieure réfléchie vers le calice, et partagée en trois lobes obtus, celui du milieu large et crénelé. Les quatre étamines didynames ont leurs filets fourchus au sommet, l'une des pointes nue, l'autre portant une anthère. Le style s'élève du milieu des quatre parties de l'ovaire, et se bifurque au sommet. Ce genre se compose d'une quinzaine d'espèces qui croissent dans les diverses régions du globe; quelques-unes sont assez communes en France, dans les prés, les bois, le long des chemins, sur les collines, etc.; telles sont les *Prunella vulgaris*, *laciniata* et *grandiflora*. Ce sont de petites Plantes herbacées à feuilles un peu velues, dentées ou pinnatifides, à fleurs bleues, rouges ou blanches, et disposées en capitule ou épi terminal serré, séparées entre elles par de larges bractées opposées, ciliées et colorées. On faisait autrefois usage en médecine du *Prunella vulgaris* comme détersif et vulnéraire. Les autres espèces de ce genre croissent aux États-Unis et dans l'Amérique méridionale. (G..N.)

PRUNELLES. BOT. PHAN. Fruit du Prunellier. *V.* ce mot et PRUNIER. (B.)

* PRUNELLIER. BOT. PHAN. Espèce du genre Prunier, vulgairement nommé *sauvage* ou *épineux* et *Epine noire*, dont les fruits sont d'une astringence remarquable. *V.* PRUNIER. (B.)

PRUNIER. *Prunus*. BOT. PHAN. Genre de Plantes de la famille des Rosacées, tribu des Drupacées. Les anciens botanistes, et en particulier Tournefort, considéraient comme autant de genres distincts, les Pruniers (*Prunus*), les Cerisiers (*Cerasus*), et les Abricotiers (*Armeniaca*); mais Linné crut devoir réunir en un seul ces trois genres, et lui conserva le nom de *Prunus*. Cependant Jussieu rétablit les trois genres de Tournefort, et son exemple a été suivi par presque tous les botanistes modernes. Nous ne traiterons donc dans cet article que du genre Prunier proprement dit, en renvoyant aux mots ABRICOTIER et CERISIER. Le genre Prunier peut être caractérisé de la manière suivante : son calice est monosépale; le tube est subcampanulé, tapissé sur toute sa face interne par un disque pariétal peu épais; le limbe à cinq divisions réfléchies, la corolle de cinq pétales égaux et étalés; les étamines en grand nombre insérées à la partie supérieure du tube calicinal; l'ovaire est sessile, ovoïde, uniloculaire, contenant deux ovules suspendus et collatéraux; le style se termine par un stigmate simple, et le fruit est une drupe, à peau lisse glabre, toujours glauque, contenant un noyau osseux, rugueux, comprimé, et ayant son bord aigu, creusé d'un sillon. Les Pruniers sont des Arbres ou des Arbrisseaux à feuilles alternes pétiolées, simples, munies de deux stipules à leur base. Les fleurs sont blanches, s'épanouissant avant les feuilles, et portées sur des pédoncules axillaires et uniformes. Parmi les espèces de ce genre, nous mentionnerons ici les suivantes, qu'on voit le plus souvent figurer dans nos jardins:

PRUNIER ÉPINEUX ou PRUNELLIER, *Prunus spinosa*, L. Cette espèce est extrêmement commune dans nos haies et nos bois. Ses fleurs sont petites, très-nombreuses, ses rameaux terminés en pointe roide et aiguë; ses fruits sont petits et excessivement âpres. C'est avec ces fruits non mûrs que l'on prépare en Allemagne un extrait astringent connu sous le nom d'*Acacia nostras*.

PRUNIER DE BRIANÇON, *Prunus Brigantiæ*, Vill., Fl. Dauph., 3, p. 535. Cette espèce, qui croît dans les Alpes du Dauphiné, a ses fruits jaunâtres, fades et peu agréables; on retire de leur amande une huile grasse, légèrement amère, et qu'on emploie aux mêmes usages que l'huile d'olive: elle est connue sous le nom vulgaire d'*Huile de Marmotte*.

PRUNIER CULTIVÉ, *Prunus domestica*, L. C'est un Arbre de moyenne grandeur qui paraît originaire de la Syrie, mais qui est naturalisé en Europe depuis un temps immémorial, et qui par suite de la culture a produit dans nos vergers un grand nombre de variétés, relatives à la forme, au volume, à la couleur et à la saveur des fruits. Ces variétés sont à fruits violacés ou à fruits jaunâtres ou verdâtres; parmi les premières nous distinguerons: la Prune de Monsieur, le gros Damas, la Reine-Claude violette, la Royale de Tours, la Couetschen, etc. Au nombre des secondes on trouve: la Reine-Claude, la Mirabelle, la Sainte-Catherine, etc. Le Prunier est un Arbre assez rustique, qui s'accommode des différentes sortes de terrains, pourvu qu'il ne soit pas trop glaiseux ni trop sablonneux. De même que la plupart des autres Arbres fruitiers, une terre franche et légère est celle où il prospère le mieux; l'exposition du levant ou même celle du midi sont celles qui lui sont le plus favorables. Les Pruniers se multiplient de deux manières, par les semis ou par le moyen des rejetons qui se développent auprès des vieux pieds. Toutes les variétés se conservent et se propagent par la greffe.

Lorsque les Prunes sont parvenues à leur maturité parfaite, les bonnes variétés, comme la Reine-Claude, la Mirabelle, la Sainte-Catherine, forment un des meilleurs fruits de nos climats; leur saveur douce et sucrée est rendue encore plus agréable par un arôme délicat, aussi en fait-on une très-grande consommation pendant les chaleurs de l'été. Cependant, mangées en trop grande quantité, elles finissent par devenir laxatives, et occasionent souvent des diarrhées opiniâtres. Ces fruits ont le très-grand avantage de pouvoir être conservés pendant l'hiver; séchés au soleil, après avoir été passés au four, ils forment les Pruneaux qui sont à la fois un aliment et un médicament; ceux qu'on prépare avec les grosses espèces, comme la Sainte-Catherine, la Reine-Claude, la Couetschen, ont une saveur agréable et sucrée, et on les sert sur nos tables au dessert. Les meilleurs viennent de la Touraine et des environs d'Agen. Leur usage est permis aux convalescens, et précède en général celui des alimens plus substantiels tirés du règne animal. Mais quand les Pruneaux ont été faits avec la petite Prune de Damas, ils ont une saveur moins sucrée, un peu âpre, et ils agissent comme laxatifs; on les donne fréquemment aux enfans pour les purger doucement, ou leur décoction sert d'excipient à la manne, au séné, ou à d'autres substances purgatives dont elle masque en grande partie la saveur désagréable. La saveur douce et sucrée des Prunes parvenues à leur maturité complète, annonce en elles l'existence du sucre qui y est en quantité assez notable pour que quelques chimistes aient proposé de l'en extraire. On ne s'étonnera donc pas que dans quelques pays, en Alsace, par exemple, on retire des Prunes, par la fermentation, une très-grande quantité d'alcohol qui y est employé aux mêmes usages que celui qu'on extrait du vin. On voit souvent suinter du tronc et des grosses branches des vieux Pruniers une matière visqueuse qui se sèche, se durcit, et forme une véritable gomme; cette gomme indigène est peu soluble dans l'eau, d'une saveur douce, fade; elle est un peu colorée; elle jouit des mêmes propriétés que la gomme arabique, et pourrait être employée aux mêmes usages.

Indépendamment des espèces mentionnées ci-dessus, on cultive encore dans les jardins d'agrément les suivans : Prunier à fleur de Cerisier, *Prunus Chamæcerasus*, L.; Prunier couché, *Prunus prostrata*, Labill.; Prunier de la Chine, *Prunus sinensis*, L.; Prunier cotonneux, *Prunus incana*, etc. (A. R.)

PRUNIER D'AMÉRIQUE. BOT. PHAN. Un des noms vulgaires de l'Icaquier, *Chrysobalanus Icaco*, L. (G..N.)

PRUNIER ÉPINEUX. Nom donné aux Antilles, par les Européens, à la Ximénie épineuse, *Ximenia americana*, L., et synonyme de Prunellier. *V.* ce mot et PRUNIER. (B.)

PRUNIFERA-ARBOR. BOT. PHAN. Ce nom assez impropre fut d'abord donné par d'anciens botanistes, après la découverte du Nouveau-Monde, à divers Arbres qui portaient des drupes charnus et la plupart mangeables, tels que le *Laurus persea*, le *Sapindus Saponaria*, *Anacardium occidentale*, etc. (B.)

PRUNUS. BOT. PHAN. *V.* PRUNIER.

* PRUSSIQUE. MIN. *V.* HYDROCYANIQUE à l'article ACIDE.

PRYCKA. POIS. Pour Pricka. *V.* PÉTROMYZON.

* PRYPNUS. INS. Nom donné par Schœnherr à un genre de Charanson. *V.* RHYNCHOPHORES. (G.)

* PSACALIUM. BOT. PHAN. Genre de la famille des Synanthérées, tribu des Adénostylées, établi par H. Cassini sur le *Cacalia peltata* de Kunth, *Nov. Gen. et Spec. Plant æquinoct.*, vol. IV, p. 170, tab. 361. Ce genre est voisin de l'*Adenostyles* dont il diffère principalement par les deux grandes bractées qui naissent immédiatement de la base de l'involucre. Il se distingue aussi du *Ligularia* de Cassini, par sa calathide sans rayons. Le *Psacalium peltatum*, Cassini, est une Plante herbacée, haute de quatre à six pieds, dressée, rameuse, garnie de feuilles, les radicales longuement pétiolées et ayant leur limbe presque orbiculaire et pelté. Les calathides sont composées de fleurs verdâtres, et forment une panicule terminale, garnie de bractées ovales-oblongues, aiguës et entières. Cette Plante a été trouvée par Humboldt et Bonpland dans les bois des environs de Pazcuaro au Mexique. (G..N.)

* PSADIROME. *Psadiroma*. MOLL.? C'est un de ces genres incertains dont Rafinesque a encombré la Zoologie et sur lequel il ne nous est permis d'avoir aucune opinion; car l'auteur n'en a donné aucune figure, et il l'a décrit si vaguement, que ce qu'il en dit est applicable à un grand nombre d'espèces. Il a, suivant lui, pour caractères : corps fixe, polystome, plan, irrégulier; plusieurs bouches supérieurement en forme de fossettes, urcéolées et à huit tubercules intérieurement. Rafinesque rapporte à ce nouveau genre une seule espèce qui, sans doute, se trouve dans les

mers de Sicile, et dont le corps aplati, friable, blanchâtre, lobulé, offre des bouches rougeâtres. L'auteur rapproche ce genre des Synoïques et des Botrylles; il le décrit dans un journal de Sicile et dans le Journal de Physique pour l'année 1819, p. 154. (AUD.)

PSALLIDIE. *Psallidium*. INS. Genre de l'ordre des Coléoptères, section des Tétramères, famille des Rhynchophores, tribu des Charansonites, établi par Germar, et adopté par Schœnnherr. Les caractères que Germar assigne à ce genre sont : rostre court; mandibules très-avancées; corps aptère; antennes plus courtes que la tête et le corselet. Ce genre a pour type le *Psallidium mandibularis* de Germar. On l'a trouvé en Hongrie, et il a été pris dernièrement aux environs de Paris. *V*. RHYNCHOPHORES. (G.)

* PSALLIOTA. BOT. CRYPT. *V*. AGARIC.

* PSAMATHE. CRUST. Nom donné par Rafinesque à un nouveau genre de l'ordre des Isopodes dont les caractères nous sont inconnus. (G.)

PSAMATOTE. *Psamatotus*. ANNEL. Guettard a formé sous ce nom un nouveau genre de Fossile qui paraît devoir être rapporté au genre Hermelle de Savigny. Ce savant n'hésite pas à le regarder comme l'analogue de son *Hermella alveolata*. *V*. HERMELLE. (AUD.)

PSAMMA. BOT. PHAN. Palisot-Beauvois nommait ainsi un genre de la famille des Graminées qu'il avait établi pour l'*Arundo arenaria*, L., distinct des autres Roseaux par la présence d'une seconde fleur rudimentaire placée entre les poils qui accompagnent la glume. Ce genre, qui avait été nommé *Ammophila* par Host, n'a pas été généralement adopté. (A. R.)

*PSAMMÉTIQUE. *Psammetichus*. INS. Genre de l'ordre des Coléoptères, section des Hétéromères, famille des Mélasomes, tribu des Piméliaires, établi par Latreille sur quelques Insectes du Chili, et dont les caractères sont exposés à l'article PIMÉLIAIRES. *V*. ce mot. (G.)

PSAMMITE. GÉOL. Ce nom, qui veut dire Corps arénacé ou Grès, a été donné par Haüy au Grès intermédiaire ou à la Grauwacke commune qui est un assemblage de grains de Quartz, de Phyllade, de Mica, agglutinés mécaniquement par un ciment ordinairement de la nature du Phyllade, et qui est tantôt à gros grains, et tantôt à grains fins. Elle comprend comme variété la Grauwacke schisteuse (*Grauwacken-Schiefer*), qui renferme accidentellement du carbonate de Chaux sous la forme de veines parallèles ou irrégulières. Brongniart, au contraire, donne le nom de Psammite aux différens Grès mélangés quelle que soit leur position géognostique, dont la composition est analogue à celle du Grès des houillères, et qui sont un assemblage de grains de Quartz et de parcelles de Mica, réunis par une petite quantité d'Argile. Le Grès des houillères (Grès micacé ou friable de plusieurs géologues; Métaxite d'Haüy) forme, dans sa Classification des Roches, le type de cette espèce, sous le nom de Psammite commun; la plupart des Grès rouges à petits grains, et quelques-uns des Grès bigarrés des Allemands, composent son Psammite rougeâtre; enfin, plusieurs des *Grauwacken-Schiefer* forment une troisième variété qu'il nomme Psammite schistoïde. *V*. les mots GRÈS et TERRAINS. (G. DEL.)

PSAMMITES ET PSAMMIUM. MIN. Forster, dans son Onomatologie, emploie ces noms comme synonymes du mot Grès. *V*. PSAMMITE. (G. DEL.)

PSAMMOBIE. *Psammobia*. CONCH. Genre de Coquilles que Linné et ses imitateurs confondaient avec les Solens et les Tellines, et que Lamarck le premier en sépara dans son dernier ouvrage. Lui trouvant plus de rapports avec les Tellines qu'avec les Solens, il le rapprocha de ce premier genre. Il fut en cela imité par Férussac, dans ses Tableaux systématiques des Mollusques. Blainville au contraire, dans son Traité de Malacologie, les en éloigna pour les porter dans les Pyloridés, en les confondant, ainsi que les Psammotées, dans son genre Psammocole, destiné à les réunir en un seul. Ce savant zoologiste avait très-bien observé un passage entre ces deux genres par le peu de constance dans le nombre et la disposition des dents cardinales, à tel point qu'une Coquille de même espèce peut présenter des individus propres aux Psammobies, et d'autres aux Psammotées. Ces observations peuvent aussi s'appliquer aux Sanguinolaires, avec lesquels les deux genres que nous venons de citer ont le plus grand rapport. On ne les distingue en effet que par la forme générale et par un très-faible caractère de la charnière, les Sanguinolaires ayant deux dents sur chaque valve, et les Psammobies en ayant deux sur l'une, et une sur l'autre; mais lorsqu'on a observé un grand nombre d'individus, soit différens, soit de la même espèce dans ces deux genres, on est forcé de convenir que ce caractère est de nulle valeur; car on trouve des Sanguinolaires qui n'ont qu'une dent à l'une des valves, comme on observe des Psammobies qui en ont deux à chacune d'elles. Il ne reste donc, d'après cela, pour les distinguer que la seule forme générale : il n'est pas besoin de démontrer que ce caractère est de très-peu d'importance, puisque les conchyliologistes modernes, pour éviter les erreurs dans lesquelles les anciens sont tombés en se servant de ce moyen, l'ont tous rejeté parmi ceux que l'on devait consulter les derniers, et seulement pour établir des sous-divisions génériques. Nous pensons donc que non-seulement Blainville a eu parfaitement raison de réunir en un seul les genres Psammobie et Psammotée, mais qu'il faut encore y joindre les Sanguinolaires. Il est nécessaire d'ôter de celles-ci quelques espèces qui appartiennent plus aux Solens qu'aux Sanguinolaires. Alors ce genre devenu beaucoup plus naturel, se placera bien à côté des Tellines. Selon l'opinion de Lamarck, on les en distinguera facilement, aussi bien par le manque de dents latérales, que par le défaut de pli sur le côté postérieur de la coquille. Nous reviendrons sur ce sujet à l'article SANGUINOLAIRE auquel nous renvoyons. (D..H.)

PSAMMOCHARE. *Psammocharus*. INS. Nom sous lequel Latreille désignait le genre Pompile. *V.* ce mot. (G.)

* PSAMMOCOLE. *Psammocola*. CONCH. Blainville, dans la louable intention de réunir en un seul les deux genres Psammobie et Psammotée, a institué celui-ci. Nous pensons qu'à ces deux genres il est nécessaire d'en joindre un troisième, les Sanguinolaires, qui ne s'en distinguent pas d'une manière suffisante; et pour éviter des dénominations nouvelles qui laissent quelquefois dans l'incertitude, nous pensons que l'on peut réunir ces divers genres sous le nom d'un des trois genres. Nous avons préféré, comme le plus ancien, celui des Sanguinolaires, auquel nous renvoyons. *V.* aussi PSAMMOBIE et PSAMMOTÉE. (D..H.)

* PSAMMODE. *Psammodes*. INS. Genre de l'ordre des Coléoptères, section des Hétéromères, famille des Mélasomes, tribu des Piméliaires, établi par Kirby dans le douzième volume des Transactions de la Société Linnéenne de Londres, et ayant pour caractères, suivant cet auteur : labre échancré; lèvre bifide; ses lobes divergens; mandibules se touchant l'une et l'autre par leur extrémité, bidentées; mâchoires écartées à leur base; palpes filiformes, les maxillaires allongés, menton en trapèze; antennes grêles; un peu en massue; cette massue de trois articles; corps ovale-oblong. Ce genre a été réuni par Latreille à ses Moluris. Il n'a pas trouvé de différences assez grandes pour l'adopter. *V.* PIMÉLIAIRES et MOLURIS. (G.)

* PSAMMODIE. *Psammodius*. INS. Genre de l'ordre des Coléoptères, section des Pentamères, famille des Lamellicornes, tribu des Scarabéides, division des Coprophages, établi par Gyllenhall (Ins. suc., 1826), et auquel il donne pour caractères : mandibules cornées, arquées, dentées ; mâchoires courtes, cylindriques, armées d'une dent intérieurement ; lèvre ovale, obtuse, un peu échancrée ; corps petit, ovale-oblong, entièrement convexe ; écusson distinct ; chaperon court, large, convexe et transverse. Ce genre se compose des *Aphodius arenarius* (*Ægialia globosa*, Latr.), *elevatus*, *sabuleti*, etc., Fabricius. (G.)

PSAMMOSTEUM. MIN. Syn. d'Ostéocolle. On applique ces noms aux Sables qui sont agglutinés sous la forme des os. (G. DEL.)

PSAMMOTÉE. *Psammotea*. CONCH. Si, comme nous l'avons fait observer, le genre Psammobie (*V.* ce mot) n'était point nécessaire et pouvait rentrer dans les Sanguinolaires, à plus forte raison celui-ci, qui ne diffère des Psammobies que par l'avortement plus ou moins constant de l'une des dents cardinales de la valve gauche ; du reste même forme, même bâillement latéral, même disposition du ligament. Aussi Lamarck a raison de dire que ce ne sont que des Psammobies dégénérées ; mais cette dégénération même prouve l'analogie et l'identité des coquilles de ces deux genres, et à leur égard nous avons fait la même observation que sur les Psammobies et les Sanguinolaires, c'est-à-dire que les individus de même espèce pourraient se placer aussi bien dans le genre Psammobie que dans les Psammotées, et nous citerons pour exemple la Psammotée donacine que l'on trouve sur nos côtes. *V.* SANGUINOLAIRE. (D..H.)

* PSAMMOTHERME. *Psammotherma*. INS. Genre de l'ordre des Hyménoptères, section des Porte-Aiguillons, famille des Hétérogynes, tribu des Mutillaires, établi par Latreille (Fam. nat. du Règn. Anim.), et ne différant des Mutilles que par les antennes qui sont pectinées chez les mâles. (G.)

* PSAMMYLLUS. CRUST. Nom donné par Leach à un genre inédit qu'il n'a fait que mentionner dans son article CRUSTACÉS du Dictionnaire des Sciences naturelles. (G.)

PSANACETUM. BOT. PHAN. Genre établi par Necker aux dépens du *Tanacetum*, L. *V.* TANAISIE. (G..N.)

PSANCHUM. BOT. PHAN. Le genre établi sous ce nom par Necker, a pour type le *Cynanchum viminale*, L. — R. Brown a rétabli le même genre sous le nom de *Sarcostemma*. *V.* ce mot. (G..N.)

PSARE. *Psarus*. INS. Genre de l'ordre des Diptères, famille des Athéricères, tribu des Syrphies, établi par Latreille, et adopté par tous les entomologistes, avec ces caractères : tête plus large que le corselet ; hypostome tuberculé ; antennes presque de la longueur de la tête, insérées sur un pédicule commun et frontal, composées de trois articles, les deux derniers comprimés, le second plus long que le premier, le troisième guère plus long que le précédent, portant une soie dorsale simple, biarticulée ; trompe longue, bilabiée, canaliculée, se retirant dans la cavité de la bouche, renfermant, dans une gouttière supérieure, un suçoir de quatre soies et deux palpes linéaires, comprimés, adhérant chacun à une de ces soies ; yeux grands, rapprochés, mais sans se joindre dans les mâles ; trois petits yeux lisses, disposés triangulairement sur le front ; écusson assez grand, arrondi postérieurement ; ailes dépassant un peu l'abdomen, le recouvrant en partie, parallèles entre elles, sans cellule pédiforme ; abdomen convexe en dessus, déprimé sur le dos, composé de quatre segmens outre l'anus ; pates de longueur moyenne ; crochets petits, leur pelote assez grande. Ce genre est très-voisin des Paragues, mais il en est distingué parce que ceux-ci ont les antennes séparées à leur base, et que leurs deux premiers articles sont égaux. Les Céries, Callicères, Sphécomies, Chrysotoxes, Aphrites et Cératophyes en sont bien séparées par leurs antennes plus longues que la tête; enfin, les Rhingies, Volucelles, Erystales, etc., les ont beaucoup plus courtes que la tête, ce qui ne permet pas de les confondre avec le genre qui nous occupe. On ne connaît qu'une espèce de ce genre, c'est le PSARE ABDOMINAL, *Psarus abdominalis*, Latr., Fabr., Meigen, Dipt. d'Eur. T. III, p. 174, pl. 27, fig. 8-12, *Ceria abdominalis*, Coqueb., *Ill. icon.*, tab. 23, fig. 9. La Mouche à antennes réunies, Geoffroy; il est long de trois lignes, d'un noir bleuâtre, avec l'abdomen fauve au milieu et noir à la base et au bout. Cet Insecte fréquente les Plantes de la famille des Chicoracées, et surtout le Pissenlit. On le trouve aux environs de Paris. (G.)

PSARIS. OIS. Syn. scientifique de Bécarde. *V.* ce mot. (B.)

* PSAROIDE. *Psaroides*. OIS. Vieillot a proposé sous ce nom un genre démembré des *Turdus* de Linné, que Temminck nomme *Pastor*, et Ranzani *Acridotheres*. Ce genre serait ainsi caractérisé : bec entier, droit, un peu grêle, comprimé par les côtés, fléchi vers le bout, pointu; mandibules égales; la supérieure formant un angle pointu entre les plumes du front. La première rémige la plus longue. Vieillot a créé ce genre pour recevoir l'Oiseau nommé MERLE ROSE, *Turdus roseus*, Gmel., Enl., 251; Levaill., Af., pl. 96; *Acridotheres roseus*, Ranz., Savig., p. 198. Long de huit pouces; à huppe d'un noir à reflets violets; à tête et cou noirs; le dos et le ventre d'un beau rose; les ailes et la queue d'un brun violet; les plumes des cuisses et de la région anale rayées de blanchâtre; la mandibule supérieure du bec est jaunâtre. Les jeunes sont bruns. Le Merle rose ne se présente en Europe que passagèrement. Il habite les contrées chaudes de l'Asie et de l'Afrique où il rend de grands services en mangeant les Sauterelles qui infectent fréquemment quelques pays de ces contrées; il s'avance toutefois dans le Nord et jusqu'en Sibérie. Les Italiens lui donnent le nom d'Etourneau de mer. Cet Oiseau niche, dit-on, dans les fentes des masures, des rochers, et aussi dans les troncs d'Arbres. On ignore quelles sont ses habitudes. *V.* MERLE ROSE. (LESS.)

PSARONIUS. MIN. Forster a proposé ce nom latin pour désigner le *Graustein* des Allemands. *V.* DOLÉRITE. (G. DEL.)

PSAROS. OIS. L'Etourneau portait ce nom dans l'antiquité. (B.)

PSARUS. INS. *V.* PSARE.

PSATHURA. BOT. PHAN. Genre de la famille des Rubiacées, et de l'Hexandrie Monogynie, L., ayant pour type un Arbuste originaire de l'île de Mascareigne où il est connu sous le nom de *Bois cassant*. Les caractères de ce genre sont : un calice adhérent dont le limbe est étalé et à six lobes peu profonds; une corolle monopétale subcampaniforme, à six divisions très-profondes et régulières, velues intérieurement; les six étamines sont un peu plus courtes que la corolle; le style est court, terminé par un stigmate lobé. Le fruit est pyriforme, globuleux, ombiliqué, un peu strié longitudinalement, légèrement charnu, coriace, indéhiscent, à six loges monospermes. Ce genre est très-voisin de l'*Erithalis*. Le *Psathura borbonica*, Lamk., est un Arbuste à feuilles opposées, elliptiques, lancéolées, et à fleurs quelquefois polygames par avortement, disposées par petits corymbes axillaires. (A. R.)

PSATHYRA. BOT. CRYPT. *V.* AGARIC.

PSEDERA. BOT. PHAN. Le genre établi sous ce nom par Necker a pour type l'*Hedera quinquefolia*, L., Plante vulgairement nommée Vigne-

Vierge, et qui fait maintenant partie du genre Ampélopside. *V.* ce mot. (G..N.)

* PSEDOMELIA. BOT. PHAN. Le genre formé sous ce nom par Necker, aux dépens du *Bromelia* de Linné, n'a pas été adopté. (G..N.)

PSÉLAPHE. *Pselaphus.* INS. Genre de l'ordre des Coléoptères, section des Trimères, famille des Psélaphiens, établi par Herbst, adopté par Latreille, et restreint, dans ces derniers temps par Reichenbach qui a publié une Monographie des Psélaphiens, dans laquelle plusieurs genres sont établis aux dépens du genre Psélaphe primitif. Tel qu'il est adopté par Latreille (Fam. natur. du Règn. Anim.), ce genre a pour caractères : tête petite, dégagée; mandibules cornées, trigones, pointues, dentées au côté interne; mâchoires ayant un double prolongement, l'extérieur plus grand, presque triangulaire, l'interne en forme de dents; palpes maxillaires très-saillans, fort longs, coudés, plus longs que la tête et le corselet pris ensemble, composés de quatre articles, le dernier grand, ovale, ayant une petite pointe particulière à son extrémité; les labiaux courts, filiformes; lèvres membraneuses; menton en carré, transversal; antennes plus courtes que le corps, de onze articles moniliformes, les trois derniers plus gros, surtout le onzième, celui-ci de forme ovale; corselet tronqué; écusson très-petit; élytres courtes, assez convexes, tronquées postérieurement, laissant à découvert une partie de l'abdomen; abdomen s'élargissant postérieurement, arrondi à son extrémité; cuisses et jambes assez épaisses; tarses ayant leur premier article court, les deux suivans entiers, allongés, le dernier terminé par un seul crochet. Ce genre est peu nombreux en espèces : elles sont de petite taille et vivent à terre dans les lieux humides, et à la base des tiges, et même contre les racines des Plantes. Nous citerons comme type du genre : le PSÉLAPHE DE HEÏS, *Pselaphus Heisei*, Latr., Herbst., Col., 4, tab. 39, fig. 10; Reich., Monogr. Psélaph., p. 28, n. 2, tab. 1, fig. 2. Long d'une ligne, un peu pubescent, testacé, brun; base des élytres un peu striée. On trouve cet Insecte aux environs de Paris et en Allemagne. (G.)

PSÉLAPHIDES OU PSÉLAPHIENS. *Pselaphii.* INS. Famille de l'ordre des Coléoptères, section des Trimères, établie par Latreille, et qu'il caractérise ainsi : élytres très-courtes et tronquées; premier article des tarses court, à peine distinct, le dernier terminé par un seul crochet dans presque tous. Cette famille a été divisée par Reichenbach en plusieurs genres. Leach en avait aussi établi quelques-uns; enfin Latreille, dans ses Familles naturelles, a adopté ceux qui lui ont paru établis sur de bons caractères, et divisé sa famille de la manière suivante :

1. Antennes de onze articles.

† Deux crochets au bout des tarses; palpes maxillaires peu ou point allongés, ni fortement terminés en massue.

Genres : CHENNIE, CTENISTE.

†† Un seul crochet au bout des tarses; palpes maxillaires longs, très-avancés et bien terminés en massue.

Genres : BYTHINE de Leach (auquel Latreille réunit ses *Arcophagus* et *Tychus*); BRYAXIS, PSÉLAPHE (auquel il rapporte les *Euplectes* du même).

2. Antennes de six articles.

Genre : CLAVIGÈRE.

Lepelletier de Saint-Fargeau et Serville, dans l'Encyclopédie méthodique, adoptent, dans la famille des Psélaphiens, un genre que Latreille n'a pas mentionné, et ils ne parlent pas de celui que Leach nomme BYTHINE; le nouveau genre qu'ils ont établi a été trouvé par Dejean qui lui a donné, dans sa collection, le nom de Dionix; ils ont conservé cette dénomination. Ce genre diffère des

Chennies et Ctenistes, près desquels il se range à cause des tarses, par les palpes maxillaires qui sont très-saillans. *V.* tous ces nouveaux genres à leur ordre alphabétique ou au Supplément. (G.)

PSELIUM. BOT. PHAN. Genre de la famille des Ménispermées, et de la Diœcie Hexandrie, L., établi par Loureiro (*Flor. Cochinchin.*, édition de Willdenow, 2, pag. 762), et ainsi caractérisé : fleurs dioïques; les mâles, disposées en grappes courtes, ont un calice à six sépales, une corolle à six pétales, et six étamines; les femelles, formant des ombelles composées, ont un calice à quatre sépales très-petits; point de corolle; un ovaire presque rond, surmonté d'un stigmate quadrifide; une drupe comprimée, arrondie, monosperme; la noix percée en forme de collier et couverte d'aspérités. Par ses fleurs mâles, dont les parties sont au nombre de six, ce genre, très-douteux, se rapproche du *Cocculus*; et par ses fleurs femelles à quatre sépales, il a des rapports avec le *Cissampelos* et le *Menispermum*. Cependant, A.-L. De Jussieu (Annal. du Muséum, XII, p. 69) et De Candolle (*Syst. Veget.*, 1, p. 531) doutent que les individus mâles et femelles appartiennent à la même espèce. Le *Pselium heterophyllum*, Lour., est un Arbrisseau grimpant, long, rameux, à feuilles alternes, très-entières, glabres et pétiolées; celles des mâles, presque cordiformes, arrondies; celles des femelles, peltées, acuminées. Cette Plante croît dans les forêts de la Cochinchine. (G..N.)

PSEN. INS. *V.* TRYPOXYLON.

PSÈNES. INS. On trouve désigné sous ce nom, dans Aristote et Théophraste, un Insecte qui pénètre dans les Figues, et auquel on attribuait la maturité de ces fruits. *V.* CAPRIFICATION. (AUD.)

PSÉPHELLE. *Psephellus.* BOT. PHAN. Genre de la famille des Synanthérées, établi dans le Dictionnaire des Sciences naturelles, par H. Cassini qui lui assigne pour type le *Centaurea dealbata*, Willd. Il se rapproche du *Cyanus* par les corolles de la circonférence de la calathide qui ont le tube long, à limbe obconique, divisé en cinq ou six lanières égales et régulièrement disposées; mais il s'en éloigne par les appendices des folioles de l'involucre qui ne sont point décurrens sur celles-ci, et qui ressemblent plutôt à celles du *Centaurea nigra*; par l'aréole basilaire de l'ovaire qui n'est point entouré de longues soies; par la singulière structure de son aigrette qui est composée de poils rudes, inégaux, munis sur leurs bords de globules oliviformes, entremêlés avec les barbellules; enfin, par d'autres caractères tirés des branches du stigmate, et des paillettes du réceptacle. Malgré la ressemblance de son involucre avec celui du *Centaurea nigra*, on ne peut réunir à celui-ci le *Psephellus*, surtout à cause de la structure de son aigrette. L'auteur de ce genre en décrit l'espèce fondamentale sous le nom de *Psephellus calocephalus*. C'est une belle Plante vivace, très-propre à la décoration des parterres. Ses tiges sont hautes d'environ quinze pouces, munies de feuilles radicales très-grandes, pinnées, tomenteuses en dessous, et de feuilles caulinaires alternes, sessiles, graduellement plus petites. Les calathides sont grandes, purpurines à la circonférence, blanchâtres au centre, et solitaires au sommet des tiges et des rameaux. Cette Plante est originaire des contrées situées entre la mer Noire et la mer Caspienne. (G..N.)

PSÉPHITE. GÉOL. Nom donné par Brongniart à une Roche arénacée qui fait partie du terrain désigné par les mineurs allemands sous le nom de *Todte Liegende*, et qui est composée de détritus de différentes roches, enveloppés dans une pâte argiloïde. Le *Rothe Todte Liegende* d'Elrich et de Zorge au Hartz (Grès rudimentaire d'Haüy), ainsi que le *Thonporphyr* de Chemnitz en Saxe, appartiennent à cette espèce. *V.* ROCHES et TERRAINS. (G. DEL.)

PSETTUS. POIS. (Commerson.) Syn. d'Acanthopodes et de Monodactyles. *V.* ces mots. (B.)

PSEUDALEIA. BOT. PHAN. Du Petit-Thouars (*Nov. Gener. Madag.*, n. 51) institua sous ce nom un genre qu'il considéra comme identique avec l'*Olax* de Linné. De Candolle (*Prodr. Syst. Veget.*, 1, p. 533) a néanmoins admis la distinction de ce genre, à cause de sa graine très-différente de celles des genres *Olax* et *Heisteria* dont il se rapproche par la structure de sa fleur. Il l'a placé à la fin de la famille des Olacinées, avec les caractères suivans, empruntés à Du Petit-Thouars: calice très-petit, presque entier; corolle à trois pétales, formant un tube; six étamines dont les filets sont étroitement appliqués contre les pétales, et semblent épipétales; de chaque côté des pétales sont des appendices capillaires, bifurqués au sommet; ovaire conique, surmonté d'un style de la longueur de la corolle, et d'un stigmate trilobé; drupe sphérique, monosperme, renfermant une graine dont l'embryon est formé de cotylédons charnus, huileux et non distincts. Le *Pseudaleia madagascariensis* est un petit Arbrisseau rameux, à feuilles alternes, lisses, à fleurs peu nombreuses, portées sur des pédoncules axillaires. (G..N.)

PSEUDALEIOIDES. BOT. PHAN. Ce genre, proposé par Du Petit-Thouars (*Nov. Gener. Madagasc.*, n. 52), est extrêmement douteux; il offre, en effet, les plus grands rapports avec le *Pseudaleia* qui lui-même est peut-être semblable à l'*Olax* de Linné. *V.* ces mots. De Candolle (*Prodr. Syst. Veget.*, 1, p. 533) a placé ce genre à la suite des Olacinées, en lui assignant, d'après Du Petit-Thouars, les caractères suivans: calice très-petit, entier; corolle à quatre pétales larges à la base, connivens et inégaux; six étamines à filets larges appliqués contre les pétales, et paraissant insérés sur eux, et à anthères insérées au sommet; ovaire monosperme, surmonté d'un style de la longueur de la corolle, et de trois stigmates globuleux. Le fruit est inconnu. Le *Pseudaleioides Thouarsii* est un Arbrisseau de Madagascar, à tige faible, garnie de feuilles alternes et à fleurs en grappes unilatérales peu fournies. (G..N.)

* PSEUDANTHUS. BOT. PHAN. Nouveau genre proposé par Sieber dans ses Collections des Plantes de la Nouvelle-Hollande, et publié par Sprengel (*Curæ posteriores*, p. 22 et 25) qui l'a ainsi caractérisé: fleurs monoïques; les mâles sont agglomérées, terminales; leur calice est à six divisions profondes, dont deux sont soudées; les anthères, au nombre de trois, sont presque globuleuses, sessiles au fond du calice. Les fleurs femelles sont solitaires dans les aisselles des feuilles; leur calice est foliacé, persistant, à six divisions peu profondes; le fruit est une noix à six côtes et monosperme. Ce genre est placé dans la Triandrie Monogynie à la suite du genre *Olax*, et rapporté avec doute à la famille des Santalées. Il ne renferme qu'une seule espèce (*Pseudanthus pimeleoides*, Sieber), qui croît à la Nouvelle-Hollande. C'est un Arbrisseau à feuilles imbriquées, lancéolées, linéaires, mucronées, glabres; à fleurs mâles, blanches. (G..N.)

PSEUDO. ZOOL. BOT. MIN. Ce mot, de racine grecque, qui signifie faux, fut très-souvent employé dans le temps où la nomenclature était mal établie pour désigner des êtres et des substances à qui leurs descripteurs trouvaient quelque ressemblance avec des substances ou des êtres déjà connus, et de telles désignations, essentiellement vicieuses, ne s'en sont pas moins perpétuées quelquefois dans la science comme noms spécifiques. Elles demeurent néanmoins proscrites génériquement. On a donc appelé:

PSEUDO-ACACIA (Bot.), dans Tournefort, le genre devenu le Robinier, et dont une espèce a conservé spécifiquement le nom de *Pseudo-Acacia.*

Pseudo-Acmelle (Bot.), espèce du genre *Spilanthus.*

Pseudo-Aconit (Bot.), dans Mathiole, le *Ranunculus Thora.*

Pseudo-Acorus (Bot.), espèce du genre Iris.

Pseudo-Agate (Min.), un Jaspe.

Pseudo-Agnus (Bot.), le *Prunus Padus.*

Pseudo-Albatre (Min.), certaines variétés de Chaux sulfatée.

Pseudo-Ambrosia (Bot.), le *Cochlearia Coronopus*, L.

Pseudo-Améthyste (Min.), la Chaux fluatée violette.

Pseudo-Amomum (Bot.), le *Ribes nigrum* et le *Solanum Pseudo-Capsicum*, L.

Pseudo-Apios (Bot.), le *Lathyrus tuberosus.*

Pseudo-Apocynum (Bot.), la Plante désignée par Pline, sous ce nom, pourrait bien être l'*Impatiens noli-me-tangere*, encore que Morison ait ainsi appelé deux espèces de Bignones

Pseudo-Asbeste (Min.), l'Asbeste ligniforme.

Pseudo-Asphodèle (Bot.), les Anthérics devenus des Narthèces et des Tofieldies.

Pseudo-Aventurine (Min.), le Quartz aventuriné.

Pseudo-Basalte (Min.), syn. de Wacke.

Pseudo-Béryl (Min.), un Quartz hyalin verdâtre qui vient du Brésil.

Pseudo-Boa (Rept. Oph.), syn. de Bongare.

Pseudo-Brasilium (Bot.), un *Comocladia* et un *Picramnia.*

Pseudo-Bunion (Bot.). C'est, dans Dioscoride, probablement l'*Erysimum Barbarea.*

Pseudo-Buxus (Bot.), le *Myrica Gale* et le *Ruscus aculeatus.*

Pseudo-Capsicum (Bot.), une Morelle.

Pseudo-Carpiens (Bot.). Desvaux donne ce nom à une sorte de fruits.

Pseudo-Cassia (Bot.), l'écorce de Winter.

Pseudo-Chamædris (Bot.), le *Veronica Teucrium.*

Pseudo-Chamæpitis (Bot.), une espèce de Germandrée, et le *Dracocephalum Ruyschiana.*

Pseudo-China (Bot.), une espèce de Seneçon.

Pseudo-Chrysolithe (Min.), un Quartz vert jaunâtre, et une sorte d'Obsidienne analysée par Klaproth.

Pseudo-Clinopode (Bot.), le *Thymus Acynos.*

Pseudo-Cobalt (Min.), le Nickel arsenical.

Pseudo-Cornus et Pseudo-Crania (Bot.), le *Cornus sanguinea.*

Pseudo-Coronopus (Bot.), le *Plantago Coronopus.*

Pseudo-Costus (Bot.), le *Pastinaca Opoponax.*

Pseudo-Cyperus (Bot.), un Carex.

Pseudo-Cytisus (Bot.), plusieurs Cytises, Genêts et autres Arbustes à fleurs légumineuses, et une Crucifère du genre Vella.

Pseudo-Dictamnus (Bot.), un Marrube.

Pseudo-Digitale (Bot.), le *Dracocephalum virginicum.*

Pseudo-Ebène (Bot.), l'*Amerimnum* de l'Amérique méridionale.

Pseudo-Echinorhynchus (Int.), genre établi par Goeze, mais que Rudolphi n'adopte pas, le croyant fondé sur un Echinorhynque mutilé. *V.* Héruca.

Pseudo-Ellébore (Bot.), le *Trollius europæus* et l'*Adonis vernalis.*

Pseudo-Emeraude (Min.), la Prehnite du cap de Bonne-Espérance.

Pseudo-Galène (Min.), le Zinc sulfuré.

Pseudo-Gelseminum (Bot.), le *Bignonia radicans*, L.

Pseudo-Gnaphalium (Bot.), le *Micropus supinus*, L.

Pseudo-Grenat (Min.), un Quartz rougeâtre-vineux.

Pseudo-Helichrysum (Bot.), le *Baccharis halimifolia*, l'*Iva frutescens*, etc.

Pseudo-Hermodactyle (Bot.), l'*Erythronium Dens-Canis.*

Pseudo-Hyacinthe (Min.), un Quartz jaune-orangé.

Pseudo-Iris (Bot.), l'*Iris Pseudo-Acorus.*

Pseudo-Leontopodium (Bot.), le *Gnaphalium rectum*, L.

Pseudo-Ligustrum (Bot.), même chose que *Pseudo-Agnus.*

Pseudo-Limodorum (Bot.), l'*Orchis abortiva*, L.

Pseudo-Linum (Bot.), les diverses espèces du genre *Eriophorum.*

Pseudo-Lonchitis (Bot.), l'*Acrostichum Maranthæ*, L.

Pseudo-Lotus (Bot.), une espèce du genre Plaqueminier. *V.* ce mot.

Pseudo-Lysimachia (Bot.), des Epilobes et la Salicaire.

Pseudo-Malachite (Min.), le Cuivre phosphaté.

Pseudo-Marum (Bot.), une Germandrée.

Pseudo-Melanthium (Bot.), les *Agrostema Githago* et *Cœli Rosa.*

Pseudo-Melilotus (Bot.), le *Lotus corniculatus.*

Pseudo-Melissa (Bot.), la Moldavique.

Pseudo-Moly (Bot.), le *Statice Armeria.* (B.)

Pseudo-Morphoses (Min.). Ce mot a été employé par Haüy pour désigner les substances minérales qui se présentent sous des formes qui leur sont étrangères, et qu'elles ont en quelque sorte dérobées soit à des Cristaux d'une autre espèce, soit à des corps organiques. Ces Pseudo-Morphoses ou formes empruntées peuvent être produites de différentes Manières : 1° par voie d'incrustation; comme lorsqu'un liquide chargé de matière calcaire, la dépose à la surface de corps organisés, Animaux ou Végétaux, et les revêt d'une croûte pierreuse, plus ou moins épaisse. *V.* Incrustations. Il arrive fréquemment qu'une substance minérale incruste des Cristaux d'une nature différente; c'est ainsi que l'on connaît des Cristaux de Chaux carbonatée ou de Chaux fluatée revêtus d'une incrustation de Quartz, et quelquefois l'enveloppe quartzeuse est restée vide, par la destruction des Cristaux qu'elle avait masqués. — 2° Par voie de moulage, lorsque la matière pierreuse vient se modeler, soit dans l'intérieur d'une Coquille ou autre corps organisé creux, soit dans une cavité laissée libre par la destruction du corps organique ou du Minéral cristallisé, qui l'occupait auparavant. — 3° Par voie de mélange mécanique ou d'agglutination, comme lorsqu'une substance calcaire s'infiltre au milieu de matières sableuses qu'elle entraîne dans sa cristallisation; c'est ainsi que le Grès de Fontainebleau se présente souvent sous une forme qui est propre au Carbonate de Chaux dont il est pénétré, et qui sert de ciment à ses particules. — 4° Par voie de substitution graduelle d'une substance à une autre : lorsqu'en vertu d'une opération chimique, les principes constituans d'un corps organique ou inorganique, sont expulsés totalement ou en partie et remplacés molécule à molécule par d'autres principes. Si le corps remplacé est organique, la Pseudo-Morphose prend le nom de *Pétrification. V.* ce mot. Si c'est une substance minérale qui a subi quelque altération dans sa nature chimique, la Pseudo-Morphose prend le nom particulier d'*Epigénie.* Haidinger a publié récemment un Mémoire fort intéressant, dans lequel il a réuni tous les faits connus jusqu'à présent sur la production de ces Pseudo-Morphoses, qu'il nomme *Formation parasite* des espèces minérales. Il examine avec beaucoup de soin les changemens de nature, qui s'opèrent graduellement dans l'intérieur des Minéraux, pendant que leur forme reste la même, soit que leur composition anatomique ne varie pas, comme cela peut avoir lieu dans les substances qui sont dimorphiques, soit qu'il y ait absorption ou déperdition d'eau ou de quelque autre principe. La plupart de ces changemens successifs se font par de doubles décompositions, en vertu des lois de l'affinité chimique, et l'on peut même en produire artificiellement de différentes manières. (G. DEL.)

PSEUDO-MYAGRUM (Bot.), la Cameline cultivée.

PSEUDO-MYRTHE (Bot.), le *Vaccinium Myrtillus*.

PSEUDO-NARCISSUS (Bot.), une espèce de Narcisse.

PSEUDO-NARDUS (Bot.), la Lavande.

PSEUDO-NITUS (Bot.). *V.* HÉLIANTHÈME.

PSEUDO-OOLITHE CALCAIRE (Min.). Dans l'Oryctographie Vicentine de Fortis, de petits Sphéroïdes calcaires répandus dans une Pouzzolane lapillaire de Saint-Pierre d'Arzingano.

PSEUDO-OPALE (Min.), l'OEil de Chat ou Quartz-Agate chatoyant.

PSEUDO-ORCHIS (Bot.), diverses Orchidées chez les anciens botanistes. (B.)

PSEUDOPETALON (Bot.). Le genre proposé sous ce nom par Rafinesque (*Flor. Ludov.*, p. 108) est probablement un des nombreux doubles-emplois du *Zantoxylum*. (G..N.)

PSEUDO-PITHÈQUES (Mam.). Dans la Zoologie analytique de Duméril, ce mot est synonyme de Lémuriens.

PSEUDO-PLATANE (Bot.), espèce du genre Erable.

PSEUDO-PODES (Crust.), famille d'Entomostracés où Latreille rangeait les Cyclopes et les Argules.

PSEUDO-PRASE (Min.), un Quartz hyalin vert-pomme.

PSEUDO-RHUBARBE (Bot.), le *Thalictrum flavum*.

PSEUDO-SAURIENS (Rept.). La famille de Batraciens formée sous ce nom par Blainville, est un double emploi des Urodèles de Duméril.

PSEUDO-SCHORL (Min.), l'Axinite. (B.)

PSEUDO-SOPHORA (Bot.). De Candolle a ainsi nommé la seconde section du genre *Sophora*, où les étamines sont un peu réunies ensemble, et qui semble se rapprocher du genre Astragale. Elle a pour type le *Sophora alopecuroides*. (G..N.)

PSEUDO-SYCOMORE (Bot.), le *Melia Azedarach*.

PSEUDO-VIBURNUM (Bot.), le *Lantana Camara*, etc., etc. (B.)

* PSEUDOSTOME. *Pseudostoma*. MAM. Sous ce nom, le naturaliste américain Say a formé un genre pour recevoir un petit Animal de l'ordre des Rongeurs, que Shaw avait déjà décrit sous le nom de *Mus bursarius*. Depuis lors, Fr. Cuvier, en étudiant soigneusement ce Pseudostome, proposa la dénomination plus euphonique de *Saccomys*. *V.* ce mot. (LESS.)

PSI. INS. Nom donné par Geoffroy à une espèce de Noctuelle (*Noctua Psi.*) *V.* NOCTUELLE. (G.)

PSIADIE. *Psiadia*. BOT. PHAN. Genre de la famille des Synanthérées, établi par Jacquin (*Hort. Schœnbr.*, vol. 2, p. 13, tab. 152) et caractérisé de la manière suivante par Cassini, qui l'a placé dans la tribu des Astérées : involucre presque campanulé, formé d'écailles imbriquées, oblongues, un peu coriaces, membraneuses sur les bords, les intérieures colorées au sommet; réceptacle plan, fovéolé; calathide composée au centre d'environ douze fleurs régulières et mâles par avortement, et à la circonférence de fleurs nombreuses en languette et femelles. L'ovaire de celles-ci est obovoïde, un peu comprimé des deux côtés, marqué de dix stries ou nervures, surmonté d'un très-gros bourrelet cartilagineux, très-distinct, articulé, et séparé de l'ovaire par un étranglement; l'aigrette est longue, composée de poils légèrement plumeux. Le genre *Psiadia* a été confondu par plusieurs botanistes avec les genres *Erigeron*, *Conyza* et *Solidago*; mais selon Cassini il en est parfaitement distinct, et il se rapproche de deux nouveaux genres qu'il nomme *Sarcanthemum* et *Nidorella*. Le *Psiadica glutinosa*, Jacq., *loc. cit.*, *Erigeron viscosum*., Desf., Jardin de Paris, non Linn., est un Arbrisseau d'environ deux mètres de haut, enduit d'un vernis gluant sur toutes ses parties jeunes, et principalement sur la face supérieure des feuilles où ce vernis se rassemble en gouttes qui simulent des gouttes de rosée, à rameaux rougeâtres, garnis de feuilles alternes, lancéolées, dentées en scie, et d'un vert foncé. Les calathides sont jaunes, petites, très-nombreuses, disposées au sommet en corymbes larges, dont chaque ramification offre à sa base une petite bractée subulée. Cette Plante est indigène de l'Ile-de-France. (G..N.)

PSIDIUM. BOT. PHAN. *V.* GOUYAVIER.

* PSIDOPODIUM. BOT. CRYPT. (*Fougères.*) Necker appelait ainsi un genre de la famille des Fougères qui est en grande partie le même que l'*Aspidium* de Swartz. (A. R.)

*PSIGURIA. BOT. PHAN. (Necker.) Syn. d'*Anguria*, L. (G..N.)

* PSILANTHUS. BOT. PHAN. Sous ce nom, De Candolle a formé une section du genre *Tacsonia*, caractérisée par l'absence de l'involucre sous la fleur. *V.* TACSONIE. (G..N.)

* PSILE. *Psilus.* INS. Jurine donne ce nom à un genre d'Hyménoptères qui répond en partie à celui de Diaprie établi précédemment par Latreille. *V.* DIAPRIE. (G.)

* PSILOBIUM. BOT. PHAN. Genre de la Pentandrie Monogynie, L., établi par Jack (*Malayan miscell.*), qui lui a imposé les caractères essentiels suivans : calice très-grand, à cinq divisions profondes; corolle dont le tube est court, le limbe quinquéfide; étamines insérées à la base de la corolle; stigmate en massue, à dix prolongemens ailés, saillant hors de la corolle; fruit en forme de silique biloculaire et polysperme. Ce genre a pour type une Plante de Sumatra, à laquelle l'auteur donne le nom de *Psilobium nutans.* C'est un Arbrisseau dressé, à tige tétragone, à feuilles lancéolées, aiguës, glabres, accompagnées de stipules ovales, acuminées; à fleurs portées sur des pédoncules axillaires et penchées. (G..N.)

* PSILONIA. BOT. CRYPT. (*Mucédinées.*) Ce genre, créé par Fries, appartient, selon lui, à la famille des Mucédinées, et se place dans la tribu des *Sporomyci* auprès du genre *Conoplea.* Il ne comprend qu'une seule espèce décrite par De Candolle sous le nom de *Tubercularia Buxi.* Fries le caractérise ainsi : filamens droits simples, transparens, cloisonnés, réunis inférieurement par une base commune, entremêlés de sporidies simples, globuleuses, transparentes, agglomérées et très-abondantes. (AD. B.)

* PSILOPODERMA. MOLL. (Poli.) *V.* CAME.

* PSILOPSIS. BOT. PHAN. (Necker.) Synonyme de *Galeobdolon*, genre établi autrefois par Dillen, puis réuni au *Galeopsis* par Linné, et enfin reconstitué par De Candolle et les auteurs modernes. *V.* GALEOBDOLON. (G..N.)

PSILOPUS. CONCH. (Poli.) *V.* CAME.

* PSILOSOMES. *Psilosomata.* MOLL. Tel est le nom que Blainville a donné à la troisième famille de l'ordre des Aporobranches (*V.* ce mot au Supplément) qui correspond en partie aux Ptéropodes des auteurs. Cette famille, composée du seul genre Phylliroé, est précédée de celle des Gymnosomes qui renferme les genres Clio et Pneumoderme. Cet arrangement, ces rapports sont différens de ceux établis précédemment par d'autres zoologistes, comme nous aurons le soin de le faire observer à l'article APOROBRANCHES. (D..H.)

*PSILOTE. *Psilota.* INS. Genre de l'ordre des Diptères, famille des Athéricères, tribu des Syrphies, établi par Meigen (Dipt. d'Europe, etc.), et ne différant du genre Pipize, qui en est très-voisin, que parce que le dernier article des antennes ou la palette, est ovale-oblong, et l'hypostome renfoncé à sa base et tronqué à sa partie antérieure. Meigen décrit une seule espèce de ce genre sous le nom de *Psilota anthracina*. On la trouve en Allemagne. (G.)

* PSILOTRICHUM. BOT. PHAN. Genre de la famille des Amaranthacées et de la Pentandrie Monogynie, établi par Blume (*Bijdr. Fl. ned. Ind.*, pag. 544) qui l'a ainsi caractérisé : calice ou périanthe muni de trois bractées non spinescentes, divisé profondément en cinq folioles lancéolées égales ; cinq étamines soudées par la base en un urcéole édenté, à anthères biloculaires ; style indivis, surmonté d'un stigmate capité ; capsule utriculaire, monosperme, renfermée dans les folioles conniventes et nues du périanthe. Ce genre, très-voisin du *Trichinium* de R. Brown, ne se compose que d'une seule espèce, à laquelle l'auteur donne le nom de *Psilotrichum trichotomum*. C'est une Plante herbacée, couchée, à rameaux géniculés trichotomes ; à feuilles opposées, les radicales spatulées, les autres lancéolées ; à fleurs disposées en épis axillaires et terminaux. Cette Plante croît dans les lieux ombragés près de Buitenzorg. (G..N.)

PSILOTUM. BOT. CRYPT. (*Lycopodiacées*.) Genre créé par Swartz, et que Willdenow a successivement nommé *Hoffmannia* et *Bernhardia*. Il est caractérisé par ses capsules à trois coques, s'ouvrant chacune par une fente en deux valves. R. Brown réunit à ce genre le *Tmesipteris* de Bernhardi, dont les capsules ne sont qu'à deux coques, et dont le port est en outre très-différent. On connaît deux espèces de *Psilotum*, le *Psilotum triquetrum*, qui croît entre les tropiques dans l'Ancien et dans le Nouveau-Monde, et le *Psilotum complanatum*, qu'on ne connaît jusqu'à présent que dans l'Amérique équatoriale. Ces Plantes présentent une tige dichotome comprimée ou triangulaire, dépourvue de feuilles, et n'offrant que de petites dentelures très-espacées qu'on peut considérer comme de très-petites feuilles décurrentes avortées. Les organes reproducteurs sont d'une seule espèce, et ressemblent beaucoup à ceux des vrais Lycopodes. *V.* ce mot. (AD. B.)

* PSILURUS. BOT. PHAN. Genre de la famille des Graminées et de la Monandrie Digynie, établi par Trinius et adopté par Sprengel (*Syst. Veget.*, 1, p. 5). Il offre pour caractères essentiels : des épillets enfoncés dans les fossettes d'un rachis articulé ; une écaille (lépicène) presque biflore ; une corolle (glume) bivalve enroulée, la valve inférieure sétigère. Ce genre a pour type le *Nardus aristata*, L., qui est le *Rottboella monandra* de Cavanilles et Schrader, et le *Monerma monandra* de Palisot Beauvois ; c'est une Plante de l'Europe australe. (G..N.)

* PSISTUS. BOT. PHAN. (Necker.) Syn. d'Hélianthême. *V.* ce mot. (G..N.)

* PSITTACARA. OIS. Nouveau genre ou plutôt nouveau nom créé par Vigors (*Zool. journ.*, n. 7, pag. 587) pour y placer des espèces de Perroquets voisines des Aras et des Perruches-Aras des auteurs. Ce genre avait été, avant le travail de Vigors, très-étendu, et nommé *Arara* et *Aratinga* par le voyageur naturaliste Spix, et d'après le nom brésilien. Les *Psittacus guianensis*, L., *squamosus*, Lath., *versicolor*, Lath., *vittatus*, Shaw, *auricapillus* et *leucotis*, Lichst., paraissent entrer dans cette section des Perroquets américains. Vigors y a ajouté le *Psittacara frontata*, qui se trouve décrit par Spix sous le nom d'*Arara macrognathos*, et une espèce nouvelle, le *Psittacara Lichtenstenii*. (LESS.)

* PSITTACIDÉS. OIS. *V.* PSITTACINS.

PSITTACINS. OIS. Ce nom, ainsi que celui de Psittacidés, est appliqué à la famille des Perroquets que l'on a divisée aujourd'hui en sept ou huit genres différens. *V.* PERROQUET. (LESS.)

* PSITTACOGLOSSUM. BOT. PHAN. Genre nouveau de la famille des Orchidées, établi par Lallave et Lexarza (*Nov. veg. Descript.*, fasc. 2, p. 29, Mexico, 1825), et ainsi caractérisé : périgone un peu charnu, à segmens dont le limbe est scarieux; labelle épais, en forme de langue, tuberculé à la base ; gynostème en massue, aptère et courbé; anthère caduque, operculée; quatre masses polliniques inégales; capsule oblongue à six angles et à trois valves. Ce genre est indiqué comme voisin du *Maxillaria*, dont il se distingue facilement par un port particulier. Les auteurs n'en décrivent qu'une seule espèce sous le nom de *Psittacoglossum atratum;* c'est une Plante parasite sur les Arbres où elle croît entre les Lichens; ses bulbes sont ramassés, arrondis ou oblongs, comprimés, émettant une seule feuille oblongue-lancéolée, lisse, très-entière ; sa hampe radicale est courte, revêtue d'écailles membraneuses en forme de spathes, engaînante et imbriquée; la fleur est grande, d'un rouge noirâtre, terminale et dressée. Cette Plante fleurit dès le printemps, près de Jésus-del-Monte, au Mexique. (G..N.)

* PSITTACULE. OIS. Sous-genre de Perroquet. *V.* ce mot. (B.)

PSITTACUS. OIS. *V.* PERROQUET.

* PSITTIROSTRE. *Psittirostra.* OIS. Genre de l'ordre des Granivores. Caractères : bec court, très-crochu, un peu bombé à la base; mandibule courbée à la pointe sur l'inférieure qui est très-évasée, arrondie et obtuse ; narines placées de chaque côté du bec, à sa base, recouvertes en partie par une membrane emplumée; tarse plus long que le doigt intermédiaire ; quatre doigts : trois en avant, divisés, les latéraux égaux ; un pouce, deuxième rémige un peu plus courte que la troisième. Ce genre a été établi par Temminck, pour une seule espèce qui se trouve aux îles Sandwich, et que Vieillot a séparée des Gros-Becs avec lesquels on l'avait primitivement confondue, pour l'associer au Dur-Bec, dont il a fait un genre particulier.

PSITTIROSTRE VERDATRE, *Loxia Psittacea*, Lath., syn., pl. 52. Parties supérieures d'un brun verdâtre; tête et dessus du cou jaunes; parties inférieures olivâtres; rectrices bordées de jaunâtre; bec et pieds bruns ; taille, sept pouces; la femelle a la tête et le dessus du cou nuancés de gris.

Temminck annonce une seconde espèce dont il possède la figure; mais il ne l'a point encore donnée dans les planches coloriées faisant suite aux planches enluminées de Buffon. (DR..Z.)

PSOA. INS. Genre de l'ordre des Coléoptères, section des Tétramères, famille des Xylophages, tribu des Bostrichins, établi par Herbert, et adopté par Latreille et tous les entomologistes, avec ces caractères : corps linéaire, déprimé; tête plus courte que le corselet; antennes de dix articles, plus longues que la tête; leurs trois derniers articles plus gros et formant une massue perfoliée ; labre saillant, très-petit, transversal, très-velu au bord antérieur; mandibules courtes, épaisses, sans dentelures, point bifides à l'extrémité; mâchoires à un seul lobe; palpes courts, mais apparens, presque filiformes ; leurs articles à peu près égaux; le dernier tronqué ou obtus à son sommet; les maxillaires un peu plus longs, de quatre articles ; les labiaux très-rapprochés à leur insertion, de trois articles ; lèvre allongée, membraneuse, dilatée, presque en cœur à son extrémité; menton transverso-linéaire; corselet presque carré; écusson petit; élytres de la longueur de l'abdomen, au moins trois fois plus longs que le corselet; tarses à articles entiers. Ce genre a les plus grands rapports avec les Bostrichus; mais il s'en distingue par la forme déprimée de son corps. Les Némosomes en diffèrent parce que leurs antennes sont plus courtes que la tête; les Cis ont le corps court et ovale; enfin les Cérylons ont la massue des antennes presque globuleuse et solide. On ne connaît pas les mœurs de ce genre, qui ne se compose que de deux espèces; la plus commune est:

Le PSOA de VIENNE, *Psoa viennensia*, Fabr., Panz. (Faun. Germ., fasc. 96, f. 3). Long de trois lignes; corps d'un noir verdâtre; élytres d'un rouge-brun. On le trouve en Autriche et en Dalmatie. Le PSOA ITALIQUE, *Psoa italica*, *Dermestes dubius* (Rossi, *Faun. etrusca*, T. 1, p. 17, n. 54, tab. 1, f. F), est rare dans le midi de la France et en Italie. (G.)

PSOLANUM. BOT. PHAN. Le genre formé sous ce nom par Necker aux dépens des *Solanum*, n'a pas été adopté. *V.* MORELLE. (G..N.)

* PSOLE. *Psolus*. POLYP. Oken donne ce nom à une subdivision qu'il établit parmi les Holothuries pour les *Holothuria plantopus*, *Pentacles maxima* et *squamosa*. *V.* HOLOTHURIE. (B.)

PSOPHIA. OIS. *V.* AGAMI.

* PSOPHOCARPUS. BOT. PHAN. Necker a formé sous ce nom un genre de Légumineuses adopté par De Candolle (*Prodrom. Syst. Veget. natur.*, 2, p. 403); qui l'a ainsi caractérisé: calice urcéolé à deux lèvres inégales; corolle papilionacée ayant l'étendard presque arrondi, réfléchi, muni à sa base de deux callosités cylindriques; les ailes portées sur des pédicelles insérées sur les bords de l'étendard; la carène oblongue bicipitée; étamines diadelphes; légume oblong, muni de quatre ailes longitudinales, à sept ou huit graines arrondies. Ce genre avait été désigné par Adanson sous le nom de *Botor*. Linné a placé parmi les Dolics l'unique espèce dont il se compose, en la nommant *Dolichos tetragonolobus*. C'est une Plante herbacée, à racines tubéreuses, à feuilles pinnées trifoliolées, à fleurs bleuâtres, disposées en grappes géminées axillaires. On la cultive dans les îles de France et de Mascareigne, où on lui donne le nom vulgaire de Pois carré. Une autre espèce ou variété plus petite dans ses diverses parties, a été trouvée à Madagascar par Du Petit-Thouars. (G..N.)

* PSOPHODE. *Psophodes*. OIS. Genre nouveau établi par Horsfield et Vigors dans le tome XV des Transactions de la Société Linnéenne de Londres, p. 328. Son nom est tiré du grec *psophos* (*crepitus*), parce que la seule espèce connue est remarquable par le singulier claquement qu'elle fait entendre dans les forêts de la Nouvelle-Galles du Sud. Ce genre est voisin des Moucherolles, mais plus particulièrement des Soui-Mangas. C'est à côté de ce dernier genre, parmi les Passereaux ténuirostres, qu'il doit être rangé; il a pour caractères: un bec robuste, court, assez droit, comprimé, à arête à peine carenée, un peu recourbée; les mandibules entières, les narines basales, ovalaires, recouvertes de plumes et par les soies du front; les ailes sont arrondies, très-courtes; la première rémige est courte, les deuxième, troisième et quatrième progressivement plus longues, la cinquième jusqu'à la neuvième presque égales, très-longues; la queue longue et étagée, les pieds robustes, longs, à acrotarses scutellés, à paratarses entiers.

Ce genre ne renferme qu'une seule espèce très-intéressante de la Nouvelle-Zélande, que divers auteurs ont regardée comme incertaine, et dont Latham a fait le *Muscicapa crepitans*, Ind. Suppl., n. 10, et qui est le *Coach-Whip Honey-Water* de son Index, sp. 45. Cet Oiseau est décrit sous le nom de Djou, dans le Dict. des Sciences naturelles, T. XXXIII, p. 107, et on le trouve aussi mentionné sous ce nom, t. XI, p. 226 du présent Dictionnaire, avec l'épithète d'espèce douteuse. Nous croyons donc devoir en donner une courte phrase spécifique.

PSOPHODE CRÉPITANT, *Psophodes crepitans*, Horsf. et Vigors. D'un brun olivâtre ou verdâtre; une huppe surmontant la tête, la gorge et la poitrine d'un noir profond; une bandelette blanche assez large au-dessus de chaque œil, et le bout des rectrices de la même couleur: le ventre varié de blanc, et les cuisses de couleur rousse. Cet Oiseau porte à Sydney le nom de Fouet de postillon. Dans une course que nous fîmes sur la Werragambia, petite rivière qui coule dans les montagnes Bleues, le général Brisbane, qui avait daigné nous accompagner, nous fit prêter attention au son remarquable qui partait de temps à autre des petits buissons d'*Epacris* et d'*Eucalyptus* rabougris des deux rives. Ce son imitait à s'y méprendre celui du claquement d'un fouet, et le général Brisbane nous dit même à ce sujet que plusieurs fois, sur les bords des routes, les chevaux témoignèrent de la frayeur à ce bruit qui semblait leur faire illusion. (LESS.)

PSOQUE. *Psocus*. INS. Genre de l'ordre des Névroptères, famille des Planipennes, tribu des Psoquilles, établi par Latreille et adopté par tous les entomologistes. Ce genre avait été confondu par Linné avec les Termès et les Hémérobes; Geoffroy l'avait rangé avec les genres Pou, Phrygane et Psylle; enfin Olivier le comprenait dans son genre Hémérobe. Les caractères de ce genre sont : corps court, ramassé, mou; tête grosse, très-convexe en devant et en dessus; antennes sétacées, longues, avancées, insérées devant les yeux, de dix articles environ, peu distincts, la plupart cylindriques, les deux premiers plus courts, plus épais, les autres grêles, allongés; labre avancé, membraneux, transversal, arrondi en devant et sur les côtés, presque entier; mandibules fortes, cornées, fortement échancrées dans leur partie moyenne, les deux extrémités de cette échancrure formant des dents; mâchoires composées de deux parties, l'une intérieure, cornée, allongée, linéaire, crénelée à l'extrémité, souvent avancée, l'autre extérieure, membraneuse, formant une gaîne cylindrique un peu comprimée, obtuse, ouverte à son extrémité, enveloppant les partie cornées; palpes maxillaires allongés, saillans, de quatre articles, le premier peu apparent, les second et troisième obconiques, le dernier ovale renflé, les labiaux point distincts; lèvre presque carrée, membraneuse, large, accompagnée de chaque côté d'une espèce d'écaille; premier segment du corselet très-petit, ne s'apercevant pas en dessus, le second grand, sillonné; ailes de grandeur inégale, les inférieures plus petites, en toit, transparentes, ayant souvent un reflet irisé brillant, avec les nervures fortes; abdomen court, sessile, presque conique, pourvu dans les femelles d'une sorte de tarière logée entre deux coulisses; pates assez longues, grêles; jambes allongées, cylindriques, sans épines; tarses courts, de deux ou trois articles. Ces Insectes sont petits, vifs, marchent vite, et exécutent des sauts assez prompts pour éviter le danger. Ils se tiennent sur les fleurs dans les bois, contre le tronc des arbres, sous les pierres, etc. On en rencontre aussi des espèces dans les livres et dans les herbiers, dans les collections d'Insectes, etc., où ils ne causent pas de grands dommages vu leur petitesse. Leur larve ressemble à l'Insecte parfait, mais elle est privée d'ailes; la nymphe n'en a que les rudimens. Le nom de Psoque vient d'un mot grec qui veut dire *réduire en parcelles*. Ce genre est composé d'une douzaine d'espèces, toutes propres à l'Europe; nous citerons parmi celles des environs de Paris : le PSOQUE SIX POINTS, *Psocus sexpunctatus*, Lat., Cocqueb., Illustr. Icon., p. 13, t. 2, fig. 10-11. Fabr.; la Frigane à ailes ponctuées, Geoff., Ins. Paris. T. II, p. 250, n. 10. (G.)

PSOQUILLES. *Psoquillæ*. INS. Tribu de l'ordre des Névroptères, famille des Planipennes, établie par Latreille et renfermant le genre Psoque. *V.* ce mot. (G.)

PSORA. BOT. PHAN. Les anciens donnaient ce nom à la Scabieuse dans l'idée où ils étaient que cette Plante guérit les dartres. (B.)

PSORA. BOT. CRYPT. (*Lichens.*) Nous avons conservé ce genre d'Hoffmann tel qu'il a été modifié par De Candolle. Voici comment nous l'avons caractérisé (Méth. lich., p. 39) : thalle epais, irrégulier, formé de tubercules ou de squammes distinctes, planes ou convexes; apothécies marginés, plans, puis convexes, concolores, placés constamment sur le côté des squammes. Les espèces du genre *Psora* croissent sur les rochers, la terre et les Mousses en détritus; leur thalle a une consistance épaisse; les apothécies sont avides d'eau qui les gonfle, état dans lequel on ne distingue plus la marge. La plus grande partie des espèces de ce genre se trouve comprise dans la section des Lécidées, nommée par Acharius *Lepidoma*. Les principales sont le *Psora candida*, Hoffm., Fl. Germ., p. 164, qui incruste les Mousses, et qui est remarquable par son thalle presqu'imbriqué, d'un blanc pruineux; le *Psora paradoxa*, N.; *Psora vesicularis*, Hoffm., Fl. Germ., *loc. cit.*, qui se trouve sur la terre, et se présente d'abord sous l'aspect d'une Lécidée; le *Psora lurida*, D. C., Fl. Fr., imbriqué, à lobes orbiculaires, crénelés, d'un brun verdâtre, etc., qui se trouve sur les roches revêtues de terre végétale. *Psora* est un mot grec qui signifie dartre. (A. F.)

PSORALÉE ou PSORALIER. *Psoralea*. BOT. PHAN. Genre de la famille des Légumineuses et de la Diadelphie Décandrie, établi par Linné, et présentant les caractères suivans : calice persistant, divisé jusqu'à son milieu en cinq segmens acuminés, l'inférieur un peu plus long, le tube ordinairement glanduleux; corolle papilionacée, ayant l'étendard relevé, un peu arrondi et échancré; les ailes petites, obtuses, en forme de croissant; la carène composée de deux pétales égaux, obtus et échancrés à la base; dix étamines, le plus souvent diadelphes, la dixième quelquefois soudée par la base avec les autres; légume de la longueur du calice, monosperme, souvent terminé par une sorte de bec. Ce genre a été placé par De Candolle (*Prodrom. Syst. Veget.*, 2, p. 216) à côté de l'*Indigofera*, dans la tribu des Lotées, section des Clitoriées. Il a aussi des rapports avec le genre *Trifolium* qui appartient à la même tribu, mais à une autre section. Mœnch a établi deux genres sous les noms de *Dorycnium* et *Ruteria*, qui sont identiques avec le *Psoralea*. Le genre *Dalea*, constitué primitivement par Linné, fut réuni par cet illustre naturaliste lui-même au *Psoralea*, mais il a été rétabli postérieurement. Il en a été de même du genre *Petalostemum* de Michaux, dont plusieurs espèces ont été décrites sous le nom générique de *Psoralea*. Les Psoralées sont des Plantes frutescentes ou herbacées dont les écorces sont le plus souvent verruqueuses, c'est-à-dire chargées de tubercules glanduleux. Leurs feuilles varient beaucoup de formes et sont munies de stipules adnées à la base du pétiole. Les fleurs, qui affectent diverses dispositions, sont bleues, blanchâtres ou légèrement purpurines.

Le nombre des espèces de ce genre est assez considérable. De Candolle (*loc. cit.*) en décrit soixante-une qui, pour la plupart, croissent au cap de Bonne-Espérance. Quelques-unes se trouvent dans le bassin de la Méditerranée et en Sibérie; d'autres en Amérique, surtout dans la Caroline et dans la Floride. Le *Psoralea bituminosa*, L., que l'on peut regarder comme l'espèce fondamentale, croît dans le midi de la France et de l'Europe. C'est un sous-Arbrisseau qui se distingue facilement à l'odeur forte et bitumineuse que ses diverses parties exhalent. Ses tiges sont droites, cylindriques, rameuses, munies de feuilles à trois folioles, et portées sur de longs pétioles. Les fleurs sont d'un bleu violet, disposées en tête sur des pédoncules axillaires trois ou quatre fois plus longs que les feuilles. (G..N.)

PSORICHE. BOT. PHAN. L'un des noms vulgaires de la Scabieuse que les anciens nommaient *Psora*. *V.* ce mot. (B.)

PSOROSMA. BOT. CRYPT. (*Lichens.*) Genre établi par Acharius dans sa Méthode lichénographique, puis conservé seulement comme sous-genre du *Lecanora* (*Lichen. univ.*, p. 406). Il renferme dix-huit espèces remarquables par leur thalle crustacé et figuré, composé en entier de squammes imbriquées. C'est le genre *Psora* d'Hoffmann et de De Candolle. *V.* PSORA. (A. F.)

* PSYCHANTHUS. BOT. PHAN. De Candolle a donné ce nom à une des subdivisions du genre *Polygala*. *V.* POLYGALE. (G..N.)

PSYCHÉ. *Psyche*. INS. Genre de l'ordre des Lépidoptères, famille des Nocturnes, tribu des Bombycites, mentionné par Lepelletier de Saint-Fargeau et Serville dans l'Encyclopédie méthodique. D'après ces entomologistes, ce genre répond à la seconde division du genre Bombyx (Latr., Gen. Crust. et Ins. T. IV, p. 219). Les espèces qu'il contient ont les antennes pectinées dans les deux sexes; leurs ailes sont en toit, presque transparentes, peu couvertes d'écailles. Les femelles les ont fort courtes, aussi volent-elles peu ou point du tout. Les chenilles ont le corps allongé, seize pates distinctes; elles se renferment dans des fourreaux de soie qu'elles traînent avec elles et qu'elles recouvrent de petits morceaux de feuilles, de paille ou de bois sec. On doit rapporter à ce genre les *Bombyx Hieracii*, *viciella*, *muscella*, *vestita*, *bombella*, *pectinella*, de Fabricius, et plusieurs autres d'Hubner et des divers auteurs qui ont traité des Lépidoptères. (G.)

PSYCHINE. BOT. PHAN. Genre de la famille des Crucifères et de la Tétradynamie siliculeuse, L., établi par Desfontaines (*Flor. Atlant.*, 2, p. 69, tab. 148), et adopté par De Candolle (*Syst. Veget. nat.*, 2, p. 645) qui l'a ainsi caractérisé : calice dressé, égal à sa base; pétales onguiculés, à limbe obovale; étamines à filets dépourvus de dents, à anthères aiguës; ovaire ovale, surmonté d'un long style; silicule déprimée, terminée en pointe par le style, biloculaire, à valves comprimées en carène, ailées sur le dos, et principalement au sommet (ce qui donne un aspect trigone à la silicule), à cloison très-étroite; plusieurs graines dans chaque loge, ovées, un peu comprimées, petites et lisses; cotylédons condupliqués. Ce genre, qui est devenu le type d'une tribu établie par De Candolle, se distingue du *Thlaspi* auquel Willdenow l'a réuni, par son style allongé, et surtout par ses cotylédons condupliqués.

Le *Psychine stylosa*, Desf., *loc. cit.*, est une Herbe annuelle, hispide, rameuse, à feuilles oblongues, dentées, les caulinaires alternes, amplexicaules et auriculées, les radicales atténuées en pétiole. Les fleurs forment des grappes allongées, opposées aux femelles, et sont accompagnées de bractées; leurs pétales sont blancs avec des veines noirâtres comme dans quelques *Eruca* et *Raphanus*. Cette Plante croît sur le bord des champs en Mauritanie. (G..N.)

* PSYCHINÉES. *Psychineæ*. BOT. PHAN. Nom de la quatorzième tribu établie par De Candolle dans la famille des Crucifères. Elle ne se compose que des deux genres *Psychine*, Desf., et *Schouwia*, D. C. *V.* ces mots. (G..N.)

PSYCHODA. INS. Genre de l'ordre des Diptères, famille des Némocères, tribu des Tipulaires, division des Gallicoles de Latreille, établi par ce savant entomologiste, et adopté par tous les auteurs. Ce genre faisait partie du grand genre *Tipula* de Linné; Geoffroy et Olivier le plaçaient avec leurs Bibions; enfin Meigen en avait formé son genre *Trichoptera*, nom qu'il a abandonné ensuite pour adopter celui que Latreille lui a assigné. Les caractères de ce genre sont exprimés de la manière suivante par Macquart (Dipt. du nord de la France) : corps assez épais ; tête petite, et ordinairement couverte par les poils du thorax. Trompe courte ; charnue ; palpes cylindriques, de quatre articles égaux et velus. Antennes de la longueur de la tête et du thorax réunis, de quatorze à seize articles ; le premier épais, velu, tantôt cylindrique, tantôt en massue et plus allongé ; le deuxième cyathiforme, velu ; les autres globuleux, pédicellés et garnis de verticilles de poils. Yeux échancrés au bord interne ; point d'yeux lisses. Thorax ovale, très-velu ainsi que l'abdomen ; pieds courts et assez épais. Balanciers cachés sous les poils du corps. Ailes inclinées en toit, larges, très-velues, frangées ; une cellule marginale, deux sous-marginales ; première pétiolée ; point de discoïdales ; quatre postérieures, troisième pétiolée ; anales axillaire et fausse distinctes. Ce genre est composé de cinq à six espèces, toutes propres à l'Europe ; elles vivent dans les lieux humides et près des immondices, dans les bois épais, ou sur les Plantes marécageuses. Ces Diptères pullulent beaucoup, et on en voit quelquefois des murs entièrement couverts. Leurs métamorphoses sont encore inconnues ; on présume qu'elles ont lieu dans la boue et dans les immondices. L'espèce qui peut être considérée comme le type de ce genre, est le *Psychodes phalenoides*, Latr., Fabr., Meig. ; *Trichoptera phalenoides*, Meig., Classif. ; *Tipula phalenoides*, L., Schr., Fabr. ; *Bibio phalenoides*, Geoff., Oliv. On la trouve aux environs de Paris. (G.)

* PSYCHODIAIRE. Dans le tableau d'une distribution des corps naturels en cinq règnes, qui accompagne l'article HISTOIRE NATURELLE de ce Dictionnaire, et que nous avons reproduit en plusieurs autres écrits, notamment dans l'Encyclopédie par ordre de matières, nous avons proposé sous ce nom la formation d'une grande division de plus, intermédiaire aux Animaux et aux Plantes, caractérisée de la sorte : où chaque *individu* apathique se développe et croît à la manière des Minéraux et des Végétaux, jusqu'à l'instant où des propagules animés ou des fragmens reproducteurs vivans répandent l'espèce pour la perpétuer dans des sites d'élection. Nous avons en outre, dans un grand nombre d'articles, insisté sur la nécessité d'assigner à des êtres ambigus qu'on promenait du règne animal au règne végétal, un règne qui lui fût propre. L'unanimité des naturalistes, en appelant Lithophytes, Zoophytes, Animaux-Plantes, des créatures dont la nature est de végéter non moins que de vivre, semblait se réunir pour indiquer une telle innovation ; à peine cependant l'eûmes-nous tentée, que des contradicteurs s'obstinèrent non-seulement à la repousser, mais même à feindre d'ignorer qu'elle existât, aimant mieux employer encore l'expression déjà vieillie d'Animaux-Plantes, tout en niant qu'il y eût des créatures qui fussent Animaux et Végétaux à la fois. Il y eut de ces antagonistes d'un nouveau règne qui, pour en prouver l'inutilité, imaginèrent des Némazoaires auxquels cependant nous serions bien embarrassé de donner le nom de Plantes ou d'Animaux, puisque, selon la définition qu'on en donne, ces Némazoaires sont autant d'Animaux quand la molécule s'en désagrége, et deviennent des Plantes quand la république d'Animaux formés de leurs molécules disjointes se réunit pour végéter sous la figure d'un *Conferva comoides* ou autre forme végétale. Qu'un botaniste, absorbé dans l'étude des Phanérogames, et que la position géographique de ses herbiers et de sa bibliothèque éloigne des régions maritimes où l'on peut observer des Psychodiaires, diffère à les adopter, en disant : « Les êtres qui nous semblent intermédiaires entre les Animaux et les

Plantes doivent plutôt être considérés comme des témoignages de notre ignorance que comme des preuves d'une classe particulière ; » nous le concevons; mais qu'un micrographe des rivages de la Manche, par exemple, qui voit ou imagine des Animaux tour à tour se réunissant pour former une Plante ou des Plantes se dissolvant en petits Animaux, reproduise un pareil doute pour s'en faire un argument contre des raisonnemens où l'on ne s'étaie pourtant d'aucune impossibilité, c'est ce que nous ne pouvons comprendre. Des transubstantiations agrégatives ou disloquantes sont, aux yeux de la saine raison, de véritables non-sens dont il a été fait justice au mot MÉTAMORPHOSE; nous y renverrons le lecteur.

Toutes les divisions de règnes et d'ordres, de classes, de genres même, introduites dans les sciences naturelles pour en faciliter l'étude, sont plus ou moins arbitraires. Si l'on en considère les objets pris comme types, leurs différences frappent, il est vrai, dès le premier regard, mais comme par des nuances qui se fondent vers leurs bords. Les plus distinctes, avons-nous dit ailleurs, finissent par rentrer les unes dans les autres; on a imaginé, pour aider la mémoire, de tracer entre elles des limites que la nature n'y a pas plus posées qu'elle n'a établi de division tranchée entre les diverses bandes de couleurs dont se forme l'arc-en-ciel. Avec l'augmentation de nos connaissances, il a fallu augmenter le nombre des cases où, s'il est permis d'employer une telle comparaison, on place des assortimens plus ou moins bien combinés. Les trois règnes étaient les seules de ces grandes cases mnémoniques auxquelles on semblait craindre de toucher; on aimait mieux discourir aigrement et sans fin sur l'animalité de certaines Conferves, d'un Corail ou d'une Éponge, et porter comme d'un tiroir à un autre de telles productions, que de convenir qu'aucune d'elles ne pouvait demeurer parmi les Animaux, puisque toutes végétaient à la manière des Plantes, mais qu'en même temps on ne pouvait les regarder comme des Plantes, puisqu'on y remarquait des indices d'animalité. C'est à ces genres, pour ainsi dire errans entre la zoologie et la botanique, que nous allons tenter de donner un asile définitif dans le règne auquel le présent article est consacré. L'étymologie en indique le principal caractère ; on n'y trouvera que des créatures mixtes en quelque sorte, végétant comme de simples Plantes, soit qu'en même temps elles aient la faculté d'agir et de se déplacer comme les Polypes d'eau douce, soit que l'on ne distingue de mouvemens spontanés que dans telle ou telle de leurs parties qui sont une floraison animée dans les Sertulaires, une écorce sensible dans les Gorgoniées, enfin une graine agissante dans nos Arthrodiées, etc. De même que dans l'Animal véritable, une force végétative est le principe du Psychodié, mais la vie n'y prend pas autant de prépondérance, parce qu'elle n'y est point le résultat du jeu de nombreux organes ajoutés les uns aux autres par l'action des développemens successifs; cependant l'introduction d'une faculté inclinatrice, c'est-à-dire d'un sens dans le Psychodié, l'élève aussitôt bien au-dessus du Végétal en le laissant cependant bien au-dessous de la Bête. Ce sens est celui du tact, prodigieusement développé à la surface entière, comme dans l'épaisseur des parties animées du Psychodié; et comme ce tact s'exerce de toutes parts et qu'il pénètre la masse sans qu'aucune autre combinaison vitale y intervienne, l'être où cette faculté est répartie de la sorte se peut lacérer impunément; il est essentiellement tomipare; chaque fragment animé, détaché du tout, pourra devenir un être complet, attendu qu'il emporte avec lui la totalité des conditions requises d'existence, lesquelles se bornent à la force végétative présente dans les moindres molécules, augmentée du sens du tact qui s'y trouve également repandu.

En ajoutant conséquemment une extension nécessaire à la première définition que nous avons ci-dessus donnée du Règne Psychodiaire, nous caractériserons désormais ainsi qu'il suit la grande catégorie qui doit porter ce nom de Psychodiaire : Règne composé d'individus végétans, mais ayant au-dessus du Végétal un sens, suffisant pour y introduire aussitôt un premier degré d'animalité, mais non de cette animalité complète qui résulte de l'intellect ajouté au simple instinct. Pour faire entièrement comprendre ceci, il était nécessaire de préciser l'acception que nous donnons aux mots Instinct et Intelligence qui ont été traités dans le présent Dictionnaire, et auxquels conséquemment il suffit de renvoyer le lecteur. Nous nous bornerons donc à rappeler ici que l'instinct, auquel la présence d'un sens unique suffit pour qu'on le voie s'étendre à toute sa portée, dénué des secours que lui pourrait fournir la cumulation d'autres organes pour en faire l'un des élémens de l'intelligence, n'entraîne point la conscience du soi. Cette conscience plus ou moins intime, ne peut résulter que de la complication de l'instinct par l'addition d'autres sens ajoutés à celui dont cet instinct était résulté comme une nécessité physique. Lamarck l'avait fort bien senti lorsqu'il réünit la plupart des êtres que nous comprenons dans notre règne Psychodiaire, sous le nom d'*Animaux apathiques*. Il reconnut que ces créatures, qui manquent évidemment d'organes respiratoires, locomoteurs, générateurs, circulatoires, et dans lesquels on ne distingue point d'appareil nerveux, étaient aussi distincts de l'Animal que le sont les Plantes, où quelques personnes ont pourtant prétendu avoir découvert des nerfs. Le Linné français avait donc bien avant nous comme essayé l'établissement d'un règne nouveau que nous ne proposons conséquemment que sur les traces de notre plus illustre naturaliste. Cependant celui-ci n'y avait pas rapporté beaucoup d'êtres qu'on laissait par habitude dans le domaine de Flore, tandis qu'il y comprit de véritables Animaux. La désignation d'*Apathiques* pouvait-elle d'ailleurs être admise, puisque ce mot signifie : qui n'est sensible à rien ? Or, est-il possible de supposer que des créatures qui jouissent de la faculté de chercher un site d'élection pour y vivre à l'abri de ce qui leur pourrait nuire, qui se contractent au moindre danger, et même par l'effet d'un grand bruit, qui paraissent éprouver des jouissances dans tel ou tel reflet du jour ou de l'ombre, et dont la plupart préfèrent telle nourriture à telle autre, puissent être réputés ne pas sentir. Ces philosophes d'un siècle d'ergotage, qui poussèrent leur genre de science jusqu'à soutenir que les Animaux, si ce n'est l'Homme, étaient de simples machines, non-seulement dépourvues d'intelligence, mais encore de sensibilité, eussent seuls pu soutenir un tel paradoxe. Les Animalcules dont s'anime une Sertulaire, ne sont probablement pas sensibles à la manière dont certains écrivains entendent le mot sensibilité qu'ils emploient sentimentalement à tout propos ; ils ne le sont pas même à la manière des plus obtus des Mollusques, mais ils peuvent l'être à leur façon, et il y aurait presque imprudence à prétendre qu'il n'existe qu'une manière de sentir ; les douleurs et les jouissances d'un Limaçon doivent être des sensations fort différentes des nôtres, mais n'en sont pas moins tout aussi réelles. Il peut exister des degrés analogues de différence et la même réalité entre les sensations d'un Limaçon et celle d'un Polype ; et l'on ne doit jamais, en pareille matière, calculer d'après des bases qui ne sauraient être en rapport, c'est-à-dire imaginer par exemple, parce que le genre humain, les Crapauds et les Poux sont pourvus de sexes, que tous les êtres doivent être également mâles ou femelles. Long-temps on ne connut d'autre mode de propagation; il a fallu pourtant se rendre à l'évidence et reconnaître même parmi les Animaux très-bien caractérisés, des espèces agames privées de sexe. On voulait aussi des œufs ou du moins des germes partout, jusque-là qu'on ose admirer un métaphysicien qui vient nous dire sérieusement que Dieu n'est qu'un germe!... il est bien démontré maintenant qu'il existe des créatures végétantes et même très-vivantes qui peuvent naître spontanément sans œufs ni germes, sauf à disparaître sans se reproduire ou bien à ne se reproduire que par divisions. Aujourd'hui encore, quoique Lamarck ait reconnu que ses Apathiques manquaient de système nerveux, il se trouve des physiologistes qui ne veulent point admettre l'existence de perceptions sans nerfs. Nous pouvons pourtant affirmer n'avoir rien vu d'analogue à des nerfs dans un grand nombre d'êtres jouissant du mouvement spontané et de la faculté de la locomotion au plus haut degré. Il n'en existe dans aucune des créatures que nous nous proposons de renfermer dans notre nouveau règne, et dont les attributs généraux sont: l'absence d'un système nerveux et de ganglions quelconques; la privation totale d'yeux, d'appareil respiratoire, de cœur, et même de bouche organisée (des orifices destinés à engloutir quelque proie dans un sac alimentaire informe, ainsi qu'à rejeter des excrémens, ne pouvant être réputés bouches); sans sexes, conséquemment sans œufs et même sans ovaires; ne présentant dans leur ensemble rien qui puisse être considéré comme des membres; absorbant et se nourrissant par toute leur surface; exclusivement aquatiques; tomipares; se reproduisant par boutures et par bulbines ou propagules inertes comme chez les Plantes, quand ces propagules ne vivent pas à la manière des Microscopiques; irritables et doués éminemment du sens du tact; comme diffluans, la partie vivante étant composée de molécules globuleuses contenues dans un mucus plus ou moins épais que n'enveloppe ou ne contient aucune peau, ni rien qu'on puisse considérer comme tel. Cette partie vivante n'est, à proprement parler, composée que de trois des modifications primitives que dans notre article MATIÈRE (*V.* ce mot), nous avons cru reconnaître, savoir: la muqueuse, la vésiculaire, et l'agissante. Dans la plupart des Psychodiés, elle entre pour la moitié de l'être; l'autre moitié, absolument inerte, n'y servant que de support végétal corné ou pierreux, qui ne paraît point aussi propre à se reproduire quand on le casse, que la partie vivante quand on la déchire: fait digne de remarque et que nous avons souvent eu occasion d'observer sur des Polypiers corticifères et sur des Arthrodiées.

La définition qui vient d'être donnée des êtres que nous proposons de comprendre dans le règne Psychodiaire, en éloigne beaucoup plusieurs des Apathiques de Lamarck, mais y appelle des créatures long-temps regardées comme des Plantes; elle convient à tous les êtres que diverses personnes déterminées à tenir les vieux sentiers, aiment mieux porter, selon leur caprice, de la zoologie à la botanique, ou de la botanique à la zoologie. Pour les naturalistes affranchis du joug de la routine, les Spongiaires, les Corallinées, les Liagores, et beaucoup d'autres productions pareilles, ne se promèneront plus de règne en règne ainsi que nous l'avons déjà dit, elles auront le leur.

En admettant avec notre grand Lamarck que tous les êtres végétans et vivans ne furent pas introduits à la fois et tels que nous les voyons aujourd'hui dans le vaste ensemble de la nature (grande vérité que reconnaissent les observateurs de bonne foi, et que nous nous sommes efforcé d'étayer de tant de preuves dans plusieus de nos écrits), il faut admettre que les Psychodiés durent apparaître des premiers dans l'ordre de la création.

C'est pour eux que se préparèrent simultanément la vie, la végétation, et jusqu'à une sorte de minéralisation. A cette époque où les eaux couvraient la surface du globe et tenaient en dissolution probablement plus de matière organisable qu'elles n'en contiennent maintenant, que tant de générations décédées lui en ont enlevé pour élever les continens avec une partie de leurs montagnes; vers ces âges où notre planète n'était qu'un océan, c'est dans la masse du liquide qui lui servait d'amnios, qu'agit d'abord la force assimilatrice en vertu de laquelle les six formes primitives de la matière, s'ajoutant les unes aux autres en diverses proportions, déterminèrent premièrement l'apparition des Polypiaires mous, composés seulement de modification muqueuse, de modification vésiculaire et de modification agissante. Bientôt les modifications que nous avons appelées végétative, cristallisable et terreuse, s'ajoutèrent aux premières combinaisons vitales des Arthrodiées, des Polypiers flexibles, et des nombreuses tribus madréporiques. Pour subdiviser le règne Psychodiaire, il faut donc suivre la marche de la nature même qui nous y indique trois grands embranchemens; ces embranchemens ou grandes classes seront les ICHNOZOAIRES, les PHYTOZOAIRES et les LITHOZOAIRES. Les premiers sans support phytoïde ni pierreux, uniquement muqueux, et jouissant davantage de facultés locomotives quand ils ne sont pas en tout temps libres, furent l'ébauche du règne animal proprement dit; les seconds avec leurs tubes filamenteux, leur axe ou leur tissu fibreux, furent l'ébauche du règne végétal; les derniers enfin durent préparer cet *aride* dont il est parlé dans Genèse, afin que les Plantes et les Bêtes ayant vie ne fussent pas condamnées à vivre uniquement dans les flots, et qu'il s'élevât une terre que pût parer l'herbe destinée à la nourriture des cohortes animées.

Dans la classe des ICHNOZOAIRES où nulle combinaison organique n'oblige le Psychodié à se fixer contre quelque support que ce soit, le Psychodié est également animé et contractile dans toutes ses parties, et si l'on y trouve quelque rudiment de charpente, ce rudiment sera osseux; un sac alimentaire en sera l'essence avec un seul orifice qu'environneront des prolongemens tentaculaires, ébauches des organes de préhension et de locomotion, mais qui ne constituent certainement pas plus une bouche qu'un anus. On n'y peut guère admettre encore que deux ordres peu nombreux en genres ainsi qu'en espèces. Le premier comprend les Polypes nus de Cuvier, êtres réduits aux plus simples conditions d'existence animale, qui renferment deux familles : 1° celle des HYDRINES pour les Polypes vivant non enracinés où rentrent les genres Polype, Coryne, Difflugie? et Cristatelle; 2° les PHILADELPHES pour les Polypes vivant réunis en masses plus ou moins confuses. Les genres Plumatelle et Alcyonelle s'y placent naturellement, et nous avons de fortes raisons pour croire que le genre *Zoantha* d'Ellis s'y devrait grouper avec plus d'un prétendu Ascidien. Le second ordre, où la liaison des individus devient plus intime, se compose des genres réunis par l'illustre auteur de l'Histoire du Règne Animal sous le nom de POLYPES NAGEURS.

Dans la seconde classe, celle des PHYTOZOAIRES, se rangent la plupart des êtres précédemment appelés *Zoophytes*, en repoussant seulement dans la classe suivante ceux dont le support est calcaire et pierreux. Nous y proposerons trois ordres : le premier, où se reconnaissent des Hydres ou Polypes, mais où ces Polypes sont asservis à une existence commune végétative, qui les tient fixés sur des corps étrangers, au point qu'on courrait risque d'en causer la destruction en les arrachant par leur base, tandis que des rameaux en peuvent être détachés impunément, et que leurs Hydres ou Polypes leur peuvent, au besoin, servir de propagule, après s'être émancipés pour vivre durant quelque temps isolément à la manière des Ichnozoaires, soit qu'ils s'épanouissent à l'extrémité et dans la longueur de tubes végétans membraneux, soit qu'ils se développent dans les cellules superficielles d'expansions membraneuses, soit enfin qu'on ne les distingue que dans l'écorce animée qui revêt un stipe corné; ce sont nos Vorticellaires, les Polypes à tuyau, les Polypes à cellules et les Cératophytes de Cuvier. Le second, où ne se distingue nul Hydre ou Polype, ni rien d'analogue durant une partie de l'existence du Psychodié; dans ce second ordre, chaque espèce paraît d'abord n'y être qu'un simple Végétal, à l'extrémité ou dans l'intérieur des tubes duquel se préparent des Animalcules qui doivent un jour nager en liberté; propagules animés qui, jusqu'à l'état de maturité d'où résultera la vie, pourraient être pris pour des graines; ce sont les Arthrodiées et les Bacillariées que, dans la timidité de nos premiers essais sur les Psychodiés, nous ne savions à quel règne rapporter, et qui nous mirent sur la voie d'en proposer un nouveau. Il est de ces Arthrodiées où nous n'avons pas encore saisi ces propagules dans leur état vivant, mais où nous avons reconnu l'animalité par certains mouvemens spontanés fort remarquables qui s'exercent dans la totalité de leurs filamens. Les Éphydaties (*Spongillus*, Lamk.) rentrent probablement dans cet ordre, ainsi que les Spongiaires que nous avions d'abord rapportés à l'ordre suivant, où personne n'a jamais vu de Polypes, mais où des Zoocarpes développés dans une gelée animale, paraissent avoir été récemment découverts. — L'ordre troisième est celui où l'on ne saurait méconnaître l'animalité répandue dans l'ensemble de l'être, mais où ne se voient ni Polypes ni Zoocarpes; il se compose des Alcyons, masse charnue, quelquefois revêtus d'une sorte d'écorce, et des Coralliées, où nous ne pouvons distinguer que des expansions de la nature d'une corne animale mollasse, recouverte d'une couche calcaire analogue à celle dont se forme l'axe des Psychodiés de l'ordre suivant, et jusqu'au test des Animaux supérieurs, par l'introduction dans les tissus cartilagineux de la substances calcaire.

Dans la troisième classe, celle des Lithozoaires, qui furent les Lithophytes des anciens auteurs et de Cuvier, se retrouvent parfois des Polypes; mais il y existe bien plus souvent d'autres formes animales recouvrant des supports inorganiques entièrement pierreux, lesquels supports ne sont pas susceptibles de se reproduire par boutures. Quand des parties de l'ensemble se sont détachées, elles ne se reproduisent pas au point de la cassure, ce sont les frêles artisans de la surface qui continuent à se superposer, en préparant la matière calcaire, en s'en recouvrant les uns les autres et en bâtissant des rocs souvent énormes destinés à produire l'encombrement des mers.

Aux extrémités de chacune des familles de Psychodiés qui composent les trois classes qu'on vient d'indiquer, commencent des familles de Plantes et d'Animaux qu'en séparent d'insensibles nuances, et rien ne saurait mieux que ces points de contact intimes prouver ce que nous avons dit autre part du réseau merveilleux tissu par la création, réseau dans lequel chaque maille a des côtés communs, et se trouve dans la dépendance de tout l'ensemble où l'une de ces mailles ne saurait manquer sans une perturbation totale dans la généralité de l'ensemble. Ceci prouve encore l'impossibilité d'établir une méthode rectiligne, véritable pierre philosophale de l'Histoire naturelle, à la recherche de laquelle ne se doivent pas arrêter les personnes raisonnables.

Afin de ne point perdre de place en répétitions superflues, nous renverrons, pour la distribution des genres compris dans le règne organique intermédiaire dont il vient d'être question, aux articles généraux répandus dans ce Dictionnaire, et dont plusieurs, après avoir été traités comme dépendant du règne animal, n'en sauraient néanmoins désormais faire partie. Nous ne croyons pas non plus, par le même motif, devoir réfuter certaines assertions au moins hasardées qu'on trouve dans un article *Psychodiaire*, où nous sommes cité parmi les personnes qui croient à des transmutations de Plantes en Animaux; ou d'Animaux en Plantes. Qu'importe qu'on nous prête des idées extravagantes que nous avons toujours combattues, et qu'après les avoir condamnées chez nous, on les admire chez les inventeurs des Némazoaires? Ce qui importe, est qu'on prenne, avant de les réfuter, quelque connaissance des opinions qu'on n'adopte point, qu'on ne crée plus de chimères pour les combattre, qu'on ne parle que de ce qu'on connaît, et qu'on ne fasse jamais dire à qui que ce soit ce qu'il n'a pas dit, surtout quand il est question de paroles imprimées, et qu'il suffit de reproduire ces paroles pour prouver, dans certains antagonistes, ou la plus complète ignorance ou la plus insigne mauvaise foi. (B.)

* PSYCHODIÉS. Ce sont les êtres organisés que nous rangeons dans le règne dont nous avons proposé la formation sous le nom de Psychodiaire. *V.* ce mot. (B.)

PSYCHOTRIE. *Psychotria.* BOT. PHAN. Ce genre, de la famille des Rubiacées et de la Pentandrie Monogynie, L., est le même que le *Psychotrophum* de P. Browne. Ses caractères essentiels consistent en un calice adhérent, dont le limbe est à cinq dents; une corolle monopétale, tubuleuse, subinfundibuliforme et à cinq divisions; les cinq étamines sont en général incluses et non saillantes. Le fruit est une petite baie ombiliquée, devenant sèche et coriace, ordinairement sillonnée, et se séparant en deux parties qui contiennent chacune une seule graine, plane d'un côté et convexe de l'autre. Les espèces de ce genre sont fort nombreuses et mériteraient un examen approfondi, car plusieurs de celles qui y ont été rapportées n'en font pas partie. Ce sont en général des Plantes sous-frutescentes ou de petits Arbrisseaux, à feuilles opposées et à fleurs disposées en grappes axillaires ou en panicules terminales. Ces espèces croissent en Asie et en Amérique. La plus intéressante de toutes est sans contredit le *Psychotria emetica*, L., Suppl., qui fournit l'Ipécacuanha strié ou Ipécacuanha du Pérou (*V.* IPÉCACUANHA). On a proposé de réunir au genre *Psychotria* les genres *Antherura* de Loureiro, le *Simira* et le *Mapouria* d'Aublet, le *Myrstiphyllum* de Brown, le *Nonatelia officinalis* d'Aublet, l'*Hilacium* de Palisot de Beauvois, etc. (A. R.)

PSYCHOTROPHUM. BOT. PHAN. C'était le nom de la Bétoine chez les Romains. Patrik Browne, dans son Histoire naturelle de la Jamaïque, a donné le même nom à un genre de Rubiacées, que l'on désigne maintenant sous celui de *Psychotria*. *V.* PSYCHOTRIE. (A. R.)

* PSYCHROPHILA. BOT. PHAN. (De Candolle.) *V.* CALTHA.

* PSYDARANTHA. BOT. PHAN. Le genre formé sous ce nom par Necker d'après le *Maranta comosa*, L. fils, n'a pas été adopté. (G..N.)

PSYDRAX. BOT. PHAN. Gaertner (*de Fruct.* T. I, p. 125, tab. 26) a décrit et figuré, sous le nom de *Psydrax dicoccos*, le fruit d'une Plante de Ceylan qui paraît appartenir à la famille des Rubiacées ou à celle des Caprifoliacées, mais dont le reste de l'organisation florale est inconnu. Ce fruit est une baie infère, obovée, noire, tuberculeuse, marquée de chaque côté d'un sillon et au sommet d'une auréole plane, qui est la cicatrice laissée par la chute de la fleur; à l'intérieur cette baie est charnue, biloculaire, contenant deux noyaux oblongs, gibbeux et bosselés d'un côté, marqués de l'autre d'une ligne proéminente. La graine contient un embryon dicotylédoné, filiforme, inverse, au milieu d'un albumen charnu et blanc. (G..N.)

PSYLLE. REPT. OPH. Les Serpens désignés sous ce nom, dans les anciens, paraissent être des Cérastes. *V.* ce mot. (B.)

PSYLLE. *Psylla.* INS. Genre de l'ordre des Hémiptères, section des Homoptères, famille des Hyménélytres, tribu des Psyllides, établi par Geoffroy, et adopté par Latreille. Les caractères de ce genre sont : antennes filiformes, de la longueur du corps, insérées devant les yeux, près de leur bord interne, à articles cylindriques; les deux premiers plus courts et plus épais que les autres, ceux-ci très-allongés et très-grêles, le dernier bifide à son extrémité. Labre grand, trigone. Bec très-court, presque perpendiculaire, naissant de la poitrine entre les pates antérieures, cylindrico-conique, de trois articles, le dernier très-court, conique; chaperon court, presque demi-circulaire, convexe, arrondi à sa base, tracé par une ligne arquée. Yeux souvent proéminens, semi-globuleux. Trois petits yeux lisses, distincts, disposés en triangle; les deux postérieurs placés de chaque côté derrière les yeux, le troisième sur le front, dans son échancrure. Corselet composé de deux segmens distincts, l'antérieur beaucoup plus court, transversal, linéaire, le second grand, comme partagé en deux par une ligne transverse, rebordé postérieurement. Écusson élevé, marqué de lignes imprimées. Elytres et ailes grandes, presque de la même consistance et placées en toit. Abdomen conique. Tarière des femelles allongée, terminée en pointe, et formée par quatre lames qui se réunissent. Pates propres au saut; tarses de deux articles, le dernier un peu plus long, muni de deux crochets, ayant dans leur entre-deux une petite vessie membraneuse. Ce genre se distingue des Livies, parce que celles-ci ont les antennes plus courtes que le corselet. Les Psylles se nourrissent des sucs des Végétaux; on les trouve sur diverses espèces d'Arbres auxquels elles occasionent souvent des galles en les piquant pour déposer leurs œufs. Quelques-unes déposent leurs œufs dans des flocons de filets blancs, soyeux et analogues à ceux que l'on voit à l'abdomen des Dorthésies; les larves ont le corps plat, la tête large et l'abdomen un peu pointu. Les nymphes s'en distinguent, parce qu'elles ont des rudimens d'ailes. A l'état parfait, ces Insectes sont très-agiles, volent et marchent parfaitement; il n'y a que les femelles qui, après la fécondation, sont lourdes et paresseuses. Ces Insectes font deux ou trois générations par an. On connaît cinq à six espèces de ce genre, toutes propres à l'Europe. Nous citerons comme type :

La PSYLLE DU FRÊNE, *Psylla Fraxini*, Latr., Geoff.; *Chermes Fraxini*, L., Fabr., *Syst. rhingot.*, p. 305, n. 15. Elle est longue d'une ligne et demie, jaune, avec le dos varié de noir et de jaune; les élytres transparentes, avec leur bord supérieur un peu brun vers la base, et une tache noire assez grande vers le milieu. On la trouve aux environs de Paris. (G.)

PSYLLIDES. *Psyllidæ.* INS. Tribu de l'ordre des Hémiptères, section des Homoptères, famille des Hyménélytres, établie par Latreille, et renfermant des Insectes qui ont les antennes de dix à onze articles et terminées par une soie; les élytres et les ailes en toit. Les tarses de deux articles de forme ordinaire, terminés par deux crochets. Les femelles sont pourvues d'une tarière. Cette tribu ne renferme que deux genres. *V.* PSYLLE et LIVIE. (G.)

PSYLLIUM. BOT. PHAN. Genre établi par Tournefort pour quelques espèces de Plantain, réuni par Linné à son *Plantago*, et rétabli par Jussieu comme genre distinct, qui néanmoins n'a pas été généralement adopté. *V.* PLANTAIN. (A. R.)

* PSYLLOCARPE. *Psyllocarpus.* BOT. PHAN. Genre nouveau de la Tétrandrie Monogynie, L., établi par le professeur Martius dans ses *Nova Genera*, 1, p. 44, et appartenant à la famille des Rubiacées. Les caractères de ce genre consistent en un calice adhérent, ayant son limbe à dix dents, dont deux beaucoup plus longues sont sous la forme de lanières étroites et inégales; une corolle monopétale, régulière, infundibuliforme, à quatre lobes barbus à leur face interne; quatre étamines incluses; un style très-court, terminé par un stigmate renflé en massue; une capsule à deux loges monospermes, s'ouvrant en deux valves. Les graines sont très-minces, comprimées, membraneuses et peltées. Ce genre, selon l'auteur, est voisin du *Borreria*, établi par Meyer dans la Flore d'Essequebo. Il se compose de deux espèces décrites et figurées sous les noms de *Psyllocarpus ericoides*, *loc. cit.*, tab. 28, fig. 1, et *P. laricoides*, *loc. cit.*, tab. 28, fig. 2. Ce sont de petits Arbustes très-rameux, grêles, à feuilles linéaires, subulées et verticillées, à fleurs bleues, sessiles à l'aisselle des feuilles ou au sommet des rameaux. L'une et l'autre croissent au Brésil. (A. R.)

* PSYLOCYBE. BOT. CRYPT. (*Champignons.*) Sous-division établie par Fries dans la section *Pratella* du genre Agaric. *V.* ce mot. (A. R.)

PSYLOPHORUS. BOT. PHAN. C'est-à-dire *Porte-Puce*. Syn. de *Carex pulicaris*, espèce de Laiche. (B.)

PSYLOTRON. BOT. PHAN. L'un des anciens noms de la Bryone. (B.)

PTARMICA. BOT. PHAN. *V.* PTARMIQUE.

PTARMIGAN. OIS. Espèce du genre Tétras. *V.* ce mot. (DR..Z.)

PTARMIQUE. *Ptarmica.* BOT. PHAN. Espèce du genre Millefeuille, *Achillæa*. *V.* ce mot. (B.)

PTELEA. BOT. PHAN. Genre placé par Jussieu dans la famille des Térébinthacées, dont Kunth, dans son excellent travail sur cette famille, a fait le type de sa nouvelle tribu des Ptéléacées, et qu'Adrien de Jussieu a plus récemment rapporté aux Zanthoxylées, dans la famille des Rutacées. Voici quels en sont les caractères: les fleurs sont unisexuées; leur calice est court et à quatre ou cinq divisions profondes; la corolle se compose de quatre à cinq pétales plus longs que le calice et étalés; dans les fleurs mâles, on trouve quatre à cinq étamines plus longues que les pétales, ayant leurs filamens velus et renflés à leur partie inférieure et insérés autour d'un disque qui porte les rudimens du pistil avorté. Dans les fleurs femelles les étamines sont très-courtes et stériles; l'ovaire est porté sur un disque hypogyne; il est convexe et comprimé, à deux loges, contenant chacune deux ovules superposés à leur angle interne; le style est court, terminé par un stigmate bilobé. Le fruit est comprimé, mince, formant une samare indéhiscente, plus renflée dans sa partie moyenne, et à deux loges monospermes. Les graines contiennent un embryon droit. Ce genre se compose de trois espèces, mais dont deux paraissent douteuses et ne lui appartiennent probablement pas.

L'espèce type est le *Ptelea trifoliata* ou l'*Orme à trois feuilles.* C'est un grand Arbrisseau originaire de l'Amérique septentrionale, mais qu'on cultive en pleine terre dans tous nos jardins. Ses feuilles sont alternes, pétiolées, composées de trois folioles. Les fleurs sont verdâtres et disposées en un corymbe terminal et axillaire. Ses fruits ont une saveur très-amère, et quelques auteurs ont proposé de les substituer au Houblon dans la fabrication de la bière. (A. R.)

* PTÉLÉACÉES. *Pteleaceæ.* BOT. PHAN. Kunth, dans son Mémoire sur les Térébinthacées, a proposé sous ce nom une tribu qu'il formait des genres *Ptelea*, *Blackbournea*, *Toddalia* et *Cneorum*. Il indiquait lui-même que cette tribu avait

les plus grands rapports avec les Diosmées ou Rutacées. Aussi Adr. De Jussieu, dans son travail sur cette dernière famille, a-t-il cru devoir réunir ces genres au groupe des Zanthoxylées. *V*. RUTACÉES. (A. R.)

PTÉLIDIE. *Ptelidium*. BOT. PHAN. Genre de la famille des Célastrinées, et de la Tétrandrie Monogynie, L., établi par Du Petit-Thouars (*Nov. Gener. Madagasc.*, n. 24), et ainsi caractérisé : calice urcéolé, à quatre lobes; corolle à quatre pétales dont les onglets sont larges et insérés sur le calice; disque quadrilobé; quatre étamines alternes avec les pétales; ovaire comprimé, surmonté d'un style très-court; fruit samaroïde, très-comprimé, indéhiscent, bordé d'une aile biloculaire contenant deux graines dressées dont l'embryon est plan, vert, dans un albumen charnu. Sprengel a donné inutilement à ce genre le nom de *Seringia* qui d'ailleurs a reçu une autre application. Le *Ptelidium ovatum*, Poiret, Encyclop. suppl., 4, 597; *Ptelidium*, Du Petit-Thouars, Histoire des Végétaux d'Afrique, p. 11 et 29, tab. 2; *Ptelea ovata*, Lour.?, est un Arbuste de Madagascar peu élevé, à feuilles opposées, ovées, très-entières; à fleurs très-petites et disposées en panicules axillaires, lâches et plus courtes que les feuilles. (G..N.)

PTÉRACLIDES. *Pteraclis*. POIS. (Gronov.) Syn. d'Oligopode. Sous-genre de Coryphœne. *V*. ce mot. Scopoli l'appelait Ptéridion. (B.)

PTÉRANTHE. *Pteranthus*. BOT. PHAN. Genre de la Tétrandrie Monogynie, L., établi par Forskahl et adopté par Desfontaines (*Flor. Atlant.*, 1, p. 144) qui l'a ainsi caractérisé : calice persistant, divisé profondément en quatre segmens concaves; deux plus grands, prolongés en crête à leur sommet, deux opposés plus petits et subulés; corolle nulle; quatre étamines dont les filets sont monadelphes à la base; style unique, surmonté de deux stigmates; ovaire supère; capsule membraneuse, indéhiscente, monosperme, couverte par le calice; pédicelles planes, obovales et multiflores. Linné confondait ce genre avec le *Camphorosma*; il s'en éloigne pourtant à un tel point que Jussieu le place dans la famille des Urticées, à la suite du *Parietaria*. L'Héritier (*Stirp. nov.*, 1, p. 135, tab. 65) a proposé inutilement pour ce genre le nom de *Louichea* qui n'a pas été adopté pour deux raisons, la première à cause du mot de *Pteranthus* qui a l'antériorité, la seconde à cause de la dédicace d'un autre genre (*Fontanesia*) au professeur Louiche Desfontaines. Le *Pteranthus echinatus*, Desfont., *loc. cit.*; *Camphorosma Pteranthus*, L.; *Louichea cervina*, L'Hérit., *loc. cit.*, est une Plante herbacée, à tige articulée, très-rameuse, garnie de feuilles verticillées, linéaires, très-entières, et un peu glauques. Les fleurs sont agglomérées, terminales et comme hérissées de pointes. Cette Plante croît dans les localités sablonneuses et argileuses de l'Arabie, de la côte septentrionale d'Afrique aux environs de Tunis, et dans l'île de Chypre. (G..N.)

PTÉRIDE. BOT. CRYPT. (*Fougères*.) Le nom de *Pteris*, donné par les anciens, à plusieurs grandes Fougères, dont l'une paraît être l'*Aspidium Filix mas*, et l'autre le *Pteris aquilina*, a été plus restreint par Linné. Les changemens qu'on avait introduits plus tard dans le genre linnéen dépendaient en partie de l'imperfection des connaissances qu'on avait alors sur plusieurs espèces exotiques. Le caractère actuel des Ptérides est de présenter des capsules pédicellées, munies d'un anneau élastique complet et étroit, insérées en une ligne non interrompue sur le bord même de la fronde et recouvertes par un tégument membraneux continu qui, naissant du bord de la même fronde, s'ouvre en dedans. Cette disposition des capsules et du tégument exclut de ce genre plusieurs Plantes qui forment les genres *Vittaria*, *Cheilan-*

thes, *Grammitis*, *Tænitis*, *Notholæna*, *Lomaria*, *Cryptogramma*, *Ceratopteris*, etc.; cependant le genre Ptéride n'en demeure pas moins l'un des plus nombreux de la famille des Fougères, et renferme plus de cent cinquante espèces dont la plupart croissent entre les tropiques. L'Europe septentrionale n'en offre qu'une seule: le *Pteris aquilina* qui couvre souvent de grands espaces de terrain, et qu'on peut utiliser, soit comme litière et comme engrais, soit pour en retirer par incinération la Potasse que cette Plante contient en grande quantité. Le *Pteris crispa*, qui croît dans les parties montueuses de l'Europe, diffère beaucoup des autres espèces de ce genre, et paraît mieux placée dans le nouveau genre *Cryptogramma* établi par R. Brown pour une Plante du nord de l'Amérique qui lui ressemble beaucoup.

Les Ptérides exotiques présentent toutes les modifications possibles dans la forme de leurs frondes. Une des espèces les plus intéressantes est la *Pteris esculenta*, très-voisine de notre *Pteris aquilina*, dont les habitans de la Nouvelle-Hollande et de la Nouvelle-Zélande mangent la racine grillée à la place de pain. (AD. B.)

PTERIDION. POIS. (Scopoli.) *V.* PTÉRACLIDE.

PTERIDION. BOT. CRYPT. (Cordus.) Syn. de *Polypodium Dryopteris*, L., qui est un *Lastræa*. *V.* ce mot. (B.)

PTERIGIUM. BOT. PHAN. Genre encore peu connu dont Corréa a décrit et figuré le fruit dans le huitième volume des Annales du Muséum. Ce genre se composerait de deux espèces: *Pterigium costatum*, Corr., *loc. cit.*, p. 397, tab. 65, qui, selon ce célèbre carpologiste, fournit à Sumatra une sorte de Camphre; et *Pterigium teres*, Corr., Ann. du Mus., 10, p. 159, tab. 8, fig. 1. Ce genre, suivant l'auteur, paraît avoir quelques affinités avec le Hêtre et le Châtaignier. Jussieu pense qu'on doit y rapporter le genre *Pterocarpus* de Gaertner fils. (A. R.)

PTERIGODIUM. BOT. PHAN. Genre de la famille des Orchidées, tribu des Ophrydées, établi par Swartz, et qui peut être caractérisé de la manière suivante: la division externe et supérieure du calice est concave, carenée, soudée avec les deux intérieures qui sont larges et planes, et constituent ensemble une sorte de casque; les deux divisions externes et latérales sont allongées, un peu concaves, étendues horizontalement sous la forme d'ailes. Le labelle, d'une forme variable selon les espèces, naît du sommet du gynostème entre les deux loges de l'anthère. Ce gynostème est excessivement court; l'anthère est placée presque horizontalement à son sommet; les deux loges sont écartées l'une de l'autre, très-allongées, s'ouvrant chacune par une suture longitudinale, et contenant une masse pollinique finissant en caudicule à sa base que termine un petit rétinacle nu. Le stigmate occupe la partie postérieure et supérieure du gynostème. Ce genre se compose de cinq ou six espèces toutes originaires du cap de Bonne-Espérance. Ces espèces faisaient partie du genre *Ophrys* de Linné. Mais la forme du calice, celle du gynostème, la position du labelle, les deux rétinacles nus, font de ce genre un des mieux caractérisés de la famille des Orchidées. Nous mentionnerons parmi ces espèces les *Pterygodium alatum*, *P. catholicum*, *P. atratum*, etc., toutes décrites par Linné sous le nom d'*Ophrys*. (A. R.)

* PTERIGOPHYLLUM. BOT. CRYPT. (*Mousses.*) Nom donné par Bridel à un genre qui correspond presque exactement au genre *Hookeria* de Smith. Ce dernier nom a été presque généralement adopté, quoiqu'il eût été appliqué précédemment par Schleicher à un autre genre de Mousses, qui depuis a reçu le nom de *Tayloria*. *V.* HOOKERIA. (AD. B.)

PTERIGYNANDRUM. BOT. CRYPT. (*Mousses.*) Hedwig a désigné ainsi le genre que Swartz a nommé *Pterogonium*. *V.* ce mot. (AD. B.)

* PTERIPTERIS. BOT. CRYPT. (*Fougères*.) Nom donné par Rafinesque à un genre de Fougères qu'il n'a pas décrit, et qu'il place entre les genres *Scolopendrium* et *Diplazium*. (AD. B.)

PTERIS. BOT. CRYPT. *V.* PTÉRIDE.

PTERIUM. BOT. PHAN. Desvaux (Journ. de Botan., février 1813, p. 75) a établi sous ce nom un genre qui ne diffère du *Cynosurus* qu'en ce qu'il est à fleurs solitaires portées à la base d'un involucre penné, au lieu d'être multiflore. Le *Pterium elegans* est une Graminée annuelle, à racines fibreuses, à feuilles glabres, et à épis presque globuleux, barbus et violacés. Cette Plante croît en Orient. (G..N.)

* PTERNA. OIS. Illiger donne ce nom à la partie du pied qui forme le talon des Oiseaux. (DR..Z.)

PTEROCALLIS. BOT. PHAN. Pour Petrocallis. *V.* ce mot. (B.)

PTÉROCARPE. *Pterocarpus*. BOT. PHAN. Genre de la famille des Légumineuses, et de la tribu des Dalbergiées, établi par Loëffling et adopté par Linné, Jussieu et tous les botanistes modernes. Plusieurs genres y ont été réunis; tels sont les genres *Apalatoa* et *Moutouchi* d'Aublet; et selon le professeur De Candolle le genre *Amphymenium* de Kunth. Voici les caractères du genre Ptérocarpe : le calice est monosépale, subuleux et presque campanulé, à cinq dents courtes et égales; la corolle est papilionacée; l'étendard est redressé, obcordiforme; les ailes et la carène, qui sont de la même longueur, sont rapprochées; les dix étamines sont monadelphes ou diadelphes; l'ovaire est linéaire, lancéolé, terminé par un long style que surmonte un stigmate obtus et simple. La gousse est presque orbiculaire, ayant son sommet latéral; elle est plane, indéhiscente, entourée d'une aile membraneuse et veinée; elle est en général monosperme. Les espèces de ce genre, au nombre d'environ vingt à vingt-deux, sont des Arbres ou des Arbrisseaux dont l'écorce contient un suc propre, rougeâtre; leurs feuilles imparipinnées se composent de folioles membraneuses et très-veinées; les fleurs, généralement jaunes, forment des épis ou des grappes axillaires. Toutes les espèces de ce genre sont exotiques. Environ onze croissent dans les diverses parties de l'Amérique méridionale, cinq en Asie, et à peu près autant en Afrique. Parmi ces espèces, quelques-unes méritent de fixer notre attention; telles sont surtout les deux suivantes :

PTÉROCARPE SANG-DRAGON, *Pterocarpus Draco*, L., Mant., 438, ou *P. officinalis*, Jacq., Am., p. 283, t. 183, fig. 92. C'est un grand Arbre, originaire de l'Amérique méridionale, et dont l'écorce fournit la substance résineuse connue sous le nom de Sang-Dragon. *V.* ce mot.

PTÉROCARPE SANTAL, *Pterocarpus santalinus*, L., Sup. 318, originaire de l'Inde. C'est le bois de cette espèce qui est connu et employé sous le nom de Santal rouge. *V.* SANTAL. Enfin, selon le célèbre Mungo-Park, la gomme Kino est produite par une espèce de *Pterocarpus* que R. Brown a rapportée au *Pterocarpus erinaceus* de Poiret (Encyclop., 5, p. 728; Ill., tab. 602, fig. 4). La même espèce a été publiée sous le nom de *Pterocarpus senegalensis* par le professeur Hooker (*in Gray's Travels in Western Africa*, p. 595, tab. 1). (A. R.)

* PTEROCARYA. BOT. PHAN. Dans son Mémoire sur la famille des Térébinthacées (Ann. des Sc. nat., juillet 1824), le professeur Kunth a formé sous ce nom un genre pour le *Juglans Pterocarya*, Michx., genre qu'il caractérise de la manière suivante : fleurs monoïques; les mâles polyandres et en chatons; les femelles offrent un calice adhérent, dont le limbe est à trois ou cinq divisions

irrégulières; l'ovaire infère et renflé porte vers sa partie inférieure deux ailes latérales et obliques; il est uniloculaire et contient un ovule dressé. Le style, excessivement court, se termine par deux gros stigmates plans et réfléchis. Le fruit est une drupe ou noix à deux ailes latérales, indéhiscentes, contenant une graine lisse et profondément quadrilobée à sa base, dont l'embryon est dépourvu d'endosperme, et a sa radicule supérieure. L'espèce unique qui compose ce genre est un Arbre à feuilles imparipinnées; les châtons mâles sont simples. Les fleurs femelles sont sessiles, écartées, formant de longs pendans. Elle croît aux environs de la mer Caspienne. (A. R.)

* PTEROCAULON. BOT. PHAN. Genre de la famille des Synanthérées et de la Syngénésie superflue, L., établi par Elliott, dans son Esquisse de la Botanique de la Caroline du Sud et de la Géorgie, vol. 2, p. 323. Voici les caractères essentiels qu'il lui a imposés : involucre imbriqué, composé de folioles tomenteuses, un peu scarieuses, appliquées; fleurs femelles et hermaphrodites mélangées dans la calathide; les femelles à tube grêle et à limbe tridenté; les hermaphrodites à limbe quinquéfide; akènes anguleux, surmontés d'une aigrette composée de poils scabres; réceptacle nu. Ce genre a pour type le *Conyza pycnostachya* de Michaux, ou *Gnaphalium undulatum*, Walter, Plante remarquable par sa tige ailée, c'est-à-dire munie d'appendices produits par la décurrence des feuilles. Les fleurs forment un épi cylindrique et dense. Michaux avait déjà remarqué que cette Plante devait former un genre intermédiaire entre le *Conyza* et le *Gnaphalium*, mais pourtant plus rapproché du premier de ces genres que du dernier. Il est probable que plusieurs des espèces de *Conyza* décrites par les auteurs, devront faire partie du genre *Pterocaulon*, lorsqu'elles seront mieux examinées. (G..N.)

PTEROCEPHALUS. BOT. PHAN. Vaillant avait autrefois constitué le genre *Pterocephalus* sur une Plante qui fut réunie par Linné aux *Scabiosa*. Plusieurs botanistes modernes et particulièrement Mœnch, Lagasca et Coulter, l'ont rétabli en y ajoutant plusieurs espèces placées par les auteurs dans les genres *Scabiosa*, *Knautia* et *Cephalaria*. Son caractère essentiel consiste, d'après Coulter (Mémoire sur les Dipsacées, p. 31, tab. 1, fig. 14-17), dans le calice dont le limbe est en aigrette plumeuse; du reste, l'organisation florale ne paraît pas différer de celle des vraies espèces du genre Scabieuse. *V.* ce mot. Huit espèces composent ce genre; elles sont indigènes de la région méditerranéenne, et partagées entre l'Orient et les contrées occidentales, y compris les Canaries. Parmi ces espèces, on remarque le *Pterocephalus plumosus*, Coult., ou *Knautia plumosa*, L., et *Scabiosa plumosa*, Sibth. et Smith, *Flor. Græc.*, tab. 3, Hoffmansegg, Flore portugaise, tab. 87; le *Pteroc. papposus*, Coult., ou *Pt. diandrus*, et *Pt. Vaillantii*, Lagasc., *Scabiosa papposa*, Hoffmansegg, *loc. cit.*, tab. 85. C'est cette dernière espèce que Vaillant avait en vue lorsqu'il fonda le genre *Pterocephalus*. Au reste, les espèces de ce genre ont absolument le port des Scabieuses, et n'auraient pas dû, ce nous semble, en être séparées génériquement. (G..N.)

PTÉROCÈRE. *Pterocera*. MOLL. Les auteurs, au renouvellement des lettres, crurent reconnaître dans les Ptérocères la Coquille nommée Aporrhaïs par Aristote; mais la description de ce père de la science est trop incomplète pour qu'on puisse rien statuer de positif à cet égard. Plus tard Lister, confondant ces Coquilles avec les Strombes et d'autres, leur appliqua la dénomination assez vague de Buccins, ce que ne fit pas Gualtierri. Cet auteur peut être considéré comme le créateur du genre, il lui conserva le nom d'Aporrhaïs; il est si nettement formé que nous sommes étonne que l'on n'ait pas encore rendu justice à cet égard à l'auteur italien; il n'y a pas confondu en effet une seule Coquille qui y fût étrangère. Linné, trouvant trop peu de différences entre des Coquilles d'ailleurs si voisines, les rapporta toutes au genre Strombe dans lequel furent placés aussi les Rostellaires. Bruguière ne changea rien à cette disposition; il laissa subsister une confusion que certainement il aurait détruite si la mort ne l'avait trop tôt enlevé aux sciences. Lamarck le premier, dès 1801, réforma le genre Strombe de Linné; il créa à ses dépens les genres Rostellaire et Ptérocère, qui bientôt après furent adoptés. Lamarck constitua avec eux sa famille des Ailés qui ne fut point généralement adoptée quoiqu'il l'ait reproduite dans ses divers travaux sans aucun changement. Cuvier (Règn. Anim.) rétablit le genre Strombe dans son intégrité linnéenne; les genres de Lamarck y furent compris à titre de sous-genres. Blainville, dans son Traité de Malacologie, démembra la famille des Ailés de Lamarck, les Rostellaires furent portés près des Fuseaux, et les Ptérocères confondus avec les Strombes avec lesquels et dans la même famille se trouvent les Cônes, les Mitres et toute la famille des Enroulés de Lamarck. Cet arrangement nous semble peu naturel, il n'est point basé sur la connaissance exacte des Animaux de ces divers genres, et il y en a plusieurs de complètement inconnus, plusieurs qui sont operculés, d'autres sans opercules; nous ajouterons aussi que l'Animal du genre Ptérocère est le seul de ces Mollusques qui soit connu; que celui des Strombes ne l'est pas, et que quelle que soit l'analogie des deux genres, elle peut être raisonnablement contestée jusqu'à preuve certaine du contraire.

Pendant leur voyage autour du Monde, Quoy et Gaimard ont recueilli l'Animal d'un Ptérocère qui a été figuré dans la partie zoologique du Voyage de ces deux naturalistes. Blainville en a donné une description, et c'est d'après elle que, dans son Traité de Malacologie, il a caractérisé le genre Strombe. A l'article *Ptérocère* du Dictionnaire des sciences naturelles, ce savant ne parle en aucune manière de l'Animal de ce genre à l'égard duquel il donne très-peu de détails. Nous croyons, d'après ce qui précède, qu'il est plus convenable de rapporter ici la caractéristique du genre Strombe de Blainville pour ce qui concerne l'Animal, puisqu'elle appartient véritablement aux Ptérocères; la voici: Animal spiral, le pied assez large en avant, comprimé en arrière; le manteau mince, formant un pli prolongé en avant, d'où résulte une sorte de canal; tête bien distincte; bouche en fente verticale à l'extrémité d'une trompe pourvue dans la ligne médiane inférieure d'un ruban lingual garni d'aiguillons recourbés en arrière, un peu comme dans les Buccins; les appendices tentaculaires cylindriques, gros et longs, portant à leur extrémité épaissie les yeux, en dedans les véritables tentacules cylindriques, obtus, et plus petits que les pédoncules oculaires. Anus et oviducte se terminant fort en arrière. Coquille ovale, oblongue, ventrue, terminée inférieurement par un canal allongé; bord droit se dilatant avec l'âge en aile digitée et ayant un sinus vers sa base; spire courte; opercule corné, long et étroit, à élémens comme imbriqués; le sommet terminal.

Le nombre des Ptérocères est peu considérable; Lamarck n'en a décrit que sept, et il paraît qu'on n'en connaît qu'une ou deux espèces de plus; elles viennent presque toutes de la mer des Indes. On a douté longtemps qu'il en existât de fossiles, cependant aujourd'hui cela est incontestable. Brongniart et D'Orbigny fils en ont décrit plusieurs espèces, et nous en possédons une très-bien caractérisée, mais le moule seulement que nous avons trouvé nous-même à Saint-Mihiel, département de la Meuse, dans l'Oolithe blanche. Les

Coquilles de ce genre sont remarquables par les digitations du bord droit, digitations qui deviennent quelquefois fort longues dans quelques espèces ; elles ne se développent que dans l'âge adulte de l'Animal et après avoir formé un canal assez large ; elles finissent peu à peu par s'oblitérer complètement avec l'âge. Le canal de la base ne s'oblitère pas comme les digitations du bord droit. Ce canal toujours beaucoup plus long que dans les Strombes qui ne sont pour ainsi dire qu'échancrées, est un bon caractère pour séparer les deux genres. Le sinus profond qui se voit à la base du bord droit n'est pas susceptible non plus de s'oblitérer; car il est destiné au passage de la tête de l'Animal.

PTÉROCÈRE TRONQUÉE, *Pterocera truncata*, Lamk., Anim. sans vert. T. VII, pag. 195, n. 1; Lister, Conch., t. 882, fig. 4; *Strombus Bryonia*, L., Gmel., p. 3520, n. 33; Martini, Conch. T. III, pl. 93, fig. 904, 905; Gualtierri, pl. 36, fig. B. Grande et belle Coquille que l'on a rarement à l'état adulte dans les collections ; elle se distingue facilement de toutes les espèces connues par la troncature du sommet de la spire : vulgairement la racine de Bryone.

PTÉROCÈRE LAMBIS, *Pterocera Lambis*, Lamk., *ibid.*, n. 2; *Strombus Lambis*, L., Gmel., p. 3508, n. 5; Lister, Conch., t. 866, fig. 21 ; Favanne, Conch., t. 22, fig. A 4 ; Chemnitz, Conch. T. X, tab. 155, fig. 1478. Cette espèce vient des mers de l'Inde, elle est commune dans les collections ; elle a sept digitations en y comprenant le canal de la base; elle porte sur le dos un très-gros tubercule aplati d'avant en arrière et placé un peu obliquement vers la droite.

PTÉROCÈRE ARAIGNÉE, *Pterocera Chiragra*, Lamk., *ibid.*, n. 7 ; *Strombus Chiragra*, L., Gmel., n. 3; Lister, Conch., t. 870, fig. 24, t. 875, fig. 31, et t. 883, fig. 6.; Favanne, Conch., pl. 21, fig. C 2 ; Martini, Conch. T. III, t. 85, 86, 87 et 92, fig. 851, 852, 853, 854, 856, 857, 895, 896, 898, 900 et 901. Cette espèce vient des Grandes-Indes ; elle est commune dans les collections et facile à distinguer par la manière dont les deux digitations, l'antérieure et la postérieure, se rejettent à gauche de la Coquille. (D..H.)

PTÉROCHILE. *Pterochilus*. INS. Genre de l'ordre des Hyménoptères, section des Porte-Aiguillons, famille des Diploptères, tribu des Guêpiaires, établi par Klug et adopté par Latreille (Fam. Natur., etc.). Ce genre ne diffère des Eumènes que parce que l'abdomen est ovoïde ou conique et plus épais à sa base. Il a pour type la *Vespa phalerata* de Panzer (Faun. Germ., fasc. 47, fig. 21). (G.)

PTÉROCHISTE. INS. (Dictionnaire de Déterville.) Au lieu de Ptérostiche. *V.* ce mot. (AUD.)

* PTEROCLADIA. BOT. CRYPT. (*Mousses.*) Genre établi par Necker aux dépens de l'*Hypnum* d'Hedwig. Il n'a pas été adopté, non plus que les genres *Acycosis* et *Pancovia* qu'il avait également créés dans ce grand genre. (AD. B.)

PTÉROCLES. OIS. (Temminck.) Nom scientifique du genre Ganga. *V.* ce mot. On a mal à propos imprimé Ptérocle. (B.)

PTEROCLIA. OIS. Syn. de Jaseur. *V.* ce mot. (B.)

PTEROCOCCUS. BOT. PHAN. Pallas avait imposé ce nom générique à la Plante que Linné nomma *Pallasia caspica*, et qui est congénère du *Calligonum*. *V.* ce mot. (G..N.)

PTÉRODACTYLE. *Pterodactylus*. REPT. SAUR. Le genre auquel Cuvier a donné ce nom n'existe plus entre les Animaux de notre temps; on n'en connaît que les restes ou des empreintes retrouvées dans le Schiste calcaire du centre de l'Allemagne. La situation de cette formation, relativement à la plupart de celles qu'on a observées jusqu'à ce jour, n'est pas très-bien déterminée; cependant il y a lieu de croire qu'elle prend place à la suite des dépôts qui renferment les corps organisés des plus anciens, à cause du peu de ressemblance qui existe entre les fossiles qu'elle renferme, et ceux que nous savons être plus récens. Le fragment qui renfermait les restes du premier Ptérodactyle qu'on observa, venait d'Aichstedt, près de Pappenheim; Collini le fit connaître, et en donna un dessin assez médiocre. Sommering l'ayant retrouvé dans la collection de Munich, où il était venu de Manheim, donna à l'Animal retrouvé le nom d'*Ornithocephalus*. Il paraissait avoir été de la grosseur d'un corbeau; sa longueur totale était de dix pouces quatre lignes, sur laquelle la tête prenait quatre pouces. Cette tête, qui était fort longue et pointue, avait ses mâchoires excessivement ouvertes, le crâne petit; les orbites grandes, latérales, et un peu séparées entre elles par quelques os; les ouvertures nasales très-grandes aussi, le bord de la mâchoire supérieure garni vers son extrémité de onze petites dents un peu crochues, toutes semblables entre elles, et séparées les unes des autres par des intervalles assez égaux; la mâchoire inférieure était longue de trois pouces et demi environ, presque linéaire, articulée en avant du crâne et en dessous des orbites avec sa supérieure à une assez grande distance du crâne par l'intermédiaire d'un os correspondant à l'os carré des Oiseaux et des Reptiles. On voyait sur le bord, toujours vers la pointe, dix-neuf petites dents coniques, pareilles à celles de la mâchoire supérieure, mais un peu plus espacées entre elles; l'occiput offrait une protubérance remarquable et telle que celle qu'on observe dans les Oiseaux à la place qui correspond à leur cervelet; le col avait trois pouces ou un peu plus; on croyait y distinguer sept vertèbres dépourvues d'apophyses épineuses, et dont le diamètre était de dix lignes; le corps n'avait que deux pouces cinq lignes de longueur; la colonne vertébrale s'y voyait bien, mais pas suffisamment pour que les vertèbres pussent en être exactement comptées : on en évalue pourtant le nombre à dix-neuf ou vingt; les côtes étaient rompues et trop en désarroi pour qu'on pût en bien évaluer la disposition; la queue, qui avait au moins treize vertèbres dépourvues d'apophyses transverses, pouvait être de neuf à dix lignes. Un bassin assez large, ou du moins des fragmens d'os correspondans à cette partie, et qu'on a regardés comme un pubis et un ischion, avec un autre débris en forme de spatule qu'on a rapporté au reste d'un sternum; un fémur long d'un pouce trois lignes, un tibia long d'un pouce et demi, des métatarsiens, et les phalanges de quatre doigts pour chaque pied, furent les autres os déterminables, mais qui tout bizarres qu'ils purent paraître par leurs formes, n'approchaient pas, pour la singularité, de celles que présentaient les membres antérieurs. Ceux-ci étaient très-longs, avec une omoplate pareille à celle des Chauve-Souris; ce qui les particularisait surtout, c'est qu'entre les quatre doigts de la main, on en reconnut un extrêmement fort, long de près de six pouces, c'est-à-dire plus à lui seul que toutes les pièces du bras, qui devait être dépourvu d'ongle, mais sur lequel venait, sans aucun doute, se fixer la membrane d'une aile puissante. Ainsi fut révélée une forme de volatile bien différente de celles qui nous sont connues. Les Dragons volent avec leurs côtes, les Oiseaux avec des ailes où n'existent pas de doigts, les Chauve-Souris à l'aide de mains où le pouce seul demeure libre, tandis que les autres doigts très-allongés supportent l'appareil du vol; le Ptérodactyle volait à l'aide d'un doigt seulement, car les trois autres demeuraient indépendans et garnis d'ongles.

Dès qu'une conformation si extraordinaire fut connue dans le monde savant, l'Animal d'Aichstedt devint le sujet de grandes controverses; les nus y virent un Oiseau palmipède, les autres un Mammifère voisin des Chauve-Souris. Collini le regardait comme un Amphibie; Blainville enfin, trouvant que les caractères ostéologiques convenaient autant à un Reptile qu'à un Oiseau, voulut faire de l'Ornithocéphale de Sommering un ordre particulier, un groupe intermédiaire. Cuvier, dont l'opinion est maintenant adoptée, y voit un Saurien, où l'aile est formée d'un doigt. Le Ptérodactyle (c'est ainsi que le savant professeur a nommé l'être bizarre qui fait le sujet de cet article) ne pouvait être un Oiseau; 1° un Oiseau aurait les côtes plus larges et munies chacune d'une seule apophyse recouverte; 2° son métatarse ne formerait qu'un seul os, et ne serait pas formé d'autant d'os qu'il y a de doigts; 3° son aile n'aurait que trois divisions après l'avant-bras, et non pas cinq; 4° son bassin aurait une toute autre étendue, et sa queue ne serait pas grêle et conique; 5° il n'y aurait pas de dents au bec, etc., etc. Du reste, le Ptérodactyle devait voler fort bien à cause de ses grandes ailes, soutenues seulement par le quatrième doigt ou l'externe; les trois premiers demeurant libres et armés d'ongles crochus, devaient servir pour s'accrocher aux branches. Il était nocturne, à en juger par la grandeur de ses yeux, et avec les écailles qui le devaient recouvrir, sa figure nous semble représenter assez exactement celle que l'antiquité donnait à ces Dragons redoutables que nous regardons maintenant comme fabuleux, et qui peuvent néanmoins avoir existé vers l'époque de cette création antérieure à celle dont nous faisons partie, et dont il reste tant de débris extraordinaires. Il se pourrait que des Dragons de ce genre, des Ptérodactyles encore plus grands que ceux qu'on a récemment découverts, eussent persévéré jusqu'au temps où les hommes apparurent sur la terre, jusqu'à l'époque même où l'on commençait à représenter sur le bois ou sur la pierre les objets les plus frappans de la nature d'alors. Quand les modèles eurent disparu, quand le souvenir ne s'en conserva plus que parmi les hiéroglyphes de peuplades qui ne savaient pas encore écrire, quoique sachant déjà sculpter, ce souvenir devint mythologique; l'on ajouta à l'image du Dragon perdu des traits bizarres, capables de le rendre méconnaissable, si on en retrouvait jamais des restes. On fut même jusqu'à en amalgamer l'idée avec celle des volcans destructeurs, en remplissant leur gueule de flammes. Ici l'histoire des Dragons ou des Ptérodactyles exagérés cesse d'appartenir à l'histoire de la nature pour tomber dans celle de la fable et des théogonies; en rentrant dans le domaine de la réalité, nous ajouterons, pour terminer cet article, qu'on a reconnu les restes de trois espèces dans le genre dont il vient d'être question. La plus anciennement connue, et dont nous venons de décrire l'ostéologie, est le *Pterodactylus antiquus* de Cuvier; *Ornithocephalus longirostris* et *Pterodactylus Crocodilocephalus* des Allemands. On en trouve l'histoire et la figure dans le tome XIII, p. 424 des Annales du Muséum. La seconde, *Pterodactylus brevirostris* de Desmarest, a occupé Sommering le premier; ce savant l'avait reçue des environs d'Aichstedt, provenant de la même pierre lithographique que l'espèce précédente; elle avait seulement la taille d'un Moineau. La dernière est le Ptérodactyle géant dont on n'a trouvé que très-peu de fragmens, mais qui ont été suffisans pour indiquer que le Ptérodactyle auquel ils appartiennent avait au moins cinq pieds d'envergure, dimensions énormes, déjà fort analogues à celles que l'antiquité nous donne de son Dragon. (B.)

PTÉRODIBRANCHES. *Pterodibranchiata.* MOLL. Nom que Blainville avait proposé pour la classe des Ptéropodes après en avoir retiré le genre Carinaire, que Péron et Lesueur y avaient à tort introduit. Depuis, ce savant a abandonné cette dénomination parce qu'il a reconnu que les organes de la respiration n'étaient point placés sur les appendices natatoires, comme on le croyait et comme il l'avait pensé lui-même. *V.* PTÉROPODES. (D..H.)

PTÉRODICÈRES. *Pterodicera.* INS. Nom proposé par Latreille pour désigner tous les Insectes qui ont des ailes, six pates, deux antennes, deux yeux à facettes, et qui subissent des métamorphoses. Les Myriapodes, les Thysanoures et les Parasites se trouvant exclus par ces caractères : la division comprend tous les autres Insectes, c'est-à-dire les Coléoptères, les Orthoptères, etc. Cette distinction n'a point été adoptée. (AUD.)

PTÉRODIPLES ou DUPLICIPENNES. INS. Nom donné par Duméril (Zool. Analyt.) à une famille d'Hyménoptères renfermant les genres Guêpe et Masare. Il lui donne pour caractères : abdomen pédiculé; lèvre inférieure plus longue que les mandibules; antennes brisées. (G.)

PTÉROGLOSSE. *Pteroglossus.* OIS. Illiger le premier démembra les Aracaris du genre Toucan, *Ramphastos*, et leur imposa le nom de Ptéroglosse qui signifie Langue ailée. Ce genre a été adopté par tous les auteurs modernes, excepté par Vieillot qui se servit du mot Ptéroglosse pour désigner sa quatrième famille des Sylvains zygodactyles, ne renfermant que le seul genre *Ramphastos*. *V.* TOUCAN, division des *Aracaris*. (LESS.)

PTEROGONIUM. BOT. CRYPT. (*Mousses.*) Nom donné par Swartz au même genre qu'Hedwig a nommé *Pterigynandrum*. Le mot *Pterogonium* a été adopté par Schwægrichen, par Smith, par De Candolle et plusieurs autres botanistes. Les Plantes qui le composent se rapprochent, par leur port, des *Hypnum* avec lesquels la plupart des anciens botanistes les avaient confondues; elles en diffèrent cependant beaucoup par la structure de leur capsule dont le péristome est simple, à seize dents égales, pointues, droites; la coiffe est fendue latéralement et se détache obliquement; les tiges sont rameuses, rampantes, à rameaux peu divisés, souvent pinnées, quelquefois dressées; les capsules sont pédicellées et naissent latéralement.

Quelques botanistes, et particulièrement Bridel, ont formé, aux dépens de ce genre, plusieurs genres qui ne sont pas généralement adoptés. Tels sont les genres *Lasia*, Palisot-Beauvois, ou *Leptodon* de Mohr; *Campylopus*, *Cleistostoma* de Bridel. D'autres espèces ont été rangées dans le genre *Leucodon*, genre bien distinct des *Pterogonium*. La plupart des espèces de *Pterogonium* sont exotiques. Trois ou quatre seulement croissent en Europe. (AD. B.)

PTEROGYNANDRUM. BOT. CRYPT. Pour *Pterigynandrum*. *V.* ce mot et PTEROGONIUM. (B.)

* PTEROGYNUS. BOT. PHAN. Nom d'une section établie par De Candolle dans le genre *Goniocarpus* de Kœnig, ou *Gonocarpus* de Thunberg. Elle est caractérisée par ses quatre styles courts, terminés par des stigmates pénicillés. Le *Goniocarpus tetragynus*, Labill., *Nov.-Holl.*, tab. 53, est le type de cette section. (G..N.)

* PTEROIS. POIS. Sous-genre de Scorpœne. *V.* ce mot. (B.)

* PTEROLÆNA. BOT. PHAN. Nom de la seconde section établie par De Candolle dans le genre *Pterospermum*. *V.* PTÉROSPERME. (G..N.)

* PTÉROLEPIS. BOT. PHAN. Nom d'une section établie par De Candolle dans le genre *Osbeckia*. Elle est caractérisée par les appendices pectinés du calice, et se compose d'un grand nombre d'espèces de l'Amérique méridionale, dont plusieurs ont été décrites par les auteurs sous les noms de *Melastoma* et *Rhexia*. (G..N.)

PTÉROLOPHE. *Pterolophus.*

BOT. PHAN. Dans le Dictionnaire des Sciences naturelles, H. Cassini a proposé de séparer, sous ce nom générique, quelques Centaurées (*Centaurea alba*, *splendens*, *nitens*, etc.) qui se distinguent essentiellement en ce que l'appendice des folioles intermédiaires de l'involucre offre deux parties distinctes, dont l'inférieure est, comme dans le genre *Jacea*, large, concave, scarieuse, ayant les bords membraneux, diaphanes, irrégulièrement dentés, lacérés, très-glabres, tandis que la partie supérieure est étroite, roide, opaque, régulièrement et profondément divisée en quelques lanières distantes, subulées, presque filiformes et bordées de cils très-courts. Cette structure des folioles de l'involucre donne à chacune l'apparence d'une crête ailée inférieurement, et c'est de cette circonstance que Cassini a tiré le nom générique. (G..N.)

* PTÉROMALE. *Pteromalus*. INS. Genre de l'ordre des Hyménoptères, section des Térébrans, famille des Pupivores, tribu des Chalcidites, établi par Swederus, et adopté par Latreille et Dalman. Ce genre faisait autrefois partie des Diplolèpes de Fabricius et des Cynips d'Olivier; il a pour caractères : corps assez long; tête moyenne, un peu déprimée entre la base des antennes, et les yeux lisses; ces derniers, au nombre de trois, petits et placés en ligne courbe sur le bord antérieur du vertex; antennes filiformes, de longueur moyenne; leur premier article mince, cylindrique, les autres presque égaux entre eux, ne formant point de massue; mandibules fortes, presque carrées; leurs dentelures petites, peu apparentes; palpes fort courts; segment antérieur du corselet assez étroit, ne formant en devant qu'un rebord transverso-linéaire; écusson petit; ailes supérieures n'ayant qu'une seule nervure sensible, laquelle partant de la base de l'aile sans toucher au bord extérieur, se recourbe ensuite pour rejoindre ce bord qu'elle suit presque passé le milieu, et émet intérieurement, avant de disparaître, un rameau assez long, recourbé en crochet; ailes inférieures ayant une nervure semblable à celle des précédentes, mais qui n'émet point de rameau; abdomen assez long, presque cordiforme, pointu à son extrémité, qui est relevé dans les femelles; tarière de celles-ci presque entièrement cachée dans la cavité abdominale; pates assez fortes; cuisses simples. Ce genre se compose de plus de quatre-vingts espèces; elles sont toutes petites et ornées de couleurs métalliques. Dans leur état de larve, ces Insectes habitent les galles formées sur d'autres Hyménoptères et vivent à leurs dépens. Nous citerons comme type de ce genre :

Le PTÉROMALE QUADRILLE, *Pteromalus Quadrillum*, Latr., Dalm. (Ins. de la famille des Ptéromaliens); *Diplolepis Quadrum*, Fabr., Syst. Piez., etc. Il se trouve en France. (G.)

* PTÉROMALIENS. *Pteromalii*. INS. Nom donné par Dalman à une famille d'Hyménoptères qui forme la tribu que Latreille désigne sous celui de Chalcidites. *V*. ce mot. (G.)

PTEROMYS. MAM. *V*. POLATOUCHE.

PTÉRONE. *Pteronus*. INS. Nom sous lequel Jurine a désigné un genre d'Insectes hyménoptères de la famille des Tenthrédinètes. *V*. LOPHYRE. (AUD.)

PTERONEURUM. BOT. PHAN. Genre de la famille des Crucifères et de la Tétradynamie siliqueuse, L., établi par De Candolle (*Syst. Veg.*, 2, p. 269) qui l'a ainsi caractérisé : calice ouvert ou légèrement dressé, égal à la base; pétales onguiculés, entiers; étamines libres, sans dents; silique sessile, lancéolaire, à valves planes, plus étroites que la cloison, déhiscentes élastiquement par la base, à placentas bordés d'une aile; style ancipité; cordons ombilicaux dilatés en forme d'aile; cotylédons accombans, un peu épais. Le genre *Pteroneurum* tient le milieu entre le *Car-*

damine et le *Dentaria*; il est fondé sur des Plantes que Linné, Waldstein et Kitaibel avaient placées parmi les *Cardamine*. Ces espèces (*Pteroneurum græcum* et *P. carnosum*) croissent dans les localités montueuses de la Grèce, de la Sicile, de la Corse, de Naples et de la Dalmatie. Ce sont des herbes qui, par leurs racines fibreuses, leurs feuilles pinnatiséquées, leurs fleurs blanches et leur port, ressemblent aux Cardamines, et par leurs fruits aux Dentaires. Blume (*Bijdrag. Flor. nederl. Ind.*, 1, p. 51) en a décrit deux nouvelles espèces sous les noms de *Pteroneurum javanicum* et *P. decurrens*. Elles croissent dans les lieux aquatiques des montagnes de Java. (G..N.)

PTERONIA. BOT. PHAN. Ce genre, de la famille des Synanthérées, tribu des Astérées, et de la Syngénésie égale, avait été primitivement établi par Vaillant sous le nom de *Pterophorus* qu'ont adopté Adanson, Necker et Cassini. Il nous semble néanmoins convenable de conserver la dénomination linnéenne de *Pteronia*, parce qu'un grand nombre d'espèces ont été décrites sous ce dernier nom par Thunberg et d'autres botanistes. A la vérité, plusieurs de ces espèces devront être exclues du genre *Pteronia*, mais il en resterait toujours assez pour occasioner de la confusion dans la nomenclature, si on rétablissait l'ancien nom générique. Voici les caractères principaux de ce genre, tels qu'ils nous semblent résulter de la description très-détaillée du *Pterophorus camphoratus* (*Pteronia camphorata*, L.), présentée par Cassini : involucre campanulé, formé d'un petit nombre de folioles imbriquées, coriaces, presque scarieuses sur les bords, prolongées en une sorte d'appendice étalé et muni d'une grosse glande oblongue, en forme de nervure. Réceptacle large, plan, hérissé de paillettes nombreuses. Calathide sans rayons, composée de fleurons égaux, nombreux, réguliers et hermaphrodites. Corolles dont le tube est court, le limbe à cinq, six ou rarement sept segmens oblongs, aigus, terminés par une pointe conique et calleuse. Étamines au nombre de cinq et quelquefois de six, ayant leurs anthères pourvues seulement au sommet d'appendices demi-lancéolés et aigus. Style à deux branches stigmatiques, longues et arquées l'une vers l'autre. Ovaire comprimé par les côtés, obovoïde-oblong, pourvu d'un très-grand bourrelet apicilaire, cartilagineux ou corné, annulaire ou cupuliforme, horizontal, se détachant à la maturité (caractère très-singulier et unique dans toute la famille des Synanthérées); aigrette solidement fixée par la base sur les bords et la face supérieure du bourrelet apicilaire, composée de paillettes ou poils nombreux, inégaux et légèrement plumeux. Quoique le genre *Pteronia* soit nombreux en espèces décrites par les auteurs, il est douteux qu'on puisse le conserver ainsi constitué. Cassini prétend que la plupart appartiennent au genre *Scepinia* de Necker, négligé par tous les botanistes, mais qui mérite d'être rétabli. *V.* SCÉPINIE. L'espèce type du genre est le *Pteronia camphorata*, L.; Gaert., *de Fruct.* vol. II, p. 408, tab. 167, Plante du cap de Bonne-Espérance, à tige ligneuse, rameuse, munie de feuilles alternes, sessiles, linéaires, très-aiguës, glabres, parsemées de grosses glandes transparentes, et bordées de poils ou cils épars et subulés. Les calathides de fleurs sont jaunes, grandes et solitaires au sommet des rameaux. Cette Plante exhale une odeur analogue à celle du Camphre. (G..N.)

* PTERONONIS. BOT. PHAN. De Candolle a donné ce nom à la cinquième section du genre *Ononis*, composée des espèces à feuilles ailées avec impaire. *V.* ONONIDE. (G..N.)

* PTEROPHOENICUS. OIS. Nieremberg, dans sa Compilation imprimée à Anvers en 1633, et intitulée *Historia naturalis maximè peregrina*, nomme *Pterophœnicus Indiarum*, un

Oiseau du genre Troupiale, l'*Oriolus phœniceus*, L., le Commandeur de Buffon, enlum. 402. (LESS.)

PTÉROPHORE. *Pterophorus*. INS. Genre de l'ordre des Lépidoptères, famille des Nocturnes, tribu des Ptérophorites, établi par Geoffroy, et adopté par tous les entomologistes, avec ces caractères : ailes composées de divisions linéaires, munies sur les côtés de longs poils ressemblant aux barbules des pennes des Oiseaux; ailes supérieures ayant deux divisions plus ou moins profondes; les inférieures en ayant trois; antennes simples, sétacées; langue allongée, distincte; palpes de la longueur de la tête, recourbés dès leur naissance et garnis de petites écailles; pates très-épineuses, longues et minces. Ce genre est composé d'une quinzaine d'espèces, toutes propres à l'Europe. Ce sont de petits Lépidoptères remarquables par leurs ailes découpées. Leurs chenilles sont velues; elles ont seize pates. La chrysalide est nue et suspendue par un fil; à l'état parfait, ces Insectes se tiennent dans les charmilles, les prairies et les lieux frais des bois; ils se posent sur les grandes Herbes, et ne font pas souvent usage de leurs ailes. L'espèce la plus commune aux environs de Paris est :

Le PTÉROPHORE PENTADACTYLE, *Pterophorus pentadactylus*, Fabr., Latr.; *Phalœna* (*Alucita*) *pentadactyla*, L., Hubn., Réaum., tab. 1, pl. 20, fig. 1 à 6. Elle a six lignes d'envergure; ses ailes sont entièrement d'un blanc soyeux. Sa chenille est verte, avec une ligne latérale rosée. Elle vit sur le Liseron. (G.)

PTÉROPHORE. *Pterophorus*. BOT. PHAN. (Vaillant, Adanson et Cassini.) Syn. de *Pteronia*, L. *V.* ce mot. (G..N.)

PTÉROPHORIENS OU PTÉROPHORITES. *Pterophorii*. INS. Tribu de l'ordre des Lépidoptères, famille des Nocturnes, établie par Latreille, et renfermant les Lépidoptères qui ont les ailes fendues ou digitées; leur corps est grêle et allongé, avec les pieds longs; les antennes simples, une spiritrompe distincte, et les ailes tantôt inclinées et pressées contre lui, tantôt écartées. Les chenilles ont seize pates. La chrysalide du plus grand nombre est nue, colorée, suspendue par un fil; celle des autres est renfermée dans une coque à claire-voie. Cette tribu ne renferme que deux genres. *V.* PTÉROPHORE et ORNÉODES. (G.)

* PTEROPHYLLUM. BOT. CRYPT. (*Mousses.*) Nom donné par Bridel au *Fabronia* de Raddi, genre adopté généralement sous ce dernier nom. *V.* FABRONIE. (AD. B.)

PTÉROPHYTE. *Pterophyton*. BOT. PHAN. H. Cassini (Bullet. de la Société Philomat., mai 1818, p. 76) a établi sous ce nom un genre aux dépens des Coréopsides. Il s'en distingue essentiellement en ce que ses fruits sont comprimés bilatéralement (des deux côtés) au lieu d'être obcomprimés (comprimés d'avant en arrière). Cette différence est tellement importante, selon Cassini, qu'elle fait rejeter le *Pterophyton* près du *Verbesina* parmi les Hélianthées Prototypes. Le nom de *Pterophyton*, qui signifie Plante ailée, fait allusion aux ailes ou décurrences de la tige dans toutes les espèces de ce genre. Voici celles qui sont indiquées par l'auteur : 1° *Pterophyton alatum*, Cassini, ou *Coreopsis alata*, Cavan. et Kunth; 2° *Pt. ovatum*, Cass., ou *Coreopsis ovata*, Cavan.; 3° *Pt. alternifolium*, Cass., ou *Coreopsis alternifolia*, L.; 4° *Pt. procerum*, Cass., ou *Coreopsis procera*, Aiton. Les deux premières espèces croissent au Mexique, les deux autres dans l'Amérique septentrionale. (G..N.)

* PTÉROPODÉES. BOT. PHAN. (De Candolle.) *V.* OXALIDE.

PTÉROPODES. *Pteropoda*. MOLL. Linné ne connaissait de cet ordre qu'une seule Coquille qu'il rangea dans son genre Anomie. Bruguière la rejeta de ce genre; mais on ignore complètement ce qu'il en aurait fait.

Lamarck, dans son premier Traité sur les Animaux sans vertèbres, proposa le genre Hyale pour l'*Anomia tridentata* de Forskalh et de Linné, et, se conformant à l'opinion de ce dernier, le laissa parmi les Coquilles bivalves, entre les Calcéoles et les Orbicules. Il était bien facile de voir cependant que les deux pièces dont paraissent formées les Hyales, étaient soudées et non jointes en charnière. Peu de temps après, Cuvier publia, dans les Annales du Muséum, un excellent Travail sur le *Clio borealis*, ensuite sur les genres Hyale et Pneumoderme, et proposa pour ces trois genres un ordre nouveau auquel il donne le nom de Ptéropodes. Lamarck le premier adopta le nouvel ordre et les genres que Cuvier y avait placés. Il crut voir dans l'organisation de ces Animaux un passage sensible entre les Mollusques acéphales et les Mollusques céphalés. En conséquence de cette opinion, les Ptéropodes commencèrent la série des Mollusques céphalés pour être le plus près possible des acéphales. Péron et Lesueur publièrent, dans les Annales du Muséum, un Mémoire sur les Ptéropodes. Ils ajoutèrent deux nouveaux genres, Cléodore et Cymbulie, aux trois premiers que nous avons mentionnés. Ils proposèrent même de faire entrer dans le même ordre les Carinaires et les Firolles, ainsi qu'un genre Callianire. Il existe une trop grande différence entre les Carinaires et les autres Ptéropodes pour qu'on adopte ce rapprochement. Lamarck, dans l'Extrait du Cours, se contenta d'augmenter l'ordre des Ptéropodes des deux nouveaux genres. Cuvier (Règne Animal) les adopta aussi, et en ajouta un sixième sous le nom de Limacine, que Lamarck admit aussi dans son dernier ouvrage. L'ordre des Ptéropodes, toujours placé en tête des Mollusques céphalés, se composa de six genres disposés dans l'ordre suivant : Hyale, Clio, Cléodore, Limacine, Cymbulie et Pneumoderme. En 1817, Lesueur publia, dans le Journal de Physique, un Mémoire sur un nouveau genre de Ptéropode, qu'il proposa sous le nom d'Atlante. Quoique cette publication ait été faite près de deux ans avant celle du tome VI de l'Histoire des Animaux sans vertèbres, son célèbre auteur n'en parla cependant pas. Un autre genre avait été proposé aussi dans cet ordre par Péron : c'est le genre Phylliroë, qui ne pouvait pas y être plus introduit que le genre Carinaire. Enfin Meckel voulut aussi introduire un nouveau genre parmi les Ptéropodes. Cependant son genre Gastéroptère n'en a pas les caractères, ce qui doit l'en faire rejeter malgré l'opinion de Férussac qui l'a rangé dans cette classe. Cet auteur admet neuf genres, qu'il partage en cinq familles, dont plusieurs sont inutiles. Après de nouveaux travaux, Blainville changea d'opinion à l'égard des Ptéropodes. Au lieu de reconnaître, comme ses devanciers, les organes de la respiration sur les nageoires, il les découvrit à l'intérieur du corps où elles sont pectinées comme celles de la plupart des Mollusques. De-là un démembrement des Ptéropodes et un changement notable dans la place qu'ils doivent occuper dans la série. Au lieu d'être en tête des Mollusques, ils furent rejetés à la fin et dispersés dans plusieurs familles de l'ordre des Aporobranches (*V.* ce mot au Supplément), et les Ptéropodes, réduits à trois genres, constituèrent la seconde famille des Nucléobranches, composés des trois genres Atlante, Spiratelle et Argonaute. Un travail anatomique très-bien fait, de Rang, prouve assez clairement que le genre Atlante n'était connu que d'une manière insuffisante. Si la coquille de l'Argonaute n'est pas produite par un Poulpe, comme cela est probable, elle est trop voisine des Carinaires pour en être séparée dans une autre famille. Le genre Spiratelle est le même que la Limacine : il a beaucoup de rapports avec le genre Atlante. Tel était l'état de cette classe de Mollusques lorsque Rang, naturaliste distingué, fit un travail spécial sur eux, et les fit tous figurer avec le plus grand soin. Nous ne connaissons de ce travail que les planches que nous avons sous les yeux. Elles renferment dans l'ordre suivant les genres Cymbulie, Limacine, Hyale, Cuviérie, Cléodore, composé de trois sous-genres, *Cleodora*, *Creseis* et *Tripter*, Euribie, Psyché, Clio et Pneumoderme. Ne connaissant point autre chose que les planches que nous citons, nous renvoyons aux mots de genres que nous venons d'indiquer. Pour les nouveaux genres, nous ne pourrons les traiter qu'au Supplément, et nous y renvoyons le lecteur. Nous le prions également de consulter les articles de familles ou de genres que nous avons cités dans le cours de cet article. (D..H.)

* PTEROPSIS. BOT. CRYPT. (*Fougères.*) Genre établi par Desvaux (Annales de la Société Linnéenne de Paris, juillet 1827, p. 218) qui l'a ainsi caractérisé : sporanges disposés en un sore continu, immergé et marginal; involucre nul; frondes simples. Environ dix espèces, dont la plupart ont été décrites par les auteurs comme appartenant au genre *Pteris*, composent ce genre nouveau. Ce sont toutes des Plantes indigènes des climats tropiques. Nous nous bornerons à indiquer les principales : *Pteropsis nummularia*, Desv., ou *Acrostichum heterophyllum*, L. C'est une Plante qui, selon Desvaux, a été prise pour un Poivrier et figurée dans les Illustrations de Lamarck sous le nom de *Piper nummularium !* — *P. piloselloides*, L., Schkuhr, Filic., tab. 87. — *P. angustifolia*, Swartz. — *P. lanceolata*, L., Plum., Filic., tab. 132. — *P. scolopendrina*, Bory, Voyage, 2, p. 323. — *P. furcata*, L., Plum., Filic., tab. 141, ou *Tænitis furcata*, Willd. — *P. tricuspidata*, L., Plum., *loc. cit.*, tab. 140. (G..N.)

PTÉROPTÈRES. POIS. (Dictionnaire de Déterville.) Pour Péroptères. *V.* ce mot. (B.)

PTEROPUS. MAM. Nom générique des Cheiroptères nommés Roussettes. *V.* ce mot. (LESS.)

* PTÉROSOME. *Pterosoma*. MOLL. Nous avons nommé ainsi un genre nouveau que nous avons établi dans le troisième volume des Mémoires de la Société d'histoire naturelle. Il est fondé sur un Animal fort remarquable très-voisin des Firoles, près desquelles nous croyons qu'il doit prendre place dans l'ordre des Nucléobranches de Blainville, conduit en cela par une assez grande analogie d'organisation. Nous caractériserons ainsi ce nouveau genre : corps allongé, libre, cylindrique, renflé à son milieu, de consistance gélatineuse et d'une transparence hyaline; ayant une bouche petite, sans trompe à l'extrémité antérieure et au sommet du corps; yeux sessiles, rapprochés, de forme oblongue, à cornée transparente, colorée; queue cylindrique, pointue, médiocre, terminant le corps; celui-ci entièrement enveloppé par deux larges nageoires latérales prenant naissance à la queue, se continuant, en conservant une forme ovalaire-oblongue, au-delà de la tête, où elles viennent s'unir au-devant de la bouche pour former un large disque convexe sur le dos, concave inférieurement et plus épais, et comme tronqué en avant.

Le Ptérosome semble en effet être tout nageoires. Il a, sous ce point de vue, et comme Mollusque, la plus grande analogie avec la forme que présentent les raies par rapport aux autres Poissons. Le corps, qui est mince et cylindrique dans sa moitié supérieure, offre souvent, au-dessous des organes de la bouche, une cellule pleine d'air, laquelle change de place et semble remplir une sorte de trachée blanche et peu distincte que côtoie l'appareil digestif sous forme d'un canal distendu par une matière rouge. Ce canal se contourne en spirale vers le plus grand élargissement du corps qui se renfle très-notablement dans son milieu et qui paraît en dessous divisé en deux parties cylindriques, séparées par un sillon profond, et qui se réunissent près de la queue. Là, existe sans doute une issue pour l'appareil digestif, mais nous n'en avons pas vu de traces. Une seule espèce s'est offerte à notre examen : c'est le *Pterosoma plana*, Nob., *loc. cit.*, pag. 414, tab. 10, que nous trouvâmes abondamment dans les mers chaudes de l'équateur, entre les Moluques et la Nouvelle-Guinée, le 31 août 1823. Ce Mollusque a trois pouces et quelques lignes de longueur totale, sur dix-huit lignes de largeur, et trois à quatre lignes d'épaisseur; sa face dorsale est légèrement convexe, parsemée de petits tubercules saillans, beaucoup plus proéminens et plus nombreux sur la surface inférieure qui est concave. Ces tubercules sont surtout groupés et ramassés sur les bords externes du corps, dans l'endroit où il se renfle. Les éminences, légèrement inégales, couvrent aussi la face interne à son tiers supérieur ; et elles sont d'autant plus colorées en rose qu'elles sont plus près de la bouche. La nature de la substance propre du Ptérosome est absolument analogue à celle des Firoles. Elle est hyaline, muqueuse et dense, parsemée de vaisseaux ténus, roses, très-délicats; les yeux sont noirs; le conduit digestif est d'un rose vif, et les tubercules qui recouvrent le corps sont le plus souvent d'un rose pâle; l'appendice caudal est rouge, et le corps proprement dit est d'un blanc hyalin parfaitement transparent.

Le Ptérosome se meut, dans l'eau de mer, avec une grande vivacité; ses mouvemens sont brusques et rapides, et il nage horizontalement, mais il meurt bien vite lorsqu'on le laisse séjourner quelques instans dans une petite quantité d'eau non renouvelée. (LESS.)

PTEROSPERMADENDRUM. BOT. PHAN. (Amman.) Syn. du genre *Pterospermum* de Schreber. *V.* PTÉROSPERME. (G..N.)

PTÉROSPERME. *Pterospermum*. BOT. PHAN. Ce genre de la famille des Buttnériacées, section des Dombéyées, et de la Monadelphie Polyandrie, L., a été détaché du *Pentapetes* par Schreber. Il s'en distingue, en effet, soit par son port, soit par ses graines terminées par une aile membraneuse. Voici au surplus ses caractères essentiels : calice nu ou involucré, presque tubuleux à la base, divisé profondément en cinq segmens; corolle à cinq pétales; vingt étamines, dont cinq stériles; style cylindracé, surmonté d'un stigmate un peu épais; capsule ligneuse, à cinq loges et à cinq valves; graines surmontées d'une aile, dépourvues ou à peine munies d'albumen. De Candolle (Mém. du Muséum, vol. 10, p. 111) a partagé le genre *Pterospermum* en deux sections; la première (*Velaga*) comprend trois espèces où le calice n'a point d'involucre. C'est à elle que se rapporte le type primitif du genre ou le *Pterospermum acerifolium*, Willd., qui a pour synonyme le *Velaga xylocarpa* de Gaertner. Les deux autres espèces (*P. suberifolium*, Willden., ou *Pterospermadendrum* d'Amman, et *P. lancefolium*, Roxb.) sont, ainsi que la première, originaires de l'Inde-Orientale. La seconde section (*Pterolæna*) a un involucre composé de trois folioles très-grandes, rondes, cordiformes, profondément laciniées et frangées. Cette section ne se compose que du *P. semi-sagittatum*, Roxb. et D. C., *loc. cit.*, tab. 9. Cette Plante est encore originaire de l'Inde-Orientale; on la cultive au jardin botanique de Calcutta. (G..N.)

PTÉROSPORE. *Pterospora*. BOT. PHAN. Le professeur Nuttal (*Gen. of north. Am. Plant.*, 1, p. 269) appelle ainsi un genre nouveau qu'il établit dans la Décandrie Monogynie, et dont la famille n'est pas encore rigoureusement déterminée. Ce genre se compose d'une seule espèce, *Pterospora andromedea*, Plante qui a le port d'un *Monotropa*, est dépourvue de feuilles, et a toutes ses parties, excepté sa corolle, couvertes de poils bruns, courts et visqueux. Le calice est à cinq divisions profondes; la corolle est monopétale, ovoïde, ayant son bord supérieur à cinq dents réfléchies; les étamines, au nombre de dix, ont leurs anthères peltées, à deux loges, attachées au filet par leur bord, et terminées par deux appendices sétiformes. Le fruit est une capsule à cinq loges, s'ouvrant par le sommet en cinq valves adhérentes ensemble par leur base, et portant chacune une des cloisons sur le milieu de leur face interne. Le réceptacle central est à cinq angles, et les graines, qui sont très-nombreuses et très-petites, sont terminées à leur sommet par une aile membraneuse. Cette Plante a été recueillie dans le Canada auprès de la cataracte du Niagara. (A. R.)

* PTÉROSTICHE. *Pterostichus*. INS. Genre de l'ordre des Coléoptères, section des Pentamères, famille des Carnassiers, tribu des Carabiques, établi par Bonelli (Obs. ent.), et auquel il donne pour caractères : languette arrondie; palpes assez épais, le quatrième article des maxillaires extérieurs plus long que le précédent, cylindrique, aminci à sa base. Anus ayant un pli longitudinal, élevé (dans les mâles) quelquefois, mais rarement, transversal ou remplacé par une impression. Elytres souvent échancrées obliquement, ayant trois points enfoncés au plus, rangés au moins en deux séries. Ce genre a pour types les *Carabus fasciato-punctatus* et *oblongo-punctatus* de Fabricius. (G.)

PTÉROSTYLE. *Pterostylis*. BOT. PHAN. Genre d'Orchidées, établi par R. Brown (*Prodr. Nov.-Holl.*, 1, p. 326), et dont toutes les espèces, au nombre d'environ une vingtaine, sont originaires de la Nouvelle-Hollande. Voici la manière dont le célèbre botaniste anglais a caractérisé ce genre : des trois folioles externes du calice, la supérieure est plus grande, concave et légèrement carenée sur son dos, les deux inférieures sont soudées ensemble en grande partie par leur côté interne; les deux divisions latérales et internes sont assez grandes, rapprochées entre la supérieure et formant avec elle une sorte de casque; le labelle est onguiculé à sa base; son limbe est tantôt appendiculé et tantôt gibbeux; le gynostême est long et grêle par sa partie inférieure, il est soudé avec la division externe et supérieure; vers son sommet il se termine par deux ailes membraneuses; l'anthère terminale, persistante, à deux loges, contenant chacune deux masses polliniques qui sont comprimées et pulvérulentes. Le stigmate est placé à la face antérieure du gynostême. Les espèces de ce genre sont herbacées, terrestres et très-glabres; elles offrent un petit tubercule globuleux, entier, qui termine la partie inférieure et radiciforme de la tige. Les feuilles sont souvent toutes radicales et étalées en rosette; quelquefois elles naissent sur la tige où elles sont alternes. Les fleurs sont jaunâtres, assez grandes, terminales, le plus souvent solitaires. Parmi ces espèces, l'une, *Pterostylis reflexa*, Brown, a été décrite et figurée par Labillardière sous le nom de *Disperis alata*, Nouv.-Holl., 2, p. 59, tab. 210. Deux autres, *Pterostylis curta* et *Pterostylis grandiflora*, Brown, viennent d'être récemment figurées par notre collaborateur Guillemin, tab. 2 et 6 de ses *Icones lithographicæ*. (A. R.)

PTEROTA. BOT. PHAN. (P. Browne et Adanson.) Syn. de *Fagara* de Linné, qui a été réuni au *Zanthoxylum* du même auteur. *V.* ZANTHOXYLE. (G..N.)

PTÉROTE. BOT. PHAN. Pour *Pterotum*. *V.* ce mot. (B.)

PTÉROTHÈQUE. *Pterotheca*. BOT. PHAN. Sous ce nom H. Cassini (Bull. Soc. philom., décembre 1816, p. 200) a proposé l'établissement d'un genre qui a pour type le *Crepis nemausensis* de Gouan, rapporté aux *Andryala* par Villars et De Candolle. Voici ses caractères principaux : involucre campanulé, formé de folioles presque sur un seul rang, égales, appliquées, oblongues-obtuses, membraneuses sur leurs bords, accompagnées à la base de quelques petites écailles inégales. Réceptacle plan, garni de paillettes filiformes. Calathide composée de demi-fleurons hermaphrodites. Fruits des fleurs de la circonférence dépourvus d'aigrettes, oblongs, striés sur la face externe, munis sur la face interne de trois à cinq ailes ondulées, d'abord charnues, puis fongueuses et subéreuses; les autres fruits longs, grêles, cylindracés, amincis en un col au sommet, et pourvus d'une aigrette blanche, très-légèrement plumeuse. Ce genre fait partie de la tribu des Chicoracées ou Lactucées, et se place entre les nouveaux genres *Intybellia* et *Ixeris*.

Le *Pterotheca nemausensis*, Cass., est une Plante herbacée, annuelle, à tige nue, poilue, divisée supérieurement en quatre ou cinq rameaux ordinairement simples et velus. Les feuilles radicales sont oblongues, vertes, rétrécies et lyrées à la base, élargies et spathulées au sommet. Les calathides des fleurs sont jaunes et solitaires au sommet des rameaux. Cette Plante croît dans les pays méridionaux de l'Europe. (G..N.)

PTEROTRACHA. MOLL. Nom que Forskalh avait donné aux Animaux que, depuis, Bruguière, on ne sait sur quels motifs, changea pour celui de Firole, qui a été adopté par tous les zoologistes de ce siècle. *V*. FIROLE. (D..H.)

PTEROTUM. BOT. PHAN. Loureiro (*Flor. Cochinc.*, p. 358) a décrit sous ce nom un genre placé dans la Dodécandrie Monogynie, L., mais dont les rapports naturels sont inconnus. Ce genre est ainsi caractérisé : calice à cinq sépales ovés, concaves, coriaces, étalés, persistant; corolle nulle; quinze étamines, dont les filets sont plans, subulés, plus longs que le calice, les anthères biloculaires, presqu'arrondies; ovaire supère, ovoïde, surmonté d'un stigmate simple et sessile; fruit capsulaire oblong, aigu, coriace, univalve, déhiscent latéralement, ne renfermant qu'une seule graine ovoïde, oblongue, bordée sur toute sa longueur d'une aile multifide. Le *Pterotum procumbens* est un grand Arbrisseau ligneux, long, couché, divisé en rameaux courts et nombreux. Les feuilles sont ovales-lancéolées, très-entières, petites, glabres et alternes. Les fleurs formant de petites grappes axillaires. Cette Plante croît dans les forêts de la Cochinchine. (G..N.)

*PTERULA. BOT. CRYPT. (*Champignons*.) Genre établi par Fries (*Syst. Orb. Veget.*, p. 90) et voisin des Clavaires. Cet auteur l'a ainsi caractérisé : champignon simple ou rameux, à rameaux se confondant inférieurement avec la tige, et dont les extrémités sont divisées en forme de pinceau. Il y rapporte le *Clavaria penicillata* de Bulliard, pl. 448, fig. 3, et le *Clavaria plumosa* de Schweinitz. (AD. B.)

* PTERURUS. POIS. Genre de Poissons siciliens proposé par Rafinesque, et qui n'a point été adopté. (B.)

PTÉRYGIBRANCHES. *Pterygibranchia*. CRUST. Latreille (Règne Animal) donnait ce nom à une section de son ordre des Isopodes, qui renferme les Crustacés, compris actuellement (Fam nat., etc.) dans les tribus des Cymothoadés, Sphéromides, Asellotes, Idotéides et Cloportides. *V*. ces mots. (G.)

* PTÉRYGIENS. *Pterygia*. MOLL. Latreille, dans son dernier ouvrage (Familles naturelles du Règne Animal), a partagé les Mollusques en deux sections inégales. La première, celle qui nous occupe, est la moins nombreuse : elle réunit les Mollusques qui n'ont point de pied pour ramper, ce qui rassemble les Céphalopodes et les Ptéropodes, qui y forment deux classes distinctes. Nous ne pensons pas que dans l'état de la science on puisse admettre cet

arrangement qui met dans un contact forcé des êtres éloignés par leur organisation. Les Céphalopodes forment à eux seuls un type tellement tranché, qu'aucun auteur jusqu'à présent n'a essayé de les réunir sous un caractère quelconque avec d'autres Mollusques. Ils en ont senti la difficulté, et l'impossibilité de le faire d'une manière satisfaisante vient de ce qu'il manque dans la série une organisation intermédiaire que l'on découvrira peut-être un jour. *V.* MOLLUSQUES et CÉPHALOPODES. (D..H.)

* PTÉRYGOCÈRE. *Pterygocera.* CRUST. Genre de l'ordre des Amphipodes, famille des Hétéropes, établi par Latreille (Fam. nat. du Règne Anim.), et formé d'après la figure de l'*Oniscus arenarius* de Slabber (Obs. microsc., tab. 11, fig. 3-4). Voici comment Latreille s'exprime à son sujet dans l'Encyclopédie : « Quoique nous n'ayons point vu cet Animal en nature, il nous paraît cependant qu'on ne peut le rapporter à aucun genre de Crustacés connu. Ses quatre antennes sont très-garnies de poils barbus ou formant des pinnules aux premiers articles qui sont beaucoup plus grands que les autres. Les quatre pates postérieures présentent les mêmes caractères; les quatre premières, ou du moins celles qui semblent l'être d'après la figure, sont velues, courbes, et se terminant par une nageoire ou un article arrondi et mutique; l'extrémité postérieure du corps est terminée par plusieurs appendices ou styles velus. Ce Crustacé doit appartenir à l'ordre des Amphipodes. » Voilà tout ce que Latreille dit de ce genre dont on n'a encore vu que la figure. (G.)

* PTÉRYGODE. INS. Nom donné par Latreille à une pièce en forme d'épaulette, prolongée en arrière, et que l'on voit à la base des ailes des Lépidoptères. (G.)

* PTÉRYGOPHORE. *Pterygophorus.* INS. Genre de l'ordre des Hyménoptères, section des Térébrans, famille des Porte-Scies, tribu des Tenthredines, établi par Klug, et adopté par Latreille et Lepelletier de Saint-Fargeau (Monogr. Tenthredin.) avec ces caractères : corps gros et court; tête ordinaire; antennes nues, pectinées en dessous, avec une seule rangée de dents dans les mâles, grossissant vers leur extrémité, presque moniliformes, et un peu dentées en scie dans les femelles; de dix-sept à vingt-trois articles, selon les sexes, insérés obliquement sur chacun de ceux qui le précèdent, à l'exception des deux premiers. Labre apparent. Mandibules allongées, comprimées. Languette trifide et comme digitée. Ecusson presque carré, avec une petite dent de chaque côté postérieurement. Ailes supérieures ayant une cellule radiale, appendiculée, et trois cellules cubitales, la seconde recevant les deux nervures récurrentes, la troisième atteignant le bout de l'aile. Les quatre jambes postérieures sans épine dans leur milieu, en ayant deux à leur extrémité. Tarière peu saillante. Ce genre, entièrement propre à la Nouvelle-Hollande, contient trois ou quatre espèces; son nom vient de deux mots grecs qui signifient portant un plumet. Le type de ce genre est le PTÉRYGOPHORE A CEINTURE, *Pterygophorus cinctus*, Klug, Leach, *Zool. miscell.*, n° 2, tab 148, fig. 6; Lepell. de St.-Farg., Monogr. Tenthr., p. 51, n° 147. Cet Insecte est long de six lignes, d'un noir violet avec des taches jaunes. (G.)

PTERYGOPHYLLUM. BOT. CRYPT. (*Mousses.*) Pour *Ptérigophyllum.* *V.* ce mot. (A. R.)

* PTÉRYGOPODE. *Pterygopodus.* CRUST. Nouveau genre de l'ordre des Siphonostomes, famille des Caligides, mentionné par Latreille (Fam. nat. du Règne Animal) et dont les caractères ne sont pas encore publiés. (G.)

PTERYOPHORON. MIN. On rapporte au Succin ce nom de Dioscoride. (B.)

* PTILIE. *Ptilia.* INS. Genre de

l'ordre des Hyménoptères, section des Térébrans, famille des Porte-Scies, tribu des Tenthredines, établi par Lepelletier de Saint-Fargeau, dans sa Monographie des Tenthredines, et adopté par Latreille. Les caractères de ce genre sont : corps court. Tête transversale, ayant trois petits yeux lisses, disposés en ligne courbe sur le vertex. Antennes des femelles filiformes, velues, composées d'un grand nombre d'articles, les deux premiers seuls distincts. Labre apparent. Mandibules allongées, comprimées. Palpes maxillaires fort longs, les labiaux beaucoup plus courts. Languette trifide et comme digitée. Ailes supérieures ayant une cellule radiale, appendiculée, et trois cellules cubitales; la première grande, recevant la première nervure récurrente, la seconde recevant la deuxième nervure récurrente, la troisième atteignant le bout de l'aile. Abdomen caréné en dessus, en dessous et sur les côtés, ce qui le rend presque quadrangulaire; tarière peu saillante. Les quatre jambes postérieures sans épine dans leur milieu, et en ayant deux à leur extrémité. Ce genre est peu nombreux en espèces. Lepelletier de Saint-Fargeau en décrit trois dans sa Monographie, p. 50, n° 143, 144 et 145, et il en a mentionné une nouvelle espèce dans son article de l'Encyclopédie méthodique. Celle que l'on peut considérer comme type du genre est la PTILIE BRÉSILIENNE, *Ptilia brasiliensis*, Lepell. de Saint-Farg., Monogr. Tenthr., p. 50, n° 145. Elle est longue de cinq lignes; son abdomen est noir, avec le premier segment jaune. Les palpes sont bruns. (G.)

PTILIN. *Ptilinus*. INS. Genre de l'ordre des Coléoptères, section des Pentamères, famille des Serricornes, tribu des Ptiniores, établi par Geoffroy, et adopté par tous les entomologistes avec ces caractères : corps presque cylindrique; tête verticale; yeux petits. Antennes plus longues que le corselet, de onze articles, distantes à leur base, insérées près et devant les yeux, ayant le premier article plus gros, plus long que le second, celui-ci très-court, globuleux, le troisième portant une forte dent, les huit autres un long appendice dans les mâles, les neuf derniers fortement dentés en scie dans les femelles. Labre cilié, arrondi; mandibules courtes, un peu arquées, bidentées à l'extrémité. Mâchoires membraneuses, simples, presque cylindriques. Palpes filiformes, inégaux, les maxillaires plus longs, de quatre articles, le premier petit, le second et le troisième coniques, le dernier allongé, pointu; les labiaux de trois articles, le premier petit, le second conique, le dernier allongé. Lèvre membraneuse à l'extrémité, échancrée. Corselet bombé; pates de longueur moyenne; tarses à articles entiers. Ce genre, dont le nom signifie panache, est formé d'un petit nombre d'espèces d'Europe dont les larves vivent dans le bois sec. Nous citerons comme type le PTILIN PECTINICORNE, *Ptilinus pectinicornis*, Latr., Oliv., Entom., tab. 2; Ptilin, n° 1, pl. 1, fig. 1; Panzer (Faun. Germ., fasc. 3, fig. 7). Il est long d'une ligne, brun, avec les antennes, les pates et les élytres marron. On le trouve à Paris dans les maisons. (G.)

* PTILINOPE. *Ptilinopus*. OIS. Sous ce nom, Swainson a proposé l'établissement d'un genre destiné à démembrer le grand genre Colombe, *Columba*, des auteurs. Il lui donne pour caractères : des ailes médiocres; la première rémige contournée au sommet, les troisième et quatrième très-longues; le bec grêle, et les tarses emplumés. Le type de ce nouveau genre est une espèce très-voisine du *Kuru-Kuru* de Temminck (*Columba purpurata*, Lath.), que Swainson nomme *Ptilinopus purpuratus*, et qui paraît être la *Columba regina* de Shaw. Tous les Oiseaux de ce nouveau genre ont le plumage généralement vert, et ils habitent les

Indes et les îles de l'océan Pacifique. *V*. PIGEON. (LESS.)

PTILIUM. BOT. PHAN. L'un des synonymes de l'Impériale. *V*. ce mot. (B.)

*PTILOCÈRE. *Ptilocera*. INS. Genre de l'ordre des Diptères, famille des Notacanthes, tribu des Stratyomides, établi par Latreille d'après un individu qu'il a reçu de Wertermann sous ce nom. Ce genre se distingue de tous ceux de sa tribu parce que ses antennes sont flabellées. (G.)

*PTILOCNEMA. BOT. PHAN. Dans le *Prodromus Floræ Napaulensis*, Don a fondé sous ce nom un genre de la famille des Orchidées, et de la Gynandrie Monandrie, L., auquel il a imposé les caractères essentiels suivans : périanthe dont les sépales sont connivens, les intérieurs linéaires, plus courts que le labelle; celui-ci en forme de capuchon, embrassant la colonne qui est raccourcie et libre; masses polliniques céréacées. Ce genre ne renferme qu'une seule espèce (*Ptilocnema bracteata*); c'est une Herbe parasite, à feuilles lancéolées, coriaces; marquées de fortes nervures plissées, à fleurs blanches, sessiles, accompagnées de bractées, et disposées en épi au sommet d'une hampe. Cette Plante croît dans le Napaul. (G..N.)

PTILODACTYLE. *Ptilodactylus*. INS. Genre de l'ordre des Coléoptères, section des Pentamères, famille des Serricornes, tribu des Cébrionites, très-voisin du genre Rhypicère, et dont les caractères nous sont inconnus. Ce genre a été établi par Illiger. Il a pour type le *Pyrochroa nitida* de Degéer qui vient de l'Amérique du Nord. (G.)

* PTILODÈRES. OIS. Duméril a nommé Nudicolles ou Ptilodères, la première famille de son premier ordre des Rapaces, comprenant les genres Sarcoramphe et Vautour. (LESS.)

* PTILOPHYLLUM. BOT. PHAN. Nom d'une section établie dans le genre *Myriophyllum* par Nuttall et admise par De Candolle. Elle est principalement caractérisée par les fleurs toutes hermaphrodites, et a pour type le *Myriophyllum ambiguum*, dont une variété (*Myr. limosum*) paraît être la même Plante que le *Purshia humilis* de Rafinesque. (G..N.)

PTILOPTÈRES. *Ptilopteri*. OIS. Nom de la troisième tribu du cinquième ordre des Nageurs, *Natatores*, de la Méthode de Vieillot, comprenant les genres Gorfou, Sphénisque et Apténodyte ou Manchot. (LESS.)

* PTILOPUS. INS. Genre de Charansonite établi par Schœnherr. *V*. RHYNCHOPHORES. (G.)

* PTILORHYNQUE. OIS. Espèce du genre Faucon. *V*. ce mot. (DR..Z.)

* PTILORIS. OIS. Swainson a proposé sous ce nom la création d'un genre nouveau destiné à recevoir le bel Oiseau que nous avons figuré sous le nom d'*Epimachus*, pl. 28, de la Zoologie de la Coquille. Ce genre ne nous paraît pas devoir être adopté, puisque l'Oiseau, qu'il est destiné à recevoir, ne diffère point des Epimaques. (LESS.)

PTILOSTEMON. BOT. PHAN. Genre de la famille des Synanthérées, tribu des Carduinées, et de la Syngénésie égale, L., établi par Cassini (Bul. de la Soc. Phil., décembre 1816, p. 200) qui lui a imposé les caractères suivans : involucre ovoïde, composé de folioles imbriquées, appliquées, coriaces; les intermédiaires ovales, surmontées d'un appendice court, étalé, roide, et un peu piquant. Réceptacle épais, charnu, légèrement plan, garni de paillettes nombreuses. Calathide composée de fleurs nombreuses, égales, hermaphrodites, à corolles obliques, à étamines pourvues de filets élégamment plumeux. Fruits épais, ovoïdes, presque globuleux, glabres, luisans et unis, ayant l'aréole basilaire non oblique et surmontés d'une aigrette longue, blanche, composée de poils plumeux. L'aigrette des fleurs extérieures est quelquefois à peine plumeuse. Le type de ce genre est le *Stehœlina Chamœpeuce* de Linné, que ce botaniste transporta ensuite parmi les *Serratula*, et qui a été réuni aux *Cnicus* ou *Cirsium* par Desfontaines et De Candolle. C'est un Arbrisseau dont la tige est droite, haute d'un à deux mètres, peu rameuse, cotonneuse, garnie de feuilles persistantes, très-longues, très-étroites, vertes en dessus et cotonneuses en dessous. Les calathides sont composées de fleurs purpurines et solitaires au sommet des rameaux. Cette Plante est originaire de l'île de Crète. Cassini ajoute comme seconde espèce le *Cnicus fruticosus*, Desf., qui n'est peut-être qu'une simple variété de la précédente. (G..N.)

* PTILOSTEPHIUM. BOT. PHAN. Genre de la famille des Synanthérées, tribu des Hélianthées, et de la Syngénésie égale, L., établi par Kunth (*Nov. Gener. et Spec. Plant. æquin.* T. IV, p. 199) qui l'a ainsi caractérisé : involucre hémisphérique, composé de huit à douze folioles lâchement imbriquées, oblongues ou obovées, striées, membraneuses, et scarieuses sur les bords. Réceptacle convexe, garni de paillettes scarieuses, diaphanes. Calathide composée de fleurons tous hermaphrodites; ceux du disque nombreux et tubuleux, à tube très-court, et à limbe cylindracé, divisé en cinq dents; ceux de la circonférence en petit nombre (six à huit) à corolle infundibuliforme, formant deux lèvres, l'extérieure composée de trois segmens étalés, l'intérieure de deux segmens plus courts. Anthères nues à la base, et surmontées d'appendices deltoïdes. Ovaire cunéiforme, portant un style filiforme, à deux branches stigmatiques recourbées en dehors. Akène cunéiforme, presque tétragone ou comprimé, couronné par une aigrette composée de poils plumeux ou d'écailles nombreuses et ciliées. Kunth a placé ce genre à la suite du *Galinsoga*, et avant le *Wiborgia*; il se distingue essentiellement de ces deux genres, soit par les corolles bilabiées de ses fleurs marginales, soit par l'hermaphroditisme de toutes ses fleurs. Deux espèces ont été décrites et figurées *loc. cit.*, tab. 387 et 388, par l'auteur de ce genre, sous les noms de *Ptilostephium coronopifolium* et *Pt. trifidum*. Ce sont des Plantes herbacées, dont les branches et les feuilles sont opposées; celles-ci sont tripartites ou laciniées, pinnatifides. Les fleurs sont jaunes, terminales et axillaires, solitaires au sommet de longs pédoncules. La première espèce croît au Mexique où on la cultive quelquefois dans les jardins. La seconde est aussi indigène du Mexique, entre Guanaxuato et Valladolid. La structure remarquable de son aigrette, qui n'est point composée de longs poils plumeux comme dans la première espèce, mais d'écailles courtes et ciliées, l'a fait distinguer par Cassini en un genre particulier, sous le nom de *Carphostephium*. (G..N.)

PTILOTA. BOT. CRYPT. (*Hydrophytes*.) Agardh, créateur de ce genre, l'a démembré des Plocamies de Lamouroux, et Lyngbye l'ayant adopté, le sentiment de ce dernier nous porterait à croire à sa validité; en effet, nous y trouvons un involucre assez caractéristique autour de la fructification. Le genre *Ptilota* serait donc parmi les Floridées ce que les Borynes sont parmi les Céramiaires; quatre ou cinq espèces toutes fort élégantes forment ce genre, sur les dernières ramules duquel commencent à se distinguer des articulations plus ou moins obscures, qui forment le passage à une autre série d'Hydrophytes, celui que Bonnemaison appelle des Loculés. Nos rivages offrent le *Ptilota plumosa*, qui était le *Ceramium plumosum* de Roth; ils offrent aussi le *Ceramioides*, N., qui est la variété *tenuissima* d'Agardh, Plante trop distincte par ses caractères, sa stature et son faciès de la précédente, pour qu'on la puisse confondre avec elle. Le *Ptilota asplenioides* nous vient des côtes du Kamtschatka. Le *flaccida* croît dans les parages du cap de Bonne-Espérance, parasite sur les frondes du *Laminaria buccinalis*. (B.)

PTILOTUS. BOT. PHAN. Genre de la famille des Amaranthacées, voisin du *Trichinium* et du *Gomphrena*, qui a été proposé par Robert Brown dans son Prodrome de la Nouvelle-Hollande, 1, p. 415. Le calice est à cinq divisions profondes et lancéolées; les cinq étamines sont réunies seulement par leur base même, et sont dépourvues de dents; les anthères sont biloculaires; l'ovaire est surmonté d'un style simple que termine un stigmate capitulé. Le fruit est un akène enveloppé par les trois divisions internes du calice qui sont adhérentes entre elles à leur base par une sorte de bourre laineuse, et qui, supérieurement, sont étalées et nues. Ce genre se compose de deux espèces originaires de la Nouvelle-Hollande. Ce sont des Plantes herbacées, annuelles et très-glabres, à feuilles alternes et étroites, et dont les fleurs terminales forment des capitules environnés de trois bractées scarieuses blanchâtres et persistantes. (A. R.)

PTINE. *Ptinus*. INS. Genre de l'ordre des Coléoptères, section des Pentamères, famille des Serricornes, tribu des Ptiniores, établi par Linné, et adopté par tous les entomologistes, avec ces caractères : corps cylindrique, court; tête petite; yeux saillans; antennes filiformes, longues, surtout dans les mâles, insérées entre les yeux, et composées de onze articles presque cylindriques, dont le dernier est oblong; labre arrondi, cilié; mandibules arquées, unidentées; mâchoires presque bifides; palpes inégaux, presque filiformes; les maxillaires plus longs, de quatre articles, le premier plus petit, les deux suivans coniques, le dernier plus long, un peu plus épais; les labiaux composés de trois articles, le premier petit, le second conique, le troisième ovale. Partie antérieure du corselet s'avançant en forme de capuchon, comme pour abriter la tête; écusson petit; élytres convexes, un peu cylindriques, et ne paraissant pas rétrécies à leur base dans les mâles, convexes, ovales dans les femelles; celles-ci privées d'ailes, au moins dans la plupart des espèces; pates assez longues; premier article des tarses aussi long que les deux suivans réunis. Ces Insectes sont tous de petite taille. On en connaît une dizaine d'espèces toutes d'Europe. Leurs larves ont six pates terminées par un seul crochet; leur corps est mou, ridé, un peu velu; les segmens en sont peu distincts. Elles se nourrissent de bois et attaquent aussi les Animaux desséchés, les pelleteries, etc. Lorsqu'on veut saisir l'Insecte parfait, il contrefait le mort en retirant ses pates sous le corps, et reste immobile.

Le PTINE IMPÉRIAL, *Ptinus imperialis*, L., Fabr.; Gyllen., Ins. succ.; Panz. (Faun. Germ., fasc. 5, fig. 4, a, b, c, d.) La Bruche à croix de Saint-André, Fourcroy, Entomol. Paris. C'est l'espèce la plus grande de ce genre. Elle est longue de deux à trois lignes, brune, avec une tache grise sur chaque élytre, imitant un aigle dont les ailes sont étendues. On le trouve aux environs de Paris.

Le PTINE VOLEUR, *Ptinus fur*, L., Fabr.; *Ptinus latro*, *striatus*, Fabr., Oliv., Col., II, 1, 3; II, 9, est long d'une ligne et demie, d'un brun clair; les antennes sont de la longueur du corps; le corselet a de chaque côté une éminence pointue et deux autres arrondies et couvertes d'un duvet jaunâtre dans l'intervale; les élytres ont deux bandes transverses, formées par des poils grisâtres. La larve de ce Ptine fait un grand dégât dans les herbiers et les collections d'histoire naturelle. (G.)

PTINIORES. INS. Tribu de l'ordre des Coléoptères, section des Pentamères, famille des Serricornes, établie par Latreille, et comprenant des Insectes dont le corps est ovoïde ou cylindrique, et arrondi aux deux bouts, convexe en dessus, de consistance généralement solide, avec la tête courte, suborbiculaire ou presque globuleuse, reçue en grande partie dans un corselet très-cintré en forme de capuchon. Les mandibules sont courtes, épaisses et dentées. Les antennes sont tantôt filiformes ou sétacées, soit flabellées, pectinées ou en scie, soit simples, soit terminées brusquement par trois articles plus grands ou beaucoup plus longs. Les palpes sont toujours très-courts et plus gros à leur extrémité. Les tarses sont courts. Leurs couleurs sont généralement obscures et peu variées. Cette tribu est divisée ainsi qu'il suit par Latreille.

† Antennes terminées brusquement par trois articles plus grands.

Genres : DORCATOME, VRILLETTE.

†† Antennes filiformes, soit flabellées ou pectinées, du moins dans les mâles, soit en scie.

Genres : XYLÉTINE, PTILIN.

††† Antennes filiformes ou sétacées, et simples.

Genres : PTINE, GIBBIE. *V.* tous ces mots. (G.)

PTINX. OIS. Pour Ptynx. *V.* ce mot. (B.)

* PTOCHUS. INS. Genre de Charansonite établi par Schœnnherr. *V.* RHYNCHOPHORE. (G.)

PTOMAPHAGE. *Ptomaphagus.* INS. Illiger (Catal. des Ins. de Prusse) donne ce nom à un genre de Coléoptères établi précédemment par Latreille sous le nom de Cholève. *V.* ce mot. (G.)

* PTYCHOCARPA. BOT. PHAN. *V.* GRÉVILLÉE.

PTYCHODES. BOT. CRYPT. (*Mousses.*) Genre établi par Weber et Mohr aux dépens des Orthotrics, mais qui n'a pas été adopté. (AD. B.)

* PTYCHODÈRES. INS. Genre de Charansonites établi par Schœnnherr. *V.* RHYNCHOPHORES. (G.)

PTYCHOPTÈRE. *Ptychoptera.* INS. Genre de l'ordre des Diptères, famille des Némocères, tribu des Tipulaires, division des Terricoles de Latreille, établi par Meigen, adopté par Latreille, et ayant pour caractères : tête aplatie, prolongée par un bec court; trompe à lobes terminaux, allongés, dirigés en dessous; lèvre supérieure petite, obtuse; palpes longs, légèrement velus, recourbés, de quatre articles; le premier assez court, le deuxième allongé, le troisième moins long, le quatrième fort long et flexible; antennes filiformes, de seize articles, le premier court, cylindrique, le deuxième cyathiforme, le troisième long, cylindrique, les suivans ovales, allongés, le dernier petit; yeux ronds; thorax élevé, ovale, à suture longitudinale et transversale; écusson petit; métathorax grand, allongé; pieds assez longs; hanches légèrement allongées; balanciers découverts; ailes écartées, assez petites, obtuses, pliées à la nervure anale; cellule médiastine élargie à l'extrémité; point de stigmatique; première marginale fort longue et élargie vers la base; deux sous-marginales terminales, la deuxième pétiolée, deux discoïdales, quatre postérieures, la deuxième fort courte et pétiolée; une fausse nervure longitudinale et imparfaite dans la première postérieure; axillaire confondue avec la fausse. Ce genre se compose de deux espèces assez petites et propres à l'Europe. Leurs larves vivent dans les eaux dormantes. L'espèce la plus commune, et qui sert de type au genre, est :

La PTYCHOPTÈRE TACHÉE, *Ptychoptera contaminata*, Meigen, Latr. (*Gener. Crust. et Ins.* T. IV, pag. 257); *Tipula contaminata*, L. La Tipule noire à taches jaunes et ailes maculées, Geoff., Ins. Paris. T. II, p. 558. On la trouve aux environs de Paris. (G.)

PTYCHOSPERME. *Ptychosperma.* BOT. PHAN. Labillardière a donné ce nom (Mém. Inst., 1808, p. 251) à un genre de Palmiers qui offre les caractères suivans : les fleurs sont hermaphrodites et sessiles ; la spathe est composée de plusieurs folioles ; le calice extérieur est monosépale, à trois divisions profondes, l'intérieur est à trois lanières étroites ; les étamines varient de vingt à trente ; l'ovaire est à trois loges, terminé par un style filiforme, au sommet duquel est un stigmate trilobé. Le fruit est une baie monosperme ; l'amande est sillonnée, l'endosperme marbré et l'embryon basilaire. Une seule espèce, originaire de la Nouvelle-Hollande (*Ptychosperma gracilis*, Labillard.), compose ce genre. Ce Palmier a une tige grêle qui s'élève quelquefois à une hauteur de soixante pieds ; ses feuilles sont ailées, longues de trois à quatre pieds. (A. R.)

* PTYCHOSTOMUM. BOT. CRYPT. (*Mousses.*) Hornschuch a établi ce genre pour le *Didymodon cernuum* de Swartz ou *Cynodontium cernuum* d'Hedwig ; il est caractérisé ainsi : urne terminale ; péristome double, l'extérieur de seize dents droites, transparentes à leur extrémité ; l'intérieur membraneux, plissé, adhérent aux dents, se déchirant pour donner issue aux séminules ; coiffe fendue latéralement. Les Plantes de ce genre se rapprochent, par leur port aussi bien que par leurs caractères, des *Bryum.* On en connaît quatre espèces propres aux régions polaires. Le genre *Brachymenium* de Hooker paraît différer à peine du précédent ; son péristome interne se divise plus régulièrement en seize cils et ne paraît pas adhérer au péristome externe. Il ne renferme que deux espèces du Napaul et de l'Inde. Bridel propose de réunir ces deux genres en un seul. (AD. B.)

* PTYCHOZOON. REPT. Nous ne connaissons guère ce genre des îles de la Sonde, et qu'a établi le Hollandais Kuhl, que par une simple mention qu'on en trouva dans les journaux scientifiques vers 1824. (B.)

PTYNX. OIS. (Mœhring.) Syn. d'Anhinga. *V.* ce mot. (B.)

PTYOCÈRE. INS. Genre de Coléoptères établi par Thunberg sur le *Melasis mystacina* de Fabricius, qui forme actuellement le genre Rhypicère. *V.* ce mot. (G.)

* PTYODACTYLE. *Ptyodactylus.* REPT. SAUR. Sous-genre de Gecko. *V.* ce mot. (B.)

* PUBESCENT, PUBESCENTE. ZOOL. BOT. Cet adjectif s'emploie en histoire naturelle pour désigner que telle partie de la surface de certains Animaux ou d'une Plante est comme couverte d'un duvet cotonneux ou garnie de poils courts, mous, mais non comme entrelacés ou laineux. Les Pêches sont Pubescentes à leur surface. Fabricius a surtout introduit le mot Pubescent dans l'Entomologie. (B.)

* PUCACA. OIS. On donne ce nom au Brésil, et quelquefois aussi celui de *Cacaroba*, à une belle espèce de Colombe qui y est très-commune, et qui est la *Columba rufina.* (LESS.)

PUCCARARA. MAM. L'un des noms de pays du Cochon d'Inde. (B.)

PUCCINIA. BOT. CRYPT. (*Urédinées.*) Le genre créé par Micheli sous ce nom a été tellement modifié depuis qu'il ne comprend plus les deux espèces qui le constituaient alors ; l'une (Mich., *Nov. Gen.*, pl. 92, fig. 1) est devenue le type du genre *Podisoma ;* l'autre (pl. 92, fig. 2) forme le genre *Ceratium ;* les espèces nombreuses qui avaient été rapportées à ce genre par les mycologues modernes le constituent seules maintenant ; on en connaît plus de cinquante ; ce sont tous de petits Champignons parasites, naissant en amas sous l'épiderme des feuilles, ou des organes délicats des Plantes vivantes, rompant ensuite cet épiderme, et formant des taches brunes ou noirâtres pulvérulentes ;

ces taches sont produites par des amas de conceptacles ou sporidies pédicellées, quelquefois presque sessiles, divisées par une cloison transversale en deux loges. Ce caractère distingue les Puccinies des *Uredo* dont les sporidies sont uniloculaires, et des *Phragmidium* dans lesquels ils sont multiloculaires ; l'absence de base charnue soutenant les sporidies ne permet pas de les confondre avec les *Podisoma* ou les *Gymnosporangium*.

Dans toutes ces Plantes, l'épiderme, en se soulevant, ne forme pas de cupule saillante, ce qui distingue ces Parasites des *Æcidium* dont en outre les sporidies sont uniloculaires.

(AD. B.)

PUCE. *Pulex*. INS. Genre de l'ordre des Syphonaptères, établi par Linné, adopté par tous les entomologistes et auquel Latreille assigne pour caractères : six pates; point d'ailes; des métamorphoses; un bec articulé, formé de deux lances renfermant un suçoir. Dans ses ouvrages antérieurs, Latreille avait formé avec ces Insectes l'ordre des Suceurs qu'il avait placé (Considérat. génér. sur les Crust. et les Ins., et *Gen. Crust. et Ins.*) à la fin de l'ordre des Diptères, et qu'il a rangés depuis (Règne animal de Cuvier et Familles naturelles, etc.) à la fin des Insectes Aptères. Dans le système de Fabricius, ces Insectes appartiennent à son ordre des Rhingotes; ils appartiennent à l'ordre des Aptères dans la plupart des autres méthodes, et forment seuls l'ordre du même nom dans celle de Lamarck. Le corps des Puces est ovale, comprimé, revêtu d'une peau assez ferme, et divisé en douze segmens, dont trois composent le tronc, qui est court, et les autres l'abdomen; ces derniers sont composés de deux lames, l'une supérieure, l'autre inférieure; la tête est très-comprimée, petite, arrondie en dessus, tronquée et ciliée en devant; elle a, de chaque côté, un œil petit et arrondi, derrière lequel est une fossette où l'on découvre un petit corps mobile garni de petites épines; au bord antérieur, près de l'origine du bec, sont insérées les antennes qui sont presque filiformes ou un peu plus grosses au bout, de quatre articles presque cylindriques dont le dernier est un peu plus gros, plus allongé, comprimé et arrondi à son extrémité. La bouche consiste en un rostelle ou petit bec, composé d'un tube extérieur ou gaîne, correspondant à la lèvre inférieure des autres Insectes ; cette gaîne est divisée en deux valves articulées qui renferment un suçoir de trois soies, dont deux représentent les mâchoires, et la troisième la languette; enfin, deux écailles recouvrant la base du tube représentent les palpes; les pieds sont forts, plus ou moins épineux, les postérieurs leur servent pour exécuter des sauts excessivement vifs, et les quatre antérieurs sont insérés presque sous la tête, de sorte que le bec se trouve dans leur entre-deux. Les hanches sont grandes, les tarses sont composés de cinq articles; ils sont presque cylindriques, longs et terminés par deux crochets contournés. Les organes sexuels du mâle consistent en une pièce cylindrique, renflée, tronquée et charnue à son extrémité, logée entre deux pièces ou valvules, sur la surface interne et concave de chacune desquelles est un crochet écailleux; ces organes sont placés, comme à l'ordinaire, à l'extrémité de l'abdomen. Dans les femelles, on aperçoit, à la même place, deux valvules latérales voûtées et arrondies, et dans l'entre-deux une pièce faite un peu en losange, dont la moitié supérieure est coriacée, ponctuée et a une arête, et dont l'autre ou l'inférieure est membraneuse et percée d'un trou au milieu, qui est destinée à recevoir l'organe du mâle et à rejeter les excrémens. Dans l'accouplement, le mâle est placé sous la femelle, de manière que leur tête est en regard, et que le ventre de l'une est appuyé contre celui de l'autre par les mêmes faces. Defrance a publié dans les Annales des Sciences naturelles, T. 1, p. 440, des observations fort intéressantes sur les œufs et les larves de la Puce commune.

Les Puces vivent en parasites sur plusieurs Mammifères et sur quelques Oiseaux, tels que Pigeons, Poules, Hirondelles, etc.; elles préfèrent la peau délicate des femmes et des enfans à celle d'autres personnes, et elles nichent dans la fourrure des Chiens, Chats, Lièvres, etc., qui en sont très-tourmentés en été et en automne. La précaution que l'on prend de baigner les Animaux pour les débarrasser de ces Insectes, est inutile, et Defrance a prouvé par l'expérience que des Puces qui avaient été tenues sous l'eau pendant vingt-deux heures, avaient repris la vie après en avoir été retirées. Des femelles pleines d'œufs ont péri à cette épreuve, mais elles ont subi jusqu'à onze heures d'immersion sans en souffrir. Pour chasser ces Insectes incommodes, quelques personnes ont recommandé de mettre dans les appartemens des Plantes d'une odeur forte et pénétrante, comme la Sariette, le Pouillot; d'autres ont recours à une eau bouillante dans laquelle on a mis du Mercure, et que l'on répand dans la chambre, ou à un onguent mercuriel. Les habitans de la Dalécarlie placent dans leurs maisons des peaux de lièvre où les Puces vont se réfugier, dans lesquelles il est facile de les faire périr par le moyen de l'eau chaude ou par le feu. On a proposé encore beaucoup de moyens de se défaire de ces Insectes, mais ils sont tous très-peu efficaces; le meilleur, à notre avis, est d'entretenir une grande propreté dans nos appartemens, et d'exposer, vers la fin de l'automme ou au commencement du printemps, à une assez forte chaleur, les meubles qui pourraient recéler ces Insectes incommodes. Le genre Puce est composé de peu d'espèces; peut-être en découvrira-t-on d'autres quand on examinera avec plus d'attention les Puces de divers Animaux. L'espèce la plus commune est :

La Puce irritante, *Pulex irritans*, L. Elle se trouve dans tous les pays. Bosc (Bull. des Sc. par la Soc. philom.) a fait connaître une autre espèce qu'il appelle Puce a bandes, *Pulex fasciatus*, et qui se trouve sur le Renard, le Lérot, la Taupe et le Rat d'Amérique. La Puce pénétrante, *Pulex penetrans*, L., qui est connue dans les colonies françaises sous le nom de *Chique*, doit former un genre particulier; son bec est de la longueur du corps; elle s'introduit ordinairement sous les ongles des pieds et sous la peau du talon, et y acquiert bientôt le volume d'un petit pois, par le prompt accroissement des œufs qu'elle porte dans un sac membraneux sous le ventre. La famille nombreuse à laquelle elle donne naissance occasione, par son séjour dans la plaie, un ulcère malin difficile à détruire et quelquefois mortel. On est peu exposé à cette incommodité fâcheuse si on a soin de se laver souvent, et surtout si on se frotte les pieds avec des feuilles de Tabac broyées, avec le Rocou ou d'autres Plantes âcres et amères. Les Nègres savent extraire avec adresse l'Animal de la partie du corps où il s'est établi.

On a désigné sous le nom de Puce, d'autres Animaux très-différens, et conséquemment appelé :

Puce aquatique, les Daphnies et les Gyrins. *V.* ces mots.

Puce des fleurs de Scabieuse (Muralto, Collect. acad., part. étrang. T. III, p. 476), un Insecte peu connu.

Puce de neige. *V.* Podure.

Puce de terre; les Mordelles. On désigne aussi sous ce nom un Insecte du cap de Bonne-Espérance, que Latreille croit être une Altise, et qui fait un grand dégât dans les jardins en gâtant et broutant les germes et tendres jets, et en rongeant les semences de diverses Plantes. (G.)

PUCELAGE. moll. Syn. vulgaire de la plupart des espèces du genre *Cypræa*. *V.* Porcelaine. (B.)

PUCELAGE. BOT. PHAN. L'un des noms vulgaires des *Vinca major* et *minor*. *V.* PERVENCHE. (B.)

PUCELLE. POIS. L'un des noms vulgaires de la Feinte, espèce du genre Clupe. *V.* ce mot. On fait peu de cas des Pucelles sur le marché de Paris. (B.)

PUCERON. *Aphis.* INS. Genre de l'ordre des Hémiptères, section des Homoptères, famille des Hyménélytres, tribu des Aphidiens, établi par Linné et adopté par tous les entomologistes avec ces caractères : corps mou, ovale; tête petite; yeux demi-globuleux, entiers; antennes plus longues que le corps, souvent sétacées, quelquefois plus grosses à leur extrémité, composées de sept articles, les deux premiers très-courts, grenus, le troisième fort long, cylindrique; bec presque perpendiculaire, prenant naissance à la partie la plus inférieure de la tête, dans l'entre-deux des pates antérieures; de trois articles; corselet ayant son segment antérieur petit et transverse, le second beaucoup plus grand et élevé; élytres et ailes membraneuses élevées en toit dans le repos; les élytres plus grandes que les ailes, ayant ordinairement sur leur bord extérieur un point épais d'où part une nervure qui, se recourbant en demi-cercle, va rejoindre la côte et forme une cellule assez semblable à la radiale des Hyménoptères; au-dessous est une autre nervure qui se dirige vers le bord postérieur, et se bifurque une ou deux fois avant d'y arriver en manière d'Y; pates longues et grêles; dernier article des tarses muni de deux crochets et point vésiculeux; abdomen ayant de chaque côté postérieurement une petite corne ou un tubercule. Ce genre se distingue facilement des Aleyrodes parce que ceux-ci ont les antennes plus courtes que le corps, et de six articles seulement; le port de leurs élytres, dans le repos, les distingue aussi.

Les Pucerons se nourrissent de la sève des Végétaux; c'est avec leur bec qu'ils pompent ces sucs. Ce bec est toujours enfoncé dans les tissus des Végétaux, soit sur les racines, les tiges ou les feuilles; quelques espèces vivent même dans l'intérieur des feuilles, et leur présence y occasione des boursoufflures, des vessies ou excroissances qui sont remplies de ces petits Animaux, et souvent d'une liqueur sucrée assez abondante. Cette espèce de miel est produite par deux cornes que l'on observe à l'extrémité de l'abdomen d'un grand nombre d'espèces; ce sont des tuyaux creux par où passe cette liqueur. La maladie de certains Arbres, désignée sous le nom de *Miellat*, est produite par ces Animaux. Les Fourmis sont très-friandes de ce suc sucré; on les voit presque continuellement le lécher au moment où il sort du corps du Puceron; quelques espèces même font provision de ces petits Animaux, qu'elles gardent dans leurs fourmilières sans leur faire de mal. (*V.* FOURMI.) Les Pucerons vivent presque tous en société; ils ne sautent point et marchent très-lentement. Ces Insectes ne subissent point de métamorphoses bien complètes; en état de larves, ils changent plusieurs fois de peau; au dernier changement, ils paraissent en état de nymphe, et ont alors deux fourreaux de chaque côté du corps, dont le supérieur renferme l'élytre, et l'autre l'aile. Par un nouveau changement de peau, ils deviennent Insectes parfaits. Chaque société offre au printemps et en été des individus toujours aptères et des demi-nymphes dont les ailes doivent se développer. Tous ces individus sont des femelles qui mettent au jour des petits vivans, sortant à reculons du ventre de leur mère, et sans accouplement préalable. Les mâles, parmi lesquels on en trouve d'ailés et d'aptères, ne paraissent qu'à la fin de la belle saison ou en automne; ils fécondent la dernière génération produite par les individus précédens, et consistant en des femelles non ailées qui ont besoin d'accouplement. Après l'accouplement, elles pondent des œufs sur les branches; ces œufs y restent tout l'hiver, et il en sort au printemps suivant des petits Pucerons devant bientôt se multiplier sans le concours des mâles. L'influence d'une première fécondation s'étend ainsi, dit Latreille, à qui nous avons emprunté la plus grande partie de ces détails, sur plusieurs générations successives. Bonnet, auquel on doit le plus de faits sur cet objet, a obtenu, par l'isolement des femelles, jusqu'à neuf générations dans l'espace de trois mois. Duvau (Ann. des Sc. nat. T. v, p. 224) a depuis peu ajouté quelques observations à celles de Bonnet et de Réaumur à l'égard de la génération de ces Insectes.

Les Pucerons multiplient considérablement, et d'après un calcul de Réaumur (Mém. sur les Ins. T. III, 9e Mém., et T. VI, 13e Mém.), cinq générations provenues d'une seule mère produiraient 5,904,900,000, nombre effrayant quand on pense que chaque année il y a un bien plus grand nombre de générations. Heureusement que beaucoup de ces Pucerons sont détruits par une foule d'autres Insectes qui en font leur nourriture à l'état de larves; ainsi les larves des Coccinelles, Crabrons, Ichneumons, Chalcis, Hémérobes et Syrphes (*V.* ces mots) en consomment une quantité prodigieuse puisqu'elles en font leur unique subsistance. Beaucoup d'Oiseaux en font aussi leur nourriture. Ce genre renferme un grand nombre d'espèces; toutes sont de petite taille, et peu sont connues et décrites. Parmi les plus communes des environs de Paris, nous citerons :

Le PUCERON DU ROSIER, *Aphis Rosæ*, L., Dégeer (Ins. T. III, p. 65, n. 10, pl. 3, f. 1-14) Fabr. Latr., Réaum. (Ins. T. III, pl. 21, f. 1-4). Il est vert, son abdomen a deux cornes très-longues. Cette espèce vit en société sur les Rosiers; elle se tient ordinairement sur les jeunes pousses, le derrière élevé, et occupée à sucer le suc de l'arbuste. (G.)

PUDU. MAM. L'Animal que Molina nomme *Pudu*, et qu'il a décrit imparfaitement comme étant une Chèvre, a fort embarrassé les naturalistes. Cependant il est probable que ce *Pudu* est le *Cervus macatl chichiltic seu Temmamacam* de Séba (tab. 42, n° 4), et Smith, dans sa Monographie des Antilopes d'Amérique, le regarde comme synonyme de son *Antilope Temamazama* (Trans. Soc. Linn. Lond. T. XIII, p. 36). Les Anglo-Américains du Nouveau-Jersey lui donnent le nom de *Spring-Back*, corrompu du hollandais *Spring-Bock*. (LESS.)

* PUERARIA. BOT. PHAN. De Candolle (Mém. sur les Légumin., p. 252) a fondé sous ce nom un genre appartenant à la famille des Légumineuses, et qui offre pour caractères essentiels : calice en cloche un peu allongée, à cinq dents courtes et obtuses, les deux supérieures plus ou moins réunies ensemble, formant une lèvre tantôt entière, tantôt à deux petites dents; corolle papilionacée, beaucoup plus longue que le calice; l'étendard obové, avec de très-petites oreillettes; les ailes oblongues, à une oreillette; la carène obtuse et droite; dix étamines soudées par leurs filets en une gaîne fendue sur le côté supérieur, quelquefois la dixième étamine est en partie libre; gousse comprimée-plane, linéaire ou oblongue, rétrécie à la base, un peu stipitée, terminée en pointe par la base du style, à deux valves continues dans toute leur longueur, et à cinq ou six graines. Ce genre a pour espèce fondamentale une Plante de l'Inde, que Roxburgh a désignée et Willdenow décrite sous le nom d'*Hedysarum tuberosum*. D'après le port et les caractères, elle a les plus grandes similitudes avec les *Glycine*, et c'est aussi près de ce dernier genre que De Candolle l'a placée, c'est-à-dire dans la tribu des Lotées et dans le groupe des Clitoriées. Une seconde espèce, qui croît dans le Napaul, a été décrite et figurée par De Candolle,

loc. cit., tab. 43, sous le nom de *Pueraria Wallichii*. Ces Plantes ont des tiges grimpantes, ligneuses et cylindriques; des stipules caduques, et des stipules aiguës, très-petites. Leurs feuilles sont ailées avec impaire, à trois folioles larges, ovales, pointues et réticulées. Les fleurs forment des grappes presque paniculées et axillaires. (G..N.)

PUETTE. BOT. PHAN. L'un des noms vulgaires de la Passe-Rage. (B.)

PUFFIN. OIS. Espèce du genre Pétrel. Il forme le type d'une petite division que plusieurs ornithologistes ont même érigée en genre. *V.* PÉTREL. (DR..Z.)

* PUGILINE. MOLL. Genre établi par Schumacher pour une Coquille qui ne diffère pas notablement des Fuseaux. Le *Fusus Morio* en est le type, et nous ne devinons pas sur quels caractères il a pu être distingué. *V.* FUSEAU. (D..H.)

PUGIONIUM. BOT. PHAN. Le genre établi sous ce nom par Gaertner (*de Fructib.*, 2, p. 291, tab. 142) a pour type une Plante que Linné avait placée dans le genre *Bunias*, et Lamarck dans le *Myagrum*. Il appartient à la famille des Crucifères et à la Tétradynamie siliculeuse. Desvaux et De Candolle l'ont récemment adopté, en lui assignant les caractères suivans : calice inconnu; corolle à pétales étroits et entiers; étamines dépourvues de dents; ovaire biloculaire, surmonté d'un style court; silicule coriace, indéhiscente, ovale transversalement, terminée des deux côtés par de longs processus en forme de poignard, hérissée de quelques pointes épineuses, uniloculaire par avortement d'une des deux loges de l'ovaire, renfermant une graine revêtue d'un arille chartacé, et formée de cotylédons linéaires-oblongs, accombans. Le *Pugionium* est placé par De Candolle dans la tribu des Euclidiées ou Pleurorhizées nucamentacées. Il ne renferme qu'une seule espèce (*Pugionium cornutum*, Gaert., *loc. cit.*), Plante herbacée, glabre, à feuilles linéaires, entières, semi-amplexicaules, à fleurs petites, blanches, disposées en grappes lâches. Cette Plante croît en Orient et dans la partie de la Sibérie qui avoisine la mer Caspienne. (G..N.)

* PUI ou PUL. OIS. Syn. vulgaire du Pouillot. *V.* SYLVIE. (DR..Z.)

PULCOLI. BOT. PHAN. (Rhéede.) Syn. du *Justicia nasuta*, L. (B.)

PULEGIUM. BOT. PHAN. *V.* MENTHE.

PULEX. INS. *V.* PUCE.

PULICARIA. BOT. PHAN. Gaertner le premier a proposé de séparer du genre Inule quelques espèces qui en diffèrent principalement par la présence d'une seconde petite aigrette extérieure et comme cupuliforme. Gaertner rapportait à ce genre les *Inula dysenterica*, *Pulicaria*, *Oculus Christi* et l'*Aster annuus*. H. Cassini, en adoptant le genre de Gaertner, et en en précisant mieux les caractères, y rapporte seulement comme espèces certaines les *Inula Pulicaria*, *dysenterica* et *arabica*. *V.* INULE. (A. R.)

* PULINA. BOT. CRYPT. Genre formé par Adanson et placé dans sa famille des Byssus. Il comprenait les Lichens pulvérulens de Linné, rapportés depuis par Acharius au genre *Lepraria* et *Lecidea*. Le *Thelotrema variolarioides* du même auteur est une espèce de *Pulina* d'Adanson. (AD. B.)

PULMOBRANCHES. *Pulmobranchiata*. MOLL. Dénomination employée par Blainville de préférence à celle de Pulmonés donnée par Cuvier à tous les Animaux Mollusques qui respirent l'air en nature. Les Pulmobranches, dans la Méthode de Blainville, constituent un ordre dans lequel trois familles sont comprises : ce sont les Limnées, les Auriculacés et les Limacinés. *V.* ces mots et PULMONÉS. (D..H.)

PULMONAIRE. *Pulmonaria*. BOT. PHAN. Genre de la famille des Borraginées, et de la Pentandrie Monogynie, L., qui offre pour caractères : un calice quelquefois tubuleux et à cinq angles, ou court et à cinq lobes profonds; une corolle tubuleuse et infundibuliforme, à cinq lobes courts et obtus, ayant la gorge nue ou garnie de petits poils; cinq étamines incluses; un style simple, et un stigmate très-petit et légèrement bilobé; et pour fruit un tétrakène lisse placé au fond du calice persistant. Les espèces de ce genre sont herbacées, rarement sous-frutescentes; ayant des feuilles entières; des fleurs bleues, disposées en épis unilatéraux. La PULMONAIRE OFFICINALE, *Pulmonaria officinalis*, L., *Flor. Dan.*, tab. 482, est une Plante herbacée qui croît dans les bois où ses fleurs s'épanouissent dès les premiers jours du printemps. Ses feuilles radicales sont ovales, aiguës au sommet, un peu échancrées en cœur à leur base, parsemées de taches blanchâtres. Cette espèce est plus rare en France que la suivante. PULMONAIRE A FEUILLES ÉTROITES, *Pulmonaria angustifolia*, L., *Flor. Dan.*, tab. 183. Celle-ci se distingue surtout de la précédente, par ses feuilles lancéolées, rétrécies en un long pétiole à leur base, également tachetées de blanc. Ces deux Plantes sont mucilagineuses, adoucissantes, et employées contre les affections des poumons; de-là le nom de Pulmonaire qui leur a été donné. (A. R.)

PULMONAIRES. *Pulmonariæ*. ARACH. C'est dans la Méthode de Latreille (Fam. nat. du Règne Anim.) le premier ordre de la classe des Arachnides. Il le caractérise ainsi : un organe de circulation; des branchies respirant directement l'air, ou faisant l'office de poumons, et toujours situées sur chaque côté du dessous de l'abdomen; deux chélicères en forme de mandibules, terminées par un ou deux doigts, et dont l'une toujours mobile; deux mâchoires portant chacune, soit à leur extrémité, soit au côté extérieur un palpe de cinq articles; un labre, une langue, quatre paires de pieds. Cet ordre est divisé en deux familles : les Pédipalpes et les Aranéides. *V.* ces mots. (G.)

PULMONARIA. BOT. CRYPT. (*Lichens.*) La Pulmonaire de Chêne, *Sticta Pulmonacea*, Ach., a servi de type à ce genre non adopté par les auteurs qui ont placé cette Plante tantôt dans les *Lobaria* et tantôt dans les Sticles, où définitivement on l'a conservée. *V.* STICTE. On a quelquefois appelé PULMONAIRE DE TERRE, *Pulmonaria terrestris*, les grandes espèces de Peltidées, surtout le *Peltidea canina*. (A. F.)

* PULMONARIÉES. BOT. PHAN. Quatrième section du genre *Hieracium* établi par De Candolle (*Syn.*, pag. 260, et Flor. Fr., IV, 27). (B.)

PULMONELLE. *Aplidium*. MOLL. Lamarck (Syst. des An. sans vert. T. III, p 94) a désigné sous ce nom un genre de Mollusques ascidiens que Savigny a nommé Aplide. *V.* ce mot. (AUD.)

PULMONÉS. *Pulmonea*. MOLL. Cuvier est le premier qui ait employé cette dénomination précise pour l'appliquer aux Mollusques pourvus d'une cavité respiratrice propre à recevoir en nature l'air. De ces Animaux, une partie est terrestre, une autre est aquatique, d'où est née une division très-simple entre eux, d'après l'habitation, de Pulmonés terrestres et de Pulmonés aquatiques. Dans les premiers, on trouve les genres Limace, Testacelle, Parmacelle, Hélice, Vitrine, Bulime, Maillot, Scarabe, Grenaille, Ambrette, Clausilie et Agathine. Dans les Pulmonés aquatiques, sont les genres Onchidie, Planorbe, Limnée, Physe, Auricule, Mélampe (Conovule, Lamk.), Actéons (Tornatelle, Lamk.), et Pyramidelle. Ces deux derniers genres sont marins; mais on ignorait qu'ils fussent operculés. Aussi, à l'imitation de Cuvier, Blainville les avait compris d'abord dans l'ordre des Pulmobranches d'où il fut obligé de les retirer. Lamarck, sans adopter le nom de Pulmonés, sépara en plusieurs familles et d'une manière très-nette, tous les Animaux Pulmonés, et n'y confondit pas, comme les auteurs que nous venons de citer, les Tornatelles et les Pyramidelles dont il devina la place. Férussac, dans ses Tableaux systématiques, proposa pour les Pulmonés un autre arrangement fondé sur l'absence ou la présence d'un opercule, d'où les dénominations de Pulmonés sans opercule, et de Pulmonés operculés qui s'appliquent à deux ordres; le premier est divisé en trois sous-ordres : les Géophiles, les Géhydrophiles et les Hygrophiles. Dans le premier sous-ordre, on trouve deux familles : les Limaces et les Limaçons; dans le second sous-ordre, la seule famille des Auricules dans laquelle on trouve les Pyramidelles et les Tornatelles : le troisième sous-ordre ne contient non plus qu'une seule famille, les Limnéens. Les Pulmonés operculés ne renferment que deux genres qui constituent deux familles : les Hélicines et les Turbiciens pour les genres Hélicine et Cyclostome. Blainville a nommé Pulmobranches l'ordre des Pulmonés de Cuvier; nous renvoyons à ce mot où nous avons rapporté l'opinion de ce savant. Latreille (Familles naturelles) a adopté l'ordre des Pulmonés, dans lequel il a établi un arrangement analogue à celui de Férussac. Les Pulmonés operculés se trouvant dans un autre ordre, les Pulmonés proprement dits sont composés de trois familles, les Nudilimaces, les Géocodilites et les Limnocochlides. Dans cette dernière, où on voit les Auricules, Latreille a su éviter d'y faire entrer les Tornatelles et Pyramidelles, ce qui est une amélioration sur les classifications que nous avons citées. Nous renvoyons à tous les noms de familles que nous avons eu occasion de citer dans cet article. *V.* aussi MOLLUSQUE. (D..H.)

PULO-CONDOR. OIS. Espèce du genre Mouette. *V.* ce mot. (DR..Z.)

* PULPO. INS. Les Chiliens nomment ainsi une espèce d'Insecte du genre Phasme, très-grande et entièrement verte. (LESS.)

PULQUE. BOT. PHAN. *V.* MAGUEY.

PULSATILLE. *Pulsatilla.* BOT. PHAN. Espèce du genre Anémone. (B.)

PULTÉNÉE. *Pultenæa.* BOT. PHAN. Genre de la famille des Légumineuses et de la Décandrie Monogynie, L., établi par Smith (*Ann. Bot.*, 1, p. 502, et *Trans. Soc. Linn.*, 9, p. 245), admis par Brown et De Candolle, avec les caractères essentiels suivans : calice divisé peu profondément en cinq lobes, formant deux lèvres, accompagné à la base de deux bractéoles qui quelquefois sont adnées au tube calicinal; corolle papilionacée; ovaire sessile, biovulé, surmonté d'un style subulé, ascendant, et d'un stigmate simple; strophioles ou appendices calleux de l'ombilic des graines, à lobes postérieurs incisés. Dans le *Prodromus Systema Vegetabilis* du professeur De Candolle, trente-deux espèces de Pulténées sont décrites, sur lesquelles environ la moitié ont été récemment découvertes et rapportées de la Nouvelle-Hollande (patrie commune à toutes les espèces) par le voyageur Sieber de Prague. L'accroissement de ce genre a nécessité sa subdivision en deux sections auxquelles De Candolle a donné les noms d'*Hymenota* et de *Phyllota*. La première se compose d'espèces toutes munies de stipules sétacées, scarieuses ou membraneuses; celles des feuilles supérieures sont ou plus grandes que les autres, ou soudées ensemble au-dedans de la feuille. Les fleurs sont en tête ou en grappe serrée, et toujours entourées de bractées ou de bractéoles semblables aux stipules par la consistance, souvent même par la forme. Cette section comprend vingt-huit espèces, parmi lesquelles un grand nombre ont été figurées par les divers auteurs anglais et français qui ont écrit sur les Plantes de la Nouvelle-Hollande, et particulièrement par Smith, Rudge et Labillardière. Nous nous bornerons ici à citer les principales, savoir : *Pultenæa daphnoides*, Smith et Sims, *Bot. Mag.*, tab. 1391; *P. biloba*, R. Brown, *Bot. Mag.*, tab. 2091; *P. ferruginea*, Rudge, *Trans. Linn.*, vol. 11, p. 300, tab. 23; *P. stricta*, Sims, *Bot. Mag.*, tab. 1588; *P. juniperina* et *dentata*, Labill., *Nov.-Holl. Specim.*, tab. 130 et 131. La seconde section (*Phyllota*) manque de stipules, et les fleurs portent à leur base deux bractéoles opposées ou géminées, de nature foliacée, et au moins aussi longues que le calice. Elle se compose de quatre espèces nouvelles et dues au voyage de Sieber; leurs fleurs naissent aux aisselles des feuilles supérieures, et forment, par leur rapprochement au sommet, des capitules ou des épis feuillés. Toutes ont les feuilles linéaires, plus ou moins roulées en dessous par les bords, et munies en dessus de petits tubercules qui les rendent âpres au toucher. Cette section formera probablement un genre distinct lorsqu'on connaîtra bien le fruit. (G..N.)

* PULUTAN. BOT. PHAN. Même chose que Bonporroetang. *V.* ce mot. (B.)

PULVERARIA. BOT. CRYPT. (*Lichens.*) C'est sous ce nom qu'Acharius établit d'abord son genre *Lepraria*, nom qui a prévalu. Persoon qui adopta le genre *Pulveraria*, y plaça quelques *Spiloma*. Fries, dans son Système lichénographique, s'empara de ce genre qu'il modifia; mais on ne le retrouve plus dans ses derniers ouvrages, il est réuni au *Lepraria* que cet auteur et Ehrenberg placent définitivement parmi les Champignons byssoïdes. (A. F.)

* PULVINARIA. BOT. CRYPT. (*Hypoxylées.*) Ehrenberg avait formé sous ce nom un genre aux dépens des Sphæries; il renfermait les espèces dont les péridiums arrondis, libres, étaient épars sur le bois mort, et souvent semblables à une poussière granuleuse. Ce genre, qui n'est considéré que comme une section parmi les *Sphæria*, est rapporté par Fries à son genre *Hypoxylon*. (AD. B.)

* PULVINITE. *Pulvinites.* CONCH. Genre proposé par Defrance pour des Coquilles bivalves dont on ne trouve que des empreintes incomplètes, dans la Craie des environs de Valognes. Ces Coquilles auraient, d'après la description et la figure de Defrance, beaucoup de rapports avec les Pernes; elles en diffèrent cependant par la disposition des dents sériales et des fossettes qui les séparent. Dans les Pernes, elles sont parallèles; ici, elles sont divergentes et aussi moins nombreuses. Nous pensons au reste que ces corps sont trop peu connus pour admettre le nouveau genre. (D..H.)

* PULVINULE. *Pulvinula.* BOT. CRYPT. (*Lichens.*) Les Pulvinules sont des productions parasites qui se fixent sur le thalle des Lichens, et qui ressemblent à de petits amas de poussière; considérées attentivement, elles s'offrent sous l'aspect de filets simples ou rameux, semblables à de petites arborisations. Les Gyrophores se chargent assez fréquemment de Pulvinules; elles diffèrent peu de certaines Corniculaires et méritent un examen attentif. (A. F.)

PUMA. MAM. Hernandez, dans son Histoire naturelle du Mexique, a le premier employé le nom de *Puma* pour désigner le Lion des Péruviens; le Couguar de Buffon, le *Felis concolor* de Linné; le *Gouazouara* de d'Azzara. Traill l'a décrit sous le nom de *Felis Puma*. *V.* CHAT. (LESS.)

PUMAQUA. BOT. PHAN. Même chose que Chacan-Quarica. *V.* ce mot. (B.)

* PUMICITE. MIN. Nom donné par Fischer à la Ponce, *Pumex* des anciens. (G. DEL.)

PUMILEA. BOT. PHAN. La Plante décrite sous ce nom par P. Browne (*Jamaic.*, 188) a été placée dans le genre *Turnera* par Linné et Swartz. *V*. TURNÈRE. (G..N.)

PUMITE. MIN. C'est le nom adopté par Cordier pour désigner la roche leucostinique vitreuse, connue vulgairement sous le nom de Ponce. *V*. ce mot. Brongniart conserve le nom de Ponce à la Pumite légère, qui est pour lui une roche sensiblement homogène, et il donne celui de Pumite aux variétés pesantes, qui constituent pour lui une roche hétérogène, à base de Ponce. (G. DEL.)

PUNAISE. *Cimex*. INS. Genre de l'ordre des Hémiptères, section des Hétéroptères, famille des Géocorises, tribu des Membraneuses, établi par Linné, qui comprenait sous cette dénomination toutes les espèces qui forment les Hémiptères hétéroptères. Latreille a restreint ce genre, et il ne le compose actuellement que de la Punaise des lits et de quelques autres analogues, vivant sur l'Hirondelle et sur les Pigeons. Les caractères de ce genre ainsi circonscrit sont : corps ovale, déprimé, un peu plus étroit en devant, ses bords latéraux aigus. Tête s'avançant en carré, et formant à l'origine du bec un chaperon en forme de capuchon, qui sert d'étui à la base du bec. Point d'yeux lisses. Antennes presque sétacées, insérées devant les yeux, un peu plus longues que le corselet, composées de quatre articles cylindriques, le premier plus court que les autres, le second épais, fort long, le troisième très-long, beaucoup plus mince que les précédens, le dernier grossissant à peine vers son extrémité. Bec court, ne dépassant pas la base des cuisses antérieures, courbé directement sous la poitrine, composé de trois articles, le premier et le second cylindriques, un peu déprimés, presque d'égale longueur; le second plus large, et le dernier conique, un peu plus long que les autres. Segment antérieur du corselet transversal, échancré antérieurement, tronqué à sa partie postérieure, ses côtés dilatés, membraneux, arrondis. Écusson grand, trigone, formé par le dos du second segment du corselet. Elytres extrêmement petites. Ailes nulles. Pates de longueur moyenne. Tarses courts, de trois articles distincts, le premier très-court, le second cylindrico-conique, le dernier un peu plus court que le second, cylindrique et muni de deux forts crochets. Abdomen grand, orbiculaire, très-déprimé. Ce genre se distingue de tous les autres genres de la tribu, parce qu'il est le seul dont les antennes soient sétacées. L'espèce la plus connue est :

La PUNAISE DES LITS, *Cimex lectularius*, de tous les auteurs; *Acanthia lectularia*, Fabr. Elle n'est que trop connue de tout le monde. Cette espèce craint le jour. Elle commence sa ponte vers le mois de mai. Les larves diffèrent de l'Insecte parfait par l'absence des élytres. Cet Insecte paraît n'être point originaire d'Europe. Quoique Dioscoride fasse mention qu'elle existait de son temps dans l'ancien continent, on sait qu'elle fut apportée à Londres dans les bois d'Amérique après l'incendie de 1666.

PUNAISE A AVIRONS. Nom donné par Geoffroy aux Notonectes. *V*. ce mot.

PUNAISE DE BOIS. On nomme vulgairement ainsi tous les Hémiptères des genres Pentatome et Scutellère. *V*. ces mots.

PUNAISE DE MER, les Oscabrions.

PUNAISE MOUCHE, les Réduves, etc. (G.)

PUNAISOT. MAM. L'un des noms vulgaires du Putois. *V*. MARTE. (B.)

PUNARU. POIS. (Marcgraaff.) Même chose que Pinaru. *V*. ce mot. (B.)

PUNGAMIE. BOT. PHAN. Pour *Pongamia*. *V*. ce mot. (G..N.)

PUNICA. BOT. PHAN. *V*. GRENADIER.

* PUNTING. OIS. Les naturels de l'île de Sumatra, suivant sir Raffles,

nomment *Punting Alou* ou *Tiong Alou*, l'*Oriolus Chinensis* de Linné. (LESS.)

PUPAL-VALLI. BOT. PHAN. Rheede (*Hort. Malab.*, vol. 7, tab. 43) a décrit et figuré sous ce nom une Plante de l'Inde que plusieurs auteurs considèrent comme identique avec l'*Achyranthes lappacea*, L., mais qui constitue une espèce distincte, selon de Jussieu. (G..N.)

PUPALIA. BOT. PHAN. A.-L. De Jussieu (Ann. du Mus., vol. 2, p. 132, et 7, p. 481) a fondé sous ce nom un genre de la famille des Amaranthacées qui a pour type l'*Achyranthes lappacea*, L. Le même genre a été d'une autre part établi par De Candolle, dans le Catalogue du Jardin de Montpellier, sous le nom de *Desmochœta*. Nous avons fait connaître, à l'article COMÈTES, les raisons qui nous obligent à réunir le *Pupalia* à ce dernier genre établi depuis long-temps par Burmann. Cependant Martius, dans ses *Nov. Gener. et Sp. Plant. Brasiliens.*, a encore admis la dénomination proposée par de Jussieu. (G..N.)

PUPE, PUPUE, PUPUT, PUTPUT. OIS. Noms vulgaires de la Huppe. *V.* ce mot. (DR..Z.)

* PUPELLE. *Pupella*. MICR. Genre de la famille des Vibrionides, dans l'ordre des Gymnodés, dont les caractères sont : corps cylindracé, épais, obtusé aux deux extrémités, contractile, non anguiforme ni terminé par un renflement assez distinct pour être comparé à une tête; légèrement polymorphe dans la natation. Ce genre est plus facile à reconnaître qu'à définir; il est cependant très-naturel, et les espèces qui lui conviennent par un aspect tout particulier d'épaisseur combinée avec une sorte d'allongement, sont néanmoins fort différentes les unes des autres, et ne pouvant rentrer dans aucun genre de leur famille, ne sauraient cependant former des genres nouveaux. Ce sont des Vibrions plus courts et obtus, épais, lourds dans leur démarche et non anguiformes, formés d'une molécule à travers laquelle se distinguent parfois des corps hyalins plus ou moins gros et nombreux, mais aucune trace d'organisation interne, et rien qui rappelle une ouverture buccale, comme on croit en distinguer dans la plupart des Vibrions véritables. Les Pupelles nagent lentement dans l'eau des marais où elles sont la plupart assez rares et solitaires. Parmi les dix ou douze espèces qui nous sont maintenant connues, nous citerons comme les plus remarquables, et que nous avons fait figurer dans les planches de ce Dictionnaire, les PUPELLE POUPÉE, *Pupella Pupa*, N., Encyclop., Dic. n. 4; *Enchelis Truncus*, Müll., *Inf.*, tab. 5, fig. 15-17; Encyclop., vers., pl. 2, fig. 33-35; et INDEX, *Pupella Index*, N., Encyclop., Dic., n. 5; *Enchelis*, Müll., *Inf.*, tab. 5, fig. 9-14; Encyclop., vers., pl. 2, fig. 21-26. On trouve ces deux Animalcules dans les environs de Paris. (B.)

* PUPELLOIDES. MICR. Sous-genre de Péritrique. *V.* ce mot. (B.)

PUPES. INS. *V.* NYMPHES.

* PUPI OU PUPUI. OIS. Espèce du genre Troupiale. *V.* ce mot. (DR..Z.)

PUPILLE. ZOOL. *V.* OEIL.

PUPIPARES. *Pupiparæ*. INS. Famille de l'ordre des Diptères, établie par Latreille, et renfermant des Insectes dont la trompe ne consiste qu'en un suçoir de deux soies partant de l'intérieur de la cavité buccale et recouvert par deux lames (palpes qui lui tiennent lieu de gaîne. La gaîne ordinaire ou la pièce analogue à la lèvre manque ou n'est que rudimentaire; tantôt la lèvre est reçue postérieurement dans une échancrure du thorax, ou presque soudée avec lui, tantôt ne se présente que sous la forme d'un tubercule inséré verticalement sur le thorax. Les crochets des tarses sont contournés et semblent être doubles ou triples. Les ailes manquent dans plusieurs. La larve vit dans le ventre de la mère, en sort pour passer immédiatement à l'état de nymphe, et n'offre, en ces deux états, aucun anneau. La coque de la nymphe, formée de la peau primitive, ressemble à une fève, avec un espace, à l'un des bouts, arrondi, plus ferme et plus foncé en couleur. L'Insecte parfait vit et demeure sur des Mammifères et des Oiseaux; sa peau est élastique et résiste à une pression ordinaire. Cette famille avait reçu de Réaumur le nom de Nymphipores; Leach a proposé d'en former un ordre sous le nom d'Omaloptères. Il n'a pas été adopté. Latreille (Familles naturelles) divise les Pupipares en deux tribus. *V.* CORIACES et PHTHYROMYES. (G.)

PUPIVORES. *Pupivora*. INS. Famille de l'ordre des Hyménoptères, section des Térébrans, établie par Latreille, et renfermant un grand nombre d'Insectes très-remarquables par leurs mœurs. Les ailes de plusieurs n'ont qu'un petit nombre de cellules, et, dans d'autres même, elles sont sans nervures longitudinales. Le premier segment de l'abdomen forme postérieurement le métathorax et en fait partie; le second, devenant par là, en apparence, le premier de l'abdomen, est fixé à la partie précédente au moyen d'un rétrécissement plus ou moins prolongé, formant souvent un pédicule. L'Animal peut ainsi élever ou baisser l'abdomen. Les larves sont apodes, carnassières et parasites. Cette famille est divisée en six tribus. *V.* les articles EVANIALES, ICHNEUMONIDES, GALLICOLES, CHALCIDITES, CHRYSIDES et OXYURES. (G.)

PUPPA. MOLL. *V.* MAILLOT.

PUPUE. OIS. *V.* PUPE.

* PUPUI. OIS. *V.* PUPI.

PUPUT. OIS. *V.* PUPE.

PURAQUE. POIS. L'un des noms de pays, au Brésil, des Gymnotes électriques. (B.)

PURETTE. MIN. On a donné ce nom au Sable noir, composé principalement de Fer titané que l'on trouve quelquefois au bord de la mer sur les côtes de Bretagne, dans le golfe de Naples, etc. (G. DEL.)

* PURORAH. MAM. Les Indiens nomment *Purorah* le jeune âge du *Bœuf Gour*, et appliquent à la femelle celui de *Parieah*. Ce n'est qu'aux individus complétement adultes qu'ils appliquent le nom de *Gaour* ou *Gourin*. Ce Bœuf (*Bos Gour*, Traill) a été découvert dans les montagnes de *Myn-Pât* par les Anglais. Il se rapproche de l'Arni par ses formes générales, mais il en diffère par la couleur de son pelage qui est d'un noir foncé, par ses cornes courtes et épaisses, et par le manque de fanon pendant sous la gorge du mâle. Geoffroy Saint-Hilaire a indiqué des particularités intéressantes dans le système osseux de cet Animal qui possède une rangée d'épines libres suradnexées à celles qui appartiennent à la colonne vertébrale (*V.* MAMMIFÈRES et BOEUF). Le Gour est courageux et vit par troupes considérables dans les forêts de l'intérieur de l'Indostan. (LESS.)

PURPURA. MOLL. *V.* POURPRE.

* PURPURABENIS. BOT. PHAN. Du Petit-Thouars a proposé de nommer ainsi une Orchidée de l'île de Madagascar qui, suivant la nomenclature linnéenne, doit porter le nom d'*Habenaria purpurea*. (G..N.)

PURPURARIUS. MOLL. *V.* POURPRIER.

* PURPURICÈNE. *Purpuricenus*. INS. Genre proposé par Ziegler, et appartenant à la tribu des Cérambycins. Ce genre n'a pas été adopté par Latreille (Fam. nat.) qui le réunit à ses *Cerambyx*. *V.* ce mot. Les *Cerambyx Kœhleri* et *Budiensis* de Fabricius forment le type de ce genre. (G.)

* PURPURIQUE. MIN. *V.* ACIDE.

PURPURITES. MOLL. Les oryctographes ont donné ce nom à des Pourpres fossiles. (B.)

*PURSÆTA. BOT. PHAN. La Plante décrite sous ce nom par Linné (*Flor. Zeyl.*, 644) est le *Mimosa scandens indica* des auteurs, dont De Candolle a fait une nouvelle espèce du genre *Entada*. (G..N.)

PURSHIA. BOT. PHAN. De Candolle appelle ainsi un genre de la famille des Rosacées, tribu des Spiréacées, qu'il a établi pour la Plante décrite et figurée par Pursh (*Flor. Bor. Amer.*, 1, p. 33, tab. 15) sous le nom de *Tigarea tridentata*. Voici les caractères de ce genre : le calice est à cinq lobes peu profonds, ovales et obtus; la corolle à cinq pétales arrondis; les étamines, au nombre d'environ vingt, sont saillantes; les fruits, au nombre d'un à deux, sont des carpelles ovoïdes, allongés, terminés par une pointe styliforme; ils sont pubescens, à une seule loge contenant une seule graine dressée, et ils s'ouvrent par une fente longitudinale. Le *Purshia tridentata*, De Cand., *Trans. Linn. Soc.*, 12, p. 157, est un Arbuste très-rameux, portant des bourgeons écailleux, des feuilles très-rapprochées, cunéiformes, à trois dents au sommet, velues à leur face supérieure, blanchâtres et tomenteuses inférieurement, et ayant les fleurs jaunes. Cet Arbuste croît dans les pâturages, sur les bords de la Columbia.

Sprengel a aussi établi un autre genre *Purshia* pour le genre *Onosmodium* de Richard; et Rafinesque a aussi donné ce nom à un genre que Nuttall a nommé *Ptilophyllum*, et qui a été réuni par De Candolle au genre *Myriophyllum*. (A. R.)

* PUSARAN. OIS. Les habitans de Sumatra nomment ainsi, suivant sir Raffles (*Trans.* T. XIII, p. 293), deux espèces de *Buceros*, et dans le Catalogue d'Histoire naturelle de cette île, cet auteur décrit comme nouveau un *Buceros* auquel il applique le nom spécifique de *Pusaron*. (LESS.)

PUSCHKINIE. *Puschkinia*. BOT. PHAN. Sous le nom de *Puschkinia scilloides*, Marschal-Bieberstein (*Fl. Taurico-Caucas.*, 1, p. 277) a décrit (d'après le botaniste russe Adams, et non d'après Adanson comme on l'a imprimé dans plusieurs ouvrages) une belle Plante de la famille des Narcissées sur laquelle Willdenow avait constitué le genre *Adamsia*. Les caractères de ce genre ayant été tracés à l'article ADAMSIE, nous ajouterons seulement quelques détails sur l'espèce dont Lindley (*Collect. Bot.*, 24) a donné une bonne figure. Cette Plante ressemble beaucoup, par son port, au *Scilla amœna*. De son bulbe naissent deux feuilles radicales allongées; la hampe se termine par une grappe de dix à douze fleurs d'un bleu améthiste clair, à tube court, et à limbe divisé en six parties étalées. Cette Plante croît dans la Géorgie, sur les frontières de la Perse. (G..N.)

PUSILLE. MAM. (Vicq-D'Azyr.) Syn. de *Sorex pumilus*. (B.)

*PUSILLINE. ZOOL.? BOT. CRYPT.? Quelque soin que nous ayons apporté dans l'étude des objets dont le microscope seul nous peut faire bien connaître les caractères, nous devons avouer qu'il en est dont la connaissance parfaite ne nous est pas encore bien acquise, et que nous sommes encore réduits à classer avec circonspection. Le genre Pusilline est de ce nombre; nous l'avons proposé à la suite de la famille des Confervées, encore que les articulations qui semblent être l'un des caractères dominans de cette famille n'y soient pas bien distincts. Les espèces que nous en avons observées croissent sur les Animaux noyés, tels que des Mouches, des Coléoptères, des Salamandres, des Epinoches, etc., etc.; elles se composent de filamens simples, distincts et généralement fasciculés par leur base, obtus ou épaissis par leur extrémité, en forme de petites massues remplies d'une matière colorante en général jaunâtre et peu foncée, qui paraît à certaines époques dessiner dans la longueur du filament des espèces plus ou moins carrées, séparées par d'autres espaces ou lignes translucides que nous avons été tenté plusieurs fois de regarder comme les articles d'un tube intérieur. Les Pusillines, si elles sont des Confervées, en seraient les plus petites; leurs filamens s'échappent à travers une matière muqueuse dont la couche est plus ou moins épaisse, mais que l'on distingue bien plus au tact qu'à la vue. Dès long-temps les micrographes avaient représenté de telles productions sur des Mouches ou autres Insectes noyés (Müller, *Flor. Dan. et Nov. Act. Hafn.*).—Lyngbye (*Tent. Hydr.*, p. 79, t. 22, C) y voyait un *Vaucheria*, rapprochement inadmissible; enfin récemment Fries, d'après Nees-d'Esenbeck, en a fait son genre *Pythium*. Ce genre acquiert un grand intérêt, s'il est vrai, comme l'assurent quelques observateurs, que dans ces derniers temps on y a vu se rompre l'extrémité des rameaux pour éjaculer en quelque sorte des globules agissans en tout semblables, par leur forme et par la nature de leurs mouvemens, à de véritables Monadaires (*V.* ce mot). Un tel fait qui nous a échappé, que nous adopterions avec empressement si nous ne craignions qu'on vît dans cet empressement un trop vif désir de voir confirmer nos théories, un tel fait prouverait en même temps que nous avons eu tort de placer les Pusillines parmi les Végétaux de la famille des Confervées, et qu'elles doivent être transportées dans la famille des Arthrodiées du règne Psychodiaire. (B.)

* PUSIPHYLLIS. BOT. PHAN. Du Petit-Thouars a ainsi nommé une Orchidée de l'Ile-de-France, qui, suivant la nomenclature linnéenne, doit porter le nom de *Cymbidium* ou *Bulbophyllum pusillum*. (G..N.)

PUSTULEUX. REPT. BATR. Espèce du genre Crapaud. *V.* ce mot. (B.)

* PUSTULARIA. BOT. CRYPT. On lit, dans le Dictionnaire des Sciences naturelles, que c'est une espèce de Lichen du genre *Umbilicaria* dont on a proposé de faire un genre distinct. C'est le *Loffalia* de Mérat et l'un des types de l'*Umbilicaria* de Fée. Roussel faisait, dans sa Flore de Calvados, sous le même nom, un genre des espèces de Sphœries qui n'ont pas de base, et qui forment dans ce genre, selon Persoon, une division distincte sous le même nom. (B.)

* PUTER. OIS. C'est le nom générique que portent les Colombes dans la langue javanaise, suivant Horsfield. Le *Puter-Genni* est la *Columba bitorquata* de Temminck. On l'applique aussi à une Sterne, car le *Sterna grisea* d'Horsfield est le *Puter-Lahut* ou Pigeon de mer. (LESS.)

PUTIER. BOT. PHAN. L'un des noms vulgaires du *Cerasus Padus*. (B.)

* PUTIR. MAM. Pigafetta, qui fit le premier voyage autour du monde, avec Magellan, nomme *Putir*, en langue des Moluques, une espèce de Chat qui pourrait être le *Felis Javanensis*. (LESS.)

PUTOIS. *Putorius*. MAM. Espèce du genre Marte, devenu type d'un sous-genre de Cuvier. *V.* MARTE. On appelle PUTOIS RAYÉ DE L'INDE une espèce de Civette. *V.* aussi ce mot. (B.)

PUTORIA. BOT. PHAN. Ce genre, proposé par Persoon pour le *Sherardia fœtidissima* de Cyrillo, n'a point été généralement adopté. (A. R.)

PUTORIUS. MAM. *V.* PUTOIS.

PUTPUT. OIS. *V.* PUPE.

PUYA. BOT. PHAN. (Molina.) *V.* GUZMANNIE.

* PUYN. OIS. Le *Tetrao Luzoniensis* de Gmelin est nommé ainsi à Sumatra suivant sir Raffles. (LESS.)

PYCNANTHÊME. *Pycnanthemum*. BOT. PHAN. Genre de la famille des Labiées, et de la Didynamie Gymnospermie, L., établi par le professeur Richard (*in Michx*, *Flor. Bor. Amer.*, 2, p. 7) et offrant les caractères suivans : calice tubuleux, strié, à cinq dents allongées et subulées; corolle bilabiée; tube de la longueur du calice; lèvre supérieure redressée, oblongue et légèrement convexe, arrondie et entière à son sommet; lèvre inférieure beaucoup plus grande et réfléchie, comme canaliculée, à trois divisions, deux latérales, semi-elliptiques; celle du milieu plus grande, plus large et légèrement dentée dans son contour. Les étamines sont saillantes et écartées. Ce genre, voisin du *Satureia*, se compose d'espèces toutes originaires de l'Amérique septentrionale. Elles sont vivaces, herbacées ou sous-frutescentes, portant des feuilles ponctuées, des fleurs assez petites, formant des espèces de capitules environnées de bractées. Parmi ces espèces, deux ont été figurées dans la Flore de Michaux, savoir: *Pycnanthemum aristatum*, Michx., *loc. cit.*, tab. 33; et *Pycn. monardella*, tab. 34. Quelques auteurs ont réuni à ce genre le *Brachystemum* du même botaniste. *V.* BRACHYSTEMUM. (A. R.)

PYCNITE. MIN. Variété cylindroïde de Topaze que l'on trouve dans un Greisen, à Altemberg en Saxe, et dont on avait fait une espèce particulière. *V.* TOPAZE. (G. DEL.)

* PYCNOCOMON. BOT. PHAN. Hoffmansegg et Link (Flore Portugaise, vol. 2, p. 93, tab. 88) ont fondé sous ce nom un genre qui a pour type le *Scabiosa rutæfolia*, Vahl, ou *Scabiosa urceolata*, Desf. Ce prétendu genre ne se distingue du *Scabiosa* que par une modification peu importante dans la structure de son péranthoïde ou involucelle. *V.* SCABIEUSE. (G..N.)

PYCNOCOMOS. BOT. PHAN. On a pensé, mais sans raison, que la Plante désignée sous ce nom chez les anciens était la Pomme de terre, *Solanum tuberosum*; il est bien évident que celle-ci est originaire du Nouveau-Monde et n'a conséquemment pu être connue de l'antiquité. *V.* MORELLE. (B.)

PYCNOGONIDES. *Pycnogonides.* ARACHN. Famille de l'ordre des Trachéennes, dont les caractères sont, suivant Latreille (Fam. natur. du Règn. Anim.): un siphon indivis, tubulaire, avancé, tantôt accompagné de deux chélicères et de deux palpes, tantôt simplement de deux palpes, ou même privé de ces deux sortes d'organes. Quatre yeux sur un tubercule. Céphalothorax occupant presque la longueur du corps. Pieds souvent fort longs, terminés par des crochets inégaux; deux pieds ovifères, situés à la base des premiers. Les Pycnogonons avaient été placés par Linné avec les Faucheurs, *Phalangium*. Brunnich a formé le genre *Pycnogonum* avec l'espèce que le naturaliste suédois avait nommée Faucheur des Baleines. Fabricius a établi, à côté de celui-ci, le genre *Nymphon*, et a pris pour type de ce genre le *Pycnogonum grossipes* d'Othon Fabricius. Ces deux genres font partie de l'ordre des Rhyngotes du système de Fabricius; selon Savigny, les Pycnogonons font le passage des Arachnides aux Crustacés; enfin, dans la Méthode de Leach, ils forment le premier ordre de la sous-classe des Céphalostomates, celui des Podosomates; il le partage en deux familles, les Pycnogonides et les Nymphonides dont les caractères sont fondés sur l'absence ou la présence des mandibules. Le corps des Pycnogonides est ordinairement linéaire, avec les pieds très-longs, de neuf à huit articles, et terminés par deux crochets inégaux paraissant n'en former qu'un seul, et dont le petit est fendu. Le premier article du corps tenant lieu de tête et de bouche, forme un tube avancé, presque cylindrique ou en cône tronqué, simple, mais offrant quelquefois des apparences de sutures longitudinales (*V.* PHOXICHILE), avec une ouverture triangulaire ou figurée entre elle à son extrémité. A sa base supérieure sont adossés, dans plusieurs, deux mandibules et deux palpes que les auteurs ont pris pour des antennes. On ne voit dans d'autres que cette dernière paire d'organes; il en est enfin qui en sont privés, ainsi que de mandibules. Les mandibules sont avancées, cylindriques et presque filiformes, simplement prenantes, plus ou moins longues, composées de deux articles, dont le dernier en forme de main ou de pince, avec deux doigts; le supérieur est mobile et représente un troisième article; l'inférieur est quelquefois plus court; ces mandibules ont aussi la forme de petits pieds. Les deux palpes, insérés sous l'origine des mandibules, sont filiformes, de cinq articles, avec un crochet au bout du dernier. Chaque segment suivant, à l'exception du dernier, sert d'attache à une paire de pieds; mais le premier, ou celui avec lequel s'articule la bouche, a sur le dos un tubercule portant de chaque côté deux yeux lisses, et en dessous, dans les femelles seulement, deux autres petits pieds repliés sur eux-mêmes, et portant les œufs qui sont rassemblés autour d'eux en une ou deux pelottes, ou bien en manière de verticilles; le dernier segment est petit et percé d'un petit trou à son extrémité. On ne découvre aucun vestige de stigmate, et peut-être respirent-ils par cette ouverture.

Les Pycnogonides se tiennent sur les bords de la mer parmi les Varecs et les Conferves, et s'y nourrissent de petits Animaux marins; quelques-uns vivent sur les Cétacés. Ils marchent très-lentement et s'accrochent par leurs ongles aux corps qu'ils rencontrent. Cette famille comprend quatre genres qui sont : Nymphon, Ammothée, Phoxichile et Pycnogonon. *V.* ces mots. (G.)

PYCNOGONON. *Pycnogonum.* ARACHN. Genre de l'ordre des Trachéennes, famille des Pycnogonides, établi par Brunnich et adopté par Latreille et tous les entomologistes, avec ces caractères : point de mandibules ni de palpes; suçoir en forme de cône allongé et tronqué; corps presque ovale, point linéaire; pates de longueur moyenne, de huit articles; les fausses pates ovifères de la femelle très-courtes. Ces Arachnides diffèrent des autres genres de la même famille par l'absence des mandibules et des palpes et par les proportions plus courtes du corps et des pates qui paraissent avoir un article de moins que dans les autres Pycnogonides; l'avant-dernier article ne paraît former, dans les Pycnogonons, qu'un petit nœud inférieur, et joignant le dernier article des tarses avec le précédent.

La seule espèce de ce genre est le PYCNOGONON DES BALEINES, *Pycnogonum Balænarum*, figuré par Brunnich, Muller (*Zool. Dan.*, tab. 119, fig. 10-12), et quelques autres naturalistes. Il vit sur les Cétacés. Le *Pycnogonum Ceti* de Fabricius est le type du genre Cyame. *V.* ce mot. (G.)

* PYCNOSTACHYS. BOT. PHAN. Hooker (*Exotic Flora*, n. 202) a décrit et figuré, sous le nom de *Pycnostachys cærulea*, une Plante formant un genre nouveau qui a beaucoup de rapports avec le genre *Hyptis*, et qui appartient à la famille des Labiées et à la Didynamie Gymnospermie, L. Voici ses caractères essentiels : fleurs disposées en épi très-dense; les inférieures munies de bractées; calice dont le tube est court, un peu anguleux, le limbe à dents épineuses entre lesquelles sont des sinus qui couvrent l'entrée du tube; corolle bilabiée, déclinée, dont le tube est un peu allongé; la lèvre inférieure plus longue, ovale-concave, très-entière; la supérieure un peu concave, divisée au sommet en trois lobes dont celui du milieu est échancré; akènes au nombre de quatre, arrondis, comprimés. Le *Pycnostachys cærulea* est une Plante annuelle ou bisannuelle dont la tige est droite, à quatre angles obtus, glabres, avec des branches opposées et partant de l'aisselle des feuilles. Celles-ci sont distantes, renversées, lancéolées, atténuées à la base et à l'extrémité,

dentées en scie, excepté à la base, très-glabres, marquées de fortes nervures. Les fleurs forment des épis de couleur bleue; celles de la partie inférieure sont accompagnées de bractées purpurines. Cette Plante a été recueillie par Helsinger et Bojer à Ramssina, dans la province d'Emirna, à Madagascar. Les graines ont bien réussi dans les jardins d'Angleterre, dans le courant de l'année 1825. (G..N.)

* PYCNOTHÉLIE *Pycnothelia*. BOT. CRYPT. (*Lichens*.) Ce sous-genre, établi par Acharius (*Lich. micr.*, p. 571), pour les Cénomyces à thalle crustacé uniforme, dont les podéties sont courts et presque simples, a été élevé à la qualité de genre par Dufour (Ann. génér. des Scienc. phys. T. III). Voici les caractères que nous avons proposé d'adopter (Méth. lich., p. 70, tab 3, fig. 9) : thalle presque crustacé, uniforme; podétions vides; apothécies orbiculaires, très-rarement discoïdes, sans marge épaissie, renflée, terminale; lame proligère, réfléchie dans son pourtour, et similaire intérieurement. Le genre *Pycnothelia* renferme, outre le premier sous-genre du Cénomyce d'Acharius, le genre *Dufourea* tout entier, quoiqu'il offre un apothécion discoïde, sous-marginé et dont le nom ne pouvait être conservé par les raisons exposées à l'article *Dufourea*. *V*. ce mot.

L'espèce la plus remarquable de ce genre est le *Pycnothelia retipora* du cap de Van-Diémen, décrit par Acharius, sous le nom de *Cenomyce retipora* (*Syn. lich.*, p. 248) : le thalle est granuleux et comme imbriqué, les podétions sont rapprochés, épais, réticulés ou perforés; les apothécies sont noirs, agrégés et capituliformes. Labillardière a décrit le premier cette belle Plante sous le nom de *Beomyces retiporus* (*Nov.-Holl. Plant. Spec.*, 2, p. 110, tab. 254, fig. 2). La Plante figurée comme type de notre genre (Méth. lich., tab. 3, fig. 9) doit différer de l'espèce de Labillardière qu'on trouve sur la terre, dans les bruyères, à la Nouvelle-Hollande. (A. F.)

* PYCRA. BOT. PHAN. D'où peut-être le nom du genre *Picris*, donné à une Synanthérée. L'un des noms grecs de la Chicorée, encore employé vulgairement en Crète selon le voyageur Belon. (B.)

PYCREUS. BOT. PHAN. Le genre fondé sous ce nom par Palisot de Beauvois (Flore d'Oware, 2, p. 48, tab. 86, f. 2) a pour type le *Cyperus fascicularis* de Lamarck et Desfontaines. Les caractères assignés à ce genre ne paraissent pas suffisans pour son admission. *V*. SOUCHET. (G..N.)

* PYCROMYCES. BOT. CRYPT. (*Champignons*.) Battara a formé sous ce nom un groupe de Champignons qui se rapporte au genre *Agaricus*; il y range cinq espèces, dont une paraît être l'*Agaricus squarrosus* de Fries. (AD. B.)

* PYGARGUE. MAM. Pline a mentionné sous ce nom une espèce d'Antilope, qu'on croit être le *Tzeiran* des Turcs, l'*Ahu* des Perses et de Kœmpfer, et que Pallas a décrite p. 10 de son premier fascicule des *Spicilegia*, sous le nom d'*Antilope pygargus*. Ce nom de Pygargue lui vient d'une tache blanche assez large qui occupe les lombes à la naissance de la queue. *V*. ANTILOPE et CERF. (LESS.)

PYGARGUE. *Haliœtus*. OIS. Espèce du genre Faucon. Savigny en a fait le type d'un genre dans lequel il place en outre un assez grand nombre d'Aigles exotiques. *V*. AIGLE. (DR..Z.)

* PYGARRHIGHI. OIS. Illiger a donné ce nom, dans son *Prodromus Avium*, à sa neuvième famille et à des Oiseaux de son ordre des *Ambulatores*. Cette famille n'a que deux genres qui sont les *Certhia* et *Dendrocolaptes*. (LESS.)

PYGATRICHE. MAM. (Geoffroy Saint-Hilaire.) *V*. GUENON.

PYGEUM. BOT. PHAN. Gaertner (*De Fruct.*, 1, p. 218, tab. 46, f. 4) a décrit et figuré, sous le nom de *Pygeum Zeylanicum*, le fruit d'une Plante de Ceylan qui, dans cette île, porte le nom de *Gul-Morre*. C'est une drupe presque sèche, un peu globuleuse ou renflée en bosse arrondie, comprimée, à une seule loge et sans valve; la graine, dépourvue d'albumen, contient un embryon jaunâtre, renversé, à cotylédons très-épais, plans d'un côté, convexes de l'autre, et terminés en une petite pointe sous laquelle est placée une radicule supérieure conique et très-petite. Colebrooke a décrit une seconde espèce de ce genre encore trop peu connu, et lui a donné le nom de *Pygeum acuminatum*. (G..N.)

PYGMEA. BOT. CRYPT. (*Hydrophytes.*) Stackhouse, créateur du genre *Lichina*, *V.* ce mot, lui avait imposé le nom de *Pygmea*, qui, péchant contre les règles de la nomenclature, n'a point été adopté. (B.)

PYGMÉE. *Pygmeus.* ZOOL. L'antiquité ayant parlé de divers peuples de Pygmées ou Hommes de très-petite taille, dont les uns attelaient des Perdrix à leurs carrosses, et dont les autres étaient en guerre perpétuelle avec les Grues, quelques modernes pensèrent que ces Pygmées pouvaient avoir existé, et crurent les reconnaître dans des Singes Anthropomorphes, d'où Tyson appela Pygmée l'Orang qu'il disséqua. Virey, qui rapporte tous les contes que firent les philosophes sur ces petits Hommes, et la crédulité avec laquelle on adopta trop long-temps de pareilles niaiseries, dit fort judicieusement à ce sujet : « C'était, nous dit-on, le bon temps; on faisait accroire au peuple tout ce que l'on voulait; rien ne démentait tant de fables. Aujourd'hui, l'on prétendrait vainement nous traiter en Pygmées; il est probable que nous avons vaincu les Grues à notre tour. L'époque de la puberté du genre humain nous semble être arrivée, grâce aux sciences physiques et naturelles, et les peuples grandissent sur la terre. »

On a étendu le nom de Pygmée à plusieurs Animaux remarquables dans leurs genres respectifs, par la petitesse de leur taille, tels qu'un Chevrotain parmi les Mammifères, un Cormoran et un Pigeon parmi les Oiseaux, etc. (B.)

*PYGOBRANCHE. *Pygobranchia.* MOLL. Tel est le nom que Gray, dans sa nouvelle Méthode de classification des Mollusques, a donné à un ordre qui contient une partie des Nudibranches de Cuvier; seulement le genre Doris, auquel le savant Anglais aura sans doute rattaché quelques genres qui en ont été séparés, peut-être sur des caractères de trop peu de valeur. Cet ordre, avec celui des Polybranches, constitue la troisième et dernière sous-classe des Gastéropodes. *V.* ce mot et MOLLUSQUES. (D..H.)

* PYGOLAMPE. INS. Aristote mentionne sous ce nom un petit Insecte qu'on croit être le Ver luisant ou Lampyre. (AUD.)

* PYGOPODES. OIS. Nom imposé à la famille des Plongeons, dans le Prodrome d'Illiger. (DR..Z.)

* PIGOS. BOT. PHAN. (Théophraste.) Le Sureau à grappes, selon C. Bauhin. (B.)

PYGOSCELIS. OIS. (Gesner.) Syn. de Grèbe cornu. *V.* GRÈBE. (B.)

* PYLAIELLE. *Pylaiella.* BOT. CRYPT. Véritable orthographe du genre des Confervées, que nous avons dédié à Bachelot de La Pylaie, et qui a mal à propos été traité dans le volume précédent de ce Dictionnaire sous le nom de *Pilayelle*. *V.* ce mot. (B.)

· PYLAISÆA. BOT. CRYPT. (*Mousses.*) Le genre décrit sous ce nom par La Pylaie lui-même, ne paraît être fondé que sur des échantillons imparfaits et mal observés de l'*Hypnum Serpens*. (AD. B.)

* PYLORE. ZOOL. *V.* INTESTIN.

PYLORIDÉS. *Pyloridea.* CONCH. Blainville, dans son Traité de Malacologie (p. 562), a établi cette nombreuse famille pour toutes les Coquilles bivalves bâillantes aux deux extrémités. Elle renferme plusieurs des familles de Lamarck : une partie des Tubicolés, les Solénacées, les Myaires, une partie des Corbulés et des Mactracés, des Lithophages et des Nymphacées. Cette famille est partagée en deux groupes de genres d'après la position du ligament. Dans le premier, il est interne; les genres Pandore, Anatine, Thracie, Mye et Lutricole y sont contenus. Ce dernier, qui semble nouveau, est composé des genres Ligule et Lutraire, et ne diffère par conséquent en rien du genre Lutraire de Lamarck qui y réunissait aussi les Lavignons qui sont les mêmes Coquilles que les Ligules. Le second groupe, destiné aux Coquilles dont le ligament est externe, se compose des genres suivans : Psammocole, Soletelline, Sanguinolaire, Solecurte, Solen, Solémye, Panopée, Glycimère, Saxicave, Byssomie, Rhomboïde, Hyatelle, Gastrochène, Clavagelle et Arrosoir. L'arrangement de ces genres ne nous semble pas naturel ; il est difficile de trouver entre les premiers et les derniers des rapports assez intimes pour les voir dans la même famille; aussi nous ne pensons pas que celle-ci soit généralement adoptée sans modification. Nous renvoyons à tous les noms de genres qui ont été cités dans cet article. (D..H.)

PYRACANTHA. BOT. PHAN. C'est-à-dire *épine de feu.* Nom scientifique du Buisson ardent, espèce du genre *Mespilus.* V. NÉFLIER. (B.)

PYRALE. *Pyralis.* INS. Genre de l'ordre des Lépidoptères, famille des Nocturnes, tribu des Tordeuses, établi par Fabricius et adopté par Latreille. Ce genre faisait partie des Phalènes de Linné et de Geoffroy ; il a pour caractères : ailes supérieures élargies en chappe à leur base, formant avec le corps une espèce d'ellipse tronquée ou un triangle dont les côtés opposés sont arqués près de leur réunion ; antennes simples dans les deux sexes, presque sétacées: langue membraneuse, distincte; deux palpes peu allongés et formant alors un petit museau, ou longs, avancés, recourbés sur la tête en forme de cornes ; chenilles à seize pates, rases ou peu velues, roulant les feuilles ou en pliant les bords; vivant quelquefois dans l'intérieur des fruits; chrysalides renfermées dans une coque. Ces chenilles se nourrissent de la pulpe des fruits et du parenchyme des feuilles; elles font du tort aux Pommes et aux autres fruits à pepins. Quand ces dernières ont pris tout leur accroissement dans les fruits qu'elles rongent, elles en sortent et vont faire leur coque dans quelque endroit voisin. Le genre Pyrale est composé d'un assez grand nombre d'espèces, presque toutes européennes; elles ont reçu le nom de Phalènes-Chappes ou à larges épaulettes, parce que le bord externe de leurs ailes supérieures est arqué à sa base, et se rétrécit ensuite; leur forme est courte, large, en ovale tronqué ; leurs ailes sont en toit écrasé ou presque horizontales dans le repos ; les supérieures se croisent un peu le long de leur bord interne. En général, le genre Pyrale est composé d'assez petites espèces ; ce sont des Lépidoptères agréablement colorés et assez vifs. Les mœurs de ces Nocturnes varient beaucoup ainsi que la forme des palpes. On trouve aux environs de Paris plusieurs espèces de Pyrales; parmi celles-ci nous citerons comme les plus grandes et les types du genre :

La PYRALE DU HÊTRE, *Pyralis prasinana*, L. ; *Pyralis fagana*, Fabr., Latr. ; *Tortrix prasinana*, Hubn. (Tortr., tab. 25, f. 158.) La Phalène verte ondée, Geoffr. Elle a onze lignes d'envergure ; ses ailes supérieures sont vertes, avec deux ou trois stries obliques d'un blanc jaunâtre, ayant le bord postérieur lavé de rose; ailes inférieures blanches.

La PYRALE A BANDES, *Pyralis quercana*, Hubn.; *Pyralis prasinana*, Fabr., Phal.; *Tortrix prasinana*, Devill., ressemble à la précédente; mais les lignes blanches des ailes supérieures ne sont pas accompagnées du bord rose comme on le voit dans celle-là. (G.)

* PYRALLOLITHE. MIN. Substance pierreuse, opaque, ou à peine translucide, tendre, à structure feuilletée et à cassure terreuse, d'un aspect mat et d'une couleur blanche tirant sur le verdâtre; pesant spécifiquement 2,5, et cristallisant quelquefois sous des formes qui dérivent d'un prisme oblique rhomboïdal. Elle est composée, d'après Nordenskiold, de Magnésie, 23,38, Silice, 56,62, Chaux, 5,58, Alumine, 3,38, Eau, 3,58, Fer et Manganèse, 1. Berzelius croit que l'Alumine et la Chaux lui sont étrangères, et il regarde ce Minéral comme un bisilicate de Magnésie. Il a quelque ressemblance avec la Stéatite cristallisée de Baireuth. On le trouve dans la carrière de pierre à chaux de Storgard, paroisse de Pargas en Finlande; il y est associé au carbonate de Chaux lamellaire, au Feldspath, au Wernérite Paranthine, à la Chaux phosphatée, etc. (G. DEL.)

PYRAME. MAM. Race de Chiens très-tranchée, assez petite, dont la couleur est noire avec des taches de feu. (B.)

PYRAMIDALE. *Pyramidalis*. BOT. PHAN. Espèce du genre Campanule. *V.* ce mot. (B.)

PYRAMIDE. MOLL. On a donné ce nom à une espèce du genre Cône, et l'on a appelé GRANDE PYRAMIDE le *Trochus Niloticus*. (B.)

PYRAMIDELLE. *Pyramidella*. MOLL. Lamarck, dès 1801, créa ce genre dans le Système des Animaux sans vertèbres où il est placé entre les Mélanies et les Auricules. Il est à présumer, d'après cela, que, selon l'opinion la plus généralement reçue, Lamarck considérait ces Coquilles comme fluviatiles. Avant lui, en effet, Müller les avait confondues avec les Hélices, et Bruguière avec les Bulimes. Lamarck ne crut pas devoir conserver ce genre; il ne se trouve plus dans la Philosophie zoologique; il a été confondu avec les Auricules. Roissy (Buffon de Sonnini) l'adopte. Cependant il appuie son opinion sur ce qu'il est à présumer que ce genre est marin, que probablement il est operculé, et qu'il devra être placé dans la Méthode non loin des Trochus et des Monodontes, opinion qui, d'ailleurs, a été aussi manifestée par Cuvier dans ses Tableaux élémentaires. Montfort n'oublia pas non plus ce genre dans sa Conchyliologie systématique, et Lamarck ne le réhabilita dans sa Méthode qu'en 1811 dans l'Extrait du Cours où il forme, avec les Tornatelles, une petite famille sous le nom de Plicacés. Il eut soin de l'éloigner des Auricules, se conformant ainsi aux rapports indiqués par Cuvier et par Roissy. Revenant à d'autres principes, le premier de ces zoologistes reporta les Pyramidelles près des Auricules dans la famille ou l'ordre des Pulmonés aquatiques, comme cela se voit dans son Règne Animal. Lamarck, dans son dernier ouvrage, persista dans sa nouvelle opinion, et il eut raison. Blainville et Férussac préférèrent celle de Cuvier, et l'observation a prouvé qu'ils avaient eu tort. Aussi Blainville, dans le Supplément à son Traité de Malacologie, est obligé de rectifier la place qu'il avait assignée à ce genre qui est operculé, comme l'a dit Gray et comme nous en avons la preuve dans notre collection. Sowerby, dans son *Genera*, a assimilé le *Bulimus terebellatus* des auteurs, Coquille fossile sans plis, à la Columelle, aux Pyramidelles. Il a été en conséquence forcé de changer notablement les caractères du genre et de les rendre plus vagues et plus difficiles à appliquer. A l'égard de cette Coquille, nous ne partageons pas l'opinion de Sowerby, quoique nous soyons bien convaincu qu'elle n'est ni terrestre ni fluviatile, et qu'elle ne convient pas plus au genre Bulime qu'à celui qui nous occupe. Il a été caractérisé de la manière suivante : Animal inconnu. Coquille turriculée, dépourvue d'épiderme ; ouverture entière, demi-ovale, à bord intérieur tranchant. Columelle saillante inférieurement, subperforée à sa base, et munie de trois plis transverses. Opercule corné, ovalaire, fragile, obliquement rayonné.

On ne connaît encore qu'un fort petit nombre d'espèces de Pyramidelles, soit vivantes, soit fossiles. Ces dernières ne se sont rencontrées jusqu'à présent que dans les terrains tertiaires. Ce sont des Coquilles d'un médiocre volume ; elles sont lisses, brillantes, sans aucune trace d'épiderme, régulièrement coniques, et formées d'un assez grand nombre de tours de spires légèrement convexes ; l'ouverture est peu considérable ; la lèvre droite est mince et tranchante à la base, elle se recourbe pour gagner la columelle en formant avec elle une gouttière peu profonde. La columelle est droite ou légèrement arquée ; dans toute sa longueur, elle est munie de trois plis inégaux ; c'est le premier qui est le plus gros dans quelques espèces. Elle est perforée à la base, ce qui a sans doute porté Sowerby à faire le rapprochement dont nous avons parlé.

PYRAMIDELLE FORET, *Pyramidella terebellum*, Lamk., Anim. sans vert. T. VI, p. 222, n. 1; *Helix terebella*, Müll., Verm., p. 123, n. 319; Lister, Conchyl., tab. 844, fig. 72. Nous n'hésitons pas à réunir à cette espèce, et à titre de variété, la Pyramidelle dentée, *Pyramidella dolabrata*, Lamk., *loc. cit*, n. 2. Elle ne diffère que par des caractères de très-peu de valeur, par la teinte et la largeur des bandes brunes qui la ceignent; du reste même forme générale, identité parfaite dans les autres caractères. Quoique Lamarck dise que dans l'une le bord droit n'est ni denté ni strié à l'intérieur, nous avons pu vérifier qu'il n'en était pas ainsi, que l'une et l'autre espèce, suivant l'âge ou l'état de conservation, étaient striées et dentées à l'intérieur. Sowerby (*Genera of Schels*, n. 24) a donné le nom de *terebellum* au *dolabrata* de Lamarck. Est-ce dans l'intention de réunir les deux espèces? c'est ce que nous ignorons. PYRAMIDELLE PLISSÉE, *Pyramidella plicata*, Lamk., *loc. cit.*, n. 3; *Pyramidella maculosa*, Sow., *loc. cit.*, fig 3; Encyclop., pl. 452, fig. 3, a, b. Si Sowerby avait consulté les planches de l'Encyclopédie, il aurait évité l'erreur dans laquelle il est tombé à l'égard de cette espèce qu'il a prise pour la Pyramidelle tachetée de Lamarck, et qui en diffère bien essentiellement. PYRAMIDELLE TACHETÉE, *Pyramidella maculosa*, Lamk., *loc. cit.*, n. 5; Encyclop. 452, fig. 1, a, b. Dans sa phrase caractéristique, Lamarck dit qu'elle est striée dans sa longueur; la figure citée ne montre aucune strie, et nous n'avons pu en découvrir dans les individus que nous rapportons à cette espèce. (D..H.)

* PYRAMIDETTE. BOT. CRYPT. Nom français proposé par Bridel pour désigner son genre *Pyramidium*. *V.* ce mot. (B.)

* PYRAMIDIUM. BOT. CRYPT. (*Mousses.*) Bridel avait formé, sous le nom de *Pyramidula*, qu'il a ensuite changé en *Pyramidium*, un genre particulier du *Gymnostomum tetragonum* de Schwægrichen. Ce genre, qui ne diffère des Gymnostomes que par sa coiffe en forme de pyramide à quatre faces, n'a pas été généralement adopté, et ne nous paraît pas mériter de l'être. C'est une espèce voisine du *Gymnostomum pyriforme* qui croît dans le nord de l'Allemagne, et que la mode qui règne maintenant en Allemagne de créer des espèces et des genres parmi les Cryptogames, d'après les différences les plus légères, a fait élever au rang de genre. *V.* GYMNOSTOME. (AD. B.)

PYRAMIDULA. BOT. CRYPT. *V.* PYRAMIDIUM.

PYRANGA. OIS. Nom que quelques auteurs ont adopté pour une division des Tangaras qu'ils ont érigés en genre. *V.* TANGARA. (DR..Z.)

* PYRAPHROLITHE. MIN. Hausmann a réuni sous ce nom toutes les Pierres à cassure vitro-résineuse qu'on nomme Rétinite, Résinite, Obsidienne. *V.* ces mots. (G. DEL.)

*PYRARDE. *Pyrarda.* BOT. PHAN. H. Cassini (Dict. des Sc. nat. T. XLI, p. 120) a proposé sous ce nom, resté sans emploi depuis que le genre *Pyrarda* d'Adanson a été reconnu comme identique avec l'*Ethulia*, un genre de la famille des Synanthérées et de la tribu des Inulées, qu'il a placé entre les genres *Egletes* et *Grangea.* Voici les caractères qu'il lui a imposés : involucre composé de folioles sur deux ou trois rangs, un peu inégales, appliquées, ovales, arrondies au sommet et foliacées. Réceptacle hémisphérique et nu. Calathide globuleuse, composée au centre de fleurons nombreux, réguliers, hermaphrodite, et à la circonférence de deux rangées de demi-fleurons femelles. Corolles des fleurs centrales à cinq divisions; celles de la circonférence tubuleuses, grêles, à limbe court, étroit, divisé inégalement en trois ou quatre lobes linéaires; ovaires sessiles, ou presque sessiles, courts, cunéiformes, comprimés des deux côtés, surmontés d'une aigrette composée de paillettes membraneuses, glabres et libres à la base. Ce genre a pour type une Plante du Sénégal, que l'auteur nomme *Pyrarda ceranuoides*, et qu'il avait décrite précédemment sous le nom générique de *Grangea.* Sa tige est herbacée, haute d'environ un pied, dressée ou ascendante, cylindrique, un peu striée, rameuse, très-garnie de feuilles alternes, sessiles, demi-amplexicaules, oblongues et pinnatifides. Les fleurs sont jaunes et disposées en corymbes. (G..N.)

PYRASTER. BOT. PHAN. Syn. de Poirier sauvage. (B.)

* PYRAUSTE. INS. La crédule antiquité et le grand Aristote donnaient ce nom à une sorte de Mouche ailée qui naissait dans le feu et qui mourait dès qu'elle sortait des flammes : de là on appelait proverbialement *Pyraustæ interitus* la fin tragique de quiconque s'engageait dans des affaires dangereuses dont on ne pouvait se tirer sans périr. (B.)

PYRAZE. *Pyrazus.* MOLL. Montfort, dans sa Conchyliologie systématique, a fait un genre particulier pour une grande espèce de Cérite dont le canal n'est pas aussi profond que dans la plupart des autres. Le *Cerithium ebeninum* est le type de ce genre qui n'a pas été adopté. *V.* CÉRITE. (D..H.)

* PYREIUM. BOT. CRYPT. (*Champignons.*) Paulet proposait ce nom moins mal sonnant que le reste de ceux qu'il a si bizarrement inventés pour ce qu'il avait d'abord appelé Amadou blanc, qui est le *Xylostroma gigantea* de Persoon. (B.)

* PYREN. MIN.? On ne peut trop deviner ce qu'était là Pierre ainsi nommée par les anciens à cause de sa ressemblance avec le noyau d'une Olive. On a cru que c'était quelque Bélemnite, Pointe d'Oursin, ou autre débris de corps organisé fossile. (B.)

* PYRENASTRUM. BOT. CRYPT. (*Lichens.*) Ce genre a été formé par Eschweiler, *Syst. Lich.*, p. 17, et caractérisé de la manière suivante : thalle crustacé, attaché, uniforme; apothécie turbiné, à demi-enfoncé dans le thallus, à péridium entier, longuement ostiolé; ostioles coniques, au nombre de plusieurs, s'ouvrant dans un même orifice; thèques fusiformes elliptiques renfermées dans des cellules globuleuses ou elliptiques. Il est facile de reconnaître, dans le genre Pyrenastrum d'Eschweiler, le genre *Parmentaria* (*V.* ce mot) dont nous avions annoncé la création dans notre manuscrit soumis à l'Académie des Sciences en 1823. L'ouvrage d'Esch-

weiler ayant été publié en 1824, il en résulte que nos travaux ont été entrepris vers la même époque, et que l'antériorité ne peut être constatée : les lichénographes auront donc à se prononcer relativement à l'adoption de ces deux noms. Tous ces Lichens sont exotiques. Eschweiler a donné les détails des *Pyrenastrum senticolare* et *plicatum*, T. 1, f. 15. On trouve ces Plantes sur les écorces. Le genre *Pyrenastrum* a été adopté par Meyer qui l'a modifié ; Fries l'a conservé aussi. Peut-être sera-t-il convenable de réunir à ce genre l'Astrothelium d'Eschweiler, fondé sur quelques Trypethelium d'Achar. Son thalle est coloré, et ses conceptacles tout-à-fait renfermés dans un périchèze turbiné, prolongé supérieurement, et muni d'une ouverture qui vient aboutir à un orifice commun par lequel s'échappent les thèques ou spores seminulifères. L'Astrothelium conservé par Fries est réuni au genre Trypethelium par Meyer. (A. F.)

PYRÉNACÉES. BOT. PHAN. Ventenat appelle ainsi la famille des Verbénacées de Jussieu. *V.* VERBÉNACÉES. (A. R.)

* PYRENARIA. BOT. PHAN. Blume (*Bijdr. fl. ned. ind.*, p. 1119) a établi sous ce nom un genre qui a le port des Rosacées, mais que cet auteur a placé parmi les Ternstrœmiacées, à cause de la structure de son calice, et de l'insertion des étamines. Voici les caractères qu'il lui attribue : calice infère, accompagné de deux bractées, et à cinq sépales imbriqués ; corolle à cinq pétales, connivens, et se recouvrant par la base ; étamines nombreuses, libres, hypogynes, presque adhérentes avec la base des pétales, à anthères didymes, extrorses ; ovaire à cinq loges ; chaque loge contenant deux ovules superposés ; cinq styles rapprochés, échancrés : pomme presque globuleuse, déprimée, charnue, à cinq loges, dans chacune desquelles sont deux noyaux osseux, superposés, renfermant une seule graine dépourvue d'albumen, à cotylédons foliacés et chiffonnés. Ce genre se distingue du *Freziera* de Swartz, surtout par son fruit succulent et ses graines dépourvues d'albumen. Il ne renferme qu'une seule espèce, *Pyrenaria serrata*, qui croît dans les forêts élevées de l'île de Java. C'est un Arbre à feuilles alternes, pétiolées, oblongues, dentées en scie, coriaces, dépourvues de stipules, à fleurs blanches portées sur des pédoncules solitaires, axillaires et uniflores. (G..N.)

* PYRÈNE. *Pyrena.* MOLL. Dans le Traité des Animaux sans vertèbres, Lamarck proposa ce genre confondu soit avec les Cérites, soit avec les Strombes. Il a la plus grande analogie avec les Mélanopsides dont il ne diffère que par l'allongement de la spire ; aussi Férussac les a réunis, et nous avons adopté son opinion. *V.* MÉLANOPSIDE. (D..H.)

PYRÈNE. *Pyrena.* BOT. PHAN. Gaertner donne ce nom à chacune des petites noix renfermées dans un péricarpe charnu, comme dans la Nèfle par exemple. Le mot de *Nucules* est plus généralement usité. *V.* NUCULES. (A. R.)

PYRÉNÉITE. MIN. Nom donné par Werner au Grenat noir disséminé dans le Calcaire grenu du Pic d'Ereslids, dans les Pyrénées. *V.* GRENAT. (G. DEL.)

* PYRÈNES. MOLL. *V.* MÉLANOPSIDE, première section.

PYRENIUM. BOT. CRYPT. (*Champignons.?*) Genre établi par Tode, et encore fort imparfaitement connu. Sur trois espèces que Tode y plaçait, une paraît être un *Trichoderma* ; une autre n'a pas été revue depuis lui ; la troisième, *Pyrenium terrestre*, est restée le type de ce genre. Fries l'a placé d'abord auprès des *Pachyma*, dans sa tribu des Sclérotiacées, et ensuite auprès des *Tremella*, dans le groupe des Tremelles, qui, suivant cet auteur, se rapproche, par son mode de fructification, des *Sclero-*

tium. Le *Pyrenium terrestre* est un petit Champignon globuleux, sans racine, sessile, de la grosseur d'un petit pois ; sa consistance est gélatineuse; il renferme un noyau plus compacte, formé d'un amas de séminules. Il croît par groupes sur la terre nue et stérile; on l'a trouvé en Allemagne et dans l'Amérique du Nord. (AD. B.)

* PYRENOMYCÈTES. BOT. CRYPT. Nom donné par Fries et par plusieurs autres mycologues à la famille des Hypoxylées. Fries, dans son *Systema orbis vegetabilis*, a introduit beaucoup de nouveaux genres dans cette famille, genres qui n'ont pu être indiqués dans ce Dictionnaire. Pouvant être considérés comme des divisions des anciens genres *Sphœria* et *Xyloma*, nous y reviendrons aux mots SPHÆRIACÉES et XYLOMACÉES. (AD. B.)

* PYRENOTHEA. BOT. CRYPT. (*Lichens.*) Et non *Pyrenothela*. Ce genre a été créé par Fries (*Syst. orb. veget.*, 265); il est placé après le *Pyrenastrum*, qui, comme nous l'avons dit, n'est autre chose que notre *Parmentaria*. Voici ses caractères : nucléum gélatineux, qui, avec l'âge, se change en poussière; le conceptacle est corné, ostiolé, ensuite dilaté en scutelle; le thalle est attaché et un peu lépreux. Fries fait entrer dans ce genre diverses *Pyrenula* et *Verrucaria* d'Acharius, et le *Variolaria leucocephala* de De Candolle. Ce genre, extrêmement ambigu, demande un nouvel examen pour être susceptible d'adoption. Meyer et Eschweiler ne le mentionnent pas. (A. F.)

PYRÉNULE. *Pyrenula*. BOT. CRYPT. (*Lichens.*) Le genre *Pyrenula* a été créé par Acharius dans sa Lichénographie universelle, p. 64, T. v, f. 1, 3, 5; il renferme la presque totalité des Verrucaires de De Candolle, plusieurs Sphæries, notamment le *Sphœria nitida*, et quelques *Thelotrema* de la méthode lichénographique d'Acharius. Les caractères de ce genre sont : un thalle crustacé, membranacéo-cartilagineux, uniforme, avec ou sans limites; un apothécie verruciforme formé par le thalle, renfermant un thalamium solitaire à périthécium épais, cartilagineux, noir, fermé par une papille proéminente, dont le nucléum est globuleux et cellulifère. Le thalle des Pyrénules offre des différences de couleur et de consistance; celui des espèces qui se fixent sur pierres est toujours tartareux, tandis que celui des espèces qui croissent sur les écorces ne l'est jamais, ce qui indique deux sections distinctes. On peut porter à environ soixante le nombre des espèces du genre Pyrénule, dont la septième partie environ se trouve en Europe. L'immersion des apothécies est telle, que souvent ils descendent au-dessous du thalle, et pénètrent dans la substance même de leur support, de sorte qu'on peut assez justement les comparer à des tubercules de Verrucaires renversés. Ce genre est difficile à bien connaître; il touche d'assez près aux Porines et aux Verrucaires; il diffère du premier de ces deux genres par la consistance du périthécium dont le thalamium est toujours solitaire, et l'immersion profonde, et des Verrucaires, par un périthécium simple, l'immersion et la nature de l'ostiole.

Nous croyons devoir faire connaître les espèces suivantes dont la première offre un phénomène très-curieux à observer : *Pyrenula pinguis*, Pars. Ind., à thalle couleur brune tendre, indéterminé, épais, parsemé de petites verrues très-blanches; à apothécies fermés, noirs; à thalamium finissant par être dimidié et cupuliforme; à noyau blanchâtre et caduque; à périthécium persistant, noir et épais. Cette espèce se trouve sur les Frênes dans les environs de Rouen, où elle a été récoltée par Auguste Le Prévost; nous l'avons retrouvée sur le Quinquina Condamine. Le thalle est susceptible d'une altération singulière; il perd son aspect ordinaire, et s'amincit en un cartilage couleur de rouille; la partie supérieure de l'apothécie tombe ainsi que le nucléum, et il ne reste plus que la partie inférieure du périthécium, qui ne montre dans cet état aucuns débris de nucléum. Ce phénomène n'est pas sans exemples ; nous possédons une Pyrénule qui croît sur le Quinquina caraïbe, dont les apothécions sont ainsi altérés. Il est probable que, dans ces divers cas, les apothécions ceints très-étroitement par le thalle, restent entiers sans que celui-ci éprouve aucun changement; mais si par l'effet des variations hygrométriques, ou par toute autre cause, il arrive un amincissement dans ce support, la partie supérieure se détache; le nucléum, organe délicat sur lequel l'humidité et la sécheresse agissent facilement, s'altère et sort du périthécium qui reste immergé dans sa base seulement. (A. F.)

* PYRESPERMA. BOT. CRYPT. Rafinesque a proposé sous ce nom un genre qui n'a pas été adopté et qui se composait d'une sorte de Truffe qui croît sous la terre à New-Jersey. (B.)

PYRÈTHRE. *Pyrethrum*. BOT. PHAN. Gaertner a établi, d'après Haller, un genre *Pyrethrum* qui appartient à la famille des Synanthérées, et à la Syngénésie superflue, L. Il l'avait fondé sur des Plantes que Linné plaçait parmi les *Chrysanthemum* dont il diffère essentiellement en ce que ses demi-fleurons sont terminés par trois dents, et que ses akènes sont couronnés par une membrane saillante, souvent dentée. Quoique ce caractère soit excessivement faible, puisqu'il sépare des Plantes d'ailleurs très-semblables, et qu'il n'est pas toujours très-prononcé, la plupart des auteurs modernes ont adopté néanmoins le genre *Pyrethrum*, excepté Lamarck qui, dans l'Encyclopédie, l'a réuni au genre *Matricaria*. Les espèces qui composent ce genre sont au nombre d'environ cinquante; elles ont absolument le port des Chrysanthèmes, ces fleurs si répandues dans les champs et les prés dont elles sont l'ornement. Nous citerons parmi les espèces les plus remarquables, le *Pyrethrum corymbosum*, qui croît dans les bois montueux des provinces méridionales de l'Europe, et les *Pyrethrum alpinum* et *Halleri* que l'on trouve dans les localités pierreuses des Hautes-Alpes. Hooker a décrit et figuré dans son *Exotic Flora*, n. 215; une belle espèce de la Nouvelle-Hollande sous le nom de *Pyrethrum diversifolium*.

Cassini a distingué quatre genres dans le *Pyrethrum* des botanistes modernes, savoir : 1° *Gymnocline* dont les languettes des fleurs de la circonférence sont courtes et larges comme celles des *Achillea*; 2° le vrai *Pyrethrum*, qui a les languettes oblongues, l'aigrette courte, et les fruits non ailés; 3° le *Coleostephus*, dont l'aigrette est fort haute et en forme d'étui; 4° l'*Ismelia*, dont les fruits sont ailés. (*V.* ces mots soit à leur ordre alphabétique, soit au Supplément.) Le genre *Pyrethrum* de Cassini a pour espèce fondamentale le *Chrysanthemum indicum* de Linné, *Anthemis grandiflora*, Ramatuelle, une des plus belles Plantes que l'on cultive dans les jardins, et qui a produit un nombre immense de variétés.

Depuis fort long-temps le nom de Pyrèthre a été employé par les auteurs de matière médicale, pour désigner la racine de l'*Anthemis Pyrethrum*, L., qui a la propriété d'exciter fortement la salivation. *V.* CAMOMILLE. (G..N.)

PYRGITÆ. OIS. (Duméril.) Syn. de Moineau. C'est le nom que l'antiquité donnait à l'espèce commune. (B.)

* PYRGO. MOLL. Defrance, après avoir créé ce genre dans les planches du Dictionnaire des sciences naturelles, paraît l'avoir abandonné, puisqu'il ne le mentionne plus à la place où il aurait dû se trouver. Cependant Blainville l'avait adopté dans son Traité de Malacologie où il est placé dans les Ptéropodes; mais nous croyons que Blainville a été dans l'erreur pour ce genre. D'Orbigny le

rapporte aux Biloculines (*V.* ce mot au Supplément) démembrées des Milioles. L'examen de cette petite Coquille microscopique, qui est fossile, nous a fait adopter l'opinion de D'Orbigny. (D..H.)

PYRGOME. *Pyrgoma.* MOLL. Ce genre, institué par Savigny, n'a malheureusement pas reçu de ce savant les développemens anatomiques qu'il aurait pu lui donner; néanmoins il fut adopté par Leach et par Lamarck. Ce dernier, dans l'Histoire des Animaux sans vertèbres, le plaça près des Creusies avec lesquelles il a beaucoup de rapports. Blainville ne l'a point admis comme genre, mais seulement comme section des Creusies dont il se distingue cependant d'une manière bien tranchée par le nombre des pièces de l'opercule. Les Pyrgomes et les Creusies sont pour les Polypiers pierreux ce que sont les Acastes pour les Eponges, c'est-à-dire qu'elles s'enfoncent dans leur substance solide et y adhèrent fortement. Lamarck a caractérisé ce genre de la manière suivante : Animal inconnu; coquille sessile, univalve, subglobuleuse, ventrue, convexe en dessus, percée au sommet; ouverture petite, elliptique; opercule bivalve. On ne connaît encore qu'un très-petit nombre d'espèces de Pyrgomes, Lamarck n'en a cité qu'une et Sowerby une autre. PYRGOME RAYONNANTE, *Pyrgoma cancellata*, Lamk., Anim. sans vert. T. v, p. 401; *Creusia cancellata*, Blainv., Traité de Malacol., pl. 85, fig. 7, 7 a, 7 b; *Pyrgoma crenatum*, Sow., *Genera*, n. 18, fig. 1 à 6. Cette espèce vient de la mer Rouge et probablement de l'océan Indien. PYRGOME ANGLAISE, *Pyrgoma anglica*, Sow., *loc. cit.*, fig. 7. Petite espèce des côtes d'Angleterre. (D..H.)

PYRGOME. MIN. Nom donné par Werner à une variété de Pyroxène qu'on a également nommée Fassaïte. *V.* PYROXÈNE. (G. DEL.)

PYRGOPOLON. MOLL. *V.* PIRGOPOLE.

PYRGUS. BOT. PHAN. (Loureiro.) *V.* ARDISIE.

PYRIDION. BOT. PHAN. Le professeur Mirbel appelle ainsi le fruit de la famille des Rosacées que Linné désignait sous le nom de *Pomum*, et que le professeur Richard avait antérieurement nommé Mélonide. *V.* ce mot à l'article FRUIT. (A. R.)

PYRITE. MIN. Ce mot peut être considéré comme le nom vulgaire et générique des Sulfures métalliques; cependant, quand il est employé seul, il désigne plus particulièrement le Fer sulfuré. On ajoute d'ailleurs à ce mot différentes épithètes, qui servent à en déterminer l'application. C'est ainsi qu'on nomme :

PYRITE ARSÉNICALE, l'Arséniure de Fer ou le Mispickel.

PYRITE BLANCHE, le Fer sulfuré blanc.

PYRITE CAPILLAIRE, le Sulfure de Nickel.

PYRITE CUIVREUSE, le Cuivre pyriteux.

PYRITE JAUNE, le Fer sulfuré jaune.

PYRITE ROUGE, le Nickel arsénical, etc., etc. (G. DEL.)

* PYROCHORIS. INS. Nom donné par Fallen à un nouveau genre de l'ordre des Hémiptères, section des Hétéroptères, famille des Géocorises, tribu des Longilabres. Ce genre, que Latreille réunit à ses Lygées, a pour type le *Lygeus apterus* des auteurs. *V.* LYGÉE. (G.)

PYROCHRE. *Pyrochroa.* INS. Genre de l'ordre des Coléoptères, section des Hétéromères, famille des Trachélides, tribu des Pyrochroïdes, établi par Geoffroy aux dépens des genres *Cantharis* et *Lampyris* de Linné, et adopté par tous les entomologistes avec ces caractères : corps déprimé; tête presque triangulaire, un peu penchée, dégagée du corselet; yeux échancrés intérieurement, allongés; antennes filiformes, pectinées dans les deux sexes, mais plus fortement dans les mâles, insérées au-devant des yeux, et composées de onze articles, dont le premier allongé, pyriforme, le second petit, globuleux, les autres obconiques; labre membraneux, transverse, presque tronqué, un peu cilié antérieurement; mandibules cornées, faibles, arquées sans dentelures et aiguës; mâchoires presque membraneuses, entières; palpes maxillaires filiformes, de quatre articles, le premier court, le second allongé, le troisième petit et le dernier long; les labiaux sont plus courts que les maxillaires, triarticulés, à articles cylindriques et allongés; lèvre bifide; corselet arrondi; écusson petit; élytres planes, flexibles, allant un peu en s'élargissant vers l'extrémité; pates longues, cuisses et jambes grêles; tarses filiformes à pénultième article bilobé; le dernier long, arqué, terminé par deux crochets simples. Ce genre se distingue facilement des Dendroïdes, parce que ceux-ci ont le corselet conique, plus rétréci en avant, et parce que leurs antennes ont les filets qui forment les branches latérales très-longues et grêles. On connaît quatre espèces de Pyrochres; trois appartiennent à l'Europe, la dernière est américaine. Leur nom vient du grec et signifie *couleur de feu*, parce que ces Insectes sont en général de couleur rouge. Leurs larves vivent dans les bois; elles ressemblent à celles des Ténébrions et des Hélops. On trouve l'Insecte parfait dans les haies, près des bois. L'espèce la plus commune est la Pyrochre rouge, *Pyrochroa rubens*, Fabr., Latr., Panz. (Faun. Germ., fasc. 95, f. 5), la Cardinale de Geoffroy; elle est longue de cinq à six lignes, et se trouve aux environs de Paris. (G.)

*PYROCHROA. BOT. CRYPT. (*Lichens.*) Le genre proposé sous ce nom par Eschweiler a été réuni par Sprengel au *Platygramma* de Meyer, genre formé aux dépens du *Graphis* d'Acharius et de l'*Arthonia* de Fée. *V.* ces mots, soit à leur lettre, soit au Supplément. (G..N.)

PYROCHROIDES. *Pyrochroides*. INS. Tribu de l'ordre des Coléoptères, section des Hétéromères, famille des Trachélides, établie par Latreille, et ayant pour caractères : corps aplati; corselet suborbiculaire ou trapézoïde; palpes maxillaires un peu dentés en scie, et terminés par un article plus allongé, presque en forme de hache; les labiaux filiformes; antennes flabellées ou pectinées, au moins dans les mâles; abdomen allongé et entièrement couvert par les élytres, et non terminé en pointe, ce qui sert à distinguer ces Insectes des Mordellones; crochets des tarses simples, ou sans divisions ni appendices. Cette tribu est composée de deux genres. *V.* PYROCHRE et DENDROÏDE. (G.)

PYRODE. MIN. Forster, dans son Onomatologie, désigne ainsi le Fer sulfuré magnétique. (G. DEL.)

PYRODMALITE ET PYROSMALITE. MIN. Substance lamelleuse, d'un brun verdâtre, opaque, cristallisant en prismes à six pans, dont la base paraît être inclinée à l'axe, et qui sont divisibles avec assez de netteté parallèlement à cette base. Son éclat est légèrement nacré, ce qui l'a fait nommer Mica perlé par Mohs, et Margarite par Fuchs. Essayée au chalumeau, elle répand des vapeurs d'Acide muriatique; de-là le nom de Pyrodmalite que lui a donné Hausmann, et qui indique qu'elle développe une odeur remarquable par le feu. Sa pesanteur spécifique est de 3,08. La classification de ce Minéral est encore incertaine. Suivant Hausmann, sa forme primitive serait un prisme hexaèdre régulier; mais Haüy et Beudant adoptent, au contraire, pour type de ses cristaux, un prisme oblique rhomboïdal. Hisinger, qui l'a analysé, l'a trouvé composé ainsi qu'il suit: Silice, 35,85; bi-oxide de Manganèse, 21,14; bi-oxide de Fer, 21,81; muriate de Fer, 14,09; Eau et perte, 5,89. D'après cette analyse, Beudant considère le Pyrosmalite comme un Pyroxène à base de Fer et de Manganèse, et mêlé de muriate de Fer. Haüy l'a placé dans le genre Fer, en le regardant comme du Fer muriaté mélangé. Ce Minéral a d'abord été trouvé au milieu d'un bloc décomposé dans la mine de Fer de Bjelke, près de Philippstadt, en Nordmark, dans le Wermeland, et dans la paroisse de Nya-Kopparberg, en Westmanland. Il était accompagé de Calcaire laminaire et de gros Cristaux d'Amphibole noir. On l'a retrouvé depuis à Sterzing en Tyrol, dans un bloc de Roche primitive, qui paraissait être venu des Hautes-Alpes; il y était associé à du Mica vert et à de l'Amphibole noir. Enfin Breithaupt l'a reconnu dans un Minéral venant de l'île d'Elbe. (G. DEL.)

* PYROKINIQUE, PYRO-MUCIQUE, PYRO-URIQUE ET PYRO-TARTARIQUE. *V.* ACIDE.

PYROLE. *Pyrola.* BOT. PHAN. Genre de la famille des Ericinées de Jussieu, Monotropées de Nuttall, et de la Décandrie Monogynie, L., offrant pour caractères: un calice monosépale, à cinq divisions étalées et étroites; une corolle monopétale rotacée, un peu concave, à cinq lobes très-profonds, obtus, un peu inégaux, et formant comme cinq pétales distincts; dix étamines à filamens dressés, élargis à la base, ayant les anthères renversées, c'est-à-dire attachées par le sommet; à deux loges, s'ouvrant chacune par un petit trou. L'ovaire est arrondi, déprimé, à cinq côtes et à cinq loges contenant chacune un très-grand nombre de très-petits ovules attachés à un trophosperme saillant de l'angle interne de chaque loge. Du sommet déprimé de l'ovaire naît un style simple, recourbé, décliné, qui se termine par un stigmate très-petit et à cinq lobes. Le fruit est une capsule presque globuleuse, à cinq loges polyspermes, s'ouvrant naturellement en cinq valves. Les espèces de ce genre sont des Plantes herbacées, vivaces, ayant des feuilles simples, réunies en rosette à la base de la tige qui est simple, et qui se termine par une fleur solitaire ou plus souvent par des fleurs réunies en un épi lâche. Le professeur Nuttall (*Gener. of North Amer. Plants*) a fait de la *Pyrola umbellata* un genre particulier sous le nom de *Chimophila. V.* ce mot. On doit au docteur Justus Radius une Monographie des deux genres *Pyrola* et *Chimophila*. Il y décrit neuf espèces de Pyroles qui croissent dans les diverses contrées de l'Europe et de l'Amérique septentrionale. En France, on trouve les espèces suivantes: *Pyrola uniflora*, *secunda*, *minor*, *rotundifolia* et *chlorantha*. (A. R.)

PYROMAQUE. MIN. Ce nom a été employé adjectivement par Haüy pour désigner la variété de Silex que l'on nomme vulgairement Pierre à fusil. *V.* SILEX. (G. DEL.)

PYROMÉRIDE. MIN. Roche feldspathique, formée essentiellement de Feldspath compacte ou Pétrosilex et de Quartz, et renfermant souvent des masses globulaires qui se composent tantôt d'esquilles de Feldspath disposées en rayons divergens et mêlées de parties quartzeuses et de Fer oxidé en petits Cristaux dodécaèdres, tantôt de globes à couches concentriques, ou à structure rayonnée, mais microscopique. La matière du Feldspath a éprouvé dans cette Roche une tendance à se pelotonner en globules d'une teinte différente de celle de la pâte; ces globules s'en détachent avec facilité, mais ils se sont formés en même temps qu'elle. Le Pyroméride est ordinairement porphyroïde; il est susceptible d'altération et passe au Pétrosilex argiloïde; lorsqu'il est intact, il offre assez de cohésion pour qu'on puisse le scier et le tailler en plaques d'ornement. Sa couleur est en général le brun-rougeâtre, marqué de petites taches grisâtres dues au Quartz; la pâte est souvent d'une teinte plus foncée que celle des globules. On ne connaît, à proprement parler, qu'une seule variété de Pyroméride, qui est le PYROMÉRIDE GLOBAIRE; c'est la Roche vulgairement nommée Porphyre globuleux ou orbiculaire de Corse, parce qu'on la trouve principalement en Corse, dans un terrain porphyrique, faisant partie des anciens terrains intermédiaires. On en cite également dans les Vosges. C'est à Monteiro que l'on est redevable de la détermination exacte de ce prétendu Porphyre, et de l'établissement de cette nouvelle espèce de Roche feldspathique. (G. DEL.)

PYROMORPHITE. MIN. Nom donné par Hausmann au Plomb phosphaté et au Plomb carbonaté terreux. (G. DEL.)

* PYRONTES. POIS. Des commentateurs ont pensé que les Poissons des rivières rapides désignés sous ce nom, par Athénée, étaient des Truites. (B.)

PYROPE. MIN. Variété de Grenat d'un rouge de feu. *V.* GRENAT DE BOHÊME. (G. DEL.)

PYROPHANE. MIN. C'est-à-dire qui devient transparent par l'action du feu. Telles sont certaines Pierres siliceuses qu'on a imbibées de cire. Elles sont opaques tant que la cire est froide et solide, et deviennent translucides quand la cire se fond par l'action de la chaleur. (G. DEL.)

* PYROPHORE. CHIM. Matière qui prend feu au contact de l'air, et que l'on obtient en calcinant de l'Alun à base de Potasse avec une substance organique. (G. DEL.)

PYROPHYSALITE. MIN. Variété de Topase. *V.* ce mot. (G. DEL.)

* PYROPOECILON. MIN. Pline donne ce nom à la Syénite. (G. DEL.)

PYRORTHITE. MIN. Substance qui ressemble beaucoup à l'Orthite, et qu'on trouve à Koraret, dans un Granite à gros grains, où elle est disséminée en lames noires et minces, qui, vues sur leurs tranches, s'offrent sous l'aspect de longues aiguilles ou baguettes d'un noir luisant. Ce Granite renferme aussi de la Tantalite, de l'Etain oxidé, et de la Gadolinite. Le Pyrorthite ne diffère de l'Orthite que par sa manière de se comporter au chalumeau. Il y brûle comme du Charbon, tandis que l'Orthite fond en bouillonnant. *V.* ORTHITE et ALLANITE. (G. DEL.)

PYROSMARAGD. MIN. La Chlorophane verte, variété phosphorescente de Chaux fluatée que l'on trouve à Nertschinsk en Daourie. (G. DEL.)

PYROSOME. *Pyrosoma.* MOLL. Bory de Saint-Vincent fut le fondateur de ce genre, qu'il décrivit et figura le premier (Voyage en quatre îles des mers d'Afrique, pl. 6, fig. 2) sous le nom de Monophore (*V.* ce mot). Plus tard, Péron, sans citer son prédécesseur, le reproduisit sous le nom impropre de Pyrosome; Lesueur compléta sa description, et dès-lors il fut généralement adopté. Sa place, que Lamarck avait d'abord fixée dans les Radiaires, dut être transportée parmi les Animaux agrégés dont le beau travail de Savigny a dévoilé la curieuse organisation. Sans rentrer ici dans la question où doivent être rangés ces êtres agrégés que les zoologistes les plus recommandables placent les uns près des Radiaires, les autres dans les Mollusques, nous dirons que le genre Pyrosome, dans le Système de Lamarck, termine le premier ordre des Tuniciers agrégés, ou Botryllaires, et se trouve ainsi en rapport, d'un côté, avec le genre Botrylle, et de l'autre avec le genre Biphore qui commence l'ordre suivant des Tuniciers libres ou ascidiens. Cuvier, qui pense que ces Animaux sont des Mollusques par leur organisation, les place, dans son Système, à la fin des Acéphales, sous le nom d'Acéphales sans coquilles, divisés en simples et composés. Les Pyrosomes se sont rangés parmi ces derniers, entre les Botrylles et les Polyclines. Dans ses Tableaux des Mollusques, Férussac a adopté complétement les genres et la distribution méthodique de Savigny. Quoique les Pyrosomes y forment à eux seuls une famille (les Lucies), ils sont placés de telle sorte que leurs rapports restent comme dans Lamarck, c'est-à-dire à la fin des Tuniciers agrégés, après le genre Botrylle. Blainville (Traité de Malacol., p. 590), prenant plutôt en considération la nature intime de ces Animaux que leur état d'agrégation, réunit les Pyrosomes et les Biphores dans sa famille des Salpiens (*V.* ce mot) où ces deux groupes constituent deux tribus sous les noms de Salpiens simples et de Salpiens composés. A l'article BIPHORE, on a donné des détails sur l'organisation des Pyrosomes. Nous n'y reviendrons pas. Voici les caractères de ce genre : Animaux bilobés, agrégés, formant par leur réunion une masse commune, libre, flottante, gélatineuse, cylindrique, creuse, fermée à une extrémité, ouverte et tronquée à l'autre, et extérieurement chargée de tubercules; ouverture orale des Animaux à l'extérieur de la masse commune; les anus s'ouvrant à la paroi interne de la cavité de cette masse; deux vessies gemmifères opposées et latérales. Parmi les Animaux marins qui jouissent de la faculté de répandre de la lumière, il en est peu qui jettent un aussi vif éclat. La lumière qui jaillit des Pyrosomes n'a pas toujours la même teinte. Elle passe subitement d'une nuance à l'autre, en prenant toutes celles de l'iris ou du spectre solaire.

On ne connaît encore qu'un petit nombre d'espèces de ce genre. Lamarck cite les trois suivantes : PYROSOME ATLANTIQUE, *Pyrosoma atlantica*, Lamk., Anim. sans vert. T. III, p. 111, n. 1 (qui est celle de Bory de Saint-Vincent), Péron et Lesueur. Il vient de l'océan Atlantique. — PYROSOME ÉLÉGANT, *Pyrosoma elegans*, Lamk., *loc. cit.*, n. 2; Péron et Lesueur, Nouv. Bullet. des Scienc., vol. III, p. 283. Cette espèce vient de la Méditerranée. — PYROSOME GÉANT, *Pyrosoma gigantea*, Lamk., *loc. cit.*, n. 3; Lesueur, Bullet., *loc. cit.* Egalement de la Méditerranée.

(D..H.)

PYROSTOMA. BOT. PHAN. Genre de la famille des Verbénacées, et de la Didynamie Angiospermie, L., établi par Meyer (*Primitiæ Floræ Essequeb.*, p. 219) qui l'a ainsi caractérisé : calice tubuleux, à cinq lobes oblongs, lancéolés, étalés; corolle monopétale, ringente, dont le tube est un peu renflé supérieurement et courbé; le limbe bilabié; la lèvre supérieure à trois découpures, l'inférieure bifide; quatre étamines didynames à anthères libres; ovaire arrondi, déprimé, surmonté d'un style filiforme plus long que les étamines, et de deux stigmates subulés, recourbés; fruit inconnu. Ce genre est très-voisin du *Columnea*; il en diffère par son calice allongé, tubuleux, à cinq lobes plus courts, et par la lèvre inférieure de la corolle. Le *Pyrostoma ternata*, Meyer, *loc. cit.*, est un Arbre ou Arbrisseau à feuilles opposées, ternées, pétiolées. Les fleurs sont très-belles, à corolles velues, soyeuses, disposées en corymbes terminaux. Cette Plante croît dans les forêts de l'Amérique méridionale.

(G..N.)

* PYROSTRIE. *Pyrostria*. BOT. PHAN. Genre de Rubiacées, et de la Pentandrie Monogynie, L., établi par Commerson pour un Arbrisseau de l'île de Mascareigne où il est connu sous le nom vulgaire de Bois de Mussard. Ce genre se distingue par un calice très-petit et à quatre dents très-courtes; une corolle monopétale subcampanulée, ouverte, et à quatre divisions peu profondes; quatre étamines; un ovaire surmonté d'un style simple que termine un très-petit stigmate. Le fruit est un petit nuculaine pyriforme, à peine ombiliqué à son sommet, strié, et renfermant huit petits nucules monospermes. Le *Pyrostria oleoides*, Lamk., Ill., tab. 68, est un Arbrisseau portant des feuilles opposées, glabres, sessiles, lancéolées, un peu obtuses; des fleurs disposées en petites grappes courtes et axillaires. Ce genre est voisin du *Myonima* dont il diffère par la structure de son fruit qui, dans ce dernier, contient un noyau à quatre loges monospermes. (A. R.)

PYROXÈNE. MIN. Haüy a réuni

sous ce nom, qu'il regardait comme spécifique, un grand nombre de Minéraux dont la structure cristalline est presque identiquement la même, qui se rapprochent encore par une composition analogue, mais qui diffèrent sensiblement par les caractères extérieurs. Aussi les minéralogistes de l'école allemande les ont-ils séparés et distingués sous une multitude de dénominations diverses. Depuis les nouvelles et importantes découvertes concernant l'isomorphisme des substances minérales, on s'accorde assez généralement à considérer le Pyroxène, non plus comme une espèce unique, mais comme un de ces groupes naturels d'espèces qui ont une forme et une composition semblables, et qui se différencient entre elles par la nature de leurs bases, ainsi que nous l'avons vu pour les groupes de corps que nous avons décrits sous les noms de Grenats et d'Amphiboles. Les Pyroxènes ont pour caractères généraux d'offrir un aspect vitreux, un éclat assez vif, mais inférieur à celui des Amphiboles; d'être fusibles avec plus ou moins de facilité au chalumeau; de cristalliser sous des formes qui dérivent d'un prisme rhomboïdal-oblique, et se clivent parallèlement aux faces de ce prisme, mais avec plus de netteté dans le sens de la base que dans celui des pans. La forme primitive de ce groupe d'espèces est donc un prisme oblique à base rhombe, dans lequel deux pans font entre eux un angle de 87° environ, et avec la base un angle de 100° 1/2. Cette dernière inclinaison varie dans les différentes espèces de 100° 10' à 100° 40', suivant Phillips. La composition de tous les Pyroxènes peut être ainsi formulée : un atome de bisilicate de l'un des trois bioxides isomorphes de Chaux, de Magnésie ou de Fer, combiné avec un atome de bisilicate de l'un des deux autres bioxides. Leur dureté est supérieure à celle de la Chaux fluatée, mais inférieure à celle du Feldspath. Leur pesanteur spécifique varie de 3,15 à 3,40. Ils manifestent, quand ils sont transparens, la réfraction double à un degré très-marqué, et possèdent deux axes de réfraction. Le résultat de leur fusion au chalumeau est en général un globule vitreux, incolore ou d'un vert sombre.

Les formes cristallines des Pyroxènes sont assez variées : celles qu'Haüy a décrites dans son Traité sont au nombre de vingt-sept. Nous ne ferons mention ici que des plus simples et des plus communes, de celles auxquelles toutes les autres peuvent être facilement rapportées. Le Pyroxène périorthogone : prisme rectangulaire, à base oblique, parallèle à celle du prisme fondamental. Cette forme appartient à l'espèce nommée Sahlite.—Le Pyroxène périhexaèdre : en prisme hexagonal, irrégulier et à base oblique (Pyroxène Augite d'Arendal).—Le Pyroxène périoctaèdre : en prisme octogonal, irrégulier. Cette forme est celle qu'affectent le plus communément les cristaux de Sahlite d'Arendal en Norvège, et de Pargas en Finlande.—Le Pyroxène bisunitaire : prisme hexagonal, à sommet dièdre; les faces culminantes se réunissant sur une arête parallèle à la base (très-commun parmi les Pyroxènes Augites des volcans, ainsi que la variété suivante).—Le Pyroxène triunitaire : prisme octogone, avec le même sommet dièdre. —Le Pyroxène sénoquaternaire : octaèdre à triangles scalènes, émarginé latéralement, et dans lequel la base aurait une position oblique à l'axe (variété de Sahlite, dite Pyrgome et Fassaïte).—Le Pyroxène sénobisunitaire : prisme hexagonal, à sommet trièdre (variété dite Baïkalite).—Le Pyroxène épiméride : prisme octogone, comprimé, terminé par un sommet à cinq faces diversement inclinées (cristaux de Pyroxène blanc d'Amérique; à raison de leur forme et de leur couleur, ils ont une grande analogie d'aspect avec certains cristaux de Feldspath).—Le Pyroxène octovigésimal : prisme octogone, terminé par un sommet à dix faces (cristaux de Diopside transparent du Piémont).

Indépendamment des formes simples que nous venons de citer, les cristaux de Pyroxène offrent fréquemment des groupemens réguliers, qui le plus ordinairement ont lieu par des faces prismatiques et avec hémitropie. La variété triunitaire est une de celles qui sont le plus susceptibles de ce genre d'accident, facile à reconnaître aux angles rentrans qu'il détermine toujours vers l'un des sommets. Ces cristaux hémitropes forment quelquefois des groupes, en se croisant deux à deux, ou trois à trois, à la manière des Staurotides, mais sous des angles très-variables. On peut subdiviser le groupe des Pyroxènes en quatre espèces, d'après les différences qu'ils présentent dans leurs compositions.

1°. Pyroxène diopside, à base de Chaux et de Magnésie. Incolore ou blanc lorsqu'il est pur; d'un vert pâle lorsqu'il se mêle à l'espèce suivante, c'est-à-dire au Pyroxène de Fer et de Magnésie. Sa texture est vitreuse ou pierreuse. Ses cristaux se clivent parallèlement aux faces de la variété périorthogone : la base est inclinée à l'axe de 106° 30', suivant les mesures de Phillips. Leur pesanteur spécifique est de 3,30. Ces cristaux offrent en général des prismes plus allongés et plus chargés de facettes à leurs sommets que ceux des autres espèces du genre; ils sont souvent striés longitudinalement. Le Diopside fond au chalumeau avec ébullition en un verre incolore. Lorsqu'après avoir été fondu avec un Alcali, on le dissout dans un Acide, sa solution, privée de Silice, précipite abondamment en blanc par l'oxalate de Potasse, puis par l'Ammoniaque, et quelquefois en bleu par l'hydrocyanate ferrugineux de Potasse. Il est composé de Silice 57, de Chaux 25, Magnésie 18. Les variétés de formes cristallines qu'il a présentées sont, parmi celles citées plus haut : la Périorthogone, l'Epiméride et l'Octovigésimale. Les Pyroxènes, que l'on rapporte à cette espèce, sont les suivans : le Diopside blanc, en cristaux prismatiques, comprimés, translucides, en masses laminaires ou granuliformes (Coccolithe blanche), engagées dans un Calcaire saccharoïde, à Kingsbridge, comté de Putnam, dans l'État de New-York, et à Lichtfield, dans le Connecticut, en Amérique; à Tamare et à Orrijervi, en Finlande; à Malsjoe et à Gulsjoe dans le Wermeland, en Suède; à l'île de Tiotten, près de Helgoland, en Norvège. Le Diopside blanc-grisâtre, opaque ou translucide, avec un éclat légèrement nacré, en longs prismes comprimés ou en cylindres ordinairement minces et allongés, formant de petites masses enveloppées dans les roches serpentineuses, à l'Alpe de la Mussa, en Piémont. C'est la variété décrite par Bonvoisin sous le nom de Mussite. Le Diopside gris-verdâtre, en cristaux transparens, avec un éclat vitreux, du mont Ciarmetta, dans la vallée d'Ala, affluent de la vallée de Lans, en Piémont. C'est l'Alalite de Bonvoisin. Le Diopside vert-pâle, de la mine d'Argent de Sahla, en Westmanie.

2°. Pyroxène Sahlite, à base de Fer et de Magnésie. Cette espèce ne s'offre jamais pure, mais toujours mélangée avec la précédente, à laquelle elle communique une teinte d'un vert plus ou moins foncé. Si elle existait seule, elle serait composée de Silice 54, bioxide de Fer 29, Magnésie 17. Ses cristaux se clivent avec netteté parallèlement aux faces d'un prisme rhomboïdal-oblique, dont la base est inclinée à l'axe de 106° 12', et sur les pans de 100° 40', d'après les mesures de Phillips. Ils sont quelquefois assez volumineux et fort nets; mais la Sahlite s'offre plus fréquemment en masses, à structure laminaire, ou composées, tantôt de longs prismes ou de baguettes comprimées, tantôt de grains sphéroïdaux, agrégés, et changés en Polyèdres par leur compression mutuelle. Toutes les variétés que l'on rapporte à cette espèce fondent aisément en un verre de couleur sombre. Les principales sont : la Sahlite vert-obscur

(Malacolithe d'Abildgaard), en cristaux, ou en masses laminaires, à grandes lames, de Buoën, près d'Arendal, en Norvège, et de Biornmiresveden, en Dalécarlie. La Sahlite gris-verdâtre (variété de la Malacolithe), de New-Haven, aux États-Unis. La Sahlite vert-jaunâtre, dite Fassaïte et Pyrgome, de Monzoni dans la vallée de Fassa, en Tyrol. La Sahlite vert-olivâtre, dite Baïkalite, des bords du lac Baïkal, en Sibérie : elle est accompagnée de Béryls. La Sahlite granuliforme (Coccolithe de d'Andrada), composée de grains d'un vert-noirâtre, ou d'un vert-clair, d'Arendal en Norvège, et de Langsbanshyttan, près d'Hellesta, en Suède.

3°. Pyroxène hédenbergite, à base de Chaux et de Fer. Il est d'un vert foncé, tirant sur le brun. Sa poussière est d'un vert-olive. Sa pesanteur spécifique est de 3,15. Il est divisible à la fois en prisme rectangulaire, et en prisme rhomboïdal, à base oblique, dont les angles sont ceux du Pyroxène, suivant G. Rose. Quand il est pur, il est composé de Silice 50, de Chaux 22, Bioxide 28. On l'a trouvé presque uniquement à Tunaberg, en Sudermanie. Brongniart rapporte à cette espèce le Minéral décrit par Keating sous le nom de Jeffersonite, et qu'on a trouvé au milieu d'un minerai de Fer des fourneaux de Francklin, près de Sparta, dans la province de New-Jersey, aux États-Unis.

4°. Pyroxène Augite, aussi nommé Schorl volcanique, Pyroxène des volcans. Mélange de Sahlite et d'Hédenbergite, avec des quantités variables de diverses autres substances; l'Alumine y entre presque constamment en remplacement d'une portion de Silice. Ses cristaux dérivent d'un prisme oblique, rhomboïdal, dont la base est inclinée à l'axe de 106° 15', et aux pans de 100° 10' (Phillips). Ils fondent au chalumeau, mais difficilement, en un verre noir. Leur éclat est sensiblement moins vif que celui de l'Amphibole hornblende. On rapporte à cette espèce le Pyroxène d'un vert foncé, lamellaire ou massif, du port de Lherz, vallon de Suc, à l'extrémité de la vallée de Vic-Dessos dans les Pyrénées, et auquel on a donné les noms de Lherzolite et de Pyroxène en roche; les Pyroxènes d'un vert sombre, de Pargas en Finlande; quelques variétés du Pyroxène de Sahla, et le Pyroxène lamellaire, nommé Disluite, que l'on trouve dans une roche syénitique à West-Point, aux États-Unis. Mais les principales variétés d'Augite, celles qui sont le plus répandues et le plus anciennement connues, sont les Pyroxènes noirs des volcans, que l'on trouve en cristaux disséminés dans la plupart des roches des terrains ignés, en Auvergne, au Vésuve, à l'Etna, à Albano et Frascati dans la campagne de Rome, dans les terrains volcaniques des bords du Rhin, etc.

Le Pyroxène considéré seul forme des masses assez considérables pour prendre rang parmi les Roches proprement dites. Il compose à l'état grenu ou compacte quelques couches subordonnées dans le terrain de Micaschiste, aux Pyrénées (Lherzolite grenue et compacte), et dans la vallée d'Ala, en Piémont (Diopside et Sahlite). Mais le plus souvent il est disséminé dans diverses Roches du sol primordial, ou en cristaux implantés sur les parois de leurs cavités (Alalite, Sahlite, Fassaïte). Ces Roches appartiennent principalement aux terrains de Micaschiste et de Serpentine. On le trouve aussi dans les amas métallifères subordonnés au terrain de Gneiss, à Arendal en Norvège : il est fréquemment associé au Fer oxidulé. Au-delà du sol primordial on ne le rencontre plus que dans les filons basaltiques et les Roches d'origine ignée; et c'est seulement alors l'espèce Augite. Il fait partie constituante d'un grand nombre de Roches pyrogènes, et de plus se présente en cristaux isolés et fort nets, disséminés, et comme empâtés au milieu de ces mêmes Roches, dans les Trapps (Aphanites) et les Ophites, dans les Xérasites qui proviennent de leur décomposition, dans les Dolérites, les Basaltes et les Wackes, où il est souvent altéré et transformé en terre verte; dans les roches vitreuses nommées Gallinaces; dans les Scories et Pouzzolites, les Pépérinos et les Tufas; enfin dans les Cinérites ou cendres rouges volcaniques. Le Pyroxène Augite paraît s'être formé de toutes pièces dans les volcans, ainsi que l'Amphigène, et probablement il se forme encore dans les laves modernes quelques instans après leur déjection. On l'a même vu se cristalliser dans les Scories et Laitiers de fourneaux où se traite le Fer. Anciennement on supposait qu'il était étranger aux roches volcaniques, qu'il existait déjà tout formé dans des roches qui avaient été seulement fondues par l'action du feu pour former les laves; de-là le nom de Pyroxène qu'on lui avait donné et dont il faut tout-à-fait oublier l'étymologie. (G. DEL.)

PYRRHOCORAX. *Pyrrhocorax*. OIS. (Cuvier.) Genre de l'ordre des Omnivores. Caractères : bec médiocre, assez grêle, plus ou moins arqué et tranchant, comprimé, un peu subulé à la pointe qui est unie ou faiblement échancrée; narines placées de chaque côté du bec et à sa base, ovoïdes, ouvertes, mais entièrement cachées par des poils dirigés en avant; tarses robustes, plus longs que le doigt intermédiaire; quatre doigts, trois en avant, presque entièrement séparés, un en arrière, tous armés d'ongles forts et arqués; quatrième et cinquième rémiges les plus longues.

Les Pyrrhocorax sont les Corbeaux des plus hautes montagnes que bien rarement ils abandonnent pour descendre dans les plaines et les vallons; les uns et les autres goûtent les douceurs de la vie sociale et s'accommodent de toute espèce de nourriture; la mue est simple et n'apporte aucun changement dans le plumage, et l'on ne distingue les jeunes ou vieux que par la couleur du bec et des pieds qui sont toujours gris chez les premiers. Néanmoins, les habitudes des Pyrrhocorax sont beaucoup plus sauvages que celles des Corbeaux, et leurs couvées sont d'un accès infiniment moins facile. Leur nid, que les deux sexes préparent avec beaucoup de soin, et qu'ils tapissent intérieurement du duvet le plus doux, est toujours placé dans les fentes des rochers ou des vieilles constructions alpines; rarement on le trouve établi sur les Pins qui couronnent quelquefois ces cimes arides. La ponte consiste en trois ou quatre œufs blanchâtres, tachetés de jaunâtre ou de brun. Nos Pyrrhocorax sont, dans les divers ouvrages d'ornithologie, des Corbeaux, des Coracias, des Craves ou des Choquarts. On les trouve dans toutes les grandes chaînes de l'ancien continent

PYRRHOCORAX AUX AILES BLANCHES, *Pyrrhocorax leucopterus*, Temminck. Plumage noir, à l'exception des grandes rémiges qui sont d'un blanc pur; queue arrondie; bec et pieds noirs. Taille, quinze pouces trois lignes. De l'Australasie.

PYRRHOCORAX CHOQUARD, *Corvus Pyrrhocorax*, Gmel., Buff., pl. enl., 531. Plumage d'un noir irisé; queue légèrement arrondie; ailes courtes; bec d'un jaune orangé; iris brun; pieds rouges. Taille, quatorze pouces six lignes. Les jeunes ne sont point irisés sur le plumage; ils ont le bec et les pieds noirs. Des montagnes des Vosges, des Alpes, des Pyrénées, etc.

PYRRHOCORAX CORACIUS, *Corvus graculus*, Gmel.; *Corvus eremita*, Gmel.; *Fugilus erythroramphos*, Dum.; *Coracias erythroramphos*, Vieill., Buff., pl. enlum. 255. Plumage d'un noir irisé; queue carrée; ailes longues; bec long, un peu effilé, pointu, arqué, rouge, ainsi que les pieds; iris brun. Taille, seize pouces. Les jeunes ont le plumage noir sans reflets; le bec et les pieds d'un gris noirâtre. Des montagnes d'Europe.

PYRRHOCORAX SICRIN, *Corvus crinitus*, Daud., Levaill., Ois. d'Afr., pl. 82. Plumage noir, irisé; sommet de la tête couvert d'une huppe noire, bordée de roux; du derrière des yeux partent de chaque côté trois crins d'inégale longueur, et dont l'un surpasse la taille de l'Oiseau, noirs, terminés de roux jaunâtre; bec jaune; pieds gris. Taille, sept pouces six lignes. (DR..Z.)

PYRRHOPOECILLOS. MIN. C'est-à-dire tacheté de rouge. Selon Pline, c'était le Marbre qu'il appelait Syénite, ou le Granit rose égyptien. (G. DEL.)

PYRRHOSIDÉRITE. MIN. C'est-à-dire Fer de couleur pourpre. Ullmann a donné ce nom au Fer oligiste micacé (Eisenglimmer), dont il a fait une espèce particulière. Il est en lames très-petites et confusément groupées, à la surface d'un Fer hydroxidé hématite, dans les mines d'Eisenzèche, pays de Nassau-Siégen. *V.* FER OLIGISTE. (G. DEL.)

* PYRRHOXIE. OIS. Nom appliqué par Vieillot à un Oiseau fort peu connu, décrit par Latham sous le nom de *Loxia psittacea*, et dont Temminck a fait le type de son genre Psittirostre, *Psittirostra* (*V.* ce mot) qui ne paraît pas différer du genre *Corythus* de Cuvier. Le Pyrrhoxie des Oiseaux chanteurs de la Zône-Torride de Vieillot, p. 106, est le *Psittirostra icterocephalus* de Temminck. (LESS.)

PYRRHULA. OIS. Nom scientifique du Bouvreuil que les anciens appelaient aussi Pyrrias. (B.)

PYRROCHITON. BOT. PHAN. (Renaulme.) Syn. d'*Ornithogalum luteum*. (B.)

PYRROSIA. BOT. CRYPT. (*Fougères.*) Genre établi par Mirbel, et qui nous paraît différer très-peu de son genre *Candollea* ou *Cyclophorus* de Desvaux. Suivant cet habile botaniste, ces deux genres, qui présentent également des capsules réunies en groupes arrondis, nus, réguliers, disposés en cercles, diffèrent en ce que les capsules du *Candollea* sont plongées dans les fossettes de la feuille, et celles du *Pyrrosia* sont sessiles et non pédicellées, comme cela a lieu dans presque tous les genres de Polypodiacées. Ces caractères n'ont été observés jusqu'à présent que par le savant auteur de ce genre sur une Plante de la Chine à laquelle il donne le nom de *Pyrrosia chinensis*; c'est une Fougère à fronde simple comme la plupart des Cyclophores, et dont la surface inférieure est couverte d'un duvet roux abondant qui lui a fait donner le nom qu'elle porte. (AD. B.)

* PYRROTE. *Pyrrota.* OIS. Vieillot a proposé sous ce nom un genre démembré du *Tanagra* des auteurs, qu'il caractérise ainsi : bec médiocre, droit, entier, très-comprimé latéralement, à arête rétrécie, fléchi vers le bout, pointu; doigts antérieurs soudés à la base; les troisième, quatrième et cinquième rémiges les plus longues. Le type de ce genre, non encore adopté, est le Tangaroux des enluminures de Buffon; mais il n'a rien de commun avec les Synallaxes. *V.* ce mot. (LESS.)

PYRULAIRE. *Pyrularia.* BOT. PHAN. Ce genre, dont la place n'est pas encore bien déterminée dans la série des ordres naturels, a reçu plusieurs noms. Etabli par le professeur Richard dans la Flore de l'Amérique septentrionale de Michaux, Mühlemberg l'a nommé *Hamiltonia*, nom qui a été adopté par Willdenow; Beauvois, *Pleurogonis*; et enfin Rafinesque, Callineux. Mais de tous ces noms, celui de Pyrulaire est le seul qui doive être conservé comme le plus ancien. Le *Pyrularia pubera*, Michaux, *loc. cit.*, est un Arbuste de trois à six pieds, portant des feuilles alternes, sans stipules; de très-petes fleurs dioïques; les mâles en petits épis multiflores et terminaux; les femelles solitaires à l'aisselle des feuilles supérieures. Les premières ont un calice presque campanulé, à cinq divisions courtes et réfléchies; cinq étamines à filamens courts et à anthères globuleuses, didymes, à deux loges s'ouvrant chacune par un sillon longitudinal. Tout l'intérieur du tube calicinal est tapissé par une matière jaunâtre formant un disque qui est légèrement quinquélobé dans son contour. Les fleurs femelles ont le tube de leur calice turbiné et adhérent avec l'ovaire infère ; les cinq étamines imparfaites ; un disque épigyne à cinq lobes tapissant le sommet de l'ovaire qui se termine par un style et un stigmate simples. L'ovaire est à une seule loge contenant un ovule dressé. Le fruit est pyriforme, ombiliqué, renfermant une petite noix monosperme. Cet Arbrisseau croît dans l'Amérique septentrionale. Il a quelques rapports avec le genre *Nyssa*. (A. R.)

PYRULE. *Pyrula*. MOLL. Les auteurs qui précédèrent Linné placèrent les Coquilles de ce genre dans un genre qu'ils nommaient Buccin et dont il serait difficile d'assigner les limites. L'établissement du genre Murex par Linné diminua le chaos de cet ancien genre Buccin. Toutes les Coquilles canaliculées furent comprises dans les Rochers ; les Pyrules, qui le sont toutes, y sont placées, à l'exception d'un petit nombre qui par leur peu d'épaisseur se trouvèrent on ne sait pourquoi dans le genre Bulle. Ce genre Murex de Linné pouvait être facilement démembré, le grand nombre d'espèces qu'il contenait exigeait même qu'il le fût. Bruguière proposa le genre Fuseau pour séparer les Coquilles qui n'ont pas de varices de celles qui en ont ; les dernières restèrent dans le genre Rocher ; les Pyrules furent donc entraînées et confondues avec les Fuseaux. Il est peu de Coquilles qui aient en effet avec eux plus d'analogie. Lamarck proposa de séparer les Pyrules des Fuseaux de Bruguière, se motivant sur des caractères pris dans les proportions relatives du canal et de la spire ; il devait être difficile d'admettre cette séparation. Il existe un certain nombre d'espèces qui se refusent d'entrer dans l'un ou dans l'autre, ce qui montre avec quelque évidence que l'un des deux genres est artificiel ; cependant le genre Pyrule rendit l'étude du genre Fuseau plus facile en diminuant le nombre des espèces déjà fort considérable. C'est sans doute pour ce motif que la plupart des conchyliologues l'ont adopté comme genre ou comme sous-genre ; aucun n'a cherché à les éloigner, et on trouvait même bien suffisante la distinction des Pyrules. Montfort cependant trouva moyen de tirer un genre des Pyrules pour celles qui sont sénestres et qui ont un rudiment de pli à la columelle ; il nomma ce genre CARREAU, *Fulgus* ; il ne pouvait être adopté et il ne le fut pas en effet.

Quoique l'Animal des Pyrules ne soit pas connu, on peut penser cependant par analogie qu'il doit être bien semblable à celui des Fuseaux ; il possède un opercule corné qui ne diffère pas de celui des Fuseaux. Le genre Pyrule a été caractérisé de la manière suivante : Animal inconnu ; Coquille subpyriforme, canaliculée à sa base, ventrue dans la partie supérieure, sans bourrelets au dehors et ayant la spire courte, surbaissée quelquefois ; columelle lisse ; bord droit sans échancrure. Les Pyrules, comme nous l'avons dit, ont des rapports intimes avec les Fuseaux ; elles en ont également avec certaines espèces de Pleurotomes à spire très-courte. Quelques espèces sublamelleuses ont de la ressemblance avec les Murex foliacés ; mais il est bien facile de ne confondre aucun de ces genres, si on fait attention que les Fuseaux ont la spire égale ou plus grande que le canal de la base ; que les Pyrules ont la spire toujours plus courte que le canal ; enfin que les Rochers, s'il y en a quelques-uns de foliacés, le sont régulièrement et ne sont pas pour cette raison dépourvus de varices. Le genre Pyrule compte un assez grand nombre d'espèces, Lamarck en indique vingt-huit de vivantes dont nous allons indiquer les principales ; il en existe aussi un certain nombre de fossiles. Defrance en cite quatorze ; mais nous croyons que ce nombre devra être réduit.

PYRULE CANALICULÉE, *Pyrula canaliculata*, Lamk., Anim. sans vert. T. VII, p. 137, n. 1; *Murex canaliculatus*, L., Gmel., p. 3544, n. 65; Encyclop., pl. 436, fig. 3.—PYRULE SINISTRALE, *Pyrula perversa*, Lamk., *ibid.*, n. 3; *Murex perversus*, Lin., Gmel., n. 72; Born., Mus., tab. 11, fig. 8, 9; Encyclop., pl. 433, fig. 4, a, b. Genre Carreau, Montf., Conch., *Syst.* T. II, p. 502.—PYRULE CHAUVE-SOURIS, *Pyrula Vespertilio*, Lamk., *ibid.*, n. 7; *Murex Vespertilio*, L., Gmel., n. 100; Martini, Conch. T. IV, tab. 142, fig. 1323, 1324; Encycl., pl. 434, fig. 3, a, b. — PYRULE MÉLONGÈNE, *Pyrula Melongena*, Lamk., *loc. cit.*, n. 7; *Murex Melongena*, L., Gmel., n. 50; Lister, Conch., tab. 904, fig. 24; Favanne, Conch., pl. 24, fig. E 2; Martini, Conch., tab., tab. 39, fig. 389 à 39 B et pl. 40, fig. 394 à 397; Encyclop., pl. 435, fig. 3 a, b, c, d, e. Espèce variable, qui prend quelquefois une grande taille, six pouces environ, et elle a un subanalogue fossile à Bordeaux.

Parmi les Coquilles fossiles qui appartiennent à ce genre, nous remarquerons aux environs de Paris des Coquilles qui par leur forme rappellent le *Pyrula Ficus*, mais qui en diffèrent constamment. Lamarck qui sans doute n'en a connu qu'un petit nombre d'individus en a fait trois espèces : *Pyrula tricarinata*, *clathrata* et *nexilis*, qui étant examinées sur un assez grand nombre d'individus offrent des limites peu sûres; nous pensons donc qu'il faudra en supprimer au moins une. On trouve dans les faluns de la Touraine, à Bordeaux et à Dax, une Coquille analogue au *Pyrula spirillus*; nous ne disons pas identique, parce qu'elle présente avec la vivante des différences constantes. On observe également dans les mêmes lieux et de plus en Italie où elles ont conservé des traces de leur coloration, des Coquilles identiquement semblables au *Pyrula reticulata*; une autre espèce d'Italie, *Pyrula Geometra*, Bors., est très-voisine du *Pyrula Ficus* et pourrait bien n'en être qu'une variété fossile. (D..H.)

PYRUS. BOT. PHAN. *V.* POIRIER.

PYTHAGORÉE. *Pythagorea.* BOT. PHAN. Loureiro (*Flor. Cochinch.*, éd. Willd., 1, p. 300) a consacré à la mémoire de Pythagore un genre de l'Octandrie Tétragynie, mais dont on ne connaît pas encore les affinités naturelles. Voici ses caractères : calice campanulé, à sept ou huit folioles linéaires, colorées et hérissées; corolle campanulée, à sept ou huit pétales lancéolés, concaves, hérissés, et de la longueur du calice; huit étamines à filets subulés plus longs que la corolle et à anthères didymes: ovaire presque ovoïde, velu, surmonté de quatre styles subulés, réfléchis, plus courts que les étamines; capsule ovée, quadriloculaire et polysperme. Le *Pythagorea cochinchinensis*, unique espèce de ce genre, est un petit Arbre très-rameux, à feuilles ovales-lancéolées, dentées en scie, glabres et presque sessiles. Les fleurs sont blanches, axillaires, disposées sur de courts pédicelles, en grappes longues, presque simples. On trouve cette Plante dans les champs de la Cochinchine.

Rafinesque-Schmaltz (Journal de Physique, août 1819) a proposé un autre genre *Pythagorea* qui a pour type le *Lythrum lineare*, L. Ce genre n'a pas été adopté. *V.* SALICAIRE. (G..N.)

PYTHE. *Pytho.* INS. Genre de l'ordre des Coléoptères, section des Hétéromères, famille des Sténylitres, tribu des Hélopiens, établi par Latreille aux dépens du genre *Tenebrio* de Linné, et qu'Olivier et Paykul confondaient avec le genre *Cucujus*. Les caractères du genre Pythe sont : corps très-déprimé; tête presque triangulaire, un peu plus étroite que le corselet; yeux saillans; antennes filiformes, insérées à nu devant les yeux, composées de onze articles, le premier obconique, les cinq suivans presque de cette même forme; les seconds, troisième et quatrième presque égaux entre eux, les cinquième et sixième un peu plus courts que les précédens, les quatre suivans semi-globuleux, le onzième ou dernier ovale, diminuant de grosseur et finissant en pointe; labre apparent, membraneux, transverse, entier; mandibules avancées, fortes, déprimées, pointues; mâchoires à deux divisions presque triangulaires et velues, l'extérieure plus grande; palpes grossissant vers le bout, leur dernier article plus large, comprimé, presque triangulaire, tronqué; les maxillaires deux fois plus longs que les labiaux, s'avançant un peu en devant, de quatre articles, les labiaux de trois; lèvre coriace, membraneuse, profondément échancrée ou bifide, presque en cœur; corselet presque orbiculaire, tronqué en devant, et postérieurement aplati, sans rebords; écusson petit; élytres non rebordées; pates de longueur moyenne; cuisses ovales, étroites, comprimées; jambes longues, grêles, à peine élargies à l'extrémité; tarses courts, petits; à articles entiers; crochets courts. Ce genre se distingue des Hélops, Cistèles et Nilions, parce que ceux-ci ont le corps convexe en dessus. Les Hallomènes en sont bien séparés par la forme cylindrique du dernier article de leurs palpes maxillaires. On ne connaît encore qu'une espèce de ce genre; elle est propre à la Suède, et se trouve sous les écorces des arbres, où il est probable que sa larve vit. Cet Insecte varie beaucoup pour la couleur, et quelques auteurs ont fait plusieurs espèces avec ces variations : c'est le PYTHE DÉPRIMÉ, *Pytho depressus*, Latr.; *Pytho cœruleus*, *ibid.*, *Gen. Crust.*, etc., Fabr., Panz. (Faun. Germ., fasc. 95, fig. 2); *Tenebrio depressus*, L., Oliv. (Entom. T. III, Ténébr., n. 19, pl. 2, fig. 18); *Cucujus cœruleus*, Oliv., *ibid.* T. IV; *Cucuj.*, n. 11, pl. 1, fig. 11, a, b, c). Cet Insecte est long de six lignes, il est d'un bleu foncé en dessus, avec les pates et le dessous du corps d'un brun châtain plus ou moins foncé. (G.)

* PYTHIE. *Pythia.* MOLL. Sous ce nom, Ocken propose un genre démembré des Hélices et qui renferme toutes les espèces à ouverture ovale; les genres Bulime et Agathine de Lamarck y sont rassemblés. Ce genre n'a point été adopté; il en est de même de celui de Schumacher qui porte le même nom; non-seulement il a le défaut d'avoir un nom semblable à un genre déjà publié, mais d'être aussi un double emploi du genre Scarabe de Montfort. Ces deux raisons sont bien suffisantes pour le faire rejeter. (D..H.)

* PYTHIUM. ZOOL.? BOT. CRYPT.? (Fries.) *V.* PUSILLINE.

PYTHON. REPT. OPH. Sous-genre des Couleuvres. *V.* ce mot. (B.)

* PYTHONION. BOT. PHAN. Syn. ancien de l'*Arum Dracunculus* ou Serpentaire. (B.)

PYTHONISSE. REPT. OPH. Espèce du genre Couleuvre. *V.* ce mot. (B.)

PYTHONISSE. POIS. Le *Scorpena horrida* de Linné a reçu ce nom. *V.* SCORPÈNE. (B.)

* PYTHYORNE. *Pythyornus* OIS. (Pallas.) Nom scientifique du Bruant à couronne lactée. *V.* BRUANT. (DR..Z.)

* PYURE. *Pyura.* MOLL. Molina (Hist. nat. du Chili) a décrit sous ce nom un Animal de la mer du Sud qui paraît appartenir à la division des Ascidiens. (AUD.)

PYXACANTHA. BOT. PHAN. Matthiole, Dodœns et d'autres vieux botanistes ont décrit et figuré sous ce nom un petit Arbre originaire de la Lycie et de la Cappadoce, dont les fruits, petits et ronds comme des grains de poivre, sont disposés en paquets axillaires, et dont les rameaux, les feuilles et les racines fournissaient le suc épaissi appelé *Lycium*. On n'a aucune donnée positive sur la Plante à laquelle se rapporte l'espèce des anciens. Il y a quelques présomptions en faveur d'un *Rhamnus*. (G..N.)

PYXIDANTHÈRE. *Pyxidanthera*. BOT. PHAN. Genre établi par le professeur Richard (*in Michx. Flor. Bor. Amer.*, 1, p. 152) et offrant les caractères suivans : calice à cinq divisions très-profondes, elliptiques, obtuses, incombantes latéralement, minces et membraneuses; corolle monopétale, subcampanulée, à cinq lobes, subcunéiformes et réfléchies; cinq étamines dressées, alternes avec les divisions de la corolle, ayant leurs filets épais et élargis, et leurs anthères à deux loges obovoïdes, rapprochées, terminées en pointe à leur base, s'ouvrant par une scissure transversale et deux parties presque égales, dont la supérieure forme une sorte de couvercle. L'ovaire est libre, appliqué sur un disque hypogyne peu saillant; il offre trois loges contenant chacune un assez grand nombre d'ovules attachés à un trophosperme axillaire. Le style est simple, triangulaire, terminé par un stigmate très-petit et trilobé. Le fruit n'est pas encore connu. Ce genre, qui a des rapports avec les *Azalea*, est néanmoins fort distinct, et sa place ne nous paraît pas encore définitivement fixée. Il se compose d'une seule espèce, *Pyxidanthera barbulata*, Michx., *loc. cit.*, tab. 17. C'est un petit Arbuste ayant le port de l'*Azalea procumbens*; des feuilles alternes ou quelquefois opposées, cunéiformes, lancéolées, très-aiguës, couvertes d'une touffe de poils à la base de leur surface supérieure. Les fleurs sont solitaires et terminales. Il croît dans la Caroline supérieure. (A. R.)

* PYXIDAIRE. *Pyxidaria*. BOT. CRYPT. (*Lichens.*) Lorsque peu de voyageurs s'occupaient de cryptogamie, et que la science des Lichens entre autres n'existait pour ainsi dire pas, sentant la nécessité de créer plusieurs genres dans une famille nombreuse, sur laquelle nous appelions l'attention des botanistes, nous proposâmes (Voyage en quatre îles des mers d'Afrique) de former des Lichens en entonnoir ou pyxidés, le genre *Pyxidaria* dont nous fîmes connaître deux espèces nouvelles de l'île de Mascareigne. Notre *Pyxidaria* a été adopté sans qu'on nous citât; mais on en a changé le nom sans raisons suffisantes en *Scyphophorus*, *Bœomyces*, etc. *V.* ces mots. (B.)

PYXIDARIA. BOT. PHAN. C'était le nom donné par Linderu, auteur de l'*Hortus alsaticus*, à un genre de Plantes auquel Linné imposa celui de *Lindernia* comme générique, en conservant le mot *Pyxidaria* comme spécifique. *V.* LINDERNIE. (G..N.)

PYXIDE. *Pyxis* ou *Pyxidium*. BOT. PHAN. C'est l'espèce de fruit que Linné désignait sous le nom de *Capsula circumcissa*, et que l'on appelle aussi vulgairement Capsule en boîte à savonnette. Cette espèce de fruit est bien caractérisée par ses deux valves superposées, et dont la supérieure forme une sorte de couvercle. On en trouve des exemples dans les genres *Anagallis*, *Portulaca*, *Hyoscyamus*, *Lecythis*, *Couratari*, etc. (A. R.)

* PYXIDELLE. BOT. PHAN. On a proposé sans succès de substituer ce nom francisé à celui de Lindernie. *V.* ce mot. (B.)

* PYXIDIUM. BOT. CRYPT. (Hill.) Même chose que Pyxidaire. *V.* ce mot. (Ehrhart.) Syn. de *Phascum curvicollum*, Hedw. (B.)

* PYXINE. *Pyxina*. BOT. CRYPT. (*Lichens.*) Le *Lecidea sorediata* d'Acharius est devenu le type de ce genre fondé par Fries (*Syst. Orb. Veget.*, p. 267) qui le définit : un Lichen à périthécie superficielle, orbiculaire, d'abord close, puis s'ouvrant en coupe, à nucléum céracé, ascigère, imitant le disque. Le thalle est cartilagineux, foliacé, imbriqué, lacinié, fixé par des fibrilles. Il imite celui des Parmélies ou des Sticles. Les Pyxines sont des Plantes exotiques qui, pour être mieux connues, devraient être figurées. (A. F.)

* PYXINÉES. *Pyxineæ*. BOT. CRYPT. (*Lichens*.) Première tribu des Lichens idiothalames de Fries (*Syst. Orb. Veget.*, p. 265). Il la caractérise ainsi : réceptacle propre, nu, placé superficiellement sur le thalle, et d'abord fermé. Le thalle est étendu horizontalement, foliacé, discolore, libre inférieurement, d'une texture filamenteuse. Fries rapporte aux Pyxinées les genres *Umbilicaria* et *Pyxina*. (A. F.)

PYXOS. BOT. PHAN. Le Buis dans l'antiquité. (B.)

Q.

QOUATA. MAM. (Barrère.) Pour Coaita, espèce d'Atèle. *V.* ce mot. (B.)

QOIMEAU. OIS. La petite espèce de Butor connue, selon Salerne, dans la Sologne sous ce nom vulgaire, paraît être le Blongios. (B.)

* QUACARA. OIS. (Frisch.) L'un des noms vulgaires donnés anciennement à la Caille. *V.* PERDRIX. (DR..Z.)

* QUACHAS. MAM. On donne ce nom comme celui que porte dans son pays le Couagga, espèce du genre Cheval. (B.)

QUACHILTON. OIS. *V.* YACACINTLI.

* QUACHY. MAM. Barrère donne ce nom comme usité à Cayenne pour désigner le Coati (*Viverra nasua*), que cet auteur rangeait parmi les Renards. (LESS.)

* QUACK. OIS. Syn. vulgaire du Bihoreau. *V.* HÉRON. (DR..Z.)

* QUACKER. OIS. L'un des noms de pays du Pinson d'Ardennes, *Fringilla montifringilla*. (B.)

QUADRANGULAIRE. POIS. Espèce du genre Ostracion. (B.)

QUADRATORIA. BOT. PHAN. (Gaza.) Syn. de Fusain, *Evonymus*, L. (B.)

QUADRATULE. CONCH. Dans les vieux oryctographes, des moules intérieurs de Coquilles fossiles qui paraissent avoir appartenu à des Bucardes, sont ainsi nommés. (B.)

QUADRETTE. BOT. PHAN. On trouve dans le Dictionnaire de Levrault, ce nom proposé pour désigner le genre *Rhexia*. *V.* RHEXIE. (B.)

QUADRIA. BOT. PHAN. (Ruiz et Pavon.) Syn. de Gévuine. *V.* ce mot. (B.)

QUADRICOLOR. OIS. On a donné ce nom à divers Oiseaux, tels qu'un Colibri, un Gros-Bec, etc. (B.)

QUADRICORNE. MAM. Blainville a proposé de nommer ainsi des Antilopes qui ont quatre cornes. Cette section répond au genre *Tétracère* de Leach, qui avait pour type l'*Antilope quadricornis* de Blainville. Depuis, le général Hardwicke a publié la description d'une nouvelle espèce de l'Inde qu'il nomme *Antilope Chickara*, qui a également quatre cornes et qui pourrait bien être le *Tetracerus striaticornis* de Leach, et même la première espèce dont on ne connaissait qu'un crâne. Ces Antilopes quadricornes ne peuvent point former un genre à part ; mais seulement elles doivent pour la commodité des recherches dans un genre d'ailleurs nombreux en espèces, constituer une section. (LESS.)

* QUADRICORNE. POIS. Espèce du genre Ostracion. *V.* ce mot. (B.)

QUADRICORNES ou POLYGNATHES. INS. Nom donné par Duméril (Zool. Analyt.) à une famille d'Insectes aptères à laquelle il assigne les caractères suivans : des mâchoires; abdomen peu distinct, ayant des pates sous quelques anneaux. Cette famille renferme les genres Physode, Cloporte et Armadille. *V.* ces mots. (G.)

QUADRIDENT. BOT. CRYPT. (*Mousses.*) Nom francisé pour désigner le genre Tétraphis. *V.* ce mot. (B.)

QUADRIE. BOT. PHAN. Pour *Quadria.* *V.* ce mot. (B.)

* QUADRIFOLIUM. BOT. PHAN. Les anciens botanistes donnaient ce nom à ce que le vulgaire appelle Trèfle à quatre feuilles, le regardant à tort comme une espèce distincte du *Trifolium repens*, L. (B.)

* QUADRILATÈRES. *Quadrilatera.* CRUST. Tribu de l'ordre des Décapodes, famille des Brachyures, établie par Latreille et à laquelle il assigne les caractères suivans (Fam. nat. du Règ. Anim.) : thoracide tantôt presque carré ou en trapèze, tantôt en forme de cœur, élargi et arrondi aux angles antérieurs et tronqué transversalement à son extrémité postérieure; front ou son milieu avancé et plus ou moins incliné; point de pieds terminés en nageoires. Latreille divise ainsi cette tribu dans l'ouvrage que nous avons cité plus haut :

I. Quatrième article des pieds-mâchoires extérieurs, ou la paire inférieure, inséré près du milieu du sommet du précédent ou plus en dehors.

† Antennes intermédiaires très-petites, à peine bifides au bout; leur premier article plutôt longitudinal que transversal.

Genres : OCYPODE, GÉLASIME, MICTYRE.

†† Antennes intermédiaires très-distinctement bifides à leur extrémité; leur premier article plus transversal que longitudinal.

Genres : PINNOTHÈRE, GÉCARCIN, CARDISOME, UCA, PLAGUSIE, GRAPSE, MACROPHTALME.

II. Quatrième article des pieds-mâchoires extérieurs inséré à l'extrémité supérieure interne du précédent (sur une saillie courte et tronquée ou dans un sinus).

Genres : RHOMBILLE, TRAPÉZIE, MÉLIE, TRICHODACTYLE, THELPHUSE, ERIPHIE. *V.* ces mots à leur lettre ou au Supplément. (G.)

QUADRILLE. BOT. PHAN. Nom vulgaire de pays de l'*Asclepias carnosa*, L. (B.)

* QUADRIPENNES. *Quadripennia.* INS. Latreille (Fam. nat. du Règ. Anim.) divise sa seconde section de la classe des Insectes, celle des Ailés, en deux coupes. Dans l'une il comprend tous ceux qui ont deux ailes recouvertes par deux élytres, ou par des hémi-élytres; il donne à cette coupe le nom d'*Elytroptères*. La seconde coupe est celle des *Quadripennes*; elle renferme les Insectes qui ont quatre ailes. (G.)

QUADRISULCES. MAM. On a tenté d'introduire ce nom dans la science pour désigner les Animaux qui avaient les pieds divisés en quatre doigts à sabots, tels que les Cochons et l'Hippopotame. Ce nom est trop peu utile pour être adopté. (B.)

* QUADRISULFURE DE FER. MIN. (Berzelius.) *V.* FER SULFURÉ JAUNE.

* QUADRULE. *Quadrula.* CONCH. C'est ainsi que Rafinesque (Monographie des Coquilles de l'Ohio) nomme le troisième sous-genre de son genre Obliquaire (*V.* ce mot); il le caractérise ainsi : forme équarrie, mais arrondie antérieurement, à peine transver-

sale. Ce sous-genre ne peut pas être plus adopté que le genre dont il fait partie. *V.* MULETTE. (D..H.)

QUADRUMANES. MAM. Deuxième ordre de la classe des Mammifères, suivant la méthode de Cuvier (*V.* pour les subdivisions, le second des tableaux annexés à notre article MAMMALOGIE, et les mots LÉMURIENS et SINGES). Tous les Quadrumanes ont, de même que l'Homme, les yeux dirigés en avant, soit directement, comme chez les Singes, soit obliquement, comme chez les Makis; les mamelles pectorales; la verge pendante; la fosse temporale séparée de l'orbite par une cloison osseuse; et les hémisphères cérébraux composés de trois lobes, dont le postérieur recouvre le cervelet. Leurs formes générales sont plus ou moins analogues à celles de l'Homme, et leur organisation interne offre de très-grands et de très-nombreux rapports avec celle de cet être le plus parfait de tous. Leur caractère distinctif est toutefois très-facile à saisir : leurs membres postérieurs, plus ou moins complétement impropres à la station bipède, deviennent des instrumens très-parfaits de préhension, et sont terminés par de véritables mains aussi bien que les antérieurs; tous leurs doigts sont allongés et très-flexibles, et leurs pouces, très-mobiles et très-écartés des autres orteils, leur sont parfaitement opposables. C'est cette circonstance organique très-remarquable qui a valu au deuxième ordre de la classe des Mammifères le nom de *Quadrumanes* ou Animaux à quatre mains, nom qui, au reste, comme il est facile de le démontrer, ne serait pas rigoureusement applicable à tous les genres auxquels on l'a étendu. En effet, parmi les Singes eux-mêmes, les Atèles et les Colobes, qui manquent de pouce aux mains antérieures, et même plusieurs Semnopithèques, qui n'ont antérieurement que des pouces rudimentaires, ne sont pas de véritables Quadrumanes, en donnant à ce mot le sens qui dérive rigoureusement de son étymologie; et une semblable remarque est applicable, quoique par l'effet d'une toute autre modification organique, aux Ouistitis et aux Tamarins, ainsi que nous l'avons démontré ailleurs (*V.* OUISTITI). C'est un fait bien digne d'attention que les anomalies par lesquelles divers Quadrumanes s'écartent, sous ce point de vue, du type de leur ordre, portent toujours sur les membres antérieurs et jamais sur les postérieurs. Chez l'Homme, les extrémités antérieures ont seules un pouce libre et opposable : chez les Quadrumanes, au contraire, le pouce existe constamment aux membres postérieurs, et il y est toujours très-développé et très-opposable aux autres doigts, quand, dans un très-grand nombre d'espèces, les pouces antérieurs s'atrophient et deviennent rudimentaires, ou même tout-à-fait nuls. Rappelons ici que tous les Marsupiaux pédimanes ont des pouces libres et opposables à leurs extrémités postérieures, et jamais à leurs extrémités antérieures, et il en est de même d'un Mammifère placé par la plupart des naturalistes près des Ecureuils, mais qui nous semble bien plutôt un Quadrumane voisin des Tarsiers qu'un Rongeur; nous voulons parler de l'Aye-Aye. Ainsi il est un très-grand nombre d'Animaux de différentes familles qui ont des mains aux extrémités postérieures, sans en avoir aux antérieures; tels sont les Atèles, les Colobes, les Didelphes, les Phalangers, l'Aye-Aye, etc.; mais il n'est qu'un seul être chez lequel on trouve le système inverse; et cet être remarquable par une telle anomalie, c'est l'Homme. (IS. G. ST.-H.)

QUADRUPÈDES. ZOOL. Chez d'anciens naturalistes qui attachaient une grande importance au nombre des membres propres à la préambulation, on donna ce nom collectif aux Animaux à quatre pieds. Buffon appela Quadrupèdes ce que Linné appela plus convenablement Mammifères, sans considérer que les Phoques ou les Lamantins n'ont que deux pieds et les Cétacés pas du tout. Lacépède appela Quadrupèdes ovipares, par opposition aux Quadrupèdes vivipares (Mammifères), des Reptiles dont plusieurs n'ont que deux pates. Ce nom de Quadrupèdes est aujourd'hui banni de la science pour ceux qui s'en occupent sous un point de vue plus philosophique. « Les Lézards, les Tortues, les Grenouilles, dit très-judicieusement le Dictionnaire de Déterville, ayant quatre pieds, seraient donc des Quadrupèdes comme les Chiens ou les Chevaux. » Cette phrase prouve mieux que tout ce que nous pourrions ajouter, l'impropriété du mot Quadrupèdes en Histoire naturelle. *V.* MAMMIFÈRES. (B.)

QUALIER. *Qualea.* BOT. PHAN. Genre établi par Aublet, et placé par Auguste de Saint-Hilaire dans sa nouvelle famille des Vochysiées. Ce genre peut être caractérisé de la manière suivante : fleurs formant des espèces de grappes terminales; leur calice est à cinq divisions très-profondes, inégales, et dont une plus grande se termine à sa base en éperon; la corolle se compose d'un seul très-rarement de deux pétales; une seule ou très-rarement deux étamines alternent avec le pétale; l'ovaire est libre, à trois loges, contenant chacune plusieurs ovules attachés à l'angle interne; le style est simple, terminé par un stigmate très-petit, également simple; le fruit est une capsule ligneuse, à trois loges polyspermes, s'ouvrant en trois valves septifères; les graines sont ailées d'un côté, et contiennent un embryon épispermique dont les cotylédons sont très-grands et roulés. Ce genre se compose d'environ sept ou huit espèces originaires du Brésil ou de la Guiane. Ce sont des Arbres à feuilles opposées, coriaces, glabres, très-entières, ayant les nervures pennées, assez semblables à celles des *Calophyllum*, et accompagnées à leur base de stipules caduques. Aublet a décrit et figuré deux espèces de *Qualea*, sous les noms de *Qualea rosea*, 1, p. 5, t. 1, et *Qualea cœrulea*, *loc. cit.*, p. 7, t. 2. Martius, dans sa Flore du Brésil, en a figuré quatre espèces nouvelles, savoir : *Qualea ecalcarata*, 1, p. 130, tab. 78; *Qualea grandiflora*, *loc. cit.*, p. 133, tab. 79; *Qualea multiflora*, *loc. cit.*, p. 134, tab. 80; *Qualea parviflora*, *loc. cit.*, 1, p. 135, tab. 81. (A. R.)

* QUALOR-KATCHELÉE. POIS. Le Poisson de la côte de Coromandel, auquel Russel dit qu'on donne ce nom, est, selon Cuvier, une espèce d'Ombrine, sous-genre de Sciène. *V.* ce mot. (B.)

QUAMASH. BOT. PHAN. On dit que la racine dont se nourrissent des Sauvages de l'Amérique septentrionale et à laquelle ils donnent ce nom, est celle d'une espèce de Scille. *V.* ce mot. (B.)

QUAMELLE. BOT. CRYPT. Même chose que Coulmelle. *V.* ce mot. (B.)

QUAMOCLIT. BOT. PHAN. Nom de pays d'une des espèces les plus remarquables du genre *Ipomœa*. Ce nom a été employé génériquement par Poiret, dans l'Encyclopédie, pour désigner en français toutes les espèces de ce genre. Mœnch avait établi sur l'*Ipomœa coccinea* un genre *Quamoclit*, qui se rapporte au vrai genre *Ipomœa* tel qu'il a été réformé par Kunth; car la plupart des *Ipomœa* décrits par les auteurs doivent être reportés parmi les *Convolvulus*. *V.* IPOMÉE et LISERON. (G..N.)

QUANHPECOTLI. MAM. (Séba.) Syn. d'*Ursus lotor*, L. *V.* RATON. (B.)

* QUANLANG. BOT. PHAN. L'Arbre dont le P. Kircher, dans son *China illustrata*, dit que les Chinois tirent la moelle pour faire une sorte de pain, paraît être un Sagoutier. *V.* ce mot. (B.)

* QUANPIAN. OIS. Coréal, voyageur espagnol, a indiqué sous ce nom des Oiseaux américains, qu'il nomme aussi *Panou*. L'un est le

Piauhau, et l'autre la Coracine écarlate. (LESS.)

* QUANSO. BOT. PHAN. (Thunberg.) Nom de pays de l'*Hemerocallis fulva*. (B.)

* QUAO. MAM. Le général Hardwicke a décrit sous ce nom (Trans. Soc. Linn. de Londres, T. XIII, p. 236) une variété du genre Chien, *Canis*, qui habite les montagnes de Ramghur dans l'Inde. (LESS.)

QUAPACHEANAUHTLI. OIS. (Hernandez.) Nom de Pays du Millouin. *V.* CANARD. (B.)

QUAPACTOTL. OIS. Espèce du genre Coua. *V.* ce mot. (B.)

QUAPALIER. BOT. PHAN. On trouve ce nom employé dans quelques ouvrages pour désigner le genre *Sloanea*. *V.* SLOANE. (B.)

* QUAPETLAHOAC. OIS. On ne peut déterminer à quel genre appartient l'Oiseau du Mexique désigné sous ce nom de pays par Hernandez. (B.)

QUAPIZOLT OU QUANHTLA. MAM. Noms de pays du Pécari. *V.* ce mot. (B.)

QUAPOYA. BOT. PHAN. (Aublet.) *V.* CLUSIE.

QUAPOYER. BOT. PHAN. Pour *Quapoya*. *V.* CLUSIE. (B.)

QUAQUILE. BOT. PHAN. Pour *Cakile*. *V.* ce mot. (B.)

QUARANTAINE. BOT. PHAN. Les jardiniers donnent ce nom à une variété fort double de Giroflée, *Cheiranthus annuus*. (B.)

QUARANTE-LANGUES ET QUATRE-CENTS-LANGUES. OIS. On a quelquefois donne ces noms au Moqueur, espèce du genre Merle. *V.* ce mot. (B.)

QUARARIBEA. BOT. PHAN. Ce genre, établi par Aublet, a été réuni au *Myrodia*, dans lequel il forme une section à part, distinguée par ses anthères éparses sur l'androphore, et non réunies à son sommet comme dans les espèces primitives de ce genre. *V.* MYRODIE. (A. R.)

* QUARÉQUEC. OIS. Nom péruvien d'une espèce d'OEdicnême que nous croyons inédite. (LESS.)

* QUARHMECATL. BOT. PHAN. (Hernandez.) Nom de pays du *Seriana mexicana*, Willd. *V.* SERIANA. (B.)

QUARIAU. POIS. On trouve ce nom dans le vieux français pour désigner le Carrelet, espèce du genre Pleuronecte. *V.* ce mot. (B.)

QUARTERON ET QUARTERONNE. MAM. Les métis mâle et femelle au troisième degré des espèces japéthique et éthiopique du genre Homme. *V.* ce mot. On les a aussi appelés plus convenablement Terceron et Terceronne. (B.)

QUARTZ OU QUARZ. MIN. L'une des espèces minérales les plus remarquables, par le rôle important qu'elle joue dans la structure du globe, et par les usages multipliés auxquels se prêtent ses nombreuses variétés. C'est peut-être la substance la plus abondante du règne minéral; on la rencontre partout à la surface et dans l'intérieur de la terre, à quelque profondeur que l'on descende. On la trouve dans les terrains de tous les âges, de toutes les formations, et avec toutes les circonstances géologiques dans lesquelles un Minéral peut s'offrir. Le grand nombre et la diversité des modifications que présente cette espèce ont porté tous les minéralogistes à établir dans leur série des subdivisions assez multipliées et caractérisées par des dénominations particulières. Ces dénominations, souvent prises dans des acceptions différentes par les divers auteurs, sont relatives aux variétés de structure et d'aspect, aux accidens de coloration et à une foule de distinctions qui sont ou minéralogiques ou simplement techniques. Nous aurons soin de rappeler ces dénominations, presque toutes vulgaires, dans l'énumération succincte que nous ferons des principales variétés du Quartz; mais à considérer la chose sous le point de vue purement scientifique, on peut se borner à établir avec Haüy, dans l'ensemble de ces variétés, quatre subdivisions assez bien tranchées qui correspondent aux principaux états ou aspects, aux formes principales sous lesquelles le Quartz, c'est-à-dire la Silice pure, peut s'offrir à nos observations. Ces quatre subdivisions ou sous-espèces, dont nous allons présenter successivement l'histoire, sont : le QUARTZ-HYALIN, le QUARTZ-AGATHE, le QUARTZ-JASPE, et le QUARTZ-RÉSINITE.

Toutes les variétés comprises dans ces subdivisions ont deux caractères communs qu'il est aisé de leur faire manifester : l'un de ces caractères est la dureté, qui est toujours supérieure à celle du Verre, de l'Acier, et même du Feldspath ; aussi ces variétés donnent-elles toutes des étincelles par le choc du briquet. Le second caractère est l'infusibilité au chalumeau par les moyens ordinaires. Le Quartz, pour être fondu et rendu soluble par les acides, a besoin d'être attaqué préalablement par un Alcali. Si l'on veut s'assurer plus complètement de sa nature chimique, on prouve qu'il n'est formé que de Silice pure, par les mêmes procédés qu'emploient les chimistes pour reconnaître en général les Silicates et les distinguer ensuite les uns des autres. Le Quartz ayant été fondu au chalumeau avec la Soude ou la Potasse caustique, et le résultat de la fusion ayant été dissous dans l'Acide nitrique, on évapore la solution presque à siccité, puis jetant de l'eau sur le résidu et filtrant, on sépare la Silice qui reste sur le filtre sous forme de poudre blanche. La solution ainsi privée de Silice est ensuite examinée par les réactifs, dans le but de faire connaître successivement les différentes bases qui peuvent être unies à la Silice. Mais dans le cas où la matière d'essai est un Quartz, si elle est minéralogiquement pure, elle ne doit rien précipiter par les réactifs.

QUARTZ-HYALIN. Substance cristallisée, limpide ou diversement colorée, ordinairement transparente, à cassure vitreuse, quelquefois ondulée, et comme ridée ou guillochée, assez dure pour rayer le verre et étinceler sous le choc du briquet, possédant la double réfraction attractive, et pesant spécifiquement 2,65, infusible, et ne blanchissant pas par l'action du feu. Ses cristaux, dont la forme est généralement celle d'un prisme hexagonal régulier terminé par des sommets pyramidaux ou celle d'un dodécaèdre bipyramidal à triangles isoscèles, dérivent d'un rhomboïde obtus de 94°15' et 85°45'. Ils sont rarement clivables parallèlement aux faces de ce rhomboïde à cause de leur grande cohésion ; cependant on parvient quelquefois à les diviser à l'aide de la percussion, ou bien à provoquer la séparation de leurs feuillets, en les chauffant fortement et les plongeant brusquement dans l'eau froide. Le Quartz-Hyalin, lorsqu'il est pur, n'est formé que de Silice ; il contient trois atômes d'Oxigène pour un atôme de Silicium, ou en poids 50 parties d'Oxigène et 50 de Silicium ; mais il est rare qu'il offre cette pureté parfaite ; il renferme presque toujours un peu d'Alumine ou d'un Oxide colorant, mais souvent dans la proportion de quelques millièmes au plus. Nous allons parcourir rapidement la série des nombreuses variétés du Quartz-Hyalin, que nous partagerons en variétés de formes, variétés de structure, variétés de couleurs, variétés dépendantes des accidens de lumière, et variétés dépendantes des accidens de composition.

Le Quartz s'est présenté, mais très-rarement, sous la forme du rhomboïde primitif ; c'est ainsi qu'on le trouve en cristaux fort petits, dans les cavités d'un Silex, à Chaud-Fontaine, près de Liége, et à Schneeberg en Saxe. Il se rencontre plus fréquemment en dodécaèdres bipyramidaux, à triangles isoscèles, provenant de la combinaison de deux rhomboïdes semblables au primitif.

Ces cristaux, de couleurs variées, sont disséminés dans des Roches de différentes natures, dans un Calcaire aux environs de Sienne, en Italie; dans un Porphyre, à l'île de Ténériffe; dans une Argile rougeâtre, mêlée de Gypse et d'Arragonite, en Espagne. Mais la forme la plus commune, celle que l'on peut regarder comme le type de toutes les autres variétés, et dont celles-ci ne sont que de légères modifications, est le prisme hexagonal pyramidé, qui n'est autre chose que la variété dodécaèdre dont les deux pyramides sont séparées par les pans d'un prisme hexaèdre régulier, qui ont pris naissance sur les arêtes de leur base commune. La cristallisation du Quartz est donc une des moins variées que l'on connaisse; mais cette forme presque unique, sous laquelle se présente ce Minéral, se diversifie à l'infini par l'inégale extension que prennent les faces de même ordre, en restant toujours inclinées entre elles de la même manière. Il résulte de là dans l'ensemble des faces du Cristal un défaut de régularité et de symétrie qui en change complétement l'aspect. Sous ce rapport, on distingue les sous-variétés suivantes : — Le Quartz-Hyalin prismé régulier, en prisme hexaèdre, terminé par des pyramides à triangles isoscèles égaux. Les pans sont souvent sillonnés par des stries perpendiculaires aux arêtes longitudinales, et qui indiquent les bords des lames décroissantes dont sont formés ces mêmes pans. — Le Prismé bisalterne, dont les pyramides présentent alternativement trois petites facettes triangulaires et trois grandes faces pentagonales. — Le Prismé comprimé, en prisme aplati, de manière que deux de ses pans opposés sont beaucoup plus larges que les autres, ce qui rend le sommet cunéiforme. — Le Prismé basoïde, dans lequel une des faces de la pyramide a pris un accroissement considérable, ce qui a rendu les autres presque rudimentaires, et a fait paraître le prisme comme tronqué obliquement à ses extrémités. Cette sous-variété est commune dans les montagnes du Dauphiné. — Le Prismé sphalloïde, qui a éprouvé un allongement dans une direction oblique à l'axe, de manière que les axes des deux pyramides ne sont plus sur une même direction. — Le Quartz-Hyalin prismé est sujet encore à beaucoup d'autres altérations, parmi lesquelles nous citerons seulement celle qui est due à l'amincissement du prisme en forme d'obélisque, et qui semble offrir au premier aspect une aiguille ou pyramide à six faces, très-aiguë et profondément sillonnée en travers.

Toutes les autres variétés de formes régulières peuvent se rapporter à celles que nous venons de décrire : elles n'en diffèrent que par l'addition de petites facettes sur les angles ou sur les arêtes de la base du prisme hexagonal. Telles sont particulièrement les variétés Rhombifère et Plagièdre. Dans la première, les six angles des bases sont alternativement intacts et remplacés par des rhombes; dans la seconde, ces angles sont tous à la fois remplacés par de petites facettes situées de biais, et Herschell fils a remarqué qu'elles étaient tournées tantôt dans un sens, tantôt dans un autre, et que cette variation de position s'accordait avec une variation semblable dans le sens suivant lequel a lieu dans le Quartz la modification de la lumière connue sous le nom de Polarisation circulaire. — Les cristaux de Quartz atteignent quelquefois des dimensions considérables; on en connaît qui ont jusqu'à cinq décimètres de long; les plus remarquables sous ce rapport viennent de Fischbach en Valais, de Madagascar et de Sibérie. — Indépendamment des formes cristallines régulières, le Quartz présente aussi des formes purement accidentelles, produites les unes par groupement, les autres par voie d'incrustation ou de pseudomorphose, ce qui constitue les variétés suivantes : — Le Quartz sphéroïdal ou mamelonné, en boules isolées ou réunies, à surface unie ou drusique, c'est-à-dire recouverte de cristaux implantés et fortement serrés les uns contre les autres; en masses botryoïdes, composées de globules accollés comme les grains d'une grappe de raisin; en roses ou petites masses groupées qui ressemblent à des rosaces d'ornement. — Le Quartz stalactiforme, en stalactites cylindroïdes, à surface unie ou drusique, composées de cristaux de Quartz agrégés, et qui convergent vers l'axe du cylindre. — Le Quartz géodique, en géodes ou boules creuses, revêtues à l'intérieur d'une druse de cristaux de Quartz, et contenant quelquefois des cristaux d'une autre substance, de Chaux carbonatée par exemple. — Le Quartz pseudomorphique, modelé en Carbonate de Chaux rhomboïdal ou dodécaèdre, en Sulfate de Chaux lenticulaire (groupe de Lentilles des Marnes de Passy, près Paris); en Fer oligiste rhomboïdal, en rhomboïdes inverses de Chaux carbonatée (Calcaire agglutinant du Sable, ou Grès cristallisé de Fontainebleau). — Le Quartz incrustant, en concrétions ou incrustations cristallines sur des Cristaux de diverses espèces, telles que la Chaux carbonatée, la Chaux fluatée, etc.

Considéré sous le rapport de la structure, le Quartz nous offre les variétés suivantes : le Quartz laminaire, divisible en grandes lames ou plaques parallèles, ordinairement d'un blanc laiteux, d'un gris obscur ou d'un rouge de rose. — Le Quartz polyédrique, présentant dans sa cassure les traces des couches polyédriques auxquelles il doit son accroissement successif. Quelquefois la distinction entre ces couches est si nette, que les plus intérieures sont blanches et opaques, tandis que celles qui les recouvrent sont translucides; le Cristal paraît alors composé de deux parties emboitées l'une dans l'autre et que l'on peut séparer. Tels sont les cristaux désignés sous le nom de Quartz en capuchon que l'on trouve à Beeralston, dans le Devonshire en Angleterre. — Le Quartz laminiforme ou haché, composé de lames isolées, comme le serait un corps que l'on aurait haché avec un instrument tranchant. Ces lames paraissent s'être formées dans les fissures de quelque matière terreuse desséchée que des causes inconnues ont fait disparaître ensuite. — Le Quartz fibreux, à fibres parallèles ou divergentes. — Le Quartz compacte ou massif, diaphane ou translucide, quelquefois laiteux ou tout-à-fait opaque. — Le Quartz grenu, à gros ou à petits grains, pur ou mélangé de parcelles de Mica; c'est le Quartzite ou Quartz en roche des minéralogistes allemands; il a souvent la structure schisteuse. — Le Quartz arénacé, vulgairement Sable ou Gravier, composé de petits grains quartzeux, plus ou moins fortement agrégés, et donnant naissance aux différens Sables ou Grès. *V.* ces mots.

Il y a deux sortes de variétés de couleurs, les unes produites par des mélanges mécaniques de la matière quartzeuse avec diverses autres substances, souvent discernables à travers la masse cristalline, et qui l'accompagnent d'ailleurs presque toujours dans son gisement; les autres, dues à de véritables mélanges chimiques, qui ont lieu en proportions indéfinies, et laissent subsister jusqu'à un certain point la transparence du corps. Malgré leur état de combinaison, les principes colorans étant ici tout-à-fait accidentels, le ton de ces couleurs, ainsi que leurs teintes, varient à l'infini. — On distingue parmi les premières :

Le Quartz chloriteux : mélangé de Chlorite en grains ou en petites parcelles verdâtres qui lui communiquent une teinte verte nébuleuse (Cristaux du Dauphiné et du Saint-Gothard). — Le Quartz amphiboleux, ou la Prase, d'un vert obscur et d'un éclat gras, mélangé d'Actinote ou Amphibole vert, souvent en masses bacillaires (Cristaux de la Saxe et de la Bohême). — Le Quartz hématoïde, en cristaux opaques et isolés, d'un rouge sanguin (Hyacinthes de Compostelle), disséminés dans une Argile rougeâtre, ou engagés dans le Gypse et les Arragonites que renferme cette Argile, à Saint-Jacques de Compostelle en Galice, à Molina en Aragon, à Bastène près de Dax; en masses amorphes, à cassure vitreuse (Sinople) accompagnées de substances métalliques, dans les filons; il est coloré par le péroxide de Fer. Le Quartz rubigineux, d'un jaune de rouille, mélangé d'hydroxide de Fer, en masses grenues, formées par l'accumulation d'un grand nombre de petits cristaux très-nets de la variété Prismée. — Le Quartz jaune-verdâtre, dit Cantalite, parce qu'il vient du Cantal; il a la texture grenue, et paraît aussi mélangé d'hydroxide de Fer, d'après l'analyse qui en a été faite par Laugier.

Les variétés de couleurs, dues à des mélanges chimiques, donnent la série suivante : le Quartz incolore ou limpide, vulgairement Cristal de Roche; c'est le Quartz dans son plus haut degré de pureté. Analysé par Bucholz, il a fourni 99,3 de Silice sur 100; il offre dans sa cassure un aspect semblable à celui d'un morceau de Verre. On le distingue du Verre de glace ou Cristal artificiel, d'abord par sa dureté et ses autres caractères minéralogiques, mais aussi en ce qu'il est ordinairement, comme le Verre, parsemé de petites bulles qui y sont disposées sur un même plan, tandis que, dans le Cristal artificiel, elles sont éparses sans garder aucun ordre. — Le Cristal de Roche se rencontre en cristaux souvent volumineux, implantés en druses dans les cavités des montagnes primitives, nommées Poches ou Fours à cristaux (montagnes de la Tarentaise, du Dauphiné, de Madagascar); et aussi en cailloux roulés dans le lit des rivières (cailloux du Rhin, du Brésil, de Cayenne, de Médoc, etc.). Ces cailloux roulés ne sont que des fragmens de cristaux limpides, qui se sont arrondis par leur frottement mutuel dans le lit des torrens. Leur surface est ordinairement terne, mais le poli leur rend l'éclat et la transparence.—Le Quartz rose, dit Rubis de Bohême : ayant souvent une teinte laiteuse; sa couleur, que l'on croit due à la présence du Manganèse, paraît s'altérer au contact de l'air ou par l'action de la lumière (à Rabenstein en Bavière, et dans un grand nombre de lieux). Le Quartz violet, dit Améthyste : d'une teinte violette plus ou moins uniforme et plus ou moins foncée, due à la présence d'une petite quantité de Manganèse; en cristaux isolés, et plus ordinairement réunis et serrés les uns contre les autres, formant des masses dont la coupe présente des zônes parallèles ou en zig-zag (dans les terrains primitifs, et surtout les terrains pyrogènes anciens). — Le Quartz bleu : variété rare; on la trouve au cap de Gate, en Espagne, sous la forme du dodécaèdre. — Le Quartz jaune : d'un jaune pur ou d'un jaune miellé ou roussâtre; vulgairement fausse Topaze du Brésil, Topaze de Bohême, Topaze d'Inde et Topaze occidentale. Ce Quartz, d'une couleur assez pure, est fréquemment employé comme objet d'ornement (au Brésil, en Bohême, en Carinthie, etc.).—Le Quartz verdâtre : d'un vert pâle, tirant sur le brunâtre, offrant dans sa cassure des lignes courbes croisées, dont la disposition est analogue à celle des stries des doigts (au Brésil). — Le Quartz enfumé, vulgairement Cristal brun, Diamant d'Alençon, Topaze enfumée; offusqué par une teinte brune et comme fuligineuse (à Chanteloube, près Limoges, à Madagascar, au Brésil). — Le Quartz noir : presque opaque, susceptible de clivage (en Toscane, en Dauphiné). —On a essayé quelquefois de colorer le Quartz artificiellement; pour cela, on le fait chauffer fortement, afin que le cristal se fendille, et on le plonge ensuite dans un bain coloré. La matière colorante pénètre dans les fissures de la masse et la colore, mais jamais d'une manière uniforme. On donne le nom de Rubasses à ces produits de l'art.

Les variétés produites par des jeux

de lumière, c'est-à-dire par reflets particuliers, sont les suivantes : le Quartz opalisant ou Girasol, qui présente un fond laiteux d'où sortent des reflets bleuâtres ou rougeâtres.— Le Quartz chatoyant, vulgairement OEil de Chat et Chatoyante : d'un gris verdâtre, offrant, lorsqu'il est taillé en cabochon, des reflets nacrés blanchâtres ou jaunâtres, qui semblent flotter dans l'intérieur de la Pierre, à mesure qu'on la fait mouvoir. Ces reflets partent d'une multitude de fibres déliées, soyeuses et parallèles entre elles, que l'on a reconnues pour être des filamens d'Asbeste. Les plus beaux Quartz chatoyans viennent de Ceylan et de la côte de Malabar. — Le Quartz irisé : offrant superficiellement ou dans son intérieur des couleurs d'iris qui proviennent, ou d'une altération qu'a subie sa surface, ou des fissures dont sa masse est traversée.—Le Quartz aventuriné, ou l'Aventurine naturelle. C'est un Quartz translucide, de couleur brune ou grise, à texture grenue, et dont le fond est parsemé d'une multitude de points brillans. Cette scintillation a lieu par suite de la décomposition de la lumière entre des lamelles de Quartz plus vitreuses que la masse environnante, et tantôt par suite d'un mélange de paillettes de Mica avec la matière quartzeuse (en cailloux roulés, aux environs de Nantes en France).—Le Quartz gras, ayant l'apparence d'une substance qui aurait été frottée d'huile; il est ordinairement blanc ou grisâtre.

Les variétés dues aux incidens de composition sont : le Quartz fétide; il répand, lorsqu'on le brise, ou manifeste par le frottement une odeur de gaz hydrogène sulfuré, que l'on présume avoir été engagé dans ses fissures (à Chanteloube près Limoges).— Le Quartz aérohydre ou bulleux, offrant des cavités qui contiennent un liquide, et une bulle de gaz qui monte et descend, comme dans le niveau d'eau, lorsqu'on incline la pierre d'un côté ou de l'autre. Ce liquide est tantôt de l'eau pure, tantôt du Naphte; le gaz, qui souvent est très-raréfié, est de l'air atmosphérique ou de l'Azote pur. — Le Quartz renfermant des corps étrangers. Ce sont ordinairement des cristaux aciculaires de différens Minéraux, dont les principaux sont : le Titane oxidé rouge ou le Ruthile (à Madagascar et au Brésil); la Tourmaline (au Saint-Gothard, en Espagne); le Mica (à Zinnwald en Bohême); la Topaze (au Brésil); le Béryl (dans le district du Maine aux Etats-Unis); le Fer hydroxidé (à Framont dans les Vosges; dans l'île de Wolkostroff en Russie); le Manganèse oxidé métalloïde (dans le Dauphiné).

Le Quartz hyalin a son principal gisement dans le sol primordial, où il forme, tantôt une roche distincte à lui seul (le Quartzite), et tantôt entre comme base ou comme partie constituante dans un grand nombre de Roches composées, le Granite, le Gneiss, la Pegmatite, le Greisen, le Micaschiste et la Protogyne; il se présente en petits cristaux, mais beaucoup plus souvent en grains informes disséminés au milieu de ces Roches. Il s'y rencontre aussi en puissans filons ou en amas, qui, en se dilatant, laissent des cavités plus ou moins considérables, dont les parois sont tapissés de cristaux remarquables par leur volume et leur limpidité. Ces filons, ordinairement plus durables que les Roches qu'ils traversent, demeurent en place après la destruction de ces Roches, et présentent des espèces de murs que l'on a pris quelquefois pour des couches de Quartz-Hyalin. La même substance se montre aussi dans les filons métallifères et dans les filons pierreux formés par d'autres substances, et c'est là qu'il offre un grand nombre d'associations avec la Galène, le Fluor, la Baryte sulfatée, le Calcaire, les Pyrites, etc. On le rencontre quelquefois formant des druses et des géodes siliceuses au milieu d'une pâte compacte ou cristalline de nature toute différente. Tel est le cas de ces cristaux d'une pureté remarquable que l'on trouve au milieu du Calcaire saccharoïde de Carrare, dont les plus petits sont empâtés dans le Calcaire, et les autres réunis en groupes dans les fours ou poches à Cristaux. Jusqu'à présent il a été assez difficile de concevoir la formation de ces Druses, de même que celle des cristaux de Quartz que l'on trouve au milieu des Calcaires de sédiment les plus modernes. Mais les expériences de Berzelius nous ont appris que la Silice, au moment où elle se forme, est très-soluble dans l'eau; il serait donc possible que les cristaux de Quartz qui tapissent l'intérieur des Géodes, ou qui forment des Druses au milieu des Roches, eussent été produits au milieu d'un liquide tenant la Silice en dissolution, et qui se sera introduit après coup dans les cavités des Roches. Emmanuel Repetti vient de rendre cette explication très-probable dans un ouvrage sur les Marbres de Carrare, où il fait connaître plusieurs faits de la plus grande importance. Les Géodes que l'on trouve dans ces Calcaires, outre les cristaux qu'elles renferment, contiennent généralement une plus ou moins grande quantité d'une eau limpide, légèrement acidulée, avec laquelle les carriers ont l'habitude de se désaltérer. Une de ces Géodes, couverte en tous sens de cristaux, contenait environ une livre et demie de liquide, et l'on remarquait au fond une protubérance transparente, grosse comme le poing, et paraissant avoir tous les caractères du Cristal de Roche. Cette matière, retirée de la cavité, ne présenta plus qu'une substance molle et gélatineuse qui ne tarda pas à devenir solide et opaque, et à prendre l'aspect d'une Calcédoine. — Le Quartz hyalin, sous la forme de cristaux, devient rare dans les terrains secondaires; on ne le trouve que çà et là, en petits cristaux, soit épars, soit implantés dans l'intérieur des Nodules calcaires ou des cavités des Silex. Il reparaît un peu plus fréquemment dans les terrains tertiaires, et s'élève jusque dans les couches les plus superficielles; mais c'est surtout sous la forme Arénacée qu'on le rencontre abondamment dans le sol de sédiment. Il constitue sous cette forme des dépôts considérables que l'on retrouve à toutes les hauteurs, depuis les terrains intermédiaires jusqu'aux dernières alluvions de nos continens. *V.* les mots GRÈS et SABLES.

Les diverses variétés du Quartz hyalin sont taillées et employées en bijoux, en vases, en plaques d'ornement. La variété incolore prend le nom de Cristal de Roche, lorsqu'on veut désigner les corps travaillés par l'art dont elle a fourni la matière; c'était pour les anciens le Cristal par excellence; ils le regardaient comme n'étant autre chose que de l'eau fortement congelée (*Krystallos*); et parce que ce mot de Cristal se trouvait lié avec l'idée d'un corps de forme géométrique, il est devenu dans la suite le nom de la science qui traite des formes régulières des Minéraux. Le Cristal de Roche a été employé principalement en objets d'ornement et de luxe; on en a fait des lustres, des boîtes de poche, de grandes coupes sur lesquelles on sculptait ou gravait des figures. Plusieurs manufactures de ce Cristal avaient été établies dans le voisinage des montagnes qui le fournissent en abondance; telle était celle de Briançon. Mais l'usage en est bien moins répandu, et la plupart de ces fabriques sont tombées depuis que le Cristal naturel a été remplacé avec beaucoup d'avantage par le Cristal artificiel ou Verre de Cristal, qui est plus limpide, plus facile à travailler, et qui ne le cède au Quartz hyalin que sous le rapport de la dureté. On fait avec le Quartz rose des coupes qui sont assez agréables; avec l'Améthyste, de petites colonnes, des boîtes, de petits coffrets; avec le Quartz jaune, des cachets, des pierres de ceinture et de diadème. Les seules variétés employées dans la joaillerie qui aient quelque valeur, sont l'Améthyste et l'Œil de Chat. Les Améthystes de teinte foncée et uniforme sont très-rares; une pierre de treize lignes sur onze, a été estimée deux mille cinq cents francs; un OEil de Chat d'un pouce carré, lorsqu'il présente de beaux reflets, ne vaut pas moins de quatre cents à cinq cents francs.

Quartz Agathe. Les variétés comprises dans cette subdivision, sont décrites, dans les nouveaux systèmes de minéralogie, sous les noms communs d'Agathe, de Calcédoine ou de Silex. Ces noms ne s'appliquaient dans l'origine et ne s'appliquent encore maintenant dans les arts qu'à certaines variétés du groupe. Les auteurs ayant eu besoin d'une dénomination pour caractériser le groupe entier, ont adopté tantôt l'un de ces noms, tantôt un autre, en le prenant dans un sens plus étendu. Nous aurons soin, en présentant ici la série de ces variétés, d'indiquer celles auxquelles ces expressions, devenues ainsi génériques, se rapportaient plus particulièrement. Elles ont pour caractères généraux, de ne point offrir la transparence ni la texture vitreuse du Quartz hyalin; d'être seulement translucides, et quelquefois même opaques; d'avoir un aspect lithoïde, une cassure terne ou subluisante, écailleuse ou conchoïdale; de ne se présenter presque jamais sous des formes cristallines, mais presque toujours sous des formes nodulaires; de n'être enfin que des masses compactes, à pâte plus ou moins fine, plus ou moins grossière, formées par voie de concrétion ou de précipitation gélatineuse. Les Agathes font feu avec le briquet; elles sont infusibles, ce qui sert à les distinguer des Pétrosilex; seulement elles blanchissent au feu, mais sans dégager d'eau comme les Quartz résinites ou les Opales. La série de leurs variétés peut se partager en deux sections : 1° les Agathes fines ou les Calcédoines qui ont la cassure écailleuse ou cireuse, la transparence nébuleuse, les couleurs vives et variées, mais presque toujours mêlées d'une teinte de laiteux, et qui sont susceptibles de recevoir un poli assez éclatant; 2° les Agathes grossières ou les Silex, qui ont moins de translucidité que les Calcédoines, et dont la cassure est terne, ordinairement conchoïdale, quelquefois droite ou esquilleuse; leurs couleurs sont moins vives; et le poli qu'elles reçoivent n'a jamais l'éclat de celui des Calcédoines.

** Les Calcédoines.*

Les principales variétés de formes qu'elles présentent donnent la série suivante : la Calcédoine cristallisée : en rhomboïdes obtus, semblables à celles du Quartz hyalin, à la partie supérieure des masses de Calcédoine bleue (à Tresztya, près de Kapnick en Transylvanie). Peut-être cette couche superficielle n'est-elle que la matière de la Calcédoine sous-jacente plus épurée et passant à l'état de Quartz hyalin. — La Calcédoine en stalactites, mamelonnée ou cylindrique. — La Calcédoine en rognons ou nodules, tantôt pleins, tantôt géodiques; souvent formés de couches concentriques; ils renferment quelquefois de l'eau (Calcédoine enhydre).

Les variétés de couleurs sont les suivantes : la Calcédoine proprement dite ou Calcédoine des lapidaires, dont la couleur est bleuâtre ou blanchâtre, et dont la transparence est troublée par une nébulosité laiteuse (à Oberstein, aux îles Féroë). — La Calcédoine bleue ou la Saphirine. — La Calcédoine jaune orangée ou la Sardoine; elle est très-recherchée pour la gravure en relief. — La Calcédoine rouge ou la Cornaline, souvent d'un beau rouge de cerise; elle est employée principalement à faire des cachets. — La Calcédoine vert-pomme ou la Chrysoprase, à cassure cireuse; colorée par l'Oxide de Nickel (à Kosemütz en Silésie, avec la Pimélite). — La Calcédoine d'un vert d'herbe ou le Plasma, à cassure conchoïde. — La Calcédoine vert obscur ou l'Héliotrope, souvent ponctuée de rouge (en Bucharie, en Sibérie et en Bohème). — La Calcédoine blanche et opaque ou le Cacholong, d'un blanc mat, happant à la langue, et offrant une texture plus ou moins terreuse; elle se trouve le plus souvent à la surface des rognons de Calcédoine, et provient probablement de la décomposition de cette dernière.

Les Calcédoines stratiformes ou à couches concentriques présentent divers assortimens de plusieurs des variétés précédentes ou différentes teintes de la même variété. C'est à ces Calcédoines que l'on a donné plus particulièrement le nom d'Agathes (*V.* ce mot). Les couleurs sont tantôt disposées par bandes droites, à bords nettement tranchés (Agathe rubannée), tantôt par bandes curviligues concentriques (Agathe Onyx). — Les Calcédoines se rencontrent principalement en rognons plus ou moins volumineux dans les cavités des Roches pyrogènes amygdalaires. C'est ainsi qu'on les trouve en Islande, dans les îles Feroë et à Oberstein dans le Palatinat; on en trouve aussi dans l'intérieur des filons métallifères : elles ont été sans aucun doute produites par voie d'infiltration et de concrétion, et la matière siliceuse paraît avoir pénétré sous forme gélatineuse dans les cavités des Roches, et s'y être durcie en y formant des couches successives. On aperçoit souvent sur la coupe des géodes la trace du canal par lequel cette matière s'est introduite.

** *Les Silex.*

Les principales variétés de Silex sont : le Silex pyromaque, ou la Pierre à fusil, à cassure conchoïdale, subluisante, divisible par la percussion en fragmens convexes, à bords tranchans, qui, étant frappés par l'acier, en font jaillir de vives étincelles. Il est translucide, au moins sur les bords; ses couleurs sont le noir, le noir-grisâtre, le blond, le rouge et le verdâtre. En rognons de diverses grosseurs et de formes irrégulières, placés les uns à côté des autres, et formant des espèces de lits interrompus dans les terrains calcaires, et principalement dans le terrain de Craie. — Le Silex corné (Hornstein infusible des minéralogistes allemands) : opaque, à cassure plate ou légèrement esquilleuse; éclat gras ou terreux, mais le plus souvent analogue à celui de la corne; sa pâte est plus grossière que celle du Silex pyromaque; il est moins fragile. Ses couleurs les plus ordinaires sont le gris, le gris-jaunâtre, le rougeâtre, le brunâtre et le verdâtre. On le trouve en rognons, ou en lits interrompus, dans les calcaires compactes des terrains de sédiment les plus anciens, dans les assises inférieures du terrain de Craie, dans les bancs moyens du Calcaire grossier, et jusque dans le terrain d'eau douce supérieur au Gypse. — Le Silex molaire, ou la Meulière, la Pierre à meules : à cassure droite et à texture cellulaire, criblé de cavités irrégulières, que remplit en partie une Argile ordinairement rougeâtre; faiblement translucide ou tout-à-fait opaque, tantôt presque plein, tantôt très-poreux. Ses couleurs sont pâles et sales : elles varient entre le blanchâtre, le jaunâtre, le rougeâtre, et le gris tirant sur le bleuâtre. Il appartient aux dernières couches des terrains tertiaires, et on l'observe principalement aux environs de Paris, en bancs non continus, en amas ou en blocs de dimensions variées au milieu d'un dépôt argileux qui couronne presque tous les plateaux élevés. On l'emploie dans la bâtisse et pour faire des meules : celle de la Ferté-sous-Jouarre est surtout recherchée pour ce dernier usage. — Le Silex nectique : en masses nodulaires, blanches ou grises, à texture lâche et terreuse, très-légères, au point de surnager quelques instans sur l'eau lorsqu'on le met dans ce liquide; mais il finit par se précipiter au fond lorsqu'il en est imbibé. Le centre des nodules est souvent occupé par un noyau de Silex pyromaque. A Saint-Ouen près Paris, dans un terrain marneux d'origine d'eau douce. — Le Silex pulvérulent : en poussière blanchâtre ou grise, rude au toucher, dans l'intérieur des géodes siliceuses, ou en dépôts assez considérables dans les terrains calcaires, à Vierzon, département du Cher. *V.*, pour l'histoire géologique des Silex en général, leur formation dans la nature et leur emploi dans les arts, le mot SILEX.

Le QUARTZ JASPE. On range ordinairement sous cette dénomination toutes les variétés de Silex qui, par suite d'un mélange mécanique, mais intime avec diverses matières colorantes, sont devenues opaques, et présentent une cassure terne et compacte avec des couleurs plus ou moins vives, et souvent variées dans le même échantillon. *V.* JASPE.

Le QUARTZ RÉSINITE ou l'OPALE. Cette sous-espèce comprend tous les Silex qui renferment de l'eau, dont l'éclat est résineux, et qui sont fragiles au point de ne pas faire feu avec le briquet, comme les autres variétés précédemment décrites. Leur cassure est largement conchoïdale, quelquefois cireuse. Leur pesanteur spécifique varie de 2,11 à 2,35. Ils sont infusibles, blanchissent au feu, et donnent de l'eau par la calcination. Suivant Berzelius et la plupart des minéralogistes, cette eau n'est qu'interposée entre les particules siliceuses, et sa quantité est tout-à-fait variable. Beudant la regarde au contraire comme combinée avec la Silice, et pour lui l'Opale forme une espèce particulière sous le nom d'Hydroxide de Silicium. Parmi ses variétés, on distingue principalement : l'Opale perlée, en concrétions fistulaires ou mamelonnées ; elle est tantôt limpide et vitreuse (Hyalite, Müller-Glass) ; telle est celle que l'on trouve en enduit sur des laves ou des trachytes aux environs de Francfort sur le Mein, de Schemnitz en Hongrie, et en Auvergne ; tantôt elle est blanche, opaque et nacrée (Fiorite, Amiatite), à Santa-Fiora, dans le Montamiata en Toscane. — L'Opale hydrophane : poreuse, blanche ou jaunâtre, légèrement translucide, et acquérant un certain degré de transparence lorsqu'on la plonge dans l'eau et que ses vacuoles se remplissent de ce liquide. *V.* HYDROPHANE. — L'Opale irisée ou Opale noble : c'est à cette variété que se rapporte spécialement le nom d'Opale dans le langage des lapidaires ; elle se distingue par de beaux reflets d'iris qui présentent les teintes les plus vives et les plus variées. *V.* OPALE. — L'Opale chatoyante ou le Girasol : fond laiteux, d'un blanc bleuâtre, d'où sortent des reflets rougeâtres ou d'un jaune d'or, lorsqu'on fait mouvoir la pierre à la lumière directe du soleil : au Brésil et au Mexique. — L'Opale miellée ou Opale de feu (Feueropal de Karstein) : fond d'un rouge orangé, avec des reflets d'un rouge de feu : en veines dans les filons de Zimapan au Mexique. — L'Opale commune : réniforme, en rognons ou en veines dans les Porphyres argileux, dans les calcaires et roches argileuses des terrains tertiaires, dans les filons métallifères. Ses couleurs les plus ordinaires sont le jaune, le brunâtre, le rougeâtre, le jaune-roussâtre, le rose purpurin et le verdâtre. — L'Opale subluisante ou la Ménilite (Pechstein de Ménilmontant) : opaque, grise, ou d'un brun tirant sur le bleuâtre. Elle se trouve en plaques ou en masses tuberculeuses aplaties dans l'Argile schisteuse happante, sorte de Magnésite terreuse souillée d'Argile, à Ménilmontant et à Saint-Ouen près Paris. — L'Opale xyloïde : présentant la forme extérieure et la structure du bois ordinaire ou du bois de Palmier. On en trouve en beaucoup d'endroits, mais une des variétés les plus remarquables est l'Opale xyloïde d'un jaune orangé, qui vient de Telkobanya en Hongrie. — L'Opale incrustante ou thermogène, ou le Tuf du Geyser : en concrétions d'un blanc mat, qui se déposent en Islande sous forme de croûtes à la surface du sol, près d'une source d'eau bouillante qui contient de la Silice en dissolution.

— On connaît aussi quelques variétés d'Opale, produites par mélanges mécaniques avec des substances étrangères : telles sont entre autres l'Opale calcifère mêlée de Calcaire, et l'Opale ferrugineuse ou le Jaspe-Opale. — Le gîte spécial des Opales est dans les roches qui proviennent du remaniement par les eaux des terrains trachytiques; on en trouve aussi dans les cavités ou les fentes de quelques roches primordiales altérées, dans les filons qui traversent ces roches et dans les dépôts argileux ou calcaires des terrains tertiaires.

QUARTZ CUBIQUE. *V*. MAGNÉSIE BORATÉE.

QUARTZ FELS. *V*. QUARTZITE.

QUARTZ FLUS. Nom donné par les anciens minéralogistes allemands aux Quartz colorés.

QUARTZ MAGNÉSIEN. C'est une variété silicifère de Magnésie carbonatée, qui accompagne la Chrysoprase à Kosemütz en Silésie.

QUARTZ SAPHIR. C'est le Quartz bleu, mais plus ordinairement le Dichroïte ou Cordiérite.

QUARTZ ZÉOLITHIFORME, le Quartz hyalin fibreux. *V*. QUARTZ HYALIN. (G. DEL.)

* QUARTZITE ou QUARZITE. MIN. C'est le Quartz hyalin grenu, ou Quartz en roche (Quartz Fels des Allemands), que l'on trouve en couches puissantes dans les terrains primordiaux. Il a été formé par voie de cristallisation, ce qui le distingue du Grès quartzeux, avec lequel il a souvent beaucoup de ressemblance. Il présente quelquefois comme ingrédiens accidentels du Mica et du Graphite. Il n'est point sujet à la décomposition. On peut y rapporter le Quartz dit Itacolumite, ou Grès flexible du Brésil. (G. DEL.)

QUASJE. MAM. Nom d'une espèce américaine de Moufette. (LESS.)

QUASSIER. *Quassia*. BOT. PHAN. Genre appartenant à la tribu des Simaroubées dans la famille des Rutacées et qui se compose d'une seule espèce, *Quassia amara*. Ce genre offre pour caractères d'avoir des fleurs hermaphrodites, dont le calice est très-court et à cinq divisions; la corolle se compose de cinq longs pétales réunis en tube. Les étamines au nombre de dix sont plus longues que la corolle; l'ovaire est gynobasique, à cinq angles et à cinq loges, appliqué sur un disque hypogyne plus large que la base de l'ovaire. Le style est très-long terminé par un stigmate à cinq lobes à peine marqués. Le fruit se compose de cinq drupes, peu charnues, distinctes vers leur sommet, portées toutes sur le disque hypogyne. Linné fils avait réuni à ce genre le *Simaruba*, sous le nom de *Quassia Simaruba*; mais les auteurs modernes ont de nouveau distingué le *Simaruba* comme genre particulier (*V*. *Simaruba*). La seule espèce qui forme aujourd'hui le genre *Quassia* est un Arbrisseau originaire de la Guiane, ayant de huit à dix pieds de hauteur, droit, irrégulièrement rameux. Ses feuilles sont éparses, souvent rapprochées vers le sommet des rameaux, très-glabres, composées de trois à cinq folioles sessiles, obovales, oblongues, acuminées, portées sur un pétiole commun qui est plan et ailé. Les fleurs sont d'un beau rouge et forment un épi terminal. La racine du *Quassia amara* est d'une extrême amertume, surtout dans sa partie corticale. Cette saveur est due à un principe particulier que Thompson a désigné sous le nom de *Quassine*. Cette racine est employée en médecine comme tonique et fébrifuge. (A. R.)

QUATA ET QUATO. MAM. On a ainsi orthographié le nom du *Coaita*, espèce du genre Atèle. *V*. ce mot. (B.)

QUATELÉ. BOT. PHAN. Nom barbare de quelque espèce du genre Lécythis, qu'on a étendu à tout le genre dans certains ouvrages d'histoire naturelle. *V*. LÉCYTHIS. (B.)

* QUATERNÉ, QUATERNÉE. *Quaternatus*. BOT. PHAN. Cet adjectif s'emploie pour les feuilles verticillées

par quatre, comme celles du *Valantia cruciata*, etc. (A. R.)

* QUATIE. BOT. PHAN. *V.* CHATE.

* QUATIFEH. BOT. PHAN. *V.* GATIFE.

* QUATO. MAM. Bancroft mentionne sous ce nom un Animal de la Guiane, que l'on croit être le *Simia paniscus* de Linné, ou le *Coaita* de Buffon. (LESS.)

QUATOTOMOMI. OIS. (Hernandez.) Syn. de *Picus principalis*, L. *V.* PIC. (B.)

QUATRAIN. OIS. Une variété de Chardonneret qui n'a que quatre pennes caudales terminées en blanc. (B.)

* QUATRAN ET QUADRAN. BOT. PHAN. Vieux noms français qui, d'après Belon, signifient la Résine que les anciens nommaient *Cedria*. *V.* ce mot. (B.)

QUATRE-A-LA-LIVRE. BOT. PHAN. Variété de Cerises fort grosse. (B.)

QUATRE-AU-COU. OIS. L'un des noms vulgaires du Coucou d'Europe. *V.* COUCOU. (B.)

QUATRE-CENTS-LANGUES. OIS. *V.* QUARANTE-LANGUES.

QUATRE-DENTS. POIS. Daubenton avait ainsi francisé le nom du genre Tétrodon. *V.* ce mot. (B.)

QUATRE-ÉPICES. BOT. PHAN. On a donné dans le commerce de l'épicerie ce nom au fruit du Ravensara. *V.* ce mot. (B.)

QUATRE-OEIL. MAM. L'un des synonymes vulgaires de Sarigue. *V.* ce mot. (B.)

* QUATRE-RAIES. POIS. et REPT. On a donné ce nom à une espèce de Perche du sous-genre Térapon, ainsi qu'à une Couleuvre. (B.)

QUATRE-SEMENCES. BOT. PHAN. Dans les anciens Traités de pharmacologie, on réunissait ensemble des fruits ou graines au nombre de quatre, jouissant à peu près des mêmes propriétés et qu'on désignait sous les noms de *Quatre Semences froides* et de *Quatre Semences chaudes*. Les unes et les autres étaient distinguées en mineures ou faibles et en majeures ou actives. Les quatre semences froides mineures étaient celles de Chicorée, d'Endive, de Laitue et de Pourpier; les quatre semences froides majeures étaient celles de Citrouille, de Concombre, de Courge et de Melon. Les quatre semences chaudes mineures étaient celles d'Ache, d'Ammi, de Persil, de Carotte; les quatre chaudes majeures, celles d'Anis, de Carvi, de Cumin et de Fenouil. (A. R.)

QUATRE-TACHES. POIS. Une espèce de Silure du sous-genre Pimélode. (B.)

QUATRE-VINGTS. MAM. On a ainsi appelé en quelques cantons la petite race de Chiens nommée aussi Chiens d'Artois. (B.)

QUATRE-VINGT-DIX-NEUF. INS. L'un des noms vulgaires du Vulcain, *Papilio Atalanta*, L. (B.)

QUATTO. MAM. *V.* COACTO.

QUAU. OIS. L'un des noms vulgaires du Mauvis. *V.* MERLE. (B.)

QUEBITEA. BOT. PHAN. Sous le nom de *Quebitea guianensis*, Aublet a décrit et figuré (Plant. Guian., 2, p. 839, tab. 327) une Plante dont la fructification est trop imparfaitement connue pour la rapporter avec certitude à un genre connu. Aublet l'avait rapprochée des *Dracontium*, et Jussieu a adopté cette opinion. (A. R.)

* QUEBOT. POIS. (Delaroche.) Syn. de *Gobius niger*, L., aux îles Baléares. *V.* GOBIE. (B.)

QUEBRANTA-HUESSOS. OIS. Ce nom est célèbre dans toutes les relations de voyages. Il a été appliqué par les Espagnols (il signifie briseur d'os) à une grande espèce de Pétrel antarctique, nommée par les auteurs *Procellaria gigantea*. (LESS.)

QUÉCHU ET QUESCHU. OIS. Syn. de Manchot de Chiloé. *V.* ce mot. (B.)

QUÉDEC. BOT. PHAN. Nom de pays du *Lobelia longiflora*, L. (B.)

* QUEDQUADORES. POIS. Nom qui sert à désigner, d'après Arthus (Hist. des Voyages, T. III, p. 314), l'*Echeneis Remora*, qui s'attache au Requin. *V*. RÉMORE. (LESS.)

QUEDQUED. BOT. PHAN. Feuillée a mentionné sous ce nom, qui signifie délire, folie, dans la langue des naturels du Chili, un petit Arbuste originaire de cette grande partie de l'Amérique, qui porte des feuilles alternes ou opposées, ovales, allongées, crénelées, et de petits fruits d'un rouge brun, terminés par un style persistant, disposés en corymbe aux aisselles des feuilles. Ces fruits sont vénéneux et ceux qui en mangent tombent dans une sorte de délire ou de folie. Selon Jussieu, cet Arbuste dont on ne connaît pas les fleurs pourrait bien appartenir à la famille des Ericinées. (A. R.)

QUEILLOS. BOT. PHAN. C. Bauhin mentionne sous ce nom le *Cassuvium orientale*. *V*. ACAJOU. (A. R.)

* QUEIREVA. OIS. Espèce du genre Cotinga. *V*. ce mot. (B.)

QUEI-WHA. BOT. PHAN. Ce nom, qui se trouve dans la Collection abrégée des Voyages, est celui d'un Arbre qui croît en abondance dans les provinces méridionales de la Chine, mais que les botanistes n'ont pu encore déterminer. (A. R.)

QUÉLÉLÉ. BOT. PHAN. Bosc dit que c'est une espèce de Saule qui croît sur les bords du Sénégal, et dont le bois sert à nettoyer les dents des nègres. (B.)

* QUELLI. BOT. PHAN. Syn. de Bananier au Bengale. (B.)

QUELLY. MAM. Selon Barbot, le Léopard porte ce nom en Guinée. (B.)

QUELTIA. BOT. PHAN. Salisbury et Haworth (*Succul. Plant. Suppl.*, p. 123) ont établi sous ce nom un genre aux dépens des Narcisses des auteurs. Ce genre, trop faiblement caractérisé pour mériter d'être admis, contient les *Narcissus odorus*, *montanus* et *calathianus*. *V*. NARCISSE. (G..N.)

QUELUSIA. BOT. PHAN. Sous ce nom Vandelli (*in Rœmer. Script.*, p. 101, tab. 7, fig. 10) a décrit et figuré le *Fuchsia coccinea*. De Candolle s'est servi du même nom pour désigner la première section du genre *Fuchsia*, composée de toutes les espèces américaines. (G..N.)

QUENIA. MAM. (Dapper.) Nom de pays du Porc-Epic. (B.)

* QUÉNIQUIER. BOT. PHAN. Mal à propos écrit Quénipier. *V*. GUILANDINE. (B.)

QUENOT. BOT. PHAN. L'un des noms vulgaires du Mahaleb, espèce du genre Cerisier. (B.)

QUENOTTE-SAIGNANTE. MOLL. Nom vulgaire et marchand du *Nerita peloronta*. *V*. NERITA. (B.)

QUENOUILLE. MOLL. Espèce du genre Fuseau, qui était le *Murex Colus* de Linné. *V*. FUSEAU. (B.)

QUENOUILLE. BOT. On a donné, dans le Dictionnaire de Déterville, ce nom au genre *Cnicus*. Paulet avait aussi parmi les Champignons sa QUENOUILLE MONTÉE, sa QUENOUILLE A NOMBRIL, ses PEAUCIERS QUENOUILLES, etc. (B.)

QUENOUILLETTE. BOT. PHAN. Syn. vulgaire d'Atractylide. *V*. ce mot. (B.)

QUERA-IBA. BOT. PHAN. Selon Jussieu l'Arbre du Brésil, que Marcgraaff mentionne sous ce nom, paraît être une espèce de Bignone. (A. R.)

QUERCERELLE. OIS. Et non *Quercevelle*. Ancienne orthographe de Cresserelle, *Falco Tinnunculus*. *V*. FAUCON. (B.)

QUERCITRON. BOT. PHAN. Espèce du genre Chêne, dont l'écorce fournit un principe colorant jaune. *V*. CHÊNE. (B.)

QUERCUS. BOT. PHAN. *V*. CHÊNE.

* QUÉREILLETS. BOT. PHAN.

(Garidel.) L'un des noms de pays du *Lavandula Stœchas*. *V.* LAVANDE.. (B.)

QUEREIVA. OIS. Espèce du genre Cotinga. *V.* ce mot. (B.)

QUERELLEUR. OIS. Espèce du genre Gobe-Mouche. *V.* ce mot. (B.)

QUERIA. BOT. PHAN. Genre de la famille des Paronychiées et de la Décandrie Trigynie, L., établi par Lœfling (*Itin.*, p. 48), et présentant les caractères suivans : calice à cinq sépales, très-entiers et à peine cohérens par la base; corolle nulle; dix étamines dont les filets sont grêles, inégaux; quelquefois cinq sont stériles ou sont réduits à trois par avortement; trois styles très-grêles; capsule membraneuse, uniloculaire, à trois valves; graine réniforme, unique à la maturité (les autres vraisemblablement avortées). Ce genre ne se compose que d'une seule espèce : les *Queria canadensis*, L., et *Queria capillacea* de Nuttall, faisant maintenant partie du genre *Anychia* de Michaux. Au surplus, le genre *Queria* se distingue à peine du *Minuartia*, selon De Candolle (*Prodr. Syst. Veget. nat.*, 3, p. 379); car il est presque évident que sa graine n'est solitaire que par suite d'avortement. Le *Queria hispanica*, L., Quer., Fl., esp. 6, tab. 15, f. 2; Ortega, Cent., tab. 15, f. 1, est une petite Plante herbacée, annuelle, un peu roide, à feuilles opposées, rapprochées, sétacées, recourbées au sommet; les fleurs sont solitaires et sessiles dans les aisselles des rameaux et des feuilles supérieures. Cette Plante croît sur les pentes arides des collines en Espagne. Le *Queria trichotoma* de Thunberg (*Act. Soc. Linn.*, 2, p. 529), que ce botaniste avait décrit dans sa Flore du Japon comme une espèce de *Rubia*, ne se rapporte probablement pas au genre dont il a été question dans cet article. (G..N.)

* QUÉRIACÉES. *Queriaceæ*. BOT. PHAN. De Candolle (*Prodr. Syst. Veg.*, 3, p. 379) a établi sous ce nom une tribu de la famille des Paronychiées, qui ne se compose que du seul genre *Queria*. *V.* ce mot. (G..N.)

QUERQUEDULA. OIS. Nom scientifiquement spécifique de la Sarcelle. *V.* CANARD. (B.)

* QUER-QUER. OIS. Sous ce nom, Maximilien de Wied (Voyage au Brésil, T. 1, p. 107) indique un Vanneau fort commun au Brésil, et qui est le *Vanellus cayennensis*. (LESS.)

QUERULA. OIS. (Schwencfeld). Syn. de Sizerin. (B.)

* QUETELE. OIS. Les Brésiliens ont donné ce nom, suivant Pison (Hist. nat. du Brésil, p. 92), à la Peintade, *Numida Meleagris*, originaire d'Afrique, et qui fut introduite en Amérique par les Européens. (LESS.)

QUETHU. OIS. Molina (Hist. nat. du Chili, p. 219) nomme ainsi son *Diomedea chiloensis* qui est l'*Aptodytes chiloensis* de Gmelin et de Latham, et qui n'est très-probablement que le *Cataractes chrysocoma* non encore adulte. (LESS.)

QUEUE. *Cauda*. ZOOL. On nomme Queue, en appliquant ce mot suivant des manières de voir très-diverses, à tout prolongement qui part de la partie postérieure d'un Animal; mais une définition aussi vague ne peut être admise, et la Queue, pour être rigoureusement distinguée, a besoin d'être considérée dans les diverses séries des êtres. Dans la première classe, ou celle des Mammifères, la colonne vertébrale repose sur le sacrum, et celui-ci est terminé par des portions soudées ou de petits os qui en sont le prolongement, et dont le dernier, nommé Coccyx, reste libre, engagé dans le tissu cellulaire; de sorte que la Queue n'existe point, car elle ne doit son existence qu'à ces os coccygiens prolongés et saillans en dehors du corps, et accompagnés de prolongemens musculaires, vasculaires et tégumenteux. La longueur de la Queue résulte uniquement de la quantité de ces os. Dans la plupart des autres Animaux, soit Quadrumanes, soit Carnassiers, soit Rongeurs, soit Marsupiaux, la Queue existe et varie en dimensions, en formes, suivant le nombre et la grosseur des os coccygiens détournés de leur primitive origine (*V.* MAMMIFÈRES). Des muscles épais, munis de tendons robustes, un épiderme revêtu de poils, ou d'écailles, ou de squamelles, concourent à la former; mais la Queue, accordée aux Mammifères par une nature sage et bienveillante, ne l'a point été comme un vain ornement ou par luxe; le plus souvent elle a reçu une destination utile. Ainsi, bien que la plupart des Quadrumanes et certains Marsupiaux aient été dotés de la plus grande adresse dans les mouvemens des membres antérieurs, leur Queue souple leur sert encore comme d'une cinquième main, et par elle ils s'accrochent, se tiennent sur les branches lorsqu'ils emploient tous leurs membres pour saisir leur proie. La Queue, chez les Castors, est encore une véritable main, mais destinée à d'autres fonctions que la préhension. Les grands Quadrupèdes, au contraire, dont les formes lourdes ne permettent point aux quatre membres qui les supportent de mouvemens rapides pour se garantir des Insectes, trouvent dans leur Queue mobile, et terminée le plus ordinairement par des poils en touffes, beaucoup plus longs que sur les autres parties du corps, un moyen efficace de s'en débarrasser, en la faisant onduler suivant leur volonté sur les diverses parties de leur corps. La Queue toutefois est l'une des parties du corps d'un Animal qui varie le plus; aussi n'a-t-on jamais pu s'en servir comme d'un bon caractère pour la distinction des genres; car souvent de deux Animaux qui ont les plus grands rapports d'organisation, l'un sera muni d'une longue Queue, et l'autre n'en aura qu'une petite. Il n'y a guère que la famille des Singes dans laquelle on ait distingué des genres par l'absence, la présence ou la forme de la Queue; de sorte que le genre Orang (*V.* ce mot), le plus voisin de l'Homme, privé lui-même de Queue, s'en rapproche aussi en cela comme en bien d'autres points. Dans tous les autres ordres, elle n'a guère fourni qu'un caractère spécifique lorsqu'il s'agit de donner à un Animal l'épithète de *macrourus* (à longue queue) par opposition avec un autre du même genre qui en a une petite.

Les poils qui recouvrent la Queue sont plus ordinairement longs et touffus, surtout à l'extrémité, parfois courts et ras; le tissu cellulaire se charge souvent de graisse, comme on en a un exemple dans une espèce de Mouton (*V.* ce mot). D'autres fois la surface de la Queue est nue ou garnie de squamelles d'entre lesquelles sortent quelques poils rares. Chez les Tatous, les Pangolins, elle est enveloppée, comme l'ensemble du corps, de bandes épaisses et solides; quant à la forme, elle varie, soit en longueur, soit en épaisseur; elle se termine en pointe, ou bien elle forme un bout arrondi et épais, etc., etc.

Dans la classe des Oiseaux, ce qu'on nomme Queue est une partie toute différente de celle ainsi appelée chez les Mammifères. Les os coccygiens des Oiseaux se terminent un peu au-delà du bassin en se redressant; ils supportent un corps musculo-glandulaire fait en forme de trèfle recouvert par l'épiderme, et dans lequel s'implantent de longues plumes, de larges et fortes pennes qu'on nomme rectrices, et qui constituent la Queue. On conçoit alors que cette Queue, formée d'un nombre borné de ces rectrices (de dix, douze, et quelquefois quatorze, seize, dix-huit), varie de forme, de longueur, et qu'elle manque même souvent. Le but de cette Queue est de servir à l'Oiseau de gouvernail pour le diriger dans le vol.

La Queue, dans les Reptiles, est, comme chez les Mammifères, le prolongement de la colonne vertébrale. Dans les Poissons, elle n'est que l'épanouissement tendineux des muscles du corps attachés aux dernières vertèbres qui s'avancent en rayons dans le sens vertical, et se festonnent en lobes destinés à servir de rame pour aider le Poisson à se mouvoir au sein de l'eau. La Queue des Cétacés n'est pas sans analogie avec celle des Poissons, bien qu'elle soit horizontale; elle est musculo-tendineuse, formée de deux immenses lobes mobiles, adossés à la terminaison de la colonne vertébrale, mais sans être le prolongement et l'enveloppe.

Ce que l'on nomme Queue dans les autres classes n'est plus qu'une partie arbitraire qui termine le corps de certains Insectes, de certains Mollusques. Ainsi, on dit la Queue d'un Scorpion, la Queue d'un *Salpa*, la Queue d'un *Murex*, etc.; mais ces organes terminant le corps sous une apparence de forme caudale, jouissent d'une organisation si différente et si variée dans les mêmes genres, que ce mot ne veut dire qu'un prolongement qu'on ne sait à quoi rapporter, ou qui est innominé. (LESS.)

Le mot QUEUE est aussi devenu nom propre quand on l'a accompagné de certaines épithètes; ainsi l'on a appelé, entre les Animaux et jusque chez les Plantes :

QUEUE D'ARONDE ou D'ARONDELLE (Bot. Phan.), le *Sagittaria aquatica*, L.

QUEUE DE BICHE (Bot. Phan.), l'*Andropogon saccharoides*, Swartz.

QUEUE BLANCHE (Ois.), le Pygargue. *V*. FAUCON.

QUEUE DE CHEVAL (Bot. Phan.), l'*Hippuris vulgaris*.

QUEUE EN CISEAUX (Ois.), une espèce du genre Engoulevent.

QUEUE DE CRABES (Moll.), les Oscabrions.

QUEUE EN ÉVENTAIL (Ois.), une espèce du genre Gros-Bec.

QUEUE FOURCHUE (Ins.). (Geoffroy.). Le *Bombyx vidua*.

QUEUE GAZÉE (Ois.) (Levaillant.), le Mérion binnion.

QUEUE D'HERMINE (Moll.), le *Conus mustellinus*.

QUEUE JAUNE (Pois. et Ins.), le *Scomber chrysurus*; le *Phalœna uticata* de Linné. *V*. BOTYS.

QUEUE DE LION (Bot. Phan.), le *Phlomis Leonurus*.

QUEUE DE LOUP (Bot. Phan.), le *Melampyrum arvense*, L.

QUEUE DE POÊLE (Ois.), la Mésange à longue queue.

QUEUE DE POURCEAU (Bot. Phan.), le Peucédan officinal.

QUEUE DE RENARD (Bot. Phan. et Crypt.), les Prêles, une Amaranthe, l'*Alopecurus* ou Vulpin.

QUEUE ROUGE (Ois.), le *Motacilla titys*, L. *V*. SYLVIE.

QUEUE DE SOIE (Ois.), le Jaseur de Bohême.

QUEUE DE SOURIS (Bot. Phan.), le genre *Myosurus* et le Cacte flabelliforme, etc, etc. (B.)

QUEUITA ou QUEUJTA. POIS. L'espèce de Pleuronecte à laquelle on donne ce nom sur les côtes de Norvège est encore trop peu connue pour qu'on la puisse classer avec certitude. (B.)

QUEUJTA. POIS. *V*. QUEUITA.

* QUEULS. BOT. PHAN. Nom de pays du *Gomortega* de la Flore du Pérou. (B.)

QUEUNERON. BOT. PHAN. L'un des noms vulgaires de la Camomille puante. (B.)

QUEUX. MIN. L'un des noms vulgaires de la Pierre à rasoir ou Schiste cuticule. (B.)

QUICKHATCH. MAM. Ellis, dans son Voyage à la baie d'Hudson, indique sous ce nom l'*Ursus luscus* de Linné, ou la Wolverenne de Buffon et de Pennant. *V*. GLOUTON. (LESS.)

QUIINIER ou QUINIER. BOT. PHAN. Nom donné par quelques auteurs au genre *Quina* d'Aublet. *V*. QUINA. (A. R.)

QUILLAJA. BOT. PHAN. Genre de la famille des Rosacées, et rapporté à la tribu des Dryadées par De Candolle, à cause de l'estivation valvaire des sépales. Il a d'abord été constitué sous le nom de *Quillaja* ou *Quillaï du Chili* d'après Molina, par Jussieu dans son *Genera Plantarum*, mais il fut publié plus tard par Ruiz et Pavon sous le nom de *Smegmadermos* que Willdenow changea en celui de *Smegmaria*. Voici ses caractères essentiels d'après Kunth (*Nov. Gener. Amer.*, 6, p. 156, *in adnot.*) : fleurs polygames par avortement; calice persistant, à cinq lobes ovés, aigus, à estivation valvaire; cinq pétales caducs; disque quinquélobé, couvrant le fond du calice; dix étamines naissant du sommet des lobes du disque; cinq ovaires épais, cohérens par leur base, et se terminant en styles subulés; autant de capsules trigones, coriaces, étalées; graines bisériées, imbriquées, ailées au sommet. Ce genre se compose de deux espèces *Quillaja Smegmadermos* et *Q. Molinæ*, D. C., *Prodr. Syst. Veget.*, 2, p. 547, décrites l'une et l'autre sous le nom de *Quillaja saponaria* par les auteurs. Ce sont des Arbres du Chili, à feuilles éparses, simples, très-entières, accompagnées de stipules petites et caduques. Les rameaux portent un petit nombre de fleurs à leur sommet. Le Quillaï du Chili est précieux dans ce pays, à raison de son écorce qui, pulvérisée et mêlée à une suffisante quantité d'eau, rend celle-ci mousseuse comme de l'eau de savon; elle sert à dégraisser les étoffes de laine, et on en fait un commerce assez considérable. (G..N.)

* QUILLES ET PETITES-QUILLES. BOT. CRYPT. Paulet, dans sa nomenclature bizarrement figurative, appelait ainsi, et PETITS PILONS, certaines Clavaires, notamment le *Clavaria cæspitosa*. (B.)

* QUILLOBO. BOT. PHAN. Il paraît que la Plante du Congo mentionnée sous ce nom par Marcgraaff, et qui serait le Guingombo ou Quigombo des Portugais au Brésil, selon Pison, est l'*Hibiscus esculentus*. (B.)

* QUILLU-CASPI. BOT. PHAN. Joseph de Jussieu avait rapporté et figuré sous ce nom de pays une Plante du Pérou qui paraît être l'*Escobedia* de Ruiz et Pavon. *V.* ESCOBÉDIE. (B.)

* QUILTOTON. OIS. (Hernandez.) Syn. d'Amazone Tarabé. *V.* PERROQUET. (B.)

QUIMA. MAM. Même chose qu'*Exquima*. (B.)

QUIMICHPATLAN. MAM. C'est dans Fermin (Hist. de la Nouvelle-Espagne, p. 8) le *Sciurus volucella*, selon Linné, ou le Polatouche du nord de l'Amérique. *V.* POLATOUCHE. (LESS.)

QUIMOS. MAM. Commerson, observateur considéré comme exact, et quelques autres voyageurs plus anciens, parlent sous ce nom d'une race ou espèce d'Hommes qu'ils ont eu occasion de voir à Madagascar, dont les caractères seraient une constitution maigre, avec de très-longs bras, beaucoup d'opiniâtreté, de courage et de taciturnité. Ces Quimos, qui seraient un nouveau passage aux Orangs par le Champanzée, habitent les montagnes du centre de l'île où ils élèvent des troupeaux dont ils se nourrissent. L'existence de ces êtres intéressans n'est pourtant pas complètement constatée. (B.)

QUIMPEZÉE. MAM. Pour Champanzée. *V.* ce mot. (B.)

* QUINA. BOT. PHAN. Aublet, dans son Histoire des Plantes de la Guiane (2, tab. 379), a décrit et figuré sous ce nom un genre encore mal connu, dont Gaertner a représenté le fruit dans sa Carpologie, tab. 222. C'est un Arbre peu élevé, ayant ses feuilles opposées, coriaces, entières, ovales, longuement acuminées, presque sessiles, accompagnées de deux stipules, linéaires et caduques. Les fruits sont charnus, solitaires ou réunis sur un pédoncule commun et axillaire, qui porte à sa base deux petites bractées squammifères; ces fruits sont accompagnés à leur base par le calice persistant et à quatre lobes;

ils sont ovoïdes, striés, jaunâtres, terminés par une sorte de mamelon à leur sommet. Sous leur chair qui a une saveur acide et agréable, on trouve deux nucules monospermes, couverts de poils roussâtres. Cet Arbre croît à la Guiane.

Sous le nom de *Quina*, les habitans du Brésil désignent plusieurs écorces fébrifuges. Ainsi les *Quina da serra*, *Quina de renijo* sont de véritables Quinquinas; le *Quina do mato* est une espèce d'*Exostemma*; le *Quina do campo* est le *Strychnos pseudo-Quina* d'Auguste Saint-Hilaire, etc. (A. R.)

QUINA-QUINA. BOT. PHAN. Selon La Condamine, l'Arbre qui le premier a porté ce nom au Pérou, est le *Myroxylon peruiferum* de la famille des Légumineuses, dont on extrait le baume du Pérou; mais dont les gousses étaient jadis employées dans cette partie du Nouveau-Monde, comme fébrifuge, avant qu'on connût les propriétés éminemment fébrifuges des *Cinchona*, auxquels on a depuis lors appliqué le nom de Quina-Quina ou de Quinquina. *V.* ce mot. (A. R.)

QUINARIA. BOT. PHAN. Sous le nom de *Quinaria Lansium*, Loureiro (*Flor. Cochinch.*, 1, p. 334) a décrit une Plante de la Chine qui paraît être le *Cookia punctata*. *V.* COOKIE. (G..N.)

QUINCAJOU. MAM. Pour Kinkajou. *V.* ce mot. (B.)

QUINCHAMALA ET QUINCHAMALI. BOT. PHAN. Pour *Quinchamalium*. *V.* ce mot. (B.)

QUINCHAMALIUM. BOT. PHAN. Genre de la famille des Santalacées et de la Pentandrie Monogynie, L., ayant les caractères suivans: chaque fleur est accompagnée à sa base d'un petit calicule globuleux, urcéolé, à cinq dents. Le calice est longuement tubuleux, adhérent par sa base avec l'ovaire infère, terminé supérieurement par cinq lobes étroits et recourbés; les cinq étamines presque sessiles sont insérées à la face interne du calice. L'ovaire est uniloculaire et monosperme; le style est assez long terminé par un stigmate simple; le fruit est un akène recouvert par le calicule, qui devient crustacé. L'embryon est cylindrique placé au centre d'un petit endosperme farineux. Ce genre se compose d'une seule espèce, *Quinchamalium procumbens*, Ruiz et Pavon, *Fl. Peruv.* 1, tab. 107, f. b, déjà décrite et figurée dans Feuillée, sous le nom de *Quinchamali linifolio*, 2, tab. 44. C'est un petit sous-Arbrisseau à tiges effilées, à feuilles linéaires, très-étroites, dont les fleurs blanchâtres sont réunies presque en tête à l'extrémité des rameaux. Il croît au Chili. (A. R.)

QUINDÉ. OIS. Syn. de Colibri. *V.* ce mot. (B.)

* QUINIER. BOT. PHAN. Pour *Quina*. *V.* ce mot. (B.)

* QUINNARD. BOT. PHAN. Nom de pays du *Polylepis* de la Flore du Pérou. (B.)

QUINOA. BOT. PHAN. Nom péruvien d'une espèce d'Anserine (*Chenopodium Quinoa*) abondamment cultivée au Pérou, à cause de ses fruits qui sont assez gros, très-farineux et qui y servent d'aliment; on les y substitue au Riz et aux autres Céréales. (A. R.)

QUINOMORROCA. MAM. On dit que le Champanzée porte ce nom dans certains cantons de l'Afrique, où les voyageurs ne sauraient trop être engagés à observer cet intéressant Anthropomorphe. (B.)

QUINQUEFOLIUM. BOT. PHAN. (Tournefort.) Syn. de Potentille. *V.* ce mot. (B.)

QUINQUÉNÈRES. OIS. L'un des synonymes vulgaires de Mésange. (B.)

QUINQUINA. *Cinchona*. BOT. PHAN. Genre de la famille des Rubiacées et de la Pentandrie Monogynie, L., dont plusieurs espèces sont du plus haut intérêt à cause des vertus héroïques de leurs écorces. Ces espèces sont les seules que nous mentionnerons dans cet article, après que nous aurons donné les caractères du genre *Cinchona*. Le calice est adhérent avec l'ovaire qui est infère ; son limbe est à cinq dents; la corolle est monopétale, régulière, infundibuliforme, à cinq divisions égales; le tube est légèrement anguleux; les cinq étamines insérées au tube de la corolle sont incluses. L'ovaire est surmonté d'un style simple, terminé par un stigmate bilobé. Le fruit est une capsule ovoïde, allongée, couronnée par les dents du calice, à deux loges renfermant chacune plusieurs graines planes et membraneuses sur les bords, et s'ouvrant naturellement en deux valves. Les espèces de ce genre sont nombreuses. Ce sont en général de grands et beaux Arbres, majestueux dans leur port, ayant des feuilles opposées, entières, munies de stipules intermédiaires; des fleurs blanches ou roses formant de vastes panicules thyrsoïdes. Toutes ces espèces croissent dans l'Amérique méridionale. On les trouve surtout dans la Colombie et le Pérou. Auguste Saint-Hilaire a aussi observé de véritables espèces de Quinquina dans diverses contrées du Brésil. Les espèces principales de ce genre, celles surtout dont les écorces sont employées en médecine, sont peu nombreuses. Nous allons en donner ici la description :

QUINQUINA GRIS OU DE LA CONDAMINE, *Cinchona Condaminea*, Humb. et Bonpl., Pl. Equin., 1, p. 33, t. 10; *C. officinalis*, L., *Sp.* 244. Cette espèce forme un grand et bel Arbre qui croît dans les Andes du Pérou, aux environs de Loxa et d'Ayavaca, ainsi que dans la république de Colombie. Les jeunes rameaux sont presque carrés, portant des feuilles opposées, glabres, ovales, lancéolées, luisantes, presque coriaces, portées sur un pétiole long d'environ un pouce, et offrant à leur face inférieure, à l'aisselle de chaque nervure, une petite fossette dont le bord est garni de poils, et qui contient une matière cristalline très-astringente. Les fleurs sont roses ou blanches, d'une odeur suave, disposées en une panicule terminale. L'écorce de Quinquina gris, telle qu'elle se trouve dans le commerce, se présente sous la forme de morceaux roulés en tuyaux, d'une longueur variable d'une demi-ligne à une ligne d'épaisseur. Leur surface externe est inégale et rugueuse, recouverte d'un épiderme marqué de fentes longitudinales et transversales, d'une couleur grise-blanchâtre, souvent comme nacrée, ou bien terne et brunâtre, quelquefois offrant des Lichens foliacés ou filamenteux, parmi lesquels on distingue des espèces des genres *Parmelia*, *Lecanora*, *Usnea*, etc. Leur surface interne est fauve ou brunâtre; la cassure est nette dans les échantillons minces, fibreuse vers la partie interne dans ceux dont l'épaisseur est plus grande. L'odeur est faible, du moins dans les écorces desséchées, et la saveur, d'abord faible, devient bientôt amère et astringente, et laisse dans la bouche, après qu'on l'a mâchée, un goût douceâtre. La poudre est d'une belle couleur fauve. Pour l'usage médical, on doit en général choisir les écorces les plus minces, les plus lourdes, et celles dont la cassure est la plus nette et la plus compacte. Généralement les droguistes estiment beaucoup celles qui abondent en lichens; néanmoins ce caractère n'est pas toujours l'indice d'une qualité supérieure, car on trouve souvent des Quinquinas gris de première qualité dont l'épiderme est totalement nu. Dans tous les cas on doit avoir soin, avant de réduire les écorces en poudre, de les débarrasser de ces lichens quand ils y existent. A cette espèce doivent être rapportées comme de simples variétés les écorces connues dans le commerce sous les noms de Quinquina gris brun de Loxa, Quinquina de Lima, Quinquina Havane, Huanuco, ferrugineux, etc.

QUINQUINA ORANGÉ, *Cinchona lancifolia*, Mutis; *C. angustifolia*, Ruiz et Pavon. Arbre de trente à quarante-cinq pieds d'élévation, portant des feuilles rapprochées vers le sommet des rameaux, pétiolées, ovales, lancéolées, aiguës, glabres, longues d'environ deux pouces et accompagnées de deux stipules très-petites et lancéolées. Les fleurs blanches ou roses forment une panicule trichotome qui termine les ramifications de la tige. La capsule, longue d'environ six lignes, est ovoïde, oblongue, noirâtre, striée, à deux loges contenant chacune un assez grand nombre de graines lenticulaires, à rebord membraneux. Cet Arbre croît sur les pentes escarpées des montagnes; on le trouve aux environs de Pampamarcha, Chacahuassi, Chuchéro, etc. L'écorce de Quinquina orangé est assez rare dans le commerce. Elle est pesante, compacte, en morceaux plans ou roulés; leur épiderme est brunâtre, fendillé; leur surface interne est d'un jaune paille; leur cassure est fibreuse. La saveur de cette espèce est amère et aromatique, et sa poudre et son infusion aqueuse sont d'un fauve clair.

QUINQUINA JAUNE, *Cinchona cordifolia*, Mutis; *C. pubescens*, Vahl; *C. pallescens*, Ruiz, Quinolog. Cette espèce est un Arbre de vingt à vingt-cinq pieds, dont les jeunes rameaux sont pubescens et grisâtres; les feuilles ovales, lancéolées, échancrées en cœur à leur base, longues d'environ cinq pouces sur une largeur de trois pouces. Les fleurs, dont la corolle est légèrement tomenteuse en dehors, forment une panicule terminale, ayant ses ramifications pubescentes. Cette espèce a été trouvée dans les provinces de Cuença et de Loxa. L'écorce de cette espèce est aussi désignée sous le nom de Calisaya, nom d'une des provinces du Pérou, où elle est fort commune. Elle se présente sous deux formes principales; tantôt elle est en morceaux roulés de la grosseur du pouce, ayant l'épiderme grisâtre, fendillé, et parfois chargé de lichens; leur surface intérieure est d'un jaune clair, leur épaisseur d'une à deux lignes; tantôt ce sont des morceaux non roulés, irréguliers, sans épiderme, de deux à quatre lignes d'épaisseur, ayant leur texture essentiellement fibreuse. Un des caractères les plus tranchés de cette espèce, c'est la saveur essentiellement amère, sans aucune trace d'astringence, et surtout sa texture fibreuse et brillante. Sa poudre est d'un jaune pâle, de même que son infusion aqueuse.

QUINQUINA ROUGE, *Cinchona magnifolia*, Ruiz et Pavon; *C. oblongifolia*, Mutis. Cette espèce est une des plus grandes du genre. Son tronc s'élève quelquefois jusqu'à quatre-vingt et même cent pieds. Ses feuilles, assez longuement pétiolées, sont elliptiques, oblongues, glabres et luisantes supérieurement, offrant à leur face inférieure des veines souvent purpurines: elles acquièrent quelquefois jusqu'à deux pieds de longueur, sur une largeur d'environ six pouces. Les fleurs sont blanches, d'une odeur très-suave, disposées en une grande panicule qui termine les rameaux. Cette espèce est commune aux environs de Santa-Fé de Bogota, et dans quelques provinces du Pérou. L'écorce de Quinquina rouge est très-abondamment répandue dans le commerce. Elle se présente en général sous la forme de morceaux, tantôt plans, tantôt roulés, compactes, lourds, recouverts quelquefois d'un épiderme comme crétacé et blanchâtre, fendillé, rugueux, d'un brun rougeâtre intérieurement, à cassure compacte, et comme résineuse dans sa moitié externe, fibreuse dans sa moitié interne; dans les morceaux très-épais et qui ont été recueillis sur le tronc et les grosses branches, la cassure est partout fibreuse, la saveur est amère, mais surtout astringente; la poudre est d'un brun rougeâtre.

QUINQUINA BLANC, *Cinchona ovalifolia*, Mutis; *C. macrocarpa*, Vahl, Quinolog. 1, p. 65, tab. 19. Cette espèce n'a guère qu'une douzaine de pieds de hauteur; ses rameaux triangulaires et soyeux portent des feuilles ovales, presque obtuses, luisantes à leur face supérieure, soyeuses inférieurement, pétiolées et longues de quatre à six pouces. Les fleurs, dont la panicule est dressée, sont petites et blanches. Elle est originaire des Andes péruviennes. On la trouve aussi aux environs de Santa-Fé de Bogota dans la république de Colombie. L'écorce de Quinquina blanc est rare dans le commerce. Elle est en général mince, à épiderme grisâtre et verruqueux; sa cassure est fibreuse, sa saveur amère, un peu astringente et désagréable.

Telles sont les espèces les plus remarquables du genre *Cinchona*, celles surtout dont les écorces se trouvent répandues dans le commerce et fournissent ce précieux médicament, qu'on doit regarder comme un des plus beaux présens du Nouveau-Monde à l'ancien continent. Le Quinquina en effet est un des médicamens les plus énergiques et les plus efficaces de la thérapeutique. Il paraît que les habitans du Pérou connaissaient les propriétés fébrifuges des Quinquinas avant que leur pays fût découvert par les Européens. Mais néanmoins ce ne fut que long-temps après cette époque célèbre que ces derniers en furent instruits. On rapporte qu'en 1638 la comtesse del Cinchon, femme du vice-roi du Pérou, tourmentée depuis fort long-temps par une fièvre intermittente, qui avait résisté à tous les médicamens jusqu'alors employés, en fut guérie promptement par le gouverneur de Loxa, qui lui fit prendre de la poudre de Quinquina, dont un Indien lui avait révélé les propriétés. Ce succès fut l'origine de la réputation du Quinquina. A son retour en Europe, en 1640, la comtesse del Cinchon en rapporta une assez grande quantité, qu'elle distribua en Espagne. Mais ce médicament fut peu connu jusqu'en 1649, époque où les jésuites établis à Rome, en ayant reçu une très-grande quantité, le répandirent dans toute l'Italie. Comme ils le donnaient en poudre, ainsi que l'avait fait la comtesse del Cinchon en Espagne, ce médicament porta successivement les noms de poudre de la Comtesse et de poudre des Jésuites. Mais ce précieux remède, connu seulement de quelques individus, était resté un secret, surtout en France, pour le plus grand nombre des médecins. En 1679, Louis XIV en acheta la connaissance d'un Anglais nommé Talbot, contemporain de Sydenham, et la rendit publique. Ce fut à dater de cette époque seulement que le Quinquina fut réellement connu et apprécié à sa juste valeur, et que son emploi devint général en France, en Allemagne et dans le reste de l'Europe.

Cependant quoiqu'on connût la patrie du Quinquina, on ignorait alors sa véritable origine, c'est-à-dire l'Arbre qui le produisait. Le célèbre La Condamine, membre de l'Académie des sciences de Paris, qui était parti en 1730 pour mesurer, dans plusieurs points des Cordillières du Pérou, quelques degrés du méridien terrestre, fut le premier qui, à son retour en Europe, fit connaître, dans les Mémoires de l'Académie pour 1738, l'Arbre qui produit le Quinquina. Linné le décrivit sous le nom de *Cinchona officinalis*. Mais comme par la suite l'usage de ce médicament était devenu très-fréquent, et sa consommation beaucoup plus considérable, les négocians du Nouveau-Monde mélangèrent ensemble les écorces de plusieurs autres espèces du même genre, qui arrivaient toutes en Europe sous le même nom. C'est aux botanistes voyageurs, qui ont exploré cette partie du Nouveau-Monde, que l'on doit la connaissance et la détermination d'un grand nombre des espèces de ce genre, dont les écorces sont répandues dans le commerce. Parmi ces savans, nous devons citer ici particulièrement, Mutis, directeur de l'expédition botanique de Santa-Fé de Bogota; Ruiz, et Pavon, auteurs de la Flore du Chili et du Pérou, Zea et Tafalla leurs successeurs, et enfin les célèbres voyageurs Humboldt et Bonpland, dont les recherches dans les régions équinoxiales ont jeté tant de lumières sur l'histoire naturelle de ces contrées. Aux noms de ces naturalistes célèbres, qui ont eu l'inappréciable avantage de pouvoir comparer les écorces du commerce avec celles des diverses espèces qu'ils avaient l'occasion de voir croissant dans leur site naturel, on doit encore ajouter ceux de Vahl, Lambert, Laubert et quelques autres botanistes ou pharmaciens qui, dans des écrits spéciaux sur ce sujet, ont réuni tout ce qui avait été publié avant eux sur les diverses espèces de Quinquina.

Le nombre des espèces d'écorces de Quinquina qu'on trouve aujourd'hui dans le commerce est extrêmement considérable. Mais néanmoins, comme un grand nombre de ces espèces ne sont que de simples variétés les unes des autres, et qui dépendent soit des différences de localités, des différences d'âge des rameaux sur lesquels elles ont été recueillies, et que généralement on ignore l'espèce botanique qui les produit, nous avons cru ne devoir citer ici que quelques-unes de ces espèces qui sont les mieux connues et que l'on trouve plus fréquemment dans le commerce.

Avant de parler des propriétés médicales des Quinquinas, nous croyons devoir indiquer ici le résultat des analyses que les chimistes ont faites de ces écorces, d'autant plus que, depuis un petit nombre d'années, ces analyses nous ont appris à connaître le principe actif du Quinquina et à pouvoir l'isoler des autres matières qui en masquent l'efficacité. Sans parler ici des premiers essais tentés sur les Quinquinas, nous rappellerons que Deschamps de Lyon, Fourcroy et Vauquelin y avaient démontré l'existence d'un Acide particulier, auquel ils avaient donné le nom d'*Acide quinique*. Plus tard Gomez de Lisbonne y avait trouvé un principe immédiat nouveau, qu'il avait appelé *Cinchonin*. C'est surtout pour obtenir ce principe nouveau et en étudier la nature, que dans ces dernières années deux habiles chimistes, Pelletier et Caventou, se sont livrés à une nouvelle analyse des Quinquinas. Le Quinquina gris de Loxa est la première espèce sur laquelle ils ont opéré; ils y ont retrouvé le principe que Gomez avait nommé *Cinchonin*, mais dont il n'avait pas connu la nature. Les deux chimistes français ont constaté que ce principe était une base salifiable, ayant même une capacité de saturation plus grande que la Morphine découverte dans l'Opium; et pour rendre son nom plus conforme à la nomenclature chimique, ils l'ont appelé *Cinchonine*. D'après ces analyses, le Quinquina gris se trouve composé: 1° de Cinchonine unie à l'Acide quinique; 2° d'une matière grasse verte; 3° d'une matière colorante rouge peu soluble; 4° de Tannin; 5° d'une matière colorante jaune; 6° de Quinate de Chaux; 7° de Gomme; 8° enfin d'Amidon et de Ligneux. Après avoir signalé dans le Quinquina gris l'existence d'une substance alcaline, il était important de s'assurer si le même principe se retrouvait dans les autres espèces; à cet effet les deux chimistes ont analysé le Quinquina jaune. Mais la substance alcaline qu'ils en ont retirée est en masses solides, poreuses, non cristallisables, d'un blanc sale, peu soluble dans l'eau, soluble dans l'Alcohol et l'Ether sulfurique, formant avec les Acides des Sels qui cristallisent facilement; en un mot elle leur a offert des caractères tellement différens de la Cinchonine, qu'ils l'ont regardée comme un principe distinct, auquel ils ont donné le nom de *Quinine*. Ayant enfin analysé le Quinquina rouge, ils y ont trouvé réunis les deux principes qui existent isolément dans le Quinquina gris et le Quinquina jaune, c'est-à-dire la Cinchonine et la Quinine.

Ce qui a surtout donné de l'importance aux résultats de cette analyse, c'est que l'expérience a prouvé que ces deux Alcalis et surtout leurs sels solubles, sont la partie véritablement active des Quinquinas. Or cette substance, toujours identique, n'a pas l'inconvénient des écorces de Quinquina qui trop souvent varient beaucoup dans leur efficacité. D'après les analyses de Pelletier et Caventou, le Quinquina rouge devrait être l'espèce la plus efficace, puisque non-seulement il contient les deux substances alcalines réunies, mais que ces substances y sont l'une et l'autre en plus grande proportion que dans les deux autres espèces. Cependant de nouveaux essais ont fait reconnaître à ces deux chimistes l'existence d'une petite quantité de Quinine dans le Quinquina gris et de Cinchonine dans le Quinquina jaune.

Le Quinquina doit être placé à la tête des médicamens toniques, c'est-à-dire qu'il possède au plus haut degré la propriété d'exciter dans toute l'économie animale, un mouvement général, qui active et accélère les diverses fonctions. Mais la propriété la plus caractéristique du Quinquina, celle qui le rend un des médicamens les plus précieux de la thérapeutique, c'est son action anti-périodique dans les fièvres et en général dans toutes les maladies intermittentes. En effet l'expérience a depuis long-temps constaté l'efficacité du Quinquina dans ces fièvres intermittentes de tous les types, qui résistent souvent à tous les autres agens thérapeutiques, et que le Quinquina seul fait disparaître et quelquefois comme par enchantement. C'est surtout contre ces fièvres que leur gravité et la promptitude avec laquelle elles deviennent souvent mortelles au bout de quelques accès, ont fait appeler fièvres pernicieuses, que le Quinquina ne peut être remplacé par aucun autre médicament. Cependant pour être suivie de succès, l'administration du Quinquina demande quelques précautions. Ainsi il est essentiel de combattre d'abord les complications qui pourraient s'opposer au succès du Quinquina : s'il y a embarras gastrique, il faut administrer un vomitif, ou faire usage de boissons acidules; s'il existe des signes d'embarras intestinal, on doit prescrire un purgatif, que l'on choisira de préférence dans la classe des purgatifs toniques, comme la rhubarbe par exemple; enfin on a recours à la saignée, si la fièvre intermittente est accompagnée de symptômes inflammatoires très-marqués. Ce n'est qu'après avoir rempli ces diverses conditions que l'on doit administrer le Quinquina. Jusqu'en ces derniers temps, c'était la poudre que l'on prescrivait à une demi-once, à une once et même au-delà, selon l'âge de l'individu et la gravité des symptômes. Mais donné de cette manière, le Quinquina est un médicament fort difficile à faire prendre, à cause de son grand volume et de son excessive amertume; cette dose devait être partagée en cinq ou six parties que l'on administrait successivement dans l'intervalle d'un accès à un autre. La découverte des principes actifs des Quinquinas a simplifié singulièrement l'administration de ce remède; en effet, d'après les expériences d'un grand nombre de praticiens habiles, il a été constaté que douze à seize grains de sulfate de Quinine agissaient avec la même force que six à huit gros de poudre de Quinquina. Or on conçoit qu'il doit être extrêmement facile d'administrer cette petite quantité de médicament que l'on partage aussi en trois ou quatre prises, pour en masquer la saveur excessivement amère; tantôt on enveloppe chaque prise qui est communément de trois grains dans une feuille de pain azyme, dans un pruneau ou une cuillerée de confiture. La même dose, que l'on diminue ensuite graduellement, doit être continuée encore pendant quelque temps, même quand les accès ont disparu, afin d'en prévenir le retour; si la fièvre n'avait pas été coupée, la dose devrait être augmentée à l'accès suivant.

De toutes les préparations de Quinquina, la poudre est, avec le sulfate de Quinine, celle que l'expérience a le plus généralement trouvée efficace pour combattre les fièvres intermittentes graves. Cependant il est des individus dont l'estomac ne peut supporter une dose aussi considérable que celle que l'on est obligé d'administrer à la fois et qui le vomissent presque aussitôt qu'ils l'ont avalé; c'est pour prévenir ce fâcheux résultat que l'on mélange au Quinquina la poudre de Canelle ou l'Opium. Outre la poudre, le Quinquina peut être administré sous plusieurs autres formes. Ainsi on prépare une infusion et une décoction; on peut donner la teinture, l'extrait mol, l'extrait sec connu sous le nom de sel essentiel de Lagaraye, le sirop, le vin de Quinquina, etc.; mais ces diverses préparations ne peuvent être employées que dans les cas de fièvres peu graves; dans les fièvres pernicieuses on doit leur préférer la poudre de Quinquina ou le sulfate de Quinine. (A. R.)

QUINSON. OIS. L'un des synonymes vulgaires de Pinson. *V.* ce mot. (B.)

QUINTEFEUILLE. BOT. PHAN. Nom vulgaire de diverses Potentilles, particulièrement du *Potentilla quinquefolia*, L. (B.)

QUINTICOLOR. OIS. Divers Oiseaux ont reçu ce nom, notamment un Gros-Bec et un Guêpier. *V.* ces mots et SOUIMANGA. (B.)

QUINZE-ÉPINES. POIS. L'un des noms vulgaires de l'Épinoche. *V.* GASTÉROSTÉE. (B.)

QUIQUI. MAM. Sous ce nom Molina, p. 273, décrit une espèce de Marte du Chili, qu'il nomme *Mustela Quiqui*, et qui est fort douteuse. (LESS.)

* QUIRIWA. OIS. Espèce du genre Coulicou. *V.* ce mot. (B.)

QUIRIVEL. *Quirivelia*. BOT. PHAN Un Arbrisseau de l'île de Ceylan, où il porte le nom de *Kiriwael*, avait été placé parmi les *Apocynum* par Burmann et Linné. Celui-ci l'avait désigné, dans son *Systema Vegetabilium*, sous le nom d'*Apocynum frutescens*. Lamarck, ayant reçu des exemplaires de cette Plante, recueillis par Sonnerat, se convainquit qu'elle n'appartenait ni au genre *Apocynum*, ni même à la famille des Apocynées; néanmoins il n'indiqua point à quel autre groupe de Végétaux elle pouvait se rapporter. Poiret, qui a fait connaître ces détails dans l'Encyclopédie méthodique, a proposé d'en faire un genre particulier sous le nom de *Quirivelia*, mais dont l'admission ne peut être définitivement admise, puisque plusieurs parties de la fructification ne sont point suffisamment connues. Son caractère essentiel consiste dans le fruit qui est une petite capsule mince, ovale, supérieure, très-courte, environnée à sa base par le calice, à une loge et à cinq valves. L'Arbrisseau, qui fait le type de ce genre douteux, est figuré dans Burmann (*Thesaur. Zeylan.*, tab. 12, fig. 1); il a des rameaux d'un brun roussâtre, légèrement pubescens, garnis de feuilles opposées, ovales, lancéolées et réticulées en dessous. Les fleurs sont petites, et naissent en petites grappes axillaires ou terminales sur des pédoncules rameux et pubescens. Les corolles sont tubuleuses, velues à l'orifice du tube, et ayant leur limbe partagé en cinq découpures ouvertes en étoile. (G..N.)

QUISCALE. *Quiscalus*. OIS. Vieillot a démembré ce genre de l'*Icterus* de Brisson, si fréquemment disloqué par les auteurs systématiques, sans que pour cela les genres proposés puissent être adoptés d'après les caractères qui sont toujours très-arbitraires et peu prononcés. Les Quiscales ne diffèrent en effet des Cassiques, des Troupiales, des Carouges, des Léistes, que par leur bec épais, courbé, anguleux à la base, et par une queue étagée et cymbiforme. Ils auraient pour type les *Gracula Quiscala* et *Corvus mexicanus* de Linné, que tous les ornithologistes ne séparent point des Troupiales. *V.* ce mot. (LESS.)

QUISQUALIS. BOT. PHAN. Ce genre, créé par Linné, d'après Rumph, appartient à la Décandrie Monogynie, et à la famille des Combrétacées. Il offre les caractères suivans : calice dont le tube est grêle, longuement développé au-dessus de l'ovaire, et dont le limbe est à cinq petites divisions; corolle à cinq pétales ovales-oblongs, obtus, plus grands que les divisions calicinales; étamines au nombre de dix (de huit, selon Blume), saillantes, insérées sur l'entrée du tube calicinal, alternativement plus courtes; ovaire ovoïde-oblong, renfermant quatre ovules; style filiforme, obtus, saillant, agglutiné inférieurement, selon Blume, au tube du calice; drupe sèche, à cinq angles, ne contenant qu'une seule graine dont les cotylédons sont charnus, très-grands, plans et convexes. Ce genre se compose d'un petit nombre d'espèces qui croissent dans l'Inde et dans l'Afrique intertropicale. Le *Quisqualis indica*, L.; Rumph, *Herb. Amb.*, 5, tab. 38; Lamarck, Illustr., tab. 357; *Bot. Regist.*, tab. 492, est un Arbrisseau à rameaux grimpans qui ressemblent à des cordes, et se tournent en divers sens près des Arbres voisins, sans cependant les entourer ni les serrer. Les feuilles sont opposées, ou rarement alternes, très-entières et ovées. Les fleurs sont disposées en épis courts, terminaux ou axillaires. Elles sont très-variables dans leurs couleurs, car Rumph dit que le matin elles sont blanches, rouges après midi, et roses vers le soir. Cette Plante croît dans l'Inde, principalement à Java et à Amboine. Palisot de Beauvois (Flore d'Oware, 1, p. 57, tab. 34) a décrit et figuré sous le nom de *Quisqualis ebracteata*, une espèce qu'il a trouvée dans le royaume d'Oware en Afrique. (G..N.)

QUISQUILIUM. BOT. PHAN. (Pline.) Syn. de *Quercus coccifera*, L., *V.* CHÊNE. (B.)

QUIVISIA. BOT. PHAN. Du nom de *Bois de Quivis* qu'on lui donne aux îles de France et de Mascareigne. Genre de la famille des Méliacées et de la Monadelphie Décandrie, L., établi par Commerson et Jussieu (*Genera Plant.*, p. 264), et ainsi caractérisé : calice urcéolé à quatre ou cinq dents; corolle à quatre ou cinq pétales courts, lancéolés, obtus, soyeux extérieurement, et attachés à la base du tube qui porte les anthères, huit à dix étamines à anthères sessiles sur un tube court, urcéolé; ovaire supère, globuleux, sillonné, surmonté d'un style simple, plus long que le tube des anthères, et terminé par un stigmate capité; capsule coriace, à quatre ou cinq loges, déhiscente par le sommet en quatre ou cinq petites valves qui portent des cloisons sur leur milieu; les loges renfermant chacune deux graines. Gmelin, Willdenow et Smith ont adopté pour ce genre le nom de *Gilibertia*, qui ne peut lui rester, non-seulement à cause de la priorité du *Quivisia*, mais encore parce qu'il y a un autre *Gilibertia* créé par Ruiz et Pavon. C'était encore à ce genre que Commerson, dans ses manuscrits, avait donné le nom de *Barretia* en hommage à sa femme de chambre Barret, qui, éprise de l'amour des voyages, avait voulu accompagner l'ardent botaniste, et s'était déguisée en homme pour mieux accomplir ses projets. Les quatre espèces connues de *Quivisia* ont été décrites et figurées par Cavanilles (Diss. 7, p. 367 et 368, t. 211 à 214) sous les noms de *Quivisia oppositifolia*, *ovata* et *heterophylla*; ce sont des Arbrisseaux rameux, à feuilles alternes ou opposées, extrêmement variables quant aux formes dans une espèce (*Quivisia heterophylla*) mentionnée par Bory de Saint-Vincent dans son Voyage aux îles australes d'Afrique. Les fleurs sont petites et disposées en grappes courtes. Toutes ces Plantes croissent dans l'île de France. (G..N.)

* QUITY. BOT. PHAN. L'Arbre brasilien mentionné sous ce nom de pays par Marcgraaff et Pison, paraît être une espèce du genre *Sapindus*. (B.)

QUOCOLOS. MIN. On a donné ce nom et celui de Pierre à verre à une lave vitreuse verdâtre, que l'on trouve en Toscane, et que l'on emploie dans quelques verreries à bouteilles. (G. DEL.)

QUOGÉLO OU GUOGGELO. MAM. Le voyageur Desmarchais a décrit sous ce nom le Pangolin d'Afrique, *Manis tetradactyla* de Linné. On retrouve ce nom dans l'Histoire des Voyages, T. III, pag. 587. (LESS.)

QUOIAS OU QUOJAS-MORROU ET QUOJOIS-MOROS. MAM. Nom de pays du Champanzée selon diverses orthographes probablement vicieuses des voyageurs et de leurs copistes. *V*. ORANG. (B.)

* QUOIMIO. BOT. PHAN. Variété du Fraisier. *V*. ce mot. (G..N.)

* QUOLL. MAM. Cook, dans son premier Voyage, p. 110 de la traduction française, parle, sous ce nom usité chez les naturels de la Nouvelle-Galles du Sud, d'un Animal qu'il observa, et qui était brun en dessus, moucheté de blanc, et dont le ventre était de cette dernière couleur. C'est un Dasyure, et très-certainement le *Spotted Martin* de Phillip (*Dasyurus macrourus* de Geoffroy.) (LESS.)

* QUOTT. MAM. Forskahl (Faune, p. 3) mentionne sous ce nom une espèce de *Viverra* qui paraît être la Civette commune, *Viverra Civetta*, L. (LESS.)

* QUOUYA. MAM. (Azzara.) Syn. de Coypou. *V*. MYOPOTAME. (B.)

* QUOY. MAM. Les habitans de l'île d'Oualan nomment ainsi une Roussette que Quoy et Gaimard ont décrite sous le nom de *Pteropus Keraudrenii*, et qui est le *Poë* des îles Carolines, et le *Fanihi* des îles Mariannes. (LESS.)

R.

RAAD, RAADA OU RAASCH. POIS. C'est-à-dire *Tonnerre*. (Geoffroy.) Syn. de Torpille et de Silure-Trembleur chez les Arabes. (B.)

RABA. BOT. PHAN. (Lippi.) Syn. de *Trianthema monogyna*, L. (B.)

RABAGI. POIS. Nom de pays du *Chœtodon bifasciatus*, Forsk., espèce d'Holocentre. (B.)

RABAILLET. OIS. Syn. vulgaire de la Cresserelle. *V*. FAUCON. (DR..Z.)

RABARBARUM. BOT. PHAN. Pour *Rhabarbarum*. (B.)

RABDOCHLOA. BOT. PHAN. Genre de la famille des Graminées établi par Palisot de Beauvois (Agrostogr., p. 84, t. 17, f. 3) pour les *Cynosurus monostachyos*, *virgatus*, *domingensis*, etc., et qui présente les caractères suivans : les fleurs sont en épis composés, solitaires, épars ou agglomérés, filiformes, alternes ou digités; les épillets sont unilatéraux, contenant de trois à cinq fleurs; la lépicène est bivalve, plus courte que les fleurs; la paillette inférieure de la glume est crénelée à son sommet et porte une soie qui naît au-dessous du sommet; la supérieure est entière et mutique; le style est biparti et porte deux stigmates plumeux. Ce genre a des rapports avec les genres *Leptochloa* et *Oxydenia*. (A. R.)

RABIOLLE OU RABIOULE. BOT. PHAN. Noms vulgaires du Chou-Rave et du Chou-Navet. (B.)

RABIROLLE. OIS. L'un des noms vulgaires de l'Hirondelle des fenêtres. (B.)

RABOTEUSE. REPT. CHÉL. Espèce de Tortue. *V.* ce mot. (B.)

RABOTEUX. POIS. Espèce de Cotte du sous genre Platycéphale. *V.* COTTE. (B.)

RAC. MOLL. Adanson (Voy. au Sénég., pl. 10, fig. 4) nomme ainsi une petite Coquille de son genre Buccin. Cette espèce n'a point été reconnue depuis Adanson; ni Gmelin ni Lamarck ne la mentionnent. (D..H)

RACARIA. BOT. PHAN. Aublet (Guian., 2, Suppl. 24, t. 382) décrit et figure sous ce nom un genre qui, selon le professeur Richard, doit être rapporté au *Talisia*. *V.* ce mot. (A. R.)

RACCO. BOT. PHAN. Variété de Froment. (B.)

RACCOON. MAM. Nom de pays du Raton laveur. *V.* RATON. (IS. G. ST.-H.)

RACE. ZOOL. BOT. *V.* HOMME et MÉTHODE.

RACHAMACH. OIS. (Bruce.) Syn. d'Alimoche, espèce du genre Catharte. *V.* ce mot. (B.)

RACHE. BOT. PHAN. L'un des noms vulgaires de la Cuscute. *V.* ce mot. (B.)

RACHIS. BOT. PHAN. *V.* AXE.

RACINE. *Radix*. BOT. PHAN. Organe principal de la nutrition, la Racine est la partie du Végétal qui, le terminant inférieurement, croît dans un sens opposé à la tige, c'est-à-dire s'enfonce perpendiculairement vers le centre de la terre, tandis que celle-ci s'élève dans l'atmosphère, et ne devient jamais verte dans son tissu. A l'exception de quelques Agames qui, plongées dans l'eau ou végétant à sa surface, absorbent les matériaux de leur nutrition par les différens points de leur étendue, tous les autres Végétaux sont pourvus de Racines, qui servent à les fixer au sol et à y puiser une partie de leurs principes nutritifs. Les Racines, dans le plus grand nombre des Végétaux, sont le plus souvent implantées dans la terre. Mais il en est d'autres qui, vivant à la surface de l'eau, présentent des Racines flottantes au milieu de ce liquide, comme on l'observe dans certaines Lentilles d'eau. La plupart des Plantes aquatiques, comme le Trèfle d'eau, le Nénuphar, l'Utriculaire, offrent deux espèces de Racines. Les unes, enfoncées dans la vase, les fixent au sol; les autres, partant ordinairement de la base des feuilles, sont libres et flottantes. D'autres Plantes végètent sur les rochers, comme les Lichens; sur les murs, comme la Giroflée commune, le grand Muflier, la Valériane rouge; sur le tronc ou la racine des autres Arbres, comme le Lierre, certaines Orchidées des tropiques, la plupart des Mousses. L'Orobanche et l'Hypociste implantent leurs Racines sur celles d'autres Végétaux, et, véritables parasites, en absorbent les matériaux nutritifs et vivent à leurs dépens. Le *Clusia rosea*, Arbrisseau sarmenteux de l'Amérique méridionale, le *Sempervivum arboreum*, le Maïs, le Manglier, les Vaquois et quelques Figuiers exotiques, outre les Racines qui les terminent inférieurement, en produisent d'autres de différens points de leur tige, qui, d'une hauteur souvent considérable, descendent et s'enfoncent dans la terre. On a donné à ces Racines surnuméraires le nom de Racines adventives, et un fait fort remarquable qui les concerne, c'est qu'elles ne commencent à se développer en diamètre que quand leur extrémité a atteint le sol et y puise les matériaux de son accroissement.

Il y a différentes parties dans les Végétaux qui sont susceptibles de produire des Racines. Coupez une branche de Saule, de Peuplier; enfoncez-la dans la terre, et au bout de quelque temps son extrémité inférieure sera chargée de radicelles. Le même phénomène aura encore lieu lorsqu'on aura implanté les deux extrémités de la branche dans la terre : l'une et l'autre s'y fixent, au moyen de Racines qu'elles développent. Dans les Graminées, particulièrement le Maïs ou Blé de Turquie, les nœuds inférieurs de la tige poussent quelquefois des Racines qui descendent s'enfoncer dans la terre. C'est sur cette propriété qu'ont les tiges et même les feuilles dans beaucoup de Végétaux de donner naissance à de nouvelles Racines, que sont fondées la théorie et la pratique du marcotage et de la bouture, moyens de multiplication très-employés dans l'art de la culture.

La Racine, considérée dans son ensemble et d'une manière générale, peut être divisée en trois parties : 1° le corps ou partie moyenne, de forme et de consistance variée, quelquefois plus ou moins renflé, comme dans le Navet, la Carotte; 2° le collet ou nœud vital : c'est le point ou la ligne de démarcation qui sépare la Racine de la tige, et d'où part le bourgeon de la tige annuelle, dans les Racines vivaces; 3° les radicelles ou le chevelu : ce sont les fibres plus ou moins déliées qui terminent ordinairement la Racine à sa partie inférieure.

Suivant leur durée, les Racines ont été distinguées en annuelles, bisannuelles, vivaces et ligneuses. 1°. Les Racines annuelles sont celles des Plantes qui, dans l'espace d'une année, se développent, fructifient et meurent : tels sont le Blé, le Pied-d'Alouette (*Delphinium Consolida*), le Coquelicot (*Papaver Rhœas*), etc. 2°. Les Racines bisannuelles sont celles des Plantes à qui deux années sont nécessaires pour acquérir leur parfait développement. Les Plantes bisannuelles ne produisent ordinairement la première année que des feuilles; la seconde année elles meurent après avoir fleuri et fructifié, comme la Carotte, etc. 3°. On a donné le nom de Racines vivaces à celles qui appartiennent aux Plantes ligneuses et à celles qui, durant un nombre indéterminé d'années, poussent des tiges herbacées, qui se développent et meurent tous les ans, tandis que leur Racine vit pendant un grand nombre d'années; telles sont les Asperges, les Asphodèles, la Luzerne, etc.

Cette division des Végétaux en annuels, bisannuels et vivaces, suivant la durée de leurs Racines, est sujette à varier sous l'influence de diverses circonstances. Le climat, la température, la situation d'un pays, la culture même, modifient singulièrement la durée des Végétaux. Il n'est pas rare de voir des Plantes annuelles végéter deux ans et même davantage, si elles sont mises dans un terrain qui leur soit convenable et abritées contre le froid. Ainsi le Réséda odorant, qui chez nous est une Plante annuelle, devient une Plante vivace dans les sables des déserts de l'Egypte. Au contraire, des Plantes vivaces et même ligneuses de l'Afrique et de l'Amérique, transplantées dans les régions septentrionales, y deviennent annuelles. La Belle de nuit (*Nyctago hortensis*), le *Cobœa*, sont vivaces au Pérou, et meurent chaque année dans nos jardins. Le Ricin, qui, en Afrique, forme des Arbres ligneux, est annuel dans notre climat. Cependant il reprend son caractère ligneux quand il se retrouve dans une exposition convenable. En herborisant aux environs de Villefranche, sur les bords de la Méditerranée, au mois de septembre 1818, nous avons découvert sur la montagne qui abrite l'arsenal de cette ville, au couchant, un petit bois formé de Ricins en arbre. Leur tronc est ligneux, dur. Les plus hauts ont environ vingt-cinq pieds d'élévation, et présentent à peu près le même aspect que nos Platanes. Il est vrai que la situation de Villefranche, exposée au midi, défendue des vents d'ouest par une chaîne de collines assez élevées, la rapproche singulièrement du climat de certaines parties de l'Afrique. En général toutes les Plantes exotiques vivaces, dont les graines peuvent former des individus, qui fleurissent dès la première année dans nos climats, y deviennent annuelles. C'est ce qui arrive pour le Ricin, le *Cobœa*, la Belle de nuit, etc. Les Racines ligneuses ne diffèrent des Racines vivaces que par leur consistance plus solide, et par la persistance de la tige qu'elles supportent; telles sont celles des Arbres et des Arbrisseaux.

Suivant leur forme et leur structure, les Racines peuvent se diviser en : 1° pivotante (*Radix perpendicularis*), 2° fibreuse (*Radix fibrosa*), 3° tubérifère (*Radix tuberifera*), 4° bulbifère (*Radix bulbifera*). 1°. Les Racines pivotantes sont celles qui s'enfoncent perpendiculairement dans la terre. Elles sont simples et sans divisions sensibles, comme dans la Rave, la Carotte; rameuses dans le Frêne et le Peuplier d'Italie, etc. Elles appartiennent exclusivement aux Végétaux dicotylédons. 2°. La Racine fibreuse se compose d'un grand nombre de fibres, quelquefois simples et grêles, d'autres fois épaisses et ramifiées. Telle est celle de la plupart des Palmiers. Elle ne s'observe que dans les Plantes monocotylédones. 3°. Nous appelons Racines tubérifères celles qui présentent sur différens points de leur étendue, quelquefois à leur partie supérieure, d'autres fois au milieu ou aux extrémités de leurs ramifications, des tubercules plus ou moins nombreux. Ces tubercules ou corps charnus, que l'on a long-temps, et à tort, regardés comme des Racines, ne sont que des amas de fécule amylacée, que la nature a, en quelque sorte, mis en réserve pour servir à la nutrition du Végétal. Aussi n'observe-t-on jamais de véritables tubercules dans les Plantes annuelles; ils appartiennent exclusivement aux Plantes vivaces; tels sont ceux de la Pomme de terre, du Topinambour, des Orchidées, des Patates. 4°. La Racine bulbifère est formée par une espèce de tubercule mince et aplati, qu'on nomme plateau, produisant par la partie inférieure une Racine fibreuse, et supportant supérieurement un bulbe ou ognon, qui n'est rien autre chose qu'un bourgeon d'une nature particulière, formé d'un grand nombre d'écailles ou de tuniques appliquées les unes sur les autres; par exemple, dans le Lis, la Jacinthe, l'Ail, et en général les Plantes qu'on appelle bulbeuses.

Telles sont les modifications principales que présente la Racine relativement à sa structure particulière. Toutes les Racines qui ne peuvent être rapportées à une des quatre modifications principales que nous venons d'indiquer conservent le nom générique de Racines.

Le chevelu des Racines, ou cette partie formée de fibres plus ou moins déliées, sera d'autant plus abondant et plus développé, que le Végétal vivra dans un terrain plus meuble. Lorsque par hasard l'extrémité d'une Racine rencontre un filet d'eau, elle s'allonge, se développe en fibrilles capillaires et ramifiées, et constitue ce que les jardiniers désignent sous le nom de Queue de Renard. Ce phénomène, que l'on peut produire à volonté, explique pourquoi les Plantes aquatiques ont, en général, des Racines beaucoup plus développées.

Les Racines sont généralement organisées comme les tiges. Ainsi, dans les Arbres dicotylédons, la coupe transversale de la Racine offre des zônes concentriques de bois disposées circulairement et emboîtées les unes dans les autres. On a dit que le caractère vraiment distinctif entre la tige et la Racine, c'est que cette dernière est dépourvue de canal médullaire, et par conséquent de moelle, tandis qu'au contraire nous savons que cet organe existe constamment dans la tige des Arbres dicotylédons. Il suit de-là nécessairement que les insertions médullaires manquent aussi dans les Racines. Cependant cette différence nous paraît de peu d'importance, et même tout-à-fait contraire aux faits. En effet, nous avons trouvé dans un grand nombre de Végétaux que le canal médullaire de la tige se prolonge sans aucune interruption dans le corps de la Racine. Si, par exemple, on fend longitudinalement la tige et la Racine d'un jeune Maronnier d'Inde d'un à deux ans, on verra le canal médullaire de la tige s'étendre jusqu'à la partie la plus inférieure de la Racine. Il en sera de même si l'on examine une jeune plantule de Sycomore ou d'Erable plane. Mais, très-fréquemment, ce canal, qui était très-manifeste dans la Plante peu de temps après sa germination, finit par diminuer et même disparaître insensiblement par les progrès de la végétation, en sorte qu'on ne le retrouve plus dans les Plantes adultes chez lesquelles il a d'abord existé. Il résulte de-là qu'on ne peut donner comme un caractère anatomique distinctif entre la tige et la Racine le manque de canal médullaire dans cette dernière, puisqu'il existe presque constamment dans la radicule de la graine germante, et souvent dans la Racine d'un grand nombre de Végétaux, long-temps après cette première époque de leur vie. Cependant les Racines pivotantes ne l'offrent jamais dans leurs ramifications, même dans celles qui sont les plus grosses.

Jusqu'en ces derniers temps, on avait donné comme caractère distinctif entre la structure anatomique de la Racine et celle de la tige le manque de vaisseaux-trachées dans ce premier organe; cependant deux des savans qui en Allemagne se sont occupés de l'anatomie végétale avec le plus de succès, Link et Tréviranus, sont parvenus à trouver ces vaisseaux dans la Racine de quelques Plantes. Plus récemment encore Amici a déroulé des trachées dans les Racines de plusieurs Plantes, et entre autres de l'*Agapanthus umbellatus* et du *Crinum erubescens*. La différence que nous avons vu exister dans l'organisation du tronc des Dicotylédons et du stipe des Monocotylédons, se remarque également dans leurs Racines. En effet, jamais dans les Plantes monocotylédones on ne trouve de pivot faisant suite à la tige. Cette disposition est une conséquence du mode de développement de la graine à l'époque de la germination, puisque, comme nous l'avons vu en traitant de cette fonction, la radicule centrale et principale se détruit toujours peu de temps après la germination. Il existe encore une autre différence très-remarquable entre les Racines et les tiges. Ces dernières, en général, s'accroissent en hauteur par tous les points de leur étendue, tandis que les Racines ne s'allongent que par leur extrémité seulement. C'est ce qui a été prouvé par les expériences de Duhamel. Que l'on fasse à une jeune tige, au moment de son développement, de petites marques éloignées les unes des autres, d'un pouce, par exemple, et l'on verra, lorsque l'accroissement sera terminé, que les espaces situés entre ces marques se sont considérablement augmentés. Que l'on répète la même expérience sur des Racines, et l'on se convaincra que ces espaces restant les mêmes tandis que la Racine s'est allongée, l'augmentation en longueur a eu lieu par son extrémité seulement.

Les Racines servent, 1° à fixer le Végétal à la terre ou au corps sur lequel il doit vivre; 2° à y puiser une partie des matériaux nécessaires à son accroissement. Les Racines de beaucoup de Plantes ne paraissent remplir que la première de ces fonctions. C'est ce que l'on observe principalement dans les Plantes grasses et succulentes, qui absorbent par tous les points de leur surface les substances propres à leur nutrition. Tout le monde connaît le magnifique Cierge du Pérou (*Cactus peruvianus*) qui existe dans les serres du Muséum d'Histoire naturelle. Ce Végétal, qui est d'une hauteur extraordinaire, pousse avec une extrême vigueur des rameaux énormes, et souvent avec une rapidité surprenante; ses Racines sont renfermées dans une caisse, qui contient à peine trois à quatre pieds cubes d'une terre que l'on ne renouvelle et n'arrose jamais.

Les Racines ont aussi pour usage d'absorber dans le sein de la terre les substances qui doivent servir à l'accroissement du Végétal. Mais tous les points de la Racine ne concourent pas à cette fonction. Ce n'est que par l'extrémité de leurs fibres les plus déliées que s'exerce cette absorption. Les uns ont dit qu'elles étaient terminées par de petites ampoules ou des spongioles plus ou moins renflées, d'autres par des espèces de bouches aspirantes; quelle que soit leur structure, il est prouvé que c'est par ces extrémités seules que s'opère cette fonction. Il n'est point d'expérience plus facile à faire que celle au moyen de laquelle on démontre d'une manière péremptoire la vérité de ce fait. Si l'on prend un Radis ou un Navet, qu'on le plonge dans l'eau par l'extrémité de la radicule qui le termine, il poussera des feuilles et végétera. Si, au contraire, on le place dans l'eau de manière à ce que son extrémité inférieure soit hors du liquide, il ne donnera aucun signe de développement.

Les Racines de certaines Plantes paraissent excréter une matière particulière, différente dans les diverses espèces. Duhamel rapporte qu'ayant fait arracher de vieux Ormes, il trouva la terre qui environnait les Racines d'une couleur plus foncée et plus onctueuse. Cette matière onctueuse et grasse était le produit d'une sorte d'excrétion faite par les Racines. C'est à cette matière, qui, comme nous l'avons dit, est différente dans chaque espèce végétale, que l'on a attribué les sympathies et les antipathies que certains Végétaux ont les uns pour les autres. On sait, en effet, que certaines Plantes se recherchent en quelque sorte, et vivent constamment les unes à côté des autres, ce qui forme les Plantes sociales; tandis qu'au contraire d'autres semblent ne pouvoir croître dans le même lieu.

On a remarqué que les Racines ont une tendance marquée à se diriger vers les veines de bonne terre, et que souvent elles s'allongent considérablement pour se porter vers les lieux où la terre est plus meuble et plus substantielle. Elles s'y développent alors avec plus de force et de rapidité. Duhamel rapporte que, voulant garantir un champ de bonne terre des Racines d'une rangée d'Ormes qui s'y étendaient et en épuisaient une partie, il fit faire le long de cette rangée d'Arbres une tranchée profonde qui coupa toutes les Racines qui s'étendaient dans le champ. Mais bientôt les nouvelles Racines, arrivées à l'un des côtés du fossé, se recourbèrent en suivant la pente de celui-ci jusqu'à la partie inférieure; là elles se portèrent horizontalement sous le fossé, se relevèrent ensuite de l'autre côté, en suivant la pente opposée, et s'étendirent de nouveau dans le champ. Les Racines, dans tous les Arbres, n'ont pas la même force pour pénétrer dans le tuf. Duhamel a fait l'observation qu'une Racine de Vigne avait pénétré profondément dans un tuf très-dur, tandis qu'une Racine d'Orme avait été arrêtée par sa dureté, et avait en quelque sorte rebroussé chemin.

La Racine, ainsi que nous l'avons dit précédemment, a une tendance naturelle et invincible à se diriger vers le centre de la terre. Cette tendance se remarque surtout dans cet organe, au moment où il commence à se prononcer, à l'époque de la germination de l'embryon; plus tard elle est moins manifeste quoiqu'elle existe toujours, surtout dans les Racines qui sont simples, ou dans le pivot des Racines rameuses ; car elle est souvent nulle dans les ramifications latérales de la Racine. Quels que soient les obstacles que l'on cherche à opposer à cette tendance naturelle de la radicule, elle sait les surmonter. Ainsi placez une graine germante de Fève ou de Pois de manière que les cotylédons soient placés dans la terre et la radicule en l'air, vous verrez bientôt cette radicule se recourber vers la terre pour aller s'y enfoncer. On a donné beaucoup d'explications diverses de ce phénomène : les uns ont dit que la Racine tendait à descendre, parce que les fluides qu'elle contenait étaient moins élaborés, et par conséquent plus lourds que ceux de la tige. Mais cette explication est contredite par les faits. En effet, ne voit-on pas dans certains Végétaux exotiques, tels que le *Clusia rosea*, etc., des Racines se développer sur la tige à une hauteur très-considérable, et descendre perpendiculairement pour s'enfoncer dans la terre? Or, dans ce cas, les fluides contenus dans ces Racines aériennes sont de la même nature que ceux qui circulent dans la tige, et néanmoins ces Racines, au lieu de s'élever comme elle, descendent au contraire vers la terre. Ce n'est donc pas la différence de pesanteur des fluides qui leur donne cette tendance vers le centre de la terre. D'autres ont cru trouver cette cause dans l'avidité des Racines pour l'humidité, humidité qui est plus grande dans la terre que dans l'atmosphère. Duhamel, voulant s'assurer de la réalité de cette explication, fit germer des graines entre deux éponges humides et suspendues en l'air ; les Racines, au lieu de se porter vers l'une ou l'autre des deux éponges bien imbibées d'humidité, glissèrent entre elles, et vinrent pendre au-dessous en tendant ainsi vers la terre. Ce n'est donc pas l'humidité qui attire les Racines vers le centre de la terre. Serait-ce la terre elle-même par sa nature comme milieu propre à sa nutrition? L'expérience contredit encore cette explication. Dutrochet remplit de terre une caisse dont le fond était percé de plusieurs trous ; il plaça dans ces trous des graines de Haricot germantes, et il suspendit la caisse en plein air à une hauteur de six mètres. De cette manière, dit-il, les graines, placées dans les trous pratiqués à la face inférieure de la caisse, recevaient de bas en haut l'influence de l'atmosphère et de la lumière : la terre humide se trouvait placée au-dessus d'elles. Si la cause de la direction de cette partie existait dans sa tendance pour la terre humide, on devait voir la radicule monter dans la terre placée au-dessus d'elle, et la tige au contraire descendre vers l'atmosphère placée au-dessous d'elle ; c'est ce qui n'eut point lieu. Les radicules des graines descendirent dans l'atmosphère, où elles ne tardèrent pas à se dessécher ; les plumules au contraire se dirigèrent en haut dans la terre. Knight, célèbre physicien anglais, a voulu s'assurer par l'expérience si cette tendance ne serait pas détruite par le mouvement rapide et circulaire imprimé à des graines germantes. Il fixa des graines de Haricot dans les augets d'une roue, mue continuellement par un filet d'eau dans un plan vertical, cette roue faisant cent cinquante révolutions en une minute. Ces graines, placées dans de la mousse sans cesse humectée, ne tardèrent pas à germer ; toutes les radicules se dirigèrent vers la circonférence de la roue, et toutes les gemmules vers son centre. Par chacune de ces directions les radicules et les gemmules obéissaient à leurs tendances naturelles et opposées. Le même physicien fit une expérience analogue avec une roue mue horizontalement et faisant deux cent cinquante révolutions par minute ; les résultats furent semblables, c'est-à-dire que toutes les radicules se portèrent vers la circonférence et les gemmules vers le centre, mais avec une inclinaison de dix degrés des premières vers la terre, et des secondes vers le ciel. Ces expériences, répétées par Dutrochet, ont eu les mêmes résultats, excepté que dans la seconde l'inclinaison a été beaucoup plus considérable, et que les radicules et les gemmules sont devenues presque horizontales.

Des diverses expériences rapportées ci-dessus, il résulte évidemment que les Racines se dirigent vers le centre de la terre, non parce qu'elles contiennent un fluide moins élaboré, ni parce qu'elles y sont attirées par l'humidité ou la nature même de la terre, mais par un mouvement spontané, une force intérieure, une sorte de soumission aux lois générales de la gravitation.

Mais quoiqu'on puisse dire que cette loi de la tendance des Racines vers le centre de la terre soit générale, néanmoins quelques Végétaux semblent s'y soustraire; telles sont en général toutes les Plantes parasites, et le Gui (*Viscum album*) en particulier. Cette Plante singulière pousse sa radicule dans quelque position que le hasard la place; ainsi quand la graine, qui est enveloppée d'une glu épaisse et visqueuse, vient à se coller sur la partie supérieure d'une branche, sa radicule, qui est une sorte de tubercule évasé en forme de cor de chasse, se trouve alors perpendiculaire à l'horizon : si, au contraire, la graine est placée à la partie inférieure de la branche, la radicule se dirige vers le ciel. La graine est-elle située sur les parties latérales de la branche, la radicule se dirige latéralement. En un mot, dans quelque position que la graine soit fixée sur la branche, la radicule se dirige toujours perpendiculairement à l'axe de la branche.

Dutrochet a fait sur la germination de cette graine un grand nombre d'expériences pour constater la direction de la radicule. Nous rapporterons ici les plus intéressantes. Cette graine, qui trouve dans la glu qui l'enveloppe les premiers matériaux de son accroissement, germe et se développe non-seulement sur du bois vivant et mort, mais encore sur des pierres, du verre, et même sur du fer. Dutrochet en a fait germer sur un boulet de canon. Dans tous ces cas la radicule s'est toujours dirigée vers le centre de ces corps. Ces faits prouvent, ainsi que le remarque cet ingénieux expérimentateur, que ce n'est pas vers un milieu propre à sa nutrition que l'embryon du Gui dirige sa radicule, mais que celle-ci obéit à l'attraction des corps sur lesquels la graine est fixée, quelle que soit leur nature. Mais cette attraction n'est qu'une cause éloignée de la tendance de la Racine du Gui vers les corps. La véritable cause est un mouvement intérieur et spontané exécuté par l'embryon à l'occasion de l'attraction exercée sur sa radicule. Dutrochet colle une graine de Gui germée à l'une des extrémités d'une aiguille de cuivre, semblable à une aiguille de boussole, et placée de même sur un pivot; une petite boule de cire mise à l'autre extrémité forme le contre-poids de la graine. Les choses ainsi disposées, Dutrochet approche latéralement de la radicule une petite planche de bois, à environ un millimètre de distance. Cet appareil est ensuite recouvert d'un récipient de verre, afin de le garantir de l'action des agens extérieurs. Au bout de cinq jours la tige de l'embryon s'est fléchie et a dirigé la radicule vers la petite planche qui l'avoisinait, sans que l'aiguille eût changé de position, malgré son extrême mobilité sur le pivot. Deux jours après, la radicule était dirigée perpendiculairement vers la planche avec laquelle elle s'était mise en contact, sans que l'aiguille qui portait la graine eût éprouvé le moindre dérangement. La radicule du Gui présente encore une autre tendance constante, c'est celle de fuir la lumière. Faites germer des graines de Gui sur la face interne des vitres d'une croisée d'appartement, et vous verrez toutes les radicules se diriger vers l'intérieur de l'appartement pour y chercher l'obscurité. Prenez une de ces graines germées, appliquez-la sur la vitre en dehors de l'appartement, et sa radicule s'appliquera contre la vitre, comme si elle tendait vers l'intérieur de l'appartement pour fuir la lumière. (A. R.)

Le mot RACINE a été parfois employé spécifiquement avec une épithète, et l'on a appelé :

RACINE D'ABONDANCE, la Betterave.

RACINE AMIDONIÈRE, divers Gouets.

RACINE D'ARMÉNIE, la Garance de Smyrne.

RACINE BLANCHE, le Panais.

RACINE DU BRÉSIL, l'Ipécacuanha.

RACINE A CHAMPIGNONS, la pierre de Champignons.

RACINE DE CHARCIS, le *Dorstenia contrayerva.*

RACINE DE CHINE, la Squine.

RACINE DE CHRÉTIEN, une Astragale.

RACINE DE COLOMBE. On ne sait quelle Racine ou bois le compilateur Bomare désigne sous ce nom.

RACINE DE DISETTE, la Betterave.

RACINE DOUCE, la Réglisse.

RACINE DE DRAC, même chose que Racine de Charcis.

RACINE DE FEMME BATTUE OU VIERGE, la Bryone.

RACINE DE FLORENCE, les Iris parfumés.

RACINE JAUNE OU D'OR, un *Thalictrum* de la Chine.

RACINE DE MÉCHOACAN, un Liseron du Mexique.

RACINE DE MONGO, l'Ophiorhize.

RACINE DE PESTE, les Tussilages.

RACINE DE RHODES, le *Rhodiola rosea.*

RACINE DE SAFRAN, le *Curcuma.*

RACINE DE SAINT-CHARLES. On ignore à quel Végétal appartient la Racine qu'on trouve sous ce nom dans quelques pharmacies.

RACINE DU SAINT-ESPRIT, l'Angélique officinale.

RACINE DE SAINTE-HÉLÈNE, l'Acore odorant.

RACINE SALIVAIRE, l'*Anthemis Pyretrum.*

RACINE DE SANAGROEL OU DE SNAGROEL, l'Aristoloche Serpentaire.

RACINE DE SERPENT, l'Ophiorhize, le *Polygala Seneka*, etc.

RACINE DE SOLON, un Gouet voisin de la Colocose.

RACINE DE THYMELÉE, la Lauréole.

RACINE DE VIRGINIE, l'*Ipomea tuberosa*, etc. (B.)

RACINE DE BRYONE. MOLL. Nom vulgaire et marchand d'une espèce de Strombe. (B.)

RACINE D'ÉMERAUDE. MIN. Syn. vulgaire de Prase. (B.)

RACINIER. BOT. CRYPT. L'*Agaricus radicosus* de Bulliard chez Paulet. (B.)

RACKA. BOT. PHAN. Sous le nom de *Rack*, ou *Racka torrida*, Bruce (Voyage en Abyssinie, 5, p. 59, tab. 12) a décrit et figuré un Arbre commun dans l'Arabie Heureuse, l'Abyssinie et la Nubie, principalement dans les lieux inondés par la mer. La hauteur de cet Arbre varie entre huit et vingt-quatre pieds ; son écorce est blanche et lisse; ses jeunes branches sont opposées, axillaires; ses feuilles opposées, lancéolées, très-aiguës, entières, pétiolées, d'un vert foncé en dessus, blanchâtres en dessous. Les pédoncules sont opposés dans les aisselles des feuilles supérieures. Les fleurs ont le calice à quatre divisions; la corolle de couleur orangée, tubuleuse, rotacée, à limbe divisé en quatre lobes ovés mucronés ; quatre étamines placées entre les lobes de la corolle ; un ovaire verdâtre, ovoïde, marqué d'un léger sillon. Le bois de cet Arbre acquiert une grande dureté par son séjour dans l'eau de la mer. Les Vers ne l'attaquent jamais, et les Arabes s'en servent, dit-on, pour construire des canots. La description que Bruce a faite de cet Arbre est insuffisante pour déterminer avec certitude à quel genre il peut appartenir ; cependant on le croit voisin de l'*Avicennia.* Rœmer et Schultes (*Syst. Veget.*, 3, p. 13 et 207) l'ont adopté comme un genre particulier qu'ils ont placé dans la Tétrandrie Monogynie, et ils ont donné à l'espèce le nom de *Racka ovata*. (G..N.)

RACLE. BOT. PHAN. Nom vulgaire du genre *Cenchrus*, adopté par quelques botanistes français. *V.* CENCHRE. (B.)

RACLETIA. BOT. PHAN. (Adanson.) Syn. de *Reaumuria*. *V.* ce mot. (B.)

* RACODIUM. BOT. CRYPT. (*Mucédinées.*) Le genre établi par Persoon et ayant pour type le *Byssus cellaris* de Linné, a été modifié par le professesseur Link, qui l'a partagé en deux genres, savoir : le *Dematium*, qui n'est pas le même que le genre déjà établi sous ce nom par Persoon (*V.* ce mot), et le *Racodium*. Voici les caractères que le célèbre professeur de Berlin attribue à ce dernier genre : filamens rameux, à peine cloisonnés, ayant les extrémités moniliformes, entrelacées, agglomérées en petits globules, et contenant des sporidies nues, simples et opaques. Des diverses espèces rapportées à ce genre par Persoon, le seul *Racodium cellare* en fait encore partie; presque toutes les autres ont été transportées dans le genre *Dematium*. Outre l'espèce que nous venons de citer, le genre *Racodium* se compose encore des *R. aterrimum*, d'Ehrenb., et *R. rubiginosum*, de Fries. (A. R.)

* RACOMITRIUM. BOT. CRYPT. (*Mousses.*) Genre établi par Bridel, et adopté depuis par la plupart des muscologues. Il se compose d'un assez grand nombre d'espèces, placées auparavant dans le genre *Trichostomum* d'Hedwig, dont elles se distinguent par les caractères suivans : péristome simple, à dents divisées jusqu'à la base en deux, trois ou quatre lanières étroites; coiffe plus courte que l'urne, en forme de mitre, finement déchiquetée à sa base; urne régulière, sans anneau, contenant des sporules lisses ou plus rarement hérissées. Les espèces de ce genre sont en général vivaces, formant des petites touffes gazonneuses, et croissant dans les lieux sablonneux ou sur les rochers. Leurs feuilles sont étroites, lancéolées, plissées longitudinalement avec une nervure médiane, et terminées par un poil denticulé et blanchâtre. Parmi ces espèces nous citerons les suivantes : *Racomitrium canescens*, Brid., Bryol. univ., ou *Trichostomum canescens*, Hedw., Musc. 3, pl. 3; *R. heterostichum*, Brid.; *R. lanuginosum*, *R. fasciculare*, etc. (A. R.)

* RACOONDA. MAM. Nom donné dans le commerce de pelleterie aux dépouilles du Myopotame. *V.* ce mot et CAPROMYS. (B.)

RACOPILUM. BOT. CRYPT. (*Mousses.*) Genre établi par Palisot de Beauvois, et offrant pour caractères : un péristome double, l'extérieur à seize dents lancéolées, l'intérieur prolongé en une membrane découpée en seize dents alternes, avec autant de cils; une coiffe glabre, campanulée, ayant sa base ciliée et fendue latéralement. Des deux espèces rapportées à ce genre par Beauvois, l'une, *Racopilum Auberti*, a d'abord été placée par Bridel dans le genre *Neckera* sous le nom de *N. Auberti*, et maintenant il l'a réunie à son *Pterigophyllum albicans* ou *Leskea albicans* d'Hedwig. L'autre est le *Racopilum mnioïdes*, Beauv., Mém. Soc. Linn. Paris, 1822, pl. 9, fig. 6. C'est l'*Hypnum tomentosum* d'Hedwig, Musc. 4, pl. 19, que l'on a trouvée à Bourbon, en Afrique, dans le royaume d'Oware et Benin, et à Saint-Domingue. (A. R.)

* RACOPLACA. BOT. CRYPT. (*Lichens.*) Dans son Travail sur les Lichens des écorces exotiques, notre collaborateur Fée a établi sous ce nom un genre de Lichens qui, selon le professeur Meyer, doit être transporté dans la famille des Champignons. Ce genre a le thalle adhérent, membraneux, très-lisse, divisé en segmens étroits et anastomosés, et portant des apothécies tuberculeux, épars, hémisphériques, homogènes à l'intérieur et d'un noir luisant. Une

seule espèce compose ce genre, *Racoplaca subtilissima*, petite Plante parasite sur les feuilles des Anones, du *Theobroma sylvestris*, etc. (A. R.)

RACOUBÉ. *Racoubea*. BOT. PHAN. Le genre ainsi nommé par Aublet (Guian., 1, p. 589, tab. 236) doit être réuni au genre *Homalium*. *V.* ce mot. (A. R.)

RACOUET. BOT. PHAN. L'un des noms vulgaires de l'*Alopecurus arvensis*. (B.)

RACQUET. OIS. L'un des noms vulgaires du Castagneux, espèce de Grèbe. *V.* ce mot. (B.)

RACROCHEUSE. MOLL. Nom vulgaire et marchand du *Ranella Crumena*, Lamk., appelée aussi Bourse. (B.)

* RADAKIVI. GÉOL. *V.* GRANITONE.

* RADDISIA. BOT. PHAN. Genre de la famille des Hippocratéacées et de la Triandrie Monogynie, L., établi par Schrank, d'après le botaniste brésilien Leandro Sacramente (*in Denksch. Münch. Acad.*, 7, p. 244, tab. 15), et ainsi caractérisé : calice à cinq sépales ; corolle rotacée quinquéfide ; anneau en dehors des étamines et entourant l'ovaire ; trois étamines à filets linéaires, à anthères biloculaires; ovaire plus long que les étamines, terminé par un style court ; capsule triloculaire, à loges renfermant plusieurs graines presque globuleuses fixées à un axe central. Ce genre n'est, selon le professeur De Candolle, presque pas distinct de l'*Anthodon* de Ruiz et Pavon. Il ne renferme qu'une seule espèce, *Raddisia arborea*, qui croît sur le rivage près de Rio de Janeiro. C'est un Arbre dont les feuilles sont elliptiques, aiguës, glabres, dentées en scie et portées sur de courts pétioles. Les fleurs sont axillaires, solitaires ou agrégées. (G..N.)

RADEMACHIA. BOT. PHAN. (Thunberg.) Syn. d'*Artocarpus integrifolius*. L. *V.* JAQUIER. (G..N.)

* RADIA. BOT. PHAN. *V.* CAMPDÉRIE.

RADIAIRE. BOT. PHAN. (Lamarck, Fl. Fr.) Syn. d'*Astrantia*. *V.* ce mot. (B.)

RADIAIRES. ZOOL. Lamarck, dans son Histoire des Animaux sans vertèbres, désigne sous ce nom la troisième classe qu'il forma dans ce mémorable traité. Cette classe suit celle des Polypes qui, pour nous, rentre dans le règne Psychodiaire. Ici l'animalité nous semble commencer dans toute l'étendue du mot, car une bouche distincte, des organes digestifs plus ou moins compliqués, des pores ou tubes pour aspirer l'eau et former un système circulatoire avec un système nerveux constituent le Radiaire. Ce nom, très-significatif, exprime qu'une disposition rayonnante existe dans toutes les parties tant internes qu'externes de l'Animal qui, cependant, n'a encore ni tête, ni yeux, ni surtout de membres articulés. Ce sont des Animaux mous, nus, libres, vagabonds, généralement hémisphériques au moins au centre du corps, et qui perdent déjà sensiblement la faculté de régénérer leurs parties, quoique plusieurs des prolongemens de ceux qui en ont se puissent, dit-on, reformer après l'amputation. Des ovaires commencent à constituer les organes reproducteurs; mais on n'y découvre point encore de sexe. L'organe digestif semble être surtout l'essence des Radiaires; il se compose d'un sac alimentaire, court à la vérité, mais augmenté sur les côtés par des appendices ou cœcums, souvent vasculaires et fort ramifiés. L'organe respiratoire le plus important de tous, après celui de la digestion, se montre par des pores extérieurs, pénétrant jusqu'au centre par des tubes qui sont déjà des espèces de trachées. Les Radiaires se tiennent en général dans une position renversée, c'est-à-dire que leur bouche centrale est toujours en dessous. Spix, naturaliste bavarois, a reconnu le premier des nerfs avec des ganglions dans l'un de ces Animaux; ils sont très-visibles dans beaucoup d'autres, et nous aurions peine à comprendre comment ils échappèrent si long-temps aux naturalistes qui s'occupent d'anatomie comparée, si nous ne réfléchissions que la plupart le font à Paris sur des sujets desséchés ou décomposés par une longue immersion dans une liqueur plus capable d'altérer que de conserver des êtres presque gélatineux ou du moins où domine la matière muqueuse. Tous les Radiaires sans exception sont aquatiques et même marins; nul ne présente encore d'ébauche d'une ossature intérieure, mais plusieurs se revêtent déjà d'une enveloppe protectrice plus ou moins dure. De-là leur division en Mollasses et en Echinodermes.

§ I. Les RADIAIRES MOLLASSES ont le corps gélatineux; une peau transparente et sans consistance; point d'organes rétractiles tubulaires externes; il n'y a point de parties dures à la bouche destinées à broyer la proie. Ce sont les Radiaires les plus imparfaits. Ils sont souvent tellement translucides qu'on a peine à les distinguer dans l'eau, et plusieurs jettent des lueurs phosphoriques pendant l'obscurité des nuits. *V.* PHOSPHORESCENCE. Ils étaient des Mollusques pour Linné, ils sont les Acalèphes libres de Cuvier. Lamarck les subdivise de la manière suivante en deux familles.

† RADIAIRES ANOMAUX.

* Bouches en nombre indéterminé.

Genre : STÉPHANOMIE.

** Bouche unique et centrale.

α Corps sans vessie aérienne connue.

Genres : CESTE, CALLIANIRE, BÉROÉ, NOCTILUQUE, LUCERNAIRE.

β Corps offrant, soit une vessie aérienne, soit un cartilage central.

Genres : PHYSOPHORE, RHIZOPHYLE, PHYSALIE, VELELLE, PORPYTE.

†† MÉDUSAIRES.

* Une seule bouche au disque inférieur de l'ombrelle.

Genres : EUDORE, PHORCYNE, CARYBÉE, EUQUORÉE, CALLIRHOÉ, ORYTHIE, DIANÉE.

** Plusieurs bouches au disque inférieur de l'ombrelle.

Genres : EPHYRE, OBÉLIE, CASSIOPÉE, AURÉLIE, CÉPHÉE, CYANÉE.

§ II. Les RADIAIRES ÉCHINODERMES ont la peau opaque, coriace ou crustacée, le plus souvent tuberculeuse, épineuse même, et généralement percée de trous disposés par séries. On les divise en trois familles.

† Les STELLÉRIDES. Peau non irritable, mais mobile; corps déprimé, à angles ou lobes rayonnans et mobiles; point d'anus.

Genres : COMATULE, EURYALE, ASTÉRIE.

†† Les ECHINIDES. Peau intérieure, immobile et solide; corps non contractile, globuleux ou déprimé, sans lobes rayonnans; anus distinct de la bouche.

Genres : SCUTELLE, CLYPÉASTRE, FIBULAIRE, ECHINONÉE, GALÉRITE, ANANCHITE, SPATANGUE, CASSIDULE, NUCLÉOLITE, OURSIN, CIDARITE.

††† Les FISTULIDES. Peau molle, mobile et irritable; corps contractile, allongé, cylindracé; le plus souvent un anus.

Genres : ACTINIE, HOLOTURIE, FISTULAIRE, PRIAPULE, SIPONCULE. *V.* tous ces mots. (B.)

RADIANA. BOT. CRYPT. Nous ne connaissons que de nom ce genre, que Rafinesque dit avoir établi dans l'une de ses brochures siciliennes qu'il a publiées, et dans lesquelles les objets sont trop vaguement indiqués pour qu'on y puisse rien reconnaître. (B.)

RADICULA. BOT. PHAN. Dillen, Haller et Mœnch ont désigné, d'après Dodœns, sous ce nom générique quelques espèces de Crucifères que Linné avait placées parmi les *Sisymbrium*, et qui constituent maintenant une section du genre *Nasturtium* de Brown et De Candolle. Cette section a reçu le nom de *Brachylobos*, du nom qui fut imposé par Allioni au même genre que le *Radicula* de Dillen. *V.* NASTURTIUM.

Le mot de *Radicula* avait été employé par d'anciens botanistes pour désigner des Crucifères fort différentes de celles que nous venons de citer, par exemple le *Cochlearia Armoracia*, le *Raphanus sativus*, et le *Sysimbrium amphibium*, L. (G..N.)

RADICULE. *Radicula*. BOT. PHAN. Partie inférieure de l'embryon, qui, lors de la germination, doit se changer en racine. *V.* EMBRYON. (A. R.)

RADIÉES. BOT. PHAN. Quatorzième classe de la méthode de Tournefort, comprenant les Plantes à fleurs composées, dont le capitule se compose au centre de fleurons, et à la circonférence de demi-fleurons. Tels sont les Hélianthes, les Chrysanthêmes, les Paquerettes, etc. *V.* SYNANTHÉRÉES. (A. R.)

RADIOLE. *Radiola*. BOT. PHAN. Le *Linum Radiola* de Linné a été rétabli comme genre distinct par Gmelin (*Syst. Veget.*, 1, p. 289), et la plupart des botanistes modernes ont adopté cette distinction. En effet, cette Plante diffère des véritables espèces de Lin par le nombre des parties de la fleur qui est quaternaire au lieu d'être quinaire, et par ses sépales soudés presque jusqu'au milieu, et trifides au sommet, tandis qu'ils sont à demi-cohérens par la base et entiers dans les Lins. Le *Radiola linoides*, Gmel., *loc. cit.*; *R. Millegrana*, Smith, *Engl. Bot.*, tab. 893; Vaillant, *Bot. Par.*, tab. 4, f. 6, est une très-petite herbe dichotome, à fleurs nombreuses fort petites. Elle est commune dans les localités sablonneuses de l'Europe, et particulièrement aux environs de Paris. (G..N.)

* RADIOLÉES. MOLL. Dans l'Extrait du Cours, Lamarck a formé, parmi les Céphalopodes microscopiques, cette famille pour ceux dont la coquille est discoïde, à spire centrale, et à loges rayonnantes du centre à la circonférence. Cette famille, reproduite dans le Traité des Animaux sans vertèbres, T. VII, p. 616, n'a point été adoptée. Elle est composée des trois genres Rotalie, Lenticuline et Placentule. *V.* ces mots. (D..H.)

RADIOLITE. *Radiolites*. MOLL. Nous étions depuis long-temps convaincus de l'identité générique des Radiolites et des Sphérulites. Toutes les observations nouvelles, et notamment celles de Desmoulins, insérées dans le premier volume du Bulletin de la Société Linnéenne de Bordeaux, nous ont confirmé de plus en plus dans cette opinion. Mais loin d'admettre l'hypothèse de l'auteur judicieux que nous citons sur la place que doivent occuper ces corps dans la série des Mollusques, nous sommes forcé de la rejeter complètement par suite d'une série de faits nouveaux que nous avons recueillis, soit sur ce genre, soit sur d'autres non moins problématiques. Nous nous proposons d'entrer dans les détails convenables à l'article SPHÉRULITE auquel nous renvoyons. (D..H.)

RADIS. *Radix*. MOLL. Montfort, dans le T. II de sa Conchyliologie systématique, p. 266, a proposé sous ce nom un genre démembré des Limnées pour les espèces à spire courte, tel que le *Limnea auriculata* qui sert de type à ce genre qui ne pouvait être adopté. *V.* LIMNÉE. (D..H.)

RADIS. BOT. PHAN. Nom vulgaire de quelques Crucifères appartenant au genre *Raphanus* de Linné, et particulièrement du *Raphanus sativus*, dont on mange les racines. Quelques auteurs français ont employé ce mot comme générique; mais celui de Raifort est plus fréquemment usité. *V.* RAIFORT.

On a aussi appelé RADIS DE CHEVAL le *Cochlearia armoracia*. (G. .N.)

* RADIUS. MAM. OIS. et REPT. *V.* SQUELETTE.

RADIUS. MOLL. (Denys Montfort.) *V.* NAVETTE.

RADIX. MOLL. *V.* RADIS.

RADIX. BOT. PHAN. *V.* RACINE.

RADJA. ZOOL. BOT. Ce nom, qui signifie Royal, a été donné dans Rumph à une variété ou espèce de Coco, et de là le nom de *Radja-Outang* qui désigne le grand Tigre à Java. (B.)

RADULAIRE. *Radularia.* POLYP. FOSS. (Luid.) Probablement un Astroïte. (B.)

RADULIER. BOT. PHAN. Syn. de *Flindersia. V.* ce mot. (B.)

* RADULIUM. BOT. CRYPT. (*Champignons.*) Genre proposé par Fries pour certaines espèces d'*Hydnum*, qui ont leur hymenium interrompu, tuberculeux, à tubercules allongés, souvent flexibles à leur extrémité. A ce genre qui forme le passage entre les genres *Hydnum* et *Telephora*, l'auteur rapporte les *Hydnum pendulum*, *radula*, *aterrimum*, et le *Telephora hydnoidea*. (A. R.)

RAFEL. MOLL. L'auteur de l'article RAFEL du Dictionnaire des Sciences naturelles a dit que ni Gmelin ni Lamarck n'avaient mentionné cette Coquille placée par Adanson (Voyage au Sénégal, pl. 4, fig. 2) dans son genre Vis. Lamarck, à ce qu'il paraît, ne l'a pas rapportée dans son dernier ouvrage; mais Gmelin l'a confondue avec le *Buccinum vittatum*, *Terebra vittata*, Lamk., aussi bien que le Miran. *V.* ce mot. Quoique ce soient deux espèces bien distinctes, le Rafel n'est point une Vis comme le pense Blainville. Nous possédons cette Coquille qui appartient au genre Fuseau : elle est très-voisine par ses rapports du *Fusus Nifat*, Lamk., tandis que le Miran est un véritable Buccin, *Buccinum politum*, Lamk. (D..H.)

RAFFAULT. BOT. CRYPT. L'un des noms vulgaires de l'*Agaricus necator*, L. (B.)

RAFFLÉSIE. *Rafflesia.* BOT. PHAN. Une production végétale extraordinaire, qui croît en parasite sur la racine de quelques Arbres dans l'île de Java, a servi de type à l'établissement de ce genre, qui a été proposé par le célèbre R. Brown dans le XIIIe volume des Transactions de la Société Linnéenne de Londres. Toute la Plante consiste en une énorme fleur de plus de deux pieds de diamètre quand elle est ouverte, et qui, avant son épanouissement, ressemble en quelque sorte à un Chou pommé très-volumineux. Sa racine est horizontale, cylindrique, lisse, offrant la même structure intérieure que celle de la Vigne et de la plupart des Plantes dicotylédones. De cette racine, qui est parasite, naît la fleur, d'abord globuleuse, environnée d'un grand nombre de bractées se recouvrant étroitement, et qui sont arrondies, coriaces, glabres, très-entières, parcourues de grosses veines ramifiées, mais peu saillantes. Le périanthe est sessile au centre de l'involucre; il est monosépale, coloré, offrant inférieurement un tube large et court, et un limbe coloré, plan, à cinq divisions égales, obtuses; la gorge du calice est garnie d'une couronne annulaire, entière, ornée intérieurement d'aréoles très-nombreuses, convexes. Du fond du calice naît une sorte de grosse columelle charnue, qui remplit le tube presqu'en totalité; sa face supérieure, qui est légèrement concave, est toute hérissée d'appendices charnus, irréguliers, allongés; au-dessous de son contour qui forme un bord saillant, la columelle se rétrécit pour former une sorte de large pédicule par lequel elle s'insère au fond du calice. C'est à la face inférieure de ce contour que les étamines sont placées. Elles forment une rangée circulaire, et sont chacune renfermées dans une petite fossette creusée dans la substance même de la columelle. Chaque étamine consiste en une anthère presque globuleuse, sessile, présentant intérieurement un grand nombre de cellules dans lesquelles sont renfermés des granules sphériques. Les anthères s'ouvrent par un petit trou qui se forme à leur sommet. Dans cette fleur on ne trouve aucun rudiment de pistil, et par conséquent la Plante serait dioïque. Telle est en abrégé la description du *Rafflesia Arnoldi*, sur laquelle R. Brown a publié son excellent Mémoire, qu'accompagnent de magnifiques planches que l'on doit au pinceau du célèbre Francis Bauer. Le savant auteur de ce Mémoire trouve au *Rafflesia* des rapports de structure avec les genres *Aristolochia*, et surtout avec le *Cytinus*, et il propose de le placer dans la petite famille qu'il a nommée Cytinées, et qui se compose en outre du *Cytinus* et du *Nepenthes*. Cette opinion a été adoptée par notre collaborateur Adolphe Brongniart, dans son Travail sur les Cytinées (Ann. Sc. nat., 1, p. 29). Cependant quelques auteurs en Angleterre pensent que le *Rafflesia Arnoldi* n'est point une Plante phanérogame, mais une sorte de Champignon, et que les corps que Brown décrit comme des anthères ne sont que des conceptacles remplis de séminules. Une seconde espèce de ce genre a été aussi décrite sous le nom de *Rafflesia Horsfieldii*; mais elle est encore moins connue que la précédente. (A. R.)

RAFLE. BOT. PHAN. Même chose que Rachis. *V.* AXE. (B.)

RAFNIE. *Rafnia*. BOT. PHAN. Genre de la famille des Légumineuses, établi par Thunberg (*Prodr. præf. post Flor. Cap.*, 563), et ainsi caractérisé par De Candolle (*Prodr. Syst. Veget.*, vol. 3, p. 118) : calice divisé jusqu'au milieu en cinq lobes dont les quatre supérieurs sont plus larges, tantôt distincts, tantôt un peu cohérens, le lobe inférieur sétacé et très-aigu; corolle glabre, ayant l'étendard presque arrondi et la carène obtuse; dix étamines monadelphes, dont la gaîne finit par se fendre en dessus; gousse lancéolée, comprimée et polysperme. Ce genre fait partie de la tribu des Lotées, section des Génistées de Bronn et de De Candolle. Celui-ci a réuni au *Rafnia* le genre *Œdmannia* de Thunberg qui, en effet, n'offre aucune différence importante. C'est à Thunberg qu'on doit la connaissance de la plupart des espèces qui le composent et dont le nombre monte à quatorze. Les Rafnies sont des Arbustes tous indigènes du cap de Bonne-Espérance, glabres, très-reconnaissables dans les herbiers par la teinte de leur feuillage qui par la dessiccation devient plus ou moins noirâtre. Leurs feuilles sont simples, entières, non amplexicaules, alternes, les florales quelquefois opposées. Les fleurs sont jaunes. Parmi les espèces les plus remarquables, il en est une qui se cultive facilement dans les serres d'orangerie; c'est le *Rafnia triflora*, Thunberg; Ventenat, Jard. de Malm., t. 48; *Crotalaria triflora* de Bergius et Linné. Cet Arbrisseau a un magnifique aspect; ses rameaux très-nombreux sont garnis au sommet de fleurs aussi grandes et de la même couleur que celles du Genêt d'Espagne (*Spartium junceum*, L.). (G..N.)

RAGADIOLE. BOT. PHAN. Pour Rhagadiole. *V.* ce mot. (B.)

* RAGOULE. BOT. CRYPT. Même chose que Raligoule. *V.* ce mot. (B.)

RAGOUMINIER. BOT. PHAN. Nom de pays du *Cerasus canadensis*. (B.)

* RAGUENET. OIS. Même chose que Cabaret ou petite Linotte rouge. *V.* ce mot. (B.)

RAGUETTE. BOT. PHAN. L'un des noms de pays du *Rumex acutus*, L. (B.)

RAIANE. BOT. PHAN. Pour Rajanie, *Rajania*. *V.* ce mot. (B.)

RAIE. *Raja*. POIS. Ce genre, fort nombreux en espèces de formes bizarres et très-variées, est des plus naturels, et fut l'un de ceux dont la formation fut du premier coup très-heureusement saisie par Artédi et Linné. On a tenté depuis de le partager en genres nombreux, mais ces genres, fort distincts, quand on ne considère que l'espèce qui leur sert de type, se confondent tellement par leurs limites, qu'il est difficile de les conserver autrement que ne l'a fait Cuvier, c'est-à-dire que comme de simples sous-genres. Linné n'y admettait que deux sections, celle des Raies à dents aiguës, et celle des Raies à dents obtuses; c'était trop peu. Un tel caractère ne vaut d'ailleurs rien, parce qu'il arrive qu'avec l'âge les espèces à dents aiguës finissent par les avoir toutes usées en pavé et que certaines espèces ont des des deux sortes de dents aux mêmes mâchoires. Le professeur Blainville, qui annonce avoir fait un grand travail monographique inédit sur les Raies, conjointement avec notre collaborateur C. Prévost, en établit huit, sous les noms de DASYBATE, *Dasybatus*, ou Raies communes; TRYGONOBATES, *Trygonobatus*, ou Raies Pastinaques; ÆTOBATE, *Ætobatus*, ou Raies Aigles; DICÉROBATES, *Dicerobatus*, ou Raies cornues; LEIOBATES, *Leiobatus*, ou Raies lisses; NARCOBATES, *Narcobatus*, ou Raies Torpilles; RHINOBATES, *Rhinobatus*, ou Raies Squales; PRISTOBATES, *Pristobatus*, ou Raies en scie. Cuvier, dans son Règne Animal, antérieur à l'extrait que Blainville a donné comme prise de possession d'un travail qui n'a pas vu le jour, Cuvier a donné une division qui ne diffère guère de celle dont il vient d'être question, et que nous adopterons ici, parce qu'elle paraît très-suffisante. « Les Raies, dit l'illustre professeur, forment un genre non moins nombreux que celui des Squales; elles se reconnaissent à leur corps aplati horizontalement et semblable à un disque, à cause de son union avec les pectorales extrêmement amples et charnues, qui se joignent en avant l'une à l'autre, ou avec le museau, et qui s'étendent en arrière des deux côtés de l'abdomen, jusque vers la base des ventrales; les omoplates de ces pectorales sont articulées avec l'épine derrière les branchies; les yeux et les évens sont à la face dorsale du disque; les narines, la bouche et les ouvertures des branchies à la face ventrale; les nageoires dorsales sont presque toujours sur la queue. » Les Raies appartiennent à la famille des Sélaciens (*V.* ce mot) de l'ordre des Chondroptérygiens ou Poissons dont le squelette est cartilagineux. C'est au large, c'est-à-dire assez loin des rivages, qu'on les pêche dans la mer; la plupart y atteignent une grandeur énorme, il en est même de gigantesques; très-aplaties, taillées à peu près en losange ou en forme de cerf-volant, très-élargi, et appointi par les angles; elles volent et planent dans l'eau plutôt qu'elles n'y nagent, et on les a comparées, à cause de leurs allures, aux Oiseaux de proie, qu'en effet, elles représentent à certains égards dans l'immensité de l'Océan; le dessus est coloré, la partie inférieure est blanche; les yeux, munis d'une membrane clignotante, se voient en dessus, et sont disposés de façon à ne pouvoir distinguer la proie que la bouche, fendue en travers, et disposée précisément en dessous saisit au moyen de dents fort dures, bien émaillées, et qui sont les seules parties du squelette capables d'acquérir la consistance qu'on leur trouve dans le reste des Vertébrés qui en sont munis. Derrière la bouche, sont les ouvertures branchiales. Les évens et les narines sont, comme les yeux, à la partie supérieure de la tête qui, chez la plupart, est confondue par le pourtour des nageoires. Ce sont proprement les pectorales qui, s'étant étendues considérablement dans le plan horizontal, ont donné aux Raies les formes extraordinaires qui les singularisent; dépourvues de ces nageoires en ailes, on y verrait bien plus les formes générales de certains Reptiles, et particulièrement de Batraciens urodèles, que celles des Poissons dont elles n'ont point les écailles, car leur peau est lisse et muqueuse quand des aiguillons épars ne la hérissent pas. La substance des os semble s'être extravasée dans ces aiguillons quand il y en a, et on les compare à des dents déviées dans leur situation. L'ouïe et la vue paraissent être des sens bien développés chez les Raies; mais c'est l'odorat surtout qui doit y être excellent. L'ouverture de l'anus est à l'extrémité du ventre, près de la queue; c'est derrière cette ouverture qu'on remarque dans le mâle deux corps saillans qu'on a long-temps pris pour les organes de la génération, mais qui ne sont que deux membres de préhension au moyen desquels la femelle se trouve plus étroitement saisie pendant l'acte de l'accouplement qui est réel, et a lieu par une application immédiate, mais il n'y a point d'intromission faute de pénis, et la liqueur spermatique est plutôt absorbée que reçue par la femelle. Dès le temps d'Aristote ce fait avait été annoté. Les femelles, toujours comme dans les Oiseaux rapaces, sont plus grosses que les mâles. Elles ont deux ovaires où se trouvent des œufs à différens degrés de maturité, de sorte qu'il ne s'en échappe qu'un seul à la fois, et un accouplement nouveau est nécessaire pour chaque ponte; aussi, au temps du frai, quand les Raies se rapprochent des rivages, la chose s'y voit-elle très-souvent, mais dans les approches successives, le hasard seul ramène les mâles auprès des femelles, il n'existe ni apparence de préférence marquée de choix, ni attachement même pour une saison.

Le crâne ne forme qu'une très-petite partie dans la tête des Raies, et le cerveau n'en remplit pas entièrement la cavité; les vertèbres cervicales et dorsales sont soudées, tandis qu'il en existe un grand nombre pour la queue; les côtes et le sternum manquent entièrement. Les rayons des nageoires pectorales, également cartilagineux et flexibles, sont très-nombreux, serrés parallèlement les uns contre les autres, articulés dans toute leur longueur, et mus par un puissant appareil musculaire qui est la partie la plus délicate d'un Poisson, qu'on sert sur la table du riche, où il ne laisse pas que d'être assez recherché malgré qu'il soit excessivement commun, et l'un des mets les plus habituels du pauvre dans les ports de mer. On regarde ces Animaux comme vivipares, ou du moins comme n'expulsant leurs petits qu'après que, descendus des ovaires, ils se sont fait jour dans l'intérieur de la mer. Le fait ne nous paraît pas prouvé, et quoiqu'on le répète de toute antiquité, même dans les ouvrages où l'on a donné les détails les plus minutieux sur l'anatomie des Raies, nous n'y croyons pas, au moins pour plusieurs espèces. Nous donnerons ici le motif de nos doutes. On trouve fréquemment au rivage, on voit dans toutes les collections des corps en forme de carré long, aplatis, terminés à chaque angle par un appendice en forme de corne, d'une substance à peu près semblable à celle des fanons de Baleine très-amincis; du reste noirâtres et vides à l'intérieur qui est poli; ces corps sont connus pour être des œufs de Raie, dont les Raietons sont sortis. Dans quelques-uns de ces œufs de Raies, qui varient pour la taille d'un à six pouces de longueur d'angle en angle, on remarque deux des appendices du même côté qui sont beaucoup plus longs que les autres, et si on les examine avec soin, on voit qu'ils ont été cassés, et conséquemment qu'ils furent plus longs encore. L'on n'a pas cherché à deviner quel était l'usage de ces sortes de liens; le hasard nous l'a appris. Nous avons trouvé sur des Varecs, aux lieux que la mer n'abandonne jamais, de ces œufs de Raie parfaitement frais, très-récemment pondus, si l'on peut employer cette expression, fortement fixés aux tiges, au moyen de ces deux appendices les plus longs, et qui, faisant l'office d'attache, y étaient entortillés et comme ficelés avec une telle force, que l'agitation des vagues ne les en pouvait détacher. Ainsi fixés, les œufs suivent tous les mouvemens de l'Hydrophyte robuste qui les protége. Nous en avons vu si fréquemment dans cet état que nous avons peine à concevoir comment on n'en a point parlé jusqu'ici. Ils étaient alors d'un vert de fucus, moins durs qu'on ne les trouve communément quand le petit en est sorti. Au milieu, qui avait un peu de transparence, on distinguait parfaitement le jaune qui, lorsqu'on ouvrait l'œuf, était oblong, parfaitement limité, comme celui d'un Oiseau, un peu plus pâle seulement, et nageant dans une sorte d'albumen plus ou moins limpide. Nous avons conservé de ces œufs durant plusieurs jours, mais la difficulté de renouveler l'eau de mer les faisait tôt ou tard gâter. Il était bien évident que les œufs avaient été mis au jour à l'époque convenable, déposés où nous les voyons, fixés aux Plantes marines pour qu'ils y pussent éclore; ainsi les espèces dont ils provenaient au moins, ne sont pas vivipares. Nous engageons les naturalistes qui demeurent au voisinage des lieux où l'on pêche le plus de Raies, à suivre notre observation, que nous mîmes notamment feu notre ami Lamouroux à portée de vérifier au Port-en-Bessin, où nous lui montrâmes de ces œufs non éclos attachés à des tiges de Laminaires qu'avaient ramenées les fales, et il en conserva plusieurs de ceux que nous ramassâmes sous ses yeux, et qui doivent conséquemment se trouver dans un bocal d'esprit de vin au Muséum de la ville de Caen. Quoi qu'il en soit, pour faire connaître les diverses espèces de Raies qui sont très-nombreuses et dont Lesueur a fait encore connaître quelques nouvelles de l'Amérique du nord, nous les diviserons ainsi qu'il suit :

† Rhinobate, *Rhinobates*. Ce nom vient de ce que les anciens crurent que l'Animal auquel ils l'appliquaient était le produit d'une Squatine et d'une Raie, parce qu'il tenait de la forme des deux Poissons. En effet, dans les Raies de ce sous-genre, le passage aux Squales est parfaitement établi par une queue grosse, charnue et garnie de deux dorsales, avec une caudale bien distincte; museau libre, pointu; dents serrées en quinconce comme de petits pavés. L'espèce la plus anciennement connue est assez répandue dans la Méditerranée, surtout dans le golfe Adriatique. C'est le *Raja Rhinobatos*, L., Gmel., *Syst. Nat.*, 1, p. 1510; Salvien, *Pisc.*, 153, caractérisée par une seule rangée d'aiguillons qui règne le long du dos. On l'a trouvée, dit-on, jusque dans la mer Rouge. Son corps est allongé, d'un brun foncé en dessus, d'un blanc rougeâtre en dessous. Elle ne dépasse pas trois ou quatre pieds de longueur. Sa chair est médiocre. — La Raie Thouin de Lacépède (Pois. T. 1, pl. 1, fig. 1-3) en paraît être fort voisine, si elle est autre qu'une de ses variétés. Le *Rhinobatus lævis*, Schneider, dont le *Raja Djiddensis* de Forskahl ne serait qu'une variété, et *Rhinobates electricus* du Brésil sont les autres espèces du sous-genre, auxquelles Blainville ajoute seulement par indication les suivantes : *integer*, *granulatus*, *Russellianus*, *coromandelicus*, *fasciatus*, *bifurcatus*, *lævissimus* et *ancylostomus*. Cette dernière appartient au sous-genre suivant :

†† Rhina, *Rhina*, dont le *Rhina ancylostoma* de Schneider (pl. 72) est la seule espèce bien constatée. Ce sous-genre diffère principalement du précédent en ce que le museau y est court, large et arrondi; il forme un passage aux Torpilles, et la Raie chinoise, décrite d'après un dessin venu de Chine, par Lacépède (Pois. T. 1, pl. 2, fig. 2) flotte incertaine entre les deux sous-genres.

††† Torpille, *Torpedo*. Ce nom vient de l'espèce d'engourdissement ou de torpeur que les Poissons qui la portent causent quand on les touche. La Narcobate de Blainville en est à peu près l'équivalent. Cette propriété d'engourdir, dont on a

trouvé la cause dans un appareil très-singulier que le Poisson porte entre les pectorales, la tête et les branchies, mérite d'occuper les naturalistes, et valut au Poisson qu'elle caractérise une grande célébrité. Un appareil qu'on peut appeler galvanique est formé chez les Torpilles de petits tubes membraneux, serrés les uns contre les autres comme des rayons d'abeilles, subdivisés par des diaphragmes horizontaux en petites cellules pleines de mucosité, animées par des nerfs abondans qui viennent de la huitième paire. Tout être qui en est frappé éprouve une violente secousse, accompagnée d'un genre de douleur particulier, capable de suspendre instantanément toutes les facultés, et il paraît que c'est à l'aide de ce moyen terrible que la Torpille s'empare de sa proie. Aussi les pêcheurs ne la touchent pas sans de grandes précautions, pour éviter le contact des points de son corps où correspond l'appareil stupéfiant. Toutes les Torpilles n'ont pas la même force galvanique; celle qui met en jeu la plus grande quantité du fluide qui fait sa force, est l'une de celles que Risso a récemment distinguées, et à laquelle il donna par cette raison le nom même de Galvani. Les Torpilles ont la queue courte, encore assez charnue à l'insertion; le corps est à peu près circulaire, le bord antérieur étant formé par deux productions du museau qui de côté atteignent les pectorales. Ce sont des Poissons plats, presque orbiculaires, que la queue, qui s'y implante comme un manche, pourrait, quant à la forme, faire comparer à un battoir. Leur chair, sans être bonne, n'est pas à dédaigner. Les dents sont petites et aiguës. Linné avait confondu plusieurs des espèces de ce sous-genre dans une seule, son *Raja Torpedo*, et le compilateur Gmelin n'en distingua pas davantage. Risso le premier signala ces différences, qui sont : 1°. *Torpedo Narke*, Risso, Nic. T. III, p. 142; *Raja Torpedo*, Encycl. Pois., pl. 2, fig. 5. La plus commune de toutes, particulièrement dans la Méditerranée, est caractérisée par cinq grandes taches d'un bleu plus ou moins foncé, environnées d'un cercle brunâtre, placées sur le dos qui est agréablement nuancé de blanchâtre, de rougeâtre et de brun. 2°. *Torpedo unimaculata*, Risso, *loc. cit.*, p. 143, pl. 4, fig. 8; jaune, ponctuée de blanc, avec une grande tache bleue au milieu du dos. 3°. *Torpedo marmorata*, Risso, *loc. cit.*, p. 143, pl. 4, fig. 9; couleur de chair marbrée et tachetée de brun. 4°. *Torpedo Galvani*, Risso, *loc. cit.*, p. 144; Torpille de Rondelet, 363, fig. 1. La plus grande de toutes, celle qui se retrouve le plus communément sur nos côtes océanes. Le dos, sans taches ni marbrures, est roux ou d'un gris brun un peu plus noir que les bords. On trouve mentionnées dans Blainville les autres Torpilles dont nous reproduirons la liste : *Torpedo unicolor*, *guttatus*, *bicolor*, *Timlei*, *Gronovianus*, *dipterygius* et *sinensis*, que nous venons de voir en litige avec le sous-genre *Rhina*.

†††† RAIES PROPREMENT DITES, *Raja*. Elles ont le disque de forme rhomboïdale; la queue mince, garnie en dessus vers sa pointe de deux petites dorsales, et quelquefois d'un vestige de caudales; les dents minces et serrées en quinconce sur les mâchoires. Ces Raies viennent plus grandes que les précédentes; ce sont les plus nombreuses en espèces, les plus connues sur nos poissonneries, mais en même temps celles qu'on a le plus imparfaitement distinguées les unes des autres, et dont les espèces sont conséquemment le moins bien déterminées; ce sont celles que Blainville, d'après Klein, appelle Dasybates, *Dasybatus*. Nous citerons dans ce sous-genre : 1°. La Raie bouclée, *Raja clavata*, L., Gmel., *loc. cit.*, p. 1510; Encycl. Pois., pl. 3, fig. 9; la *Clavetade* de nos côtes méditerranéennes, qui atteint jusqu'à douze pieds de long, et dont le dos, parsemé d'aiguillons épars, est brunâ-

tre, tacheté de blanc et de noir. Cette espèce, dont on pêche d'énormes quantités et dont nos poissonneries consomment le plus, a la chair un peu coriace, aussi la laisse-t-on s'amortir avant de l'exposer dans les marchés, et l'on voit même dans certains ports de mer la faire traîner par les rues avec des chevaux. Quand on en a pris une trop grande quantité pour la vente, on a l'habitude en certains lieux de leur passer une corde par la bouche et par l'une des ouvertures branchiales; par ce moyen on les attache en vie à des piquets dans la mer, et l'on vient les y reprendre au besoin. On fait sécher les petites au soleil pour les manger en hiver, ou pour les répandre dans les campagnes, où les pauvres ouvriers en consomment beaucoup, principalement dans certaines parties de la Bretagne. 2°. La Raie blanche, *Raja Batis*, L., Gmel., *loc. cit.*, p. 1505; Encycl., pl. 2, fig. 6. La Raie lisse de nos côtes océanes, qui est absolument en forme de losange, avec le dos âpre, mais non aiguillonné, et n'ayant d'aiguillons que sur la queue, où ils sont disposés sur une seule rangée. Cette espèce est encore plus grande que la précédente. On en a pêché qui pesaient plus de trois cents livres. On en fait en certains pays du Nord des salaisons comme de la Morue, et son foie produit une huile abondante. Elle est la plus estimée sur nos tables. 3°. La Raie Foulon ou Chardon, *Raja Fullonica*, L., Gmel., *loc. cit.*, p. 1507, représentée par Bloch, pl. 80, et par Lacépède, T. I, pl. 4, fig. 1, comme l'Oxyrhinque, dont tout le dos est couvert d'épines, et qui est surtout répandue dans les mers du Nord. 4°. La Lentillade ou l'Alène, *Raja Oxyrhincus*, L., Gmel., *loc. cit.*, p. 1506; Encycl., pl. 2, fig. 7; qui parvient à sept pieds de long sur cinq de large, et qui portant sur chaque œil un rang d'aiguillons, en a également un qui règne longitudinalement sur le dos et sur la queue.

Le Miraillet, *Raja Miraletus*, le *Raja Cuvierii*; la Mosaïque, *Raja Mosaica*; l'Eglantier, *Raja Eglanteria*, Lacép.; la Rose, *Raja Radula*, des îles Baléares (Ann. Mus. T. XIII, p. 321); le *Raja asterias*, L.; le *Raja rostellata*, Risso; les *Raja marginata* et *undulata*, Lacép. T. IV, pl. 14; enfin les *Raja aspera*, *oculata*, *punctata* et *rostrata*, Risso, fort petites espèces de la Méditerranée, appartiennent encore au sous-genre Raie, avec quelques autres dont Blainville ne fait connaître absolument que le nom.

††††† Pastenagues, *Trygon*. Ces Raies se reconnaissent à leur queue armée d'un aiguillon ou quelquefois deux, dentés en scie des deux côtés, qui s'implantent vers le milieu. La tête pointue est enveloppée dans les nageoires pectorales, qui ne s'étendent point latéralement en angle. Les dents sont ténues, serrées et disposées en quinconce. « Les Pastenagues, dit Risso (Nic. T. III, p. 161), quoique armées d'un long dard qui les rend redoutables aux Hommes et aux Animaux, paraissent avoir les mœurs paisibles. Astucieuses par besoin, elles restent à demi ensevelies dans la vase, ou couchées sous l'ombrage touffu des Zostères, dans l'espoir de saisir quelque Poisson à leur passage. Ce n'est ordinairement que pendant la nuit qu'elles quittent leur retraite, et c'est alors qu'elles tombent dans les filets qu'on leur tend. La chair de ces Poissons a peu de goût. » L'espèce la plus commune est le *Raja Pastinaca*, L., Gmel., *loc. cit.*, p. 1509; Bloch, pl. 82; Encycl., pl. 5, fig. 8. Sa tête est en forme de cœur; sa couleur est d'un brun ou d'un gris livide en dessus, et blanche en dessous; elle ne pèse guère que dix à douze livres. Elle abonde surtout dans la Méditerranée. Les autres Pastenagues sont: l'Altavelle, qui est fort ressemblante à la commune et qui porte deux aiguillons à la queue; le Coucou, Lacép. T. IV, p. 672; le *Raja orbicularis*, de Schneider, qui est l'*Aiereba* de Marcgraaff; la Tuberculée de Lacépède; les *Raja Uarnac* et *Se-*

phen, de Forskahl, qu'on pêche dans la mer Rouge; la Raie de Sloane, Jamaïq., pl. 246, fig. 1; le *Trygon Aldrovandi*, de Risso; enfin le *Raja Lymna*, de Forskahl, que Cuvier ne croit point différer de la Pastenague ordinaire. Blainville ajoute à ces espèces les noms suivans : *Trygonobatus oxydontus*, *microurus*, *campaniformis*, *Rossellianus*, *Sindrachus*, *longicaudatus*, *dorsatus*, *imbricatus*, *asperus*, *Commersonii*, *maculatus*, *Plumerii* et *pinnatus*. Desmarest nous a communiqué une singulière espèce de ce genre, qui a été pêchée dans les mers de la Havane, et dont nous avons fait graver la figure dans les planches du présent Dictionnaire sous le nom de *Trygonobatus Torpedinus*, que sa forme de Torpille lui méritait; elle est presque ronde, avec la queue nue, non terminée en fouet, mais munie d'une caudale en spatule, postérieurement bilobée; l'aiguillon est implanté en dessus vers le point où correspond le commencement de la caudale. Le corps est d'un brun chocolat en dessus, ponctuée de brun plus foncé; la couleur du dessous est d'un gris sale. Des petits points blancs se voient au bord des pectorales et sur les ventrales. C'est ce genre que Lesueur a principalement enrichi d'espèces américaines à deux aiguillons sur la queue.

†††††† Mourine, *Myliobatis*, les Aétobates ou Raies-Aigles de Blainville. Elles diffèrent des Pastenagues, dont elles ont l'aiguillon denté sur deux rangs à la queue, en ce que leur tête arrondie demeure libre, c'est-à-dire que les pectorales ne s'y étendent pas au pourtour. La queue est d'ailleurs bien plus longue, nue, cylindrique et fort pointue; elle a la forme d'un fouet. Les mâchoires sont garnies de dents plates, assemblées comme les carreaux d'un pavé mosaïque, et conséquemment fort différentes de celles qui caractérisent le sous-genre précédent. L'aiguillon caudal des Pastenagues et des Mourines, souvent double, long, assez dur, très-pointu, et avec des dentelures d'avant en arrière, est une arme fort dangereuse quand l'Animal, pour s'en servir, fouette de sa queue qui produit une grande force de projection, et contribue à porter plus profondément l'aiguillon dans les chairs. C'est par ce mécanisme que les Raies, dont il est question, tuent leur proie quand elle veut fuir et qu'elles ne peuvent s'en assurer autrement. L'espèce la plus répandue, et qui forme le type du sous-genre Mourine, est l'Aigle de mer, appelé aussi par les pêcheurs, selon les pays, Ratte-Penade ou Bœuf, *Raja Aquila*, L., Gmel., *loc. cit.*, Encycl. Pois., pl. 4, fig. 10, qui se trouve dans la Méditerranée et, dit-on, dans l'Océan de toutes les parties du globe. Blainville y ajoute les *Aetobatus obtusus*, *flagellum*, *lobatus*, *sinensis*, *Nichotii*, *filicaudatus*, *hastatus*, *ocellatus*, *Narinari* et *Forsterii*.

††††††† Céphaloptère, *Cephaloptera*, qui répondent aux Dicérobates ou Raies cornues de Blainville. Les espèces de ce sous-genre, qui deviennent les plus grandes et qui paraissent n'avoir pas été connues des anciens, ont la queue grêle, l'aiguillon et quelques caractères des Mourines ou des Pastenagues, mais leurs dents sont plus menues encore que les dents de ces dernières, outre qu'elles sont finement dentelées. Leur tête est tronquée en avant, et les pectorales, au lieu d'embrasser, prolongent chacune leur extrémité antérieure en pointe saillante, ce qui donne au Poisson l'air d'avoir deux cornes. On en pêche une espèce énorme dans la Méditerranée, le *Cephaloptera Giorna*, Risso, *Nic.* T. III, p. 162, pl. 5, fig. 10; Raie Giorna, Lacép., tab. 5, pl. 20, fig. 3 (mauvaise). Son corps est épais, un peu bombé, transversalement elliptique, lisse, d'un bleu indigo, à reflets glauques et violets ou brunâtre en dessus, d'un blanc mat en dessous; les yeux, que Risso a représentés couleur de feu, ont leur iris

d'un bleu argenté. Les autres espèces sont la *Cephaloptera Massena* du même ichthyologiste, et le Molubdar de Duhamel, qui dit que l'individu observé par lui avait dix pieds de long et pesait six cents livres. On rapporte encore à ce sous-genre, mais comme espèces douteuses, les *Raja Fabroniana, Banksiana, fimbriata* et *brevicaudata*. Le professeur américain Mitchill a ajouté une espèce des mers des États-Unis au genre Céphaloptère.

Rafinesque, dans son *Indice d'Icthiologia siciliana*, a formé encore parmi les Raies les genres *Dipturus* du *Raja Batis*, *Apterurus* de la Fabronienne, *Dasyatis* de la Pastenague commune, *Mabula*, *Cephaleutherus* et *Uroxis*. Ces genres, qui sont des doubles emplois ou imparfaitement caractérisés, ne sauraient être admis. (B.)

* RAIE D'ARGENT. POIS. (Lacépède.) V. MELET à l'art. CLUPE.

* RAIEDES. POIS. Risso, dans son Histoire naturelle de Nice, T. III, p. 100, propose sous ce nom l'établissement d'une famille troisième parmi les Poissons chondroptérygiens, pour y comprendre les Raies qu'il sépare ainsi des Squales, avec lesquels elles étaient réunies par les ichthiologistes pour former la famille des Sélaciens. Cette innovation ne paraît pas devoir être adoptée. (B.)

RAIETONS. POIS. Sur certaines côtes on nomme ainsi les petites Raies bouclées. (B.)

RAIFORT. *Raphanus*. BOT. PHAN. Ce genre de la famille des Crucifères et de la Tétradynamie siliqueuse, L., est ainsi caractérisé : calice dressé dont deux des sépales sont légèrement bossus à la base; pétales onguiculés, le limbe obovale ou obcordiforme; étamines ayant les filets libres et non dentelés; silique cylindrique, acuminée par le style, coriace ou subéreuse, biloculaire ou uniloculaire par l'avortement de la cloison, tantôt continue, tantôt étranglée par des isthmes; graines globuleuses, pendantes, placées sur une seule ligne; cotylédons épais et condupliqués. Le professeur De Candolle (*System. Veget.* 2, p. 662) a partagé ce genre en deux sections : la première qu'il a nommée *Raphanis*, est caractérisée par la silique fongueuse biloculaire, offrant rarement des étranglemens transverses. Cette section ne renferme que deux espèces bien distinctes, savoir : 1° *R. sativus*, L.; 2° *R. caudatus*, L. La seconde, à laquelle il a donné le nom de *Raphanistrum*, a la silique coriace uniloculaire après la maturité, et offrant ordinairement des étranglemens très-prononcés qui la font paraître moniliforme; quatre espèces composent cette section, parmi lesquelles nous signalerons le *R. Raphanistrum*.

Le type de la première section est le RAIFORT CULTIVÉ, *Raphanus sativus*, L. Cette Plante est originaire de l'Asie occidentale, de la Chine et du Japon, où, selon Thunberg, elle croît naturellement sur le bord des chemins. On la cultive en Europe dans les jardins potagers, à cause de sa racine vulgairement nommée *Radis*, dont on connaît un grand nombre de variétés plus ou moins estimées selon leur saveur qui est en général piquante et qui excite l'appétit. Dans quelques-unes de ces variétés les racines sont oblongues ou fusiformes, d'autres sont arrondies; leur couleur varie aussi du blanc au rose vif. Les Radis sont munis, au collet de la racine, de deux lambeaux de l'épiderme, qui ont été mal à propos considérés comme une coléorhize. V. ce mot. Une variété du *Raphanus sativus*, qui pourrait peut-être passer pour une espèce, est le Raifort oléifère, dont les siliques sont longues et contiennent un plus grand nombre de graines que les autres variétés; mais la racine de cette Plante est, par une sorte de compensation, très-grêle et à peine charnue. On trouve donc dans cette Plante un exemple frappant de cette loi générale parmi les

Crucifères, que les variétés munies d'une racine grosse et charnue n'ont qu'un petit nombre de graines, et réciproquement que celles qui ont un grand nombre de graines ont de très-petites racines ; d'où il suit que les premières sont cultivées à cause de leurs racines comestibles, et les autres à cause de leurs graines oléagineuses. La racine nommée vulgairement Radis noir, Raifort des Parisiens, gros Raifort, appartient encore à une variété du *Raphanus sativus ;* elle est fort remarquable par ses grandes dimensions, la couleur noire de son écorce, et sa saveur extrêmement piquante. Cette racine possède des propriétés antiscorbutiques, à peu près au même degré que celles du *Cochlearia armoracia*, qui a reçu le nom de *Raifort sauvage. V.* COCHLEARIA.

La section *Raphanistrum* a été ainsi nommée, parce que le *Raphanus Raphanistrum*, L., en est la principale espèce. Cette Plante, vulgairement nommée Radis sauvage et Ravonnet, infeste les moissons ; mais elle n'y produit pas d'autres dommages que de pomper inutilement les sucs nourriciers du sol, ses graines tombant ordinairement avant la récolte des Céréales. Cependant elle est quelquefois si abondante qu'on dirait, au printemps, que les champs en ont été semés artificiellement. Il y en a plusieurs variétés, les unes à fleurs d'un blanc sale, striées de lignes noires, les autres à fleurs jaunes. Celles à fleurs jaunes ressemblent à la Moutarde des champs (*Sinapis arvensis*, L.) ; on les distingue par leurs fleurs plus grandes, à calice dressé, et par les fruits entièrement différens. Quelques auteurs ont voulu élever la section du *Raphanistrum* au rang de genre, comme Tournefort l'avait primitivement établi ; mais ces auteurs n'ont fait qu'introduire un peu de confusion de plus dans le genre *Raphanus*, en créant inutilement de nouveaux noms. Ainsi le *Dondisia* et l'*Ormycarpus* de Necker, le *Durandea* de Delarbre sont synonymes de *Raphanus Raphanistrum.*

Un grand nombre d'espèces placées par les auteurs parmi les Raiforts, en ont été extraites, soit pour être plus convenablement réunies à d'anciens genres, soit pour en former de nouveaux ; ainsi les *Raphanus recurvatus*, Delile ; *R. lyratus*, Forsk. ; *R. pterocarpus*, Pers., forment le genre *Enarthocarpus*. Le *R. lævigatus* de Marschal-Bieberstein est le type du genre *Goldbachia*. Les *Raphanus tenellus*, *strictus*, *sibiricus*, *ibericus*, etc., constituent le genre *Chorispora*. Quant aux Plantes mal à propos rapportées aux *Raphanus* par divers auteurs, elles sont trop nombreuses pour que nous puissions indiquer ici les genres auxquels elles appartiennent légitimement. (G..N.)

RAI-GRASS. BOT. PHAN. Syn. de *Lolium perenne. V.* IVRAIE. (B.)

RAIIS. POIS. Même chose que Mylètes. *V.* ce mot et SAUMON. (B.)

* RAILLE. OIS. L'un des noms vulgaires de la Rousserolle. (B.)

RAINE OU RAINETTE. *Hyla.* REPT. BATR. Ce genre, très-naturel et composé des Batraciens dont les formes et les couleurs sont généralement les plus élégantes, fut séparé des Grenouilles (*Rana*, L.) par Laurenti, et il a été adopté par tous les erpétologistes. Ses caractères consistent dans la longueur plus considérable que chez tous les autres Anoures des pates postérieures, et surtout par les pelottes ou disques visqueux qui se voient sous les doigts élargis, et qui facilitent aux Rainettes les moyens de se cramponner aux corps et de grimper aux arbres sur lesquels on les trouve ordinairement. Aussi peut-on les considérer plutôt comme des Reptiles de l'air, où les Rainettes poursuivent les Insectes pour s'en nourir, que comme des Reptiles aquatiques. Cependant elles viennent déposer leurs œufs dans l'eau où s'opèrent toutes leurs métamorphoses. Elles s'y enfoncent aussi, et pénètrent par-dessous la vase afin d'y passer la saison rigoureuse. On les voit aux beaux jours, blotties sur le branchage ou courant à travers les gazons, se plaire au soleil. Les mâles ont sous la gorge une poche qui se gonfle quand ils crient pour appeler leurs femelles. Leur cri, plus doux que celui des Grenouilles, s'entend pourtant fort loin; il consiste dans la répétition des syllabes *carac-carac-carac*, qu'on entend dans les soirées descendre pour ainsi dire de la cime des bois. Agiles, souples, sveltes, elles sautillent de feuilles en feuilles, ou, se collant par leurs pelottes visqueuses, y attendent le Moucheron et le Papillon dont elles se nourrissent, pendant des heures entières, sans que le vent, qui agite leur support, les puisse faire tomber, et sans que leur couleur les trahisse. Elles mangent aussi des larves, des Vers et de petits Lombrics. Il paraît que c'est vers la troisième année que les Rainettes mâles, demeurées muettes jusqu'à cet âge, jouissent de la faculté de se reproduire. Il faut deux mois au plus aux Têtards pour atteindre au terme de leurs métamorphoses. Les petits ne sont plus sujets, durant le reste de leur accroissement, qu'à des mues, et l'on a observé qu'ils avalaient chaque fois leur peau après en avoir changé.

On voit certaines personnes élever des Rainettes dans des bocaux aux deux tiers pleins d'eau, avec une petite échelle où l'Animal monte et descend, s'exonde ou s'enfonce selon qu'il doit faire beau ou mauvais temps. Ce genre de baromètre n'est guère plus exact que celui qu'on fait avec les Tritons ou Salamandres aquatiques. Ces Animaux faibles et sans défense, les plus petits des Batraciens, ont principalement pour ennemis les Oiseaux de proie et les Couleuvres. Latreille en avait mentionné dix-huit espèces; Daudin en a augmenté le nombre dans une fort belle Monographie. Kulh, naturaliste hollandais, dit en avoir découvert récemment huit autres à Java. Nous en citerons ici plusieurs, les unes comme étant les plus connues, les autres parce qu'elles ne le sont pas du tout, et qu'il devenait nécessaire d'ajouter encore ces espèces nouvelles au Catalogue des productions naturelles.

RAINETTE DE LESUEUR, *Hyla Lesueurii*, N. (*V.* planch. de ce Diction.) C'est à Desmarest, qui avait reçu cette élégante espèce de la Havane, que nous en devons la connaissance; elle a été peinte ici fort exactement, et cette figure devient d'autant plus précieuse aujourd'hui que l'original ayant été totalement dégradé dans le bocal où il se trouvait enfermé, aucune collection n'en possède d'autre. Sa tête déprimée longitudinalement dans le milieu, est de la même couleur grise veineuse que tout le reste des parties supérieures. Elle est arrondie et assez large; le corps, qui y fait suite, va en s'amincissant régulièrement jusqu'à son extrémité qui est fort étroite, et la longueur totale des deux parties est de deux pouces et demi environ; le dos est barriolé par de grosses lignes noirâtres anastomosées qui interceptent quelques taches irrégulières de la couleur du fond qui domine sur les flancs où sont encore de petites marques noires allongées verticalement. Les cuisses et les jambes ont des zébrures de la même couleur; ses doigts sont successivement élargis, ou plutôt les pelottes y sont fort considérables; le dessous des cuisses est rose; le dessous du ventre est blanchâtre, comme légèrement rugueux; les doigts des mains sont dépourvus de membranes quelconques, les trois extérieurs des pieds sont au contraire réunis par une membrane qui s'étend jusqu'à la première phalange.

RAINETTE DE GAIMARD, *Rana Gaimardii*, Nob. (*V.* planches de ce Dictionnaire). La plus grande de celles qui nous sont connues. Le tronc, joint à la tête, a environ quatre pouces de longueur. Cette dernière partie est comme triangulaire, mais obtusée aux angles, tandis que le corps s'amincit régulièrement en coin vers l'anus; les yeux sont très-saillans; tous les doigts où la pelotte est très-prononcée sont unis par des membranes. La couleur dominante des parties supérieures est d'un brun clair qui pâlit encore dans la liqueur, avec des fascies transversales plus foncées, et qui s'étendent jusque sur les membres; une ligne longitudinale noirâtre qui commence entre les deux narines, à la pointe du museau, règne jusque vers le milieu du dos, où la dilatation des zônes lombaires la continue en brunâtre. L'extrémité de la partie postérieure et des jarrets est couleur de puce, et cette coloration produit, quand la Rainette est accroupie, prête à sauter, trois taches terminales coupées en droite ligne. Cette espèce a été prise par Gaimard, à qui nous l'avons dédiée, aux environs de Rio-Janeiro; c'est le *Hyla fulva* du Voyage de l'Uranie, p. 182. Elle est voisine de celle que Laurenti appelait *Rana maxima*, et dont on trouve une mauvaise figure dans l'Encyclopédie, pl. 3, fig. 1, sous le nom de Pate-d'Oie, *Rana palmata*. Séba l'avait également figurée comme de la Caroline, T. 1, pl. 72, fig. 3. Cette Rainette, de Laurenti, de Bonnaterre et de Séba, est encore plus grande que la nôtre; sa tête est plus arrondie, et ses fascies, disposées deux par deux, sont obliques, de diverses couleurs.

RAINETTE DE QUOY, *Hyla Quoyi*, N. (*V.* pl. de ce Dictionn.) Découverte par les naturalistes de l'Uranie aux mêmes lieux que la précédente, celle-ci rentre dans les proportions ordinaires de nos Rainettes, mais elle est bien plus allongée; la tête est antérieurement arrondie; les doigts des mains sont dépourvus de membranes; les cinq doigts des pieds sont au contraire unis. Toutes les parties supérieures sont d'un beau vert jaunâtre foncé sans zébrures ni taches: deux lignes longitudinales et latérales noirâtres, onduleuses ou du moins qui ne sont pas exactement droites, mais qui sont symétriques, régnant depuis chaque œil jusque vers l'anus, distinguent des deux côtés les flancs de la région dorsale. Une marque jaunâtre indique la place du tympan.

RAINETTE A FLANCS RAYÉS, *Rana lateralis*, Bosc, Catesby, *Carol.* T. II, pl. 71. Confondue par Laurenti et par le compilateur Gmelin avec la suivante. Cette espèce, qui est de l'Amérique septentrionale, forme le passage à celle que nous venons de dédier à Quoy. Elle est pourtant d'un vert moins foncé, et les lignes latérales qui distinguent le dos du flanc sont plus ou moins jaunes au lieu d'être noires. La Rainette que Morin de Baize avait vue à Surinam, et que Daudin rapportait à celle dont il est question, devait plutôt appartenir à notre *Hyla Quoyi* qui n'était pas connue alors, et qui est la Rainette verte de l'Amérique du sud, tandis que la *lateralis* est celle de l'Amérique septentrionale. Bosc, qui l'a observée à la Caroline, et distinguée, rapporte qu'on la trouve ordinairement attachée au-dessous des feuilles à l'envers, pour se cacher et s'y mettre à l'abri des Oiseaux et des Serpens qui en sont fort friands. On en trouve quelquefois qui sont réunies en troupes si nombreuses que leur *tchit-tchit-tchit* répété sans cesse se fait distinguer à des lieues de distance, et qu'on ne peut s'entendre parler à travers ce bruyant concert. S'éloignant peu des mares, tous les roseaux en sont parfois couverts, et plusieurs servent d'asile à des douzaines entières. On appelle aux Etats-Unis ces jolies bêtes des Grillons de savane, surtout dans leur jeunesse parce que leur cri, encore mal articulé, rappelle celui des Grillons de nos campagnes. On les voit rarement pendant le jour, mais c'est dans la nuit qu'elles sautent à de très-grandes distances, à plus de deux toises, selon Catesby, pour attraper les Insectes volans. Ceux qui sont phosphoriques et que trahit leur lumière deviennent ordinairement sa proie.

La RAINETTE VERTE OU COMMUNE, L., Gmel., *Syst. nat.*, XIII, T. I, p. 1054; Encyclop., pl. 4, fig. 5; d'après Roësel, *Ran. nostr.*, tab. 9-11; *Ranunculus viridis* des anciens naturalistes. Cette charmante espèce, *Hyla communis*, N.; *Rana arborea*, est trop connue pour qu'il soit nécessaire de la décrire. Qui n'a admiré la fraîcheur et l'éclat suave du vert dont se parent toutes les parties supérieures de son corps, teinte qui fait une opposition si douce au blanc laiteux ou jaunâtre des parties inférieures! On en a regardé comme des variétés, diverses Raines distinguées par certains auteurs, et dont plusieurs pourraient bien en être très-différentes. Quant aux espèces exotiques qu'y joint Gmelin, on ne saurait admettre de tels rapprochemens. On trouve les Raïnettes vertes dans toute l'Europe, l'Angleterre exceptée, du moins n'en a-t-on encore jamais trouvé dans l'empire britannique.

Parmi le reste des Rainettes, se trouve celle que l'on appelle vulgairement GRENOUILLE A TAPIRES, *Hyla tinctoria* de Daudin, que Lacépède, d'après Buffon, dit être employée, dans l'Amérique méridionale, à teindre les Perroquets. Pour faire cette opération, les naturels arracheraient les plumes vertes aux Oiseaux encore jeunes, qui repousseraient rouges lorsqu'on aurait frotté la peau déchirée du Perroquet avec le sang de la Rainette écrasée. Il est impossible d'ajouter foi à de tels contes bien dignes que Pline les eût recueillis, s'ils eussent été en vogue de son temps. (B.)

* RAINGER. MAM. *V.* RENNE au mot CERF.

RAIPONCE. BOT. PHAN. Espèce du genre Campanule dont on a mal à propos étendu le nom au genre Phyteume. *V.* PHYTEUME. (B.)

* RAISEAU NOIR. REPT. OPH. Espèce du genre Couleuvre. *V.* ce mot. (B.)

RAISIN. BOT. Le fruit de la Vigne. *V.* ce mot. On a étendu ce nom à plusieurs autres Végétaux, qui pourtant ne portent pas de Raisins, et on a improprement appelé :

RAISIN D'AMÉRIQUE, le *Phytolacca decandra.*

RAISIN D'AUTRICHE, le *Vitis laciniosa.*

RAISIN BARBU, la Cuscute qu'on voit se développer quelquefois sur les Raisins.

RAISIN DE BOIS OU DE BRUYÈRE, le Myrtile.

RAISIN DE CHÈVRE, le *Rhamnus catharticus*, L.

RAISIN DE CORNEILLE, l'*Empetrum nigrum*, L.

RAISIN COUDRE, le *Coccoloba nivea*, Jacq.

RAISIN IMPÉRIAL OU DU TROPIQUE, le *Sargassum Sargasso*, N; *Fucus acinarius*, Lamx.

RAISIN DE LOUP, le *Solanum nigrum*, L.

RAISIN DE MER, une Holoturie, les œufs de Seiches et autres Mollusques, l'*Ephedra distachia*, les Sargasses flottantes, etc.

RAISIN D'OURS, l'*Arbutus Uva Ursi*, L.

RAISIN DE RENARD, le *Paris quadrifolia*, L., et le *Vitis vulpina.*

RAISIN DE SEICHE, les œufs de Seiches.

RAISIN DES TROPIQUES. *V.* RAISIN IMPÉRIAL et de MER, etc., etc. (B.)

RAISINET. BOT. PHAN. La variété de Raisins hâtifs appelée aussi vulgairement Raisin de la Madeleine. *V.* VIGNE. (B.)

RAISINIER. BOT. PHAN. *V.* COCCOLOBA.

RAJANIE. *Rajania.* BOT. PHAN. Plumier est le fondateur de ce genre qui appartient à la famille des Asparagées, et à la Diœcie Hexandrie, L. En le consacrant à la mémoire de Jean Rai, botaniste éminent du dix-septième siècle, il lui avait donné le nom de *Jan-Raia*, que Linné modifia convenablement en celui de *Rajania*. Voici ses caractères essentiels : fleurs dioïques. Dans les mâles, le calice ou périgone est campanulé, partagé au sommet en six folioles oblongues et acuminées ; les étamines sont au nombre de six, à filets sétacés, terminés par des anthères simples. Dans les fleurs femelles, le périgone est resserré au-dessus de l'ovaire ; celui-ci est infère, comprimé, muni sur l'un de ses côtés d'une membrane saillante, surmonté de trois styles aussi longs que le calice et terminés chacun par un stigmate obtus ; le fruit est une capsule presque ronde, garnie sur l'un de ses côtés d'une aile membraneuse, n'offrant intérieurement qu'une seule loge et une seule graine, par suite de l'avortement des autres loges et graines. Ce genre, voisin du *Tamnus*, se compose d'environ dix espèces qui sont pour la plupart originaires de l'Amérique méridionale et des Antilles. Dans la Flore du Japon, Thunberg en a décrit deux espèces de ce dernier pays. Quant à celles de l'Amérique du Nord mentionnées par Walter et Gmelin sous les noms de *Rajania ovata* et *R. caroliniana*, ce sont des *Brunnichia*.

Les *Rajania hastata*, *cordata* et *quinquefolia*, L., sont les espèces fondamentales puisqu'elles se rapportent au *Jan-Raia* de Plumier. Ces Plantes ont des racines tubéreuses, grosses, charnues, garnies de fibres simples, tortueuses ; leurs tiges sont grêles, grimpantes à gauche, pourvues de feuilles alternes, glabres, simples ou composées, et de formes diverses suivant les espèces. Les fleurs sont petites, verdâtres, disposées en grappes axillaires et pendantes.

(G..N.)

*RAK. BOT. PHAN. *V.* ARAK. C'est aussi le *Cissus arborea* de Forskahl dont le fruit est le RAKA de Bruce, rapporté maintenant au *Salvadora persica*. *V.* SALVADORE. (B.)

* RAKEA. MAM. *V.* ECUREUIL DE CEYLAN.

* RAKED. POIS. Syn. d'Insidiateur. Espèce de Cotte du sous-genre Platycéphale. *V.* COTTE. (B.)

RALE. *Rallus*. OIS. (Linné.) Genre de la seconde famille de l'ordre des Gralles. Caractères : bec plus long que la tête, droit ou médiocrement arqué, comprimé à sa base, cylindrique vers la pointe ; mandibule supérieure sillonnée ; narines fendues longitudinalement de chaque côté du bec et dans le sillon, percées d'outre en outre quoique fermées à moitié par une membrane ; pieds longs, assez robustes, et nus jusqu'un peu au-dessus du genou ; quatre doigts ; trois en avant, divisés ; un en arrière, articulé sur le tarse ; ailes médiocres, arrondies ; la première rémige plus courte que les deuxième, troisième et quatrième qui sont les plus longues. Le genre Râle, tel qu'il est maintenant restreint, se compose d'Oiseaux que l'on peut regarder comme les plus aquatiques de tout l'ordre, car ils n'hésitent point dans un danger pressant ou même pour satisfaire quelque caprice, de s'abandonner au hasard des eaux et de traverser à la nage, souvent même en plongeant, les ruisseaux qu'oseraient franchir bien peu d'autres Gralles. Ils ne sont pas moins aptes à la course, et cet exercice leur est même plus habituel encore que celui du vol auquel ils se livrent rarement, quoique, cependant, la faculté de se percher sur des buissons ne leur ait pas été refusée. Les Râles sont d'un naturel solitaire et même un peu sauvage ; leur approche est fort difficile. Ils se nourrissent de jeunes Plantes aquatiques et de graines, tout aussi bien que d'Insectes, de Vers et de Mollusques ; ils sont constans dans leurs gîtes que d'ordinaire ils se choisissent au milieu des Joncs et des Roseaux, car on les y voit toujours revenir par le seul chemin qu'ils se sont frayé. C'est sur les rives les plus touffues et au milieu des Herbes que les Râles établissent leur nid ; ils le construisent au moyen de brins entrelacés, et le garnissent intérieurement de duvet. La ponte consiste en six ou dix œufs jaunâtres, tachetés de brun rougeâtre. On a trouvé des Râles partout, et leur nom a été pris du chant assez singulier que font entendre la plupart des espèces.

Rale de Barbarie, *Rallus Barbaricus*, Lath. Parties supérieures brunes; ailes tachetées de blanc; croupion rayé de noir et de blanc; poitrine et abdomen d'un brun jaunâtre; le reste des parties inférieures blanc; bec noir; pieds bruns. Taille, neuf pouces.

Rale a bec ridé, *Rallus Ritirhynchos*, Vieill. Parties supérieures brunes; dessus et côtés de la tête d'un brun noirâtre; occiput et dessus du cou d'un brun clair; rémiges et rectrices noirâtres; gorge mélangée de brun et de blanchâtre; devant du cou, poitrine et flancs d'un brun bleuâtre; une bandelette blanche depuis le bas du cou jusqu'à celui du ventre; tectrices subcaudales, jambes et côtés du croupion noirâtres, avec l'extrémité des plumes d'un brun roussâtre; jambes rouges, avec le derrière noir; bec long, noirâtre, ridé à sa base. Taille, onze pouces neuf lignes. Amérique méridionale.

Rale bruyant, *Rallus crepitans*, Lath. Parties supérieures noires, striées de brunâtre; sourcils et gorge d'un blanc brunâtre; tectrices alaires d'un marron clair; rémiges noirâtres; devant du cou, poitrine et haut du ventre d'un brun rougeâtre; flancs, abdomen et tectrices subcaudales noirs, rayés de blanc; bec long, d'un brun rougeâtre; pieds noirs. Taille, treize pouces. Les jeunes ont les parties supérieures d'un brun olivâtre, rayées de gris bleuâtre; la gorge blanche et la poitrine cendrée. De l'Amérique septentrionale.

Rale cendré a queue noire, *Rallus taitiensis*, Lath. Parties supérieures d'un brun rouge foncé; rémiges noirâtres, bordées de blanc; tête, parties inférieures et rectrices d'un gris cendré obscur; gorge cendrée; bec noir; pieds jaunes. Taille, cinq pouces six lignes.

Rale d'eau, *Rallus aquaticus*, L.; *Scolopax obscura*, Gmel., Buff., pl. enlum. 749. Parties supérieures d'un roux brunâtre, avec le milieu des plumes noir; côtés de la tête, cou, poitrine et ventre d'un gris bleuâtre; gorge blanchâtre; flancs noirs, rayés de blanc; tectrices subcaudales blanches; bec rouge, avec l'arête et la pointe brunâtres; pieds rougeâtres; iris orangé. Taille, neuf pouces trois lignes. Les jeunes ont le milieu du ventre d'un brun roussâtre; l'abdomen d'un cendré noirâtre; point de raies blanches aux flancs. En Europe.

Rale a face noire, *Rallus melanops*, Vieill. Parties supérieures d'un brun roussâtre: tête, cou et gorge d'un gris bleuâtre; front et trait oculaire noirs; tectrices alaires variées de roux et de brun; rectrices noirâtres, l'externe terminée de blanc; rémiges d'un noir bleuâtre en dessous; poitrine et abdomen d'un blanc roussâtre; bec vert; pieds d'un brun verdâtre. Taille, neuf pouces. Amérique méridionale.

Rale a gorge et poitrine rougeatre, *Rallus ferrugineus*, Lath. Parties supérieures noirâtres; trait oculaire blanchâtre; cou et poitrine rougeâtres; le reste des parties inférieures cendré; flancs rayés de blanc; bec noir; pieds jaunes. Taille, huit pouces.

Rale a long bec, *Rallus longirostris*, Lath., Buff., pl. enlum. 849. Parties supérieures variées de gris et de noirâtre; rémiges et rectrices brunâtres; gorge, devant du cou et abdomen d'un gris blanchâtre; poitrine, ventre et flancs gris, rayés de noir; bec rougeâtre; pieds verdâtres. Taille, dix à onze pouces. Amérique méridionale.

Rale de Mudhen, *Rallus virginianus*, L.; *Rallus limicola*, Vieill. Parties supérieures mélangées de roussâtre et de noirâtre; tectrices alaires d'un rouge brunâtre; parties inférieures d'un brun orangé; flancs et abdomen rayés de noir et de blanc; bec noirâtre; mandibule inférieure rouge à la base; pieds rougeâtres. Taille, huit pouces. La femelle a la tête noirâtre, avec les joues cendrées, le haut de la gorge blanc, et les parties inférieures d'un brun jaunâtre. Amérique boréale. C'est par erreur que cette espèce a été placée (T. VII, p. 137) parmi les Gallinules.

RALE NOIRATRE, *Rallus nigricans*, Vieill. Parties supérieures d'un brun verdâtre; front, côtés de la tête, cou, poitrine et flancs d'un gris ardoisé foncé; ailes noirâtres; gorge blanchâtre; tectrices caudales supérieures, ventre, jambes et rectrices noires; bec vert; pieds rouges. Taille, onze pouces. Amérique méridionale.

RALE DE LA NOUVELLE-ZÉLANDE, *Rallus australis*. Parties supérieures brunes, avec le bord des plumes d'un gris roussâtre; joues et gorge cendrées; trait oculaire gris; rémiges brunes, rayées de ferrugineux sur les bords; tectrices subcaudales brunes; rectrices brunes, frangées de gris roux; première rémige accompagnée d'une très-longue épine droite et pointue; bec et pieds d'un brun rougeâtre. Taille, seize pouces.

RALE RAYÉ A BEC NOIR ET PIEDS ROUGES, *Rallus capensis*, Lath. Parties supérieures et haut de la poitrine d'un brun ferrugineux; rémiges, rectrices latérales, bas de la poitrine, ventre et cuisses ondulées de noir et de blanc; bec noir; pieds rouges. Taille, neuf pouces. Afrique méridionale.

RALE TACHETÉ, *Rallus variegatus*, Lath., Buff., pl. enlum. 775. Parties supérieures variées de blanc et de noir; tectrices alaires variées de brun roussâtre, de noir et de blanc; rémiges noirâtres; rectrices noirâtres frangées de blanc; gorge blanche; parties inférieures tachetées irrégulièrement de blanc et de noir; bec long, jaunâtre, avec la base de la mandibule inférieure rouge; pieds jaunâtres. Taille, onze pouces. Cayenne.

RALE TIKLIN BRUN, *Rallus fuscus*, Lath., Buff., pl. enlum. 773. Parties supérieures d'un brun sombre qui se nuance de gris vers les parties inférieures; poitrine et haut du ventre nuancés de rougeâtre; tectrices subcaudales rayées de noir et de blanc; bec brun; pieds jaunes. Taille, sept pouces. De l'Archipel des Indes.

RALE YPECAHA, *Rallus Ypecaha*, Vieill. Parties supérieures d'un brun verdâtre; dessus et côtés de la tête d'un gris bleuâtre; les deux tiers supérieurs du cou roussâtres, avec une ligne qui descend depuis l'oreille jusqu'à la naissance de l'aile; rémiges rougeâtres, terminées de brun verdâtre; croupion, tectrices caudales et rectrices noires; gorge blanchâtre; haut de la poitrine grisâtre; ventre et jambes d'un gris obscur; bec orangé, avec la pointe verte; pieds rouges. Amérique méridionale.

V. pour les autres espèces qui ont été transportées dans le genre Gallinule, ce dernier mot. (DR..Z.)

* RAMAK. POIS. Espèce du genre Spare. (B.)

RAMALINE. *Ramalina*. BOT. CRYPT. (*Lichens*.) S'il doit exister plusieurs genres parmi ceux qu'on a si souvent, comme par caprice, réunis aux Parmélies, ou séparés de cette grande coupe de Lichens, le genre *Ramalina* nous paraît être l'un de ceux qu'il est le plus convenable de conserver. Il rentre dans les Physcies pour De Candolle; Meyer l'absorbe; sur les traces de Link et de Fries, nous le conservons, et Delise, dont le sentiment fait autorité sur ces matières, se joint à nous pour lui reconnaître les caractères suivans: thalle cartilagineux en expansions comprimées, communément lacuneux, homoderme, s'il est permis de transporter chez les Lichens une expression d'erpétologie qui signifierait que le dessus et le dessous des expansions sont en tout semblables sans qu'une page y soit unie et l'autre tomenteuse, ou de couleur différente. Réceptacle universel, un peu solide, d'une consistance un peu cotonneuse et blanchâtre à l'intérieur. Rameaux laciniés, souvent garnis de sporidies ou pulvinules farineux; apothécies scutelliformes, un peu épaisses, planes, submarginées, ayant la marge de même nature et couleur que la lame proligère, portées sur de très-courts pédoncules. Les Ramalines, qui affectent les formes de petits Fucus, plutôt que celles d'Arbustes, sont toutes d'un vert glauque pâle particulier, qui règne uniformément sur toutes leurs parties, même sur la lame proligère. Elles croissent sur les branchages morts, les écorces profondément raboteuses des grands Arbres, les vieilles planches et les rochers. Elles sont, dans ces divers sites, alternativement exposées à l'humidité des pluies qui les ramollit, ou à l'ardeur du soleil qui les rend dures et cassantes, sans que leur organisation en paraisse souffrir. Toutes sont glabres et polymorphes, de sorte que les espèces n'en sont pas faciles à déterminer. Les zônes glaciale, tempérée et torride en produisent indifféremment dans les deux mondes. Nous en possédons plus de vingt espèces, fort distinctes, sans compter les variétés, dans notre collection cryptogamique, entre lesquelles on peut citer : le *Ramalina scopulorum*, Ach., remarquable par sa prodigieuse polymorphie, et qui croît sur les rochers maritimes de nos côtes, particulièrement aux îles Chausé, à Saint-Malo, au Finistère, ainsi qu'à Belle-Ile en mer. Certains individus atteignent à dix pouces de longueur, et pendent aplatis en lanières lacuneuses, tandis que d'autres s'élèvent en petites touffes comme des aleines, noires par leur base, ou en arbustes terminés par d'innombrables ramifications. — Le *Ramalina fraxinea*, qui s'étend en lanières rugueuses, souvent larges d'un pouce et demi, longues d'un pied, et qu'on trouve communément en divers Etats, sur les grands Arbres qui bordent les chemins et les avenues. — Le *Ramalina maciformis* de la Flore d'Egypte où Delile a fait graver cette singulière espèce recueillie sur les rochers des monts dont le Sinaï forme le couronnement. Nous regardons comme identiques ou du moins fort voisins, des échantillons que nous avons recueillis en Flandre, sur de vieux murs et des entourages de planches. — Le *Ramalina Lafayetii*, N., à expansions filiformes, très-élégantes, et que nous avons trouvé croissant sur des rameaux d'Arbustes dans un paquet de Cryptogames que, durant son mémorable et triomphal voyage en Amérique, le héros de la liberté daigna nous adresser de la Nouvelle-Orléans. Cette espèce se rapproche du *spiralis*. — Le *Ramalina roccelliformis*, N., du Pérou, dont nous retrouvons quelques fragmens dans les récoltes cryptogamiques de Durville, et qu'on serait tenté de prendre, au premier coup-d'œil, pour une Roccelle, si l'on n'en avait la fructification sous les yeux. — Le *Ramalina usneoides*, N., qu'on croirait être quelque échantillon très-grêle de l'*Usnea florida* dépouillé de ses aspérités, qui surpasse encore en finesse le *R. Lafayetii*, et que nous avons découvert sur les rameaux des Arbustes appelés Ambavilles, au Bras du Tour, dans l'île de Mascareigne, vers six cents toises au-dessus du niveau de la mer. La même île nous en a fourni une autre très-voisine du *Lichen ciliaris* de Linné qui appartient encore, avec le *farinaceus* de ce grand naturaliste, au genre dont il vient d'être parlé. L'île de Sainte-Hélène en produit une espèce sur les Gommiers que nous avons également reçus du Sénégal avec deux autres. La Nouvelle-Hollande et Buenos-Ayres ont les leurs. (B.)

* RAMANGIS. BOT. PHAN. Du Petit-Thouars (Histoire des Orchidées des îles australes d'Afrique, tab. 69) a désigné sous ce nom une Orchidée de l'Ile-de-France qui, suivant la nomenclature linnéenne, doit être nommée *Angræcum ramosum*. (G..N.)

RAMARIE. *Ramaria*. BOT. CRYPT. Bosc dit que c'est un genre formé aux dépens des Clavaires et qui n'a pas été adopté par les botanistes. (B.)

RAMART. POIS. L'un des noms vulgaires du *Chimera arctica*. *V*. CHIMÈRE. (B.)

* RAMATUELLA. BOT. PHAN. Nouveau genre de la famille des Combrétacées, établi par Kunth (*Nova Genera et Spec. Plant. æquin.*, vol. VII, p. 253, tab. 656) qui l'a ainsi caractérisé : fruit à cinq angles ailés supérieurement, coriace, ligneux, aminci en bec au sommet, uniloculaire, monosperme, indéhiscent. Graine pendante?, ovoïde, presque conique, marquée d'un raphé sur un des côtés; embryon sans albumen conforme à la graine, formé de cotylédons foliacés et enroulés, à radicule supère. On ne connaît ni les calices, ni les pétales, ni les étamines de ce genre qui paraît avoir quelques rapports avec le *Bucida*, mais qui se distingue facilement à ses fruits munis de cinq ailes. Le *Ramatuella argentea*, Kunth, *loc. cit.*, est un Arbrisseau à feuilles presque ternées ou quaternées au sommet des petites branches, très-entières, coriaces et dépourvues de stipules. Les fruits sont ramassés en tête au sommet de pédoncules terminaux ou axillaires. Cette Plante croît dans l'Amérique méridionale, sur les bords du fleuve Atabapi. (G..N.)

RAMBERGUE. BOT. PHAN. On donne indifféremment ce nom, dans les pays vignobles du midi de la France, à la Mercuriale annuelle et à la Corrigiole. *V*. ces mots. (B.)

RAMBOUR. BOT. PHAN. Variété de Pommes. *V*. POMMIER. (B.)

RAMEAU D'OR. BOT. PHAN. L'un des noms vulgaires de la Giroflée des murailles doublée dans les jardins par la culture. (B.)

RAMEAUX. *Rami*. BOT. PHAN. Divisions des branches qui elles-mêmes se divisent en ramilles ou ramules. (A. R.)

* RAMENTAICQUE. BOT. PHAN. *V*. ARENDRANTE. (B.)

RAMEREAU. OIS. Le jeune Ramier. *V*. PIGEON. (B.)

* RAMERON. OIS. Espèce du genre Pigeon. *V*. ce mot. (B.)

* RAMEUM. BOT. PHAN. (Rumph.) L'*Urtica nivea* ou l'*Urtica æstuans*.

RAMEUR. POIS. L'un des noms vulgaires du *Zeus Gallus*. *V*. ZÉE. (B.)

RAMEURS. *Ploteres*. INS. Tribu de l'ordre des Hémiptères, section des Hétéroptères, famille des Géocorises, établie par Latreille qui lui donne pour caractères : les quatre pieds postérieurs insérés sur les côtés de la poitrine, très-écartés entre eux, longs, grêles, et propres à marcher ou à ramer sur l'eau; crochets des tarses très-petits, peu distincts et situés dans une fissure latérale du bout du tarse. Un duvet très-fin et soyeux garnit le dessous du corps de ces Animaux et les garantit de l'action de l'eau. Cette tribu comprend les trois genres Hydromètre, Gerris et Vélie. *V*. ces mots. (G.)

* RAMEUX, RAMEUSE. *Ramosus*, *Ramosa*. BOT. PHAN. Cet adjectif, qui désigne une tige qui se divise en branches ou rameaux, s'emploie en général par opposition à celle de *Tige simple*. (A. R.)

* RAMICH. BOT. PHAN. (Prosper Alpin.) Syn. d'Aloës. *V*. ce mot. (B.)

RAMIER. OIS. Espèce du genre Pigeon. *V*. ce mot. (B.)

* RAMIFÈRES. MAM. Sous-genre d'Antilope. *V*. ce mot. (B.)

RAMIPARES. POLYP. Bonnet a donné ce nom aux Polypiers. (E. D..L.)

RAMIRET. OIS. Espèce du genre Pigeon. *V*. ce mot. (B.)

* RAMON. BOT. PHAN. (Plumier.) Nom de pays du *Trophis aspera*, L. (B.)

RAMONDE. *Ramonda*. BOT. PHAN.

Pour Ramondie, *Ramondia*. *V*. ce mot. (B.)

RAMONDIA. BOT. CRYPT. (Mirbel.) Syn. d'*Hydroglossum*. *V*. ce mot. (B.)

RAMONDIE. *Ramondia*. BOT. PHAN. Genre établi par le professeur Richard, et adopté par De Candolle (Flor. Fr., 3, p. 606) pour le *Verbascum Myconi*, L. Ce genre peut être caractérisé de la manière suivante: le calice est campanulé, à cinq divisions presque égales; la corolle est monopétale, rotacée, à cinq lobes obtus et un peu inégaux. Les cinq étamines attachées à la gorge de la corolle sont dressées et rapprochées les unes contre les autres. Les anthères sont à deux loges adnées sur les parties latérales du filet; elles s'ouvrent à leur sommet par un trou qui est commun aux deux loges. L'ovaire est libre, allongé, à une seule loge, contenant deux trophospermes pariétaux, simples à leur origine, mais divisés chacun du côté interne en deux lames divariquées, recourbées sur elles-mêmes à leur bord libre; la face interne de ces deux lames est toute couverte d'ovules extrêmement petits. Le style est simple, terminé par un petit stigmate à peine distinct et simple. Le fruit est une capsule ovoïde, allongée, accompagné à sa base par le calice; elle est à une seule loge, qui offre l'organisation que nous avons décrite pour l'ovaire, et s'ouvre en deux valves par une suture qui correspond à chacun des trophospermes.

Ce genre, que La Peyrouse, dans sa Flore des Pyrénées, a nommé depuis *Myconia*, et ensuite *Chaixia*, appartient à la famille des Solanées par sa corolle et ses étamines, mais il s'en éloigne par la structure de son ovaire qui se rapproche des Gesnériées à ovaire libre. Une seule espèce, *Ramondia Pyrenaica*, Rich., D. C., *loc. cit.*, compose ce genre. C'est une Plante acaule, vivace, offrant une touffe de feuilles radicales, ovales, crénelées, lanugineuses et roussâtres en dessous, du centre de laquelle naissent plusieurs pédoncules, portant chacun un petit nombre de fleurs violacées. Elle croît dans les Pyrénées et en Piémont. (A. R.)

RAMONTCHI. BOT. PHAN. Nom barbare de pays du genre Flaourtie. *V*. ce mot. (B.)

* RAMPE. MOLL. Espèce fossile du genre Cérithe. *V*. ce mot. (B.)

RAMPECOU. OIS. L'un des noms vulgaires du Grimpereau commun. (B.)

* RAMPEUR. POIS. On ne sait à quelle espèce de Raie rapporter le Poisson du Cap décrit par Kolbe sous ce nom. (B.)

RAMPHASTOS. OIS. (Linné.) *V*. TOUCAN.

RAMPHE. INS. Pour Rhamphe. *V*. ce mot. (B.)

* RAMPHIUS. OIS. (Gesner.) Syn. de Pélican. *V*. ce mot. (B.)

* RAMPHOCARPUS. BOT. PHAN. Sous ce nom Necker avait établi un genre pour les espèces de *Geranium* à feuilles composées. *V*. GÉRANION. (A. R.)

RAMPHOCELUS. OIS. (Desmarest et Vieillot.) *V*. JACAPA et TANGARA.

RAMPHOCÈNE. *Ramphocænus*. OIS. Espèce du genre Sylvie dont Vieillot a fait le type d'un genre particulier. *V*. SYLVIE. (DR..Z.)

* RAMPHOCOPES. OIS. Duméril a donné ce nom à l'une de ses familles d'Oiseaux, dans laquelle il place les genres Héron, Cigogne, Bec-Ouvert, Tantale et Grue. (DR..Z.)

* RAMPHOLITES. OIS. C'est le nom d'une famille dans laquelle Duméril comprend les genres Avocette, Courlis, Bécasse, Vanneau et Pluvier. (DR..Z.)

* RAMPHOPLATES. OIS. (Duméril.) Famille où sont compris les genres Phénicoptère, Spatule et Savacou. (DR..Z.)

* RAMPHOSTÈNES. OIS. (Dumé-

ral.) Famille d'Oiseaux qui renferme les genres Jacana, Râle, Huîtrier, Gallinule et Foulque. (DR..Z.)

RAMPHUS. INS. *V.* RAMPHE.

*RAMPON. BOT. PHAN. L'un des noms vulgaires de la Raiponce. *V.* ce mot et CAMPANULE. (B.)

* RAMPRARIA. BOT. PHAN. Syn. d'Echinops dans Dioscoride, selon Adanson. (A. R.)

RAMSPECKIA. BOT. PHAN. (Scopoli.) Syn. de *Posoqueria* d'Aublet. (A. R.)

* RAMULARIA. BOT. CRYPT. Roussel, dans sa Flore du Calvados, a formé sous ce nom avec diverses Ulves un genre qui n'a pas été adopté. (B.)

RANA. REPT. BATR. *V.* GRENOUILLE.

RANABELOU. BOT. PHAN. Nom de pays du Cratève religieux. *V.* CRATÈVE. (B.)

RANA-BILO. BOT. PHAN. Syn. indou de Katou-Tjeroe. *V.* ce mot. (B.)

RANA-PISCATRIX. POIS. L'un des anciens noms de la Baudroie. *V.* ce mot. (B.)

RANATRE. *Ranatra.* INS. Genre de l'ordre des Hémiptères, section des Hétéroptères, famille des Hydrocorises, tribu des Népides (Latr., Fam. nat.), établi par Fabricius aux dépens du genre *Nepa* de Linné, et ayant pour caractères : corps linéaire; tête petite; yeux globuleux, très-saillans; point de petits yeux lisses. Antennes très-courtes, peu apparentes, cachées sous les yeux, de trois articles, dont le second fourchu. Bec avancé, pas plus long que la tête, conique, de trois articles; les deux premiers plus gros, celui de la base en forme d'anneau, le dernier conique. Corselet très-allongé, presque cylindrique, plus épais dans sa partie postérieure qui s'échancre pour recevoir une portion de l'écusson. Celui-ci pointu à son extrémité. Élytres de la longueur de l'abdomen, leur partie membraneuse fort courte. Abdomen allongé, terminé par deux longs filets sétacés. Pates très-longues et très-grêles ; les antérieures ravisseuses, à hanches et cuisses fort longues, de même grosseur et cylindriques, et ayant leurs tarses terminés simplement en pointe. Tarse des quatre jambes postérieures d'un seul article très-long. Ce genre se distingue des Galgules, parce que dans ceux-ci les tarses antérieurs sont terminés par deux crochets. Les Naucores s'en distinguent par la largeur de leur corps, et par leur labre qui est grand et recouvre la base du rostre, tandis qu'il est engaîné dans les Ranatres; les genres Bélostome et Nèpe sont séparés des Ranatres par leur corps large et aplati, et par d'autres caractères tirés des tarses et des antennes. Les Ranatres ont reçu le nom vulgaire de Scorpions aquatiques. Ils vivent dans les eaux dormantes. Quoique munis de longues pates, ces Hémiptères nagent et marchent très-lentement. Les femelles déposent leurs œufs dans les eaux où elles vivent; ils ont une forme un peu allongée, et portent à l'une de leurs extrémités deux fils ou poils; ils sont déposés par la mère dans la tige de quelque Plante aquatique, de manière qu'ils y sont cachés et qu'il n'y a que les poils qui sortent. La larve ressemble à l'Insecte parfait, mais elle manque entièrement d'ailes et d'élytres. La nymphe en diffère, parce que l'on commence à voir des étuis latéraux attachés au corselet, et renfermant les rudimens des ailes et des élytres. Sous leurs trois états, ces Insectes sont très-voraces, ils saisissent leur proie avec leurs pinces, et la sucent après l'avoir fait mourir. Ils se nourrissent de toutes sortes d'Insectes aquatiques. L'Insecte parfait vole le soir; c'est à cette époque de la journée qu'il change de demeure. On connaît cinq espèces de ce genre. On les trouve dans les Indes-Orientales, en Amérique et en Europe. Celle de ce dernier pays est commune dans toute la France et aux environs de Paris. C'est :

La Ranatre linéaire, *Ranatra linearis*, Fabr., Latr., Panz., Faun. Germ., fig. 15; *Nepa linearis*, L.; le Scorpion aquatique à corps allongé, Geoff., Ins. Paris, T. 1, p. 480, n° 1, pl. 10, fig. 1. Elle est longue de dix-huit lignes; son corps est d'un gris roussâtre, jaune en dessous; l'abdomen est rougeâtre en dessous; ses filets sont de même longueur que lui. (G.)

RANA-VALLI. bot. phan. Même chose que Catu-Baramareca. *V.* ce mot. (B.)

RANCANCA. *Ibycter.* ois. Espèce du genre Faucon. Vieillot en a fait un genre qu'il rapproche plutôt des Vautours que des Aigles proprement dits. *V.* Faucon, division des Caracaras. (DR..Z.)

RANDALIA. bot. phan. (Petiver.) Syn. d'Ériocaulon. *V.* ce mot. (B.)

RANDIA. bot. phan. Vulgairement en français *Gratgal.* Genre de la famille des Rubiacées, et de la Pentandrie Monogynie, L., offrant les caractères suivans : calice supère, persistant, à cinq divisions; corolle infundibuliforme, le tube plus long que le calice, le limbe à cinq segmens étalés; cinq anthères presque sessiles sur l'entrée de la corolle; ovaire surmonté d'un style et d'un stigmate bifide; baie presque globuleuse, coriace, biloculaire, à loges renfermant des graines au nombre de quatre à huit. Ce genre a des rapports si nombreux avec les *Mussænda* et les *Gardenia*, qu'il existe beaucoup de confusion entre certaines Plantes placées par divers auteurs dans ces trois genres. Selon Jussieu, le *Mussænda spinosa*, L., doit être réuni aux *Randia* de même que l'*Euclinia*, nouveau genre fondé par Salisbury (*Parad. Lond.*, tab. 93) sur le *R. longiflora.* Les *Randia* sont des Arbrisseaux ou des Arbustes à feuilles analogues à celles du Buis, à rameaux munis d'épines opposées et supra-axillaires. Les fleurs sont terminales, sessiles et blanches. On n'en compte qu'un petit nombre d'espèces; elles croissent dans les Antilles et sur le continent de l'Amérique méridionale. (G..N.)

* RANELLE. *Ranella.* moll. La plupart des devanciers de Linné confondirent les Ranelles dans le genre Buccin; mais il faut dire que ce nom de Buccin s'appliquait à presque toutes les Coquilles univalves canaliculées ou échancrées à la base. Linné, par l'établissement de son genre Murex et de quelques autres, commença à débrouiller le chaos de cette partie de la conchyliologie : les Ranelles en firent partie. Elles ont en effet avec les vrais Rochers des rapports qu'on ne peut contester. Bruguière, en perfectionnant la méthode linnéenne, laissa cependant bien des réformes à faire, et ce fut Lamarck qui les opéra presque toutes. Le genre Murex était susceptible d'un grand nombre de divisions. Après en avoir proposé plusieurs dans le Système (1801), il continua dans l'Extrait du Cours (1811), et c'est à cette époque seulement que les genres Ranelle et Triton furent proposés. Compris dès-lors dans la famille des Canalifères, ils y restèrent dans le dernier ouvrage de Lamarck. Cuvier a rangé les Ranelles au nombre des sous-genres des Rochers, et, par un double emploi, il admet aussi le genre Apolle de Montfort, qui est absolument le même que celui de Lamarck, si ce n'est qu'il renferme des Coquilles ombiliquées, lorsque le genre Crapaud du même auteur contient celles des Ranelles qui n'ont point d'ombilic. Tout en reconnaissant que les Ranelles ont la plus grande analogie avec les Rochers et avec les Tritons, Blainville adopte cependant ce genre dans son Traité de Malacologie. Il fait partie de la seconde section de la famille des Siphonostomes, placé entre les Tritons et les Rochers, rapport que Lamarck avait indiqué. L'Animal des Ranelles n'étant point connu, on ne peut

affirmer qu'il est semblable à celui des Rochers ; mais par l'analogie des Coquilles on peut le présumer. Cette présomption acquiert un degré de certitude par la ressemblance qu'ont les opercules des deux genres. Dans les Ranelles néanmoins il est plus mince, encore moins spiré, et offre à peine un nucleus. Il est de substance cornée comme dans les Rochers. Voici les caractères de ce genre : coquille ovale ou oblongue, subdéprimée, canaliculée à sa base, et ayant à l'extérieur des bourrelets distiques. Ouverture arrondie ou ovalaire. Bourrelets droits ou obliques, à intervalle d'un demi-tour, formant une rangée longitudinale à chaque côté. Le caractère principal de ce genre est pris dans la singulière disposition de ses bourrelets, qui forment une rangée longitudinale de chaque côté de la coquille. Cette disposition a lieu par la manière dont l'Animal s'accroît régulièrement par demi-tour à la fois. Lamarck a supposé qu'il sortait de sa coquille d'un demi-tour à la fois, et qu'il sécrétait toute cette partie dans le même temps. Cela est peu probable, car la coquille est faite pour protéger l'Animal, et, se trouvant ainsi hors d'elle, il ne serait plus garanti des accidens extérieurs. En admettant cette hypothèse, il faudrait croire aussi qu'il n'y a point de stries d'accroissement, et l'observation directe prouve le contraire. Blainville dit qu'il est probable que l'Animal forme ses bourrelets à l'époque de la génération qui se renouvelle périodiquement chez les Mollusques. Mais cette supposition n'est pas plus admissible que la première ; car il faudrait admettre que cette fonction de la reproduction s'exercerait chez les Ranelles et autres genres analogues au sortir de l'œuf, puisque les bourrelets commencent dès cette époque de la vie de l'Animal, on sait que dans les Mollusques la propagation n'a lieu que dans l'âge adulte. Ce n'est donc pas à cette cause qu'il faut attribuer la formation périodique des bourrelets et des varices. On peut avouer à ce sujet que l'observation manque. Le nombre des espèces de Ranelles n'est pas considérable, et celui des espèces fossiles l'est moins encore. Les espèces fossiles appartiennent aux terrains tertiaires les plus nouveaux. On n'en a point encore trouvé aux environs de Paris.

RANELLE GÉANTE, *Ranella gigantea*, Lamk., Anim. sans vert. T. VII, p. 150, n° 1 ; *Murex reticularis*, L., Gmel., p. 3535, n° 37 ; *Born. Mus. Cæsar. Vind.*, tab. 11, fig. 5 ; Encycl., pl. 413, fig. 1. C'est la plus grande espèce du genre. On la dit des mers d'Amérique ; mais elle se trouve aussi dans la Méditerranée, à l'île de Corse, et son analogue fossile existe dans les terrains tertiaires d'Italie. — RANELLE ARGUS, *Ranella Argus*, Lamk., *loc. cit.*, n° 4 ; *Murex Argus*, L., Gmel., n° 78 ; Favanne, Conch., pl. 32, fig. F ; Encycl., pl. 414, fig. 3, a, b. Belle Coquille épaisse, épidermée, à opercule fort mince. De l'océan Indien. — RANELLE GIBBEUSE, *Ranella Bufonia*, Lamk., *loc. cit.*, n° 7 ; *Murex Buffonius*, L., Gmel., n° 32 ; Favanne, Conch., pl. 32, fig. B, 1 ; Martini, Conch. T. IV, tab. 129, fig. 1240, 1241 ; Encycl., pl. 412, fig. 1, a, b. De l'océan Indien. Coquille singulière par le canal saillant au sommet de l'ouverture, et que l'on retrouve sur chacune des varices des tours précédens. (D..H.)

RANEUTE. BOT. CRYPT. (Aublet.) Syn. de *Marsilea quadrifolia*, L. (B.)

RANGIER. MAM. *V.* RENNE au mot CERF.

RANGIFER. MAM. Nom scientifique du Renne. *V.* ce mot à l'article CERF. (B.)

RANGION. BOT. PHAN. Pour *Rhangium*. *V.* ce mot. (B.)

RANICEPS. POIS. Dernier sous-genre établi par Cuvier dans le genre Gade. *V.* ce mot. (B.)

RANINE. *Ranina*. CRUST. Genre de l'ordre des Décapodes, famille des Brachyures, tribu des Notopodes, établi par Lamarck, et adopté par Latreille qui lui donne pour caractères : test en forme de triangle renversé ou d'ovale tronqué; front, y compris les angles latéraux, divisé en sept ou neuf parties, sous la figure de dents, de lobes ou d'épines ; celle du milieu formant un museau pointu. Yeux portés sur des pédicules longs, cylindriques, naissant près du milieu du front, divisés transversalement. Antennes latérales, convergentes intérieurement, avancées ensuite, longues et sétacées; les intermédiaires repliées, mais saillantes. Pieds-mâchoires extérieurs étroits et allongés; leur troisième article long, pointu, avec une troncature oblique précédée d'un angle à l'extrémité de son côté extérieur, et une échancrure au bord opposé, au-dessous de la pointe terminale ; le quatrième article inséré dans cette échancrure, mais caché et reçu, ainsi que les deux suivans et derniers, dans une rainure longitudinale de ce bord. Cavité buccale creusée à sa partie supérieure de deux sillons profonds, recevant une portion des premiers pieds-mâchoires. Mains très-comprimées, oblongues, avec les doigts et le pouce surtout, couchés ; nageoires (le tarse) des pieds presque elliptiques, arquées au bord interne, allant en pointe et un peu courbées à leur extrémité, ou un peu lunulaires ; l'article précédent transversal. Queue allongée, étendue, garnie de poils, composée de sept segmens, le second et le troisième portant les appendices sexuels. Ce genre est très-remarquable, et se distingue de tous ceux de sa tribu par sa queue toujours étendue, comme cela a lieu chez les Macroures ; il fait ainsi le passage de cette section à celle des Brachyures, à la fin de laquelle Latreille l'a très-judicieusement placé. On connaît trois ou quatre espèces de ce genre; elles sont toutes propres aux mers des Indes-Orientales. On en a trouvé une espèce fossile dans les terrains d'Italie, et elle a été décrite par l'abbé Ranzani. Rumph dit que l'espèce connue sous le nom de Dorsipède grimpé sur les Arbres, mais Latreille pense que cela est impossible, vu la forme aplatie des tarses. Ce genre faisait partie des Albunées de Fabricius. Nous citerons comme type :

La Ranine dentée, *Ranina dentata*, Lamk., Latr. ; *Albunea scabra*, Fabr. ; Herbst, Krabb., tab. 22, fig. 1 ; Rumph, Mus., tab. 7, fig. T, V. Test long de près de quatorze centimètres sur près de treize de large. Dernier article des pédicules oculaires relevé, à angles presque droits. (G.)

RANONCULE. BOT. PHAN. Par corruption de *Ranonculus*. Les Renoncules dans les dialectes du midi de la France. (B.)

RANUNCULOIDES. BOT. PHAN. (Vaillant.) *V.* Batrachie.

RANUNCULUS. REPT. BATR. C'est-à-dire petite Grenouille, synonyme de Rainette verte. (B.)

RANUNCULUS. BOT. PHAN. *V.* Renoncule.

RAOUCHE. POIS. On ignore quel Poisson assez commun sur les marchés de Paris y portait ce nom vers le douzième siècle. (B.)

* RAP. POIS. Nom d'une espèce de Baudroie aux îles Baléares. (B.)

RAPA. BOT. PHAN. Espèce du genre Chou, *Brassica Rapa*, L. (B.)

RAPAC. BOT. PHAN. Palmier indéterminé de Madagascar, dont les habitans utilisent le fruit. (B.)

RAPACES. OIS. Nom que Temminck a donné au premier ordre de sa méthode. Ses caractères sont : un bec court et robuste, comprimé sur les côtés, courbe vers l'extrémité; la mandibule supérieure recouverte à sa base par une cire; des narines ouvertes ; des pieds forts, nerveux, courts ou de moyenne longueur, emplumés jusqu'aux genoux, et quelquefois jusqu'à l'extrémité des doigts qui sont au nombre de quatre, dont trois en avant, articulés sur le même plan, entièrement divisés ou unis à la base par une membrane, rudes en dessous, armés d'ongles puissans, acérés, rétractiles et arqués. Les Rapaces, comme l'indique fort bien leur nom, sont des Oiseaux qui se nourrissent en grande partie de chair palpitante. S'élevant à une hauteur infiniment supérieure à celle où parviennent habituellement les autres Oiseaux, on peut les considérer comme les véritables dominateurs de l'atmosphère; ils y déploient un vol rapide et majestueux. Leurs lieux de repos, leurs habitations favorites sont les anfractures des rochers les plus inaccessibles, les tours élevées, les ruines et les masures; leurs mœurs farouches leur permettent à peine de goûter les douceurs de l'amour. Assez souvent le même berceau reçoit toutes les générations qui, vu la longévité des grandes espèces, sont quelquefois très-nombreuses chez un seul couple. Les femelles sont toujours plus grandes que les mâles, et la différence est quelquefois d'un tiers. Les genres compris sont les suivans : Vautour, Catharte, Gypaète, Messager, Faucon et Chouette. *V.* tous ces mots. (DR..Z.)

RAPANEA. BOT. PHAN. Aublet (Plantes de la Guiane, p. 121, tab. 46) a décrit sous le nom de *Rapanea guyanensis*, un Arbrisseau qui, selon Rob. Brown, est une véritable espèce de *Myrsine*. Swartz et Willdenow l'avaient rapporté au genre *Samara* de Linné, et décrit sous le nom de *Samara floribunda*. *V.* MYRSINE et SAMARA. (G..N.)

* RAPANUS. MOLL. Genre proposé par Schumacher pour quelques espèces minces et fragiles de Pyrulès, telle que la Pyrule Navet, *Pyrula Rapa*. Ce genre n'a pas été adopté, n'ayant pas les caractères suffisans pour former un bon genre. *V.* PYRULE. (D..H.)

RAPAPA. OIS. Nom de pays du Savacou. *V.* ce mot. (B.)

RAPAT. BOT. PHAN. Le *Cortex consolidans* ou *Caju-Rapat* de Rumph (*Herb. Amboin.*, vol. 5, p. 30, tab. 19) est trop imparfaitement décrit et figuré pour qu'on puisse dire avec quel Végétal connu il a quelque analogie. (G..N.)

RAPATEA. BOT. PHAN. Genre établi par Aublet et que Willdenow a nommé *Mnasium*. Ce genre, d'une structure très-singulière, peut être ainsi caractérisé : les fleurs sont réunies dans une grande spathe très-comprimée, fendue d'un seul côté. L'intérieur de cette spathe contient un grand nombre de fleurs assez petites, portées chacune à leur base sur un léger pédoncule; de ce pédoncule naissent quinze à vingt écailles subulées, étroites, un peu plus courtes que la fleur, et dont trois plus intérieures et plus larges forment une sorte de calice extérieur; la fleur, qui s'élève du centre de cet assemblage d'écailles, se compose d'un calice tubuleux, monosépale, presque infundibuliforme, à trois lobes aigus, très-profonds et régulièrement recourbés; de six étamines presque sessiles, ayant les anthères dressées, allongées, presque linéaires, à deux loges s'ouvrant par un pore terminal unique. L'ovaire est libre, presque globuleux, déprimé à son centre, marqué de six côtes obtuses. Le style est subulé, terminé par un stigmate simple. Le fruit est, selon Aublet, une capsule à trois loges s'ouvrant en trois valves. Le genre *Rapatea* a été formé par Aublet pour une seule espèce, qu'il a nommée *Rapatea aquatica*, Aubl., Guian., t. 118. C'est une Plante qui croît dans les endroits ombragés et humides. Ses feuilles sont radicales, très-longues, roides, elliptiques, lancéolées, étroites, entières, très-aiguës au sommet, et dilatées et embrassantes à leur base. Du centre de ces feuilles naissent plusieurs hampes terminées chacune par une spathe. Une seconde espèce de ce genre a été décrite et figurée par Rudge (*Icon. rar. Guian.*, t. 11) sous le nom de *Mnasium unilaterale*. Le genre *Rapatea* nous paraît devoir être placé dans la famille des Broméliacées. (A. R.)

RAPE. MOLL. Espèce du genre Dauphinule. *V.* ce mot. (B.)

RAPE. BOT. CRYPT. (*Champignons.*) Paulet donne ce nom à l'un de ses Bulbeux mouchetés. (B.)

RAPETTE. *Asperugo*. BOT. PHAN. Genre de la famille des Borraginées et de la Pentandrie Monogynie, L., ainsi caractérisé : calice persistant à cinq divisions profondes, inégales et dentées irrégulièrement : corolle infundibuliforme à tube court et cylindrique, à limbe divisé presque jusqu'au milieu en cinq lobes obtus ; la gorge de la corolle ornée de cinq écailles convexes et conniventes ; cinq étamines dont les filets sont très-courts ; stigmate simple ; fruit composé de quatre noix oblongues, comprimées, rapprochées deux par deux, recouvertes par le calice qui est comprimé et considérablement agrandi. Ce genre ne renferme qu'une seule espèce ; les *Asperugo ægyptiaca* et *divaricata* ayant été réunis à l'*Anchusa* et au *Lithospermum*.

La RAPETTE COUCHÉE, *Asperugo procumbens*, L., De Cand., Flore française, 3, p. 634 ; Lamarck, Illustr., tab. 54, est une Plante herbacée dont les tiges sont étalées sur la terre, rameuses, garnies de poils rudes ; les feuilles sont étroites et velues, les fleurs petites, violettes, axillaires et presque solitaires. Cette Plante croît dans les lieux incultes de l'Europe. On lui attribue des propriétés vulnéraires, détersives et incisives. En Italie, on mange ses jeunes feuilles comme les Épinards et autres Plantes potagères. (G..N.)

* RAPHANÉES *Raphaneæ*. BOT. PHAN. La dix-septième tribu de la famille des Crucifères a été ainsi nommée par le professeur De Candolle (*Syst. Veget.*, 2, p. 649), parce que le genre *Raphanus* peut en être regardé comme le type. Cette tribu est caractérisée par sa silique ou silicule qui se divise transversalement en articles, à une seule ou à plusieurs graines globuleuses dont les cotylédons sont condupliqués. D'après la structure du fruit et de la graine, cette même tribu porte encore le nom d'Orthoplocées Lomentacées (*Orthoploceæ Lomentaceæ*). (G..N.)

* RAPHANELLE. *Raphanella*. MICR. Genre de la famille des Cercariées, dans l'ordre des Gymnodes, caractérisé par un corps cylindracé, contractile au point d'en devenir parfois polymorphe, aminci postérieurement, mais où l'appendice caudiforme, qui n'est qu'une prolongation du corps, n'est jamais flexueux ni comme implanté. On y peut disposer les espèces en deux sous-genres. Le nom donné au genre vient de la forme habituelle du corps de chaque espèce, qui rappelle plus ou moins celle d'une petite rave.

† RAPHANELLES PROTÉOÏDES. Très-contractiles et de forme extrêmement variable, sous l'œil même de l'observateur. Ce seraient de véritables Amibes si leur corps, presque diffluent dans sa longueur, l'était en tout sens, et si, au lieu d'être sphérique ou cylindracé selon ses changemens, il était comprimé ou membraneux. Deux espèces remarquables se rangent ici : la Raphanelle Protée, *Raphanella Proteus*, N. ; *Proteus tenax*, Müll., *Inf.*, tab. 2, fig. 13-18 ; Encycl. méth. Vers., pl. 1, fig. 2, et la Raphanelle urbicole, *Raphanella urbicola*, N. ; *Cercaria viridis*, Müll., *Inf.*, pl. 19, fig. 6-13 ; Encycl., pl. 9, fig 6-13 (*V.* planches de ce Dict.). Ce Microscopique, l'un des plus singuliers et des plus communs, mérite toute l'attention des philosophes, et nous ne concevons pas que, répandu comme il l'est autour de nous, il n'ait pas davantage occupé les observateurs qui l'ont pris plus d'une fois pour la matière verte. Qui n'a remarqué dans les bourbiers, aux lieux où ne séjournent sur la boue que quelques

lignes d'eau croupie, dans les ornières des chemins de village, dans les trous des rues mal tenues des faubourgs de toutes les villes, dans les petits fossés d'écoulement autour des fermes, dans les recoins de nos cours où se corrompt l'eau de quelque gouttière, mélangée à celle de l'égoût d'une cuisine, surtout en automne ou au printemps quand il fait chaud, une teinte d'un vert plus ou moins foncé, plus ou moins étendu, s'épaississant au point de rendre presque pâteux le liquide où elle s'est développée et accrue? Elle s'attache aux corps étrangers qu'on y plonge; elle teint le linge assez solidement, et finit par acquérir une odeur de Poisson fort sensible. Cette teinte verte, d'abord répandue dans la masse de l'eau, finit par s'épaissir encore à sa surface, au point d'y former une pellicule, une croûte qui se ride et qui ressemble à une membrane étendue. On peut alors l'enlever en passant par-dessous du papier blanc sur lequel elle s'applique à la manière des Ulves ou autres Hydrophytes. En s'y desséchant, elle devient d'un vert d'iris ou de vessie foncé, mais luisant, et peut orner les collections cryptogamiques à côté de l'*Ulva lubrica* ou des Palmelles de Lyngbye. Pour en obtenir des échantillons remarquables par leur élégance, sans que le papier conservateur demeurât sali tout autour, nous avons souvent placé dans une tasse ou dans une soucoupe pleine d'eau, une cuillerée ou deux d'eau croupie et colorée en vert par la Raphanelle urbicole. Cette eau verte se mêlant à l'eau pure, la colorait d'abord légèrement et en proportion du mélange; mais comme à vue-d'œil et par la multiplication très-prompte des Raphanelles, si le tout est convenablement exposé, la couleur se fonce, et dans les vingt-quatre heures une pellicule membraneuse des plus épaisses est formée à la surface du vase, qu'il faut alors plonger dans un vase beaucoup plus grand, où la pellicule, soulevée par l'eau ambiante quand on a eu la précaution de la détacher des parois par ses bords, flotte comme une Ulve ronde, qu'il est facile alors de recueillir sur un carré de papier sans la déchirer. Vues au microscope, de telles membranes paraissent formées de matière muqueuse entièrement pénétrée de corps sphériques gros comme un plomb de lièvre, au grossissement d'environ trois cents fois, formés par l'agglomération d'une molécule verte où se distinguent des points hyalins. Ces corps sphériques se pressent tellement les uns les autres par une force de cohésion qui nous demeure inexplicable, qu'ils finissent par devenir hexagones pour composer une lame qu'il est alors impossible de distinguer d'un fragment parenchymateux ou cellulaire de certains Végétaux; mais on trouve de ces sphérules vertes, individus contractés et immobiles de la Raphanelle, qui, n'étant pas encore emprisonnés dans la matière muqueuse, ou qui, s'en étant échappés, s'étendent sous l'œil du micrographe, prennent une forme allongée qu'on pourrait comparer à celle d'un petit Poisson, et se mettent à nager assez vite, sinueusement ou en vacillant sur le porte-objet, tâtant les objets de l'extrémité antérieure qui est obtuse, et, paraissant diriger sa natation par le moyen de la postérieure plus mobile, appointée en queue; sa longueur alors paraît être de cinq à huit lignes. C'est cet état qui est parfaitement représenté dans la figure 16 de la planche 39 de Müller. Sa couleur est du plus beau vert, et l'on distingue dans la transparence des molécules, et même des places vésiculeuses hyalines, dont une plus grande, et, variant de place et de forme, se reconnaît toujours, quelque figure qu'affecte l'Animal. C'est durant cette natation qu'on la voit avec admiration adopter les figures les plus étranges, dont l'une des plus curieuses est celle d'une boule, à l'un des pôles de laquelle est un prolongement cylindracé, obtusé en tête, et à l'autre un prolongement en queue. D'autres fois on croirait voir un gland avec son pédicule, une nèfle, une poire, un navet, enfin deux globules contigus. Il n'est guère de polymorphie plus admirable; mais la Raphanelle, après avoir ainsi épuisé toutes les formes qu'il lui est donné de prendre, et repassé plusieurs fois par l'état de contraction globuleux, finit par s'introduire dans la mucosité, d'où elle ne pourra plus s'échapper et où elle sera contrainte de devenir quelque maille d'une membrane commune. Son rôle animal paraît alors fini ou du moins suspendu. On peut opérer à son gré la contraction instantanée de milliers de Raphanelles se jouant sur le porte-objet du microscope, en y introduisant tout-à-coup quelques gouttes d'une eau pure et plus froide. Toutes alors se mettent en boule sur place avec une inconcevable célérité, et demeurent ainsi comme mortes jusqu'à ce que, s'étant accoutumées au nouveau degré de température, elles se remettent à nager en variant de forme. Müller, qui le premier signala cet étrange animalcule, représente son extrémité caudale fourchue, ce qui a sans doute décidé Lamarck à le rapporter parmi ses Furcocerques. Nous n'avons jamais pu apercevoir cette bifurcation, même au plus fort grossissement. Nous serions tenté de regarder l'espèce qui vient de nous occuper comme une sorte de Zoocarpe, mais nous n'avons point encore saisi de quelle combinaison végétale deviendrait le corps reproducteur dans une semblable hypothèse. Nous engageons conséquemment les micrographes à prendre l'animalcule dont il vient d'être question pour sujet de leurs recherches.

†† PUPELLINES. Les Raphanelles de ce sous-genre sont beaucoup moins contractiles que les précédentes, et ne changent pas de formes comme elles. On les trouve ordinairement dans les infusions. Nous en connaissons une demi-douzaine d'espèces seulement, entre lesquelles nous citerons comme exemple celle de Joblot, dont on voit la figure dans l'ouvrage de ce micrographe, pl. 3, en H. (B.)

RAPHANIS. BOT. PHAN. Les anciens auteurs grecs nommaient ainsi le *Raphanus sativus*, L. De Candolle s'est servi de ce mot *Raphanis* pour désigner la première section du genre *Raphanus*. *V*. RAIFORT.

Mœnch avait établi, sur le *Cochlearia armoracia*, L., un genre *Raphanis* qui n'a pas été adopté. *V*. COCHLEARIA. (G..N.)

RAPHANISTRE. *Raphanister*. MOLL. A l'article ORTHOCÉRATE nous avons manifesté du doute sur le genre Raphanistre de Montfort. Nous croyons qu'il ne peut rester parmi les Cloisonnés, et qu'il fait partie du genre Sphérulite, dont il serait une espèce fort allongée. *V*. SPHÉRULITE. (D..H.)

RAPHANISTRUM. BOT. PHAN. Le genre que Tournefort avait établi sous ce nom a été réuni par Linné au *Raphanus*. *V*. RAIFORT. (G..N.)

RAPHANITIS. BOT. PHAN. (Pline.) Syn. d'*Iris fœtida*. (B.)

RAPHANUS. BOT. PHAN. *V*. RAIFORT.

RAPHE. POIS. L'un des noms vulgaires de l'Aspe, *Cyprinus Aspius*. *V*. CYPRIN. (B.)

RAPHÉ. BOT. PHAN. On appelle ainsi l'espèce de saillie ou de cordon que forment les vaisseaux nourriciers qui, entrant dans la graine par le hile, rampent entre les deux feuillets de l'épisperme pour aller former la chalaze; cette partie a aussi reçu le nom de vasiducte. (A. R.)

* RAPHIA. BOT. PHAN. (Palisot de Beauvois.) Syn. de *Sagus* de Rumph. Dans le pays on prononce aussi *Rouphia*. *V*. SAGOUTIER. (A. R.)

* RAPHIDES. BOT. PHAN. De Candolle (Organographie végétale, 1, p. 126) a donné ce nom, qui signifie aiguilles, à des faisceaux de poils ou

de pointes de consistance assez roide, qui se trouvent, ou dans les cavités internes, ou dans les méats intercellulaires des Végétaux à tissu lâche. Sprengel, Rudolphi, Kieser les avaient signalés dans le *Piper magnoliæfolium*, le *Tradescantia virginica*, le *Musa sapientum*, l'*Aloe verrucosa*, le *Calla æthiopica*, etc. De Candolle père et fils les ont retrouvées dans le *Tritoma uvaria*, le *Littæa geminiflora*, le *Crinum latifolium*, le *Nyctago jalappæ* et le *Balsamina hortensis*. Ils existent encore abondamment dans les *Mesambryanthemum*, dans le *Phytolacca decandra*, dans les *Pandanus*, et dans plusieurs autres Plantes qui appartiennent à diverses familles, soit de Monocotylédones, soit de Dicotylédones. Les faisceaux de Raphides sont très-visibles au microscope; ils divergent souvent sous les yeux de l'observateur, et alors les filets dont ils se composent se voient distinctement. Il arrive aussi fréquemment qu'en coupant la feuille, les Raphides se séparent et flottent dans l'eau du porte-objet. Lorsqu'on les voit ainsi isolés, ils semblent, aux plus forts grossissemens, des espèces de tubes pointus aux deux extrémités; ils offrent deux traits opaques sur les bords et le milieu transparent, comme les poils ordinaires mis sous le microscope. Tous les observateurs qui ont parlé de ces corps, les ont représentés comme des espèces de petits cristaux qui se formeraient dans les sucs des Plantes, et se fixeraient dans les méats intercellulaires. Raspail, qui a fait une étude spéciale de ces corps dans les *Pandanus*, les regarde comme des cristaux d'Oxalate de Chaux. *V*. son Mémoire inséré parmi ceux de la Société d'Histoire naturelle de Paris, T. IV. (G..N.)

RAPHIDIE. *Raphidia*. INS. Genre de l'ordre des Névroptères, famille des Planipennes, tribu des Raphidines, établi par Linné, et adopté par tous les entomologistes. Ce genre a pour caractères : corps allongé; tête grande, presque verticale, déprimée, atténuée postérieurement, sa base se rétrécissant en une espèce de cou; chaperon membraneux, presque coriace, divisé en deux à sa partie supérieure, en carré transversal, commençant à l'origine des antennes; la partie antérieure plus large que le labre, presque trapéziforme, se rétrécissant un peu de la base à l'extrémité. Yeux un peu saillans, en ovale court; trois petits yeux lisses, disposés en triangle sur le front. Labre avancé, attaché au chaperon, un peu coriace, presque carré, un peu plus large que long, arrondi et entier à sa partie antérieure. Mandibules fortes, cornées, ne s'avançant pas au-delà du labre, en forme de triangle allongé, étroites, munies d'un fort crochet arqué et aigu à leur extrémité, et de deux dents aiguës à leur bord interne. Mâchoires courtes, crustacées, portées sur une base distincte, divisées en deux lanières à leur extrémité, l'extérieure de deux articles presque cylindriques, l'intérieure petite, coriace, trigone, en forme de dent. Palpes filiformes, les maxillaires un peu plus longs que les labiaux, composés de cinq articles, les labiaux de trois, non compris le tubercule radical. Antennes grêles, sétacées, insérées entre les yeux, distantes à leur base, de la longueur du corselet, multiarticulées; ces articles très-courts, cylindriques, les deux premiers plus épais que les autres, celui de la base le plus long de tous, le dernier un peu ovale. Corselet ayant son segment antérieur très-étroit, très-allongé, presque cylindrique; le second transversal, beaucoup plus large et beaucoup plus court que le précédent. Ailes de grandeur égale, élevées en toit dans le repos, un peu réticulées, et ayant la plupart des nervures qui se dirigent vers les bords postérieur et intérieur, bifurquées en manière d'Y. Pates minces; jambes cylindriques; tarses de cinq articles, le premier plus long que les autres, cylindrique; le troisième presque cordiforme, bilobé; le quatrième très-court, à peine visible, n'atteignant point l'extrémité des lobes du troisième; le cinquième allongé, obconique, muni de deux crochets simples et aigus à leur extrémité. Point de pelotes distinctes. Abdomen mou, allongé, comprimé. Anus allongé, portant deux forts onglets dans les mâles, muni dans les femelles d'une tarière de la longueur de l'abdomen. Ce genre se distingue des Mantispes, parce que celles-ci ont les pates antérieures ravisseuses. Les larves des Raphidies sont d'une forme presque linéaire, un peu plus larges vers le milieu du corps; leur tête est grande, carrée et déprimée; elle porte deux antennes courtes, de trois articles. Elles se nourrissent, ainsi que l'Insecte parfait, de petits Insectes; elles se roulent avec vivacité quand on les inquiète et sont très-agiles. La nymphe ne se distingue de la larve que par les fourreaux des ailes. On connaît deux espèces de ce genre; elles sont propres aux environs de Paris.

La RAPHIDIE SERPENTINE, *Raphidia Ophiopsis*, des auteurs, est longue de six lignes; ses antennes sont testacées et son corps est varié de brun et de jaune.

La RAPHIDIE NOTÉE, *Raphidia notata*, des auteurs, que Degéer a confondue avec la précédente, en diffère parce qu'elle est plus grande et que ses antennes sont presque entièrement noires. On les trouve toutes deux dans les bois. (G.)

* RAPHIDINES. *Raphidinæ*. INS. Tribu de l'ordre des Névroptères, famille des Planipennes, établie par Latreille, et à laquelle il donne pour caractères : tarses composés de quatre à cinq articles. Prothorax en forme de corselet allongé, cylindracé. Ailes en toit, égales, très-réticulées; les inférieures non courbées au bord interne. Antennes filiformes ou presque sétacées, quelquefois très-courtes et grenues; palpes filiformes ou un peu plus gros au bout et courts. Ces Insectes sont terrestres dans tous les âges, et leurs métamorphoses sont incomplètes. Le corps des larves est linéaire, et ressemble à un petit Ver ou à un petit Serpent. Cette tribu comprend deux genres bien distincts, ce sont les Raphidies et les Mantispes. *V.* ces mots. (G.)

* RAPHILITE. MIN. Fischer de Moscou a employé ce nom comme synonyme de Nadelstein, qui, dans les minéralogies allemandes, désigne tantôt la Mésotype et tantôt le Titane oxidé rouge aciculaire. (G. DEL.)

*RAPHIOLEPIS. BOT. PHAN. Genre de la famille des Rosacées, tribu des Pomacées, établi sur quelques espèces de *Cratægus* de Linné et de Loureiro, par Lindley (*Bot. regist.*, tab. 468, et *Transact. Soc. Linn.*, 13, p. 105), qui l'a ainsi essentiellement caractérisé : calice dont le limbe est infundibuliforme caduc; filets des étamines filiformes; ovaire biloculaire; pomme fermée par le disque qui s'est excessivement épaissi, et renfermant un endocarpe de consistance de parchemin; graines gibbeuses, ayant un test très-épais et coriace. L'auteur de ce genre y réunit quatre espèces, savoir : 1° le *Raphiolepis indica*, Lindl., *loc. cit.*, ou *Cratægus indica*, L.; 2° *Raphiolepis Phæostemon*, Lindl., *Collect.*, n. 3, *in adn.*; ou *Raphiolepis indica*, *Bot. regist.*, *loc. cit.*; 3° *Raphiolepis rubra*, Lindl., ou *Cratægus rubra*, Loureiro; *Mespilus sinensis*, Poiret; 4° *Raphiolepis salicifolia*, Lindl., *Bot. regist.*, tab. 652. Ce sont des Arbrisseaux de la Chine, à feuilles toujours vertes, simples, crénelées, coriaces et réticulées; leurs fleurs sont blanches, avec les filets des étamines souvent rougeâtres; elles forment des grappes terminales accompagnées de bractées foliacées et persistantes. (G..N.)

*RAPHIORANPHES. OIS. Dans sa Zoologie analytique, Duméril a employé ce mot pour sa cinquième famille des Oiseaux, qui comprend ceux dont le bec est subulé, comme les Manakins, les Mésanges, les Alouettes et les Bec-Fins. (A. R.)

RAPHIS. BOT. PHAN. La Plante décrite par Loureiro (*Flor. Cochinch.*, 1, p. 676) sous le nom de *Raphis trivialis* est, selon R. Brown, synonyme d'*Andropogon acicularis* de Retz.

Quelques-uns ont écrit *Raphis* pour *Rhapis*. *V.* ce mot. (G..N.)

RAPHIUS. MAM. L'un des noms antiques du Lynx. *V.* CHAT. (B.)

RAPHUS. OIS. Du grec *Raphos*, qu'on regarde comme synonyme d'Outarde. Brisson applique ce nom au Dronte que ne pouvaient cependant connaître les anciens. *V.* DRONTE. (B.)

RAPIDOLITHE. MIN. C'est le nom qu'Abildgaard a donné au Scapolithe de Werner. *V.* WERNÉRITE. (G. DEL.)

RAPILLI OU **RAPILLO.** MIN. C'est le nom que porte, dans les environs de Rome et de Naples, une roche volcanique pulvérulente, qui résulte de la désagrégation des Pépérinos. Il lui a été conservé par de Buch. (G. DEL.)

RAPINIA. BOT. PHAN. Loureiro (*Flor. Cochinch.*, 1, p. 156) a fondé sous ce nom un genre de la Pentandrie Monogynie, et qui paraît appartenir à la famille des Solanées. Voici les caractères qu'il lui a imposés : calice infère, divisé profondément en huit segmens presque arrondis, concaves, situés sur deux rangs, dont l'extérieur est le plus court; corolle monopétale, cyathiforme; le tube court, épais; le limbe dressé, à cinq segmens plus longs que le calice; cinq étamines à filets capillaires, courts, insérés sur le tube de la corolle; à anthères didymes; style nul; stigmate simple; baie comprimée, arrondie, biloculaire, renfermant un grand nombre de graines oblongues et petites. Le *Rapinia herbacea*, unique espèce du genre, a une tige herbacée, haute d'environ deux pieds, simple, dressée, cylindrique, épaisse, revêtue d'une écorce rugueuse; ses feuilles sont ovales-lancéolées, très-entières, petites et alternes; les fleurs sont blanches, sessiles et disposées en épis ovoïdes et terminaux. Cette Plante croît sans culture dans les jardins de la Cochinchine. (G..N.)

RAPISTRUM. BOT. PHAN. Le nom de *Rapistrum* a été appliqué par les auteurs à une foule de Crucifères fort différentes, au *Raphanus Raphanistrum*, à des espèces de *Crambe*, *Cakile*, *Myagrum*, etc. De Candolle (*System. Veget.*, 2, p. 430) l'a restreint, d'après Boerhaave, Crantz, Allioni et Desvaux, à un genre de la tribu des Raphanées, formé de quelques espèces qui avaient reçu primitivement de C. Bauhin le même nom de *Rapistrum*, et qui avaient été placés dans le genre *Myagrum* par Linné. Les noms de *Schrankia*, *Cordylocarya* et *Arthrolobus* ont encore été imposés au même genre par Medicus, Besser et Andrzeiowski. Voici ses caractères essentiels : calice dont les sépales sont étalés; pétales onguiculés, entiers; étamines à filets non dentés; silicule biarticulée, lomentacée, coriace, à peine comprimée; les articles monospermes se séparant difficilement; l'inférieur souvent stérile, presque conique; le supérieur presque globuleux, rugueux, surmonté d'un style filiforme; graine de la loge inférieure pendante; celle de la loge supérieure dressée; cotylédons oblongs, accombans. Ce genre se rapproche beaucoup du *Cakile* par les caractères; mais il s'en éloigne par son port, ses fleurs jaunes et ses feuilles plus ou moins velues, mais jamais charnues. Les deux loges placées bout à bout dont se compose la silicule étant difficilement séparables, offrent entre elles plutôt un isthme qu'une véritable articulation. Peu d'espèces composent le genre *Rapistrum*; les principales sont, 1° le *Rapistrum perenne*, ou *Myagrum perenne*, L., *Cakile perennis*, De Cand., Flore française; 2° le *Rapistrum rugosum*, ou *Myagrum rugosum*, L., *Cakile rugosa*, De Cand., *loc. cit.* Ces Plantes croissent dans les champs de l'Europe méridionale et orientale.

Ce sont des herbes rameuses, velues ou pubescentes, à feuilles inférieures pétiolées, pinnatifides, presque lyrées, les supérieures oblongues dentées; les fleurs sont jaunes, disposées en grappes allongées, presque paniculées et portées sur des pédicelles filiformes, dressés. (G..N.)

RAPIUM. BOT. PHAN. L'un des noms antiques de l'Armoise. *V.* ce mot. (B.)

RAPONCE. BOT. PHAN. Pour *Rapuntium*. *V.* ce mot. (B.)

RAPONCULE. BOT. PHAN. Nom substitué dans quelques Dictionnaires à celui de Phyteume. *V.* ce mot. (B.)

RAPONTIC. *Raponticum*. BOT. PHAN. Pour Rhapontic. *V.* ce mot et RHUBARBE. (B.)

RAPONTICOIDES. BOT. PHAN. Pour Rhaponticoides. *V.* ce mot. (A. R.)

RAPONTIN. BOT. PHAN. On donne ce nom à la racine d'un *Rumex* des Alpes, employée quelquefois en guise de Rapontic, espèce de Rhubarbe. (B.)

RAPONTIQUE. BOT. PHAN. Même chose que Rhapontic. *V.* ce mot. Ce nom a été étendu à quelques Rumex, ainsi qu'à une Centaurée ou Jacée. *V.* ces mots. L'Ecluse écrit *Rapontis*. (B.)

* RAPOSA. MAM. Nom consacré (T. III, p. 149 du Voy. au Brésil de Maximilien de Wied) pour désigner une espèce de Renard qui est l'Agouarachy de d'Azzara. (LESS.)

* RAPPE. POIS. Même chose que Râpe. *V.* ce mot. (B.)

RAPTATORES. OIS. Nom scientifique de l'ordre des Ravisseurs d'Illiger. (B.)

* RAPTOR. INS. Nom sous lequel Megerle désigne le genre Pogone de Ziegler. *V.* POGONE. (AUD.)

RAPUM. BOT. PHAN. Même chose que Rapa. *V.* ce mot. Le *Cyclamen* porte le nom de *Rapum terræ* dans C. Bauhin; l'Orobanche majeure est son *Rapum Genistæ*; le *Rapum brasilianum*, une Igname; le *Rapum sylvestre* de Dodoens, le *Phyteuma spicata*, etc. (B.)

RAPUNCULUS. BOT. PHAN. Syn. de *Phyteuma* et de certaines espèces de Lobélies. (B.)

RAPUNTIUM. BOT. PHAN. Les anciens auteurs désignaient sous ce nom diverses espèces du genre *Lobelia*, L. *V.* LOBÉLIE. (G..N.)

RAPUTIA. BOT. PHAN. Ce genre, établi par Aublet pour un Arbrisseau de la Guiane, qu'il nomme *Raputia aromatica*, Aubl., Guian., 2, t. 272, a été réuni par Auguste de Saint-Hilaire au genre *Galipea* de la famille des Rutacées. (A. R.)

RAQUET. OIS. Nom vulgaire, dans certains cantons de la France septentrionale, de deux ou trois espèces de Plongeons. (B.)

RAQUETTE. BOT. PHAN. Nom vulgaire des *Cactus Opuntia*, *Cochenilifer* et *Tuna*. *V.* CACTE. (B.)

RAQUETTE BLANCHE. BOT. CRYPT. Un Agaric mangeable dans Paulet. (B.)

RAQUETTE DE MER. POLYP. Quelques naturalistes anciens ont donné ce nom à l'*Udotea flabellata* ainsi qu'aux espèces du genre Halimède. (E. D..L.)

* RARA. OIS. Molina mentionne sous ce nom un Oiseau du Chili dont il a fait le type de son genre *Phytotoma*. (LESS.)

RARA et RARABÉ. BOT. PHAN. Nom de pays de trois espèces malegaches du genre Muscadier. (B.)

RARAK. BOT. PHAN. Nom de pays du *Sapindus Saponaria*. (B.)

RARAM. BOT. PHAN. Le genre qui a reçu d'Adanson ce nom baroque, est le même que le *Panicastrella* de Micheli, *Cenchrus* de Linné, et *Echinaria* de Desfontaines. (G..N.)

RASCASSE. POIS. Nom patois que, sur certaines côtes de la Méditerranée, on donne à des Poissons du genre Scorpœne, et que Cuvier a proposé dans son Règne Animal pour être substitué à ce nom scientifique. *V.* SCORPOENE. (B.)

RASCLA. BOT. CRYPT. (*Lichens.*) Nom vulgaire de la Parelle dans quelques parties de l'Amérique, où l'on râcle cette Plante de la surface des rochers pour la livrer au commerce et en obtenir une teinture. (B.)

RASCLE. ZOOL. L'un des noms vulgaires du Râle de Genêt; on le donne également au Lièvre mâle. (B.)

RASINET. BOT. PHAN. L'un des noms vulgaires de la petite Joubarbe. (B.)

* RASO. POIS. L'un des noms vulgaires du Razon. *V.* ce mot. (B.)

RASOIR. POIS. Syn. de Razon. *V.* ce mot. (B.)

RASORES. OIS. (Illiger.) C'est-à-dire *Gratteurs*. Ordre correspondant à celui des Gallinacés. *V.* ce mot. (B.)

* RASOUMOFFKYN. MIN. *V.* RAZOUMOFFSKINE.

RASPAILLON. POIS. *V.* SPARALION. (B.)

* RASPALIA. BOT. PHAN. Notre collaborateur Adolphe Brongniart est le fondateur de ce genre (Ann. des Sciences natur., août 1826, p. 377, tab. 37, fig. 1), qu'il a placé dans la nouvelle famille des Bruniacées, et auquel il a imposé les caractères suivans : calice libre, monophylle, divisé peu profondément en cinq segmens aigus, calleux au sommet. Pétales obovés-oblongs, obtus, dressés, au nombre de cinq, alternes avec pareil nombre d'étamines, auxquelles ils n'adhèrent pas par la base, et insérés les uns et les autres en une même rangée sur l'ovaire. Etamines plus courtes que les pétales, incluses, à anthères ovées, à loges parallèles. Ovaire entièrement libre, à deux loges monospermes ; la partie inférieure obconique, membraneuse, pentagone, portant au sommet les pétales et les étamines ; la partie supérieure hémisphérique, coriace, velue ; deux styles rapprochés à leur base, divergens au sommet. Ce genre est remarquable parmi les Plantes de la famille des Bruniacées, par l'ovaire libre et par l'insertion épigyne des étamines et des pétales, sans qu'il y ait la moindre trace de disque appliqué sur les parois de l'ovaire, quoique la théorie conduise à supposer naturellement que la partie inférieure de l'ovaire est enveloppée par une sorte de tube staminifère très-mince qui y est adhérente ; mais cette supposition ne peut être regardée que comme l'expression d'une hypothèse plus ou moins vraisemblable, propre à expliquer la structure des autres genres de Bruniacées. Le *Raspalia microphylla*, Brong. ; *Brunia microphylla?* Thunb., Fl. Cap., 2, p. 94, est un sous-Arbrisseau à branches effilées, fastigiées, divisées en ramuscules courts, opposés ou presque verticillés, à feuilles petites, rhomboïdales, carenées, appliquées contre les ramuscules très-glabres et disposées en quinconce. Les fleurs sont petites, blanches, et forment des capitules cotonneux, solitaires, géminés ou ternés au sommet des petites branches. Cette Plante croît au cap de Bonne-Espérance. (G..N.)

RASPECON. OIS. L'un des noms vulgaires de l'Uranoscope. *V.* ce mot. (B.)

RASQUE. BOT. PHAN. L'un des noms vulgaires de la Cuscute. (B.)

RASSE-CORONDE. BOT. PHAN. Nom donné par les naturels de Ceylan à la Cannelle de première qualité. (B.)

* RASSIA. BOT. PHAN. L'une des divisions du genre Gentiane par Necker. (A. R.)

RASTELLUM ET RASTELLITE. CONCH. On donnait autrefois ces noms aux Huîtres, soit vivantes, soit fossiles, dont les bords, profondément dentés, offrent quelque ressemblance avec les dents d'un rateau. (D..H.)

RASULE. BOT. CRYPT. (*Mousses.*)

Bridel francise de la sorte le nom du genre *Gymnostomum*. *V.* GYMNOSTOME. (B.)

RASUTIUS. OIS. (Klein.) Syn. de *Ramphastos Pittacus*, L. *V.* TOUCAN. (B.)

RAT. *Mus*. MAM. Genre de Mammifères de l'ordre des Rongeurs à clavicules complètes. Ce nom de Rat a été appliqué à un grand nombre de petits Animaux formant aujourd'hui pour les naturalistes des genres distincts de la même famille, qui sont les *Saccomys*, *Pseudostoma*, *Cynomis*, *Geomys*, *Diplostoma*, *Cricetus*, *Heteromys*, *Otomys*, *Arvicola*, *Sigmodon*, *Neotoma* et *Ctenome*. *V.* ces mots dans le Dictionnaire ou au Supplément. Les caractères principaux, qui isolent le genre *Mus* des autres Rongeurs, sont tirés des dents. Celles-ci sont au nombre de seize, c'est-à-dire quatre incisives et douze molaires. Ces dernières ont leur couronne tuberculeuse. Les autres caractères sont : quatre doigts et un vestige de pouce aux pates antérieures; cinq doigts non palmés aux pieds de derrière; queue plus ou moins longue, presque nue, et présentant des rangées transversales très-nombreuses de petites écailles, de dessous lesquelles sortent les poils, quelquefois floconneuses au bout; poils des parties supérieures quelquefois roides et plats ou épineux. Les mamelles sont au nombre de quatre ou de douze. La taille est toujours médiocre et le plus souvent petite. Les Rats sont omnivores et essentiellement destructeurs. L'espèce la plus commune semble avoir suivi l'Homme dans tous les établissemens qu'il a formés. Leur appétit les porte à s'entre-détruire lorsqu'ils sont pressés par la faim. Leur ardeur à l'époque du rut est extrême, et leur génération très-féconde. Ils sont répandus dans toutes les parties du globe et dans les îles les plus reculées du grand Océan. Il paraît cependant que le Rat noir est originaire de l'Amérique, et qu'il a été introduit en Europe à l'époque des premières navigations européennes. Les anciens ne connaissaient que la Souris, ou le *Mus musculus*. La plupart des espèces de Rats sont très-mal décrites, et leur synonymie est très-embrouillée. Ce genre aurait besoin d'une révision accompagnée de figures, et surtout de détails anatomiques. Les Animaux reconnus pour appartenir au genre *Mus* des zoologistes actuels, sont :

† RATS SANS ÉPINES.

α De l'ancien continent.

RAT GÉANT, *Mus giganteus*, Hardw., Desm.; *Mus setifer*, Horsf., jeune âge; *Mus malabaricus*, Pennant. Ce Rat a le pelage d'un brun obscur sur le dos, gris sous le ventre; les extrémités noires, et la queue peu couverte de poils; se creuse des terriers dans les jardins, et habite la côte du Malabar, le Bengale et l'île de Java. Le corps seul a de longueur un pied un pouce sans y comprendre la queue qui est de même dimension.

RAT DE SUMATRA, *Mus sumatrensis*, Raffles. Ce Rat a dix-sept pouces de longueur, sans y comprendre la queue qui en a six. Celle-ci est nue, écailleuse et terminée en pointe, mousse; le corps est couvert de poils roides, gris et brun sur le dos; la tête est courte, d'une teinte plus claire. Vit dans les haies de Bambous dont il mange les racines, à Sumatra.

RAT DE JAVA, *Mus javanus*, Desm., Herm. Cette espèce est de la taille du Rat de Sumatra; elle est d'un brun roux en dessus; les quatre pieds blancs; la queue, plus courte que le corps, est assez couverte de poils. Habite l'île de Java.

RAT CARACO, *Mus Caraco*, Pallas, Desm. Est voisin par sa taille du Surmulot; a le dos mélangé de roussâtre et de gris foncé, plus clair sur les flancs; le ventre est d'un cendré blanchâtre; les pieds d'un blanc sale à demi palmés. Se tient dans l'intérieur des maisons, aussi dans le voisinage des eaux, en Sibérie et en Mongolie.

RAT SURMULOT, *Mus decumanus*, Pallas; le Surmulot et le Pouc, Buff., pl. 27, Desm. Cette espèce, plus grande que le Rat noir, a le pelage gris, brun en dessus et blanc en dessous; queue presque de la longueur du corps. Il nage avec facilité, quoique ses pieds ne soient pas palmés; est vorace et vit de tout. Originaire de l'Inde, il a été introduit en France en 1650, et est extraordinairement commun dans les ports de mer.

RAT A BANDES, *Mus lineatus*, Eversm. Ce Rat a la queue aussi longue que le corps; une raie étroite et noire est placée sur le dos depuis la nuque jusqu'à la queue, deux autres lignes latérales moins foncées l'accompagnent en biaisant un peu; le pelage est en général d'un brun gris; les oreilles sont d'un gris jaune, avec une grande tache noire près de chacune; le ventre est d'un gris clair. Il a été trouvé près du ruisseau de Ouzounbourgthe, entre Orembourg et Bukkara.

RAT DE L'INDE, *Mus indicus*, Geoff., Desm. Est gris roussâtre en dessus et grisâtre en dessous; la queue est un peu moins longue que le corps; ses oreilles sont grandes et presque nues. Il est de la taille du Surmulot et habite Pondichéry.

RAT D'ALEXANDRIE, *Mus alexandrinus*, Geoff., Desm. A le pelage d'un gris roussâtre en dessus, cendré en dessous; la queue d'un quart plus longue que le corps; les poils du dos les plus longs sont aplatis, fusiformes et striés sur une face. Habite l'Égypte.

RAT NOIR, *Mus Rattus*, L. Ce Rat, qui vit dans nos maisons, est noirâtre en dessus et cendré foncé en dessous; des petits poils blanchâtres couvrent le dessus des pieds. Il est quelquefois atteint d'albinisme; il est courageux, omnivore, et habite toute l'Europe et l'Amérique.

RAT D'ISLANDE, *Mus islandicus*, Thien. Cette espèce, décrite récemment par Thienemann, est noirâtre sur le dos et grise sur tout le reste du corps. On observe des taches jaunes sur les flancs; la queue est presque nue, à écailles verticillées, et à peine plus longue que le corps. Habite l'Islande.

RAT MULOT, *Mus sylvaticus*, L. Le Mulot est un peu plus gros que la Souris; il est gris roussâtre sur le dos, et le ventre est blanchâtre; sa queue est un peu plus courte que le corps: sa multiplication est parfois étonnante; il ravage alors des provinces entières. Il est de toute l'Europe.

RAT CHAMPÊTRE, *Mus campestris*, Fr. Cuv., Dict. Sc. nat.; le Mulot nain ou Mulot des bois, de Daubenton. La queue est plus longue que le corps de quatre lignes; les poils sont gris ardoisés à leur naissance et fauves à leur extrémité; tout le dessous du corps et les quatre pieds sont blancs; les moustaches sont noires. Habite les champs non loin des villages de France, et d'une grande partie de l'Europe tempérée.

RAT SOURIS, *Mus Musculus*, L. La Souris est le commensal de toutes nos demeures; elle est d'un gris uniforme en dessus, passant au cendré en dessous; sa queue est à peu près aussi longue que le corps; elle est assez velue. Ce petit Animal offre plusieurs variétés dans les teintes de son pelage. Il habite toute l'Europe et toutes les parties du monde où se sont établis les Européens.

RAT DES MOISSONS, *Mus messorius*, Shaw, Desm. A le pelage d'un gris de Souris mêlé de jaunâtre en dessus, blanc en dessous; les pieds sont de cette dernière couleur; la queue de très-peu plus courte que le corps, qui est de deux pouces trois lignes. Vit dans les endroits rocailleux, les champs cultivés en Angleterre.

RAT SITNIC, *Mus agrarius*, Pallas, Gmel. Le Rat à barbe noire est gris ferrugineux en dessous, avec une ligne dorsale noire et étroite; sa queue a un peu plus de la moitié de la longueur totale du corps, qui est de deux pouces dix lignes. Il ravage les moissons dans le nord de l'Allemagne, la Russie et la Sibérie.

RAT SUBTIL, *Mus subtilis*, Pallas; *Mus vagus*, Pallas; le Sikistan ou Rat vagabond. Son pelage est fauve ou cendré en dessus, avec une ligne dorsale noire; les oreilles sont plissées, et la queue est plus longue que le corps; il ressemble un peu au Rat fauve de Sibérie, mais il a les oreilles et la queue plus longues. On connaît deux ou trois variétés dans les couleurs du pelage, ce qui porta Pallas à le nommer *Mus vagus* et *Mus betulinus*. Il grimpe aisément dans les arbres, et est très-commun en Sibérie et surtout en Tartarie.

RAT DE DONAVAN, *Mus Donavani*. Ce Rat, figuré dans la 26e livraison du Magasin du Naturaliste, a une queue médiocre, légèrement pointue, ayant une teinte générale sur le corps d'un fauve noir varié de cendré, sur lesquels tranche sur le dos trois lignes plus claires. Il habite le cap de Bonne-Espérance.

RAT STRIÉ, *Mus striatus*, L. Le *Mus orientalis* de Séba a le pelage d'un gris roux en dessus, et marqué d'une douzaine de lignes longitudinales et de petites taches blanches; sa queue est de la longueur du corps, et sa taille un peu moindre que celle de la Souris. Habite les Indes-Orientales.

RAT DE BARBARIE, *Mus barbarus*, L. A le pelage brun en dessus, et marqué de dix lignes longitudinales blanchâtres; les pieds de devant n'ont que trois doigts; il est plus petit que la Souris commune. Habite l'Amérique septentrionale. Cette espèce est douteuse dans le genre qu'elle occupe.

RAT NAIN, *Mus soricinus*, Herm. Le Rat à museau prolongé est gris jaunâtre en dessus, blanchâtre en dessous; son museau est très-aigu; ses oreilles sont orbiculaires et velues; la queue est aussi longue que le corps; diffère du Rat des moissons par la forme de son museau. Habite les environs de Strasbourg.

RAT FAUVE, *Mus minutus*, Pallas, Desm. Le Rat ferrugineux a, comme son nom l'indique, le pelage de cette couleur en dessus et blanchâtre en dessous; le museau peu prolongé, et la queue plus courte que le corps; il est de moitié moins grand que la Souris, et vit dans les champs; se réunit en grande société sous les gerbes de blé, en Russie et en Sibérie.

RAT A QUEUE BICOLORE, *Mus dichrurus*, Rafin. Le Rat de Sicile est encore très-mal connu; il a huit pouces; le pelage fauve, mélangé de brunâtre en dessus et sur les côtés; la tête marquée d'une bande brunâtre; le ventre blanchâtre; la queue de la longueur du corps, annelée, ciliée, brune en dessus, blanche en dessous et un peu tétragone. Habite les champs de la Sicile.

β *Rats du nouveau continent.*

RAT ANGOUYA, *Mus Angouya*, d'Azzara, Desm. C'est le *Mus brasiliensis* de Geoffroy, mais non celui décrit sous ce nom par Desmarest; il est d'un brun fauve en dessus, blanchâtre en dessous, mais plus clair sous la tête, et plus foncé sous la poitrine; la queue est un peu plus longue que le corps; les oreilles sont arrondies et moyennes. Il habite le Paraguay.

RAT ROUX, *Mus rufus*, d'Azzara, Desm. Le Rat cinquième de d'Azzara est généralement d'un fauve roussâtre, plus terne et plus foncé sur la tête et sur le dos; le ventre est jaunâtre; la queue a la moitié de la longueur du corps. Habite le voisinage des eaux au Paraguay.

RAT DU BRÉSIL, *Mus brasiliensis*, Desm., Dic. Sc. nat. Est de la taille du Rat commun, auquel il ressemble par ses formes, mais sa tête est plus courte et ses oreilles sont moins longues; son pelage est ras et doux, d'un brun fauve sur le dos, fauve sur les flancs, et gris sous le ventre; sa queue est un peu plus longue que le corps, et ses moustaches sont noires. Habite le Brésil.

Rat a grosse tête, *Mus cephalotes*, Desm. Ce Rat est remarquable par la grosseur de sa tête, par son museau court, son pelage brun en dessus, plus clair sur les côtés, blanchâtre, tirant un peu sur le fauve en dessous; la queue est de la longueur du corps; vit dans les terres labourées, y creuse des terriers. Habite les alentours de l'Assomption au Paraguay.

Rat oreillard, *Mus auritus*, Desm. Le Rat quatrième de d'Azzara a aussi une grosse tête; les oreilles très-longues; le pelage généralement gris de Souris en dessus et blanchâtre en dessous; la queue plus courte que le corps. Habite les Pampas de Buénos-Ayres.

Rat bleu, *Mus cyaneus*, Gmel. Le Guanque de Molina, dont le genre est douteux; il ressemble au Mulot; ses oreilles sont plus arrondies; sa queue est de médiocre longueur et presque en entier poilue; son pelage, blanc en dessous, est d'un gris bleu en dessus; il se creuse des terriers et vit en famille dans le Chili.

Rat des Catingas, *Mus pyrrorhinus*, Wied Neuwied, It. Ce Rat, de la grosseur du Lérot, a la queue très-longue; le corps gris brunâtre sale; les oreilles grandes et presque nues; les cuisses, la région anale et la base de la queue d'un rouge brun. Cet Animal habite souvent la partie inférieure des nids de la Fauvette à front roux, tandis que cet Oiseau occupe le nid supérieur, sur les frontières de Mina-Geraës, au Brésil.

Rat aux tarses noirs, *Mus nigripes*, Desm. Le Rat sixième de d'Azzara a la tête grosse; les oreilles courtes et arrondies; le pelage d'un brun fauve en dessus, blanchâtre en dessous; les extrémités des pieds de couleur noire très-foncée; la queue plus courte que le corps; a cinq pouces onze lignes de longueur totale en y comprenant la queue. Habite les terres cultivées au Paraguay.

Rat Piloris, *Mus Pilorides*, Desm., Dict. Sc. nat. Ce Rat est le Piloris des créoles des Antilles; il est presque aussi grand que le Surmulot; son pelage est en entier d'un beau noir lustré, à l'exception du menton, de la gorge et de la base de la queue, qui sont d'un blanc pur. Ce n'est point le Piloris de la Martinique dont parle Rochefort. Habite les Antilles.

Rat Laucha, *Mus Laucha*, Desm. Le Rat septième de d'Azzara a la tête peu large, mais le museau pointu; son pelage est d'une couleur plombée en dessus et blanchâtre en dessous; ses moustaches sont fines et blanches; les tarses sont blancs en dessous; la queue est un peu plus courte que le corps. Habite les Pampas de Buénos-Ayres.

Rat aux pieds blancs, *Mus leucopus*, Rafin. Ce Rat n'a que cinq pouces de longueur du bout du museau à l'origine de la queue; il est fauve brunâtre en dessus, blanc en dessous; il a la tête jaune; les oreilles sont larges; la queue, d'un brun pâle en dessus et grisâtre en dessous, est aussi longue que le corps. Habite les États-Unis.

Rat noiratre, *Mus nigricans*, Rafin. Cette espèce, admise par Desmarest dans sa Mammalogie, et par Harlan dans sa Faune d'Amérique, p. 151, est au moins bien voisine du *Mus Rattus*, si elle ne l'est pas; elle a six pouces de longueur; le corps est noirâtre en dessus et gris en dessous; la queue est plus forte que le corps et noire. Habite l'Amérique septentrionale.

†† Rats épineux.

Rat Perchal, *Mus Perchal*, Gmel.; *Echimys Perchal*, Geoff.; le Rat Perchal de Buffon, pl. 69. A les oreilles nues; le pelage d'un brun roussâtre en dessus, parsemé de poils roides, gris en dessous; les moustaches noires; la queue ayant neuf pouces de longueur, et le corps quinze pouces. Habite les maisons à Pondichéry, et sa chair y est estimée.

Rat du Caire, *Mus cahirinus*, Geoff., Egypte, pl. v, fig. 1. Cette espèce a le pelage d'un gris cendré uniforme, plus clair et plus doux sur les côtés et sur le dos, et composé de poils roides presque épineux. La queue et le corps ont chacun quatre pouces de longueur. Ce Rat habite l'Egypte. (LESS.)

On a étendu le nom de Rat à beaucoup d'Animaux divers, souvent très-différens du genre qui vient de nous occuper, et on a appelé :

RAT (Moll.), une Coquille du genre Cône.

RAT D'AFRIQUE (Mam.), le Cayopolin.

RAT AILÉ (Mam.), les Polatouches.

RAT ALLIAIRE (Mam.), le Campagnol.

RAT LAPIN (Mam.), le Cobaye.

RAT ARAIGNÉE (Mam.), la Musaraigne.

RAT BARABA (Mam.), un Hamster.

RAT BERNARD (Ois.), le Grimpereau.

RAT BIPÈDE (Mam.), la Gerboise.

RAT BLANC (Mam.), le Lérot.

RAT DE BLÉ (Mam.), le Hamster.

RAT A BOURSE (Mam.), le Phascolome.

RAT DU BRÉSIL (Mam.), le Cobaye et le Paca.

RAT BUFFOU (Mam.), le Lérot.

RAT DES CHAMPS (Mam.), la Marmotte de Circassie, le Campagnol, le Mulot, etc.

RAT COMPAGNON (Mam.), un Campagnol.

RAT CRICET (Mam.), le *Battayergus Cricet.*

RAT D'EAU (Mam.), espèce du genre Campagnol. *V.* ce mot.

RAT D'ÉGYPTE (Mam.), la Gerboise.

RAT FÉGOULE (Mam.), le Campagnol économe.

RAT FLÈCHE (Mam.), l'Alagtaga.

RAT DES FLEUVES (Mam.), le Myopotame.

RAT JIRD (Mam.), la Gerbille.

RAT DE LABRADOR (Mam.), un Campagnol.

RAT LIRON (Mam.), le Loir en vieux français.

RAT DE MADAGASCAR (Mam.), le Galago.

RAT MARPOURI (Mam.), le Cabiay.

RAT MANICOU (Mam.), la Marmose.

RAT MARIN, *Mus marinus* (Pois.), vieux nom du *Balistes Capriscus*, L. *V.* BALISTE.

RAT MAULIN (Mam.), espèce de Marmotte du Chili.

RAT DE MER (Rept. et Pois.), le Chélide Luth (*V.* TORTUE) et l'Uranoscope.

RAT DE MONTAGNE (Mam.), la Marmotte.

RAT MUSQUÉ (Mam.). Ce nom a été donné à plusieurs espèces des genres *Mus*, *Mygale* et *Sorex.*

RAT MUSQUÉ DU CANADA (Mam.), syn. d'Ondatra. *V.* CAMPAGNOL.

RAT DU NORD (Mam.), le Soulik. *V.* MARMOTTE.

RAT DE NORVÈGE (Mam.), le Lemming.

RAT DE PALETUVIER (Mam.), le Crabier.

RAT PALMISTE (Mam.), un Écureuil.

RAT DE PHARAON (Mam.), la Mangouste.

RAT PENNADE (Mam.), les Chauve-Souris.

RAT DE PONT (Mam.), l'Écureuil gris.

RAT POURCEAU (Mam.), le Cobaye.

RAT PUANT (Mam.), l'Ondatra.

RAT SABLÉ (Mam.), le Hamster.

RAT SAUTEUR (Mam.), la Gerboise et la Gerbille.

RAT SAUVAGE (Mam.), le Didelphe quatre-œil.

RAT DE SCYTHIE (Mam.), le Polatouche.

RAT DE SURINAM (Mam.), le Phalanger.

RAT DE TARTARIE (Mam.), le Polatouche.

RAT-TAUPE (Mam.). *V.* ASPALAX, ORYCTÈRE et BATHYERGUE au Supplément.

RAT DE TERRE (Mam.), syn. de Géomys. *V.* ce mot.

RAT VERDATRE (Mam.), syn. d'Agouti.

RAT VEULE (Mam.), le Lérot.

RAT VOLANT (Mam.), diverses Chauve-Souris et les Polatouches.

Rat voyageur (Mam.), les Campagnols et autres Rongeurs sujets aux émigrations.

Rat Zibeth ou Zibethin (Mam.), l'Ondatra, etc. (B.)

* RATA. pois. (Delaroche.) Syn. d'*Uranoscopus scaber*, L., aux îles Baléares. *V.* Uranoscope. (B.)

RATANIAH. bot. phan. Nom donné par les Péruviens aux racines de plusieurs espèces du genre *Krameria* qu'ils emploient en médecine, surtout contre les diarrhées. *V.* Kramerie. (A. R.)

RATATE ou RATE. ois. Noms vulgaires du Grimpereau commun. (B.)

RATE. zool. Ce viscère fait partie de l'appareil digestif, mais ses usages ne sont pas encore bien connus. Il existe dans tous les Animaux vertébrés; mais dans les Oiseaux il est déjà moins développé que dans les Mammifères, et dans les Reptiles et les Poissons, il devient souvent presque rudimentaire. Dans l'Homme la Rate occupe l'hypocondre gauche, et se trouve placée entre le rein, le diaphragme et l'estomac. Sa forme est à peu près prismatique, et il est recouvert par une tunique fibro-celluleuse. Son tissu est brun rougeâtre, spongieux, et paraît avoir de l'analogie avec celui des organes érectiles. En effet, un nombre très-considérable de vaisseaux sanguins s'y distribuent et communiquent librement avec les cellules dont ce viscère est composé. Dans les autres Animaux vertébrés, le volume, la forme et même la position de la Rate varient beaucoup. Dans les Mammifères carnassiers il est en général étroit, long et prismatique; chez les Ruminans il est le plus souvent large et mince; enfin dans le Marsouin et le Dauphin ce viscère est formé de sept petits corps arrondis et parfaitement distincts, tandis que dans les autres Mammifères il est unique. Le volume de la Rate diminue aussi; car dans les deux Animaux dont nous venons de parler les sept Rates réunies n'égalent point en grosseur celui d'un autre Quadrupède. Dans les Oiseaux cet organe est en général très-petit et ovalaire; enfin dans les Reptiles et les Poissons sa forme varie considérablement. La position de la Rate, relativement à l'estomac, et les relations de ses vaisseaux sanguins avec cet organe, présentent aussi de grandes différences à mesure que l'on descend de l'Homme vers les Poissons. Ainsi dans la Grenouille on le trouve au milieu du mésentère près du rectum, tandis qu'en général il est rapproché de l'estomac. *V.* l'article Digestion au Supplément. (H.-M. E.)

RATEAU. conch. Espèce du genre Huître. *V.* ce mot. (B.)

RATEAU. bot. phan. Nom vulgaire du *Bisserula Pelicinus*, L., et de la Luserne. *V.* ce mot et Bisserule. (B.)

RATEL. *Mellivora.* mam. Tous les auteurs placent dans le genre Glouton, *Gulo*, un Animal du cap de Bonne-Espérance, dont Storr a fait le type de son genre *Mellivora.* Ce Ratel, décrit par Sparmann et par Lacaille sous le nom de Blaireau puant, est la *Viverra Mellivora* de Linné, le *Gulo capensis* de Desmarest. Ses caractères génériques ne diffèrent point de ceux du Glouton; seulement le système dentaire présente quelques dissemblances. *V.* Glouton. (Less.)

RATELAIRE. bot. phan. L'un des noms vulgaires de l'Aristoloche Clématite. (B.)

* RATEPENADE ou RATTEPENNADE. pois. L'un des noms vulgaires du *Raya Pastinaca.* *V.* Raie. (B.)

RATEREAU. ois. L'un des noms vulgaires du Troglodyte. (B.)

RATIER. ois. L'un des noms vulgaires de la Cresserelle. *V.* Faucon. (B.)

RATILLON. ois. Même chose que Ratereau. *V.* ce mot. (B.)

RATILLON. POIS. L'un des noms vulgaires de la Raie bouclée jeune. *V.* RAIE. (B.)

RATISSOIRE. CONCH. Espèce du genre Lucine. *V.* ce mot. (B.)

RATIVORE ou **MANGEUR DE RATS.** REPT. OPH. Espèce du genre Boa. (B.)

RATON. *Procyon.* MAM. Genre de Carnivores plantigrades formé par Storr aux dépens du grand genre *Ursus* de Linné, et aujourd'hui adopté par tous les naturalistes. L'organisation des Ratons est généralement très-semblable à celle des Ours et des Coatis, entre lesquels ils se trouvent placés par leurs rapports naturels; et l'on peut dire qu'ils remplissent presque entièrement l'intervalle déjà fort étroit qui sépare l'un de l'autre les genres *Ursus* et *Nasua.* Presque tous les détails qui ont été donnés dans les articles OURS et COATI, étant ainsi également applicables aux Ratons, nous croyons devoir seulement donner ici en peu de mots les traits caractéristiques du genre *Procyon*, sans entrer dans des détails inutiles et par conséquent déplacés. Les caractères du genre peuvent être exprimés de la manière suivante : six incisives à chaque mâchoire, les inférieures sont toutes très-petites, tandis qu'à la mâchoire supérieure celles de la paire latérale sont assez grandes et en forme de canines; canines assez fortes, comprimées; molaires tuberculeuses, au nombre de six de chaque côté et à chaque mâchoire, savoir : à la supérieure trois fausses molaires qui grandissent successivement depuis la première jusqu'à la troisième; une carnassière assez semblable à celles des Chats, mais beaucoup plus épaisse, et deux mâchelières à cinq tubercules, dont la dernière est la plus petite; inférieurement il y a quatre fausses molaires, dont la troisième est bilobée, et deux mâchelières assez semblables à celles qui leur correspondent à la mâchoire supérieure. Membres assez courts, pentadactyles; ongles forts et aigus; queue peu allongée, et tenant le milieu entre celle des Coatis, qui est à peu près de même longueur que le corps, et celle des Ours qui est tout-à-fait rudimentaire; tête triangulaire, large, terminée par un museau fin, mais beaucoup moins allongé que celui des Coatis; oreilles courtes, de forme ovale; langue douce; yeux de grandeur moyenne et à pupille ronde; mamelles ventrales, au nombre de six. Il est à ajouter que, quoique appartenant au groupe des Plantigrades, les Ratons n'appuient sur toute la plante du pied que lorsqu'ils sont en repos. Dans la marche ils relèvent ordinairement le talon, comme le font aussi plusieurs autres genres.

Généralement semblables aux Ours par leur organisation, les Ratons leur ressemblent aussi à beaucoup d'égards par leurs habitudes. A la vérité ils passent pour être plus agiles que les Ours, et l'on affirme qu'ils montent aux arbres avec assez de promptitude. Ce dernier fait ne doit nullement nous surprendre, puisque les Ratons sont d'une taille de beaucoup inférieure à celle des Ours, et qu'ils sont ainsi beaucoup plus légers. Du reste, nous n'avons jamais remarqué dans les allures des Ratons qui ont vécu depuis plusieurs années à la ménagerie du Muséum, rien qui indiquât en eux l'agilité qu'on leur attribue. Toujours leur marche nous a paru assez lourde, et leurs allures, pesantes, plus même peut-être que celles des Ours. Leur régime diététique est aussi le même : ils vivent également de substances animales et de substances végétales. Enfin ils leur ressemblent encore par leur intelligence très-développée, et n'en diffèrent guère que parce qu'ils sont très-timides et craintifs. A l'aspect d'un homme un Raton s'enfuit aussitôt, et se retire dans le coin le plus obscur de sa loge; souvent même il s'élance contre ses barreaux et témoigne la plus vive frayeur. L'Ours qui, de même que le Raton, ne possède que des armes peu puissantes, ne redoute rien, parce que sa grande taille et sa force en compensent la faiblesse. D'autres Carnassiers, tels que les Chats et les Lynx, aussi petits que le Raton, fuient à l'approche de l'Homme, mais fuient en menaçant, parce qu'ils ont confiance dans l'excellence de leurs armes; mais le Raton, à la fois mal armé comme le premier et faible comme le second, ne trouve en lui-même aucune ressource : il ne songe qu'à la fuite et non à la défense.

Le Raton Laveur, *Procyon Lotor* des auteurs modernes, est l'espèce la plus connue; celle que Linné nommait *Ursus Lotor*, et que Buffon a décrite et figurée sous le nom de Raton (T. VII, pl. 43). Il a quelques rapports avec les Renards par sa taille et le système de coloration de son pelage; et on peut dire qu'il leur ressemblerait également par ses formes générales, sans les différences de proportion de ses pates beaucoup plus courtes. Ses poils sont blanchâtres au milieu, et noirs à la racine et à la pointe; d'où résulte pour l'ensemble du pelage une teinte grisâtre tirant plus ou moins sur le noir. La queue présente sur un fond roussâtre quatre ou cinq anneaux noirs. Le dessous du corps, les oreilles, les pates sont blanchâtres, et la face est aussi de cette même couleur, à l'exception d'une bande noire, qui commence en avant et un peu en dedans de l'œil, et descend sur les joues en se portant obliquement en arrière. Cette espèce habite l'Amérique septentrionale, où elle est connue des Anglo-Américains sous le nom de *Raccoon*. Quelques auteurs pensent qu'elle habite aussi l'Amérique méridionale, et lui rapportent l'Agouarapopé du Paraguay. Les mœurs du Raton Laveur sont peu connues; mais on a remarqué qu'il a l'habitude de tremper dans l'eau tous les alimens qui lui sont offerts avant de les manger; d'où les noms d'*Ursus Lotor* et de Raton Laveur qui lui a été donné.

Le Raton Crabier, Buff., Suppl., VI, pl. 32; *Procyon cancrivorus*, Geoff. St.-Hil. Habite l'Amérique méridionale, et particulièrement la Guiane. Il se distingue principalement du précédent par son poil généralement plus court, par ses pates brunâtres, par sa queue plus longue, et où l'on distingue ordinairement huit ou neuf anneaux noirs; enfin par sa tache oculaire plus petite, mais placée sur tout le pourtour de l'œil, et réunie sur le chanfrein à celle du côté opposé. Ces caractères qui suffisent pour donner les moyens de distinguer avec certitude les deux espèces, ont été tracés par nous d'après l'examen comparatif de plusieurs individus appartenant à l'une et à l'autre. Nous croyons devoir faire cette remarque pour prévenir l'incertitude des personnes qui, venant à comparer notre description avec quelques autres descriptions publiées dans divers ouvrages, s'étonneraient de nous voir donner dans cet article des résultats qui ne sont pas seulement différens, mais qui sont même entièrement contradictoires.

Ces deux espèces de Raton, dont l'une appartient, comme l'on voit, à l'Amérique du nord, et l'autre à l'Amérique du sud, sont les seules qui aient été jusqu'à ce jour décrites par les zoologistes. Peut-être devra-t-on distinguer de la première le Raton brun du pays des Hurons, dont nous avons vu deux individus presque entièrement semblables, l'un appartenant au Muséum royal de Paris, l'autre au Musée de Genève. Le Raton du Brésil nous paraît aussi distinct par plusieurs caractères du véritable Crâbier de la Guiane, ce qui porterait à quatre le nombre des espèces déjà connues. Quant aux individus à pelage blanc ou roussâtre clair, que l'on trouve quelquefois aux Etats-Unis, presque tous les zoologistes sont d'accord pour les rapporter au Raton Laveur. (IS. G. ST.-H.)

RATONCULE. BOT. PHAN. Syn. de *Myosurus*. *V.* ce mot. (B.)

* RATONIA. BOT. PHAN. Sous ce nom, De Candolle (*Prodrom. Syst. Veget.*, 1, p. 618) a établi un nouveau genre qu'il a placé, parmi les genres trop peu connus, à la suite de la famille des Sapindacées. Voici des caractères qu'il lui a imposés : calice petit, persistant, à cinq sépales. Fleurs inconnues. Fruits comprimés, un peu coriaces, indéhiscens ou à peine déhiscens, biloculaires, obcordiformes, légèrement stipités, glabres, terminés par un style très-court, bifide au sommet; graines solitaires et dressées dans chaque loge, supportées par un funicule épais. Le *Ratonia domingensis*, D. C., *loc. cit.*, est un Arbre ou un Arbrisseau glabre, à feuilles alternes, dépourvues de stipules, à trois paires de folioles opposées, obovées, oblongues, obtuses, très-entières, portées sur un pétiole aptère, terminé en une pointe molle. Les fleurs forment des panicules terminales, divisées en grappes peu nombreuses et allongées. Cette Plante croît dans la partie espagnole d'Haïti, où les habitans la nomment Raton. (G..N.)

* RATOFKITE. MIN. Fischer a donné ce nom à une Chaux fluatée, terreuse et mélangée, qu'il a trouvée sur les bords de la Ratofka, près de Véréa, gouvernement de Moscou. Suivant le professeur John, elle est composée de : Chaux fluatée 49, Chaux phosphatée 20, Fer phosphaté 3,75, Chaux muriatée 2, Eau 10, Matières étrangères 6,25. (G. DEL.)

RATTE. MAM. La femelle du Rat, d'où l'on a appelé :

RATTE COUETTE, le Campagnol.

RATTE A COURTE QUEUE, le Campagnol.

RATTE A GRANDE QUEUE, le Mulot.

RATTE ROUSSE, divers petits Rats des champs, etc. (B.)

RATTE PENNADE. POIS. *V.* PENADE.

RATTUS. MAM. *V.* RAT.

RATULE. *Ratulus*. MICR. Genre institué par Lamarck aux dépens des Trichodes de Müller, et que, dans notre classification des MICROSCOPIQUES (*V.* ce mot), nous avons conservé dans la famille des Urodées, de l'ordre des Trichodés. Ses caractères consistent dans la forme d'un corps plus ou moins allongé, aminci postérieurement en une queue simple, glabre dans toute sa surface, muni de cils mobiles seulement à l'extrémité antérieure, obtusés. Les Ratules sont parmi les Trichodés ce que sont les Cercaires parmi les Gymnodés. Nous n'en connaissons encore guère que six espèces constatées : le Ratule cercarioïde, *Ratulus cercarioides*, N.; *Trichoda Clavus*, Müller, *Inf.*, tab. 19, fig. 16-18; Encycl. Vers., pl. 15, fig. 25; le Ratule Dauphin, *R. Delphis*, N.; *Trichoda Delphis*, Müll., tab. 30, fig. 8-9; Encycl., pl. 15, fig. 31, 32; le Ratule Lunaire, *R. Lunaris*, N.; *Trichoda Lunaris*, Müll., tab. 29, fig. 1-3; Encycl., pl. 15, fig. 11-13; le Ratule petit Rat, *R. Musculus*, N.; *Trichoda Musculus*, Müll., tab. 30, fig. 5-7; Encycl., pl. 15, fig. 28-30; le Ratule Robin, *R. togatus*, N.; *Vorticella togata*, Müll., tab. 42, fig. 8; Encycl., pl. 22, fig. 15; le Ratule Lyncée, *R. Lynceus*, N.; *Trichoda*, Müll., tab. 32, fig. 1-2; Encycl., tab. 16, fig. 37, 38. Le Rat d'eau de Joblot (pl. 10, fig. 4) nous paraît aussi devoir entrer dans ce genre dont on trouve les diverses espèces dans l'eau des infusions et des marais. (B.)

* RAUHKALK ET RAUCHKALK. MIN. Le premier de ces noms allemands, qui veut dire Calcaire rude, a été donné à un Calcaire compacte magnésifère, rude au toucher; et le second, qui signifie Calcaire gris de fumée, a été appliqué au Calcaire gris-noirâtre et légèrement bitumineux du Thüringerwald. (G. DEL.)

RAUHWACKE. MIN. Les Allemands ont donné ce nom à un Calcaire compacte celluleux ou caverneux, d'un gris-noirâtre et chargé de

Bitume, qui forme des couches subordonnées dans le Zechstein ; il est intimement lié avec le Calcaire fétide et le Calcaire ferrifère. Ses cavités sont souvent tapissées de cristaux de Carbonate de Chaux. (G. DEL.)

* RAUIA. BOT. PHAN. Pour *Ravia*. *V.* ce mot. (B.)

* RAUSSINIA. BOT. PHAN. Nom donné par Necker au genre *Pachira* d'Aublet. *V.* ce mot. (A. R.)

RAUVOLFIA OU RAUWOLFIA. BOT. PHAN. Genre de la famille des Apocynées et de la Pentandrie Monogynie, L., ayant pour caractères : un calice monosépale, persistant, à cinq divisions profondes ; une corolle monosépale, régulière, infundibuliforme, ayant son limbe à cinq divisions égales, et la gorge garnie de poils ; cinq étamines presque sessiles, incluses ou légèrement saillantes, allongées, terminées à leur sommet par un prolongement du filet en forme de petite corne, et à deux loges. Les ovaires, au nombre de deux, réunis et soudés par leur côté interne, sont presque globuleux, appliqués sur un disque hypogyne et annulaire; les deux styles sont également soudés dans toute leur longueur, et se terminent par un stigmate très-gros, presque cylindrique, un peu concave inférieurement, convexe, et comme bilobé supérieurement. Le fruit est une drupe globuleuse, accompagnée par le calice, à deux nucules monospermes, qui paraissent chacun comme à deux fausses loges par le grand développement du trophosperme qui forme une fausse cloison. La graine est recourbée sur elle-même, et le trophosperme s'insère dans sa partie concave. Ce genre se compose d'un assez grand nombre d'espèces, toutes originaires des diverses contrées de l'Amérique méridionale. Ce sont des Arbrisseaux ou de simples Arbustes lactescens, à feuilles très-entières, souvent verticillés par trois ou quatre, et dont les fleurs petites forment des espèces de corymbes. (A. R.)

RAVAGEUSES. ARACHN. Valckenaer (Tabl. des Aranéides) a donné ce nom à une section des Théraphoses, qui correspond au genre Missulène ou Eriodon. *V.* ce dernier mot. (AUD.)

RAVAPOU. BOT. PHAN. L'Arbre du Malabar, que Rhéede avait ainsi appelé, avait été placé par Linné dans le genre *Nyctanthes* sous le nom de *Nyctanthes hirsuta;* mais Jussieu pense qu'il appartient au genre *Guettarda* de la famille des Rubiacées. (A. R.)

RAVE. MOLL. Nom vulgaire et marchand du *Voluta Pyrum*, L., type du genre Turbinelle. *V.* ce mot. (B.)

RAVE. *Rapa.* BOT. PHAN. Espèce du genre Chou. On a encore appelé :

RAVE DE GENÊT, l'*Orobanche major*.

RAVE DE SAINT-ANTOINE, le *Ranunculus bulbosus*.

RAVE DU BRÉSIL, l'Igname.

RAVE DE SUIF, le Raifort cultivé.

RAVE SAUVAGE, le *Raphanus Raphanistrum*, le *Campanula Rapunculus* et le *Phyteuma spicata*.

RAVE DE TERRE, le *Cyclamen europeum*, etc. (B.)

RAVENALA. BOT. PHAN. (Sonnerat.) Ce genre a été réuni à l'*Urania*. *V.* URANIE. (A. R.)

RAVENELLE OU RAVENAILLE. BOT. PHAN. Le *Raphanus Raphanistrum* et le *Cheiranthus Cheiri*. (B.)

RAVENSARA. (Sonn.) *Agatophyllum*. (Juss.) BOT. PHAN. Genre appartenant à la Dodécandrie Monogynie, L., et qu'on peut caractériser de la manière suivante : les fleurs sont enveloppées chacune d'un petit calicule monosépale et entier. Le calice est court, formé de six sépales; les étamines, au nombre de douze, ont leurs filets très-courts ; six sont attachés au calice et six à la base des sépales; les anthères sont arrondies. L'ovaire est libre, globuleux, surmonté d'un style simple que termine un petit stigmate également simple. Le fruit est globuleux, arrondi, de la grosseur d'une noix, coriace, indéhiscent, à six loges qui paraissent monospermes. En général ce genre est rapporté à la famille des Laurinées, mais nous doutous fort qu'il y appartienne; son calicule extérieur, qui peut être considéré comme un calice, et qui lui donne alors un périanthe double, et surtout son ovaire et son fruit évidemment à six loges, quoiqu'on l'ait décrit comme uniloculaire, l'éloignent de la famille des Laurinées. Une seule espèce compose ce genre, c'est le *Ravensara aromatica*, Sonnerat, Voy., 2, tab. 127; *Agatophyllum aromaticum*, Lamk., Ill., tab. 825; *Evodia Ravensara*, Gaertner, tab. 103. C'est un grand et gros Arbre qui croît naturellement à Madagascar, et qui, par son port et ses feuilles coriaces et persistantes, ressemble beaucoup à un Laurier. Ses feuilles sont alternes, elliptiques, acuminées, entières, très-glabres, portées sur de courts pétioles. Les fleurs sont petites, dioïques; les mâles forment de petites panicules axillaires, tandis que les femelles sont solitaires. Toutes les parties de cet Arbre, mais particulièrement ses fruits, ont une odeur et une saveur aromatiques un peu âcres et piquantes, fort analogues à celles du Girofier. Ces fruits sont une des quatre épices fines. On les trouve dans le commerce sous les noms de Noix de Girofle ou Quatre-Épices. Le *Ravensara* est aussi cultivé à l'Ile-de-France et à Mascareigne. (A. R.)

RAVET. INS. Nom vulgaire du *Blatta americana*. *V.* BLATTE. (B.)

* RAVIA. BOT. PHAN. Le genre ainsi nommé par Nees d'Esenbeck et Martius dans leur Travail sur le groupe des Fraxinellées, a été réuni par Auguste Saint-Hilaire au genre *Galipea* dans la famille des Rutacées. (A. R.)

RAVIER. BOT. CRYPT. (*Champignons.*) Paulet donne ce nom à un groupe de Champignons que, d'après Micheli, il dit sentir la Rave. (B.)

RAVONET. BOT. PHAN. *V.* RAIFORT.

* RAYÉ. REPT. OPH. Espèce du genre Couleuvre. *V.* ce mot. (B.)

RAYÉ. POIS. Espèce des genres Acanthure, Cycloptère, Spare, etc. *V.* ce mot. (B.)

RAY-GRASS. BOT. PHAN. *V.* RAI-GRASS.

RAYON. POIS. La très-petite Raie. (B.)

* RAYON DE MIEL. CONCH. Nom vulgaire et marchand du *Venus Corbis*, L. (B.)

RAYON-VERT. REPT. BATR. Espèce du genre Crapaud. (B.)

RAYONNANTE. MIN. De Saussure a traduit par ce mot le nom allemand de *Strahlstein* que Werner donnait à l'Amphibole Actinote. On a aussi appliqué ce nom à d'autres Minéraux qui se présentent comme l'Actinote en cristaux aciculaires et radiés. Ainsi l'on a nommé :

RAYONNANTE EN GOUTTIÈRE, le Sphène canaliculé.

RAYONNANTE VITREUSE, l'Epidote aciculaire du Dauphiné. (G. DEL.)

RAYONS. POIS. *V.* NAGEOIRES.

RAYONS DU SOLEIL. CONCH. et MOLL. Nom vulgaire et marchand du *Tellina variegata* et du *Murex Hippocastanum*, L. (B.)

* RAYURE JAUNE PICOTÉE. INS. Geoffroy désigne ainsi la *Phalæna atomaria* de Linné. *V.* PHALÈNE. (G.)

* RAYURE A TROIS LIGNES. INS. Nom donné par Geoffroy à la Phalène triple raie, *Phalæna plagiata*, L., *Phalæna duplicata*, Fabr. *V.* PHALÈNE. (G.)

* RAZA. POIS. Nom générique des Raies chez les pêcheurs du golfe de Gênes. (B.)

* RAZINET. BOT. PHAN. (Garidel.) L'un des noms vulgaires du *Sedum reflexum* dans l'Occitanie. (B.)

RAZON. *Novacula*. POIS. On a

aussi écrit *Rason*. Genre de l'ordre des Acanthoptérygiens, de la famille des Labroïdes, si nombreuse en espèces variées des plus belles couleurs, mais si difficiles à distinguer. Les Razons sont fort semblables aux Labres pour les formes, mais leur front descend subitement vers la bouche par une ligne tranchante et presque verticale, formée de l'ethmoïde et des branches montantes des intermaxillaires. La peau est couverte de grandes écailles; leur ligne latérale est interrompue; leur mâchoire armée d'une rangée de dents coniques, dont les mitoyennes plus longues, et leur palais est pavé de dents hémisphériques. On les avait d'abord placés parmi les Coryphœnes dont ils n'ont même pas l'aspect général, ni les cœcums nombreux, ni les petites écailles molles, et seulement à cause du tranchant de leur front, encore que cette forme n'affecte pas les mêmes parties exactement dans les Coryphœnes, où elle tient à la crête interpariétale. On y voit au reste la raison qui mérita les noms qu'on a donnés aux Poissons qui nous occupent, et que de tout temps on compara à des rasoirs. L'espèce la plus connue est le Razon de la Méditerranée, Encycl. Pois., pl. 33, fig. 127, *Novacula vulgaris*, très-bien figuré dans Salvien, 217, et dans Rondelet, 146. C'est un très-beau Poisson rouge, rayé de bleu, et dont la chair est estimée. Entre les autres espèces du genre, on peut encore distinguer pour leur élégance le Rasoir bleu, Encycl., pl. 34, fig. 132, le Cinq-Taches, Encycl., pl. 33, fig. 126, et le Perroquet, *Coryphœna Psittacus*, L., qui est l'un des plus beaux Poissons des mers de la Caroline. (B.)

RAZOUMOFFSKYNE. MIN. C'est une substance terreuse, molle, happante à la langue, d'un blanc de neige et quelquefois d'un vert-pomme, que l'on trouve à Kosemütz en Silésie avec la Pimélite et la Chrysoprase. Elle a été analysée par John qui lui attribue la composition suivante: Silice, 50; Alumine, 16,88; Potasse, 10,37; Eau, 20; Oxide de Nickel, 0,75; Oxide de Fer, Chaux et Magnésie, 2. Mais suivant Dobereiner, ce serait un Silicate d'Alumine, de Chaux et de Nickel. On voit que la détermination de cette substance laisse beaucoup à désirer. (G. DEL.)

* RAZOUMOSCKYA. BOT. PHAN. Le genre ainsi nommé par Necker, et dans lequel il plaçait les espèces de Guis qui n'ont que trois parties à la fleur, n'a pas été adopté. (A. R.)

* RAZUMOVIA. BOT. PHAN. (Sprengel.) Syn. du genre *Calomeria* de Ventenat. (A. R.)

RÉALGAR. MIN. Ancien nom de l'Arsenic sulfuré rouge. *V.* ce mot. (G. DEL.)

REALGERA. BOT. PHAN. Nom de pays du *Solanum Vespertilio*. (B.)

RÉAUMURIE. *Reaumuria*. BOT. PHAN. Genre de la famille des Ficoïdées, et de la Polyandrie Pentagynie, L., offrant un calice monosépale à cinq divisions profondes et incombantes latéralement, accompagné extérieurement de plusieurs petites feuilles linéaires. Corolle régulière, de cinq pétales de la longueur du calice, munis à leur base interne de deux appendices membraneux, étroits, finement découpés à leur partie supérieure; étamines nombreuses, libres, hypogynes, ayant les anthères globuleuses et à deux loges, s'ouvrant chacune par un sillon longitudinal; ovaire libre comme pyramidal, surmonté de cinq styles et devenant une capsule à cinq loges qui s'ouvre en cinq valves. Ce genre se compose d'une seule espèce *Reaumuria vermiculata*, L.; Lamk., Ill., tab. 489, f. 1. C'est un petit Arbuste d'un à deux pieds de hauteur, dont les tiges rameuses sont couvertes de très-petites feuilles linéaires, étroites, courtes et charnues; les fleurs sont blanches, solitaires et terminales. Cette Plante croît dans toutes les régions méridionales du bassin de la Méditerranée, c'est-à-dire en Egypte, en Barbarie, en Sicile, etc. Une seconde espèce rapportée à ce genre sous le nom de *Reaumuria hypericoides*, L., est une Plante encore fort douteuse, puisque, pour Marschall, ce n'est qu'une simple variété de la précédente; pour Labillardière c'est un *Hypericum* qu'il nomme *alternifolium ;* et pour Willdenow enfin, elle forme un genre particulier qu'il nomme *Beaumalix hypericoides*. (A. R.)

REBÈTRE, REBLETTE, REBLOT. OIS. Noms vulgaires du Troglodyte. *V.* SYLVIE. (DR..Z.)

RÈBLE ET RIÈBLE. BOT. PHAN. Syn. vulgaires de *Galium Aparine*, L., ou Grateron. (B.)

* REBOUILLIA. BOT. CRYPT. (*Hépatiques.*) Raddi a fondé sous ce nom un genre particulier aux dépens des Marchantes; il a pour type le *Marchantia hemisphærica* qui ne nous paraît pas différer suffisamment des autres Marchantes pour être considéré comme un genre distinct. *V.* MARCHANTE. (AD. B.)

* REBOY OU REBOSA. POIS. (De La Roche.) Noms de pays des Blennies. (B.)

* REBROUSSES. BOT. CRYPT. L'un des noms vulgaires de l'*Æcidium elatinum*, Mougeot, *Stirp.*, n. 285. *V.* PANEUR DE SOTRE. (B.)

* RECCHIE. *Recchia*. BOT. PHAN. Genre établi par Mocino et Sessé dans leur Flore inédite du Mexique et publié par De Candolle (*Syst. nat.*, 1, p. 411). Il fait partie de la famille des Dilléniacées et offre pour caractères : un calice formé de cinq sépales égaux et étalés ; une corolle de cinq pétales alternes et plus longs, rétrécis à leur base et denticulés à leur sommet ; dix étamines ; deux ovaires globuleux, glabres, terminés chacun par un style court qui porte un stigmate capitulé ; le fruit n'est pas connu. Le *Recchia mexicana*, seule espèce qui compose ce genre, est un Arbuste rameux, dont les rameaux sont volubiles, les feuilles alternes, ovales, oblongues ; les fleurs jaunes, disposées en petites grappes. Ce genre est encore bien imparfaitement connu. (A. R.)

RÉCEPTACLE DE LA FLEUR. BOT. PHAN. C'est le point d'où naissent les diverses parties de la fleur, et qu'on désigne plus généralement aujourd'hui sous le nom de *Torus*. *V.* ce mot. (A. R.)

RÉCEPTACLE COMMUN DES FLEURS. BOT. PHAN. C'est la partie sur laquelle s'insèrent les diverses fleurs qui composent un capitule dans la famille des Synanthérées et dans quelques autres familles. *V.* CLINANTHE et PHORANTHE. (A. R.)

RÉCEPTACLE DES GRAINES. BOT. PHAN. *V.* TROPHOSPERME.

* RÉCEPTACULITE. *Receptaculites*. POLYP. FOSS. Defrance a signalé aux observateurs un corps assez singulier auquel il a donné ce nom ; il est composé de deux couches distinctes ; la corticale se compose d'un réseau à loges carrées ou en losange, ou ovalaires ; à l'angle des loges il y a ordinairement un petit trou qui pénètre toute l'épaisseur. Ces corps qui sont d'une forme conique irrégulière à base plus ou moins large, paraissent appartenir à la classe des Polypiers ; cependant ce n'est qu'une conjecture, car ils n'en présentent pas tous les caractères ni l'organisation. On ne connaît les Réceptaculites qu'à l'état fossile ; c'est à Chimay dans un terrain ancien qu'ils ont été trouvés. (D..H.)

RECHAD. BOT. PHAN. Ce mot désigne chez les Arabes diverses Crucifères et paraît répondre à Cresson ; on appelle particulièrement *Rechad-el-Bard* (Cresson du désert) le *Raphanus lyratus* de Forskalh qui croît au pied des Pyramides. (B.)

* RECHINÉ. POIS. Espèce du genre Coryphœne. *V.* ce mot. (B.)

RECISE. BOT. PHAN. (Chomel.) Syn. de *Geum urbanum*, L. (B.)

RÉCLAMEUR. OIS. Espèce du genre Merle. *V.* ce mot. (DR..Z.)

RECLU MARIN. POLYP. L'on a quelquefois donné ce nom au *Spongia Domunula* à cause du Pagure Hermite qui habite souvent les Coquilles que ce Polypier recouvre. Bosc dit que c'est une Ascidie qu'on appelle ainsi. (E. D..L.)

RÉCOLLET. OIS. L'un des noms vulgaires du Jaseur. *V.* ce mot. (DR..Z.)

*RECTANGIS. BOT. PHAN. Nom donné par Du Petit-Thouars (Hist. des Orchidées des îles Australes d'Afrique, tab. 55) à une Plante des îles de France et de Mascareigne qui, suivant la nomenclature linnéenne, doit recevoir celui d'*Angræcum rectum*. (G..N.)

* RECTEMBRIÉES. *Rectembriæ*. BOT. PHAN. Bronn et De Candolle ont donné ce nom à l'une des deux grandes divisions suivant lesquelles ils ont partagé la famille des Légumineuses. Elle renferme toutes celles qui ont la radicule droite, circonstance qui est toujours liée avec une forme particulière de la graine. (G..N.)

* RECTIDENT. BOT. CRYPT. Bridel donne ce nom comme français pour désigner le genre de Mousses que nous établîmes sous le nom d'Orthodon. *V.* ce mot. (B.)

* RECTOPHYLLIS. BOT. PHAN. Nom donné par Du Petit-Thouars (Hist. des Orchidées des îles Australes d'Afrique, tab. 95) à une Plante de Madagascar, qui, suivant la nomenclature linnéenne, doit être nommée *Bulbophyllum erectum*. (G..N.)

RECTRICES. OIS. Nom que portent les plumes composant la queue et qui servent en quelque sorte de gouvernail pour la direction de l'Oiseau dans l'exercice du vol. (DR..Z.)

RECTUM. ZOOL. *V.* INTESTIN.

RECURVIROSTRA. OIS. (Linné.) Nom scientifique de l'Avocette. *V.* ce mot. (DR..Z.)

* REDDER. MAM. L'un des noms de pays d'une espèce de Cerf. *V.* ce mot. (B.)

REDOU, REDOUL ET REDOUX. BOT. PHAN. Syn. vulgaires de *Coriaria myrtifolia*, L. *V.* CORIAIRE. (B.)

REDOUTÉE. *Redutea*. BOT. PHAN. Ce genre de Malvacées établi par Ventenat (Jard. Cels. T. 11), adopté par Kunth, doit être, selon Adrien De Jussieu (*Flor. Bras. merid.*, 1, p. 251), réuni au *Fugosia* dont il offre tous les caractères. *V.* FUGOSIE. (A. R.)

* REDOWSKIA. BOT. PHAN. Chamisso et Schlectendal (*Linnæa*, 1, p. 35, tab. 2) ont décrit et figuré sous le nom de *Redowskia sophiæfolia*, une Crucifère formant un genre nouveau, mais que ces auteurs n'ont pu ni suffisamment caractériser, ni classer, attendu l'état incomplet des silicules et des graines de cette Plante qui avait été cueillie dans l'Asie boréale et occidentale par Redowski. Cette Plante a une racine épaisse et vivace qui offre à son collet les débris des anciens pétioles et des anciennes tiges; de ce collet s'élèvent deux à trois feuilles et autant de petites tiges portant les fleurs. Les feuilles radicales sont pétiolées, pinnées, à segmens pinnatifides; elles ressemblent aux feuilles du *Sisymbrium Sophia*, et elles sont couvertes de poils blancs très-courts qui leur donnent un aspect farineux. Les tiges portent quelques feuilles simplement pinnées, et sont surmontées de fleurs pédicellées blanches, qui forment plusieurs grappes disposées en une sorte de corymbe. Le calice est à quatre sépales ovales, obtus, blanchâtres sur les bords et poilus. La corolle est du double plus grande que le calice, formée de pétales égaux, onguiculés, dont le limbe est obové et entier. Les étamines sont courtes, à filets non dentelés et glabres; la si-

licule non mûre est glabre, renflée, presque globuleuse, atténuée à sa base, surmontée d'un style long d'une demi-ligne et d'un stigmate bilobé. (G..N.)

* REDOGEL. OIS. L'un des noms de pays du Troglodyte. (B.)

RÉDUVE. *Reduvius*. INS. Genre de l'ordre des Hémiptères, section des Hétéroptères, famille des Géocorises, tribu des Nudicolles, établi par Fabricius aux dépens du grand genre Cimex de Linné, et adopté par tous les entomologistes avec ces caractères : corps allongé ; tête longue, petite, portée sur un cou ordinairement fort distinct, ayant souvent un sillon transversal qui la fait paraître comme bilobée. Yeux arrondis ; deux petits yeux lisses apparens ; antennes longues, sétacées, très-grêles, ordinairement de quatre articles. Labre court, sans stries, recouvrant la base du suçoir ; bec court, arqué, de trois articles dont le second est plus long que les autres ; ce bec découvert à sa naissance et ayant son extrémité reçue dans une gouttière du dessous du corselet, dépassant peu ou point la naissance des cuisses antérieures ; suçoir composé de quatre soies roides, très-fines, écailleuses et pointues. Corselet triangulaire, très-distinctement bilobé ; le lobe antérieur ordinairement plus petit et séparé du second par un sillon profond. Ecusson triangulaire ; élytres de la longueur de l'abdomen au moins ; jambes dépourvues d'épines terminales ; tarses fort courts, de trois articles. Abdomen convexe en dessous, ses bords souvent relevés, composés de six segmens dont le dernier recouvre l'anus. Anus des femelles sillonné longitudinalement dans son milieu. Ce genre se distingue des Zélus et des Ploières parce que ceux-ci ont le corps linéaire et les quatre pates postérieures très-longues et filiformes. Le genre Nabis s'en éloigne parce que son corselet n'est point bilobé ; les Holoptiles en sont distingués parce que leurs antennes n'ont que trois articles ; enfin les Pétalocheires s'en distinguent fort bien par leurs pates antérieures dilatées d'une manière extraordinaire. Les Réduves se nourrissent des sucs des autres Insectes, ils les sucent avec leur bec aigu. Quelques espèces emploient des ruses pour surprendre leur proie ; ainsi on voit souvent dans nos maisons, le Réduve masqué et surtout sa larve, couverte d'ordures et se tenant immobile dans un coin de muraille ; elle attend, ainsi déguisée, que quelque Insecte, trompé par son apparence, s'approche d'elle, croyant ne voir que de la poussière ou un corps inanimé, et elle se jette sur lui. Quelquefois elle s'approche doucement de sa victime afin de ne pas l'effrayer et ne saute dessus que quand elle est arrivée à une distance convenable. Lepelletier de Saint-Fargeau et Serville pensent qu'elle fait la guerre aux Punaises des lits. La piqûre des Réduves est très-douloureuse pour l'Homme ; les auteurs que nous venons de citer nous apprennent que Latreille ayant été piqué à l'épaule par un Réduve, eut sur-le-champ le bras entier engourdi, et que cet état dura pendant quelques heures. On connaît un très-grand nombre d'espèces de ce genre ; peu sont propres à l'Europe, les plus grandes habitent l'Amérique, l'Afrique et l'Asie. En général elles font entendre un petit bruit causé par le frottement de l'articulation de la tête avec le corselet. Nous citerons comme type du genre :

Le RÉDUVE MASQUÉ, *Reduvius personatus*, Fabr., Latr. ; *Cimex personatus*, Linn ; la Punaise Mouche, Geoffroy, Ins. Paris, 1, 9-3. Long de huit lignes, d'un brun noirâtre sans taches. Commun en France et à Paris. (G.)

REEM. MAM. La Bible paraît désigner sous ce nom le Rhinocéros, qui se trouvait alors jusqu'en Idumée et en Arabie. (B.)

* REEN. MAM. D'où Rangier, Rainger, Reinssthier et Regner des

écrivains du moyen âge. Syn. lapon de Reune. *V.* CERF. (B.)

* RÉFLEXINE. BOT. CRYPT. Bridel propose ce nom comme français, pour désigner son genre Anacamptodon. *V.* ce mot. (B.)

RÉFRACTAIRES. MIN. On appelle ainsi les substances minérales qui demeurent infusibles à l'action du chalumeau. (B.)

RÉFRACTION DOUBLE. Le phénomène de la double Réfraction de la lumière, dans son trajet à travers les milieux cristallisés, se lie intimement à l'étude de la minéralogie; car il n'est presque point d'espèce minérale qui n'offre au moins, dans quelques-unes de ses variétés, une structure cristalline; et le phénomène dont il s'agit, résultant de cette structure particulière, se montre toujours en rapport avec les diversités qu'elle présente. Son observation, faite avec précision, fournit au naturaliste-physicien d'excellens caractères qui s'ajoutent à ceux que donnent le clivage et les formes extérieures, et qui peuvent même suppléer à leur absence dans un grand nombre de cas. Le rayon de lumière que l'on introduit dans l'intérieur d'un cristal transparent, est, suivant l'heureuse expression de Biot, une sorte de sonde très-déliée, au moyen de laquelle on interroge sa structure moléculaire, et l'on parvient souvent à reconnaître jusqu'aux plus légères variations dans sa composition chimique.

On sait que le phénomène de la double Réfraction consiste en ce que le faisceau lumineux qui traverse un cristal transparent, se partage généralement en deux autres faisceaux qui suivent des routes différentes, et donnent ainsi deux images des objets vus au travers du Cristal, lorsque leur séparation est sensible. Mais cette bifurcation de la lumière n'est pas le seul fait remarquable qu'offre la double Réfraction; chacun des deux faisceaux dans lesquels se divise le faisceau incident jouit de propriétés optiques qui ne sont pas les mêmes tout autour de sa direction, et qui établissent par conséquent des différences entre ses côtés. On distingue dans un pareil faisceau quatre côtés différens, situés deux à deux dans des plans qui se croisent à angles droits, et dont les opposés jouissent des mêmes propriétés, tandis que ceux qui sont dans des plans différens ont des propriétés contraires; de-là le nom de *polarisation* donné par Malus à cette singulière modification qu'éprouve la lumière directe lorsqu'elle traverse un milieu cristallisé.

C'est Huygens qui a reconnu le premier la loi que suit la double Réfraction dans le Spath d'Islande et dans tous les Cristaux dits *à un axe;* Fresnel en donna depuis une expression plus générale, qui convient à toutes sortes de Cristaux, soit à un, soit à deux axes; mais ce célèbre physicien ne se borna pas à faire connaître la loi expérimentale du phénomène. Le premier, il essaya d'en donner la théorie mécanique, et il vit bientôt qu'il ne pourrait découvrir la véritable explication de la double Réfraction, sans expliquer en même temps le phénomène de la polarisation qui l'accompagne constamment; c'est à quoi il est parvenu dans un Mémoire inséré au tome VII de ceux de l'Académie des Sciences, et ce résultat est, à notre avis, l'une des preuves les plus convaincantes que l'on puisse faire valoir en faveur de son hypothèse sur la nature de la lumière.

Dans la vue de faciliter l'intelligence des phénomènes optiques, essayons de donner une idée de cette nouvelle théorie qui repose sur deux ordres de considérations mécaniques, les unes relatives à la nature de l'équilibre moléculaire dans les milieux cristallisés, les autres à la nature particulière des vibrations lumineuses.

Nous avons déjà dit (art. CRISTALLOGRAPHIE) en quoi consiste cette agrégation des particules intégrantes d'un corps qui constitue la Cristallisation régulière. Ce qui la caractérise, c'est la manière symétrique dont ces molécules similaires sont espacées les unes par rapport aux autres, et le parallélisme exact de leurs lignes ou faces homologues. Ce parallélisme toutefois ne doit pas être considéré comme un résultat constant et nécessaire de toute cristallisation ou agrégation régulière de molécules semblables; et il serait facile d'imaginer d'autres arrangemens moléculaires qui conserveraient à la masse tous les caractères d'une structure homogène; mais nous avons dû nous borner au cas le plus simple, qui est en même temps celui de la presque totalité des substances naturelles. Dans l'article précédemment cité, nous avons établi les caractères des principaux genres de structure cristalline, ou, pour parler le langage des minéralogistes, des principaux Systèmes de cristallisation observés dans le règne minéral, sur les différences que présentent les espèces de ce règne dans leur clivage ou dans leurs formes extérieures; mais on peut aussi les faire dériver de la considération des *axes de cristallisation* auxquels conduit l'examen des conditions générales de l'équilibre moléculaire.

Dans tout assemblage de molécules en équilibre, si l'on suppose qu'une de ces molécules se déplace infiniment peu, elle éprouvera aussitôt une résistance de l'élasticité du milieu environnant, et elle sera repoussée soit dans la direction même de son déplacement, soit dans une autre direction. Pour qu'elle tende à revenir à sa première position en suivant la ligne même de son déplacement, il faut que les forces partielles qui la repoussent de droite et de gauche, dans chaque plan passant par cette ligne, soient égales entre elles. Or, le calcul prouve que dans tout système de points matériels en équilibre, il y a toujours, pour chacun d'eux, trois directions rectangulaires pour lesquelles cette condition est remplie; et de plus ces directions sont les mêmes pour toutes les molécules du milieu, lorsqu'il est cristallisé. Ce sont ces trois directions fixes que Fresnel appelle les *axes d'élasticité* du milieu, et que nous considérons avec lui comme les véritables *axes de cristallisation*.

Si l'on prend ces trois axes pour axes de coordonnées du milieu, et que l'on représente par a^2, b^2, c^2 les forces élastiques qui se développent suivant ces trois directions rectangulaires, a, b, c seront les trois demi-axes d'une surface, ayant pour centre l'origine des coordonnées, et dont chaque rayon, élevé au carré, mesurera la force élastique du milieu, décomposée suivant sa direction. Ceci est encore un résultat du calcul; de plus, il y a toujours deux plans diamétraux qui coupent cette surface suivant un cercle; ils passent par l'axe moyen, et sont également inclinés sur chacun des autres axes. Les deux directions normales à ces plans jouent un rôle remarquable dans les phénomènes de double Réfraction. Si l'on coupe un Cristal perpendiculairement à l'une de ces directions, le rayon de lumière qui tombe à angles droits sur la surface, n'éprouve ni double Réfraction ni déviation en pénétrant le Cristal. On donne à ces deux directions le nom d'*Axes de Réfraction* ou d'*Axes optiques*, pour les distinguer des axes d'élasticité ou de cristallisation.

Maintenant les différentes valeurs des demi-axes a, b, c établissent entre les Systèmes de cristallisation des différences qui sont en rapport avec les propriétés optiques correspondantes. Lorsque ces trois axes sont égaux entre eux, la surface dont les rayons servent à déterminer les élasticités du milieu, est celle d'une sphère, et chacun de ces rayons jouit de la propriété qui caractérise les axes optiques; on a le système de cristallisation du cube, pour lequel la double Réfraction est nulle dans toutes les directions. Si deux des axes de cristallisation sont égaux, la surface d'élasticité devient alors une surface de révolution autour du troisième axe; les deux plans diamétraux circulaires se confondent en un seul, et il en est de même des deux axes optiques : c'est le cas des *Cristaux à un axe*, qui appartiennent au Système de cristallisation du rhomboïde, ou à celui du prisme à base carrée. Enfin, quand les trois axes de cristallisation sont inégaux, on a le cas des *Cristaux à deux axes*, qui appartiennent aux Systèmes de cristallisation des parallélipipèdes, dont les faces ne peuvent être rapportées à une seule ligne centrale. Dans ce cas, les phénomènes optiques qui ont lieu autour des deux axes, peuvent offrir des différences en rapport avec la diversité des formes fondamentales des Cristaux, ainsi que Biot l'a reconnu dans la double Réfraction du Pyroxène diopside comparée à celle de la Topaze.

Pour concevoir les causes mécaniques de la bifurcation de la lumière, et se rendre raison des principales circonstances de la marche des deux faisceaux dans les milieux cristallisés, il faut maintenant emprunter à la physique quelques considérations sur la nature des rayons lumineux. Or, voici celles qui servent de base à la théorie de Fresnel, et que l'on peut envisager comme n'étant autre chose qu'une exacte traduction des faits. Suivant cet illustre physicien, la lumière se propage dans l'espace et à travers tous les milieux transparens, non par un mouvement de transport, mais par un mouvement de vibration, à la manière du Son ; et ce qui caractérise les rayons lumineux et les distingue des rayons sonores, c'est que les vibrations des particules lumineuses ne s'exécutent pas dans la direction même des rayons, ou suivant la ligne de propagation de la lumière, mais transversalement, dans une direction perpendiculaire aux rayons, ou parallèle à la surface des ondes. Si ces oscillations transversales ont lieu constamment suivant une même direction, ou perpendiculairement à un même plan, passant par la direction du rayon, ce rayon est dit *polarisé*, et ce plan fixe est ce qu'on nomme alors son *plan de polarisation*. La lumière ordinaire diffère de la lumière polarisée en ce qu'elle offre la réunion et la succession d'une foule de systèmes d'ondes polarisées suivant toutes les directions. Mais à l'instant où un tel faisceau de lumière ordinaire pénètre dans un milieu doué de la double Réfraction, il est modifié par l'action de ce milieu, les différens mouvemens vibratoires de ses ondes se décomposent suivant deux directions rectangulaires fixes, et par conséquent tous les systèmes d'ondes primitifs sont remplacés par deux systèmes, polarisés à angles droits, distincts et séparés l'un de l'autre par une différence de vitesse. Ce sont ces deux systèmes d'ondes, ou ces deux faisceaux composans, qui donnent naissance au phénomène de bifurcation dans l'intérieur du Cristal, parce que leur différence de vitesse entraîne nécessairement une différence de Réfraction. On sait en effet que la lumière ne se dévie, en passant d'un milieu dans un autre, que par suite du changement que sa vitesse a subie.

A l'aide de ces notions fort simples sur la constitution des milieux cristallisés et sur la nature de la lumière, il est facile d'établir les principes généraux de la marche des deux rayons dans les Cristaux à un axe, tels que les rhomboïdes de Chaux carbonatée. Lorsqu'un faisceau de lumière pénètre un rhomboïde de Spath d'Islande, dans une direction oblique à l'axe de ce rhomboïde, il se partage en deux autres faisceaux, dont l'un, que l'on nomme le *rayon ordinaire*, est polarisé dans le plan de la section principale du rhomboïde, c'est-à-dire dans un plan mené par ce rayon parallèlement à l'axe ; et l'autre, qu'on nomme le *rayon extraordinaire*, est polarisé dans un plan perpendiculaire à la section principale. Dans le premier rayon, les vibrations lumineuses s'exécutent perpendiculairement à cette section, et par conséquent à l'axe du rhomboïde. Or, d'après la structure cristalline propre aux rhomboïdes, toutes les rangées de molécules perpendiculaires à l'axe ne peuvent développer que des élasticités égales; elles agissent donc de la même manière pour modifier le rayon ordinaire, quelle que soit l'obliquité du rayon incident, et partant ce rayon ordinaire doit se propager dans l'intérieur du Cristal avec la même vitesse dans tous les sens : il reste ainsi soumis à la loi de la Réfraction ordinaire. Il n'en est pas de même du second rayon ; ses oscillations s'effectuant dans le plan même de la section principale, et toujours perpendiculairement au rayon, leur direction sera variable par rapport à l'axe, selon l'obliquité différente du rayon lui-même; il y aura donc aussi variation dans les élasticités développées par le rayon, et par suite dans sa vitesse de propagation. Cette vitesse sera seulement constante pour toutes les directions du rayon qui sont perpendiculaires à l'axe; c'est-à-dire que la loi de la Réfraction extraordinare s'assimile à celle de la Réfraction ordinaire, lorsque le rayon incident ne sort pas du plan perpendiculaire à l'axe du rhomboïde. En effet, les oscillations se font constamment alors dans le sens de l'axe, et les files de molécules parallèles à l'axe développent toutes des élasticités égales, comme les files perpendiculaires; ces élasticités sont seulement plus fortes dans les files parallèles, lorsque le Cristal possède la double Réfraction répulsive, et plus faibles lorsqu'il est doué de la double Réfraction attractive.

Toutes ces conséquences de la théorie se vérifient avec la plus grande facilité sur les Cristaux naturels. Si l'on prend un Cristal prismatique de Chaux carbonatée limpide, et qu'on le place par une de ses bases sur un papier marqué d'un point d'encre, en regardant ce point par la face supérieure, et dirigeant le rayon visuel perpendiculairement à cette face, on ne verra qu'une seule image; mais si le rayon visuel s'incline soit d'un côté, soit de l'autre, on verra paraître à l'instant deux images dont l'écartement sera constant pour une même inclinaison, quelque soit le plan d'incidence, et qui toutes deux seront contenues dans ce même plan avec le rayon direct. Si, au lieu de placer le Cristal sur une de ses bases, on le pose sur une de ses faces latérales, et qu'on observe par l'autre, on n'aura encore qu'une seule image pour l'incidence perpendiculaire, et des images doubles pour les incidences obliques; mais, dans ce dernier cas, l'écartement des images variera avec la position du plan d'incidence : il n'y aura que deux positions de ce plan, dans lesquelles il contiendra à la fois les deux images, savoir : quand il sera parallèle à l'axe, ou quand il lui sera perpendiculaire; enfin, dans le cas de perpendicularité, on remarquera que le sinus de Réfraction extraordinaire, et le sinus d'incidence, seront dans un rapport constant, quelle que soit l'inclinaison du rayon direct.

On peut aussi reconnaître par l'observation que lorsque les rayons sont parallèles à l'axe, non seulement ils suivent tous deux la même direction, mais ils parcourent le Cristal avec la même vitesse, et qu'au contraire leurs vitesses de propagation diffèrent le plus, dans le cas de perpendicularité à l'axe, quoiqu'ils suivent encore la même route. On sait que l'on juge en général de la vitesse d'un rayon lumineux par le brisement qu'il éprouve à son entrée et à sa sortie du Cristal sous des incidences obliques.

Quant à la loi mathématique qui détermine la direction du rayon réfracté extraordinairement dans les Cristaux à un axe, loi qui a été découverte par Huygens, et confirmée par les expériences de Wollaston et de Malus, non-seulement Fresnel est parvenu à la déduire de sa théorie, mais il en a donné une expression plus générale, qui convient aux Cristaux à deux axes; et de plus il a fait voir, le premier, que dans ces Cristaux les vitesses des deux rayons étaient variables, ou, en d'autres termes, qu'aucun d'eux ne suivait la loi de la Réfraction ordinaire. Lorsque le faisceau lumineux, étant perpendiculaire à la ligne moyenne, c'est-à-dire à la ligne qui divise en deux parties égales l'angle aigu des axes, tourne autour de cette ligne, la vitesse du rayon ordinaire reste constante, et celle du rayon extraordinaire éprouve les plus grandes variations possibles; et réciproquement, lorsque le faisceau lumineux tourne autour de la ligne qui divise en deux parties égales l'angle obtus des axes, le rayon ordinaire conserve la même vitesse, et la Réfraction extraordinaire passe du *maximum* au *minimum*.

Nous avons vu que chacun des deux rayons dans lesquels se divise un faisceau lumineux qui traverse un Cristal doué de la double Réfraction, a subi une modification particulière dont nous avons assigné la cause mécanique, et à laquelle on a donné le nom de *polarisation*. En effet il manifeste, à sa sortie du Cristal, des propriétés qui le distinguent essentiellement de la lumière ordinaire. Supposons qu'un faisceau de lumière directe tombe perpendiculairement sur l'une des faces d'un rhomboïde de Spath d'Islande, une partie de ce faisceau, savoir, le rayon ordinaire, continuera sa route directement, conformément à la loi de la Réfraction simple; l'autre partie, le rayon extraordinaire, suivra une route différente. Maintenant, si l'on fait tomber le rayon ordinaire perpendiculairement à la surface d'un second Cristal dont la section principale soit parallèle à celle du premier, ce rayon restera simple et suivra la loi de la Réfraction ordinaire. Si la section principale du second Cristal est perpendiculaire à celle du premier, le rayon restera encore simple, mais il ne continuera point sa route en ligne droite, et deviendra rayon extraordinaire. Si les deux sections principales sont inclinées, le rayon se bifurquera, mais les intensités des deux nouveaux rayons, ordinaire et extraordinaire, seront inégales. De même, si l'on reçoit le rayon extraordinaire du premier Cristal sur la surface d'un second Cristal qu'on lui présente perpendiculairement, ce rayon restera simple et extraordinaire quand les sections principales seront parallèles; il restera encore simple, mais se comportera comme un rayon ordinaire, quand les deux sections seront à angles droits; et enfin, dans les positions intermédiaires, il se divisera d'une manière inégale. Dans tous les cas de cette nature, où un rayon polarisé reste simple ou bien se divise inégalement, un rayon de lumière ordinaire se diviserait toujours en deux faisceaux d'égale intensité.

C'est à Biot que l'on doit la distinction des deux espèces de Réfraction extraordinaire auxquelles il a donné les noms de double Réfraction *attractive*, et de double Réfraction *répulsive*. Il a remarqué que dans certains Cristaux, comme ceux du carbonate de Chaux, du phosphate de Chaux, de la Tourmaline, de l'Émeraude, le rayon extraordinaire est toujours éloigné de l'axe par la Réfraction plus que le rayon ordinaire, tandis que dans d'autres substances, telles que le Cristal de Roche, la Topaze, les sulfates de Chaux et de Baryte, le rayon extraordinaire se trouve toujours plus rapproché de l'axe. Ces différences sont constantes pour les mêmes substances, en sorte qu'elles peuvent fournir des caractères propres à les distinguer les unes des autres.

Nous avons indiqué (art. MINÉRALOGIE) les principaux moyens que le naturaliste peut employer pour reconnaître si une substance est douée de la double Réfraction. Le plus simple consiste à chercher si elle produit le phénomène de la double image lorsqu'on regarde un objet à travers deux faces opposées, ce qui doit toujours avoir lieu si la face tournée vers l'œil n'est ni parallèle ni perpendiculaire à un axe de Réfraction; et encore, dans ces derniers cas, la double Réfraction n'est-elle nulle que pour les incidences perpendiculaires. Ce phénomène de la double image ne s'observe toutefois à travers des faces parallèles que quand la double Réfraction est très-énergique, comme dans le Spath d'Islande et dans le Soufre. Dans les autres Cristaux, tels que ceux de Topaze et de Quartz, la bifurcation des rayons a toujours lieu dans les mêmes circonstances, mais si faiblement, qu'il faudrait des plaques très-épaisses pour la rendre sensible. C'est pour cela que l'on taille alors ces Cristaux de manière que la face de sortie soit inclinée sur la première; car alors les deux rayons ne sortant plus dans des directions parallèles, finissent toujours par se séparer, si on les suit assez loin.

Nous avons exposé dans le même article un autre procédé à l'aide duquel on peut déterminer si un corps possède la double Réfraction, sans être obligé de le tailler ni d'opérer sur des plaques épaisses. Nous voulons parler de celui qui consiste à faire usage de l'appareil composé de deux lames de Tourmaline. Il est fondé sur une propriété remarquable, que Biot a découverte dans cette substance, et qui paraît tenir à ce que sa structure n'est pas parfaitement homogène. Ce physicien a observé que la Tourmaline, taillée parallèlement à son axe, exerce la double Réfraction quand elle est mince, et la Réfraction simple quand elle est épaisse; mais celle qu'elle conserve dans ce dernier cas est la Réfraction extraordinaire. En conséquence de cette propriété, si l'on a une plaque à faces parallèles dont l'épaisseur excède quelques centièmes de millimètre, et qu'on l'expose perpendiculairement à un rayon de lumière ordinaire, toute la lumière transmise se trouve polarisée dans un seul sens. Aussi, lorsqu'on présente cette plaque à un rayon polarisé, dont le plan de polarisation est perpendiculaire à son axe, elle le transmet entièrement; mais si ce plan est parallèle à l'axe, elle arrête le rayon en totalité. Il suit de là que si l'on superpose deux plaques semblables, de manière que leurs axes soient croisés à angles droits, le point de croisement est toujours opaque, quelle que soit l'espèce de la lumière incidente; car la seconde plaque arrête nécessairement les rayons que la première a transmis; mais si l'on place entre ces plaques une lame d'une autre substance douée de la double Réfraction, le rayon transmis par la première plaque se divisera dans cette lame en deux faisceaux polarisés en sens contraire, et par conséquent il y aura toujours des rayons disposés de manière à être transmis par la seconde plaque. Cependant il y aura des cas où la division du rayon en deux faisceaux diversement polarisés, n'aura pas lieu si le plan de la lame n'est pas oblique à son axe de Réfraction; mais on pare à cette difficulté en faisant mouvoir la lame sur elle-même, en même temps qu'on l'incline légèrement entre les deux Tourmalines.

On a vu que la double Réfraction est nulle lorsque la direction du rayon incident est parallèle à l'axe de cristallisation, ou lorsqu'elle lui est perpendiculaire. Aussi une plaque de Spath d'Islande à faces parallèles, taillée dans le sens de l'axe ou dans le sens perpendiculaire, donne toujours des images simples lorsqu'on applique l'une de ces faces contre l'œil, de manière à ne recevoir que les rayons qui suivent la direction de la normale; mais si la seconde face de la plaque est inclinée sur celle que l'on tourne vers l'œil, les images ne restent simples que dans le cas où cette dernière face est perpendiculaire à l'axe de Réfraction. De là le moyen que l'on emploie pour reconnaître la direction de cet axe, et pour la distinguer des autres directions dans lesquelles la Réfraction double peut aussi disparaître : la première est la seule qui puisse donner des images simples à travers des faces prismatiques.

Lorsqu'on présente un Cristal à un rayon polarisé par une face taillée perpendiculairement à un axe de Réfraction, on observe à l'entour de cet axe des phénomènes de coloration qui peuvent aider à reconnaître la classe à laquelle le Cristal appartient. Si le Cristal est à un axe, on aperçoit une multitude d'anneaux colorés concentriques, partagés par une grande croix noire dont les branches vont en s'évasant à partir du centre. Si la substance possède deux axes, on peut aussi observer des anneaux colorés autour de chacun d'eux, mais ils ne sont plus partagés régulièrement en quatre quadrans par une croix noire; ils sont seulement traversés par une ligne droite centrale, ou par des lignes courbes qui ne passent point par le centre. (G. DEL.)

RÉGALEC. *Regalecus.* POIS. Genre de l'ordre des Acanthoptérygiens, et de la famille des Teinoïdes, caractérisé par de petites pectorales, une première dorsale à rayons simples, peu étendue, et une seconde régnant sur presque tout le long du corps; mais les Régalecs manquent d'anale ainsi que de caudale, et leurs ventrales thoraciques se réduisent à de très-longs filets. On ne connaît encore que trois espèces de ce genre, dont l'une, qui était le *Gymnetrus Russelii* de Shaw, se trouve dans les mers de l'Inde; la seconde, *Regalecus lanceolatus*, a été formée par Lacépède, d'après une peinture chinoise bariolée d'or et de brun; la troisième et la plus remarquable, en ce que les pêcheurs du Nord l'ont appelée Roi des Harengs (*Rex Halecum*), parce qu'on la trouve parmi les troupes innombrables de ces Poissons, dont probablement elle se nourrit. Il paraît qu'elle atteint aux grandes dimensions, et qu'il en existe de vieux individus qui ont jusqu'à dix-huit pieds de long. Cette espèce, dont le corps s'amincit en queue pointue, presque flagelliforme, a sa première dorsale peu élevée, et ses longues ventrales terminées chacune par un disque membraneux. On la trouve surtout dans les mers de Norvège. Il ne faut pas confondre ce Poisson avec la Chimère arctique, à laquelle on a aussi donné le nom vulgaire de Roi des Harengs. (B.)

REGALEOLUS. OIS. Dans Aldrovande, c'est le Roitelet qui est aussi appelé *Regillus* par quelques vieux naturalistes. (B.)

RÉGIME. BOT. PHAN. C'est le nom vulgaire, adopté dans la plupart des voyageurs, que l'on donne dans les colonies françaises des deux mondes aux spadices des Palmiers; ainsi l'on dit un Régime de Dattes. On a étendu ce nom aux Bananes. (B.)

RÉGINE. REPT. OPH. Espèce du genre Couleuvre. *V.* ce mot. (B.)

RÉGLISSE. *Glycyrrhiza.* BOT. PHAN. Genre de la famille des Légumineuses et de la Diadelphie Décandrie, L., composé d'environ huit à neuf espèces qui presque toutes croissent dans les régions méridionales de l'Europe; une seule (*G. lepidota*, Nuttal) habite l'Amérique septentrionale. Ce sont des Plantes vivaces à racines très-longues, rampantes et cylindriques, d'une saveur douce et sucrée. Leurs feuilles sont imparipinnées; leurs fleurs ordinairement violacées ou blanches forment des épis axillaires. Leur calice est nu, tubuleux, à cinq lobes aigus, disposés en deux lèvres, l'une supérieure bilobée, et l'autre inférieure à trois divisions. La corolle est papillonacée; son étendard est ovale, lancéolé, dressé, la carène est composée ordinairement de deux pétales non soudés, droits et aigus; les étamines sont diadelphes; le style est filiforme et le fruit est une gousse ovoïde, oblongue, comprimée, uniloculaire, contenant une à quatre graines.

Parmi les diverses espèces de ce genre, il en est une surtout fort intéressante, c'est la RÉGLISSE GLABRE, *Glycyrrhiza glabra*, L.; Rich., Bot. Méd., 2, p. 557. Cette espèce croît dans les provinces méridionales de la France, en Espagne, en Italie, etc.; c'est sa racine qui est connue et si fréquemment employée en médecine sous le nom de racine de Réglisse. Elle est longue, cylindrique, de la grosseur du doigt, brunâtre extérieurement, d'un jaune intense à l'intérieur; sa saveur est très-douce et sucrée, surtout quand elle est récente. D'après l'analyse qui en a été faite par Robiquet, la racine de Réglisse se compose : 1° d'Amidon; 2° d'Albumine; 3° de Ligneux; 4° de Phosphate, de Malate de Chaux et de Magnésie; 5° d'une matière résineuse un peu âcre; 6° d'une matière sucrée, particulière, qu'on nomme Glycyrrhizine; 7° d'une autre matière organique ayant quelques rapports avec l'Asparagine. La racine de Réglisse est un médicament adoucissant. On l'emploie très-fréquemment pour communiquer aux diverses tisanes une saveur douce et agréable. Sa poudre est usitée pour donner de la consistance à certaines masses pilulaires. On retire de la racine de Réglisse un extrait sec, que l'on désigne sous le nom de *Suc* ou *Jus de Réglisse*. C'est dans de grandes chaudières de cuivre que l'on prépare cette substance, en faisant bouillir la racine dans l'eau et évaporant la décoction jusqu'à consistance d'extrait. On le roule ensuite en bâtons, du poids de six à huit onces, que l'on enveloppe généralement dans des feuilles de Laurier. Presque tout le suc de Réglisse qu'on emploie en France se fabrique en Espagne ou en Sicile. Dans cet état il est un peu impur, et contient presque toujours de petites parcelles de cuivre que l'on a détachées des chaudières en en retirant l'extrait cuit au moyen de grandes spatules de fer. On doit donc le purifier en le faisant dissoudre et en l'évaporant de nouveau avant de s'en servir. Très-souvent on l'aromatise avec de l'essence d'Anis. Ce médicament est surtout employé dans la médecine populaire pour combattre les rhumes. (A. R.)

REGNER. MAM. *V.* REEN et RENNE au mot CERF.

RÈGNES. *V.* HISTOIRE NATURELLE et PSYCHODIAIRE.

REGRAQ. BOT. PHAN. *V.* NAFAL.

RÉGULE. CHIM. Les anciens chimistes donnaient le nom de Régule à la substance métallique obtenue par la fusion d'une mine, qu'ils considéraient comme un demi-métal; ainsi ils ont appelé :

RÉGULE D'ANTIMOINE, l'Antimoine pur; le nom d'Antimoine étant donné par eux au sulfure de ce métal.

RÉGULE D'ARSENIC, l'Arsenic métallique.

RÉGULE DE COBALT, la substance métallique retirée de la mine de Cobalt, et qui était un Cobalt très-impur.

RÉGULE MARTIAL, l'Antimoine mêlé de Fer, que l'on obtient en décomposant par le Fer le sulfure d'Antimoine.

RÉGULE DE VÉNUS, l'alliage d'Antimoine et de Cuivre, que l'on obtient en fondant le même sulfure avec le Cuivre. (G. DEL.)

REHUSAK. OIS. (Latham.) Syn. vulgaire de Tétras des Saules. *V.* TÉTRAS. (DR..Z.)

REICHARDIA. BOT. PHAN. Le nom de *Reichardia* a été appliqué successivement à plusieurs genres, d'abord par Mœnch au *Picridium* de Desfontaines, puis par Roth au *Maurandia* de Jacquin; enfin par le même auteur à un genre de Légumineuses encore trop peu connu, qui offre les caractères suivans : calice presque campanulé, crénelé, à cinq divisions; corolle presque papilionacée, dont les pétales, au nombre de six ou dix, sont inégaux; dix étamines déclinées, cohérentes un peu au-dessous de leur milieu; ovaire presque pédicellé, surmonté d'un style filiforme et d'un stigmate dilaté; gousse samaroïde, finissant en une aile oblongue. Les *Reichardia hexapetala* et *decapetala*, Roth (*Nov. Spec.*, 210), sont des Plantes de l'Inde-Orientale, que les collecteurs avaient placées parmi les *Cæsalpinia*. Le genre *Reichardia* offre une anomalie bien singulière dans sa corolle à six ou dix pétales; mais le professeur De Candolle (Mém. sur les Légumineuses, p. 43) soupçonne que cette structure est due, soit à la transformation de quelques étamines en pétales, soit, comme on peut l'inférer de la description, que l'étendard et peut-être la carène, au lieu d'être uniques, seraient remplacés chacun par un faisceau de pétales, soit enfin que ces fleurs aient l'organisation de celles des *Cæsalpinia*, mais habituellement soudées deux à deux. (G..N.)

REICHELIA. BOT. PHAN. (Schreber et Willdenow.) Syn. de *Sagonea* d'Aublet. *V.* SAGONÉE. (B.)

* REICHENBACHIA. BOT. CRYPT. (*Lichens.*) Ce genre, proposé par Sprengel, rentre, selon notre collaborateur Fée, dans le genre *Usnea*. *V.* USNÉE. (B.)

* REIDER. MAM. Nom désignant dans le *Museum Wormianum* (p. 280) le Cachalot macrocéphale, *Physeter macrocephalus*. (LESS.)

REIMARIA. BOT. PHAN. Flugge, dans sa Monographie des *Paspalus*, avait formé sous ce nom un genre de Graminées, dont quelques espèces ont été réunies par Kunth aux Paspales. Ce dernier auteur ayant restreint ce genre à la seule espèce *Reimaria acuta*, en a ainsi exprimé les caractères essentiels : épillets uniflores; lépicène (*Glume*, Kunth) unique; glume (*Paillettes*, Kunth) à deux valves, acuminées-subulées; deux étamines; deux styles, à stigmates en pinceaux. Le *Reimaria acuta*, Flugge et Kunth, *Nov. Gener. et Spec.*, *pl. æquin.*, 1, p. 84, tab. 21, est une Plante très-rameuse, rampante; ses fleurs forment des épis au nombre de 4 ou 5, inarticulés, composés d'épillets unilatéraux, portés sur un rachis membraneux. Cette Graminée croît sur les rives humides de l'Orénoque. (G..N.)

REINE. ZOOL. BOT. On a donné ce nom comme vulgairement spécifique, en l'accompagnant de quelque épithète, à diverses bêtes, ainsi qu'à des Herbes, et conséquemment appelé :

REINE, tout simplement, la Vanesse Paon du Jour, *Papilio Io*, L.

REINE ABEILLE, la femelle qui effectivement régit dans les ruches les républiques d'Abeilles.

REINE DES BOIS, l'*Asperula odorata*.

REINE DES CARPES, une espèce du genre Cyprin.

REINE CLAUDE ou GLAUDE, une variété de Prunes.

REINE MARGUERITE, l'*Aster sinensis*.

REINE DES PRÉS, le *Spiræa Ulmaria*.

REINE DES SERPENS, le Boa Devin, etc. (B.)

REINERIA. BOT. PHAN. Genre proposé par Mœnch pour le *Galega stricta*, Willd., et dont De Candolle fait sa quatrième section du genre *Tephrosia*. *V.* ce mot. (A. R.)

REINETTE. BOT. PHAN. Une variété de Pommes et d'Ananas. (B.)

* REINSSTHIER. MAM. *V.* RENNE au mot CERF.

* REINWARDTIA. BOT. PHAN. Sous ce nom Blume et Nées d'Esembeck (*Sylloge Plantar. minus cognitarum*, Ratisbonne 1824) ont établi un genre que nous ne retrouvons point dans les écrits que Blume a publiés postérieurement. En aurait-il changé le nom, ou plutôt serait-ce un double emploi d'un genre déjà connu? C'est ce que nous n'avons pu décider. Quoi qu'il en soit, nous allons présenter les caractères essentiels de ce genre que ses auteurs ont placé dans la famille des Tiliacées, formant le passage aux Dilléniacées, et qui appartient à la Monadelphie Polyandrie, L. Le calice est profondément divisé en cinq segmens inégaux, dont trois hérissés d'écailles soyeuses. La corolle est à cinq pétales caducs. Les étamines, au nombre de vingt et au-delà, sont réunies en un anneau qui entoure le disque de la fleur. Il y a cinq styles longs, subulés et divergens. Le fruit est une

capsule à cinq loges polyspermes. Le *Reinwardtia javanica* est un Arbre à feuilles alternes, entières, veinées, elliptiques-oblongues, acuminées et munies dans leurs aisselles de bourgeons de fleurs imparfaites. Les pédoncules sont axillaires, accompagnées au sommet de bractées, et portant un petit nombre de fleurs jaunes qui ont quelque ressemblance extérieure avec l'involucre de la fleur du Hêtre. Cette Plante croît sur la montagne de Salak dans l'île de Java.

Sprengel (*System. Regn. Veget.*, 1, p. 863) a donné le nom de *Reinwardtia* au genre *Dufourea* de Kunth; mais ce genre a reçu le nouveau nom de *Prevostea* qui lui a été imposé par Choisy. *V.* DUFOURÉE et PRÉVOSTEA. D'un autre côté, Sprengel a changé le nom générique du *Reinwardtia* décrit plus haut, en celui de *Blumia*. (G..N.)

* RELAMPAGO. POIS. C'est-à-dire *éclair*, par allusion à l'éclat des reflets que lancent les Coryphœnes. Synonyme espagnol de ce mot, et particulièrement d'Hippure. *V.* CORYPHOENE. (B.)

RELBUN. BOT. PHAN. (Feuillée.) Nom de pays du *Rubia chilensis*. (B.)

RELHAMIA. BOT. PHAN. (Gmelin.) Syn. de *Curtisia*. *V.* ce mot. (A. R.)

RELHANIE. *Relhania*. BOT. PHAN. Genre de la famille des Synanthérées corymbifères, de la tribu des Inulées, établi par L'Héritier (*Sertum Angl.*, p. 22), adopté par H. Cassini qui y réunit comme section ou sous-genre l'*Eclopes* de Gaertner. Ce genre peut être caractérisé ainsi : capitules radiés; involucre hémisphérique, formé d'écailles imbriquées, ovales, surmontées d'un appendice arrondi et scarieux; clinanthe plan, garni d'écailles minces, linéaires, un peu plus longues que les fleurs; demi-fleurons de la circonférence femelles; fleurons du disque réguliers et hermaphrodites. Fruits ovoïdes, allongés, couronnés par une aigrette membraneuse, tubulée, dentée seulement au sommet. Le sous-genre *Eclopes* diffère surtout par ses fruits du disque qui sont comprimés, glabres, et ceux de la circonférence triquètres, hispides, couronnés les uns et les autres par une aigrette membraneuse, courte, profondément et irrégulièrement découpée. H. Cassini ne place dans le sous-genre *Relhania* que l'espèce décrite par L'Héritier sous le nom de *R. paleacea*. Il reporte les autres dans le sous-genre *Eclopes*. Toutes ces espèces sont des Arbustes originaires du cap de Bonne-Espérance. (A. R.)

RELIGIEUSE. ZOOL. BOT. On a donné ce nom à plusieurs Animaux, tels que la Sarcelle blanche et noire, l'Hirondelle des fenêtres, la Corneille mantelée, etc., parmi les Oiseaux, aux Mantes Superstitieuse et Prêcheuse chez les Insectes. Il y a des Religieuses jusque chez les Champignons; ce sont les petites Helvelles. (B.)

* REMBE. *Rembus*. INS. Genre de l'ordre des Coléoptères, section des Pentamères, famille des Carnassiers, tribu des Carabiques thoraciques, établi par Latreille aux dépens du genre *Carabus* de Linné et de Fabricius, et adopté par tous les entomologistes. Dejean, dans le Spéciès des Coléoptères de sa collection, lui assigne pour caractères essentiels : les trois premiers articles des tarses antérieurs dilatés dans les mâles. Dernier article des palpes allongé, presque ovalaire et tronqué à l'extrémité. Antennes filiformes. Lèvre supérieure très-fortement échancrée. Mandibules peu avancées, légèrement arquées et pointues. Point de dent au milieu de l'échancrure du menton. Tête presque triangulaire, un peu rétrécie postérieurement. Corselet très-légèrement en cœur, plus étroit que les élytres. Elytres assez allongées et presque parallèles. Ce genre, dit Dejean, formé sur les *Carabus politus* et *impressus* de Fabricius, s'éloigne un peu par son faciès de tous ceux de sa tribu, et se

rapproche au contraire des *Omasœus* et des *Pterostichus*. On n'en connaît jusqu'à présent que deux espèces, savoir : le REMBE POLI, *Rembus politus*, Dej., *loc. cit.* T. II, p. 381; Latr., *Carabus politus*, Fabr. Long de sept à huit lignes, noir, avec le corselet un peu moins long que large, ayant de chaque côté une ligne longitudinale enfoncée. Elytres ayant des stries ponctuées. Le REMBE IMPRIMÉ, *Rembus impressus*, Dej., *loc. cit.*, p. 383; *Carabus impressus*, Fabr. Long de plus de neuf lignes, noir; corselet ayant une impression de chaque côté. Elytres ayant des stries lisses. Ces deux espèces se trouvent aux Indes-Orientales.

Germar a nommé *Rembus* un genre de Rhynchophores de la tribu des Charansonites, que l'on ne peut admettre, puisque ce nom est déjà donné depuis long-temps aux Carabiques précédens. C'est pourquoi Dejean, dans son Catalogue, a donné le nom de *Thylacites trifasciatus* au *Rembus auricinctus* de Germar, seule espèce de ce nouveau genre qui habite le Brésil. *V.* THYLACITE. (G.)

RÉMÉ. BOT. PHAN. (Adanson.) Syn. de *Trianthema*. *V.* ce mot. (A. R.)

RÉMIGES. OIS. C'est le nom que portent les grandes plumes de l'aile des Oiseaux, qui leur servent en quelque sorte de rames pour se soutenir et se mouvoir dans l'air. (DR..Z.)

RÉMIPÈDE. *Remipes*. CRUST. Genre de l'ordre des Décapodes, famille des Macroures, tribu des Hippides, établi par Latreille aux dépens du genre *Hippa* de Fabricius, et ayant pour caractères : les quatre antennes presque de la même longueur, courtes et avancées. Pieds-mâchoires extérieurs semblables à de petits bras, ayant un fort crochet au bout. Pieds antérieurs s'amincissant peu à peu pour finir en pointe. Ceux des autres paires terminés par des lames ciliées, un peu plus larges dans leur milieu et également pointues. Ce genre se distingue facilement des Hippes, parce que ceux-ci ont les pieds antérieurs terminés par un article ovale, en forme de lame comprimée, et par plusieurs autres caractères aussi faciles à saisir. Les Albunées ne peuvent être confondues avec le genre qui nous occupe, parce que leurs pieds antérieurs sont terminés par une pince triangulaire, dont le doigt immobile est fort court. On ne connaît qu'une seule espèce; elle est propre aux mers de la Nouvelle-Hollande. C'est :

Le RÉMIPÈDE TORTUE, *Remipes testudinarius*, Latr., Lamk., *Hippa adactyla*, Fabr.; Herbst, Canc., tab. 22, fig. 4. Ce Crustacé est long de plus d'un pouce; sa carapace est ovale, finement ridée en dessus, avec cinq dents à son bord antérieur, dont les trois intermédiaires ont moins de longueur que les deux latérales, et au-dessous desquelles sont insérés les pédoncules grêles qui supportent les yeux. Les bords du dernier article de l'abdomen et les pates sont velus. Latreille rapporte que l'on trouve sur les côtes de la Martinique une autre espèce de ce genre, qui a été figurée dans un ouvrage anglais sur l'histoire naturelle des Barbades. (G.)

* RÉMIPÈDES ou NÉCTOPODES. INS. Nom donné par Duméril (Zool. analyt.) à sa seconde famille des Coléoptères pentamérés, à laquelle il donne pour caractères : élytres dures, couvrant tout l'abdomen; antennes en soie ou en fil, non dentées; tarses natatoires. Les genres Dytique, Hyphydre, Haliple et Tourniquet composent cette famille. (G.)

REMIREA. BOT. PHAN. Ce genre, établi par Aublet pour une Plante de la Guiane qu'il nomme *Remirea maritima*, *loc. cit.*, 1, p. 44, tab. 16, a été placé par Jussieu parmi les Graminées. Palisot de Beauvois le mentionne également parmi les genres de cette famille dans son Agrostographie. Cependant ce genre appartient évidemment aux Cypéracées, ainsi qu'on pourra facilement le reconnaître à la description que nous allons en tracer. Les tiges sont noueuses, étalées et rampantes à la surface du sol, se redressant vers leurs extrémités en branches ramifiées, toutes couvertes de feuilles. Celles-ci extrêmement rapprochées les unes des autres, sont linéaires, aiguës, roides, terminées à leur base par une gaîne entière. Les fleurs forment des épis ovoïdes et solitaires au sommet de chacune des ramifications des branches; ces épis sont accompagnés à leur base par un involucre formé de plusieurs feuilles rapprochées circulairement. Les épillets sont très-nombreux, sessiles, uniflores et allongés. Ils se composent chacun de cinq écailles alternes et distiques, ovales, allongées, aiguës, dont la plus intérieure est plus épaisse et roulée par ses bords sur les organes sexuels qu'elle recouvre presque complètement. Les étamines, au nombre de trois, sont dressées; leurs filets sont un peu plans, leurs anthères linéaires, allongées, terminées par un petit appendice à leur sommet. L'ovaire est triangulaire, allongé, terminé par un style simple, au sommet duquel sont trois stigmates linéaires et recourbés en dehors. Le fruit est un akène triangulaire, oblong, enveloppé par l'écaille la plus intérieure, qui s'est épaissie et est devenue cartilagineuse, et qui paraît l'analogue de l'urcéole des *Carex* ou des soies ou écailles hypogynes des autres Cypéracées qui en sont pourvues. Cette Plante croît sur les rivages sablonneux de la Guiane, et en particulier dans les territoires de la pointe Saint-Joseph et de Rémire, d'où Aublet a tiré le nom de *Remirea*. Palisot de Beauvois l'a également trouvée en Afrique dans le royaume d'Oware et Benin, et il en a donné une figure pl. 73 de sa Flore de cette contrée. (A. R.)

RÉMITARSES ou HYDROCORÉES. INS. Duméril (Zool. analyt.) désigne sous ce nom une famille d'Hémiptères à laquelle il donne pour caractères : élytres dures, coriaces; bec paraissant naître du front; antennes sétacées, très-courtes; pates postérieures propres à nager. Cette famille comprend les genres Ranatre, Nèpe, Naucore et Sigare. (G.)

RÉMIZ. OIS. Espèce du genre Mésange. *V.* ce mot. (B.)

RÉMORE. *Echeneis*. POIS. Que Bonnaterre, Encycl. Pois., p. 57, traduit par Echène, etc. Genre de Poissons subbrachiens qui pourrait à lui seul constituer une petite famille particulière. Il est très-remarquable par la conformation de la tête, qui supporte en dessus un disque aplati, composé d'un certain nombre de lames transversales, obliquement dirigées en arrière, dentelées ou épineuses à leur bord postérieur et mobiles, de manière à ce que le Poisson, soit en faisant le vide entre elles, soit en accrochant les épines de leurs rebords, se fixe aux divers corps voisins, tels que les rochers, les vaisseaux, ou contre des Poissons plus grands que lui. Le corps est allongé, se terminant en coin, à peu près cylindrique, quoiqu'un peu comprimé latéralement, couvert d'une peau rude quand on y passe la main au rebours; il n'y a qu'une dorsale vis-à-vis de l'anale. La tête est tout-à-fait plate en dessus; les yeux y sont sur les côtés; la bouche fendue à sa mâchoire inférieure, plus avancée, et il y règne une rangée très-régulière de petites dents semblables à des cils le long des maxillaires, tandis que les intermaxillaires ont des dents en cordes. L'ouverture des ouïes est en croissant avec huit ou neuf rayons à la branchiostège. L'estomac est un large cul-de-sac, avec six ou huit cœcums. Il n'y a pas de vessie natatoire. On ne connaît que trois ou quatre espèces constatées de ce genre, entre lesquelles les deux suivantes sont le plus anciennement et le mieux connues.

Le RÉMORE PROPREMENT DIT, *Echeneis Remora*, L., Bloch, pl. 172;

Encycl. Pois., pl. 33, fig. 123. Sa peau est d'une couleur cendrée. Il n'a guère que cinq à six pouces de longueur.

Le SUCCET, *Echeneis Naucrates*, L., Bloch, pl. 171; Encycl. Pois., pl. 33, fig. 124. Celui-ci atteint jusqu'à trois pieds de longueur; le dos et la queue sont variés de verdâtre; les flancs de brun, et les nageoires ont leur fond jaunâtre, bordé de brun.

Les Rémores, qui se trouvent dans toutes les mers, sont des Poissons dès long-temps célèbres. L'habitude qu'ils ont de s'accrocher par l'appareil qu'ils portent sur la tête, à de grands Squales, qu'ils chargent pour ainsi dire de nager pour eux et de les voiturer, les fit remarquer des marins, qui forgèrent alors mille histoires plus absurdes les unes que les autres sur leur compte, et qui finirent par croire qu'un Rémore fixé à la carène d'un vaisseau était capable de l'arrêter dans sa marche, comme si l'on eût jeté l'ancre. Nous avons eu souvent occasion d'observer de ces singuliers Animaux accompagnant des Requins, et qui se laissaient prendre avec eux plutôt que de se détacher de leurs nageoires contre lesquels ils s'étaient appliqués. Il paraît que, vivant, comme la Gastérostée Pilote, des restes des repas du Squale, ils se soulagent de la sorte des efforts qu'ils doivent faire pour le suivre. (B.)

REMORD OU REMORS. BOT. PHAN. L'un des synonymes de *Scabiosa Succisa*, L. (B.)

RÉNANTHÈRE. *Renanthera*. BOT. PHAN. Genre encore fort incertain, établi par Loureiro (*Flor. Cochin.*, 2, p. 637) dans la famille des Orchidées, et auquel il donne les caractères suivans : les fleurs sont grandes et d'un rouge brillant, disposées en longs épis terminaux. Les trois divisions externes du calice sont planes et linéaires, lancéolées, dirigées vers la partie inférieure de la fleur; les deux divisions internes et supérieures sont obtuses et ondulées; le labelle est comme à deux lèvres; l'anthère est operculée. Le *Renanthera coccinea*, seule espèce de ce genre, croît en parasite sur le tronc des autres Arbres dans les forêts de la Cochinchine. (A. R.)

RENARD. ZOOL. L'espèce du genre Chien qui porte ce nom y est type d'une section, et son nom a été étendu à beaucoup d'Animaux qui ne sont pas des Renards. Ainsi, outre diverses espèces de Chiens de ce sous-genre, on a appelé :

RENARD, un Phalanger, la Tadorne, un Squale, une Coquille du genre Cône, et un Insecte du genre Dermeste.

RENARD AMÉRICAIN, le Tamanoir. *V*. FOURMILIER.

RENARD MARIN, divers Phoques.

RENARD VOLANT, le Galéopithèque roux, etc. (B.)

RENARDE. MAM. La femelle du Renard. (B.)

RENARDEAU. MAM. Le petit du Renard. (B.)

RENDANG. BOT. PHAN. *V*. CARENDANG.

RENÉ. POIS. On donne en Lorraine ce nom à une Salmone qui pourrait bien être une espèce particulière ou le *Salmo alpinus*, L. (B.)

RENEALMIA. BOT. PHAN. (Feuillée.) *V*. GUSMANNIE.

Le genre ainsi nommé par Plumier a été réuni par Linné au *Tillandsia*. *V*. ce mot. Linné fils a fait un autre genre *Renealmia* qui est le même que le *Catimbium* de Jussieu, ou *Globba* de Linné. Enfin, Houttuyn nommait *Renealmia* le genre que Gmelin a désigné sous le nom de *Villarsia*, généralement adopté. *V*. VILLARSIE. (A. R.)

* RENEAUME. BOT. PHAN. Pour Renealmia. *V*. ce mot. (B.)

RENEBRÉ. BOT. PHAN. L'un des noms vulgaires du *Rumex acutus*, L. (B.)

* RENÉGAT. OIS. L'un des noms vulgaires de la Pie-Grièche grise. (B.)

RENETTE. REPT. BATR. Pour Rainette. *V.* ce mot. (B.)

RÉNILLE. *Renilla*. POLYP. Genre de Polypiers nageurs établi par Lamarck aux dépens des Pennatules de Linné, ayant pour caractères : corps libre, aplati, réniforme, pédiculé, ayant une de ses faces polypifère et des stries rayonnantes sur l'autre; polypes à six rayons. Ce genre renferme deux espèces : l'une, décrite par Lamarck sous le nom de *Renilla americana*, a une tige cylindrique marquée d'un sillon étroit, soutenant à l'une de ses extrémités un disque réniforme, aplati, couvert de stries rayonnantes sur l'une de ses faces; l'autre face un peu convexe et couverte de polypes a six tentacules contenus dans des cellules caliciformes à six angles et à cinq divisions. Ce Polypier est d'une belle couleur rouge, et l'ouverture des cellules jaune. L'autre espèce, décrite et figurée par Quoy et Gaimard (Voyage de l'Uranie), a une tige courte terminée par un disque également convexe des deux côtés, de couleur violette; polypes jaunes. (B.)

RENNE. *Taraudus*. MAM. Espèce du genre Cerf. *V.* ce mot. (B.)

RENONCULACÉES. *Renonculaceæ*. BOT. PHAN. Famille de Plantes Dicotylédones polypétales à étamines hypogynes, qui peut être caractérisée de la manière suivante : les fleurs dont l'inflorescence est très-variable, sont souvent accompagnées d'un involucre formé généralement de trois feuilles quelquefois tellement rapprochées de la fleur qu'elles semblent former un second calice. Le calice est en général de quatre à cinq sépales, persistans ou caducs, réguliers et souvent colorés et pétaloïdes. La corolle qui manque dans un assez grand nombre de genres, se compose de deux, cinq, ou d'un plus grand nombre de pétales, tantôt planes, tantôt creux, irréguliers et brusquement onguiculés à leur base. Ces pétales sont décrits comme des nectaires par Linné et les auteurs qui ont suivi son système. Les étamines sont en général en nombre indéterminé, libres et attachées à une sorte de proéminence qui fait suite au pédoncule et porte également les ovaires. Les anthères à deux loges sont continues aux filets. Les pistils sont monospermes, uniloculaires, tantôt réunis en grand nombre et formant une sorte de capitule, tantôt polyspermes, au nombre de deux à cinq, libres ou soudés entre eux par leur côté interne; très-rarement ils sont solitaires par suite d'avortement. Chaque ovaire porte un style souvent persistant, prenant même quelquefois beaucoup d'accroissement; il naît constamment, non du sommet de l'ovaire, mais latéralement. Le stigmate est simple. Les fruits sont, ou des akènes réunis en capitules globuleux ou ovoïdes, dont le style persistant se prolonge quelquefois en une longue queue barbue; d'autres fois, ce sont des capsules allongées, au nombre d'une à cinq, uniloculaires et polyspermes, s'ouvrant par une seule suture longitudinale, ou soudées ensemble de manière à former une capsule pluriloculaire; très-rarement les fruits sont charnus. Les graines solitaires ou attachées sur deux rangs à la suture interne de chaque capsule, offrent un embryon très-petit, ayant la même direction que la graine, et renfermé dans la base d'un endosperme charnu, quelquefois très-dur.

Les Renonculacées sont en général des Plantes herbacées, le plus souvent vivaces, quelquefois sous-frutescentes; leur racine est fibreuse ou fasciculée; leurs feuilles, alternes dans tous les genres, excepté dans les Clématites, sont en général plus ou moins découpées en lobes nombreux et quelquefois très-fins; leur pétiole est dilaté et engaînant à sa base. Un certain nombre d'espèces a des feuilles parfaitement simples et entières, qui peuvent être assimilées aux prétendues feuilles simples des Buplèvres et des Acacias de la Nouvelle-Hollande, c'est-à-dire que ce sont des phyllodes ou pétioles dilatés; les fleurs sont hermaphrodites, quelquefois très-grandes et de couleurs très-brillantes. Toutes les Plantes de cette famille sont plus ou moins âcres et vénéneuses; mais leur principe actif paraît être très-fugace et se perd en grande partie par la dessiccation.

Dans le premier volume du *Systema naturale Vegetabilium*, le professeur De Candolle décrit cinq cent neuf espèces appartenant à cette famille. De ce nombre cent dix-neuf croissent en Europe, soixante-huit dans le bassin de la Méditerranée, trente-une en Orient, soixante-deux en Sibérie, dix-neuf dans l'Inde, vingt-quatre à la Chine et au Japon, dix-huit à la Nouvelle-Hollande, huit au cap de Bonne-Espérance, six aux Canaries, quatre aux Antilles, soixante-quatorze dans l'Amérique septentrionale, six au Mexique, trente-deux dans l'Amérique méridionale, auxquelles il faut ajouter cinq espèces nouvelles décrites par Auguste de Saint-Hilaire dans sa Flore du Brésil méridional; enfin dix-huit espèces sont communes à l'ancien et au nouveau continent. Les genres de la famille des Renonculacées sont assez nombreux; on peut les disposer de la manière suivante, ainsi que l'a proposé le professeur De Candolle :

Ire tribu : CLÉMATIDÉES.

Préfloraison valvaire ou indupliquée; pétales nuls ou plans; fruits monospermes ou indéhiscens, souvent terminés par une queue plumeuse; graine pendante; feuilles opposées :

Clematis, L.; *Naravelia*, D. C.

IIe tribu : ANÉMONÉES.

Préfloraison du calice et de la corolle imbriquée; pétales nuls ou plans; fruits monospermes indéhiscens terminés à leur sommet en queue ou en une pointe courte; graine pendante; feuilles radicales ou alternes.

Thalictrum, L.; *Anemone*, L.; *Hepatica*, Dill.; *Hydrastis*, L.; *Knowltonia*, Salisb.; *Adonis*, L.; *Hamadryas*, J.

IIIe tribu : RENONCULÉES.

Préfloraison du calice et de la corolle imbriquée; pétales bilabiés ou munis à leur base interne d'une très-petite écaille; fruits monospermes et indéhiscens; graine dressée; feuilles radicales ou alternes.

Myosurus, L.; *Ceratocephalus*, Mœnch.; *Ranunculus*, L.; *Ficaria*, Dill.; *Casalea*, St.-Hil.; *Aphanostemma*, S.-Hil.

IVe tribu : HELLÉBORÉES.

Préfloraison du calice et de la corolle imbriquée; pétales nuls ou irréguliers, nectariformes; calice pétaloïde, quelquefois irrégulier; capsules uniloculaires, polyspermes, s'ouvrant par une suture longitudinale.

Caltha, L.; *Trollius*, L.; *Eranthis*, Salisb.; *Helleborus*, L.; *Coptis*, Salisb.; *Isopyrum*, L.; *Garidella*, L.; *Nigella*, L.; *Aquilegia*, L.; *Delphinium*, L.; *Aconitum*, L.

A la suite de ces divers genres, on place les *Actæa*, *Zanthorhiza* et *Pæonia*, qui diffèrent des quatre tribus précédentes par quelques caractères. Quant au genre *Podophyllum*, que Jussieu avait placé dans la famille des Renonculacées, le professeur De Candolle en a fait le type de sa famille des Podophyllées. *V.* ce mot.

Les Renonculacées forment un groupe extrêmement naturel dans la série des Dicotylédones polypétales. Quelques ressemblances extérieures se remarquent entre la fleur des Renoncules et celle des *Alisma*, qui appartiennent aux Monocotylédones. Cette ressemblance est surtout très-grande entre le genre *Cazalea* de Saint-Hilaire, dont la corolle n'est formée que de trois pétales qui simulent les trois sépales colorés des *Alisma*; mais ces derniers s'en distinguent facilement par leurs étamines périgynes, et surtout par la structure de leur embryon. Les rapports des Renonculacées avec les Papavéracées, bien que ces deux familles ne puissent pas être éloignées, ne sont pas tels qu'il ne soit très-facile de les distinguer sur-le-champ. La structure des ovaires est surtout la différence la plus sensible. Les Renonculacées se rapprochent davantage des Dilléniacées, qui en diffèrent totalement par leur port. (A. R.)

RENONCULE. *Ranunculus*. MOLL. Espèce du genre Cône. (B.)

RENONCULE. *Ranunculus*. BOT. PHAN. Type de la famille des Renonculacées, et l'un des genres de cette famille les plus nombreux en espèces. Les Renoncules sont des Plantes herbacées vivaces, très-rarement annuelles; leur racine est fibreuse ou fasciculée; leur tige est quelquefois rampante, portant des feuilles alternes simples ou diversement lobées, un peu engaînantes à leur base. Les fleurs sont blanches, jaunes ou rouges, diversement disposées; le calice est régulier, formé de cinq sépales caducs; la corolle se compose de cinq pétales plans, onguiculés à leur base, où ils portent intérieurement une petite fossette glanduleuse dans les espèces à fleurs blanches, et une petite lame dans celles à fleurs jaunes. Les étamines sont fort nombreuses; les pistils, également en grand nombre, forment une sorte de capitule globuleux ou ovoïde. Les fruits sont de petits akènes comprimés, munis vers leur sommet d'une petite pointe latérale, nus ou couverts de tubercules. Les espèces de ce genre sont extrêmement nombreuses. Le professeur De Candolle (*Syst. nat. Veg.*, 1, p. 231) en décrit 155 espèces qui sont dispersées dans presque toutes les contrées du globe. Sur ce nombre on en compte quarante-quatre dans l'Europe tempérée et septentrionale, vingt-sept dans les régions méditerranéennes, neuf en Sibérie, trois au Japon, neuf à la Nouvelle-Hollande, deux aux îles Maurice et de Mascareigne, trente-deux dans les diverses parties de l'Amérique, et douze qui sont communes à l'Ancien et au Nouveau-Monde. Parmi les espèces de ce genre, nous mentionnerons ici quelques-unes des plus importantes, soit parce qu'on les cultive dans les jardins, soit à cause de leurs qualités délétères.

† *Fleurs blanches.*

RENONCULE À FEUILLES D'ACONIT, *Ranunculus aconitifolius*, L., *Sp.* Cette belle espèce, qu'on cultive abondamment dans les parterres sous le nom de *Bouton d'argent*, croît naturellement dans presque toutes les régions montueuses de l'Europe. Ses tiges s'élèvent à une hauteur de deux à trois pieds, surtout dans les jardins; elles sont rameuses, dressées, glabres ou légèrement pubescentes; ses feuilles sont pétiolées, divisées en trois à sept lobes palmés, incisés et dentés; les fleurs sont blanches, de grandeur moyenne, terminant les ramifications de la tige; leur calice est étalé. C'est surtout la variété à fleurs doubles qu'on cultive dans les jardins; elle aime une terre fraîche et un peu ombragée, et se multiplie en éclatant la racine; elle craint en général le froid, et il faut la couvrir d'un peu de litière pendant les grands froids de l'hiver.

C'est à cette section qu'appartiennent toutes ces jolies espèces qui nagent à la surface de nos étangs et de nos ruisseaux, où elles étalent leurs feuilles finement découpées, et leurs fleurs blanches à fond doré; telles sont les *Ranunculus aquatilis*, *panthotrix*, etc. Dans les hautes chaînes des Alpes et des Pyrénées, on trouve encore un grand nombre d'espèces à fleurs blanches, comme les *Ranunculus pyrenæus*, *angustifolius*, *amplexicaulis* et *parnassifolius*, qui ont les feuilles simples; les *Ranunculus alpestris*, *glacialis*, *Seguierii*, *rutæfolius*, etc., qui ont les feuilles profondément lobées.

†† *Fleurs jaunes.*

Renoncule bulbeuse, *Ranunculus bulbosus*, L., Rich., Bot. méd., 2, p. 615. Très-commune dans les pelouses un peu humides et les lieux incultes ; cette espèce, qui est vivace, a une tige haute d'environ un pied, renflée en forme de bulbe à sa base, et dressée ; les feuilles sont pétiolées, tripartites ; chaque division est elle-même partagée en trois lobes cunéiformes, trilobulés et dentés. Les fleurs solitaires au sommet des divisions de la tige ont leur calice poilu et fortement réfléchi.

Renoncule acre, *Ranunculus acris*, L., Rich., Bot. méd., 2, p. 216. C'est cette espèce dont on cultive dans les jardins une variété à fleurs doubles sous le nom de *Bouton d'or*. Elle croît communément dans les prés, les bois ; ses tiges, hautes d'environ deux pieds, sont cylindriques, lisses, un peu glauques ; ses feuilles sont pétiolées, profondément incisées en trois ou cinq lobes digités, aigus, divisés et dentés. Les fleurs sont solitaires au sommet des rameaux qui sont cylindriques et non striés. Le calice est poilu et étalé ; les pétales sont obcordés. La variété à fleurs doubles se cultive trè-communément dans les jardins.

Renoncule scélérate, *Ranunculus sceleratus*, L., Rich., Bot. méd., 2, p. 617. Rien de plus commun que cette espèce dans les endroits tourbeux, sur le bord des mares et des étangs. Elle est annuelle ; ses tiges sont dressées, épaisses, cylindriques, striées et fistuleuses, très-ramifiées dans leur partie supérieure. Les feuilles radicales sont glabres, pétiolées orbiculaires, à trois ou cinq lobes subcunéiformes, obtus, incisés, à dents arrondies et obtuses. Les feuilles caulinaires sont sessiles, lancéolées, irrégulièrement incisées ; les supérieures sont tout-à-fait entières. Les fleurs sont très-petites et très-nombreuses. C'est sur cette espèce que Loureiro avait fondé son genre *Hecatonia*.

Renoncule Flammule, *Ranunculus Flammula*, L., Rich., Bot. méd., 2, p. 617. Cette espèce, que l'on nomme vulgairement *Petite Douve*, est vivace et croît très-communément sur le bord des mares et des ruisseaux. Ses tiges, traçantes inférieurement, sont rameuses, légèrement pubescentes, portant des feuilles simples, lancéolées, aiguës, rétrécies en pétiole à leur base, légèrement et inégalement dentées dans leur contour. Les fleurs sont assez petites, solitaires et terminales.

Ces diverses espèces, et plusieurs autres du même genre, comme les *Ranunculus reptans*, *auricomus*, *Thora*, *arvensis*, etc., sont remarquables par l'âcreté de leurs différentes parties. Les fruits encore verts paraissent être l'organe où cette âcreté est la plus intense ; elle est due à un principe volatil qui se détruit en grande partie, et souvent même en totalité, par la dessiccation ou l'action de la chaleur. C'est ainsi que ces Plantes, qui, fraîches, seraient extrêmement nuisibles aux troupeaux, peuvent leur servir de nourriture lorsqu'elles ont été desséchées. Appliquées sur la peau, les feuilles contuses des diverses espèces que nous avons citées précédemment, en déterminent non-seulement la rubéfaction, mais bientôt la formation d'ampoules, et par conséquent la vésication. Introduit à l'intérieur, le suc de la Renoncule âcre occasione une vive inflammation des organes de la digestion ; et si la dose a été un peu considérable, c'est alors un véritable poison âcre qui peut donner lieu aux accidens les plus graves et même à la mort.

Renoncule des jardins, *Ranunculus asiaticus*, L. Cette belle espèce est celle que l'on cultive si abondamment dans les jardins, où ses fleurs semi-doubles offrent un si grand nombre de variétés. Sa racine se compose d'une touffe très-serrée de petits tubercules allongés, charnus, courts, que l'on désigne vulgairement sous le nom de *griffe*. La tige, haute d'environ un pied, est pubescente, simple ou légèrement rameuse dans sa partie supérieure; les feuilles radicales, longuement pétiolées, sont pubescentes, découpées en trois lobes incisés ou simplement dentés; celles de la tige sont alternes et comme formées de trois folioles pétiolées partagées en trois lobes incisés. Les fleurs sont jaunes dans l'espèce sauvage, mais elles varient beaucoup de couleur par la culture; elles sont grandes, terminales; leur calice, d'abord étalé, est ensuite réfléchi, et leurs fruits, en mûrissant, forment une sorte d'épi cylindrique. Cette Plante, originaire de l'Afrique septentrionale et de l'Asie-Mineure, présente dans les jardins un nombre prodigieux de variétés, qui peuvent se rapporter à deux races principales; savoir, les Renoncules pivoines et les semi-doubles. Les premières ont leurs fleurs entièrement pleines et très-grandes; les secondes ont les fleurs moins grandes, et offrent à leur centre les étamines et les pistils qui leur forment un cœur violacé-noirâtre. On dit que ce sont les Croisés, qui, à leur retour de la Palestine, ont les premiers apporté en Europe quelques pieds de cette Renoncule; mais elle ne commença à se répandre dans les jardins que vers la fin du dix-septième siècle. A cette époque, le sultan Mahomet IV, qui paraît avoir eu du goût pour la culture des fleurs, était le seul qui possédât la Renoncule asiatique à fleurs doubles dans ses jardins de Constantinople; on raconte qu'il était encore plus jaloux de la possession exclusive de ses fleurs que de celle de ses femmes. Cependant quelques Européens établis à Constantinople se procurèrent à prix d'argent des graines de ces fleurs, et les répandirent en Europe, au grand regret de Sa Hautesse. Aujourd'hui le nombre des variétés est prodigieux; on multiplie les semi-doubles de graines, et les pivoines par les petites griffes qui se forment à côté des anciennes. Les Renoncules demandent une terre légère et un peu humide. Leurs racines doivent être retirées de terre après la floraison, et conservées dans un lieu sec jusqu'au printemps suivant. (A. R.)

* RENONCULÉES. BOT. PHAN. L'une des tribus de la famille des Renonculacées. *V.* ce mot. (A. R.)

RENONCULIER. BOT. PHAN. Variété à fleurs doubles du Merisier. (B.)

RENOUÉE. *Polygonum.* BOT. PHAN. Genre qui sert de type à la famille des Polygonées, et que Linné a rangé dans l'Octandrie Trigynie. Il offre les caractères suivans : les fleurs sont hermaphrodites; leur périanthe est simple, à trois ou cinq divisions profondes et imbriquées; les étamines varient de trois à huit; leurs filets sont libres; l'ovaire, sessile au fond du calice, est triangulaire ou globuleux, à une seule loge contenant un seul ovule dressé; le style est très-court, quelquefois presque nul, terminé par deux ou trois stigmates obtus; le fruit est un akène triangulaire ou un peu comprimé, souvent accompagné par le calice qui est persistant; il contient une graine qui le remplit en totalité et qui se compose, outre son tégument qui est très-mince, d'un endosperme farineux ou corné, sur l'un des côtés duquel est roulé l'embryon qui est grêle, cylindrique, recourbé, et dont la radicule est en général opposée au hile. On doit au docteur C.-F. Meisner une Monographie de ce genre, publiée à Genève en 1826, dans laquelle l'auteur décrit cent sept espèces du genre qui nous occupe. Ce sont des Plantes annuelles ou vivaces, rarement sous-frutescentes; quelques-unes naissent dans le voisinage des eaux ou nagent à leur surface. Les feuilles sont alternes, simples, terminées inférieurement par une *ochrea* ou gaîne stipulaire, membraneuse, qui embrasse la tige. Les fleurs sont généralement petites, roses, disposées en épis simples, quelquefois en grappes rameuses ou en capitules.

Les espèces nombreuses de ce genre

ont été réparties en sept sections dont plusieurs ont été considérées comme des genres distincts par quelques botanistes. Nous allons indiquer les caractères de ces sept sections et dire quelques mots des espèces de chacune d'elles qui méritent quelque intérêt.

† Endosperme farinacé.

Ire section.—BISTORTA.

Fruit triangulaire, plus grand que le calice; huit étamines; trois styles très-longs; tige simple, terminée par un seul épi de fleurs; Plantes vivaces. Cette première section renferme huit espèces dont six sont originaires des montagnes de l'Inde et deux seulement de celles d'Europe, savoir: *Polygonum viviparum* et *P. Bistorta*. Cette dernière espèce, connue sous le nom de Bistorte, croît dans les montagnes de presque toute l'Europe; on l'a aussi trouvée dans l'Amérique septentrionale, le Japon et la Sibérie. Sa racine, qui est charnue, allongée, de la grosseur du doigt, brunâtre à l'extérieur, rosée intérieurement, présente le singulier caractère d'être deux fois coudée sur elle-même, d'où lui est venu le nom de Bistorte (*Radix bis torta*). Sa saveur est astringente, surtout quand elle est fraîche; elle contient du tannin, de l'acide gallique, et une petite quantité d'acide oxalique. C'est un médicament tonique et astringent.

IIe section. — AMBLYGONUM.

Fruit lenticulaire, acuminé, à angles arrondis, recouvert par le calice; étamines de cinq à sept; style bifide; fleurs en épis denses; Plantes annuelles. On ne compte que quatre espèces dans cette section, où nous ferons remarquer le *Polygonum orientale*, connue sous le nom de grande Persicaire. C'est une espèce qui s'élève à six et même huit pieds de hauteur, et dont les fleurs, d'un beau rose, forment de longs épis pendans, disposés en une sorte de panicule. On la cultive dans les jardins comme Plantes d'ornement.

IIIe section. — ACONOGONON.

Fruit à trois angles aigus; fleurs en grappes paniculées ou en capitules. Plantes vivaces. Quatorze espèces dont une seule indigène (*Polygonum alpinum*, L.) composent cette section.

IVe section.—FAGOPYRUM.

Fruit triangulaire, beaucoup plus long que le calice; fleurs en grappes paniculées, à huit étamines et trois stigmates. Plantes annuelles. Cette section a été considérée, par Tournefort, comme genre particulier sous le nom de *Fagopyrum*. Elle ne se compose que de trois espèces, parmi lesquelles se distingue le SARRASIN, *Polygonum Fagopyrum*, L., vulgairement Blé noir. *V*. FAGOPYRUM.

†† Endosperme corné.

Ve section. — TINIARIA.

Fruit triangulaire, plus petit que le calice; étamines ordinairement au nombre de huit; trois stigmates; fleurs en grappes, en panicules ou capitulées. Plantes annuelles. On trouve huit espèces dans cette section dont deux seulement (*Polygonum Convolvulus* et *P. dumetorum*, L.) sont indigènes.

VIe section. — PERSICARIA.

Fruit comprimé ou à trois angles arrondis, plus petits que le calice; étamines de quatre à huit; deux ou trois stigmates; fleurs en épis ou en capitules. Plantes annuelles, rarement vivaces. Cette section, dans laquelle on compte cinquante-trois espèces, renferme des Plantes qui croissent dans toutes les contrées du globe. Parmi les espèces indigènes nous citerons les *Polygonum amphibium* qui nage à la surface des eaux dormantes; *P. Persicaria*, très-commun sur le bord des étangs, ainsi que le *P. Hydropiper* dont la saveur âcre et piquante lui a fait donner le nom de Poivre d'eau.

VIIe section. — AVICULARIA.

Fruit très-petit, triangulaire, couvert par le calice; ordinairement huit étamines et trois stigmates sessiles. Plantes annuelles ou sous-frutescentes, à tiges grêles et couchées, et à fleurs axillaires. Parmi les dix-sept espèces qui forment cette section, nous ferons remarquer le *Polygonum aviculare*, L., connu sous le nom de Traînasse, si commun le long des murs et dans les rues; *P. equisetiforme*, Sibth., qui croît en Grèce et en Egypte, et que l'on a retrouvé récemment en Corse; et le *P. maritimum* qui, sur les bords de la mer, remplace le *P. aviculare*. (A. R.)

* RENULINE ET RENULITE. *Renulina*. MOLL. Ce genre, établi par Lamarck, et adopté assez généralement, a été reporté justement dans le genre Pénérople où nous l'avons mentionné d'une manière particulière. *V.* ce mot. (D..H.)

RÉOPHAGE. *Reophax*. MOLL. Genre proposé par Montfort pour une Coquille multiloculaire microscopique de la Méditerranée. Il ne fut point généralement adopté; et en effet, il n'avait pas les caractères suffisans pour un bon genre. La Coquille qui en fait le type a été placé par D'Orbigny dans le genre Nodosaire, dans le troisième sous-genre qu'il nomme les Dentalines. *V.* NODOSAIRE. (D..H.)

RÉPARÉE. BOT. PHAN. L'un des noms vulgaires de la Poirée ou Bette. (B.)

REPETIT. OIS. L'un des noms vulgaires du Roitelet. (B.)

REPRISE. *Sedum Telephium*. BOT. PHAN. Espèce du genre Orpin. *V.* ce mot. (B.)

* REPTATION. ZOOL. C'est à proprement parler l'allure des Serpens, et non de tous les Reptiles, comme le nom de cette classe d'Animaux pourrait le faire supposer. En effet, les Grenouilles et les Reinettes sautent, les Crapauds, les Salamandres et de lourds Sauriens se traînent; les véritables Lézards courent, les Crocodiliens marchent, les Sinicoïdiens glissent, les Tritons et les Chéloniens nagent, les Serpens seuls conséquemment rampent dans l'étendue du mot, et parmi les Insectes les chenilles rampent aussi, quoiqu'elles aient des pates. Cette allure consiste à rapprocher successivement une portion du corps en remplacement de la précédente qui s'est déplacée en avant. Elle peut s'exercer sinueusement ou en ligne droite. Les Mollusques gastéropodes rampent exactement sur le ventre. (B.)

REPTILES. ZOOL. Nous avons dit à l'article ERPÉTOLOGIE ce qui concernait la branche des sciences naturelles qui traite des Reptiles, et fait connaître les diverses classifications qu'on a imaginées pour en faciliter l'étude. Nous avons parlé à l'article GÉOGRAPHIE de leur distribution à la surface du globe; il nous reste à considérer les Animaux qui font le sujet de l'Erpétologie sous les rapports de leur organisation en général, du rôle qu'ils jouent ou qu'ils remplirent dans le vaste ensemble de la création, et comment ils y apparurent. C'est une vérité maintenant hors de doute que tous les êtres dont l'univers est aujourd'hui peuplé n'y ont point éternellement vécu, tandis qu'il fut à sa surface des races qui en disparurent. Divers modes d'animalité s'y sont successivement développés et supplantés. Les Reptiles, quelqu'antiques qu'ils y soient, n'y vinrent pas des premiers. Avant eux il y eut des Crustacés, des Polypiers, des Conchifères, des Mollusques, et probablement des Poissons, mais ils durent précéder les Mammifères, et furent peut-être l'essai par lequel la nature passa des formes propres aux créatures des eaux à celles qui devaient caractériser les Vertébrés de la terre. Beaucoup de Reptiles vivaient sur cette terre que l'Homme n'y aspirait point encore à la domination. La Genèse que nous avons démontré (*V.* CRÉATION) narrer assez fidèlement ce qui dut avoir lieu au commencement des choses, introduit les Reptiles en deux fois dans le pompeux ensemble de l'univers. C'est à la cinquième époque que l'Éternel « commande aux eaux de produire en toute abondance des Reptiles qui aient vie, avec des Oiseaux qui volent vers l'étendue des cieux. » Puis Dieu dit : « Que la terre produise des Animaux selon leur espèce; les Reptiles et les bêtes de la terre, et il fut ainsi au sixième jour. » Il est essentiel de noter que les Reptiles des eaux précèdent ici ceux de la terre d'un de ces laps de temps, dont la durée ne doit pas être présumée sur la qualification que lui ont donnée d'infidèles traducteurs de la parole inspirée. A peine les îles et les continens, encore tout bourbeux, se distinguent des mers « qu'aux grandes Baleines, et à tous les Animaux se mouvant, lesquels les eaux produisent en abondance selon leur espèce (ce sont les paroles du texte sacré), » viennent se mêler les Reptiles aquatiques de nature amphibie, auxquels les nouveaux rivages offrent une patrie convenable. Aussi dans les dépôts où les traces de la création de la cinquième époque se sont accumulées, ce sont les ossemens de gigantesques Reptiles évidemment aquatiques qu'on retrouve en abondance. Leurs formes étaient les plus bizarres; il fallait à leur masse des vases profondes à travers lesquelles ils se pussent ébattre; le sol alors délayé, que nous fertilisons depuis qu'il s'est assaini, est demeuré dépositaire de leurs empreintes. Ils périrent sans doute à mesure que l'humidité leur manqua sur un globe en évaporation, et que la fureur des tempêtes les venait jeter contre des côtes abruptes, ou sur des plages désormais trop durcies pour qu'ils s'y pussent enfoncer. Alors disparurent ces prodigieux Gavials, ces immenses Mososaures, ces Ichthyosaures encore plus grands, et ces Plésiosaures (*V.* tous ces mots) au corps de Lézard, aux nageoires de Chéloniens, au col de Serpent, dont les formes et les proportions réaliseraient celles du Dragon mythologique si des ailes en eussent complété la singularité. Cependant de telles ailes n'étaient pas alors plus étrangères aux formes de Reptiles qu'elles ne le sont dans le monde actuel à divers Mammifères. L'on a vu, dans le cours du présent Dictionnaire, le Ptérodactyle pourvu de moyens qui lui permettaient de rivaliser avec les Chauve-Souris pour s'élever dans les airs. Ces Reptiles volans, qui dans l'apparition des êtres créés précédèrent les Oiseaux, ne furent-ils pas la première nuance par où la nature passa des formes caractéristiques propres à la natation, à la reptation, ainsi qu'à la marche, à celles qui caractérisent les tribus essentiellement volatiles, tandis qu'à l'autre extrémité de l'échelle, les Manchots, les Macareux et les Pingouins liaient les Poissons aux Oiseaux par une autre combinaison organique. Ce ne fut donc que lorsque la croûte du globe fut bien consolidée et devenue suffisamment solide par le dessèchement qui la tirait de son état marécageux, que se développa cette autre série de Reptiles de la terre, dont l'Éternel commande l'apparition au commencement de ce grand jour dont l'apparition de l'Homme est le dernier chef-d'œuvre. Aussi remarquons-nous qu'on ne trouve plus d'ossemens de ces conceptions complémentaires parmi les reliques qui nous sont restées de l'âge précédent, c'est-à-dire du cinquième jour. Cependant il ne serait pas téméraire de conjecturer que, dans le sixième âge qui précède celui que venait sanctifier le repos du Seigneur, quelques-uns de ces Reptiles monstrueux, où se pouvaient joindre aux traits des Plésiosaures des ailes de Ptérodactyles, infestèrent les bords où les premiers peuples ichthyophages commençaient à s'établir. On ne trouve pas plus de leurs ossemens qu'on ne trouve de squelettes des Hommes d'alors, mais le souvenir de leur existence s'est conservé par tradition dans les Dragons chinois, japonais, siamois, ou de la Grèce, ainsi que dans l'Hydre de Lerne. Quant au Dragon des Hespérides et à celui de la Toison-d'Or, qui vomissait des flammes, nous avons autrefois tenté de prouver qu'on y pouvait reconnaître l'allégorie de ces volcans dont les ravages furent si considérables autour du berceau des espèces humaines, quand les feux et les vagues semblaient lutter pour donner à la surface de la terre les formes sous lesquelles on la voit maintenant demeurer à peu près consolidée.

Créatures d'essais plus qu'aucune autre, qu'on nous passe cette manière de parler, formés dans deux âges différens, et conséquemment sur deux plans distincts au moins, les Reptiles devaient donc porter dans leur ensemble certains caractères disparates d'organisation propre à toutes les autres séries d'Animaux. Aussi voyons-nous que, malgré les analogies qui ne permettent pas d'éloigner les unes des autres, dans une méthode naturelle, ceux qui sont demeurés nos contemporains, il n'existe guère entre eux de ces grands caractères communs qu'on voit dominer dans toutes les autres classes, et les asservir pour ainsi dire à des modèles assez bornés dans leur physionomie générale. « C'est surtout dans la production des Reptiles, dit Cuvier, que la nature semble s'être jouée à imaginer les formes les plus bizarres, et à modifier dans tous les cas possibles le plan général qu'elle a suivi pour les Animaux vertébrés; l'absence de plumes et de poils est la particularité qui les singularise peut-être le mieux. Aussi est-ce d'après cette considération que le savant Blainville propose de substituer le nom de Nudipellifères à celui de Reptiles. Il n'en est pas non plus qui couve des œufs, ou qui nourrisse une progéniture pour laquelle presque tous témoignent une indifférence complète. Privés de mamelles et conséquemment de lait, ils ont aussi le sang froid quoique rouge, et ceci tient principalement à la manière dont s'y exerce la respiration. « Les Reptiles, dit Cuvier, ont le cœur disposé de manière qu'à chaque contraction il n'envoie dans les poumons qu'une partie du sang qu'il a reçu des diverses parties du corps, et que le reste de ce fluide retourne aux parties sans avoir respiré; il en résulte que l'action de l'oxigène sur le sang est moindre que dans les Mammifères et surtout que dans les Oiseaux. Comme c'est la respiration qui donne la chaleur au sang et à la fibre la susceptibilité de l'innervation, outre qu'ils ont le sang froid, les Reptiles n'ont pas la force musculaire très-développée; aussi n'exercent-ils guère que des mouvemens de reptation ou de natation; et, quoique plusieurs sautent et courent vite dans certaines circonstances, leurs habitudes sont généralement paresseuses, leur digestion lente, leurs sensations obtuses, et, dans les pays froids ou seulement tempérés, ils s'engourdissent presque tous durant l'hiver.» Leur cerveau, proportionnellement très-petit, n'est pas aussi nécessaire qu'il l'est chez les Mammifères ou chez les Oiseaux, à l'exercice des facultés animales et vitales; ils continuent d'agir durant un temps assez considérable quand on le leur enlève. On connaît l'expérience de Reddi, qui, ayant enlevé cet organe à une Tortue de terre, celle-ci vécut encore pendant six mois sans qu'elle eût éprouvé d'autre accident que la perte de la vue. On sait aussi que des Grenouilles mâles à qui l'on a coupé la tête durant l'accouplement, n'ont pas cessé de poursuivre l'acte de la génération en fécondant jusqu'à la fin les œufs que produisaient les femelles. Enfin des Salamandres, auxquelles on avait fait la même opération ou coupé les pates, ont reproduit les parties d'elles-mêmes, pourtant si importantes, comme les Lézards et les Orvets reproduisent leur queue quand celle-ci vient à leur être enlevée par quelque accident.

Comme il n'est pour ainsi dire pas de formes qui soient communes à tous les Reptiles, et que les habitudes sont la conséquence des formes, ces habitudes varient considérablement, non-seulement selon les ordres, les familles et les genres, mais encore selon les espèces. Elles sont en général solitaires, tristes et suspectes; aussi les Reptiles inspirent en général une horreur profonde, d'ailleurs motivée par le venin dont plusieurs sont munis. Partout on les redoute; mais cette terreur qu'ils inspirent, et qui leur attire une guerre acharnée de la part des hommes, leur valut quelquefois des autels comme nous l'avons vu en parlant des Crocodiles et de divers genres d'Ophidiens. La plupart de ces Animaux sont ovipares; il en est néanmoins qui produisent des petits vivans. Les uns ont quatre pates, d'autres deux seulement, devant ou derrière. Les Serpens n'en ont pas du tout. Ceux-ci ont le corps couvert d'écailles, ceux-là d'une boîte ou de boucliers osseux, les Batraciens l'ont nu avec la surface de la peau muqueuse. La plupart ont une queue, d'autres en manquent absolument. Ils vivent sans cesse dans l'eau, ou seulement selon leur âge et à certaines époques de développement, ou bien ils fuient l'humidité, se plaisant aux rayons du soleil le plus ardent. Quand la moindre lumière fatigue le Protée et que l'ombre est favorable à beaucoup d'espèces, la plus vive clarté semble ranimer divers Lézards. Outre qu'il en est qui marchent, rampent, sautent ou qui nagent, il en est qui voltigent. On en connaît de fort venimeux et de parfaitement innocens, de féroces et de familiers, de carnivores et d'herbivores, d'agiles et de lourds, d'élégans et d'horriblement laids, de bons à manger et d'autres dont la chair ne vaut rien; les uns naissent sous des formes qui ne feront que se développer en grandissant sans s'altérer beaucoup; d'autres, sans qu'ils cessent jamais d'être des Reptiles, sont sujets à des mues ou changemens de peau, comme on en voit dans les Chenilles; tandis que quelques-uns, passant par des métamorphoses aussi complètes que celles des Insectes, sont pour ainsi dire des Poissons durant une partie de leur existence. Le squelette surtout varie de la manière la plus étrange, de sorte que, pour éviter le double emploi qui résulterait dans nos généralités de la comparaison de toutes les modifications d'organes qui s'observent chez les Reptiles, nous en renvoyons l'examen aux articles où sont traités chaque genre ou famille, conformément au tableau méthodique qu'on trouve joint à l'article ERPÉTOLOGIE.

Nous avons fait remarquer, en parlant de la distribution des corps organisés à la surface du globe (*V.* GÉOGRAPHIE, T. VII, p. 288), combien le nombre des Reptiles augmente vers l'équateur, où l'élévation de la température supplée pour eux à la chaleur qui ne leur vient point de la circulation; ils y sont d'ailleurs incomparablement plus grands et plus agiles; ceux qui ont du venin l'y possèdent dans toute l'énergie qui est propre à ce singulier moyen de nuire. C'est vers le tropique septentrional et jusqu'à la ligne que se voient les Crocodiliens, les Tupinambis et les Boas, véritables géans entre les races rampantes. Là sont aussi les Cérastes et les Najas, les plus redoutables des Vipères. C'est toujours dans les zônes chaudes, soit à la surface des terrains arides, soit dans la bourbe des marécages, soit enfin dans l'étendue des mers tièdes, qu'on rencontre les plus grands des Chéloniens. Il paraît qu'il n'en existe ni d'eau ni de terre au-dessus du 46° nord. Nous avons aussi parlé des Reptiles fossiles, nous nous bornerons à remarquer que c'est parmi les Chéloniens, les Crocodiliens, les Sauriens et les Batraciens qu'on compte les plus reconnaissables. Ce qu'on avait regardé comme des Serpens pétrifiés, au temps où l'anatomie comparée n'était pas une science, s'est trouvé n'être que des empreintes de Poissons anguiformes, ou certaines Cornes d'Ammon. Il n'y a de constaté, en fait de restes d'Ophidiens, que quelques vertèbres isolées, qui se sont rencontrées dans les brèches osseuses des bords de la Méditerranée, avec des restes d'autres Animaux dont les espèces vivent encore à la surface du sol et qui sert de tombeau aux débris de leurs devanciers. Les couches les plus anciennes, qui nous offrent des débris de Reptiles. appartiennent à cette formation de Calcaire compacte, que plusieurs géologues ont appelé Jurassique ou Calcaire à cavernes. La formation des Schistes métallifères en présente aussi. La Craie surtout en contient de parfaitement caractérisés. Le Calcaire à Cérithes n'a guère offert encore que quelques restes de Tortues; mais il y en a fréquemment dans les Gypses des environs de Paris. Les côtes de la Manche et l'Angleterre, où on les recherche depuis quelque temps avec zèle, ont fourni les espèces les plus remarquables, qu'on crut d'abord leur être propres, mais qu'on commence à retrouver en plusieurs autres lieux de l'Europe. Plusieurs sites de la Belgique, le Plateau de Saint-Pierre de Maëstricht entre autres, et les Schistes calcaires d'OEningen en Souabe, en renferment des espèces très-curieuses. Le Ptérodactyle est de ce dernier site. Nous ne pousserons pas plus avant l'examen des lieux où se rencontrent les autres debris de Reptiles, les articles MOSOSAURE, CROCODILE, ICHTHYOSAURE, PLÉSIOSAURE, PTÉRODACTYLE, etc., donnant exactement leur indication. Ce qui a été dit au mot PRÉPARATION indique les moyens de les conserver aussi bien que les Mammifères ou que les autres Animaux. (B.)

RÉPUBLICAIN. OIS. Espèce du genre Gros-Bec. *V.* ce mot. (DR..Z.)

REQUEURIA. BOT. PHAN. Pour Riqueria. *V.* ce mot. (A. R.)

REQUIEM. POIS. Premier nom que, dans les anciens voyages, on donnait au *Squalus Carcharias*, dont l'apparition autour d'un nageur ne laissait aucun espoir, et équivalait à un *Requiem*. La prononciation en a fait Requin. *V.* ce mot. (B.)

* RÉQUIÉNIE. *Requienia*. BOT. PHAN. Genre de Légumineuses établi par le professeur De Candolle (Ann. des Sc. nat., 4, p. 91, et Mém. Légum., VI) et qui a pour type le *Podalyria obcordata*, Lamk., Ill., tab. 327, fig. 5. Voici ses caractères : le calice est persistant, mais non accrescent, à cinq divisions aiguës et presque égales; la carène obtuse se compose de deux pétales libres. Les étamines monadelphes ont leur androphore fendu supérieurement; le style est filiforme, presque droit; le fruit ovoïde, comprimé, monosperme, terminé par la base du style qui est persistante. Outre l'espèce mentionnée plus haut, ce genre en possède une seconde, *Requienia sphærosperma*, De Cand., Mém. Lég., tab. 58. Ce sont deux Arbustes originaires d'Afrique, ayant des feuilles simples, obcordées, mucronées, penninerves, munies de deux stipules; des fleurs très-petites, groupées aux aisselles des feuilles. Ce genre est très-distinct du *Podalyria*; il se rapproche davantage des genres *Anthyllis*, *Hallia* et *Heylandia*. (A. R.)

REQUIN. POIS. Espèce de Squale, type du sous-genre Carcharias. *V.* SQUALE. (B.)

RÉSEAU. REPT. OPH. Espèce du genre Typhleps. *V.* ce mot. (B.)

RÉSEAU BLANC. CONCH. Nom vulgaire et marchand du *Venus tigrina*, L. (B.)

RÉSÉDA MARIN. POLYP. Nom vulgaire du *Primnoa lepadifera*. *V.* PRIMNOA. (E. D..L.)

RÉSÉDA. *Reseda*. BOT. PHAN. Genre autrefois placé dans la famille des Capparidées, mais dont Tristan (*Ann. Mus.*, 18, p. 392) a fait une famille à part sous le nom de Résédacées, famille qui, depuis, a été adoptée par De Candolle, et dont nous avons tracé les caractères dans la quatrième édition de nos Elémens de Botanique, p. 520. Ce genre offre un calice persistant, à quatre, cinq ou six divisions très-profondes et un peu inégales; une corolle formée d'un égal nombre de pétales, alternes avec les divisions calicinales, généralement composés de deux parties, l'une inférieure entière et concave, l'autre supérieure, divisée en un nombre plus ou moins considérable de lanières inégales et obtuses. Les étamines varient en nombre de quatorze à vingt-six; elles sont libres et hypogynes; en dehors des étamines, se trouve un disque annulaire, glanduleux, saillant, déjeté dans sa partie supérieure en une sorte de languette obtuse et glanduleuse; c'est en dehors et à la base de ce disque que sont insérés les pétales. Le pistil, légèrement stipité à sa base, paraît formé de la réunion intime de trois carpelles et se termine supérieurement par trois cornes portant chacune un stigmate sessile. L'ovaire est à une seule loge ouverte à son sommet entre la base des trois cornes; il contient un assez grand nombre d'ovules attachés à trois trophospermes pariétaux qui offrent le caractère remarquable de ne pas correspondre aux stigmates. Le fruit est une capsule plus ou moins allongée, ouverte naturellement à son sommet, uniloculaire et polysperme. Les graines, souvent réniformes, se composent d'un tégument assez épais, d'un endosperme mince et charnu, recouvrant un embryon recourbé en forme de fer à cheval. Les espèces de ce genre sont des Plantes herbacées, annuelles ou vivaces, à feuilles alternes, souvent munies de deux glandes à leur base. Les fleurs, généralement jaunes et petites, sont disposées en épis simples et terminaux. Parmi ces espèces, nous citerons ici le RÉSÉDA ODORANT, *Reseda odorata*, L., Plante vivace dans sa patrie, qui est l'Afrique septentrionale, mais annuelle dans nos jardins où on la cultive très-abondamment, à cause de l'odeur suave que répandent ses fleurs. On peut, en l'ébourgeonnant et l'empêchant de fleurir la première année, et l'abritant du froid dans une serre, en former un petit Arbuste qui dure pendant six ou huit ans. Le *Reseda luteola* est vulgairement connue sous les noms de Gaude et d'Herbe à jaunir. Cette espèce croît communément dans les lieux incultes, aux environs de Paris. Ses tiges sont droites, simples, hautes de deux à trois pieds; ses fleurs petites, et formant un long épi terminal. La décoction de cette Plante est employée dans la teinture en jaune. (A. R.)

RÉSÉDACÉES. *Resedaceæ*. BOT. PHAN. C'est le nom donné par Tristan à la famille dont le Réséda est le type, et qui contient, outre ce genre, l'*Ochradenus* de Delile qui n'en diffère que par un fruit légèrement charnu. Les caractères de cette famille doivent donc être les mêmes que ceux que nous avons tracés pour le genre Réséda (*V.* ce mot). Tristan plaçait cette famille entre les Passiflorées et les Cistées, mais néanmoins plus près de ces dernières. Dans ses *Collectanea botanica*, tab. 22, John Lindley a donné de la fleur du Réséda une explication tout-à-fait différente de celle que nous avons admise. Pour ce savant botaniste, le calice serait un involucre commun; chaque pétale une fleur stérile, et le disque un calice propre, environnant une fleur hermaphrodite composée des étamines et du pistil. D'après cette manière de voir, les Résédacées se rapprocheraient des Euphorbiacées qui offrent une disposition à peu près analogue. Mais cependant pour nous, nous ne voyons pas l'avantage d'une semblable explication, et les Résédacées ne nous paraissent pas pouvoir être éloignées des Cistées et des Capparidées, surtout à cause de leur analogie avec le genre *Cleome*. *V.* CLÉOMÉ. (A. R.)

* RESINARIA. BOT. PHAN. Le

genre formé sous ce nom par Commerson, est une espèce de Badamier que Linné a décrite sous le nom de *Terminalia Benzoin*. (A. R.)

RÉSINES ET GOMMES-RÉSINES. CHIM. ORG. Nous traiterons dans un même article général des substances connues sous ces deux dénominations, parce que les Gommes-Résines sont composées en grande partie de principes résineux, et que leur histoire se lie par conséquent à celle des Résines proprement dites. Celles-ci, d'ailleurs, ne sont jamais ou presque jamais à l'état de pureté, et l'on en trouve qui pourraient tout aussi bien faire partie de la classe des Gommes-Résines. Les corps que l'on doit regarder exclusivement comme des Résines pures, sont ceux qui, débarrassés des principes étrangers, affectent une sorte de forme cristalline. La nature de ces corps a été étudiée avec soin, dans ces derniers temps, par Bonastre, pharmacien de Paris, qui leur a imposé le nom de *Sous-Résines*, nom impropre, puisqu'il porte à croire que ces substances sont des modifications du principe résineux, tandis qu'au contraire elles sont ce principe résineux lui-même privé des matières qui le salissaient. Mais nous devons considérer ici seulement les Résines et les Gommes-Résines, telles que les Végétaux les produisent, et qu'elles se rencontrent ordinairement dans le commerce pour les usages des arts et de la médecine.

Par leur composition et leurs propriétés chimiques, les Résines se rapprochent beaucoup des huiles volatiles; elles semblent même être le résultat de l'épaississement de celles-ci par l'absorption de l'oxigène, phénomène que présentent plusieurs huiles volatiles, et notamment l'huile de Térébenthine. Elles sont solides à froid, fusibles au feu, mais moins que la cire, inflammables par l'approche d'un corps en ignition en répandant beaucoup de noir de fumée, s'électrisant par le frottement avec une grande facilité, plus ou moins odorantes, insolubles dans l'eau, solubles dans l'alcohol, l'éther et les huiles volatiles, susceptibles de combinaisons avec les Alcalis, et pouvant les saturer à la manière des acides faibles. Non-seulement les Végétaux, mais encore quelques Animaux ou produits d'Animaux fournissent des substances douées de toutes les propriétés que nous venons d'énoncer. Ainsi le Musc, le Castoréum, la Bile, les Cantharides, etc., contiennent abondamment des matières résineuses qu'il est facile de séparer par l'analyse chimique. La prédominance de l'huile volatile sur la substance résineuse fixe, fait que certaines Résines restent toujours fluides, ou plutôt conservent une consistance analogue à celle du miel. Telles sont, par exemple, les Térébenthines de Pins et autres Conifères, celle de Chio obtenue d'une espèce de Pistachier, les matières improprement nommées Baume de la Mecque, Baume de Copahu, etc. Il sera question de cette classe de substances dans un article spécial. *V.* TÉRÉBENTHINES.

La plupart des Gommes-Résines sont produites par des Végétaux qui croissent dans les contrées les plus chaudes du globe, et qui appartiennent, en général, aux familles chez lesquelles la présence d'un suc propre, laiteux, et contenu dans des réservoirs ou appareils sécrétoires particuliers, est un des caractères les plus remarquables. Ce suc propre découle des Plantes, soit par des fissures naturelles, soit par des incisions qu'on leur pratique, et, en s'épaississant, il constitue alors une substance désignée sous le nom de Gomme-Résine. La nature des Gommes-Résines est fort diversifiée, et se complique de plusieurs principes immédiats qui font considérablement varier leurs qualités physiques. Ainsi il en est qui renferment beaucoup d'huile volatile et sont très-odorantes; telles sont les Gommes-Résines des Ombellifères. D'autres contiennent une grande quantité de Résine et peu de Gomme;

et réciproquement il y en a où la Gomme, la Bassorine, l'Amidon, la Cire, divers Sels, etc., existent en fortes proportions. Ces substances immédiates étant les unes solubles seulement dans l'eau, les autres dans l'alcohol, leur mélange, en proportions diverses, donne naissance à des Gommes-Résines qui sont plus ou moins solubles dans ces véhicules; mais en général l'eau ne les dissout pas complétement; elle forme avec elles une sorte d'émulsion qui doit son opacité à la Résine, à l'huile volatile et à d'autres substances insolubles qui, à l'état d'une extrême division, restent suspendues dans l'eau au moyen de la gomme. L'alcohol pur n'ayant d'action que sur les matières résineuses et sur l'huile volatile, n'en dissout qu'une partie. L'alcohol faible, au contraire, les dissout presque complétement, surtout lorsqu'on favorise la dissolution par la chaleur; c'est donc le menstrue dont il convient de faire usage dans la purification des Gommes-Résines, de préférence au vinaigre que l'on employait autrefois.

On fait un grand usage en médecine de plusieurs Gommes-Résines, principalement de celles où domine un principe volatil qui a ordinairement des propriétés anti-spasmodiques très-prononcées; tel est l'*Assa fœtida*. D'autres sont employées comme fondantes et résolutives soit à l'intérieur, soit à l'extérieur; enfin, il en est qui sont d'une nature tellement caustique, que l'on s'en sert comme vésicatoires. On les fait entrer dans la composition des préparations onguentaires et emplastiques. Quelques Gommes-Résines répandent, en brûlant, une fumée blanche, épaisse, et très-aromatique; elles sont la base des clous ou trochisques odorans, et on les emploie dans les fumigations.

Les propriétés particulières de chaque Gomme-Résine ont été exposées dans des articles spéciaux, et sous les noms qu'elles portent dans la pharmacie. (*V.* surtout les mots ASSA FOETIDA, BDELLIUM, ENCENS, EUPHORBE, GALBANUM, OPIUM, OPOPANAX, SAGAPENUM, etc.) D'un autre côté, on a déjà parlé de plusieurs matières résineuses que fournissent plusieurs Végétaux, en exposant l'histoire naturelle de chacun d'eux. Nous renvoyons donc aux articles spéciaux qui concernent ceux-ci. Il nous reste à faire connaître de la même manière les substances résineuses qui ont reçu des noms particuliers précédés du mot Résine comme générique. Nous ferons observer que plusieurs de ces vraies Résines sont vulgairement et très-improprement connues sous le nom générique de Gommes. Le lecteur se rappellera aussi que de l'énumération subséquente sont exclues les Térébenthines, c'est-à-dire les Résines liquéfiées par une surabondance d'huile volatile.

RÉSINE ALOUCHI. Bonastre (Journal de pharmacie, T. x, p. 1) a examiné une Résine nommée *Alouchi*, dont l'origine botanique est inconnue, mais qui a des ressemblances si grandes avec la Résine Caragne, qu'on la suppose produite par un Arbre du même genre, probablement l'*Icica Aracouchini* d'Aublet, *Icica heterophylla*, De Cand.

RÉSINE ANIMÉ. On désignait autrefois sous ce nom insignifiant, diverses substances résineuses provenant d'Arbres exotiques et qui jouissaient à peu près des mêmes propriétés, c'est-à-dire qu'elles étaient en larmes jaunâtres ou blanchâtres, huileuses, d'une odeur très-agréable, solubles dans l'huile et l'esprit de vin très-rectifié. Mais les anciens pharmacologistes ne se sont guère entendus sur les objets qu'ils ont décrits sous les noms d'*Animé oriental*, *Animé noir*, *Animé du Mexique*, *Animé supérieur*, etc. Ces noms se rapportent, en effet, à la Résine Copal, au Bdellium, et à diverses substances dont la nature est inconnue. Le mot de Résine Animé devrait donc disparaître de la nomenclature. Cependant il est encore employé par quelques auteurs de matière médicale qui l'appliquent à la Résine de Courbaril, *Hymenæa Courbaril*, L. *V.* HYMÉNÉE.

RÉSINE DE LA BILE. Les substances désignées sous ce nom par les chimistes, et retirées des biles de l'Homme, du Bœuf, de l'Ours, du Porc, etc., sont principalement formées, selon Chevreul, d'Acides oléique et margarique, de Cholestérine, de principes colorans, et d'un principe amer qui abonde surtout dans la bile du Porc.

RÉSINE CACHIBOU ou CHIBOU. Synonyme de Résine de Gomart. *V.* GOMART.

RÉSINE CARAGNE. Substance résineuse, oléagineuse, tenace, en morceaux de la grosseur d'une noix, diversement comprimés, durs, mais paraissant avoir joui d'une certaine mollesse, d'une couleur noire verdâtre, opaque, et d'une odeur forte qui est analogue aux odeurs mélangées de Pin et de Tacamaque. On faisait autrefois quelque usage de cette Résine qui était apportée du Mexique et de l'Amérique septentrionale. Elle découle de l'Arbre qui a été nommé *Amyris Carana* par Humboldt (Relation du voyage, 2, p. 421 et 435), et qui a été réuni, avec doute, au genre *Icica* par Kunth et De Candolle.

RÉSINE COPAL. Il y a deux espèces de Résine Copal : l'une *dure* et l'autre *tendre*. La première est recueillie dans l'Inde-Orientale, sous forme de grosses larmes recouvertes d'une croûte de quelques lignes d'épaisseur, et formée de Résine et d'un sable siliceux dans lequel les masses paraissent avoir séjourné. On enlève cette croûte avant de le livrer au commerce, et le Copal est alors d'un blanc jaunâtre ou d'un jaune fauve, plus rarement d'un jaune citron. A l'intérieur il est vitreux, transparent, et tellement dur que le fer l'entame difficilement; il est insipide, inodore, difficilement soluble dans l'alcohol, l'éther et les huiles volatiles; il est la base des plus beaux et des plus solides vernis. On présume que ce Copal provient du *Vateria indica*, L., ou *Elæocarpus copallifera*, Retz. D'autres l'ont attribué au *Rhus copallina*, L.; mais cette Plante croît dans l'Amérique septentrionale. Il est donc probable que s'il en découle une Résine analogue au Copal, c'est du *Copal tendre* ou *faux Copal* qui est apporté d'Amérique, et qui diffère en qualité de celui de l'Inde.

RÉSINE COPAL FOSSILE. On a donné ce nom à un combustible fossile qui n'a aucun des caractères réels de la Résine Copal, mais qui présente tous ceux du Succin, excepté qu'il ne donne par l'analyse que quelques atômes d'acide succinique. Il se trouve, comme le vrai Succin, dans les Argiles plastiques supérieures à la Craie, à Highgate, près Londres. On le rencontre aussi dans le Lignite de l'île d'Aix.

RÉSINE ÉLASTIQUE. *V.* CAOUTCHOUC.

RÉSINE ÉLÉMI. *V.* ÉLÉMI.

RÉSINE JAUNE ou GALIPOT. *V.* PIN MARITIME à l'article PIN, T. XIII, p. 589.

RÉSINE DE GAYAC. *V.* GAYAC et GAYACINE.

RÉSINE DE GOMART. *V.* GOMART.

RÉSINE LAQUE. *V.* LAQUE.

RÉSINE MASTIC. *V.* MASTIC et PISTACHIER.

RÉSINE SANDARAQUE ou RÉSINE DE VERNIS. *V.* SANDARAQUE et THUYA.

RÉSINE SANG-DRAGON. *V.* PTÉROCARPE et SANG-DRAGON.

RÉSINE TACAMAQUE. *V.* CALOPHYLLUM et TACAMAQUE. (G..N.)

RÉSINIER. BOT. PHAN. Nom vulgaire et de pays du *Bursera americana*. *V.* GOMART. (B.)

RÉSINITE. MIN. Ce nom s'emploie adjectivement pour désigner les variétés de Quartz ou de Silex, qui renferment de l'eau et se distinguent par un éclat résineux. *V.* QUARTZ et SILEX RÉSINITE. (G. DEL.)

RESPIRATION. Chacun sait

que l'Homme, placé au milieu d'un fluide subtil qui forme autour de notre globe une couche épaisse, et qu'on nomme air atmosphérique (V. ATMOSPHÈRE), a besoin, pour l'entretien de son existence, d'en attirer à chaque instant une certaine quantité dans l'intérieur de son corps. L'air, ainsi inspiré, est bientôt expulsé; car il se passe entre ce fluide et nos organes une action intime et réciproque par lequel il perd ses propriétés vivifiantes; d'où il s'ensuit que pour entretenir l'influence salutaire qu'il exerce sur l'économie, il est nécessaire qu'il soit renouvelé sans cesse. Les autres Animaux présentent des phénomènes analogues; le contact de l'air leur est également indispensable, et privés de ce fluide ils meurent plus ou moins rapidement, comme le prouvent les expériences nombreuses de Spallanzani, Vauquelin, etc. Cependant un grand nombre d'Animaux, vivant toujours au fond de l'eau, sembleraient au premier abord devoir être soustraits à l'influence de l'air, et par conséquent faire exception à la loi dont nous venons de parler. Mais il n'en est pas ainsi; car le liquide dans lequel ils sont plongés absorbe et tient en dissolution une certaine quantité d'air, qu'ils peuvent facilement en séparer et qui suffit pour l'entretien de leur existence; aussi leur est-il impossible de vivre dans de l'eau purgée d'air. Les Végétaux sont dans le même cas; tout être organisé, en un mot, a besoin pour l'entretien de sa vie, d'agir d'une manière particulière sur l'air atmosphérique et périt plus ou moins promptement lorsqu'il en est privé. Certains Zoophytes paraissent faire exception à cette règle générale : ce sont ceux qui vivent dans l'intérieur d'autres Animaux; il est probable que c'est par l'intermédiaire des êtres qui les nourrissent et les logent qu'ils éprouvent d'une manière indirecte l'influence de l'air qui agit immédiatement sur les premiers. La Respiration, car c'est ainsi qu'on nomme l'acte important dont il est ici question, est une fonction que l'on peut donc regarder comme étant commune à tous les êtres organisés, et il est permis de dire que partout où il y a vie, l'air est nécessaire. Lorsque la respiration d'un Animal est arrêtée, on voit les différentes fonctions vitales s'éteindre plus ou moins promptement, il tombe dans un état de mort apparente qu'on appelle *asphyxie* et qui ne tarde pas à être suivie de la mort réelle.

L'air, disons nous, est nécessaire à la vie; mais ce fluide n'est pas un corps homogène; la chimie y démontre l'existence de principes très-différens, et qui, par conséquent, peuvent ne pas agir de la même manière dans l'acte respiratoire. Outre la vapeur d'eau dont l'atmosphère est toujours plus ou moins chargé, l'air fournit par l'analyse 21 parties de gaz oxigène sur 79 d'azote. On y trouve aussi une petite quantité d'acide carbonique; mais la présence de ce gaz paraît être en quelque sorte accidentelle. On a donc cherché si ces gaz différens jouent le même rôle dans la Respiration, ou bien si c'est à l'un d'eux qu'appartient plus spécialement la propriété d'entretenir la vie.

On savait depuis long-temps qu'un Animal ne peut respirer une quantité donnée d'air que pendant un temps limité, après lequel cet air ne suffit plus aux besoins de la vie, et on avait soupçonné que ce changement était dû à l'absorption d'une portion de ce fluide. Mayow fit un grand nombre d'expériences très-ingénieuses pour constater ce fait; mais ce ne fut que vers l'année 1777, époque à laquelle Lavoisier publia son premier Mémoire sur ce sujet, que l'on découvrit que la quantité d'oxigène contenue dans l'air atmosphérique diminue pendant la Respiration et que lorsque ce fluide en est totalement dépouillé, aucun Animal ne peut y vivre. En effet, les Animaux qu'on y plonge alors périssent aussi promptement que si on les privait complétement d'air. C'est donc l'oxigène qui donne à l'air atmosphérique la propriété d'entretenir la vie.

On a fait un grand nombre d'expériences pour déterminer combien dans un temps donné l'air perd de son principe vivifiant, l'oxigène, par la respiration de l'Homme. Suivant Menzies elle s'élève à 590 centimètres cubes dans l'espace d'une minute et par conséquent à 850 décimètres cubes dans vingt-quatre heures. D'après Lavoisier et Séguin, elle n'est que de 755 décimètres cubes, ce qui coïncide à peu près avec le résultat que Lavoisier a obtenu des expériences dont il s'occupait, lorsqu'une mort prématurée vint l'enlever. Les recherches que sir H. Davy a faites sur ce sujet diffèrent peu par leurs résultats de celles du chimiste français. Il a calculé que 518 centimètres cubes d'oxigène sont consumés dans une minute, ce qui fait pour vingt-quatre heures 745 décimètres cubes. Une coïncidence aussi grande doit nous faire regarder cette évaluation comme étant une approximation très-grande de la vérité. On peut donc conclure qu'un homme consume plus de 750 décimètres cubes d'oxigène par jour; or, ce gaz ne formant que les 21/100 en volume de l'air atmosphérique, il s'ensuit que l'Homme emploie pour les besoins de sa respiration pendant cet espace de temps 3 mètres 5 décimètres cubes de ce fluide.

Ce serait une tâche oiseuse que d'essayer d'évaluer ici combien tel ou tel Animal consume d'oxigène dans un temps donné; nous nous bornerons à dire qu'on sait par l'expérience que tous les Animaux absorbent ce gaz en plus ou moins grande quantité; mais que sous le rapport de la rapidité de cette absorption, ils présentent des différences très-marquées. Un Papillon, par exemple, consume à peu près autant d'air dans un temps donné, qu'une Grenouille, malgré la grande différence du volume de ces deux Animaux, et il est à noter qu'il existe entre l'étendue de la Respiration et la vivacité des mouvemens musculaires un rapport très-remarquable.

Par l'acte de la Respiration, disons-nous, tous les Animaux dépouillent l'air d'une certaine quantité d'oxigène; mais les changemens chimiques qu'ils déterminent dans la composition de ce fluide, ne se bornent pas là. L'oxigène qui disparaît est remplacé par un gaz nouveau qui est l'acide carbonique. Ce fut en 1757 que Black, en soufflant à travers de l'eau de chaux, reconnut que l'air qui sort des poumons de l'Homme contient de l'acide carbonique. La production de ce gaz n'est pas un phénomène moins général parmi les êtres animés, que l'absorption de l'oxigène; c'est toujours un des produits de la respiration des Animaux.

On a fait beaucoup de recherches pour connaître la quantité d'acide carbonique ainsi produit. Menzies considère le volume de ce gaz comme étant représenté exactement par celui de l'oxigène consumé. Les expériences de Crawford, de Dalton, de Thompson et d'Allen et Pepys, s'accordent avec celles de Menzies; mais d'autres observateurs ont obtenu des résultats différens. Lavoisier trouva, dans sa première expérience sur un Cochon-d'Inde, que l'oxigène consumé était à l'acide carbonique formé comme 20 est à 16,5, et dans sa seconde comme 20 est à 17,3. Mais il paraît que, dans ses recherches ultérieures, la proportion d'acide carbonique fut beaucoup moindre. Dans les expériences de sir H. Davy, la diminution de l'oxigène était également plus considérable que la production de l'acide carbonique; enfin Berthollet, ainsi que plusieurs autres physiologistes, obtinrent aussi des résultats de ce genre.

Le rapport entre l'absorption de l'oxigène et la production de l'acide carbonique varie considérablement dans les différentes classes d'Animaux. La plupart des Vertébrés à sang chaud paraissent présenter des phénomènes à peu près semblables à ceux qu'on a observés chez l'Homme; mais il n'en est pas de même chez les Poissons, par exemple; l'oxigène qu'ils absorbent, ainsi que l'ont prouvé Humboldt et Provençal, n'est jamais entièrement représenté par la quantité d'acide carbonique produit, ce dernier ne s'élève au plus qu'aux quatre cinquièmes du premier, et souvent n'est même que de la moitié de celui-ci. Chez les Papillons, cette différence est encore plus grande, comme l'a constaté le célèbre Spallanzani. On voit donc que tantôt la quantité d'oxigène qui disparaît est représentée exactement par celle de l'acide carbonique produite; et que d'autres fois l'exhalation de ce gaz est moins active que l'absorption de l'oxigène: à moins toutefois qu'on ne suppose que le volume de l'acide carbonique formé soit toujours le même; et que dans ce dernier cas, la différence dépend seulement de l'absorption d'une portion de ce gaz par la surface pulmonaire. Si les choses se passent ainsi, plus la proportion d'acide carbonique mêlée à l'air que respire l'Animal sera grande, plus cette différence entre la quantité d'oxigène qui disparaît et celle de l'acide carbonique qui le remplace, devra être également considérable. Mais cela n'a point lieu; car, si l'on place un Animal dans un vase renfermant une quantité déterminée d'air, on voit que c'est dans le commencement de l'expérience, c'est-à-dire, lorsque l'acide carbonique produite par sa Respiration est le moins abondant, que la diminution dans le volume du gaz est la plus marquée.

Diverses circonstances influent sur la quantité d'acide carbonique produit par la Respiration; nous en parlerons par la suite; mais nous devons rechercher auparavant d'où provient ce gaz. Conduits par l'analogie remarquable qui existe entre les phénomènes de la combustion et ceux que présente la Respiration, Lavoisier, et depuis lui, la plupart des physiologistes ont été conduits à penser que l'oxigène qui disparaît se combine dans l'intérieur des poumons, avec du carbone provenant du sang et se convertit ainsi en acide carbonique. En effet, la chimie nous apprend que, lors de la combustion du charbon dans l'air atmosphérique, la quantité d'oxigène qui disparaît est remplacée par un volume égal d'acide carbonique, et que la combinaison qui donne naissance à ce gaz est accompagnée d'un dégagement considérable de calorique. Dans la Respiration on voit également une certaine quantité d'oxigène disparaître et être remplacée par une quantité d'acide carbonique que souvent représente exactement celle de l'oxigène consumé. Il était donc naturel de croire que ces phénomènes analogues étaient produits par les mêmes causes; et que, dans la Respiration, la production de l'acide carbonique était due à la combustion d'une portion du carbone du sang par l'oxigène de l'air inspiré. Cette théorie semblait aussi expliquer un autre phénomène non moins curieux, celui de la chaleur animale; mais quelque séduisante qu'elle nous paraisse au premier abord, elle ne peut se maintenir aujourd'hui qu'un grand nombre de faits authentiques prouvent sa fausseté. En effet, si la production de l'acide carbonique n'était qu'un phénomène chimique dépendant de la combinaison de l'oxigène inspiré avec du carbone provenant du sang, un Animal à qui on ferait respirer des gaz qui ne contiennent point d'oxigène, ne devrait plus en produire; or le contraire a lieu ainsi que le prouvent des expériences nombreuses. Spallanzani, dans ses recherches importantes et variées sur la Respiration, a observé ce fait chez un grand nombre d'Animaux différens. Il a constaté que des Limaçons, des Chenilles, des Papillons, des Poissons, des Lézards, des Salamandres et des Grenouilles, plongés dans du gaz hydrogène pur, exhalent une quantité plus ou moins considérable d'acide carbonique. Malgré l'évidence des conclusions qui se déduisent naturellement de ces expériences, la plupart des physiologistes n'en ont pas tenu compte, et ont continué à regarder la production de l'acide carbonique comme étant le résultat de la combinaison directe de l'oxigène inspiré avec du carbone provenant du sang qui circule dans les poumons. Ceux même qui doutaient de la vérité de cette théorie ne regardaient pas l'exhalation de l'acide carbonique comme étant mieux démontrée; mais des recherches nouvelles, dans lesquelles on a eu soin de varier les conditions d'expérimentation de manière à ne laisser aucun doute sur la nature du phénomène dont nous nous occupons, confirment les faits observés par l'illustre Spallanzani, et paraissent avoir décidé complètement la question. D'après les expériences de mon frère le docteur W.-F. Edwards (aîné), on voit que la présence de l'oxigène dans l'air respiré n'est pas nécessaire à la production de l'acide carbonique, non-seulement chez les Animaux des classes inférieures, sur lesquels Spallanzani a expérimenté, mais aussi chez les Mammifères. Ayant placé un jeune Chat dans une quantité déterminée de gaz hydrogène pur, il observa que l'Animal continua pendant un certain temps (20 minutes à peu près) à exécuter des mouvemens respiratoires, et il trouva, par l'analyse, que le gaz qui avait ainsi servi à la Respiration contenait de l'acide carbonique en assez grande quantité. Mais bien que cette expérience prouve qu'il y a eu exhalation de ce gaz, d'où on peut conclure que le même phénomène a lieu dans la Respiration naturelle, il ne s'ensuivrait pas que la totalité de l'acide carbonique qui se produit alors fût le résultat de l'exhalation, si ce fait n'était constaté par d'autres expériences. On voit par quelques observations de Spallanzani, mais surtout par les recherches plus récentes du physiologiste que nous venons de citer, que les Grenouilles, placées dans des conditions favorables, exhalent dans le gaz hydrogène autant d'acide carbonique que lorsqu'elles respirent librement l'air atmosphérique pendant le même espace de temps. (*V.* Edwards, De l'Influence des agens physiques sur la vie.)

Or, la présence de l'oxigène n'étant point nécessaire à la production d'une quantité d'acide carbonique égale à celle qui est fournie pendant la Respiration dans l'air atmosphérique, on doit conclure que ce gaz est exhalé par la surface respiratoire et ne résulte pas de la combustion du carbone du sang dans l'intérieur des poumons, par l'oxigène inspiré, ainsi que l'ont pensé beaucoup de physiologistes.

Nous avons dit plus haut que l'oxigène seul avait la propriété d'entretenir la vie, et que l'air dépouillé de ce principe et ne contenant plus que de l'azote faisait périr plus ou moins promptement les Animaux qui le respirent. On a conclu de là que l'azote était entièrement passif dans la production des phénomènes de la Respiration, et n'avait d'autres usages que de diminuer l'activité de l'oxigène en éloignant ses molécules. En effet, dans les expériences de plusieurs physiologistes, la quantité d'azote contenu dans l'air a été trouvée la même avant et après que ce fluide eut servi à la Respiration. «Nous nous sommes assuré, dit Lavoisier, que réellement il n'y a ni dégagement, ni absorption d'azote pendant la Respiration.» Les expériences d'Allen et Pepys, qui ont été faites avec toutes les précautions nécessaires, et toute l'exactitude que permet la grande perfection de nos procédés eudiométriques, leur ont également donné ce résultat; cependant il n'en a pas été de même dans d'autres recherches également bien conduites. Priestley trouva que non-seulement l'oxigène de l'air respiré était diminué, mais que l'azote l'était aussi. Le même fait a été observé par sir H. Davy; selon ce chimiste habile, la quantité d'azote qui disparaît ainsi est à peu près la sixième de celle de l'oxigène absorbé. Henderson, Pfaff, Humboldt et Provençal, etc., ont obtenu des résultats analogues. D'un autre côté, le phénomène contraire a été observé par plusieurs expérimentateurs. Berthollet trouva que la proportion d'azote au lieu d'être diminuée, était un peu augmentée. Le même fait avait déjà été annoncé par Jurine, et a été également observé par Nysten et par Dulong. Enfin dans les expériences de Spallanzani et d'Edwards, ces trois résultats se sont présentés tour à tour; tantôt la quantité d'azote était diminuée, tantôt elle n'avait subi aucun changement; d'autres fois au contraire elle était considérablement augmentée. Ces faits, en apparence contradictoires, mais tous également bien constatés, semblent au premier coup-d'œil difficiles à concevoir. En effet comment supposer qu'un Animal placé dans des conditions à peu près semblables absorbe quelquefois de l'azote, d'autres fois n'agisse point sur ce gaz, ou enfin en exhale une quantité qui peut même être très-considérable? Cependant, comme nous le verrons bientôt, ces résultats ne s'excluent nullement, et peuvent, par la théorie nouvelle qu'Edwards a donnée de ces phénomènes, être facilement expliqués d'après les lois générales de l'organisation.

On sait que l'absorption et l'exhalation sont deux fonctions dont les résultats sont diamétralement opposés, mais qui peuvent cependant s'exercer simultanément et dans les mêmes parties. Partout où l'une des deux existe, on doit même supposer l'autre. Quelquefois elles se contrebalancent, mais en général l'une prédomine sur l'autre. Les cavités séreuses nous offrent des exemples frappans de surfaces présentant en même temps ces deux ordres de phénomènes; le péritoine qui forme un sac sans ouverture est le siége d'une exhalation continuelle, et cependant dans l'état de santé, il ne s'y fait aucun amas de liquide; car l'absorption y est aussi active que l'exhalation. Mais lorsque par une cause quelconque l'équilibre entre ces deux fonctions vient à être rompu, et que l'exhalation prédomine de beaucoup sur l'absorption, il en résulte un amas de sérosité qui constitue une maladie appelée Hydropisie ascite.

Tout dans les poumons tend à favoriser ces deux ordres de phénomènes; aussi voyons-nous ces organes être le siége d'une absorption des plus actives et fournir en même temps par l'exhalation des produits non moins abondans. Les injections faites sur le cadavre montrent déjà la grande facilité avec laquelle les liquides poussés dans les vaisseaux pulmonaires passent à travers leurs parois et se répandent dans les cellules de ce viscère, et font voir que le phénomène opposé, c'est-à-dire le passage des liquides des bronches dans les vaisseaux pulmonaires, n'est pas plus difficile. En effet si on pousse une injection peu consistante (de l'eau colorée par exemple) dans l'artère pulmonaire, elle passe en partie dans les veines et en partie dans les ramifications des bronches. Il en est de même lorsqu'on fait pénétrer l'injection par la veine. Enfin on peut également faire parvenir l'injection dans les vaisseaux sanguins du poumon en le poussant dans les bronches. Ces faits montrent la facilité extrême avec laquelle les liquides passent par imbibition des vaisseaux dans les cellules du poumon et *vice versâ*.

Sur l'Animal vivant ce phénomène est également marqué; aussi nous suffira-t-il de rapporter un ou deux exemples pour montrer cette vérité dans tout son jour.

En faisant sur des Chevaux des expériences, dirigées d'ailleurs vers un autre but, nous avons, avec Vavasseur, injecté dans l'espace d'une heure plus de vingt litres d'eau dans les poumons d'un de ces Animaux sans produire d'accidens graves; aussitôt après on le tua et on trouva que les poumons ne contenaient pas sensiblement plus de liquide que dans l'état ordinaire. L'eau avait donc été absorbée.

L'expérience suivante de Fodéra montre aussi combien est rapide l'absorption qui se fait à la surface pulmonaire. Immédiatement après avoir injecté une solution d'hydrocyanate de potasse dans les bronches d'un Chien, il ouvrit le thorax et extirpa le cœur. Cette opération ne dura que vingt-deux secondes, et cependant ce court espace de temps avait suffi pour que la présence de ce sel fût manifeste dans le sang des cavités gauches du cœur.

Les vapeurs répandues dans l'atmosphère sont également absorbées par les parois des cellules aériennes des poumons. Linning a constaté qu'en vingt-quatre heures il avait augmenté en poids de huit onces, sans avoir pendant ce temps fait usage d'aucun aliment, mais seulement en respirant un air chargé de brouillards épais.

L'exhalation dont ces organes sont le siége est également bien démontrée. Si on injecte, comme l'a fait Magendie, une dissolution de camphre dans l'abdomen d'un Animal, bientôt après, non-seulement le sang qu'on tire de ses vaisseaux en contient une certaine quantité, mais aussi l'air expiré en est chargé. Il en est de même, lorsque au lieu de camphre on fait usage d'une dissolution de phosphore dans l'huile ; alors l'Animal exhale à chaque expiration, une certaine quantité de cette substance sous la forme d'une vapeur blanche et abondante. Enfin en injectant de l'hydrogène dans les veines d'un Chien, Nysten a constaté que ce gaz est exhalé par la surface pulmonaire.

La vapeur d'eau qui à chaque expiration s'échappe des poumons est un des phénomènes les plus apparens de la Respiration, surtout lorsque, par l'action réfrigérante de l'air ambiant, elle est condensée aussitôt après sa sortie de la bouche et qu'elle forme ainsi un nuage épais. Cette exhalation a reçu le nom de transpiration pulmonaire et a fixé de bonne heure l'attention des physiologistes. On chercha d'abord à reconnaître la proportion d'eau qui se dégage des poumons de l'Homme à l'état de mélange avec l'air expiré. Hales a évalué à six cent trente-quatre grammes la perte de poids que nous éprouvons par la transpiration pulmonaire pendant vingt-quatre heures. Lavoisier et Seguin ont été conduits, par une suite d'expériences curieuses, à regarder la quantité d'eau ainsi exhalée, comme étant plus grande. Voici comment ils ont procédé dans ces recherches. Après avoir déterminé la perte totale du corps dans un temps donné, ils ont cherché quelle part y prenait la transpiration pulmonaire; dans cette vue ils renfermaient tout le corps de l'individu soumis à l'expérience, dans un sac de toile cirée, qui offrait une ouverture destinée à s'adapter à la bouche. Au moyen de cet appareil, il était facile d'isoler les effets de la transpiration pulmonaire des autres causes de la diminution de poids qu'éprouve le corps pendant la durée de l'expérience; et ils parvinrent ainsi à constater que, terme moyen, la quantité de vapeur exhalée par les organes de la Respiration pendant vingt-quatre heures, est de vingt-huit onces quinze grains. Menzies et Abernethy portent cette quantité seulement à six ou neuf onces. Enfin Dalton chercha également à éclairer ce point en calculant la quantité d'eau susceptible de porter au degré d'humidité extrême, à la température du corps, la masse d'air qui s'échappe des poumons. Il conclut ainsi que le maximum d'eau que l'air expiré pendant l'espace de vingt-quatre heures peut tenir en suspension est environ d'une livre et demie; approximation qui se rapproche beaucoup des résultats obtenus par Hales et Lavoisier. Les travaux récens de Magendie font voir que cette exhalation peut être augmentée à volonté chez un Animal en injectant de l'eau dans ses veines et par conséquent en augmentant la masse des liquides en circulation. L'exhalation d'une certaine quantité d'eau est donc un des phénomènes de la Respiration ; mais cette quantité varie suivant différentes circonstances, parmi lesquelles on doit ranger en première ligne, l'état de pléthore plus ou moins grand du système vasculaire.

On voit donc, d'après ces faits, que l'absorption et l'exhalation ont lieu simultanément à la surface de l'organe respiratoire, et il sera facile alors de se rendre compte de ce qui se passe dans l'acte de la Respiration relativement à l'azote. « Dans les expériences, dit Edwards, où l'on obtient, d'une part la diminution de la quantité d'azote, et de l'autre l'augmentation de ce gaz, il y a deux manières d'envisager ces résultats. Dans la première la quantité d'azote qui disparaît serait due uniquement à l'absorption, et l'augmentation de la quantité de ce fluide uniquement à l'exhalation ; de manière qu'une seule de ces fonctions s'exercerait à la fois. Dans la seconde les deux fonctions d'absorption et d'exhalation s'exerceraient en même temps, et l'on ne verrait dans les résultats que les différences de leur action. Ainsi, lorsqu'un Animal respire dans l'air atmosphérique, les deux fonctions seraient simultanées; d'une part, il absorberait de l'azote; d'autre part, il en exhalerait; et du rapport des quantités absorbées et exhalées proviendraient nécessairement trois résultats différens suivant la constitution des individus et les circonstances où ils sont placés. Lorsque l'exhalation prédomine sur l'absorption, on n'a pour résultat de l'expérience que de l'exhalation; lorsque l'absorption prédomine, la différence sera de l'absorption; lorsque enfin ces deux fonctions ont lieu dans la même proportion, on ne voit les effets ni de l'une, ni de l'autre, et l'azote expiré est égal à l'azote inspiré.

Les expériences d'Allen et Pepys et d'Edwards ne laissent aucun doute sur la justesse de cette dernière vue. Ils ont placé l'Animal dans l'impossibilité d'absorber de l'azote, en lui faisant respirer de l'oxigène presque pur, et ils ont obtenu pour résultat une exhalation d'azote qui surpassait de beaucoup le volume de l'Animal. Mais craignant que cette grande production d'azote ne fût due à la Respiration de l'oxigène pur, ils ont répété l'expérience en plaçant l'Animal dans un air factice composé d'oxigène et d'hydrogène dans les mêmes proportions que l'air atmosphérique, et dans ce cas ils ont obtenu un double résultat qu'il est facile de prévoir. D'une part, il y a eu exhalation d'un volume d'azote supérieur à celui de l'Animal, et de l'autre absorption d'une quantité considérable d'hydrogène. Il est bon d'observer ici que, dans ces expériences, l'Animal ne paraissait ressentir aucune gêne, et que sa Respiration ne différait en rien de ce qu'elle est dans l'air atmosphérique.

Plusieurs circonstances sont susceptibles d'influer sur les rapports de ces deux fonctions, l'absorption et l'exhalation, et de faire prédominer l'une ou l'autre ; mais ce n'est pas ici le lieu de les examiner.

D'après les faits que nous venons d'exposer, nous arrivons à cette conclusion générale, que la Respiration, relativement aux changemens qu'elle apporte dans l'air, se compose de quatre phénomènes principaux :

1°. L'oxigène qui disparaît est absorbé par la surface pulmonaire et ensuite porté en tout ou en partie dans la circulation ;

2°. L'acide carbonique produit est exhalé par le poumon et provient en tout ou en partie du sang et des liquides en circulation.

3°. L'azote est absorbé en certaines proportions variables suivant plusieurs circonstances ;

4°. Ce gaz est exhalé par la surface pulmonaire et provient en tout ou en partie de la masse du sang.

En résumé on voit, comme l'a dit Edwards, que la Respiration n'est pas un procédé purement chimique, une simple combustion dans les poumons où l'oxigène de l'air inspiré s'unirait au carbone du sang pour former de l'acide carbonique qui serait expulsé aussitôt; mais une fonction composée de plusieurs actes; d'une part, l'absorption et l'exhalation, attributs de tous les êtres vivans; d'autre part l'intervention des deux parties constituantes de l'air atmosphérique, l'oxigène et l'azote. (*V.* Edwards, De l'Influence des agens physiques sur la vie.)

Si l'on voulait maintenant approfondir davantage cette question, et chercher ce que deviennent l'oxigène et l'azote absorbés, ainsi que les sources de l'acide carbonique et de l'azote exhalés, il est probable que l'on trouverait que les premiers sont employés soit à rendre aptes à l'assimilation les particules nutritives déposées dans l'épaisseur des organes, soit à agir d'une manière directe sur ces organes eux-mêmes, et que les derniers sont les produits excrémentitiels de la nutrition. Mais les faits nous manquent pour rendre plausible une opinion quelconque à cet égard; aussi nous abstiendrons-nous d'insister sur ce point, et nous bornerons-nous à dire qu'il serait d'un haut intérêt d'examiner expérimentalement cette question.

Quant à l'influence de ces différens actes constituant la Respiration, considérée d'une manière générale dans la série des Animaux, nous ne pouvons rien ajouter à ce que nous avons déjà dit au commencement de cet article; mais nous aurons occasion d'y revenir en examinant cette fonction dans les Animaux supérieurs.

Nous avons déjà fait observer que les phénomènes respiratoires ne sont pas toujours identiques chez le même Animal, et que diverses circonstances exercent une influence très-marquée, tant sur les proportions des gaz exhalés et absorbés, que sur l'étendue de la Respiration.

La première circonstance dont on doit tenir compte dans l'appréciation des phénomènes de la Respiration, c'est la température.

Chez tous les Animaux qui n'ont pas une température propre, le froid tend à diminuer considérablement l'étendue de la Respiration. Pour s'en convaincre, il suffit de placer pendant l'été un certain nombre de Grenouilles dans une quantité déterminée d'air atmosphérique, et de noter la durée de leur vie; puis de répéter la même expérience pendant la saison froide, car on trouve alors des différences énormes. Les mêmes différences se rencontrent aussi lorsqu'on examine l'air qui a servi à la Respiration sous le rapport de ses altérations chimiques. Les expériences suivantes d'Edwards ne laissent aucun doute à cet égard. Trois Grenouilles placées au mois de juin, la température étant de 27° centigrades, dans un vase contenant 74 centilitres d'air atmosphérique, ont produit, en vingt-quatre heures, 524 centilitres d'acide carbonique, tandis que d'autres, au mois d'octobre, à une température de 14°, placées absolument dans les mêmes circonstances, ont fourni seulement 244 centilitres de ce gaz.

Les jeunes Animaux à sang chaud qui, dans les premiers temps de leur existence, ne produisent pas assez de chaleur pour conserver leur température, ainsi que le font les adultes, et qui, sous ce rapport, se rapprochent des Animaux à sang froid, sont soumis à la même influence et présentent des différences semblables. C'est ce que prouve clairement l'expérience suivante de Le Gallois, rapportée par Edwards (Infl. des agens physiques). « La section de la huitième paire produit, entre autres phénomènes, une diminution considérable dans l'ouverture de la glotte. Elle est telle chez les Chiens nouveau-nés ou âgés d'un à deux jours, qu'il entre très-peu d'air dans les poumons, et cette quantité est si petite, que, lorsqu'on fait l'expérience dans les circonstances ordinaires, l'Animal périt aussi promptement que s'il était privé d'air. Il vit environ une demi-heure. Mais si l'on fait la même opération sur des Animaux de même espèce et de même âge, engourdis par le froid, ils peuvent vivre toute une journée. »

Enfin les Animaux hibernans, offrant aussi, pendant leur engourdissement, une analogie frappante avec les Animaux à sang froid, présentent des phénomènes absolument semblables.

Si maintenant on examine l'influence de la température sur les Animaux à sang chaud qui conservent leur chaleur propre à peu près au même degré pendant tout le cours de l'année, on pourrait, au premier abord, croire que la chaleur et le froid produisent sur eux des effets inverses de ceux que nous venons d'exposer. C'est en effet ce qui semble résulter de la première série d'expériences rapportées par Edwards, Tableaux 53 et 54, dans lesquelles des Bruans placés, au mois de janvier, dans des vases contenant 1 litre 17 d'air atmosphérique et renversés sur le mercure, vécurent, terme moyen, 2 heures 2' 25'', tandis que d'autres individus de même espèce, placés exactement dans les mêmes circonstances, aux mois d'août et de septembre, vécurent 1 heure 22'. Une autre série d'expériences faites dans le même but et de la même manière, excepté que les vases étaient renversés sur une forte dissolution de potasse pour absorber l'acide carbonique à mesure de sa reproduction, a fourni des résultats semblables et tout aussi évidens. Si, au contraire, on jette les yeux sur une autre suite d'expériences faites par le même auteur, dans un but différent (Tabl. 63 et 64), on voit que, dans ce cas, l'influence de la température a déterminé, dans l'étendue de la Respiration, les mêmes modifications que chez les Animaux à sang froid. En effet, des Moineaux, aux mois de mai et de juin, ont vécu, terme moyen, 1 heure 58', et aux mois d'octobre et de novembre, des Oiseaux de la même espèce ont prolongé leur existence pendant 2 heures 1', toutes les circonstances étant d'ailleurs les mêmes, excepté la température.

Mais si l'on cherche à se rendre raison de ces différences dans les résultats de l'expérience, on verra, à ce que nous pensons, que cette contradiction n'est qu'apparente, et disparaît lorsqu'on rapporte ces phénomènes à une loi plus générale que celle dont nous venons de parler, et sur laquelle nous reviendrons bientôt.

Examinons maintenant quelle influence la température exerce sur la mesure des divers phénomènes respiratoires, c'est-à-dire sur la proportion de l'oxigène et de l'azote absorbés, comparée à celle de l'acide carbonique et de l'azote exhalés. Il résulte de nombreuses expériences faites par Edwards sur des Grenouilles et des Oiseaux, dans les deux saisons opposées de l'été et de l'hiver, que la portion d'acide carbonique exhalé est plus grande en été qu'en hiver, et *vice versâ*. En effet, en prenant la quantité d'oxigène qui disparaît pour unité de mesure, on obtient de ces expériences :

Sur des Grenouilles :

	Oxig. absorbé.	*Ac. carb. exh.*
En été.	1000	706.
En hiver . . .	1000	681.

Sur des Oiseaux :

	Oxig. absorbé.	*Ac. carb. exh*
En été.	1000	960.
En hiver . . .	1000	787.

Ce que nous venons de dire pour l'acide carbonique est aussi applicable à l'azote. De même que po r l'exhalation de ce gaz, une température, soit basse, soit élevée, ne paraît exercer aucune influence sensible sur les proportions de l'azote exhalé et absorbé, lorsque cette température ne se continue pas pendant un laps de temps assez considérable; mais quand l'un de ces extrêmes de température se maintient pendant longtemps comme il arrive dans l'une des deux saisons opposées, l'été et l'hiver, on voit alors survenir des modifications importantes dans les proportions d'azote absorbées et exhalées pendant la Respiration. Les expériences nombreuses d'Edwards, faites avec le plus grand soin, prouvent clairement que, pendant l'hiver, l'absorption de l'azote prédomine sur l'exhalation d'une manière presque constante, et que pendant l'été c'est le contraire qui a eu lieu. Ces recherches ont été faites sur les Oiseaux adultes, de jeunes Mammifères, des Grenouilles, etc.

L'influence de l'âge sur les phénomènes généraux de la Respiration peut se faire sentir de deux manières, en modifiant son étendue ou les proportions de ses produits. Dans la jeunesse, les mouvemens respiratoires sont plus rapides, la circulation est plus accélérée, et la nutrition plus active que dans l'âge adulte; aussi aurait-on pu croire que l'étendue de la Respiration, c'est-à-dire la quantité d'air employée pour l'entretien de la vie dans un temps donné, était également plus grande à cette époque de l'existence; mais les expériences d'Edwards ont fait voir que le contraire avait lieu; et cela ne doit pas nous surprendre, puisque, sous d'autres rapports, les Animaux à sang chaud, dans les premiers temps de leur vie, se rapprochent des Animaux à sang froid, et que, chez ces derniers, l'étendue de la Respiration est bien moindre que chez ceux qui jouissent d'une température propre.

Quant à l'influence que l'âge exerce sur les quantités proportionnelles des divers produits de la Respiration, nous ne possédons que peu de faits propres à éclairer ce sujet. Despretz a fait des recherches comparatives sur les altérations chimiques de l'air produites par la respiration d'Animaux de différens âges et de diverses espèces; mais les détails de ces expériences n'ont pas été publiés. En examinant, sous le point de vue qui nous occupe, quatre expériences de ce physicien, on obtient les résultats suivans :

	Oxig. abs.	*Acid. carb. exh.*
Lapins adultes	1000	789
Lapins de quinze jours	1000	708
Chiens de cinq ans	1000	676
Chiens de quatre à cinq semaines	1000	644

D'après ce tableau, il paraîtrait que, dans le jeune âge, la quantité d'acide carbonique exhalé est moindre, comparativement à celle de l'oxigène absorbé que dans l'âge adulte. Mais nous ne pouvons placer une entière confiance dans ce résultat, car nous ne connaissons pas l'époque de l'année à laquelle ces diverses expériences ont été faites, et nous avons vu plus haut que les saisons exercent une influence très-marquée sur ces phénomènes.

En étudiant l'influence des mouvemens musculaires sur la Respiration, il est essentiel de distinguer l'exercice modéré de la fatigue qui peut en être la suite. En effet, les expériences de Lavoisier tendent à prouver que, pendant l'état d'excitation qui accompagne l'action musculaire, l'activité de la Respiration est augmentée, tandis que, d'après les recherches de Prout, on voit qu'un exercice violent et que la fatigue tendent à diminuer la quantité d'acide carbonique exhalé, et probablement aussi celle des autres gaz absorbés ou exhalés pendant l'acte respiratoire.

Pendant le sommeil, l'étendue de la Respiration est également diminuée, comme on peut le voir par les expériences d'Allen et Pepys.

La nourriture tend, d'après Prout, à produire l'augmentation dans la quantité d'acide carbonique produit, tandis que l'abstinence exerce une influence contraire.

Il en est encore de même pour le régime végétal; Fyfe a constaté que l'usage presque exclusif d'alimens de cette nature, tend à produire une diminution notable dans la quantité absolue d'acide carbonique exhalé, et par conséquent dans l'étendue de la Respiration. L'usage exclusif d'alimens tirés du règne animal ne produit pas toujours les mêmes effets. L'influence des liqueurs spiritueuses détermine une diminution très-grande dans la quantité d'acide carbonique produite, et cela, principalement un certain temps après leur ingestion dans l'estomac. Fyfe a également observé qu'un traitement mercuriel exerce une influence du même ordre.

Si l'on cherche maintenant l'expression générale de tous les phénomènes dont nous venons de parler, on verra qu'en résumé toutes les causes qui paraissent tendre à diminuer l'énergie des fonctions vitales, déterminent une diminution soit dans l'étendue de la Respiration, soit dans la proportion relative de l'acide carbonique exhalé. D'un autre côté, les circonstances qui augmentent la force de l'Animal produisent un changement correspondant dans l'activité de la fonction respiratoire. Faisons pour un moment abstraction des expériences dont nous avons parlé plus haut sur l'influence qu'exercent les saisons sur les Animaux à sang chaud, et rappelons les autres faits dont il vient d'être fait mention.

Nous avons vu, 1° qu'en général la Respiration est bien moins étendue dans les Animaux des classes inférieures que dans ceux d'un ordre plus élevé; 2° qu'à des époques rapprochées de la naissance, l'activité de cette fonction est moins grande que lorsque l'Animal est dans toute sa force, et qu'il est parvenu à l'âge adulte; 3° que le sommeil exerce une influence du même ordre; 4° qu'il en est de même de la fatigue, de l'abstinence, de l'usage continu de certains alimens, de l'abus des liqueurs spiritueuses, etc.; 5° enfin, que la chaleur augmente l'étendue de la Respiration, tandis que le froid diminue l'activité de cette fonction.

Or, pendant le sommeil, tous les actes par lesquels la vie se manifeste sont moins énergiques que pendant la veille. Il en est de même lorsqu'on éprouve de la fatigue, que l'on ne fait pas usage d'alimens dont la quantité et la nature sont appropriées à nos besoins ou que l'on abuse de liqueurs spiritueuses. Dans l'extrême jeunesse, les Animaux sont plus faibles qu'à l'âge adulte. Enfin le froid, comme chacun le sait, produit une sorte de torpeur plus ou moins profonde, non-seulement chez les Animaux, mais aussi dans les Végétaux, et si l'on attribue à cette action l'influence que cet agent exerce sur les phénomènes de la Respiration, on pourra faire cesser les contradictions apparentes que nous avons signalées plus haut dans les résultats des expériences faites sur les Oiseaux pendant l'hiver et l'été. En effet, dans celles où l'on a trouvé que l'étendue de la Respiration était plus grande pendant l'été, ces recherches avaient été faites comparativement en décembre et en janvier d'une part, et en août et septembre de l'autre. Or, dans ce cas, les Oiseaux qui avaient servi aux dernières expériences, avaient éprouvé, pendant toute la durée de l'été, l'influence continue d'une haute température, et, comme une foule de faits le prouvent, cette continuité de la chaleur exerce une influence débilitante des plus marquées. Les Animaux qui ont été expérimentés aux mois de décembre et janvier étaient soustraits depuis quelque temps à l'action de cette cause, et pouvaient ne pas avoir encore éprouvé l'influence d'un froid assez intense et assez continu pour produire chez eux une tendance à l'engourdissement. Il est aussi une autre circonstance qu'il n'est pas indifférent de noter ici; c'est que pendant l'expérience où ces Animaux consument dans un temps doux plus d'air en hiver qu'en été, ils étaient placés tout-à-coup dans de l'air à 20 degrés, ce qui pouvait produire en eux une certaine excitation. Dans la série d'expériences où les résultats furent opposés, on voit au contraire que les Oiseaux dont la Respiration était la plus active, étant celle soumise à l'expérience aux mois de mai et de juin, c'est-à-dire lorsque les froids de l'hiver ont cessé, et qu'il règne depuis quelque temps une température douce, sans que des chaleurs long-temps continues aient pu encore énerver ces Animaux. Il nous paraît donc bien probable que ces différences dans les résultats d'expériences dont l'exactitude ne peut être révoquée en doute, dépendent des effets divers produits par la chaleur suivant qu'elle est modérée ou de peu de durée, ou qu'elle est très-forte et contenue pendant long-temps, ou en d'autres mots, suivant que la température, quelle qu'elle soit, ait exercé une influence fortifiante et excitante sur l'Animal ou bien qu'elle tend à l'affaiblir ou à l'engourdir. En adoptant cette manière de voir, ces différences s'expliquent facilement, et la loi qui exprime la nature de l'influence de l'âge, du sommeil, des mouvemens, de la fatigue, de l'alimentation, etc., devient également applicable aux modifications de la Respiration déterminée par la température. Les observations intéressantes de Cuvier sur les rapports qui existent toujours entre l'énergie des mouvemens musculaires et l'étendue de la Respiration sont pleinement confirmées par les diverses recherches dont nous venons de parler, et la conclusion à laquelle ce savant est arrivé, peut être regardée comme étant pour ainsi dire l'expression générale ou le corollaire de ce que l'on sait relativement à l'influence de ces diverses conditions sur les phénomènes respiratoires.

Il est une autre cause qui paraît exercer une influence assez marquée sur les phénomènes de la Respiration; c'est la pression barométrique. Prout a observé que toutes les fois que dans ses expériences, la quantité d'acide carbonique produite dans un temps donné, était beaucoup au-dessous du terme moyen, et que toutes les autres conditions étaient sensiblement les mêmes, la pression barométrique était considérablement diminuée. Ce physiologiste s'en étonna beaucoup, mais cela s'explique facilement, puisque la production de ce gaz est due à l'exhalation, et que la pression doit diminuer cette exhalation ainsi que nos expériences tendent à le prouver (*V.* Recherches expér. sur l'Exhalation pulmonaire, Annales des Sciences naturelles, T. IX). Il paraîtrait aussi que les variations diverses que Prout a remarquées dans la quantité d'acide carbonique exhalé tient, du moins en partie, à cette influence, car, dans les Tableaux qu'il a publiés, on voit que le maximum et le minimum correspondent presque toujours à des variations correspondantes dans la pression barométrique.

Tels sont les phénomènes généraux de la Respiration considérée dans le règne animal. Voyons maintenant quels sont les organes destinés à cette fonction importante, et comment elle est modifiée dans les divers ordres d'Animaux.

Dans les Animaux dont l'organisation est la plus simple, la Respiration n'est pas localisée; cette fonction n'est l'apanage d'aucun appareil spécial, mais s'exerce dans toutes les parties en contact avec l'élément dans lequel il vit. C'est indistinctement dans toutes les parties de la surface extérieure ou cutanée que la Respiration a lieu, et les Animaux qui sont dépourvus d'organes spéciaux destinés à cet usage, n'en sont pas moins soumis à la même loi que les Animaux des classes plus élevées; comme eux ils absorbent l'oxigène et meurent lorsqu'on les prive du contact de ce gaz. Spallanzani, qui observa le premier ce fait sur des Vers de terre, a été naturellement conduit à examiner si la surface cutanée agit aussi sur l'air chez des Animaux pourvus de poumons ou d'organes analogues. Dans cette vue, il enleva les poumons chez les Limaçons, et lès plaça dans une quantité déterminée d'air. Ces Animaux, ainsi privés de l'appareil spécial de la Respiration, vécurent assez long-temps, et absorbaient toujours du gaz oxigène, quoiqu'en bien moindre quantité que lorsqu'ils avaient leurs poumons. En expérimentant sur des larves de certains Insectes et sur des Poissons, il obtint un résultat analogue. Humboldt et Provençal, dans leur beau travail sur la Respiration des Poissons, rapportent des expériences qui confirment pleinement ce dernier fait. Les Quadrupèdes ovipares sont pourvus de poumons dont le volume est très-considérable; cependant Spallanzani, en comparant les altérations de l'air produites par des individus de cette classe chez lesquels il avait extirpé ces organes, et par d'autres qui étaient intacts, a trouvé que la surface cutanée contribue encore d'une manière puissante à la production des phénomènes de la Respiration.

Les expériences d'Edwards sur les Batraciens prouvent aussi que l'air exerce sur la peau de ces Animaux une influence très-marquée, car ce physiologiste a constaté que, dans certaines saisons, il suffit d'empêcher cette Respiration cutanée pour faire périr des Grenouilles qui, du reste, pouvaient respirer librement. Dans les Animaux à sang chaud, l'appareil spécial de la Respiration acquiert une importance si grande, que la peau ne paraît plus concourir que d'une manière peu notable à l'exercice de cette fonction. L'expérience démontre cependant qu'elle exerce encore, sous ce rapport, une certaine influence. C'est ainsi qu'après avoir interrompu la Respiration chez de jeunes Mammifères, par l'occlusion de l'organe spécial de la Respiration, Edwards a observé qu'on abrége encore l'existence de ces Animaux, en empêchant l'action de l'air sur la peau.

Plusieurs physiologistes ont cherché si, chez l'Homme, la peau agit aussi dans la production des changemens chimiques que la Respiration détermine dans la composition de l'air atmosphérique. Le comte de Millen est le premier qui ait fixé l'attention sur ce sujet. Etant plongé dans un bain chaud, il observa qu'un grand nombre de bulles d'air s'élevaient continuellement de la surface de son corps; il parvint à recueillir une demi-pinte de ce gaz qui, d'après l'analyse, paraissait contenir une grande quantité d'acide carbonique. Ces essais imparfaits, répétés par Ingenhouz, Priestley, Jurine, etc., n'ont pas toujours donné les mêmes résultats; mais plusieurs physiologistes ont constaté que l'air atmosphérique est plus ou moins vicié par le contact prolongé de la peau. Dans les expériences de Jurine, la quantité d'acide carbonique ainsi dégagée était souvent très-considérable. Abernethy, qui a également fait des recherches sur ce sujet, a obtenu un résultat analogue. Il paraît donc évident que la peau de l'Homme, quoique ne remplissant que des fonctions peu importantes dans le travail respiratoire, exhale, dans la plupart des circonstances, une certaine quantité d'acide carbonique.

Lorsque la fonction de la Respiration se concentre plus ou moins complétement dans un appareil spécial, l'existence des communications décrites entre ces organes et toutes les autres parties du corps devient nécessaire, afin que l'oxigène absorbé puisse réagir immédiatement sur chacune d'elles. Pour parvenir à ce but, la nature emploie deux méthodes différentes; tantôt l'appareil respiratoire se répand lui-même dans l'épaisseur de tous ses organes, et l'air circule dans toutes les parties du corps; tantôt ce sont les liquides nourriciers qui traversent cet appareil, y absorbent l'oxigène nécessaire à l'entretien de la vie, se distribuent ensuite dans toutes les parties du corps, y portent le stimulant qu'ils ont reçu de l'air atmosphérique, et se chargent de l'acide carbonique produit par le travail de la nutrition pour le rejeter au dehors lorsqu'elles reviennent de nouveau vers la surface respiratoire. Dans le premier cas, l'appareil respiratoire est formé par un système de vaisseaux aérifères qu'on nomme *trachées*, et dans le second par des *branchies* ou des *poumons*.

Les Insectes occupent un rang assez élevé dans l'échelle des êtres, et ont besoin d'une Respiration très-active ; ils sont cependant dépourvus de système vasculaire, et les liquides nourriciers ne sauraient éprouver une action assez intime de l'air atmosphérique, si la surface du corps était la seule partie en contact avec ce fluide; aussi ces Animaux sont-ils pourvus d'une infinité de canaux qui portent l'air dans l'intérieur de leur corps, et lui permettent ainsi d'agir sur les parties les plus profondément situées. Ces canaux, qu'on nomme Trachées, communiquent directement au dehors, et présentent dans leur structure diverses particularités curieuses qu'on trouve indiquées à l'article INSECTE.

Chez la plupart des Animaux pourvus d'un appareil circulatoire, c'est dans une partie déterminée de leur corps que s'exécute principalement le travail respiratoire. C'est dans un organe spécial que le sang vient recevoir l'influence vivifiante qu'il porte au loin dans les parties les plus éloignées. L'appareil spécial de la Respiration, quelles que soient les modifications qu'il présente chez ces Animaux, est toujours disposé de manière à offrir, sous un volume comparativement petit, une surface très-étendue sur laquelle viennent se ramifier les vaisseaux portant le sang qui doit être soumis à l'action de l'air. Suivant qu'il est destiné à agir sur l'air à l'état de gaz, ou lorsque cet élément est dissous dans l'eau, il présente des différences importantes; dans le premier cas, il est presque toujours formé de cavités dans lesquelles s'introduit l'air ambiant; dans le second, c'est ordinairement la surface extérieure d'une partie, en général saillante, qui agit sur le liquide qui l'environne, et en sépare les principes nécessaires à l'entretien de la vie. Telles sont les différences essentielles entre les *Poumons* et les *Branchies*, noms qu'on a donnés à ces deux modifications de l'organe respiratoire. Les poumons n'existent que dans les trois premières classes des Animaux vertébrés et chez quelques Mollusques; les Poissons, la plupart des Mollusques, les Crustacés, etc., sont au contraire pourvus de branchies.

Ces derniers organes, ainsi que nous l'avons déjà dit, sont des corps saillans qui, en général, ont la forme de lames ou de ramifications, et sont tantôt exposés au dehors, tantôt logés dans une cavité spéciale. Il serait inutile d'énumérer ici les diverses variétés qu'ils présentent, car quelle que soit leur forme et leur position, leurs usages sont toujours les mêmes, et consistent à séparer de l'eau, avec laquelle ils sont en contact, les parties de l'air nécessaires à la respiration, et qui se trouvent dissoutes dans ce liquide. (*V.* CRUSTACÉS, MOLLUSQUES, POISSONS.)

Les poumons, que nous avons dit être, chez tous les Animaux à respiration aérienne, les organes spéciaux de cette fonction, sont essentiellement composés de vésicules ou cellules membraneuses sur les parois desquelles viennent se ramifier les vaisvaux sanguins, et dont la cavité est en communication avec l'air atmosphérique, au moyen de canaux formés de cartilages et de membranes.

Chez les Reptiles, la structure de ces viscères est très-simple ; un canal, nommé *Trachée-Artère*, après un court trajet, s'ouvre dans la cavité d'un ou de deux sacs dont les parois intérieures sont divisées par des feuillets membraneux en cellules polygones, qui elles-mêmes sont subdivisées, d'une manière analogue, en cellules plus petites. Des vaisseaux, dont nous parlerons dans une autre occasion, font circuler le sang dans ces organes, et rapportent ce liquide au cœur après qu'il a subi l'action de l'air. La forme et la grandeur relative des poumons varient beaucoup; ils sont logés de chaque côté de la colonne vertébrale, et se prolongent plus ou moins loin dans la cavité thoracique; enfin ils communiquent avec l'air ambiant au moyen de la trachée-artère dont l'ouverture supérieure est placée au fond de l'arrière-bouche.

Les poumons des Oiseaux et des Reptiles présentent des différences nombreuses et qui sont en rapport avec l'importance relative de leurs fonctions dans ces deux classes d'Animaux; chez les Oiseaux, la Respiration est très-étendue, aussi présentent-ils les conditions les plus favorables pour l'action de l'air sur la surface respiratoire, de même que dans les Reptiles c'est au moyen d'une trachée-artère que la communication est établie entre les cavités de ces viscères et l'air extérieur. Ce canal est cylindrique, d'une longueur proportionnée à celle du cou de l'Animal; son extrémité supérieure s'ouvre au fond de l'arrière-bouche; enfin, parvenu à la partie inférieure du cou, il se bifurque pour se rendre aux deux poumons, et prend alors le nom de *bronches*. Une série de cerceaux cartilagineux, articulés entre eux, donnent à ce conduit toute la solidité nécessaire, et permettent des mouvemens variés de torsion et de flexion, sans que son diamètre en soit changé. En général, du moment où les bronches pénètrent dans les poumons, ils ne présentent plus d'anneaux cartilagineux. Ces viscères eux-mêmes forment de chaque côté de la colonne vertébrale une masse conique composée de rameaux aérifères, de cellules et de vaisseaux sanguins. Les bronches ne s'y terminent pas toutes; plusieurs de leurs rameaux aboutissent à la surface du poumon, et l'air inspiré ne pénètre pas seulement dans ces organes, mais passe ainsi dans de grandes cellules qui communiquent les unes avec les autres, le conduisent dans toutes les parties du corps, et forment une espèce de poumon accessoire. Les poumons proprement dits occupent la partie supérieure du thorax; les cellules membraneuses dont nous venons de parler existent non-seulement dans tout le tronc, mais accompagnent les principaux vaisseaux, s'étendent aux membres, et s'enfoncent dans les muscles, les os, etc. L'air pénètre ainsi dans toutes les parties du corps, et se trouve une seconde fois en contact avec le sang.

Il n'en est pas de même chez les Mammifères. Les poumons de ces Animaux sont renfermés dans une membrane particulière, et l'air qu'ils contiennent ne peut s'en échapper qu'à travers l'ouverture par laquelle il est entré. Ces organes ne sont pas logés dans une cavité qui leur est commune avec les viscères abdominaux. Une cloison musculaire nommée *diaphragme* partage le tronc en deux portions; la cavité inférieure ou abdomen renferme les organes de la digestion, la supérieure ou thorax est spécialement destinée à contenir le cœur et les poumons. Nous reviendrons sur la disposition anatomique du thorax en traitant du mécanisme de la Respiration chez ces Animaux.

Les canaux aériens, ainsi que chez les Oiseaux, servent pour deux usages; la voix se forme à l'origine ou à la fin de leur tronc commun, et ils livrent passage à l'air atmosphérique qui entre dans les poumons et en sort alternativement. Le *larynx*, organe spécial de la voix, forme l'ouverture supérieure du conduit aérifère; il est placé entre l'arrière-bouche et le pharynx, et communique au-dehors par l'intermédiaire de la bouche et des fosses nasales. La *trachée-artère*, qui en est la continuation, descend le long du cou, audevant de l'œsophage, pénètre dans la poitrine, et bientôt s'y bifurque pour former les *bronches* qui se portent aux deux poumons, et se divisent en autant de branches primitives que ces organes ont de lobes. Parvenus dans chacune de ces divisions du poumon, les canaux aériens s'y ramifient presque à l'infini. Des anneaux cartilagineux ceignent ces canaux, et constituent en quelque sorte leur charpente; mais les dernières divisions des bronches en sont dépourvues et ne sont formées que par la membrane muqueuse qui tapisse l'intérieur de ces conduits, et qui se continue avec celle de l'arrière-bouche. Les ramuscules bronchiques ne se résolvent pas en tissu cellulaire, comme l'avaient pensé quelques anatomistes, mais paraissent conserver leur structure propre jusque dans leurs dernières divisions qui sont arrondies et fermées à leur extrémité.

La forme des poumons, qui est celle d'un cône à base tronquée, est déterminée par la disposition de la cavité qui les renferme. En général, chacun de ces viscères est divisé en lobes distincts par des scissures profondes qui s'étendent jusqu'aux bronches, ou en lobules, par des scissures légères. Chez l'Homme, le poumon droit présente trois lobes, et le gauche deux. Chez un grand nombre d'autres Mammifères, on en trouve quatre à droite et deux ou trois à gauche. La substance de ces viscères est formée par les dernières divisions des bronches et des vaisseaux sanguins; les cellules qu'on y voit n'offrent aucune forme régulière. On n'est pas d'accord sur leur nature; quelques anatomistes les regardent comme étant formées par l'entrelacement et les anastomoses multipliées des dernières ramuscules des artères et des veines pulmonaires; d'autres pensent que ce sont des espèces de vésicules formées par la terminaison en cul-de-sac de la membrane bronchique. Quoi qu'il en soit, il paraît que leur volume augmente considérablement par les progrès de l'âge. Ces cellules qui, par leur réunion, forment un lobule, communiquent toutes entre elles; mais chacune de ces subdivisions du poumon est entourée d'une couche mince de tissu cellulaire, et ne communique pas avec les lobules voisins.

Chaque poumon est enveloppé par une membrane séreuse appelée *plèvre*, qui, ayant la forme d'un sac sans ouverture, tapisse également la surface externe de ces viscères et la face interne du thorax. D'après cette disposition, la surface interne des plèvres, qui est lisse et humectée par de la sérosité, est continuellement en rapport avec elle-même, et ses deux feuillets, glissant l'un sur l'autre, facilitent les mouvemens du poumon, et diminuent le frottement qui en résulte.

Lorsque les organes respiratoires sont extérieurs, comme cela se voit pour les branchies de certains Mollusques, de quelques Crustacés, etc., les mouvemens généraux de l'Animal, ou ceux des parties auxquelles ces organes sont fixés, suffisent pour le renouvellement de l'eau nécessaire à l'entretien de la vie; mais quand les branchies sont logées dans une cavité intérieure, ou qu'il existe des poumons (organes qui offrent toujours cette disposition), le renouvellement plus ou moins rapide du liquide ambiant dans l'intérieur de cette cavité devient indispensable, et il est effectué à l'aide de divers moyens mécaniques.

Dans les Crustacés Décapodes, les parois de la cavité respiratoire étant immobiles, c'est à l'aide d'organes spiraux que le renouvellement de l'eau s'opère, ainsi que nous le ferons voir dans l'ouvrage que nous comptons publier bientôt, conjointement avec Audouin, sur l'anatomie, la physiologie et la zoologie de ces Animaux. Dans les Poissons, où les branchies sont logées dans la bouche, cette cavité pouvant au contraire se dilater et se resserrer, c'est par ce moyen que la partie mécanique de la Respiration est effectuée. Il en est de même chez la plupart des Animaux vertébrés à respiration aérienne; aussi, pour en donner une idée, nous bornerons-nous à le décrire chez les Mammifères.

La cavité qui loge les poumons occupe la partie supérieure du tronc et offre à peu près la forme d'un cône dont la base est tournée vers l'abdomen et le sommet vers le cou ; la colonne vertébrale en arrière, les côtes sur les parties latérales, et le sternum antérieurement, en forment la charpente osseuse. Les côtes sont de deux espèces, 1° les côtes vertébrales qui s'articulent avec les vertèbres; 2° les côtes sternales qui, soudées ou articulées avec les côtes vertébrales par une extrémité, se fixent au sternum par l'autre. Chez l'Homme ces dernières (au nombre de sept) sont cartilagineuses, et par cette circonstance ont été appelées *cartilages des côtes*. Les côtes vertébrales, au contraire, sont osseuses et plus nombreuses; on en compte douze de chaque côté. Les arcs costaux jouissent d'une certaine mobilité, et les espaces qu'ils laissent entre eux sont remplis par des muscles destinés à les rapprocher. Le diaphragme, cloison musculaire qui s'attache à la partie inférieure du sternum, aux dernières côtes et à la colonne vertébrale, forme la base du cône que représente cette cavité. Lorsque ce muscle est dans l'état de repos, sa face thoracique est convexe, en sorte que la cavité de la poitrine est bien moins grande qu'elle ne semblerait devoir l'être d'après l'étendue de sa charpente osseuse.

La cavité thoracique est exactement remplie par les viscères qu'il renferme, et ses parois, en s'écartant, tendent à produire le vide entre elles et la surface des poumons. Or, les cellules de ces organes communiquant librement avec l'air extérieur, ce fluide, à raison de sa pesanteur, s'y précipite et les dilate à mesure que la cavité qu'ils remplissent augmente de capacité. C'est donc des mouvemens du thorax que dépend l'inspiration ou l'entrée de l'air dans les poumons; nous devons, par conséquent, examiner maintenant quels sont les muscles qui déterminent l'agrandissement de la cavité thoracique.

L'agent qui contribue le plus à dilater la poitrine est sans contredit le diaphragme; dans son état de relâchement, ce muscle forme une voûte dont le sommet s'élève assez haut dans la cavité de la poitrine. En se contractant, il refoule les viscères abdominaux, et sa partie centrale tend à se mettre au niveau de ses points d'attache. Dans une inspiration ordinaire, le diaphragme agit presque seul, et n'est aidé que faiblement par les relevures des côtes; ces muscles portent les arcs osseux en haut et en dehors, et augmentent ainsi l'étendue de la cavité thoracique. Ce sont surtout ceux qui se fixent d'une part à la partie supérieure du thorax, et de l'autre à la colonne vertébrale ou à la tête qui agissent de la sorte. Parmi eux on doit ranger en première ligne les scalènes, les surcostaux, etc. Enfin, dans une forte inspiration, les muscles de l'épaule et du cou concourent également à rendre les mouvemens des côtes plus étendus, et par conséquent à augmenter la dilatation de la poitrine.

Les agens mécaniques qui sont mis en jeu pour produire l'expiration ne sont pas tous placés au dehors du poumon, comme cela a lieu pour les mouvemens inspiratoires, car ce viscère, d'après les dispositions de son organisation, y contribue également. En effet, outre la contraction des tuyaux aériens, déterminés par les fibres musculaires qui les entourent chez quelques Animaux, les poumons sont doués d'une force élastique par laquelle ils tendent à revenir sur eux-mêmes. Pour se convaincre de ce fait, il suffit d'ouvrir largement le thorax d'un Animal de cette classe; on verra alors les poumons s'affaisser aussitôt. Ce phénomène ne peut être attribué à la pression atmosphérique, puisque la cavité de ces organes, communiquant librement avec l'extérieur, l'élasticité de l'air qu'ils renferment contre-balance cette action. C'est au contraire de la force élastique du tissu des poumons qu'il dépend, car, si avant d'ouvrir le thorax, on fixe dans la trachée un tube qui communique avec la partie supérieure d'un réservoir à moitié rempli d'eau et de la partie inférieure duquel part un tube recourbé qui devient vertical et s'élève au-dessus du niveau de l'eau contenue dans le réservoir, la force avec laquelle le poumon revient sur lui-même, lors de l'ouverture du thorax, en refoulant dans le réservoir l'air qu'il contient, suffit pour élever l'eau dans le tube vertical, et pour le maintenir à une hauteur assez considérable. Nous pouvons en conclure que, dans la Respiration ordinaire, dès que les muscles inspirateurs cessent d'agir, l'élasticité des poumons tend à produire l'affaissement de ces organes, et par conséquent à resserrer les parois du thorax. C'est principalement sur le diaphragme que cette influence est évidente. En effet, la force élastique des poumons tend à attirer ce muscle vers l'intérieur de la cavité thoracique, de la même manière que lorsqu'il se contracte, il entraîne après lui la surface inférieure de ce viscère. Aussi, tant que le thorax n'est pas ouvert, ce muscle, dans son état de repos, est-il tendu avec force et forme-t-il une voûte dont le sommet s'élève dans la poitrine; mais aussitôt qu'en ouvrant largement les parois de cette cavité, on fait cesser l'attraction exercée par les poumons, il devient flasque et cesse de former une voûte comme dans l'état naturel.

L'élasticité des côtes qui, élevées dans l'acte de l'inspiration, tendent à s'abaisser et à reprendre leur première position, contribue aussi à diminuer la cavité du thorax. Mais dans une forte expiration, d'autres agens servent aussi à produire ce résultat. Les muscles du bas-ventre, qui sont les antagonistes du diaphragme, en comprimant les viscères abdominaux, les refoulent en bas par la contraction de ce muscle lors de l'inspiration, les repoussent vers la poitrine, et diminuent ainsi l'étendue de cette cavité. Tous les muscles qui abaissent les côtes peuvent également concourir à chasser l'air des poumons, mais ils n'entrent en action que lor que la Respiration est laborieuse.

On voit, par ce qui précède, que des muscles nombreux et éloignés agissent de concert dans la production des mouvemens respiratoires. Ces mêmes muscles remplissent également d'autres fonctions, et l'action de chacun d'entre eux est indépendante de celle des autres. Mais dans les mouvemens respiratoires, toutes ces puissances motrices tendent à produire le même résultat; elles s'unissent toutes par une espèce de sympathie interne, et semblent être mises en action par un principe régulateur. En effet le diaphragme, les muscles intercostaux, ceux de la glotte, des narines, et même du cou et des épaules, combinent leur action, en un mot, exécutent des mouvemens coordonnés. On s'est beaucoup occupé de la recherche du principe régulateur et de la cause des mouvemens respiratoires. L'influence de la volonté sur la production de ces mouvemens est assez marquée pour qu'il soit impossible de les regarder comme involontaires, et de les assimiler aux contractions du cœur, des intestins, etc. En effet, la volonté suffit pour les suspendre pendant un certain temps, ou bien en rendre le retour bien plus fréquent que dans l'état naturel. Mais d'un autre côté, lorsque par suite d'un état pathologique ou de l'ablation de certaines parties du système nerveux, la volonté ne se manifeste plus par aucun signe extérieur et que par conséquent on peut regarder son action comme ayant cessé, les mouvemens respiratoires ainsi que les battemens du cœur persistent encore. Il semblerait, d'après ces considérations, que les mouvemens respiratoires ne peuvent être rangés exclusivement, ni parmi des mouvemens involontaires, ni parmi ceux qui sont complétement volontaires, et qu'ils forment un ordre intermédiaire, susceptible d'être influencé par la volonté, mais pouvant exister sans le concours de cet agent. On a donc cherché dans quelle partie du système nerveux réside la puissance qui met en jeu et coordonne ces mouvemens. Conduits par des routes différentes, Larrey et Legallois ont reconnu qu'il existe dans la moelle épinière, près de l'encéphale, un point dont la lésion détruit sur-le-champ les mouvemens inspiratoires. Ce dernier physiologiste plaçait ce point à l'origine même des nerfs de la huitième paire. Des recherches plus récentes, en même temps qu'elles jettent un nouveau jour sur ce sujet, confirment ce fait. Les expériences de Flourens prouvent que c'est la moelle allongée, c'est-à-dire la portion du système cérébro-spinal, qui s'étend des tubercules quadrijumeaux jusqu'à l'origine des nerfs pneumo-gastriques inclusivement, qui agit comme premier mobile et comme principe régulateur de ces mouvemens.

Chez les Animaux à circulation complète, les mouvemens d'inspiration et d'expiration se succèdent constamment et à de courts intervalles, tandis que chez les Reptiles où tout le sang ne traverse pas les poumons avant que de retourner aux différentes parties du corps, ces mouvemens sont bien moins fréquens. L'Homme, qui doit être rangé dans la première catégorie, fait à peu près vingt inspirations par minute; le nombre de celles-ci varie, du reste, suivant les individus, mais il est toujours plus grand dans la jeunesse que dans l'âge adulte et dans la vieillesse. Dans un état maladif, la Respiration peut être ralentie ou considérablement accélérée; le nombre d'inspirations s'élève quelquefois à plus de quarante par minute.

A chaque expiration, la totalité de l'air n'est point expulsée des poumons; il en reste toujours une quantité plus ou moins grande. Après l'expiration la plus forte possible, il paraît que le poumon de l'Homme contient à peu près les quatre-vingt-quinze millièmes de la quantité d'air qu'il renferme après la plus forte inspiration. Dans la Respiration ordinaire, la différence est bien moins grande, car la quantité d'air que contiennent les poumons après une inspiration ordinaire, n'est qu'un peu plus d'un dixième plus grande que celle qui y reste encore après une expiration semblable. Quant à la quantité absolue d'air qui entre dans les poumons à chaque inspiration, elle varie nécessairement non-seulement d'après la grandeur de ces organes chez les différens individus, mais aussi d'après l'étendue des mouvemens respiratoires. Suivant sir H. Davy, elle est de deux cent vingt-neuf centimètres cubes; suivant Allen et Pepys, de deux cent soixante-dix centimètres cubes. Thompson porte cette évaluation beaucoup plus haut; il pense qu'il entre et sort des poumons, à chaque Respiration ordinaire, six cent cinquante-six centimètres cubes. Du reste ces différences, quelque grandes qu'elles soient, n'ont rien qui doive nous étonner, d'après ce que nous venons de dire sur les conditions qui influent sur ce phénomène.

Nous avons examiné successivement les phénomènes généraux de la Respiration, l'influence des conditions extérieures sur ces mêmes phénomènes, et la structure des organes qui sont le siége de cette fonction. Nous devrions maintenant traiter de l'influence que les modifications de l'appareil respiratoire paraissent exercer sur la série de phénomènes dont cette fonction se compose. Nous avons vu que chez les Animaux inférieurs, la surface tégumentaire générale contribue puissamment à la production des phénomènes de la Respiration, tandis que chez les êtres les plus élevés de la série zoologique, c'est-à-dire les Oiseaux et les Mammifères, la peau, considérée comme organe respiratoire, est devenue presque nulle. Plusieurs circonstances influent sur cette centralisation presque complète des fonctions respiratoires dans les poumons. On doit placer en première ligne le passage de la totalité du sang à travers le système vasculaire de cet organe et la nature de son tissu; mais l'action mécanique à l'aide de laquelle l'air est attiré dans l'intérieur de la cavité respiratoire, et ensuite expulsé au dehors, paraît devoir contribuer également à produire ce résultat. En effet, des expériences que nous avons faites, conjointement avec Breschet, font voir que si les substances volatiles introduites dans la masse du sang viennent à s'exhaler à la surface pulmonaire, plutôt que dans les autres parties du corps également pourvues d'un grand nombre de vaisseaux, cela dépend principalement de l'espèce de succion qui accompagne chaque mouvement d'inspiration. Il est donc probable que la même cause produit les mêmes effets sur les produits ordinaires de la Respiration.

Pour terminer ce que nous avions à dire sur la Respiration, nous devrions examiner maintenant les changemens que l'action de l'air détermine sur les propriétés du sang. Nous n'en avons point parlé en traitant de la Respiration considérée dans toute la série des Animaux, parce que ce n'est que chez ceux qui ont du sang rouge que l'on a quelques doutes sur cette question, et il en sera encore de même ici parce que ces détails trouveront mieux leur place lorsque nous traiterons de ce liquide. *V.* l'article SANG. (H.-M. E.)

RESSORT. INS. L'un des noms vulgaires des Taupins. *V.* ce mot. (B.)

* RESTAUCLÉ. BOT. PHAN. (Gouan.) Le Lentisque en Languedoc. (B.)

* RESTIACÉES. *Restiaceæ.* BOT. PHAN. Famille de Plantes monocotylédones à étamines périgynes, établie par R. Brown, et adoptée par tous les botanistes. Elle a pour type le genre *Restio* auparavant placé dans les Joncées, et elle peut être caractérisée de la manière suivante : les fleurs, généralement unisexuées et petites, sont réunies en épis, en capitules, souvent environnés de spathes. Le calice, qui manque rarement, est glumacé, offrant de deux à six divisions profondes. Les étamines varient d'une à six ; quand elles sont en nombre moitié moindre que les sépales, elles sont opposées aux sépales intérieurs ; disposition qui est le contraire de celle que l'on observe dans la famille des Joncées. Dans quelques cas, les étamines ou l'étamine unique sont placées à l'aisselle de la même écaille, d'où naissent les pistils ou fleurs femelles. Celles-ci consistent en un ovaire ovoïde ou triangulaire, à une seule loge contenant un ovule renversé ; du sommet de l'ovaire naissent d'un à trois stigmates sessiles ou portés chacun sur un style particulier. Il arrive parfois que les fleurs, étant très-rapprochées, plusieurs pistils se soudent ensemble, et sont ainsi alternativement superposés les uns aux autres, comme on l'observe dans le genre *Desvauxia* par exemple. Les fruits sont des espèces de petites capsules uniloculaires, monospermes, s'ouvrant d'un seul côté par une fente longitudinale ; quelquefois plusieurs pistils s'étant soudés, le fruit paraît être à plusieurs loges. Dans quelques genres, ce fruit est une petite noix indéhiscente. La graine, qui est renversée, se compose d'un tégument propre, crustacé, d'un gros endosperme farineux, sur l'extrémité inférieure duquel est appliqué et incrusté un embryon déprimé et comme lenticulaire, opposé au hile. Les Plantes qui composent cette famille ont le port des Joncées ou des Cypéracées ; ce sont des Plantes presque toutes exotiques, vivaces ou même sous-frutescentes, ayant des feuilles étroites, engaînantes et fendues à leur base, ou des chaumes entièrement nus, ou simplement couverts d'écailles engaînantes ou de feuilles rudimentaires. Cette famille est très-rapprochée des Joncées, dont elle diffère par son embryon extraire et simplement appliqué sur un des points de l'endosperme, opposé au hile ; par ses graines solitaires et pendantes ; ses étamines opposées aux sépales intérieurs, etc. Elle a aussi de l'affinité avec les Cypéracées, mais elle s'en distingue par son péricarpe déhiscent, par ses gaînes fendues, par la struc-

ture et la position de l'embryon, etc. Les genres qui composent cette famille ont été rangés de la manière suivante :

Ire tribu — RESTIONÉES.

Fleurs dioïques; calice de quatre à six sépales, dont deux ou trois intérieurs portant chacun une étamine.

Restio, L., R. Br.; *Willdenowia*, Thunb.: *Thamnochorthus*, Bergius, R. Br.; *Chætanthus*, R. Br.; *Leptanthus*, R. Br.; *Hypolæna*, R. Br.; *Elegia*, Thunb.; *Lepyrodia*, Thunb.; *Anarthria*, R. Br.; *Calopsis*, Beauv.; *Chondropetalum*, Rottb.; *Lyginia*, R. Br.

IIe tribu. — XYRIDÉES.

Fleurs hermaphrodites; deux ou trois étamines.

Xyris, L.; *Abolboda*, Kunth; *Johnsonia*, Kunth; *Gaimardia*, Gaud.

IIIe tribu. — ÉRIOCAULÉES.

Fleurs monoïques; les mâles à quatre ou six étamines.

Eriocaulon, L.

IVe tribu. — CENTROLEPIDÉES.

Fleurs hermaphrodites; calice nul ou à deux lobes; une seule étamine.

Alepyrum, R. Br.; *Desvauxia*, R. Br., ou *Centrolepis* de Labillard.; *Aphelia*, R. Br. (A. R.)

RESTIARIA. BOT. PHAN. Loureiro (*Flor. Cochinchin.*, 2, p. 785) a établi sous ce nom un genre placé dans la Diœcie Gynandrie, L., mais dont les affinités naturelles sont indéterminées. Voici les caractères qu'il lui a imposés : fleurs mâles inconnues; fleurs femelles ayant un calice dont le limbe est à cinq divisions lancéolées, étalées; point de corolle; un stigmate concave; une capsule à cinq nervures, à deux loges et à autant de valves, renfermant plusieurs graines ailées. Le *Restiaria cordata* est un grand Arbrisseau dont la tige est déclinée, divisée en branches grimpantes, dépourvues de vrilles et d'épines, garnies de feuilles cordiformes, rugueuses, velues, très-entières, grandes et opposées. Les fleurs sont disposées en panicules dans les aisselles des feuilles. Cette Plante croît dans les forêts de la Cochinchine. Rumph (*Herb. Amboin.*, *lib.* 5, *cap.* 35, p. 188) avait décrit sous le nom de *Restiaria nigra* une Plante qui est citée par Loureiro comme probablement synonyme de son espèce; mais nous nous sommes convaincus, dans l'ouvrage de Rumph, que tout ce que cite Loureiro sur cette Plante se rapporte au *Restiaria alba* décrit à la page 187, et figuré tab. 119. Cette dernière Plante est le *Commersonia echinata* de Forster qui n'a pas le moindre rapport avec le *Restiaria* de Loureiro. L'écorce de la Plante décrite par Rumph est tenace, poreuse, composée de fibres longitudinales, avec lesquelles on fait des mèches d'artillerie, et dont on se sert pour boucher les fentes des navires. (G..N.)

RESTIO. BOT. PHAN. Type de la famille des Restiacées. Ce genre, tel qu'il a été réduit et circonscrit par Rob. Brown, présente les caractères suivans : les fleurs sont dioïques, formant des espèces de chatons écailleux; le calice est formé de quatre à six écailles glumoïdes. Dans les fleurs mâles, on trouve deux à trois étamines ayant leurs anthères simples et peltées; dans les fleurs femelles, il y a deux ou trois pistils uniloculaires, monospermes, soudés, et formant un ovaire à deux ou trois loges. Le fruit est une capsule à deux ou trois loges, s'ouvrant par autant de sutures longitudinales sur les angles saillans. Les espèces de ce genre sont nombreuses. Elles croissent principalement dans les terres du cap de Bonne-Espérance et à la Nouvelle-Hollande. Ce sont des Plantes à chaumes jonciformes, le plus souvent nus et portant seulement des écailles engaînantes et fendues. Leurs fleurs forment des chatons quelquefois réunis en grappes ou en panicules. Plusieurs des espèces de ce genre en ont été retirées pour former des genres particuliers. Ainsi, parmi les espèces africaines, Rob. Brown a proposé de former un genre sous le nom de *Thamnochortus*; des *Restio scariosus*, Thunb., *spicigerus*, Thunb., *dichotomus*, Rottb., qui se distinguent par leur style simple; leur fruit qui est une noix monosperme, renflée inférieurement, et accompagnée par le calice dont les folioles extérieures sont développées en forme d'ailes. Aucune des espèces de ce genre n'ayant d'usage ni dans les arts ni dans l'économie domestique, nous croyons inutile d'en donner ici la description. (A. R.)

RESTIOLE. BOT. PHAN. *V.* WILLDENOWIE.

*RESTIONÉES. BOT. PHAN. Première tribu de la famille des Restiacées. *V.* ce mot. (B.)

RESTREPIA. BOT. PHAN. Genre de la famille des Orchidées et de la Gynandrie Monandrie, L., établi par Kunth (*Nov. Gener. et Spec. Plant. æquinoct.*, 1. p. 367, tab. 94) qui l'a ainsi caractérisé : calice double; l'extérieur à deux folioles dont la supérieure est concave, très-étroite au sommet, et ayant la forme d'une antenne d'Insecte; l'inférieure (formée de deux latérales soudées) oblongue, concave et obtuse; calice intérieur à trois folioles, dont deux latérales, linéaires, lancéolées, très-étroites au sommet et antenniformes; la troisième (labelle) libre, courte, sans éperon, étroite, dilatée à la base, munie de deux processus filiformes; gynostême court; anthère terminale, operculée, biloculaire; masses polliniques au nombre de quatre, céréacées. Le *Restrepia antennifera*, Kth., *loc. cit.*, est une Plante parasite sur les troncs des vieux Arbres. Ses tiges sont simples, radicantes, pourvues vers les nœuds de petites racines et de deux feuilles planes, ovales, aiguës et striées. Les fleurs sont grandes, accompagnées d'une bractée très-courte, portées sur des pédoncules uniflores qui partent de la base des feuilles. La division supérieure du calice ou périgone est colorée en rouge, avec des nervures plus foncées; les divisions latérales sont rougeâtres, d'un jaune brun en dedans. Cette Orchidée a été trouvée sur le revers des Andes, dans l'Amérique méridionale, entre Almaguer et Pasto. (G..N.)

RETAN. MOLL. Adanson (Voyage au Sénég., pl. 12) a décrit sous ce nom une Coquille du genre Monodonte, *Monodonta Labio*, Lamk. *V.* MONODONTE. (D..H.)

*RETANILLA. BOT. PHAN. Genre de la famille des Rhamnées et de la Pentandrie Monogynie, L., établi par notre collaborateur Adolphe Brongniart (Mémoire sur les Rhamnées, p. 57), qui l'a ainsi caractérisé : calice urcéolé, quinquéfide, charnu intérieurement; corolle à cinq pétales en capuchon, sessiles; cinq étamines incluses, à anthères réniformes, uniloculaires. Disque couvrant toute la superficie interne du calice; ovaire libre, triloculaire; style simple, court; fruit adhérent au calice par la base, indéhiscent, contenant un noyau ligneux, triloculaire, et des graines sessiles. Ce genre avait été réuni au *Colletia* par Ventenat et De Candolle. Celui-ci en a formé une section qu'il était porté à considérer comme un genre distinct, opinion déjà émise par Kunth. Les deux espèces qui constituent ce genre (*Retanilla obcordata* ou *Colletia obcordata*, Vent., Jard. de Cels, tab. 92, et *R. ephedra* ou *Colletia ephedra*, Venten., Choix., tab. 16) ont été rapportées du Pérou par Dombey, qui les a désignées dans son herbier sous le nom générique de *Rhamnus*. Ce sont des sous-Arbrisseaux à rameaux allongés, presque simples, nus, ou à peine munis à la base de quelques feuilles petites, opposées et très-entières. Les fleurs sont disposées en épis, petites, velues extérieurement et brunâtres. (G..N.)

RETELET. OIS. Syn. vulgaire de Roitelet. *V.* SYLVIE. (DR..Z.)

RÉTÉPORE. *Retepora.* POLYP. Genre de l'ordre des Escharées, dans la division des Polypiers entièrement pierreux, ayant pour caractères : Polypiers pierreux, poreux intérieurement, à expansions aplaties, minces, fragiles, composées de rameaux quelquefois libres, et plus souvent anastomosés en réseau ou en filet; cellules des Polypes disposées d'un seul côté à la surface supérieure ou interne du Polypier. Les Rétépores sont de petits Polypiers fort élégans, de nature entièrement pierreuse, mais très-fragiles, parce que leur substance est celluleuse intérieurement, formant des expansions minces, tantôt trouées régulièrement comme de la dentelle, tantôt ramifiées, à rameaux souvent anastomosés entre eux; ces Polypiers sont encore remarquables parce que leurs cellules, qui sont très-petites, n'existent que d'un seul côté; l'ouverture de chacune d'elles est surmontée d'une petite épine calcaire, et la surface où elles se trouvent est rude comme une râpe. On ne connaît point les Animaux qui les produisent. Il existe dans les collections un assez grand nombre de Polypiers fossiles qui doivent être rapportés à ce genre dont ils offrent les principaux caractères. On les trouve particulièrement dans la Craie. Lamouroux a distrait des Rétépores deux espèces dont il a formé deux nouveaux genres. *V.* KRUSENSTERNE et HORNÈRE. Les espèces restant dans ce genre sont : les *Retepora cellulosa*, *versipalma*, *radians*, *frustulata* et *ambigua*. (E. D..L.)

RÉTÉPORITE. *Reteporites.* POLYP. Genre de l'ordre des Milléporées, dans la division des Polypiers entièrement pierreux, ayant pour caractères : Polypier pierreux, cylindracé, ovale-allongé, mince, d'une épaisseur presque égale, entièrement vide dans l'intérieur, fixé au sommet d'un corps grêle qui s'est décomposé et qui a produit l'ouverture inférieure; cellules en forme d'entonnoir, traversant l'épaisseur du Polypier, ouvertes aux deux bouts; ouvertures disposées régulièrement en quinconce, plus grandes et presque pyriformes à l'extérieur, beaucoup plus petites et irrégulièrement arrondies à l'intérieur. Quoique Lamarck cite comme synonyme de son Dactylopore cylindracé, le Rétéporite dactyle de Bosc, les caractères qu'il donne à son genre sont différens de ceux du Rétéporite, puisqu'il lui attribue des pores très-petits situés sur les mailles du réseau formé par ces ouvertures assez grandes, que Bosc nomme simplement cellules. Lamouroux a déjà fait cette observation dans son exposition des genres des Polypiers, p. 44. Nous n'avons point vu d'autre échantillon de ce fossile que celui que possédait Lamouroux, et qui est en tout conforme à la description qu'en a donnée Bosc (Journ. de Phys., juin 1806, p. 453, pl. 1, fig. A). Nous n'avons pu apercevoir, sur les cloisons des cellules, les pores dont parle Lamouroux. Ce Polypier se trouve fossile à Grignon. (E. D..L.)

* RETICULA. BOT. CRYPT. Le genre formé sous ce nom par Adanson serait le même que l'Hydrodyctie qui y rentre, s'il ne contenait aussi un Rhizomorphe. Il n'a jamais pu être adopté. (B.)

* RÉTICULAIRE. OIS. Espèce du genre Philédon. *V.* ce mot. (DR..Z.)

RÉTICULAIRE. REPT. Espèce du genre Couleuvre. *V.* ce mot. Daubenton nomme ainsi une Rainette. (B.)

RETICULARIA. BOT. CRYPT. (*Lycoperdacées.*) Genre créé par Bulliard, subdivisé ensuite par plusieurs mycologues modernes; mais rétabli en grande partie d'après les bases que Bulliard lui avait données par Fries (*Syst. orb. Veget.*, 1, p. 147). Cet auteur le caractérise ainsi : péridium de forme variable, simple, membraneux, se déchirant à sa maturité; sporidies agglomérées, entremêlées de filamens rameux réunis par la base. Ce genre comprend une dizaine d'espèces assez différentes par la structure ou la disposition des filamens, dont les caractères ne paraissent pas assez importans pour fonder sur eux des distinctions génériques. On doit rapporter à ce genre le *Lycogala argenteum* et les espèces voisines, le genre *Strongylium* de Dittmar, le *Diphterium* de Ehrenberg, le *Lignidium* de Link, les espèces de *Fuligo* à surface lisse ; enfin peut-être doit-on même réunir aussi dans ce genre le *Trichoderma fuliginoides*, Pers., et le *Licea alba* de Nées. Toutes ces Plantes si diversement classées participent aux caractères que nous avons indiqués, et si on voulait en faire des genres différens, chaque individu, dans des Plantes d'une forme aussi variable, devrait constituer des espèces et quelquefois des genres particuliers. (AD. B.)

* RÉTICULINE. *Reticulina.* BOT. CRYPT. (*Conferves.*) Nous avions dès l'an V de la république proposé ce nom pour désigner le genre que depuis on a appelé Hydrodyctie. *V.* ce mot. (B.)

* RÉTIFÈRES. *Retifera.* MOLL. On a vu à l'article PATELLE pour quelles raisons nous n'admettions pas la famille des Rétifères, formée par Blainville pour ce seul genre et dans l'opinion que l'Animal respire l'air. Cette hypothèse nous paraît inadmissible après l'examen et des feuillets branchiaux et de la distribution du système de circulation. *V.* PATELLE. (D..H.)

RÉTINACLE. *Retinaculum.* BOT. PHAN. Le professeur Richard a donné ce nom aux petits corps souvent glanduleux, de forme variée, qui dans la famille des Orchidées terminent les masses polliniques à leur partie inférieure et servent à les agglutiner à la surface du stigmate. *V.* ORCHIDÉES. (A. R.)

RETINARIA. BOT. PHAN. La Plante dont le fruit a été décrit par Gaertner (*de Fruct.*, 2, p. 187, tab. 120) sous le nom de *Retinaria scandens*, et figuré sous celui de *R. volubilis*, est une espèce de *Gouania*, à laquelle De Candolle a donné pour nom spécifique celui du genre proposé par Gaertner. (G..N.)

RÉTINASPHALTE. MIN. Bitume résinite d'Haüy, Rétinite de Breithaupt et de Léonhard. Substance résineuse du genre des Bitumes, d'un jaune-brunâtre ou d'un brun clair, opaque, à cassure résineuse et quelquefois terreuse, mais prenant l'aspect de la Résine par le frottement; tendre et fragile, pesant spécifiquement 1,13; fusible à une faible température; donnant par la combustion une odeur agréable qui passe à l'odeur bitumineuse, et laissant un résidu charbonneux plus ou moins abondant ; soluble en partie dans l'alcohol, qui en sépare une matière résineuse, et laisse un résidu d'Asphalte. Le Rétinasphalte de Bovey, analysé par Hatchett, est composé de matière résineuse, 55 ; Bitume asphalte, 41 ; matières terreuses, 3. Cette substance se rencontre en masses nodulaires dans les dépôts de Lignite, à Bovey-Tracey en Devonshire; elle est accompagnée de Gypse et de Fer sulfuré. On la trouve aussi aux Etats-Unis au cap Sable, comté d'Arundel en Maryland. On rapporte encore à cette espèce, mais avec quelque doute, différentes matières résineuses, telles que la Résine de Highgate, une partie des Succins de Saint-Paulet dans le département du Gard, et les Bitumes de Halle en Saxe, d'Alsdorff et d'Helbra dans le comté de Mansfeld, etc. (G. DEL.)

* RÉTINE. ZOOL. *V.* OEIL.

* RETINIPHYLLUM. BOT. PHAN. Genre de la famille des Rubiacées et de la Pentandrie Monogynie, L., établi par Humboldt et Bonpland (Plantes équinox., 1, p. 86, tab. 25) qui l'ont ainsi caractérisé : calice tubuleux-campanulé, à cinq dents ; corolle hypocratériforme, dont le limbe est à cinq divisions linéaires et étalées ; cinq étamines longuement saillantes; ovaire infère, surmonté d'un style saillant et d'un stigmate

simple et épais; drupe globuleuse, couronnée par le calice, sillonnée, renfermant cinq nucules osseuses et monospermes. Ce genre est extrêmement voisin du *Nonatelia* d'Aublet. Il ne renferme qu'une seule espèce décrite et figurée par Humboldt et Bonpland sous le nom de *Retiniphyllum secundiflorum*. C'est un Arbrisseau résineux haut d'environ douze pieds; ses feuilles sont opposées, ovales, échancrées au sommet, coriaces, lisses, blanchâtres en dessous, accompagnées de stipules interpétiolaires, courtes, entières et vaginales. Les fleurs sont couleur de chair, presque sessiles, enveloppées de bractées, tournées du même côté, et disposées en épis axillaires. Cette Plante croît sur les rives ombragées de l'Orénoque et de l'Atabapi, dans l'Amérique méridionale. (G..N.)

RÉTINITE. MIN. Pechstein fusible des Allemands; Feldspath résinite, H. Sorte de roche vitreuse, analogue à l'Obsidienne, et appartenant à la division des roches pétrosiliceuses de Cordier; ayant un aspect semblable à celui de la Résine, une cassure raboteuse, une translucidité sensible, une dureté inférieure à celle du Feldspath, contenant toujours une certaine quantité d'eau, ce qui la distingue de l'Obsidienne, et lui donne la propriété de se boursouffler au chalumeau, où elle fond avec assez de facilité. Elle ne renferme point de Fer titané, et n'offre point de passage à la Ponce, comme les Obsidiennes; elle est formée principalement de Silice, d'Alumine, de Soude et d'Eau, et contient en outre un peu de Bitume. Elle offre une assez grande variété de couleurs, dont les plus ordinaires sont le vert-olivâtre ou noirâtre, le rouge sale et le jaunâtre. Le Rétinite est sujet à s'altérer par l'action des météores atmosphériques qui lui font perdre sa solidité, son éclat, sa couleur et une partie de son eau; il présente souvent la texture porphyroïde, et constitue alors la roche nommée par les Allemands Pechstein-Porphyr (Stigmite de Brong.). Telles sont la plupart des Rétinites de Saxe, de Hongrie et d'Auvergne. Le Rétinite se présente tantôt en amas, tantôt sous forme de filons ou de couches puissantes au milieu des dépôts arénacés connus sous le nom de Grès rouge, situés à la base des terrains secondaires. Il y est associé aux Porphyres de la même formation, auxquels il semble passer par toutes sortes de nuances. Il existe en Saxe, dans la vallée de Triebisch, et dans un grand nombre de lieux peu éloignés de Meissen; en Hongrie, dans la vallée de Glashütte et dans la contrée de Tokai; en Italie, à Grantola, sur le lac Majeur; en France, à Puy-Griou, département du Cantal; en Écosse, dans l'île d'Arran; en Irlande, à Newry, dans le comté de Down, etc.

La substance nommée Rétinite par Breithaupt et Léonhard, est le Rétinasphalte. *V.* ce mot. (G. DEL.)

RÉTIPÈDES. OIS. Oiseaux dont les tarses sont recouverts d'un épiderme réticulé. (LESS.)

RÉTITÈLES. *Retitelæ*. ARACHN. Ce nom a été donné par Walkenaer à la dix-neuvième division de la seconde tribu des Aranéides. Elle renferme les espèces qui fabriquent des toiles à réseaux formées par des fils peu serrés, tendus irrégulièrement en tout sens. (G.)

RETON. POIS. L'un des syn. vulgaires de Raie lisse. (B.)

*RETTBERGIA. BOT. PHAN. Dans son *Agrostographia brasiliensis* (*Nuove giorn. de Lett.*, 1823, p. 346), Raddi a proposé sous ce nom un nouveau genre de Graminées que nous ne faisons qu'indiquer, ne possédant pas l'ouvrage où les caractères de ce genre ont été exposés. (G..N.)

RETZ MARIN. MOLL. On donne vulgairement ce nom, selon Bosc, à des masses d'œufs de Coquillages rejetés par la mer, ou mieux à leurs restes qui présentent des cavités cartilagineuses. (B.)

RETZ DES PHILIPPINES. PSYCH. Nom vulgaire et marchand de l'Éponge flabelliforme. (B.)

RETZIA. BOT. PHAN. Genre de la famille des Convolvulacées et de la Pentandrie Monogynie, L., offrant les caractères suivans : calice profondément divisé en cinq sépales lancéolés, droits et inégaux ; corolle tubuleuse, cylindrique, velue en dehors, dont le limbe est court, à cinq divisions ovales, obtuses, concaves, droites, très-velues à leur sommet ; cinq étamines dont les filets sont très-courts, attachés au sommet du tube de la corolle, terminés par des anthères presque cordiformes ; ovaire petit, conique, surmonté d'un style filiforme plus long que la corolle et terminé par un stigmate bifide ; capsule oblongue, aiguë, marquée de deux sillons, à deux valves et à deux loges renfermant plusieurs graines fort petites. Le *Retzia capensis*, Thunberg, *Prodr. Fl. cap.*, 34 ; Lamk., *Illustr. Gen.*, tab. 103 ; *Retzia spicata*, Linn. fils. et Willd., est un petit Arbrisseau dressé, divisé en rameaux peu nombreux, épais, roides, inégaux, courts et velus. Les feuilles sont verticillées et ramassées par quatre, lancéolées-linéaires, rapprochées, sessiles, obtuses, marquées à leur surface supérieure d'un sillon formé d'une suite de petits points, et à la surface inférieure de deux sillons. Les fleurs de couleur rougeâtre sont latérales, sessiles vers les extrémités des branches, rapprochées, dressées, presque entièrement cachées entre les feuilles ; elles sont accompagnées de bractées lancéolées, larges à la base, aiguës, carenées, hérissées et plus longues que le calice. Cette Plante croît sur les montagnes des environs du cap de Bonne-Espérance. (G..N.)

REUSSE. BOT. PHAN. La Moutarde des champs dans certains cantons de la France. (B.)

REUSSIN, REUSSINE ET REUSSITE. MIN. Substance saline, blanche, très-soluble dans l'eau, d'une saveur salée et amère, et qui accompagne, sous la forme d'efflorescence, le Sulfate de Soude, dans la contrée de Sedlitz et de Seidschütz, près de Bilin en Bohême. Ce Sel paraît être un double Sulfate de Soude et de Magnésie. Analysé par Reuss, il a donné les principes suivans : Soude sulfatée, 66,04 ; Magnésie sulfatée, 31,35 ; Magnésie muriatée, 2,19 ; Chaux sulfatée, 0,42. Suivant Beudant, il cristallise en prismes obliques rhomboïdaux. (G. DEL.)

RÉVEIL-MATIN. OIS. Espèce de Caille qui habite l'île de Java. *V.* PERDRIX. (DR..Z.)

RÉVEILLE-MATIN. BOT. PHAN. Nom vulgaire de l'*Euphorbia Helioscopia*. (B.)

RÉVEILLEUR. OIS. Espèce du genre Cassican. (B.)

REVELONGA. POIS. Sur certaines côtes méditerranéennes, on appelle vulgairement ainsi le *Scorpena Luscus*. (B.)

REYNAUBY. OIS. Espèce du genre Traquet, que quelques auteurs regardent comme la femelle du Traquet Stapazino. *V.* TRAQUET. (DR..Z.)

REYNOUTRIA. BOT. PHAN. Genre proposé par Gmelin (*Syst. Veget.*, 1, p. 660) pour une Plante du Japon dont on connaît si peu de chose qu'il nous semble convenable d'en oublier le nom. (G..N.)

RHA, RHACOMA ET RHECOMA. BOT. PHAN. La Plante citée sous ces noms dans les anciens est, selon les uns, une Centaurée, et selon d'autres une Rhubarbe, la même chose que Rapontic. (B.)

* RHAA. BOT. PHAN. (Flaccourt.) Nom de pays du *Pterocarpus Draco*. (B.)

RHAAD. OIS. Espèce du genre Outarde, que l'on présume être identique avec l'Outarde Houbara. *V.* OUTARDE. (DR..Z.)

RHABARBARUM. BOT. PHAN. Syn. de *Rheum*. *V.* RHUBARBE. (B.)

* RHABDIA. BOT. PHAN. Martius (*Nov. Gen. et Spec. Plant. brasil.* T. II, p. 136) a établi sous ce nom un nouveau genre appartenant à la Pentandrie Monogynie, L., et à la nouvelle famille des Ehrétiacées, qui est une section des Borraginées de Jussieu. Voici les caractères essentiels de ce nouveau genre : calice à cinq divisions profondes, acuminées, inégales, imbriquées pendant l'estivation. Corolle campanulée, dont le tube est court, le limbe profondément divisé en cinq segmens ovés et dressés, à gorge nue. Cinq étamines insérées à la base de la corolle, et incluses. Ovaire ovoïde, globuleux, placé sur un petit disque glanduleux, surmonté d'un style simple et d'un stigmate bilobé. Baie ovée, globuleuse, rouge, glabre, renfermant quatre noyaux monospermes. Le *Rhabdia lycioides*, Mart., *loc. cit.*, tab. 95, est un Arbrisseau de la taille d'un Homme, à rameaux nombreux effilés, pubescens, garnis de feuilles alternes, sessiles, à fleurs axillaires ou disposées en corymbes pauciflores et accompagnés de bractées. Cette Plante croît au Brésil dans la province de Bahia. (G..N.)

* RHABDITE. *Rhabdites*. MOLL. Trop confiant dans les genres de Montfort, De Haan a formé le genre Rhabdite pour les Coquilles pétrifiées que cet auteur a placées dans le genre Tiranite. Les Rhabdites aussi bien que les Tiranites doivent se ranger dans les Baculites. *V.* ce mot. (D..H.)

RHACOMA. BOT. PHAN. *V.* RHA. Sous ce nom, Adanson forma un genre qui est le même que le *Laurea* de De Candolle, et Linné un autre genre qui se trouve réuni au Myginda. (B.)

* RHACOPHORE. *Rhacophorus*. REPT. Genre nouveau de Batraciens proposé par Kuhl pour séparer des Rainettes deux espèces de Java qui s'en distinguent par une forme de tête différente, mais surtout par deux lobes cutanés situés sur les côtés du corps. Ce nom de *Rhacophorus* signifie porte-lambeaux ; on en connaît deux espèces qui sont les *Rhacophorus Reinwardtii* et *moschata*. (LESS.)

* RHÆADÉES. *Rhœadeæ*. BOT. PHAN. Dans Linné (*Ord. nat. ed. Giseke*, 383), la famille des Papavéracées est désignée sous ce nom. *V.* PAPAVÉRACÉES. (G..N.)

* RHÆBUS. INS. Nom donné par Schœnherr à un nouveau genre de Charansonite. *V.* RHYNCHOPHORE. (G.)

RHÆTIZITE. MIN. *V.* DISTHÈNE.

RHAGADIOLE. *Rhagadiolus*. BOT. PHAN. Genre de la famille des Synanthérées, tribu des Chicoracées, et de la Syngénésie égale, L., offrant les caractères suivans : involucre composé de cinq à huit folioles disposées sur un seul rang, égales, appliquées, oblongues, concaves ou canaliculées, à une seule nervure, membraneuses sur les bords ; la base de l'involucre offrant environ cinq petites écailles surnuméraires, appliquées, courtes, larges et ovales. Réceptacle petit, plan et nu. Calathide composée d'un petit nombre de fleurons hermaphrodites, étalés en rayons et à corolle ligulée. Akènes dépourvus d'aigrette, très-longs, cylindracés, amincis de la base au sommet, plus ou moins arqués, ayant l'aréole basilaire très-large et très-adhérente au réceptacle ; les extérieurs étalés, presque entièrement enveloppés par les folioles de l'involucre qui ont pris un grand accroissement après la floraison, et qui sont devenues presque ligneuses. Linné confondait le genre *Rhagadiolus* avec ses *Lapsana* ; mais il a été rétabli par Gaertner, Lamarck et tous les auteurs modernes. Le *Kœlpinia linearis*, Pallas, Voy. 3, p. 755, tab. L, f. 2, rentre dans les *Rhagadiolus*, selon la plupart des auteurs. Cassini en a formé un sous-genre principalement remarquable par ses akènes hérissés d'aiguillons.

Les deux véritables espèces de Rhagadioles (*R. stellatus* et *R. edulis*) croissent dans la région méditerranéenne. Ce sont des Plantes herbacées, à feuilles caulinaires lancéolées, dentées ou lyrées, à fruits étalés en étoile et lisses. (G. N.)

* RHAGADIOLOIDES. BOT. PHAN. Sous ce nom vicieux, Vaillant désignait le genre *Hedypnois* de Tournefort. *V.* HÉDYPNOÏDE. (G..N.)

* RHAGIE. *Rhagium*. INS. Nom donné par Fabricius aux Coléoptères que Geoffroy avait nommés Stencores. *V.* ce mot. (G.)

RHAGION OU LEPTIS. INS. *Rhagio*. Genre de l'ordre des Diptères, famille des Tanystomes, tribu des Liptides ou des Rhagionides, établi par Latreille et auquel Fabricius avait donné le nom de Leptis, que Latreille a d'abord rejeté, parce qu'il a trop de rapports avec celui d'un genre d'Arachnides nommé *Leptus*, et qu'il a ensuite adopté (Fam. nat. du Règne Anim.). Quoi qu'il en soit, le genre Rhagion ou Leptis, comme on voudra l'appeler, a été confondu dans le grand genre *Musca* par Linné. Degéer en plaçait les espèces parmi ses Némotèles. Ce genre tel qu'il est adopté actuellement a pour caractères : corps assez grêle, allongé. Tête de la largeur du corselet, verticale, comprimée de devant en arrière. Antennes moniliformes, presque cylindriques, beaucoup plus courtes que la tête, dirigées en avant, rapprochées à leur base, composées de trois articles; le premier cylindrique; le second en forme de coupe; le troisième conique, simplement ou peu distinctement annelé, portant une soie à son extrémité. Yeux grands, espacés dans les femelles, rapprochés dans les mâles; trois petits yeux lisses disposés en triangle sur un tubercule vertical. Trompe saillante, presque membraneuse, bilabiée, recevant un suçoir de quatre soies. Palpes presque coniques, verticaux, velus; leur second article long. Corselet un peu convexe. Ailes très-écartées; balanciers saillans. Abdomen allongé, cylindrico-conique. Pates très-longues, le premier article des tarses aussi long ou plus long que les quatre autres réunis, le dernier muni de deux crochets ayant trois pelottes dans leur entre-deux. Ces Diptères vivent comme en sociétés dans les lieux frais; ils se tiennent contre les murs ou sur les troncs des Arbres; on en trouve quelquefois sur les fleurs dont ils sucent le miel. Les larves que l'on a pu étudier vivent dans la terre ou dans le sable; elles sont allongées, annelées, apodes, avec une tête écailleuse. Celle d'une espèce de France (*Rh. Vermileo*) est presque cylindrique, avec la partie antérieure beaucoup plus menue, et quatre mamelons au bout opposé. Elle donne à son corps toutes sortes d'inflexions et ressemble à une chenille arpenteuse en bâton, en ayant toute la roideur lorsqu'on la retire de sa demeure. Elle creuse dans le sable un entonnoir dans lequel elle se cache tantôt entièrement, tantôt seulement en partie : elle se lève brusquement lorsqu'un petit Insecte tombe dans son piége, l'embrasse avec son corps, le perce avec les dards ou les crochets de sa tête et le suce; elle rejette son cadavre ainsi que le sable, en courbant son corps et le débandant ensuite comme un arc; la nymphe est couverte d'une couche de sable. On connaît sept à huit espèces de ce genre. Nous citerons comme types :

Le RHAGION BÉCASSE, *Rhagio scolopacea*, Fabr., Latr., Panz., Faun. Germ., fasc. 14, f. 19; *Musca scolopacea*, L.; *Nemotelus scolopaceus*, Degéer. — Commun à Paris.

Le RHAGION VERMILION, *Rhagio Vermileo*, Latr.; *Nemotelus Vermileo*, Degéer; *Musca Vermileo*, L., semblable à une Tipule, jaune, quatre traits noirs sur le corselet; abdomen allongé, avec cinq rangs de tâches noires; ailes sans tâches. Cet Insecte est du midi de la France. (G.)

RHAGIONIDES OU LEPTIDES. INS. Tribu de l'ordre des Diptères, famille des Tanystomes, établie par

Latreille qui l'a tantôt désignée sous le nom de Rhagionides, tantôt sous celui de Leptides. Dans les Familles naturelles du Règne Animal, c'est sous la dernière dénomination qu'elle est présentée. Les caractères de cette tribu sont : palpes extérieurs presque coniques. Antennes toujours fort courtes, presque d'égale grosseur et grenues ou presque moniliformes, terminées par une soie. Trompe à tige très-courte, retirée dans la cavité buccale, ou à peine extérieure, terminée par deux lèvres grandes, saillantes et relevées. Cette tribu renferme les genres Rhagion ou Leptis, Athérix et Clinocère. *V.* ces mots. (G.)

RHAGODIA. BOT. PHAN. Genre de la famille des Chénopodées, établi par R. Brown (*Prodrom. Flor. Nov.-Holland.*, p. 408) qui l'a ainsi caractérisé : fleurs polygames, uniformes. Périanthe à cinq divisions profondes ; cinq étamines, ou quelquefois un moindre nombre ; style bifide ; baie déprimée, entourée du périanthe ; graine pourvue d'albumen, et d'un double tégument. Ce genre est très-voisin du *Chenopodium*, dont il se distingue principalement par son fruit en baie et ses fleurs polygames. Il a pour type le *Rhagodia Billardieri*, R. Br., *loc. cit.*, décrit et figuré par Labillardière (*Nov.-Holl.* 1, p. 71, tab. 96) sous le nom de *Chenopodium baccatum*. R. Brown a en outre décrit six espèces nouvelles sous les noms de *R. crassifolia*, *linifolia*, *hastata*, *parabolica*, *spinescens* et *nutans*. Ce sont des Plantes frutescentes ou herbacées, à feuilles alternes et à fleurs disposées en épi ou agglomérées, dépourvues de bractées. Elles croissent à la Nouvelle-Hollande, sur les côtes méridionales, au port Jackson et à la terre de Van-Diemen. (G..N.)

RHAGROSTIS. BOT. PHAN. Et non *Ragostis*. Buxbaum (*Centur.*, 3, p. 30, tab. 56) a décrit et figuré sous ce nom le *Corispermum squarrosum*, L. et Pallas (*Fl. Ross.*, p. 113, tab. 99.) (G..N.)

RHAMNÉES. *Rhamneæ*. BOT. PHAN. Famille naturelle de Plantes dicotylédones polypétales périgynes, qui tire son nom du genre *Rhamnus* ou *Nerprun* qui peut en être considéré comme le type. A.-L. Jussieu, dans son *Genera Plantarum*, avait disposé les genres réunis dans cette famille, en six sections, dont quelques-unes sont aujourd'hui considérées comme des familles distinctes. Rob. Brown, dans ses Remarques générales sur la Végétation des Terres Australes, proposa le premier de faire une famille particulière sous le nom de Célastrinées (*V.* ce mot), de la plupart des genres placés par Jussieu dans ses deux premières sections. Plus tard il retira aussi des Rhamnées le genre *Brunia*, pour en faire le type d'un ordre naturel nouveau, qu'il nomma Bruniacées. Ces divisions ont été admises par le professeur De Candolle dans le second volume de son Prodrome et par notre collaborateur Ad. Brongniart dans sa Dissertation sur les Rhamnées. Ce dernier a de plus proposé de séparer comme famille distincte, le groupe des Aquifoliacées de De Candolle, famille même qu'il serait tenté de transporter, ainsi que l'avaient primitivement indiqué Jussieu et De Candolle, dans la classe des Dicotylédones monopétales. Ainsi de ces différens travaux il résulte que la famille des Rhamnées, telle qu'elle avait été constituée par Jussieu, forme aujourd'hui quatre groupes distincts, savoir : les Célastrinées, les Bruniacées, les Aquifoliacées ou Ilicinées, et enfin les Rhamnées. C'est donc de cette dernière famille ainsi réduite, que nous devons maintenant tracer les caractères. Les véritables Rhamnées ont un calice monosépale tubuleux inférieurement où il est libre ou plus ou moins adhérent avec l'ovaire ; son limbe est à quatre ou cinq divisions aiguës et valvaires. La corolle se compose de quatre à cinq pétales alternes avec les divisions du calice concaves ou planes, généralement très-petits ou nuls. Les étamines en même nombre que les pétales, leur sont opposées et souvent adhèrent à la base de leur onglet; elles sont ainsi que la corolle insérées à la gorge du calice sur un disque périgyne qui tapisse la paroi interne du tube calicinal. L'ovaire est libre, semi-infère ou totalement infère, à deux, trois ou plus rarement à quatre loges, contenant chacune un seul ovule dressé, surmonté d'autant de styles et de stigmates qu'il y a de loges, et qui fréquemment se soudent entre eux. Le fruit qu'accompagne généralement le calice adhérent est charnu et indéhiscent, contenant un noyau à plusieurs loges ou plusieurs nucules monospermes; ou bien il est sec et se sépare en deux ou trois coques monospermes. Les graines sont solitaires et dressées, tantôt sessiles, tantôt portées sur un podosperme épais et plus ou moins long. Ces graines ont leur embryon dressé, à cotylédons planes et larges, environné d'un endosperme charnu, qui manque très-rarement. — Les Plantes qui appartiennent à cette famille sont des Arbustes, des Arbrisseaux ou des Arbres plus ou moins élevés. Leurs feuilles sont simples, alternes, rarement opposées, généralement basinervées, ordinairement accompagnées à leur base de deux stipules très-petites, caduques, ou persistantes et devenant même épineuses. Les fleurs sont petites, imparfaitement unisexuées, axillaires, solitaires ou diversement fasciculées et formant quelquefois des espèces de panicules terminales. Les genres qui entrent dans cette famille sont les suivans :

Paliurus, Tourn.; *Zizyphus*, id.; *Condalia*, Cavan.; *Berchemia*, Necker, ou *OEnoplia*, Kunth; *Ventilago*, Gaertn.; *Sageretia*, Brongn.; *Rhamnus*, Juss.; *Scutia*, Commers.; *Retanilla*, Brongn.; *Colletia*, Kunth; *Hovenia*, Thunb.; *Colubrina*, Rich.; *Ceanothus*, L.; *Willemetia*, Brongn.; *Pomaderris*, Labillard.; *Cryptandra*, Smith.; *Trichocephalus*, Brongn.; *Phylica*, L.; *Soulangia*, Brongn.; *Gouania*, L.; *Crumenaria*, Martius. (A. R.)

* RHAMNIER. *Rhamnus*. BOT. PHAN. *V.* NERPRUN.

RHAMNOIDES. BOT. PHAN. Même chose que Rhamnées. (A. R.)

RHAMPHASTOS. OIS. *V.* TOUCAN.

RHAMPHE. *Rhamphus*. INS. Genre de l'ordre des Coléoptères, section des Tétramères, famille des Rhynchophores, tribu des Charansonites, établi par Clairville (Ent. helv.) et adopté par tous les entomologistes avec ces caractères : tête un peu globuleuse, ayant un prolongement cylindrique et rostriforme à l'extrémité duquel est située la bouche; ce prolongement déprimé, appliqué contre la poitrine dans l'état de repos. Antennes non coudées, insérées sur la tête, entre les yeux, composées de onze articles; le premier court; le second assez gros, obconique et le plus grand de tous; les trois suivans obconiques; les sixième et septième arrondis; le huitième en forme de coupe et les trois derniers renflés et formant par leur réunion une masse serrée, finissant en pointe. Yeux rapprochés; corps court, ovale; corselet court; ses côtés arrondis. Pates postérieures propres au saut, ayant les cuisses renflées et sans dentelures; jambes sans épines visibles à leur extrémité. Le genre Rhamphe se distingue de tous ceux de la tribu parce qu'il est le seul qui ait les antennes insérées entre les yeux et non sur le rostre. Ce genre se compose jusqu'à présent de deux espèces propres à l'Europe. Le RHAMPHE FLAVICORNE, *Rhamphus flavicornis*, Clairv., *loc. cit.*, vol. 1, p. 104, pl. 12; Latr., Oliv., est long d'une demi-ligne, noir, glabre, avec les antennes jaunâtres et leur massue brune. Son corselet est pointillé et ses élytres ont des stries pointillées. On le trouve aux environs de Paris. Le RHAMPHE TOMENTEUX, *Rhamphus tomentosus*, Oliv., Ent. 1, 5, Attelab., n. 59, pl. 3, fig. 59, est de la longueur du précédent, noir, couvert d'un duvet gris; les antennes sont brunes. On le trouve aux environs de Genève. (G.)

* RHAMPHOMYIE. *Rhamphomyia.* INS. Genre de l'ordre des Diptères, famille des Tanystomes, tribu des Empides, établi par Meigen et adopté par Latreille (Fam. nat. du Règne Anim.) et ayant pour caractères : antennes avancées, de trois articles; le premier cylindrique; le second cyathiforme; le troisième conique, comprimé, portant à son extrémité un style biarticulé; trompe avancée, beaucoup plus longue que la tête, perpendiculaire ou penchée, mince; ailes couchées sur le corps dans le repos, parallèles, n'ayant point de nervure transversale qui forme une petite cellule vers l'extrémité de l'aile. Ce genre se distingue des Empis, parce que ceux-ci ont une nervure transversale à l'extrémité de l'aile. Il se distingue du genre Glome, parce que le dernier article des antennes est allongé et conique, tandis qu'il est globuleux dans ce dernier genre; enfin il est séparé des Hylares et Brachystomes parce que ceux-ci n'ont pas la trompe beaucoup plus longue que la tête. Ce genre se compose de plus de trente-sept espèces toutes propres à l'Europe, parmi lesquelles nous citerons comme type :

La RHAMPHOMYIE BORDÉE, *Rhamphomyia marginata*, Meig.; *Empis marginata*, Oliv., Encyclopédie, Fabricius; petite, noire; ailes grandes, blanchâtres, avec les bords antérieurs et postérieurs noirs. (G.)

RHANGIUM. BOT. PHAN. Ce mot a été employé comme synonyme de *Forsythia*, genre établi sur le *Syringa suspensa* de Thunberg; il dérive probablement du nom de *Rengjo* que cet Arbrisseau porte au Japon. *V.* FORSYTHIA. (G..N.)

RHANTÉRIE. *Rhanterium.* BOT. PHAN. Genre de la famille des Synanthérées et de la Syngénésie superflue, L., établi par Desfontaines (*Flor. Atlant.*, 2, p. 291, tab. 240), et ainsi caractérisé : involucre ovoïde, composé de folioles imbriquées, appliquées, lancéolées, coriaces, surmontées d'un appendice étalé, arqué en dehors, subulé, triquètre, corné, spinescent. Réceptacle plan, muni de paillettes linéaires-lancéolées, membraneuses sur les bords. Calathide composée au centre de fleurs nombreuses, régulières, hermaphrodites; et à la circonférence de fleurs en languettes et femelles. L'ovaire des fleurs centrales est oblong, glabre, muni à la base d'un petit bourrelet, surmonté d'une aigrette formée de cinq paillettes filiformes, presque soudées par la base et légèrement plumeuses à leur sommet. Les corolles sont glabres, à cinq divisions très-aiguës; les anthères sont munies à leur sommet d'appendices très-aigus. Dans les fleurs de la circonférence, l'ovaire est presque entièrement enveloppé par chacune des folioles intérieures de l'involucre; l'aigrette est nulle ou réduite à une seule paillette rudimentaire et latérale; les corolles sont en languettes oblongues, élargies et tridentées au sommet. Le *Rhantherium suaveolens*, Desf., *loc. cit.*, a une tige ligneuse, droite, divisée en rameaux cotonneux blanchâtres, grêles, roides, très-divergens, munis de petites feuilles alternes, sessiles, lancéolées, très-pointues et un peu recourbées au sommet, épaisses, coriaces, entières, glabres en dessus et pubescentes en dessous. Les calathides sont petites, terminales et solitaires; elles sont composées de fleurs jaunes dont l'involucre est très-glabre, presque luisant. Cette Plante croît dans les sables maritimes de la régence de Tunis. (G..N.)

* RHAPHIOLEPIS. BOT. PHAN. Pour Raphiolepis. *V.* ce mot. (G..N.)

RHAPIS. BOT. PHAN. Et non *Raphis.* Linné fils établit sous ce nom un genre de la famille des Palmiers, dans lequel il plaçait des espèces qui appartiennent aux genres *Sabal* et *Chamœrops.* Aiton (*Hort. Kew.*, éd. 1, v. 3, p. 473) y ajouta une troisième espèce qui est maintenant considérée par Martius comme le type du genre *Rhapis*. Voici les caractères génériques assignés par ce dernier botaniste : Palmier polygame-dioïque. Régime enveloppé à la base par des spathes incomplètes. Fleurs sessiles; les mâles ont un calice extérieur en forme de cupule, trifide; un calice intérieur (*corolle*, selon Martius) à trois divisions; six étamines; les rudimens de trois pistils, cohérens par la base. Les fleurs hermaphrodites ont le calice et les étamines comme dans les fleurs mâles, plus trois pistils dont deux avortent. Le fruit est probablement une baie unique par avortement, et monosperme. Le *Rhapis arundinacea*, Aiton, *loc. cit.*, a un stipe court, couronné par des frondes palmées, à pinnules munies d'aiguillons sur les bords et dans les plis. Les fleurs sont d'un rouge brun. Cette Plante, que Poiret a réunie au genre *Corypha*, croît dans la Caroline. L'autre espèce, publiée par Aiton, est le *Rhapis flabelliformis*, *Chamærops excelsa*, Thunberg; *Corypha africana*, Loureiro. Elle croît en Chine, au Japon et en Afrique. (G..N.)

RHAPONTIC. *Rhaponticum*. BOT. PHAN. Genre de la famille des Synanthérées, tribu des Cinarocéphales, autrefois proposé par Vaillant sous le nom de *Rhaponticoides*, et réuni par Linné au *Centaurea*. Dans la première édition de la Flore française, Lamarck avait rétabli ce genre, mais en le restreignant à une espèce qui fut placée parmi les *Serratula* par Gaertner et par De Candolle dans la cinquième édition de la Flore française. Jussieu (*Genera Plantarum*) reconstitua le genre *Rhaponticum* de Vaillant sur les *Centaurea* de Linné qui ont les écailles de l'involucre arides et scarieuses au sommet, mais qui n'en sont pas moins de vraies Centaurées à cause de leurs fleurs marginales neutres. Ces espèces ne forment qu'une section des *Centaurea* dans la Flore française. Enfin De Candolle, dans un Mémoire sur quelques genres de Cinarocéphales (Ann. du Muséum, T. XVI, p. 187), proposa le rétablissement du *Rhaponticum* de Lamarck. Ce genre est voisin des Sarrètes (*Serratula*) par son aigrette; des Leuzées (*Leuzea*) par son involucre, grand, composé de folioles imbriquées, scarieuses, arrondies et inermes au sommet; des Centaurées par son port; mais il diffère des Sarrètes par la structure de son involucre; des Leuzées, par son aigrette, dont les poils ne sont pas plumeux; des Centaurées, par ses fleurons, tous fertiles, hermaphrodites et égaux, et par la position non latérale de son ombilic ou hile basilaire. Le genre Rhapontic a pour type le *Centaurea Rhapontica*, L., qui a été nommé par Lamarck *Rhaponticum scariosum*. C'est une Plante dont la tige s'élève à plus d'un pied, et porte à son sommet une seule calathide fort grande, composée de fleurons purpurins. Ses feuilles radicales sont oblongues, pétiolées, un peu cordées à la base, légèrement dentées, blanches et cotonneuses en dessous; les feuilles caulinaires sont peu nombreuses, portées sur de courts pétioles et un peu pinnatifides. La racine est épaisse, grande et aromatique. Cette Plante croît dans les Alpes de la Suisse, du Piémont, du Dauphiné et de la Provence; on la cultive au jardin botanique de Paris. Une seconde espèce (*Rhaponticum uniflorum*, De Cand., *Cnicus uniflorus*, L.), remarquable par ses feuilles toutes profondément pinnatifides, croît en Sibérie.

Le nom de RHAPONTIC (*Rhaponticum*) a été aussi donné autrefois à la racine d'une espèce de Rhubarbe. *V.* ce mot. La Jusquiame portait aussi, chez les anciens, le nom de Rhapontic (*Rhapontica*). (G..N.)

RHAPONTICOIDES. BOT. PHAN. Sous ce nom, Vaillant avait formé un genre avec des espèces que Linné réunit au *Centaurea*, mais qui constituent aujourd'hui les genres Leuzée et Rhapontic. *V.* ces mots. (G..N.)

RHAPTOSTYLE. *Rhaptostylum*.

BOT. PHAN. Et non *Rhapostyla*. Genre établi par Humboldt et Bonpland (Plantes équinoxiales, 2, p. 139, tab. 125), et placé par Kunth à la fin des genres voisins des Célastrinées. Voici ses caractères : calice quinquéfide, à segmens ovés, aigus, égaux; corolle à cinq pétales hypogynes, sessiles, ovés, aigus, égaux, trois fois plus longs que le calice, à préfloraison valvaire; disque nul; dix étamines hypogynes, plus courtes que la corolle; filets dilatés, subulés au sommet, soudés par la base entre eux et avec les pétales, glabres, les cinq opposés aux pétales plus courts; anthères elliptiques transversalement biloculaires, déhiscentes par des fentes longitudinales; ovaire supère, sessile, grand, conique, à trois loges qui renferment chacune un ovule solitaire et pendant; stigmate sessile, trilobé; fruit inconnu. Ce genre, que Kunth indique d'une manière dubitative, comme ayant des affinités, d'un côté avec le genre *Freziera*, de l'autre avec le genre *Ilex*, ne se compose que d'une seule espèce décrite et figurée par Humboldt et Bonpland, *loc. cit.*, sous le nom de *Rhaptostylum acuminatum*. Kunth en a donné une seconde figure avec d'excellens détails dans le 7e vol. de ses *Nova Genera*, tab. 621. C'est un Arbre inerme, glabre, à branches alternes, grêles, munies de feuilles alternes, entières, membraneuses, non ponctuées et sans stipules. Les fleurs sont petites, blanches, pédonculées, disposées en petits paquets axillaires. Cet Arbre croît dans les localités montueuses près de Popayan, dans l'Amérique méridionale. (G..N.)

RHÉA. *Rhea*. OIS. (Briss.) Genre de l'ordre des Coureurs. Caractères : bec droit, court, mou, déprimé à la base, un peu comprimé à la pointe qui est obtuse et onguiculée; mandibule inférieure très-déprimée, flexible, arrondie vers l'extrémité; fosse nasale grande, prolongée jusqu'au milieu du bec; narines placées de chaque côté du bec et à sa surface, grandes, fendues longitudinalement et ouvertes. Pieds longs, assez forts et robustes; trois doigts dirigés en avant, les latéraux égaux; ongles presque d'égale longueur, comprimés, arrondis, obtus : tibia emplumé; nudité au-dessus du genou très-petite; ailes impropres au vol; phalanges garnies de plumes plus ou moins longues, et terminées par un éperon.

RHÉA NANDU, *Rhea americana*, Lath. Parties supérieures d'un gris cendré bleuâtre; sommet et derrière de la tête noirâtre; une bande noire, commençant à la nuque, descendant sur la partie postérieure du cou, qu'elle entoure, en s'élargissant vers les épaules; scapulaires cendrées; plumes des ailes cendrées, les plus grandes blanches à leur origine et noirâtres au milieu, quelques-unes entièrement blanches; parties inférieures blanchâtres; bec et pieds d'un gris rougeâtre; un éperon au poignet; taille, cinquante-huit pouces. Les Nandus, placés primitivement avec les Autruches, ne sont guère moins agiles que ceux-ci, et il est rare que les meilleurs Chevaux puissent les devancer à la course. Dans la marche paisible, ils ont une allure grave et majestueuse, la tête élevée, le dos arrondi; ils se nourrissent de graines et d'herbes qu'ils coupent fort près de la racine; ils sont susceptibles d'être amenés à l'état de domesticité, mais le peu de saveur de leur chair, joint à leur esprit de domination sur les autres habitans des basse-cours, les a fait jusqu'ici dédaigner. Ce serait néanmoins une grande ressource pour le luxe et le commerce européen si l'on parvenait à naturaliser chez nous des troupeaux de Nandus comme l'on a acclimaté les Chèvres du Thibet. Si l'on s'en rapporte aux observations qui ont été publiées sur la propagation de ces Oiseaux, il en résulterait que les femelles commencent leurs pontes à la fin d'août, qu'elles déposent, à trois jours d'intervalle, un œuf dans un trou large et peu profond pratiqué dans la terre ou le sable; que le nombre des pontes peut être porté à seize ou dix-sept; que plusieurs femelles pondent dans le même trou, et qu'un seul mâle se charge de l'incubation qui dure soixante-dix jours. Un fait plus certain, c'est que ces œufs sont d'un blanc mêlé de jaune, à surface très-lisse, et qu'ils sont recherchés pour la nourriture des habitans du Brésil, du Chili, du Pérou et de Magellan, où les Rhéas sont assez communs dans les vallées les plus froides.

RHÉA DE LA NOUVELLE-HOLLANDE, *Casuarius Novæ-Hollandiæ*, Lath.; *Dromaius ater*, Vieill. Parties supérieures variées de brun, les inférieures d'un gris blanchâtre; toutes les plumes sont soyeuses et ont l'extrémité courbée; la peau de la tête et du cou est presqu'entièrement nue et d'une couleur bleuâtre dans les individus adultes; bec noir; pieds bruns; taille, soixante-dix pouces. On n'a que peu de données sur les mœurs et les habitudes de cette espèce, qui paraît mettre beaucoup de temps pour parvenir à toute sa hauteur; les jeunes sont entièrement couverts de plumes d'un gris-brun varié de blanchâtre. On sait qu'elle est aussi d'une agilité extrême, que son caractère est sauvage et farouche, qu'enfin elle se nourrit de graines et de jeunes Plantes. Les naturels du pays natal de cet Oiseau paraissent ne pas faire grand cas de sa chair, à laquelle ils préfèrent celle du Bœuf. (DR..Z.)

RHEAS. BOT. PHAN. Nom scientifique du Coquelicot, espèce du genre Pavot. *V.* ce mot. (B.)

* RHECOMA. BOT. PHAN. *V.* RHA.

RHEEDIA. BOT. PHAN. Nommé par quelques auteurs français *Cyroyer*. Plumier établit ce genre sous le nom de *Van-Rheedia* que Linné a conservé en supprimant la particule. Il appartient à la famille des Guttifères et à la Polyandrie Monogynie, L.; mais c'est un genre trop imparfaitement connu pour que son admission soit définitive. Wahl, en effet, a placé parmi les *Mammea* la seule espèce dont il se compose, et il n'a été adopté qu'avec doute par Choisy (*in D. C. Prodrom.*, 1, p. 564) qui l'a relégué à la fin de la famille des Guttifères. Le *Rheedia lateriflora*, L., Plum., éd. Burm., *Pl. Amer.*, tab. 257, est un Arbre résineux dont le tronc est assez haut et droit; les rameaux sont longs et étendus horizontalement; les feuilles sont opposées, pétiolées, ovales, entières, glabres, vertes et un peu luisantes en dessus, et d'un vert jaunâtre en dessous. Les pédoncules sont axillaires, ternés ou en faisceaux, portant chacun une fleur blanche qui se compose de quatre pétales ovoïdes, concaves, ouverts; d'un grand nombre d'étamines dont les filets sont plus longs que la corolle et les anthères oblongues; d'un ovaire globuleux, surmonté d'un style aussi long que les étamines, et d'un stigmate infundibuliforme. Le fruit est une baie ovale, uniloculaire, dont le péricarpe très-mince renferme deux à trois graines ovées-oblongues, charnues, grosses, disséminées dans une pulpe succulente. Cet Arbre croît en abondance à la Martinique dans le quartier nommé Cul-de-Sac aux Frégates, où il fleurit au mois de mai. La résine jaune qui découle des nœuds de ses rameaux, a une bonne odeur et brûle avec une flamme très-vive. (G..N.)

* RHÉIQUE. MIN. *V.* ACIDE.

RHÉSUS. MAM. Espèce du genre Macaque. *V.* ce mot. (B.)

* RHETIA. CRUST. Genre établi par Leach (Dict. des Sc. nat.), et dont il n'a pas publié les caractères. (G.)

* RHÉTIZITE. MIN. Werner a donné ce nom à une variété de Disthène blanc que l'on trouve à Pfirtsch en Tyrol. (G. DEL.)

RHEUM. BOT. PHAN. *V.* RHUBARBE.

RHEXIE. *Rhexia*. BOT. PHAN. Genre de la famille des Mélastomacées, qui contenait autrefois un très-grand nombre d'espèces, puisqu'on y réunissait presque indistinctement toutes les Mélastomacées à fruit capsulaire; il a été circonscrit dans des limites plus étroites et plus précises par les travaux de Rob. Brown, Don et De Candolle. Maintenant ce genre ne se compose que du petit nombre d'espèces à parties de la fleur quaternaires, qui toutes croissent dans l'Amérique septentrionale. Voici leurs caractères : le tube du calice est ovoïde renflé, rétréci à son sommet en un col qui porte un limbe à quatre lobes persistans; les quatre pétales sont obovales; les huit étamines ont les loges de leurs anthères réunies par un connectif très-mince et à peine visible. Le fruit est une capsule libre, recouverte par le calice, à quatre loges contenant chacune plusieurs graines attachées à un trophosperme pédicellé. Les espèces de ce genre sont des Plantes herbacées, ayant leur tige dressée et carrée, leurs feuilles sessiles, entières, étroites, allongées et à trois nervures longitudinales; les fleurs jaunes ou purpurines sont disposées en cime ou en corymbe. Nous mentionnerons comme exemples de ces genres les *Rhexia Mariana*, L., Lamk., Ju., tab. 283, f. 1; *R. virginica*, L., Lamk., *loc. cit.*, f. 2; *R. ciliosa*, Michx.; *R. serrulata*, Nutt.; *R. glabella*, Michx.; *R. stricta*, Pursh; *R. lutea*, Michx., et *R. angustifolia*, Nutt. L'espèce que Bonpland a décrite sous le nom de *Rhexia muricata*, et que nous avons figurée sous ce nom dans l'atlas de ce Dictionnaire, appartient aujourd'hui au nouveau genre *Chætogastra* de De Candolle. *V.* ce mot au Supplément. (A. R.)

* RHEXIÉES. *Rhexiæ*. BOT. PHAN. Dans le 3ᵉ vol. de son Prodrome, le professeur De Candolle appelle ainsi la seconde des quatre tribus naturelles qu'il a établies dans la famille des Mélastomacées, et qui comprend les genres dont les anthères s'ouvrent au sommet par un trou, dont l'ovaire libre ne porte à son sommet ni écailles ni soies, et dont le fruit est une capsule sèche. A l'exception d'une seule espèce, toutes les Rhexiées sont américaines. Les genres qui composent cette tribu sont les suivans : *Appendicularia*, D. C.; *Comolia*, id.; *Spennera*, Mart.; *Microlicia*, Don; *Ernestia*, D. C., *Siphanthera*, Pohl.; *Rhexia*, Brown; *Heteronoma*, D. C.; *Pachyloma*, id.; *Oxyspora*, id.; *Tricentrum*, id.; *Marcetia*, id.; *Trembleya*, id.; *Adelobotrys*, id. *V.* ces mots pour la plupart au Supplément. (A. R.)

* RHIGUS. INS. Genre établi par Dalman dans la famille des Rhynchophores, tribu des Charansonites, et adopté par Germar qui lui donne pour caractères : rostre court, épais, parallélipipède, plus épais vers le bout; ses fossettes anguleuses, se courbant brusquement vers le dessous. Yeux globuleux, saillans; antennes plus longues que le corselet, coudées; leur fouet de sept articles égaux entre eux, en massue; corselet lobé auprès des yeux, échancré en dessous près de la base de la tête. Ecusson petit, distinct. Elytres grandes, bossues, recouvrant des ailes. Pates assez longues, presque égales entre elles. Jambes de devant armées intérieurement d'une dent aiguë.

Les deux espèces que Germar admet dans ce genre appartiennent au Brésil. (G.)

RHINA. POIS. Sous-genre de Raie. *V.* ce mot. (B.)

RHINA. INS. *V.* RHINE.

* RHINAIRE. *Rhinaria*. INS. Genre de l'ordre des Coléoptères, section des Tétramères, famille des Rhynchophores, tribu des Attélabides, établi par Kirby dans le XIIᵉ volume des Transactions de la Société Linnéenne de Londres, et ayant pour caractères : lèvre presque trapézoïdale. Mandibules sans dents; mâchoires ouvertes; labre à peine distinct. Palpes très-courts, coniques; menton carré. Antennes point coudées, en massue à l'extrémité; celle-ci de trois articles très-étroitement réunis; corps ovale-

oblong. Corselet presque globuleux. Ce genre ne contient encore qu'une seule espèce; elle est propre à la Nouvelle-Hollande, et Kirby lui a donné le nom de RHINAIRE A CRÊTE, *Rhinaria cristata*. Elle est figurée dans le XIIe vol. des Trans. Linn., pl. 22, fig. 9. Son corps est long de quatre lignes trois quarts, non compris le rostre, couvert en dessus d'écailles blanchâtres, gris en dessous. Les élytres sont un peu sillonnées, écailleuses, les sillons ayant des points blancs ocellés; les intervalles portant une suite de soies roides, couchées, alternant avec de petits tubercules. (G.)

RHINANTHACÉES. *Rhinanthaceæ*. BOT. PHAN. Ce nom et celui de Pédiculariées sont donnés à une famille de Plantes dicotylédones monopétales hypogynes, qui nous paraît, à l'exemple de R. Brown, devoir être réunie à celle des Scrophularinées. *V.* ce mot. (A. R.)

RHINANTHE. *Rhinanthus*. BOT. PHAN. Ce genre, que l'on désigne aussi sous les noms vulgaires de *Cocrête*, *Cocriste* ou *Crête de Coq*, appartient à la famille des Rhinanthacées, réunie aux Scrophularinées. Son calice est monosépale, urcéolé, ventru, à quatre divisions peu profondes; sa corolle est monopétale, irrégulière, à deux lèvres, la supérieure est très-convexe, l'inférieure est à trois lobes obtus, dont celui du milieu est plus large; les étamines sont didynames, placées sous la lèvre supérieure; leurs anthères sont profondément bifides à leur base. L'ovaire est comprimé, terminé par un style très-long, au sommet duquel est un très-petit stigmate capitulé et un peu bilobé. Le fruit est une capsule enveloppée par le calice persistant, comprimée, à deux loges polyspermes, s'ouvrant en deux valves. Ce genre se compose d'un petit nombre d'espèces presque toutes européennes. Ce sont des Plantes herbacées, portant des feuilles simples et opposées, des fleurs généralement jaunes, placées à l'aisselle de bractées et formant des épis terminaux. On rencontre très-fréquemment aux environs de Paris deux espèces de ce genre. La plus commune est le *Rhinanthus Crista-Galli*, L., que l'on reconnaît à ses feuilles étroites, sa tige moins élevée et ses fleurs assez petites. Il est tout-à-fait glabre. La seconde espèce, *Rhinanthus hirsutus*, Pers., se distingue en ce qu'elle est plus grande dans toutes ses parties, ses feuilles plus larges, son calice plus vésiculeux et extrêmement velu. L'une et l'autre sont très-communes dans les prés. (A. R.)

* RHINANTHERA. BOT. PHAN. Genre nouveau proposé par Blume (*Bijdr. Flor. ned. Ind.*, 2, p. 1121), qui l'a placé près des Rosacées, mais qui, en même temps, a indiqué ses affinités avec les Capparidées et les Flacourtianées. Dans la Préface de la Flore de Java qui paraît en ce moment, Blume l'adjoint définitivement à cette dernière famille. Voici ses caractères essentiels: calice persistant, divisé profondément en huit segmens placés sur deux rangées, les intérieurs plus grands, munis à la base de deux glandes; corolle nulle; étamines nombreuses, inégales, à anthères biloculaires, terminées en bec; un style court, surmonté d'un stigmate obtus, tri-ou tétragone; baie globuleuse, terminée en bec par le style persistant, à trois ou quatre loges renfermant deux à quatre graines dont l'embryon est renversé, et probablement dépourvu d'albumen. Blume n'a pas donné de nom spécifique à la Plante sur laquelle ce genre est constitué. C'est un Arbrisseau rameux, épineux, à feuilles alternes, ovées-oblongues, finement dentées en scie, coriaces, glabres, munies de deux glandes à la base. Les fleurs sont petites, très-odorantes, disposées en grappes axillaires ou terminales, courtes et tomenteuses. Elle croît dans les localités tourbeuses aux environs de Batavia, où les indigènes lui donnent le nom de *Kaju-Popoan*. (G..N.)

RHINANTHOIDES. BOT. PHAN. Même chose que Rhinanthacées. *V.* ce mot. (A. R.)

RHINAPTÈRES. INS. *V.* PARASITES.

* RHINASTUS. INS. Nom donné par Schœnherr à un genre de Charansonite. *V.* RHYNCHOPHORES. (G.)

* RHINAY. BOT. PHAN. L'Arbre désigné sous ce nom par Camelli, dans ses Plantes des Philippines imprimées dans les Mémoires de Ray, paraît être une espèce d'Artocarpe, où les graines ne sont pas toutes avortées, comme elles le sont dans l'Arbre à pain des îles de l'océan Pacifique. (G..N.)

* RHINCHOGLOSSUM OU MIEUX RHYNCHOGLOSSUM. BOT. PHAN. Genre de la famille des Rhinanthacées et de la Didynamie Angiospermie, L., établi par Blume (*Bijdr. Flor. ned. Ind.*, 2, p. 741), qui l'a ainsi caractérisé : calice bilabié, la lèvre supérieure à trois, l'inférieure à deux divisions peu profondes. Corolle ringente; la lèvre supérieure bifide, réfléchie; l'inférieure plus grande, trifide; la gorge munie de deux callosités. Quatre étamines presque incluses, dont deux stériles très-petites; anthères connées. Stigmate obtus. Capsule terminée par un bec, uniloculaire, bivalve, à cloisons incomplètes, opposées aux valves, infléchies et placentifères. Ce genre est très-voisin du *Gerardia*; il ne renferme qu'une seule espèce, *Rhynchoglossum obliquum*, anciennement figurée et décrite par Rheede (*Hort. Malab.*, 9, tab. 80). C'est une Plante herbacée, un peu pubescente, à feuilles alternes (l'une des deux supra-axillaire et en forme de stipule), oblongues et très-obliques. Les fleurs sont tournées du même côté et disposées en une grappe terminale, penchée. Cette Plante croît dans les montagnes de Séribu à Java. (G..N.)

RHINCOPHORES. INS. Traité à Rhynchophores. *V.* ce mot. (B.)

RHINCOLITE. *Rhincolites.* MOLL. Nom que les anciens oryctographes donnaient tantôt aux pointes d'Oursins, tantôt à d'autres corps que l'on a reconnu depuis appartenir aux Céphalopodes. Comme ces corps ne se sont encore trouvés qu'à l'état fossile ou de pétrification, et qu'on les rencontre, soit avec des Nautiles, des Ammonites, soit avec des Bélemnites, on a pensé qu'ils avaient appartenu à l'un de ces genres. Leur forme ayant beaucoup d'analogie avec les mandibules des Sèches et des Poulpes, on a cru aussi qu'ils provenaient de l'un de ces genres, ce qui n'est cependant pas probable. Nous ne croyons pas qu'il soit nécessaire d'admettre la dénomination de Rhincolite pour les parties détachées de Mollusques, que par analogie on peut rapporter à des mâchoires de Céphalopodes. Comme il n'en a pas encore été question aux divers articles où nous aurions pu en parler, nous en traiterons plus en détail à l'article SÈCHE auquel nous renvoyons. (D..H.)

RHINE. POIS. Pour Rhina. *V.* ce mot et RAIE. (B.)

RHINE. *Rhina.* INS. Genre de l'ordre des Coléoptères, section des Tétramères, famille des Rhynchophores, tribu des Charansonites, établi par Latreille aux dépens des *Lixus* de Fabricius, et adopté par tous les entomologistes, avec ces caractères : corps cylindrique; tête ayant en avant un prolongement rostriforme, long, avancé, cylindrique, ayant de chaque côté un sillon qui part de la base des antennes, se dirige vers l'œil, et reçoit, dans le repos, une partie du premier article des antennes. Yeux assez grands, se rejoignant presque sur le devant de la tête, à la base de son prolongement. Antennes coudées, insérées vers le milieu et sur les côtés du museau-trompe, composées de huit articles, le premier très-long, les six suivans courts, le huitième formant une massue ovale, cylindrique, très-allongée, de substance spongieuse, excepté dans une petite portion de sa base. Mandibules munies de trois dents, les deux plus fortes placées vers l'extrémité, l'autre au côté interne. Mâchoires allongées, presque membraneuses, velues; palpes maxillaires n'ayant que trois articles distincts, le dernier plus long que le second, ovale, conique. Corselet convexe, ovale, tronqué à ses deux extrémités. Ecusson petit, triangulaire. Elytres recouvrant les ailes et l'abdomen. Pates longues, les antérieures surtout; jambes minces, un peu crochues à leur extrémité; tarses ayant leur troisième article bilobé. Ce genre renfermait d'abord quelques espèces d'Europe, dont on a fait des genres distincts. Tel qu'il est adopté actuellement, il se compose de deux espèces américaines.

Le RHINE BARBIROSTRE, *Rhina barbirostris*, Latr., Oliv.; *Lixus bardirostris*, Fabr., dont le mâle est figuré dans l'Encyclopédie, pl. 226, fig. 14, est quelquefois long d'un pouce et demi; il est tout noir; la femelle a le rostre plus court, et dépourvu de la barbe jaune et épaisse que l'on voit sur celui du mâle. On trouve cet Insecte au Brésil et à Cayenne. Illiger avait décrit la femelle de cette espèce sous le nom de *Rhina verrirostris*. L'autre espèce se trouve dans l'île de Saint-Domingue et dans quelques autres îles Antilles. Il est long d'un pouce et demi, noir. Son corselet est pointillé, et ses élytres ont une tache irrégulière blanchâtre qui s'étend jusqu'au-delà du milieu. Elles sont chargées de stries, de points enfoncés. Cette espèce a été nommée par Olivier RHINE SCRUTATEUR, *Rhina scrutator*, Entom. T. v, p. 233, n° 230; Charans., pl. 29, fig. 428. (G.)

* RHINELLE. *Rhinella*. MICR. (Que, dans notre tableau des Microscopiques inséré au Tome x du présent Dictionnaire, nous avons mal écrit *Rinella*.) Genre de la famille des Urcéolariées, la première de l'ordre des Stomoblépharés; ses caractères sont : la totalité de l'Animal formant une coupe non totalement évidée, avec un corps interne dans le fond qui se prolonge par le centre en un mamelon saillant du milieu du limbe béant et cilié à son pourtour. Les Rhinelles vivent libres et solitaires, nageant avec rapidité dans l'eau de mer, dans celle des marais ou dans celle qui croupit au fond des ruisseaux, souvent confondus au milieu des Raphanelles, ou remplissant des coquilles. Les espèces remarquables de ce genre sont, 1° la Rhinelle myrtiline, *Rhinella myrtilina* (*V.* pl. de ce Dict.); diaphane, formée de molécules et paraissant ronde quand elle n'ouvre pas son limbe pour faire saillir l'organe central qui est en cône; on voit à la partie opposée, quand elle change un peu ses formes, un disque arrondi et comme une troncature qui ferait penser que l'Animal a appartenu à quelque groupe de Vorticellaires par un pédicule dont la partie postérieure présenterait les traces de l'ancienne implantation. Les cirres y sont fort difficiles à voir, et la plupart du temps, quand on parvient à les distinguer, on les croirait être en deux faisceaux opposés comme dans de véritables Vorticelles. 2° Rhinelle verte, *Rhinella mamillaris*, N.; *Vorticella bursata*, Müll., *Inf.*, pl. 35, fig. 9, 12; Encycl., pl. 19, fig. 12-15 (*V.* pl. de ce Dict.); Urcéolaire Bourse, Lamk., Anim. sans vert. T. II, p. 41. Elle paraît pyriforme, arrondie par derrière, apointie en cône par devant, le corps remplissant tout le fourreau; elle est entièrement verte, excepté au limbe qui forme comme une collerette diaphane quand elle s'ouvre en bourse garnie de longs cils très-agités; on la trouve dans l'eau de mer; 3° Rhinelle blanchâtre, *Rhinella albicans*, N., arrondie, blanchâtre, diaphane, ayant le corps non adhérent à la partie postérieure du fourreau, comme dans la précédente, et qui paraît comme suspendu au milieu; ses cirres toujours fort agités sont les plus longs et les plus fournis; 4° Rhinelle Nez, *Rhinella Nasus*, N.; *Vorticella*, Müll., tab. 37, f. 20-24;

Encycl., pl. 20, fig. 16-20; *Urceolaria nasuta*, L., Anim. sans vert. T. II, p. 43. Plus allongée que les précédentes, postérieurement atténuée, mais obtuse et comme cylindracée; on distingue quand elle s'allonge trois bandes ciliées, circulaires en anneau sur son corps; l'organe interne y est saillant de profil comme un nez à l'ouverture du limbe où les cirres semblent se réunir fréquemment en deux faisceaux; vus de face, ces cirres forment la roue en rayons courbes et moins nombreux qu'on ne l'eût cru. On trouve cette espèce dans l'eau des Lenticules. (B.)

* RHINENCÉPHALE. ZOOL. *V.* ACÉPHALE.

RHINGIE. *Rhingia*. INS. Genre de l'ordre des Diptères, famille des Athéricères, tribu des Syrphies, établi par Scopoli aux dépens du genre *Conops* de Linné et *Musca* de Degéer, et adopté par tous les entomologistes avec ces caractères: hypostome très-prolongé en avant inférieurement, formant une sorte de bec conique dans lequel est renfermée la trompe. Yeux grands, espacés dans les femelles, rapprochés et se touchant dans les mâles. Antennes très-courtes, rapprochées à leur base, avancées et penchées, insérées sur un tubercule frontal, composées de trois articles, le premier et le second très-courts, le troisième court, ovalaire, comprimé, portant à sa partie supérieure une soie nue, longue, uniarticulée à sa base. Suçoir très-allongé; palpes plus courts que les soies inférieures du suçoir; trois petits yeux lisses disposés en triangle sur un tubercule du vertex. Ecusson grand, demi-circulaire. Cuillerons assez grands, distinctement ciliés. Ailes longues, parallèles et se croisant sur l'abdomen dans le repos. Abdomen un peu convexe en dessus, composé de quatre segmens outre l'anus; pates de longueur moyenne; cuisses postérieures simples et mutiques; tarses ayant le dernier article muni de deux crochets, sous chacun desquels est une pelotte assez forte; premier article des tarses postérieurs allongé et renflé. Ce genre se distingue des Volucelles, Séricomyes, Éristales, Brachyopes et Pélocères, parce que ceux-ci ont un museau très-court et une trompe de longueur moyenne. Les genres Aphrite, Cératophyes, Cérie, Callicère, Sphécomyes, Chrysotoxe, Parague et Psare s'en éloignent, parce que leurs antennes sont beaucoup plus longues que la tête, ou au moins de sa longueur, tandis qu'elles sont plus courtes que dans les Rhingies. On ne connaît pas encore d'une manière certaine les métamorphoses de ces Diptères; tout ce qu'on en sait, c'est que Réaumur a trouvé un individu de la Rhingie à bec, éclos dans un poudrier où il avait renfermé de la bouse de vache avec des larves qui s'en nourrissaient. On trouve les Rhingies sur les fleurs dans les bois et les prairies. On en connaît peu d'espèces; toutes sont propres à l'Europe. La plus commune aux environs de Paris est:

La RHINGIE A BEC, *Rhingia rostrata*, Fabr., Latr., Meig., Panz., Faun. Germ., fasc. 87, fig. 22; *Conops rostrata*, L., Réaum., Ins. T. IV, p. 233, pl. 16, fig. 10. Long de quatre lignes; tête brune, sa partie inférieure et antérieure testacée. Antennes de cette dernière couleur. Corselet brun, avec quatre lignes longitudinales grises sur le dos. Épaulettes, écusson, abdomen et pates de couleur ferrugineuse. Ailes un peu jaunâtres vers la côte, leurs nervures testacées. Le mâle a l'abdomen très-cilié vers les bords, avec une petite ligne courte, brune sur le milieu du second segment. (G.)

RHINIUM. BOT. PHAN. (Schreber.) Syn. de Tigarea. *V.* ce mot. (B.)

RHINOBATE. *Rhinobata*. POIS. Sous-genre de Raie. *V.* ce mot. (B.)

* RHINOBATE. INS. Nom donné par Germar à un genre de Charansons. *V.* RHYNCHOPHORES. (A. R.)

* RHINOCARPE. *Rhinocarpus.* BOT. PHAN. Sous le nom de *Rhinocarpus excelsa*, le docteur Bertero envoya de l'Amérique méridionale des échantillons d'une Plante dont il proposa de faire un genre nouveau dans la famille des Térébinthacées, et qui fut en effet adopté et publié par Kunth (*Nova Genera et Spec. Plant. æquin.* T. VII, p. 6) avec les caractères suivans : fleurs polygames. Calice caduc, profondément divisé en cinq folioles imbriquées pendant leur préfloraison, ovées-elliptiques, inégales, trois extérieures et trois intérieures. Corolle à cinq pétales insérés sur le calice et du double plus longs, sessiles, égaux, très-réfléchis au sommet. Etamines au nombre de dix, ayant la même insertion que la corolle, très-inégales, plus courtes que les pétales, deux ou quatre munies d'anthères, les plus courtes stériles ou privées d'anthères; filets cohérens par la base et adnés aux pétales, surtout d'un côté; anthères elliptiques, biloculaires, fixées par le dos, déhiscentes par une fente longitudinale intérieure, égales ou deux plus petites. Disque nul. Ovaire supère, sessile, oblique, uniloculaire, renfermant un ovule ascendant et inséré à la suture un peu au-dessus de la base; style presque latéral, surmonté d'un stigmate obtus. Fruit obliquement long, comprimé? monosperme, indéhiscent, porté sur un pédicelle épais (charnu?), arqué ou probablement tordu en spirale. Graine fixée vers la base.

Le *Rhinocarpus excelsa*, Bert. et Kunth, *loc. cit.*, tab. 601; *Anacardium? Rhinocarpus*, D. C., *Prodrom. Syst. Veget.*, 2, p. 62, est un grand Arbre qui a l'aspect de l'*Anacardium occidentale*, L. Ses feuilles sont éparses, simples, entières, non ponctuées, dépourvues de stipules. Les fleurs sont disposées en panicules terminales ou en corymbes, munies de bractées. La fleur terminale de chaque ramuscule est hermaphrodite, ou quelquefois munie seulement d'un ovaire stérile; les autres fleurs sont mâles, beaucoup plus petites et caduques. Cet Arbre croît abondamment dans l'Amérique méridionale, près de Turbaco, à Sainte-Marthe et sur les bords de la Madeleine. (G..N.)

* RHINOCELLUS. INS. Genre de Charansons établi par Germar et par Schœnherr. *V.* RHYNCHOPHORES. (G.)

RHINOCÈRES. INS. *V.* ROSTRICORNES.

RHINOCÉROS. *Rhinoceros.* MAM. Ce genre comprend des Animaux pachydermes de la seconde division du Règne Animal de Cuvier, dont les espèces vivantes se trouvent uniquement dans les contrées les plus chaudes de l'ancien monde, et dont les zônes tempérées et glaciales ne présentent que des débris. Les Rhinocéros sont des Animaux de grande taille, variant entre eux par le nombre et par la forme des dents, et remarquables par une ou deux cornes solides, adhérentes à la peau et placées sur les os nasaux. Ces cornes sont de nature fibreuse ou cornée, et semblent être une réunion de poils agglutinés. Linné plaçait les Rhinocéros dans sa classe des Mammifères qu'il a nommés *Bruta*, et il donnait au genre les caractères suivans : corne solide, le plus souvent conique, implantée sur le nez et n'adhérant point aux os. Il n'en admettait que deux espèces, qu'il nommait *Rhinoceros unicornis* et *bicornis*. Geoffroy Saint-Hilaire, dans son Catalogue imprimé, mais non mis en circulation, n'admet que ces deux espèces, sous les noms de Rhinocéros d'Asie et Rhinocéros d'Afrique, et leur donne pour caractères génériques d'avoir : deux ou point d'incisives; de cinq à sept molaires; des pieds tridactyles, à sabots très-grands; une ou deux cornes solides, persistantes, coniques, placées sur le nez, n'adhérant point à l'os, mais n'étant qu'une continuation de l'épiderme, et formées de poils agglutinés; les jambes courtes, les yeux petits, les oreilles peu développées, la tête assez allongée, la peau très-épaisse, la queue courte, point de vésicule du fiel? un colon considérable.

Fr. Cuvier a donné des caractères tirés des dents; mais on sait que le nombre des incisives varie dans chaque espèce. Les modifications que présente le système dentaire du Rhinocéros de Java, par exemple, sont les suivantes : à la mâchoire supérieure l'incisive occupe presque tout l'intermaxillaire : c'est une dent large, épaisse et obtuse. Il n'y a point de canine. La première mâchelière est très-petite; la seconde, beaucoup plus grande, est un peu plus petite que la troisième, qui l'est elle-même plus que la quatrième. Celle-ci et les deux suivantes sont de même grandeur, et la dernière est plus petite qu'elles. Ces mâchelières se ressemblent par la forme qui est encore la même que celle des Tapirs et des Damans; elle se compose de deux collines réunies par une crête à leur côté externe. Cette crête se prolonge postérieurement, et la colline, placée en arrière, présente la pointe en forme de crochet qu'on observe sur les molaires des Damans. La dernière paraît être moins complète; elle a la forme générale d'un triangle, au lieu d'être à peu près carrée, et semble différer des autres, parce qu'elle aurait été privée de leur portion antéro-externe. On y voit encore la colline postérieure avec son crochet, mais l'antérieure ne s'aperçoit plus qu'en partie. A la mâchoire inférieure l'incisive est une dent conique, droite, pointue et de la nature des défenses, c'est-à-dire qu'elle n'a pas de racine distincte. La canine n'existe point. Les mâchelières vont en augmentant de grandeur de la première, qui est fort petite, à la dernière, et toutes sont composées, comme celles des Damans, de deux croissans, dont la concavité est en dedans de la mâchoire, et réunis par une de leurs extrémités lorsque la dent est parvenue à un certain degré d'usure, mais séparés par une échancrure avant cette époque. La première de ces dents n'est que rudimentaire comparativement aux autres. L'incisive supérieure est en rapport, par son côté externe, avec le côté interne de l'incisive inférieure, et ses mâchelières sont alternes. Telles sont les particularités que Fr. Cuvier a remarquées sur les dents des Rhinocéros, dont le nombre est réparti ainsi qu'il suit : incisives quatre, canines nulles, et vingt-huit molaires. Mais il paraît que ce naturaliste n'a pas tenu compte des petites incisives externes supérieures et mitoyennes inférieures, que le sujet soumis à son examen avait perdues par accident.

Les caractères physiques du genre Rhinocéros consistent en des formes lourdes et très-massives. La peau est sèche, rugueuse, presque dépourvue de poils, et tellement épaisse, qu'elle semble constituer sur le corps une cuirasse. La tête est courte, triangulaire, à chanfrein un peu convexe. Les yeux sont latéraux, très-petits; les oreilles ont la forme de cornets; la lèvre supérieure est plus longue que l'inférieure, et se termine en une légère pointe. Une ou deux cornes (d'où est venu le nom du genre des mots grecs qui signifient *nez* et *corne*) occupent la ligne médiane du museau, et trois sabots à chaque pied indiquent le nombre des doigts. La queue est médiocre et grêle.

Les Rhinocéros ont deux mamelles inguinales, des intestins très-longs; un estomac simple et vaste; un grand cœcum; point de vésicule du fiel; le gland de la verge du mâle fait en forme de fleur de lis. La colonne vertébrale se compose de dix-neuf vertèbres dorsales, trois lombaires, cinq sacrées et vingt-deux coccygiennes. Les côtes sont au nombre de neuf, dont quatre fausses. Ce sont des Animaux de grande taille, à corps massif et épais, dont les sens sont lourds et grossiers, et le caractère sauvage. Ils habitent les lieux humides et ombragés, aiment à se vautrer dans la fange, et se nourrissent uniquement d'herbes et de jeunes branches d'arbres. Leur vue paraît mauvaise et ne point s'étendre à une grande distance, mais en revanche leur odorat est subtil. La force de ces Animaux est extraordinaire, et lorsqu'ils sont en fureur, ils brisent tout ce qui tend à leur faire obstacle. Les espèces vivantes habitent aujourd'hui les contrées les plus méridionales du globe, et on ne les trouve qu'en Afrique et en Asie, sur les continens ou dans les grandes îles qui en dépendent. Mais il paraît que le monde antidiluvien était autrefois peuplé d'Animaux pachydermes non ruminans, dont on ne connaît aujourd'hui que les débris, et que parmi eux se trouvaient plusieurs espèces de Rhinocéros organisées pour vivre dans les climats les plus froids du globe.

Les cornes qui caractérisent les Animaux du genre Rhinocéros ont cela de particulier de n'adhérer qu'au périoste ou aux tégumens qui revêtent les os de la face, et d'être formées de fibres qui ne sont pas toujours très-adhérentes entre elles, et qui souvent s'épluchent au sommet, comme les soies d'une brosse, dit Daubenton. Les Indiens attribuaient à ces cornes des propriétés alexitères, et les estimaient comme la substance la plus utile pour s'opposer aux empoisonnemens, mais ces vertus chimériques n'ont d'autre fondement que le caprice et la superstition.

Les Rhinocéros sont estimés des habitans des pays où ils vivent, pour leur chair qu'on dit être délicate, et pour leur peau qui fournit un cuir tellement dur que le meilleur acier ne peut le couper qu'à la suite d'efforts prolongés. Au Cap, on s'en sert pour faire des soupentes de voitures. Ces Animaux sont très-difficiles à tuer, et leur chasse demande beaucoup de précautions.

Long-temps on a confondu sous le nom de Rhinocéros deux espèces distinctes qui vivent l'une en Asie et l'autre en Afrique, et qui sont d'autant plus aisées à distinguer que la première n'a qu'une corne nasale, et que l'autre en a deux. Buffon donnait encore l'indication qu'on la trouvait à Sumatra et à Java, mais des recherches récentes ont tout-à-fait prouvé que ces deux îles avaient en propre des Rhinocéros qu'on n'a point observés jusqu'à ce jour dans aucun autre pays. Enfin, des descriptions imparfaites semblent faire présumer qu'on doit encore distinguer quelques autres espèces vivant dans l'Afrique, mais dont on ne pourra apprécier les vrais caractères que lorsque quelque voyageur intrépide les aura fait parvenir dans les collections européennes ou en aura donné une description très-détaillée.

§ I. Rhinocéros vivans.

† *Deux cornes nasales.*

Le Rhinocéros d'Afrique, *Rhinoceros africanus*, G. Cuv.; *Rhinoceros bicornis*, Camper, Desm. 628; le Rhinocéros d'Afrique, Buff., pl. 6, Supplém.; Encyclop., pl. 41, fig. 2. Le Rhinocéros d'Afrique n'a que peu de plis à la peau; les mâchoires n'ont point d'incisives non plus; cet Animal aurait de onze à douze pieds; et, suivant Sparrman, il a les yeux petits et enfoncés; les cornes coniques, inclinées en arrière, la première longue de deux pieds; sa peau est presque complétement nue; quelques soies noires bordent les oreilles ou terminent la queue; il vit dans les bois près les grandes rivières; broute les branches des Arbrisseaux, et notamment une espèce d'Acacia dont il est friand. Les auteurs conservent des doutes sur plusieurs espèces africaines décrites par les voyageurs. C'est ainsi que le Rhinocéros de Bruce différerait de l'espèce décrite plus haut par des replis à la peau et par l'extrême compression de sa corne antérieure; enfin, il semblerait confiné dans l'intérieur de l'Abyssinie: la seconde est le Rhinocéros de Gordon, qui a neuf pieds environ; deux cornes; vingt-quatre molaires en tout; deux incisives à chaque mâchoire, et qui pourrait bien être le Rhinocéros de Burchell, *Rhinoceros simus*,

Burchell, dont on trouve une figure publiée, (pl. 12, fig. 5 du Supplém. de l'Encyclopédie. Ce Rhinocéros, encore mal connu, paraît cependant assez authentique. Burchell dit que sa taille est le double de celle du Rhinocéros du Cap, que comme lui il a deux cornes; une peau sans poils et sans plis; mais qu'il en diffère par ses lèvres et son nez qui sont très-élargis et comme tronqués. Ce Rhinocéros habite les vastes plaines arides de l'intérieur du Cap; il aime se vautrer dans la boue et ne mange que l'herbe la plus tendre.

Il paraît que les anciens ont connu ce Rhinocéros bicorne, et que c'est le Taureau d'Ethiopie de Pausanias. On frappa des médailles romaines sous Domitien où l'on trouve son effigie. Quelques autres auteurs anciens ont aussi distingué cette espèce de celle d'Asie, mais Buffon a beaucoup embrouillé son histoire, et n'en a point eu d'idée distincte. D'après Gordon, les Hottentots lui donnent le nom de *Nabal*.

Rhinocéros de Sumatra, *Rhinoceros sumatranus*, Raffles et Horsf.; Bell, Trans. philos. 1793; Horsf., Zool. Resear.; Penn., Quadr. 1, p. 152; F. Cuv., 47e livr., Mammif. lithogr., février 1825; *Rhinoceros sumatrensis*, Cuv., Ossem. Foss. T. II, pl. 94; Shaw, Gen. Zool. T. 1, p. 2; *Two-Horned Rhinoceros of Sumatra*, *Rhinoceros sumatranus*, Raffles, Trans. Linn. Lond. T. XIII, p. 268; Desm. 629. Ce Rhinocéros, qui vit dans la grande île de Sumatra, est l'Animal que Marsden mentionne sous le nom de *Buddah*, nom qui dérive, sans aucun doute, du mot *Abada*, qui, dans la plupart des langues indiennes, est donné au Rhinocéros indien. Sir Raffles, dans le Catalogue de la collection qu'il a faite à Sumatra, décrit cette espèce assez longuement sous le nom malais de *Badak*: il dit que les naturels nomment *Tennu* un Animal qui vit dans l'intérieur de l'île, et qui n'est point encore connu; qui ressemble parfaitement par les formes au Rhinocéros de Sumatra, excepté qu'il n'a qu'une corne comme le Rhinocéros indien, tandis que celui de Sumatra en a deux. Ce terme de *Tennu* est donné par quelques peuples malais au Tapir; mais à Sumatra, le Tapir est nommé *Gindol* ou *Babi-Alu*, et tout porte à croire que les habitans ont une autre espèce de Rhinocéros qui diffère par la taille, et par les cornes fibreuses de l'espèce aujourd'hui connue des naturalistes.

Le Rhinocéros de Sumatra a la peau qui le revêt beaucoup plus lisse et moins profondément garnie de rides que les espèces précédentes. Sa couleur est d'un brun foncé, et est recouverte d'une grande quantité de poils. La queue est aplatie et garnie de poils en dessus et en dessous seulement. Les deux mâchoires présentent quatre incisives, mais celles d'en haut ne se font remarquer que pendant le jeune âge, parce que les externes tombent à une certaine époque de la vie. Les mâchelières ne diffèrent en rien de celles des autres espèces. La taille d'un bel individu, envoyé au Muséum par Duvaucel et Diard, est d'environ cinq pieds et demi de longueur totale, sur trois à près de quatre pieds de hauteur. La queue a un pied huit pouces, longueur que présente aussi la tête. Des deux cornes qui surmontent le nez, la première est médiocrement longue, et la deuxième n'est que rudimentaire. Les femelles ont des cornes encore moins prononcées, et les plis de la peau sont presque entièrement effacés.

†† *Une seule corne nasale.*

Rhinocéros des Indes, *Rhinoceros indicus*, Cuv., Mém. Mus., grav. de Miger (excellente figure); *Rhinoceros unicornis*, L.; *Rhinoceros unicornu*, Bodd.; le Rhinocéros, Buff., pl. 7; Desm., Sp. 626. Il a une seule corne sur le nez; la peau est marquée de sillons profonds en arrière des épaules et des cuisses; chaque mâchoire a deux fortes incisives; la tête est raccourcie et triangulaire; les poils, qui sont en petit nombre, sont roides, grossiers et lisses, et revêtent la queue et les oreilles; les yeux sont fort petits, et la peau est très-épaisse et à peu près nue, et de couleur gris-foncé violâtre; sa taille est de neuf ou dix pieds de longueur; ses formes sont massives; son caractère sauvage; sa vue est faible, mais son ouïe est très-fine; la femelle ne fait qu'un petit, et porte neuf mois. On est parvenu quelquefois à le conserver en domesticité.

Le Rhinocéros des Indes, bien que d'un naturel grossier et sauvage, peut s'apprivoiser et devenir familier, et ceux qu'on a vus en Europe, quoiqu'en petit nombre, étaient généralement doux lorsqu'on les avait pris jeunes, mais d'une sauvagerie intraitable et sans espérance de changement lorsqu'ils y ont été amenés dans un âge un peu avancé. En captivité, cet Animal mange avec plaisir du sucre, du riz, du pain, tandis qu'à l'état de liberté, il ne recherche guère que les herbes, les racines qu'il déterre, dit-on, avec sa corne, et les pousses des jeunes Arbrisseaux.

Dans l'érection, le membre génital du Rhinocéros se dirige en arrière, et n'a guère que huit pouces de longueur, de manière que la copulation ne peut véritablement s'accomplir que la croupe de la femelle approchée de celle du mâle. Ce Rhinocéros ne se trouve guère que dans les contrées intérieures de l'Inde, au-delà du Gange. La femelle ne produit qu'un petit à la fois, après une gestation de neuf mois, et ce n'est qu'à mesure que l'Animal vieillit que les cornes se développent.

Rhinocéros de Java, *Rhinoceros javanicus*, Cuv.; *R. sondaicus*, Cuv., Horsfield; Rhinocéros unicorne de Java, Camper, Desm., Sp. 627. Fr. Cuvier est le premier qui ait publié une figure du Rhinocéros de Java, d'après un dessin d'Alfred Duvaucel. La description qu'il en donne étant la plus authentique, nous nous bornerons à la rappeler. « L'espèce de Java, dit ce naturaliste, paraît être une des moins grandes; sa longueur, de la base des oreilles jusqu'à l'origine de la queue, est de six pieds, celle de sa tête, du bout du museau à la base des oreilles, de deux pieds; et sa hauteur moyenne dépasse quatre pieds; sa queue a plus d'un pied. Elle n'a qu'une seule corne qui paraît située plus près des yeux que l'antérieure des Rhinocéros bicornes, mais non pas entre les yeux, comme la postérieure de ces derniers. Dans l'individu qui est au Muséum, cet organe est tout-à-fait usé, arrondi par le frottement, et saillant à peine de douze à quinze lignes; les incisives supérieures sont au nombre de quatre chez les jeunes, deux dans chaque intermaxillaire, très-rapprochées l'une de l'autre; alors elles sont petites et presque cylindriques; bientôt elles tombent et ne sont remplacées chez les adultes que par deux dents, longues d'arrière en avant, minces de dehors en dedans, sortant à peine des gencives, dont le tranchant est mousse et arrondi, et qui sont opposées à la partie antérieure des longues incisives inférieures. La peau est plissée sous le cou, au-dessus des jambes, en arrière des épaules, et à la cuisse; le pli des épaules embrasse tout le corps, et les plis des jambes sont de toute la largeur de celles-ci. Les autres finissent insensiblement avant d'arriver à la limite du corps vers laquelle ils se dirigent; mais son caractère le plus remarquable se trouve être les tubercules pour plupart pentagones, dont elle est en grande partie revêtue. On la dirait couverte de sortes d'écailles, bien que ces tubercules ne soient que des éminences épidermoïques qui laissent leur empreinte sur la couche générale de l'enveloppe tégumentaire. Les seuls poils qu'on aperçoive sur le corps prennent naissance dans une dépression qui occupe le centre de ces mêmes tubercules, et ces poils, de couleur noire, sont beaucoup plus fournis en deux endroits seulement, sur le bord des oreilles, et dessus et dessous la queue qui est comprimée.

§ II. Rhinocéros fossiles.

Rhinocéros a narines cloisonnées, *Rhinoceros tichorhinus*, Cuv.; *Rhinoceros Pallasii*, Desm. 630. La taille de cet Animal perdu était plus considérable que celle du Rhinocéros d'Afrique; sa tête est très-allongée, et a dû supporter deux cornes très-longues, à en juger par deux disques remplis d'inégalités qui existent sur le crâne; les os du nez, rabattus en avant, forment une large voûte soutenue par une cloison verticale moyenne qu'on n'observe point chez les espèces vivantes; un poil abondant semble indiquer que ce Rhinocéros vivait dans les contrées les plus froides. On a trouvé, en 1771, dans les glaces de la Sibérie, un cadavre presque entier, avec sa peau, son poil et sa chair; les ossemens de cette espèce gisent en plusieurs lieux d'Europe, et notamment en France.

Rhinocéros a narines simples, *Rhinoceros leptorhinus*, Cuv.; *Rhinoceros Cuvierii*, Desm. 631. Cette espèce a deux cornes comme la précédente; elle en diffère en ce que ses narines ne sont pas cloisonnées, et que ses proportions sont plus grêles, les os du nez sont beaucoup plus minces; son port était plus élancé; ses formes moins massives, et il devait ressembler assez au Rhinocéros d'Afrique. Cette espèce éteinte habitait l'Europe méridionale, car on ne trouve ses ossemens que dans l'Italie.

Rhinocéros (petit), *Rhinoceros minutus*, Cuv.; *Rhinoceros minimus*, Desm. 632. Cette espèce était très-petite; ce qui la distingue est d'avoir des incisives de même forme que celles du Rhinocéros de Java; sa taille ne dépassait pas celle du Cochon, et ses ossemens ont été trouvés à soixante pieds sous terre, enfouis avec des débris de Crocodiles et de Tortues, à Saint-Laurent près Moissac.

Rhinocéros a incisives, *Rhinoceros incisivus*, Cuv. Cette espèce, dont Camper a recueilli des dents incisives en Allemagne, ne ressemble point au Rhinocéros à narines cloisonnées de Pallas, ni au Rhinocéros Leptorin de Cuvier, qui n'ont, l'un et l'autre, point d'os intermaxillaires susceptibles de loger de telles incisives. (Less.)

Le nom de Rhinocéros, propre au genre de Mammifères qui fait le sujet du précédent article, a été étendu à d'autres Animaux qui n'avaient qu'une corne, et l'on a conséquemment appelé ainsi :

Parmi les Oiseaux, des Calaos. *V.* ce mot.

Parmi les Coquilles, le *Murex femorale*, L. *V.* Rocher.

Parmi les Insectes, le Scarabé nasicorne et une Géotrupe.

Parmi les Cétacés, le Narwal, etc. (B.)

RHINOCURE. *Rhinocurus*. moll. Genre inutilement établi par Montfort (Conchyl. Syst. T. I, p. 234), et caractérisé à sa manière pour une Coquille microscopique polythalame que D'Orbigny a fait entrer dans son genre Robulme. *V.* ce mot. (D..H.)

* RHINODES. ins. Dejean, dans son Catalogue des Coloptères, indique ce nom comme celui d'un des genres établis par Schœnherr parmi les Charansons. Mais l'auteur lui-même n'a plus adopté ce nom dans sa distribution systématique de cette famille. (A. R.)

RHINOLOPHE. *Rhinolophus*. mam. Sous ce nom, Geoffroy Saint-Hilaire établit un genre dans l'ordre des Cheiroptères, pour recevoir plusieurs espèces de Chauve-Souris. Ce genre et les espèces qu'il comprend seront décrits au mot Vespertilion. (Less.)

RHINOMACER. ins. Genre de l'ordre des Coléoptères, section des Tétramères, famille des Rhynchophores, tribu des Anthribides, établi par Fabricius aux dépens des *Anthribus* de Latreille et de Paykull, et adopté par tous les entomologistes avec ces caractères : corps allongé, étroit. Tête portant un museau-trompe plus long qu'elle, déprimé, élargi au bout. Antennes un peu plus longues que la tête et le corselet, insérées sur le milieu du museau-trompe, composées de onze articles presque obconiques; le premier court, un peu renflé; le second arrondi, plus court que le premier; les six suivans courts, presque coniques; les trois derniers un peu plus gros, formant une massue allongée. Mandibules cornées, arquées, avancées, simples ou munies intérieurement d'une dent assez forte; mâchoires cornées, bifides, leur lobe intérieur coupé obliquement et cilié, l'extérieur mince, allongé, arrondi; palpes maxillaires courts, filiformes, composés de quatre articles, le premier très-petit, les second et troisième presque coniques, le dernier oblong; palpes labiaux, courts, filiformes, presque sétacés, de trois articles presque égaux, insérés sur le menton à la base latérale de la lèvre qui est membraneuse, avancée et bifide. Corselet convexe, à peu près de la largeur de la tête. Ecusson petit, arrondi postérieurement. Elytres assez molles, plus larges que le corselet, couvrant les ailes et l'abdomen. Pates de longueur moyenne; tarses de quatre articles bien distincts, le premier un peu allongé, triangulaire, le second de même forme, mais moins long que le premier, le troisième bilobé, cordiforme. Ce genre se distingue des Xylinades, Anthribes et Platyrhines, parce que ceux-ci ont le troisième article des tarses entièrement engagé dans les lobes du précédent. Le genre Urodon ou Bruchèle de Dejean, en est bien distingué par le museau-trompe qui est très-court, et par la forme carrée de son corps. Enfin les Rhinosimes et les Salpingues, que Latreille place dans cette tribu, ont les quatre tarses antérieurs composés de cinq articles, ce qui devrait les rejeter dans la section des Hétéromères, si on n'avait égard qu'à ce caractère.

On ne connaît bien que deux espèces de ce genre; elles se trouvent dans les bois et sur des fleurs. Leurs métamorphoses sont inconnues.

Rhinomacer lepturoïde, *Rhinomacer lepturoides*, Fabr., Oliv., Panz., Faun. Germ., fig. 8; Encycl., pl. 362, f. 1-2. Long de trois lignes, noir, couvert d'un duvet cendré; bouche un peu roussâtre; corselet et élytres finement pointillés. D'Autriche; très-rare aux environs de Paris.

Rhinomacer attélaboïde, *Rhinomacer attelaboides*, Fabr., Oliv.; *Anthribus Rhinomacer*, Latr.; Encycl., pl. 362, fig. 1 *bis*. Long de deux lignes et demie, noir, légèrement couvert d'un duvet cendré qui tire quelquefois sur le jaunâtre; bouche, antennes et pates d'un roux clair. Des environs de Bordeaux. (G.)

* RHINOMACÉRIDES. ins. Nom donné par Schœnherr à une division de son ordre des *Orthoceri*, renfermant les genres Rhinomacer et Oulètes. *V.* Rhynchophores. (G.)

* RHINOMYZE. *Rhinomyza.* ins. Genre de l'ordre des Diptères, famille des Tanystomes, tribu des Taoniens, mentionné par Latreille. (Fam. nat., etc.), et dont les caractères ne sont pas encore publiés. (G.)

RHINOPOME. *Rhinopoma.* mam. Genre de Mammifères proposé par Geoffroy Saint-Hilaire pour distinguer, dans la grande famille des Chauve-Souris, deux espèces étrangères de Vespertilions. *V.* Vespertilion. (less.)

RHINOSIME. *Rhinosimus.* ins. Genre de l'ordre des Coléoptères, section des Tétramères, famille des Rhynchophores, tribu des Anthribides, établi par Latreille aux dépens du genre *Curculio* de Linné, et ayant pour caractères : corps ovale-oblong, déprimé, glabre, luisant. Tête très-déprimée, ayant un museau-trompe aplati. Antennes courtes, grenues, insérées devant les yeux, ayant à peu près la longueur du corselet, composées de onze articles dont le premier est gros, arrondi; le second plus petit, de même forme; les troisième et quatrième obconiques; les suivans un peu globuleux; les cinq derniers un peu plus grands, formant par leur réunion une massue allongée. Labre carré, entier. Mandibules cornées, ayant une petite dent au côté interne vers l'extrémité; palpes grossissant vers le bout; leur dernier article un peu plus grand, cylindrique ovale dans les maxillaires, ovale court dans les labiaux; les premiers composés de quatre articles, les seconds de trois; lèvre rétrécie à sa base, dilatée vers son extrémité, arrondie et entière. Corselet un peu en cœur, rétréci postérieurement; abdomen ovoïde, presque carré. Les quatre tarses antérieurs de cinq articles, les postérieurs de quatre; tous ces articles entiers ou point distinctement bilobés. Ce genre avait été d'abord placé par Latreille (Cons. gén. sur l'ordre des Ins.) dans la tribu des OEdémérites, dont il se rapproche par les articles des tarses et par plusieurs autres caractères. Depuis (Règne Anim. et Fam. nat.), il l'a porté dans la famille des Rhynchophores, en le rapprochant des Anthribes avec lesquels il a les plus grands rapports, et dont il ne diffère que par les tarses. Ce dernier caractère distingue ce genre et celui des Salpingues de tous les autres genres de la tribu qui n'ont que quatre articles à tous les tarses. On connaît sept ou huit espèces de Rhinosimes, toutes propres à l'Europe. Leurs larves vivent dans le vieux bois ou sous les écorces des Arbres; ce sont des Insectes de petite taille.

Le RHINOSIME RUFICOLLE, *Rhinosimus ruficollis*, Latr., Oliv.; *Anthribus ruficollis*, Panz., Faun. Germ., fasc. 24, fig. 19; Encycl., pl. 362, fig. 4, a g. Long d'une ligne et demie; antennes noirâtres; tête et corselet d'un fauve-rougeâtre; élytres d'un noir verdâtre à reflets métalliques, avec des stries pointillées; abdomen noir; pates d'un fauve pâle. On trouve cette jolie espèce aux environs de Paris; nous l'avons prise dans le bois de Saint-Cloud, sous l'écorce d'un Orme abattu. (G.)

RHINOSTOMES ou FRONTIROSTRES. INS. Nom donné par Duméril (Zool. Analyt.) à une famille d'Hémiptères qu'il caractérise ainsi: élytres demi-coriaces; bec paraissant naître du front; antennes longues, non en soie; tarses propres à marcher. Cette famille renferme les genres Pentatome, Scutellaire, Corée, Acanthie, Lygée, Gerre et Podicère. (G.)

*RHINOTIE. *Rhinotia*. INS. Genre de l'ordre des Coléoptères, section des Tétramères, famille des Rhynchophores, tribu des Brentides, établi par Kirby dans le douzième volume des Transactions de la Société Linnéenne de Londres, et ayant pour caractères essentiels, suivant son auteur: labre réuni postérieurement au rostre, très-petit, échancré; lèvre très-petite, cunéiforme; mandibules fortes, tridentées à l'extrémité; mâchoires ouvertes; palpes très-courts, coniques; menton presque transverse, convexe; antennes point coudées, plus épaisses vers l'extrémité, leur dernier article ovale, lancéolé; corps rétréci, linéaire; corselet globuleux, conique. Ce genre, que Schœnherr a nommé *Belus*, se distingue de tous ceux de la tribu des Brentides parce que son museau-trompe est semblable dans les deux sexes, qu'il n'est ni cuspidé ni élargi au bout, que ses mandibules ne sont point saillantes, et que son corselet est trapézoïdal. Il se compose, à notre connaissance, de quatre ou cinq espèces, dont une, propre au Brésil, et les autres à la Nouvelle-Hollande. L'espèce décrite par Kirby est:

La RHINOTIE HÉMOPTÈRE, *Rhinotia hæmoptera*, Kirby, *loc. cit.*, pl. 22, f. 7. Elle est longue de plus de sept lignes, non compris le rostre; son corps est noirâtre, avec quelques poils blanchâtres en dessous; le corselet est velouté, avec une bande latérale formée de poils d'un fauve doré dont les bords intérieurs sont mal terminés. On voit une ligne dorsale et deux taches à la partie postérieure, formées de semblables poils. Les élytres sont très-ponctuées, chargées de poils d'un fauve doré; la suture est noirâtre. Cette espèce se trouve à la Nouvelle-Hollande. (G.)

* RHINOTRAGUE. *Rhinotragus*. INS. Genre de l'ordre des Coléoptères, section des Tétramères, famille des Longicornes, tribu des Cérambycins, établi par Germar, et auquel il donne pour caractères : bouche placée au bout d'un rostre cylindrique; palpes courts, presque égaux, leur dernier article obconique ; labre saillant, sinué à son extrémité; yeux échancrés; antennes filiformes, dentées en scie vers l'extrémité; corselet un peu arrondi; pates de longueur moyenne; premier article des tarses postérieurs un peu plus long que les autres. Ce genre ne contient qu'une espèce propre au Brésil, c'est :

Le RHINOTRAGUE DORSIGÈRE, *Rhinotragus dorsiger*, Germar (*Ins. Sp. nov.*, etc., vol. 1, p. 513). Noir ponctué; élytres rebordées, jaunes, avec une tache noire sur leur milieu. (G.)

RHIPICÈRE. *Rhipicera*. INS. Genre de l'ordre des Coléoptères, section des Pentamères, famille des Serricornes, tribu des Cébrionites, établi par Latreille, et que Fabricius confondait avec son genre Ptilinus. Dalman a fait connaître le même genre sous le nom de *Polytomus*, et Hoffmansegg sous celui de *Ptyocerus*. Les caractères du genre Rhipicère de Latreille sont : corps allongé. Tête de grandeur moyenne, avancée, rétrécie avant la bouche; yeux oblongs, entiers. Antennes en panache, de la longueur de la tête et du corselet, insérées devant les yeux, près de la bouche, composées de vingt à quarante articles; ces articles plus nombreux dans les mâles que dans les femelles; le premier grand, obconique; le second et le troisième très-petits, transversaux; les autres courts, s'allongeant en une lame très-courte dans les premiers, mais devenant, surtout dans les mâles, fort longues, principalement dans les intermédiaires ; cette lame étroite, linéaire, unique sur chaque article. Labre petit, échancré. Mandibules comprimées, très-arquées, leur extrémité aiguë, laissant entre elles et le labre un vide remarquable, même quand elles sont fermées; mâchoires linéaires, leur extrémité un peu frangée; palpes presque égaux, filiformes, de la longueur des mandidules, leur dernier article oblong ou presque en massue; lèvre très-petite, comprimée, velue à son extrémité. Corselet court, convexe, point rebordé; écusson petit; élytres longues, un peu rétrécies vers leur extrémité, recouvrant les ailes et l'abdomen. Pates de longueur moyenne; jambes un peu comprimées; tarses ayant leurs quatre premiers articles très-courts, cordiformes, garnis chacun en dessous d'une pelote membraneuse, longue, bifide, lamelliforme, le dernier plus long que les autres réunis, muni à son extrémité de deux longs crochets entre lesquels on remarque un petit pinceau de soies divergentes porté sur un petit tubercule. Ce genre se distingue de tous ceux de sa tribu par ses antennes flabellées; il se compose de quatre ou cinq espèces propres au Brésil, à la Nouvelle-Hollande et à l'Afrique. Nous citerons comme type du genre :

La RHIPICÈRE MARGINÉE, *Rhipicera marginata*, Latr.; *Polytomus marginatus*, Dalm., *Analecta Entom.*, p. 22, n. 2, tab. 4. Ce bel Insecte est long d'un pouce; son corps est d'un noir verdâtre bronzé, garni d'un duvet roussâtre: les élytres sont d'un brun cuivreux; leur base, leur suture et le bord extérieur sont d'un testacé pâle; la base des cuisses est ferrugineuse, ainsi que les hanches; les jambes, les tarses et les antennes sont noirs. La femelle est beaucoup plus grosse que le mâle, comme cela a lieu dans les Cébrions; elle est extrêmement rare, et ses antennes ont un moins grand nombre d'articles. On trouve cet Insecte à Rio-Janeiro au Brésil. (G.)

* RHIPIDIE. *Rhipidia*. INS. Genre

de l'ordre des Diptères, famille des Némocères, tribu des Tipulaires, division des Terricoles, établi par Meigen, adopté par Latreille (Fam. nat.) et par Macquart (Dipt. du Nord de la France), qui lui donne pour caractères: tête globuleuse, un peu rétrécie postérieurement; bec court; pates velues, à peu près de la longueur de la tête, de quatre articles; le premier un peu plus court que les autres; antennes un peu arquées, velues, une fois plus longues que la tête, de quatorze articles, le premier cylindrique, épais; le deuxième cyathiforme; le troisième d'égale longueur, moins épais; les dix suivans globuleux, séparés par un pédicule très-menu et muni, dans les mâles, de deux rayons opposés, un peu épaissis vers l'extrémité, le dernier fusiforme; yeux ronds, pieds très-allongés et menus; ailes écartées; cellule stigmatique nulle, point de sous-marginale, quatre postérieures, deuxième sessile. Ce genre ne contient encore qu'une espèce propre à l'Europe.

La Rhipidie tachetée, *Rhipidia maculata*, Meig., Dipt. d'Europe, Macq., Dipt. du nord de la France, fasc. 1, pag. 86, pl. 3, fig. 4. Longue de trois lignes, d'un gris-brun; front d'un gris clair; thorax marqué de trois bandes foncées, plus ou moins distinctes; abdomen à extrémité roussâtre; extrémité des cuisses, des jambes et des tarses, obscure; ailes hyalines à base légèrement jaunâtre, couvertes de petites taches obscures, la plupart arrondies; trois ou quatre plus grandes ou plus foncées au bord extérieur, une grande moins foncée à l'extrémité de la nervure axillaire; nervures transversales bordées de brun. Cette espèce est commune dans toute la France. (G.)

RHIPIDODENDRUM. bot. phan. Le genre proposé sous ce nom par Willdenow, et fondé sur les *Aloe dichotoma* et *plicatilis*, L., n'a pas été adopté. *V.* Aloès. (G..N.)

* RHIPIDURE. *Rhipidura.* ois. Vigors et Horsfield ont proposé ce genre dans le tome XV des Transactions de la Société Linnéenne; ils lui donnent les caractères suivans : bec court, déprimé, élargi à la base et comprimé à la pointe; arête arquée; mandibule supérieure échancrée; narines basales, ovalaires, presque recouvertes par des soies et des plumes; bouche garnie de soies très-fournies et un peu plus longues que les mandibules; ailes médiocres, presque acuminées; première rémige très-courte, la deuxième plus longue du double; les troisième et quatrième qui sont les plus longues, progressivement plus allongées; queue allongée, ouverte, arrondie à son extrémité; pieds médiocres, grêles, à tarses lisses. Ce genre a les plus grands rapports avec les *Muscicapa*, il est fondé sur les *Muscicapa flabellifera* de Gmelin, Spec. 67, de la Nouvelle Hollande, et les *M. rufifrons*, Lath., Sp. 95, et *motacilloides*. Le nom de *Rhipidura* vient du grec et signifie queue en éventail.

Les Oiseaux de ce nouveau genre appartiennent à l'Australie. Leurs ailes ont de l'analogie avec celles des Gobe-Mouches, dont elles diffèrent en ce qu'elles sont plus arrondies, ce qui doit faire supposer que les espèces qui le composent volent plus mal que ces derniers.

Rhipidure flabelliforme, *Muscicapa flabellifera*, Gm., d'un fauve noirâtre; une tache au-dessus et en arrière de l'œil; gorge, sommet des tectrices, extrémité et tiges des rectrices blanches; abdomen ferrugineux. Fréquente les arbustes et les buissons, d'où il s'élance sur les Insectes qui forment sa proie; commun aux environs de Paramatta. C'est le *Fan-tailed flycatcher* de Latham, pl. 99.

Rhipidure motacille, *Rhipidura motacilloides*, Vig. et Horsf., noir, une tache blanche au-dessus de l'œil, le milieu de la poitrine, l'abdomen blancs; rémiges d'un fauve brunâtre. Longueur, sept pouces; habite la rivière de Georges.

Rhipidure a front roux, *Rhipidura rufifrons*, Vig. et Horsf.; *Muscicapa rufifrons*, Latham. D'un brun fauve; le dos, le front, les sourcils, la naissance de la queue, le bas de l'abdomen roux, le cou noir; la gorge, la poitrine blanches, tachées de noir; les rémiges et les rectrices fauves; celles-ci terminées de blanc. Cette espèce est rare et habite les environs de Paramatta. (LESS.)

RHIPIPHORE. *Rhipiphorus*. INS. Genre de l'ordre des Coléoptères, section des Hétéromères, famille des Trachélides, tribu des Mordellones, établi par Bosc et adopté par tous les entomologistes modernes. Ce genre était rangé parmi les Mordelles de Linné; Rossi et Olivier dans l'Encyclopédie ne l'en avaient pas distingué; ce dernier a adopté le genre Ripiphore dans son Histoire naturelle des Coléoptères. Les caractères de ce genre sont: corps un peu allongé, rétréci en pointe postérieurement; tête petite; antennes composées de onze articles, pectinées des deux côtés dans les mâles, d'un seul côté dans les femelles, à commencer du second et du troisième article. Labre avancé, coriace, demi-ovale; mandibules arquées, creusées en dedans, dépourvues de dents, leur extrémité aiguë; mâchoires ayant deux lobes sétacés, l'extérieur linéaire, long et saillant, et l'intérieur aigu. Palpes presque filiformes, ayant leur second article long, obconique; les maxillaires de quatre articles dont le dernier est semblable aux autres, les labiaux de trois dont le dernier est ovalaire. Lèvre inférieure allongée, étroite, et membraneuse à sa base, prenant ensuite la forme d'un cœur et devenant coriace; languette allongée, profondément bifide; corselet ayant le milieu et les deux angles latéraux de son extrémité postérieure prolongés en pointe; écusson très-petit; élytres rétrécies en pointe et écartées l'une de l'autre vers l'extrémité; ailes étendues, plus longues que les élytres. Pates de longueur moyenne, avec les tarses composés d'articles entiers dont le dernier est muni de deux crochets bifides; abdomen recourbé en dessous, terminé en pointe aiguë.

Ce genre se distingue des Mordelles, des Anaspes et des Scrapties parce que ceux-ci ont les antennes simples ou seulement dentées en scie. Les Myodites et les Pélécotomes en sont distingués par les crochets de leurs tarses qui sont dentés en peigne. Le genre Rhipiphore se compose d'une dizaine d'espèces propres à l'Amérique et à l'Europe; parmi celles-ci nous citerons:

Le Rhipiphore paradoxal, *Rhipiphorus paradoxus*, Fab.; Oliv., Ent., Rhip., pl. 1, f. 7; Latr., Panz., Faun. Germ., fasc. 26, fig. 14, le mâle. Long de cinq lignes; antennes, pates et corselet noirs; côtés de celui-ci d'un roux jaunâtre; élytres de cette couleur, à l'exception de leur extrémité postérieure qui est noire. Abdomen d'un roux jaunâtre. Sa larve vit aux dépens des larves et des nymphes du genre *Vespa*. Farines, pharmacien à Perpignan, a observé que la larve du *Ripiphorus bimaculatus* vit dans la racine du Chardon Roland (*Eryngium campestre*), qu'elle perfore au centre, presque toujours dans le sens vertical. Ces mœurs, si différentes de celles du *Rhipiphorus paradoxus*, si elles sont confirmées par de nouvelles observations, obligeraient à séparer génériquement ce Rhipiphore des autres; mais, comme l'observe fort bien Serville dans le Bulletin de Férussac, ne pourrait-il pas se faire que cette larve vécût aux dépens de quelque autre larve qui aurait percé la racine de l'Eryngium? L'observation de Farines est publiée dans les Annales des Sciences naturelles, juin 1826, T. VIII, p. 244. (G.)

RHIPIPTÈRES. *Rhipiptera*. INS. Ordre d'Insectes établi par Kirby sous le nom de Strésiptères, et auquel Latreille a donné celui qu'il porte actuellement, et qui est généralement adopté des entomologistes. Latreille (Règne Animal) s'exprime ainsi en décrivant ces singuliers Insectes : des deux côtés de l'extrémité antérieure du tronc, près du col et de la base extérieure des deux premières pates, sont insérés deux petits corps crustacés, mobiles, en forme de petites élytres, rejetés en arrière, étroits, allongés, dilatés en massue, courbes au bout, et se terminant à l'origine des ailes. Les élytres proprement dites recouvrant toujours la totalité ou la base de ces derniers organes, et naissant du second segment du tronc, ces corps, dont une espèce de Diptères du sous-genre des Psychodes de Latreille nous offre les analogues, ne sont donc point de véritables étuis. Les ailes des Rhipiptères sont grandes, membraneuses, divisées par des nervures longitudinales, formant des rayons; et se plient dans leur longueur en manière d'éventail. Leur bouche est composée de quatre pièces, dont deux, plus courtes, paraissent être autant de palpes à deux articles, et dont les deux autres, insérées près de la base interne des précédentes, ont la forme de petites lames linéaires, pointues, et se croisant à leur extrémité à la manière des mandibules de plusieurs Insectes; elles ressemblent plus aux lancettes du suçoir des Diptères qu'à de véritables mandibules. La tête offre en outre deux yeux gros, hémisphériques, un peu pédiculés et grenus; deux antennes, rapprochées à leur base, sur une élévation commune, presque filiformes, courtes et composées de trois articles, dont les deux premiers très-courts, et dont le troisième, fort long, se divise jusqu'à son origine en deux branches longues, comprimées, lancéolées et s'appliquant l'une contre l'autre. Les yeux lisses manquent. Le tronc, par sa forme et ses divisions, a beaucoup de rapports avec celui de plusieurs Cicadaires et des Psylles. L'abdomen est presque cylindrique, formé de huit à neuf segmens, et se termine par des pièces qui ont encore de l'analogie avec celles que l'on voit à l'anus des Hémiptères mentionnés ci-dessus. Les pieds, au nombre de six, sont presque membraneux, comprimés, à peu près égaux, et terminés par des tarses filiformes, composés de quatre articles membraneux, comme vésiculaires à leur extrémité, dont le dernier, un peu plus grand, n'offre point de crochets. Les quatre pieds antérieurs sont très-rapprochés, et les deux autres se rejettent en arrière; l'espace de la poitrine compris entre ceux-ci est très-ample et divisé en deux par un sillon longitudinal. Les côtés de l'arrière-tronc, qui servent d'insertion à cette dernière paire de pates, se dilatent fortement en arrière, et forment une espèce de bouclier renflé, qui défend la base extérieure et latérale de l'abdomen.

Ces Insectes vivent en état de larve, entre les écailles de l'abdomen de quelques espèces d'Andrènes et de Guêpes, du sous-genre des Polistes. On ne connaît jusqu'à présent que deux genres dans cet ordre. *V.* XENOS et STYLOPS. (G.)

* RHIPSALIDÉES. *Rhipsalideæ.* BOT. PHAN. De Candolle (*Prodrom. Syst. Veget.*, 3, p. 475) a donné ce nom à la seconde tribu de la famille des Cactées, tribu caractérisée par ses graines fixées à l'axe central de la baie. Elle se compose uniquement du genre *Rhipsalis*. *V.* ce mot. (G..N.)

RHIPSALIS. BOT. PHAN. Genre de la famille des Cactées, indiqué par Adanson sous le nom de *Hariota* et établi par Gaertner, pour quelques espèces de *Cactus* des auteurs, qui sont des Arbustes à tiges grêles, nues, grimpantes, aphylles et parasites. Ce genre est ainsi caractérisé par De Candolle (*Prodr. Syst. Veg.*, 3, p. 475) : calice dont le tube est lisse, adhérent à l'ovaire, le limbe supère à trois ou six divisions courtes, acuminées et membraneuses. Corolle à six pétales oblongs, étalés, insérés sur le calice. Étamines au nombre de douze à dix-huit, insérées sur le calice. Style filiforme surmonté de trois à six stigmates divergens.

Baie pellucide, sphérique, couronnée par le calice marcescent; graines disséminées dans la pulpe, dépourvues d'albumen, ayant la radicule épaisse et les cotylédons courts et obtus. On ne connaissait d'abord qu'une seule espèce de *Rhipsalis*, nommée par Gaertner *R. Cassytha*; c'était le *Cactus pendulus* de Swartz, qui avait été confondu par Miller avec le genre *Cassytha*. Haworth, le prince de Salm-Dyck et De Candolle ont augmenté ce genre de cinq à six espèces qui croissent toutes dans les Antilles. Ces espèces sont formées sur les *Cactus parasiticus*, *funalis*, *micranthus*, etc., des divers auteurs. (G..N.)

* RHIZANTHÉES. *Rhizantheæ*. BOT. PHAN. Nom donné par Blume (*in Batav. Zeit.*, 1825) à une petite famille qui a pour type le fameux genre *Rafflesia* (*V.* ce mot), auquel il adjoint, dans la Flore de Java dont le premier cahier vient de paraître, un autre genre nommé *Brugmansia*. Il ne faut pas confondre ce dernier genre avec celui que Persoon a publié sous le même nom, et qui rentre dans le *Datura*. *V.* BRUGMANSIE au Supplément. Au surplus, la famille des Rhizanthées est la même que celle des Cytinées, établie par notre collaborateur Adolphe Brongniart. *V.* CYTINÉES. (G..N.)

RHIZINA. BOT. CRYPT. (*Champignons.*) Genre établi par Fries aux dépens des Pezizes et des Helvelles. Il diffère des dernières par l'absence de stipe et des premières par son réceptacle irrégulier, ondulé, garni de radicelles nombreuses à sa face inférieure et sur ses bords. Sa face supérieure est couverte par une membrane fructifère formée de thèques fixés.

On peut considérer le *Peziza rhizophora* de Willdenow comme le type de ce genre; cette Plante a été figurée sous le nom d'*Octospora rhizophora* par Hedwig (*Musc. frond.*, 2, pl. 5, fig. A). La structure de ces Plantes est la même que celle des Pezizes. (AD. B.)

* RHIZOBOLÉES. *Rhizoboleæ*. BOT. PHAN. Le professeur De Candolle appelle ainsi un ordre naturel nouveau, qui jusqu'à présent ne se compose encore que du seul genre *Caryocar* ou *Rhizobolus*, autrefois rapproché des Sapindacées. Les caractères de cette nouvelle famille sont nécessairement les mêmes que ceux du genre *Pekea* que nous avons décrit avec quelques détails et auquel nous renvoyons. Selon le professeur De Candolle, cette famille est fort distincte; d'un côté elle se rapproche des Térébinthacées et en particulier du genre *Mangifera*; mais par son insertion hypogyne et la structure de son fruit, elle a plus de rapports avec les Sapindacées et les Hippocastanées, et c'est entre ces deux familles que le célèbre professeur de Genève place les Rhizobolées. (A. R.)

· RHIZOBOLUS. BOT. PHAN. (Gaertner.) Syn. de Caryocar ou Pekea. *V.* ces mots. (A. R.)

RHIZOCARPE. *Rhizocarpa*. BOT. CRYPT. (*Lichens.*) Ramond forma un genre sous ce nom, dont le *Lichen scriptus* de Linné était le type, genre qu'adopta De Candolle dans la Flore Française. Il n'est point admis par les lichénographes de profession; du moins Fée, dans sa Méthode, le fait-il rentrer dans son genre *Lecidea*. *V.* LÉCIDÉE. (B.)

* RHIZOCARPIENS (VÉGÉTAUX). BOT. PHAN. Le professeur De Candolle appelle ainsi les Végétaux dont la tige meurt chaque année après avoir donné du fruit, mais dont la racine pousse chaque année de nouvelles tiges qui se chargent également de fleurs et de fruits. On voit que toutes les Plantes vivaces rentrent dans cette catégorie. (A. R.)

RHIZOCTONIA. BOT. CRYPT. (*Lycoperdacées.*) De Candolle a distingué ce genre singulier des *Sclerotium* avec lesquels Persoon l'avait confondu. Bulliard en avait fait une espèce de Truffe, et Nées a admis le genre de De Candolle sous le nouveau nom de

Thanatophytum; ce sont des Plantes d'un tissu ferme, charnu ou cartilagineux, arrondies ou irrégulières, croissant sous terre, fixées sur les racines d'autres Plantes et ressemblant à des tubercules; on n'y distingue pas de véritable péridium, mais seulement une sorte d'épiderme semblable au reste du tissu de la Plante qui est formée de cellules presque carrées; ces sortes de tubercules sont unies entre elles par des fibrilles radiciformes et sont fixées par quelques-unes de ces radicelles sur les racines des Plantes vivantes dont elles causent bientôt la mort. Cette influence nuisible a déterminé les divers noms qu'on a donnés à ce genre de Végétaux et les noms vulgaires que portent ses espèces. Deux principalement méritent d'être connues. L'une connue sous le nom de *Mort du Safran* (*Rhizoctonia Crocorum*, De Cand., *Tuber parasiticum*, Bull., pl. 456), cause de grands ravages dans les champs de Safran, aux bulbes duquel elle se fixe; elle a par cette raison fixé depuis long-temps l'attention des agriculteurs et particulièrement celle de Duhamel (*V.* Mém. Acad. Scien., 1720). — L'autre attaque la Luzerne surtout dans les lieux humides, elle la détruit dans des espaces plus ou moins étendus, arrondis, et l'on dit alors que la Luzerne est *couronnée*. On a encore trouvé d'autres Plantes de ce genre sur les racines de divers Arbres, du Pommier, de l'Acacia commun, et il est probable qu'il en existe plusieurs que leur station souterraine soustrait à l'œil de l'observateur. Fries a formé de l'espèce découverte par Chaillet sur la racine du *Robinia* (*Rhizoctonia Pseudo-acaciæ*, De Cand.) un genre particulier sous le nom de *Mylitta*; mais ces Plantes ont besoin d'être encore mieux observées avant d'en former plusieurs genres, et peut-être est-il préférable pour le moment de réunir les diverses espèces de *Sclerotium* souterraines et parasites en un seul genre. *V.* SCLÉROTION. (AD. B.)

RHIZOLITHES. BOT. FOSS. On ne connaît pas encore de véritables racines fossiles bien caractérisées; cependant on a observé dans le grès bigarré des portions de tiges émettant de petits rameaux grêles et quelquefois pinnés sans trace d'insertion de feuilles, qui sont peut-être des racines de Conifères. On a vu aussi quelquefois des bases de tiges dicotylédones se diviser en plusieurs racines, dans les formations de Lignites où ces tiges sont bien conservées; enfin on a observé dans une carrière de grès dépendant de la formation houillère près de Glasgow une base de tige de *Lepidodendron* se divisant en quatre grosses racines; mais ces organes, lorsqu'ils sont isolés, ne paraissent pas pouvoir offrir de caractères propres à faire reconnaître les Plantes auxquelles ils appartiennent. Il faut bien se garder de confondre avec des racines les tiges rampantes ou rhizomes qui en ont quelquefois l'aspect, mais qui en diffèrent par leur structure, leur mode de croissance et les insertions des feuilles qu'elles présentent. On a trouvé assez souvent des rhizomes de Graminées dans les terrains d'eau douce, et celui de Longjumeau près Paris nous a offert une semblable tige du genre *Nymphea* que nous avons décrite et figurée dans notre Essai de classification des Végétaux fossiles. (AD. B.)

RHIZOMORPHE. *Rhizomorpha*. BOT. CRYPT. (*Mucédinées?*) La position de ce genre est encore fort douteuse; on l'a successivement rapporté aux Lichens, aux Champignons, aux Hypoxylées ou Mucédinées byssoïdes, et sa place n'est pas encore bien déterminée; beaucoup d'espèces y ont été placées qui en diffèrent à beaucoup d'égards et dont la plupart ne sont que des Cryptogames monstrueuses ou incomplétement développées, ou même des racines d'Arbres ou de Plantes qui ont pénétré dans des fissures de Roches. La forme extérieure est complétement trompeuse dans ces cas et l'observation microscopique du tissu peut seule décider si ce sont des racines ou un Champignon; on doit donc exclure de ce genre un grand nombre des espèces qui y ont été rapportées; les seules espèces qui paraissent le constituer réellement croissent dans les mines et autres lieux souterrains ou dans les fissures des vieux troncs d'Arbres. Le type du genre est le *Rhizomorpha subterranea*, espèce dont la forme extérieure varie à l'infini et a donné naissance aux espèces qu'Acharius avait nommées *R. corrugata*, *spinosa* et *dichotoma*. Ces Plantes se présentent sous la forme d'un thallus continu, rameux, ressemblant à des racines, arrondi ou comprimé, formé extérieurement d'une sorte d'écorce noire ou d'un brun foncé, et d'une partie centrale blanche composée d'une matière floconneuse; à la surface de ce thallus on observe des tubercules formés par un développement du même tissu et formant un faux péridium dans lequel se trouve également une matière d'abord compacte et filamenteuse, ensuite pulvérulente. Le *Rhizomorpha subterranea* se trouve assez fréquemment dans certaines mines et présente un phénomène remarquable; ses extrémités deviennent souvent phosphorescentes et répandent une lueur assez vive pour qu'on puisse lire à leur clarté. Des observations nombreuses ont été faites sur ce sujet par Nées, Noggerath et Bischoff et publiées dans le tome XI des Mémoires de l'Académie des Curieux de la nature. La phosphorescence de ces Plantes a duré une fois pendant neuf jours, après qu'elles avaient été retirées de la mine et enfermées dans un flacon; l'air dans lequel ces Plantes avaient été conservées avait été modifié; mais de la même manière que cela a toujours lieu, soit dans l'obscurité, soit par le contact des parties des Végétaux qui ne sont pas colorées en vert, c'est-à-dire qu'une partie de l'oxigène avait été transformée en acide carbonique; on ne pourrait donc pas en conclure que cette combustion lente est la cause de la lumière que ces Plantes produisent, cependant cette lumière cesse dans le vide.

On sait en outre que ces phénomènes de phosphorescence ont été observés dans quelques autres tissus, et dans les bois qui se pourrissent; il se pourrait donc que ce ne fût pas un phénomène dépendant de la vie de la Plante; mais il serait intéressant de s'assurer s'il n'existerait pas une phosphorescence analogue dans quelques autres Champignons.

(AD. B.)

*RHIZOMORPHÉES. BOT. CRYPT. (*Mucédinées?*) Fries donne ce nom à une tribu des Byssacées qui comprend les genres *Rhizomorpha*, Roth; *Thamnomyces*, Ehrenb.; *Synalissa*, Fries; *Cœnocarpus*, Rebent.; *Melidium*, Eschw.; *Phycomices*, Kunz, et comme genres douteux les *Ascophora* et *Periconia*. Cette tribu est caractérisée par l'existence d'un thallus solide, rameux, formé par l'entrecroisement de filamens dont les extérieurs constituent une sorte d'écorce et qui composent des sortes de péridium remplis de sporidies.

Cette tribu se rapproche ainsi, à quelques égards, des *Isariées*.

(AD. B.)

RHIZOPHORE. *Rhizophora*. BOT. PHAN. Ce genre placé par Jussieu dans la famille des Caprifoliacées, par le professeur Richard dans celle des Loranthées, est devenu pour R. Brown le type d'un ordre naturel nouveau qu'il nomme Rhizophorées. On doit réunir à ce genre les espèces dont Lamarck avait fait son *Bruguiera* ou le *Paletuviera* de Du Petit-Thouars, et il offre alors les caractères suivans : le calice est adhérent avec l'ovaire infère; son limbe est divisé en quatre à treize lobes linéaires persistans. La corolle se compose d'autant de pétales qu'il y a de lobes au calice. Ces pétales sont roulés, terminés par deux divisions linéaires à leur sommet; les étamines en nombre double des pétales ont leurs anthères ovoïdes dressées, attachées par leur base. L'ovaire qui est infère est à deux loges contenant chacune plusieurs ovules pendans ; il se change en un fruit allongé, couronné par le limbe calicinal, à une seule loge par avortement et à une seule graine, qui se compose d'un embryon sans endosperme, qui germe encore renfermé dans le péricarpe. (*V.* pour cette singulière germination l'article PALÉTUVIER.) Les espèces de ce genre sont des Arbres ou des Arbrisseaux qui croissent dans les lieux inondés des bords de la mer, dans les régions intertropicales. Leurs feuilles opposées sont simples, coriaces, glabres et entières; leurs fleurs sont axillaires.

Dans le troisième volume de son *Prodromus*, le professeur De Candolle décrit dix espèces de ce genre qu'il répartit en quatre sections de la manière suivante : 1° *corolle de quatre pétales* : MANGLES, Plum. Ici se rapportent les *Rhizophora mangle*, L. ; *R. candellaria*, D. C., etc. ; 2° *corolle de cinq pétales* : KANDELIA, D. C. Ex. : *Rhiz. candel.*, L. ; *R. timoriensis*, D. C. ; 3° *corolle de huit pétales* : KANILIA, D. C. Ex. : *R. cylindrica*, L.; *R. caryophylloides*, Jack. mal ; 4° *corolle de dix à treize pétales* : PALETUVIERIA, Du Petit-Th. ou BRUGUIERA, Lamk. Ex : *R. gymnorhiza*, L. ; *R. sexangula*, Lour. (A. R.)

*RHIZOPHORÉES. *Rhizophoreæ.* BOT. PHAN. L'indice de l'établissement de cette famille se trouve déjà dans le Dictionnaire botanique de l'Encyclopédie à l'article PALÉTUVIER, que l'on doit à Savigny ; mais c'est Rob. Brown qui l'a le premier caractérisé et défini dans ses Remarques générales sur la végétation des Terres Australes, p. 17. Le genre *Rhizophora* qui en est le type avait été placé successivement dans les Caprifoliacées et les Loranthées. Voici les caractères de la nouvelle famille des Rhizophorées : le calice est adhérent avec l'ovaire et son limbe offre de quatre à treize divisions valvaires. Les pétales en même nombre et alternes avec les lobes du calice sont insérés à la base de ceux-ci. Les étamines sont en nombre double ou triple des pétales; leurs filets sont libres et subulés; leurs anthères dressés et ovoïdes ; l'ovaire infère est à deux loges contenant chacun deux ou plusieurs ovules pendans. Le fruit est indéhiscent couronné par le limbe du calice et monosperme par avortement. La graine est pendante et contient un embryon dont les deux cotylédons sont larges et plans. Les Rhizophorées sont des Arbres ou des Arbrisseaux qui appartiennent aux régions maritimes des tropiques ; leurs feuilles sont opposées, entières, leurs fleurs axillaires. Cette famille a des rapports marqués avec les Vochysiées, les Cunoniacées et les Mémécylées. Elle se compose des deux genres *Rhizophora*, L., et *Carallia*, Roxburgh, auxquels le professeur De Candolle associe d'une part un nouveau genre *Olisbea* remarquable entre autres par son calice en forme de coiffe, et le genre *Cassipourea* d'Aublet qui en diffère par son ovaire libre. (A. R.)

*RHIZOPHYLLUM. BOT. CRYPT. Genre établi par Palisot de Beauvois, aux dépens des Jungermannes, et qui répond, suivant cet auteur, au *Marsilea* de Micheli, c'est-à-dire aux Jungermannes à frondes étendues sur le sol et diversement lobées. *V.* JUNGERMANNE. (AD. B.)

RHIZOPHYSE. *Rhizophyza.* ACAL. Genre d'Acalèphes hydrostatiques, ayant pour caractères : corps libre, gélatineux, transparent, vertical, allongé ou raccourci, terminé supérieurement par une vessie aérienne ; plusieurs lobes ou tentacules latéraux, oblongs ou foliiformes, disposés soit en série longitudinale, soit en rosette ; une ou plusieurs soies tentaculaires pendantes en dessous. Ce genre, encore peu connu, composé seulement de deux espèces, a beaucoup de rapports avec les Physsophores dont Forskahl ne les a point distinguées. Péron, qui a établi le genre Rhizophyse, n'en a point publié les caractères. Lamarck et Cuvier le distinguent par la présence d'une vessie antérieure et l'absence de vessies aériennes latérales. Les deux espèces que l'on y rapporte se trouvent dans la Méditerranée : l'une est le *Rhizophysa filiformia*, et l'autre le *R. rosacea*. (E. D..L.)

* RHIZOPODE. BOT. CRYPT. Ehrenberg (*de Mycetogenesi epistola in Nov. Act. acad. Leop. Car. nat. cur.* T. X) nomme ainsi la base byssoïde qui provient du premier développement des sporules de Champignons, et de laquelle s'élèvent les filamens tantôt libres et distincts, tantôt soudés entre eux comme dans les grands Champignons. (G..N.)

* RHIZOPOGON. BOT. CRYPT. (*Lycoperdacées.*) Fries (*Syst. Mycolog.*, vol. 2, p. 293) a établi sous ce nom un genre qu'il a placé dans la classe des Gastéromycètes et dans l'ordre des Angiogastres à la suite du genre *Tuber*. Il l'a ainsi caractérisé : conceptacle (*uterus*) sessile, arrondi-difforme, cellulaire, finissant par se rompre irrégulièrement, charnu intérieurement et veiné par de nombreuses anastomoses. Sporanges membraneux, globuleux, sessiles, faciles à distinguer à l'œil nu, marqués de veines, remplis de sporidies distinctes, d'abord pulpeux, ensuite vides. Les *Rhizopogon* sont de grands Champignons épigés, qui croissent dans des contrées plus septentrionales que celles où croissent les Truffes, d'une saveur nauséeuse ou peu sensible, par conséquent peu propres à la nourriture de l'Homme. Ils ressemblent aux tubercules de la Pomme de terre, et leur base est garnie de fibrilles radicales réticulées, d'où Fries a tiré le nom générique qui signifie *Racine barbue*. Le port de ces Cryptogames est plutôt celui des Sclérodermes que des Truffes, quoique les auteurs en aient réuni à ce dernier genre les différentes espèces. Celles-ci sont au nombre de quatre, savoir : 1°. *Rhizopogon albus* ou *Lycoperdon gibbosum*, Dicks., et *Tuber album*, Bulliard, Champ., tab. 404; il croît dans les chemins sablonneux, et dans les bruyères des pays montueux de l'Europe, dans les dunes du golfe de Gascogne et de l'Amérique septentrionale. 2°. *R. luteolus* ou *Tuber obtextum*, Sprengel; il est assez abondant dans les forêts de Pins de la Suède et du nord de l'Allemagne. 3°. *R. virens* ou *Tuber virens*, Schweinitz; il se trouve également dans les pays sablonneux de la Lusace, ainsi que dans la Caroline. 4°. *R. æstivus* ou *Lycoperdon æstivum*, Wulf., *in Jacq. Collect.*, 1, p. 344; il croît en Autriche. (G..N.)

* RHIZOPUS. BOT. CRYPT. (*Mucédinées.*) Sous ce nom générique, Ehrenberg (*Nova Act. nat. cur.*, vol. 10, tab. 11) a décrit et figuré la Plante qu'il avait nommée *Mucor stolonifer*, et qui croît sur les branches de bouleau, les feuilles de vigne, dans le pain et les fruits moisis. Ce nouveau genre n'a pas été généralement adopté. *V.* MUCOR. (G..N.)

RHIZORE. *Rhizorus.* MOLL. Montfort a établi ce genre dans sa Conchyliologie systématique (T. II, p. 338) pour une petite espèce de Bulle figurée par Soldani. *V.* BULLE. (D..H.)

RHIZOSPERMES. *Rhizospermæ.* BOT. CRYPT. (De Candolle.) Syn. de Marsiléacées. *V.* ce mot. (G..N.)

* RHIZOSPERMUM. BOT. PHAN. (Gaertner fils.) Syn. de *Notelæa* de Ventenat. *V.* NOTÉLÉE. (G..N.)

RHIZOSTOME. *Rhizostoma.* ACAL. Genre d'Acalèphes libres, établi par Cuvier (Journ. de phys. T. XLIX, p. 436, et Règn. Anim. T. IV, p. 57), et adopté par Péron et Lesueur dans leur intéressant travail sur les Méduses. Ces derniers auteurs rangent le genre Rhizostome dans la division des Méduses gastriques, polystomes, pédonculées, brachidées et sans tentacules. Ils lui attribuent pour caractères : huit bras bilobés, garnis chacun de deux appendices à leur base, et terminés par un corps prismatique; huit auricules ou rebords; point de cirrhes, point de cotyles. Réuni au genre Céphée par Lamarck. *V.* CÉPHÉE. (E. D..L.)

RHIZOSTOMOS. BOT. PHAN. (Pline.) Syn. d'*Iris germanica*, L. (B.)

* RHIZOTROMA. BOT. CRYPT. Fries avait donné ce nom à un genre fondé sur les *Rhizomorpha Xylostroma* et *corticata*; mais il paraît l'avoir abandonné dans son *Systema orbis vegetabilis*. (AD. B.)

RHOA. BOT. PHAN. L'un des synonymes de Grenade dans l'antiquité. (B.)

* RHODEA. BOT. PHAN. Pour *Rohdea*. *V.* ce mot (G..N.)

RHODIA. BOT. PHAN. Syn. de Rhodiole. *V.* ce mot. (B.)

RHODIOLE. *Rhodiola*. BOT. PHAN. Genre de la famille des Crassulacées, et de la Diœcie Octandrie, établi par Linné, et réuni par De Candolle au *Sedum* dont il ne diffère que par le nombre quaternaire de ses parties florales, et par ses fleurs dioïques; les mâles ayant des ovaires avortés, dépourvus de styles et de stigmates. Le *Rhodiola rosea*, L.; *Sedum Rhodiola*, De Cand., Flore Française et Plantes grasses, tab. 143, est une Plante dont les racines sont épaisses, charnues, douées d'une odeur ayant quelque rapport avec celle de la Rose; les tiges, qui naissent plusieurs à la fois, sont simples, hautes de six à huit pouces, garnies de feuilles petites, nombreuses, éparses, oblongues, pointues, un peu élargies et dentées vers le sommet, lisses, et d'un vert presque glauque. Les fleurs sont terminales, rougeâtres, et disposées en un bouquet serré, presque semblable à une ombelle. Cette Plante croît sur les montagnes des pays méridionaux de l'Europe, principalement dans les lieux couverts, parmi les rochers des Alpes et des Pyrénées. (G..N.)

RHODITE. FOSS. Aldrovande a décrit sous ce nom une sorte d'Échinite. Gesner et d'autres auteurs anciens l'ont donné à une pierre marquée d'étoiles à plus de cinq rayons; c'était sans doute une sorte de Polypier, dont il est impossible de déterminer le genre, d'après la description qu'ils en ont faite. (G. DEL.)

RHODITIS. MIN. Nom renouvelé de Pline, donné par Forster au Quartz hyalin rose. (G. DEL.)

RHODIUM. MIN. Métal découvert en 1804 par le docteur Wollaston dans le Minerai de Platine, où il n'entre que pour une petite quantité, et où il est combiné avec le Platine même. Ce Métal est solide, d'un blanc analogue à celui du Palladium; c'est un des Métaux les moins fusibles. Sa pesanteur spécifique paraît être de 11. A froid, l'air, l'oxigène et l'eau sont sans action sur lui. Il s'unit facilement au Soufre et à la plupart des Métaux. Les Acides sulfurique, nitrique et hydrochlorique, l'eau régale même, ne peuvent l'attaquer ni à froid ni à chaud. Suivant Berzelius, il existerait trois Oxides de Rhodium. Ce Métal est sans usages. *V.* PLATINE. (G. DEL.)

RHODOCHROSITE. MIN. Nom donné par Hausmann à un Minerai de Manganèse, qui paraît être du Manganèse carbonaté compacte. *V.* MANGANÈSE. (G. DEL.)

* RHODOCRINITES. *Rhodocrinites*. ÉCHIN. Genre de l'ordre des Crinoïdes, ayant pour caractères : Animal à colonne cylindroïde ou subpentagone, formée de nombreuses articulations, percées dans leur centre d'une ouverture à cinq sinuosités pétaloïdes; bassin formé de trois pièces supportant cinq plaques intercostales, quadrilatères, laissant entre elles cinq angles rentrans où viennent s'insérer cinq premières plaques costales; de chaque épaule naît un bras supportant deux mains. Quoique Müller ne rapporte qu'une seule espèce à ce genre, il soupçonne qu'il pourrait bien en exister plusieurs, d'après

quelques différences qu'il a observées sur les échantillons de colonnes qu'il a eu occasion d'examiner. Il y en a de cylindriques, à articulations égales; d'autres subpentagones, à articulations inégales; parmi les premières, il s'en trouve dont les stries des surfaces articulaires partent de l'ouverture centrale et arrivent jusqu'à la circonférence; d'autres où ces stries n'existent que près de la circonférence, la surface centrale étant lisse; les secondes, qui viennent particulièrement de *Mitchel-Dean*, sont alternativement plus grandes et plus petites, ou bien il s'en trouve deux plus petites après une plus grande; leurs bords sont un peu sinueux et ont une configuration réciproque. Dans toutes ces variétés de colonne, l'ouverture centrale de chaque articulation présente toujours cinq sinuosités en étoile ou mieux pétaloïdes. Les bras auxiliaires latéraux ne paraissent exister que sur les colonnes subpentagones qui sont toujours plus ou moins tuberculeuses, et c'est de ces tubercules que naissent irrégulièrement les bras formés de pièces articulaires, cylindriques, se touchant par des surfaces striées en rayons, et percées d'une ouverture circulaire qui devient peu à peu elliptique en approchant de la tige; le bassin, en forme de soucoupe, se compose de trois plaques de grandeur inégale; il est déprimé au centre et percé d'une ouverture pentapétaloïde; cinq plaques intercostales quadrilatères s'appuient sur le bassin et laissent entre elles cinq angles rentrans qui reçoivent cinq premières plaques costales à sept côtés; sur celles-ci s'articule une seconde série de cinq plaques à six côtés, et chacune d'elles supporte une plaque scapulaire à cinq angles. En s'élevant ainsi depuis les plaques intercostales, les plaques costales et scapulaires laissent entre elles cinq intervalles remplis par plusieurs séries de plaques nommées encore intercostales, toutes hexagones, un peu irrégulières, décroissantes, et formant trois rangs longitudinaux; ces plaques viennent enfin se confondre avec celles qui fortifient le tégument recouvrant la cavité abdominale. De chacune des plaques scapulaires ou épaules naissent deux premières articulations des bras, et de celles-ci une seconde, échancrée en dessus. Entre les angles rentrans, résultant de la disposition articulaire de ces quatre pièces branchiales, est située une plaque claviculaire hexagone; chaque bras supporte deux mains, et chaque main est pourvue de plusieurs doigts.

La disposition compliquée des plaques du corps des Rhodocrinites est une des plus difficiles à saisir, et ne peut guère être conçue qu'en l'étudiant au moyen du plan ingénieux que Müller a mis en tête de ce genre, comme de tous les autres genres de Crinoïdes, et que nous regrettons de ne pouvoir présenter ici. Le *Rhodocrinites verus*, seule espèce de ce genre, se trouve fossile à Dudley et dans quelques autres localités d'Angleterre. (E. D..L.)

RHODODENDRUM. BOT. PHAN. *V.* ROSAGE.

RHODOLÆNA. BOT. PHAN. Genre établi par Du Petit-Thouars (Hist. Végét. îles Austr. Afr., p. 47) et appartenant à la famille des Chlenacées. Ce genre offre pour caractères: des fleurs purpurines très-grandes, axillaires, géminées, accompagnées chacune d'un involucre composé de deux folioles appliquées contre le calice qui est formé de trois sépales concaves, épais et glutineux. Les pétales, au nombre de six, sont très-grands, urcéolés, roulés en spirale avant leur épanouissement. Les étamines sont très-nombreuses, plus courtes que la corolle, monadelphes par leur base. L'ovaire est à trois loges polyspermes. Une seule espèce constitue ce genre: c'est le *Rhodolæna altivola*, Du Petit-Thouars *loc. cit.*, tab. 13, Liane grimpante qui porte des feuilles alternes, ovales, aiguës, mucronées, des fleurs axillaires dont les pédoncules son nus et biflores. Il croît à Madagascar. (A. R.)

* RHODOMÈLE. *Rhodomela*. BOT. CRYPT. (*Hydrophytes*.) Tel que l'a composé Agardh, ce genre est inadmissible; restreint aux cinq ou six espèces qui en ont rigoureusement le caractère et que leur *facies* n'éloigne pas trop les unes des autres, nous l'avons adopté parmi les Floridées où il forme l'un des passages aux Céramiaires. On y trouve deux sortes de fructifications : l'une consiste en capsules ovales ou gongyles remplies de six à dix propagules; l'autre en propagules dont se remplissent les articles des rameaux terminaux; les principales expansions qui ne sont jamais très larges, et qui même dans plusieurs espèces sont à peu près filiformes, ne sont point ainsi articulées. La couleur ordinaire des Rhodomèles est rougeâtre foncé, et devient noire par la dessiccation, d'où vient leur nom. On doit en exclure le *Fucus volubilis*, L., qu'y rapportait Agardh, ainsi que l'*Odontalia* (*V*. ce mot). Les espèces connues que nous y conservons sont : 1°. *Rhodomela Larix*, *Fucus Larix*, Turn., *plat*. 207. — 2°. *R. floccosa*, Turn., *plat*. 8. — 3°. *R. Lycopodioides*, Turn., *plat*. 12, dont Lamouroux se proposait de faire le type de son genre *Dazytrichia*. — 4°. *R. subfusca*, *Gigartina subfusca*, Lyngb., *Tent.*, tab. 10. — 5°. *R. scorpioides*, *Fucus amphibius*, Turn., *plat*. 109. — 6°. *R. Pinastroides*, Turn., *plat*. 11. — 7°. *R. Gaimardi*, qui est des îles Malouines, et dont nous donnons la figure dans notre Cryptogamie de la Coquille. (B.)

RHODON ET RHODONION. BOT. PHAN. La Rose chez les anciens Grecs. (B.)

* RHODONITE. MIN. Nom donné par Itner à un Minéral de Manganèse d'Elbingerode au Harz, que Beudant considère comme un Hydro-Silicate. *V*. MANGANÈSE. (G. DEL.)

* RODOPHANES. BOT. PHAN. (Césalpin.) Syn. de *Nerium Oleander*. (B.)

* RHODOPHORA. BOT. PHAN. (Necker.) Syn. de Rosier. (B.)

RHODOPUS. OIS. *V*. BÉCASSEAU.

RHODORA. BOT. PHAN Genre qui formait le type de la famille des Rhodoracées, et qui appartient à la Décandrie Monogynie, L. Son calice est très-petit, presque plan, à cinq dents; la corolle est monopétale, divisée presque jusquà sa base en deux lèvres, la supérieure dressée, à trois lobes obtus, l'inférieure à deux lobes très-profonds; les dix étamines sont insérées tout-à-fait à la base de la corolle, elles sont un peu inégales et divergentes; leurs loges s'ouvrent chacune par un pore terminal; l'ovaire, un peu oblique, est appliqué sur un disque hypogyne et annulaire, il offre cinq loges contenant chacune un grand nombre d'ovules attachés à un trophosperme pédicellé et saillant. Le style est épais, long et recourbé, terminé par un très-petit stigmate capitulé et à cinq lobes. Le fruit est une capsule à cinq loges polyspermes, s'ouvrant en cinq valves. Le *Rhodora canadensis*, L.; L'Hérit., *Stirp. nov.*, tab. 68, est un Arbrisseau de deux à trois pieds d'élévation, ayant des feuilles alternes, presque sessiles, elliptiques, lancéolées, à bords roulés en dessous. Les fleurs sont roses et réunies en bouquets à l'extrémité des rameaux. Cet Arbuste, originaire du Canada, se cultive dans nos jardins. (A. R.)

RHODORACÉES. *Rhodoraceæ*. BOT. PHAN. Cette famille de Plantes, établie par l'illustre Jussieu parmi les Dicotylédones monopétales périgynes, a été réunie par R. Brown aux Éricinées dans lesquelles elle ne forme qu'une simple tribu. *V*. l'article ÉRICINÉES. Cette tribu se compose de genres qui constituent deux sections; la première, caractérisée par une corolle monopétale staminifère, renferme les genres *Kalmia*, *Rhododendrum*, *Azalea*, *Epigæa*, *Loiseleuria*, *Menziesia*, *Enkianthus*; la seconde, dont la corolle est presque polypétale, se compose des genres

Rhodora, *Ledum*, *Leiophyllum*, *Befaria*. *V*. ERICINÉES. (A. R.)

* RHOÉ. *Rhoea*. CRUST. Nous avons établi sous ce nom un nouveau genre de Crustacés amphipodes. L'Animal qui nous a servi de type est très-petit, allongé, un peu comprimé et presque linéaire. Sa tête n'est pas séparée du premier segment thoracique d'une manière aussi distincte que dans la plupart des Animaux de cette classe, et son extrémité antérieure se prolonge sous la forme d'un rostre pointu et légèrement recourbé. Les yeux, au nombre de deux, sont circulaires, très-petits, et insérés sur les côtés de la tête près de son bord antérieur et inférieur. Les deux paires d'antennes sont insérées l'une au-dessus de l'autre; les supérieures ou moyennes, dont la longueur est moindre que celle du corps, sont très-grosses, surtout près de leur base; elles sont terminées par deux filamens inégaux, multiarticulés, pourvus de quelques poils assez courts; l'inférieur a environ deux fois la longueur du supérieur, et ne dépasse guère celle de leur pédoncule commun, qui est formé de trois articles, dont le premier (c'est-à-dire l'article basilaire) est le plus gros et surpasse en longueur les deux autres réunis. Les antennes inférieures (ou externes), moins longues que les supérieures, sont formées d'un article basilaire très-court, et d'un second article allongé et presque cylindrique, auquel succède un filament multiarticulé qui s'amincit très-rapidement, et qui porte une rangée longitudinale de poils roides et assez longs. La bouche est garnie comme à l'ordinaire de pates-mâchoires, dont les postérieures sont soudées entre elles près de leur base, et ont la forme de palpes garnis d'un grand nombre de poils; on distingue à chacune trois articles, dont le dernier est arrondi. Le corps de ces Crustacés est formé de deux portions assez distinctes, l'une thoracique, l'autre abdominale. Des sept anneaux qui forment la première, le plus antérieur, comme nous l'avons déjà dit, est presque confondu avec la tête; le second, un peu moins large que le premier, se prolonge de chaque côté en bas et en avant, de manière à former une pointe un peu recourbée qui cache l'articulation de la pate correspondante; les autres segmens ne présentent point cette disposition, et ne sont point pourvus, comme dans la plupart des Crustacés du même ordre, de pièces latérales distinctes de celle qui en forme la portion dorsale. Chacun de ces arceaux est pourvu d'une paire de pates ambulatoires, en sorte que le nombre de ces appendices est de quatorze. La première paire se termine par une pince dont le doigt immobile est fort large; la main est très-courte, les deux articles suivans sont plus étroits; enfin le bras est remarquable par sa forme presque ovalaire. Les pates de la deuxième paire, plus longues, mais moins larges que les premières, n'ont point de pinces; la main n'est ni renflée ni aplatie, elle présente sur son bord une série de quatre épines assez fortes, et une à son angle supérieur et antérieur; enfin elle s'articule avec un ongle assez large à sa base, un peu crochu, et dentelé sur son bord intérieur. La longueur des autres pates diminue graduellement d'avant en arrière; elles sont toutes assez minces et terminées par un grand ongle crochu sans dentelure; l'avant-dernier article n'est pas épineux, mais supporte un grand nombre de poils; enfin les cuisses ne sont pas élargies comme dans la plupart des Crustacés de la famille des Crevettines. L'abdomen est formé de six anneaux, dont les cinq premiers sont très-courts, et le dernier, au contraire, remarquable par sa longueur. Les premiers portent chacun une paire de fausses pates, dont le pédoncule est assez court, et supporte deux lames ovalaires et ciliées. Ces appendices sont assez gros relativement au peu de développement des

segmens de l'abdomen auxquels ils appartiennent; aussi sont-ils pour ainsi dire presque les uns contre les autres; enfin l'article terminal de l'abdomen, dont la forme est allongée et un peu aplatie, présente de chaque côté, vers l'angle postérieur, une petite échancrure où s'articule un pédoncule cylindrique et un peu recourbé en dedans, qui supporte à son tour deux filamens garnis de quelques poils, l'un assez court, l'autre, au contraire, presque aussi long que le reste de l'Animal.

D'après la description que nous venons de donner de ce petit Animal, on voit qu'il ressemble aux Crustacés de la famille des Crevettines par sa forme générale, par la disposition de ses antennes, et par les appendices qui sont suspendus sous les cinq premiers articles de l'abdomen; mais il s'en éloigne par la structure des deux premières paires de pates, par la forme de l'article terminal de l'abdomen, et par les longs filamens que ce dernier supporte; ces caractères le rapprochent des Euphées, avec lesquels il est cependant impossible de le confondre, et il semble établir le passage entre ces Animaux singuliers et les autres Amphipodes. La plupart des auteurs rangent les Euphées parmi les Isopodes; mais Latreille dans son dernier ouvrage (Familles du Règne Animal) les place dans la dernière famille des Amphipodes; et nous croyons que désormais tous les naturalistes suivront son exemple; car l'Animal que nous venons de faire connaître remplit la lacune qui existait auparavant dans cette partie de la chaîne des êtres, et établit le passage entre les Amphipodes Uroptères et les Hétéropes. Quoi qu'il en soit, il est évident que notre petit Crustacé appartient à l'ordre des Amphipodes, et il nous paraît qu'on devra modifier légèrement les caractères de la famille des Uroptères de Latreille, afin de l'y faire entrer; mais il ne peut être rapporté à aucun genre déjà connu, à cause de l'importance des caractères par lesquels il s'en éloigne. Nous nous croyons donc autorisé à le proposer comme type d'un genre nouveau, auquel nous donnerons le nom de Rhoé, *Rhoea*, et que nous caractérisons de la manière suivante: quatre antennes dont les supérieures sont grosses, bifides et plus longues que les inférieures; quatorze pates, dont les deux premières terminées par une pince, et les autres par un ongle crochu; le dernier article de l'abdomen allongé et supportant deux appendices terminés par de longs filamens.

L'espèce que nous avons décrite a environ trois lignes de long; sa couleur est blanchâtre, et elle paraît vivre à des profondeurs assez considérables dans la mer; car c'est en draguant sur un banc d'Huîtres près Port-Louis que nous l'avons trouvée. Nous la dédions à Latreille, *Rhoea Latreillii*. (H.-M. E.)

* RHOMBA. BOT. PHAN. (Flaccourt.) Nom de pays d'une espèce du genre *Ocymum* de Madagascar. (B.)

RHOMBE. *Rhombus*. POIS. Le genre formé sous ce nom par Lacépède aux dépens des Chœtodons, pour l'espèce appelée *Alepidotus* par Gmelin, n'a point été adopté, et Cuvier, dans son excellente Histoire du Règne Animal, ne l'a même pas mentionné. (B.)

* RHOMBE. CRUST. Espèce du genre Ocypode. *V.* ce mot. (B.)

RHOMBE. *Rhombus*. MOLL. Montfort établit, dans le tome II de sa Conchyliologie systématique, un genre démembré des Cônes dans lequel il ne range que les espèces couronnées. Ce genre est inadmissible. *V.* CÔNE. (D..H.)

* RHOMBILLE. *Gonoplax*. CRUST. Genre de l'ordre des Décapodes, famille des Brachyures, tribu des Quadrilatères, établie par Leach sous le nom de Gonoplace, et auquel Lamarck et Latreille ont donné le nom sous lequel nous le présentons aujourd'hui. Les caractères que Latreille

assigne à ce genre, sont : corps en trapèze, transversal, plus large au bord antérieur, et commençant à se rétrécir à ses angles latéraux; chaperon en carré transversal, recouvrant les antennes intermédiaires; yeux insérés près du milieu du front, et portés sur des pédicules fort longs et grèles; antennes latérales insérées au-dessous du canthus interne des cavités oculaires, composées d'un pédicule court, cylindrique, et d'une tige longue, menue, sétacée et multiarticulaire. Troisième article des pieds-mâchoires extérieurs presque carré; son côté interne tronqué obliquement à sa partie supérieure, et formant un angle vers son milieu; serres grandes, beaucoup plus longues et plus cylindriques dans les mâles; pinces des jeunes individus du même sexe et des femelles, proportionnellement plus courtes et plus larges; le carpe court et arrondi, les autres pates longues, grêles et unies, terminées par un tarse conique, pointu, sans épines, paraissant du moins, quant aux derniers, comprimé dans un autre sens que les pates, ou un peu plus large vu en dessus, que haut, avec quelques stries garnies de poils; celles de la quatrième paire et de la troisième ensuite, surpassant les autres en longueur; celles de la seconde et de la dernière paires presque égales; abdomen de sept segmens dans les deux sexes; celui des mâles en triangle allongé, plus large et dilaté angulairement à l'origine du troisième article; les deux derniers plus courts, très-étroits, linéaires, réunis l'un à l'autre au moyen d'une membrane découverte; le dernier triangulaire, de la largeur du précédent à sa base; abdomen de la femelle en forme d'ovale tronqué, resserré à sa naissance et cilié sur les bords. Corps généralement uni et glabre.

Ce genre se distingue des Ocypodes, Pinnothères, Tourlouroux, Grapses, Macrophtalmes, etc., parce que le quatrième article des pieds-mâchoires extérieurs de ceux-ci est inséré près du milieu du sommet du précédent ou plus en dehors; tandis que dans les Rhombilles, Trapézée, Telphuse, etc., ce même article prend son insertion à l'extrémité supérieure interne du précédent. Les Rhombilles se distinguent parfaitement des autres genres voisins par la longueur de leurs pédicules oculaires, la forme de leurs pates et de leurs serres, et par d'autres caractères tirés de la forme du corps et des tablettes de la queue. L'espèce qui sert de type à ce genre a été connue de Linné qui lui avait donné le nom de *Cancer rhomboides*. Elle a été décrite sous divers noms par les auteurs qui sont venus après lui comme on le verra dans la synonymie.

RHOMBILLE BIÉPINEUSE, *Gonoplax bispinosa*, Leach, Malac. Podoph. brit., tab. 13; *Gonoplax longimanus* et *angulatus*, Lamk.; *Cancer rhomboides*, L., Fabr.; *Cancer angulatus*, Fabr.; *Ocypoda rhomboides* et *angulata*, Bosc, Oliv.; *Longimana*, Risso; Herbst, tab. 1, fig. 12-13. On le trouve sur les côtes de France et d'Angleterre. Il vit solitaire, car on n'en trouve jamais que deux dans le même lieu. (G.)

RHOMBISCUS. POIS. FOSS. (Bertrand.) Dents rhomboïdales de Poisson qui sont pétrifiées, mais mal connues. (B.)

RHOMBITES. POIS. FOSS. On trouve ce nom dans Aldrovande, désignant l'empreinte d'un Poisson qui dut appartenir au genre Pleuronecte. (B.)

RHOMBOIDAL. POIS. On a donné ce nom à plusieurs Poissons de genres divers, tels que des Pleuronectes, des Spares, Salmones, etc. (B.)

RHOMBOIDALE. REPT. OPH. Espèce du genre Couleuvre. *V.* ce mot. (B.)

*RHOMBOIDE. *Rhomboides*. CONCH. Dans son Traité de Malacologie, Blainville a proposé ce nouveau genre pour un Animal et sa coquille que Poli a fait connaître sous le nom d'*Hypogæa barbata.* L'Animal qui porte un byssus est semblable à celui de la Byssomie de Cuvier. Quant à la coquille que Blainville croit différente de celle de ce dernier genre, elle est pour nous tellement semblable quant à la charnière, que nous ne doutons pas qu'après un sérieux examen, on ne retranche de la Méthode le genre de Blainville. *V.* BYSSOMIE. (D..H.)

* RHOMBOIDE ET RHOMBOÈDRE. MIN. Ces deux noms sont également usités en cristallographie, pour désigner une sorte de Polyèdre, composé de six faces rhombes, égales, semblables et disposées symétriquement autour d'un axe passant par deux angles solides opposés. Les points qui terminent cet axe sont les sommets du Rhomboïde. Les angles solides des sommets sont composés d'angles plans égaux, et le Rhomboïde est obtus ou aigu, suivant que ces angles plans sont eux-mêmes obtus ou aigus. (G. DEL.)

RHOMBOLINUS. BOT. PHAN. Syn. ancien de l'Erable champêtre. (B.)

RHOPALA. BOT. PHAN. (Schreber.) Pour Roupala d'Aublet. *V.* ce mot. (B.)

RHOPIUM. BOT. PHAN. (Schreber et Willdenow.) Syn. de Meborea d'Aublet. *V.* ce mot. (B.)

RHORIA. BOT. PHAN. Pour *Rohria.* *V.* ce mot. (G..N.)

RHUBARBE. *Rheum.* BOT. PHAN. Genre de la famille des Polygonées et de l'Ennéandrie Trigynie, L., qui se compose de grandes Plantes herbacées, vivaces, ayant leur racine tubéreuse et charnue; leurs feuilles très-grandes et découpées; leur tige cannelée, terminée supérieurement par une panicule rameuse de petites fleurs hermaphrodites. Leur calice est monosépale, à cinq ou six divisions très-profondes, donnant attache intérieurement à neuf étamines saillantes. L'ovaire est triangulaire, surmonté de trois stigmates presque sessiles; le fruit est un akène à trois angles saillans et membraneux. Ce genre se distingue surtout des autres genres de la même famille par le nombre de ses étamines, et les trois angles de son fruit saillans en forme d'ailes. Les espèces de ce genre sont nombreuses. La racine de plusieurs d'entre elles est employée en médecine. Ainsi le *Rheum rhaponticum*, L., qui croît en Orient, dans la Thrace, la Sibérie, les bords du Bosphore, a une racine épaisse, charnue, d'un jaune rougeâtre, d'une saveur amère et astringente, et qui, jouissant de propriétés purgatives, est connue sous le nom de Rhapontic ou Rhubarbe pontique, et que l'on substitue quelquefois à la vraie racine de Rhubarbe officinale. Les *Rheum compactum, undulatum*, etc., ont aussi une racine purgative. Mais de toutes les espèces de ce genre, il n'en est pas de plus intéressante que le *Rheum palmatum*, parce que c'est une Plante qui fournit la racine de Rhubarbe, si souvent employée dans la pratique de la médecine. Aussi allons-nous entrer dans quelques détails touchant cette espèce.

La RHUBARBE PALMÉE, *Rheum palmatum*, L., Rich., Bot. méd., 1, p. 166, est une grande et belle Plante originaire de la Chine et du plateau de la Tartarie. Ses feuilles pétiolées, très-grandes et très-larges, sont profondément découpées en lobes digités, aigus, grossièrement et irrégulièrement dentés sur leurs bords. C'est la racine de cette espèce qui est employée en médecine sous le nom de Rhubarbe. On en distingue deux sortes ou variétés dans le commerce, désignées sous les noms de Rhubarbe de Chine et de Rhubarbe de Moscovie ou de Bucharie. La première est celle qui nous arrive directement de Chine par la voie de Canton. On la trouve en morceaux arrondis, d'un jaune sale à l'extérieur, recouverts d'une poussière jaunâtre occasionée par le frottement que les morceaux ont subi, d'une texture compacte, d'une teinte rouge terne intérieurement, avec des espèces de lignes ou de marbrures blanches et très-serrées; sa cassure est terne et raboteuse; son odeur forte et particulière; lorsqu'on la mâche, elle croque fortement sous la dent, ce qui est dû à la grande quantité de matières salines qu'elle contient; elle teint en même temps la salive en jaune orangé; sa poudre offre une teinte d'un fauve clair. Dans leur partie supérieure, ces morceaux sont percés d'un trou, qui contient quelquefois les fragmens de la corde au moyen de laquelle on les a suspendus pour en opérer la dessiccation. La Rhubarbe de la Chine se récolte en général pendant le mois de mai, qui est l'époque de l'année où la racine paraît posséder la plus grande quantité de principes actifs. Comme c'est par mer que cette sorte de Rhubarbe est transportée en Europe, assez souvent on trouve des morceaux noircis et altérés par l'humidité, ou d'autres piqués par les Vers. Mais les marchands ont soin de masquer cette dernière altération en bouchant ces trous avec de la poudre de Rhubarbe délayée dans l'eau.

La Rhubarbe qu'on nomme de Moscovie ou de Bucharie est récoltée dans les mêmes lieux que celle de Chine. On lui donne ce nom parce qu'elle est envoyée par terre du Thibet, de la Tartarie chinoise, de la Bucharie en Russie. On la transporte d'abord à Kiachta en Sibérie, où elle est vendue à des marchands préposés à cet effet par le gouvernement russe. Là elle est triée avec le plus grand soin, mondée et grattée au vif avant d'être transportée à Saint-Pétersbourg. Dans cette dernière ville elle est soumise à un nouvel examen avant d'être livrée définitivement au commerce. On conçoit dès-lors comment cette dernière sorte de Rhubarbe est supérieure, et par conséquent plus recherchée et plus chère que celle qui nous vient directement de la Chine par mer. Elle est généralement en morceaux plus petits, lisses et bien nets, quelquefois anguleux, traversés d'un trou plus grand, parce que celui qui existait primitivement a été gratté et agrandi lors du mondage qu'on lui a fait subir en Sibérie. Extérieurement elle est jaune et rougeâtre intérieurement, avec des marbrures blanches et irrégulières; elle est en général moins lourde et moins compacte que la Rhubarbe dite de Chine; son odeur et sa saveur sont les mêmes; elle croque de même sous la dent et colore la salive en jaune.

Plusieurs chimistes se sont occupés de l'analyse de la Rhubarbe. Les résultats généraux de ces recherches sont : 1° un principe particulier nommé *Rhubarbarin*, qui donne à la Rhubarbe son odeur, sa saveur, et sa couleur. Il est jaune, insoluble dans l'eau froide, soluble dans l'eau chaude, l'Alcohol et l'Ether ayant une saveur âpre et amère, et formant avec la plupart des acides des composés insolubles d'une couleur jaune; 2° un acide libre que Thompson nomme Acide *rhéumique*; 3° une huile fixe et douce; 4° une petite quantité de gomme; 5° de l'amidon; 6° plusieurs sels, tels que le Surmalate, le Sulfate et surtout l'Oxalate de Chaux qui forme environ le tiers du poids total de la Rhubarbe; 7° enfin de l'Oxide de Fer, et une petite quantité d'un Sel de Potasse, dont on n'a point encore déterminé l'acide. Le chimiste Caventou, dans une analyse plus récente, a trouvé, dans l'extrait alcoholique de Rhubarbe, une matière grasse retenant un peu d'huile volatile odorante, un principe colorant jaune, susceptible de pouvoir cristalliser, et qu'il nomme *Rhubarbarin*; enfin, une autre substance brune, insoluble dans l'eau, et qui, combinée avec la matière colorante, forme le Rhubarbarin des autres chimistes, qui serait un corps composé.

La Rhubarbe est un médicament trop généralement employé pour qu'on n'ait pas cherché à cultiver en France la Plante qui nous le fournit. Mais quoique ce Végétal se soit parfaitement acclimaté dans notre pays, sa racine est loin d'y acquérir les qualités qu'elle possède en Asie. Aussi la Rhubarbe indigène est-elle de beaucoup inférieure en qualité et en action aux Rhubarbes de la Chine. En général, sa couleur extérieure est plus rosée, son odeur moins forte, sa saveur moins amère, comme mucilagineuse et sucrée : elle ne croque pas sous la dent quand on la mâche, ce qui dépend évidemment de la faible quantité d'Oxalate de Chaux qu'elle contient. Mais aussi son principe colorant, qui est rougeâtre, est plus abondant, de même que l'amidon qui y existe en plus grande proportion.

La Rhubarbe donnée à faible dose est un médicament tonique, qui active les forces de l'estomac et favorise la digestion. C'est ainsi que l'on prend fréquemment des petites prises de poudre de Rhubarbe, comme de quatre à six grains, par exemple, dans la convalescence de certaines maladies pour réveiller l'action digestive de l'estomac. Mais à une dose plus forte, comme un gros de la poudre ou deux gros de Rhubarbe concassée, infusée ou bouillie dans six onces d'eau, elle agit alors comme purgative, mais en conservant néanmoins son action tonique. Ainsi il n'est pas rare de voir survenir une constipation très-marquée chez les individus qui ont été purgés au moyen de la Rhubarbe ; c'est par suite de cette action qu'on emploie assez souvent la Rhubarbe dans les diarrhées chroniques, lorsqu'il ne se montre aucun signe d'irritation. La Rhubarbe peut s'administrer sous différentes formes et à des doses qui varieront suivant l'âge des individus et les résultats qu'on veut obtenir. (A. R.)

On a encore appelé RHUBARBE DES ALPES OU DES MOINES, la Patience ; RHUBARBE BLANCHE, le Méchoacan ; FAUSSE RHUBARBE, la Morinde ; RHUBARBE DES PAYSANS, la Bourdaine ; RHUBARBE SAUVAGE, dans les colonies, une Bégone, etc. (B.)

* RHUMBOTINUS. BOT. PHAN. (Cordus.) Même chose que Rhombolinus. *V.* ce mot. (B.)

RHUS. BOT. PHAN. *V.* SUMAC.

RHUYSCHIA. BOT. PHAN. (Adanson.) Pour Ruyschia. *V.* ce mot. (B.)

RHYNAY. BOT. PHAN. Pour Rhinay. *V.* ce mot. (G.. N.)

* RHYNCHANTHERA. BOT. PHAN. Genre de la famille des Mélastomacées, établi par De Candolle (*Prodr. Syst. Veget.*, 3, p. 106, et Mém. sur les Mélastomacées, p. 21) qui l'a ainsi caractérisé : calice dont le tube est ovoïde, presque globuleux, couronné par cinq lobes allongés, linéaires ou sétacés. Corolle à cinq pétales obovés. Etamines au nombre de dix, dont cinq plus grandes portent des anthères ovées, prolongées au sommet en un bec proportionnellement plus long que dans tous les autres genres de la famille, et munies de deux petites oreillettes à la base du connectif. Les cinq autres étamines sont plus petites ou quelquefois complétement avortées. Ovaire glabre, à peu près globuleux. Capsule à trois ou plus souvent à cinq loges, renfermant des graines oblongues ou anguleuses. Quelques espèces de ce genre avaient été désignées dans l'herbier de Richard sous le nom générique de *Proboscidia* qui ne fut point admis parce que plusieurs auteurs l'ont employé pour une section des *Martynia*, et conséquemment parce qu'il pourrait entraîner quelque équivoque.

Le *Melastoma grandiflora* d'Aublet (*Guian.*, 1, p. 414, tab. 160), ou *Rhexia grandiflora*, Bonpl. (*Rhex.*, p. 26, tab. 11), est le type du nouveau genre. De Candolle y a en outre placé le *Melastoma dichotoma* de Desrousseaux, le *Rhexia serrulata*, Rich. (*in* Bonpl., *loc. cit.*, tab. 28), et douze nouvelles espèces communiquées par Martius qui les avait recueillies dans le Brésil. Les *Rhynchanthera* sont des sous-Arbrisseaux ou des herbes demi-ligneuses, originaires des parties chaudes de l'Amérique méridionale. Les rameaux de la plupart sont velus, poilus ou hérissés ; leurs feuilles sont oblongues ou cordiformes, munies de cinq, sept ou neuf nervures, et d'un vert foncé. Les fleurs sont portées sur des pédoncules axillaires, divisées en petites cimes dont la réunion forme ordinairement un thyrse terminal. Elles ne sont point enveloppées de bractées dans leur jeunesse; ce qui distingue, dès le bouton, les *Rhynchanthera* des *Lasiandra* auxquelles elles ressemblent un peu. Les pétales sont de couleur purpurine violette ou rose dans toutes les espèces. (G..N.)

* RHYNCHÉE. *Rhynchœa*. OIS. Genre de la famille des Gralles. Caractères: bec plus long que la tête, renflé vers le bout, très-comprimé, droit, fléchi à la pointe; mandibules égales et faiblement courbées, la supérieure sillonnée dans toute sa longueur, l'inférieure seulement à l'extrémité; fosse nasale se prolongeant jusqu'au milieu du bec; narines linéaires, placées de chaque côté du bec, et percées de part en part; pieds médiocres; tarse plus long que le doigt intermédiaire; quatre doigts, dont trois en avant, totalement divisés, un pouce articulé plus haut sur le tarse; ailes amples; première, deuxième et troisième rémiges presque égales en longueur.

RHYNCHÉE DU CAP DE BONNE-ESPÉRANCE, *Scolopax capensis*, Lath.; *Rostratula capensis*, Vieill. Parties supérieures d'un gris bleuâtre ondé de noir; cinq bandes sur la tête, une roussâtre, deux grises et deux blanches; une zône noire sur le haut de la poitrine; ventre blanc; rectrices cendrées, rayées de noirâtre, les latérales marquées de quatre taches jaunes; bec et pieds bruns. Taille, dix pouces.

RHYNCHÉE DE LA CHINE, *Scolopax sinensis*, Lath.; *Rostratula sinensis*, Vieill. Parties supérieures brunes, tachetées et rayées de roux, de bleuâtre et de noir; tête rayée de noir et de blanc; cou piqueté de gris blanchâtre; parties inférieures blanches, avec un large feston noir sur la poitrine; bec et pieds noirs. Taille, neuf pouces.

RHYNCHÉE DES INDES, *Scolopax indica*, Lath.; *Rostratula indica*, Vieill. Parties supérieures d'un gris brunâtre; tête blanche, lavée de gris cendré sur le sommet; deux raies grises sur les côtés; cou et poitrine blanchâtres, tachetés de gris; grandes tectrices alaires traversées par des bandes noires; gorge et ventre blancs; bec et pieds noirs. Taille, dix pouces.

RHYNCHÉE DE MADAGASCAR, *Scolopax capensis*, var., Lath., Buff., pl. enlum. 922. Parties supérieures variées de noirâtre et de gris, avec du roussâtre sur les tectrices alaires; tête et cou roux; un double trait blanc et noir au-dessus de l'œil; un double trait blanc et noir au bas du cou; rémiges et rectrices brunes, rayées de noirâtre, avec quatre taches roussâtres, cerclées de noir; parties inférieures blanches; bec et pieds noirs. Taille, neuf pouces.

RHYNCHÉE VERTE, *Rallus bengalensis*, Lath.; *Rostratula viridis*, Vieill. Parties supérieures d'un brun verdâtre; rémiges extérieures pourprées, tachetées d'orangé; côtés de la tête et cou bruns; sommet de la tête et poitrine blanchâtres; bec et pieds bruns. Taille, neuf pouces. Temminck assure que ces cinq espèces prétendues ne sont que des variétés d'âge d'une seule et unique; il possède les divers passages d'un état à l'autre. (DR..Z.)

RHYNCHÈNE. *Rhynchœnus*. INS. Genre de Coléoptères de la famille des Rhynchophores, tribu des Charansonites. Clairville, en séparant ce genre de celui des Charansons, n'y comprenait que ceux de la division des Sauteurs, ou ceux qui forment aujourd'hui le genre *Orchestes*. Fabricius leur adjoignit tous les autres Charansons longirostres, sans en excepter les Ciones, que le naturaliste précédent en avait aussi détachés. Olivier, en adoptant cette coupe générique, désigna sous le nom d'Orcheste les Rhynchènes du dernier, et suivit d'ailleurs Fabricius, de sorte que son genre Rhynchène est, à ces retranchemens près, le même que le sien. Cette dénomination générique a disparu dans les distributions méthodiques des Insectes de cette famille, établies par Germar et Schœnherr. Dejean (Catal. des Coléopt.) l'a cependant conservée, et ses Rhynchènes embrassent une portion du genre *Erirhinus* du dernier. Persuadé qu'il ne faut pas, quelles que soient les restrictions que l'on fasse subir à une coupe générique, supprimer la dénomination primitive, nous admettrons à cet égard la nomenclature de Dejean.

Les Rhynchènes appartiennent à cette division des Charansonites gonatocères et longirostres que nous avons nommée Rhynchénides, et dont on trouvera les caractères à l'article RHYNCHOPHORES. Leurs antennes sont insérées entre le bout et le milieu d'une trompe presque cylindrique, longue, mais plus courte que le corps, avancée et un peu arquée. Elles sont composées de douze articles, dont le premier beaucoup plus long que les autres; le second et le troisième un peu plus allongés que les suivans, en cône renversé; le quatrième et les quatre venant après courts, presque égaux, presque hémisphériques; et dont les quatre derniers forment une massue ovoïde et très-serrée. Les mandibules ont des dents aiguës. Le corps est ovalaire, avec les yeux écartés, aplatis; le corselet un peu plus long que large, plus étroit et tronqué aux deux bouts, mais un peu lobé aux côtés antérieurs; un écusson distinct; des ailes et des élytres oblongues, recouvrant l'anus; des pieds de grandeur moyenne, et dont les tarses sont garnis en dessous de pelottes, avec le pénultième article bilobé; ils se terminent par deux forts onglets; les jambes sont ordinairement droites; l'extrémité interne des deux ou quatre antérieures est armée d'un petit crochet.

Nous avons dit plus haut que ce genre, tel que Dejean le compose, n'embrasse qu'une partie de celui d'Erirhine de Schœnherr. Celui-ci en effet y rapporte les Dorytomes du précédent et de Germar. Mais ces deux savans s'accordent en ce point, qu'ils n'en distinguent point les *Notaris* et les *Gryphus* du dernier. Les Dorytomes diffèrent des Rhynchènes par l'allongement de leurs pieds antérieurs et du second article de leurs antennes.

On les trouve sur les Peupliers, les Bouleaux et les Saules, dont ils rongent les feuilles, tandis que ceux-ci vivent sur diverses Plantes des bords des eaux. Les Rhynchènes suivans de Gyllenhal : *Æthiops*, *bimaculatus*, *acridulus*, dont le *R. scirpi* de Fabricius n'est, selon Dejean, qu'une variété, *festucæ*, *Nereis*, sont des Rhynchènes proprement dits, et dont on trouvera d'excellentes descriptions dans l'ouvrage du premier de ces entomologistes, intitulé : *Insecta suecica*. (LAT.)

* RHYNCHITE. *Rhynchites*. INS. Genre de l'ordre des Coléoptères, section des Tétramères, famille des Rhynchophores, tribu des Charansonites, établi par Herbst aux dépens du grand genre *Curculio* de Linné, et adopté par les entomologistes modernes et par Latreille avec ces caractères : corps ovale, allant en se rétrécissant en devant. Tête petite, à moitié enfoncée dans le corselet, ayant un prolongement rostriforme très-long, dilaté à l'extrémité. Antennes droites, insérées vers le milieu du proboscirostre, composées de onze articles, les inférieurs un peu plus longs que ceux du milieu, presque globuleux ou obconiques, les trois derniers distincts, formant réunis une massue ovale, un peu perfoliée. Mandibules munies d'une dent interne avant leur pointe, creusées intérieurement, ayant des dents très-apparentes sur leur convexité extérieure. Mâchoires étroites. Palpes très-courts, peu apparens, coniques, les maxillaires de quatre articles, les labiaux de trois. Lèvre petite, entière, peu apparente. Corselet cylindro-conique, plus large postérieure-

ment, portant souvent, dans les mâles, une épine latérale. Abdomen carré, un peu arrondi postérieurement. Jambes ayant à leur extrémité deux épines très-petites, presque nulles; pénultième article des tarses bilobé. Ce genre se distingue des Apodères et des Attélabes proprement dits par la forme de la tête, la longueur relative du proboscirostre, et par d'autres caractères qui ont été exposés à l'article ATTÉLABE. Geoffroy et Clairville avaient distingué les Rhynchites sous le nom de Rhinomacer, que Latreille a employé pour désigner un autre genre. Fabricius et Olivier ne les distinguaient pas des Attélabes, dont ils ont les mœurs et les mêmes métamorphoses. On connaît plus de trente espèces de ce genre, presque toutes propres à l'Europe. Nous citerons comme type :

Le RHYNCHITE BACCHUS, *Rhynchites Bacchus*, Latr., Gyll.; *Attelabus Bacchus*, Fabr.; *Curculio Bacchus*, L. Long de trois ou quatre lignes, d'un rouge cuivreux, pubescent, avec les antennes et le bout de la trompe noirs. Sa larve vit dans les feuilles roulées de la vigne. On le connaît en France sous les noms de Lisette, Bèche, etc. (G.)

RHYNCHOBDELLE. *Rhynchobdella*. POIS. Genre de la seconde tribu de la nombreuse famille des Scombéroïdes dans l'ordre des Acanthoptérygiens, caractérisé par un corps allongé, dépourvu de ventrales, avec des épines dorsales, nombreuses, outre deux en avant de l'anale. Deux sous-genres s'y distinguent.

† MACROGNATHE, *Macrognathus*, de Lacépède, où le museau se prolonge en une pointe cartilagineuse, aplatie, qui dépasse de beaucoup la mâchoire inférieure; la seconde dorsale et l'anale, vis-à-vis l'une de l'autre, sont distinctes de la caudale. On y connaît trois espèces, dont l'*Ophidium aculeatum* de Linné fait partie sous le nom de *Macrognathus aculeatus*, Lacép., Bloch, pl. 59, fig. 2.

†† MASTACEMBLE, *Mastacemblus*, où les deux mâchoires sont à peu près égales, et la dorsale, ainsi que l'anale, presque unies à la caudale. Les Poissons de ces deux sous-genres sont asiatiques et vivent dans les eaux douces. Leur chair est fort estimée. (B.)

* RHYNCHOBOTRYDES. INTEST. *V*. BOTRYOCÉPHALE.

* RHYNCHOGLOSSUM. BOT. PHAN. Traité à Rhinchoglossum. *V*. ce mot. (G..N.)

* RHYNCHOLE. *Rhyncholus*. INS. Genre de Charansonites. *V*. RHYNCHOPHORES. (G.)

RHYNCHONELLE. *Rhynchonella*. CONCH. Dans une Notice sur les Térébratules, publiée à Moscou dans les Mémoires de la Société impériale (1809), Fischer a proposé de faire un genre à part avec les espèces dont l'extrémité postérieure se prolonge en bec et n'est point ouverte. Il cite pour exemple quelques espèces, et entre autres deux qui sont figurées dans l'Encyclopédie, et qui n'offrent pas les caractères attribués à cette coupe, puisque le sommet du crochet est percé. Il reste donc quelque doute sur ce genre qui, de toute manière, nous semble inutile. *V*. TÉRÉBRATULE. (D..H.)

RHYNCHOPHORES ou PORTE-BEC. *Rhynchophora*. INS. Dans notre *Gener. Crust. et Ins.*, vol. 2, p. 233, nous désignâmes d'abord ainsi une première tribu d'Insectes coléoptères de la section des Tétramères, composant les genres *Bruchus*, *Attelabus* et *Curculio* de Linné, et qui se distinguent des autres Insectes du même ordre par le prolongement antérieur, en forme de museau ou de trompe, de leur tête. La dénomination de *Rostrum*, qu'on a donnée à cet avancement, étant encore appliquée à cette espèce de bec ou de trompe qui constitue la bouche des Hémiptères, nous avons cru devoir, pour éviter toute équivoque, lui substituer celle de *Proboscirostrum* ou Museau-Trompe. Il est évident, en effet, que dans les premiers, ou les Rhynchophores, ce museau ou cette trompe n'est qu'un prolongement de la tête, au bout duquel sont situés les organes de la manducation, et que ces parties, sans changer essentiellement de forme, sont extrêmement rapetissées (1), tandis que dans les Hémiptères, elles offrent sous ce double rapport des modifications importantes. Les Panorpes, parmi les Névroptères, sont dans le même cas que les Rhynchophores. Elles n'ont pas non plus de trompe proprement dite, et les parties de la bouche sont aussi proportionnellement plus petites. On conçoit néanmoins que ce prolongement de la tête a dû influer sur le tube alimentaire; que l'œsophage, par exemple, a dû aussi s'allonger, et que ces Animaux pouvant, jusqu'à un certain point, être comparés à ceux qui sont suceurs, peuvent pareillement avoir des vaisseaux salivaires. Léon Dufour en a effectivement observé deux dans les Charansonites, dont il a fait la dissection. Fabricius, Olivier et Herbst commencèrent, par l'établissement de quelques nouveaux genres, à faciliter l'étude des Rhynchophores. Clairville (Entom. Helvét.) y contribua encore, en donnant plus d'attention à la composition des antennes, au nombre et aux proportions relatives de leurs articles. C'est sur ces bases et les rectifications que nous avons faites à cet égard dans notre *Genera*, qu'Olivier a fondé la distribution méthodique de ces Insectes, qu'il a exposée dans son grand ouvrage sur les Coléoptères. Nous nous en sommes peu écarté dans celui de Cuvier sur le règne animal. Seulement, afin de nous conformer aux vues de ce célèbre zootomiste, nous avons réuni dans une même famille, et toujours sous la dénomination de Rhynchophores, ces Insectes.

Les recherches des voyageurs et des naturalistes ayant singulièrement accru le nombre des espèces, le professeur Germar a jugé qu'il était nécessaire d'augmenter aussi celui des coupes génériques, et il a publié, soit dans la continuation du Magasin entomologique d'Illiger, soit dans son ouvrage intitulé *Insectorum species novæ*, le résultat de ses belles et intéressantes observations. Les difficultés que présente, vu leur exiguité, l'examen des organes de la manducation de ces Insectes, ne l'ont pas rebuté. Il a su mettre à profit tous les caractères que pouvaient lui offrir les autres parties du corps, et quoiqu'un autre naturaliste, Schœnherr, ait donné après lui, sur le même sujet, un travail beaucoup plus général et plus complet, nous pensons néanmoins que nous sommes redevables à Germar des améliorations les plus essentielles. En lui rendant, dans notre ouvrage sur les Familles naturelles du Règne Animal, cet acte de justice, nous avons témoigné le regret que le second de ces deux savans ait négligé quelques-unes des considérations, les parties de la bouche, dont l'autre avait fait usage. On peut, dans bien des cas, l'employer sans recourir à la dissection. On verra plus bas qu'elles nous ont fourni de bons caractères, tant pour les signalemens des genres que pour leur distribution par groupes naturels.

L'exposition détaillée du beau travail (*Curculionidum dispositio methodica*, 1826) de Schœnherr sur les Curculionides, dénomination qui répond, par son étendue, à celle de Rhynchophores, ne saurait trouver place dans un ouvrage aussi concis et aussi restreint que celui-ci. Nous ne pouvons en donner qu'une esquisse très-générale. Ces Insectes y sont distribués en deux ordres : les Orthocères (*Orthoceri*), ceux dont les antennes sont droites ou non coudées; et les Gonatocères (*Gonatoceri*), ou ceux où elles forment un coude,

(1) Les mâchoires des Rhynchophores ont deux lobes ciliés ou velus, mais qui, dans les Attélabides, les Brentides et les Charansonites, sont petits et comme réunis en un seul, allant en pointe.

Pour peu qu'on ait étudié ces Animaux, il est aisé de voir que ces deux divisions rompent, dans quelques circonstances, les rapports naturels. C'est ainsi, par exemple, que les Chlorophanes, si voisins des Charansons brévirostres, les Mécaspis et les Pachycères, si rapprochés des Lixus, sont forcément très-éloignés des Insectes de la même famille, dont ils devraient être rapprochés dans une bonne distribution naturelle. Au reste, Schœnherr convient qu'il a été obligé de sacrifier ces rapports à sa méthode. Les Orthocères se divisent en seize coupes principales ou petites familles : les Bruchides, les Anthribides, les Attélabides, les Rhinomacérides, les Apionides, les Rhamphides, les Thamnophilides, les Ithycérides, les Cryptopsides, les Antliarhinides, les Brenthides, les Bélides, les Cylades, les Ulocérides, les Oxyrhynchides et les Brachycérides. Les treize premières divisions ont pour caractère commun des antennes de onze ou douze articles; il n'y en a que neuf ou dix à celles des trois dernières coupes. Ces noms d'Orthocères et de Gonatocères sont synonymes de ceux de Recticornes et Fracticornes, déjà employés. Il en est de même des dénominations de Brachyrhynques (*Brachyrhynchi*) et Mécorhynques (*Mecorhynchi*), données par cet auteur aux deux divisions générales ou légions de son ordre des Gonatocères. Elles embrassent les Curculionides brévirostres et longirostres des autres entomologistes. La première légion se partage en deux phalanges, selon que la fossette ou canal, située de chaque côté du museau-trompe, et recevant une portion du premier article des antennes dans leur repos ou leur contraction, est oblique et se courbe en dessous, ou qu'elle se dirige en ligne droite vers les yeux. Cette première phalange comprend les divisions ou petites familles suivantes : Entimides, Pachyrhynchides, Brachydérides, Cléonides et Molytides. La seconde phalange se compose de quatre autres divisions : les Phyllobides, les Cyclomides, les Otiorhynchides et les Tanynchides. Les caractères sont tirés de la forme générale du corps, de la présence et l'absence des ailes, des proportions, de la direction et de la figure du museau-trompe, et quelquefois aussi du premier article des antennes, que l'auteur désigne par le mot *Scapus*. Les suivans, jusqu'à la massue exclusivement, forment ce qu'il appelle *Funiculus*. La seconde légion, ou celle des Mécorhynques, se partage, d'après le nombre des articles des antennes et de ceux de leur massue, en trois sections. La première est composée des divisions suivantes : les Erirhinides, les Cholides et les Cryptorhynchides; la seconde de la division des Cionides, et la troisième de celle des Calandrœides. Jusqu'ici les antennes de ces Insectes n'avaient paru composées que de onze articles au plus. Elles en ont offert un de plus à Schœnherr. La chose est positive, si l'on se borne à l'examen de la surface extérieure de ces organes. Mais si on les fend pour étudier l'autre surface, on n'aperçoit aucune trace de ce douzième article; et l'on peut conclure que ces antennes ressemblent, sous ce rapport, à celles de plusieurs autres Coléoptères, comme des Taupins et de plusieurs Longicornes, qui se terminent aussi par un faux article. Il est cependant avantageux pour la méthode d'en tenir compte. Le nombre des genres, dans cette distribution des Curculionides, est de cent quatre-vingt-quatorze, et beaucoup d'entre eux sont divisés en divers sous genres. Des caractères qui, relativement à d'autres familles, ne seraient que divisionnaires ou spécifiques, deviennent ici génériques. Ils sont exposés complètement, et avec les plus grands détails, dans la description de chaque genre ou de son caractère naturel, description précédée de celle du caractère essentiel. Mais ces signalemens, comparés les uns avec les autres, ne permettent pas toujours de bien saisir les distinctions génériques. Ils sont souvent trop longs et vagues. Ceux des sous-genres augmentent l'embarras et l'incertitude. Ce travail n'en est pas moins l'un des plus approfondis que l'on ait encore publiés en entomologie, et si son estimable auteur parvient à simplifier l'exposition des différences essentielles de ces groupes, à les rendre comparatives, son livre deviendra pour cette partie de la science un manuel d'autant plus indispensable, que ce savant se propose de coordonner à sa méthode, dans la continuation de son excellent ouvrage sur la synonymie des Insectes, les espèces de Curculionides qu'il a vues, et dont le nombre s'élève à plus de deux mille. Dejean qui, dans le catalogue de sa Collection des Coléoptères, avait distribué ces Insectes d'après une combinaison des méthodes de Germar et Mühlfeld, en possède maintenant presque un tiers de plus. Il serait à désirer que quelque laborieux et zélé entomologiste de la capitale, profitant de cette riche collection et de celles de divers autres amateurs (1), soumît à un nouvel examen le travail de Schœnherr, et nous donnât une monographie des Coléoptères de cette famille. Obligé par notre position et nos habitudes d'embrasser le système général, il nous a été impossible de nous livrer long-temps à une étude spéciale de ces Insectes. Nous avons néanmoins revu tous les caractères des genres de Schœnherr, que Dejean, si facile et si aimable dans ses communications, a pu nous procurer. Nos recherches se sont étendues jusqu'aux organes de la manducation, ce qui nous a donné le moyen de fortifier ces caractères et d'établir quelques coupes générales, dont nous avions déjà présenté un aperçu dans notre ouvrage sur les Familles naturelles du Règne Animal. La méthode que nous allons exposer est encore, sans doute, très-imparfaite. Mais, si nous ne nous abusons pas, elle est plus simple et plus naturelle que celle du savant naturaliste suédois précité (1). Si nous n'avons pu éviter quelques erreurs, les difficultés de l'entreprise nous font espérer de l'indulgence.

Les Rhynchophores, ainsi que nous l'avons dit plus haut, se distinguent des autres Coléoptères tétramères par leur tête plus ou moins prolongée antérieurement en manière de trompe ou de museau avancé, ayant au bout la bouche composée de parties généralement très-petites. Les antennes sont le plus souvent en massue, tantôt droites, tantôt et plus fréquemment coudées et insérées sur cette trompe, soit près de son extrémité, comme dans ceux où elle est proportionnellement plus courte, soit plus près de son milieu ou même près de sa base, comme dans ceux où elle est plus allongée. Dans quelques genres le nombre des articles est de six à dix; mais il est ordinairement de onze et même de douze, en comptant le faux article terminal. Le corps est généralement plus étroit en devant, avec l'abdomen grand et recouvert par des élytres très-dures. Les tarses sont garnis en dessous de brosses ou de poils, et le pénultième article est, dans la plupart, profondément bilobé. Tous ces Insectes se nourrissent de Végétaux, et plusieurs sont très-nuisibles, du moins dans leur premier état, celui de larve. Ces larves sont toujours cachées, les unes vivant dans l'intérieur des graines ou des fruits, les autres rongeant le parenchyme des feuilles, ou se tenant dans des espèces de cornets formés par des feuilles roulées sur elles-mêmes. D'autres habitent des galles qu'elles ont produites, ou l'intérieur des tiges de diverses Plantes. Il est à présumer que quelques-unes, celles

(1) Surtout de celle de M. Banon, professeur de pharmacie à Toulon, qui a rapporté de Cayenne une très-grande quantité d'Insectes de cette famille, ainsi que tous les autres Coléoptères de la Guiane qu'il a pu se procurer.

(1) Nous suivrons ici sa nomenclature.

des Brachycères spécialement, vivent dans la terre et rongent des racines. Toutes ces larves ressemblent à de petits Vers blanchâtres, amincis vers les deux bouts, sans pates, ou munis seulement en dessous d'un certain nombre de mamelons. Cette famille semble se lier avec les Hétéromères par quelques genres ambigus, tels que les Myctères, les Rhæbes, les Rhinosimes, les Xylophiles, etc. Les Rhinosimes, quoique hétéromères, paraissent néanmoins, par tous leurs autres rapports, appartenir à la tribu des Anthribides, tandis que les Rhæbes, tétramères ainsi que ceux-ci, ont plus d'affinité avec les OEdémérites. Les Xylophiles, que nous sommes forcé de placer, d'après les tarses et quelques autres caractères, avec les Bruchèles, avoisinent cependant, sous d'autres considérations, les Notoxes. Enfin les Rhinomacers tiennent des Anthribides et des Attélabides, et les Bruchèles des Insectes de cette tribu et des Anthribides.

La division des Rhynchophores en Recticornes ou Orthocères, et en Fracticornes ou Gonatocères, considérée dans sa généralité, est parfaitement naturelle. Mais l'ordre des rapports exige que l'on range avec les derniers des Curculionites dont les antennes sont légèrement coudées ou dont le premier article est peu allongé. Ici l'existence et la courbure du sillon, propre à recevoir cet article, la situation de la languette et quelques autres analogies, nous prémunissent contre cette aberration. Nous partagerons donc cette famille, à la manière de Schœnherr, en deux grandes sections, les Orthocères et les Gonatocères.

Les premières ont toujours les antennes droites, composées, à un petit nombre d'exceptions près, de onze à douze articles; le museau-trompe avancé, droit ou peu courbé; ses sillons latéraux bien prononcés et susceptibles de loger le premier article de ces organes; le pénultième des tarses toujours profondément bilobé, et la languette bien découverte, tantôt couronnant ou terminant le menton, tantôt occupant son échancrure supérieure. Ils ont tous des ailes. Les observations anatomiques de Léon Dufour semblent confirmer cette distinction, puisque les Anthribides et les Attélabides ne lui ont point offert les vaisseaux salivaires qui caractérisent les Curculionites, dont il a fait l'anatomie.

Les Rhynchophores Orthocères, *Orthoceri*, formeront trois tribus, les Bruchèles, les Anthribides et les Attélabides. Ceux des deux premières ont la tête peu prolongée, et plutôt sous la forme d'un museau court aplati, que sous celui d'une trompe ou d'un bec. Le labre et les palpes sont très-apparens. Ces palpes sont filiformes ou plus gros à leur extrémité, et non très-courts, coniques et subulés, comme le sont ceux des Attélabides et de tous les Rhynchophores suivans. Les mandibules sont aussi proportionnellement plus fortes. Le savant anatomiste que nous venons de citer remarque que le ventricule chylifique des Anthribides est lisse dans toute son étendue, tandis que celui des Attélabides et des Charansonites offre un espace hérissé de papilles. Enfin, les Bruchèles et les Anthribides se nourrissent plus particulièrement, en état de larve, de semences ou de parties ligneuses des Végétaux, au lieu que celles des autres Rhynchophores, sauf quelques exceptions, rongent leurs parties les plus tendres. Ces Insectes sont très-vifs et fort agiles.

Les Bruchèles, *Bruchelæ*, Latr. (*Bruchides*, Schœnherr), ont le corps ovoïde, court, arqué en dessus, incliné antérieurement, avec les antennes presque filiformes ou grossissant insensiblement, souvent comprimées et même en scie dans quelques mâles, très-rarement terminées en massue, ordinairement insérées dans une échancrure des yeux; les yeux grands; le corselet le plus souvent en forme de trapèze ou de cône, tronqué en devant, et les pieds postérieurs grands, avec les cuisses renflées et portées sur une lame (le premier article des hanches) assez grande et mobile. Le labre est en carré transversal, s'étendant dans presque toute la largeur de la tête. Les palpes sont très-apparens, caractère qui éloigne encore ces Insectes de ceux de la tribu suivante. Le museau est toujours court. Les élytres, arrondies au bout, laissent à découvert l'extrémité postérieure de l'abdomen qui présente une facette triangulaire. La languette n'est point reçue ou encadrée dans le menton. Enfin le troisième article des tarses est toujours dégagé et très-apparent.

Les uns ont les antennes filiformes ou grossissant insensiblement vers leur extrémité, et insérées au bord interne des yeux ou dans une échancrure intérieure de ces organes.

Là les palpes maxillaires sont terminés en massue sécuriforme ; les antennes sont insérées près du bord interne des yeux qui sont ronds et sans échancrure notable; le corselet est plus étroit, dans toute son étendue, que la base des élytres, rétréci postérieurement presque en forme de cœur tronqué; la tête n'est presque pas prolongée en devant. Tels sont les XYLOPHILES, *Xylophilus* de Bonelli, genre formé sur quelques espèces d'*Anticus* (*populneus*, *oculatus*, *pygmæus* de Gyllenhal).

Ici tous les palpes sont filiformes; les antennes sont insérées dans une échancrure des yeux; le corselet s'élargit de devant en arrière, et a la forme d'un trapèze ou d'un cône, tronqué antérieurement; il est presque aussi large à l'autre extrémité que la base des élytres; la tête est bien sensiblement prolongée en devant, sous la forme du museau.

Les RHÈBES, *Rhœbus* de Fischer (Entomog. de la Russie), s'éloignent de tous les Insectes de cette tribu par leurs élytres flexibles et les crochets bifides de leurs tarses.

Les BRUCHES, *Bruchus*, L., qui diffèrent des Xylophiles, à raison de leurs palpes de la même grosseur partout, et des Urodons par leurs antennes non terminées en massue, et leurs yeux lunulés.

Quelques espèces exotiques (1), généralement plus grandes, et dont les larves rongent l'intérieur des amandes de diverses espèces de Cocotiers, ont les cuisses postérieures renflées et les jambes qui leur sont annexées, linéaires, arquées, terminées intérieurement en pointe; lorsque ces pieds se contractent, la courbure de ces jambes embrasse le bord intérieur des mêmes cuisses. On en a formé le genre PACHYMÈRE, *Pachymerus* (Illig.); d'autres Bruches (*Gonagra*, *Robiniæ*, Fabr.) dont le corps, le corselet et les élytres, sont proportionnellement plus allongés, ont paru, à Steven, devoir aussi constituer une autre coupe générique, celle des CARYEDON, *Caryædon*.

Nous terminerons les Bruchèles par un genre dont la place est un peu ambiguë, mais qui cependant, par tout l'ensemble des rapports, doit être rangé dans cette tribu; l'extrémité postérieure de l'abdomen ou le pigidie est échancré et bidenté dans le mâle, et de là, le nom d'URODON, *Urodon* (Schœnh.; *Bruchela*, Meig., Dej.) que porte ce genre. Les antennes, plus courtes que celles des Bruches, se terminent par trois articles plus gros, formant une massue presque perfoliée. Les yeux sont ronds et sans échancrure sensible. Le corps est plus étroit et un peu plus allongé que celui des Bruches, avec le corselet en cône tronqué. Il paraît que les larves se nourrissent de semences de Résédas sauvages (2).

La seconde tribu, celle des ANTHRIBIDES (*Anthribides*, N., Sch.), nous offre constamment des antennes terminées en une massue de trois à quatre articles, dont l'insertion va-

(1) *Bruchus bactris*, *V.* Oliv., Col. Bruche, n. 79, pl. 1, fig. 1, 2, 7, 8. L'espèce qu'il a représentée figure 5 est un Mégalope, et le même que celui qu'il a figuré n. 96 *bis*, fig. 1, a.

(2) *Anthribus sericeus*, Fabr.; *Bruchus rufipes*, *ejusd.*

rie suivant les proportions du museau, et plus longues dans plusieurs mâles que dans leurs femelles. Les pieds postérieurs ne diffèrent point notablement des autres. Le labre est très-petit et n'occupe que le milieu du bord antérieur, et souvent concave ou échancré, de la tête. Les mandibules sont plus saillantes que dans les Bruchèles; mais les palpes, toujours filiformes, sont relativement plus petits. Les yeux sont moins échancrés. Si l'on en excepte quelques espèces composant le genre Rhinomacer, le menton est échancré en manière de croissant, et il reçoit dans cette échancrure la languette; le second article des tarses est fortement échancré ou bilobé au bout, et l'article suivant, étant entièrement engagé entre ses lobes, et plus petit, l'on croirait, au premier aspect, que ces tarses sont trimères. Le corps est généralement plus allongé que celui des Bruchèles, et l'extrémité postérieure de l'abdomen est en partie au moins couverte. Plusieurs vivent dans le bois; d'autres, sous la forme de larves, rongent, comme les Bruchèles, des semences de Végétaux; il en est, comme les Brachytarses, qui sont, dans le même état, parasites de quelques espèces de Cochenilles. Par leurs habitudes, les Rhinomacers paraissent se rapprocher des Attélabides. Peut-être doivent-ils former, avec les Rhinosimes et les Salpingus, une petite tribu particulière qui conduit aux Tubicènes et aux Rhinoties.

Nous commencerons cette tribu par ceux où le menton reçoit, dans son échancrure, la languette, et où les lobes du second article des tarses renferment l'article suivant.

Sous la dénomination de Xylinade, *Xylinades*, nous désignons un nouveau genre formé sur un Insecte de Java, à corps allongé et cylindracé, dont les antennes sont épaisses, moniliformes, et terminées par un renflement en forme de bouton, de trois articles, mais très-serrés; le museau est fort court. L'espèce nous paraît inédite. Le Capricorne représenté par Olivier, pl. 20, fig. 150, a cependant assez de ressemblance avec elle.

Les autres Anthribides, dont les antennes ne sont ni grenues, ni terminées en manière de bouton solide, composent le genre Anthribe, *Anthribus*, Fabr.; *Macrocephalus*, Oliv. Schœnherr l'a partagé en plusieurs sous-genres. On peut d'abord en séparer les Eucorynes, *Eucorynus*, qui s'éloignent de tous les autres par la massue des antennes composée de quatre articles au lieu de trois. Parmi ces derniers Anthribides, nous offrirons d'abord, et c'est le plus grand nombre, ceux où ces organes sont insérés dans une fossette, de chaque côté du museau, sous ses bords et au-devant des yeux. Ici le corps est oblong, avec le corselet plus long que large ou presque isométrique, soit en ovoïde tronqué, soit carré, mais jamais sensiblement plus large au bord postérieur qu'en devant. Les antennes sont souvent plus longues dans les mâles. Les Anthribides ayant ce caractère, dont le museau est avancé ou peu incliné, et dont les yeux sont écartés, composent le sous-genre Anthribe proprement dit. Ceux dont les antennes sont à peu près de la même longueur, dans les deux sexes, dont le museau est perpendiculaire, et dont les yeux sont rapprochés, formeront le sous-genre Platyrhine, *Platyrhinus*, Clairv. Les Anthribides à corps ovoïde, avec le corselet trapézoïdal ou presque demi-circulaire, plus large postérieurement, constituent, dans la Méthode de Schœnherr, deux autres sous-genres, savoir: celui de Sténocère, *Stenocerus*, à massue des antennes peu allongée et à tarses de longueur ordinaire; et celui de Brachytarse, *Brachytarsus* (*Paropes*, Meg.), où la massue des antennes est simplement ovoïde, serrée, comprimée, et où les tarses sont relativement plus courts que ceux des autres Anthribides. Enfin le dernier sous-genre qui, parmi ceux établis par le même savant, nous semble encore bien distinct, est celui d'ARÆCÈRE, *Aræcerus*, remarquable par ses antennes insérées à nu, sur le dessus du museau, et près du bord interne des yeux. L'une de ses espèces, *A. coffeæ* de Fabricius, ronge, en état de larve, les graines de Café.

Le dernier genre de cette tribu et rangé, d'après cette méthode, dans la quatrième division des Orthocères, celle des RHINOMACÉRIDES, *Rhinomacerides*, est celui des RHINOMACER, *Rhinomacer*, Fabr., Oliv. Ici le menton n'est point sensiblement échancré. Le troisième article des tarses est parfaitement dégagé, ainsi que les autres. Le corps est allongé, un peu mou. Les yeux sont très-saillans. Le corselet est presque cylindrique. Les trois derniers articles des antennes forment une massue étroite.

A partir de la tribu suivante, celle des ATTÉLABIDES, *Attelabides*, Latr., tous les Rhynchophores ont une très-petite bouche; des palpes très-courts et coniques, et le labre à peine distinct, ou même imperceptible (1). Le museau est aussi proportionnellement plus long et plus étroit, et prend l'aspect d'une véritable trompe. Ainsi que dans les deux tribus précédentes, les Attélabides ont la languette découverte, couronnant le menton; et leurs antennes, composées de onze à douze articles, finissent, ainsi que chez les Anthribides, en une massue formée par les trois à quatre derniers, et souvent perfoliée. Le corps est plus ou moins ovoïde, rétréci en devant. L'abdomen du plus grand nombre est carré ou très-renflé. Les mandibules sont triangulaires, avec deux ou trois dents. On ne connaît point d'espèce aptère.

Cette tribu comprend les Attélabides, les Bélides de Schœnherr, et une portion de ses Rhinomacérides. Son genre Aulète, qui fait partie de cette division, et celui des Bélus, composant sa division des Bélides, paraissent se rapprocher des Rhinomacers; nous les mettrons à la tête de cette tribu. Ils formeront, avec les Rhinoties de Kirby, une première division, ayant pour caractères : corps étroit et allongé, avec le museau en forme de trompe, avancé, cylindrique; les yeux sont ordinairement saillans; le corselet est en cône tronqué ou presque cylindrique; l'abdomen est en carré long ou presque linéaire; et les éperons des jambes sont très-petits ou presque nuls. Ils sont tous, aux Tubicènes près, de la Nouvelle-Hollande ou du Brésil.

Les RHINOTIES, *Rhinotia*, de Kirby, ou les Belus de Schœnherr, ont le corps presque linéaire, ainsi que celui des Lixus, avec lesquels Fabricius en a confondu une espèce; le corselet de la largeur de l'abdomen postérieurement; les yeux grands et saillans, et les antennes grossissant graduellement vers le bout, sans former de massue; les cuisses sont renflées. Nous en connaissons trois espèces de la Nouvelle-Hollande et trois du Brésil.

Les TUBICÈNES, *Tubicenus*, de Dejean, ou les Aulètes de Schœnherr, se rapprochent des précédens et des Rhinomacers quant à la forme générale du corps, et leur abdomen en carré long, pas plus large à sa base que celle du corselet; mais les antennes se terminent en massue, et sont insérées à la base du museau-trompe; les yeux sont grands et très-saillans.

Les EURHINES, *Eurhinus*, de Kirby, ont encore les antennes terminées en massue, mais dont le dernier article fort long dans les mâles; elles sont insérées près de l'extrémité du museau; les yeux sont peu élevés; la tête est allongée en arrière d'eux; l'abdomen est un peu plus large à sa base que le corselet et moins carré ou un peu ovalaire; les cuisses antérieures sont plus grosses. Ces Insectes sont propres à l'Australasie, et ont des rapports avec les Rhines et les Magdalis de Germar.

(1) L'une des mandibules ou les deux, soit des mâles, soit des deux sexes, sont quelquefois fortes et avancées.

Nous sommes incertain à l'égard de la place naturelle de deux genres qui ne nous sont connus que par des descriptions incomplètes, et qui, à raison de leurs antennes droites, sont des Orthocères. Tels sont les Rhinaires, *Rhinaria*, de Kirby, et les TANAOS, *Tanaos*, de Schœnherr, qu'il met dans sa division des Ithycérides, coupe tout-à-fait hétérogène et un véritable magasin.

Les autres Attélabides, et qui forment la division homonyme de ce savant, ainsi que celle qu'il désigne sous le nom d'Apionides, ont le corps beaucoup plus court, plus épais, ovoïde ou en forme de poire, avec l'abdomen carré, ou presque ovoïde et très-bombé. Les antennes sont toujours terminées en massue. Les yeux sont proéminens et presque globuleux. Le corselet est en cône tronqué. Les jambes d'un grand nombre ont un ou deux éperons robustes. Les Attélabides offrant ce dernier caractère, et dont le museau est court, épais, dilaté au bout, constituent deux genres, savoir : celui d'APODÈRE, *Apoderus*, Oliv., dont les antennes ont douze articles, et dont la tête s'articule avec le corselet au moyen d'une sorte de cou ou de rotule; et celui d'ATTÉLABE, *Attelabus*, L., où les antennes n'ont que onze articles, et dont la tête n'est point étranglée brusquement à sa base. Ici, d'ailleurs, les jambes ont deux éperons à leur extrémité. On n'en voit qu'un dans les Apodères.

Dans les autres Attélabides, ces éperons sont peu sensibles; le museau est très-long, en forme de trompe, cylindrique, ou en cône allongé, et allant en pointe.

Cette subdivision renferme aussi deux genres : les RHYNCHITES d'Herbst, dont les antennes sont insérées près du milieu d'un museau élargi au bout, et dont l'abdomen est presque carré et arrondi postérieurement; et les APIONS, *Apion* du même, où il est renflé et arrondi en dessus, presque globuleux et ovoïde, et où en outre le museau n'est point dilaté au bout, quelquefois même rétréci en alène, et qui porte, près de sa base, les antennes.

Les *Rhamphus*, que Schœnherr met immédiatement après les Apionides, appartiennent naturellement à la division des Charansonites sauteurs.

La dernière tribu des Rhynchophores recticornes, celle des BRENTHIDES, *Brenthides*, *Cylades*, *Ulocerides*, Schœnh., nous apprend par sa dénomination, qu'elle se compose du genre *Brentus* de Fabricius. Il nous a paru qu'ici, comme dans les Rhynchophores qui succéderont, la languette est entièrement ou presque totalement recouverte par le menton. Cette dernière pièce est presque orbiculaire. Tous les Brenthides ont des ailes; le corps généralement très-long et fort étroit ou linéaire, avec le museau-trompe avancé, droit ou presque droit, dont la longueur, et quelquefois la figure varient selon les sexes(1), et portant deux antennes droites, de la même grosseur partout ou insensiblement plus grosses vers le bout, très-rarement en massue, et le plus souvent de onze articles. Les pieds sont allongés et robustes, et les antérieurs souvent plus grands; le pénultième article des tarses est toujours bilobé. L'Europe n'en fournit qu'une seule espèce; l'Afrique n'en possède qu'un petit nombre; mais les îles de l'océan Indien et le nouveau continent en offrent beaucoup d'espèces. D'après les observations de De La Cordère, par rapport aux espèces recueillies par lui au Brésil, et d'après celles de Savi fils, relativement au Brente d'Italie, ces Insectes vivent sous les écorces des Arbres.

Les uns, Brenthides, Schœnherr, ont les antennes composées de onze articles et toujours filiformes ou grossissant insensiblement vers leur extrémité.

Tantôt, comme dans la plupart,

(1) Dilaté au bout dans les mâles, allant en pointe ou tout-à-fait cylindrique dans les femelles.

les cuisses ne sont point reçues lorsque les pates sont contractées, dans des fossettes du corselet et de l'abdomen. Le dessous des tarses est garni de brosses.

Les ARRHENODES, *Arrhenodes*, Stev., ont la tête plus courte que le corselet, dans les deux sexes; le museau-trompe élargi au bout, terminé par deux mandibules fortes, saillantes, arquées et pointues, dans les mâles. La tête, dans les deux sexes, se termine brusquement, immédiatement derrière les yeux, par une sorte de troncature, en se dilatant un peu de chaque côté angulairement. La seule espèce de Brenthides qu'on ait encore découverte en Europe, *Brent. italicus*, Sanvit., est de ce genre.

Les EUTRACHÈLES, *Eutracheles*, N. Les mâles ont pareillement le museau-trompe terminé par deux mandibules saillantes et beaucoup plus fortes et plus apparentes que celles des mâles des autres Brenthides; mais la tête se prolonge cylindriquement en arrière des yeux, dans les deux sexes, et sa longueur, y compris le museau-trompe, surpasse celle du corselet.

Nous avons établi ce genre sur une grande espèce de Java, et qui porte communément le nom de l'un de nos plus célèbres ornithologistes, Temminck, directeur du cabinet d'Histoire naturelle du roi des Pays-Bas.

Dans tous les genres suivans, les mandibules, celles des mâles même, sont très-petites et ne forment au bout du museau qu'une faible dilatation.

Les BÉLORHYNQUES, *Belorhynchus*, Nob. Où la tête s'articule immédiatement derrière les yeux avec le corselet, au moyen d'un renflement rotulaire et sans rétrécissement préalable. Le museau-trompe des mâles est fort long et brusquement rétréci et acuminé près du bout, à la suite de l'origine des antennes qui sont longues et à articles linéaires (1).

(1) *B. nasutus*, Fabr.

Les NÉMOCÉPHALES, *Nemocephalus*, Nob. Où la tête s'articule aussi au corselet, presque immédiatement après les yeux, sans rétrécissement postérieur graduel; mais où le museau-trompe est d'une même venue dans toute sa longueur, et non brusquement acuminé près de son extrémité (1).

Les BRENTES, *Brentus*, Fab., diffèrent des précédens par leur tête qui se prolonge, en se rétrécissant peu à peu, derrière les yeux, et s'articule ensuite avec le corselet; les antennes des mâles sont insérées vers le milieu du museau-trompe, et à sa base dans les femelles (2).

Les UROPTÈRES, *Uropterus*, Nob., ressemblent aux Brentes quant à la forme de la portion de la tête située en arrière des yeux, ou la portion basilaire; mais le museau-trompe est plus court; les antennes sont insérées vers son milieu, dans les deux sexes; les élytres se terminent brusquement, en manière de queue (3).

Tantôt les côtés du corselet et ceux de l'abdomen ont des enfoncemens propres à recevoir les cuisses; le dessous des tarses n'a point de pelotes. C'est ce qui distingue les TAPHRODÈRES, *Taphroderes*, Schœnherr (4).

Les autres Brenthides n'ont que neuf ou dix articles aux antennes.

Les ULOCÈRES, *Ulocerus*, Dalm., Schœnh. — *Cladione*, Nob., ont le corps presque linéaire, rétréci insensiblement par-devant; les antennes courtes, épaisses, presque cylindriques, grossissant insensiblement, presque perfoliées, garnies

(1) Les *B. suturalis*, *monilis*, *assimilis* de Fabricius; les *B. frontalis*, *barbicornis*, d'Olivier.

(2) *B. anchorago*, Fabr.; les *B. bidentatus*, *militaris*, *volvulus*, Oliv.

(3) *B. caudatus*, Oliv., et d'autres espèces de l'Ile-de-France et du Brésil.

(4) Schœnherr divise les Brentes en quatre sous-genres, les Brentes propres, les Hormocères, les Arrhenodes et les Némorhines, mais qui ne correspondent point parfaitement à nos coupes.

de petites écailles, de neuf articles, dont le dernier en forme de cône très-court.

Les CYLAS, *Cylas*, Nob., Schœnh., ont l'abdomen ovoïde, le corselet comme formé de deux nœuds, dont le postérieur beaucoup plus petit, et les antennes composées de dix articles; le dernier forme une massue ovalaire ou presque cylindrique.

Nous passerons maintenant aux Rhynchophores fracticornes ou aux Curculionites gonatocères de Schœnherr. Ainsi que dans les deux tribus précédentes, le labre est très-petit, à peine sensible, ou nul; les palpes sont aussi très-exigus et coniques; la languette, de même que celle des Brenthides, est cachée derrière le menton, ou appliquée sur sa face interne ou antérieure (1), ou du moins s'élève très-peu au-delà de cette pièce. Les antennes sont coudées, et dans ceux où elles le sont moins et que Schœnherr place avec des Orthocères, la longueur du premier article égale au moins le quart de la longueur totale. Le museau-trompe présente toujours d'ailleurs, de chaque côté, à partir de l'insertion de ces organes, un sillon, tantôt droit, tantôt oblique et courbé inférieurement. Plusieurs de ces Insectes sont aptères, et le pénultième article des tarses n'est pas toujours profondément bilobé. Nous réunissons ces Rhynchophores en une seule tribu, celle des CHARANSONITES, *Curculionites*. Ils se partagent naturellement en deux sections, celle des Brévirostres, *Brachyrhynchi*, Schœnherr, et celle des Longirostres, *Mecorhynchi*, Schœnherr; mais il n'est pas facile de bien déterminer leurs limites, et plusieurs genres sont très-ambigus sous ce rapport. Voici les caractères qui nous paraissent signaler plus rigoureusement les Brévirostres. La portion gulaire servant de support au menton n'est point ou très-peu avancée entre les fentes, où sont logées inférieurement les mâchoires. Ces mâchoires sont recouvertes, dans le plus grand nombre, par le menton; les antennes sont insérées de niveau avec l'origine des mandibules, ou leur articulation est près de l'extrémité du museau-trompe. Si l'on en excepte les Brachycères et les Epises, les antennes ont toujours douze articles.

On peut diviser cette section en trois groupes principaux, les Pachyrhynchides, les Brachycérides et les Liparides; ils ont chacun pour type un grand genre, tel que ceux de Charanson proprement dit, Brachycère et Lipare.

Les deux premiers peuvent, à raison de quelques caractères communs, former une première division. La massue des antennes commence presque toujours au neuvième article. Les mandibules n'ont point de dentelures, ou n'en offrent que deux au plus et ordinairement peu prononcées (1). Le menton, tantôt en forme de carré ou de triangle renversé, tantôt rhomboïdal ou presque orbiculaire, occupe toute la portion de la cavité oculaire, située au-dessous des organes précédens, recouvre les mâchoires ou les laisse à peine entrevoir.

Dans la seconde division, et qui ne comprend que les Liparides, la massue des antennes commence souvent au septième ou au huitième article. Le museau-trompe est toujours allongé. Les mandibules, ou du moins l'une d'elles, ont toujours deux à quatre dents bien manifestes. Le menton n'occupe que le milieu de la cavité buccale, laisse à découvert les mâchoires, dans les fentes où elles sont logées inférieurement, est presque carré ou trapézoïdal; et l'espace gulaire, d'où il prend naissance, s'avance déjà sensiblement entre ces fentes. Ces Rhynchophores tiennent par un bout aux Brachycères et à d'autres Insectes analogues, et par

(1) Vue de ce côté, elle forme souvent une arène (*Integerrium*, Germar).

(1) Les Brachycères sont dans ce cas, mais les dents sont plus courtes à l'une d'elles. Ces Insectes d'ailleurs se rapprochent des Liparides.

l'autre aux Lixus de Fabricius. En un mot, ils font le passage des Brévirostres aux Longirostres.

Les PACHYRHYNCHIDES, *Pachyrhynchides* (1), ont toujours onze à douze articles aux antennes et le pénultième article des tarses profondément divisé en deux lobes. L'existence ou la présence des ailes influant sur les habitudes de ces Animaux et nous paraissant un caractère plus important que celui tiré de la direction des sillons antennaires, nous lui donnerons, contre l'opinion de Schœnherr, la préférence sur celui-ci. Ainsi nous diviserons d'abord les Pachyrhynchides en ailés et en aptères; ceux où les sillons sont obliques, et soit repliés ou courbés inférieurement sur les côtés du museau-trompe, soit dirigés vers le dessous des yeux, formeront une première subdivision. Nous la terminerons par un groupe, composé de plusieurs genres, et distingué par l'ensemble des caractères suivans : premier article des antennes long, dépassant les yeux; museau-trompe assez long et même presque aussi long que la tête et le corselet, dans plusieurs (*Hypsonotus*); pieds antérieurs surpassant les suivans en grandeur, avec les cuisses plus renflées, les jambes arquées, et les tarses très-dilatés et ciliés; corps oblong, avec l'abdomen en forme de triangle renversé, allongé et pas plus large à sa base que le corselet. Des caractères négatifs signaleront conséquemment les genres qui vont suivre.

Il en est parmi eux dont le corselet, plus étroit que l'abdomen, est lobé antérieurement, avec le bord postérieur bisinué; l'abdomen est renflé ou allongé.

Ici le corselet est plus long que large; tels sont les genres : CHARANSON, *Curculio* (*Entimus*, Schœnh.); RHIGUS, *Rhigus*; PROMECOPS, *Promecops*; PHÆDROPE, *Phædropus* de Schœnherr, et ses DÉRÉODES, *Dereodus*, qui ne sont qu'un sous-genre (1) de ses Hypomèces.

Là le corselet est plus large que long; ses genres POLYDIE, *Polydius*; ENTYUS, *Entyus*; et celui de BRACHYSOME, *Brachysoma*, de Dejean; mais restreint à l'espèce qu'il nomme *suturalis*.

Les autres ont le bord antérieur du corselet droit ou presque droit, sans lobes bien prononcés.

Tantôt le corselet est sensiblement plus long que large.

Ceux dont le museau-trompe est plus court que l'autre portion de la tête, ou de sa longueur au plus, composent les genres CHLOROPHANE, *Chlorophanus* (2); ITHYCÈRE, *Ithycerus*; ANOEMÈRE, *Anœmerus*; HYPOMÈCE, *Hypomeces*; LEPTOSOME, *Leptosomus*; TANYMÈQUE, *Tanymecus*; ASTYQUE, *Astycus*; LISSORHINE, *Lissorhinus*; PROTÉNOME, *Protenomus* (ailes incomplètes); ARTIPE, *Artipus*; et SITONE, *Sitona*.

Ceux dont le museau-trompe est sensiblement plus long que la tête; dont les yeux sont toujours saillans; où le corselet est toujours bisinué postérieurement, et dont les élytres sont prolongées à leur base, ou présentent une impression derrière l'écusson, forment les genres HADROPE, *Hadropus*; CYPHUS, *Cyphus*; CALLIZONE, *Callizonus*.

Tantôt le corselet est transversal ou du moins presque isométrique.

Genres : EXOPHTHALME, *Exophthalmus*; EUSTALE, *Eustales*; DIAPRÈPE, *Diaprepes*; PACHNÉE, *Pachnæus*; POLYDRUSE, *Polydrusus*; ME-

(1) Schœnherr désigne ainsi la seconde division de ses Brachyrhynques, et dans un sens beaucoup plus restreint, puisqu'il n'y comprend que cinq genres.

(1) L'indication de ces sous-genres et l'exposition même des caractères des genres, nous forcerait de dépasser les limites qui nous sont prescrites à l'égard de cet article, qui est déjà très-étendu.

(2) Les antennes étant courtes, leur coude est moins sensible; mais il n'en existe pas moins, ce qu'indiquent la longueur du premier article comparée à la longueur totale et les sillons latéraux où il se loge en partie. C'est donc à tort que Schœnherr place ce genre et celui d'*Ithycerus* avec ses Gonatocères.

TALLITE, *Metallites;* et PTILOPE, *Ptilopus.*

Les derniers Pachyrhynchides ailés et à sillons antennaires courbes, sont remarquables par leurs pieds antérieurs plus grands que les intermédiaires, à cuisses grosses, à jambes arquées et à tarses souvent dilatés et ciliés. Le corps est ordinairement oblong, avec le museau-trompe allongé, le premier article des antennes long, le corselet presque globuleux ou triangulaire et l'abdomen pas plus large que lui et presque en forme de triangle renversé et allongé, ou d'ovoïde, tronqué en devant. Ces Insectes sont plus spécialement propres au Brésil, à quelques îles de l'océan Africain et Indien, à l'Afrique. Ceux de notre pays qui ont le plus d'analogie avec eux sont les Phyllobies.

Genres : PROSTOME, *Prostomus;* LEPTOCÈRE, *Leptocerus;* CRATOPE, *Cratopus;* LEPROPE, *Lepropus;* HADROMÈRE, *Hadromerus;* HYPSONOTE, *Hypsonotus* de Schœnh., et LEPTORHINE, *Leptorhinus* (1).

Viennent maintenant les Pachyrhyncides ailés à sillons antennaires droits ou presque droits, se dirigeant vers le milieu des yeux, remplacés même souvent par une simple fossette courte et ovale.

Là le corselet n'est pas lobé antérieurement.

Genres : PHYLLOBIE, *Phyllobius;* MACRORYNE, *Macrorynus;* MYLLOCÈRE, *Myllocerus.*

Ici il est lobé.

Genres : CYPHICÈRE, *Cyphicerus;* AMBLIRHINE, *Amblirhinus;* et PHYTOSCAPE, *Phytoscapus.*

L'absence d'ailes et souvent aussi celle de l'écusson caractérisent les derniers Pachyrhynchides. Les antennes sont ordinairement longues et leur premier article, étant rejeté en arrière, dépasse notablement les yeux. L'abdomen est grand, presque globuleux ou ovoïde.

Afin de lier ces Rhynchophores avec ceux des derniers genres, nous débuterons par ceux dont les sillons antennaires sont pareillement droits ou presque droits.

Plusieurs, et généralement propres à l'Europe et à quelques contrées orientales limitrophes, ont les côtés du museau-trompe servant d'insertion aux antennes brusquement dilatés inférieurement en manière d'angle ou d'oreillette, et de là l'origine de la dénomination d'Otiorhynchides, donnée à cette subdivision par Schœnherr.

Genres : HYPHANTE, *Hyphantus;* OTIORHYNQUE, *Otiorhynchus;* TYLODÈRE, *Tyloderus;* ELYTRODON, *Elytrodon.*

Ce caractère n'a pas lieu dans les genres suivans : OMIAS, *Omias;* PERITÈLE, *Peritelus;* TRACHYPHLÉE, *Trachyphlœus;* EPISOME, *Episomus;* PHOLICODE, *Pholicodes;* PTOCHUS, *Ptochus;* STOMODE, *Stomodes;* SCIOBIE, *Sciobius;* COSMORHINE, *Cosmorhinus;* EREMNE, *Eremnus.*

Dans les Pachyrhynchides aptères qu'il nous reste à mentionner, les sillons antennaires sont obliques et courbés inférieurement.

Genres : LIOPHLÉE, *Liophlœus;* BARYNOTE, *Barynotus;* BRACHYDÈRE, *Brachyderes;* HERPISTIQUE, *Herpisticus;* THYLACITE, *Thylacites;* SYZYGOPS, *Syzygops* (*Cyclopus*, Dej.); CHERRUS, *Cherrus;* PACHIRHINE, *Pachirhinus* (*Sphærogaster*, Dej.); PSALIDIE, *Psalidium.*

---

(1) Ce genre est formé sur une espèce (*Lixoïdes*) du cap de Bonne-Espérance; le corps est presque linéaire, avec la tête allongée, d'une même venue avec le museau-trompe, portant à son extrémité les antennes; le premier article est fort long, terminé en massue; le second et le troisième diffèrent peu en longueur des suivans; la massue est ovoïde et commence au neuvième; les sillons antennaires sont très-courts et repliés brusquement en manière de crochet; le corselet est cylindrique, sans lobes; l'abdomen est un peu plus large, allongé; les élytres se terminent en pointe.

L'un des caractères du genre *Prostomus* est d'avoir les mandibules saillantes et robustes, arquées et sans dents. Mais il faudrait avoir vu plusieurs individus de l'espèce (*C. scutellaris*, Fabr.) sur lequel il a été établi, afin de s'assurer si ce caractère est propre aux deux sexes ou aux mâles seulement.

Les derniers genres paraissent tenir de près à une seconde division des Charansonites brévirostres, les BRACHYCÉRIDES, *Brachycerides*, Insectes tous aptères, dont l'abdomen est souvent renflé, globuleux ou ovoïde, distingués des Pachyrhynchides à raison des articles de leurs tarses qui sont entiers ou sans lobes bien terminés, ni brosses inférieures. Ces Insectes vivent à terre, sont souvent très-raboteux, et habitent, en plus grande abondance, le midi de l'Europe, l'Afrique et quelques parties de l'Asie. Les genres de la dernière division des Brévirostres ou Liparides ont de grands rapports avec eux et conduisent manifestement aux Lixides, les premiers de la section des Longirostres.

Plusieurs Brachycérides, et dont l'Afrique et quelques contrées circonscrivant le bassin de la Méditerranée sont le séjour spécial, ont des antennes courtes, peu coudées, n'offrant extérieurement que neuf articles (1); tels sont les genres BRACHYCÈRE, *Brachicerus*; EPISE, *Episus*.

D'autres ont aussi les antennes presque droites ou peu coudées, mais de douze articles.

Genre : CRYTOPS, *Crytops*.

Les autres n'en diffèrent qu'en ce que les antennes sont manifestement coudées.

Ici les sillons antennaires sont droits et le corselet, comme celui de beaucoup des précédens, est épineux latéralement.

Genre : DERACANTHE, *Deracanthus*.

Là les sillons sont obliques et descendans, et le corselet n'a point d'épines latérales.

Genres : CYCLOME, *Cyclomus*; AMYCTÈRE, *Amycterus*.

Un grand nombre de Charansonites de notre troisième division des Brévirostres composant le genre *Liparus* d'Olivier, nous l'avons désignée par la dénomination de LIPARIDES, *Liparides*. Il faut y adjoindre plusieurs de ses *Lixus*, ou les *Cleonis* de Dejean, qui devraient peut-être former une quatrième division, ainsi qu'elle existe dans la méthode de Schœnherr (*Cleonides*), mais avec trop d'extension. Quoi qu'il en soit, nous distinguerons les Liparides de la manière suivante : menton n'occupant que le milieu de la cavité buccale, presque carré ou trapézoïde, laissant à découvert les mâchoires; mandibules ayant deux à quatre dents très-distinctes; massue des antennes commençant, dans un grand nombre, au septième ou au huitième article; sillons antennaires toujours obliques et descendans; museau-trompe allongé. La plupart vivent à terre.

Les uns, formant une première division, ont les mandibules bidentées, les palpes labiaux distincts, et leurs corps, quoique plus ou moins oblong, n'a point cependant la forme d'un fuseau, un peu plus large postérieurement qu'en devant. Ce sont les Liparides proprement dits.

Il y en a d'aptères.

Quelques-uns parmi eux se rapprochent des Brachicérides à raison de leurs tarses dépourvus de pelottes, et dont le pénultième article est faiblement bilobé.

Genres : MINYOPS, *Minyops*; RYTHYRRHINE, *Rhytirrhinus*.

Les tarses des autres sont garnis de pelottes, et le pénultième article est fortement bilobé.

Tantôt les jambes offrent à leur extrémité interne un fort crochet.

Genres : MOLYTE, *Molytes*; PLINTHE, *Plinthus*; GÉOPHILE? *Geophilus?*

Tantôt elles sont inermes ou les antérieures au plus sont dentées ou munies d'un petit crochet au bout.

Genres : HIPPORHINE, *Hipporhinus* (*Bronchus anisus*, Dej.); STENOCORYNE, *Stenocorinus?* PSUCHOCÉPHALE, *Psuchocephalus*, Nob. (*Curculio leprosus*, Oliv.); APIRHYNQUE, *Apirhynchus*.

(1) Il y en a onze, mais dont les deux derniers très courts et cachés

Les autres Liparides de la même division ont des ailes.

Nous les subdiviserons encore d'après l'armure des jambes.

Ceux où leur extrémité interne est sans crochet ou n'en a qu'un très-petit, se distribuent dans les genres suivans.

Genres : ATERPE, *Aterpus*; LISTRODÈRE, *Listroderes*; GRONOPS, *Gronops*; PHYTONOME, *Phytonomus*; CONIATE, *Coniatus*.

Ceux où toutes les jambes sont armées à leur extrémité d'un fort crochet, composent les genres LEPYRE, *Lepyrus*; HYLOBIE, *Hylobius*; CHRYSOLOPE, *Chrysolopus*.

Notre seconde division générale des Liparides comprend une partie des Cléonides de Schœnherr, se lie presque insensiblement avec les Lixes, et, au point d'insertion des antennes près, plus rapproché de l'extrémité du museau que dans ceux-ci, n'en diffère point essentiellement. Les mandibules ont trois à quatre dents. Le menton est resserré brusquement près de son extrémité et comme tronqué; ses palpes ne sont point ou très-peu distincts. Le corps est le plus souvent ellipsoïde ou en fuseau allongé et un peu élargi postérieurement, avec le museau long et souvent sillonné; le corselet ordinairement lobé antérieurement et bisinué postérieurement. Les jambes ont un crochet à leur extrémité interne. Les antennes se terminent presque graduellement en une massue fusiforme. Ils ont presque tous des ailes.

Genres : PACHYCÈRE, *Pachycerus*; MÉCAPSIS, *Mecapsis*; CLÉONE, *Cleonus*; RHYTIDÈRE, *Rhytiderus*.

Les Charansonites longirostres ou les Mécorhynques, *Mecorhynchi*, de Schœnherr, ont leurs antennes insérées en arrière de l'articulation ou l'origine des mandibules, soit entre le bout et le milieu, soit plus près de la base du museau-trompe, qui est ordinairement long, courbé, ou même replié sur la poitrine, dans le repos. La portion gulaire, servant de support au menton, s'avance plus ou moins en carré long, ou linéairement, entre les cavités, logeant les mâchoires, et simule un menton inarticulé. On peut les partager en deux sections : les Phyllophages et les Spermatophages. Les premiers se nourrissent généralement des parties tendres des Végétaux. Leurs antennes, presque toujours composées de onze à douze articles, et de neuf à dix dans les autres, ne sont jamais insérées près de la base inférieure du museau-trompe; et la massue qui les termine est toujours formée visiblement par les trois derniers articles au moins : cette massue est plus ou moins ovoïde ou ovalaire, en fuseau dans d'autres. Les sillons antennaires sont longs et linéaires. Les tarses n'ont jamais que quatre articles, et le pénultième est toujours bilobé ou dilaté en manière de cœur. Ces Longirostres comprennent les genres *Lixus* et *Rhynchænus* (1) de Fabricius.

Les Longirostres phyllophages peuvent se subdiviser en six groupes principaux : les *Lixides*, les *Rhinchænides*, les *Cionides*, les *Orchestides*, les *Cholides* et les *Cryptorhynchides*. Ces derniers sont remarquables par l'écart qui sépare les pates à leur naissance, et en outre par une cavité plus ou moins grande du sternum, qui reçoit le museau-trompe et même souvent les antennes. Le même écart existe aussi dans les Cholides, mais non la cavité avant-sternale. Dans tous les autres, les pates partent de la ligne médiane du sternum et sont contiguës à leur origine. Les Orchestides nous offrent un caractère unique parmi les Charansonites; leurs cuisses postérieures sont très-renflées, ce

(1) Dans l'ouvrage de Schœnherr sur les Insectes de cette famille, aucun genre ne porte cette dénomination; il n'y a aussi aucun *Curculio*. Il nous semble cependant qu'il aurait pu conserver ces désignations génériques tout aussi bien que celles de *Brachycerus*, de *Brenthus* etc. Il n'a pas toujours respecté la nomenclature établie avant lui, soit par Germar, soit par Dejean.

qui leur donne la faculté de sauter. Les Cionides n'ont que neuf à dix articles aux antennes. Enfin les Lixides et les Rhynchénides ne sautent point, et leurs antennes sont composées de onze à douze articles.

Les LIXIDES, *Lixides*, plus rapprochés des Brévirostres que les Rhynchénides, ont aussi la cavité gulaire moins étendue en longueur. Le support du menton est très-peu avancé entre les mâchoires, et aussi large ou plus large que long. Le menton est carré, mais rétréci brusquement près de son extrémité, de même que celui des Cléonides, et sans palpes au bout, du moins saillans et bien distincts. Le corps est ordinairement oblong, ou en fuseau très-allongé, et presque cylindrique dans plusieurs, avec le museau de longueur moyenne, avancé, presque droit ou peu courbé; les yeux écartés; le corselet en cône tronqué, bisinué postérieurement; les élytres souvent rétrécies en pointe au bout; les jambes terminées par un fort crochet, et le pénultième article des tarses fortement bilobé. Les antennes offrent toujours douze articles, dont les cinq à six derniers forment une massue en fuseau allongé. Les mandibules sont toujours fortement dentées.

Dans les uns, les antennes sont moins coudées; la longueur de leur premier article n'égale guère que le quart de la longueur totale.

Genres : RHINOCYLLE, *Rhinocyllus;* LACHNÉE, *Lachnæus;* NERTHOPS, *Nerthops.*

Celles des autres sont plus nettement coudées; la longueur du même article fait au moins le tiers de la longueur totale.

Genres : LARINE, *Larinus;* LIXE, *Lixus;* PACHOLÈNE, *Pacholenus.*

Les RHYNCHÉNIDES, *Rhynchænides*, ont le support mentonal très-avancé entre les mâchoires, long, étroit ou linéaire. Le menton est court, aussi large ou plus large à son sommet qu'à sa base, avec des palpes très-distincts. Les antennes n'offrent dans plusieurs que onze articles, et leur massue, ovoïde ou ovalaire, n'est généralement composée que de trois à quatre articles, commençant le plus souvent au neuvième, et au huitième dans les autres. La forme du corps varie, mais offre rarement la simultanéité des caractères propres aux Lixides.

Quelques-uns, mais en petit nombre (les Thamnophilides de Schœnherr), ont les antennes peu coudées, courtes, de douze articles, terminées en une massue ovalaire, commençant au huitième article; le museau-trompe court, avancé, peu arqué; le corps ovalaire-oblong, avec les yeux rapprochés supérieurement; le corselet bisinué postérieurement; le bout de l'abdomen en partie découvert; les jambes armées à leur extrémité d'un fort crochet, et le pénultième article des tarses bien bilobé.

Genres : LÆMOSAQUE, *Læmosaccus;* THAMNOPHILE, *Thamnophilus.*

D'autres, dont les antennes sont parfaitement coudées, presque toujours de douze articles, et terminées en une massue courte, ovoïde, épaisse, ont le corps oblong, et même quelquefois presque linéaire, avec le museau-trompe court ou peu arqué, le corselet lobé antérieurement, toutes les jambes arquées, munies d'un fort crochet au bout, et les tarses longs, filiformes, peu garnis de poils en dessous: leur pénultième article est peu élargi et peu bilobé.

Genres : BAGOUS, *Bagous;* HYDRONOME, *Hydronomus;* LYPRE, *Lyprus.*

D'autres Rhynchénides et aquatiques, ainsi que les précédens, ayant aussi des antennes conformées presque de la même manière, se distinguent encore de tous les Insectes de cette division par leurs tarses. Ici les lobes du pénultième article renferment entièrement ou presque en totalité le suivant ou dernier; celui-ci n'offre point de crochets sensibles dans quelques-uns.

Genres : BRACHONYX, *Brachonyx;*

Brachipe, *Brachipus*; Tanysphyre, *Tanysphyrus*; Anople, *Anoplus*.

Les autres Rhynchénides, dont les tarses n'offrent point des caractères particuliers, et qui diffèrent d'ailleurs des deux premiers genres, se diviseront ainsi :

Nous rapprocherons d'abord ceux dont les élytres ne sont point dilatées extérieurement à leur base, en manière d'angle denté ou épineux.

Nous formerons ensuite un premier groupe avec ceux dont le museau-trompe est plus long que la moitié du corps, souvent même beaucoup plus long; dont les pieds sont allongés, avec les jambes grêles, presque linéaires, et presque droites; dont le corselet est plus long que large, en cône tronqué ou en ovoïde renversé et rétréci postérieurement, sans lobes antérieurs, et qui ont tous des antennes composées de douze articles.

Genres : Rhynchène, *Rhynchænus* (*Erirhinus*, Schœnh.); Balanine, *Balaninus*; Anthliarhine, *Anthliarhinus*; Érodisque, *Erodiscus*.

Un second groupe nous offrira des Rhynchénides, ayant le corps ovoïde, avec le corselet presque conique, aussi long au moins que large, et des antennes pareillement composées de douze articles; mais le museau-trompe est plus court que celui des précédens; les deux pieds antérieurs, d'ailleurs, sont plus longs, avec les cuisses renflées et les jambes dilatées ou anguleuses vers le milieu du côté interne.

Genre : Anthonome, *Anthonomus*.

Une troisième subdivision comprendra les Rhynchénides dont le museau-trompe est encore notablement plus court que le corps; dont les antennes ont pareillement douze articles, mais dont les pieds antérieurs ne diffèrent point ou peu des suivans. Ils sont généralement robustes, avec les jambes un peu dilatées ou anguleuses vers le milieu du côté interne.

Il y en a d'aptères; tels sont les genres : Solenorhine, *Solenorhinus*; Styphle, *Styphlus*; Tanyrhynque, *Tanyrhynchus*; Myorhine, *Myorhinus* (*Apsis*, Germ.); Trachode, *Trachodes*.

Les autres, ainsi que tous les Rhynchénides précédens sont ailés.

Ceux dont le corselet est plus long que large forment les genres Heilipe, *Heilipus*; Orthorhine, *Orthorhinus*; Paramécops, *Paramecops*; Pissode, *Pissodes*; Peneste, *Penestes*.

Ceux où il est plus large que long, ou presque isométrique, composent les genres Eudère, *Euderes*; Derélome, *Derelomus*; Coryssomère, *Coryssomerus*; Acallopiste, *Acalopistus*; Endée, *Endæus*; Tychie, *Tychius*, moins le sous-genre *Miccotrogus*.

D'autres Rhynchénides, analogues aux derniers genres, en diffèrent par leurs antennes qui n'ont que onze articles, dont sept avant la massue. Ceux où les élytres sont plus courtes que l'abdomen forment le genre Miccotroge, *Miccotrogus*; ceux où il le recouvre entièrement, les genres Sibyne, *Sibynes*; Bradybate, *Bradybatus* (*Rhynodes*, Dejean).

Les derniers Rhynchénides ont le corps ovoïde, assez convexe, avec les antennes composées de douze articles; les yeux très-rapprochés et déprimés, le corselet transversal, et se distinguent plus particulièrement par leurs élytres, dont la base se dilate extérieurement en manière d'angle denté ou épineux.

Genres : Sterneche, *Sternechus*; Tylome, *Tylomus* (1).

Les Cionides, *Cionides*, n'ont, comme nous l'avons déjà dit, que neuf à dix articles aux antennes, dont sept avant la massue.

En commençant par ceux où leur nombre est de dix, nous avons les genres Mecine, *Mecinus*; Gymnétron, *Gymnætron*; Cione; *Cionus*;

(1) Dejean les a placés dans son genre *Brachysoma*; ce sont les espèces qu'il nomme *exarata*, *tuberculata*.

ceux où il y en a un de moins sont les genres NANODE, *Nanodes;* et PRIONOPE, *Prionopus* de Dalman.

Les ORCHESTIDES, *Orchestides*, ou Charansonites sauteurs, ont tous onze articles aux antennes; tantôt elles sont coudées et insérées sur le museau-trompe.

Genre : ORCHESTE, *Orchestes.*

Tantôt elles sont droites et insérées près des yeux, qui sont toujours rapprochés dans cette division.

Genre : RHAMPHE, *Rhamphus.*

Nous partagerons les CHOLIDES, *Cholides*, en ceux dont le corps est convexe, ovalaire ou presque cylindrique, et ceux où il est plan en dessus, rhomboïdal ou presque elliptique.

Ici le museau-trompe n'est guère plus long que la tête.

Genre : NOTTARHINE, *Nottarhinus.*

Là il est beaucoup plus long.

Ceux-ci ont le corselet trilobé postérieurement.

Genre : ALCIDE, *Alcides.*

Son bord postérieur est droit dans les genres suivans : AMÉRHINE, *Amerhinus;* SOLENOPE, *Solenopus.*

Les Cholides à corps plan en dessus ou déprimé, et de forme rhomboïdale ou presque elliptique, ont toujours le museau-trompe beaucoup plus long que la tête.

Les uns ont une saillie ou corne à l'avant-sternum.

Genre : RHINASTE, *Rhinastus.*

Dans ceux où il est inerme, tantôt le corselet est plus large que long, les élytres recouvrent l'extrémité postérieure de l'abdomen, et la massue des antennes est ovalaire.

Genres : CHOLE, *Cholus;* DIONYQUE, *Dionychus.*

Tantôt le corselet est presque isométrique; l'extrémité postérieure de l'abdomen est ordinairement à nu, et la massue des antennes est en fuseau dans plusieurs.

Genres : PLATYONYX, *Platyonyx;* MADARE, *Madarus;* BARIDIE, *Baridius.*

Les CRYPTORHYNCHIDES, *Cryptorhynchides*, ont des antennes composées de douze ou onze articles.

Nous commencerons par ceux qui, par leur fossette sternale souvent peu profonde, ou peu prononcée et courte, et à raison de leur corps presque rhomboïdal ou presque carré, souvent très-épaissi inférieurement, avec le corselet rétréci brusquement par devant dans la plupart, l'abdomen court, triangulaire, paraissent se lier avec les derniers Cholides. Les yeux de plusieurs sont très-grands et occupent presque toute la face antérieure de la tête. Le présternum de plusieurs mâles est armé de deux cornes ou épines dirigées en avant. Tous sont ailés.

Les uns ont douze articles aux antennes.

Ici la massue des antennes est allongée.

Genres : CENTRINE, *Centrinus;* MECOPS, *Mecops;* EURHINE, *Eurhinus* (1).

Là, cette massue est courte et ovoïde.

Tantôt les yeux sont grands, réunis ou très-rapprochés supérieurement.

Genres : ZYGOPS, *Zygops*, LÉCHIOPS, *Lechiops.*

Tantôt ils sont petits ou moyens et écartés.

Genres : CEUTORHYNQUE, *Ceutorynchus;* MONONYQUE, *Mononychus.*

Les autres n'ont que onze articles aux antennes.

Genres : HYDATIQUE, *Hydaticus;* AMALE, *Amalus* (2); TAPINOTE, *Tapinotus.*

Une seconde division nous offrira des Cryptorhynchides, ayant une grande analogie avec les précédens, et pareillement ailés; dont le corps est ovoïde, court, avec les yeux spacieux, le plus souvent rapprochés ou

(1) Nom déjà employé par Kirby et que nous remplacerons par celui de *Camptorhynchus.*

(2) Ces deux genres sont placés par Schœnherr dans sa division des Erirhinides; mais il nous a paru que d'après leurs rapports naturels ils ne pouvaient s'éloigner des Ceutorhynques.

réunis ; le corselet uni, soit presque conique et tubulaire en devant, soit très-court et transversal ; l'abdomen très-renflé, embrassé latéralement par les élytres ; et les cuisses canaliculées, recevant les jambes dans un sillon ; les antennes ont toujours douze articles.

Ici les yeux sont séparés.

Genres : DIORYMÈRE, *Diorymerus ;* OCLADIE, *Ocladius.*

Là ils sont presque contigus supérieurement.

Genres : CLÉOGONE, *Cleogonus ;* OROBITIS, *Orobitis.*

Nous réunirons dans une troisième et dernière division ceux dont le corps est ovoïdo-oblong, convexe en dessus, avec l'abdomen presque ovoïde. Les deux pieds antérieurs sont ordinairement plus longs, surtout dans les mâles ; les yeux ne sont point réunis en dessus ; les élytres recouvrent le plus souvent l'extrémité postérieure de l'abdomen ; le sillon pectoral est profond, souvent prolongé et même rebordé ; les jambes, ou du moins les antérieures, ont un crochet à leur extrémité interne ; les antennes ont aussi douze articles.

Les uns ont un écusson distinct et des ailes.

Ici le corselet est sensiblement plus long que large, presque en cône tronqué.

Genres : ARTHROSTÈNE, *Arthrostenus ;* PINARE, *Pinarus.*

Là il est transversal ou presque isométrique (l'extrémité des élytres est calleuse).

Genres : CRATOSOME, *Cratosomus ;* MACROMÈRE, *Macromerus ;* GORGUS, *Gorgus ;* CRYPTORHYNQUE, *Cryptorhynchus* (1).

Les autres n'ont point d'écusson, sont privés d'ailes ou n'en ont que de courtes.

Genres : ULOSOME, *Ulosomus ;* SCLÉROPTÈRE, *Scleropterus ;* TYLODE, *Tylodes.*

Les Charansonites longirostres spermatophages diffèrent par leurs habitudes des précédens. Ils vivent de substances ligneuses ou de graines. Leurs antennes, souvent insérées près de la base inférieure du museau-trompe, n'offrent jamais distinctement au-delà de dix articles, dont le dernier, ou les deux derniers au plus, forment une massue. Cette massue est tronquée dans plusieurs, et revêtue d'un épiderme coriace, avec l'extrémité spongieuse. Les jambes sont toujours terminées à leur extrémité interne par un crochet, ordinairement très-fort. Les tarses de quelques-uns offrent cinq articles, et tous entiers.

Ces Insectes se lient avec les Hylésines de Fabricius et autres Xylophages. Il en place quelques-uns dans ce genre ; les autres rentrent dans celui qu'il nomme avec Clairville, Calandre.

Les uns n'ont que quatre articles aux tarses, et dont le pénultième très-distinctement bilobé. Le nombre de ceux de leurs antennes est de huit au moins.

Dans ceux-ci, très-rapprochés des précédens et pareillement aptères, la massue des antennes est formée exclusivement par le dixième article, et peut-être par un ou deux de plus, mais intimement unis avec lui et point distincts.

Genre : ANCHONE, *Anchonus.*

Dans ceux-là la massue des an-

(1) Deux jeunes entomologistes de Paris ont formé, avec un Insecte de nos environs, à museau-trompe droit, aplati, presque semblable à celui des Anthribes, mais plus long, un nouveau genre sous le nom de *Gasterocercus.* La notice concernant ce nouveau genre est insérée dans le tome IV des Mémoires de la Société d'histoire naturelle de Paris. Les mandibules de l'individu que nous avons étudié, n'ont point de dents. Nous possédons une espèce du Brésil offrant parfaitement les mêmes caractères. Les *Gorgus*, dans la méthode de Schœnherr, sont un sous-genre de Cratosomes ; mais il nous semble que l'on peut en former un genre propre, et qui comprendra toutes les espèces dont le museau-trompe offre, dans les mâles, deux saillies en forme de dards ou de cornes, espèces qui sont généralement de grande taille.

tennes est formée par le huitième ou le neuvième.

Il y en a d'aptères. Tel est le genre Orthochæte, *Orthochætes* de Germar (*Comasinus?* Dej.).

Les autres sont ailés.

Tantôt la massue est précédée de sept articles (les *Calandrœides* de Schœnherr).

Genres : Rhine, *Rhina*; Sipale, *Sipalus* (*Acorhinus*, Dej.); Calandre, *Calandra* (*Rhynchophorus*, Schœnh.)

Tantôt de huit (les *Cossonides* du même).

Genres : Amorphocère, *Amorphocerus*; Cossone, *Cossonus*; Rhyncole, *Rhyncolus*.

Les autres ont cinq articles, et tous entiers aux tarses. Les antennes n'en offrent que six, dont le dernier compose la massue (les *Dryophthorides*, du même).

Genre : Dryopthore, *Dryopthorus* (*Bulbifer*, Dej.).

On a vu par cette distribution méthodique des Rhynchophores, qu'en admettant les genres de Schœnherr, il fallait employer avec lui des caractères d'une bien médiocre valeur, et qui, dans une famille moins nombreuse, ne seraient souvent que spécifiques ou tout au plus divisionnaires. C'eût été bien pis si nous eussions voulu faire entrer dans notre cadre la nomenclature de ses sous-genres. Dans la supposition que le nombre des espèces soit de trois mille, et que chaque genre n'en comprît, terme moyen, que cinquante, nous n'aurions besoin pour les signaler facilement que d'une soixantaine de genres. On ne serait point dès-lors dans la nécessité de faire usage de moyens si faibles, si incertains, et qui nous font craindre que la science ne devienne un véritable chaos. Aussi, dans la nouvelle édition de la partie entomologique de l'ouvrage de Cuvier sur le règne animal, avons-nous réduit de beaucoup la quantité de ces coupes génériques. Celles de Germar et Dejean (1) pouvaient, à quelques modifications près, suffire à nos besoins. Nous sommes, au surplus, persuadé que Schœnherr simplifiera plus tard sa méthode. Le quatrième volume de l'excellent ouvrage de Gyllenhal sur les Insectes de la Suède nous offre à cet égard une concordance très-utile. (LAT.)

RHYNCHOPS. ois. Vulgairement *Bec-en-Ciseau*. Genre de l'ordre des Palmipèdes. Caractères : bec plus long que la tête, droit, aplati sur les côtés en lame, tronqué vers le bout; mandibule supérieure beaucoup plus courte que l'inférieure, à bords très-rapprochés, formée de deux lames réunies en gouttière; l'autre, seulement élargie à sa base, n'offrant ensuite qu'une seule lame qui s'engaîne dans la mandibule supérieure. Narines latérales, marginales, éloignées de la base. Pieds assez longs, grêles; tarses plus longs que le doigt du milieu; doigts antérieurs unis par une membrane un peu découpée; pouce articulé sur le tarse. Ailes très-longues; les deux premières rémiges dépassant beaucoup les autres en longueur. Quoique pourvus d'ailes très-longues, ces Oiseaux se livrent peu au vol élevé; sillonnant presque toujours lentement la surface des ondes, ils sont à la quête des petits Poissons qui viennent s'y montrer, les poursuivent dans leur marche tortueuse, et les saisissent avec beaucoup d'agilité. L'habitude qu'ils ont, dans cet exercice, de tenir le bec ouvert dans l'eau, et d'y tracer dans leur course une espèce de sillage, les a fait surnommer les Coupeurs d'eau. Aussitôt qu'ils ont saisi un petit Poisson, ils élèvent la mandibule inférieure, serrent leur proie dans la double rainure que forme leur bec lorsqu'il est fermé, et l'avalent ensuite à loisir. Ils habitent les côtes du nouveau

(1) Schœnherr ayant donné la correspondance de ses genres avec ceux de ces savans, nous nous sommes abstenu, excepté pour quelques omissions, de la reproduire.

continent, où on les observe tantôt isolés, tantôt par petites troupes; c'est sur les rives escarpées de ces côtes qu'ils viennent se reposer, car ils ne paraissent pas avoir l'habitude des autres Palmipèdes, de s'asseoir à la surface des eaux. C'est aussi dans les anfractures de ces rives rocailleuses qu'ils établissent leur nid formé de Varecs négligemment amassés; la ponte, recueillie par un collecteur digne de foi, consiste en trois œufs d'un vert grisâtre, pointillé de taches obscures. Ce genre n'offre encore que deux espèces.

RHYNCHOPS NOIR, *Rhyncops nigra*, L., Buff., pl. enl. 357. Sommet de la tête et parties supérieures d'un brun noirâtre; grandes tectrices alaires bordées de blanc, ce qui forme sur l'aile un trait blanc; front et parties inférieures d'un blanc pur; queue fourchue; rectrices extérieures variées de brun sur un fond blanc; bec rouge à sa base, noir à l'extrémité; pieds rouges. Longueur, vingt pouces, et trois pieds huit pouces de vol. De l'Amérique entre les tropiques.

RHYNCHOPS A BEC JAUNE, *Rhynchops flavirostris*, Vieill. D'un gris sombre à l'exception du front, de la gorge, des parties postérieures et de l'extrémité des tectrices alaires qui sont blancs; pieds bruns; bec jaune, un peu rembruni à la pointe. Longueur, dix-huit pouces. Il se trouve en Australasie. (DR..Z.)

RHYNCHOSASME. INS. (Hermann.) Syn. de Bec-Ouvert. *V.* CHOENORAMPHE. (B.)

RHYNCHOSIA. BOT. PHAN. Loureiro (*Flor. Cochinch.*, édit. Willd., 2, p. 562) décrivit, sous le nom de *Rhynchosia volubilis*, une Plante formant un nouveau genre de la famille des Légumineuses et de la Diadelphie Décandrie, L., qui fut réuni par quelques auteurs au genre *Glycine*. Mais ce dernier genre, tel que Linné l'a construit, est un amalgame de Plantes chez lesquels l'organisation florale est assez diversifiée pour donner naissance à plusieurs nouveaux groupes. L'inspection du *R. volubilis* de Loureiro, conservé au Muséum de Paris, suggéra au professeur De Candolle l'idée que toutes les espèces de *Glycine* à deux ou quatre graines et à cotylédons charnus appartenaient au genre *Rhynchosia*. Déjà, en 1818, Elliott, dans son Esquisse de la Flore de Caroline, avait séparé les Glycinés oligospermes de l'Amérique septentrionale en un genre nouveau, auquel il avait donné le nom d'*Arcyphyllum*; et presque en même temps Nuttall avait réservé le nom de *Glycine* pour ces espèces seulement, nomenclature qui fut admise par Kunth. Cependant De Candolle (*Prodr. Syst. Veget.*, 2, p. 384, et Mém. sur les Légumineuses, p. 362), s'astreignant à l'ordre de priorité, adopta le nom proposé en 1789 par Loureiro, et caractérisa de la manière suivante le genre *Rhynchosia*, qu'il plaça dans la tribu des Phaséolées : calice à cinq lobes presque déjetés en deux lèvres; corolle papilionacée, quelquefois plus petite que le calice; dix étamines diadelphes, le filet solitaire genouillé à sa base; style filiforme, souvent fléchi diversement; gousse sessile, comprimée, presqu'en forme de faulx, à deux valves, à une seule loge, à deux ou très-rarement à trois ou quatre graines ovales, arrondies, à cotylédons épais et charnus. Ce genre se compose d'environ cinquante espèces, qui croissent dans les diverses contrées chaudes du globe, et que le professeur De Candolle a réparties en quatre sections, déterminées principalement par le feuillage ou l'inflorescence, savoir : 1°. Celles dont les feuilles sont toutes ou la plupart à une seule foliole; le *Glycine reniformis*, Pursh, en est le type. 2°. Les espèces à trois folioles et à fleurs en grappes, telles que le *Rhynchosia volubilis*, Loureiro, et une grande quantité de *Glycine* et de *Dolichos* des auteurs, ainsi que huit à dix espèces nouvelles. C'est à cette section qu'appartiennent les *Rhynchosia phaseoloides* et *precatoria*, qui ont des graines comprimées, en partie rouges et en partie noires, presque semblables à celles de l'*Abrus precatorius*, L. 3°. Les espèces à feuilles trifoliolées et à pédicelles axillaires, uniflores. Le *Glycine angustifolia*, Jacq. (*Hort. Schœnbr.*, 2, t. 231); le *Glycine mollis*, Willd., et le *Glyc. Totta*, Thunb., plus deux autres espèces du cap de Bonne-Espérance composent cette section qui a été établie seulement dans les Mémoires sur les Légumineuses et non dans le *Prodromus*. 4°. Les espèces dont les feuilles sont très-brièvement pétiolées et à trois folioles presque palmées, ou très-près de partir ensemble du sommet du pétiole; elles ont des grappes ou faisceaux de fleurs axillaires. Leurs tiges ne sont pas grimpantes. L'étendard des fleurs est velu-soyeux. De Candolle donne à cette section le nom d'*Eriosema*, et semble disposé à en former un nouveau genre. Le *Cytisus violaceus* d'Aublet, ou *Crotalaria lineata* de Lamarck, *Glycine picta* de Walh; les *Glycine rufa*, *diffusa*, *crinita*, etc., de Kunth; le *Cytisus sessiliflorus* de Poiret; le *Crotalaria psoraloides* de Lamarck, tous indigènes d'Amérique, appartiennent à ce groupe. (G..N.)

* RHYNCHOSPERMUM. BOT. PHAN. Genre nouveau de la famille des Synanthérées, établi par Reinwardt et Blume (*Bijdr. Flor. ned. Ind.*, p. 902), qui le regardent comme intermédiaire entre les genres *Aster* et *Solidago*. Voici ses caractères : involucre hémisphérique, à folioles nombreuses, imbriquées. Réceptacle marqué de fossettes. Fleurons du centre tubuleux, quinquéfides, hermaphrodites; ceux de la circonférence, en languette, nombreux et femelles. Anthères nues. Akènes comprimés, couronnés d'une aigrette composée de poils crochus au sommet et légèrement plumeux. Le *Rhynchospermum verticillatum* est une Plante vivace, dont les dernières branches sont verticillées, les feuilles éparses, brièvement pétiolées, lancéolées, scabres, légèrement dentées en scie, les fleurs solitaires ou peu nombreuses au sommet de pédoncules axillaires et terminaux. Cette Plante croît dans les montagnes de la province de Tjanjor à Java. (G..N.)

RHYNCHOSPORE. *Rhynchospora*. BOT. PHAN. L'une des subdivisions du genre *Schœnus* de la famille des Cypéracées, établie par Vahl. Elle comprend les espèces qui ont les écailles inférieures de leurs épillets vides; leurs fleurs hermaphrodites, composées de deux ou trois étamines, d'un ovaire comprimé, surmonté d'un style profondément biparti et de deux stigmates. Le fruit est nu, sans soies hypogynes, lenticulaire, à surface ridée, surmonté à son sommet par la base du style qui est persistante. Ce genre a été réuni par Kunth au genre *Chætospora*. Un grand nombre des espèces de ce genre sont originaires de l'Amérique septentrionale et méridionale. Telles sont les *Rhynchospora aurea*, *inexpansa*, *capitellata*, *cephalotes*, *fascicularis*, etc. *V.* CHÆTOSPORE. (A. R.)

RHYNCHOSTÈNE. OIS. On a employé ce nom pour désigner collectivement les Oiseaux qui ont le bec étroit. (B.)

RHYNCHOSTOMES. *Rhynchostoma*. INS. Latreille (Fam. nat. du Règne Anim.) donne ce nom à la cinquième tribu de la famille des Sténélytres. *V.* ce mot. Cette tribu se distingue des tribus voisines parce qu'elle se compose d'Insectes qui ont le devant de la tête allongé en forme de museau ou de petite trompe. Cette tribu renferme les genres Sténostome et Mycière. *V.* ces mots. (G.)

* RHYNCHOSTYLIS. BOT. PHAN. Genre de la famille des Orchidées, établi par Blume (*Bijdr. Flor. ned. Ind.*, 1, p. 285), qui l'a ainsi caractérisé : cinq sépales du périanthe étalés, larges, les latéraux extérieurs plus grands que les intérieurs; la-

belle soudé avec l'onglet du gynostême en un sac comprimé, ayant le limbe dilaté, ovale et étalé. Gynostême aminci antérieurement en un petit bec convexe; anthère terminale, semi-biloculaire. Masses polliniques, solitaires dans chaque loge, globuleuses, marquées d'un sillon sur le dos, carenées, portées sur un pédicelle très-long et muni d'un appendice à la base. Ce genre se compose de deux espèces (*R. retusa* et *R. præmorsa*) qui croissent dans les provinces de Bantam et de Buitenzorg à Java. Ce sont des Herbes caulescentes et parasites sur les Arbres. Leurs racines sont fibreuses; leurs tiges simples, munies de feuilles linéaires, canaliculées, rigides, engaînantes à la base. Les fleurs sont belles, pédicellées, nombreuses et disposées en épis axillaires. (G..N.)

* RHYNCHOTECHUM. BOT. PHAN. Genre de la famille des Bignoniacées, tribu des Cyrtandrées, établi par Blume (*Bijdr. Flor. ned. Ind.*, p. 775) qui l'a ainsi caractérisé : calice quinquéfide, égal; corolle dont le tube est court, campanulé, le limbe à cinq lobes inégaux; quatre étamines didynames, incluses, à anthères uniloculaires, libres; style courbé, surmonté d'un stigmate obtus; fruit en baie, globuleux, entouré par le calice; les lobes de la cloison charnus, repliés en dedans et séminifères. Ce genre diffère principalement du *Cyrtandra* par ses quatre étamines fertiles, ses anthères uniloculaires et son fruit globuleux. Le *Rhynchotechum parviflorum* est un Arbrisseau à tige simple, arrondie, garnie de feuilles oblongues-lancéolées, dentées en scie, un peu velues en dessous, à fleurs pédicellées, disposées en corymbes dichotomes, axillaires. Cette Plante croît dans les montagnes de Séribu, à Java. (G..N.)

RHYNCHOTHECA. BOT. PHAN. Genre de la famille des Géraniacées, établi par Ruiz et Pavon (*Prodr. Flor. Peruv.*, p. 142, tab. 15), adopté par Kunth et De Candolle qui lui ont imposé les caractères suivans : calice à cinq sépales égaux; corolle nulle; dix étamines dont les filets sont libres; style très-court, surmonté de cinq stigmates longs et épais; cinq carpelles prolongés en queue au sommet, déhiscens par la base; deux ovules dans chaque carpelle, fixés à l'axe et pendans; réceptacle central en forme de colonne et pentagone; graines presque carenées, dont l'embryon est droit, inverse, au milieu d'un albumen charnu. Ce genre diffère des autres Géraniacées par l'absence de la corolle, par ses étamines libres et par ses graines munies d'albumen. Il ne renferme que deux espèces décrites et publiées par Kunth (*Nov. Gen. et Spec. Plant. æquin.*, 5, p. 232, tab. 464 et 465) sous les noms de *Rhynchotheca integrifolia* et *R. diversifolia*. Ce sont des Arbrisseaux très-rameux, à rameaux opposés, tétragones et dont les petites branches sont spinescentes. Les fleurs sont pédonculées et placées au sommet des branches. Ces Plantes croissent dans les lieux tempérés de la province de Quito, au Pérou. (G..N.)

RHYNCOLITHES. ÉCHIN. et MOLL. On a donné ce nom à des Pointes d'Oursin pétrifiées. On a aussi appelé RHYNCOLITHES des pétrifications en forme de bec recourbé, qu'on regarde comme ayant appartenu à des Sèches antédiluviennes. Gaillardot, savant géologue et botaniste, médecin à Thionville, en a découvert et observé de ce genre. (B.)

RHYNCOPRION. INS. Le genre ainsi nommé par Hermann fils est le même que l'*Argas* de Latreille. *V.* ce mot. (A. R.)

RHYNCOSPERMA. BOT. PHAN. Dans le Dictionnaire des Sciences naturelles, ce mot est cité sans autre citation comme synonyme de *Notelæa*. C'est sans doute une altération du mot *Rhyzospermum*. *V.* ce mot. (G..N.)

RHYNE. BOT. PHAN. Selon quelques voyageurs, c'est un des noms de pays du Camphrier. *V.* ce mot. (G..N.)

RHYNGAPTÈRES. INS. Syn. de Rhinaptères. *V.* PARASITES. (A. R.)

RHYNGOTA. INS. (Fabricius.) Syn. d'Hémiptères. *V.* ce mot. (G.)

RHYNGOTES. INS. Pour *Rhyngota.* *V.* ce mot. (B.)

RHYNOBATE. POIS. Même chose que Rhinobate. *V.* RAIE. (B.)

RHYNOLOPHE. MAM. Pour Rhinolophe. *V.* ce mot. (B.)

RHYNOPOME. MAM. Pour Rhinopome. *V.* ce mot. (B.)

• RHYPHE. *Rhyphus.* INS. Genre de l'ordre des Diptères, famille des Némocères, tribu des Tipulaires, établi par Latreille qui l'a placé dans le groupe des Tipulaires fongivores de ses Familles naturelles du Règne Animal. Ce genre faisait partie du grand genre Tipule pour les auteurs antérieurs à Latreille. Fabricius les confondait avec son genre *Sciara;* Illiger et Meigen lui donnaient le nom d'*Anisopus.* Les caractères des Rhyphes sont : corps mince; tête globuleuse; antennes courtes, avancées, subulées, composées de seize articles distincts; les deux premiers séparés des autres. Trompe avancée, un peu plus courte que la tête, cylindrique, en forme de bec. Palpes avancés, recourbés, composés de quatre articles inégaux, le second en massue. Yeux entiers, espacés dans les femelles, se réunissant au-dessus du vertex dans les mâles. Trois petits yeux lisses égaux, placés en triangle sur le vertex. Corselet globuleux. Ailes ciliées sur leur bord et sur leurs nervures, couchées l'une sur l'autre dans le repos. Balanciers grands; pates inégales, les deux postérieures plus grandes; crochets des tarses très-petits. Abdomen filiforme. Ce genre se distingue des Asindules, parce que ces derniers Diptères ont la trompe beaucoup plus longue que la tête; les Synaphes et Mycétophiles en diffèrent, parce qu'ils n'ont que deux yeux lisses; les Leïa en sont séparés par leurs antennes grenues et grossissant vers l'extrémité; enfin les Platyures, Sciophiles et Campilomyzes n'ont point de museau rostriforme. On connaît trois espèces de Rhyphes; elles sont de petite taille. Nous citerons parmi elles :

Le RHYPHE DES FENÊTRES, *Rhyphus fenestralis*, Meig., Latr.; *Sciara cincta*, Fabr.; Réaum., Ins. T. V, p. 21 et 22, pl. 4, fig. 3-10. Long de trois lignes et demie; corps testacé; ailes ayant des points noirs et une plus grande tache au bout. Cette espèce est commune à Paris. On la trouve souvent sur les vitres des maisons. Suivant Réaumur, sa larve vit dans les bouses de vaches; elle a six à sept lignes de longueur; son corps est cylindrique, composé de segmens qui ont le luisant de l'écaille, quoiqu'ils ne soient que membraneux; leur moitié inférieure forme une bande brune, le reste est d'un blanc sale. On ne voit sous aucun d'eux ni pates ni mamelons; la tête est écailleuse, et se rapproche par sa forme de celle des larves de Stratyomes; on en voit sortir en dessous aux appendices frangés qui rentrent quelquefois dans la bouche. De chaque côté on aperçoit une tache brune que Réaumur prend pour un œil. Le dernier segment du corps porte quatre tuyaux cylindriques, dont deux plus courts, auxquels se rendent des trachées que l'on aperçoit au travers de la peau de la larve. Les deux autres tuyaux sont plus longs et placés plus près de l'extrémité du corps. Cette larve se change en une nymphe dont les segmens de l'abdomen sont hérissés d'épines inclinées vers le derrière; ces épines lui servent pour s'élever au-dessus de la bouse de vache quand elle doit se métamorphoser en Insecte parfait, ce qui a lieu à peu près une semaine après son changement en nymphe. (G.)

RHYPSALIS. BOT. PHAN. Pour Rhipsalis. *V.* ce mot. (G..N.)

* RHYTACHNE. BOT. PHAN. Desvaux (*in Hamilt. Prodr. flor. Ind. occid.*, p. 11) a établi sous ce nom un genre qui appartient à la famille des Graminées et à la Triandrie Monogynie, L. Voici les caractères qu'il lui a imposés : lépicène (Glume, Desvaux) biflore, à fleurettes incluses; épillets immergés dans les excavations du rachis; valve de la lépicène solitaire, coriace, rugueuse transversalement, aristée; valves de la glume (Paillettes, Desv.) ovées et aristées. Le *Rhytachne rottbœllioides* est une Graminée des Antilles, dont le chaume est dressé et croît par touffes : les feuilles sont enroulées, sétacées et glabres; l'épi de fleurs, solitaire et terminal. (G..N.)

RHYTELMINTHUS. INTEST. Nom donné par Zeder à un genre de Vers intestinaux, nommé depuis Bothriocéphale par Rudolphi, et adopté sous cette dernière dénomination par la plupart des zoologistes. *V.* BOTHRIOCÉPHALE.) (E. D..L.)

* RHYTIDÈRES. INS. Genre de Charansonites établi par Schœnherr. *V.* RHYNCHOPHORES. (G.)

* RHYTIRRHINUS. INS. Genre de Charansonites établi par Schœnherr. *V.* RHYNCHOPHORES. (G.)

* RHYTIS. INTEST. Nom générique employé par Zeder pour désigner les Bothriocéphales. (E. D..L.)

RHYTIS. BOT. PHAN. Sous le nom de *Rhytis fruticosa*, Loureiro (*Flor. Cochinch.*, R., p. 811) a décrit une Plante de la Cochinchine, qu'il a considérée comme formant un nouveau genre, placé par cet auteur dans la Polygamie Diœcie, et ainsi caractérisé : les fleurs hermaphrodites offrent un calice partagé profondément en trois ou six lobes obtus et étalés; point de corolle; trois étamines à filets dressés, plus longs que le calice, insérés sur le réceptacle, et à anthères bilobées; un ovaire supère, un peu allongé, surmonté de trois stigmates sessiles, bifides et réfléchis; une baie comprimée-ovée, rugueuse, flasque, à une seule loge renfermant trois graines petites et ovées. Les fleurs femelles ont le périanthe ou calice divisé en plusieurs segmens lancéolés, poilus et étalés; point de corolle ni d'étamines; l'ovaire et la baie comme dans les fleurs hermaphrodites. Le *Rhytis fruticosa* est un Arbrisseau haut de six pieds, ligneux, à rameaux étalés, garnis de feuilles oblongues, très-entières, alternes et glabres. Les fleurs forment de longs épis terminaux. (G..N.)

* RHYTISMA. BOT. CRYPT. (*Hypoxylées.*) Fries a établi ce genre qui se rapproche beaucoup du *Phacidium* du même auteur, et qui a reçu d'Ehrenberg le nouveau nom de *Placuntium*. Il l'a placé dans l'ordre des Pyrénomycètes, et l'a ainsi caractérisé (*Syst. Mycolog.*, 2, p. 565) : périthécium simple, presque dimidié, distinct du nucléus, d'abord fermé, puis éclatant en morceaux par des fentes transversales et flexueuses. Nucléus composé, presque multiloculaire, offrant après la rupture du périthécium un hyménium en forme de placenta charnu et persistant. Sporanges (*asci*) fixes, presqu'en massue, remplis de sporidies placés sur un seul rang, entremêlés de paraphyses. La plupart des Cryptogames qui font partie de ce genre ont été confondues avec les *Xyloma* par Persoon, De Candolle, Schweinitz et d'autres auteurs, qui leur ont imposé les noms des Plantes sur lesquelles on les trouve; tels sont, par exemple, les *Rhytisma Andromedæ*, *Vaccinii*, *Urticæ*, *salicinum*, *acerinum*, etc. Quelques espèces ont été confondues avec des *Sphæria*, des *Mucor*, des *Peziza*, et même avec des Lichens. Ainsi le *Rhytisma corrugatum*, que l'on rencontre fréquemment sur les croûtes des Lichens et sur les bois morts, est le *Lecidea corrugata* d'Acharius, dont il a fait ensuite un genre sous le nom de *Limboria*; c'est aussi le *Lichen granifor-*

mis de l'*English Botany*, tab. 464 (excepté les individus stipités). (G..N.)

* RHYZODE. *Rhyzodes.* INS. Genre de l'ordre des Coléoptères, section des Pentamères, famille des Serricornes, tribu des Lime-Bois, établi par Illiger, et adopté par Dalman et Latreille avec ces caractères : corps dur, linéaire; tête petite, avancée, presque en cœur, pointue en devant, ayant un cou distinct. Antennes droites, avancées, ayant presque trois fois la longueur de la tête, composées de onze articles globuleux, transversaux, très-distinctement séparés les uns des autres, le premier le plus gros de tous, les autres presque égaux entre eux. Bouche rentrée, peu apparente; dernier article des palpes elliptique. Menton grand, couvrant la bouche, sinué antérieurement, son lobe du milieu aigu. Yeux saillans, grands, demi-circulaires. Corselet un peu plus large que la tête, plus long que large, rebordé latéralement; partie postérieure du sternum descendant très-bas sur l'abdomen. Ecusson point apparent. Elytres plus larges que le corselet, ayant deux fois sa longueur, couvrant les ailes et l'abdomen. Pates courtes, les postérieures extrêmement éloignées des autres, leurs cuisses ayant un appendice à la base. Tarses presque aussi longs que la jambe, de cinq articles, dont les quatre premiers égaux entre eux, entiers; et le cinquième un peu plus long et muni de deux crochets. Ce genre se distingue des Cupès, parce que ceux-ci ont le pénultième article des tarses bilobé; les Atractocères, Hylecœtes et Lymexylons en diffèrent, parce que leur corps est mou, et par d'autres caractères tirés des palpes, des antennes et des tarses. On connaît deux espèces de Rhyzodes; l'une est américaine, et a été décrite par Lepelletier de Saint-Fargeau et Serville dans l'Encyclopédie méthodique; ils l'ont nommée RHYZODE SILLONNÉ, *Rhyzodes exaratus.* Elle est longue de trois lignes et demie, d'un brun marron luisant, avec trois sillons égaux sur le corselet, et les élytres striées par des lignes de points enfoncés. Elle se trouve à la Caroline, et ne diffère presque en rien du RHYZODE EUROPÉEN, *Rhyzodes europœus* de Dejean; *Rhyzodes exaratus*, Dalman, *Analecta Entom.*, p. 93, n. 3, qui est de la même taille, de la même couleur, et qui ne s'en distingue que par les sillons latéraux du corselet qui sont plus courts que celui du milieu. On le trouve dans les Alpes, en Suède et en Tauride. (G.)

* RHYZONICHIUM. OIS. Nom donné par Illiger à la dernière phalange du doigt des Oiseaux. (DR..Z.)

* RHYZOPHAGE. *Rhyzophagus.* INS. Genre de Coléoptères tétramères, de la famille des Xylophages, tribu des Bostrichins, mentionné par Latreille (Fam. nat., etc.), et dont nous ne connaissons pas encore les caractères. (G.)

* RHYZOPHORE. INS. Genre établi par Herbst (Coléopt., 5, pl. 45, fig. 10) pour le *Lyctus bipustulatus* de Fabricius. Mais ce genre n'a point été généralement adopté. (A. R.)

RHYZOSPERMUM. BOT. PHAN. Pour *Rhizospermum.* *V.* ce mot. (G..N.)

* RHYZOTROGUE. *Rhyzotrogus.* INS. Genre proposé par Latreille (Fam. nat. du Règne Animal) et dont les caractères ne sont pas encore publiés. (G.)

RIANA. BOT. PHAN. Le genre décrit sous ce nom par Aublet a été réuni au *Conohoria* du même auteur, et fait partie de la famille des Violariées. *V.* CONOHORIA. (A. R.)

RIBARD. BOT. PHAN. L'un des noms vulgaires du Nymphæa. (B.)

* RIBAS. BOT. PHAN. (Olivier.) Syn. de *Rheum Ribes*, L., chez les Persans. *V.* RHUBARBE. (B.)

RIBAUDET. OIS. Dénomination vulgaire du Pluvier à collier. *V.* PLUVIER (DR..Z.)

RIBELIER. BOT. PHAN. Pour Embelia. *V.* ce mot. (B.)

RIBES. BOT. PHAN. *V.* GROSEILLIER. C'est aussi une espèce de Rhubarbe. *V.* ce mot et RIBAS.

* RIBÉSIÉES. *Ribesiæ.* BOT. PHAN. Famille naturelle de Plantes qui a pour type le genre *Ribes* et que l'on désigne aussi sous le nom de *Grossulariées*; elle offre les caractères suivans : les fleurs sont généralement hermaphrodites ayant le tube de leur calice adhérent à l'ovaire, le limbe plus ou moins évasé à quatre ou cinq divisions régulières et colorées; la corolle formée de quatre ou cinq pétales généralement petits, très-rarement nuls. Les étamines en même nombre que les pétales et alternant avec eux sont insérées au haut du tube calicinal; les anthères sont ou didymes, ou cordiformes s'ouvrant par une double suture longitudinale. L'ovaire adhérent avec le calice est à une seule loge contenant un grand nombre d'ovules attachés à deux trophospermes pariétaux et opposés. Le style est tantôt simple, portant un stigmate bilobé, tantôt profondément biparti, chaque division étant terminée par un stigmate distinct. Le fruit est une baie ombiliquée à son sommet, charnue, à une seule loge, renfermant un grand nombre de graines attachées aux deux trophospermes pariétaux par de longs podospermes filiformes. Elles sont charnues extérieurement et comme arillées; leur embryon est très-petit, placé sur l'extrémité inférieure d'un endosperme blanc et corné.

Les Ribésiées qui se composent du seul genre *Ribes* (Groseillier) sont des Arbustes avec ou sans épines. Leurs feuilles sont alternes, pétiolées, lobées et dentées; leurs fleurs généralement petites sont solitaires, géminées ou en petits épis pendans. Cette famille a de très-grands rapports avec les Nopalées ou Cactées dont elles diffèrent surtout par leur port, le nombre de leurs pétales, etc. (A. R.)

RIBESIOIDES. BOT. PHAN. Syn. d'Embélia. *V.* ce mot. (B.)

RIBESIUM. BOT. PHAN. Ce mot, employé par plusieurs botanistes, au lieu de *Ribes*, désignait également les Groseilliers. *V.* ce mot. (B.)

RIBET ET RIBETTE. BOT. PHAN. Noms de pays du Groseillier rouge. (B.)

* RICANIE. *Ricania.* INS. Genre de l'ordre des Hémiptères, section des Homoptères, famille des Cicadaires, tribu des Fulgorelles, établi par Germar et adopté par Latreille (Fam. nat., etc.). Les caractères que Germar assigne à ce genre sont : tête courte, transversale; front bas, presque ovale, rebordé sur ses côtés; chaperon rattaché à l'extrémité du front, conique, subulé à son extrémité. Labre caché; rostre plus court que la moitié du corps. Yeux globuleux, pédonculés en dessus; un petit œil lisse de chaque côté, inséré sur le bord inférieur de l'œil. Antennes courtes, éloignées des yeux, leur premier article petit, cylindrique; le second court, plus épais à son extrémité, tronqué obliquement et portant une soie. Ce genre a pour types les *Flata ocellata* et *hyalina* de Fabricius. (G.)

RICARDIA. BOT. PHAN. Pour *Richardia*. *V.* RICHARDE. (B.)

* RICCELLA. BOT. CRYPT. (*Hépatiques.*) De Braune a séparé sous ce nom des Riccies, les *R. fluitans* et *canaliculata*; mais les caractères des Plantes de ce genre ont été trop peu étudiés jusqu'à ce jour pour qu'on puisse admettre cette distinction. *V.* RICCIE. (AD. B.)

RICCIE. *Riccia.* BOT. CRYPT. (*Hépatiques.*) Genre établi par Micheli (*Genera Plant.*, p. 106, tab. 57), adopté par Linné, et composé de plusieurs espèces qui sont de petites Plantes sans tige, à expansions membraneuses, rayonnantes d'un centre commun, ordinairement bifurquées, sur lesquelles les organes fructificateurs sont épars. Ceux de ces organes que l'on regarde comme femelles, sont composés de petites capsules à peu près globuleuses, renfermées dans la substance de la feuille, et couronnées par un tube court, tronqué et perforé au sommet; elles renferment des propagules pulvérulens, extrêmement petits et pédicellés. Les organes qui passent pour faire fonction de mâles, sont de petits cônes sessiles, proéminens, tronqués et ouverts au sommet, remplis de très-petits corps granuleux et placés sur les bords des expansions foliacées. Rien n'est moins déterminé que la nature de ces organes; les assimiler aux organes sexuels des autres Plantes est une opinion vague qui ne repose sur aucune observation positive. C'est donc encore un des secrets qu'il faut dérober à la mystérieuse nature. On connaît environ dix espèces de Riccies; elles se trouvent toutes en Europe et dans l'Amérique septentrionale, sur la terre, dans les mares, les fossés et les autres localités aquatiques. Nous ne citerons ici que les principales, savoir: 1°. *Riccia fluitans*, L., ou *Lichenastrum aquaticum*, Dillen, Musc., tab. 74, fig. 47; *Fucus fontanus*, etc., Vaill., *Botan. paris.*, tab. 10, fig. 3; *Hepatica palustris*, etc., *ejusd.*, tab. 19, fig. 3. Cette Plante est d'abord attachée par des fibrilles capillaires blanches aux pierres dans les endroits marécageux; mais lorsque le terrain est totalement inondé, elle s'en détache et vient flotter à la surface de l'eau où ses segmens sont beaucoup plus larges que lorsqu'elle est attachée aux pierres. 2°. *Riccia crystallina*, L., ou *Riccia cavernosa*, Hoffm., *Fl. Germ.*, et D. C., Fl. Fr.; *Riccia minima*, *pinguis*, Micheli, *Gener.*, tab. 57, fig. 7; *Lichen palustris*, Dillen, Musc., tab. 78, fig. 12. Cette espèce forme une petite rosette arrondie, rayonnante, adhérente au sol par toute sa surface, composée de feuilles qui vont en s'élargissant et se bifurquant au sommet; leur couleur est d'un vert jaunâtre; leur surface supérieure offre un aspect cristallin qui est dû à une multitude de petits points qui, selon quelques observateurs, sont des trous irréguliers. 3°. *Riccia glauca*, L.; *R. minima*, etc., Micheli, *loc. cit.*, tab. 57, fig. 4 et 5; *Hepatica palustris*, etc., Vaill., *loc. cit.*, tab. 19, fig. 1; *Lichen minimus*, Dillen, Musc., tab. 78, fig. 10. Cette espèce forme sur la terre humide, autour des étangs, une petite rosette arrondie, de couleur glauque, composée de folioles une ou deux fois bifurquées, élargies et obtuses à leur extrémité. La surface de la feuille, vue à une forte loupe, est réticulée par les parois des cellules, mais n'offre pas les points de la Riccie cristalline. (G..N.)

RICHÆIA. BOT. PHAN. Le genre ainsi nommé par Du Petit-Thouars (*Gen. nov. Madagasc.*, n. 84), a été réuni au *Cassipourea* d'Aublet par R. Brown, Jussieu et De Candolle. *V.* CASSIPOURIER. (G..N.)

RICHARD. OIS. L'un des noms vulgaires du Geai. (B.)

RICHARD. *Cucujus*. INS. Geoffroy nomme ainsi les Insectes qui forment actuellement les genres Bupreste et Trachys. *V.* ces mots. (G.)

RICHARDE. *Richardia*. BOT. PHAN. Linné a désigné sous ce nom un genre de Plantes qui fait partie de la famille des Rubiacées et de l'Hexandrie Monogynie. Mais comme ce genre était dédié à Richardson, botaniste anglais, le professeur Kunth désirant consacrer un genre à Louis Claude Richard, son maître et son ami, a proposé de substituer le nom de *Richardsonia* au genre de Linné et d'adopter celui de *Richardia* pour un genre nouveau qu'il établissait dans la famille des Aroïdées. C'est ce dernier genre que nous allons décrire ici, renvoyant au mot RICHARDSONIE pour le *Richardia* de Linné. Le type du genre *Richardia* de Kunth est cette belle Aroïdée, cultivée dans les jardins sous le nom de *Calla æthiopica*. Voici les caractères de ce genre : la spathe est roulée inférieurement; le spadice est cylindrique, couvert dans sa partie inférieure de pistils et dans le reste de son étendue d'étamines sessiles, à deux loges s'ouvrant chacune par un pore terminal. Le fruit est une baie polysperme à trois loges contenant plusieurs graines dont l'embryon est opposé au hile. Ce genre diffère du *Calla* par son spadice cylindrique et tout couvert de fleurs, par le mode de déhiscence de ses étamines et par son embryon dont la radicule est opposée au hile, tandis que le contraire a lieu dans le genre *Calla*. (A. R.)

RICHARDIA. BOT. PHAN. *V*. RICHARDE et RICHARDSONIE.

RICHARDSONIE. *Richardsonia*. BOT. PHAN. Le professeur Kunth a substitué ce nom consacré à la mémoire de Richardson, à celui de *Richardia* que Linné lui avait donné par contraction. Il appartient à la famille des Rubiacées et à l'Hexandrie Monogynie et offre les caractères suivans : le limbe du calice est à cinq ou sept divisions profondes; la corolle infundibuliforme a son tube nu, évasé, et son limbe à cinq ou sept lobes étalés; les étamines, en nombre égal aux divisions de la corolle, sont saillantes; le style bifide portant trois stigmates capitulés. Le fruit est une capsule qui se sépare en trois coques indéhiscentes et monospermes. Ce genre, extrêmement voisin du *Spermacoce*, n'en diffère que par le nombre de ses parties; il renferme plusieurs espèces toutes américaines. Ce sont des Plantes herbacées, vivaces, peu élevées, à feuilles opposées munies de stipules déchiquetées et à fleurs très-petites réunies en tête au sommet des ramifications de la tige. Dans son Histoire des Plantes usuelles des Brasiliens, Aug. de Saint-Hilaire a décrit et figuré deux espèces intéressantes de ce genre. L'une, *Richardsonia rosea*, A. Saint-Hilaire, *loc. cit.*, t. 7, est commune dans plusieurs parties du Brésil. Sa racine connue sous le nom de *Poaya do campo* jouit des mêmes propriétés que celle du *Cephaelis Ipecacuanha*, ou Ipécacuanha du commerce, et y est employée aux mêmes usages. L'autre, *Richardsonia scabra*, A. Saint-Hilaire, *loc. cit.*, tab. 8, est celle dont la racine est connue sous les noms d'*Ipécacuanha blanc* du Brésil. Sa racine est également émétique. (A. R.)

* RICHARDSONIA. BOT. CRYPT. Le genre formé sous ce nom par Necker aux dépens des Jongermannes n'a pas été adopté. (B.)

RICHE. MAM. La beauté de son poil a mérité ce nom à une race de Lapins. (B.)

RICHÉE. *Richea*. BOT. PHAN. Labillardière (Voyage à la recherche de La Peyrouse, 1, p. 187, t. 16) donna ce nom à un nouveau genre de Plantes que R. Brown reconnut comme identique avec le *Craspedia* de Forster (*V*. CRASPÉDIE). L'auteur du *Prodromus Floræ Novæ-Hollandiæ*, trouvant ainsi le nom de *Richea* sans emploi, l'appliqua à un genre de la famille des Epacridées et de la Pentandrie Monogynie, L., qu'il caractérisa ainsi : calice membraneux, dépourvu de bractées; corolle fermée, en forme de coiffe, déhiscente transversalement, persistante par sa base tronquée; cinq étamines hypogynes, persistantes; cinq squamules hypogynes; capsule ayant les placentas libres et pendans de la colonne centrale. Le *Richea dracophylla*, R. Br., *Prodr. Fl. nov.-Holl.*, p. 555; Guillemin, *Icon. lithogr.*, n. 3, a une tige frutescente, rameuse, garnie de feuilles imbriquées, appliquées, roides, membraneuses, dilatées à la base et embrassant la tige; le limbe ensiforme, piquant; les bords couverts de petits points verruqueux. Les fleurs sont sessiles, disposées en un épi interrompu. Cette Plante croît sur le sommet des montagnes de la Table dans l'île de Van-Diémen. (G..N.)

RICHEIE. *Richeia.* BOT. PHAN. Pour *Richœia.* *V.* ce mot. (B.)

RICHE-PRIEUR. OIS. L'un des noms vulgaires du Pinson, *Fringilla Cœlebs*, L. *V.* GROS-BEC. (DR..Z.)

RICHERIE. *Richeria.* BOT. PHAN. Genre de la famille des Euphorbiacées et de la Diœcie Pentandrie, L., établi par Vahl (*Eclog.* 1, 30, tab. 4) et adopté par Adrien de Jussieu, qui l'a ainsi caractérisé : fleurs dioïques; calice divisé profondément en quatre ou cinq segmens; corolle à quatre ou cinq pétales. Les fleurs mâles ont quatre ou cinq étamines alternes avec pareil nombre de glandes insérées sous un pistil simple rudimentaire, à filets saillans et à anthères oblongues; les fleurs femelles ont un ovaire placé sur un disque charnu; un style très-long, surmonté de trois stigmates réfléchis, canaliculé en dessus. Le fruit est subéreux, marqué de six sillons, intérieurement cartilagineux, à trois loges bivalves dès la base, chacune monosperme. Ce genre ne renferme qu'une seule espèce, *Richeria grandis*, Vahl. C'est un grand Arbre qui a le port du *Mammea americana;* ses feuilles sont alternes, entières, presque coriaces, glabres, veinées en dessous; les fleurs sont accompagnées de bractées et disposées en épis axillaires. (G..N.)

* RICHNOPHORA. BOT. CRYPT. (*Champignons.*) Persoon a établi sous ce nom, dans sa Mycologie européenne, un genre voisin des Théléphores et du *Phlebia* de Fries dont il se distingue difficilement. Il le caractérise ainsi : chapeau charnu, trémelloïde, renversé ou retourné; membrane fructifère, rugueuse, plissée à plis unis ou tuberculeux. Une seule espèce est décrite et figurée sous le nom de *Richnophora carnea*, elle croît sur les bois morts dans le Jura; ce genre est encore trop mal connu pour pouvoir être admis définitivement. (AD. B.)

RICIN. *Ricinus.* INS. Genre de l'ordre des Parasites, famille des Mandibulés (Latr., Fam. natur. du Règne Animal), établi par Degéer, qui a le premier reconnu que ces Insectes ont une bouche munie de mandibules, ce qui les distingue des Poux avec lesquels on les plaçait avant lui. Le nom de Ricin avait été donné par les anciens à des Acarides du genre Ixode de Latreille, et Degéer aurait mieux fait d'adopter un autre nom pour désigner ces Insectes. Aussi Leach a-t-il employé le nom de *Nirmus*, donné par Herman fils. Quoi qu'il en soit, le genre Ricin, tel qu'il a été adopté dans ces derniers temps, a pour caractères : une bouche inférieure, composée à l'extérieur de deux lèvres et de deux mandibules en crochet; tarses très-distincts, articulés et terminés par deux crochets égaux.

Tous les Ricins, à l'exception de celui du Chien, se trouvent exclusivement sur les Oiseaux. Leur tête est ordinairement grande, tantôt triangulaire, tantôt en demi-cercle ou en croissant, et a souvent des saillies angulaires. Elle diffère quelquefois dans les deux sexes de même que les antennes. Latreille a vu dans plusieurs espèces deux yeux lisses rapprochés de chaque côté de la tête. Suivant Savigny, ces Insectes ont des mâchoires avec un palpe très-petit sur chacune d'elles, et cachées par la lèvre inférieure qui a aussi deux organes de la même sorte. Ils ont aussi une espèce de langue.

Les Ricins s'éloignent des Poux par la forme de leur bouche et par leur manière de vivre. Ils ont ordinairement beaucoup de vivacité et marchent plus vite que ceux-ci. Ils se tiennent de préférence sous les ailes, aux aisselles et à la tête des Oiseaux, et pullulent prodigieusement, et souvent à un tel point, que les Oiseaux qui en sont attaqués maigrissent et finissent même par périr. De même que les Poux, les Ricins ne peuvent vivre long-temps sur des Animaux morts; ils les quittent bientôt, et c'est alors qu'on les voit courir avec inquiétude sur les plumes, et particulièrement sur celles de la tête et des environs du bec.

D'après les observations de Leclerc de Laval, la seule nourriture des Ricins serait des parcelles de plumes, et il se fonde sur ce qu'il en a vu, ainsi que Nitzch, dans l'estomac de quelques-uns; mais Degéer assure avoir trouvé l'estomac du Ricin du Pinson rempli de sang dont il venait de se gorger. Reddi a figuré un très-grand nombre d'espèces de Ricins, mais très-grossièrement; Degéer et Panzer en ont figuré aussi quelques espèces. Latreille, dans un Mémoire imprimé à la suite de son Histoire des Fourmis, a remarqué sur le Ricin du Paon quelques particularités qui lui semblent devoir être communes à toutes les autres espèces du même genre. Ainsi il a vu que les antennes du mâle sont fourchues, et il a conjecturé, d'après l'examen attentif des organes de la génération dans les deux sexes, que le mode d'accouplement dans ces Insectes n'est pas tout-à-fait le même que celui des autres, c'est-à-dire que le mâle ne doit pas être placé sur le dos de la femelle, mais que leurs abdomens doivent être appliqués l'un contre l'autre.

Ce genre a été divisé par Latreille en deux coupes parfaitement naturelles basées ainsi qu'il suit :

† Bouche située près de l'extrémité antérieure de la tête; antennes insérées à côté, loin des yeux, et très-petites.

RICIN DE LA CORNEILLE, *Ricinus Cornicis*, Latr.; Pou du Corbeau, Geoff., Hist. des Ins. T. II; Ricin de la Corneille, Degéer, Mém. sur les Ins. T. VII, p. 76, pl. 4, fig. 11. Ovale, gris; tête noire, petite; antennes recourbées en arrière; pates courtes, tachetées de noir ainsi que les antennes; abdomen cendré, avec huit bandes noires à la jointure des anneaux. Lorsqu'il est jeune, il est blanc, avec une simple rangée de points de chaque côté de l'abdomen. On le trouve sur les Oiseaux du genre Corbeau.

†† Bouche presque centrale; antennes insérées très-près des yeux, et dont la longueur égale presque celle de la tête.

RICIN DE LA POULE, *Ricinus Gallinæ*, Latr.; *Pediculus Gallinæ*, L., Degéer, Ins. T. VII, p. 4, fig. 12; Fabr., le Pou de la Poule, etc., Geoff. Tête arrondie en devant et représentant un croissant dont les angles ou pointes regardent le corselet qui est court, large, armé de chaque côté d'une pointe droite, aiguë et saillante; ventre allongé; tout le corps parsemé de poils gris. Commun dans toute l'Europe sur la Poule domestique. (G.)

RICIN. ARACHN. Espèce du genre Ixode. *V.* ce mot. (G.)

RICIN. *Ricinus*. BOT. PHAN. Genre de la famille des Euphorbiacées et de la Monœcie Polyadelphie, L., auquel on peut assigner pour caractères : des fleurs monoïques, composées d'un calice à trois ou cinq divisions valvaires; point de corolle; dans les fleurs mâles, les filamens des étamines sont nombreux et ramifiés, portant des anthères attachées un peu au-dessous de leur sommet et composées de deux loges distinctes; dans les fleurs femelles l'ovaire est globuleux à trois loges monospermes, le style est court, surmonté de trois stigmates profondément bipartis. Le fruit généralement hérissé de pointes extérieurement se compose de trois coques monospermes et déhiscentes. Les espèces de ce genre sont des Plantes herbacées, des Arbustes ou des Arbres plus ou moins élevés; leurs feuilles alternes et munies de stipules sont ordinairement peltées et plus ou moins profondément palmées. Les fleurs forment une panicule terminale, les mâles en occupent la partie inférieure et les femelles la partie supérieure. Toutes sont articulées avec le pédoncule et accompagnées de bractées souvent glanduleuses. Les Ricins sont originaires de l'Afrique ou de l'Inde.

Parmi le petit nombre d'espèces

qui composent ce genre, il en est une surtout dont nous devons faire mention dans cet article; c'est le RICIN COMMUN, *Ricinus communis*, L., Rich., Bot. Méd., 1, vulgairement désigné sous le nom de *Palma Christi*. Il est originaire de l'Afrique septentrionale. En Barbarie il forme un Arbre de quinze à vingt pieds d'élévation, dont le tronc est droit et branchu dans sa partie supérieure; mais dans nos climats le Ricin est une Plante herbacée qui meurt chaque année après avoir fleuri et donné ses fruits. Cependant on peut en l'abritant du froid pendant l'hiver le conserver quelques années et en faire un Arbuste. A Villefranche près de Nice en Piémont, nous avons observé en 1818 un bois naturel de Ricins en Arbre; dans la cour de l'arsenal de la première de ces deux villes, dans le cimetière et sur la colline placés à l'ouest de la citadelle, les Ricins forment un Arbre dont quelques individus n'avaient pas moins de trente à trente-cinq pieds d'élévation, à l'époque où nous les avons vus. Cet exemple est, nous le croyons, le seul que l'on connaisse de Ricins naturellement arborescens en Europe.

Les graines du Ricin contiennent une huile grasse, que l'on extrait soit par la simple expression, soit par le moyen de l'eau bouillante. Elle est limpide, presque incolore lorsqu'elle est très-récente, complétement soluble dans l'alcohol, ce qui la distingue des autres huiles grasses avec lesquelles on la sophistique quelquefois. Elle est très-fréquemment administrée comme purgative à la dose d'une à deux onces, et quand elle est récente, elle purge sans secousse et sans coliques; dans cet état on la désigne sous le nom d'huile douce de Ricin. Mais quand elle est ancienne, ou qu'elle a été préparée avec peu de soins, elle est d'une âcreté très-violente et on l'a vue quelquefois donner lieu à des inflammations des organes digestifs et occasioner les accidens les plus graves. C'est donc un médicament qu'il ne faut employer qu'avec beaucoup de réserve. Il paraît que par le moyen des acides on peut la priver en grande partie de ce principe âcre et même l'adoucir au point de la rendre propre aux usages de la table.

Plusieurs Plantes à feuilles entières avaient été à tort rapportées à ce genre. Notre collaborateur Adrien de Jussieu, dans sa Dissertation sur les Euphorbiacées, mentionne les deux espèces suivantes comme devant être retranchées du genre Ricin. 1°. Le *Ricinus integrifolius*, Willd. de l'île de France. 2°. Le *Ricinus globosus* du même auteur qui est le *Croton globosum* de Swartz; ces deux Plantes paraissent devoir être placées dans les genres *Mappa* ou *Rottlera*. (A. R.)

* RICINELLE. BOT. PHAN. *V.* ACALYPHA. (B.)

RICINIÆ. INS. La famille des Tiques dans Latreille. *V.* TIQUE. (G.)

RICINOCARPOS. BOT. PHAN. Genre de la famille des Euphorbiacées, établi par le professeur Desfontaines (Mém. Mus, 3, p. 459, t. 22), et offrant les caractères suivans: fleurs monoïques; calice à cinq divisions profondes; corolle de cinq pétales; étamines nombreuses réunies en un androphore cylindrique, accompagné de cinq glandes à sa base, et tout couvert extérieurement d'anthères extrorses. Dans les fleurs femelles, l'ovaire est également accompagné à sa base de cinq glandes discoïdales; il est papilleux, surmonté de trois styles bipartis. Le fruit est une capsule globuleuse, hérissée de pointes, à trois loges monospermes. Ce genre, très-voisin du Ricin, se compose d'une seule espèce, *Ricinocarpos pinifolia*, Desf., *loc. cit.*; c'est un Arbuste originaire de la Nouvelle-Hollande; ses feuilles sont alternes, linéaires et mucronées; ses fleurs sont terminales, pédicellées, solitaires ou en corymbe pauciflore. (A. R.)

RICINOIDES. BOT. PHAN. (Tournefort.) Synonyme de Croton. *V.* ce mot. On a aussi étendu ce nom au *Jatropha Curcas*. (G..N.)

* RICINS. INS. Duméril donne ce nom, ou celui d'Ornithomizes, aux Aptères composant le genre Ricin de Degéer. *V*. ORNITHOMIZES. (G.)

* RICINULE. *Ricinula*. MOLL. Ce genre, créé par Lamarck, fut publié pour la première fois, en 1811, dans l'Extrait du Cours. Démembré des Pourpres, il ne devait pas s'en éloigner, et c'est effectivement près d'elles, dans la famille des Purpurifères, qu'il est placé. Formé sans le secours de la connaissance de l'Animal, ce genre a paru peu nécessaire. Indiqué aussi par Montfort sous le nom de Sistre, il ne fut point adopté par Cuvier qui ne le mentionna dans le Règne Animal que comme une division très-secondaire parmi les Pourpres. Lamarck conserva le genre Ricinule dans son dernier ouvrage, mais il le changea de place. Il l'avait d'abord mis après les Licornes qui elles-mêmes suivaient immédiatement les Pourpres. Aujourd'hui, le genre qui nous occupe commence la seconde section de la famille des Purpurifères, et il est suivi des Pourpres. Ce changement met en contact plus immédiat deux genres très-voisins. Férussac qui, dans ses Tableaux systématiques, ne put profiter de la dernière partie de l'ouvrage de Lamarck, n'a adopté le genre qui nous occupe qu'à titre de sous-genre des Pourpres, et, au lieu de le rapprocher de celles-ci, il le met le dernier en interposant sept autres sous-genres qui sont presque tous des genres de Lamarck. Nous ne pouvons dire de Latreille qu'il n'a pu profiter des travaux de son illustre collègue, ce qui nous fait demander pourquoi il range plutôt les Ricinules dans sa famille des Cassidites avec les Cassidaires et les Casques que dans la suivante, les Doliaires, où se trouvent les Pourpres : aussi nous ne pensons pas que ni l'opinion de Férussac ni celle de Latreille soient jamais adoptées. Quoy et Gaimard rapportèrent de leur voyage autour du monde l'Animal de la Ricinule horrible ; Blainville en fit la description dans la partie zoologique de l'ouvrage publié sur cette expédition remarquable, et il est figuré dans l'Atlas. Blainville dit, dans son Traité de Malacologie, que cet Animal est presque tout-à-fait semblable à celui des Buccins et des Pourpres ; il présente cependant des différences qui, quoique faibles, peuvent suffire avec les caractères de la coquille, pour faire conserver ce genre que Blainville lui-même n'a point rejeté. Il dit cependant que c'est un genre évidemment artificiel, car il y trouve un Rocher et des Coquilles qui, par leurs plis columellaires, se rapprochent de certaines Turbinelles. Nous avouerons que nous ignorons encore quelles espèces de Ricinules l'auteur que nous citons a voulu signaler comme appartenant aux Rochers ou aux Turbinelles. Nous observerons que les Coquilles de ces deux genres sont toutes canaliculées à la base, tandis que les Ricinules, sans exception, ont l'échancrure oblique et petite des Pourpres. Toutes les espèces que nous avons examinées, et nous en avons treize sous les yeux, nous semblent réunies par un ensemble de caractères assez satisfaisant pour admettre ce genre dans la méthode. Blainville donne à l'Animal les caractères suivans : Animal presque tout-à-fait semblable à celui des Buccins et des Pourpres ; le manteau pourvu d'un véritable tube ; pied beaucoup plus large et comme auriculé en avant ; la tête semi-lunaire, avec des tentacules coniques, portant les yeux au milieu de leur côté externe ; organe excitateur mâle très-grand, recourbé dans la cavité branchiale ; coquille ovale, le plus souvent tuberculeuse ou épineuse en dehors ; ouverture oblongue, offrant inférieurement un demi-canal recourbé vers le dos, terminé par une échancrure oblique ; des dents inégales sur la columelle et sur la paroi interne du bord droit, rétrécissant en général l'ouverture ; oper-

cule corné, ovale, transverse, à élémens peu imbriqués.

Les Ricinules sont en général des Coquilles épaisses, solides, tuberculeuses et d'un volume médiocre; il n'y en a qu'un très-petit nombre d'espèces mutiques. Elles se remarquent surtout par le rétrécissement considérable de l'ouverture, ce qui est dû à la disposition des dents de la columelle; et surtout de celles du bord droit; car il y a un bon nombre d'espèces qui sont dépourvues de dents sur la columelle.

Le nombre des espèces de ce genre est encore peu considérable; celles dont on connaît la patrie viennent des mers de l'Inde. Defrance a annoncé que ce genre ne s'était point encore rencontré fossile. Plus heureux que lui, nous possédons deux Coquilles qui s'y rapportent fort bien; l'une est de Dax et l'autre de Bordeaux. Les espèces les plus remarquables dans ce genre sont les suivantes :

Ricinule muriquée, *Ricinula horrida*, Lamk., Anim. sans vert., T. VII, p. 231, n° 1; *Murex neritoideus*, L., Gmel., p. 3537, n° 43; Martini, Conch., T. III, tab. 101; fig. 972-973; Lister, Conch., tab. 804, fig. 13.

Ricinule digitée, *Ricinula digitata*, Lamk., *loc. cit.*, n° 5; Lister, Conch., tab. 804, fig. 1; Martini, Conch. T. III, tab. 102, fig. 980; Encyclop., pl. 395, fig. 7, a, b. Elle est brune, quelquefois blanche, et munie au bord droit de deux longues digitations.

Rinicule arachnoïde, *Rinicula arachnoides*, Lamk., *loc. cit.*, n. 4; Martini, Conch. T. III, pl. 102, fig. 976-977; Encyclop., pl. 395, fig. 3, a, b. Espèce à longues épines pointues, ordinairement noires lorsque toute la coquille reste blanche.

Ricinule Mure, *Ricinula Morus*, Lamk., *loc. cit.*, n° 7; Martini, Conch. T. III, tab. 101, fig. 970; Encyclop., p. 395, fig. 6, a, b; Lister, Conch., tab. 954, fig. 415; Sowerby, *Genera*, n° 18, fig. 2. (D..H.)

RICINUS. bot. et ins. *V*. Ricin.

RICOPHORA. bot. phan. (Plukenet.) Syn. d'Igname. *V*. ce mot. (B.)

RICOTIE. *Ricotia*. bot. phan. Genre de la famille des Crucifères et de la Tétradynamie siliculeuse, ainsi caractérisé par De Candolle (*System. Veget.* 2, p. 284) : calice dressé, muni à la base de deux bosses; pétales onguiculés, à limbe obcordiforme; étamines libres non denticulées; glandes placées entre les étamines latérales et le pistil; silicule sessile, oblongue, comprimée, plane, d'abord biloculaire et séparée par une cloison très-mince, puis uniloculaire par la disparition de la cloison, à valves planes; graines au nombre de quatre dans l'ovaire, mais ordinairement solitaires par avortement, et presque centrales, portées sur un long cordon ombilical libre; cotylédons plans obcordiformes, accombans. Ce genre est voisin des *Lunaria*, mais il s'en distingue par la cloison de sa silicule qui, au lieu de persister après la chute des valves, disparaît au contraire bien avant la maturité; par ses cordons ombilicaux non adhérens à la cloison; par sa silicule non pédicellée; par ses graines dépourvues de rebords, etc. On ne compte que deux espèces dans ce genre, savoir : le *Ricotia Lunaria*, D. C., et le *Ricotia tenuifolia*, Sibthorp., *Flor. Græc.*, t. 630. Toutes les deux croissent dans les contrées d'Orient que baigne la Méditerranée. La première, que l'on peut considérer comme fondamentale, avait été nommée *Ricotia ægyptiaca* par Linné, quoiqu'elle n'ait pas encore été trouvée en Égypte; Gaertner et Delile l'ont réunie au genre *Lunaria*. C'est une Herbe glabre, tortueuse, presque grimpante, rameuse, à feuilles pinnatiséquées, à fleurs de couleur lilas, disposées en grappes terminales peu fournies. Cette Plante croît en Syrie et en Palestine.

Le *Ricotia cantoniensis* de Loureiro appartient probablement à un genre distinct de celui qui est ici mentionné, car il a des fleurs jaunes et le fruit polysperme. (G..N.)

* RICTULARIA. INT. Genre de Vers intestinaux nématoïdes établi par Frœlich, réuni aux Ophiostomes par Rudolphi. *V.* OPHIOSTOME. (B.)

RIDAN. BOT. PHAN. Adanson (Fam. des Plantes, 2, p. 130) avait donné ce nom à un genre de Synanthérées fondé sur la *Coreopsis alternifolia*, L., qui a été réuni par Michaux au genre *Verbesina*, et dont Nuttal a formé de nouveau le genre *Actinomeris*. *V.* ce mot au Supplément. (G..N.)

RIDÉ. MAM. (Vicq-d'Azir.) Syn. d'Éléphant marin. *V.* PHOQUE. (B.)

RIDELLE OU RIDENNE. OIS. Syn. de Chipeau, espèce du genre Canard. *V.* ce mot. (B.)

RIÉBLE. BOT. PHAN. *V.* RÉBLE.

RIEDLEA OU RIEDLEIA. BOT. PHAN. Le genre ainsi nommé par Ventenat (Choix de Plant., tab. 37) a été réuni par Aug. de Saint-Hilaire (*Flor. Brasil. merid.*, 1, p. 156) au *Melochia* de la tribu des Hermanniées, dans la famille des Malvacées. (A. R.)

RIEDLEA. BOT. CRYPT. (*Fougères.*) Nom donné par Mirbel à un genre dans lequel il réunissait l'*Osmunda crispa* de Linné et l'*Onoclea sensibilis*; il est probable que d'après l'étude qu'on a fait de cette famille, ces deux espèces ne pourraient pas rester réunies; mais la première n'est encore classée qu'avec doute parmi les *Pteris*. R. Brown l'a dernièrement rapproché de son genre *Cryptogramma* et peut-être devra-t-on en faire un genre particulier qui comprendrait en outre une ou deux espèces exotiques; on pourait alors adopter le nom donné par Mirbel, puisque le genre créé sous le même nom, parmi les Phanérogames, vient d'être supprimé. (AD. B.)

RIEMANNITE. MIN. Nom donné à l'Allophane, en l'honneur de Riemann qui, le premier, la fit connaître. (G. DEL.)

RIEMENSTEIN. MIN. Ce nom, qui veut dire Pierre cannelée, a été donné au Disthène par quelques minéralogistes allemands. (G. DEL.)

RIENCURTIA. BOT. PHAN. Genre de la famille des Synanthérées, tribu des Hélianthées, établi par H. Cassini (Bullet. de la Société Philom., mai 1818, p. 76) qui l'a ainsi caractérisé: involucre oblong, plus court que les fleurs centrales, composé de quatre folioles égales et semblables, appliquées, ovales-oblongues, coriaces, à une seule nervure, et placées presque sur deux rangs, c'est-à-dire deux opposées embrassant à la base les deux autres qui sont aussi opposées et qui croisent les précédentes. Réceptacle petit, nu. Calathide à peu près cylindracée, ayant au centre trois à six fleurs régulières et mâles, et sur le bord une fleur femelle. Les fleurs du centre s'épanouissent successivement; elles ont la corolle à tube court, et à limbe divisé en cinq segmens surmontés de houppes de longs poils membraneux; quatre ou cinq étamines à anthères soudées, noires; un faux ovaire très-long, presque filiforme, privé d'aigrette. La fleur unique du bord a la corolle longue, étroite, tubuleuse, tridentée au sommet, un style à deux stigmates munis de bourrelets; un ovaire comprimé, obovale ou orbiculaire, glabre, privé d'aigrette. Deux espèces constituent ce nouveau genre qui est voisin des *Milleria*: l'une à laquelle Cassini a donné le nom de *Riencourtia spiculifera*, est une Plante herbacée, poilue, à tige dressée, noueuse sous les articulations. Les branches sont opposées, divariquées, formant une sorte de panicule au sommet de la Plante. Les feuilles sont opposées, étroites, oblongues, lancéolées, à trois nervures, munies de quelques petites dents rares. Les calathides de fleurs sont accompagnées de bractées écailleuses, et forment au sommet des derniers rameaux environ cinq épis verticillés. Cette Plante a été décrite sur un échantillon conservé dans l'herbier de Jussieu sans nom et sans indication d'origine. La seconde espèce, *Riencourtia glomerata*, est une Plante herbacée, à tige dressée, rameuse, plus ou moins poilue, divisée en rameaux dressés, simples, garnis de feuilles opposées, lancéolées, aiguës, trinervées, à peine dentées en scie. Les calathides de fleurs constituent des groupes capituliformes presque globuleux, irréguliers et hispides. Cette Plante a été recueillie dans la Guiane française par Poiteau qui en avait indiqué la formation d'un nouveau genre sous le nom de *Tetrantha*. Le nom spécifique de *suaveolens*, qu'il lui avait imposé, porte à croire que la Plante vivante exhale une odeur agréable. (G..N.)

RIEUR. OIS. Syn. vulgaire de Tacco, *Cuculus Vetula*, L. C'est aussi un Loriot. *V.* ce mot et COUA. (DR..Z.)

* RIEUSE. OIS. Espèce du genre Mouette. *V.* ce mot. C'est aussi le nom d'une Oie des mers du Nord, *Anas albifrons*, Gmel. *V.* CANARD. (DR..Z.)

RIFET. MOLL. Une très-petite Coquille trouvée par Adanson (Voyage au Sénég., pl. 2, fig. 4) dans la mer du Sénégal a reçu ce nom, et a été désignée dans la treizième édition de Linné, par Gmelin, sous le nom de *Turbo afer*. Elle appartient probablement aux Turbos de la section des Littorines. *V.* TURBO. (D..H.)

RIGAUD. OIS. Syn. vulgaire de Rouge-Gorge. *V.* SYLVIE. (DR..Z.)

* RIGOCARPUS. BOT. PHAN. Ce genre, proposé par Necker pour quelques espèces de Concombres à fruits globuleux et hérissés, n'a pas été adopté. *V.* CONCOMBRE. (G..N.)

RIKOURS. MAM. On ne sait quelle espèce de Singe ont prétendu désigner sous ce nom d'anciens voyageurs. On a soupçonné que c'était le Bonnet chinois. Le compilateur Bomare, qui écrit Rilloux, dit encore plus mal à propos que c'est l'Ouarine. (B.)

* RILLE. *Rilla*. POIS. Espèce du genre Saumon. *V.* ce mot. (B.)

* RILLOUX. MAM. (Bomare.) *V.* RIKOURS.

RIMA. BOT. PHAN. L'un des noms de pays du Fruit à pain, c'est-à-dire du Jacquier et de l'Artocarpe. *V.* ces mots. (B.)

* RIMAU. MAM. Sous ce nom malais, un grand nombre de voyageurs décrivent diverses espèces de Tigres de la presqu'île de Malacca, des îles de la Sonde et de la partie orientale de l'archipel Indien. Le *Rimau-Dahan* de Sumatra est la nouvelle espèce nommée *Felis macrocelis* par Horsfield, et *Felis nebulosa* par Griffitt. Marsden mentionne sous ce nom qu'il écrit à l'anglaise *Reemow*, et qu'il faut prononcer *Rimou* ou *Rimaou*, le Tigre royal, et *Cochin Reemow* le Chat-Tigre. (LESS.)

RIMBERGE. BOT. PHAN. Même chose que Rambergue. *V.* ce mot. (B.)

RIMBOT. BOT. PHAN. Nom vulgaire de l'*Oncoba spinosa*. *V.* ONCOBA. (B.)

* RIMELLA. BOT. CRYPT. (*Lycoperdacées.*) Rafinesque a donné ce nom à un genre voisin des Lycoperdons, qu'il a caractérisé ainsi dans le Journal de physique, août 1819 : champignon terrestre, sessile, sans volva ni épiderme distinct, homogène, s'ouvrant supérieurement par une fente par laquelle s'échappe la poussière séminale. Ce genre très-rapproché du *Tulostoma* ne comprend qu'une seule espèce qui croît sur les bords de l'Ohio dans l'Amérique septentrionale. (AD. B.)

* RIMULAIRE ou RIMULE. MOLL. FOSS. Defrance, dans le Dictionnaire des Sciences naturelles, a établi ce genre pour deux espèces de petites Coquilles patelloïdes, voisines des Emarginules pour la forme, mais qui s'en distinguent très-bien par la position de la fente. Ce petit genre lie, par ses caractères, le genre Emarginule à celui des Fissurelles. Quoi-

que établi sur de bons caractères, Blainville ne l'a adopté que comme section des Emarginules ; mais nous croyons qu'à l'exemple des Parmophores, il doit être maintenu, quoique bien probablement l'Animal qui l'habitait ne différât des Emarginules que par la position des ouvertures anales et branchiales. Ce genre, qui n'a été encore trouvé que fossile dans les falunières de Valognes, peut être caractérisé de la manière suivante : coquille patelloïde, à bords simples et entiers, à sommet incliné postérieurement presque sur le bord ; cavité simple ; une fente médiane, symétrique, lancéolée, est placée sur le dos entre le bord et le sommet. Ne connaissant pas ce genre en nature, nous ignorons complétement la forme et la position de l'impression musculaire ; il est bien probable qu'elle ne diffère pas de celle des Emarginules. Les Rimules sont de fort petites coquilles, minces, fragiles, transparentes et parfaitement symétriques. Defrance n'en a reconnu que deux espèces :

RIMULE FRAGILE, *Rimula fragilis*, Defr., Dictionn. des Sc. natur. T. XLV, lisse et entaillée du sommet vers le milieu du dos. — RIMULE DE BLAINVILLE, *Rimula Blainvillii*, id., *loc. cit.*; et Atlas, 27ᵉ cahier ; *Emarginula Blainvillii*, Blainv., Trait. de Malacolog., pl. 48 *bis*, fig. 1. Elle est striée, et la fente est entre le sommet et le bord, sur le milieu du dos. Ces Coquilles ont à peine une ligne de longueur. L'une et l'autre se trouvent à Valognes. (D..H.)

*RIMULINE. *Rimulina*. MOLL. On doit ce genre à D'Orbigny fils qui l'a institué dans son travail général sur les Céphalopodes foraminifères (Ann. des Sc. nat. T. VII). Ce genre, qui sera probablement adopté, fait partie de la famille des Stichostègues (*V.* ce mot), entre les genres Linguline et Vaginuline, avec lesquels il a des rapports évidens. D'Orbigny le caractérise de la manière suivante : ouverture formant une fente longitudinale ; test en forme de gousse, à loges obliques et embrassantes. Si le savant auquel on doit le genre qui nous occupe n'avait eu le soin d'en donner un exemple dans les modèles moulés avec tant de soins et de perfections, il aurait été impossible de s'en faire une juste idée par la seule indication nominative de l'unique espèce qui y est actuellement connue.

RIMULINE GLABRE, *Rimulina glabra*, D'Orb., Ann. des Scienc. nat. T. VII, p. 257 ; *ibid.*, modèles de Céphalop. microscop., 3ᵉ livr., n. 53. Coquille microscopique, allongée, un peu recourbée, glabre, lisse, formée de trois ou quatre loges obliques, embrassantes, la dernière beaucoup plus grande que toutes les autres réunies, et terminée antérieurement par une ouverture longitudinale, étroite, se prolongeant du sommet jusque près de la base de cette dernière loge. Cette Coquille vient de la mer Adriatique. (D..H.)

RINDERA. BOT. PHAN. (Pallas.) *V.* CYNOGLOSSE.

*RINDILL. OIS. Fort petit Oiseau du Nord, particulièrement d'Islande, encore mal observé, qui pourrait bien être un Roitelet ou une Mésange. (B.)

RINGAU. OIS. Syn. vulgaire de Tadorne. *V.* CANARD. (DR..Z.)

RINGOULE. BOT. PHAN. L'un des noms vulgaires de l'*Agaricus Eryngii*. (B.)

* RINODINA. BOT. CRYPT. (*Lichens.*) Acharius donne ce nom à la première division qu'il établit dans son genre *Lecanora*. Fries a employé ce même nom pour désigner des sections dans ses genres *Biatora*, *Lecidea*, etc. (B.)

* RINOPTERA. POIS. Van-Hasselt, naturaliste hollandais, propose sous ce nom l'établissement d'un genre nouveau formé aux dépens des Céphaloptères. Nous ne pouvons encore prononcer sur sa validité. (B.)

RINOREA OU RINORIA. BOT.

PHAN. Ce genre, d'Aublet, a été réuni au *Conohoria* de la famille des Violacées. *V*. CONOHORIE. (A. R.)

RIORTE. BOT. PHAN. L'un des noms vulgaires du *Viburnum Opulus*. *V*. VIORNE. (B.)

RIPIDIE. INS. Pour Rhipidie. *V*. ce mot. (G.)

RIPIDIUM. BOT. PHAN. Trinius a donné ce nom à un genre de la famille des Graminées qu'il a fondé sur le *Saccharum Ravennæ* et le *S. japonicum* de Thunberg, que Palisot-Beauvois avait placés dans son genre *Erianthus*. *V*. ERIANTHE. (G..N.)

RIPIDIUM. BOT. CRYPT. (*Fougères*.) Le genre établi sous ce nom par Bernhardi, dans le Journal de Schrader pour 1800, est le même que le *Schizæa* de Smith. *V*. ce mot. (G..N.)

RIPIPHORE. *Ripiphorus*. INS. Pour Rhipiphore. *V*. ce mot. (G.)

RIPOGONUM. BOT. PHAN. Genre de la famille des Smilacées, et de l'Hexandrie Monogynie, L., établi par Forster et admis par R. Brown (*Prodrom. Flor. Nov.-Holland.*, p. 293) qui l'a ainsi caractérisé : périanthe accompagné de deux bractées, divisé profondément en six parties égales, étalées, caduques; six étamines dont les filets sont subulés, glabres, les anthères plus longues, attachées à l'échancrure de la base; ovaire à trois loges monospermes, surmonté d'un style très-court et d'un stigmate trilobé, obtus; baie renfermant une ou deux graines pourvues d'un albumen cartilagineux, ayant l'embryon excentrique et la radicule vague. Ce genre est voisin du *Smilax* dont il diffère suffisamment par ses fleurs hermaphrodites, munies de bractées, et par son inflorescence rameuse. Il ne se compose que de deux espèces indigènes de la Nouvelle-Hollande et des îles de la mer du Sud, savoir : 1° *Ripogonum album*, R. Br.; 2° *R. scandens*, Forster, ou *R. parviflorum*, R. Br.; *Smilax Ripogonum*, Gmelin. Ce sont des Arbustes volubiles, dont la tige est quelquefois armée d'aiguillons, tandis que les petites branches sont inermes. Leurs feuilles sont opposées ou presque opposées, quelquefois verticillées ou alternes, à triple nervure, réticulées, veinées; à pétioles tordus, non cirrhifères. Les fleurs sont disposées en grappes axillaires et terminales. (G..N.)

* RIPOTON. OIS. L'un des noms vulgaires du Castagneux. *V*. GRÈBE. (DR..Z.)

RIQUET. INS. L'un des noms vulgaires des Grillons. (B.)

* RIQUET A LA HOUPE. POIS. Espèce du genre Lophie. *V*. ce mot. (B.)

RIQUEURIA. BOT. PHAN. Et non *Riqueria*. Genre de la Tétrandrie Tétragynie, établi par Ruiz et Pavon (*Gener. Plant. Peruv. et Chil.*, p. 18) qui l'ont ainsi caractérisé : calice persistant, dont les folioles arrondies, concaves et dressées, sont disposées sur une triple rangée; les deux rangées extérieures à une seule foliole bipartite; l'intérieure à deux folioles. Corolle à quatre pétales presque ronds, concaves, dressés. Quatre étamines dont les filets sont subulés, comprimés, de la longueur de l'ovaire, insérés sur le réceptacle; les anthères ovales. Ovaire ovoïde, supère, portant quatre styles très-courts, terminés par des stigmates obtus. Capsule ovoïde, tétragone, couronnée par les styles, à quatre loges et à quatre valves, renfermant plusieurs graines ovées. Ce genre ne renferme qu'une seule espèce, *Riqueuria avenia*, Arbrisseau qui s'élève à environ quinze pieds, et dont les rameaux sont garnis supérieurement de feuilles opposées, pétiolées, oblongues, très-entières, glabres et sans nervures. Les fleurs, de couleur jaune, sont au nombre de trois sur chaque pédicelle, et forment des grappes courtes et terminales. Cet Arbrisseau croît au Pérou, dans les forêts, aux environs de Cinchao et de Cuchero. (G..N.)

* RISCULE. *Risculus*. CRUST.

Genre proposé par Leach, très-voisin des Caliges, et ne paraissant en différer que parce que les deux soies ou tubes ovifères sont terminés par deux styles au lieu d'être simples. Il ne cite qu'une espèce appartenant à ce nouveau genre; c'est :

Le RISCULE DE LA MORUE, *Risculus Morhæ*, Leach, Dictionn. des Scienc. natur. T. XIV, fig. 336. Sa couleur est livide, tirant sur le jaune et sans tache. On le trouve sur la Morue. (G.)

RIS. BOT. PHAN. Pour Riz. *V.* ce mot. (B.)

RISIGALLUM. MIN. (Wallerius.) Syn. de Mercure sulfuré rouge. (B.)

* RISOLETTA. BOT. PHAN. L'un des noms vulgaires de l'Anemone des bois. (B.)

RISSOA. MOLL. *V.* MÉLANIE, cinquième section.

* RISSOAIRE. *Rissoaria*. MOLL. Genre établi par Freminville et Desmarest (Bullet. de la Soc. philom. T. IV) en l'honneur de Risso, naturaliste distingué de Nice, pour un certain nombre de petites Coquilles qu'il était impossible de faire entrer nettement dans un des genres de Lamarck. Ce dernier, dans les Mémoires sur les Fossiles des environs de Paris, avait fait entrer plusieurs espèces de Rissoaires dans le genre Mélanie; il a avec lui plus d'analogie pour la forme qu'avec tout autre; il s'en distingue cependant d'une manière tranchée. Férussac s'est rapproché de cette opinion en admettant ce genre comme sous-genre des Paludines, entre les Mélanies et les Littorines, qui y sont rangées au même titre. Blainville, en adoptant ce genre, le considère comme voisin des Phasianelles, et intermédiaire entre ce genre et les Turbos. Parmi ces opinions, nous avons préféré celle de Lamarck, en la modifiant, c'est-à-dire que les Rissoaires sont rangées dans les Mélanies où elles constituent une section bien tranchée. *V.* MÉLANIE. (D..H.)

RISTE-PERLE. BOT. PHAN. L'un des noms vulgaires du *Delphinium Consolida*. *V.* DAUPHINELLE. (B.)

RISUM. BOT. PHAN. Pour Oryza. *V.* RIZ. (B.)

* RITINOPHORA. BOT. PHAN. (Necker.) Syn. d'Icica. *V.* ce mot. (B.)

RIT-BOCK. MAM. Espèce du genre Antilope. *V.* ce mot. (B.)

RITRO. BOT. PHAN. Espèce du genre Echinope. *V.* ce mot. (B.)

RITTERA. BOT. PHAN. Schreber avait substitué ce nom à celui de *Possira* d'Aublet, qui lui-même rentre dans le genre *Swartzia*. *V.* SWARTZIE. (G..N.)

* RIVERIA. BOT. PHAN. Sous ce nom, Kunth (*Nov. Gener. et Spec. Plant. æquinoct.* T. VII, p. 266) a établi un genre appartenant à la famille des Légumineuses, mais dont le fruit seul est connu. C'est une gousse obliquement elliptique, légèrement comprimée, stipitée, mucronée, de consistance de parchemin, monosperme et bivalve. La graine est oblongue, réniforme, munie dans sa partie où est le point d'attache, d'une substance blanche, friable, recouverte d'un tégument membraneux-chartacé. L'embryon, sans albumen, est composé de cotylédons charnus, conformes à la graine; la radicule, située au-dessous du sommet de l'embryon, se dirige inférieurement. Ce genre se distingue du *Geoffræa* par son fruit coriace et bivalve; peut-être est-il congénère de l'*Andira?* Le *Riveria nitens*, Kunth, *loc. cit.*, tab. 659 *bis*, est un Arbre dépourvu d'épines, à feuilles alternes, imparipinnées, quelques-unes ternées, un peu coriaces, portées sur un rachis ailé. Les pédoncules sont presque terminaux et ne portent chacun qu'une seule gousse. Cet Arbre croît dans la province de Bracamoros près de Jaen dans l'Amérique méridionale. (G..N.)

RIVIÈRE. GÉOL. Cours d'eaux qui alimentent les fleuves. *V.* ce mot et BASSINS. Nous ajouterons à ce qui a été dit des Rivières dans les articles où nous renvoyons, ce que Brard rapporte dans le Dictionnaire des Sciences naturelles, de certaines Rivières qui ne coulent plus, mais dont le lit n'en est pas moins très-bien conservé. « On appelle Rivières, dans certaines parties de la France, dit ce savant, des vallées étroites, sinueuses, dont le fond est généralement occupé par des prairies, mais où il ne coule plus d'eau, si ce n'est quelques faibles sources qui s'échappent du pied des montagnes qui les bordent à droite et à gauche. Ces petites vallées ont en effet tous les caractères de l'ancien lit des Rivières qui auraient cessé de couler. Les angles rentrans correspondent exactement aux angles saillans des bords opposés. Les bancs calcaires, au milieu desquels on observe le plus ordinairement ces espèces de lits sinueux, semblent avoir été corrodés à diverses hauteurs, et paraîtraient porter les traces successives de la retraite des eaux; mais quand on examine ces prétendues traces de la Rivière desséchée, on s'aperçoit qu'elles ne sont autre chose que l'effet de la gelée sur les lits ou les bancs qui n'ont pu résister à son action, et qui se sont creusés à la longue, tandis que les autres, plus compactes et plus solides, ont résisté et font saillie. On ne peut affirmer que les petites vallées dont il est ici question, n'aient pas réellement servi de lit à des Rivières antiques, mais il paraît à peu près certain que leur disparition remonte à une époque antérieure aux temps historiques. La partie calcaire des départemens du Lot et de la Dordogne présente plusieurs exemples de ces Rivières sèches, parmi lesquelles on peut citer celle qui renferme les ruines pittoresques du grand château de Comorc. » (B.)

RIVINE. *Rivina*. BOT. PHAN. Genre de la famille des Chénopodées, présentant pour caractères : un calice à quatre divisions profondes et étalées ; quatre, huit ou douze étamines dressées et hypogynes ; un ovaire globuleux, un peu comprimé, à une seule loge monosperme, surmonté d'un style un peu oblique, au sommet duquel est un stigmate discoïde et entier. Le fruit est charnu, globuleux et monosperme. Les espèces de ce genre sont assez nombreuses; ce sont des Plantes herbacées, des Arbustes ou des Arbrisseaux qui croissent dans les diverses contrées de l'Amérique méridionale. Leurs feuilles sont alternes; leurs fleurs petites, formant des épis ou des grappes. On mange quelquefois les feuilles de certaines espèces, à la manière des Epinards. (A. R.)

RIVULAIRE. *Rivularia*. BOT. CRYPT. (*Chaodinées*.) Roth forma sous ce nom un genre dont les caractères étaient loin d'être exacts, et que n'en adoptèrent pas moins, sans les vérifier, la plupart des algologues, Agardh y compris; mais le judicieux Lyngbye a senti la nécessité de le diviser, en rejetant une désignation fort impropre, puisqu'elle pouvait convenir indifféremment à toutes les petites Plantes des ruisseaux. Les Rivulaires de Roth sont réparties aujourd'hui parmi les Chœtophores et les Linkies. *V.* ces mots. (B.)

* RIVULINÉES. *Rivulineæ*. BOT. CRYPT. Rafinesque propose sous ce nom l'établissement d'une famille de ce qu'il appelle encore Algues, et où rentreraient les genres *Rivularia*, *Nostoc*, *Endosperma*, et autres de son invention, et peu connus. (B.)

RIVURALES. CONCH. Montfort donne ce nom aux Coquilles qui habitent les rivages et les eaux douces, par opposition avec celles qu'il désigne sous le nom de Pélagiennes, qui ne se trouvent que dans les hautes mers. (D..H.)

RIZ. *Oryza*. BOT. PHAN. L'un des genres les plus importans de la famille des Graminées, et de l'Hexandrie Digynie, L., qui peut être caractérisé de la manière suivante : les fleurs sont disposées en panicule; les épillets uniflores ; la lépicène formée de deux valves subulées, étroites et très-courtes ; la glume également à deux valves beaucoup plus longues, l'extérieure comprimée, naviculaire, plus convexe supérieurement, sillonnée, brusquement terminée à son sommet par une arête plus ou moins longue, droite, manquant quelquefois ; l'intérieure, aussi longue que la précédente, mais plus étroite et moins convexe, est terminée en pointe brusque à son sommet. Les étamines, au nombre de six, ont leurs anthères linéaires obtuses à leur sommet, légèrement bifides à leur base. L'ovaire porte deux styles qui se terminent chacun par un stigmate en forme de goupillon ; à la base de l'ovaire sont deux très-petites écailles rapprochées, tronquées obliquement au sommet, et formant la glumelle. Le fruit est allongé, terminé en pointe à son sommet, et recouvert par la lépicène et la glume qui sont persistantes. Ce genre ne se compose que d'une seule espèce, qui présente un très-grand nombre de variétés, dont quelques-unes ont été considérées comme des espèces distinctes.

Riz cultivé, *Oryza sativa*, L., Lamk., Ill., tab. 264. C'est une Plante annuelle qui croît de préférence dans les lieux bas et inondés ; cependant certaines variétés désignées sous le nom de Riz sec, réussissent également dans les terrains à Froment. Son chaume s'élève à environ trois ou quatre pieds ; il est épais et cylindrique ; ses feuilles assez larges, très-longues, sont munies à l'orifice de leur gaîne d'une collerette entière ou bifide. Les fleurs, avec ou sans arête, forment une panicule plus ou moins bien garnie. Le Riz est originaire de l'Inde. Il croît, et on le cultive dans presque toutes les contrées de ce vaste continent où il est la base de la nourriture des peuples qui l'habitent. Les Grecs et les Romains connaissaient le Riz, et Dioscoride et Pline en ont parlé sous les noms d'*Oruza* et *Oryza*. Mais il paraît que, dans ces temps reculés, il était presque uniquement employé à faire des tisanes, et que tout celui qu'on consommait alors était tiré de l'Inde. Ce n'est que beaucoup plus tard que le Riz a été introduit et cultivé en Grèce, puis en Italie et en Espagne. Plus tard encore la culture du Riz a été tentée et continuée dans les deux Amériques, en un mot, dans toutes les contrées qui, par la nature de leur sol et leur température, étaient favorables au développement parfait de ce précieux végétal. Quoique plusieurs parties de nos provinces méridionales se trouvent dans des circonstances très-favorables à ce genre de culture, cependant le Riz n'y est nulle part cultivé. Ce n'est pas que le climat y apporte aucun obstacle. En effet, la température de la Provence et du Languedoc par exemple, est certainement au moins égale à celle des plaines de Novare et de Verceille en Piémont ou des environs de Bologne, où l'on cultive spécialement le Riz, en Italie. De même dans ces deux provinces méridionales de la France, par exemple, entre Montpellier et Aigues-Mortes, et dans une foule d'autres localités, il y a de vastes terrains très-bas, très-humides, où le Riz croîtrait avec facilité, et deviendrait pour ces pays une nouvelle source de richesse. On pourrait surtout tenter la culture de la variété nommée Riz sec, et qui croît en effet dans des terrains où l'on pourrait cultiver les autres céréales. C'est, nous croyons, une chose importante, qui devrait fixer l'attention de propriétaires riches et éclairés de ces contrées. Cependant il ne faut pas se le dissimuler, la culture du Riz n'est pas sans quelques inconvéniens graves. Les irrigations continuelles qu'elle exige, le séjour long-temps prolongé de l'eau stagnante, rendent fort mal sains les lieux où l'on cultive le Riz ; il paraît même que ce sont ces inconvéniens qui ont fait abandonner cette culture dans le petit nombre de localités où on l'avait tentée en France. Mais d'abord tous ces inconvéniens pourraient être en partie évités, en ne cultivant que le Riz sec ou de montagne; en second lieu, pour établir des rizières, on peut choisir les endroits éloignés des habitations et ceux qui sont par leur nature même propres à ce genre de culture. Ainsi, qu'un terrain bas et humide naturellement mal sain, à cause des miasmes qui s'en élèvent pendant les grandes chaleurs, soit couvert de mauvaises herbes ou de sillons chargés de Riz, son voisinage n'aura pas plus d'inconvénient dans l'un et dans l'autre cas, et néanmoins les résultats seront totalement différens. Nous ne conseillons pas d'établir des rizières artificielles et à irrigations continues dans le voisinage des villes ou des villages; mais pourquoi ne tenterait-on pas cette culture dans ces terrains abandonnés, éloignés des habitations, et que peut-être on finirait même par assainir avec le temps? La France produit plus de blé qu'elle n'en consomme annuellement; l'introduction dans notre patrie de la culture du Riz nous affranchirait d'un des tributs que nous sommes obligés de payer aux étrangers.

Ainsi que nous l'avons dit précédemment, le Riz offre un grand nombre de variétés; les unes sont barbues, les autres sans barbes; les unes ont leurs écailles teintes en brun, ou en violet, les autres sont simplement jaunâtres. Le voyageur français Leschenault de la Tour a publié, dans le sixième volume des Mémoires du Muséum, des détails sur la culture du Riz dans l'Inde; il en cite trente variétés différentes, qui diffèrent beaucoup les unes des autres, par le temps qu'elles mettent à mûrir et qui varie de trois à huit mois.

Le Riz est un aliment extrêmement sain. Dans les diverses contrées de l'Inde, de la Chine, dans presque toute l'Asie, en un mot, en Afrique, en Amérique, le Riz est la base de la nourriture. On le mange après l'avoir fait bouillir dans l'eau. On a prétendu que, sur la surface du globe, il y a incomparablement plus d'habitans qui se nourrissent de Riz qu'il n'y en a qui vivent de froment. En Europe, le Riz est employé à faire des potages, des crêmes, etc. Sa décoction est usitée en médecine comme adoucissante dans les irritations des organes digestifs. (A. R.)

On a étendu le nom de Riz à des Végétaux qui n'appartiennent pas au genre dont il vient d'être question, et appelé :

RIZ D'ALLEMAGNE, une variété d'Orge.

RIZ DU CANADA, une Zizanie. *V.* ce mot.

RIZ DU PÉROU, une espèce du genre Chénopode.

RIZ SAUVAGE, la petite Joubarbe, etc. (B.)

RIZOA. BOT. PHAN. Genre de la famille des Labiées, et de la Didynamie Gymnospermie, établi par Cavanilles, et ainsi caractérisé : calice tubulé, strié, à cinq dents égales; corolle dont le tube est très-long, divisé à son sommet en deux lèvres égales, la supérieure droite, trifide; l'inférieure pendante, bifide; quatre étamines non saillantes hors du tube; ovaire surmonté d'un style un peu plus long que le tube, terminé par deux stigmates sétacés et divergens; quatre akènes ovoïdes, situés au fond du calice. Le *Rizoa ovatifolia*, Cavan., *Icon. Plant.*, 6, tab. 578, est une Plante herbacée, haute d'environ un pied et demi, divisée en rameaux opposés, garnis de feuilles ovales, obtusément dentées en scie, vertes en dessus, glauques en dessous, très-brièvement pétiolées. Les fleurs, dont la corolle est d'un rose clair, forment de petites panicules axillaires. Cette Plante croît au Chili où elle fleurit pendant l'hiver. (G..N.)

RIZOLE. BOT. PHAN. Syn. vulgaire d'Oryzopsis. *V.* ce mot. (B.)

RIZOPHORA. BOT. PHAN. Pour *Rhizophora*. *V.* RHIZOPHORE. (B.)

* RO. POIS. (Delaroche.) Nom de pays du *Coryphæna Novacula*, L., qui est un Razon. *V.* ce mot. (B.)

* RO. BOT. PHAN. (Kæmpfer.) Nom de pays du *Tussilago Petasites* qui croît aussi au Japon. (B.)

* ROABLE OU ROBÉRY. OIS. Nom vulgaire du Troglodyte, *Motacilla Troglodytes*, en certains cantons de la France. (B.)

* ROALO. BOT. PHAN. (Garidel.) L'un des noms de pays du *Papaver Rhœas*, L., ou Coquelicot. (B.)

* ROBAH. MAM. Forskahl, dans sa Faune d'Arabie, p. 3, mentionne sous ce nom arabe une espèce de Singe qu'il nomme *Simia caudata*, et qui est le *Nisuâs* des Nubiens. (LESS.)

ROBE BIGARRÉE. MOLL. Nom vulgaire et marchand du *Voluta Cymbium*, L. (B.)

ROBE DE PERSE. MOLL. Nom vulgaire et marchand du *Murex Trapezium*, L., qui est une Fasciolaire de Lamarck. (B.)

ROBE PERSIENNE. MOLL. L'un des noms vulgaires et marchands du *Conus Regius*. (B.)

ROBE DE SERGENT. BOT. PHAN. Variété de Prunes fort commune dans le midi de la France. (B.)

ROBERGIA. BOT. PHAN. Nom substitué par Schréber au genre *Rourea* d'Aublet. *V*. ROUREA. (A. R.)

ROBERT LE DIABLE. INS. L'un des noms vulgaires du *Gamma* ou *Papilio C-album* de Linné, qui appartient au genre Vanesse. *V*. ce mot. (B.)

ROBERTIA. BOT. PHAN. Plusieurs genres ont été ainsi nommés par les auteurs. Scopoli avait formé un genre *Robertia* de toutes les espèces de *Sideroxylum* qui ont dix étamines et une baie à trois ou cinq loges : ce genre n'a pas été adopté. *V*. SIDÉROXYLE. Dans sa Flore des environs de Paris, Mérat a nommé *Robertia* un genre formé sur l'*Helleborus hyemalis*, L.; mais ce genre avait été antérieurement constitué sous différens noms, et notamment par Salisbury sous celui d'*Eranthis*, que lui a conservé De Candolle. *V*. ERANTHIS. Enfin De Candolle (Flore française, Supplém., p. 453) a donné le nom de *Robertia* à un genre de la famille des Synanthérées, tribu des Chicoracées et de la Syngénésie égale, L., qui offre les caractères essentiels suivans : involucre composé de folioles égales et placées sur un seul rang; réceptacle garni de paillettes membraneuses, semblables aux folioles de l'involucre; calathide composée de demi-fleurons, tous hermaphrodites; akènes couronnés d'une aigrette sessile et plumeuse. C'est par ce dernier caractère que le nouveau genre se distingue du *Seriola* qui a l'aigrette pédicellée.

Le *Robertia taraxacoides*, D. C., *loc. cit.*, est une petite Plante qui a le port de quelques variétés du Pissenlit. Ses feuilles sont toutes radicales, pétiolées, profondément pinnatifides, le lobe terminal plus grand, ovale; les lobes inférieurs étroits, aigus et recourbés du côté de la base; les hampes sont hautes de deux à trois pouces, munies de deux petites feuilles linéaires, et terminées chacune par une calathide jaune, plus petite que celle du Pissenlit. Cette Plante croît dans l'île de Corse. (G..N.)

* ROBERTIN. BOT. PHAN. *Geranium Robertianum*, L. Espèce de Géranier. *V*. ce mot. (B.)

* ROBERTSONIA. BOT. PHAN. Haworth (*Synops. Plant. succ.*, p. 321, et *Saxifrag. enum.*, p. 52) a formé sous ce nom un genre qui se compose des *Saxifraga Geum*, *hirsuta*, *umbrosa*, *punctata*, *cuneifolia* et *daurica*. Ce genre repose sur de trop faibles caractères pour être adopté. *V*. SAXIFRAGE. (G..N.)

* ROBERY. OIS. *V*. ROABLE.

ROBET. CONCH. Tel est le nom qu'Adanson (Voy. au Sénég., pl. 18, fig. 6) donne à une espèce d'Arche que Gmelin a rangé dans ce genre sous le nom d'*Arca senegalensis*. Lamarck ne l'a pas mentionné dans son dernier ouvrage. *V*. ARCHE. (D..H.)

ROBIN. ois. Nom vulgaire, aux États-Unis, du *Turdus migratorius*, L., ou Grive erratique. *V.* Merle. (B.)

ROBINE. bot. phan. Variété de Poires. (B.)

ROBINET. bot. phan. L'un des noms vulgaires du Compagnon blanc ou *Lychnis dioica*. On appelle aussi Robinet déchiré, le *Lychnis Flos-Cuculi*. *V.* Lychnide. (B.)

ROBINIER. *Robinia*. bot. phan. Genre de la famille des Légumineuses et de la Diadelphie Décandrie, établi par Linné, et qui offre les caractères suivans : calice monosépale tubuleux, à cinq dents inégales, les deux supérieures plus courtes, les trois inférieures plus longues et plus écartées; l'ovaire est terminé par un long style, barbu longitudinalement du côté supérieur; gousse allongée, très-comprimée, sessile, uniloculaire, bivalve, renfermant plusieurs graines aplaties. Le genre *Robinia*, tel que les auteurs l'avaient caractérisé, renfermait une foule d'espèces extrêmement disparates. Le professeur De Candolle, dans le second volume de son Prodrome, et dans ses Mémoires sur les Légumineuses, p. 275, ayant analysé un grand nombre des Plantes réunies dans ce genre, a fait voir qu'elles appartenaient à quinze ou seize genres différens, dont plusieurs étaient déjà anciennement connus, et dont quelques-uns étaient nouveaux. Il n'a laissé dans ce genre que les espèces qui lui avaient servi primitivement de type, c'est-à-dire celles de l'Amérique septentrionale. Ces espèces, au nombre de cinq, sont les *Robinia Pseudo-Acacia*, *R. dubia* et *R. umbraculifera*, qui n'en sont peut-être que des variétés ou des hybrides; les *R. viscosa* et *R. hispida*. Ce sont des Arbres plus ou moins élevés, très-souvent munis d'aiguillons; leurs feuilles sont imparipinnées, leurs folioles sont pétiolulées et accompagnées de deux petites stipules subulées; les fleurs sont blanches ou roses, disposées en grappes simples. Nous dirons ici quelques mots des trois espèces de ce genre qu'on cultive dans les jardins : Robinier faux Acacia, *Robinia Pseudo-Acacia*, L., Mich., *Arbr. Am.* T. I. Cet Arbre a été introduit en France vers l'année 1600, par Robin, qui avait reçu des graines de l'Amérique septentrionale. L'Arbre semé par Robin existe encore dans un des massifs du Jardin du Roi à Paris. Bory de Saint-Vincent rapporte, dans sa Préface des Annales générales des Sciences physiques, que le Jardin Botanique de Bruxelles renferme également un des plus anciens Robiniers. Le faux Acacia s'est si bien naturalisé dans nos climats, qu'il semble en être indigène. C'est un Arbre qui prend son accroissement très-rapidement, et qui vient également bien dans toutes les espèces de terrains; néanmoins, comme ses racines s'étendent et tracent à une très-grande distance, on conçoit qu'il réussira encore mieux dans un bon terrain où il y aura plus de fond. L'Acacia est un Arbre dont la culture offre plus d'un avantage; et d'abord, il fait un très-bel effet dans les jardins d'agrément; l'élégance de son feuillage, l'odeur suave de ses fleurs, la facilité avec laquelle on le multiplie de graines ou de boutures, le font rechercher des amateurs. Son bois est lourd, dur et très-compacte; il est extérieurement jaune, et le cœur est agréablement veiné. Dans l'Amérique septentrionale, on l'emploie dans les constructions civiles et navales; on peut aussi en faire différens meubles. Ses feuilles ont une saveur douce, et les bestiaux en sont très-friands, soit lorsqu'elles sont encore fraîches, soit quand elles ont été séchées. On cultive aussi dans les jardins une variété connue sous les noms d'Acacia sans épines, ou *Robinia inermis*, qui diffère de l'espèce primitive, non-seulement par l'absence des aiguillons, mais par la forme arrondie que cette variété prend en croissant. Le Robinier visqueux, *Robinia viscosa*, Vent., Cels. T. IV, est une autre grande et belle espèce ayant le port de la précédente sur laquelle on le greffe. Ses feuilles sont plus petites; leurs pétioles très-visqueux, et leurs fleurs sont légèrement rosées. On le cultive très-abondamment dans les jardins. Il en est de même du ROBINIER HISPIDE, *Robinia hispida*, L., connu sous le nom vulgaire d'Acacia rose. On le greffe aussi sur le faux Acacia; et il forme alors un Arbrisseau plus ou moins élevé, qui se distingue très-facilement par ses rameaux tout couverts de poils roides et glanduleux, d'un brun rougeâtre; par ses feuilles plus grandes et ses grandes fleurs du rose le plus pur. (A. R.)

ROBINSONIA. BOT. PHAN. (Schreber et Willdenow.) Syn de *Touroulia* d'Aublet. *V.* ce mot. (G..N.)

ROBLE. BOT. PHAN. Ce nom espagnol, qui vient évidemment de Roure ou Rouvre, vieux nom du Chêne, dérivé de *Robur*, désigne aussi le même Arbre dans certains cantons du midi de la France, limitrophes de la Cantabrie. (B.)

ROBLO OU ROBOLO. POIS. Espèce du genre Lépisostée. *V.* ce mot. (B.)

ROBLOT. POIS. L'un des noms vulgaires des petits Maquereaux. *V.* SCOMBRE. (B.)

* ROBSONIA. BOT. PHAN. Nom d'une section proposée dans le genre *Ribes* par Berlandier (*in D. C. Prodr. Syst. veget.*, 3, p. 477), uniquement composée du *R. stamineum* de Smith, espèce indigène de la Californie, et qui se distingue essentiellement par ses étamines du double plus longues que le calice, ce qui lui donne une analogie d'aspect avec les Fuchies. (G..N.)

ROBULE. *Robulus.* MOLL. Genre de Montfort, qui ne peut plus être adopté. *V.* ROBULINE. (D..H.)

ROBULINE. *Robulina.* MOLL. D'Orbigny a introduit dans l'arrangement des Mollusques Céphalopodes de grands et utiles changemens. Le genre qui va nous occuper reproduit sous divers noms presque autant de fois qu'il contient d'espèces anciennement connues, et souvent la même espèce reproduite dans les différens âges comme des genres particuliers, est un exemple des plus frappans de la grande utilité du travail de D'Orbigny. Fichtel et Moll ont décrit et figuré quelques espèces de ce genre; ils les rangeaient, à l'exemple de Linné, dans les Nautiles, ce qui ne pouvait être long-temps imité. Dans ce seul genre, Montfort, cet intrépide fabricateur de genres, en a fait dix avec celui-ci seul, non-seulement avec les espèces distinctes, mais aussi avec la même à l'état de variétés. Dans quel dédale impénétrable ont dû se jeter les auteurs trop confians qui ont basé des méthodes long-temps élaborées sur de tels travaux! On ne saurait cependant sans injustice les blâmer, car, s'ils ont commis des erreurs, c'est à Montfort qu'ils le doivent. Ils ne peuvent donc être responsables d'erreurs qui ne sont pas les leurs. Si, moins bornés par l'espace, il nous était permis de faire l'histoire complète d'un genre comme celui-ci, ce serait avec quelque plaisir que nous ferions remarquer combien sont nuisibles aux sciences les travaux faits de mauvaise foi, et à combien de fautes ils conduisent ceux-là mêmes qui sont doués de plus de bonne foi, de sincérité et de prudence; mais ce n'est pas le lieu où ces recherches longues et minutieuses conviennent. La plupart des auteurs méthodiques ayant adopté les genres de Montfort, les ont mis dans des rapports qui ont naturellement découlé de ce que cet auteur en a dit.

Le genre Robuline, tel que D'Orbigny le conçoit, rassemble aujourd'hui les genres Lenticuline et Polystomelle de Blainville, et les genres Phonème, Pharame, Hérione, Clisiphonte, Patrocle, Lampadie, Anténore, Robule, Rhinocure et Sphinctérule de Montfort; l'auteur le comprend dans la famille des Hélicostègues, section des Nautiloïdes. Il a les caractères suivans : coquille orbiculaire, nautiloïde ; l'avant-dernier tour rentrant dans le dernier ; ouverture marginale à l'angle carénal en fente triangulaire ; coquille bombée, un disque central. Les Robulines sont de petites Coquilles microscopiques, lenticulaires, discoïdes, généralement carenées ; l'avant-dernier tour rentre dans la grande ouverture de la coquille et la modifie ; la dernière cloison la ferme complétement sans être bombée en dehors. C'est à l'angle dorsal de cette ouverture que se voit une autre ouverture fort petite qui perfore la dernière cloison ; elle est triangulaire. Nous allons citer les principales espèces.

Robuline tranchante, *Robulina cultrata*, D'Orb., Ann. des Sc. nat. T. VII, p. 287, n. 1 ; Modèles de Céphalopodes, 4e livr., n. 82 ; *Nautilus calcar*, L., Gmel., p. 3370 ; *ibid.*, Ficht. et Moll, pag. 72, tab. 11, fig. d, e, f ; tab. 12, fig. d, e, f, g, h ; tab. 13, fig. e, f, g ; *Lenticulina marginata*, Soldani, T. I, p. 54, tab. 33, fig. B, etc. ; *Lampas trithemus*, Montf., Conch., p. 242 ; *Lenticulina trithemus*, Blainv., Malacol., p. 390, 6e groupe ; *Patrocla querelans*, Montf., *loc. cit.*, p. 218 ; *Robulus cultratus*, Montf. ; *ibid.*, p. 224 ; *Lenticulina querelans* et *Lenticulina cultrata*, Blainv., Malac., p. 390. Nous prenons cette synonymie presque tout entière à D'Orbigny. Nous pourrions l'augmenter de celle tirée des ouvrages de Férussac et de Latreille, ce que nous ne croyons pas nécessaire. Cette espèce, qui a à peine une ligne de diamètre, se trouve dans la mer Adriatique, et fossile aux environs de Vienne.

Robuline orbiculaire, *Robulina orbicularis*, D'Orb., *loc. cit.*, n. 2, pl. 15, fig. 8-9, 9 *bis* ; Soldani, Appendice, p. 138, tab. 1, fig. P.

Robuline Tourbillon, *Robulina Vortex*, D'Orb., *loc. cit.*, n. 4 ; *Nautilus vortex*, Fichtel et Moll, p. 33, tab. 2, fig. d, e, f, g, h, i ; *Phonemus cultratus*, Montf., *loc. cit.*, p. 10 ; Soldani, Test. microsc., tab. 59, fig. TT, tab. 33, fig. o o, tab. 34, fig. d d ; *Polystomella vortex*, Blainv., *loc. cit.*, p. 389, quatrième groupe.

Robuline Éperon, *Robulina Calcar*, D'Orb., *loc. cit.*, n. 12 ; *Nautilus Calcar*, L., p. 3370 ; Soldani, tab. 59, fig. q q, r r : Fichtel et Moll, tab. 11, fig. g, h, i, k ; Pharame perlé, Montf., *loc. cit*, p. 34 ; Antenor diaphane, *ibid.*, p. 71 ; Clysiphonte Molette, *ibid.*, p. 227 ; Rhinocure aranéeux, *ibid.*, p. 233. Cette dernière espèce, aussi bien que la première que nous avons citée, prouve ce que nous avons dit, que Montfort avait fait des genres avec les variétés d'âge d'une même espèce. (D..H.)

ROBUR. bot. phan. Nom scientifiquement spécifique du Chêne le plus commun, appelé Roure ou Rouvre. *V.* Roble et Chêne. (B.)

ROC ou RUCH. ois. On lit dans le Dictionnaire dė Sciences naturelles que cet Oiseau si fameux dans les Contes arabes est le Condor, *Vultur Gryphus*, L. On a peine à concevoir une telle inadvertance : il n'a pu être question dans les Contes arabes, qui datent du huitième au dixième siècle, d'un Animal exclusivement habitant des Andes du Nouveau-Monde. Le Roc ou Ruch est un Oiseau fabuleux qu'on représente comme le plus grand des volatiles, enlevant un Éléphant comme l'Épervier emporte un Mulot, et obscurcissant le soleil par sa vaste envergure. On a cru le reconnaître dans l'Aigle de Madagascar. (B.)

ROCAIREUL. ois. L'un des noms vulgaires du Guêpier, commun en certains cantons de la France et du Piémont. (B.)

ROCAMA. bot. phan. Sous le nom de *Rocama digyna*, Forskahl a décrit le *Trianthema pentandra*, L., *Mant.* Ce nom de *Rocama* a été employé par De Candolle (*Prodr. Syst. Veget.*, 3, p. 352) pour désigner une section du genre Trianthème. *V.* ce mot. (G..N.)

ROCAMBOLE. bot. phan. Nom

vulgaire de l'*Allium Scorodoprasum*, L. *V.* AIL. (B.)

ROCAR. OIS. Espèce du genre Merle. *V.* ce mot. (B.)

* ROCCARDIA. BOT. PHAN. Necker (Elém. Bot., n. 152) a séparé, sous ce nom générique, les espèces de *Stæhelina* de Linné qui diffèrent essentiellement de ce genre, en ce que les folioles de leur involucre sont terminées par des membranes réfléchies qui simulent les rayons d'une calathide radiée; en outre, le réceptacle est nu, et l'aigrette est composée de poils simples. (G..N.)

ROCCELLA. BOT. PHAN. (Cardan.) Syn. de *Ribes Uva-crispa*. *V.* GROSEILLIER. (B.)

ROCCELLE. *Roccella*. BOT. CRYPT. (*Lichens*.) Genre très-remarquable par la forme et la couleur crétacée des espèces qui le composent et que De Candolle distingua le premier des Parmélies avec lesquelles on le confondit d'abord. Il a été adopté par tous les lichénographes. Ses caractères consistent dans un thalle rameux, lacinié, à divisions inférieurement cylindracées, se comprimant ordinairement dans leur longueur, se couvrant de tubercules farineux analogues à des sorédies, intérieurement comme cotonneux, et extérieurement poli; les apothécies sont suborbiculaires, sessiles, et de couleur plus foncée que le thalle, avec un rebord peu visible, de la nature du thalle même. Le nom de Roccelle vient de ce que les Plantes qui le portent croissent sur les rochers. Ce sont des Lichens maritimes qui ne se trouvent qu'aux lieux des rivages qui sont alternativement le plus battus des tempêtes ou le plus brûlés du soleil. On n'en connut d'abord qu'une espèce célèbre dans les arts dès la plus haute antiquité, et qui a servi de type au genre. Nous en possédons aujourd'hui jusqu'à neuf dans notre herbier; ces espèces sont : 1° la ROCCELLE POURPRE DES ANCIENS, *Roccella Purpura antiquorum*, N.; *Roccella tinctoria*, De Cand., Flor. Fr., n. 906; *Lichen Roccella*, L., Dill., Musc., t. 17, fig. 19, vulgairement l'Orseille des Canaries. Le nom de *tinctoria* n'était pas suffisamment spécifique puisque toutes les espèces du genre et beaucoup d'autres Lichens sont également propres à la teinture; nous avons dû préférer celui qui, comme nous croyons l'avoir prouvé dans nos Essais sur les îles Fortunées, rappelle l'usage que firent les anciens d'une Cryptogame qu'on a cru retrouver dans divers Mollusques univalves des genres Pourpre et Rocher. C'est l'Orseille que les Phéniciens allaient chercher aux Canaries ainsi qu'à Madère, îles connues de leur temps, et qu'Ezéchiel désigne positivement pour cette raison par le nom de Purpuriennes (*Purpurariæ insulæ*). On a repoussé cette opinion, et, pour la combattre, on a cité un traité composé par une princesse du Bas-Empire, sur la teinture en pourpre où il est question de la couleur qu'on obtenait de son temps à Constantinople de certains coquillages; mais nous n'avons jamais entendu nier que ces coquillages donnassent de la pourpre. Seulement la princesse grecque était, au sujet de la pourpre des antiques Phéniciens, dans l'erreur où demeurent encore de nos jours ceux qui ne veulent pas se donner la peine de peser les raisons que nous avons données dans notre plus ancien ouvrage. La Roccelle Pourpre des anciens forme comme des buissons touffus de deux à quatre pouces de hauteur, composés de tiges d'une demi-ligne au plus de diamètre, cylindriques, ramifiées, dont les rameaux se subulent. Leur couleur est grisâtre, passant au brun plus ou moins foncé, surtout aux extrémités; la base devient alors fauve. Les tubercules sorédiformes, farineux, en paraissent d'autant plus blancs. Cette espèce abonde dans les îles Atlantiques, depuis Madère jusqu'à celles du cap Vert; elle y fut un objet de commerce considérable. Nous n'en avons point vu d'échantillons qui vinssent du bassin méditerranéen, mais nous possédons quelques morceaux de Roccelles récoltés sur nos côtes d'Armorique, qui présentent le plus grand rapport avec l'espèce qui vient de nous occuper. 2°. ROCCELLE SUBULÉE, *Roccella hypomeca*, Achar., *Lich. un.*, p. 439; *Roccella Boryi*, Fée, Crypt. Exot., tab. 11, fig. 25; filiforme, subulée, rigide, à rameaux presque simples, se coudant aux points où se développent les apothécies. Cette Plante, qui acquiert de deux à cinq pouces de long, a été trouvée au cap de Bonne-Espérance. Nous l'avons recueillie à l'Ile-de-France sur les flancs de rochers escarpés, nus, et brûlés du soleil de l'une des montagnes des Signaux, au sud du port Nord-Ouest où elle formait des touffes très-serrées, d'un blanc grisâtre, ou légèrement rembruni. 3°. ROCCELLE GRÊLE, *Roccella gracilis*, N., à divisions filiformes, très-grêles, subulées. Elle forme des touffes serrées, grisâtres, et croît à Saint-Domingue, d'où Turpin nous en a rapporté des échantillons, ainsi qu'à l'Ascension où l'ont retrouvée Lesson et Durville. 4°. ROCCELLE PENDANTE, *Roccella flaccida*, N.; à rameaux cylindracés, filiformes, très-longs, pendans, blanchâtres; nous devons la connaissance de cette belle espèce à Adr. De Jussieu, qui nous en a donné un magnifique échantillon rapporté, par Commerson, de l'Ile-de-France où elle nous échappa. 5°. ROCCELLE RAMALINOÏDE, *Roccella ramalinoides*, N.; ses divisions sont aplaties, de deux lignes de large tout au plus, légèrement lacuneuses; elle nous vint premièrement de la Guadeloupe; Durville nous l'a rapportée de Lima. 6°. ROCCELLE DE DILLEN, *Roccella Dillenii*, N.; *Lichen fuciforme tinctorium*, etc., Dill. Musc., var. B, C, p. 167, tab. 22, fig. 60, B, C. Cette espèce, confondue avec la suivante, en est certainement bien distincte; c'est celle qui semble être propre aux rives de la Méditerranée. Desfontaines l'a rapportée de Tunis, Soleirol de Corse; nous l'avons des côtes de Provence; et Don Simon de Rojas y Clemente la trouva au cap dē Gates en Andalousie. 7°. ROCCELLE FASTIGIÉE, *Roccella fastigiata*, N. Les touffes pulvinées et très-arrondies qu'elle forme n'ont guère qu'un pouce et demi, les rameaux sont à moitié cylindracés et à moitié aplatis, fastigiés aux extrémités. La Pylaie nous a rapporté cette espèce d'Ouessant, Brébisson nous l'a communiquée comme venant des côtes de Saint-Malo. 8°. ROCCELLE PHYCOPSIDE, *Roccella Phycopsis*, Ach., *Lich. un.*, p. 440 (Syn. Dil. Excl.), intermédiaire à la précédente et à la suivante; ses divisions s'épaississent en s'aplatissant; elles dépassent rarement un pouce de long, et sont très-farineuses. Cette espèce abonde sur nos côtes océanes, depuis Cherbourg jusqu'au cap Finistère. Nous l'avons surtout recueillie à Belle-Ile-en-Mer. 9°. ROCCELLE FUCIFORME, *Roccella fuciformis*, Ach., *Lich. univ.*, p. 440, L., Dill., *Musc.*, fig. 61. A expansions comprimées, aplaties en lanières, larges de plusieurs lignes, d'un beau gris tirant au bleuâtre, très-sorédifères par les bords, peu divisées et longues de deux à trois pouces dans la variété, de l'espèce qui est le type; longues de six à huit pouces et rameuses dans la variété β, palmées aux extrémités dans la variété γ. On trouve cette belle Roccelle, la plus grande de toutes, sur les rochers des côtes océanes, depuis Cherbourg jusqu'à Mogador sur les côtes d'Afrique. Elle est surtout commune à Granville et à Saint-Malo; on la trouve aussi aux Canaries.

Delise, très-habile lichénographe, a présenté à l'Institut une fort bonne et fort belle Monographie des Roccelles, mais elle n'a malheureusement pas été publiée, ce qui nous a privé du plaisir de la citer. (B.)

* ROCHASSIÈRE. OIS. Syn. vulgaire du Gamba. *V.* ce mot. (DR..Z.)

ROCHAU. POIS. L'un des noms vulgaires d'un Spare, appelé aussi Clavière. *V.* SPARE. (B.)

ROCHE. GÉOL. *V.* ROCHES.

ROCHEA. BOT. PHAN. Sous ce nom De Candolle a formé un genre aux dépens du *Crassula* de Linné. Persoon, Haworth et d'autres auteurs l'ont adopté en le nommant *Larochea*. Ce genre a été considéré dans ce Dictionnaire comme une simple division du *Crassula*. *V.* CRASSULE. (G..N.)

ROCHEFORTIE. *Rochefortia*. BOT. PHAN. Genre établi par Swartz (*Flor. Ind. occid.*, 1, p. 551), et qu'il dit appartenir à la famille des Rhamnées, avec laquelle il ne nous paraît avoir aucune espèce de rapport, ainsi que le prouvera facilement le caractère que nous allons en donner d'après l'auteur : le calice est tubulé, court, à cinq divisions rapprochées ; la corolle est monopétale hypocratériforme, ayant sa gorge ouverte, nue, et son limbe plan et à cinq lobes étalés et allongés ; cinq étamines, insérées au tube de la corolle qu'elles ne dépassent guère, alternent avec les lobes de la corolle ; l'ovaire est libre, à deux loges polyspermes, surmonté de deux styles subulés. Le fruit n'a pas été observé à son état de maturité. Le professeur De Candolle rapporte ce genre (Prodr., 2, p. 42) à la famille des Solanées ; mais il nous est difficile d'admettre cette opinion, à cause des deux styles qui surmontent l'ovaire. Swartz décrit deux espèces de ce genre ; ce sont deux Arbustes à feuilles alternes, ayant les fleurs petites, axillaires ou terminales, gémmées ou fasciculées. (A. R.)

* ROCHELIA. BOT. PHAN. (Rœmer et Schultes.) Syn. d'*Echinospermum*. *V.* ce mot. (G..N.)

ROCHER. *Murex*. MOLL. Aristote, au chapitre IV de son Traité des Animaux, désigne par le nom de Kérix des Coquilles qu'il rapproche des Pourpres et des autres Coquilles turbinées. Les traducteurs latins d'Aristote ont généralement traduit par *Buccinum* cette expression du père de la science ; Pline cependant se sert quelquefois du mot Murex qui, d'après Belon, ne serait qu'une corruption du mot grec. Il est curieux de voir cet auteur, commentateur intrépide, assurer que cela est d'autant plus probable, qu'il suffit de changer la plupart des lettres ; ainsi de mettre un M à la place du K, un U à la place de η et un E au lieu de l'υ. Il est certain qu'après de telles mutilations, dignes des Vadius, on lira *Murex* au lieu de *Kerix*. On doit rire de pitié en voyant les efforts de ces graves savans du renouvellement des sciences qui traduisent et commentent les écrits de l'immortel Aristote, à l'aide de telles supercheries, et qui donnent un exemple funeste aux traducteurs plus modernes de Sophocle et d'Euripide, qui acquirent au commencement du dernier siècle une réputation d'habileté qu'ils méritaient bien peu. Il n'est pas certain aujourd'hui que les Coquilles qu'Aristote a nommées Kérix et Pline Murex soient les mêmes que celles auxquelles Linné a donné le nom de Murex traduit en français par Rocher. Il paraîtrait au contraire, et cela semble plus probable, que nos Rochers sont les mêmes Coquilles que celles que les anciens nommaient Pourpres ; c'est ce que la dissertation de Rondelet tendrait à faire croire, ainsi que les écrits de plusieurs savans distingués qui, tout récemment encore, ont émis une opinion conforme. Ce que Rondelet nomme Pourpre est un véritable Murex de Linné ; ce qu'il nomme Murex appartient aux Strombes ou d'autres genres. Aldrovande suit strictement l'opinion de Rondelet ; il rapproche de la Pourpre de cet auteur six espèces bien évidemment du même genre, et range parmi les Murex tous les Strombes et Ptérocères qu'il connaissait. Ceci nous fournit un nouvel exemple de ces transmutations de noms qui ne sont pas très-rares et qu'il est aussi difficile que peu important d'expliquer. Lister, sous le nom vague de Buccin, rassembla presque toutes les Coquilles enroulées et canaliculées ou échancrées à la base; Langius ne l'imita pas; cet homme judicieux conserva la manière de voir de Rondelet et d'Aldrovande en donnant le nom de Pourpres aux Rochers véritables. Tournefort, dont la méthode a reçu son application dans l'ouvrage de Gualtierri, conserva religieusement l'opinion des anciens transmise par Rondelet, Aldrovande et Langius jusqu'à lui; il sépare bien nettement différens genres, donne le nom de Murex aux Strombes et celui de Purpura à nos Rochers. Klein fut le premier, ce nous semble, qui transposa les noms consacrés par les anciens, en donnant celui de Murex aux véritables Pourpres de Rondelet; il établit une famille particulière sous ce nom, et il y comprit les deux genres *Murex frondosus* et *Murex costosus*. Quoique présentant un assemblage assez peu naturel, le genre Pourpre d'Adanson réunit avec les Pourpres, telles qu'elles sont maintenant définies, les Pourpres des anciens, c'est-à-dire les Rochers de Linné. Entraîné sans doute par l'exemple de Klein, le législateur suédois a complétement changé dans leurs applications les dénominations en usage avant lui. Le genre Pourpre est rayé de son système et à sa place se présente le genre *Murex*; les Coquilles réunies avant lui sous ce nom reçoivent celui de Strombe. Ce genre *Murex* devient immense par la quantité d'espèces, et peu naturel par le peu de rapports qu'un certain nombre d'entre elles ont avec les autres, d'où naquit bientôt à Bruguière l'idée de réformer ce genre, ce qu'il tenta d'une manière assez complète, il faut le dire, dans l'Encyclopédie méthodique; mais Bruguière eut le tort, et il lui était bien facile de l'éviter, de ne pas rétablir l'ordre que Linné n'avait point suivi dans le démembrement des Murex. Bruguière a suivi un précepte qui est bon, de laisser le nom primitif du genre au groupe le plus nombreux en espèces; mais cette fois il aurait pu déroger utilement à la règle puisqu'il rétablissait un genre Pourpre. Sans doute que le savant auteur de l'Encyclopédie, se trouvant sous l'influence du Mémoire de Réaumur, avait adopté son opinion sur la Pourpre des anciens, opinion qui ne coïncide pas avec celle de Rondelet et d'Aldrovande. Quoi qu'il en soit, Bruguière créa aux dépens des Murex les genres Pourpre, Fuseau et Cérite. Ainsi débarrassé, ce genre devint beaucoup plus naturel, mais pas encore assez pour qu'il restât tel qu'il l'avait laissé. Lamarck continua la réforme qui était encore bien nécessaire; car il en sépara d'abord les Fasciolaires et les Pyrules, puis les Ranelles et les Struthiolaires dans l'Extrait du Cours; et enfin les Tritons dans son dernier ouvrage. Ces sages réformes en rendant ce genre tout-à-fait naturel furent successivement adoptées par les auteurs à mesure qu'elles s'opérèrent; d'autres auteurs, et Montfort est du nombre, ont tenté inutilement de faire avec des Rochers de nouveaux genres; ils n'ont pas été adoptés.

Quant à la place que ce genre a occupée dans les méthodes, elle a en général peu varié. Linné l'avait mis à la fin des Coquilles canaliculées après les Strombes et avant les Turbos; il se trouva entre les Strombes et les Fuseaux dans Bruguière, à cause de la création des genres Fuseau et Cérite qu'il en a extraits. Lamarck lui a conservé des rapports analogues en le plaçant dans la famille des Canalifères. *V.* ce mot. Cuvier n'adopta comme genre que le seul démembrement des Cérites; tous ceux qui furent institués successivement comme nous l'avons vu, ne furent admis qu'à titre de sous-genres dans le genre Rocher qui devint par cela d'une immense étendue. On peut le considérer comme une famille naturelle, et c'est en effet ce que fit à peu près Férussac par l'établissement de la famille des Pourpres, qui n'est pas naturelle en ce qu'elle contient les Pourpres, les Colombelles et les Rostellaires avec les Rochers et les Fuseaux, ce en quoi il s'est éloigné de Cuvier. Si l'on ajoute qu'à titre de sous-genres sont rattachées la presque totalité des Coquilles qui constituent la grande classe des Siphonifères, on aura une idée de cette famille des Pourpres. Blainville dans son Traité de Malacologie, conduit par de meilleurs principes, considéra le genre Rocher de Linné comme le type d'une famille à laquelle il donna le nom de Siphonostome (*V.* ce mot), adoptant les genres démembrés des Murex de Linné par Lamarck et Bruguière; on trouve dans sa méthode le genre Rocher réduit à ses limites naturelles. Latreille a considéré aussi le genre Rocher comme le type d'une famille; il lui donna le nom de Variqueux (*V.* ce mot); on y trouve la plupart des genres de Montfort, ainsi que ceux de Lamarck; les uns ou les autres sont, à notre avis, inutiles, puisqu'ils se remplacent et comprennent les mêmes espèces.

L'Animal des Rochers est connu depuis long-temps; une espèce très-commune dans la Méditerranée et qu'Adanson a retrouvée au Sénégal, a été figurée par Dargenville dans sa Zoomorphose, pl. 4, fig. C. Le même auteur en a aussi figuré une autre espèce, même planche, fig. D, et quoique l'on n'ait pas une description complète de l'Animal de ce genre, des observateurs ont pu l'examiner, et Blainville entre autres lui a donné les caractères suivans : corps ovale, spiral en dessus, enveloppé dans un manteau dont le bord droit est garni de lobes ou de laciniures en nombre et de forme variables, pourvu en dessous d'un pied ovale, assez court et sous-trachélien. Tête avec les yeux situés à la base externe de tentacules longs, coniques, contractiles et rapprochés; bouche pourvue d'une longue trompe extensible, armée de denticules crochus en place de langue; mais sans dent supérieure. Anus au côté droit dans la cavité branchiale. Organes de la respiration formés de deux peignes branchiaux inégaux. Terminaison de l'oviducte dans les femelles au côté droit, à l'entrée de la cavité branchiale, celle du canal déférent à l'extrémité d'une verge longue, exerte, aplatie, contractile, située au côté droit du cou. Coquille ovale ou oblongue, canaliculée à sa base, ayant à l'extérieur des bourrelets rudes, épineux ou tuberculeux; ouverture arrondie ou ovalaire; bourrelets triples ou plus nombreux sur chaque tour de spire; les inférieurs se réunissant obliquement avec les supérieurs par rangées longitudinales. Opercule corné, à élémens lamelleux, subimbriqués, commençant à une extrémité.

Malgré toutes les réformes dont le genre Murex de Linné a été le sujet, il ne laisse pas, tel que Lamarck l'a circonscrit, de contenir encore un grand nombre d'espèces. Elles se groupent assez facilement, et se distinguent des genres environnans avec la plus grande facilité, si l'on a présent à la mémoire, que le genre Struthiolaire n'a qu'un seul bourrelet marginal; que le genre Ranelle n'a jamais plus de deux bourrelets sur chaque tour, mais qu'ils sont disposés en deux rangées longitudinales, opposées de la base au sommet; que le genre Triton offre aussi des bourrelets disposés sans ordre; et qu'enfin le genre Rocher a trois ou un plus grand nombre de ces bourrelets, toujours réguliers, et par rangées longitudinales du sommet à la base. Les Rochers se distinguent aussi de certains Buccins en ce qu'ils sont toujours canaliculés à la base de la columelle, tandis que les Buccins sont seulement échancrés. Le canal dans ce genre est variable quant à la forme et à la longueur; il peut servir à grouper les espèces. Dans quelques-uns, il est long et droit, simple ou chargé d'épines. Le sommet de la coquille est alors fort court. Dans d'autres il est moins long, très-grêle, et obliquement relevé vers le dos de la coquille. Il devient successivement plus court, plus large, plus oblique à mesure que les espèces prennent davantage la forme buccinoïde. Dans toutes les espèces que nous avons pu examiner à l'état adulte et bien conservées, nous avons trouvé le canal de la base recouvert par une lame mince attachée au bord gauche, et s'avançant vers le droit où elle ne laisse quelquefois qu'une fente très-étroite comme dans le *Murex haustellum*, quelquefois même elle joint le bord droit, s'y soude, et réduit en un véritable tuyau le canal de la base.

Lamarck, dans son dernier ouvrage, a caractérisé soixante-six espèces vivantes de Rochers. Il en existe presque autant de fossiles, parmi lesquelles on en cite un grand nombre d'analogues dans les terrains les plus nouveaux de l'Italie. Ce nombre irait jusqu'à trente, si l'on en croît Brocchi. Nous adopterons les diverses sections de Lamarck, et nous en citerons les principales espèces.

† *Espèces à queue grêle, subite, plus longue que l'ouverture.*

α Espèces épineuses.

ROCHER CORNU, *Murex cornutus*, L., Gmel., p. 3525, n. 3; Lamk., Anim. sans vert. T. VII, p. 156, n. 1; Lister, Conch., tab. 901, fig. 21; Favanne, pl. 38, fig. E 2; Martini, Conch. cab. T. III, tab. 114, fig. 1067.

ROCHER DROITE ÉPINE, *Murex brandaris*, L., Gmel., *loc. cit.*, n. 4; *ibid.*, Lamk., *loc. cit.*, n. 2; Lister, Conch., tab. 900, fig. 26; Chemnitz, T. III et X, pl. 114, fig. 1058, 1059, et pl. 164, fig. 1571, var. a, Nob.; *Ventre trifariam-spinoso*, Favanne, Conch., pl. 38, fig. E, 1. Espèce commune dans la Méditerranée. Il est probable que c'est la Pourpre des anciens.

ROCHER FORTE ÉPINE, *Murex crassi-spina*, Lamk., *loc. cit.*, n. 3; *Murex tribulus*, L., Gmel., *loc. cit.*, n. 2; Lister, Conch., tab. 902, fig. 22; Martini, Conch. cab. T. III, tab. 113, fig. 1052, 1053, 1054, et T. II, tab. 189, fig. 1819, 1820. C'est cette espèce que l'on nomme *la grande Bécasse épineuse* dans le commerce.

ROCHER FINE ÉPINE, *Murex tenuispina*, Lamk., *loc. cit.*, n. 4; Favanne, Conch., tab. 38, fig. A, 1, 2; Chemnitz, Conch. T. II, tab. 189, fig. 1821, et pl. 190, fig. 1822. Espèce des plus remarquables et des plus rares dans un bel état de conservation. Elle est de la mer des Indes.

β Espèces sans épines.

ROCHER TÊTE DE BÉCASSE, *Murex haustellum*, L., Gmel., *loc. cit.*, n. 1; *ibid.*, Lamk., *loc. cit.*, n. 8; Lister, Conch., tab. 903, fig. 23; Rumph, Mus., tab. 26, fig. F; Martini, Conch. T. III, tab. 115, fig. 1066. Elle a ordinairement quatre à cinq pouces de long. Un individu de la collection du duc de Rivoli a néanmoins huit pouces.

ROCHER TÊTE DE BÉCASSINE, *Murex tenui-rostrum*, Lamk., *loc. cit.*, n. 9. Bien distincte de la précédente par la couleur, la forme, etc.

†† *Espèces à queue épaisse, non subite, plus ou moins longue.*

α Espèces à trois varices.

ROCHER CHICORÉE RENFLÉE, *Murex inflatus*, Lamk., *loc. cit.*, n. 11; *Murex ramosus*, L., Gmel., n. 13; Rumph, tab. 26, fig. A; Martini, Conch. cab. T. III, tab. 102, fig. 980, et tab. 103, fig. 981. C'est la plus grande du genre. Elle vient de l'océan Indien, des Séchelles.

ROCHER PALME-DE-ROSIER, *Murex Palmarosæ*, Lamk., *loc. cit.*, n. 13; Bonnani, *Recreat.*, *pars.* 3, fig. 276; Lister, Conch., tab. 946, fig. 41. Espèce remarquable par sa beauté lorsqu'elle est bien conservée.

ROCHER CHICORÉE BRULÉE, *Murex adustus*, Lamk., *loc. cit.*, n. 16; Favanne, Conch., pl. 36, fig. J, 1; Martini, Conch. T. III, tab. 105, fig. 990, 991; Knorr, Vergn., 2, tab. 7, fig. 4, 5. De l'océan Indien; assez commune, couleur café brûlé; bouche blanche.

ROCHER ACANTHOPTÈRE, *Murex Acanthopterus*, Lamk., *loc. cit.*, n. 25;

Schreoters einling. in Chonch. T. I, tab. 3, fig. 8; Encycl., pl. 417, fig. 2, a, b Toute blanche; les varices lamelleuses, terminées en pointe à chaque tour à l'endroit de la suture.

ROCHER TRIQUÈTRE, *Murex triqueter; Born. Mus. Cæs. Vind.*, tab. 11, fig. 1, 2; *ibid.*, Lamk., *loc. cit.*, n. 31; Martini, Conch. T. III, tab. 111, fig. 1038; Encycl., pl. 417, fig. 1 et 4, a, b. De l'océan Indien.

β Espèces qui ont plus de trois varices.

ROCHER FEUILLE DE SCAROLE, *Murex saxatilis*, L., Gmel., p. 3529, n. 15; Lamk., *loc. cit.*, n. 34; Rumph, Mus., tab. 26, fig. 2; Martini, Conch. T. III, tab. 108, fig. 1011 à 1014. Fort belle et fort grande espèce de l'océan Indien. L'ouverture est ornée de teintes roses d'une grande fraîcheur.

ROCHER ENDIVE, *Murex Endivia*, Lamk., *loc. cit.*, n. 35; *Murex cichoreum*, L., Gmel., n. 17; Favanne, Conch., pl. 36, fig. K; Martini, Conch. T. III, tab. 107, fig. 1008. Vulgairement la Pourpre impériale.

ROCHER SCORPION, *Murex Scorpio*, L., Gmel., *loc. cit.*, n. 14; *ibid.*, Lamk., *loc. cit.*, n. 39; Rumph, Mus., tab. 26, fig. D; Favanne, Conch., pl. 16, fig. G, 3; Martini, Conch. T. III, tab. 106, fig. 998 à 1003. Espèce singulière par la manière dont l'ouverture et la dernière varice sont disposées. De l'océan Indien.

ROCHER ANGULIFÈRE, *Murex anguliferus*, Lamk., *loc. cit.*, n. 44; *Murex costatus* et *senegalensis*, L., Gmel., n. 40 et 86; le *Serat*, Adanson, Voy. au Sénég., pl. 8, fig. 19; Martini, Conch., tab. 110, fig. 1029, 1030. Du Sénégal. (D..H.)

ROCHERAYE. OIS. L'un des noms vulgaires du Biset. *V.* PIGEON.

ROCHES. GÉOL. La minéralogie a pour objet spécial de faire connaître les différentes espèces de corps inorganiques que l'on rencontre à la surface ou dans le sein de la terre; elle apprend quels sont les caractères physiques et chimiques de forme, de dureté, de pesanteur spécifique, de couleur, etc., ou de composition intime, à l'aide desquels on peut parvenir à distinguer et isoler les unes des autres les substances minérales qu'elle classe méthodiquement d'après les ressemblances et les différences qu'elles présentent entre elles et quelle que soit leur abondance ou leur rareté dans la nature. Mais ces substances minérales ou les Minéraux proprement dits, peuvent être considérés sous le rapport du rôle qu'ils jouent dans la construction de l'épiderme solide du globe terrestre, seule portion que nous puissions en étudier; alors une première observation démontre que sur environ deux cents espèces distinctes de Minéraux, il en est vingt-cinq à trente au plus qui entrent comme matériaux essentiels dans la masse solide dont la surface constitue le sol qui nous porte; les autres se rencontrent disséminées en petite quantité ou tapissant les parois de fentes, de cavités, de géodes, etc.

C'est seulement à celles des substances minérales simples ou mélangées qui se voient en grandes masses, qui forment des bancs puissans, des couches continues, des Rochers en un mot que l'on donne assez généralement, le nom de Roches.

Les Roches ainsi définies : les matériaux solides qui entrent essentiellement dans la structure du globe, seront formées, 1° d'une seule substance minérale présentant tous les caractères qui peuvent la faire distinguer comme espèce.

2°. De la réunion visible de plusieurs Minéraux également reconnaissables.

3° Enfin d'un mélange plus ou moins intime de particules que l'on ne peut rapporter avec certitude à aucune espèce minérale bien déterminée.

Il s'en faut cependant que l'on puisse répartir sans difficultés toutes les Roches connues dans l'un de ces trois groupes qui n'indiquent que trois manières d'être principales. On peut concevoir une foule de termes moyens et de passages nuancés qui existent, en effet, si pour prendre une idée exacte des Roches on se les représente comme des mélanges en toutes proportions pour ainsi dire de deux, trois ou quatre substances minérales simples dont les parties ou fondues ou vaporisées, ou dissoutes ou fracturées et tenues en suspension, ont été refroidies, précipitées ou déposées soit lentement, soit rapidement, soit simultanément, soit successivement, sous l'influence réciproque les unes des autres ou hors de cette influence et sous des pressions très-différentes; si l'on observe encore que les parties des plus anciennes Roches, fondues de nouveau, dissoutes ou brisées ou décomposées, sont entrées comme élémens composans dans les Roches moins anciennes, qui elles-mêmes et ainsi successivement ont contribué à former les Roches plus modernes.

Après ces considérations, ce qui doit le plus étonner, c'est la constance de certaines associations de Minéraux qui sur des points très-éloignés les uns des autres constituent des Roches qui se présentent avec le même aspect (Granit, Gneiss, Basalte).

Sous un autre point de vue général on peut distinguer les *Roches de Cristallisation* des *Roches de Sédiment.*

Les élémens composans des premiers ont été dissous, c'est-à-dire que leurs molécules tenues écartées les unes des autres, soit par le calorique, soit par un liquide quelconque, se sont rapprochées d'après les lois des affinités et ont cristallisé tandis que les parties dont se composent les secondes se sont seulement déposées par l'effet de leur pesanteur lorsque le liquide qui les tenait en suspension a cessé d'être agité; mais encore ici, entre les Roches de cristallisation et les Roches de sédiment proprement dites, on voit qu'il existe un grand nombre de nuances intermédiaires, car les deux causes ont souvent agi en même temps pour produire des effets composés; ainsi des fragmens tenus en suspension et déposés mécaniquement ont été souvent réunis par un précipité de nature différente qui leur a servi de ciment; quelquefois le ciment a été le même que le sédiment; des Cristaux ont pu se former au sein d'une pâte boueuse, de même qu'un précipité chimique a pu envelopper des débris de Roches préexistantes. Enfin le nombre des combinaisons possibles est immense, et ce qui est le plus remarquable et que l'observation peut seule bien apprendre à connaître, c'est que le nombre des combinaisons réelles a des limites qu'il n'est pas possible de préjuger et qui ne peuvent être aperçues que par une longue expérience; ces derniers motifs rendent l'histoire des *Roches* très-difficile à faire, et ils expliquent comment les auteurs ont tant varié sur leur nomenclature et sur leur classification; selon que les uns ont fait leurs études dans les collections ou dans la nature et qu'ils ont considéré les Roches d'après la composition, la structure des échantillons qu'ils ont recueillis et rassemblés, ou d'après la place qu'elles occupent, le rôle qu'elles jouent dans la composition des diverses formations ou des terrains. En effet, ces deux manières de considérer les Roches doivent être bien distinguées, et les discussions élevées pour savoir à laquelle des deux méthodes *minéralogique* ou *géognostique* on doit donner la préférence, nous semblent tout-à-fait inutiles puisque, d'après la marche naturelle, il est d'abord nécessaire d'étudier isolément et en eux-mêmes les matériaux dont se compose l'épiderme solide du globe pour s'occuper ensuite des rapports d'âge et de position qu'ils affectent entre eux.

Le grand inconvénient que l'on reproche à la méthode purement minéralogique, c'est qu'elle conduit à diviser à l'infini et à multiplier sans utilité le nombre des Roches et à créer surtout des noms différens pour ne désigner que des variétés de mélanges qui peuvent être fournies, non-seulement par un même banc, mais encore par un même bloc. La méthode géognostique tend au contraire à faire tout réunir, à faire tout confondre parce qu'elle ne peut séparer des mélanges différens qui passent insensiblement de l'un à l'autre et qui ont le même gisement; et que d'un autre côté elle porte à faire regarder comme différens des mélanges de même sorte qui occupent des positions différentes dans la série des terrains.

Entre ces deux écueils, il y a sans doute un but utile à atteindre; mais il ne peut l'être que par un observateur doué d'une grande sagacité qui, après avoir bien étudié la structure de l'épiderme terrestre et avoir appris à ne pas donner la même valeur aux mélanges constans et à ceux qui ne sont qu'accidentels, se décide arbitrairement, il est vrai, mais judicieusement à choisir dans l'infinité de Roches possibles celles qui ont assez d'importance par leur abondance et par la place qu'elles occupent, pour qu'il soit utile de les caractériser et de leur donner des noms, afin de rendre plus faciles les descriptions de terrains dans la composition desquels elles entrent essentiellement.

Les diverses sortes de Roches établies ainsi d'après les connaissances géognostiques peuvent et doivent être rangées et étudiées d'après leurs seuls caractères extérieurs et purement minéralogiques; telle nous semble avoir été la marche suivie avec succès par le savant géologue qui vient de publier la classification et les caractères minéralogiques des Roches homogènes et hétérogènes dont nous croyons dans l'intérêt de la science devoir suivre les erremens dans cet article.

De la même manière que la connaissance des Minéraux doit précéder celle des Roches, l'étude de celles-ci doit conduire à l'histoire des Formations, puis à celle des Terrains dont l'ensemble constitue l'écorce solide du globe terrestre qu'il faut nécessairement bien connaître avant que de se livrer à la recherche des causes qui ont contribué à modifier la surface de la terre depuis les temps les plus reculés jusqu'à nos jours; objet définitif de la Géologie.

Si, par une comparaison, on voulait donner une idée de la valeur relative que l'on doit attacher à ces expressions Roches, Formations, Terrains, si fréquemment confondues et si diversement employées dans le langage géologique, il nous semble qu'on pourrait jusqu'à un certain point le faire en prenant pour exemple un livre imprimé dans une langue quelconque, mais déterminée. Les Minéraux seront comparables aux lettres alphabétiques qui varient suivant le caractère employé. Les *Roches* auront pour analogues les syllabes composées d'une seule lettre, de deux ou d'un plus grand nombre, et dont l'importance, la fréquence et le nombre sont déterminés par le génie de la langue et non par le hasard. Les Formations seront représentées par les mots et les Terrains par les phrases; enfin les grands groupes de ceux-ci correspondront aux différens chapitres, et de même que cette série de lettres, de syllabes, de mots, de phrases finit par nous initier aux pensées qui ont occupé l'esprit de l'auteur, de même aussi l'étude successive des Minéraux, des Roches, des Formations et des Terrains peut nous conduire en définitive à connaître les causes et la nature des révolutions qui ont eu lieu à la surface du globe.

L'étude des Roches est donc une étude préliminaire comme l'est celle du syllabaire d'une langue, et il faut d'abord les considérer en elles-mêmes sans avoir égard à la place qu'elles occupent et indépendamment de leurs rapports de position entre elles, de leur gisement enfin; ces considérations d'un autre ordre appartiennent à l'histoire géognostique des Roches, et elles doivent être exposées aux articles FORMATIONS et TERRAINS (*V.* ce dernier mot).

Composition des Roches. Nous avons précédemment dit que vingt-cinq ou trente Minéraux au plus contribuaient à former les Roches; mais quelques-uns parmi ceux-ci sont encore bien plus abondans que les autres; en effet le *Quartz* et le *Feldspath*, par exemple, entrent pour près de 3/10 chacun dans la masse de l'écorce solide connu de la terre; la *Chaux carbonatée* pour 1/10 en y comprenant les Coquilles et les Madrépores; l'*Argile*, le *Mica*, le *Pyroxène* pour 1/20 chacun; l'*Amphibole*, le *Grenat*, le *Péridot*, la *Chaux sulfatée*, la *Houille*, les *Fers hydraté*, *oxidulé*, *carbonaté*; la *Pinite*, la *Staurotide*, le *Diallage* et quelques autres Minéraux sont après presque les seuls qui entrent réellement dans la composition ordinaire de certaines Roches; ceux que l'on y rencontre plus rarement ne peuvent être considérés que comme parties accessoires.

Il faudra donc distinguer dans une Roche les parties *constituantes* sans lesquelles la Roche ne pourrait recevoir la même dénomination, et les parties *accidentelles* qui servent tout au plus à établir des variétés.

La *prédominance* de l'un des élémens d'une Roche doit, lorsqu'elle est constante, être notée avec soin.

La *structure* d'une Roche s'entend d'une certaine disposition entre les parties; ainsi on dit la structure lamellaire, sphéroïdale, fragmentaire, fissile, etc.

Brongniart distingue la *texture* des Roches de leur *structure*. La texture s'applique à la forme non géométrique, à la grosseur et à l'aspect des parties composantes; ainsi la texture sera *homogène* ou *hétérogène*; elle sera *grenue* lorsque la Roche semblera formée de grains juxtaposés sans cimens; *empâtée* lorsqu'une pâte homogène enveloppera des cristaux ou des fragmens; *cellulaire* lorsque la pâte sera remplie de cavités. On peut aussi employer souvent avec avantage dans la description des Roches des termes de comparaison qui frappent plus vivement l'esprit que les définitions les plus minutieuses; ainsi on peut dire d'une Roche qu'elle a la structure, la texture, l'aspect *granitoïde*, lorsque composée de Minéraux différens, ceux-ci ne sont pas réunis par une pâte et qu'ils semblent avoir simultanément cristallisée au moment de leur réunion, lorsqu'elle ressemble enfin à du Granit *porphyroïde*, *schisteux*, *terreux*, etc.

La *cohésion*, la *cassure*, la *dureté*, les *couleurs* fournissent encore des caractères utiles pour la distinction des Roches; mais nous ne nous arrêterons pas sur ces différens sujets, croyant qu'il est impossible de faire apprécier l'importance des modifications que l'on peut noter à cet égard aux personnes qui n'ont pas vu et recueilli déjà elles-mêmes en place un grand nombre de Roches, et quant à celles qui sont dans le cas contraire, de longs détails deviennent superflus. Nous croyons pouvoir employer plus utilement le peu d'espace qui nous reste à donner une idée succincte de la dernière classification minéralogique des Roches proposée par Brongniart, nous bornant même à l'histoire abrégée des Roches mélangées, parce que celle des Roches simples qui ne sont pas des Minéraux en grandes masses, comme nous l'avons dit, appartient à la minéralogie, et qu'on la trouvera à chacun des articles qui ont pour objet les différentes substances minérales.

1°. Les Roches sont *homogènes* ou *simples*, c'est-à-dire qu'elles paraissent composées d'une seule substance.

A. Cette substance peut être rapportée à une espèce minérale caractérisée. Les Roches *phanérogènes* de Haüy (Calcaire saccaroïde, Gypse, Sel Gemme).

B. Cette substance est un mélange de parties extrêmement fines confondues ensemble et qui n'offrent point les caractères positifs d'un Minéral connu. Les Roches *adélogènes* de Haüy (Houille, Marne, Schiste).

2°. Les Roches sont *hétérogènes* ou *composées*.

C. Les différentes parties dont elles se composent et que l'on peut distinguer à l'œil nu ont été précipitées simultanément après avoir été préliminairement dissoutes. Les Roches de *cristallisation* (Granit).

D. Ces parties déjà solides ont été enlevées à des Minéraux ou à des Roches préexistans et agrégés mécaniquement. Les Roches *d'agrégation* (Poudding, Brèche).

Ire classe. — ROCHES HOMOGÈNES.

Ordre Ier. — *Roches phanérogènes.*

1 CALANCINE. — 2 CUIVRE PYRITEUX. — 3 MANGANÈSE TERNE. — 4 PYRITE. — 5 FER OXIDULÉ. — 6 FER OLIGISTE. — 7 FER HYDROXIDE. — 8 FER CARBONATÉ. — 9 QUARZITE. — 10 GRÈS. — 11 SILEX MEULIÈRE. — 12 SILEX CORNÉ. — 13 JASPE. — 14. SEL MARIN RUPESTRE. — 15 FLUORITE COMPACTE. — 16 PHOSPHORITE COMPACTE. — 17 GYPSE. — 18 KARSTENITE. — 19 CÉLESTINE. — 20 BARYTINE. — 21 ALUNITE. — 22 GIOBERLITE. — 23 DOLOMIE. — 24 CALCAIRE. — 25 COLLYRITE. — 26. SERPENTINE. — 27 MAGNÉSITE. — 28 STÉATITE. — 29 TALC. — 30 CHLORITE. — 31 AMPHIBOLE HORNBLENDE. — 32 PYROXÈNE LHERSOLITE. — 33 FELDSPATH. (*V.* ces mots.)

Ordre II. — *Roches adélogènes.*

34 HOUILLE. — 35 ANTHRACITE. — 36 LIGNITE. — 37 KAOLIN. — 38 ARGILE. — 39 MARNE. — 40 OCRE. — 41 SCHISTE. — 42 AMPELITE. — 43 VAKE. — 44 APHANITE. — 45 ARGILOLITE. — 46 TRAPP. — 47 BASALTE. — 48 PHTANITE. — 49 PÉTROSILEX. — 50 RETINITE. — 51 PONCE. — 52 THERMANTIDE. — 53 TRIPOLI. (*V.* ces mots.)

IIe classe. — ROCHES HÉTÉROGÈNES.

Ordre Ier. — *Roches de cristallisation.*

1. GRANITE. — Feldspath lamellaire, Quartz et Mica, à peu près également disséminés. — Texture grenue.

2. PROTOGYNE. — Feldspath, Quartz, Talc, Stéatite ou Chlorite remplaçant en grande partie le Mica.

3. SIÉNITE. — Feldspath lamellaire, Quartz. — Amphibole. (Granitelle. — Rapakivi.)

4. PEGMATITE. — Feldspath lamellaire et Quartz. — Graphique. — Le Quartz en lignes brisées imitant les caractères hébraïques (Granite graphique. — Aplite, Quartzite.)

5. LEPTYNITE. — Base de Feldspath grenu, avec Quartz? sableux et enveloppant différens Minéraux disséminés. (Quelques Weisstein et Hornfels. — Amansite, Granulite.

6. EURITE. — Base de Pétrosilex grisâtre, verdâtre ou jaunâtre renfermant des grains de Feldspath laminaire et souvent du Mica et d'autres Minéraux disséminés. — Texture compacte et empâtée, quelquefois grenue. (Quelques Weisstein, Klingstein.)

7. EUPHOTIDE. — Base de Jade, de Pétrosilex ou même de Feldspath compacte et Cristaux nombreux de Diallage. — Texture grenue. (Verda di Corsica, Gabbro, Granitone.)

8. ECLOGITE. — Diallage ordinairement verte, lamellaire et grenats. — Texture grenue. (Amphibolite actinotite.)

9. AMPHIBOLITE. — Base d'Amphibole Hornblende, empâtant du Mica, du Feldspath, des Grenats. (Horneblendegestein.)

10. HEMITHRÈNE. — Amphibole et Calcaire. — Texture grenue semblable à celle du Diorite. (Quelques Grunstein.)

11. DIORITE. — Amphibole Hornblende et Feldspath à peu près également disséminés. (Grunstein, Granitel, Ophite, Chloritin.)

12. PYROMÉRIDE. — Pâte de Feldspath compacte et Quartz; pâte enveloppant des Sphéroïdes. (Porphyre orbiculaire de Corse.)

13. SIDÉROCRISTE. — Fer oligiste micacé et Quartz. — Structure schistoïde. (Elisen gliemmerschiefer.)

14. HYALOMICTE. — Quartz hya-

lin dominant et Mica disséminé non continu. — Structure grenue. (Greisen.)

15. MICASCHISTE. — Mica abondant continu et Quartz. — Structure fissile. — Mica dominant (Glimmerschiefer.) — Micaschistoïde.

16. GNEISS. — Mica abondant en paillettes distinctes et Feldspath lamellaire ou grenu. — Structure feuilletée.

17. PHYLLADE. — Schiste argileux comme base et Mica. — Structure fissile. — Mica disséminé. (Thonschiefer mélangé, Schieferthon.)

18. CALSCHISTE. — Schiste argileux souvent dominant et Calcaire en taches, veinules ou lamelles tantôt parallèles, tantôt traversantes et en nodules disséminés. — Structure schisteuse. (Variété de Thonschiefer.)

19. STEASCHISTE. — Base talqueuse, renfermant différens Minéraux disséminés. — Structure schisteuse. (Talkschiefer.)

20. OPHIOLITE. — Pâte de Serpentine ou de Talc et de Diallage enveloppant du Fer oxidulé. — Structure massive presque compacte. (Serpentin.)

21. OPHICALCE. — Base de Calcaire avec Serpentine, Talc ou Chlorite. — Texture empâtée.

22. CIPOLIN. — Base de Calcaire saccaroïde avec du Mica ou du Talc comme partie constituante essentielle. — Texture grenue cristalline. — Structure souvent fissile.

23. CALCIPHYRE. — Pâte de Calcaire enveloppant des cristaux de Feldspath, de Pyroxène. — Texture empâtée.

24. SPILITE. — Pâte d'Aphanite renfermant des noyaux et des veines calcaires contemporains ou postérieurs à la pâte. — Structure empâtée; parties enveloppées sphéroïdales. (Blatterstein, Perlstein, quelques Mandelstein, Shaalstein des Allemands.)

25. VAKITE. — Base de Vacke, empâtant du Mica et du Pyroxène. (Vake.)

26. DOLÉRITE. — Pyroxène et Feldspath lamellaire. — Couleur noirâtre. (Flotzgrunstein et Graustein.)

27. BASANITE. — Base de Basalte avec des cristaux de Pyroxène disséminés, plus ou moins distincts. — Le Basalte est considéré comme Roche homogène.

28. TRAPPITE. — Base d'Aphanite, dure, compacte, sublamellaire, souvent fragmentaire enveloppant du Feldspath, de l'Amphibole, du Mica. (Roches de Trapp.)

29. MÉLAPHYRE. — Pâte noire d'Amphibole pétrosiliceux, enveloppant des cristaux de Feldspath. — (Trapporphyr, Wern.). Vulgairement Porphyre noir.

30. PORPHYRE — Pâte de Pétrosilex amphiboleux, rouge ou rougeâtre enveloppant des cristaux déterminables de Feldspath. (Porphyre, Hornstein-Porphyr, Wern.)

31. OPHITE. — Pâte de Pétrosilex amphiboleux, verdâtre, enveloppant des cristaux déterminables de Feldspath verdâtre. (Porphyre vert, Serpentin, Grunporphyr.)

32. VARIOLITE. — Pâte de Pétrosilex de diverses couleurs, renfermant des noyaux sphéroïdaux de Pétrosilex d'une couleur différente de celle de la Pâte.

33. ARGILOPHYRE. — Pâte d'Argilolite enveloppant des cristaux de Feldspath compacte et terne ou vitreux. — Couleur grisâtre, rosâtre ou verdâtre pâle.

34. DOMITE. — Pâte d'Argilolite âpre et poreuse, enveloppant des cristaux de Mica; presque infusible. (Trachyte terreux, Thonporphyr.)

35. TRACHYTE. — Pâte pétrosiliceuse compacte, d'aspect terne et mat; fusible, enveloppant des cristaux de Feldspath vitreux. — Texture quelquefois poreuse; toucher âpre; couleur blanche ou grisâtre. (Masegna, Nécrolite.)

36. PUMITE. — Pâte vitreuse, poreuse, fibreuse, grisâtre; facilement fusible et souvent avec boursoufflement, en verre blanc bulleux. Cristaux de Feldspath disséminés. (Lave ponceuse.)

37. Téphrine. — Texture grenue et même terreuse avec des vacuoles; rude au toucher; couleur grisâtre; de petits cristaux de Feldspath disséminés; fusible en émail blanc piqueté de noir. (Laves téphriniques.)

38. Leucostine. — Pâte de Pétrosilex pâle, grisâtre, etc., enveloppant des cristaux de Feldspath; fusible en émail blanc. — Texture un peu cellulaire.

39. Stigmite. — Pâte de Rétinite ou d'Obsidienne, renfermant des grains ou des cristaux de Feldspath. (Pechstein et Obsidianporphyr, Perlsteinporphyr.)

Ordre IIe. — *Roches d'agrégation.*

Débris de Minéraux ou de Roches réunis par juxta-position ou au moyen d'un ciment visible ou invisible de matière minérale cristallisée.

40. Mimophyre. — Ciment argiloïde, réunissant des grains très-distincts de Feldspath. (Quelques Grauwackes, Poudingues, Porphyroïdes.)

41. Arkose. — Roche à texture grenue, essentiellement composée de gros grains de Quartz hyalin et de grains de Feldspath ou laminaire, ou compacte, ou argiloïde.

42. Psammite. — Roche grenue, composée essentiellement de sable quartzeux distinct et de Mica assez également mêlés et réunis par une petite quantité d'Argile. (Grès micacé, Grès houiller, la plupart des Grauwackes.)

43. Macigno. — Roche à texture grenue, essentiellement composée de petits grains de Quartz sableux distincts, mêlés avec du Calcaire et renfermant comme Minéraux accessoires du Mica, de l'Argile, etc. — Structure massive ou schistoïde en grand; couleur grisâtre.

44. Glauconie. — Roche à texture grenue, composée essentiellement de Calcaire non cristallisé et de grains verts. (Craie chloritée; Greensand des Anglais.)

45. Peperine. — Roche à texture grenue, composée essentiellement de grains de Téphrine, de Vake et de Pyroxène. (Pépérino, Tufa, Tufaïte, Conglomérat ponceux, Tuf basaltique, Brecciole trappéenne.)

46. Pséphite. — Roche à texture grenue; pâte argiloïde enveloppant des fragmens de Schistes divers et de Phyllade. (La plupart des Todtliegende; Grès rudimentaire.)

47. Anagénite. — Parties arrondies de Roches primordiales, réunies par un ciment schistoïde pétrosiliceux, talqueux, etc., quelquefois du Calcaire saccaroïde dans le ciment. (Grauwacke à gros grains.)

48. Poudingue. — Parties arrondies de Roches diverses réunies par un ciment quartzeux, qui est tantôt siliceux, tantôt sableux.

49. Gompholite. — Parties arrondies de Roches diverses dans un ciment de Calcaire ou de Macigno. (Nagelflue, Poudingue calcaire.)

50. Brèche. — Parties anguleuses de Roches diverses réunies par un ciment.

51. Brecciole. — Parties anguleuses de Roches diverses, mais tout au plus de la grosseur d'un pois, réunies par un ciment.

Pour le gisement des Roches et par conséquent leur classification géologique, *V.* Terrains. (C. P.)

ROCHIER. ois. (Buffon, pl. enl. 447.) Synonyme de l'Émerillon jeune. *V.* Faucon. (DR..Z.)

ROCHIER. pois. Espèce du genre Squale. *V.* ce mot. (B.)

ROCINELLE. *Rocinella.* crust. *V.* Roscinelle.

* ROCOU. ois. Espèce du genre Couroucou. (B.)

ROCOU ou ROUCOU. bot. phan. Matière colorante que l'on retire des graines du Rocouyer. *V.* ce mot. (A. R.)

ROCOUYER. *Bixa.* bot. phan. Genre de Plantes placé par Jussieu dans la famille des Tiliacées, mais dont notre collaborateur le professeur Kunth a fait le type d'un ordre naturel nouveau, qu'il nomme Bixinées. Le genre Rocouyer présente pour caractères : un calice à cinq sépales caducs, orbiculaires, colorés, munis chacun d'un tubercule à leur base; une corolle à cinq pétales alternes avec les sépales à peu près de même grandeur qu'eux, et hypogynes: les étamines très-nombreuses et libres sont insérées sur plusieurs rangs au fond du calice; les anthères fixées par leur base sont recourbées et à deux loges; l'ovaire est libre, sessile, très-velu, à une seule loge contenant un très-grand nombre d'ovules attachés à deux trophospermes pariétaux et opposés; le style se termine par un stigmate bilobé. Le fruit est une capsule ovoïde, comprimée, hérissée de pointes, à une seule loge polysperme, s'ouvrant en deux valves qui portent chacune un placenta sur le milieu de leur face interne. Les graines ont leur tégument extérieur charnu; leur endosperme, également charnu, recouvre et renferme un embryon dont la radicule est supérieure.

Ce genre se compose d'une seule espèce, *Bixa Orellana*, L., Lamk., Ill., t. 469. C'est un Arbrisseau de quinze à dix-huit pieds d'élévation, qui porte des feuilles alternes, pétiolées, munies à leur base de deux stipules adhérentes au pétiole. Ces feuilles sont cordiformes, aiguës, entières, parsemées de petits points légèrement transparens. Les fleurs sont roses, pédonculées et disposées en une panicule terminale. Cet Arbrisseau croît dans presque toutes les contrées de l'Amérique méridionale.

C'est des graines renfermées dans les capsules de cet Arbrisseau que l'on retire la matière colorante connue sous le nom de *Rocou* ou *Roucou*. Le meilleur est celui qu'on prépare à Cayenne, mais on se livre également à ce genre d'industrie à Saint-Domingue et dans d'autres parties de l'Amérique méridionale. Cette préparation se réduit à broyer les graines, à les mettre macérer à plusieurs reprises dans l'eau où on les laisse séjourner environ huit jours chaque fois, et ensuite à leur laisser subir un commencement de fermentation avant de les faire macérer pour la dernière fois. On réunit ensuite toutes ces liqueurs passées à travers un tamis, et on les place dans de grandes chaudières où elles doivent bouillir pendant environ douze heures. La matière colorante, qui est une sorte de fécule, s'épaissit, et ensuite on la laisse refroidir, et on en fait des pains de deux à trois livres que l'on fait sécher. Cette matière colorante, d'un brun-rougeâtre, est une des plus fugaces que l'on connaisse; cependant elle est quelquefois employée dans l'art de la teinture. (A. R.)

* ROCUL. OIS. (Salerne.) L'un des noms vulgaires du Moteux. (B.)

RODE. POIS. L'un des noms vulgaires du Poisson Saint-Pierre. (B.)

RODIA. BOT. PHAN. (Adanson.) Syn. de Rhodiole. *V.* ce mot. (B.)

* RODIGIA. BOT. PHAN. Sprengel (*Syst. Veg.*, 3, p. 565 et 654) a formé sous ce nom un genre de la famille des Synanthérées, tribu des Chicoracées, auquel il rapporte le *Crepis rhœadifolia* de Marshall-Bieberstein, et le *Seriola lœvigata* de Vahl ou *S. alliata* de Bivona, Plantes qui croissent en Sicile, en Grèce et dans les contrées voisines du Caucase. Ce genre se distingue des genres voisins, qui ont comme lui l'aigrette stipitée, par son réceptacle garni de paillettes. (G..N.)

* RODOLITHE. MIN. Fischer a proposé ce nom pour désigner la variété rougeâtre d'Eléolithe, que l'on a aussi nommée Lithrodes. *V.* ELÉOLITHE. (G. DEL.)

* RODOLOBUS. BOT. PHAN. (Rafinesque.) Syn. de *Stanleya* de Nuttall. *V.* ce mot. (G..N.)

RODRIGUEZIE. *Rodriguezia*. BOT. PHAN. Genre de la famille des Orchidées, établi par Ruiz et Pavon, et offrant pour signes caractéristiques : un calice dont les divisions sont étalées et égales, les deux latérales et extérieures sont connées à leur base; le labelle est libre et terminé en éperon à sa partie inférieure; le gynostème se termine par une anthère operculiforme contenant deux masses polliniques solides. Les espèces de ce genre, au nombre de trois, croissent dans l'Amérique méridionale; elles sont en général parasites et renflées en bulbe à leur partie inférieure; les fleurs sont pédicellées et forment des espèces d'épis radicaux. Ce genre avait été réuni par Swartz au *Limodorum*. (A. R.)

* RODSCHIEDIA. BOT. PHAN. Gaertner fils (*Flor. Wetterav.*, 2, p. 413) a constitué sous ce nom un genre qui a pour type le *Thlaspi Bursa Pastoris*, L.; mais ce genre avait déjà reçu celui de *Capsella*, qui a été définitivement admis par De Candolle. *V.* CAPSELLE. (G..N.)

ROELLANA. BOT. PHAN. (Commerson.) Syn. d'Érythroxyle. *V.* ce mot. (B.)

ROELLE. *Roella*. BOT. PHAN. Genre de la famille des Campanulacées et de la Pentandrie Monogynie, L., offrant les caractères suivans: calice adhérent à l'ovaire, turbiné, persistant, à cinq divisions lancéolées, quelquefois dentées; corolle infundibuliforme ou campanulée, attachée au sommet du calice, ayant le tube plus long que celui-ci, et le limbe à cinq segmens ovales; cinq étamines dont les filets sont dilatés à la base, et les anthères subulées, conniventes; ovaire oblong, surmonté d'un style de la longueur des étamines, et de deux stigmates aplatis et divergens; capsule cylindrique couronnée par les découpures du limbe calicinal, à deux loges, s'ouvrant à son sommet par un trou arrondi, renfermant un grand nombre de graines petites et anguleuses. Ce genre se compose de huit à dix espèces qui croissent toutes au cap de Bonne-Espérance. Celle qu'on peut considérer comme type est le *Roella ciliata*, L., Lamk., Illustr., tab. 123, f. 1; Séba, Mus., vol. 1, tab. 16, f. 1. C'est une petite Plante ligneuse qui s'élève au plus à huit ou dix pouces, dont les tiges sont courtes, très-ramifiées, garnies de feuilles nombreuses fort petites, linéaires, subulées, droites, un peu carenées et bordées de cils blanchâtres. Les fleurs, dont la corolle est d'un pourpre violet, sont solitaires et sessiles aux extrémités des plus jeunes rameaux; elles sont enveloppées de feuilles semblables à celles de la tige, mais plus grandes. Cette Plante croît, non-seulement au cap de Bonne-Espérance, mais encore en Éthiopie et dans quelques autres contrées d'Afrique. (G..N.)

ROEMERIA. BOT. PHAN. Indépendamment du genre *Rœmeria* que Raddi a inutilement proposé pour quelques espèces de Jongermannes, les auteurs ont créé sous ce nom, parmi les Phanérogames, plusieurs genres qui tous, un seul excepté, sont ou des doubles emplois ou des genres mal établis. Ainsi le *Rœmeria* de Mœnch, fondé sur l'*Amaranthus poligonoides*, n'a pas été adopté. Le *Rœmeria* ou *Rohmeria* de Thunberg, doit, selon R. Brown, être réuni au *Myrsine*; selon quelques-uns, au *Bumelia* ou au *Sideroxylum*; et suivant d'autres au *Cassine*. Trattinik a constitué un genre *Rœmeria* qui est identique avec le *Stephania*. Zéa en publia aussi un autre (*in Rœmer. et Schult. Syst. Veget.*, 1, p. 61 et 287); mais de l'aveu de Rœmer même, qui en fit une déclaration à De Candolle, ce genre, que Zéa décrivait comme très-singulier et comme devant être le lien entre les familles des Graminées et des Cypéracées, s'est trouvé appartenir à un genre de Graminées déjà connu. Enfin, le genre *Rœmeria* établi par Medicus, et appartenant à la famille des Papavéracées, a été adopté par De Candolle (*Syst. Veget.*, 2, p. 92) qui l'a ainsi caractérisé: calice à deux sépales velus; corolle à quatre pétales; seize à vingt étamines; capsule en forme de silique, à deux, trois ou quatre valves qui s'ouvrent du sommet à la base, uniloculaire parce que les placentas ne sont pas unis entre eux par une cloison cellulaire; graines réniformes, marquées de fossettes, dépourvues de crête glanduleuse. Ce genre touche aux genres *Chelidonium*, *Glaucium* et *Papaver*, et doit être admis par ceux qui séparent le *Glaucium* du *Chelidonium*; il diffère de celui-ci par le nombre et le mode de déhiscence des valves, ainsi que par ses graines sans arille; du *Glaucium*, par le nombre des valves et par sa capsule uniloculaire; et du *Papaver*, par ses capsules allongées. Le type de ce genre est le *Rœmeria hybrida*, D. C.; *Rœmeria violacea*, Medik.; *Chelidonium hybridum*, L., Plante commune dans les Vignes et les lieux cultivés de toute la région méditerranéenne. De Candolle y a joint deux espèces orientales qui ont reçu les noms de *Rœmeria refracta* et *Rœmeria bivalvis*. Ce sont des Herbes annuelles, grêles, tendres, pleines d'un suc jaune; leurs feuilles sont pétiolées, profondément pinnatifides, à lobes linéaires terminés par des soies. Les fleurs sont violettes et solitaires au sommet des pédoncules opposés aux feuilles. (G..N.)

ROEMERIA. BOT. CRYPT. Dans sa *Jungermannia etrusca*, Raddi a proposé sous ce nom un genre qui se composerait des *Jungermannia pinguis*, *multifida* et *palmata*. Ce genre n'a pas été adopté. (G..N.)

* ROEPERA. BOT. PHAN. Genre de la famille des Zygophyllées et de l'Octandrie Monogynie, L., établi en 1825 par Adrien De Jussieu (Mém. sur les Rutacées, p. 71, tab. 15, n. 3) qui l'a ainsi caractérisé: calice persistant, profondément divisé en quatre segmens; corolle à quatre pétales longs, onguiculés; huit étamines dont les filets sont nus à la base; ovaire muni à la base de quatre petites écailles opposées au calice, marqué de quatre côtes, à quatre loges biovulées; les ovules pendans et attachés à l'angle interne au-dessous du sommet; style et stigmate à quatre sillons; fruit capsulaire, à quatre angles formant des ailes marquées de veines en réseau, à quatre loges, dont trois souvent ne renferment rien; graines solitaires par avortement, ovées-aiguës, comprimées, scabres, pendantes, ayant l'embryon renfermé dans un périsperme mince, et la radicule rapprochée du hile. Ce genre est voisin du *Zygophyllum* aux dépens duquel il a été formé. A. De Jussieu n'en indique que deux espèces (*Rœpera fabagifolia*, ou *Zygophyllum fruticulosum*, D.C., et le *R. Billardierii* ou *Z. Billardierii*, D. C.) Ce sont des Arbrisseaux à rameaux étalés, à feuilles opposées, accompagnées de stipules géminées, bifoliolées, et portées sur des pétioles aplatis. Les pédoncules, solitaires ou géminés dans les aisselles des stipules, ne portent chacun qu'une seule fleur qui est d'un jaune pâle dans les échantillons desséchés. Ces Plantes croissent sur la côte occidentale de la Nouvelle-Hollande.

Sprengel, dans le troisième volume de son *Systema Vegetabilium*, publié en 1826, a inutilement substitué le nom de *Rœperia* à celui de *Ricinocarpos* proposé par Desfontaines. *V.* ce mot. (G..N.)

ROESLINIA. BOT. PHAN. Mœnch a donné ce nom à un genre dont le type serait le *Chironia baccifera*, L., qui se distingue de ses congénères par sa capsule charnue, bacciforme. Ce genre n'a pas été adopté. *V.* CHIRONIE. (G..N.)

ROESTELIA. BOT. CRYPT. (*Urédinées.*) Nom donné par Link à une section de son genre *Cæoma*. Cette section correspond à une partie du genre *Æcidium*, et comprend les espèces dont le faux péridium se prolonge en un tube membraneux qui s'ouvre au sommet. *V.* ÆCIDIUM. (AD. B.)

* ROGAS. INS. Genre de l'ordre des Hyménoptères, section des Térébrans, famille des Pupivores, tribu

des Ichneumonides, établi par Nées d'Esenbeck, et dont les caractères nous sont inconnus. (G.)

*ROGATSCH. INS. (Scopoli.) Syn. de Cerf-Volant, *Lucanus Cervus*, L., en Carniole. (B.)

ROGENSTEIN. MIN. Syn. allemand d'Oolithe. *V.* ce mot. (G. DEL.)

* ROGERIA. BOT. PHAN. Nouveau genre de la famille des Pédalinées de Brown, proposé par Gay (Annales des Sciences naturelles, avril 1824, p. 457) pour trois espèces de Plantes extrêmement voisines du genre *Pedalium*, mais qui s'en distinguent, selon l'auteur, par le nombre des loges de la capsule. Dans la Centurie des Plantes d'Afrique du voyage de Cailliaud, p. 78, tab. 2, fig. 3, Delile a décrit et figuré l'espèce la plus remarquable, sous le nom de *Rogeria adenophylla*, que Gay lui avait imposé. Ce genre diffère si peu du *Pedalium*, par les caractères, et s'en rapproche tellement par le port de ses espèces, que nous pensons, avec Delile, qu'on n'aurait pas dû les séparer. En conséquence, nous ne tracerons pas ici les caractères génériques; ils se trouvent d'ailleurs implicitement dans la courte description que nous donnons de l'espèce principale.

Le *Rogeria adenophylla* a une tige droite, glabre, obtusément tétragone, garnie de feuilles pétiolées, opposées en croix, trilobées, trinervées, dentées et sinuées sur les bords, glanduleuses-glauques, ou simplement glauques en dessous. Les fleurs sont opposées, trois à trois dans les aisselles des feuilles. Leur calice est très-petit, urcéolé, à cinq petites dents. La corolle est infundibuliforme, en gueule, quinquélobée, les deux lobes de la lèvre supérieure plus saillans, les trois de la lèvre inférieure plus courts; il y a quatre étamines didynames qui ont leurs filets attachés à la base du tube de la corolle; les deux supérieures séparées par une cinquième étamine rudimentaire. Le style est filiforme, de la longueur des étamines, et terminé par un stigmate à deux ou trois lames. La capsule est coriace, ovoïde, irrégulière, hérissée de cinq ou six épines, terminée par une forte pointe, bossue au côté externe. Elle s'ouvre incomplétement en deux ou rarement en trois valves; elle renferme quatre ou six loges incomplètes, dont deux demi-loges monospermes, indéhiscentes, placées au côté le plus étroit de la capsule. Deux portions de loge polysperme, communiquant l'une avec l'autre par leur partie postérieure, occupent le côté renflé de la capsule. Les cloisons naissent sur le milieu des valves et se joignent vers l'axe du fruit où elles se replient pour former des placentas auxquels sont attachées des graines au nombre de huit à dix dans chacune des grandes demi-loges, et d'une ou deux dans chacune des deux très-petites demi-loges opposées. Ces graines sont imbriquées, pendantes, noires, triquètres, recouvertes d'une espèce d'arille marqué de fossettes. Cette Plante remarquable a été trouvée au Sénégal et dans la Nubie.

Les deux autres espèces indiquées avec de courtes phrases spécifiques, par Gay, *loc. cit.*, portent les noms de *Rogeria longiflora* et *Rog. brasiliensis*. (G..N.)

ROGNE. BOT. PHAN. L'un des synonymes vulgaires de Cuscute. *V.* ce mot. (B.)

ROGNON ARGENTÉ. MICR. Joblot appelle ainsi des Kolpodes. *V.* ce mot. (B.)

ROGNON DES ARBRES. BOT. CRYPT. Paulet, dans son style bizarrement pittoresque, appelle ainsi la Sphérie concentrique. (B.)

ROGNONS. MIN. On désigne sous ce nom les très-petits amas de substances minérales que l'on trouve dans l'épaisseur des couches de nature différente, surtout lorsqu'ils sont solides, et que leur forme plus ou moins arrondie est comme étranglée en différens points. On réserve le nom de Noyaux à des amas d'un volume encore plus petit, qui ont la forme d'une amande, et paraissent s'être modelés dans des cavités préexistantes. (G. DEL.)

* ROGOA. POIS. Espèce arabique de Bodian. *V.* ce mot. (B.)

* ROHAN. POIS. L'un des synonymes vulgaires de Canude, espèce du genre Labre. *V.* ce mot. (B.)

* ROHDEA. BOT. PHAN. Roth a ainsi nommé un genre de la famille des Aroïdées et de l'Hexandrie Monogynie, L., lequel a pour type l'*Orontium japonicum* de Thunberg, ou *O. cochinchinense* de Loureiro. Ce genre avait déjà été indiqué par Richard père, sous le nom de *Fluggea* qui a reçu un autre emploi. *V.* ORONCE. (G..N.)

ROHMERIA. BOT. PHAN. (Thunberg.) Pour *Rœmeria*. *V.* ce mot. (B.)

ROHRIA. BOT. PHAN. (Thunberg et Vahl.) Syn. de *Berckeya*. (Schreber.) Syn. de *Tapura* d'Aublet. *V.* ces mots. (G..N.)

* ROHWAND. MIN. C'est-à-dire Pierre brute ou rude. Le Wandstein des mineurs de Syrie et de Carinthie; l'Ankérite de Haidinger. Cette substance a été introduite comme espèce par Mohs, dans sa Caractéristique, sous la dénomination de Kalk-Haloïde Paratome. Elle est composée de carbonate de Chaux et de carbonate de Fer, mais on ignore dans quelles proportions. Sa couleur est le blanc, nuancé de gris ou de rougeâtre. Son éclat est vitreux, et se rapproche du perlé; elle est faiblement translucide; elle est facile à casser; sa dureté est supérieure à celle du carbonate de Chaux pur, et inférieure à celle du Fluore. Sa pesanteur spécifique est de 3,08; elle est clivable avec facilité parallèlement aux faces d'un rhomboïde de 106° 12', qui est ainsi sa forme primitive. Elle s'est présentée soit en cristaux isolés ou groupés, soit en masses à structure grenue. Ses formes cristallines sont la primitive, et cette même forme modifiée sur ses sommets ou sur ses arêtes culminantes. La dernière espèce de modification conduit à un rhomboïde plus obtus dont le grand angle est de 135°54', et dont les faces sont fortement striées. La face qui remplace les sommets est âpre au toucher. Ce Minéral se rencontre dans les lits subordonnés au Micaschiste de Rahlhausberg en Salzbourg; il est aussi disséminé dans les couches de Fer carbonaté, à Golrath et à Eiseuerz en Stirie; enfin on le trouve dans une formation plus récente au mont Raiding près de Vordernberg, et au Rothsol sur le Veitschalpe. Ce Minéral est employé avec avantage pour faciliter la fusion des minerais de Fer. (G. DEL.)

ROI. ZOOL. La taille, la beauté, la force ou la férocité de certains Animaux, leur a valu ce nom, symbole de prédominance, en y ajoutant quelque épithète caractéristique; ainsi l'on a appelé :

ROI DES ABEILLES (Ins.), l'Abeille mère qui règne dans la ruche, et qui, pour les naturalistes, en est la reine et non le Roi.

ROI REDELET, BERY, BOUTI ou BRETAUD (Ois.), le Troglodyte en divers cantons de la France.

ROI DES BROCHETS (Pois.), variété individuelle de Brochet, remarquable par ses belles marbrures et des couleurs fort vives.

ROI DES CAILLES (Ois.), la Gallinule de Genêts, *Rallus Crex*, L. *V.* GALLINULE. On a quelquefois étendu ce nom au Torcol.

ROI DES CHEVROTAINS (Mam.), le Guevei, espèce d'Antilope. *V.* ce mot.

ROI DES CORBEAUX (Ois.), le Drongo. *V.* ce mot.

ROI DES COUROUMOUS (Ois.), même chose que Roi des Vautours. *V.* ce mot.

ROI DES FOURMILIERS (Ois.), espèce du genre Fourmilier. *V.* ce mot.

* ROI DES FOURMIS (Rept. oph.), l'Amphisbœne, à la Guiane, où l'on suppose que ce Serpent est aveugle, et que, se nourrissant d'œufs de Four-

mis, il se rencontre souvent dans les fourmilières dont on croit que les habitans lui donnent à manger.

Roi de Froidure (Ois.), le Troglodyte.

Roi des Gobe-Mouches (Ois.), la Moucherolle couronnée, *Todius regius*, Lath. *V.* Moucherolle.

Roi de Guinée (Ois.), l'Oiseau royal, *Ardea pavonina*, L.

Roi des Harengs (Pois.). *V.* Regalec.

Roi des Harengs du Nord (Pois.). *V.* Chimère.

Roi des Harengs du Sud (Pois.). *V.* Callorhynque.

Roi des Loris (Ois.), le Radhea de Levaillant (Hist. Pew., pl. 94), espèce de Perroquet. *V.* ce mot.

Roi des Manucadiates (Ois.), le Manucade, *Paradisea regia*. *V.* Paradis.

Roi de la mer (Pois.), le Dauphin, espèce de Coryphœne, et non le Cétacé.

Roi des Mulles, des Trigles ou des Rougets (Pois.), le *Mullus imberbis*, L. *V.* Apogon et Perche.

Roi des Oiseaux (Ois.), l'Aigle royal, *Falco Chrysætos*, L. *V.* Aigle.

Roi des Oiseaux de Paradis (Ois.), même chose que Roi des Manucadiates.

Roi des Papillons (Ins.), le Grand Nacré, espèce brillante de Lépidoptère.

Roi Patau (Ois.), le Rouge-Gorge, *Motacilla rubecula*, L.

Roi des Poissons (Pois.). Même chose que Reine des Carpes. *V.* ce mot.

Roi des Rougets (Pois.). *V.* Roi des Mulles.

Roi des Saumons (Pois.), la Truite en certains cantons où ce Poisson voyage avec les Saumons et les précède.

Roi des Serpens (Rept. Oph.). Même chose que Reine des Serpens. *V.* ce mot et Boa.

Roi des Singes (Mam.), l'Alouate.

* Roi du Sud (Moll.), le *Conus Cedo-Nulli*. *V.* Cône.

Roi des Vautours et Roi des Zopilotes (Ois.), le *Cathartes Papa*. *V.* Catharte.

Buffon appelait aussi le Lion le Roi des Animaux, mais cette dénomination, très-bien placée dans les fables de La Fontaine, ou dans les contes composés pour les petits enfans, n'est point admise par les naturalistes qui ne se laissent plus éblouir par de la prose poétique. (B.)

ROI. bot. On a aussi introduit les noms de Roi et de Reine dans l'empire de Flore, et appelé :

Roi des Arbres, le Chêne Roure.

Roi de Candy, l'Hæmante écarlate.

Roi d'été, une variété de Poires.

Roi des fleurs, la Pivoine Moutan à la Chine. (B.)

ROITELET. *Regulus*. ois. Espèce du genre Sylvie, *Motacilla Regulus*, dont Vieillot a fait le type d'un genre qui porte ce nom. *V.* Sylvie. (DR..Z.)

ROITILLON. ois. L'un des noms vulgaires du Troglodyte. (B.)

* ROJE. pois. (Delaroche.) Syn. de *Scorpœna Scrofa*, L., aux îles Baléares. *V.* Scorpène. (B.)

ROJEL. conch. Gmelin, dans la treizième édition du *Systema Naturæ*, a donné le nom d'*Ostrea senegalensis* à une Coquille du genre Huître qu'Adanson (Voy. au Sénég., pl. 14, fig. 5) avait désigné sous celui de Rojel. (D..H.)

* ROKA. bot. phan. Nom arabe d'un Arbre décrit par Forskahl sous le nom d'*Elcaja*. *V.* ce mot. (G..N.)

ROKÉ. mam. Nom de pays de l'Ecureuil de Ceylan, *Sciurus ceylanensis*. (A. R.)

ROKEJEKA. bot. phan. Le genre institué sous ce nom par Forskahl (*Flor. ægypt. arab.*, p. 90) a été réuni au genre *Gypsophila* par Delile qui en a donné une figure dans sa Flore d'Égypte, tab. 29, f. 1. (G..N.)

ROLANDRA. bot. phan. Ce genre, de la famille des Synanthérées, tribu des Vernoniées, et de la Syngénésie égale, L., a été séparé par Rottboll de l'*Echinopus* avec lequel Plumier l'avait autrefois confondu. La plupart des botanistes ont continué à le joindre à l'*Echinopus*; mais il en a été distingué de nouveau par De Candolle, Kunth et Cassini. Voici les caractères que ce dernier auteur lui attribue : involucre glumacé, formé de deux écailles opposées, inégales, embrassantes, naviculaires, ovales, coriaces, terminées par une épine cornée; la grande écaille enveloppant presque entièrement la petite qui est quelquefois mutique. Réceptacle punctiforme, nu. Calathide à une seule fleur régulière et hermaphrodite; corolle à quatre divisions très-longues; quatre étamines à anthères longues, pourvues au sommet d'appendices aigus; akène obovoïde, légèrement comprimé et tétragone, parsemé de glandes ayant l'aréole apicilaire large, surmonté d'une aigrette en forme de couronne, coriace, membraneuse, dentée ou profondément laciniée. Les calathides, très-nombreuses, sont rassemblées en un capitule sphérique sur un pédoncule hérissé et accompagné de bractées en forme d'écailles. Le *Rolandra argentea*, Rottboll, est un Arbuste à rameaux striés, pubescens, garnis de feuilles alternes, brièvement pétiolées, lancéolées, vertes et presque glabres en dessus, tomenteuses en dessous, munies sur les bords de quelques dents aiguës et très-distantes. Cet Arbuste croît dans l'Amérique méridionale. Cassini distingue dans cette Plante deux espèces qu'il nomme *Rolandra monacantha* et *R. diacantha*. Elles diffèrent par la petite écaille de l'involucre, mutique ou spinescente; par l'aigrette courte, irrégulièrement dentée ou longue, et divisée en lanières linéaires, denticulées; par le pédoncule très-rameux ou à peine rameux, etc. (G..N.)

* ROLDANA. BOT. PHAN. Sous le nom de *Roldana lobata*, De La Llave (*Nov. veget. descript.*, *Mexico* 1815, fasc. 2, p. 10) a décrit une Plante formant, selon ce botaniste, un genre nouveau de la famille des Synanthérées, et de la Syngénésie superflue, L. Les caractères essentiels assignés par l'auteur étant trop vagues pour qu'on pût les comparer à ceux des genres connus, nous croyons plus utile de reproduire la description de la Plante. La tige, haute d'environ six pieds, est rameuse, cylindrique ou un peu flexueuse, couverte de poils, garnie de feuilles alternes, arrondies, longuement pétiolées, molles, épaisses, pubescentes en dessus, vertes, blanchâtres en dessous, à cinq ou sept lobes. Les calathides des fleurs sont jaunes, médiocres, disposées en grappes paniculées à l'extrémité des branches. Elles paraissent, au premier coup-d'œil, simplement flosculeuses, mais on y découvre quelques fleurs marginales qui les placent parmi les calathides radiées. L'involucre est cylindrique, et se compose de huit folioles aiguës, égales, accompagnées à la base de deux ou trois folioles filiformes. Le réceptacle est marqué de fossettes dont les rebords sont membraneux. Les fleurs du disque sont nombreuses; le limbe de la corolle est divisé en dents réfléchies; le tube des anthères est saillant hors de la corolle. Les fleurs marginales sont au nombre de cinq à sept, courtes, dressées, un peu cuculliformes, en languette terminée par deux, trois ou cinq dents; elles ont le style long et le stigmate recourbés en dehors. Les akènes sont étroits, linéaires, glabres, surmontés d'une aigrette poilue, dentée, uniforme. Cette Plante est cultivée dans le jardin botanique de Mexico, où elle fleurit en janvier. (G..N.)

ROLLE. *Eurystomus*. OIS. Genre de l'ordre des Omnivores. Caractères : bec court, robuste, déprimé, dilaté sur les côtés, beaucoup plus large que haut; arête arrondie; pointe un peu crochue; mandibule inférieure en partie cachée par les parois avancées des bords de la supérieure; narines placées à la base du bec, longues, diagonalement fendues, à moitié fermées par une membrane emplumée; tarse plus court que le doigt intermédiaire; quatre doigts, trois en avant, inégaux, un en arrière; première rémige un peu plus courte que la deuxième qui est la plus longue. D'après le peu d'observations que nous avons pu recueillir sur les Rolles, il semble que ces Oiseaux préfèrent à toutes les autres solitudes les fourrés les plus épais des grands bois; ils y passent silencieusement la plus grande partie de leur vie, paraissant éviter avec soin la rencontre de l'Oiseau de proie comme celle du chasseur, étant pour tous deux un gibier de convoitise. Ils se nourrissent de fruits, de baies, et quelquefois de petits Insectes. Ils placent sur les buissons leur nid qu'ils composent de brins d'herbe entrelacés, garnis intérieurement d'un abondant duvet; ils y pondent trois œufs d'un gris verdâtre, parsemés de petites taches brunes. Malgré les différences des caractères, on a pendant long-temps confondu les Rolles avec les Rolliers.

Rolle a gorge bleue, *Eurystomus cyanicollis*, Vieill., Levaill., Ois. de Parad., pl. 96. Parties supérieures brunâtres; tête et dessus du cou d'un brun verdâtre; tectrices alaires d'un vert bleu; rémiges vertes, avec une grande tache bleue, terminées de noir; gorge et devant du cou d'un beau bleu; bas du cou et parties inférieures d'un vert d'aigue-marine, qui est aussi la couleur des rectrices, mais elles sont terminées de noir brunâtre; bec d'un rouge orangé; pieds d'un jaune brunâtre. Taille, onze pouces. De l'Inde.

Rolle gorgeret, *Eurystomus gularis*, Vieill. Parties supérieures d'un rouge brunâtre, grandes; rémiges d'un bleu clair, terminées de noirâtre; rectrices d'un bleu pâle depuis l'origine jusqu'aux deux tiers, ensuite d'un noir bleuâtre; gorge bleue; parties inférieures rougeâtres; bec d'un rouge de chair; pieds noirs. Taille, neuf pouces. De l'Australasie.

Rolle rouge, *Eurystomus rubescens*, Vieill.; *Coracias afra*, Lath. Parties supérieures d'un rouge de brique; rémiges d'un bleu foncé, bordées et terminées de noir; rectrices intermédiaires jaunâtres, les autres verdâtres, et toutes terminées de noir; parties inférieures d'un rouge lilas; tectrices subcaudales et dessous de la queue d'un vert bleuâtre pâle; bec rouge; pieds bruns. Taille, huit pouces. De l'Afrique.

Rolle a tête brune, *Coracias orientalis*, Lath.; *Eurystomus fuscicapillus*, Vieill., Buff., pl. enl. 619. Parties supérieures d'un vert noirâtre; sommet et côtés de la tête d'un brun noirâtre qui s'éclaircit un peu sur la nuque; grandes rémiges bleues, avec une grande tache d'aigue-marine au milieu, bordées intérieurement et terminées de noir; les moyennes d'un bleu foncé à l'extérieur, noir à l'intérieur et au bout; tectrices alaires d'un vert sombre, varié de vert bleuâtre; rectrices d'un bleu foncé et brillant à l'origine, le reste noir; parties inférieures vertes, avec le bord des plumes d'une teinte d'aigue-marine; une grande tache d'un bleu brillant sous la gorge; bec rouge, avec la pointe noire; pieds rougeâtres. Taille, onze pouces. Des Moluques.

Rolle violet, *Coracias madagascariensis*, Lath.; *Eurystomus violaceus*, Vieill., Buff., pl. enlum. 501. Parties supérieures d'un violet pourpré, irisé; rémiges d'un noir pourpré, nuancé de violet, qui passe au bleu vers l'extrémité; rectrices d'un bleu aigue-marine, terminées par deux bandes : l'une violette, l'autre d'un bleu foncé; gorge, poitrine et haut du ventre pourprés; abdomen d'un bleu verdâtre, clair; bec jaune; pieds rougeâtres. Taille, neuf pouces. De l'Afrique méridionale.

Rolle violet-pourpré, *Eurystomus purpurascens*, Vieill.; Petit Rolle violet, Levaill., Ois. Parad., pl. 35. Parties supérieures d'un brun roussâtre pourpre; grandes rémiges d'un bleu foncé brillant, terminées de noir et bordées intérieurement de gris en dessus, grises, bordées de verdâtre pâle en dessous; les moyennes bleues, bordées extérieurement de verdâtre; rectrices intermédiaires d'un brun noirâtre, les latérales d'un bleu verdâtre pâle, terminées de noir; parties inférieures d'un violet pourpré; abdomen d'un vert bleuâtre pâle; bec jaune; pieds bruns. Taille, neuf pouces. De l'Afrique. (DR..Z.)

ROLLIER. *Galgulus.* OIS. *Coracias,* L. Genre de l'ordre des Omnivores. Caractères : bec médiocre, comprimé, plus haut que large, droit, à bords tranchans; mandibule supérieure courbée vers la pointe; narines placées de chaque côté du bec et à sa base, linéaires, percées diagonalement, à moitié fermées par une membrane garnie de plumes; tarse plus court que le doigt intermédiaire; quatre doigts, trois en avant et un derrière, totalement divisés; première rémige plus courte que la deuxième qui est la plus longue. Le naturel sauvage de ces Oiseaux, qui n'habitent que les plus grandes forêts de l'ancien continent, a toujours été un obstacle à ce que leurs habitudes nous soient bien connues; aussi n'a-t-on sur tout ce qui les concerne que des données fort équivoques. Ils font leur nourriture principale de très-petites proies mortes ou vivantes, telles que Vers, Insectes et Mollusques; ils paraissent toucher peu aux fruits et aux graines, du moins n'en a-t-on trouvé que très-rarement dans leur estomac. Ils arrangent assez négligemment leur nid dans un trou d'un tronc d'arbre carié, et ils y déposent de quatre à sept œufs, d'un blanc luisant chez la plupart des espèces. Il est à regretter que tous les efforts que l'on a faits pour apprivoiser les Rolliers aient été infructueux; les couleurs brillantes dont ils sont parés et où domine l'éclat de l'azur et de l'aigue-marine en auraient fait sans contredit le plus bel ornement de nos volières.

ROLLIER D'ABYSSINIE, *Coracias abyssinica*, L.; *Galgulus caudatus*, Vieill., Buff., pl. enl. 626. Parties supérieures ou le dos d'un brun orangé; front, sourcils et menton blanchâtres; sommet de la tête, cou, moyennes et grandes tectrices alaires, parties inférieures, d'un vert d'aigue-marine; petites tectrices alaires et épaulettes d'un bleu d'azur vif; rémiges d'un bleu brillant, avec l'extrémité et la bordure interne noires; rectrices intermédiaires d'un noir verdâtre, les suivantes bleues à l'origine, terminées de vert aigue-marine, les latérales très-longues, aigue-marine à l'origine, noir ensuite, mais séparées de la nuance première par un peu de bleu le long de la tige; bec noir, blanchâtre à la base de la mandibule inférieure; pieds rougeâtres. Taille, quinze à seize pouces. Une variété, Buff., pl. enl. 326, a le cou et l'occiput de la même couleur que le dos. La femelle, Levaill., Ois. de Parad., pl. 25, est un peu plus petite, et ses rectrices latérales ne dépassent les autres de guère plus de trois pouces; elle a aussi les nuances beaucoup moins vives. Enfin les jeunes ont les parties supérieures mélangées de vert et de roussâtre; le front, la gorge, la poitrine et les flancs roussâtres.

ROLLIER DE CAYENNE. *V.* TANGARA GRIVERT.

ROLLIER CUIT, *Coracias bengalensis*, Lath.; *Garrulus nævius*, Vieill. Parties supérieures d'un vert violâtre, avec le bas du dos et le croupion variés de vert et de bleu; grandes tectrices alaires d'un bleu d'aigue-marine, les moyennes variées de vert et de bleu, les petites, ainsi que les caudales, d'un bleu brillant; rémiges variées de bleu foncé, de noir et d'aigue-marine; rectrices intermédiaires d'une vert noirâtre, les autres d'un bleu foncé à l'origine, noirâtres au bout et extérieurement; joues et bas du cou violets, striés de blanchâtre; gorge roussâtre; poitrine rousse; parties inférieures d'un bleu d'aigue-marine; bec noirâtre; pieds gris. Taille, treize pouces. La femelle, Levaill., Ois. de Paradis, pl. 28, est un peu plus petite; elle a le front d'un roux blanchâtre, de même que presque toutes les parties inférieures. Le jeune, Levaill., Ois. de Paradis, pl. 29, a le front, la face et les oreilles blancs, le sommet de la tête d'un roux violet, ainsi que le devant du cou, la poitrine et l'abdomen où les plumes sont striées de blanc, les parties supérieures d'un vert olive, nuancé de roux, les tectrices alaires d'un roux violet, le bec brun et les pieds roux. De l'Inde et de l'Afrique.

ROLLIER D'EUROPE, *Coracias garrula*, L., Buff., pl. enl. 486. Parties supérieures d'un brun fauve; sommet de la tête et haut du cou bleuâtres, nuancés de vert; petites tectrices alaires d'un bleu violet brillant; rémiges variées de bleu, de vert obscur et de fauve; rectrices intermédiaires d'un gris verdâtre, aigue-marine en dessous, les suivantes d'un vert sombre en dessus, les latérales un peu plus longues; parties inférieures d'un bleu d'aigue-marine; bec brun, jaunâtre à sa base; pieds d'un jaune rougeâtre. Taille, treize pouces.

ROLLIER DE GOA. C'est une variété du Rollier Cuit dont la poitrine est comme le reste des parties inférieures d'un bleu d'aigue-marine.

ROLLIER DES INDES. *V.* ROLLE A TÊTE BRUNE.

ROLLIER DE MADAGASCAR. *V.* ROLLE VIOLET.

ROLLIER A MASQUE NOIR, *Galgulus melanops*, Vieill., Levaill., Ois. de Parad., pl. 30. Parties supérieures d'un gris bleuâtre; front, gorge et devant du cou, rémiges et rectrices noirs; parties inférieures d'un gris cendré nuancé de bleuâtre; bec gris; pieds bruns. Taille, douze pouces. De l'Afrique.

ROLLIER DE PARADIS. *V.* LORIOT ORANGÉ.

ROLLIER A QUEUE GRISE. *V.* CORBEAU-PIE VAGABONDE.

ROLLIER RAYÉ. *V.* PHILÉDON RAYÉ.

ROLLIER ROUGE. *V.* ROLLE ROUGE.

ROLLIER ROUGE PONCEAU. *V.* CORACINE PONCEAU.

ROLLIER DE TEMMINCK, *Garrulus Temminckii*, Vieill., Levaill., Hist. des Roll., pl. 9. Parties supérieures vertes; sommet de la tête, nuque et huppe qui la garnit d'un bleu d'aigue-marine; cou, croupion, rectrices, gorge et parties inférieures d'un bleu foncé luisant; bec noir; pieds d'un brun rougeâtre. Taille, douze pouces. De l'Inde.

ROLLIER A TÊTE MARRON, *Coracias pacifica*, Lath. Parties supérieures vertes; tête et partie du cou d'un brun marron; tectrices alaires d'un bleu verdâtre; rémiges blanches à leur origine, puis verdâtres et terminées de noir; rectrices bleues, terminées de noir; gorge noire entourée de blanc; parties inférieures d'un vert bleuâtre; bec et pieds rougeâtres. Taille, neuf pouces. De l'Australasie.

ROLLIER A TÊTE NOIRE. *V.* CORBEAU-PIE BLEUE.

ROLLIER VAGABOND. *V.* CORBEAU-PIE VAGABONDE.

ROLLIER A VENTRE BLEU, *Coracias cyanogaster*, Cuv., Levaill., Ois. de Parad., pl. 26. Parties supérieures d'un brun olivâtre; tête, cou et poitrine d'un roux nuancé de vert; croupion et rectrices alaires bleus; rémiges vertes à l'origine, bleues ensuite, puis noires à l'extrémité; rectrices vertes; cou et poitrine d'un roux verdâtre; parties inférieures bleues; bec noir; pieds gris. Taille, quatorze pouces. Le mâle a les rectrices latérales fort allongées. D'Afrique.

ROLLIER VERT, *Coracias viridis*, Cuv.; *Galgulus viridis*, Vieill., Levaill., Ois. de Parad., pl. 31. Plumage d'un vert d'aigue-marine; front et gorge d'un blanc roussâtre; croupion et tectrices caudales d'un vert bleuâtre; rectrices bleues; bec noir; pieds roux. Taille, douze pouces. De l'Inde. (DR..Z.)

* ROLLINIE. *Rollinia*. BOT. PHAN. Genre de la famille des Anonacées et de la Polyandrie Polygynie, L., établi

par Auguste Saint-Hilaire (*Fl. Bras. merid.*, 1, p. 28). Il offre un calice court, caduc et à trois lobes; une corolle monopétale, globuleuse, très-resserrée à son sommet, qui présente six dents, et qui se prolonge sur ses parties latérales en trois ailes creuses en dedans; du reste les autres caractères sont les mêmes que ceux du genre *Anona*, dont le *Rollinia* ne diffère que par sa corolle monopétale. Ce caractère, qui au premier abord paraît fort singulier dans les Anonacées, s'explique facilement, en admettant que la corolle monopétale n'est ici que le résultat de la soudure des six pétales. Auguste Saint-Hilaire décrit trois espèces de ce genre, observées par lui au Brésil. Ce sont des Arbres ou des Arbustes à rameaux pubescens, à feuilles alternes, simples et entières, et à fleurs solitaires ou géminées, extra-axillaires. (A. R.)

* ROLLOWAY. MAM. *V.* DIANE au mot GUENON.

ROLOFA. BOT. PHAN. (Adanson.) Syn. de *Glinus*, L. *V.* GLINOLE. (B.)

ROLLUS. MOLL. (Denys Montfort.) *V.* ROULEAU.

ROM. POIS. L'un des noms vulgaires du Carrelet, espèce du genre Pleuronecte. *V.* ce mot. (B.)

* ROMÆJH. BOT. PHAN. Nom vulgaire en Arabie du *Reseda tetragyna* de Forskahl. (G..N.)

ROMAINE. BOT. PHAN. Variété la plus estimée de Laitue. *V.* ce mot. (B.)

ROMAN. BOT. PHAN. *V.* CUMAN.

ROMANCETA. BOT. PHAN. Nom de pays du *Lantana canescens*. (B.)

* ROMANÈS OU ROUMANÈS. BOT. CRYPT. L'Oronge vraie, sorte d'Agaric exquis dans certaines parties de la France. (B.)

* ROMANZOWIA. BOT. PHAN. Chamisso (*Horæ phys. berol.*, 71, tab. 14) a fondé sous ce nom un genre de la Pentandrie Monogynie, qui offre les caractères essentiels suivans: calice à cinq sépales soudés par la base; cinq pétales soudés en une corolle quinquéfide et caduque; cinq étamines insérées à la base du tube de la corolle; capsule bivalve, biloculaire et polysperme. De Candolle place ce genre à la suite de la famille des Droséracées, mais il se demande s'il n'appartiendrait pas plutôt aux Saxifragées. Le *Romanzowia unalaschensis*, unique espèce du genre, est une Plante herbacée qui a le port d'un Saxifrage ou de l'*Adoxa*; ses feuilles sont pétiolées, arrondies-réniformes, grossièrement dentées; ses fleurs sont blanchâtres, dépourvues de bractées. Cette Plante croît dans les vallées de l'île d'Unalaschka. (G..N.)

* ROMANZOWITE. MIN. Sorte de Grenat mélangé qui, d'après une analyse de Nordenskiold, paraît être composé de Grenat de Chaux et de Grenat de Fer, et se rapprocher de l'Aplome. On le trouve principalement dans la carrière de pierre calcaire de Kulla, paroisse de Kimito en Finlande. (G. DEL.)

ROMARIN. *Rosmarinus.* BOT. PHAN. Ce genre, de la famille des Labiées et de la Diandrie Monogynie, L., offre les caractères suivans: calice tubulé, comprimé à son sommet, divisé en deux lèvres droites, la supérieure entière, l'inférieure bifide; corolle dont le tube est plus long que le calice, le limbe à deux lèvres, l'inférieure réfléchie, partagée en trois lobes, dont celui du milieu est le plus grand et concave; deux étamines dont les filets sont simples, munis d'une seule dent, arqués vers la lèvre supérieure de la corolle et plus longs qu'elle, terminés par des anthères simples; ovaire à quatre parties, portant au milieu un style aussi long que les étamines, terminé par un stigmate simple et aigu; quatre akènes ovales, cachés au fond du calice.

Le ROMARIN OFFICINAL, *Rosmarinus officinalis*, L., Lamk., Illustr., tab. 19, est un Arbrisseau, haut d'un mètre et plus, divisé en rameaux grêles, allongés, garnis de feuilles nombreuses, sessiles, opposées, étroites, linéaires, ayant les bords roulés en dessous, très-fermes, vertes à la surface supérieure, blanchâtres à la surface inférieure, et obtuses au sommet. Les fleurs, dont la corolle est d'un bleu pâle ou blanche, sont opposées, presque verticillées dans l'aisselle des feuilles, à l'extrémité des branches. Cette Plante croît spontanément sur les collines pierreuses dans toute la région méditerranéenne. On la cultive dans les jardins, à cause de l'odeur aromatique que toutes ses parties, et surtout ses fleurs et ses feuilles exhalent. Elles renferment une grande quantité d'huile volatile que l'on extrait par distillation, et qui entre dans la préparation de plusieurs liqueurs spiritueuses, employées soit comme cosmétiques, soit comme médicamens. Ainsi la fameuse Eau de la reine d'Hongrie a pour base l'huile volatile de Romarin. On se sert aussi des feuilles de cette Plante pour assaisonner différens mets; elles jouissent de propriétés excitantes assez prononcées, et on les a employées en médecine comme céphaliques et fébrifuges.

Molina a mentionné sous le nom de *Rosmarinus chilensis* une nouvelle espèce indigène du Chili, et facile à distinguer à ses feuilles pétiolées. (G..N.)

On a encore appelé :

ROMARIN DE BOHÊME, le *Ledum palustre*.

ROMARIN DU NORD OU DE MARAIS, le *Myrica Gale*.

ROMARIN SAUVAGE, le *Rhododendrum ferrugineum*, etc. (B.)

ROMBUT. BOT. PHAN. Syn. de *Cassytha* dans Adanson d'après Rumph. *V*. CASSYTHE. (B.)

ROMBUT-PUTRI. BOT. PHAN. (Rumph, *Amb.*, 9, tab. 184, fig. 763.) Même chose que *Caladium*. *V*. ce mot. (B.)

ROMISCH. OIS. L'un des synonymes vulgaires de Rémiz. *V*. MÉSANGE. (DR..Z.)

*ROMPHAL. BOT. PHAN. (Zanoni.) Syn. d'*Arum pentaphyllum*, selon Sprengel, *Syst. Veg.*, vol. 3, p. 769. (G..N.)

ROMULEA. BOT. PHAN. Genre formé par Maratti pour l'*Ixia Bulbocodium*, L., mais qui n'a point été adopté. *V*. IXIE. (A. R.)

RONABÉ. *Ronabea*. BOT. PHAN. Genre de la famille des Rubiacées et de la Pentandrie Monogynie, établi par Aublet, et qui paraît avoir de très-grands rapports avec les genres *Psychotria* et *Pœderia*. Il offre un calice adhérent à cinq dents très-petites; une corolle monopétale infundibuliforme, ayant son limbe à cinq divisions étalées; cinq étamines incluses, et pour fruit une petite baie ovoïde, contenant deux nucules monospermes, planes d'un côté, convexes de l'autre. Les espèces de ce genre sont des Arbustes originaires de la Guiane, ayant les feuilles opposées; les fleurs très-petites réunies au nombre de cinq à six à l'aisselle des feuilles. (A. R.)

RONCE. POIS. Espèce de Raie. *V*. ce mot. (B.)

RONCE. *Rubus*. BOT. PHAN. Genre de la famille des Rosacées, tribu des Fragariacées, et caractérisé par un calice simple, à cinq divisions profondes, égales et étalées; une corolle régulière de cinq pétales également étalés; des étamines nombreuses, insérées de même que les pétales au pourtour d'un disque pariétal qui tapisse la partie indivise du calice; des pistils nombreux formant un capitule arrondi, et réunis sur un réceptacle ou gynophore qui devient légèrement charnu. Le fruit se compose de plusieurs petites baies monospermes légèrement soudées entre elles et placées sur un gynophore charnu. Les espèces de ce genre sont en général des Arbustes à rameaux grêles et très-longs, quelquefois sarmenteux, souvent munis d'aiguillons que l'on retrouve aussi sur les nervures des feuilles; leurs fleurs, généralement blanches ou rosées, sont solitaires ou diversement groupées. Ce genre, très-voisin du Fraisier, s'en distingue surtout par son calice simple et par ses carpelles charnus et bacciformes. Les espèces de ce genre sont fort nombreuses : le professeur De Candolle, dans le second volume de son Prodrome, en mentionne cent onze espèces qui croissent éparses dans presque toutes les contrées du globe, mais en plus grand nombre dans les régions tempérées ou septentrionales. On doit aussi au professeur Nées d'Esenbeck une monographie des Ronces d'Allemagne (*Rubi Germanici*) dans laquelle les nombreuses espèces de cette partie de l'Europe sont décrites et figurées avec beaucoup de soin. Parmi toutes ces espèces, nous allons dire quelques mots de celles qui offrent le plus d'intérêt.

Ronce des haies ou frutescente, *Rubus fruticosus*, L.; Nées d'Esenbeck, *Rub. German.*, t. 7. C'est l'espèce que l'on voit si communément dans nos haies; ses longs rameaux sont glabres, anguleux sillonnés; ses feuilles sont larges, digitées, composées de trois à cinq folioles; celle du milieu, qui est la plus grande, est portée sur un pétiole plus long; toutes sont ovales-oblongues, aiguës, dentées en scie, blanches et tomenteuses à leur face inférieure. Les fleurs sont blanches ou légèrement rosées, formant une grappe terminale et très-allongée; les fruits sont presque noirs, accompagnés par le calice qui est réfléchi. Les feuilles de cette Plante, de même que celles d'un grand nombre d'espèces du même genre, ont une saveur astringente; leur décoction dans l'eau est fréquemment prescrite dans les inflammations légères de la gorge. Quant aux fruits, ils ont une saveur douce et assez fade; néanmoins les enfans les mangent.

Ronce du mont Ida ou Framboisier, *Rubus Idæus*, L.; Smith, *Engl. Bot.*, t. 2442. Cette espèce, que l'on cultive abondamment dans les jardins, est originaire non-seulement du mont Ida, mais des régions septentrionales de l'Europe et de l'Amérique. C'est un Arbuste à racines rampantes, d'où s'élèvent plusieurs tiges dressées, hautes de trois à quatre pieds, hérissées de poils roides très-nombreux et aculéiformes; elles sont glauques de même que les feuilles qui se composent de trois à cinq folioles ovales-aiguës, dentées, d'un vert clair, blanches à leur face inférieure. Les fleurs sont blanches, assez petites, réunies au nombre de trois à six sur un pédoncule axillaire et rameux. Les fruits sont d'une belle couleur rouge de cerise; il y a dans les jardins des variétés à fruits blancs ou jaunes. Ces fruits, connus sous le nom de Framboises, ont une saveur sucrée et légèrement aromatique; on les sert sur nos tables seuls ou mélangés aux Fraises et aux Groseilles.

Plusieurs espèces de Ronces sont d'un effet assez agréable pour qu'on les cultive dans les jardins comme Plantes d'agrément. Telles sont: la Ronce odorante ou Framboisier du Canada, *Rubus odoratus*, L., que distinguent ses grandes feuilles palmées à cinq lobes, ses fleurs roses, très-grandes et odorantes. La Ronce à feuilles de Rosier, *Rubus rosæfolius*, Smith, *Ic. ined.*, t. 60, originaire de l'Ile-de-France. Cette jolie espèce présente une tige cylindrique velue, ayant des aiguillons recourbés, des feuilles pinnées à folioles lancéolées, doublement dentées en scie, couvertes de points glanduleux; les fleurs sont solitaires et blanches.

On cultive aussi dans les jardins une variété à fleurs doubles de la Ronce commune. (A. R.)

* RONCERA. moll. *V.* Burez.

* RONCETTE. ois. L'un des noms vulgaires du Traquet. *V.* ce mot. (B.)

RONCINELLE. bot. phan. Nom substitué sans motifs dans quelques ouvrages à celui de Dalibarde. *V.* ce mot. (B.)

* RONDACHE. ZOOL. Dans quelques descriptions entomologiques, ce mot est employé pour désigner la forme particulière de certains articles des antennes ou des palpes qui sont en forme de croissant irrégulier dont la convexité est plus grande que la concavité. (A. R.)

RONDACHINE. BOT. PHAN. Nom substitué sans motifs suffisans dans certains dictionnaires à celui d'Hydropeltide. *V*. ce mot. (B.)

RONDELÉTIE. *Rondeletia*. BOT. PHAN. Genre de la famille des Rubiacées et de la Pentandrie Monogynie, L., établi par Plumier et caractérisé de la manière suivante : calice adhérent à l'ovaire, à cinq lobes; corolle monopétale, tubuleuse, presqu'infundibuliforme, ayant l'entrée du tube rétrécie et le limbe étalé à cinq divisions; cinq étamines incluses. Le fruit est une petite capsule globuleuse, couronnée par les dents du calice, à deux loges polyspermes, s'ouvrant en deux valves septifères sur le milieu de leur face interne. Ce genre est nombreux en espèces qui toutes croissent dans l'Amérique méridionale; ce sont des Arbustes ou des Arbrisseaux à feuilles opposées, munies de stipules, et à fleurs terminales disposées en corymbes dichotomes. L'une des espèces les plus communes de ce genre est le *Rondeletia americana*, L., Plum., Ic., 142, f. 1. C'est un Arbrisseau de huit à dix pieds d'élévation, qui croît dans les Antilles et sur le continent de l'Amérique méridionale; ses fleurs sont blanches, légèrement odorantes, disposées en corymbes axillaires et terminaux. (A.R.)

RONDELETTE. BOT. PHAN. Syn. vulgaire d'*Asarum europæum*. (B.)

RONDELIER. BOT. PHAN. Pour Rondelétie. *V*. ce mot. (B.)

RONDELLE. POIS. Espèce du genre Chœtodon. (B.)

RONDELLE. BOT. PHAN. L'un des noms vulgaires de l'*Asarum europæum*, L. *V*. ASARET. (B.)

RONDIER. BOT. PHAN. *V*. BORASSUS.

* RONDINE. POIS. Même chose que Cépole. *V*. ce mot. (B.)

* RONDONE. OIS. Syn. vulgaire du Martinet. *V*. ce mot. (DR..Z.)

RONDOTE. BOT. PHAN. L'un des noms vulgaires du *Glechoma Hederacea*. *V*. GLÉCOME. (B.)

* RONGE-BOIS. Espèce du genre Fourmi. *V*. ce mot. (B.)

RONGEURS. MAM. Quatrième ordre de la classe des Mammifères, suivant la méthode de Cuvier (*V*., pour les subdivisions, le second des tableaux annexés à notre article MAMMALOGIE). — Nous avons remarqué ailleurs (*V*. MAMMALOGIE) que tous les ordres admis de nos jours par l'illustre auteur du Règne Animal et par la plupart des mammalogistes, correspondent presque exactement à ceux que Linné lui-même avait établis, en sorte qu'après beaucoup d'essais tentés dans différentes directions, on en est revenu aux bases posées par le premier législateur de la science. C'est ainsi que le quatrième ordre de la méthode de Cuvier, ou celui des Rongeurs, correspond à l'ordre des *Glires*, qui était aussi le quatrième de la méthode linnéenne. Seulement l'illustre naturaliste suédois réunissait aux vrais Rongeurs, c'est-à-dire aux genres *Hystrix*, *Lepus*, *Castor*, *Mus* et *Sciurus*, les Noctilions qui ont été depuis, comme le prescrivaient leurs rapports naturels, placés parmi les Chauve-Souris; de même que, plus tard, Cuvier reporta dans son ordre des Pachydermes (*V*. ce mot) les Damans qu'on avait à tort inscrits parmi les Rongeurs. Par ces deux modifications, les caractères des *Glires* ou Rongeurs, ont acquis beaucoup plus d'exactitude et de précision; et l'on peut affirmer que cet ordre est maintenant, après celui des Ruminans, le plus naturel de tous ceux qui composent la classe des Mammifères; du moins si l'on adopte l'opinion des auteurs qui placent l'Aye-Aye parmi les Quadrumanes (*V.* ce mot).

Aussi rien n'est-il plus facile que de faire connaître les caractères indicateurs de l'ordre des Rongeurs. Ce sont des Animaux onguiculés, presque toujours de petite taille et à membres postérieurs plus longs que les antérieurs, qui ont à l'extrémité de l'une et de l'autre mâchoire deux dents très-fortes et très-longues, ordinairement désignées sous le nom d'incisives, et séparées des dents postérieures ou des molaires par un intervalle vide assez étendu. C'est ce système dentaire très-remarquable qui fournit le caractère de l'ordre, tel qu'on l'admet aujourd'hui. Nous devons donc nous en occuper avec quelque détail dans cet article, et présenter sur lui quelques remarques.

Nous nous bornerons à dire, à l'égard des molaires, qu'elles sont tantôt simples et tantôt composées, renvoyant à ce sujet à l'article Dent. Quant aux dents antérieures ou celles que l'on désigne ordinairement sous le nom d'incisives, nous ne pouvons nous dispenser de donner ici une idée de leurs formes et de leurs usages, ce que nous ne pouvons mieux faire que par la citation suivante : « Elles ne peuvent guère, dit Cuvier (Règne Anim. T. I, p. 186), saisir une proie vivante, ni déchirer de la chair; elles ne peuvent pas même couper les alimens, mais elles servent à les limer, à les réduire par un travail continu en molécules déliées, en un mot, à les *ronger;* de-là le nom de Rongeurs qu'on donne aux Animaux de cet ordre. C'est ainsi qu'ils attaquent avec succès les matières les plus dures, et se nourrissent souvent de bois et d'écorce. Pour mieux remplir cet objet, ces incisives n'ont d'émail qu'en avant, en sorte que leur bord postérieur s'usant davantage que l'antérieur, elles sont toujours naturellement taillées en biseau; leur forme prismatique fait qu'elles croissent de la racine à mesure qu'elles s'usent du tranchant, et cette disposition à croître est si forte, que si une se perd ou se casse, celle qui lui était opposée n'ayant plus rien qui la diminue, se développe au point de devenir monstrueuse. La mâchoire inférieure s'articule par un condyle longitudinal, de manière à n'avoir de mouvement horizontal que d'arrière en avant, et *vice versâ ;* aussi les molaires ont-elles des couronnes plates dont les éminences d'émail sont toujours transversales pour être en opposition au mouvement horizontal de la mâchoire, et mieux servir à la trituration. » Remarquons, à cette occasion, qu'il est parmi les Animaux à bourse un genre très-remarquable, celui des Phascolomes, qui ne diffère point, par son système dentaire, des Rongeurs proprement dits, mais dans lequel les condyles de la mâchoire sont transversaux comme chez les Carnassiers. La direction longitudinale des condyles doit donc être mise au nombre des caractères les plus importans de l'ordre des Rongeurs, tel qu'il est admis dans l'état présent de la science.

Les dents antérieures des Rongeurs, très-remarquables par leur force et leur usage, doivent nous intéresser sous un autre point de vue. Jusqu'à ces derniers temps, elles avaient toujours été considérées comme de véritables incisives, et désignées sous le nom de *dentes primores* ou *incisivi.* On croyait par conséquent les Rongeurs entièrement privés de canines, et l'on voyait dans l'intervalle qui sépare les dents antérieures des molaires, un espace laissé vide par l'absence des canines. Geoffroy Saint-Hilaire a donné, il y a quelques années, une toute autre détermination du système dentaire des Rongeurs. Il pense que les dents antérieures de ces Animaux sont, non pas des incisives, comme on l'avait cru à cause de leur position antérieure, mais de véritables canines; ce sont donc les incisives et non les canines qui manqueraient chez les *Glires.* Les limites de cet article ne nous permettent pas de développer tous les motifs sur lesquels repose cette opinion, et de citer les faits extrêmement nombreux qui viennent à son appui. Nous ne chercherons donc pas à l'établir ici sur des preuves rigoureuses, mais seulement à la faire comprendre par de courtes remarques. Dans notre article MUSARAIGNE, nous croyons avoir, sinon entièrement démontré, du moins rendu extrêmement vraisemblable, soit par des considérations théoriques, soit au moyen de comparaisons avec quelques genres voisins, que les dents antérieures des Musaraignes, long-temps considérées comme des incisives, sont de véritables canines. Or, en faisant abstraction des modifications de forme qui seraient ici sans aucune valeur, nous ne voyons guère entre le système dentaire des Musaraignes et celui des Rongeurs, qu'une seule différence. C'est l'absence chez ceux-ci de ces petites dents que l'on a tour à tour désignées chez les Musaraignes par les noms d'incisives latérales, de canines et de fausses molaires. Cette absence, d'où résulte le vide qui sépare, chez les Rongeurs, les dents antérieures des molaires, s'explique d'ailleurs assez bien, d'après la loi du balancement des organes, par le développement considérable des dents antérieures, et ne peut servir de base à une objection contre l'analogie que nous venons d'indiquer. Or, si cette analogie est réelle, n'est-il pas évident que les dents antérieures des Rongeurs devront recevoir le même nom que celles des Musaraignes, et être considérées de même comme des canines? Nous passons sous silence une foule d'autres comparaisons et un grand nombre de faits qui nous conduiraient quelquefois même, par une voie plus directe, au même résultat, pour arriver à l'examen des objections que l'on peut lui opposer. Les deux plus importantes, ou plutôt les deux seules importantes, sont la position antérieure des prétendues canines, et leur insertion apparente dans l'os intermaxillaire ; or il est possible de répondre à l'une et à l'autre. Dans presque toutes les Chauve-Souris insectivores, les canines sont de même antérieures et contiguës entre elles; les incisives sont alors placées au-devant d'elles, et quelquefois même elles manquent entièrement (*V.* CÉPHALOTE à l'art. ROUSSETTE): ce qui ramène le système dentaire des Chauve-Souris, sinon entièrement à celui des Rongeurs, du moins à celui des Musaraignes. La seconde objection peut également être réfutée, même en admettant comme démontré que la pièce antérieure de la mâchoire supérieure soit véritablement l'intermaxillaire, ainsi qu'on l'admet généralement; car, comme Geoffroy Saint-Hilaire et plusieurs autres zootomistes l'ont fait voir depuis long-temps, les dents antérieures, quoique sortant des intermaxillaires, naissent véritablement des maxillaires eux-mêmes. Leurs racines sont en effet placées très-profondément dans ces derniers os, et, bien loin de s'insérer dans les intermaxillaires, elles ne font que les traverser. Peut-être aussi une troisième objection pourrait-elle être tirée de l'existence de quatre dents à l'extrémité de la mâchoire supérieure dans les genres Lièvre et Lagomys: ces quatre dents, considérées jusqu'à ces derniers temps comme quatre incisives, ne devraient-elles pas, en adoptant la nouvelle manière de voir, être regardées comme quatre canines? Et l'existence de deux canines de chaque côté ne serait-elle pas une véritable anomalie? Peut-être pourrait-on admettre l'explication suivante: de ce qu'on a considéré les quatre dents de l'extrémité de la mâchoire supérieure des Lièvres comme quatre incisives, il ne suit pas que ces dents soient en effet de même sorte. Leur forme est, il est vrai, assez semblable, mais leur insertion est très-différente; les deux plus grandes naissent, comme les dents antérieures de tous les Rongeurs, dans le maxillaire, et ne font que traverser l'intermaxillaire. C'est au contraire dans cette dernière pièce, comme nous nous en sommes assuré, que naissent les deux plus petites, placées en arrière des deux autres, et vers leur partie interne. Il nous semble donc qu'on pourrait considérer les deux petites dents antérieures, ou celles qui naissent dans l'intermaxillaire lui-même, comme de véritables incisives, ce qui nous conduirait à admettre chez les Lièvres et les Lagomys l'existence des trois sortes de dents. Nous ne pensons pas que cette dernière conséquence, quoique très-contraire aux idées reçues, offre rien de contraire à la théorie. Qui ne sait en effet que la présence des incisives n'est pas constante dans la même famille et quelquefois dans le même genre? (*V.* RHINOCÉROS et PHACOCHÈRE.)

Les remarques que nous venons de faire tendent à rapprocher les Rongeurs des Musaraignes, des Scalopes, des Hérissons, etc., même du groupe entier des Insectivores, que l'on place ordinairement à la tête de l'ordre des Carnassiers, mais qui forment véritablement, du moins suivant notre manière de voir, un groupe intermédiaire entre les véritables Carnassiers et les Rongeurs. Les Insectivores et les Rongeurs ont en effet les plus grands rapports d'organisation interne et même de conformation extérieure, et se ressemblent presque entièrement par leurs mœurs et leurs habitudes (*V.* MUSARAIGNE). L'importance, à ce qu'il nous semble, très-exagérée, qu'on attachait autrefois, et que la plupart des zoologistes attachent encore à l'existence des trois sortes de dents, a pu seule décider les auteurs des méthodes à écarter les uns des autres deux groupes aussi voisins par leurs rapports naturels. Or, une des conséquences de la nouvelle manière d'expliquer le système dentaire des Musaraignes et des Rongeurs, est précisément de rétablir l'ordre en reportant les *Sorex*, et avec eux tout le groupe des Insectivores, entre les Rongeurs, auxquels ils ressemblent par l'absence des incisives et par la disposition et la grandeur des canines, et les véritables Carnassiers dont ils se rapprochent par l'existence de fausses molaires remplissant l'intervalle qui sépare les canines des mâchelières ou vraies molaires.

Les Rongeurs sont, si l'on excepte quelques Édentés, les derniers des Mammifères onguiculés, peut-être même de tous les Mammifères, par le peu d'étendue de leur intelligence. L'instinct, qui est toujours en raison inverse de l'intelligence, comme nous nous proposons de l'établir ailleurs, est au contraire plus développé chez eux que chez tous les autres Mammifères. Ces faits, que donne l'observation immédiate, s'accordent parfaitement avec les modifications organiques de leur système nerveux. Chez les Rongeurs (et principalement chez les Castors, si célèbres par les merveilles de leur instinct), les parties excentriques du système nerveux ont un volume considérable; le nerf de la cinquième paire est énorme, et les ganglions intervertébraux sont très-développés; mais l'encéphale lui-même est petit, lisse, et n'a que peu ou point de circonvolutions. Remarquons que, chez les Insectivores, le système nerveux (et particulièrement l'encéphale) offre les mêmes caractères, et présente en général la plus grande analogie avec celui des Rongeurs: fait qui confirme pleinement, et qui même pourrait au besoin établir ce que nous disions tout à l'heure des rapports intimes qui lient entre eux les Insectivores et les Rongeurs. Le système nerveux, dont l'étude a été depuis quelques années poursuivie avec tant d'ardeur par les anatomistes, mais en même temps si négligée par les zoologistes, est l'un des systèmes où se lisent avec le plus de netteté les conditions essentielles de l'organisation, parce que nul n'a des rapports physiologiques et anatomiques plus multipliés; parce que toutes modifications dans les habitudes et les conditions vitales d'un être, sont nécessairement en rapport avec l'organe central de la vie, et que le cerveau en porte, pour ainsi dire, l'empreinte. Sans doute une classification fondée uniquement sur les modifications du système nerveux, serait vicieuse, comme l'est toute classification basée sur un caractère exclusif; mais il nous semble que, des belles recherches entreprises depuis quelques années par plusieurs anatomistes illustres, on pourrait dès aujourd'hui déduire ce fait zoologique très-important, que chacune des grandes divisions d'une classe de Vertébrés, tous ses ordres, peut-être même ses familles, présentent dans certaines parties de leur encéphale des modifications qui peuvent servir à les caractériser, et ont, si l'on peut s'exprimer ainsi, leur constitution cérébrale propre, de même que toutes les grandes divisions du règne animal peuvent être caractérisées par les modifications de l'ensemble de leur système nerveux. Ce fait, que nous nous proposons d'établir par un travail spécial, aurait pour premier résultat de nous permettre d'apprécier les véritables rapports de ces êtres désignés ordinairement sous le nom d'Anomaux, et que l'on a si souvent introduits dans des familles auxquelles ils n'appartiennent pas, et dont ils empêchent qu'on ne puisse assigner avec rigueur et précision les caractères et les limites : tels sont l'Aye-Aye parmi les Rongeurs, l'Ornithorhynque et les Echidnés parmi les Edentés, et une foule d'autres. (IS. G. ST.-H.)

ROPALOCÈRES OU GLOBULICORNES. INS. Duméril désigne sous ce nom une famille de Lépidoptères composée des genres Papillon et Hespérie. *V.* ces mots. (G.)

* ROPALOMÈRE. *Ropalomera.* INS. Genre de Diptères établi par Wiedmann dans ses *Analecta entomologica*, Kiliæ, 1824, et appartenant à la famille des Athéricères, tribu des Muscides. Il le caractérise de la manière suivante : antennes rabattues, composées de trois articles, le dernier comprimé, ovale, portant à sa base une soie un peu plumeuse; palpes en massue comprimée; hypostome tuberculé; cuisses renflées; ailes couchées sur le corps dans le repos, et parallèles. L'espèce qui sert de type à ce genre est le *Dictya clavipes* de Fabricius. (G.)

ROPAN. MOLL. Voici une Coquille sur laquelle il serait intéressant d'avoir quelques nouvelles observations. Adanson (Voy. au Sénég., pl. 19, fig. 2), auquel on en doit la première connaissance, a laissé dans sa description et sa figure des points douteux, de telle sorte que l'on ignore si elle doit faire partie des Tarets, comme le croit Lamarck, ou des Pholades, comme le dit Bosc, ou des Gastrochènes ou Fistulanes, comme le pense Blainville. L'opinion de ce dernier paraît la plus probable; on ne peut cependant l'adopter de préférence à celles des autres auteurs. Il faut donc pour se décider attendre de nouvelles observations. (D..H.)

ROPHITE. *Rophites.* INS. Genre de l'ordre des Hyménoptères, section des Porte-Aiguillons, famille des Mellifères, tribu des Apiaires, établi par Spinola et adopté par Latreille avec ces caractères : corps assez allongé; tête assez grosse, ayant trois petits yeux lisses presque en ligne transverse sur le vertex. Antennes filiformes, brisées et de douze articles dans les femelles, simplement arquées, à peu près de la longueur de la moitié du corps et de treize articles dans les mâles; le premier long; le second petit; les autres cylindriques, presque égaux entre eux. Labre court; mandibules étroites, pointues, bidentées. Mâchoires recourbées conjointement avec la lèvre et formant une sorte de trompe; palpes de forme presque identique; leurs articles grêles et linéaires; les maxillaires de six articles presque cylindriques, le premier et le second un peu plus longs et un peu plus gros que les autres; le troisième et le quatrième plus petits; les cinquième et sixième très-minces, celui-ci plus court : palpes labiaux de quatre articles; le premier et le second égaux entre eux, un peu concaves à leur partie antérieure et servant de gaîne à la lèvre; le troisième de moitié plus court que le précédent, aplati; le quatrième très-court, obconique, inséré sur le côté extérieur du précédent. Corselet globuleux; ailes supérieures ayant une cellule radiale à peine rétrécie depuis son milieu jusqu'à son extrémité, celle-ci ne s'écartant pas de la côte, et trois cellules cubitales; la première un peu plus longue que la seconde qui est très-rétrécie vers la radiale et reçoit les deux nervures récurrentes; la troisième commencée, tracée presque jusqu'au milieu de l'espace qui est entre la seconde cellule cubitale et le bord postérieur de l'aile. Abdomen assez long, ovale, composé de cinq segmens outre l'anus dans les femelles, en ayant un de plus dans les mâles. Pates assez grandes.

On ne connaît qu'une espèce de ce genre, à laquelle Spinola a donné le nom de ROPHITE A CINQ ÉPINES, *Rophites quinque-spinosa*, Ins. Ligur., fasc. 2, p. 72, n. 50?—Latr., *Gen. Crust. et Ins.* Longue de quatre lignes, noire; segmens de l'abdomen bordés de blanc. On la trouve dans le midi de la France et rarement aux environs de Paris. (G.)

ROPOURIER. *Ropourea*. BOT. PHAN. Genre établi par Aublet (Guian., 1, p. 198, t. 78) et appartenant à la Pentandrie Monogynie. Le calice est monosépale à cinq divisions arrondies, velues intérieurement, glabres à l'extérieur; la corolle monopétale à tube court et à limbe à cinq lobes arrondis; les cinq étamines alternes avec les lobes de la corolle et ayant leurs filets velus. L'ovaire est libre, tout couvert de poils roux; il se termine à son sommet par un style qui porte trois ou quatre stigmates subulés. Le fruit est une baie charnue, jaune, velue, de la grosseur d'un œuf de Poule, à quatre loges, contenant un grand nombre de graines environnées d'une pulpe douce et jaunâtre visqueuse, que les créoles mangent avec plaisir. La seule espèce qui forme ce genre (*Ropourea guianensis*, Aublet, *loc. cit.*), est un Arbrisseau de douze à quinze pieds, dont les rameaux noueux portent des feuilles verticillées, imparipinnées très-longues. Les fleurs sont sessiles et naissent en grand nombre à l'aisselle des feuilles. Ce genre paraît avoir quelques rapports avec la famille des Térébinthacées. (A. R.)

ROQUET. MAM. Petite variété de Chiens. *V.* ce mot. (B.)

ROQUET. REPT. SAUR. Syn. de Mabouya. *V.* ce mot. (B.)

ROQUETTE. OIS. Syn. vulgaire de Perdrix de montagne. *V.* PERDRIX. (DR..Z)

ROQUETTE. *Eruca*. BOT. PHAN. Genre de la famille des Crucifères et de la Tétradynamie siliqueuse, établi par Tournefort, puis réuni par Linné au *Brassica*. La plupart des auteurs modernes l'ont rétabli; mais on y a introduit des Crucifères qui appartiennent à d'autres genres. Ainsi l'*Eruca Barbarea* de Lamarck est fondé sur l'*Erysimum Barbarea*, L., qui est maintenant le type du genre *Barbarea* de De Candolle. L'*Eruca sylvestris*, Lamk., est synonyme de *Brassica Erucastrum*, L.; mais la Plante figurée sous le même nom d'*Eruca sylvestris* par Blackwell (*Herb.*, tab. 266), se rapporte au *Sisymbrium tenuifolium*, L. Enfin plusieurs espèces de *Brassica* ont été placées parmi les *Eruca* par divers auteurs. Le genre Roquette, restreint à trois espèces par De Candolle (*Syst. Veget.*, 2, p. 636), offre les caractères essentiels suivans: calice dressé; pétales dont le limbe est obové; étamines libres, non denticulées; silique ovale-oblongue, à deux loges, à deux valves concaves, lisses, terminée par un bec ensiforme, lequel ne contient pas de graine et est à peine plus court que les valves; graines globuleuses, à cotylédons condupliqués. Ce genre se distingue du *Brassica* par son port ainsi que par son style ensiforme presque foliacé, caractère qui le rapproche des Vellées, et auquel se joignent d'autres tirés de la structure de la silique (silicule) presque ovale, à valves concaves et à large cloison, et ses pétales veinés.

La ROQUETTE CULTIVÉE, *Eruca sativa*, Lamk.; *Brassica Eruca*, L., a un tige haute de cinq décimètres, velue et rameuse, garnie de feuilles longues, pétiolées, lyrées, ou ailées avec un lobe terminal, grand et obtus. Les fleurs sont d'un jaune citrin fort pâle, marquées de veines violettes ou noirâtres. Cette Plante croît dans les champs et les lieux incultes de l'Europe australe et de l'Afrique boréale. Cultivée dans les jardins, elle a produit un grand nombre de variétés. C'est une Herbe douée d'une saveur âcre, exhalant par le froissement une odeur fétide, excitante, et usitée comme condiment dans les salades. Sa graine, âcre et rubéfiante, passait autrefois pour aphrodisiaque. (G..N.)

On a encore appelé :

ROQUETTE BATARDE, le *Reseda luteola*.

ROQUETTE DE MER, le *Bunias Kakile*, L.

ROQUETTE SAUVAGE, le *Sysymbrium tenuifolium*, L., etc. (B.)

RORELLA. BOT. PHAN. (De Candolle.) *V.* DROSÈRE.

RORIDA. BOT. PHAN. Rœmer et Schultes (*Syst. Veget.*, 5, p. 15) ont proposé ce nom générique pour remplacer celui de *Roridula* imposé à une Plante d'Égypte par Forskahl; mais cette Plante avait déjà été réunie au genre *Cleome* par Delile qui l'avait décrite et figurée (Flore d'Egypte, tab. 36, f. 2) sous le nom de *C. droserifolia*. (G..N.)

RORIDULE. *Roridula*. BOT. PHAN. Genre de la Pentandrie Monogynie, faisant partie de la famille des Droséracées. Il offre un calice formé de cinq sépales simples; une corolle de cinq pétales sans appendices; cinq étamines dont les anthères à deux loges s'ouvrent chacune par un pore à leur sommet et inférieurement se terminent en un appendice calleux. Le style est simple et porte un stigmate trilobé. Le fruit est une capsule à trois loges, s'ouvrant en trois valves et renfermant en général une seule graine dans chacune d'elles. Le *Roridula dentata*, L., Lamk., Ill., tab. 141, f. 1, seule espèce de ce genre, est un petit Arbuste originaire du cap de Bonne-Espérance, d'un à trois pieds d'élévation, ayant des feuilles très-rapprochées, linéaires, ciliées et glanduleuses sur les bords.

Le genre *Roridula* de Forskahl se rapporte au *Cleome*. *V.* RORIDA. (A. R.)

RORIPA. BOT. PHAN. Scopoli (*Flor. Carniol.*, éd. 1, p. 520) avait formé sous ce nom un genre sur le *Sisymbrium amphibium*, L., que De Candolle a placé parmi les *Nasturtium*. *V.* ce mot. (G..N.)

RORQUAL. MAM. Espèce du genre Baleine. *V.* ce mot. (B.)

ROS SOLIS ou ROSSOLIS. BOT. PHAN. Noms vulgaires du genre *Drosera*. *V.* DROSÈRE. (A. R.)

ROSA. BOT. PHAN. *V.* ROSIER.

* ROSACÉE (COROLLE). BOT. PHAN. On appelle ainsi une corolle polypétale régulière formée de quatre à cinq pétales à onglet très-court et étalés régulièrement en forme de rose, comme dans les Potentilles, les Fraisiers, en un mot dans toutes les Plantes qui d'après cette forme de corolle ont reçu le nom de Rosacées. (A. R.)

ROSACÉES. *Rosaceæ*. BOT. PHAN. L'une des familles les plus grandes, les plus naturelles et les plus importantes du règne végétal, qui tire son nom de la Rose qui peut en être considérée comme l'un des types. Voici les caractères généraux qui distinguent les Plantes de cette famille : le calice est monosépale, plan ou tubulé, à quatre ou cinq divisions persistantes, simple ou accompagné d'un calicule extérieur et soudé avec le calice et à cinq divisions; la corolle qui manque rarement se compose de quatre à cinq pétales réguliers très-courtement onguiculés, insérés ainsi que les étamines à la partie supérieure du tube calicinal sur un disque qui en tapisse les parois; les étamines généralement en grand nombre sont libres et dressées. Les pistils offrent un grand nombre de modifications; ils sont quelquefois solitaires et placés au fond du calice (*Prunus*, *Amygdalus*, etc.). Quelquefois on en trouve deux dans un calice tubuleux; d'autres fois un grand nombre sont placés sur un renflement particulier du réceptacle, qu'on a nommé gynophore, et qui souvent s'accroît considérablement après la fécondation; dans certains genres, les pistils se soudent entre eux et forment une capsule à plusieurs loges, ou bien ils se soudent entre eux par leurs parties latérales et avec le calice par leur partie externe. Chacun de ces pistils ou carpelles est à une seule loge, qui contient tantôt un, tantôt deux ou plusieurs ovules, diversement placés. Le style ordinairement latéral, quelquefois même basilaire, se termine par un stigmate simple et dilaté. Le fruit offre autant de modifications variées que les pistils. Il est tantôt solitaire, simple, tantôt multiple; c'est quelquefois une drupe, quelquefois une mélonide ou pomme, d'autres fois une capsule à plusieurs loges, une réunion d'akènes placés dans l'intérieur d'un calice tubuleux devenant quelquefois charnu, ou une sorte de capitule formé d'akènes ou de petites baies monospermes placés sur un réceptacle charnu. Les graines placées dans chaque carpelle sont solitaires, géminées ou en plus grand nombre, tantôt dressées, tantôt renversées ou latérales; elles se composent en général d'un embryon à cotylédons charnus, immédiatement recouvert par le tégument propre de la graine; très-rarement cet embryon est accompagné d'un endosperme.

Les Plantes qui composent cette famille varient beaucoup dans leur port; ce sont ou de très-grands Arbres, des Arbrisseaux ou des Arbustes, ou enfin des Plantes herbacées, annuelles ou vivaces. Leurs feuilles sont alternes, simples ou composées; toujours accompagnées à leur base de deux stipules foliacées, qui assez fréquemment sont adhérentes avec le pétiole. Les fleurs sont extrêmement variées dans leur mode d'inflorescence.

Cette famille par le grand nombre des genres qui la composent et surtout par les modifications nombreuses et importantes qu'ils présentent dans la disposition de leurs carpelles et la structure de leurs fruits, est une de celles qui se prêtent le plus facilement à se diviser en groupes secondaires ou tribus, tellement naturels et tranchés, que quelques auteurs n'ont pas balancé à les considérer comme autant de familles distinctes. La plupart de ces groupes avaient été primitivement indiqués par l'illustre auteur du *Genera Plantarum*, qui avait partagé la famille des Rosacées en sept sections, pour la plupart très-naturelles. Le professeur Richard a mieux défini et mieux caractérisé ces tribus, et enfin De Candolle, dans le second volume de son Prodrome, a donné un tableau général des tribus, des genres et des espèces dont se compose cette famille. C'est le travail de ce savant professeur que nous adopterons comme base des tribus et des genres établis parmi les Rosacées.

Ire Tribu. — CHRYSOBALANÉES, R. Brown.

Robert Brown, dans sa Dissertation sur les Plantes du Congo, avait proposé de faire du genre *Chrysobalanus* le type d'un ordre distinct, sous le nom de *Chrysobalanées*. Le professeur De Candolle en a fait la première tribu des Rosacées, qui offre les caractères suivans : l'ovaire est simple, libre, contenant deux ovules dressés; le style est latéral et naît presque de la base de l'ovaire; les graines sont généralement solitaires par avortement; les fleurs sont plus ou moins irrégulières. Les genres de cette tribu sont : *Chrysobalanus*, L.; *Moquilea*,

Aublet; *Couepia*, *id.*; *Acioa*, *id.*; *Parinarium*, Juss.; *Grangeria*, Commers.; *Licania*, Aublet; *Tholyra*, Du Petit-Th.; *Hirtella*, L. Ce sont des Arbres ou des Arbustes originaires des régions intertropicales, ayant les feuilles simples et entières. Dans le genre *Hirtella*, Gaertner a décrit un endosperme charnu.

IIe Tribu. — AMYGDALINÉES, Juss. ou DRUPACÉES.

Cette tribu se distingue très-facilement de toutes les autres par ses fruits qui sont des drupes charnues, contenant un noyau osseux, qui renferment une ou deux graines. Ce sont des Arbres ou des Arbustes à feuilles simples, à fleurs blanches ou rosées. Un très-grand nombre de ces Plantes contiennent dans leurs diverses parties une quantité plus ou moins notable d'acide hydrocyanique; d'autres laissent écouler un liquide visqueux qui se solidifie et forme une véritable gomme. Les genres de cette tribu sont : *Amygdalus*, Tourn.; *Persica*, *id.*; *Armeniaca*, *id.*; *Prunus*, *id.*; *Cerasus*, Juss.

IIIe Tribu. — SPIRÉACÉES, Rich.

Les carpelles se réunissent, se soudent plus ou moins intimement en une capsule à plusieurs loges, contenant chacune de deux à quatre graines et s'ouvrant chacune par une suture longitudinale; le calice est persistant et les graines sont dépourvues d'arille. Les espèces qui composent cette tribu sont des Arbustes ou des Plantes herbacées. Voici les genres qui y ont été réunis : *Purshia*, D. C.; *Kerria*, *id.*; *Spiræa*, L.; *Gillenia*, Mœnch.; *Neillia*, Don.; *Kagenekia*, R. et Pav.; *Quillaja*, Juss.; *Vauquelinia*, Correa; *Lindleya*, Kunth.

IVe Tribu. — NEURADÉES, D. C.

Le calice est brièvement tubulé à sa base et adhérent avec l'ovaire; son limbe est à cinq divisions incombantes ou valvaires; la corolle est formée de cinq pétales; les étamines sont au nombre de dix. Le fruit est une capsule déprimée à dix loges monospermes. Deux genres entrent dans cette tribu, le *Neurada* et le *Grielum*. Selon Jussieu ce groupe a de l'analogie avec les Ficoïdées; mais l'absence de l'endosperme, la forme de l'embryon et les feuilles non charnues, l'en distinguent facilement.

Ve Tribu. — FRAGARIACÉES, Rich.

Calice à quatre ou cinq divisions profondes et valvaires, souvent accompagné extérieurement d'un calice soudé et lobé; corolle de quatre à cinq pétales; étamines nombreuses; carpelles en grand nombre, monospermes, réunis sur un gynophore commun, secs ou charnus. Plantes herbacées ou Arbustes à feuilles généralement composées : *Dryas*, L.; *Geum*, *id.*; *Waldsteinia*, Willd.; *Comaropsis*, Rich.; *Rubus*, L.; *Cylactis*, Rafin.; *Dalibarda*, L.; *Fragaria*, Tourn.; *Potentilla*, Nest.; *Sibbaldia*, L.; *Agrimonia*, L.; *Aremonia*, Neck.; *Brayera*, Kunth.

VIe Tribu. — SANGUISORBÉES, Juss.

Fleurs ordinairement polygames et dioïques; calice à trois ou cinq lobes valvaires, tubuleux inférieurement, resserré vers son sommet et contenant un ou deux carpelles; corolle de quatre pétales, quelquefois nuls; étamines en même nombre que les lobes du calice; stigmates souvent pénicilliformes. Les fruits consistent en un ou deux akènes placés au fond du calice, qui les recouvre : *Cercocarpus*, Kunth et Humb.; *Alchimilla*, Tourn.; *Cephalothus*, Labill.; *Margyricarpus*, R. et Pav.; *Polylepis*, R. et Pav.; *Acæna*, Vahl; *Sanguisorba*, L.; *Poterium*, L.; *Cliffortia*, L.

VIIe Tribu. — ROSÉES, Juss.

Cette tribu ne se compose que du seul genre *Rosa*. Elle se distingue surtout par son calice tubuleux, urcéolé, hérissé de poils roides intérieurement et portant sur ses parois un nombre variable de carpelles monospermes, distincts, qui deviennent autant d'akènes et recouverts par le tube du calice qui s'est épaissi et est devenu charnu.

VIIIe Tribu. — POMACÉES. Rich.

Le calice est tubuleux, urcéolé à son sommet, contenant de trois à cinq carpelles qui se soudent entre eux et avec le calice et qui contiennent chacun deux ou plusieurs graines placées à leur angle interne. Le calice en devenant charnu recouvre les carpelles et forme l'espèce de fruit que l'on nomme Mélonide, et chaque carpelle est ou cartilagineux ou osseux. Les genres de cette tribu se composent d'Arbres ou d'Arbrisseaux à feuilles simples ou composées : *Cratægus*, Lindl.; *Raphiolepis*, *id.*; *Chamæmeles*, *id.*; *Photinia*, *id.*; *Eriobotrya*, *id.*; *Cotoneaster*, Medik.; *Amelanchier*, Medik.; *Mespilus*, Lindl.; *Osteomeles*, *id.*; *Pyrus*, Lindl.; *Cydonia*, Tourn.

Telles sont les huit tribus établies parmi les genres qui composent la famille des Rosacées. Cette famille a de très-grands rapports avec les Légumineuses et surtout avec la tribu des Césalpiniées, à tel point qu'il devient fort difficile de tracer nettement la limite qui existe entre ces deux grandes familles. Néanmoins voici les différences principales indiquées par le professeur De Candolle (Mém. Légum., p. 140). Les Légumineuses ont les étamines ou les pétales souvent soudés entre eux, et les Rosacées toujours libres. Les premières ont le plus souvent ces organes insérés vers le bas du calice et les dernières vers le haut. Le calice est presque toujours libre de toute adhérence avec l'ovaire dans les Légumineuses, il est souvent soudé dans les Rosacées. Le pistil est ordinairement réduit à un seul carpelle dans les Légumineuses, et composé de plusieurs dans les Rosacées, etc., etc. La famille des Rosacées, surtout par sa tribu des Pomacées, a aussi des rapports avec les Myrtacées; mais celles-ci ont l'ovaire constamment infère; les feuilles opposées et ponctuées distinguent suffisamment la famille des Myrtacées. (A. R.)

* ROSACIQUE. MIN. *V.* ACIDE.

ROSAGE. *Rhododendrum.* BOT. PHAN. Genre de la famille des Ericinées, tribu des Rhodoracées, qui se compose d'Arbres ou d'Arbrisseaux, d'un aspect agréable et quelquefois très-élégant, portant des feuilles alternes, simples, entières, persistantes; les fleurs souvent très-grandes sont réunies en thyrse au sommet des rameaux et d'abord renfermées dans des boutons coniques et écailleux. Le calice est oblique, presque plan, à cinq lobes courts et un peu inégaux; la corolle est monopétale, subcampanulée, à cinq lobes obtus plus ou moins profonds et inégaux; quelquefois elle est comme tubuleuse; les dix étamines insérées, tout-à-fait à la base de la corolle, sont souvent inégales et déclinées; leurs anthères sont elliptiques, obtuses, attachées au filet au-dessous du milieu de leur dos, à deux loges s'ouvrant chacune par un pore terminal. L'ovaire est libre, appliqué sur un disque hypogyne lobé, peu distinct de sa base; il offre cinq loges contenant chacune un grand nombre d'ovules attachés à un trophosperme qui part de l'angle interne et qui est bilobé. Le style est simple, renflé vers sa partie supérieure où il se termine par un stigmate déprimé à cinq lobes très-petits et quelquefois inégaux. Le fruit est une capsule ovoïde, à cinq loges polyspermes, s'ouvrant en cinq valves portant chacune une cloison sur le milieu de leur face interne, et ayant leurs bords rentrans. Les trophospermes restent saillans au milieu du fruit et forment une columelle à dix angles obtus.

Les espèces de ce genre sont au nombre d'environ seize à dix-huit, et un très-grand nombre de ces espèces sont cultivées dans nos jardins et font l'ornement de nos massifs de terre de bruyère. Deux de ces espèces croissent dans les montagnes élevées de la France; ce sont les *Rhododen-*

drum ferrugineum et *R. hirsutum*, que l'on cultive aussi dans nos jardins. On cultive surtout dans les jardins les espèces suivantes : 1°. *Rhododendrum ponticum*, L. C'est notre illustre botaniste Tournefort qui le premier a rapporté cet Arbuste des environs de Trébisonde. Aujourd'hui c'est l'espèce la plus généralement répandue dans nos jardins. Ses tiges droites et cylindriques portent des feuilles alternes, éparses, coriaces, pétiolées, oblongues, elliptiques; ses fleurs sont très-grandes et purpurines.—2°. Le *Rhododendrum maximum*, L., Bot. Mag., tab. 951, est dans l'Amérique septentrionale sa patrie un grand et bel Arbre; mais dans nos jardins, c'est un Arbuste buissonneux, à feuilles luisantes et entières, vertes et luisantes en dessus, ferrugineuses en dessous; ses fleurs moins grandes que dans l'espèce précédente sont rosées et tigrées intérieurement de points verdâtres où elles sont légèrement velues. L'une des espèces les plus magnifiques de ce genre est le *Rhododendrum arboreum*, Smith, Exot. Bot., 1, p. 9, tab. 6, qui est originaire de l'Inde. C'est un Arbre de moyenne grandeur dans sa patrie. Ses feuilles sont lancéolées, glabres, luisantes en dessus, blanchâtres et pubescentes en dessous. Ses fleurs sont grandes et d'une belle couleur pourpre. Cette espèce a besoin d'être rentrée dans l'orangerie pendant l'hiver. On cultive encore dans les jardins les *Rhododendrum catawbiaye* et *Rh. punctatum* de l'Amérique septentrionale. Toutes ces espèces, à l'exception du *Rhododendrum arboreum*, se cultivent en pleine terre; mais il leur faut nécessairement le terreau de bruyère et une exposition au nord et à l'abri du soleil. On les multiplie de bouture ou de couchage.

On a quelquefois appelé ROSAGE l'*Agrostema Cœli-Rosa*, ainsi que le Nérion. (A. R.)

* ROSAGES (FAMILLE DES). BOT. PHAN. Syn. de Rhodoracées. (A. R.)

* ROSAGINE. BOT. PHAN. L'un des noms vulgaires du Nérion. *V*. ce mot. (B.)

ROSAIRE. MOLL. Nom vulgaire et marchand du *Voluta sanguinea*. *V*. VOLUTE. (B.)

* ROSAIRE. POLYP. Espèce du genre Cymopolie. *V*. ce mot. (B.)

* ROSALBA. OIS. Espèce du genre Couroucou. (B.)

* ROSALBIN. OIS. Nom donné à un Kakatoë de la Nouvelle-Hollande. *V*. PERROQUET. (DR..Z.)

* ROSALESIA. BOT. PHAN. Sous ce nom, De Lallave et Lexarza (*Nov. veg. descript.*, Mexico, 1825, fasc. 1, p. 9) ont proposé l'établissement d'un nouveau genre de la famille des Synanthérées et de la Syngénésie égale, L. Ils le rapprochent du *Cacalia*, et ils le disent très-facile à distinguer, non-seulement de celui-ci, mais encore des genres voisins, par son involucre, ses anthères, et surtout par le style. Nous ne pensons pas que ce genre soit nouveau; mais n'ayant qu'une courte description à consulter, et craignant d'introduire dans la science une erreur de plus, nous éviterons de donner le synonyme qui nous paraît probable. Le *Rosalesia glandulosa* est un Arbrisseau assez élevé, dont la tige se divise en rameaux effilés, les plus jeunes striés, pubescens; les rameaux à fleurs visqueux à l'extrémité. Les feuilles sont opposées, ovales, presque cordiformes, pétiolées, scabres en dessus, un peu cotonneuses en dessous, crénées et presque dentées sur les bords. Les fleurs sont disposées en corymbes axillaires et terminaux; chaque pédoncule porte deux à cinq calathides. L'involucre est composé de huit à douze folioles dressées, égales, imbriquées, ovales, recourbées en dehors, et visqueuses. Les fleurons sont plus longs que l'involucre, nombreux, d'une couleur jaunâtre pâle, à tube grêle, linéaire, resserré vers la gorge, à limbe partagé en cinq dents très-courtes; les anthères sont

cachées dans la corolle; le style se divise, dès sa sortie du tube de la corolle, en deux stigmates longs, en massue, divariqués et non recourbés en dehors. Le réceptacle est nu, scabre. Les akènes sont cylindracés, striés, velus, couronnés d'une aigrette poilue, un peu plus courte que les fleurons. Cette Plante croît au Mexique, dans les pâturages de San-José del Corral. (G..N.)

* ROSALIA. MAM. Espèce du genre Ouistiti, sous-genre Tamarin. *V.* OUISTITI. (B.)

ROSALIE. INS. Geoffroy donne ce nom au *Callichroma alpina*, Latr.; *Cerambyx alpinus*, L. *V.* CALLICHROME et CAPRICORNE. (B.)

*ROSALINE. *Rosalina*. MOLL. C'est à D'Orbigny fils que l'on doit l'établissement de ce genre de Coquilles microscopiques multiloculaires, dans son Mémoire sur les Céphalopodes. Quoique existant dans les sables des environs de Paris, il était resté inaperçu; cela semble étonnant, car il offre un volume beaucoup plus considérable que beaucoup de Coquilles du même ordre, et il est remarquable par une structure qui lui est propre. D'Orbigny a convenablement placé ce genre dans sa famille des Hélicostègues, *V.* ce mot, entre les Valvulines et les Rotalies, dans la section des Turbinoïdes, et caractérisé de la manière suivante : test fixé par la partie non spirale ou par la base, trochoïde et régulier; ouverture en fente, située à la région ombilicale et continue d'une loge à l'autre; point de disque ombilical. Plusieurs espèces de ce genre sont sénestres, ce qui contribue, avec la disposition des loges, à leur donner une forme élégante. On voit par la forme de la plupart qu'elles étaient adhérentes; mais il est à présumer que c'est seulement par une partie molle, et non par la soudure du test aux corps étrangers, que ces Coquilles y ont été attachées; si cela était autrement, elles présenteraient les vestiges de ces adhérences, et cependant elles n'en ont aucun.

D'Orbigny cite déjà neuf espèces dans ce genre; la plupart nous sont inconnues. Nous n'avons observé que celles des environs de Paris; si nous avions pu examiner quelques-unes des espèces vivantes, il nous aurait été possible de manifester nos doutes, mais nous n'avons pu établir nos comparaisons qu'entre les deux espèces que nous avons vues et celle de nos côtes que D'Orbigny a donnée dans ses modèles; et quoique nous ayons l'opinion qu'elles appartiennent à deux genres différens, nous ne pouvons encore l'assurer positivement.

ROSALINE GLOBULAIRE, *Rosalina globularis*, D'Orb., Ann. des Scienc. natur. T. VII, p. 271, pl. 13, fig. 1, 2, 3, 4; Modèles de Céphalop. Micr., 3e livr., n. 69.

ROSALINE DE PARIS, *Rosalina parisiensis*, *ibid.*, *loc. cit.*, n. 5; Modèles, 2e livr., n. 38. (D..H.)

* ROSCINÈLE. *Roscinela*. CRUST. Genre voisin des Sphéromes, proposé par Leach, et ayant pour caractères, suivant cet auteur : les deux premiers articles des antennes cylindriques; yeux très-grands, un peu convexes, convergens antérieurement et presque rapprochés; côtés des articles de l'abdomen en forme de faulx et proéminens. La seule espèce mentionnée dans ce genre est :

La ROSCINÈLE DU DEVONSHIRE, *Roscinela danmoniensis*, Leach, Dict. des Scienc. natur. T. XII, p. 349. Leach n'a pas donné de description de cette espèce. (G.)

ROSCOÉE. *Roscoea*. BOT. PHAN. Genre de la famille des Scitaminées, et de la Monandrie Monogynie, L., établi par Smith (*Exotic Botany*, n. et tab. 108) qui l'a ainsi caractérisé : anthère bilobée, courbée, terminale, embrassant le style, munie à sa base d'un appendice fendu; périanthe (*corolle*, Smith) double, irrégulier : l'extérieur à trois parties dont la supérieure est dressée, en voûte, l'intérieur bilabié et également à trois parties. Ce genre est très-voisin de l'*Hedychium* et du *Kœmpferia*; mais il s'en distingue par son périanthe extérieur, irrégulier, à deux lèvres, et par l'appendice particulier que l'on observe à la base de son anthère. Le *Roscoea purpurea*, Smith, *loc. cit.*, a des racines vivaces, composées de tubercules fusiformes et fasciculés. La tige est simple, garnie de feuilles embrassantes, oblongues, aiguës, glabres, alternes et placées sur deux rangs. Les fleurs sont grandes, d'une belle couleur purpurine foncée, terminales ou placées dans les aisselles des feuilles supérieures. Cette Plante croît dans les montagnes du Népaul. (G..N.)

ROSE. BOT. et ZOOL. Ce nom de la Reine des fleurs (*V.* ROSIER) a été étendu à beaucoup d'autres Plantes, et même à des Animaux que leur couleur signalait à l'attention. Ainsi l'on a appelé :

ROSE (Pois.), une Espèce d'Able et la Dorade.

ROSE BLANCHE (Bot.), une variété de Figues.

ROSE CHANGEANTE ou DE CAYENNE (Bot. Phan.), une Ketmie.

ROSE DU CIEL (Bot.), une Agrostème.

ROSE COCHONIÈRE et ROSE DE CHIEN (Bot.), les Roses sauvages.

ROSE DE LA CHINE (Bot.), une Ketmie.

ROSE DE DAMAS (Bot.). Même chose que Rose Trémière. *V.* ce mot.

ROSE DIÈTE (Bot.), le *Viburnum Opulus*.

ROSE GORGE (Ois.), le *Loxia ludovicena*, espèce du genre Gros-Bec.

ROSE DE GUELDRE (Bot.), la variété toute stérile du *Viburnum Opulus*, appelée moins improprement Boule de neige.

ROSE D'HIVER ou DE NOEL (Bot.), l'*Helleborus niger*.

ROSE D'INDE (Bot.). Même chose qu'OEillet d'Inde. *V.* ce mot.

ROSE DU JAPON (Bot.), l'*Hortensia* et le *Camelia japonica*.

ROSE DE JÉRICHO (Zool.), espèce du genre Digitaline (*V.* ce mot) et une Encrine fossile.

ROSE DE JÉRICHO (Bot.). *V.* ANASTATICA.

ROSE DE JÉRICHO (Min.), une variété de Chaux carbonatée équiangle, dont les cristaux sont groupés de manière à rappeler l'idée d'une fleur.

ROSE DE NOEL (Bot.). *V.* ROSE D'HIVER.

ROSE DE SAINTE-MARIE (Bot.), la Coquelourde.

ROSE NOIRE (Bot.), une variété de Figues.

ROSE D'OUTRE-MER (Bot.). Même chose que Rose Trémière. *V.* ce mot.

ROSE QUEUE (Rept. Saur.), une espèce du genre Agame.

ROSE RUBIS (Bot.), les diverses espèces du genre Adonide.

ROSE DE SAFRAN (Bot.), la fleur du Safran.

ROSE TRÉMIÈRE (Bot.), l'*Alcea rosea*, L., la plus belle des Malvacées, et l'une des principales Plantes d'ornement, introduite dans nos jardins vers le temps des croisades. (B.)

* ROSEA. BOT. PHAN. Genre établi par Martius (*Nov. Gen. bras.*, 2, p. 59), et ayant pour type l'*Iresine celosioides* de Swartz, de la famille des Amaranthacées. Voici les caractères donnés par le professeur de Munich : les fleurs sont polygames; le calice se compose de deux sépales colorés, concaves; la corolle est formée de cinq pétales. Dans les fleurs hermaphrodites, l'androphore est sans dents; les anthères sont petites et uniloculaires; le style est simple, terminé par deux ou trois stigmates. Le fruit est un akène membraneux. La seule espèce de ce genre, *Rosea elatior*, Mart., *loc. cit.*, est une Plante dressée, glabre, portant des feuilles opposées, pétiolées; les fleurs forment une sorte de panicule. Elle croît sur le continent de l'Amérique méridionale et dans les Antilles. (A. R.)

ROSEAU. *Arundo*. BOT. PHAN. Sous le nom générique d'*Arundo*, les botanistes ont confondu un grand nombre de Graminées, qui forment aujourd'hui plusieurs genres distincts. Ainsi les genres *Calamagrostis*, *Donax*, *Achnaterum*, *Bambusa*, *Nastus*, *Saccharum*, *Gynerium*, ont pour types des Plantes qui faisaient partie du genre *Arundo* de Linné. Il est résulté de l'adoption de tous ces genres et du transport de la plupart des espèces dans des genres précédemment établis, que le vrai genre Roseau (*Arundo*) se compose uniquement de l'*Arundo Phragmites*, L., auquel il faudra probablement joindre comme espèces distinctes quelques Graminées exotiques qui avaient été confondues avec le *Phragmites*. Voici les caractères de ce genre ainsi restreint par Palisot de Beauvois (Agrostographie, p. 60, tab. 13, fig. 2) : lépicène dont les valves sont inégales, aiguës, renfermant cinq à sept petites fleurs, et plus courtes que celles-ci. Les fleurs inférieures sont mâles ou stériles, à glumes nues. Les fleurs supérieures sont hermaphrodites; elles ont des glumes couvertes de poils soyeux, la glume inférieure est légèrement subulée, la supérieure bifide-dentée; les écailles hypogynes sont tronquées, presque frangées; les stigmates sont en goupillon. L'inflorescence est en panicule composée, très-rameuse.

Le Roseau a balais, *Arundo Phragmites*, L., Lamk., Illustr. Gen., tab. 46, a des racines longues, rampantes, desquelles s'élèvent des chaumes droits, hauts de un à deux mètres, garnis de feuilles rubannées, glabres, coupantes et denticulées à leurs bords. Les jeunes tiges sont terminées par une feuille non développée, roulée en forme de cône très-pointu. La panicule est ample, touffue, lâche, et d'une couleur pourpre noirâtre. Cette Plante est commune dans les localités aquatiques de l'Europe. Les chaumes servent à la couverture des cabanes. La panicule donne une couleur verte que l'on applique dans la teinture. On s'en sert aussi pour faire de jolis petits balais d'appartemens. Les racines sont douces et analogues, pour les propriétés, à celles du Chiendent. (G..N.)

On a étendu le nom de Roseau à beaucoup d'autres Plantes qui ne sont même pas des Graminées, et appelé :

Roseau épineux, le Rotin.

Roseau des étangs ou de la Passion, la Massette.

Roseau rayé, même chose que Ruban. *V.* ce mot.

Roseau fléchier. Syn. de Galanga.

Roseau odorant, l'*Acorus Calamus.*

Roseau a sucre, la Canne à Sucre.

Roseau rouge ou a larges feuilles, le Balisier. (B.)

ROSÉE. *V.* Météores.

ROSÉE DU CIEL. bot. crypt. L'un des noms vulgaires du Nostoc. (B.)

* ROSÉES. bot. phan. L'une des tribus de la famille des Rosacées qui se compose du seul genre Rosier. *V.* Rosacées et Rosier. (A. R.)

ROSELET. mam. *V.* Hermine au mot Marte.

* ROSELET. bot. phan. Dans les pays d'herbages, on appelle ainsi les Carex et autres Plantes dures qui altèrent la qualité du foin, mais qui pourtant sont mangées sans danger par les Animaux (B.)

* ROSELIN. ois. Espèce du genre Martin. *V.* ce mot. (B.)

* ROSELITE. min. Nouvelle espèce minérale établie par Lévy, dédiée par lui à G. Rose, et composée d'après des essais faits par Children, d'oxide de Cobalt, de Chaux, de Magnésie, d'acide arsénique et d'Eau. Elle a beaucoup de ressemblance avec la Chaux arséniatée, et encore plus avec le Minéral appelé Picropharmacolithe. Mais elle est caractérisée par une forme distincte, celle d'un prisme droit, rhomboïdal, de 132 48', divisible dans le sens de la petite diagonale de sa base. Ses cris-

taux sont transparens, rougeâtres, et ont un éclat vitreux. On les trouve engagés dans du Quartz, aux environs de Schneeberg en Saxe. (G. DEL.)

ROSELLE. OIS. Syn. vulgaire de Mauvis, *Turdus iliacus*, L. *V.* MERLE. (DR..Z)

ROSEMARY. BOT. PHAN. Ce nom, devenu vulgaire en français, a été indifféremment appliqué au Romarin, au Lédon, à diverses Andromèdes, ainsi qu'à l'*Osyris alba.* Il vient de l'anglais, et signifiait originairement Rose de mer. (B.)

ROSÉNIE. *Rosenia.* BOT. PHAN. Thunberg (*Prod. Fl. Cap.*, p. 161) a établi sous ce nom un genre de la famille des Synanthérées et de la Syngénésie superflue, L., auquel il a imposé les caractères essentiels suivans : calice composé de folioles scarieuses, imbriquées; réceptacle garni de paillettes; akènes couronnés par une aigrette composée de paillettes capillaires. Le *Rosenia glandulosa*, unique espèce du genre, est un Arbrisseau dont la tige est droite ou légèrement flexueuse, glabre, cylindrique, très-rameuse; les branches sont alternes, les rameaux presque verticillés, ternés ou quaternés, étalés, garnis de feuilles petites, presque fasciculées, sessiles, ovales, entières, obtuses, un peu concaves, glanduleuses principalement sur les bords. Les calathides de fleurs sont solitaires aux extrémités des derniers rameaux. Cette Plante croît dans l'intérieur des terres, au cap de Bonne-Espérance. (G..N.)

* ROSERÉ. POIS. *V.* JOEL au mot ATHÉRINE.

ROSETTE. POIS. L'un des noms vulgaires qu'on applique indifféremment à des Rougets et autres Trigles ou Malarmats. (B.)

ROSETTE. INS. Nom donné par Geoffroy au *Bombyx rosea* de Fabricius, *Lithosia rosea*, Latr. *V.* LITHOSIE. (B.)

ROSETTE. MOLL. Espèce du genre Cancellaire. *V.* ce mot. (B.)

ROSETTE D'ÉPINETTE. MOLL. La Perspective, espèce type du genre Cadran. *V.* ce mot. (B.)

* ROSHYAL. MAM. Nom d'un Cétacé, et peut-être du Morse dans le *Museum Wormianum*, p. 279. (LESS.)

ROSIER. *Rosa.* BOT. PHAN. C'est le genre qui a servi de type à la famille des Rosacées, et à la tribu des Rosées, et qui offre les caractères suivans : le calice est tubuleux et urcéolé, à cinq divisions plus ou moins étalées, entières ou diversement découpées et comme frangées sur les bords; assez souvent, dans la même fleur, on trouve des divisions entières, d'autres barbues d'un seul ou des deux côtés. Toute la paroi interne du calice est tapissée par un disque jaunâtre, peu épais, excepté vers le sommet du tube où il forme un bourrelet plus ou moins saillant qui rétrécit de beaucoup l'ouverture du tube; les pétales, au nombre de cinq, sont étalés, et naissent, ainsi que les étamines, du pourtour du bourrelet discoïde dont nous avons parlé. Les étamines sont en général très-nombreuses, libres, et insérées sur plusieurs rangs; leurs anthères sont arrondies, échancrées aux deux extrémités et comme didynames. De la paroi interne du calice, qui est toute hérissée de poils roides, naissent un grand nombre de petits pistils; chacun d'eux est stipité; son ovaire est irrégulièrement ovoïde, à une seule loge qui contient un ovule pendant; le style est un peu latéral et terminé par un stigmate discoïde et entier. Ces différens styles sont en général plus ou moins saillans au-dessus du tube du calice; quelquefois ils sont tous tordus en spirale les uns sur les autres, ou libres. Le fruit se compose du calice, dont les parois sont devenues charnues, et qui recouvre un nombre variable de petits osselets durs et indéhiscens, monospermes, formés par les pistils.

Les espèces de ce genre sont extrêmement nombreuses. Ce sont en général des Arbustes plus ou moins élevés, souvent armés d'aiguillons, portant des feuilles alternes, imparipinnées, simples dans une seule espèce (*Rosa berberifolia*), accompagnées à leur base de deux stipules foliacées qui sont soudées avec les parties latérales du pétiole. Les fleurs sont ou solitaires ou diversement groupées au sommet des ramifications de la tige. Elles sont ou rosées, ou blanches, ou jaunes, ou d'un rouge plus ou moins intense. Transportées dans nos jardins, elles doublent avec facilité, et tout le monde connaît l'éclat, la fraîcheur et le parfum suave des fleurs d'un grand nombre d'espèces de Rosiers. On en cultive tant d'espèces dans les jardins, et ces espèces ont produit un si grand nombre de variétés, que nous croyons devoir décrire brièvement ici les espèces principales, mais sans nous occuper des innombrables variétés qu'un grand nombre d'entre elles ont produites. La distinction des espèces de ce genre est extrêmement difficile à cause des variations fréquentes qu'elles présentent, même dans l'état sauvage. Parmi les travaux botaniques qui ont été récemment publiés sur les espèces de Rosiers, nous devons surtout citer avec éloge la Monographie de Lindley publiée à Londres en 1820, et le magnifique ouvrage de Redouté dont le texte a été fait par Thory, habile amateur. Nous adopterons dans l'examen des espèces, en partie, la classification qui a été proposée par le professeur De Candolle dans le second volume de son Prodrome et celle de Lindley.

§ I. SYNSTYLÉES : styles soudés en une sorte de colonne; divisions du calice presque entières; fruits ovoïdes ou presque globuleux; stipules adnées.

ROSIER TOUJOURS VERT, *Rosa sempervirens*, L. Originaire des régions méridionales de l'Europe, ce Rosier forme un Arbuste buissonneux, dont les rameaux longs et flexibles, s'élèvent souvent à une assez grande hauteur; ils portent des aiguillons crochus. Ses feuilles sont composées de cinq à sept folioles vertes, luisantes, coriaces et persistantes. Ses fleurs sont blanches, solitaires ou en corymbes; les fruits sont ovoïdes, souvent glanduleux, et comme hispides. Cette espèce varie à fleurs semi-doubles ou roses. On en trouve plusieurs variétés décrites et figurées dans la Monographie de Redouté, pl. 15, 49, 87.

ROSIER MUSQUÉ, *Rosa moschata*, L., Redout., tab. 33 et 99. Cette espèce croît dans les régions méditerranéennes de l'Europe et de la Barbarie. C'est un Arbuste de six à dix pieds de hauteur, ayant les aiguillons très-menus, les folioles, au nombre de cinq à sept, lancéolées, acuminées, glabres, glauques à leur face inférieure. Les fleurs sont blanches, d'une odeur extrêmement suave, réunies en bouquets à l'extrémité des rameaux qui sont presque nus. Les divisions calicinales sont ciliées, et les fruits sont ovoïdes. On prétend que c'est de cette espèce que l'on retire l'essence de Roses qui nous vient du Levant.

ROSIER MULTIFLORE, *Rosa multiflora*, Thunb., Jap.; Red., tab. 67 et 69. Cette jolie espèce est originaire de la Chine et du Japon; ses longs rameaux flexibles et volubiles, munis d'aiguillons courts et très-nombreux, sont tomenteux de même que les feuilles. Les folioles sont ovales, lancéolées, tomenteuses; les stipules pectinées; les fleurs sont petites, roses, extrêmement nombreuses, simples ou doubles. Cette espèce est une de celles qui pousse les rameaux les plus longs.

§ II. ROSIERS DE LA CHINE : styles libres, plus courts que le calice ou le dépassant à peine; divisions calicinales entières et réfléchies; fruits ovoïdes ou globuleux; feuilles coriaces, persistantes, composées généralement de trois folioles; stipules presque libres.

ROSIER DU BENGALE, *Rosa indica*, L., Red., tab. 51. C'est une des espèces les plus généralement répandues aujourd'hui, et une de celles que l'on cultive et multiplie avec le plus de facilité. Ses grands rameaux, verts ou purpurins, sont glabres, armés de forts aiguillons recourbés; ses folioles, au nombre de trois à cinq, sont ovales, acuminées, glabres, luisantes, glauques à leur face inférieure. Les fleurs sont grandes, réunies en nombre plus ou moins considérable à la partie supérieure des rameaux. Les fruits sont turbinés. Le Rosier du Bengale se prête à tous les genres de culture; on peut en faire des touffes, des haies, des palissades, etc. Il fleurit pendant la plus grande partie de l'année. C'est à cette espèce que l'on peut rapporter les belles variétés connues sous les noms de Rose Thé, Rose Noisette, Rose de la Chine, Bengale Pompon, dont les tiges n'ont quelquefois pas plus d'un pouce de hauteur, etc., etc.

Rosier de Banks, *Rosa Banksiæ*, *Hort. Kew.*, Red., tab. 43. Belle espèce encore assez rare; ses rameaux sont dépourvus d'aiguillons glabres; ses folioles, au nombre de trois à cinq, sont lancéolées; ses stipules sont sétacées, presque libres; ses fleurs sont blanches, répandant une odeur de violette, disposées en corymbes; ses fruits sont globuleux. Cette espèce a fleuri pour la première fois en pleine terre en 1823, dans le jardin de Noisette. Mais comme il craint un peu le froid, il est convenable de le mettre en palissade contre un mur exposé au midi.

Rosier de Macartney ou involucré, *Rosa bracteata*, Wendl., Obs., Redout., tab. 35. Rameaux dressés et tomenteux, portant des aiguillons recourbés et souvent géminés; les folioles varient de cinq à neuf et sont obovales, dentées en scie, coriaces, glabres et luisantes. Les fleurs sont solitaires, terminales, ayant leur calice et leur pédoncule tomenteux et accompagnés d'une sorte d'involucre formé de plusieurs folioles imbriquées.

§ III. Rosiers a feuilles simples : cette section se compose d'une seule espèce.

Le Rosier a feuilles d'Épine-Vinette, *Rosa berberifolia*, Pallas, Red., tab. 27. Elle est originaire de la Perse et de la Tartarie chinoise. Ses rameaux sont armés d'aiguillons crochus et souvent géminés. Ses feuilles se composent d'une seule foliole obovale, cunéiforme, dentée au sommet. Ses fleurs sont solitaires, jaunes, et chaque pétale est marqué à sa base d'une tache pourpre. Cette espèce est excessivement rare dans les jardins. Nous l'avons vue fleurir cette année au Luxembourg.

§ IV. Rosiers féroces : rameaux hérissés d'un grand nombre de petits aiguillons droits et persistans; fruits nus.

Rosier du Kamtschatka, *Rosa kamtschatkatica*, Vent., Cels., t. 67. Cette espèce est originaire du Kamtschatka. Ses rameaux sont tomenteux, tout couverts d'aiguillons droits, très-rapprochés; ses folioles, au nombre de cinq à neuf, sont oblongues, obtuses, dentées en scie, glabres en dessous et tomenteuses en dessus; les divisions calicinales sont entières et obtuses. Les fleurs sont extrêmement grandes. Cette espèce est connue dans les jardins sous les noms de Rosier Hérisson, Rosier féroce, à cause du grand nombre de ses aiguillons.

§ V. Rosiers Cannelles : styles libres, inclus ou à peine saillans; aiguillons stipulaires; écorce des rameaux rougeâtre; folioles au nombre de cinq à sept, non glanduleuses, lancéolées.

A cette section se rapportent plusieurs espèces que l'on cultive dans les jardins, mais que nous ne ferons que citer ici; telles sont les suivantes : *Rosa cinnamomea*, L., Red., tab. 135; *Rosa nitida*, Lindley, tab. 2; *Rosa pensylvanica*, Ehrh.; *Rosa rapa*, Bosc; *Rosa carolina*, L.; *Rosa rubrifolia*, Villars; *Rosa maialis*, Retz, etc.

§ VI. Rosiers-Pimprenelle : cette tribu est surtout distincte par son port. Les rameaux sont en général tout couverts d'aiguillons très-nombreux, droits, aciculés; le nombre des folioles varie de cinq à treize ; les divisions du calice sont persistantes et rapprochées.

Rosier Pimprenelle, *Rosa Pimpinellifolia*, L., Red., tab. 99. Cette espèce est indigène et croît en abondance dans les régions méridionales de l'Europe. Ses branches sont armées d'aiguillons très-nombreux, inégaux; ses feuilles se composent de cinq à neuf folioles petites, ovales, arrondies, dentées; les stipules sont étroites; les divisions du calice entières. Les fleurs sont blanches; les fruits globuleux. Cette espèce présente un très-grand nombre de variétés obtenues par la culture. On y a aussi réuni plusieurs espèces qui n'en diffèrent pas suffisamment pour pouvoir être distinguées; telles sont : les *Rosa spinosissima*, L.; *Rosa myriacantha*, De Cand., Fl. Fr., Lindl., tab., 10, etc.

On trouve encore dans cette section les *Rosa sulphurea*, Ait.; *Rosa acicularis*, Lindl.; *Rosa alpina*, L.; *Rosa involuta*, Smith, etc.

§ VII. Rosiers a cent feuilles : styles libres, divisions du calice pinnatifides, réfléchies et souvent caduques après la floraison; aiguillons épars.

Rosier a cent feuilles, *Rosa centifolia*, L., Red., tab. 25 et 77. Cette espèce, la plus belle du genre, est, dit-on, originaire du Caucase. Ses rameaux portent des aiguillons droits, courts, inégaux; ses feuilles sont formées de cinq à sept folioles glanduleuses sur les bords, légèrement velues à leur face inférieure. Les fleurs sont grandes et rosées; les calices et les pédoncules sont hispides et glanduleux. Les fruits sont globuleux, charnus et rouges. Nous ne citerons ici que quelques-unes des variétés les plus remarquables de cette belle espèce : comme la Rose mousseuse (*Rosa centifolia muscosa*, Red., tab. 41); la Rose à feuilles de Laitue (*Rosa centifolia bullata*, Red., tab. 37); la Rose unique (*Rosa centifolia mutabilis*, Red., tab. 3); la Rose prolifère (*Rosa centifolia prolifera*, Redouté, tab. 65); les différentes variétés naines connues sous les noms de Roses-Pompons, etc.

Rosier des quatre saisons ou de Damas, *Rosa Damascena*, Mill., Dict., Red., tab. 53; *Rosa bifera*, Pers. Si la Rose à cent feuilles est celle qui l'emporte sur toutes les autres par sa beauté et son éclat, la Rose des quatre saisons est celle dont le parfum est le plus suave et le plus délicieux. Ses rameaux grisâtres sont couverts d'aiguillons inégaux et roides; ses folioles, au nombre de cinq à sept, sont ovales, obtuses, un peu roides, pâles et pubescentes en dessous. Ses fleurs, dont la forme est toujours plus ou moins irrégulière, sont réunies en assez grand nombre au sommet des rameaux où elles sont très-rapprochées les unes des autres. Cette jolie espèce offre, dans nos jardins, un très-grand nombre de variétés.

Rosier de Provins, *Rosa gallica*, L., Red., tab. 73. Cette espèce ressemble assez au Rosier à cent feuilles. Ses aiguillons sont courts, faibles, presque tous de la même longueur; ses folioles, au nombre de cinq à sept, roides, ovales ou allongées, souvent pendantes ; ses stipules étroites. Ses fleurs sont grandes ; leur calice est glanduleux, et ses divisions sont étalées. Ses fruits sont globuleux et coriaces. De toutes les espèces de ce genre, celle-ci est peut-être celle qui offre le plus grand nombre de variétés. On les a divisées d'après leur coloration en cinq grandes tribus, savoir : 1° les pourpres; 2° les violettes; 3° les veloutées ou mahécas; 4° les roses et les couleurs de chair; 5° les blanches.

Rosier blanc, *Rosa alba*, L., originaire du midi de l'Europe, cette espèce est aussi très-abondamment cultivée dans les jardins. Elle s'élève aussi à une très-grande hauteur. Ses rameaux sont presque dépourvus d'aiguillons; ses folioles sont larges, dentées, d'un vert assez sombre, mais glauques. Ses fleurs sont grandes et blanches ; le tube du calice est ovoïde. Les variétés de cette espèce sont nombreuses. On voit souvent dans les jardins celles que l'on désigne sous les noms vulgaires de Cuisse de nymphe, de Belle-Aurore, de Rosier à feuilles de Chanvre, etc., etc.

Indépendamment des espèces décrites précédemment, plusieurs autres mériteraient encore d'être mentionnées ici; telles sont les *Rosa Eglanteria*, L., espèce à fleurs jaunes ou orangées, mais d'une odeur peu agréable; *Rosa rubiginosa*, L., indigène de nos bois, dont les feuilles, la tige, les calices et les pédoncules sont couverts de glandes rougeâtres, qui répandent une odeur agréable de Pomme de Reinette. On en cultive dans les jardins un assez grand nombre de variétés; *Rosa tomentosa*, L., également indigène de nos bois, et dont plusieurs variétés figurent dans nos collections ; enfin l'espèce si commune dans les haies, *Rosa canina*, L., dont les fruits charnus et allongés sont désignés sous le nom de *Cynorrhodon*, et employés en médecine comme légèrement astringens.

La culture des Rosiers est tellement répandue aujourd'hui que nous croyons devoir la présenter ici en peu de mots. Les Rosiers sont les plus beaux ornemens de nos jardins, par l'éclat et les variétés de leurs couleurs, par leur parfum si suave; ils méritent, à juste titre, les hommages qui leur ont été rendus de siècle en siècle. Presque toutes les espèces de Rosiers, si l'on en excepte trois ou quatre qu'il faut rentrer dans l'orangerie, peuvent se cultiver en pleine terre sous le climat de Paris. Cependant certaines espèces, comme la Multiflore, la Rose de Banks, la Musquée et la Rose de Macartney sont parfois assez sensibles au froid, et il est plus prudent, pour ne courir aucun risque, de les empailler pendant l'hiver. Les Rosiers ne sont pas très-difficiles sur la nature du terrain, néanmoins ils se plaisent mieux dans une terre franche et légère, un peu fraîche, et qu'on amende de temps à autre avec de bon terreau. L'exposition à mi-soleil est celle qui leur convient le mieux. On cultive les Rosiers soit à basse tige francs de pied, soit à basse tige greffés, soit greffés sur Eglantiers, soit en palissades. La première de toutes ces méthodes est sans contredit celle qui mérite la préférence ; mais elle n'est pas toujours praticable, et demande d'ailleurs beaucoup plus de temps pour former de beaux sujets. Pour obtenir des Rosiers francs de pied, on les multiplie soit en en séparant les vieux pieds, soit en les marcottant, soit par les boutures ou les semis. Nous reviendrons tout-à-l'heure sur ce dernier mode de multiplication.

On greffe les Rosiers à haute tige sur des Eglantiers, c'est-à-dire sur des individus sauvages arrachés dans les haies et les bois. En général on prend la *Rosa canina* pour les espèces fortes et vigoureuses; mais pour les espèces plus faibles, on préfère la *Rosa rubiginosa*, qui pousse avec moins de vigueur. Le bois des Eglantiers doit avoir au moins deux ans. On choisira autant que possible des sujets bien droits, non noueux, ni mousseux. On ne doit les greffer que lorsqu'ils sont en place et bien repris. Cette greffe peut se faire de deux manières, en fente ou en écusson. Pour la greffe en fente, on choisit les sujets les plus forts. Tantôt on ne met qu'une seule greffe, tantôt on en place deux sur deux points opposés du sommet de la tige que l'on a préalablement rabattue à la hauteur convenable. La fente, le bout de l'Eglantier et celui de la greffe sont ensuite recouverts de cire à greffer. Quant à la greffe en écusson, c'est celle que l'on pratique le plus fréquemment. On peut la faire à œil poussant ou à œil dormant, c'est-à-dire au printemps ou à la fin de l'été, à la sève d'août. Tantôt on place deux écussons sur le sommet de la tige et dans deux points opposés; par cette méthode, on obtient facilement une tête bien formée; tantôt on place les écussons sur les jeunes branches latérales qui se sont développées au sommet de la tige. Il faut avoir soin de placer les écussons sur les branches de manière à bien former la tête de tous les côtés. Cette méthode est la plus expéditive, et au bout de deux ans, on a des sujets tout formés; mais généralement les Rosiers greffés sur Églantiers durent moins que les francs de pied, et l'on revient plus que jamais à cette première méthode.

Le nombre des variétés de Rosiers cultivées aujourd'hui dans les jardins des amateurs est immense, et chaque année en voit éclore de nouvelles. C'est par le moyen du semis que tous les ans un grand nombre de variétés nouvelles viennent s'ajouter à celles que l'on connaît déjà. Ces semis se font, soit dans des terrines, soit dans des plates-bandes à une exposition du levant. Les graines des Rosiers à cent feuilles doivent être semées en automne, dans une terre légère que l'on abrite pendant l'hiver avec des feuilles sèches ou de la litière de paille. Au bout de deux ans la plupart des sujets portent fleur. Les graines des Rosiers de Bengale se sèment au printemps, et souvent, trois ou quatre mois après, on obtient des jeunes sujets qui fleurissent dès la première année. Les Rosiers se taillent de bonne heure, vers le mois de mars; on les retaille encore après la floraison de mai, afin qu'ils puissent donner de nouveau des fleurs en automne. (A. R.)

* ROSIÈRE. POIS. Syn. de Véron, espèce d'Able. *V.* ce mot. (B.)

ROSINAIRE. BOT. PHAN. Le nom du genre Arundinaire (*V.* ce mot) est ainsi francisé dans l'Encyclopédie et les autres Dictionnaires. (B.)

* ROSLINIA. BOT. PHAN. Necker a constitué sous ce nom un genre composé des espèces de *Justicia*, qu'il dit être munies de quatre étamines, mais qui ne sont pas connues des botanistes, puisque toutes les espèces du genre *Justicia* n'ont que deux étamines. *V.* JUSTICIE. (G..N.)

ROSMARIENS. MAM. Vicq-d'Azyr formait du genre Morse une famille de Mammifères amphibies sous le nom de Rosmariens. *V.* MORSE. (B.)

ROSMARINUS. BOT. PHAN. *V.* ROMARIN.

ROSMARUS. MAM. *V.* MORSE.

* ROSMARUS. POIS. Espèce du genre Holocentre. *V.* ce mot. (B.)

ROSSANE. BOT. PHAN. Variété de Pêche. (B.)

* ROSSATIS. BOT. PHAN. Du Petit-Thouars (Orchidées des îles d'Afr., tab. 12, fig. 3) donne ce nom à une Plante de Mascareigne qui nous semble appartenir au genre *Habenaria*. En se conformant à la nomenclature linnéenne, on devra imposer à cette Plante inédite le nom d'*Habenaria rosellata*, au lieu de *Satyrium rosellatum*, synonyme admis par Du Petit-Thouars. (G..N.)

ROSSE. ZOOL. Ce nom qui, dans le langage familier, désigne un vieux et mauvais Cheval, a été appliqué à quelques Poissons, tels que le Gardon, un Lemnisque, etc. (B.)

ROSSE. BOT. PHAN. Le *Raphanus Raphanistrum* dans certains cantons de la France. (B.)

* ROSSEISE. POIS. Syn. de *Trigla lineata*, Gmel., dans le golfe de Gênes. (B.)

ROSSELET. MAM. Même espèce que Roselet. *V.* ce mot. (B.)

ROSSIGNOL. OIS. Le chantre des bois, l'Oiseau dont la voix est proportionnellement la plus étendue et sans contredit la plus mélodieuse. Il appartient au genre Sylvie où il en sera traité. On a étendu son nom à une grande quantité de petits Oiseaux de plumage triste, qu'il serait trop long et même inutile d'énumérer, car il est temps de faire disparaître de la science ces désignations impropres et vulgaires qui surchargent les Dictionnaires d'Histoire naturelle, et surtout les ouvrages d'Ornithologie. (B.)

ROSSIGNOLET ET ROSSIGNOLETTE. OIS. On nomme ainsi la femelle et le jeune du Rossignol. *V.* SYLVIE. (DR..Z.)

ROSSOLAN. OIS. Syn. vulgaire d'Ortolan de Neige, *Emberiza nivalis*, L. *V.* BRUANT. (DR..Z.)

ROSSOLIS. BOT. PHAN. *V.* DROSÈRE.

ROSTELLAIRE. *Rostellaria*. MOLL. Genre établi aux dépens des Strombes de Linné par Lamarck, dès 1801, dans le Système des Animaux sans vertèbres, et adopté depuis par presque tous les zoologistes. Ayant les plus grands rapports avec les Strombes et les Ptérocères, ce fut près d'eux que Lamarck marqua sa place : elle est si naturelle, qu'elle est restée invariable dans les principales méthodes qui ont illustré la conchyliologie depuis cette époque. Il faut excepter cependant celle de Blainville qui a cru devoir ne pas suivre l'exemple de ses devanciers, et ranger de préférence les Rostellaires entre les Pleurotomes et les Fuseaux. Quelques espèces ont des rapports avec ces derniers, mais il est certains caractères qui les rapprochent des Ptérocères plutôt que de tout autre genre, et comme l'Animal n'en est pas connu, on ne peut discuter que sur les rapports qu'offre la Coquille, et c'est ce que nous allons faire. Les Ptérocères ont la base terminée par un canal assez grêle, droit ou courbé, creusé par une gouttière peu profonde; postérieurement l'ouverture se termine par un canal qui remonte presque toujours vers le sommet de la spire, et la dépasse. Il est compté, ainsi que le premier, au nombre des digitations du bord droit. Dans plusieurs Strombes, l'ouverture se termine d'une manière analogue; il y en a même quelques-uns qui en cela avoisinent beaucoup les Rostellaires; ils sont pourvus d'un canal latéral, prolongement postérieur de l'ouverture qui gagne le sommet, et s'infléchit sur le côté gauche où il se termine; ce double caractère d'un canal pointu, à peine creusé à la base, et d'une ouverture prolongée, se trouve dans les Rostellaires et jamais dans les Fuseaux. Si une ou deux espèces de Rostellaires ont de l'analogie par leur forme avec certains Fuseaux, il en est d'autres aussi, et en plus grand nombre, dont il est impossible de nier les rapports avec les Strombes et les Ptérocères; et quand bien même on ne connaîtrait que ces espèces fusiformes dont nous venons de parler, nous serions encore porté à les rapprocher des Ptérocères de préférence aux Fuseaux. Ce genre a encore, avec les Strombes et les Ptérocères, cette ressemblance d'être, dans le jeune âge, différent de l'âge adulte, parce que ce n'est qu'à cette époque que se développe la lèvre droite.

On ne connaît encore qu'un petit nombre d'espèces dans ce genre; il en est quelques-unes de fossiles fort singulières par le développement considérable de la lèvre droite qui s'étend horizontalement en embrassant toute la longueur de la Coquille. Voici de quelle manière Lamarck caractérise ce genre : Animal inconnu; Coquille fusiforme ou subturriculée, terminée intérieurement par un canal en bec pointu; bord droit, entier ou denté, plus ou moins dilaté en aile avec l'âge, et ayant un sinus contigu au canal.

Montfort, qui avait le talent de faire des genres avec une extrême facilité, en proposa un sous le nom d'Hippocrène pour les espèces qui ont le bord droit dilaté. Ce genre était inutile, et il n'a pas été adopté, si ce n'est à titre de section.

ROSTELLAIRE BEC ARQUÉ, *Rostellaria curvirostris*, Lamk., Anim. sans vert. T. VII, p. 192, n° 1; *Strombus Fusus*, L., Gmel., p. 3506, n° 1; Lister, Conch., tab. 854, fig. 12; Martini, T. IV, tab. 158, fig. 1495-1496; Encyclop., pl. 411, fig. 1, a. b., vulgairement le Fuseau de Ternate.

ROSTELLAIRE BEC DROIT, *Rostella-*

ria rectirostris, Lamk., *loc. cit.*, n° 2; *Strombus Clavus*, L., Gmel., *loc. cit.*, n° 7; Lister, Conch., tab. 854, fig. 11 et 916, fig. 9; Favanne, Conch., pl. 34, fig. B 3 et B 1; Martini, Conch. T. IV, tab. 159, fig. 1500, 1501, 1502. Les marchands le connaissent sous le nom de Fuseau de la Chine; il vient probablement des mers qui baignent ce pays. Une espèce très-voisine, mais distincte, se trouve fossile à Dax et à Bordeaux.

ROSTELLAIRE PIED DE PÉLICAN, *Rostellaria Pes-Pelicani*, Lamk., *loc. cit.*, n° 3; *Strombus Pes-Pelicani*, L., Gmel., n° 2; Lister, Conch., tab. 865, fig. 20, 866, fig. 21 et 1059, fig. 3; Favanne, Conch., pl. 22, fig. D1, D2; Martini, Conch. T. III, tab. 85, fig. 848 à 850. Coquille très-commune dans les mers d'Europe, surtout la Méditerranée, et fossile dans tous les terrains tertiaires d'Italie.

ROSTELLAIRE GRANDE AILE, *Rostellaria macroptera*, Lamk., *loc. cit.*, n. 4; *Strombus amplus*, Brander, Foss. hant., pl. 6, fig. 76; Sowerby, *Mineral Conch.*, pl. 298, 299, 300. Coquille fossile des environs de Paris et des argiles tertiaires d'Angleterre; elle est fort rare, entière, et remarquable par la grande étendue de l'aile qui se termine circulairement depuis la base jusqu'au sommet de la spire.

ROSTELLAIRE AILE DE COLOMBE, *Rostellaria columbata*, Lamk., *loc. cit.*, n° 5; Knorr, Pet. T. II, tab. 102, fig. 1; Bulletin des Sciences, n° 25, fig. 4; Encycl., pl. 411, fig. 2, a, b. Elle se trouve spécialement aux environs de Paris, à Parne et à Grignon.

ROSTELLAIRE FISSURELLE, *Rostellaria Fissurella*, Lamk., *loc. cit.*, n° 6; Favanne, Conch., pl. 66, fig. M5; Encyclop., pl. 411, fig. 3, a, b; Sowerby, *Miner. Conch.*, pl. 91. Lamarck cite le *Strombus Fissurella* de Linné, qui doit rester dans le genre Strombe, et n'est pas l'analogue du Rostellaire Fissurelle si commun aux environs de Paris. (D..H.)

* ROSTELLARIA. BOT. PHAN. Gaertner fils (*Carpolog. Supplem.*, p. 135, tab. 207, f. 1) a décrit sous le nom de *Rostellaria Lessertiana* un fruit qu'il a considéré comme devant former un nouveau genre, voisin quoique suffisamment distinct du *Bumelia*, dans la famille des Sapotées. C'est une baie assez grosse, supère, ovoïde, amincie au sommet en un style épais, persistant, supportée par un fort pédoncule, couverte de plusieurs points calleux, verte et uniloculaire. La chair, renfermée dans un épiderme épais, est très-ferme, pâle, présentant une multitude de très-petits vaisseaux. La loge unique (?) est obovée, un peu comprimée, située hors de l'axe du fruit, remplie d'une substance plus colorée et plus ferme que la chair, et présentant sur son côté un noyau obové oblong, lenticulaire, convexe, glabre, brun et marqué à la base d'une aréole ombilicale. La graine est recouverte d'un tégument simple et membraneux, facile à séparer; elle renferme un albumen mince, charnu et blanc, et un embryon recourbé, dressé, blanc, composé de cotylédons longs, charnus, très-épais, accombans, et d'une radicule inférieure, épaisse, non distincte et très-obtuse. Il est presque évident que la loge qui se voit en dehors de l'axe de ce fruit n'est unique que par avortement des loges collatérales; de sorte que le genre proposé par Gaertner fils pourrait bien rentrer dans quelques-uns des genres de Sapotées déjà connus, comme, par exemple, l'*Imbricaria* ou le *Mimusops*. Au surplus, l'auteur n'a point indiqué l'origine de ce fruit; il dit seulement qu'il fait partie de la collection Delessert, mais nous ne l'y avons point retrouvé. (G..N.)

ROSTELLE. *Rostellum*. BOT. PHAN. Le professeur Richard appelle ainsi la partie antérieure et inférieure de l'anthère de certaines Orchidées, qui est saillante en forme de bec. *V*. ORCHIDÉES. (A. R.)

ROSTELLUM. MOLL. (Montfort.) *V*. ROSTELLAIRE.

ROSTKOVIA. BOT. PHAN. Le genre établi sous ce nom par Desvaux, et formé sur le *Juncus magellanicus*, n'a pas été adopté. (G..N.)

* **ROSTRARIA.** BOT. PHAN. Trinius a fondé, sous ce nom, un nouveau genre de la famille des Graminées, et qui a pour type le *Bromus dactyloides* de Roth. (G..N.)

ROSTRICORNES ou **RHINOCÈRES.** INS. Ces noms sont donnés par Duméril à une famille de Coléoptères qu'il caractérise de la manière suivante : antennes portées sur un bec ou prolongement du front; elle correspond à la famille des Rhynchophores de Latreille. *V.* RHYNCHOPHORES. (G.)

* **ROTACÉE** (COROLLE). BOT. PHAN. Corolle en roue. On appelle ainsi une corolle monopétale dont le tube est très-court ou presque nul, et le limbe plus ou moins plan. Telle est celle de la Bourrache, du Caille-Lait, etc. (A. R.)

ROTALA. BOT. PHAN. Genre de la famille des Salicariées et de la Triandrie Monogynie, dont les caractères sont : un calice membraneux, tubulé, à trois dents; pas de corolle; trois étamines qui naissent du milieu des parois du calice, et pour fruit une capsule à trois loges polyspermes, recouverte par le calice. Ce genre, d'abord placé dans les Caryophyllées, se composait d'une seule espèce, originaire de l'Inde, *Rotala verticillaris*, L. Le professeur De Candolle y rapporte une seconde espèce, originaire de la Nouvelle-Hollande, et qu'il nomme *Rotala decussata*, D. C., Prodr. 3, p. 76; ce sont deux petites Plantes herbacées annuelles; la première a ses feuilles linéaires et verticillées, la seconde a ses feuilles opposées, en croix; les fleurs sont très-petites, solitaires et sessiles à l'aisselle des feuilles. (A. R.)

ROTALE. BOT. PHAN. Pour *Rotala*. *V.* ce mot. (G..N.)

ROTALIE. *Rotalia.* MOLL. Genre depuis long-temps établi par Lamarck dans sa Philosophie zoologique (1809), Famille des Lenticulacées, faisant partie des Céphalopodes multiloculaires, adopté par Montfort, et successivement par les autres conchyliologues. Lamarck modifia lui-même dans l'Extrait du Cours (1811) la place qu'il avait donnée à ce genre. Il démembra la famille des Lenticulacées qu'il remplaça par plusieurs autres, à cause des genres nouveaux qui durent être compris dans la méthode. Le genre Rotalie est le premier de la famille des Radiolées, et séparé de celui des Discorbes qui fait partie de la famille suivante, les Nautilacées. Cuvier, qui n'adopta pas les diverses familles de Lamarck, a compris dans le genre Nautile, comme des sous-genres, les Rotalies et les Discorbes, ainsi que beaucoup d'autres qui les avoisinent. Lamarck, dans son dernier ouvrage, ne persista pas moins dans l'arrangement qu'il avait établi dans l'Extrait du Cours. Férussac n'adopta ni l'une ni l'autre méthode. Il faut lui rendre cette justice, qu'il s'approcha plus que ses devanciers d'un arrangement naturel, en rapprochant dans une même famille les genres Discorbe et Rotalie; mais il y mit aussi les Cristellaires qui s'en éloignent assez notablement. Blainville (Traité de Malacologie, p. 391) fut moins heureux dans les rapports qu'il proposa, et le rapprochement qu'il fit de plusieurs genres de Montfort, qui ont avec les Rotalies peu de ressemblance, prouve la trop grande confiance qu'il avait dans les travaux de cet auteur, et en même temps le peu de bons matériaux dont il était possible de se servir. D'Orbigny fils, qui a porté la réforme dans tous les Céphalopodes, et qui, par son travail spécial sur les Microscopiques, a jeté une vive lumière sur tous ces êtres, a admis le genre Rotalie, et comme il a connu un très-grand nombre d'espèces qui pouvaient s'y rapporter, il l'a partagé en quatre sous-genres, parmi lesquels sont les Discorbes. D'Orbigny pouvait opérer cette réunion avec d'autant plus de raison, que plusieurs espèces pouvaient servir de passage et démontrer l'identité des deux genres. C'est dans la famille des Hélicostègues, entre les genres Rosaline et Calcarine que se trouve celui-ci dans la méthode de l'auteur que nous citons. Il le caractérise de la manière suivante: test trochoïde et régulier; spire saillante ou déprimée; ouverture en fente longitudinale contre l'avant-dernier tour de spire; pourtour généralement dépourvu d'appendices marginaux avec ou sans disque ombilical.

Les Rotalies sont de fort petites Coquilles trochiformes ou à spire un peu surbaissée, presque toutes sénestres, orbiculaires, plus aplaties en dessous qu'en dessus, ayant une ouverture en fente étroite, allongée, et contre l'avant-dernier tour, en dessous; on trouve au centre d'un assez grand nombre d'espèces un mamelon ou disque ombilical arrondi, assez saillant en mamelon. Avant D'Orbigny, on ne rapportait à ce genre que des espèces fossiles, quoique Soldani en ait figuré plusieurs de vivantes. Nous terminerons nos observations sur ce genre en exprimant l'opinion qu'il faudra séparer en genre distinct le troisième sous-genre de D'Orbigny; il sera fort bien caractérisé par l'appendice styloïde qui partage l'ouverture. Nous allons indiquer les espèces principales; celles qui, ayant été modelées par D'Orbigny, peuvent surtout donner une bonne idée du genre. Nous les partagerons comme lui en quatre groupes.

† Espèces à ouverture simple sur la dernière loge, trochiformes.

Rotalie trochidiforme, *Rotalia trochidiformis*, Lamk., Anim. sans vert. T. vii, p. 617, n° 1; *ibid.*, Ann. du Mus. T. v, p. 184, et T. viii, tab. 62, fig. b.; Blainv., Traité de Malacol., p. 391, pl. 6, fig. 3, a. b. c., et pl. 10, fig. 1. a. b. c. Espèce la plus anciennement connue, et la plus commune; elle a quelquefois plus d'une ligne de diamètre. Environs de Paris et de Valognes.

Rotalie rose, *Rotalia rosea*, D'Orb., Ann. des Sc. nat. T. vii, p. 272, n° 7; *ibid.*; Modèles de Céphal. microscop., deuxième livrais., n° 35. Espèce vivante de la pointe Corbet (Martinique), remarquable par sa couleur rose.

Rotalie double pointe, *Rotalia bisaculeata*, D'Orb., *loc. cit.*, n° 20; *ibid.*, Modèles, première livraison, n° 15. Remarquable par sa carène assez large, découpée en festons dont les pointes bifurquées correspondent au milieu de chaque loge. Patrie inconnue.

Rotalie commune, *Rotalia communis*, D'Orb., *loc. cit.*, n° 29; *Ammonia subconica*, Soldani, Testac. micros. T. 1, p. 56, tab. 38, fig. l. Elle est vivante dans la mer Adriatique à Rimini, la Méditerranée, Madagascar, les côtes d'Afrique, et fossile sur les bords de l'étang de Tau.

†† Espèce dont l'ouverture est munie de bourrelets; bords carenés. Les Discorbes, Lamk.

Rotalie vésiculaire, *Rotalia vesicularis*, *Rotalia Gervilii*, D'Orb., *loc. cit.*, n° 36; Modèles, troisième livraison, n° 72; *Discorbites vesicularis*, Lamk., *loc. cit.*, p. 623, n° 1; Encyclop., pl. 466, fig 2, a, b, c; *ibid.*, Defr., Dict. Sc. nat., atlas, pl., fig. 2; *ibid.*, Blainv., Traité de Malac., pl. 6, fig. 2, a. b. c. Espèce assez commune dont on n'a pas encore une bonne figure; celle de Defrance est la meilleure.

††† Espèce dont l'ouverture est divisée par un appendice; bords carenés.

Rotalie Sabot, *Rotalia Turbo*, D'Orb., *loc. cit.*, n° 39; *ibid.*, Modèles, troisième livrais., n° 73. Cette section, dont les espèces sont exclusivement fossiles des environs de Paris, pourrait bien former un petit genre.

†††† Espèces moins trochiformes, non carenées; ouverture continue d'une loge à l'autre.

Rotalie tortueuse, *Rotalia tortuosa*, D'Orb., *loc. cit.*, n° 40; *ibid.*, Modèles, troisième livrais., n° 74;

Streblus tortuosus, Fischer, Mém. de la Soc. des Nat. de Moscou, T. v, tab. 13, fig. 5, a. b. Elle se trouve vivante à Rimini.

ROTALIE DES CORALLINES, *Rotalia Corallinarum*, D'Orb., *loc. cit.*, n° 48; *ibid.*, Modèles, troisième livraison, n° 75. Quoique de nos côtes, elle n'était pourtant pas connue avant le travail de D'Orbigny. (D..H.)

ROTANG. *Calamus*. BOT. PHAN. Genre de la famille des Palmiers et de l'Hexandrie Trigynie, L., offrant les caractères suivans : périanthe à six folioles inégales, les trois extérieures plus larges et plus courtes, les trois intérieures (corolle, selon quelques auteurs) plus étroites, plus longues et acuminées; six étamines à filets capillaires, plus longs que le calice, terminés par des anthères arrondies; ovaire arrondi, portant un style trifide, terminé par trois stigmates simples; baie globuleuse, devenant sèche à la maturité, revêtue d'écailles rhomboïdales, luisantes, membraneuses, imbriquées du sommet vers la base, à une seule loge renfermant quelquefois deux à trois graines globuleuses et charnues, mais souvent une seule par suite d'avortement. Ce genre a quelques rapports avec le *Sagus* par la forme de son fruit. Il se compose de Plantes arborescentes, toutes indigènes de l'Inde orientale, excepté une espèce du royaume de Benin en Afrique, que Palisot de Beauvois a nommée *Calamus secundiflorus*. La plupart servent à des usages économiques; on en fabrique des cordages et des liens d'une force supérieure; fendus en lanières, on en fait de jolies nattes très-solides, des siéges, des dossiers de chaises, etc. Les rejets, qui sont minces et flexibles, fournissent des baguettes propres à battre les habits; les tiges un peu plus grosses servent à faire des cannes solides et élégantes connues sous le nom de Joncs, *Rotains* ou *Rotins*, dont les Hollandais font un commerce considérable. Mais les espèces de Rotang, au nombre de douze environ, sont imparfaitement connues sous le rapport botanique. Linné décrivit sous le nom de *Calamus Rotang* plusieurs variétés qui ont été élevées au rang d'espèces par Willdenow. L'une d'elles a reçu le nom de *Calamus Draco*, parce qu'il découle de ses tiges une résine rouge qui est une des substances employées dans la médecine et dans les arts sous le nom de *Sang-Dragon*. *V*. ce mot. Les *Calamus viminalis* et *equestris* ont des tiges souples qui servent à tresser toutes sortes d'ouvrages pareils à ceux que l'on fait chez nous avec l'Osier. La seconde de ces espèces est employée généralement dans l'Inde pour faire des fouets. Loureiro, dans sa Flore de Cochinchine, a décrit sous les noms de *Calamus petræus*, *Scipionum*, *rudentum*, *verus*, etc., plusieurs espèces dont les usages économiques sont les mêmes que ceux du *C. Rotang*, L. La plupart de ces Palmiers avaient été décrits et figurés anciennement par Rumphius (*Herb. Amboin.*) sous le nom générique de *Palmijuncus*. (G..N.)

ROTELET. OIS. L'un des noms vulgaires du Roitelet. (DR..Z.)

* ROTELLA. MOLL. *V*. ROULETTE.

ROTENGLE. POIS. Nom vulgaire d'une espèce de Cyprin, *Cyprinus Erythrophthalmus*. (B.)

ROTHE-TODTE-LIEGENDE. MIN. C'est-à-dire *Fonds rouge stérile*. Nom donné par les mineurs de la Thuringe au Grès rouge nommé Pséphite par Brongniart. *V*. PSÉPHITE. (G. DEL.)

* ROTHER ERDKOBALT. MIN. *V*. COBALT.

* ROTHGULTIGERZ. MIN. La mine d'Argent rouge, ou l'Argent antimonié sulfuré. (G. DEL.)

* ROTHHOFFITE. MIN. Sorte de Grenat brun, ferro-calcaire, analogue à l'Aplome, et que l'on trouve dans le gîte de Fer oxidulé de Langbanshyttan en Suède. Il a été analysé par Rothhoff. *V*. GRENAT. (G. DEL.)

ROTHIA. BOT. PHAN. Deux genres de la famille des Synanthérées ont reçu primitivement cette même dénomination. Le premier ne fut qu'une substitution opérée en 1791 par Schreber, au nom de *Voigtia* proposé par Roth en 1790. Le second genre *Rothia* a été créé par Lamarck en 1792; mais il est le même que l'*Hymenopappus* de L'Héritier. *V.* ce mot. Quant au *Rothia* de Schreber, admis par Sprengel, il appartient à la tribu des Lactucées ou Chicoracées, et se rapproche tellement de l'*Andryala*, qu'on ne le considère que comme une simple section de ce dernier genre. Cassini a fait voir d'ailleurs que les caractères essentiels attribués au genre *Rothia*, ont été mal saisis par les auteurs, puisqu'ils les faisaient résider dans l'absence de l'aigrette aux fleurs marginales, ce qui n'est qu'un cas accidentel, et par conséquent impropre à fonder une distinction générique. Cependant, telle était l'importance que Gaertner attachait à l'absence de l'aigrette, qu'il a classé les *Rothia* dans une section des Chicoracées, caractérisée par ses fruits dissemblables, et les *Andryala* dans une autre section, caractérisée par ses fruits uniformes. Cassini a observé que les ovaires des fleurs marginales sont enveloppés par les folioles de l'involucre, de manière à gêner la croissance de l'aigrette, et à causer son avortement en tout ou en partie. Il résulte de ces observations que les espèces du genre *Rothia* de Schreber doivent rentrer à titre de section parmi les *Andryala*, sous les noms d'*A. Rothia*, *A. runcinata* et *A. sinuata*. Ces Plantes croissent dans la région méditerranéenne, et sont remarquables, de même que les autres Andryales, par le duvet qui les couvre, et qui est formé d'une multitude de poils fins, disposés en étoile.

Le nom de *Rothia* se trouvant sans emploi, Persoon (*Enchirid.* 2, p. 658) l'a imposé au genre *Dillwynia* de Roth, qui est totalement différent du *Dillwynia* de Smith; il appartient, comme ce dernier, à la famille des Légumineuses; mais il a été placé par De Candolle dans la tribu des Phaséolées, tandis que le vrai *Dillwynia* appartient aux Sophorées. Voici ses caractères essentiels : calice quinquéfide; les deux divisions supérieures accolées, en forme de faulx et en voûte, déprimant l'étendard qui est renversé; corolle papillonacée, à carène bicipitée; dix étamines monadelphes; la gaîne un peu ouverte par le dos; gousse linéaire ensiforme et renfermant plusieurs graines réniformes. Le *Rothia trifoliata*, Pers.; *Dillwynia prostrata*, Roth, *Catal. bot.* 3, p. 71; *Glycine humifusa*, Willd., *Cleome prostrata*, *Hort. Amst.*, est une Herbe couchée, à feuilles charnues, luisantes et ovales, à fleurs presque solitaires, d'abord d'un jaune de soufre, puis rougeâtres. Sa patrie n'est pas connue. (G..N.)

*ROTHKUPFERERZ. MIN. (Werner.) *V.* CUIVRE OXIDULÉ.

ROTHMANNIA. BOT. PHAN. Thunberg (*Act. Holm.*, 1776, p. 65, fig. 2) avait décrit et figuré sous le nom de *Rothmannia capensis* une Plante du cap de Bonne-Espérance, qu'il considérait comme le type d'un nouveau genre, mais qui a été réunie au *Gardenia* par Linné fils. *V.* GARDÉNIE. (G..N.)

ROTHOSSITE. MIN. *V.* GRENAT.

ROTIE. MOLL. Nom vulgaire et marchand du *Murex ramosus* quand ses pointes sont parfaitement colorées en brun. (B.)

ROTIFÈRE. MICR. On trouve dans les Dictionnaires d'Histoire naturelle que c'est le nom d'une Vorticelle. En effet, Spallanzani surtout donna, sous cette dénomination, une grande célébrité à un Microscopique placé par Müller entre les Vorticelles, mais qui en diffère au moins autant qu'une Autruche diffère d'un Brochet. C'est ce que ne veulent pas concevoir les naturalistes qui s'occupent de Microscopiques d'après des livres et des estampes, ou ce que leur en content de mémoire des auteurs qui prennent une Ephidatie pour une Alcyonelle, mais que reconnaîtront sans peine les observateurs de bonne foi, et qui, ne croyant pas avoir la science infuse, se donnent la peine de descendre dans les petits mais importans détails de la nature. Les Rotifères de ceux qui en ont tant écrit, et que beaucoup n'ont pas vus, ne sont pour nous qu'un Microscopique, type du genre Ezéchiéline, et de l'ordre des Rotifères. *V.* ce mot. (B.)

ROTIFÈRES. *Rotiferæ.* MICR. Ordre cinquième de la classe des Microscopiques (*V.* ce mot), composé d'Animalcules à peu près invisibles à l'œil nu, et rapprochés par des rapports si naturels, qu'on ne peut subdiviser cet ordre en familles. Ses caractères sont : corps évidemment contractile, non couvert d'un test intimement adhérent, s'allongeant antérieurement en une sorte de tête lobée, dont les lobes, entourés de cirres, violemment vibratiles, présentent, à la volonté de l'Animal, l'apparence de véritables roues indépendantes, qui font tourbillonner l'eau. Nous avons adopté le nom de Rotifères, quoique insuffisant, parce qu'il est celui sous lequel on en fit connaître les premières espèces observées. D'autres Microscopiques, dans l'ordre des Crustodés, sont aussi munis de ces organes rotatoires singuliers qui méritèrent l'attention des observateurs, qui présentent un jeu si extraordinaire, dont on a essayé de démontrer le mécanisme et que nous regardons comme un système respiratoire ou des espèces de branchies, tout en avouant n'y rien comprendre de bien positif.

L'ordre des Rotifères fut créé par le grand Lamarck comme une simple section, la deuxième entre les Polypes vibratiles; il y confondait les Vorticelles, les Furculaires, les Urcéolaires qui, n'ayant que des cirres vibratiles, ne présentent pas de véritables organes rotatoires, avec les Brachions dont plusieurs ont bien effectivement des rotatoires, mais qui étant aussi munis de tests très-évidens comme les Crustacés branchiopodes, avec lesquels ils présentent les plus grands rapports, se dirigent vers une classe bien différente de celle vers laquelle tendent les Rotifères non testacés. « Qu'on substitue, avons-nous dit dans un Essai sur la classification des Microscopiques, des appendices tentaculiformes, aux cirres vibratiles des rotatoires de ces Animaux, on aura des Animaux semblables, pour la forme, à des Alcyonelles, à des Plumatelles, à des Tubulariées, en un mot, à de ces Polypes véritables, par lesquels on arrive à la vaste classe des tribus Psychodiaires pour s'élever aux Animaux rayonnés. » Mais ces Polypes Psychodiaires sont pourtant, tout visibles à l'œil désarmé qu'ils puissent être, beaucoup moins avancés dans l'animalité, que ne le sont les Rotifères. Ces appareils tentaculaires, dont ils sont ornés, sont absolument de la même nature que le reste des parties; ce ne sont que des modifications de formes apportées à une masse homogène où la surface absorbe les fluides qui servent à leur entretien et à leur conservation. La respiration et la nutrition s'y font par tous les points de la surface où chaque molécule est une possibilité de reproduction. Dans les Rotifères au contraire, où l'absorption doit, à la vérité, jouer un rôle, la nature a déjà ajouté des organes qui en diminuent l'importance. Les rotatoires formés de cirres déliés présentent déjà la plus grande analogie avec l'appareil branchial; une circulation y est évidente, car un cœur s'y dessine. Si nos moyens de grossissement étaient suffisans, nous verrions sur chaque ciliure agitée quelque analogue du sang s'y venir mettre en communication avec l'air respirable. « En arrivant à cette section des Rotifères, disait le Linné français, les progrès de l'animalisation sont si marqués, que tous les doutes sur les caractères classiques cessent complétement à l'égard de ces Animaux; en effet, tous les

Rotifères ont une bouche éminemment distincte quoique contractile; elle est même tellement ample, qu'il semble que la nature ait fait de grands efforts pour commencer l'organe digestif par cette ouverture essentielle. » En reconnaissant avec Lamarck une bouche caractérisée dans les Rotifères, nous ne croyons pas que les rotatoires y soient positivement appropriés. Ces rotatoires, en faisant tourbillonner l'eau autour de la bouche, attirent, à la vérité, de plus petits Microscopiques formant la nourriture habituelle des Rotifères; mais comme pendant leur agitation on voit un organe intérieur de plus en plus dessiné et très-distinct de ce qu'on peut regarder comme un tube intestinal qui parcourt la longueur du corps, être soumis à un mouvement prononcé de systole et de diastole, nous regardons cet organe comme un véritable cœur central, et les rotatoires, encore une fois, comme des organes respiratoires, c'est-à-dire comme des ébauches de branchies par paires symétriques. Ainsi les Rotifères sont plus avancés à cet égard que les Insectes, qui n'ont pas de cœur véritable, quelque fonction qu'on attribue à leur vaisseau dorsal.

On sent bien que des êtres déjà si compliqués ne peuvent plus être l'effet de générations spontanées, que déterminent nécessairement de merveilleuses, mais simples lois d'affinité, auxquelles obéissent les molécules des diverses espèces primitives de Matière. (*V.* ce mot.) On sent encore que pour se perpétuer, les Rotifères ne sauraient être réduites à la condition de Tomipares, et si des sexes ne s'y montrent point encore, on doit commencer à y voir des ovaires et des gemmules propagatrices que l'Animal produit en lui-même, et qu'il émet pour se reformer, s'il est permis d'employer cette expression. Tous les Rotifères sont aquatiques; la sécheresse les tue promptement, et l'on doit deviner, par ce que nous avons dit de leur complication organique, de leur cœur et de leurs branchies, qu'il n'y a pas plus en eux possibilité de résurrection après la mort que chez tout autre Animal où la respiration est une condition indispensable d'existence. Cependant, sur des observations mal faites et mal refaites, on imprime depuis un siècle que les Rotifères desséchés, privés long-temps d'eau, demeurés comme morts au fond des lieux où l'on en conservait, revivent aussitôt qu'on les remouille. Il n'est pas de moyens que nous n'ayons employé pour arriver à un tel résultat, nous n'y sommes jamais parvenu. Nous avons quelquefois, en trempant des tuyaux de Frigane long-temps desséchés, ou en remettant de l'eau dans des vases remplis de sédimens d'Animalcules, long-temps entassés sur nos fenêtres, retrouvé des Rotifères avec beaucoup d'autres Animalcules, mais ils n'y ressuscitaient pas; ils s'y développaient comme les Daphnies et autres petits Entomostracés dont les ovules sont demeurés dans le sol et aptes à éclore dès que la saison pluvieuse ramène le fluide nécessaire à leur développement. Depuis vingt ans, nous réitérons cette assertion, mais on y revient encore, parce que les personnes qui font du *microscopisme*, copient les œuvres de Spallanzani que leur rabais en librairie met dans toutes les mains, ou dont on trouve des passages textuellement transcrits dans les livres faits à coups de livres qui par malheur sont ceux qui se répandent le plus.

Cinq genres composent la famille et l'ordre des Rotifères, savoir : Folliculine, Bakérine, Tubicolaire, Mégalotroche et Ezéchiéline. Le premier seul ayant été traité à sa place alphabétique dans ce Dictionnaire, nous allons nous occuper des autres dans un article où leur rapprochement fera mieux saisir les rapports qui les unissent et les différences qui les séparent.

BAKÉRINE, *Bakerina*. Nous avions regardé l'espèce qui fait le type de ce genre comme une espèce de Folliculine, d'après la figure et la description qu'en donna Baker dans son Emploiement du microscope. Nous concevions cependant des doutes sur le classement de ce singulier Animal. Ayant eu depuis occasion de l'observer vivant, nous avons senti la nécessité d'en former un genre particulier qui ne rentre que tout juste parmi les Rotifères, puisque ses organes vibratiles n'ont pas positivement la forme de roues, mais de plumets ou plutôt de goupillons, comme supportés par un pédicule tentaculaire, opposés et implantés aux deux côtés d'une sorte de tête; le corps, comme annelé, est contenu, mais sans paraître y être fixé, dans un fourreau transparent, antérieurement tronqué, cylindracé dans sa longueur, un peu aminci, mais très-obtus postérieurement. En établissant ce genre dans l'Encyclopédie méthodique, nous avons appelé : *Bakerina dipteriphora* l'espèce qui lui sert de type (*V.* planches de ce Dictionnaire), *Folliculina Bakeri*, du présent Dictionnaire.

On peut rapporter au genre qui nous occupe, ou du moins en rapprocher, un autre Animalcule très-visible à l'œil désarmé, contenu dans un fourreau membraneux, brunâtre, qu'on trouve fréquemment adhérent aux filamens du *Lemanea Corallina*, N., sur les Fontinales ou sur l'*Hypnum ruscifolium* dans les eaux pures. Les faisceaux rotatoires de ces êtres singuliers semblent établir d'un côté un passage aux antennes rameuses des Cyprides ou des Cythérées, ou bien à ce que Straus, dans un magnifique travail sur les Daphnies, appelle pieds antérieurs, et d'un autre côté, peut-être, aux cirres de certaines Amphitrites vers qui ce genre forme une transition très-naturelle.

TUBICOLAIRE, *Tubicolaria*. Ce genre fut établi par Lamarck dans son immortel Traité des Animaux sans vertèbres. Ses caractères sont : corps contractile oblong, sans nulle apparence d'articulations dans ses parties; contenu dans un tube fixé sur les corps inondés, antérieurement tronqué, et par l'ouverture duquel l'Animal développe une tête munie vers le cou de deux appendices tentaculaires, avec un rotatoire que l'Animal fait paraître bilobé ou quadrilobé à volonté. Schæffer avait déjà décrit de tels Animaux comme des Polypes à fleurs, mais ce fut Dutrochet qui, dans un Mémoire inséré dans les Annales du Muséum, appela l'attention des savans sur leur compte. Il y indiqua des organes fort importans, en décrivit trois espèces qu'il figura au trait, mais il crut y reconnaître des yeux portés par de petites tentacules à la manière de certains Mollusques. Quelque grossissement que nous ayons employé pour y apercevoir de tels organes, nous devons avouer n'y être jamais parvenu, ce qui ne veut pas dire que ce soit Dutrochet qui se soit trompé. Les trois espèces décrites par ce savant sont visibles à l'œil nu; elles habitent les eaux douces, fixées individuellement contre les racines, les tiges et les feuilles des Renoncules aquatiles, ou sur les tiges des Conferves. Une quatrième espèce, découverte par feu notre ami Thore, et qu'il nous communiqua en l'an VI de la république, forme entre les Cératophylles des eaux de nos landes Aquitaniques, de petits amas souvent assez épais. Les espèces de Tubicolaires sont donc, 1° *Tubicolaria* (*Thorii*) *cespitosa*, *subintricata*, *violaceo-pallida*, Encycl. mét. dic.; 2° Tubicolaire à quatre lobes, *T. quadriloba*; Rotifère quadriculaire de Dutrochet (*V.* pl. de ce Dictionnaire); 3° Tubicolaire blanche, *T. alba*, Rotifère à tube blanc de Dutrochet; 4° Tubicolaire des Conferves, *T. confervicola*, Dutr., *loc. cit.*

MÉGALOTROCHE, *Megalotrocha*. Corps oblong, atténué en queue simple, subulée, annelée mais non articulée; n'étant contenu dans aucune ampoule, étui ni fourreau; sans tête distincte, mais se développant antérieurement en deux vastes lobes bordés de rotatoires considérables. Nous avons formé ce genre aux dépens des incohérentes Vorticelles de Müller. L'Animal qui lui sert de type, déjà assez grand et visible à l'œil nu, est la *Vorticella socialis* du savant danois, *Micr.*, tab. 43, fig. 16, 20; Encyclop. méth., Vers ill., pl. 23, fig. 16-20, et qui sera le *Megalotrocha socialis*, représenté dans les planches du présent Dictionnaire. Les individus de cette espèce se réunissent pour former des glomérules en se fixant par la queue et en divergeant, sur les feuilles des Cératophylles, Renoncules aquatiles, et autres Plantes inondées; nous en avons même vu quelquefois sur des Planorbes. Leur couleur est pâle ou brunâtre. Il est surprenant qu'on les ait confondus avec des Vorticelles, puisqu'ils ne sont ni urcéolés ni enfermés dans aucune enveloppe ou urcéole.

ÉZÉCHIÉLINE, *Ezechielina*. Les caractères de ce genre sont: corps allongé, cylindracé, évidemment contenu dans un fourreau musculeux, postérieurement terminé par une queue subarticulée, engaînante, rétractile et tricuspidée; antérieurement muni d'appendices tentaculaires, avec une tête distincte qui se montre parfois entre les deux lobes rotatoires tellement manifestes, que ces rotatoires paraissent souvent sous la forme de deux roues indépendantes qui tournent ordinairement avec une grande vélocité. Le nom que nous lui avons imposé est celui du Prophète qui raconte avoir distingué dans une de ses visions des Animaux qui étaient « comme des roues allant et venant où l'Éternel voulait aller. » En effet, rien de plus merveilleux que ces Rotifères dont les organes les plus remarquables manifestent la puissance infinie de la nature sous des formes tellement bizarres et inusitées, que l'observateur qui les contemple n'en saurait concevoir ni le but ni le singulier mécanisme. Ce sont ces curieux Rotifères, dont la découverte frappa d'admiration les premiers micrographes qui confondirent en une seule plusieurs espèces fort différentes auxquelles des roues semblables à celles qu'avait rêvées un homme inspiré de Dieu, donnait un caractère commun qu'on ne retrouve pas dans le reste de la création. Les différentes Ézéchiélines confondues par les auteurs sont, 1° l'Ézéchiéline de Müller, *Ezechielina Mullerii*, N.; *Vorticella rotatoria*, Müll., Inf., t. 42, fig. 11, 16; Encycl. méth., Vers ill., pl. 22, fig. 18, 23; *Furcularia rediviva*, Lamk., Anim. sans vert. T. II, p. 39, n° 9, qui n'est certainement pas le Rotifère de Spallanzani; elle est cylindracée, allongée, s'amincissant en une très-longue queue, avec une tentacule très-distincte sous le cou que n'environne pas un collier, et deux autres tentacules rudimentaires en dessous; faisant saillir sa tête en pointe mousse entre deux lobes rotatoires qui paraissent ne jamais former deux roues séparées, mais que l'Animal relève en dessus comme deux petites crêtes. C'est l'espèce que Müller a fort bien observée et fait représenter, mais pour laquelle il a entassé des synonymes qui, pour la plupart, ne sauraient convenir. On la trouve fréquemment dans l'eau des fossés où croît la Lenticule, et dans les vases où l'on conserve cette Plante pour y étudier les Microscopiques. 2°. Ezéchiéline de Baker, *Ezechielina Bakeri*, représentée par Baker, Empl. micr., p. 288, pl. 11, fig. 1 (*V.* pl. de ce Dictionnaire). Espèce que nous avons souvent observée dans l'eau où nous élevions des Conferves, très-distincte de la précédente par son corps bien plus épais, court, ventru, prenant une forme turbinée dans la contraction et le repos, en s'allongeant pour marcher à la manière des Chenilles Arpenteuses, ayant la queue beaucoup moins longue; un cou souvent fort étranglé, marqué d'un collier sous lequel ne serait qu'un appendice tentaculaire, sans autre tentacule rudimentaire; ne faisant point saillir une tête en pointe obtuse entre les deux rotatoires qui, la plupart du temps, sont fort éloignés, imitant deux petites roues distinctes, comme pédicellées, dans la distance desquelles se distingue l'orifice buccal en forme de petit trou. 3°. Ezéchiéline de Leuwenhœck, *Ezechielina Leuwenhœckii*. L'Animal observé par Leuwenhœck, *Cont. Arcan. nat.*, p. 386, fig. 1 et 2, reproduit par Dutrochet, Ann. Mus. T. IX, pl. 58, fig. 12, 16; la Chenille aquatique de Joblot, p. 56, pl. 5, fig. k, ayant le corps ovoïde, atténué en queue, où se distinguent six articles; dont le dernier est tridenté et le pénultième bidenté, avec le cou marqué d'un collier sensible comme dans la précédente espèce, sur lequel se développent des appendices tentaculaires, faisant, comme l'espèce n° 1, saillir sa tête en pointe obtuse, au centre de deux lobes rotatoires. Cet Animal se trouve fréquemment dans les infusions végétales, ou dans l'eau où l'on met tremper des étuis de Phriganes. 4°. Ezéchiéline capsulaire, *Ezechielina capsularis*, Baker, *loc. cit.*, pl. 12, fig. 3. Müller, en rapportant cet Animal de Baker à son *Vorticella rotatoria*, avait pressenti avec sa sagacité ordinaire que la figure citée représentait une espèce différente. Nous en avons reconnu l'existence; elle est ovoïde allongée, avec un rétrécissement antérieur sans anneau pour le cou, et un amincissement caudal que terminent des pointes; les deux lobes rotatoires sont comme tronqués. 5°. Ezéchiéline gracilicaude, *Ezechielina gracilicauda*, Baker, *loc. cit.*, p. 292, pl. 12, fig. 1. Ici les rotatoires sont les mieux prononcés; la tête paraît trilobée; un double collier est à la partie antérieure peu ou point amincie en cou; le corps cylindracé avec un troisième anneau postérieur, se termine en une queue deux fois plus longue, sensiblement articulée, formée de cinq ou six entrenœuds.

Le genre qui vient de nous occuper doit renfermer un plus grand nombre d'espèces que nous n'en avons mentionné, si l'on en juge par les figures qu'ont données les divers micrographes, et qui toutes habitent les eaux douces où elles vivent de proie parmi les Lenticules, ou dans diverses infusions; mais il leur est arrivé comme à ces grandes créatures que rapprochent quelque caractère frappant, qu'on les avait toutes confondues en une seule. Il est probable que chacune de celles que nous ont vaguement décrites et plus vaguement représentées des auteurs superficiels, sont autant d'être différens. On a prétendu y apercevoir des yeux: nous n'avons pu y reconnaître ces organes. Ce sont, au reste, des Animaux fort extraordinaires, tant par leur singulier aspect que par la bizarrerie de leur composition, leur polymorphie, et la variété du spectacle qu'ils présentent sous le microscope. On y voit très-distinctement un cœur toujours en action; rien n'approche de la rapidité avec laquelle ces Protées véritables montrent leurs organes les plus essentiels, ou les font tout-à-coup disparaître. Dutrochet a essayé de résoudre le problème du mécanisme de leurs rotatoires; mais il serait possible d'en donner une démonstration plus satisfaisante. (B.)

ROTIN. BOT. PHAN. Même chose que Rotang. *V.* ce mot. (B.)

ROTJE. OIS. (Anderson.) Syn. vulgaire de Pétrel Tempête. *V.* PÉTREL. (DR..Z.)

*ROTONDAIRE. *Rotundaria*. MOLL. Sous-genre proposé par Rafinesque (Monographie des Coquilles de l'Ohio) dans son genre Obliquaire. Il le caractérise ainsi: coquille arrondie, à peine transversale, presque équilatérale; axe presque médial; ligament courbe, court, corné; dent lamellaire légèrement courbée; dent bilobée à peine antérieure. Ces caractères extrêmement vagues doivent faire rejeter ce sous-genre dont le genre lui-même n'a point été adopté. *V.* MULETTE. (D..H.)

*ROTSIMPA. POIS. L'un des synonymes vulgaires de Scorpion de mer. *V.* COTTE. (B.)

ROTTBOELLIE. *Rottboellia*. BOT. PHAN. Genre de Graminées établi par Linné fils, adopté et modifié par les auteurs modernes, et en particulier par R. Brown, qui l'a ainsi caractérisé : fleurs disposées en épis cylindriques et articulés ; chaque article porte deux épillets sessiles, alternes, enfoncés dans une fossette du rachis. L'épillet inférieur offre une lépicène bivalve et biflore ; chaque fleur se compose d'une glume plus courte, mince, membraneuse et transparente ; l'externe est neutre ou mâle, composée d'une ou deux valves mutiques ; l'interne est hermaphrodite et bivalve. L'épillet supérieur est mâle ou rudimentaire, uniflore ou biflore. Ce genre ainsi caractérisé ne comprend que les *Rottboellia exaltata*, L. ; *R. formosa*, Brown, et *R. cœlorachis*, Forst. La plupart des autres espèces sont devenues des types de genres nouveaux, comme *Ophiurus*, *Lepturus*, *Hemarthria*, *Lodicularia*, etc. *V.* ces mots. (A. R.)

ROTTLERA. BOT. PHAN. Deux genres ont reçu successivement ce nom. Le premier a été proposé par Roxburgh en 1795, le second par Vahl en 1806. Malgré l'antériorité du genre de Roxburgh, et la sanction que Blume et Adrien de Jussieu lui ont donnée, il nous semble que le nom de *Rottlera* doit rester au genre de Vahl, s'il est constant d'un côté que le *Trewia nudiflora* de Linné soit congénère du *Rottlera* de Roxburgh, et d'un autre côté que le genre *Rottlera* de Vahl soit bien distinct du *Gratiola*. Le genre de Roxburgh rentrerait alors dans l'ancien genre *Trewia*. Mais comme ce genre *Trewia* offre quelques différences dans les caractères qui lui ont été assignés, et qu'il n'a pas été positivement réuni au *Rottlera* par Adrien de Jussieu, nous sommes obligé d'imiter la circonspection de cet auteur, quoique l'identité de nom pour deux genres différens produise toujours une confusion préjudiciable à la science. Nous croyons donc nécessaire d'exposer successivement ici l'histoire des deux genres *Rottlera*, en attendant qu'on ait décidé auquel le nom doit définitivement être assigné.

Adrien de Jussieu (*De Euphorb. Tentamen*, p. 32, tab. 9, fig. 29) caractérise de la manière suivante le genre de Roxburgh, qui appartient à la famille des Euphorbiacées et à la Diœcie Polyandrie, L. : fleurs dioïques ou monoïques ? Les mâles ont un calice à trois ou cinq divisions profondes, valvaires pendant la préfloraison, ensuite réfléchies ; corolle nulle ; étamines nombreuses, dressées pendant la préfloraison, à filets libres ou unis seulement à la base, insérés sur un réceptacle nu ou velu, plan ou convexe, à anthères adnées au sommet du filet. Les fleurs femelles ont le calice comme les mâles ; le style fendu profondément en deux ou trois branches, ou deux à trois styles réfléchis, plumeux au côté interne ; l'ovaire à deux ou trois loges uniovulées. Le fruit est une capsule à deux ou trois coques, tantôt lisse, tantôt hérissée. Ce genre est formé d'environ vingt espèces qui croissent dans l'Inde orientale, en Chine, et dans les îles de l'archipel Indien. On doit considérer comme type générique le *Rottlera tinctoria*, Roxb., *Pl. Corom.*, 1, p. 36, tab. 168. Plusieurs espèces ont été décrites par les auteurs sous le nom générique de *Croton* ; telles sont les *Croton philippense*, *acuminatum* et *paniculatum*, Lamk., *punctatum*, Retz, *ricinoides*, Persoon, *nutans*, Forsk., et *chinensis*, Geisel. Le *Ricinus apelta* de Loureiro appartient aussi à ce genre ; et peut-être faudra-t-il encore y joindre le *Mallotus* du même auteur. Toutes ces espèces sont des Arbres ou des Arbrisseaux à feuilles alternes, quelquefois munies à la base de deux glandes, entières ou carénées, ordinairement couvertes en dessous de points ou de poils étoilés, quelquefois glabres des deux côtés. Les fleurs sont accompagnées de bractées, et offrent diverses inflorescences. Les unes sont disposées en grappes ou en épis axillaires ou terminaux ; les autres sont solitaires ou agglomérées. Les capsules, ainsi que les pédoncules, les bractées et les fleurs, sont le plus souvent couvertes de poils étoilés, ou de grains pulvérulens, jaunes ou rouges.

Le genre *Rottlera* de Vahl appartient à la famille des Scrophularinées et à la Diandrie Monogynie, L. Il offre les caractères essentiels suivans: calice coloré, à cinq divisions profondes; corolle presque campanulée, à tube court renflé à son orifice, courbée, à cinq lobes presque égaux; quatre étamines dont deux stériles; stigmate simple; capsule bivalve, polysperme. Le *Rottlera incana*, Vahl, *Enumer. Plant.*, 1, p. 88; *Gratiola montana*, Rottl., *in Litt.*, est une Plante des Indes orientales; dont le port est celui du *Ramondia*. Toutes ses feuilles sont radicales, nombreuses, spatulées, épaisses, très-obtuses, crénelées, quelquefois incisées, couvertes d'un duvet blanc très-épais. La hampe est droite, simple, poilue, purpurine, terminée par environ six pédoncules disposés en ombelle simple. (G..N.)

* ROTTLERIA. BOT. CRYPT. (*Mousses.*) Bridel a distingué sous ce nom deux espèces de Gymnostome dont l'une est munie d'une apophyse à sa base; ce sont les *Gymnostomum Rottleri*, Schwæg., et *Gymnostomum Javanicum*, Nées et Blume. Le caractère distinctif de ce genre est si peu important, qu'il est probable qu'il ne sera pas adopté. (AD. B.)

ROTULA. BOT. PHAN. Genre de la Pentandrie Monogynie, L., établi par Loureiro (*Flor. Cochinch.*, édit. Willd., p. 149), qui l'a ainsi caractérisé: calice cyathiforme, persistant, divisé profondément en cinq segmens aigus; corolle rotacée, infère, à cinq découpures ovées, planes; cinq étamines dont les filets sont subulés, plus courts que la corolle, et insérés à la base de celle-ci; les anthères sagittées; ovaire presque rond, surmonté d'un style turbiné-linéaire, presque égal aux étamines, et d'un stigmate échancré; baie succulente, presque ronde, petite, uniloculaire, renfermant quatre graines.

Le *Rotula aquatica* est un Arbrisseau dont la tige est simple, haute de quatre pieds, rameuse, garnie de feuilles ovales-oblongues, très-entières, sessiles et imbriquées. Les fleurs, d'une couleur violette claire, sont ramassées et terminales. Cette Plante croît dans les marais et sur les bords des rivières en Cochinchine. (G..N.)

ROTULA. BOT. CRYPT. (*Champignons.*) Nom donné à une section du genre Agaric par De Candolle. Cette section, qui comprend les *Agaricus Rotula* et *stilobates*, fait partie des *Omphalia* de Persoon, et des *Collybia* de Fries. *V.* ces mots. (AD. B.)

*ROTULAIRE. *Rotularia.* ANNEL. FOSS. Il existe plusieurs espèces de Serpules qui s'enroulent sur un plan horizontal d'une manière assez régulière, et finissent par se projeter en ligne droite plus ou moins prolongée. Elles offrent en outre des traces de leur adhérence, du moins celles que nous possédons les présentent toutes. Defrance a fait de ces corps un genre nouveau auquel il donne le nom bien convenable de Rotulaire; mais est-il nécessaire de l'adopter? C'est ce que nous ne pensons pas, car il existe entre ces Serpules et d'autres vivantes ou fossiles un passage insensible sous le rapport de l'étendue de l'adhérence. Quant à l'opinion que ces dépouilles fossiles auraient appartenu à un Mollusque, elle paraît fort peu probable; il est plus croyable qu'elles sont dues à des Annelides. *V.* SERPULE. (D..H.)

ROTULE. ZOOL. *V.* SQUELETTE.

ROTULE. *Rotula.* ÉCHIN. Nom donné par Klein à un genre d'Oursins dans son ouvrage sur les Echinodermes; il n'a pas été adopté. (E. D..L.)

* ROTZ-KOLBE. POIS. (Mayer.) Syn. de Chabot. *V.* COTTE. (B.)

ROUBSCHISTE. MIN. (De Lamétrie.) Syn. de Giobertite ou Magnésie carbonatée de Strubschitz, près Roséna en Moravie. (B.)

ROUCAO. POIS. L'un des synonymes vulgaires de Labre. *V.* ce mot. (B.)

* ROUCELIA. BOT. PHAN. Le genre fondé sous ce nom par Dumortier, et qui a pour type le *Campanula Erinus*, L., n'a pas été adopté. (G..N.)

ROUCHE. BOT. PHAN. Syn. vulgaire de Carex et de Roseau dans le midi de la France. On étend quelquefois ce nom aux Rouces. (B.)

ROUCHEROLLE. OIS. Espèce de Grive. *V.* MERLE. (B.)

ROUCOU. BOT. PHAN. *V.* ROCOU.

ROUCOUYER. BOT. PHAN. *V.* ROCOUYER.

ROUDOU. BOT. PHAN. (Garidel.) Même chose que Redou ou Redoul. *V.* ces mots. (B.)

* ROUE. POIS. Même chose que Lune. *V.* CHRYSOTOSE et MOLE. (B.)

ROUFIA. BOT. PHAN. Qu'on écrit aussi Rouphia. *V.* ce mot. (B.)

ROUFOUINE. BOT. PHAN. L'un des synonymes vulgaires de Salicorne en Occitanie. (B.)

ROUGE. OIS. L'un des noms vulgaires du Souchet, espèce de Canard. Cet Oiseau, comme l'Oie et le Dindon, est, dit-on, sujet à des accès de colère qu'il manifeste par des soufflemens ou par des allures de brutalité stupide, et de-là cette façon de parler populaire et proverbiale : colère comme un Rouge. (B.)

ROUGE. ZOOL. BOT. et MIN. De la couleur qui porte ce nom, on a appelé selon leur teinte :

ROUGE-AILE (Ois.), le Mauvis. *V.* MERLE.

ROUGE D'ANDRINOPLE (Bot.), une préparation de Garance.

ROUGE D'ANGLETERRE (Min.), le peroxide de Fer obtenu du sulfate de Fer calciné. *V.* ARGILE OCREUSE JAUNE.

* ROUGE DE BLÉ (Bot.), l'Adonide d'été.

* ROUGE BLÉ (Bot.), la Caméline cultivée.

ROUGE-BOURSE (Ois.), le Rouge-Gorge, *Motacilla, Rubecula* dans Belon.

ROUGE-CAP (Ois.), un Pigeon et un Tangara.

ROUGE-GORGE (Ois. et Rept.), le *Motacilla Rubecula* et plusieurs autres petits Oiseaux, l'Iguane et une Couleuvre.

ROUGE GROS-BEC (Ois.), le *Loxia Cardinalis* ou Cardinal.

ROUGE-HUPPE (Ois.), le Morillon, espèce de Canard.

ROUGE-NOIR (Ois.), le *Loxia Orix*.

ROUGE D'INDE (Min.), l'Oxide argileux de Fer d'un rouge pâle.

ROUGE DE MONTAGNE (Min.), variété de Fer hyperoxidé.

ROUGE DE PRUSSE (Min.), syn. d'Ocre.

ROUGE POLI (Min.), syn. de Colcothar.

ROUGE DE PORTUGAL (Bot.), le *Carthamus tinctorius*.

ROUGE-QUEUE (Ois.), une espèce du genre Sylvie et une Pie-Grièche, ainsi que plusieurs autres Oiseaux de petite taille.

ROUGE, ROUGET et ROUGE A LA CUILLER (Ois.), même chose que Rouge. *V.* ce mot.

ROUGE VÉGÉTAL (Bot.), même chose que Rouge de Portugal. *V.* ce mot, etc. (B.)

ROUGEOLE. BOT. PHAN. Syn. vulgaire de *Melampyrum arvense*. (B.)

ROUGEOLES OU ROUGEOLES INTENSES. BOT. CRYPT. Paulet appelle ainsi un groupe d'Agarics laiteux composé de trois espèces. (B.)

ROUGEOR. POIS. Une Espèce du genre Spare. *V.* ce mot. (B.)

ROUGEOT. OIS. L'un des synonymes vulgaires de Milouin. *V.* CANARD. (DR..Z.)

ROUGEOTTE. BOT. Syn. d'*Agaricus integer*, L., et d'Adonide d'été. (B.)

ROUGET. POIS. Espèce du genre Mulle. *V.* ce mot. (B.)

* ROUGET. ARACHN. Nom vul-

gaine du Lepte automnal. *V.* ce mot. (B.)

ROUGETTE. MAM. (Buffon.) Syn. de Roussette à col rouge. *V.* ROUSSETTE. (IS. G. ST.-H.)

ROUGETTE. BOT. CRYPT. (*Mousses.*) Nom français sous lequel Bridel désigne son genre *Discelium* (*V.* ce mot au Supplément), et qui, dans le Dictionnaire des Sciences naturelles, sert pour ramener la description de ce genre et du *Catascopium. V.* CATASCOPIUM. (B.)

ROUGILLON. BOT. CRYPT. L'une des espèces de Rougeoles de Paulet, et même chose que Briqueté. *V.* ce mot. (B.)

ROUGRI. OIS. Espèce du genre Faucon. *V.* FAUCON, sous-genre BUSE. (DR..Z.)

ROUHAMON. BOT. PHAN. Sous le nom de *Rouhamon guianensis*, Aublet (Guian., 1, p. 93, tab. 36) a décrit et figuré une Plante de la Guiane, dont Schreber et Willdenow ont arbitrairement changé le nom générique en celui de *Lasiostoma.* Quelques botanistes ont pensé que ce genre devait être réuni au *Strychnos;* mais les auteurs qui ont revu avec soin les Plantes de l'Amérique méridionale, tels que Meyer (*Flora Essequeb.*, p. 83) et Kunth (*Nov. Gen. Amer.*, 7, p. 210), sont aujourd'hui d'accord pour l'admission du genre d'Aublet. Ces auteurs ont seulement eu tort, selon nous, d'abandonner la primitive dénomination pour celle de *Lasiostoma* dont rien ne justifie la préférence. Voici les caractères assignés à ce genre qui appartient à la famille des Apocynées et à la Tétrandrie Monogynie, L. : calice muni à la base de bractées, divisé profondément en quatre segmens aigus; corolle hypogyne dont le tube est court, le limbe quadrifide, à lobes aigus, velus; quatre étamines insérées sur le tube, saillantes (?), à anthères oblongues, biloculaires; ovaire supère, ovoïde, surmonté d'un style et d'un stigmate aigu; capsule orbiculaire, à une seule loge (à deux, selon Meyer), renfermant deux graines ovées, convexes d'un côté, planes de l'autre. Le *Rouhamon guianensis*, Aubl.; *Lasiostoma cirrhosa*, Willd., est un Arbrisseau dont le tronc s'élève à sept ou huit pieds, sur six à sept pouces de diamètre. Son écorce est grisâtre, raboteuse; son bois blanchâtre. Les rameaux sont opposés, couverts d'un duvet roussâtre, s'accrochant aux arbres voisins à l'aide de vrilles axillaires, simples, en forme de crosses. Les feuilles sont opposées, très-entières, ovales, terminées en pointe, et marquées en dessous de trois nervures longitudinales, saillantes. Les fleurs sont blanches et naissent par petits paquets dans les aisselles des feuilles. Cet Arbrisseau croît dans la Guiane française, sur les bords de la rivière de Sinamari, ainsi que dans la Guiane hollandaise. Aublet en a distingué à titre de variété une seconde espèce, remarquable par ses feuilles plus grandes, par ses fleurs plus petites et par l'absence de vrilles. Enfin Kunth rapporte avec doute à ce genre le *Curare* ou *Bejuco* de *Mavacure* (Humboldt, Relat. hist., 2, p. 547), qui sert à préparer un poison fameux chez les peuplades sauvages de l'Amérique du sud. *V.* CURARE. (G..N.)

ROUILLE. BOT. CRYPT. On donne ce nom à plusieurs petits Champignons qui se développent en parasites sur diverses parties des Végétaux phanérogames, dont ils altèrent plus ou moins la structure et les fonctions et causent une véritable maladie. Ces Champignons appartiennent surtout à la tribu des Urédinées. (A. R.)

ROUILLE. MIN. Le Fer exposé à l'action de l'air et de l'humidité se couvre promptement d'une croûte jaune brunâtre qu'on nomme Rouille et qui est du peroxide de Fer hydraté. *V.* FER. (B.)

* ROUILLÉE. INS. (Geoffroy.) Le *Phalæna cratægata.* (B.)

ROUJOT. MAM. (Vicq-d'Azyr.) Syn. de *Sciurus erythræus*, Pall. *V.* ECUREUIL. (B.)

ROUKOM. BOT. PHAN. (Leschenault.) Nom javanais d'un Arbuste du genre *Arbutus*, encore non décrit, qui croît dans les fentes de rochers des cratères de divers volcans aux cantons de Ragnia-Vangi et de Sourakarta dans l'île de Java. (B.)

ROULEAU. *Tortrix.* REPT. OPH. Genre de la seconde tribu de la famille des vrais Serpens non venimeux, formé par Oppel aux dépens du genre *Anguis* de Linné, et dont les caractères consistent dans la brièveté de leur queue, sous laquelle, ainsi que le long du ventre, règne une rangée d'écailles plus larges que celles du corps. Ce sont des Serpens américains de petite taille, dont le plus répandu dans nos collections est le RUBAN, *Anguis Scytale*, L., représenté dans Séba, T. II, pl. 2, fig. 1-4, et pl. 7, fig. 4, ainsi que dans l'Encyclopédie méthodique, pl. 32, fig. 6, sous le nom de Rouleau. Le Miguel, Encyclop. méthodique, pl. 30, fig. 2, qui n'a guère que onze pouces de longueur, avec les *Anguis corallinus*, *ater*, *maculatus* et *tessellatus*, également représentés dans Séba, sont les autres espèces du genre. (B.)

ROULEAU. *Rollus.* MOLL. Genre fait par Montfort aux dépens des Cônes; il n'a point été adopté. Adanson, dans son Voyage au Sénégal, avait établi sous la même dénomination et sur des caractères zoologiques, ce que l'on n'avait pas fait avant lui, un genre qui correspond également au genre Cône de Linné et des auteurs modernes. *V.* CONE. (D..H.)

* ROULÉE. MOLL. On entend en général par Coquille roulée celle qui, abandonnée depuis long-temps par l'Animal qui l'habitait, a été apportée sur les rivages, où plus ou moins long-temps balottée avec d'autres corps durs, elle a perdu avec ses couleurs ses aspérités ou son poli; on dit aussi que c'est une Coquille morte. Blainville dit que la même expression est employée par quelques personnes pour désigner les Coquilles spirales; mais nous la croyons impropre, d'autres d'ailleurs sont consacrées. *V.* COQUILLE. (D..H.)

ROULETTE. OIS. L'un des noms vulgaires de la grande Bécassine. *V.* BÉCASSE. (DR..Z.)

* ROULETTE. *Rotella.* MOLL. Le *Trochus vestiarius* de Linné a servi de type à ce genre que Lamarck a proposé pour la première fois dans le T. VII des Animaux sans vertèbres. Ce petit genre dont on ne connaît pas l'Animal a un aspect qui lui est tellement particulier, que l'on peut croire avec quelque raison qu'il restera au nombre de ceux qu'une saine critique pourra faire admettre dans la liste générique. C'est entre les Cadrans et les Troques que Lamarck l'a placé, et il a en effet avec eux beaucoup d'analogie quant à la forme. On ignore cependant si l'Animal est pourvu d'un opercule; s'il en a un, il ne restera plus le moindre doute à son égard; nous avons quelque raison de croire qu'il en est dépourvu, ayant eu plusieurs individus desséchés dans leur coquille et n'ayant pu découvrir la moindre trace d'un opercule. Quand même il serait vrai qu'il n'en a pas, ce ne serait peut-être pas une raison suffisante pour l'éloigner beaucoup des rapports où il est maintenant, à moins toutefois que les caractères de l'Animal ne l'exigent. Blainville n'a pas adopté ce genre dans son Traité de Malacologie; il en fait une section des Troques, mais il paraît que ce savant anatomiste a modifié depuis sa manière de voir, puisqu'il le décrit et le caractérise comme genre, en faisant remarquer ses rapports avec les Hélicines. Voici les caractères de ce genre tel que Lamarck les a donnés: coquille orbiculaire, luisante, sans épiderme; à spire basse, subconoïde; à face inférieure convexe et calleuse. Ouverture demi-ronde, mince, oblique à l'axe et légèrement sinueuse dans le milieu. Ces Coquilles sont

discoïdes, à spire conique, mais généralement peu saillante; elles sont lisses et brillantes comme les Olives, ce qui ferait croire que l'Animal a un ample manteau destiné à la couvrir. La base est occupée par une large callosité arrondie, qui est beaucoup plus grande et plus épaisse que celle des Hélicines. On ne connaît pas d'espèces fossiles qui puissent se rapprocher de ce genre dans lequel Lamarck n'a indiqué que cinq espèces dont une est douteuse. Voici leur indication :

ROULETTE LINÉOLÉE, *Rotella lineolata*, Lamk., Anim. sans vert. T. VII, p. 7, n. 1; *Trochus vestiarius*, L., Gmel., p. 3578, n. 75; List., Conch., t. 651, fig. 48; Favanne, Conch., pl. 12, fig. G; Chemnitz, Conch. T. V, t. 166, fig. 1601, e, f, g, var. B, N. *Testâ roseâ rubente*, *Rotella rosea*, Lamk., *ibid.*, n. 2; Lister, Conch., pl. 650, fig. 46; Chemnitz, Conch. T. V, tab. 166, fig. 1601, h. Cette Roulette rose de Lamarck n'est qu'une des nombreuses variétés de la première; nous pourrions citer vingt de ces variétés qui toutes sont bien distinctes.

ROULETTE SUTURALE, *Rotella suturalis*, Lamk., *ibid.*, n. 3. Elle n'est pas variable dans ses couleurs; les sutures sont enfoncées, subcanaliculées; elle est munie de quelques stries circulaires. Patrie ignorée.

ROULETTE MONILIFÈRE, *Rotella monilifera*, Lamk., *loc. cit.*, n. 4; Gualtierri, tab. 65, fig. E. Les sutures sont garnies d'un rang de tubercules arrondis. Elle vient des mers de l'Inde. (D..H.)

ROULETTE. BOT. PHAN. L'un des noms vulgaires du *Clinopodium vulgare*. *V.* CLINOPODE. (B.)

ROULEURS, ROULEUSES. INS. On a donné vulgairement ces noms dans les pays de vignobles aux Insectes qui ont l'habitude d'enrouler les bords des feuilles pour s'en faire un abri où ils déposent leurs œufs; telles sont plusieurs espèces de Gribouri, d'Attélabe, etc. (A. R.)

ROULOUL. OIS. Nom que Vieillot a imposé, d'après Sonnerat, au genre qui dans Temminck porte la dénomination de CRYPTONIX. *V.* ce mot. (DR..Z.)

ROULURE. MOLL. L'un des synonymes vulgaires et marchands de la Perspective, Coquille du genre Cadran. *V.* ce mot. (B.)

ROUMANEL. BOT. CRYPT. (*Champignons.*) L'un des noms vulgaires, dans le midi de la France, de l'Oronge vraie. (B.)

ROUMANET. BOT. CRYPT. (*Champignons.*) L'*Agaricus integer* dans le midi de la France. (B.)

ROUMANIS ET ROMANION. BOT. PHAN. Noms vulgaires du Romarin et de l'*Asparagus acutifolius* dans l'Occitanie. (B.)

ROUMBOUT ET ROUN. POIS. Le Turbot sur plusieurs points de nos côtes méditerranéennes. (B.)

* ROUMEA. BOT. PHAN. (De Candolle.) Pour Rumea. *V.* ce mot. (G..N.)

ROUMI. BOT. PHAN. (Gouan.) L'un des synonymes vulgaires de Ronce. *V.* ce mot. (B.)

ROUN. BOT. PHAN. Nom de pays du Rondier. (B.)

ROUNOIR. MAM. (Vicq-d'Azyr.) Syn. de *Sciurus hudsonicus*. *V.* ECUREUIL. (B.)

ROUNOIR. OIS. Syn. de Jakal, *Falco Jakal*. *V.* FAUCON, sous-genre BUSE. (DR..Z.)

ROUPALE. *Rupala* et *Rhopala*. BOT. PHAN. Genre de la famille des Protéacées, établi par Aublet et adopté par tous les autres botanistes. Il appartient à la Tétrandrie Monogynie, L., et offre les caractères suivans : le calice est formé de quatre sépales réguliers; les quatre étamines sont insérées en général un peu au-dessus du milieu de la face interne de chaque sépale; le disque qui est hypogyne se compose quelquefois de quatre glandes distinctes. L'ovaire est allongé et contient deux ovules; le style est persistant, terminé par un stigmate renflé en massue. Le fruit est un follicule, comprimé, terminé en pointe, contenant deux graines et s'ouvrant par une suture longitudinale. Ces graines sont ailées dans leur contour. Presque toutes les espèces de ce genre sont originaires de l'Amérique méridionale. Ce sont de grands Arbres à feuilles alternes ou éparses, très-rarement verticillées, simples, entières ou dentées et même quelquefois plus ou moins profondément pinnatifides. Les fleurs sont disposées en épis axillaires, rarement terminaux. Les fleurs qui les composent sont en général géminées et chaque couple est accompagné d'une seule bractée. Aublet n'avait décrit et figuré qu'une seule espèce de ce genre, *Roupala montana*, Aublet, Guian., 1, tab. 32. Le professeur Kunth dans les *Nova Genera* en a fait connaître cinq espèces nouvelles, et Rob. Brown, dans sa dissertation sur les Protéacées, a rapporté à ce genre sept ou huit espèces, dont quelques-unes sont originaires de l'Inde. (A. R.)

ROUPEAU. OIS. (Belon.) Syn. vulgaire de Bihoreau. *V.* HÉRON. (DR..Z.)

* ROUPENNE. OIS. Syn. de Merle Jaunoir. *V.* MERLE. (DR..Z.)

ROUPHIA. BOT. PHAN. Écrit *Raphia* par Beauvois; mais dont la véritable orthographe est Rafia ou Roufia. *V.* SAGOUTIER. (B.)

ROUPIE. OIS. (Belon.) Syn. de Rouge-Gorge. *V.* SYLVIE. (DR..Z.)

* ROUPOUREA. BOT. PHAN. *V.* ROPOUREA. (A. R.)

ROURE. BOT. PHAN. *V.* ROBLE. On appelle quelquefois ROURE DES CORROYEURS le Sumach et le *Coriaria myrtifolia*. (B.)

ROUREA. BOT. PHAN. Genre de la famille des Térébinthacées, tribu des Connaracées, établi par Aublet (*Guian.*, 1, p. 467, tab. 187), réuni par De Candolle au genre *Connarus*, mais admis par Kunth qui en a ainsi tracé les caractères : calice régulier, fermé, persistant, divisé profondément en cinq parties imbriquées pendant la préfloraison ; corolle à cinq pétales insérés sous l'anneau formé par les étamines, plus longs que le calice, égaux et réfléchis à la pointe; étamines au nombre de dix, insérées sur la base du calice, et de la longueur de celui-ci; filets cohérens par la base, alternativement plus courts; anthères cordiformes, fixées par le dos, à deux loges longitudinales; disque nul; cinq ovaires, dont quatre avortent ordinairement, sessiles, uniloculaires, chacun renfermant deux ovules fixés au fond, collatéraux et dressés; cinq styles allongés, surmontés de stigmates élargis; capsule simple (par avortement), monosperme, coriace (en baie, selon Aublet), déhiscente longitudinalement par le côté interne. La graine est couverte d'un tégument fragile, et contient un embryon sans albumen. Schreber et Willdenow ont fort inutilement substitué au nom primitif de ce genre celui de *Robergia*. En le réunissant au genre *Connarus*, De Candolle (Mémoires de la Société d'Hist. nat. de Paris, T. II, p. 383) se fonde sur ce qu'il n'en peut être distingué par le nombre des parties. Il ne doit pas être confondu avec l'*Omphalobium*, puisque son fruit n'est pas stipité comme dans les *Omphalobium*.

Le *Rourea frutescens*, Aubl., *loc. cit.*; *Connarus pubescens*, D. C., *loc. cit.*, tab. 19? est un Arbrisseau à feuilles pubescentes, alternes, imparipinnées, munies à leur base d'écailles caduques qui paraissent avoir été celle des bourgeons floraux. Les fleurs forment des panicules axillaires et terminales. Cette Plante croît dans la Guiane française.

Kunth (*Nov. Gen. et Spec. Pl. æquin.*, 7, p. 41) a décrit une seconde espèce des bords de l'Amérique, à laquelle il a donné le nom de *Rourea glabra*. (G..N.)

ROURELLE. BOT. PHAN. Nom francisé du *Rourea*. *V.* ce mot. (B.)

ROUSSAILLE ET ROUSSAILLER. BOT. PHAN. L'*Eugenia uniflora* aux îles de France et de Mascareigne. (B.)

*ROUSSANE. BOT. CRYPT. (*Champignons.*) L'un des noms vulgaires du *Merulius Cantharellus* dans le midi de la France où on le mange. *V.* MÉRULE. (B.)

ROUSSARD. OIS. Espèce du genre Pigeon. On donne aussi ce nom au métis du Faisan doré et du Faisan vulgaire. *V.* FAISAN. (B.)

ROUSSARDE. POIS. Espèce du genre Cyprin. *V.* ce mot. (B.)

ROUSSE. ZOOL. Ce nom a été donné spécifiquement au *Rana temporaria*, à une Couleuvre, à un Able, ainsi qu'à une espèce du genre Clupe. Levaillant a imposé le nom de ROUSSE-TÊTE à la Fauvette Babillarde d'Afrique. Un Guépier porte le nom de ROUSSE-GORGE. (B.)

ROUSSEA. BOT. PHAN. *V.* ROUSSÉE.

ROUSSEAU. OIS. Espèce du genre Pigeon. On a aussi donné vulgairement ce nom au Rouge-Queue, au Motteux et au Chipeau. *V.* PIGEON, SYLVIE, TRAQUET et CANARD. (DR..Z.)

ROUSSEAU OU TOURTEAU. CRUST. Noms vulgaires du *Cancer Pagurus* sur nos côtes. (B.)

* ROUSSEAUXIA. BOT. PHAN. Genre de la famille des Mélastomacées et de l'Octandrie Monogynie, L., récemment établi par De Candolle (*Prodrom. Syst. Veget.*, 3, p. 169) qui lui a imposé les caractères suivans : calice dont le tube est hémisphérique, glabre; le limbe à quatre lobes larges; corolle à quatre pétales obovés; huit étamines dont les anthères sont oblongues, linéaires, tantôt toutes fertiles, à connectif très-court, un peu bossu à la base, tantôt alternativement stériles à connectif court, et fertiles à connectif long, muni de deux soies à sa base; ovaire adhérent au calice, portant au sommet et autour du point d'origine du style quatre petites écailles soyeuses; style filiforme; capsule bacciforme, déhiscente au sommet, renfermant des graines anguleuses et lisses. Ce genre, encore mal connu, se compose de deux espèces de Madagascar qui ont été décrites dans l'Encyclopédie méthodique par Desrousseaux auquel le genre a été dédié, sous les noms de *Melastoma chrysophylla* et *M. articulata*. Ce sont des Arbrisseaux à feuilles pétiolées, à trois nervures, très-entières, ovales-oblongues, à fleurs en cimes trichotomes et terminales. (G..N.)

* ROUSSÉE. POIS. L'un des noms vulgaires de la Raie bouclée. *V.* RAIE. (B.)

ROUSSÉE. *Roussea*. BOT. PHAN. Genre consacré par Smith (*Icon. ined.*, 1, tab. 6) à la mémoire de l'illustre J.-J. Rousseau. Il appartient à la Tétrandrie Monogynie, L.; mais sa place dans la série des ordres naturels n'est point encore déterminée. Ses fleurs se composent d'un calice monosépale, à quatre lobes égaux et réfléchis; d'une corolle monopétale régulière et campanulée, portant quatre étamines saillantes, ayant les filets comprimés à leur base et terminés par de petites anthères sagittées. L'ovaire est semi-infère, pyramidal, terminé insensiblement à son sommet en une pointe styliforme qui porte un stigmate déprimé et entier. Le fruit, qui est accompagné par le calice, est charnu intérieurement, à une seule loge qui contient un grand nombre de graines éparses dans la pulpe. Le *Roussea simplex*, Smith, *loc. cit.*; Lamk., Ill., tab. 75, seule espèce qui compose ce genre est un Arbrisseau originaire de l'Ile-de-France. Ses rameaux sont cylindriques, épais et charnus; ses feuilles opposées ou verticillées par trois, sont rétrécies en pétiole à leur base, obovales, coriaces, acuminées, dentées en scie vers leur partie supérieure. Les fleurs sont assez grandes, solitaires à l'aisselle des feuilles supérieures. (A. R.)

ROUSSELAN. OIS. Syn. vulgaire de Montain. *V.* BRUANT. (DR..Z.)

ROUSSELET. BOT. PHAN. Plusieurs variétés de Poires portent ce nom que Paulet a transplanté dans sa bizarre synonymie des Champignons pour y désigner deux petits Agarics qu'il a figurés. (B.)

ROUSSELETTE. OIS. L'un des noms vulgaires du Cujelier, espèce du genre Alouette. *V.* ce mot. (B.)

* ROUSSELIN. OIS. Espèce du genre Pipit. *V.* ce mot. (DR..Z.)

ROUSSELINE. OIS. Syn. de Sylvie cendrée dans son jeune âge. Quelques auteurs en ont fait une espèce sous le nom de *Sylvia fruticeti*, et Buffon l'a figurée, pl. 581. *V.* SYLVIE. C'est aussi le nom de l'Alouette des marais de Buffon, pl. enlum. 661, f. 1; *Anthus campestris*, Meyer, qui est un Pipit. *V.* ce mot. On appelle encore Rousseline l'*Hirundo capensis*. (DR..Z.)

ROUSSELINE. BOT. PHAN. Variété de Poires. (B.)

* ROUSSELOTTE. OIS. Syn. de Traîne-Buisson. *V.* ce mot. (B.)

ROUSSERBE. BOT. PHAN. (Gouan.) L'un des noms vulgaires du *Rumex Patientia*. (B.)

ROUSSERELLE. OIS. Syn. vulgaire de Grive. *V.* MERLE. (DR..Z.)

* ROUSSEROLLE. OIS. Espèce du genre Sylvie. *V.* ce mot. C'est aussi le nom que porte une Chouette du Brésil. *V.* CHOUETTE. (DR..Z.)

ROUSSET. MAM. (Vicq-d'Azyr.) Syn. de *Didelphis brevicaudata* d'Erxleben. (B.)

ROUSSET. OIS. Espèce des genres Pipit, Pigeon et Pie-Grièche. *V.* ces mots. (B.)

* ROUSSET. BOT. CRYPT. C'est dans Paulet la même chose que Rousselet. Persoon, dans un Traité des Champignons comestibles, y a été puiser ce nom pour l'étendre à quelques Agarics mangeables. (B.)

ROUSSETTE. MAM. Nous avons à traiter dans cet article, non-seulement des Roussettes proprement dites, mais aussi de tous les genres ou sous-genres qui composent la famille des Chauve-Souris frugivores. C'est cette famille que Latreille, dans son ouvrage sur le Règne Animal, a désignée sous le nom de Méganyctères, à cause de la grande taille de la plupart des espèces qu'elle renferme. Elle est, dans l'état présent de la science, composée des genres *Pteropus*, *Pachysoma*, *Macroglossus*, *Cephalotes* et *Hypoderma*, que nous devons faire connaître dans ce qu'ils ont de commun, avant de passer à l'examen des caractères qui sont propres à chacun d'eux.

Les Roussettes et les autres genres que nous venons de mentionner étant frugivores, on conçoit que leur système dentaire doit différer de celui des autres Chauve-Souris, qui toutes sont insectivores. C'est en effet ce qui a lieu; leurs molaires, au lieu d'être hérissées de tubercules et de pointes aiguës, présentent à leur couronne une surface allongée, lisse et bornée seulement sur chacun de ses bords latéraux, principalement sur l'externe, par une crête plus ou moins apparente. Ce type, remarquable en ce qu'il est intermédiaire entre celui des Carnassiers et des Herbivores proprement dits, et qu'on ne le retrouve chez aucun autre Mammifère, est d'ailleurs sujet à quelques variations d'un genre à l'autre. Quant aux canines et aux incisives, elles rappellent, par leur disposition, leur direction et leur forme, et le plus souvent même par leur nombre, celles des Singes: fait d'autant plus remarquable, qu'un autre groupe de Chauve-Souris, les Vespertilions (*V.* ce mot), reproduit, par la disposition de ses incisives et de ses canines, les caractères propres à la deuxième famille des Quadrumanes, les Makis. Cependant, il est parmi les Chauve-Souris frugivores un genre dont le système dentaire est très-différent de celui des Singes. Nous parlerons, en traitant du genre *Cephalotes* (*Harpya* d'Illiger), qui nous la présente, de cette anomalie d'autant plus remarquable qu'elle porte précisément sur ceux des organes qui fournissent à la famille ses caractères les plus importans.

Nous passons maintenant à l'examen de l'appareil de la locomotion, c'est-à-dire des membres antérieurs et postérieurs, et des membranes alaire et interfémorale. Les ailes, un peu moins larges que chez les Chauve-Souris insectivores, et en même temps moins longues que chez la plupart d'entre elles; ne s'insèrent pas, comme chez celles-ci, sur les flancs, mais sur le dos, tantôt vers ses parties latérales, comme dans les quatre premiers groupes dont nous aurons à nous occuper, tantôt sur la ligne médiane, comme dans le genre *Hypoderma*: disposition que l'on n'avait encore remarquée qu'à l'égard de deux ou trois espèces, mais qui est véritablement un caractère commun à la famille tout entière. Les Chauve-Souris frugivores se distinguent encore par le trait suivant : le second doigt, ou l'indicateur, est toujours pourvu de toutes ses phalanges, et (à une exception près), terminé par un petit ongle, tandis que chez toutes les Chauve-Souris insectivores, il manque, aussi bien que les trois derniers doigts, d'ongle et de phalange onguéale. Quant à la membrane interfémorale, elle est toujours très-peu étendue, et le plus souvent même tout-à-fait rudimentaire et sans usages.

Les membranes, soit essentielles, soit accessoires du vol, ne présentent donc point, chez les Chauve-Souris frugivores, cette extrême richesse de développement que nous aurons à signaler chez la plupart des Insectivores. Nous ne trouvons pas non plus, autour des organes des sens, ces prolongemens membraneux, destinés, les uns à étendre leurs conditions de sensibilité, et les autres à les restreindre à la volonté de l'Animal : en effet, les feuilles nasales et les oreillons, sorte de paupières nasales et auriculaires, manquent entièrement, et les conques auditives sont à la fois très-simples et peu étendues. De toutes ces modifications, il résulte que les Chauve-Souris frugivores sont celles chez lesquelles le derme a pris le moins de développement, a le moins d'étendue; et comme c'est précisément dans ce développement, dans cette étendue des membranes tégumentaires, que consiste le caractère essentiel de la Chauve-Souris, on peut dire que les Frugivores sont celles qui présentent au plus faible degré les conditions organiques de leur famille, qu'elles sont le moins possible Chauve-Souris, ou, pour employer une expression déjà admise dans la science, qu'elles sont Chauve-Souris au plus petit titre possible.

Ces remarques suffisent pour donner une idée des modifications qu'a subies dans son ensemble le type organique de la Chauve-Souris chez les Roussettes et dans les autres genres frugivores. Nous ne nous étendrons pas davantage sur ce sujet, renvoyant aux détails déjà donnés aux articles CHAUVE-SOURIS et CHEIROPTÈRES; et nous ajouterons seulement ici quelques mots sur un fait qui n'a pu être indiqué dans ces deux articles, parce qu'il n'était point encore connu à l'époque où ils ont été publiés. Ce fait, qui fournit quelques conséquences anatomiques assez importantes, principalement à l'égard de la théorie des homologies, est l'existence, au membre antérieur, chez les Chauve-Souris, d'un os particulier placé derrière l'articulation du bras avec l'avant-bras, et présentant, à l'égard de cette articulation, une disposition absolument semblable à celle de la rotule dans l'articulation du genou. Cet os, analogue à l'apophyse olécrâne, et que l'on peut désigner sous le nom de rotule du membre antérieur ou rotule du coude, ne se trouve, parmi les Mammifères, que chez les seules Chauve-Souris, les Galéopithèques en étant eux-mêmes dépourvus; et il est à remarquer que, bien loin d'être établi sur un type chez les Chauve-Souris frugivores, et sur un autre chez les insectivores, cet os présente une disposition semblable chez les unes et chez les autres, à l'exception de quelques-unes de ces dernières, les Vespertilions, où il n'existe qu'en rudiment (*V.* Vespertilions). Ces détails, que nous ne devons pas développer ici davantage, sont tirés d'une note communiquée par nous à la Société d'Histoire naturelle, en décembre 1826, et imprimée par extrait dans le Bulletin des Sciences naturelles (mars 1827). *V.* Squelette.

Les Roussettes et les autres genres que nous allons décrire s'habituent facilement à vivre de matières animales; cependant, ainsi que nous l'avons dit, elles sont essentiellement frugivores, et il est à remarquer qu'en même temps que leur système dentaire et l'organisation de leur appareil digestif les portent à rechercher des substances végétales, en même temps aussi elles sont privées des moyens que la nature a donnés aux Chauve-Souris insectivores pour apercevoir, atteindre et saisir facilement les petits Animaux dont elles doivent faire leur proie. Les ailes des Roussettes sont un peu moins étendues, et leur membrane interfémorale est rudimentaire, d'où résulte un vol moins rapide et moins assuré : elles manquent de feuilles nasales et d'oreillons; leurs conques auditives elles-mêmes sont peu développées; et leurs sens étant ainsi moins perfectionnés, les Insectes peuvent mieux s'approcher d'elles sans révéler leur présence. Enfin, leur gueule étant beaucoup moins fendue, elles auraient, même après les avoir aperçus, plus de peine à les saisir; en sorte que nous trouvons ici une application bien remarquable de cette grande loi d'harmonie, de coordination des caractères, dont tant de faits démontrent l'existence, et sans laquelle en effet il est impossible de concevoir l'organisation.

Les Chauve-Souris frugivores sont généralement nocturnes, comme les insectivores. Une Roussette amenée en France en 1803, et dont les habitudes ont été observées avec beaucoup de soin pendant la traversée, restait constamment, pendant toute la durée du jour, calme et immobile; elle demeurait suspendue par une de ses pates de derrière comme le font aussi les Chauve-Souris insectivores, et entièrement enveloppée dans ses ailes. Cependant Quoy et Gaimard, ces savans et intrépides voyageurs qui ont rendu tant de services à la zoologie, rapportent qu'aux îles Carolines on voit les Roussettes voler en plein jour; et Lesson et Garnot remarquent également que ces Animaux volent aussi bien de jour que de nuit: double témoignage qui établit d'une manière incontestable ce fait d'habitudes, consigné déjà depuis long-temps dans quelques relations de voyages. D'autres observations nous apprennent que les Roussettes vivent principalement de fruits pulpeux; qu'elles mangent aussi les fleurs; qu'elles ne font qu'un seul petit; enfin qu'elles vivent par troupes nombreuses, quelques-unes sur les arbres, d'autres dans les trous des vieux troncs ou des rochers, quelques-unes enfin dans les vieux édifices. C'est dans la grande Pyramide que Geoffroy Saint-Hilaire a découvert en Égypte l'espèce qui porte aujourd'hui son nom.

Enfin, nous terminerons ces généralités en disant quelques mots de la distribution de ces Animaux sur la surface du globe, et en faisant remarquer combien cette distribution offre une heureuse application des lois de géographie zoologique posées par Buffon (*V.* Mammifères, p. 123). On ne trouve en Amérique aucune espèce, soit du genre Roussette, soit de tout autre genre de Chauve-Souris frugivores; et c'est tout-à-fait à tort, et par suite d'une grave erreur, que l'espèce connue aujourd'hui sous le nom de Roussette Leschenault, avait d'abord été donnée comme étant originaire du Brésil. Nous ne connaissons non plus aucune Chauve-Souris frugivore en Europe, car le *Cephalotes teniotis* de Rafinesque, qui habiterait la Sicile, a été indiqué d'une manière trop incomplète pour qu'on puisse l'admettre dans l'état présent de la science. On trouve au contraire un grand nombre d'espèces dans le continent de l'Inde, en Égypte, au Sénégal, même au cap de Bonne-Espérance, suivant Temminck, et surtout dans les îles ou les archipels de l'Afrique et de l'Asie, aux îles de France, Mascareigne, Madagascar, aux Moluques, aux Philippines et aux îles de la Sonde; enfin, depuis quelques années, on en a découvert aussi aux Marianes, et même dans le continent de la Nouvelle-Hollande. Ce dernier fait est d'autant plus remarquable, que les Mammifères connus jusqu'à ce jour dans l'Australasie, appartenaient tous, si l'on excepte les deux Hydromys (*V.* ce mot) et le Chien marron, à des groupes caractérisés par un système de génération particulier, celui des Animaux à bourse, ou celui des Monotrêmes, si du moins l'on veut admettre que ces derniers soient de véritables Mammifères (*V.* Marsupiaux, Monotrêmes et Ornithorhynque).

1°. Les Roussettes proprement dites (*Pteropus*).

La plupart des Chauve-Souris frugivores ont été jusqu'à ces derniers temps réunies dans un seul genre auquel Brisson avait donné le nom de *Pteropus* (*pieds ailés*), et auquel les auteurs français donnent le nom moins convenable encore de Roussette; nom emprunté à Buffon qui l'avait appliqué spécialement à l'une des espèces du genre, à cause des couleurs de son pelage. Aujourd'hui, plusieurs groupes nouveaux ayant été établis, on ne place plus dans le genre *Pteropus* que les Chauve-Souris frugivores qui présentent les caractères suivans : tête longue, étroite, conique; museau fin, terminé par un mufle sur les côtés duquel s'ouvrent les narines; incisives verticales, et au nombre de quatre à chaque mâchoire comme chez les Singes; canines assez fortes et au nombre de deux à chaque mâchoire, comme chez la plupart des Chauve-Souris; molaires au nombre de cinq en haut et de six en bas, de chaque côté, la première de toutes étant très-petite, principalement à la mâchoire supérieure; nombre total des dents, trente-quatre, quelquefois cependant trente-deux, parce que la première molaire supérieure, qui est toujours fort petite et sans aucun usage, vient quelquefois à manquer entièrement (ce qui n'établit qu'une différence en soi très-peu importante); membrane interfémorale très-peu étendue, et ne formant le plus ordinairement qu'une bordure le long du côté interne de la cuisse et de la jambe; ailes conformées comme celles de la plupart des Chauve-Souris frugivores, c'est-à-dire ayant le second doigt onguiculé. Quelques Roussettes ont une petite queue, d'autres sont entièrement privées du prolongement caudal; et il est à remarquer que les premières sont toutes très-petites ou d'une taille moyenne, quand les secondes sont au contraire très-grandes. On trouve en effet parmi les Roussettes sans queue une espèce qui, à l'état adulte, a jusqu'à cinq pieds d'envergure. Quant aux organes des sens, nous ne dirons rien des yeux et des oreilles qui ne présentent rien de particulier; mais nous devons remarquer que les narines sont un peu tubuleuses, et que la langue est, principalement à sa partie antérieure, hérissée de papilles dures, dirigées en arrière, et de différentes formes : les plus grandes, placées à la partie moyenne de la langue, ont trois pointes, et peuvent être comparées à des tridens ; les autres, plus petites et placées autour des premières, sont elles-mêmes de deux sortes, les unes ayant quatre, cinq, six, et même jusqu'à douze pointes, et les autres n'en ayant qu'une seule. Buffon et Daubenton ont décrit avec soin cette organisation remarquable, et représenté, dans le tome x de l'Histoire naturelle, les détails les plus remarquables étudiés à la loupe et au microscope. Ces illustres naturalistes ont même cherché à expliquer, par la conformation et la disposition des papilles linguales, les récits de plusieurs voyageurs qui attestent que, dans certaines contrées, il existe de grandes Chauve-Souris qui, pendant la nuit, sucent le sang des Hommes et des Animaux endormis, sans leur causer assez de douleur pour les éveiller. Mais on sait aujourd'hui que ces récits doivent être appliqués seulement à certaines Chauve-Souris de l'Amérique méridionale (*V.* Vampires au mot Vespertilion), et non aux Roussettes, qui appartiennent toutes à l'Ancien-Monde, comme nous l'avons dit, et qui sont toutes des Animaux frugivores, et par conséquent entièrement inoffensifs à l'égard de l'Homme et des Animaux. C'est ce que savent fort bien les habitans des pays où vivent les Roussettes; et s'ils font la guerre à ces Chauve-Souris, ce n'est point du tout qu'ils les redoutent pour eux-mêmes, mais à cause du tort qu'elles leur causent en dévorant leurs meilleurs fruits. Dans plusieurs contrées, et, par exemple, à l'Ile-de-France, à Madagascar, à Timor, aux Marianes, au Malabar, on recherche aussi les Roussettes pour s'en nourrir, malgré l'odeur fétide que répandent souvent ces Animaux : leur chair, principalement celle des jeunes individus, a une saveur assez agréable que quelques voyageurs ont comparée à celle du Lièvre. Buffon rapporte qu'on se les procure en les enivrant, et que, pour cela faire, on place à portée de leur retraite des vases remplis de vin de Palmier.

† *Roussettes sans queue.*

La Roussette vulgaire, *Pteropus vulgaris*, Geoff. St.-H., Ann. Mus. T. xv; la *Roussette*, Buffon, T. x, pl. 14. Elle se distingue facilement par son système de coloration; ses parties supérieures sont généralement rousses avec une grande tache d'un brun noirâtre en forme de croix; les parties inférieures sont noires, à l'exception de la région pubienne qui est roussâtre. Cette espèce habite l'Ile-de-France et Bourbon; c'est le *Vespertilio ingens* de quelques auteurs. On l'a aussi désignée sous le nom de *Vespertilio Vampirus*, mais sous ce nom elle a été confondue avec plusieurs autres espèces.

La Roussette édule, *Pteropus edulis*, Pér. et Lesueur; Geoff. St.-H., *loc. cit.* C'est l'une des plus grandes espèces du genre : les individus bien adultes ont, d'après Temminck, jusqu'à quinze pouces de longueur du bout du museau à la membrane interfémorale, et quatre pieds dix pouces d'envergure. Le pelage de cette espèce est généralement noir ou noirâtre, la partie postérieure du col et des épaules étant d'une nuance qui tire sur le roux, et les poils du dos étant ras, luisans et très-couchés; ce dernier caractère se trouve chez presque toutes les grandes espèces. La Roussette édule, ainsi nommée parce que sa chair blanche, délicate et très-tendre, est regardée par les Timoriens comme un mets exquis. Elle habite les Moluques et principalement à Timor.

La Roussette Kalou, *Pteropus javanicus*, Desm., Mamm.; Horsfield, *Zool. Res.*, a été d'abord indiquée par Geoffroy qui la considérait comme une simple variété de l'Édule; elle en diffère, suivant Desmarest, par la couleur de son col qui est d'un roux enfumé, et par sa taille plus considérable encore. Nous avons sous les yeux le squelette d'un très-vieil individu dont l'envergure est de cinq pieds deux pouces. Dans ces derniers temps, Temminck est revenu à l'opinion d'abord émise par Geoffroy, et, dans sa Monographie des Roussettes, il réunit le *Pteropus javanicus* au *Pteropus edulis*. Le Kalou, qui habite Java, comme son nom spécifique l'indique, offre de très-grands rapports avec l'Edule : ce n'est donc qu'avec doute que nous le mentionnons ici.

La Roussette d'Edwards, *Pteropus Edwardsii*, Geoff. St.-H. Cette Roussette, à laquelle il n'est pas entièrement certain qu'on doive rapporter l'espèce indiquée par Edwards sous le nom de grande Chauve-Souris de Madagascar, est considérée par Temminck comme une simple variété d'âge de l'Edule : cependant l'examen que nous avons fait de plusieurs sujets adultes, ne nous permet pas de douter qu'elle ne forme réellement une espèce distincte. L'individu qui a servi de type à la description de Geoffroy Saint-Hilaire, et plusieurs autres individus originaires, comme ce dernier, du Bengale, nous ont présenté les caractères suivans : tête d'un brun marron; parties postérieures et côtés du col d'un roux vif; dos couvert de poils très-couchés et rudes au toucher, dont la nuance varie du gris au noir-grisâtre; face antérieure du corps d'un roux qui passe au brun, sous la gorge, aux épaules, vers l'insertion des cuisses et à la région des flancs; longueur du bout du museau à l'origine de la membrane interfémorale, huit ou neuf pouces chez l'adulte.

La Roussette intermédiaire, *Pteropus medius*. Temminck (Mon. de Mamm.) a décrit sous ce nom une espèce qu'il caractérise ainsi : tête, occiput, gorge et région de l'insertion des ailes d'un marron noirâtre; dos d'un noirâtre légèrement teint de brun; nuque d'un roux jaunâtre; côtés du col et toute la face ventrale du corps, à l'exception de la gorge et de la région humérale, d'un roux brun couleur de feuille-morte; membranes brunes; longueur, onze pouces. Cette espèce, que nous ne connaissons que par la description de Temminck, habite le continent de l'Inde comme la précédente, avec laquelle elle nous paraît avoir de nombreux rapports; peut-être doit-elle lui être réunie.

La Roussette a face noire, *Pteropus phaiops*, Tem., *loc. cit.* Cette espèce, qui est peut-être la véritable Chauve-Souris d'Edwards, ne nous est également connue que par la description de Temminck. Voici les caractères que lui assigne ce savant naturaliste: pelage long, grossier, très-fourni, un peu frisé partout; museau, gorge, joues, tour des yeux, d'un noir profond; le reste de la tête, les côtés du col, la nuque et les épaules d'un jaune de paille; la poitrine d'un roux doré très-vif; les autres parties inférieures, à poils de deux couleurs, bruns à la base, et d'un jaune clair à la pointe; longueur totale, dix pouces. Cette espèce habite Madagascar.

La Roussette a col rouge, *Pteropus rubricollis*, Geoff. St.-H.; la Rougette, Buff. T. x, pl. 17; se distingue principalement par son col couvert de poils longs et doux au toucher, d'un roux-rougeâtre; le dos est couvert de longs poils doux au toucher et d'un brun très-clair; la tête et le ventre sont aussi de cette dernière couleur; la longueur totale est de sept ou huit pouces. Cette espèce habite l'île de Bourbon.

La Roussette a tête cendrée, *Pteropus poliocephalus*, Tem. C'est une espèce très-voisine de la précédente par son système de coloration. Le dessus de la tête, les joues et la gorge sont d'un cendré foncé, mêlé de quelques poils noirs; la nuque, les épaules et une partie du devant du col, sont d'un brun-marron roussâtre, et le reste du corps est d'un gris dont la nuance présente quelques différences suivant les diverses régions du corps. Cette espèce, l'une des plus grandes du genre, a près d'un pied de longueur totale, et son envergure est de trois pieds trois pouces. La Roussette à tête cendrée nous paraît être l'une des espèces les plus intéressantes du genre, à cause de la région où elle a été découverte. Elle habite la Nouvelle-Hollande d'où un assez grand nombre d'individus ont été rapportés par plusieurs voyageurs, et particulièrement par le docteur Busseuil.

La Roussette laineuse, *Pteropus dasymallus*, Tem.; n'est connue de nous que par la description de Temminck; la face, le sommet de la tête, les joues, la gorge et la région des oreilles, sont bruns; la nuque et le col, d'un blanc légèrement jaunâtre, et le reste du corps d'un brun foncé;

le pelage est généralement long et laineux, et la longueur totale est d'un peu plus de huit pouces. Cette espèce a été nouvellement découverte au Japon par le voyageur néerlandais Siebold.

La Roussette Kéraudren, *Pteropus Keraudren*, Quoy et Gaim., Voy. autour du Monde; est une espèce nouvellement découverte aux îles Mariannes par Quoy et Gaimard. Elle a l'occiput, le col, les épaules et le haut de la poitrine d'un jaune pâle, et le reste du corps brunâtre; sa longueur totale est de sept à huit pouces.

La Roussette de Dussumier, *Pteropus Dussumieri*. Nous décrirons sous ce nom une Roussette découverte dans le continent de l'Inde par le voyageur français Dussumier, et qui, assez voisine de la Roussette Kéraudren, est néanmoins très-facile à distinguer de celle-ci par son système de coloration. La face et la gorge sont brunes, le ventre et le dos sont couverts de poils bruns mélangés de quelques poils blancs; ceux du dos diffèrent du ventre en ce qu'ils sont très-couchés, comme cela a lieu chez presque toutes les Roussettes. La partie supérieure de la poitrine est d'un brun roussâtre, et les côtés du col, et tout l'espace compris à la face postérieure du corps, depuis les oreilles jusqu'à l'insertion des ailes, sont d'un fauve tirant légèrement sur le roussâtre. La longueur totale est de sept pouces, et l'envergure est de deux pieds trois pouces. Nous avons constaté l'existence de cette espèce par l'examen de deux individus entièrement semblables, dont l'un vient, comme nous l'avons dit, du continent de l'Inde, et dont l'autre est donné comme originaire d'Amboine. La couleur brune de sa gorge et de la partie antérieure de son col permet de la distinguer au premier coup-d'œil de la Roussette Kéraudren, qui a ces parties d'un jaune pâle; et des caractères non moins tranchés la séparent des autres espèces, et particulièrement de la Roussette d'Edwards (*Pteropus medius*, Tem.?) qui habite, comme elle, le continent indien.

La Roussette masquée, *Pteropus personatus*, Tem. Nous empruntons à l'ouvrage de Temminck la description de cette espèce que nous ne connaissons pas par nos propres observations: tête peinte d'une manière tranchée de blanc pur et de brun; du blanc très-éclatant couvre encore tout le chanfrein, et s'étend jusqu'au-delà des yeux: les joues, le bord des lèvres et le menton sont aussi d'un blanc pur; une large zône brune couvre la gorge, et envoie des prolongemens au-dessus des yeux; le sommet de la tête, l'occiput, tout le col et une partie de la poitrine sont d'une teinte jaune-paille; les épaules et le bras sont blanchâtres, le dos est grisâtre; enfin, la poitrine, le ventre et les flancs ont des poils cotonneux colorés de brun à leur base, et d'une teinte isabelle à leur pointe. Longueur totale, six pouces six lignes. Cette espèce remarquable a été découverte à Ternate par le voyageur Reinwardt.

La Roussette pale, *Pteropus pallidus*, Tem. Cette espèce, que nous ne connaissons également que par la description de Temminck, est caractérisée ainsi qu'il suit par le célèbre zoologiste hollandais: pelage très-court, mélangé de poils bruns, gris et blanchâtres; nuque, épaule, et collier qui entoure la poitrine, roux; dos couvert de poils couchés, d'un brun pâle; tête, gorge, ventre et flancs d'un brun couleur de feuille-morte; membranes des ailes d'un brun pâle. Longueur totale, sept pouces six lignes. Cette espèce habite Banda, où elle est très-commune.

La Roussette grise, *Pteropus griseus*, Geoff. St.-Hil., *loc. cit.*, pl. 6. Cette espèce, dont la longueur totale est de six pouces et demi, se distingue par sa tête et son cou d'un roux clair, et le reste de son pelage d'un gris légèrement roussâtre qui, sur le dos, passe presqu'à la couleur lie de vin. Elle habite Timor, où elle a été découverte par Péron et Lesueur.

Quant à la Roussette mélanocéphale, *Pteropus melanocephalus*, Tem., qui a été placée par Temminck et Desmarest dans cette section, elle n'appartient pas, ainsi que nous le montrerons, au genre *Pteropus*. *V.* plus bas l'article du genre *Pachysoma*.

†† *Roussettes à queue.*

Toutes les espèces comprises dans cette section sont petites ou de taille moyenne. Nous avons examiné le crâne de la plupart d'entre elles, telles que la Roussette paillée, la Roussette Leschenault, la Roussette à oreilles bordées, et nous avons remarqué quelques caractères intéressans qui paraissent être communs à toutes les Roussettes à queue. Dans toutes les espèces sans queue, la boîte cérébrale est séparée de la face par un rétrécissement considérable, correspondant à la partie postérieure de l'orbite. Chez les Roussettes à queue, le rétrécissement n'existe pas, comme Geoffroy Saint-Hilaire l'a remarqué au sujet du *Pteropus marginatus* (Leçons sténog. sur l'Hist. nat. des Mamm.). En outre, chez les dernières, la boîte cérébrale est un peu plus renflée, et le museau est moins effilé. Du reste, le système dentaire ne présente aucun caractère particulier chez les Roussettes à queue, même chez la Roussette à oreilles bordées. Nous avons même toujours trouvé à la mâchoire supérieure la petite fausse molaire que nous avons dit être ordinairement très-petite et sans usages, et qui manque quelquefois dans d'autres espèces. C'est donc très-vraisemblablement sur une erreur d'observation que repose l'existence du genre *Cynopterus*, qui serait caractérisé par un système dentaire particulier (quatre molaires supérieures, cinq inférieures), et qui aurait pour type cette même Roussette à oreilles bordées. Cette remarque a déjà été faite par Geoffroy (Leçons sténog.); et nous continuerons, à son exemple, à placer le *Pteropus marginatus* parmi les véritables Roussettes. Nous ne pensons pas d'ailleurs que les petites différences ostéologiques que nous venons d'indiquer chez les *Pteropus marginatus*, *P. stramineus* et *P. Leschenaultii*, et qui se retrouvent également chez le *Pteropus Geoffroyi*, comme nous l'apprend une des figures de l'ouvrage de Temminck, et chez le *Pteropus amplexicaudatus*, comme nous nous en sommes assuré, puissent motiver l'établissement d'un genre ou sous-genre nouveau. Ces différences peuvent au premier abord sembler assez importantes, mais elles ne paraissent être en rapport qu'avec la taille des Animaux qui les présentent. Ainsi très-prononcées chez les très-petites espèces, elles le sont déjà beaucoup moins chez celles dont la taille est plus considérable, telles que le *Pteropus stramineus*, qui, si l'on voulait séparer les Roussettes en deux sous-genres, se trouverait ainsi placé sur leur limite.

La Roussette Geoffroy, *Pteropus Geoffroyi*, Tem., se distingue par son pelage laineux, d'un gris-brunâtre, plus foncé en dessus qu'en dessous, et sa queue extrêmement courte. Sa longueur totale est de cinq pouces et demi, et son envergure d'un pied neuf pouces. Elle habite le Sénégal et l'Égypte; et c'est dans cette dernière contrée qu'elle a été découverte par Geoffroy Saint-Hilaire, qui l'a publiée sous le nom de *Pteropus ægyptiacus* dans le grand ouvrage sur l'Egypte.

La Roussette paillée, *Pteropus stramineus*, Geoff. St.-Hil., se distingue facilement par son pelage d'un jaune de paille. Sa longueur totale est de sept pouces, et son envergure d'un peu plus de deux pieds. Sa queue ne paraît à l'extérieur que sous la forme d'un petit tubercule. Elle habite Timor.

La Roussette Leschenault, *Pteropus Leschenaultii*, Desm., Mamm. Cette espèce, dont nous donnons les caractères d'après l'examen de deux individus, est d'un fauve cendré sur le ventre, et d'un brun légèrement grisâtre sur le dos. La partie de ses membranes alaires, qui avoisine soit le corps, soit l'avant-bras ou les doigts, présente un grand nombre de points blanchâtres, rangés par lignes parallèles. Cette espèce, découverte par Leschenault aux environs de Pondichéry, a cinq pouces et demi de longueur totale, et un pied et demi d'envergure. Nous ignorons pour quel motif Temminck l'a passée sous silence dans sa Monographie des Roussettes, et pourquoi les auteurs français l'ont placée jusqu'à présent parmi les Roussettes sans queue; car sa queue, très-visible, n'est qu'à peine engagée dans la membrane interfémorale, et a environ six lignes de long.

La Roussette amplexicaude, *Pteropus amplexicaudatus*, Geoff. St.-H., *loc. cit.*, pl. 4, se distingue facilement par sa queue égale en longueur à la cuisse, et enveloppée seulement à son origine par la membrane interfémorale. Son pelage est d'un roux clair sur le dos et la croupe, et d'un blanc roussâtre sur le cou, la tête et les parties inférieures. Sa longueur totale est de quatre pouces et demi ou cinq pouces, et son envergure de quinze environ. Elle a été découverte à Timor par Péron et Lesueur, et se trouve aussi, suivant Temminck, à Amboine, à Sumatra, et même dans l'Inde. Cette dernière origine est-elle bien authentique? Et surtout, est-il bien certain que l'on doive rapporter au *Pteropus amplexicaudatus* une Roussette que Temminck indique dans ses Monographies de Mammalogie, Supplémens, p. 260, et qui habiterait le cap de Bonne-Espérance?

La Roussette a oreilles bordées, *Pteropus marginatus*, Geoff. St.-Hil., *loc. cit.*, pl. 5, est une espèce un peu plus petite que la précédente, et s'en distinguant par sa queue à peine apparente hors de la membrane interfémorale, par le liséré blanc que l'on remarque autour de ses oreilles, et par son pelage qui est d'un gris clair en dessous, et d'un gris roussâtre en dessus. Cette espèce, que Temminck regarde comme douteuse, nous est connue par l'examen de deux individus venant l'un et l'autre du continent de l'Inde.

Outre ces espèces, Temminck place encore dans cette section une espèce assez voisine par ses caractères extérieurs du *Pteropus marginatus*, qu'il a décrite sous le nom de *titthæcheilus* dans sa Monographie des Roussettes, et que, plus tard, dans ses Supplémens, il n'admettait plus qu'avec doute. Cette espèce remarquable est très-différente du *Pteropus marginatus* par son système dentaire, et, bien loin qu'on doive la réunir à celle-ci, elle doit être reportée dans le sous-genre *Pachysoma*.

2°. Les Pachysomes (*Pachysoma*.)

Geoffroy Saint-Hilaire (Leçons sténog.) a nommé ainsi un petit genre ou sous-genre renfermant quelques espèces de petite taille, placées jusqu'à ces derniers temps dans le genre *Pteropus*, mais qui présentent quelques caractères particuliers. Leurs formes sont généralement lourdes et trapues; d'où le nom qui leur a été donné; leur tête est grosse et courte, principalement dans sa partie antérieure; et comme de semblables modifications de forme doivent nécessairement régir sur le système dentaire, nous ne trouvons plus chez les Pachysomes que trente dents au lieu de trente-quatre, qui est le nombre normal chez les Roussettes. Les Pachysomes ont de chaque côté et à chaque mâchoire une molaire de moins; et remarquons que cette molaire qui manque est la dernière mâchelière, et non pas la petite fausse molaire antérieure; dent en quelque sorte rudimentaire et si peu importante, que sa présence ou son absence ne pourrait fournir un caractère générique. Le crâne des Pachysomes présente d'ailleurs des formes très-remarquables. Le museau est gros, et la boîte cérébrale très-volumineuse et sphéroïdale; mais entre ces deux parties existe un rétrécissement très-sensible, quoique beaucoup moins prononcé que chez les grandes Roussettes. Un grand espace existe ainsi entre les parois du crâne et les arcades zygomatiques, qui sont d'ailleurs beaucoup plus écartées que chez les Roussettes ordinaires; et comme l'étendue de cet espace est en rapport avec le volume du masseter, du crotaphyte et du ptérygoïdien externe, nous voyons s'accroître de beaucoup chez les Pachysomes la force de tous les muscles élévateurs de la mâchoire inférieure; fait d'autant plus remarquable, que cette mâchoire elle-même est courte, et qu'elle n'a d'étendue que dans la portion qui donne insertion aux muscles, c'est-à-dire sa portion postérieure et son apophyse coronoïde. Nous devons ajouter que nous n'avons constaté ces faits que sur un seul crâne appartenant à notre *Pachysoma brevicaudatum*, ou peut-être au *Pachysoma Duvaucelii*; mais les rapports intimes qui unissent ces deux Pachysomes avec leurs congénères, et les détails que nous fournit sur deux d'entre eux l'ouvrage de Temminck, ne nous permettent pas de douter que ces considérations ne soient également applicables à tous. Enfin un dernier trait qui nous paraît être commun à tous les Pachysomes, mais que présentent peut-être aussi les petites Roussettes, est celui-ci: toutes les grandes Roussettes ont les mamelles axillaires, c'est-à-dire placées au-dessous de l'insertion de l'humérus, sur les parties latérales du corps; chez tous les Pachysomes que nous avons examinés, les mamelles sont au contraire placées beaucoup en avant de l'insertion du bras.

Le Pachysome mélanocéphale, *Pachysoma melanocephalum.* Nous décrirons d'abord sous ce nom une espèce découverte à Java par le voyageur Van-Hasselt, et que Temminck a le premier fait connaître sous le nom de *Pteropus melanocephalus.* C'est le seul des Pachysomes connus qui soit entièrement privé de prolongement caudal. Cette espèce n'a que deux pouces dix lignes de longueur totale, et onze pouces d'envergure. Le pelage est assez long et bien fourni. Les poils du dos sont d'un blanc jaunâtre à leur base, et d'un cendré noirâtre à leur pointe. La nuque, le sommet de la tête et le museau sont noirs; les parties inférieures sont d'un blanc jaunâtre. Enfin on remarque sur les côtés du cou des poils divergeant d'un centre commun, qui servent probablement, ajoute Temminck auquel nous empruntons ces détails, à couvrir un appareil d'où suinte une humeur odorante: disposition fort remarquable que nous retrouverons dans d'autres espèces, et qui peut-être est commune à toutes. Telle est cette espèce remarquable que nous ne connaissons pas par nos propres observations, mais sur lequel Temminck donne des détails assez précis pour que nous n'hésitions pas à le placer parmi les Pachysomes.

Le Pachysome mammilèvre, Geoff. St.-Hil.; la Roussette mammilèvre, *Pteropus titthæcheilus*, Tem. Cette espèce, assez semblable à la Roussette à oreilles bordées, par sa taille, par le liséré blanc qui borde ses oreilles, s'en rapproche également par ses couleurs, comme le montreront les détails suivans que nous empruntons à Temminck: les parties supérieures sont d'un brun nuancé d'olivâtre chez les femelles, de roussâtre chez les mâles; le ventre est gris dans les deux sexes; enfin les côtés du cou sont d'un roux olivâtre chez la femelle, et le devant du cou, la nuque et les parties latérales de la poitrine, sont d'une belle teinte rousse chez le mâle. Celui-ci présente de chaque côté du cou une touffe de poils divergens d'un centre commun, comme chez le Pachysome mélanocéphale. La longueur totale est de cinq pouces, et l'envergure d'un pied et demi; la queue, très-grêle, est longue de sept lignes.

Cette espèce habite Java et Sumatra.

Le Pachysome de Diard, *Pachysoma Diardii*, Geoff. St.-Hil., se distingue facilement par son pelage composé de poils très-courts, bruns sur la tête, le dos et le bras, gris autour du cou et sur le milieu du ventre, d'un brun grisâtre sur les flancs. Sa longueur totale est de quatre pouces et demi, et son envergure d'un peu plus d'un pied et demi. Sa queue, assez longue, dépasse de sept ou huit lignes la membrane interfémorale. Cette espèce a été découverte à Sumatra par Diard et Duvaucel.

Le Pachysome de Duvaucel, *Pachysoma Duvaucelii*, Geoff. St.-Hil., a été également découvert à Sumatra par Diard et Duvaucel. Le pelage est d'un fauve brunâtre uniforme; le pouce de l'aile, fort allongé, est enfermé en grande partie dans cette portion de la membrane de l'aile que quelques auteurs nomment, d'après Pallas, membrane pollicaire. La longueur totale est de trois pouces un quart, et la queue, plus courte que dans les espèces précédentes, ne dépasse la membrane interfémorale que de trois lignes. Nous n'avons pu mesurer l'envergure.

Le Pachysome a courte queue, *Pachysoma brevicaudatum*. Nous décrirons sous ce nom une espèce très-voisine, par son système de coloration et par la disposition des poils du cou, du Pachysome mammilèvre, mais qui se distingue au premier aspect de celui-ci par l'extrême brièveté de sa queue, dépassant à peine d'une demi-ligne la membrane interfémorale. Le dessus du corps est d'un roux olivâtre, les poils étant d'un brun olivâtre dans presque toute leur étendue, et roux à la pointe. La face inférieure du corps est grise sur le milieu du ventre; les flancs, la gorge et les côtés du cou sont tantôt gris, tantôt d'un roux grisâtre, tantôt enfin d'un roux vif. L'individu qui nous a présenté cette dernière couleur sur les côtés du cou était un mâle, chez lequel nous avons aperçu une disposition tout-à-fait semblable à celle que nous avons décrite, d'après Temminck, chez quelques-unes des espèces précédentes. Les oreilles sont entourées d'un liséré blanc. La longueur totale du Pachysome à courte queue est de quatre pouces, et son envergure est d'un peu plus d'un pied. Cette espèce habite, comme les précédentes, l'île de Sumatra, où elle a été découverte par Diard et Duvaucel, et paraît aussi se trouver dans le continent de l'Inde.

3°. Les Macroglosses (*Macroglossus*).

Ce genre, établi par Fr. Cuvier (dents des Mamm.), se distingue des Roussettes proprement dites par des caractères précisément inverses de ceux que nous venons d'indiquer chez les Pachysomes. On le distingue au premier aspect, non-seulement des Roussettes, mais même de toutes les Chauve-Souris, par son museau excessivement allongé, très-menu, cylindrique, acuminé et comparable pour sa forme à celui des Fourmiliers. On assure que la langue est également cylindrique, très-longue, et même un peu extensible; modifications qui semblent liées nécessairement avec celle que présente la forme du museau. Enfin les dents présentent aussi, ce qu'il était également facile de prévoir, des caractères remarquables. Malgré l'allongement du museau, leur nombre ne s'est pas accru; et, ce qu'il y a de bien remarquable, c'est qu'elles sont devenues plus petites. Aussi tout le bord alvéolaire ne se trouve-t-il pas garni, principalement à la mâchoire inférieure, où il existe un intervalle vide entre les deux incisives droites et les deux incisives gauches; un autre entre la première et la seconde molaire; enfin un autre en arrière de la dernière molaire. Tels sont les caractères fort remarquables que présente le sous-genre Macroglosse, très-distinct des Roussettes proprement dites, et qui sera sans doute adopté par tous les zoologistes.

On ne connaît encore qu'une seule espèce de Macroglosse, celle que Geoffroy a décrite le premier sous le nom de Roussette kiodote, *Pteropus minimus*, et que, plus tard, Horsfield (*Zool. Researc.*) a reproduite sous le nom de *Pteropus rostratus*. Elle est en dessus d'un roux clair et en dessous d'un fauve roussâtre. Sa longueur totale est de trois pouces et demi, et son envergure de dix pouces. Elle habite l'île de Sumatra et celle de Java, où elle a été découverte par Leschenault, et se trouverait aussi, suivant Fr. Cuvier (Mamm. lith.), au Bengale.

4°. Les CÉPHALOTES (*Cephalotes*).

Ce genre, établi par Geoffroy Saint-Hilaire, a pour type une espèce très-remarquable par son système dentaire, le *Vespertilio Cephalotes* de Pallas. Dans son premier travail sur les Chauve-Souris frugivores (Ann. du Mus. T. xv), Geoffroy avait associé cette Chauve-Souris à une espèce nouvelle, découverte par Péron, et il avait appelé la première Céphalote de Pallas, et la seconde Céphalote de Péron. Depuis cette époque, de nouvelles observations ont démontré la nécessité de séparer ces deux Chauve-Souris, semblables à quelques égards, mais différant l'une de l'autre par de nombreux et importans caractères. Cette séparation a été effectuée par Geoffroy dans un travail publié tout récemment (Leçons sténog.), où le groupe peu naturel des Céphalotes est partagé en deux genres, l'un conservant le nom de *Cephalotes*, c'est celui qui a pour type le *Vespertilio Cephalotes*; l'autre nommé *Hypoderma*, c'est celui qui a pour type la Céphalote de Péron. Nous adopterons dans cet article ces changemens qui répondent parfaitement aux besoins de la science, en remarquant, afin de prévenir toute confusion de synonymie, que quelques auteurs, ayant déjà senti la nécessité de séparer les deux Céphalotes, ont proposé de donner le nom d'*Harpya*, créé par Illiger, à la véritable Céphalote, le *Vespertilio Cephalotes* de Pallas, et de transporter le nom de *Cephalotes* à l'espèce de Péron. On évitera toutes les erreurs de synonymie que ne manquerait pas de produire une telle nomenclature, en conservant avec Geoffroy le nom de *Cephalotes* au *Vespertilio Cephalotes*, et en adoptant pour la Céphalote de Péron le nouveau nom d'*Hypoderma*.

Le genre Céphalote, que nous considérons donc comme formé d'une seule espèce, le *Vespertilio Cephalotes* de Pallas, est l'un des plus remarquables de l'ordre des Cheiroptères par l'anomalie de son système dentaire, par la forme de sa tête et par la disposition de ses narines. La tête, fort grosse, est terminée par un museau court et comme tronqué. Les narines sont très-tubuleuses, très-écartées, largement ouvertes; la lèvre supérieure est fendue, et ses deux moitiés sont séparées l'une de l'autre par un profond sillon. Les ailes et la membrane interfémorale sont comme dans les genres précédens, et le second doigt est de même unguiculé. Les molaires sont en même nombre que chez les Pachysomes, auxquels la Céphalote ressemble aussi d'une manière remarquable par la forme de son crâne : elle a en effet comme ceux-ci, une boîte cérébrale large et sphéroïdale, séparée du museau par un rétrécissement qui correspond à des arcades zygomatiques très-écartées. Quelques autres analogies pourraient encore être signalées entre ces deux genres, qui nous paraissent être l'un à l'égard de l'autre, ce que sont les Scalopes et les Musaraignes à l'égard des Taupes. Nous trouvons encore ici un exemple de deux genres très-rapprochés par tout l'ensemble de leur organisation, et présentant néanmoins des systèmes dentaires extrêmement différens. Chez les Pachysomes, nous trouvons des molaires, des canines et des incisives bien déterminées; les trois sortes de dents existent évidemment. Chez la Céphalote nous retrouvons encore à la mâchoire supérieure deux petites incisives placées entre les deux canines; mais à l'inférieure, nous ne trouvons plus, en avant des molaires, qu'une seule dent de chaque côté. Cette dent unique, qui devrait être considérée, d'après la plupart des zoologistes, comme une incisive, est, suivant Geoffroy Saint-Hilaire, une véritable canine, ainsi que Pallas l'avait déjà indiqué. Nous nous bornerons à remarquer qu'elle est en effet exactement semblable à la dent canine d'un Pachysome; qu'elle a la même direction et qu'elle en reproduit jusqu'aux plus petits détails de forme, d'une manière si exacte que si on sortait ces deux dents de leurs alvéoles, il serait peut-être impossible à l'œil le plus exercé de distinguer laquelle est la canine du Pachysome, et laquelle est ce qu'on appelait et ce que presque tous les auteurs nommeraient encore l'incisive de la Céphalote. Cette extrême ressemblance est la seule preuve que nous voulions invoquer ici en faveur de l'opinion de Geoffroy Saint-Hilaire : nous avons déjà traité de semblables questions dans nos articles MUSARAIGNE et RONGEURS auxquels nous renverrons, en nou sbornant à remarquer que tout ce que nous avons dit des dents antérieures des Musaraignes est applicable aux dents antérieures de la Céphalote.

La CÉPHALOTE DE PALLAS, *Cephalotes Pallasii*, Geoff. St.-Hil., Ann. Mus. T. XV, pl. 7; *Vespertilio Cephalotes*, Pall., *Spic. zool.*, est le type de ce genre, et jusqu'à présent la seule espèce connue. Son pelage, peu épais et doux au toucher, est en dessus d'un gris cendré, plus clair sur la tête et dans le voisinage des ailes; il est blanchâtre en dessous. Sa longueur totale est de trois pouces et demi, et son envergure de quatorze pouces. Sa queue, placée sous la membrane interfémorale, dépasse cette membrane d'un demi pouce environ : aucune autre Chauve-Souris frugivore ne l'a aussi longue, proportion gardée avec la taille de l'Animal. On ne possède aucun détail sur les mœurs de la Céphalote de Pallas, seulement connue jusqu'à ce jour par le beau travail de Pallas et par un individu que possède le Muséum. Les individus de Pallas lui avaient été envoyés des Moluques.

Rafinesque, dans son Prodrome de Somiologie, a décrit, sous le nom de *Cephalotes teniotis*, une espèce qui se rapporterait en effet au genre *Cephalotes* par les caractères suivans : deux incisives supérieures; point d'inférieures : aucune crête sur le nez: oreilles sans oreillons. Rafinesque ajoute que les canines et les mâchelières sont aiguës, que la queue est libre dans sa moitié postérieure, qu'il existe une verrue entre les deux incisives supérieures; enfin que le pelage est entièrement gris-brun. Cette espèce, que l'on doit regarder comme très-douteuse, habiterait la Sicile.

5°. Les HYPODERMES (*Hypoderma*).

Ce genre, ainsi que nous venons de le dire, a été établi tout récemment par Geoffroy Saint-Hilaire pour placer une Chauve-Souris très-remarquable connue d'abord sous le nom de Céphalote de Péron. Il présente des caractères qui lui appartiennent exclusivement et qui le distinguent, même au premier aspect, de tous les autres Cheiroptères; et ces caractères sont d'autant plus remarquables qu'ils portent sur des organes que nous avions vu jusqu'à présent se reproduire constamment avec la même disposition et les mêmes formes; tels sont les ailes et l'ongle du doigt indicateur. Cet ongle manque chez l'*Hypoderma*; et ce qu'il est très-important de noter, c'est qu'il manque seul; c'est que son atrophie n'a point entraîné celle de la phalange onguéale. L'opinion de quelques anatomistes qui pensent que l'ongle et sa phalange sont soumis aux mêmes conditions d'existence, et que la présence ou l'absence de l'un coïncide nécessairement avec la présence ou l'absence de l'autre, donne à cette remarque beaucoup d'importance : car le doigt indicateur de l'Hypoderme, quoique sans ongle, est aussi bien que le pouce onguiculé d'une Roussette ou d'une Céphalote, composé de quatre phalanges, l'une métacarpienne, les trois dernières digitales. Un autre caractère qui distingue l'Hypoderme, non-seulement de tous les genres précédens, mais même de tous les autres Cheiroptères, c'est le suivant : les ailes ne naissent pas des flancs chez cette Chauve-Souris, mais sur la ligne médiane du dos ; en sorte que le corps ne se trouve pas comme à l'ordinaire placé entre les ailes, mais bien placé au-dessous des ailes, et recouvert par elles comme par un manteau; d'où le nom d'*Hypoderma* qui indique parfaitement le trait le plus remarquable de l'organisation du genre. Rappelons, au reste, que chez les Chauve-Souris frugivores, les ailes ne s'insèrent jamais exactement sur les flancs, ainsi que cela a lieu à l'égard des Insectivores, mais qu'elles prennent naissance sur les parties latérales du dos. Cette disposition qu'on n'avait encore aperçue qu'à l'égard de deux ou trois Roussettes, est commune à toutes les Chauve-Souris frugivores : ce qui nous conduit à cette conséquence, que ce qui distingue l'Hypoderme de tous les genres voisins, ce n'est pas la présence d'un caractère nouveau, mais le degré d'exagération où parvient un caractère commun à toute la famille. Quant au système dentaire, il présente aussi quelques modifications. Il n'existe que deux incisives à chaque mâchoire, les inférieures étant très-petites, parce que les deux canines sont très-rapprochées l'une de l'autre. Ce système de dentition offre, comme on peut le remarquer, quelque analogie avec celui des Céphalotes, et il serait même très-possible qu'il se retrouvât dans le jeune âge chez celles-ci. Les jeunes Hypodermes ont au contraire dans leur jeune âge le même nombre d'incisives que chez les Roussettes, quatre à chaque mâchoire, ces dents étant alors excessivement petites, ainsi que nous l'avons vu chez un individu dont les canines étaient à peine apparentes au-dehors des gencives. Enfin les molaires sont, chez les Hypodermes, au nombre de six de chaque côté à la mâchoire inférieure comme chez les Roussettes, et seulement au nombre de quatre à la supérieure, à cause de l'absence de la petite fausse molaire. Cette dernière différence est au reste d'une bien faible importance, et peut-être même n'est-elle pas constante.

L'HYPODERME DE PÉRON, *Hypoderma Peronii*, Geoff. St.-Hil., est la seule espèce connue. Geoffroy Saint-Hilaire, qui l'a décrite le premier sous le nom de Céphalote de Péron, avait d'abord considéré le jeune âge comme une espèce différente, et il l'avait placé, à cause de ses quatre incisives, dans le genre Roussette, sous le nom de *Pteropus palliatus*. L'Hypoderme de Péron ressemble beaucoup à la Roussette paillée par les couleurs de son pelage, dont il se rapproche aussi à plusieurs égards par ses formes. Il est généralement d'un fauve-roussâtre qui, sur la tête, la nuque et le cou, passe au brun. La portion du dos, qui est recouverte par la membrane alaire, est de même couleur que les autres régions du corps. La longueur totale est de six pouces et demi, et l'envergure de deux pieds environ. La queue, longue de neuf lignes, est enveloppée, dans son premier tiers, par la membrane interfémorale, ou plutôt donne insertion à cette membrane par sa face supérieure. Cette espèce, si remarquable par son organisation, a été découverte par Péron et Lesueur. Ses mœurs ne sont pas connues.

(IS. G. ST.-H.)

ROUSSETTE. OIS. (Buffon.) Syn. vulgaire de Mouchet. *V.* ACCENTEUR. (DR..Z.)

ROUSSETTE. POIS. Espèce du genre Squale, devenu type d'un sous-genre *Scyllium*. *V.* SQUALE. (B.)

ROUSSETTE. BOT. PHAN. Variété de Poires. (B.)

ROUSSILE. BOT. CRYPT. L'un des

noms vulgaires du *Boletus aurantiacus* de Persoon. (B.)

* ROUSSINE. OIS. Espèce du genre Sylvie. *V.* ce mot. (DR..Z.)

* ROUSSO. MAM. *V.* HIPPELAPHE au mot CERF.

ROUVERDIN. OIS. Espèce du genre Malkoha, *Phœnicophaus viridis. V.* MALKOHA. Un Tangara, *Tanagra gyrola*, L., Buff., pl. enlum. 133, porte aussi ce nom. *V.* TANGARA. (DR..Z.)

ROUVET. BOT. PHAN. Nom patois de l'*Osyris alba*, proposé dans le Dictionnaire de Déterville, pour désigner, en français le genre *Osyris. V.* OSYRIDE. (B.)

ROUVRE. BOT. PHAN. *V.* ROBLE.

ROUX GLAIREUX, ROUX PLAT, EN FEUILLAGE, EN TOIT, etc. BOT. CRYPT. Noms de divers Agarics, figurés dans Paulet, et dont plusieurs sont des Amadouviers. (B.)

ROXBURGHIE. *Roxburghia.* BOT. PHAN. Sous le nom de *Roxburghia gloriosoides* est décrite et figurée dans Roxburgh (*Plant. Coromand.*, 1, pl. 29, tab. 32) une belle Plante constituant un genre nouveau de l'Octandrie Monogynie, L., mais dont les rapports naturels ne sont pas encore bien déterminés, quoique offrant des rapports éloignés avec les Apocynées ou Asclépiadées. Au surplus, nous préférons exposer la description de cette Plante singulière que d'en tracer, d'après l'auteur, les caractères génériques qui sont insuffisans pour donner une idée exacte de sa structure. La racine est vivace, composée de plusieurs tubercules cylindriques et charnus. La tige est bisannuelle, glabre, grimpante sur les petits Arbres, haute de six à vingt pieds, rameuse, garnie de feuilles tantôt alternes, tantôt opposées, pétiolées, cordiformes, aiguës, glabres, très-entières, molles, marquées de fortes nervures entre lesquelles on voit de très-jolies veines transversales. Les pédoncules sont axillaires, solitaires, dressés, de la longueur des pétioles, ordinairement à deux fleurs portées sur de courts pédicelles à la base desquels sont des bractées lancéolées. Le calice est composé de quatre folioles lancéolées, membraneuses, striées, colorées, roulées en dehors, placées immédiatement au-dessous des pétales. Ceux-ci sont également au nombre de quatre, dressés, lancéolés, formant chacun, dans leur partie inférieure et intérieure, une carène ou concavité au-dessus de laquelle on voit un appendice (nectaire) jaune, lancéolé, duquel pendent deux anthères accolées et logées dans la concavité du pétale. Ainsi, les quatre pétales forment, par leur convergence, une cavité au-dessus de laquelle est un corps conique formé par les quatre appendices qui peuvent être considérés comme les filets élargis des étamines. L'ovaire est supérieur, globuleux, surmonté d'un stigmate sessile et aigu. Le fruit est une capsule ovoïde, comprimée, uniloculaire, à deux valves, et s'ouvrant par le sommet. Les graines, au nombre de cinq à huit, sont attachées au fond de la capsule, cylindracées, striées; leurs cordons ombilicaux sont couverts de petites vésicules nombreuses et pellucides. Cette Plante croît dans les vallées humides des montagnes de la côte de Coromandel. (G..N.)

ROYAN. POIS. *V.* SARDINE à l'article CLUPE. (B.)

* ROYDSIA. BOT. PHAN. Genre de la Polyandrie Monogynie, établi par Roxburgh (*Coromand.*, n. et tab. 289) sur une Plante qui croît dans la province de Sylhet, et à laquelle il a donné le nom de *Roydsia suaveolens*. Sa tige est vigoureuse, ligneuse, divisée en rameaux nombreux qui grimpent et s'étendent au loin sur les Arbres du voisinage. L'écorce des jeunes rameaux est verte, maculée de petits points nombreux blanchâtres; les feuilles sont alternes, sans stipules, portées sur de courts pétioles, oblongues, entières, fermes, glabres des

deux côtés, quelquefois aiguës. Les fleurs sont disposées en longues panicules terminales, ou en grappes simples axillaires. Chaque fleur est portée sur un court pédicelle, d'une couleur jaune-pâle, et d'une odeur fort agréable. Le calice est inférieur, divisé en six segmens ovés, velus, placés sur deux rangées; les trois extérieurs plus grands. Il n'y a point de corolle, si ce n'est un disque ou organe nectarifère. Les étamines sont nombreuses (environ cent), insérées sur le sommet d'un torus qui a la forme d'une colonne courte. L'ovaire est pédicellé, oblong, à trois loges qui contiennent chacune deux rangées d'ovules attachés à l'axe, surmonté d'un style court et d'un stigmate trifide. Le fruit est une drupe pédicellée de la grandeur et de la forme d'une olive, revêtue d'un épicarpe de couleur orangée, ayant une pulpe abondante et jaune; à une seule loge; à un seul noyau oblong, d'une nature ligneuse; à trois valves; renfermant une seule graine conforme au noyau, recouverte d'un seul tégument membraneux, dépourvue d'albumen, et composée de deux cotylédons inégaux, grands, concaves, charnus, jaunâtres, cachant dans leur concavité un petit repli (plumule?) comme dans le genre *Shorea*. (G..N.)

ROYÈNE. *Royena*. BOT. PHAN. Genre de la famille des Ébénacées, et de la Décandrie Digynie, établi par Linné, dont les caractères ont été modifiés par le professeur Desfontaines (Ann. du Mus., 6, p. 445), et qui a les plus grands rapports avec le genre Plaqueminier (*Diospyros*). On peut le caractériser de la manière suivante: les fleurs sont hermaphrodites; le calice est monosépale, campanulé, accrescent, à cinq lobes peu profonds et aigus; la corolle monopétale, campanulée, à cinq divisions profondes et réfléchies; les dix étamines sont attachées à la base de la corolle, sur une seule rangée, et incluses; l'ovaire est appliqué sur un disque hypogyne, plus large, et lobé dans son contour; cet ovaire est à quatre loges, contenant chacune un seul ovule renversé. Du sommet de l'ovaire naissent deux styles soudés ensemble dans leur partie inférieure, portant chacun à leur sommet un stigmate entier. Le fruit est charnu, recouvert par le calice devenu vésiculeux. Il contient d'une à quatre graines. Par les caractères que nous venons d'énoncer, on voit que ce genre est très-voisin des Plaqueminiers, et qu'il n'en diffère que par des signes de peu d'importance. Les espèces de ce genre sont des Arbres indigènes du cap de Bonne-Espérance, à feuilles simples et alternes et à fleurs axillaires. Le *Royena lucida*, L., peut être considéré comme le type de ce genre. Le prof. Desfontaines a transporté dans le genre Plaqueminier les *Royena hirsuta* et *lycioides*. (A. R.)

ROYOC. BOT. PHAN. Espèce du genre Morinde. *V*. ce mot. (B.)

FIN DU TOME QUATORZIÈME.